Springer-Lehrbuch

Jürgen Schatz
Robert Tammer
(Hrsg.)

Erste Hilfe – Chemie und Physik für Mediziner

3., überarbeitete und erweiterte Auflage

Mit 510 Abbildungen

 Springer

Prof. Dr. Jürgen Schatz
Universität Erlangen-Nürnberg
Erlangen

Dr. Robert Tammer
Universität Ulm
Ulm

ISBN 978-3-662-44110-7   ISBN 978-3-662-44111-4 (eBook)
DOI 10.1007/978-3-662-44111-4

Die Deutsche Nationalbibliothek verzeichnet diese Publikation in der Deutschen Nationalbibliografie;
detaillierte bibliografische Daten sind im Internet über http://dnb.d-nb.de abrufbar.

Planung: Corinna Pracht, Heidelberg
Zeichner: Alexander Dospil, Greifenberg; Fotosatz-Service Köhler GmbH – Reinhold Schöberl, Würzburg
Umschlaggestaltung: deblik Berlin

Gedruckt auf säurefreiem und chlorfrei gebleichtem Papier

Springer-Verlag ist Teil der Fachverlagsgruppe Springer Science+Business Media
www.springer.com

Vorwort zur 3. Auflage

2014 wurden die Gegenstandskataloge des IMPP für Chemie (Januar) und Physik (Mai) überarbeitet. Diese sind als Erläuterungen und Konkretisierung des in der Approbationsordnung für Ärzte (ÄAppO) festgelegten Prüfungsstoffs zu sehen. Ab Herbst 2015 bzw. Frühjahr 2016 bilden die beiden GKs dann die Grundlage für den 1. Teil der Ärztlichen Prüfung in diesen Fächern.

In diese 3. Auflage unseres Buches »Erste Hilfe – Physik und Chemie für Mediziner« haben wir die Änderungen in den GKs einfließen lassen und somit die Inhalte für die zukünftigen Prüfungsanforderungen aktualisiert. Dem Grundkonzept »Von Studierenden für Studierende« in Anlehnung an die von uns in Erlangen und Ulm gehaltenen Vorlesungen bleibt dieses Buch weiterhin treu, da es, wie wir den Rückmeldungen von Studierenden der Medizin entnehmen, für viele den Zugang zu den naturwissenschaftlichen Grundlagen der Mathematik, Physik und Chemie in der Medizin erleichtert.

Zusammen mit dem Verlagsteam, Frau Doyon und Frau Pracht, sowie Herrn Pohlmann, der wieder das Lektorat übernommen hat, wurde auch das Erscheinungsbild dieser 3. Auflage mit dem Ziel einer noch besseren Lesbarkeit für angehende Mediziner, überarbeitet. Recht herzlichen Dank für diese konstruktive Unterstützung.

Liebe Leserin und lieber Leser, nun viel Spaß beim Erlernen der naturwissenschaftlichen Grundlagen für IHR Medizinstudium.

Jürgen Schatz
Robert Tammer
Erlangen/Ulm, Januar 2015

Vorwort zur 1. Auflage

Herzlichen Glückwunsch, Sie haben einen Studienplatz in der Medizin oder einer vergleichbaren Lebenswissenschaft bekommen. Ein erster Blick in die Studienordnung, die Stundenpläne etc. führt aber schon zur Ernüchterung, denn da finden sich auch so ungeliebte Fächer wie Physik oder Chemie. Da fällt Ihnen dann wieder ein, dass der letzte Chemieunterricht sehr lange her ist oder dass Sie das Fach Physik eh' immer gehasst haben (ist auch in beliebigen anderen Kombinationen denkbar).

So oder so ähnlich stellte sich für uns die Situation bei Gesprächen mit den Studienbeginnern in den ersten Semesterwochen dar. Als nächste Frage kam immer: »Ich will doch Medizin (oder …) studieren – wozu braucht man dafür Physik/Chemie?« Die Antwort ist dann immer relativ leicht: Jeder Mediziner braucht ein gewisses Maß an naturwissenschaftlichem Grundverständnis: Denken wir nur an die Funktion unserer Sinne, die Chemie unseres Stoffwechsels inklusive Medikamente, die medizintechnische Ausstattung der Kliniken, aber auch die neuesten medizinischen Forschungsgebiete der Humangenetik. Der (Wieder-)Einstieg in die Naturwissenschaften ist aber nichtsdestotrotz in den ersten Semestern für die meisten hart und auch mit einer hohen Hemmschwelle verbunden.

Die neue Approbationsordnung (2002) führte zu einer inhaltlichen Abstimmung aller Fächer der Vorklinik, um diesen Studienabschnitt zu straffen und effizient zu gestalten. Bei den gemeinsamen Gesprächen an der Universität Ulm, an der beide Herausgeber lehren/lehrten, zeigten sich immer die gleichen Hauptprobleme: Die einzelnen Studierenden bringen aus ihrer Schulzeit extrem unterschiedliche naturwissenschaftliche Kenntnisse mit, die erst auf ein einheitliches Niveau gebracht werden müssen. Nach unserer Erfahrung gibt es ein weiteres Problem: Die meist geringen mathematischen Kenntnisse erschweren einen Zugang zu Naturwissenschaften oder machen ihn in einigen Fällen fast unmöglich. (Zitat: »Was ist denn ein Logarithmus?« – da wird es schwer mit dem pH-Wert.)

Hier setzt ERSTE HILFE ein, in dem wir einen »Mathe-Basics-Teil« den Naturwissenschaften Chemie und Physik vorangestellt haben. Dieser entstand aus einem von der Physik und Chemie an der Universität Ulm gemeinsam durchgeführten und bewährten Mathematik-Vorkurs. Wohlbemerkt: ERSTE HILFE soll nicht dazu dienen, etablierte Lehrbücher der Chemie und Physik zu ersetzen, sondern den Zugang zu diesen oft als schwierig erachteten Fächern leichter zu machen. Deshalb ist auch hier ein anderes Konzept für ein Lehrbuch beschritten worden:

VON STUDIERENDEN FÜR STUDIERENDE.

Die Autoren der einzelnen Kapitel haben größtenteils bei uns in Ulm die entsprechenden Kurse der Physik und Chemie erfolgreich absolviert und den 1. Abschnitt der Ärztlichen Prüfung (Physikum) hinter sich. Aus deren eigenen Erfahrungen – auch bei der Vorbereitung zu den Physikumsprüfungen – entstanden die Schwerpunkte der einzelnen Kapitel. Hier zeigte sich auch, dass Dinge, die wir im Unterricht nur sehr kurz behandeln (»Ist ja trivial«), hier etwas ausführlicher dargelegt sind – aber auch der umgekehrte Fall ist zu finden. Anscheinend gibt es hier doch unterschiedliche Betrachtungsweisen. Trotzdem ist der Gegenstandskatalog der Physik wie auch der Chemie abgedeckt, in einer Form, die sich – zumindest für die Autoren – als erfolgreich für alle notwendigen Prüfungen erwies. Absicht ist auch gewesen, die »Sprache der Studierenden« möglichst zu erhalten; dies erforderte von Herausgeberseite natürlich Zurückhaltung, sollte aber ein etwas kurzweiliges Leseerlebnis garantieren.

Wir hatten als Herausgeber nur die Aufgabe (und auch das Vergnügen), die Vielzahl von Autoren »unter einen Hut« zu bringen, was uns alle Beteiligten aber sehr leicht gemacht haben. Es war für uns erfrischend zu sehen, mit welchem Elan geschrieben, gezeichnet und diskutiert wurde, um dieses Buch möglich zu machen – und das alles neben dem normalen Semesterbetrieb oder sogar Physikumsprüfungsstress. Allen dafür vielen herzlichen Dank!!

Besonderer Dank auch an das Verlagsteam, namentlich Frau Doyon und Frau Nühse, die nicht nur die Autorinnen und Autoren zusammenhalten, sondern dazu auch noch zwei Herausgeber lenken mussten. Ebenso sei Frau Meinrenken vom Fachlektorat gedankt, für ihre Anmerkungen, Verbesserungen und Nachfragen.

Zum Schluss wünschen wir den Leserinnen und Lesern eine schöne und erfolgreiche Zeit mit ERSTE HILFE – Chemie und Physik. Naturwissenschaften können – auch in Medizin und Lebenswissenschaften – Spaß machen!

Jürgen Schatz
Robert Tammer
München/Ulm, August 2007

Die Herausgeber

Prof. Dr. Jürgen Schatz

Professor für Organische Chemie an der Friedrich-Alexander Universität Erlangen-Nürnberg (FAU Erlangen-Nürnberg), Verantwortlich für die Ausbildung »Chemie für Mediziner«. Promotion an der Universität Regensburg in Organischer Chemie, anschließend einjähriger PostDoc-Aufenthalt am Imperial College, London; Habilitation in Organischer Chemie 2002 an der Universität Ulm. 2007 Wechsel auf eine Professur für Organische Chemie an der FAU Erlangen-Nürnberg. Seit 2004 verantwortlich in der Chemieausbildung in den Studiengängen Human- und Zahnmedizin. Gründungsmitglied und stellvertretender Vorsitzender der Arbeitsgemeinschaft Chemie in der Medizinerausbildung innerhalb der Gesellschaft Deutscher Chemiker (GDCh), Mitarbeit am Chemieteil des Gegenstandskatalogs Chemie für Mediziner und Biochemie/Molekularbiologie (2014).

Dr. Robert Tammer

Lehrbeauftragter für das Praktikum der Physik für Human- und Zahnmediziner und der begleitenden Lehrveranstaltungen an der Universität Ulm.
Diplom und Promotion in experimenteller Physik an der Universität Ulm. 7 Jahre Forschungs- und Lehrtätigkeit an der FH Brandenburg – unter anderem Konzeption und Durchführung von Lehrpraktika und Vorlesungen zu »Physik im Nebenfach«. Seit 2001 Lehrbeauftragter für das Praktikum der Physik für Human- und Zahnmediziner sowie seit 2006 für die begleitende Vorlesung und das Seminar mit klinischen Bezügen »Medizintechnik«.

Die Autoren

Albrecht, Susanne

Baur, Karin Charlotte

Beyrle, Birgit

Bohn, Stefanie

Buckert, Dominik

Drensek, Annekathrin

Fels, Theresa

Görner, Heike

Gruber, Verena

Hartmann, Ann-Kathrin

Heuberger, Maria

Krebs, Ricarda

McDougall, Anne

Rankl, Stefanie Nina

Sachs, Simon

Schiefele, Lisa

Schirrmann, Malte

Schneidawind, Dominik

Trenkle, Katharina

Wagner, Philipp

Erste Hilfe – Chemie und Physik für Mediziner

Physik

3.1 Physik starrer Körper

Lisa Schiefele

- Masse, Länge, Zeit
- Geschwindigkeit und Beschleunigung
- Newton'sche Axiome
- Reibung
- Gravitation
- Auftrieb
- Drehmomente und Hebelgesetze
- Periodische Bewegungen
- Kreisbewegung
- Arbeit, Energie und Leistung
- Impuls, Drehimpuls und Impulserhaltung

Wie jetzt?
Mit einer Frage zu Beginn wird ins Thema eingestiegen

Wie jetzt?

Ein kleiner Auffahrunfall und nur Blechschaden ... welche Kräfte wirken? Nach einem kleinen Auffahrunfall, der nur Blechschaden verursachte, stellen sich einen Tag später leichte Schmerzen im Bereich der Halswirbelsäule ein. Bestimmt war die Belastung zum Zeitpunkt des Aufpralls doch größer als zunächst angenommen. Der Autofahrer hat die rote Ampel zu spät gesehen und ist mit 36 km/h auf den vor ihm bereits stehenden Transporter aufgefahren, der sich dadurch kaum bewegt hat. Die Knautschzone hat zwar die gesamte Energie seines ca. 1 t schweren PKW aufgenommen, er selbst wurde aber innerhalb von nur etwa 1 m Wegstrecke auf 0 km/h abgebremst. Welche Energien waren da überhaupt im Spiel und welche Kräfte wirkten auf seine Halswirbelsäule, die nun sicherlich für die Beschwerden verantwortlich sind?

3.1.4 Drehmoment und Hebelgesetze

Eine Stange, die um eine feste Achse im Punkt D drehbar ist, nennt man einen **Hebel**. ◘ Abb. 3.11 zeigt einen zweiseitigen Hebel, der zwei Hebelarme in verschiedene Richtungen besitzt. Greift am linken Arm eine Kraft $\vec{F}_1$ an, dreht sich der Hebel in Richtung der Kraft, also entgegen dem Uhrzeigersinn. **Den Abstand zwischen dem Angriffspunkt der Kraft $\vec{F}_1$ und dem Drehpunkt D bezeichnet man als Hebelarm oder Kraftarm $\vec{a}_1$.** Es ist der Vektor von D zum Angriffspunkt.

Die Mechanik ist das Gebiet der Physik, das uns im Alltag ständig begegnet und beeinflusst. Im Gegensatz zur Berechnung von Halbwertszeiten radioaktiver Elemente oder den Wellenlängen verschiedenfarbigen Lichts beschäftigen wir uns doch recht häufig mit Geschwindigkeit und Kraft. So sind uns viele Aspekte der Mechanik nicht ganz unbekannt. In der Physik werden die Dinge meist differenzierter und genauer betrachtet und dargestellt, als im Alltag.

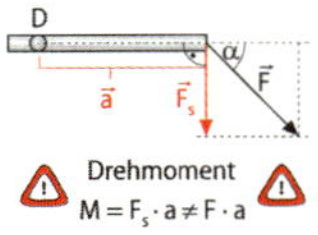

Beim Berechnen von Drehmomenten ist zu beachten, dass nur jener Teil der am Hebel wirkenden Kraft zum Drehmoment beiträgt, der senkrecht zum Hebelarm wirkt. Wirkt eine Kraft schräg am Hebelarm, muss man diese zerlegen und nur der Teil, der tatsächlich senkrecht zum Hebelarm wirkt, geht in das Drehmoment ein (◘ Abb. 3.15). Hierzu erinnern wir uns an die Vektorzerlegung (▶ Abschn. 1.2) und die Trigonometrie (▶ Abschn. 1.3); so erhalten wir für den Betrag des Drehmoments M:

$$M = a \cdot F_s$$

◘ **Abb. 3.11** Jede an einem Hebel angreifende Kraft bewirkt ein eigenes Drehmoment, dabei ist die Richtung der Kraft entscheidend dafür, ob der Hebel nach links ($\vec{F}_1 \cdot \vec{a}_1$ und $\vec{F}_3 \cdot \vec{a}_3$) oder rechts ($\vec{F}_2 \cdot \vec{a}_2$) gedreht wird. Ist die Summe aller nach links drehenden Momente gleich groß wie die Summe aller nach rechts drehenden Momente, ist der Hebel im Drehmomentengleichgewicht

Wichtig
Gleich abspeichern

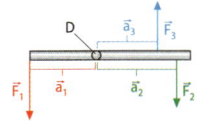

Drehmoment
$$M = F_s \cdot a \neq F \cdot a$$

◘ **Abb. 3.15** Greift eine Kraft unter dem Winkel α an einem Hebelarm an, bewirkt nur die senkrecht zum Hebel wirkende Kraft ein Drehmoment bezüglich des Drehpunkts D. Für die Beträge gilt: $F_s = F \cdot \sin α$

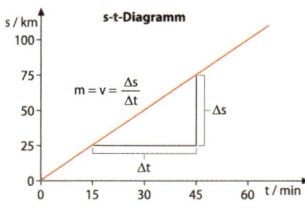
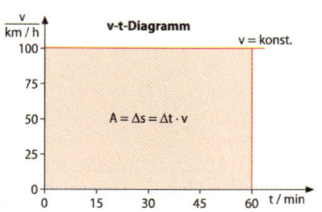

Abb. 3.1 Weg-Zeit- oder s-t-Diagramm (*links*) und Geschwindigkeits-Zeit- oder v-t-Diagramm (*rechts*) einer gleichförmigen Bewegung mit konstanter Geschwindigkeit

Hätten Sie's gewusst?

Leitungsgeschwindigkeit von Nervenfasern
Die Ausbreitung des Aktionspotenzials an einem myelinisierten Axon ist ebenfalls eine gleichförmige Bewegung mit konstanter Geschwindigkeit, die man folglich mit der Formel $v = s / t$ berechnen kann. Die Bestimmung der Leitungsgeschwindigkeit hat auch große Bedeutung in Neurologie und Orthopädie.

kurz & knapp

- Die **Grundgrößen der Mechanik** sind die **Länge** l, die **Zeit** t und die **Masse** m.
- Die **Durchschnittsgeschwindigkeit** gibt die im Mittel gefahrene Geschwindigkeit über eine bestimmte Strecke Δs an und kann mit der Formel $v = \Delta s / \Delta t$ berechnet werden.

3.1.8 Übungsaufgaben

Aufgabe 1:
a. Ein Rennradfahrer fährt in 75 min eine Strecke von 55 km. Für die ersten 50 km benötigt er genau 60 min und für die restlichen 5 km den Rest der Zeit, da er bergan fahren muss. Berechnen Sie die Durchschnittsgeschwindigkeit in km/h auf der Gesamtstrecke und auf den beiden Teilstrecken und zeichnen Sie ein s-t- und ein v-t-Diagramm dieser Bewegung.

Lösung 1 (Abb. 3.25)
a. Die Durchschnittsgeschwindigkeit kann man einfach mittels $v = \dfrac{\Delta s}{\Delta t}$ bestimmen, wobei Δs die insgesamt zurückgelegte Strecke ist,
b. also $\Delta s = 55$ km, und Δt die benötigte Zeit, $\Delta t = 90$ min. Also:

$$v = \frac{\Delta s}{\Delta t} = \frac{55\,\text{km}}{75\,\text{min}} = \frac{55\,\text{km}}{1\frac{1}{4}\,\text{h}} = \frac{55\,\text{km}}{\frac{5}{4}\,\text{h}} = \frac{55\,\text{km} \cdot 4}{5\,\text{h}} = 44\,\text{km/h}.$$

Alles klar!

Welche Energie wurde beim Auffahrunfall »vernichtet« und wie groß war die Kraft, die auf die Halswirbelsäule einwirkte?
Zunächst zur Energie, diese Frage ist jetzt leicht zu beantworten. Der PKW besaß kurz vor dem Aufprall nur kinetische Energie. Diese können wir berechnen mit der Formel:

$$E_{Kin} = \frac{1}{2} \cdot m \cdot v_0^2.$$

Aufgabe 1

Hätten Sie's gewusst?
Interessantes für zwischendurch

kurz & knapp
Die Kernpunkte aus dem Kapitel zur Wiederholung

Übungsaufgaben und Lösungen
Kapitel verstanden? Die Aufgaben zeigen es!

Alles klar?
Die Antwort auf die Frage zu Beginn: Chemie + Physik ist doch nicht so trocken, oder?

Inhaltsverzeichnis

III Chemie

Grundlagen

Mathematische Grundlagen

*Anne McDougall, Philipp Wagner, Ann-Kathrin Hartmann
und Annekathrin Drensek*

J. Schatz, R. Tammer (Hrsg.), *Erste Hilfe – Chemie und Physik für Mediziner*,
DOI 10.1007/978-3-662-44111-4_1, © Springer-Verlag Berlin Heidelberg 2015

1.1 Gleichungen

Anne McDougall

- Was ist eine Gleichung?
- Lineare Gleichungen
- Quadratische Gleichungen

> **Wie jetzt?**
>
> **Wer kennt das nicht?**
> Sie sitzen in einer Prüfung und versuchen eine Aufgabe zu lösen. Sie sind glücklich, endlich die richtige Formel zur Berechnung ausgemacht zu haben, doch gefragt ist leider nicht nach der isoliert stehenden Größe, sondern nach irgendeiner Variablen mitten in einem Pulk verschiedenster Größen. Spätestens jetzt stellt sich die Frage: »Wie löst man noch gleich eine Gleichung auf?«

1.1.1 Gleichungsbegriff

Was ist eigentlich eine Gleichung?

Gleichung ist ein Wort, das dem einen oder anderen aus Schulzeiten noch allzu gut bekannt ist und vielleicht sogar den Angstschweiß ins Gesicht treibt, eigentlich aber gar nicht so groß ist, wie es immer tut. Eine Gleichung ist im Grunde nichts anderes als eine Behauptung folgender Art: »**linke Seite = rechte Seite**«.

Je nachdem in welchen Potenzen die Variablen in der Gleichung vorliegen, lassen sich verschiedene Gleichungstypen unterscheiden. Wir wollen uns hier allerdings nur mit den beiden einfachsten Typen beschäftigen: den linearen und den quadratischen Gleichungen:

- Lineare Gleichung: $10x - (2x + 2) = 2(3x - 4)$.
- Quadratische Gleichung: $2x^2 - 9x + 4 = 0$.

> Gleichung:
> linke Seite = rechte Seite.

Lineare Gleichungen

Eine Gleichung nennt man dann linear, wenn die Lösungsvariable (die Unbekannte, meist wird hierfür x verwendet) nur in der 1. Potenz vorkommt, also x^1 bzw. schlicht x ist. Die allgemeine Form einer linearen Gleichung ist demnach: $a \cdot x + b = 0$.

> Lineare Gleichung:
> Lösungsvariable kommt nur in der
> 1. Potenz vor: $\mathbf{a \cdot x + b = 0}$.

Lösungsweg

Das Zauberwort zum Lösen von Gleichungen heißt **Äquivalenzumformung**. Damit sind Rechenoperationen gemeint, die auf beiden Seiten des Gleichheitszeichens durchgeführt werden und die Lösungsmenge der Gleichung nicht verändern. Unter Äquivalenzumformungen fallen:

- Addieren und Subtrahieren,
- Multiplizieren (außer mit null!),
- Dividieren (darf man ohnehin nicht durch null).

Außerdem ist es erlaubt, die Seiten der Gleichung zu vertauschen und Termumformungen anzuwenden wie Zusammenfassen, Ausklammern und Ausmultiplizieren. Wer jetzt denkt, »Da fehlt aber was!«, der sei zur Vorsicht gemahnt, denn Quadrieren und Wurzelziehen verändert unter Umständen die Lösungs-

> Äquivalenzumformungen:
> Addition und Subtraktion, Multiplikation und Division (außer mit 0), Seitenvertauschen, Ausklammern, Ausmultiplizieren.

menge. Diese beiden Rechenoperationen dürfen deshalb nicht ohne spätere Überprüfung angewandt werden.

Sinn und Zweck dieser Umformerei ist es, die Lösungsvariable zu isolieren, sodass sie allein auf einer Seite der Gleichung steht und man ihren Wert auf der anderen Seite ablesen bzw. berechnen kann.

Bei linearen Gleichungen hält sich der Aufwand im Allgemeinen eher in Grenzen, da hier hauptsächlich Ausmultiplizieren und geschicktes Zusammenfassen gefragt sind.

An einem **Beispiel** sollen die einzelnen Schritte ausführlich erläutert werden:

$$10x - (2x + 2) = 2(3x - 4).$$

Lösungsschritte:
1. Klammern auflösen,
2. Zusammenfassen,
3. Isolieren,
4. Berechnen.

Klammern auflösen Als 1. Schritt empfiehlt es sich, sämtliche Klammern aufzulösen, um einfacher zusammenfassen zu können. Steht »+« als letztes Strich-Rechenzeichen vor einer Klammer, so darf man die Klammer einfach weglassen. Steht dagegen »−« als letztes Strich-Rechenzeichen vor der Klammer, so müssen alle »+« bzw. »−« innerhalb der Klammer umgekehrt werden. Aus unserem Beispiel wird so:

$$10x - 2x - 2 = 6x - 8.$$

Zusammenfassen und Isolieren Als Nächstes bringt man alle gleichen Variablen auf eine Seite und alle Zahlen ohne Variable auf die andere Seite und fasst zusammen. Dabei ist es üblich, die durchgeführte Rechenoperation am rechten Rand hinter einem Strich anzugeben, damit die Rechnung nachvollziehbar bleibt:

$$10x - 2x - 2 = 6x - 8 \qquad | -6x$$
$$10x - 2x - 6x - 2 = -8 \qquad | +2$$
$$2x = -8 + 2$$
$$2x = -6.$$

Berechnen Zu guter Letzt teilt man dann noch durch den Koeffizienten der Lösungsvariablen und erhält das Ergebnis:

$$2x = -6 \qquad | : 2$$
$$x = -3.$$

Die obige Gleichung hat also die Lösung: $x = -3$.

Quadratische Gleichungen

Normalform einer quadratischen Gleichung:
$ax^2 + bx + c = 0.$

Quadratisch nennt man eine Gleichung, in der die Unbekannte maximal in der 2. Potenz, also x^2, vorkommt. Die Normalform einer quadratischen Gleichung lautet:

$$\mathbf{ax^2 + bx + c = 0}.$$

Dabei ist wiederum x die Lösungsvariable.

Lösungsweg

Die Lösung quadratischer Gleichungen ist schon ein wenig aufwendiger als die linearer Gleichungen, aber immer noch kein Hexenwerk! Nach den ersten Umformungsschritten können einen bei einer quadratischen Gleichung unterschiedliche Ausgangsversionen für das weitere Vorgehen erwarten:

Ergibt sich eine Gleichung der Form: $ax^2 + c = 0$, also eine rein quadratische Gleichung, so bringt man diese durch Subtraktion auf die Form: $ax^2 = -c$ und dividiert durch a. Anschließend gilt es zu überlegen, welche Zahl(en) zum Quadrat die Bedingung der Gleichung erfüllen:

- Für $x^2 < 0$ gibt es keine reelle Lösung,
- für $x^2 = 0$ nur die Lösung $x = 0$ und
- für $x^2 > 0$ die Quadratwurzel und deren Gegenzahl.

Beispiel:

$$2\left(x^2 + 2x - 9\right) = 4x \qquad | \text{ Ausmultiplizieren}$$

$$2x^2 + 4x - 18 = 4x \qquad |-4x$$

$$2x^2 - 18 = 0 \qquad |+18$$

$$2x^2 = 18 \qquad | :2$$

$$x^2 = 9.$$

Durch Wurzelziehen auf beiden Seiten erhalten wir nun die Lösungen. Hierbei ist Vorsicht geboten, denn es kommen zwei mögliche Werte für x infrage, für die die Gleichung in eine wahre Aussage überführt wird: $x_1 = +3$ und $x_2 = -3$.

Ergibt sich eine Gleichung der Form: $ax^2 + bx = 0$, klammert man als 1. Schritt x aus, also: $x(ax + b) = 0$. Die Lösung folgt aus der Überlegung, dass ein Produkt nur dann null ergeben kann, wenn mindestens einer der Faktoren null ist. So erhält man als erste Lösung sofort $x_1 = 0$. Lösung 2 ergibt sich, indem man ermittelt, für welchen Wert von x der Inhalt der Klammer gleich null wird.

> Wichtig:
> $$\sqrt{9} = +3,$$
> aber $x^2 = 9$ hat diese beiden Lösungen:
> $$x_1 = +3 \text{ und } x_2 = -3.$$

Beispiel:

$$3x^2 + 5x = 0 \qquad | \text{ Ausklammern}$$

$$x\left(3x + 5\right) = 0.$$

Lösung 1:

$$x_1 = 0.$$

Lösung 2:

$$3x + 5 = 0 \qquad |-5 \text{ und } :3$$

$$x_2 = -\frac{5}{3}.$$

Ergibt sich eine Gleichung der allgemeinen Form, also $\mathbf{ax^2 + bx + c = 0}$, so löst man diese anhand der sog. Mitternachtsformel. Diese hat ihren Namen angeb-

◻ **Abb. 1.1** Ohne Kommentar!

Grundlagen

Mitternachtsformel:

$$\frac{-b \pm \sqrt{b^2 - 4ac}}{2a}.$$

Diskriminante $D = b^2 - 4ac$
$D < 0$: keine reelle Lösung,
$D = 0$: eine reelle Lösung,
$D > 0$: zwei reelle Lösungen.

lich der Tatsache zu verdanken, dass jeder Schüler und wahrscheinlich auch jeder Medizinstudent sie auch dann noch aufsagen können sollte, wenn man ihn um Mitternacht aus dem Bett wirft und danach fragt (◘ Abb. 1.1). Also merken! Die Mitternachtsformel lautet:

$$x_{1,2} = \frac{-b \pm \sqrt{b^2 - 4ac}}{2a}.$$

Den Term unter der Wurzel bezeichnet man als **Diskriminante D** (lat. *discriminare* = unterscheiden), also $D = b^2 - 4ac$. Die Diskriminante entscheidet darüber, ob eine Gleichung gar keine, eine oder zwei Lösungen hat. Eine reelle Wurzel lässt sich nur aus Zahlen ≥ 0 ziehen. Ist also $D < 0$, hat die Gleichung keine reelle Lösung (dafür aber zwei komplexe Lösungen). Ist $D = 0$, ergibt sich genau eine Lösung für die Gleichung. Und für $D > 0$ ergeben sich zwei reelle Lösungen entsprechend den beiden Vorzeichen der Wurzel.

Beispiel:

$$2x^2 - 9x + 4 = 0.$$

Der Vergleich mit der allgemeinen Form einer quadratischen Gleichung liefert:

$$a = 2; \quad b = -9 \text{ und } c = 4.$$

Somit ergeben sich mit der Mitternachtsformel folgende Lösungen:

$$x_{1,2} = \frac{-b \pm \sqrt{b^2 - 4ac}}{2a}$$

$$= \frac{-(-9) \pm \sqrt{(-9)^2 - 4 \cdot 2 \cdot 4}}{2 \cdot 2}$$

$$= \frac{9 \pm \sqrt{81 - 32}}{4}$$

$$= \frac{9 \pm \sqrt{49}}{4}.$$

Aha, also ist $D > 0$!

$$x_{1,2} = \frac{9 \pm 7}{4}.$$

Und somit ist $x_1 = 4$ und $x_2 = 0{,}5$.

Sind beide Lösungen sinnvoll?

Wenn es beim Lösen einer quadratischen Gleichung zwei Lösungen gibt, empfiehlt es sich, je nach Fragestellung zu erwägen, ob beide Lösungen sinnvoll sind. (So sollte man z. B. lieber nicht versuchen, negative Medikamentenmengen zu verabreichen.)

Natürlich kann man die beiden zuvor behandelten Sonderfälle ebenfalls ganz formal mit der Mitternachtsformel lösen.

kurz & knapp
- Gleichung: »linke Seite = rechte Seite«.
- Lineare Gleichung:
  - $ax + b = 0 \rightarrow x = -b/a$.
  - Lösung: Mittels Ausklammern, Zusammenfassen und Äquivalenz-umformungen nach x auflösen.
- Quadratische Gleichung:
  - $ax^2 + bx + c = 0$.
  - Lösung: Mit der Mitternachtsformel; überlegen, welche Lösungen sinnvoll sind.

1.1.2 Übungsaufgaben

Aufgabe 1: Löse folgende Gleichungen nach x auf:

a. $(x-7) \cdot (x+3) = x \cdot (x+2) + 5$.
b. $x \cdot (2x-3) + 4 = x - (x-3)$.
c. $3x \cdot (x-2) = 2 \cdot (-x-1)$.
d. $4x \cdot (x-2) = 2x$.

Aufgabe 1

Nicht vergessen:
Punkt- vor Strichrechnung!

Lösung 1:

a) $x^2 + 3x - 7x - 21 = x^2 + 2x + 5$ $\qquad |-x^2$ und $-2x$

$3x - 7x - 2x - 21 = 5$ $\qquad |+21$

$-6x = 26$ $\qquad |:-6$

$x = \dfrac{26}{-6} = -\dfrac{13}{3}$

b) $2x^2 - 3x + 4 = x - x + 3$ $\qquad |$ Zusammenfassen

$2x^2 - 3x + 4 = 3$ $\qquad |-3$

$2x^2 - 3x + 1 = 0$ $\qquad |$ Mitternachtsformel

$x_{1,2} = \dfrac{3 \pm \sqrt{9-8}}{4}$

$x_1 = 1$ und $x_2 = 0{,}5$.

c) $3x^2 - 6x = -2x - 2$ $\qquad |+2x$ und $+2$

$3x^2 - 4x + 2 = 0$ $\qquad |$ Mitternachtsformel

$x_{1,2} = \dfrac{4 \pm \sqrt{16-24}}{4}$

Diese Gleichung hat keine reelle Lösung, da $D = -8 < 0$.

Grundlagen

d) $4x^2 - 8x = 2x$ $\quad |-2x$

$4x^2 - 10x = 0$ $\quad |$ Ausklammern

$x(4x - 10) = 0$ $\quad |$ Ein Produkt ist 0, wenn mind. ein Faktor 0 ist

$x_1 = 0$.

Alternativ:

$4x_2 - 10 = 0$ $\quad |+10$ und $: 4$

$x_2 = \dfrac{10}{4} = \dfrac{5}{2}$.

Aufgabe 2

Aufgabe 2: Berechne die fehlende Größe in beiden Gleichungen:

a) $v = \dfrac{s}{t}$; mit $v = 10\,\dfrac{m}{s}$; $s = 7\,m$.

b) $W = F \cdot s$; mit $s = 50\,m$; $W = 250\,N\,m$.

Lösung 2:

a) $t = \dfrac{s}{v}$

$t = \dfrac{7\,m}{10\,\dfrac{m}{s}} = \dfrac{7\,m}{10\left(\dfrac{m}{s}\right)} = \dfrac{7\,m}{10}\left(\dfrac{m}{s}\right)^{-1} = \dfrac{7\,m}{10}\left(\dfrac{s}{m}\right) = \dfrac{7}{10}\dfrac{m \cdot s}{m} = 0{,}7\,s$.

b) $F = \dfrac{W}{s}$

$F = \dfrac{250\,Nm}{50\,m} = 5\,N$.

Alles klar!

Sicherlich haben Sie bemerkt, dass dies hier eine Wiederholung des Schulstoffs aus der Mittelstufe ist. Dennoch habe ich versucht, Ihnen den Stoff an den Beispielen so ausführlich wie möglich ins Gedächtnis zu rufen. Wichtig ist, dass man bei den Äquivalenzumformungen lieber einen Schritt zu viel hinschreibt – insbesondere in der Physikklausur – als beim »Im-Kopf-Umformen« einen Fehler zu machen!

1.2 Vektoren und Skalare

Philipp Wagner

- Definition Vektoren
- Geometrische Bedeutung von Vektoren
- Orts-, Verschiebungs-, Verbindungs- und Nullvektor
- Rechenoperationen mit Vektoren
- Definition von Skalaren
- Skalarprodukt und Vektorprodukt

Wie jetzt?

Traumjob nach 6 Jahren Studium: Haken halten
Nach Ihrem entbehrungsreichen Studium dürfen Sie zum ersten Mal mit dem Chefarzt an den OP-Tisch. »Endlich geht es los, die großen Herausforderungen rufen«, denken Sie. Doch aus »Rücksicht« auf Ihre außergewöhnlichen Fähigkeiten und Motivation dürfen Sie die ersten 2–3 Jahre Haken halten. Man muss sich schließlich langsam, gaaaanz langsam an das OP-Klima gewöhnen… Doch da Sie während des stundenlangen und überaus geistreichen Hakenhaltens Ihre Gedanken schweifen lassen können, fällt Ihnen folgender Zusammenhang auf: Wenn Sie die Haken zur Spreizung der Wunde nach schräg oben halten, sind Sie hinterher regelmäßig fix und fertig und haben am nächsten Tag erheblichen Muskelkater. Ziehen Sie nun jedoch die Wundränder flach auseinander, könnten Sie auch nach den Operationen noch Bäume ausreißen. Was macht diesen erheblichen Unterschied aus? Was haben Sie anfangs falsch gemacht?

1.2.1 Vektoren

Was sind Vektoren?

Ein Vektor ist im Prinzip lediglich eine Liste mit Zahlen. Vektoren haben aber darüber hinaus besonders im geometrischen und physikalischen Sinn große Bedeutung.

Darstellung Damit man immer gleich weiß, dass es sich um Vektoren handelt, werden sie mit einem Pfeil gekennzeichnet. Man schreibt also z. B. den **Vektor a** in dieser Form: $\vec{a}$. Vektoren werden durch Zahlen ausgedrückt, die sog. **Komponenten**. Je nachdem ob man sich in einem 2-, 3- oder n-dimensionalen Raum bewegt, sind dies 2, 3 oder n Zahlen, die man normalerweise übereinander schreibt, also z. B. in einem 3-dimensionalen Raum:

$$\vec{a} = \begin{pmatrix} 1 \\ 2 \\ 3 \end{pmatrix}.$$

Eine andere Möglichkeit, die aber genau dasselbe aussagt, ist, die Zahlen einfach hintereinander zu schreiben, z. B. $\vec{a} = (1, 2, 3)$. In diesem Abschnitt werden wir ab jetzt nur die erste Möglichkeit der Darstellung nutzen. Insbesondere beim Rechnen mit Vektoren hat dies wichtige Vorteile.

Die Zahlen, durch die der Vektor definiert ist, werden als Komponenten bezeichnet.

Vektoren sind gerichtete Größen; grafisch werden sie durch Pfeile verdeutlicht.

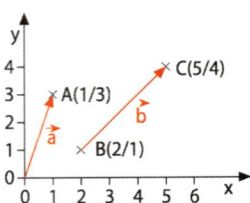

■ Abb. 1.2 Vektoren in der Ebene (2-dimensional). Vektor $\vec{a}$ definiert genau die Lage des Punkts A relativ zum Nullpunkt $0 = (0/0)$. Vektor $\vec{b}$ beschreibt eindeutig die Entfernung von Punkt B nach C

Geometrische Darstellung Zum besseren Verständnis kann man einen Vektor auch innerhalb eines Schaubilds verwenden. Im 2-dimensionalen (x- und y-Achse) oder 3-dimensionalen (x-, y- und z-Achse) Schaubild beschreibt der Vektor eine genau festgelegte **Richtung** oder die **Lage eines Punkts** relativ zum Ursprung des Systems. Vektoren geben also Richtungen vor und werden deshalb, im Unterschied zu Skalaren, als **gerichtete Größen** bezeichnet. Grafisch werden Vektoren durch Pfeile deutlich gemacht (■ Abb. 1.2). Auch physikalische Kräfte sind Vektoren, da auch sie immer eine ganz bestimmte Richtung haben. Man kann schließlich z. B. ein Fahrrad senkrecht anheben (Kraftvektor zeigt nach oben), horizontal (Kraftvektor zeigt nach vorn) oder schräg nach vorn (Kraftvektor zeigt schräg nach vorn) schieben.

Im Folgenden wollen wir die Eigenschaften von Vektoren etwas genauer beschreiben und beschränken uns dabei auf 2-dimensionale Vektoren, da mit 3- oder sogar n-dimensionalen Vektoren analog verfahren werden kann (siehe Übungsaufgaben).

Spezielle Vektoren

Man unterscheidet als spezielle Vektoren:
Orts-, Verbindungs-, Verschiebungs- und Nullvektor.

Man unterscheidet eine Reihe spezieller Vektoren: Ortsvektor, Verbindungsvektor, Verschiebungsvektor und Nullvektor.

Der Ortsvektor verläuft vom Nullpunkt zu einem bestimmten Punkt.

Ortsvektor Jeder Punkt im Schaubild ist durch seine Koordinaten genau festgelegt. Nehmen wir als Beispiel den Punkt A(3/4). Zu diesem Punkt passend kann man nun einen Vektor vom Nullpunkt (also dem Schnittpunkt der Achsenkreuze) zum Punkt A zeichnen (■ Abb. 1.3). Dieser Vektor wird als Ortsvektor bezeichnet und hat die gleichen Komponenten wie Punkt A: $\vec{a} = \begin{pmatrix} 3 \\ 4 \end{pmatrix}$.

In diesem speziellen Fall sind also die Koordinaten des Punkts und die Komponenten des Vektors identisch.

Der Verbindungsvektor verbindet zwei beliebige Punkte.

Verbindungsvektor Ein Vektor, der zwei beliebige Punkte miteinander verbindet, wird als Verbindungsvektor bezeichnet. Ein Verbindungsvektor zwischen den Punkten P und Q wird mit dem Symbol $\overline{PQ}$ gekennzeichnet. Kennt man die Koordinaten der beiden Punkte, die der Verbindungsvektor verbindet, so kann man elegant die Komponenten des Verbindungsvektors berechnen, indem man die Koordinaten beider Punkte voneinander subtrahiert (■ Abb. 1.4).

Wichtig dabei ist nur, dass man immer wie folgt rechnet: Endpunkt, zu dem die Pfeilspitze weist, minus Anfangspunkt des Pfeilschafts (**Pfeilspitze minus Pfeilschaft**).

Der Verbindungsvektor zwischen P(p1/p2) mit den Koordinaten p1 und p2 und Q(q1/q2) mit den Koordinaten q_1 und q_2 wird entsprechend wie folgt berechnet:

$$\overline{PQ} = \begin{pmatrix} q_1 - p_1 \\ q_2 - p_2 \end{pmatrix}.$$

Jeder Ortsvektor kann als spezieller Verbindungsvektor gedeutet werden. So ist der Ortsvektor zu Punkt A gleichbedeutend mit einem Verbindungsvektor von 0 nach A, also $\overline{0A}$.

Mittels Verschiebungsvektor lassen sich verschiedene Punkte in die gleiche Richtung verschieben.

Verschiebungsvektor Einen Vektor kann man auch dazu benutzen, beliebige Punkte in die gleiche Richtung zu verschieben (■ Abb. 1.5). Derartige Vektoren werden als Verschiebungsvektoren bezeichnet.

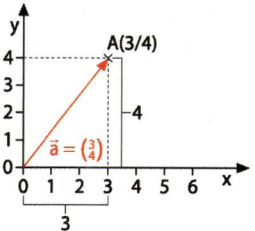

Abb. 1.3 Eingezeichnet sind der Punkt A (3/4) und der zugehörige Ortsvektor. Man erkennt, dass die Koordinaten des Punkts und die Komponenten übereinstimmen

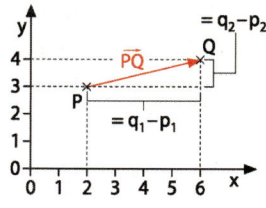

Abb. 1.4 Anhand dieser Abbildung kann man selbst herleiten, weshalb der Punkt am Pfeilanfang von dem an der Pfeilspitze subtrahiert werden muss

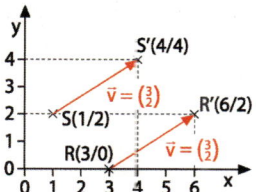

Abb. 1.5 Zwei Punkte R und S werden durch einen Verschiebungsvektor $\vec{v} = \begin{pmatrix} 3 \\ 2 \end{pmatrix}$ verschoben. An der Pfeilspitze liegen nun die neuen Bildpunkte R' und S'. Die Bildpunkte lassen sich durch Addition der Komponenten des Verschiebungsvektors zu den Koordinaten der Ausgangspunkte berechnen

Nullvektor Ein Nullvektor $\left(\vec{0} = \begin{pmatrix} 0 \\ 0 \end{pmatrix} \right)$ kann unterschiedlich gedeutet werden:

- als Verbindungsvektor eines Punkts mit sich selbst (also z. B. von Punkt A zu A),
- als Ortsvektor des Ursprungs – also von Punkt U(0/0) zu U(0/0) – oder
- als Spezialfall einer Verschiebung (jeder Punkt wird auf sich selbst verschoben).

Rechnen mit Vektoren

Man kann nun mit diesen Vektoren natürlich auch rechnen. Die wesentlichen Rechenoperationen sind: Addieren bzw. Zerlegen, Vervielfachen und Multiplizieren von Vektoren.

Vektoraddition Vektoren mit gleich vielen Komponenten lassen sich problemlos addieren. Dazu werden immer die entsprechenden Komponenten der Vektoren addiert. Folgendes Beispiel soll dies verdeutlichen:

Vektoraddition: Vektoren werden komponentenweise addiert.

$$\vec{a} = \begin{pmatrix} 2 \\ 3 \end{pmatrix}; \quad \vec{b} = \begin{pmatrix} 1 \\ 5 \end{pmatrix};$$

$$\vec{a} + \vec{b} = \begin{pmatrix} 2 \\ 3 \end{pmatrix} + \begin{pmatrix} 1 \\ 5 \end{pmatrix} = \begin{pmatrix} 2+1 \\ 3+5 \end{pmatrix} = \begin{pmatrix} 3 \\ 8 \end{pmatrix}.$$

Vektorzerlegung Umgekehrt kann man sich auch einen beliebigen Vektor als Summe zweier Vektoren vorstellen. Dies nennt man Vektorzerlegung. Nehmen wir z. B. die beiden Vektoren, die jeweils nur eine von 0 verschiedene Komponente haben.

Vektorzerlegung: Darstellung eines Vektors als Summe (mindestens) zweier anderer Vektoren.

$$\vec{a} = \begin{pmatrix} a_1 \\ a_2 \end{pmatrix}; \quad \vec{a} = \begin{pmatrix} a_1 \\ 0 \end{pmatrix} + \begin{pmatrix} 0 \\ a_2 \end{pmatrix}$$

Natürlich kann man einen Vektor auch in zwei beliebige andere Vektoren zerlegen, wenn die Addition der beiden Teilvektoren den ursprünglichen Vektor ergibt.

Vektorvervielfachung Will man z. B. den Vektor mit dem Skalar x multiplizieren, so hat man einfach jede Komponente mit dem Skalar (einer beliebigen reellen Zahl, ▶ Abschn. 1.2.2) zu multiplizieren:

Vektorvervielfachung: Die Komponenten des Vektors werden mit einem Skalar multipliziert.

$$\text{Für } \vec{a} = \begin{pmatrix} 3 \\ 2 \end{pmatrix} \text{ gilt: } x \cdot \begin{pmatrix} 3 \\ 2 \end{pmatrix} = \begin{pmatrix} x \cdot 3 \\ x \cdot 2 \end{pmatrix}.$$

Alle Rechenschritte werden also »komponentenweise« durchgeführt. Es macht deshalb vom Rechenweg her keinen Unterscheid, wie viele Komponenten der Vektor besitzt. Man muss bei einem 3-komponentigen Vektor die gleiche Rechenoperation nur einmal mehr durchführen. Hier sind dann natürlich auch die grundlegenden Rechenregeln zu beachten. **Ausnahme: Durch einen Vektor darf man nie dividieren!**

Vektormultiplikation:
Hierbei ist zwischen Skalarprodukt und Vektorprodukt zu unterscheiden.

Vektormultiplikation Der Vollständigkeit halber ist zu sagen, dass man Vektoren auch untereinander multiplizieren kann. Man unterscheidet hierbei zwischen dem Skalarprodukt und dem Vektorprodukt zweier Vektoren. Ihre Bedeutung wird aber erst in der Anwendung erkennbar, sodass wir hier nur die Definition und grundlegende Eigenschaften angeben wollen.

Das **Skalarprodukt** zweier Vektoren $\vec{a}$ und $\vec{b}$ berechnet sich nach folgender Formel:

$$\vec{a} \cdot \vec{b} = (a_1 \cdot b_1 + a_2 \cdot b_2).$$

Das Ergebnis ist ein skalarer Wert, also einfach eine Zahl. Besonders wichtig ist folgende Eigenschaft des Skalarprodukts: Stehen die beiden Vektoren senkrecht zueinander, ergibt das Skalarprodukt den Wert 0:

$$\vec{a} \cdot \vec{b} = 0 \leftrightarrow \vec{a} \perp \vec{b}.$$

$\vec{a} \cdot \vec{b} = 0 \leftrightarrow \vec{a} \perp \vec{b}.$

Das folgende Beispiel verdeutlicht dies:

$$\vec{a} = \begin{pmatrix} 8 \\ 2 \end{pmatrix}; \vec{b} = \begin{pmatrix} -1 \\ 4 \end{pmatrix}; \vec{a} \perp \vec{b}?$$

Berechnen wir das Skalarprodukt:

$$\left(8 \cdot (-1)\right) + \left(2 \cdot 4\right) = 0.$$

Daraus folgt: Beide Vektoren sind tatsächlich zueinander senkrecht oder orthogonal.

Das **Vektorprodukt** zweier Vektoren $\vec{a}$ und $\vec{b}$ ergibt einen Vektor, der auf jedem der beiden Vektoren $\vec{a}$ und $\vec{b}$ senkrecht steht. Diese Definition macht erst ab einem 3-dimensionalen Raum Sinn, z. B. der uns umgebende Raum. Hier ist die Definition für das übliche 3-dimensionale kartesische Koordinatensystem angegeben:

$$\vec{c} = \vec{a} \times \vec{b} = \begin{pmatrix} a_2 b_3 - a_3 b_2 \\ a_3 b_1 - a_1 b_3 \\ a_1 b_2 - a_2 b_1 \end{pmatrix}; \vec{c} \perp \vec{a} \text{ und } \vec{c} \perp \vec{b}.$$

Praktischer Nutzen von Vektoren

Warum brauchen wir überhaupt Vektoren? Was bieten sie für Vorteile?

Wie schon erwähnt, geben Vektoren eine klare Richtung vor. Dies macht man sich besonders in der Physik zunutze, z. B. haben alle Kräfte eine bestimmte Richtung. **Mit Vektoren kann man also Kräfte eindeutig beschreiben.** Es ist schließlich von entscheidender Bedeutung, ob man versucht, das Auto nach vorn Richtung Straße oder nach hinten Richtung Abgrund zu schieben!

Resultierende Kräfte Wie Vektoren kann man somit auch Kräfte addieren. Nehmen wir einmal an, eine Fähre will von einer des Flusses zur anderen Seite fahren. So wirkt zum einen die Kraft, die die Schiffsschraube erzeugt, zum anderen auch die Kraft der Strömung des Flusses auf die Fähre (◘ Abb. 1.6).

Um nun die resultierende Kraft zu erhalten, also die Kraft, die insgesamt auf das Schiff wirkt, setzt man die einzelnen Kraftvektoren wie in einer Kette

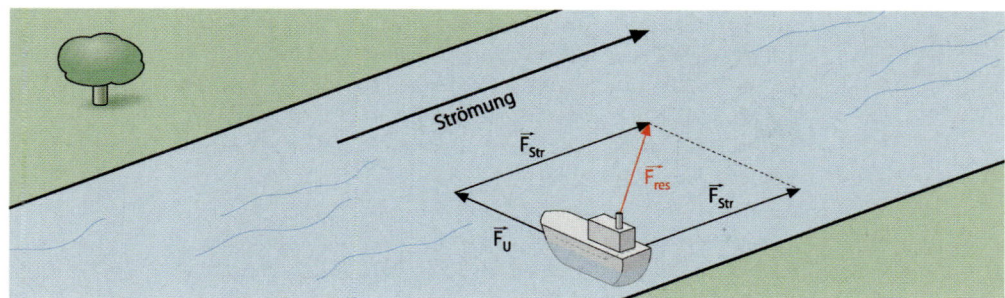

Abb. 1.6 Auf die den Fluss überquerende Fähre wirkt zum einen die Kraft $\vec{F}_U$ des Schiffs-motors in Richtung des Schiffs und zum anderen die Kraft $\vec{F}_{Str}$ der Strömung des Flusses quer zum Schiff. Welche Kraft $\vec{F}_{res}$ wirkt nun insgesamt auf das Schiff?

aneinander. Anschließend muss man nur noch den Anfang der »Vektoren-schlange« mit dem Ende verbinden und erhält die resultierende Kraft $\vec{F}_{res}$. Dies kann man mit beliebig vielen »Einzelkräften« fortführen.

1.2.2 Skalare

Skalare sind »Nicht-Vektoren«, also alle »einzeln stehenden« reellen Zahlen. **Im Gegensatz zu Vektoren sind Skalare ungerichtete Größen.** Sie geben also keine Richtung an.

Vielleicht kann man dies an folgendem **Beispiel** verdeutlichen: Normaler-weise sind alle physikalischen Kräfte Vektoren (da sie eine Richtung haben). Man will also z. B. genau wissen, ob bei einem Unfall die Kraft (durch den an-deren Unfallteilnehmer) von vorn oder links hinten einwirkte. Kennt man nun die Richtung, aus der eine Kraft gewirkt hat, ist natürlich sofort folgende Frage von Interesse: »Wie stark war denn diese Kraft?« Man interessiert sich nun also für die Größe der Kraft, man spricht auch vom Betrag der Kraft, also vom **Be-trag des Vektors** Kraft. Dieser Betrag ist eine typische skalare Größe.

Berechnet wird der Betrag eines Vektors ganz einfach, indem man mithilfe des Satzes von Pythagoras die Länge des Vektors bestimmt. Als Ergebnis erhält man die Wurzel aus der Summe der Quadrate der Komponenten eines Vektors.

Für den Vektor $\vec{a} = \begin{pmatrix} a_1 \\ a_2 \end{pmatrix}$ gilt also $|\vec{a}| = \sqrt{a_1{}^2 + a_2{}^2}$.

Dabei deuten die beiden senkrechten Striche an, dass es sich um den Betrag des Vektors handelt. Es ist üblich, statt dieser Schreibweise für den Betrag eines Vektors einfach die Bezeichnung des Vektors ohne den Vektorpfeil zu verwen-den, also: $|\vec{a}| = a$.

Skalare geben keine Richtung an, sie sind ungerichtete Größen.

$$a = |\vec{a}| = \sqrt{a_1{}^2 + a_2{}^2}.$$

kurz & knapp
- Vektoren sind gerichtete Größen.
- Vektoren beschreiben also eine bestimmte Richtung oder die Lage eines Punkts im Raum.
- Ein Ortsvektor ist die Verbindung vom Ursprung zu einem gegebenen Punkt.
- Verbindungsvektoren verbinden zwei Punkte.
- Verschiebungsvektoren verschieben alle Punkte in die gleiche Richtung.

- Man kann Vektoren addieren oder vervielfachen.
- Vektoren werden insbesondere zur Darstellung von Kräften genutzt.
- Skalare sind ungerichtete Größen.
- Das Skalarprodukt macht Aussagen über die relative Lage von Vektoren zueinander.

1.2.3 Übungsaufgaben

Aufgabe 1

Aufgabe 1: Der 4-komponentige Vektor $\vec{a} = \begin{pmatrix} 3 \\ 4 \\ -1 \\ -3 \end{pmatrix}$ soll orthogonal zum Vektor

$\vec{b} = \begin{pmatrix} 10 \\ -5 \\ 4 \\ x \end{pmatrix}$ stehen. Berechnen Sie die fehlende Komponente x des zweiten Vektors, damit diese Bedingung erfüllt ist.

Lösung 1: Wie auch bei 2-komponentigen Vektoren werden die einzelnen Komponenten miteinander multipliziert und die Produkte anschließend addiert. Sollen die Vektoren nun orthogonal zueinander stehen, muss dieses Skalarprodukt gleich null sein. Im letzten Schritt muss man also nur noch nach der unbekannten Variablen x auflösen.

$$\vec{a} \cdot \vec{b} = 3 \cdot 10 + 4 \cdot (-5) + (-1) \cdot 4 + (-3) \cdot x = 0$$
$$\rightarrow 6 - 3x = 0 \rightarrow x = 2.$$

Vektor $\vec{a} = \begin{pmatrix} 3 \\ 4 \\ -1 \\ -3 \end{pmatrix}$ ist also orthogonal zu Vektor $\vec{b} = \begin{pmatrix} 10 \\ -5 \\ 4 \\ 2 \end{pmatrix}$.

Alles klar!

Die hohe Kunst des Hakenhaltens

Es macht einen deutlichen Unterschied, **wie** man die Haken während einer Operation hält. Zieht man die Haken nach schräg oben, benötigt man deutlich mehr Kraft, um die Wundränder auseinanderzuhalten. Denn hier verschenkt man einen Großteil seiner Kraft mit dem Anheben der Wundränder. Dies bringt (im Normalfall) keinen Vorteil für den Operateur. ◘ Abb. 1.7a verdeutlicht den unökonomischen Einsatz der Kraft. In ◘ Abb. 1.7b hingegen wird effizienter gearbeitet, denn hier wird alle Kraft dazu aufgewendet, die Wundränder auseinanderzuziehen und dem Operateur eine möglichst gute Sicht zu ermöglichen.

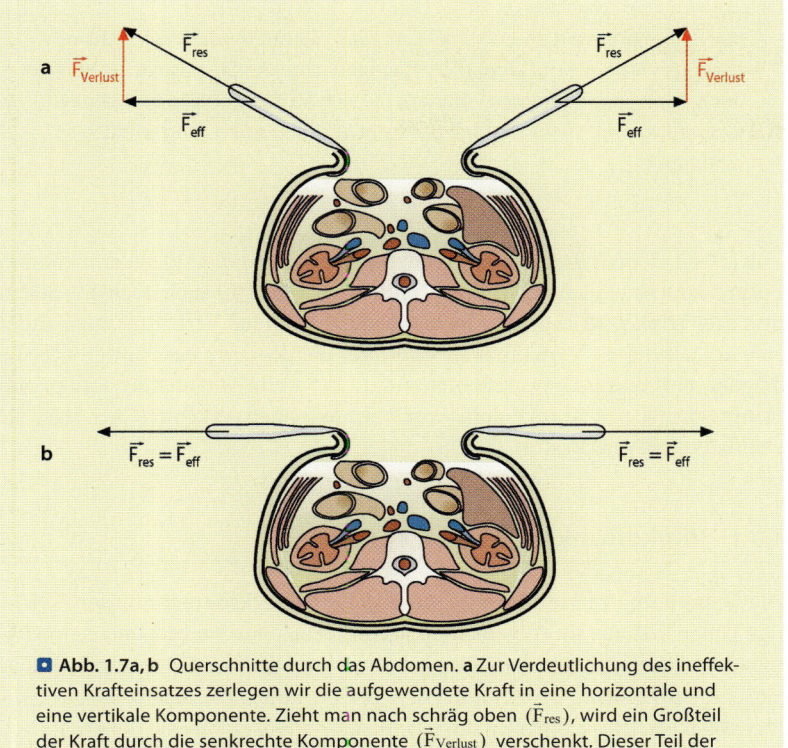

☐ **Abb. 1.7a, b** Querschnitte durch das Abdomen. **a** Zur Verdeutlichung des ineffektiven Krafteinsatzes zerlegen wir die aufgewendete Kraft in eine horizontale und eine vertikale Komponente. Zieht man nach schräg oben ($\vec{F}_{res}$), wird ein Großteil der Kraft durch die senkrechte Komponente ($\vec{F}_{Verlust}$) verschenkt. Dieser Teil der Kraft bringt dem Operateur keine bessere Sicht, Ihnen dafür aber einen viel stärkeren Muskelkater. Lediglich die horizontale Komponente ($\vec{F}_{eff}$) hält die Sicht frei. Diesen Kraftanteil sollten Sie also maximieren. **b** Die größte Effektivität erreichen Sie folglich, wenn es nur eine horizontale Komponente der Kraft gibt. (Dann gilt: $\vec{F}_{Verlust} = \vec{0} \rightarrow \vec{F}_{res} = \vec{F}_{eff}$.)

Es lohnt sich also auch in der Medizin oft, sich Gedanken über den möglichst schonenden Umgang mit seinen eigenen (Kraft-)Reserven zu machen!

1.3   Trigonometrie

Ann-Kathrin Hartmann

— Definitionen: Sinus, Cosinus, Tangens
— Winkelfunktionen im Einheitskreis
— Satz des Pythagoras
— Trigonometrie an der schiefen Ebene

Wie jetzt?

Hilfreich oder nicht?
Vor kurzem wurde in dem Krankenhaus, in dem Sie ein Praktikum machen, eine neue Rollstuhlrampe installiert. In einer kurzen Steigung führt sie zum Haupteingang hinauf. Bald darauf hören Sie zufällig, wie sich ein Patient bei einer Schwester über die Rampe beklagt: »Also wirklich, wie soll man da denn mit dem Rollstuhl hinaufkommen? Unmöglich ist das: Runter kann

trigonion (gr.) = Dreieck;
metron (gr.) = Maß.

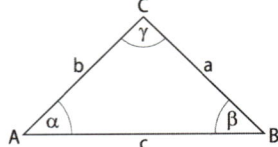

Abb. 1.8 Übliche Bezeichnungen eines Dreiecks: A, B, C für die Eckpunkte; a, b, c für die jeweils gegenüberliegenden Seiten; α, β, γ für die Winkel in den entsprechenden Eckpunkten

man kaum bremsen und hoch kommt man nur mit Muskeln wie Schwarzenegger. Da hat wohl einer nicht nachgedacht.« Als Sie das nächste Mal an der Rampe vorbeikommen, erinnern Sie sich an das Gehörte und denken: »So steil kommt mir die Rampe gar nicht vor, ist die Steigung wirklich so schlimm?«

»Mein Hut, der hat drei Ecken, drei Ecken hat mein Hut. Und hat er nicht drei Ecken, dann ist er nicht mein Hut.« Natürlich hat der Hut auch noch drei Seiten und drei Winkel (■ Abb. 1.8), die in einem bestimmten Verhältnis zueinander stehen. Mit diesen Verhältnissen und ihrer Berechnung beschäftigt sich die Trigonometrie, die Dreiecksberechnung. Und wenn wir uns die Rampe am Haupteingang des Krankenhauses näher anschauen, erkennen wir, dass sie ebenfalls ein Dreieck ist.

1.3.1 Winkelfunktionen sin, cos, tan

Die Seitenverhältnisse sind sehr wichtig für Dreiecksberechnungen. Wichtige Dinge besitzen im Allgemeinen wichtig klingende Namen und geometrische Verhältnisse bilden dabei keine Ausnahme. Die für uns wichtigen Seitenverhältnisse heißen:

- Sinus,
- Cosinus,
- Tangens.

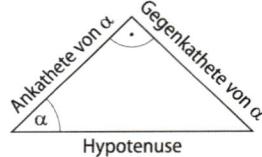

Abb. 1.9 Ankathete, Gegenkathete und Hypotenuse im rechtwinkligen Dreieck

Im rechtwinkligen Dreieck nennen wir die dem rechten Winkel gegenüberliegende, längste Seite **Hypotenuse**. Die einem spitzen Winkel gegenüberliegende Seite ist die **Gegenkathete** dieses Winkels und die dritte an den Winkel angrenzende Seite seine **Ankathete** (■ Abb. 1.9).

Die Seitenverhältnisse sind folgendermaßen definiert:

$$\sin\alpha = \frac{\text{Gegenkathete von }\alpha}{\text{Hypotenuse}} = \frac{a}{c};$$

$$\cos\alpha = \frac{\text{Ankathete von }\alpha}{\text{Hypotenuse}} = \frac{b}{c};$$

$$\tan\alpha = \frac{\text{Gegenkathete von }\alpha}{\text{Ankathete von }\alpha} = \frac{a}{b}.$$

1.3.2 Einheitskreis

Der Einheitskreis eignet sich dazu, Sinus, Cosinus und Tangens als Streckenlängen zu veranschaulichen.

Es ist möglich, Sinus, Cosinus und Tangens als Streckenlängen zu veranschaulichen. Am besten dazu geeignet ist der sog. Einheitskreis. Dazu zeichnen wir einen Kreis mit dem Radius 1 LE (Längeneinheit) in ein Koordinatensystem. Der Kreismittelpunkt ist der Koordinatenursprung 0 (■ Abb. 1.10). In diesen Kreis zeichnen wir ein rechtwinkliges Dreieck 0BC mit dem auf dem Kreis liegenden Punkt C(x/y). Die Hypotenuse des Dreiecks entspricht dem Radius des Kreises. Da die Hypotenuse in diesem Fall die Länge 1 hat, gilt:

- $\sin\alpha$ = Gegenkathete von α,
- $\cos\alpha$ = Ankathete von α.

Grundlagen

Im Einheitskreis ergibt sich also: $\sin\alpha = y$ **und** $\cos\alpha = x$. Dabei lässt sich gut erkennen, dass für alle Winkel α zwischen 0° und 90° gilt (↑ steht in diesem Buch für einen zunehmenden Wert, ↓ für einen abnehmenden):

- $\alpha\uparrow = \sin\alpha\uparrow$ und $0 \leq \sin\alpha \leq 1$
- $\alpha\uparrow = \cos\alpha\downarrow$ und $0 \leq \cos\alpha \leq 1$

Außerdem sieht man Folgendes:

- $\sin 0° = 0; \sin 90° = 1$
- $\cos 0° = 1; \cos = 90° = 0$.

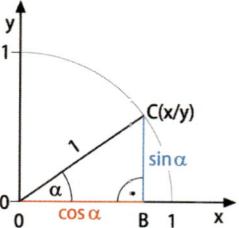

◘ **Abb. 1.10** Sinus und Cosinus im Einheitskreis

Auch der Tangens lässt sich am Einheitskreis veranschaulichen. Allerdings muss dabei die Ankathete des Winkels dem Radius des Kreises entsprechen und nicht die Hypotenuse (◘ Abb. 1.11).

Da in diesem Fall die Ankathete gleich 1 ist, entspricht $\tan\alpha$ der Gegenkathete von α, also dem y-Wert von C. Wie schon bei Sinus und Cosinus zeigt uns der Einheitskreis auch einige Eigenschaften des Tangens:

- $\alpha\uparrow = \tan\alpha\uparrow$.
- $\tan\alpha$ kann ins Unendliche steigen.
- $\tan 0° = 0; \tan 90°$ existiert nicht.

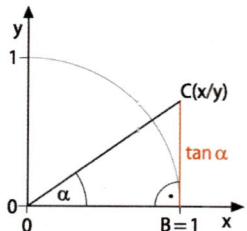

◘ **Abb. 1.11** Veranschaulichung des Tangens am Einheitskreis

Zudem erkennt man am Einheitskreis für Winkel zwischen 0° und 90° folgende Zusammenhänge:

- $\sin\alpha = \cos(90° - \alpha)$,
- $\cos\alpha = \sin(90° - \alpha)$,
- $\tan\alpha = \dfrac{\sin\alpha}{\cos\alpha}$.

Veranschaulichen lassen sich einige Zusammenhänge auch, indem man Sinus und Cosinus als Funktion des Winkels schreibt (◘ Abb. 1.12). Hier sieht man leicht, für welche Winkel sich positive, negative und Extremwerte für den Sinus und Cosinus ergeben.

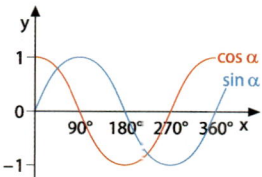

◘ **Abb. 1.12** Darstellung des Sinus und Cosinus als Funktion des Winkels α

1.3.3 Satz des Pythagoras

Der **Winkelsummensatz** besagt: Die Summe der Winkel in einem Dreieck beträgt 180°: **$\alpha + \beta + \gamma = 180°$**. Dadurch lässt sich bei zwei bekannten Winkeln immer der dritte Winkel berechnen. Mit den Seiten eines Dreiecks geht das nicht so einfach. Mit zwei bekannten Seiten kann man die fehlende Seite nur in einem rechtwinkligen Dreieck einfach berechnen, und zwar mit dem **Satz des Pythagoras** (◘ Abb. 1.13): In jedem rechtwinkligen Dreieck haben die Quadrate über den Katheten a und b zusammen den gleichen Flächeninhalt wie das Quadrat über der Hypotenuse c: **$a^2 + b^2 = c^2$**.

Für uns ist dabei nicht wichtig, warum das so ist oder welche mathematischen Konsequenzen es nach sich zieht. Wir benötigen für unsere Berechnungen nur die mathematische Formel $a^2 + b^2 = c^2$. Kennen wir nun zwei Seiten, so müssen wir deren Werte nur in die Formel einsetzen und diese lösen. Voilà!

Auch im Einheitskreis lässt sich der Satz des Pythagoras anwenden und man erhält den interessanten Zusammenhang zwischen den Winkelfunktionen, **$(\sin\alpha)^2 + (\cos\alpha)^2 = 1$**.

Pythagoras:
gr. Philosoph (570–497 v. Chr.)

Satz des Pythagoras:
$$a^2 + b^2 = c^2.$$

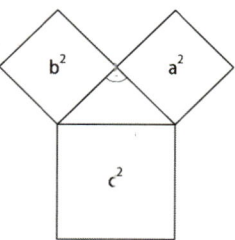

◘ **Abb. 1.13** Satz des Pythagoras

Satz des Pythagoras, im Einheitskreis angewendet:
$$(\sin\alpha)^2 + (\cos\alpha)^2 = 1.$$

1.3.4 Schiefe Ebene

Schiefe Ebene:
auf den Körper wirken:
– Gewichtskraft $\vec{F}_G$,
– Hangabtriebskraft $\vec{F}_H$,
– Anpresskraft $\vec{F}_N$.

Eine Anwendungsmöglichkeit der Trigonometrie ist die schiefe Ebene. Wir wissen, dass jeder Körper auf der Erde eine bestimmte **Gewichtskraft** $\vec{F}_G$ erfährt, die ihn nach unten (zum Erdmittelpunkt) zieht. Wir wissen auch: Wenn man einen Körper auf eine schiefe Fläche legt, z. B. einen Patienten in ein schräg gestelltes Krankenhausbett, dann wirken zwei Kräfte auf seinen Körper (◘ Abb. 1.14):

- die **Hangabtriebskraft** $\vec{F}_H$ sorgt dafür, dass der Patient ständig ans Fußende des Bettes rutscht,
- die **Anpresskraft** $\vec{F}_N$ drückt den Patienten senkrecht auf das Bett.

Hangabtriebskraft und Anpresskraft stehen also senkrecht aufeinander.

◘ **Abb. 1.14** Schräg gestelltes Patienten-bett als Beispiel einer schiefen Ebene: Die Gewichtskraft $\vec{F}_G$ wirkt senkrecht zum Boden, die Hangabtriebskraft $\vec{F}_H$ parallel zur Ebene und die Anpresskraft (Normal-kraft) $\vec{F}_N$ senkrecht zur Ebene

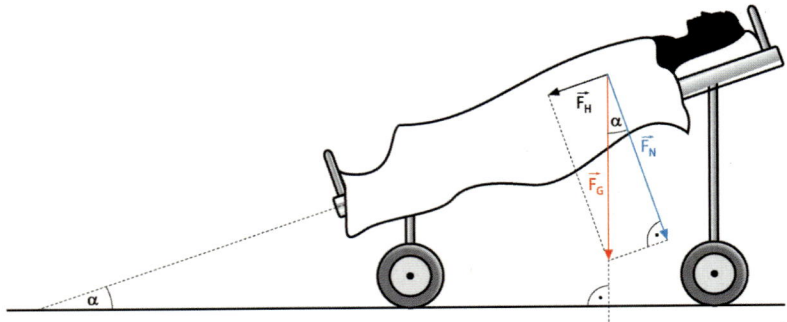

Außerdem wissen wir aus der Erfahrung: Die Hangabtriebskraft F_H steigt mit dem Winkel α. Das heißt, je steiler wir das Bett stellen, desto stärker ist die Kraft, die den Patienten zum Fußende rutschen lässt. (Deshalb sollte man beim Krankenpflegepraktikum immer erst das ganze Bett in die Waagrechte bringen, bevor man den Patienten wieder nach oben zieht, da man sonst der Hangab-triebskraft entgegenwirken muss.)

Schiefe Ebene:
Gewichtskraft = vektorielle Summe aus Hangabtriebskraft und Anpresskraft.

Wie hängen diese Kräfte zusammen? Die Kraft ist ein Vektor und jeder Vektor lässt sich durch Addition anderer Vektoren darstellen oder – anders ausgedrückt – in andere Vektoren zerlegen (▶ Abschn. 1.2.1). Bei der schiefen Ebene können wir die Gewichtskraft als vektorielle Summe der Hangabtriebs-kraft und der Anpresskraft darstellen.

Wir erhalten dabei ein Rechteck mit den Seiten $\vec{F}_H$ und $\vec{F}_N$, da diese senk-recht aufeinander stehen, und mit der Diagonalen $\vec{F}_G$. Dabei entspricht der von $\vec{F}_G$ und $\vec{F}_N$ eingeschlossene Winkel dem Steigungswinkel α. Mit diesem Wis-sen können wir jetzt wie mit jedem anderen rechtwinkligen Dreieck rechnen und die verschiedenen Beträge der Kräfte bestimmen. Also z. B.:

- $\vec{F}_H = \vec{F}_G \cdot \sin\alpha$,
- $\vec{F}_N = \vec{F}_G \cdot \cos\alpha$.

---

kurz & knapp

- Bei der **Trigonometrie** geht es um die Berechnung von Dreiecken.
- **Sinus, Cosinus** und **Tangens** sind **Seitenverhältnisse** im rechtwinkligen Dreieck.
- Der **Einheitskreis** dient der Veranschaulichung von Sinus, Cosinus und Tangens.

— Der **Satz des Pythagoras** dient der Berechnung von Dreieckseiten, gilt aber nur in rechtwinkligen Dreiecken.
— An der schiefen Ebene wirken drei Kräfte:
  — **Gewichtskraft** $\vec{F}_G$ senkrecht zum Untergrund;
  — **Hangabtriebskraft** $\vec{F}_H$ entlang (parallel) der schiefen Ebene;
  — **Anpresskraft** $\vec{F}_N$ senkrecht zur schiefen Ebene.

1.3.5 Übungsaufgaben

Aufgabe 1: Gegeben ist ein Dreieck ABC mit c = 28 cm, α = 39° und einem rechten Winkel γ = 90°. Berechne die fehlenden Winkel und Seiten des Dreiecks.

Aufgabe 1

Lösung 1: Es ist immer hilfreich, sich zuerst zu überlegen, was genau gefragt ist, und eventuell eine Skizze zu machen. In dieser Aufgabe sind gesucht: a, b und β. β lässt sich über den Winkelsummensatz berechnen: β = 180° − (α + γ) = 51°. Die Seiten lassen sich über den Sinus und Cosinus von α berechnen:

$$\sin\alpha = \frac{a}{c} \rightarrow a = c \cdot \sin\alpha = 17,62 \text{ cm}; \cos\alpha = \frac{b}{c} \rightarrow c \cdot \cos\alpha = 21,76 \text{ cm}.$$

Aufgabe 2: Ein 1,7 m großer Mensch wirft einen 2,0 m langen Schatten. In welchem Winkel zur Horizontalen steht die Sonne?

Aufgabe 2

Lösung 2: Hier ist eine Skizze sehr hilfreich: ◻ Abb. 1.15.

◻ **Abb. 1.15** Skizze zur Lösung der Aufgabe 2

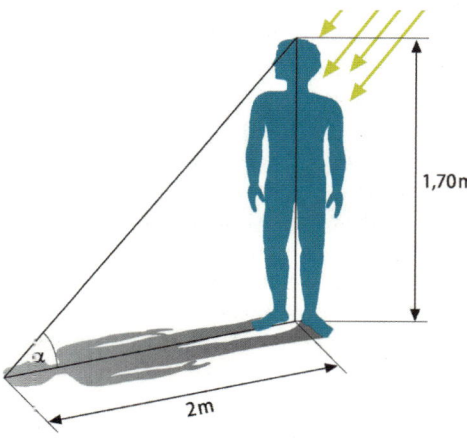

1,70 m

2 m

Gesucht wird der Winkel α. Gegeben sind die Gegenkathete zu α = a = 1,7 m und die Ankathete zu α = b = 2,0 m. Wir nehmen folgende Gleichung und lösen nach α auf:

$$\tan\alpha = \frac{a}{b} = 0,85 \rightarrow \alpha = 40,36°$$

Grundlagen

Aufgabe 3

Aufgabe 3: Ergänze ◨ Tab. 1.1.

◨ **Tab. 1.1** Übungsaufgabe 3: Ergänze die jeweils fehlenden Längenwerte					
Dreieck Nr.	**1**	**2**	**3**	**4**	**5**
Kathete a	3	?	7	?	12
Kathete b	10	5	?	4	?
Hypotenuse c	?	10	13	17	19

Lösung 3: Für diese Aufgabe benötigen wir den Satz des Pythagoras: $a^2+b^2=c^2$. Diesen müssen wir nur entsprechend umstellen und dann die Gleichung lösen: $c = \sqrt{a^2+b^2}$; $a = \sqrt{c^2 - b^2}$; $b = \sqrt{c^2 - a^2}$ (◨ Tab. 1.2).

◨ **Tab. 1.2** Lösung 3					
Dreieck Nr.	**1**	**2**	**3**	**4**	**5**
Kathete a	3	8,66	7	16,52	12
Kathete b	10	5	10,95	4	14,73
Hypotenuse c	10,44	10	13	17	19

Aufgabe 4

Aufgabe 4: Wenn man ein Anatomiebuch, dessen Gewichtskraft 5 N beträgt, auf ein Schreibpult mit dem Steigungswinkel 30° legt, wie groß sind dann die Hangabtriebskraft F_H und die Anpresskraft F_N ?

Lösung 4: Es handelt sich beim Schreibpult um eine schiefe Ebene. Hier ist die Skizze wichtig, da man sonst leicht den Überblick verliert (◨ Abb. 1.14). Wir nutzen wieder den Sinus und den Cosinus von α:

$$\sin\alpha = \frac{F_H}{F_G} \rightarrow F_H = F_G \cdot \sin\alpha = 2{,}5 \text{ N};$$

$$\cos\alpha = \frac{F_N}{F_G} \rightarrow F_N = F_G \cdot \cos\alpha = 4{,}3 \text{N}.$$

Alles klar!

Die richtige Rampe
Eine Rollstuhlrampe ist eine schiefe Ebene. Je steiler sie ist, desto größer ist die Kraft, die den Rollstuhl hinunterrollen lässt. Möchte ein Rollstuhlfahrer die Rampe hinauf, muss er diese Kraft überwinden. Ist der Steigungswinkel der Rampe zu groß, reicht seine Muskelkraft dafür nicht mehr aus und er ist auf Hilfe angewiesen – und selbst die vereinten Kräfte können bei großem Winkel nicht mehr ausreichen.
Aber auch beim Hinunterfahren ist eine große Steigung ungünstig, da der Rollstuhl hierbei zu schnell werden kann und sich eventuell nicht mehr abbremsen lässt. Kurze Rollstuhlrampen sind zwar platzsparend, aber nicht zweckmäßig, da sie meist zu steil sind und sich nur schwer überwinden lassen. Eine Rollstuhlrampe sollte immer so flach wie möglich und dafür gern ein bisschen länger sein.

1.4   Potenzen und Potenzfunktionen

Annekathrin Drensek

- Potenzen
- Potenzgesetze
- Potenzfunktionen
- Wachstums- und Zerfallsgesetz
- Exponentialfunktion und Logarithmusfunktion

> **Wie jetzt?**
>
> **Radioaktiver Zerfall – ein Patientenfall**
> Sie verabreichen einem Patienten ein radioaktives Medikament. Dieser möchte nach seiner Entlassung gern so schnell wie möglich seine neugeborene Enkeltochter sehen. Im Gespräch mit Ihnen fragt er, ab wann sich das Medikament so weit abgebaut hat, dass er seine Enkeltochter nicht mehr gefährdet! Selbstverständlich wurde die Dosis so gering wie notwendig gewählt und dadurch ist die Strahlenbelastung für die Umgebung des Patienten minimal. Dennoch möchten Sie den Patienten mit einer einfachen Rechnung beruhigen, die ihm zeigt, ab wann die durch das Medikament zusätzlich auftretende radioaktive Strahlung unter die natürliche Umgebungsstrahlung abgefallen ist. Aber wie geht das noch mal mit dem radioaktiven Zerfallsgesetz?
> Sie versprechen, dem Patienten bei der nächsten Visite Bescheid zu sagen.

Im folgenden Abschnitt beschäftigen wir uns mit der mathematischen Potenz und Potenzfunktionen.

1.4.1   Potenzen

In der Mathematik versteht man unter der Potenz das Multiplizieren einer Zahl mit sich selbst. Dies sieht folgendermaßen aus:

$$a^n = a \cdot a \cdot a \cdot a \cdot \ldots \cdot a, \text{ also n-mal der Faktor a.}$$

a nennt man die **Basis** und n den **Exponenten** der Potenz. Dabei ist a eine beliebige Zahl mit Ausnahme der Zahl 0 und n ist Element der natürlichen Zahlen. Also ergibt sich z. B. für die Basis $a = 2$ und den Exponenten $n = 5$:

> Potenz:
> Multiplikation einer Zahl mit sich selbst.
> Dabei gilt: a = Basis, n = Exponent.

$$2^5 = 2 \cdot 2 \cdot 2 \cdot 2 \cdot 2 = 32.$$

Wenn $n = 2$ ist, so spricht man auch vom Quadrat einer Zahl, also »a im Quadrat« und für $n = 3$ spricht man vom Kubus oder der Kubikzahl.

> Quadrat bei $n = 2$;
> Kubikzahl bei $n = 3$.

Es gibt einige **Sonderfälle** bei den Potenzen. Diese sollten Sie sich gut einprägen, denn sie machen manche fast unlösbare Aufgabe ganz einfach!

- Wenn $n = 0$, gilt $a^0 = 1$, egal für welche Zahl a in diesem Fall steht.
- Für $n = 1$ verwendet man immer die abkürzende Schreibweise: $a^1 = a$.

> $n = 0 \rightarrow a^0 = 1$.
>
> $n = 1 \rightarrow a^1 = a$.

Grundlagen

Des Weiteren gibt es noch Umformungen, die Ihnen auch geläufig sein sollten:

Für negative Exponenten gilt: $a^{-n} = \dfrac{1}{a^n}$; umgekehrt gilt natürlich: $\dfrac{1}{a^{-n}} = a^n$.

Eine weitere wichtige Umformung ist die Umformung einer Potenz in eine Wurzel. Ist der Exponent einer Potenz ein Bruch mit positivem Vorzeichen, so kann man nach folgender Rechenregel aus einer Potenz eine Wurzel machen:

$$a^{\frac{n}{m}} = \sqrt[m]{a^n} \text{ ; speziell für } n = 1 \text{ gilt: } a^{\frac{1}{m}} = \sqrt[m]{a}.$$

Bei Anwendung der bisher aufgeführten Umformungen lassen sich auch etwas kompliziertere Ausdrücke vereinfachen und berechnen.

Beispiele:

$$8^{-\frac{1}{3}} = \frac{1}{8^{\frac{1}{3}}} = \frac{1}{\sqrt[3]{8^1}} = \frac{1}{\sqrt[3]{8}} = \frac{1}{2}.$$

$$\left(\frac{6}{7}\right)^{-3} = \left(\frac{7}{6}\right)^3.$$

1.4.2 Potenzgesetze

Potenzgesetze sind auswendig zu lernen!

Für das Rechnen mit Potenzen gibt es diverse Regeln, die zu beachten sind. Leider ist dies wieder so eine Sache, bei der nur eine Erkenntnis bleibt: Lernen Sie die **Potenzgesetze** auswendig!

1. Multipliziert man Potenzen mit gleicher Basis und verschiedenen Exponenten, so bleibt die Basis erhalten und die Exponenten addieren sich:

$$a^m \cdot a^n = a^{m+n}.$$

2. Multipliziert man Potenzen mit unterschiedlichen Basen, aber gleichen Exponenten, so bleibt der Exponent erhalten und die Basen werden multipliziert:

$$a^m \cdot a^m = (a \cdot b)^m.$$

3. Dividiert man Potenzen mit gleicher Basis, aber verschiedenen Exponenten, so bleibt die Basis erhalten und die Exponenten werden voneinander subtrahiert:

$$\frac{a^m}{a^n} = a^{m-n}.$$

4. Dividiert man Potenzen mit unterschiedlichen Basen, aber gleichen Exponenten, so bleibt der Exponent erhalten und die Basen werden dividiert:

$$\frac{a^n}{b^n} = \left(\frac{a}{b}\right)^n.$$

5. Potenziert man eine Potenz, so bleibt die Basis erhalten und die Exponenten werden multipliziert:

$$(a^m)^n = a^{m \cdot n} = (a^n)^m.$$

1.4.3 Potenzfunktionen

Unter einer Potenzfunktion versteht man eine Funktion der Form $y = f(x) = x^n$. (n ist hierbei ein Element der natürlichen Zahlen 1, 2, 3, ...) Man spricht also von einer Potenzfunktion, wenn die Basis einer Potenz eine Variable ist, hier x.

Grundlegende Eigenschaften dieser Funktionen lassen sich am besten anhand einer Abbildung klarmachen (◘ Abb. 1.16).

Die Graphen bezeichnet man als **Parabeln** n-ten Grades, für n = 4 erhalten wir also eine Parabel 4. Grades. Wie ◘ Abb. 1.16 zeigt, sind Parabeln mit geradem Exponenten symmetrisch zur y-Achse, während Parabeln mit ungeradem Exponenten symmetrisch zum Koordinatenursprung (x = 0 ; y = 0) sind.

Und wie verhält es sich mit negativen Exponenten? Potenzfunktionen der Form $y = f(x) = x^{-n}$ werden **Hyperbeln** genannt. In ◘ Abb. 1.17 sind die Hyperbeln bis zum 2. Grad dargestellt.

Die Graphen der Hyperbeln teilen sich in zwei Hyperbeläste auf, die am Punkt für x = 0 getrennt sind. Denn für x = 0 sind Hyperbeln nicht definiert, die Division durch 0 ist nicht definiert:

$$x^{-n} = \frac{1}{x^n} = \frac{1}{0}.$$

Das Symmetrieverhalten der Hyperbeln entspricht dem der Parabeln:
- Mit geradem Grad sind sie symmetrisch zur y-Achse.
- Mit ungeradem Grad sind sie punktsymmetrisch zum Koordinatenursprung.

Eine wichtige Eigenschaft der Hyperbeln sei noch erwähnt. Sie nähern sich für große (positive und negative) x-Werte an die x-Achse an, ohne diese jedoch jemals zu erreichen, und für kleine x-Werte, also für $x \to 0$, nähern sie sich der y-Achse an, ohne auch diese jemals zu berühren. Dieses Annähern bezeichnet man als **asymptotisches Verhalten**.

Umkehrfunktionen von Potenzfunktionen

Bei den bislang betrachteten Potenzfunktionen wird jedem x-Wert eindeutig ein Funktionswert $y = f(x)$ zugeordnet. Was ist zu tun, wenn wir aus gegebenen Funktionswerten y die zugehörigen x-Werte berechnen sollen? Wir suchen somit eine **Funktion** f^{-1}, die **Umkehrfunktion** zu f, die jedem y eindeutig ein x zuordnet. In der Notation deutet man dies wie folgt an:

$$x = f^{-1}(y).$$

Es ist offensichtlich, dass es eine eindeutige Umkehrfunktion nur dann geben kann, wenn f jedem x-Wert genau **einen** y-Wert $y = f(x)$ zuordnet. Eine solche Funktion wird als **eineindeutig** bezeichnet.

Untersuchen wir die oben genannten Parabeln und Hyperbeln, so stellen wir Folgendes fest: **Für ungerade Exponenten handelt es sich um eineindeutige Funktionen, während für gerade Exponenten jeder Funktionswert für zwei verschiedene x-Werte angenommen wird.** Dies bietet uns die Möglichkeit, diese Funktionen in zwei Bereiche zu unterteilen, einmal für positive x-Werte und einmal für negative x-Werte. In diesen Bereichen ergeben sich wieder eineindeutige Zuordnungen zwischen den x- und y-Werten.

Unter Anwendung der Potenzgesetze ergibt sich jeweils für den Wertebereich, in dem eine eineindeutige Zuordnung gegeben ist, eine einfache Darstellung der Umkehrfunktionen für die Potenzfunktionen.

Potenzfunktion:
$y = f(x) = x^n$.

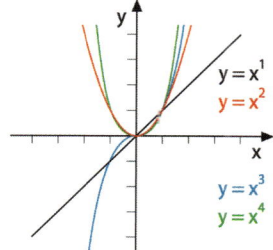

◘ **Abb. 1.16** Parabeln zum Grad n = 1 bis n = 4

Hyperbel:
Potenzfunktion der Form
$y = f(x) = x^{-n}$.

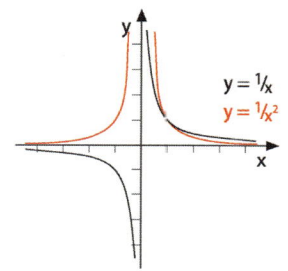

◘ **Abb. 1.17** Hyperbeln vom Grad n = 1 und n = 2

Hyperbeln zeigen asymptotisches Verhalten.

f^{-1}:
Umkehrfunktion zu f.

Für $y = f(x) = x^n$ erhält man die Umkehrfunktion $x = f^{-1}(y) = y^{\frac{1}{n}} = \sqrt[n]{y}$.

Die Umkehrfunktionen zu den Potenzfunktionen sind also die Wurzelfunktionen.

1.4.4 Wachstums- und Zerfallsgesetz

Um nun von der grauen Theorie in die farbige Anwendung zu kommen, besprechen wir in diesem Abschnitt die Wachstums- und Zerfallsfunktionen. Das sind zwei Begriffe, die Sie nicht erschrecken dürften, denn alles Wichtige dazu haben Sie bereits auf den vorangegangenen Seiten gelesen und hoffentlich verstanden. Bei Wachstums- und Zerfallsfunktionen bildet die variable Größe im Unterschied zu den Potenzfunktionen den Exponenten einer Potenz, nicht seine Basis. Also tief durchatmen, es kommt kein erschlagender Packen neuer Theorie.

Wachstumsgesetz

Das Wachstumsgesetz findet z. B. in der Biologie Anwendung, wenn man rausfinden will, wie viele Bakterien sich aus einem Stamm nach einer gewissen Zeit gebildet haben. Und wenn wir schon bei einem Beispiel sind, erkläre ich Ihnen doch einfach alles gleich an diesem Beispiel:

Wir nehmen an, dass Sie einen Bakterienstamm mit 125 Bakterien als Grundstock vorfinden. Des Weiteren ist bekannt, dass sich die Bakterien alle 2 h teilen, also aus eins mach zwei. Die Aufgabe besteht nun darin zu berechnen, wie sich die Anzahl der Bakterien im Verlauf der nächsten Stunden entwickelt. Ziel könnte die Frage sein, nach wie vielen Stunden die Bakterienzahl auf 256.000 Bakterien angestiegen ist – der Anzahl, die für weiterführende Untersuchungen benötigt wird.

Die Entwicklung der Anzahl an Bakterien lässt sich wie folgt beschreiben: Ausgehend von einer Anfangszahl N_0 haben wir nach einer Teilung $2 \cdot N_0$ Bakterien, nach einer weiteren Teilung bereits $2 \cdot 2 \cdot N_0$. Unter Anwendung der Potenzschreibweise erhalten wir für die Anzahl N nach n Teilungen:

Wachstumsgesetz:

$N = 2^n \cdot N_0$.

$$N = 2^n \cdot N_0.$$

Diesen Zusammenhang bezeichnet man als Wachstumsgesetz. Grafisch ist der Zusammenhang zwischen N und N_0 in ◧ Abb. 1.18 dargestellt.

Zerfallsgesetz

Eine weitere wichtige Anwendungsformel ist das Zerfallsgesetz. Es beschreibt den Vorgang, bei dem ausgehend von einem Anfangswert sich die noch vorhandene Anzahl nach einer bestimmten Zeit T, der Halbwertszeit, halbiert, also:

Zerfallsgesetz:

$N = \left(\dfrac{1}{2}\right)^n \cdot N_0$.

$$N = \left(\frac{1}{2}\right)^n \cdot N_0.$$

N_0 steht auch hier für den Ausgangswert. Die Basis 1/2 ist hier nicht durch die Verdopplung, sondern eben durch die Halbierung des Ausgangswerts in einer bestimmten Zeit, eben der Halbwertszeit, bedingt (◧ Abb. 1.18).

Mit den beiden Gesetzen lässt sich also die Entwicklung einer Population beschreiben, bei der sich in bestimmten Abständen die Anzahl verdoppelt bzw. halbiert.

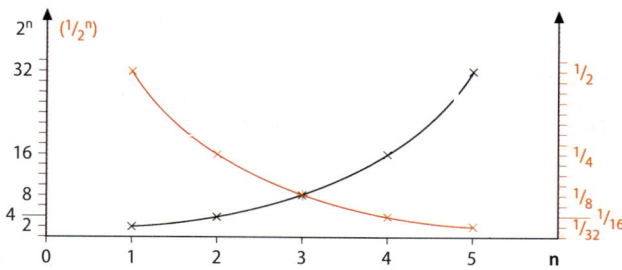

Stellt sich die Frage: Wie viele Verdopplungs- bzw. Halbierungsabstände muss man warten, um eine bestimmte gewünschte Populationszahl zu erhalten? Wie berechnet also sich die Anzahl n bei vorgegebenen Werten N und N_0?

Der einfachste Weg ist Ausprobieren, also Abzählen, bis gilt:

$$2^n > \frac{N}{N_0} \quad \text{bzw.} \quad \left(\frac{1}{2}\right)^n < \frac{N}{N_0}.$$

Die Potenzen von 2 für steigendes n kennt ja jeder: 2, 4, 8, 16, 32, 64, 128, 256, 512, 1024, … . Die mathematische Lösung der Aufgabe führt uns allerdings auf den Logarithmus.

Logarithmus

Der Logarithmus ist der Exponent, mit dem man eine vorgegebene Zahl, die Basis, potenzieren muss, um eine bestimmte andere Zahl, den Numerus, zu erhalten.

Mit dem Satz sind Sie immer noch nicht schlauer? Kein Problem! Ein Beispiel zum Verdeutlichen folgt sofort: Wir wissen: $10^3 = 1000$. In diesem Beispiel ist der Logarithmus von 1000 zur Basis 10 die Zahl 3.

Der Logarithmus ist also der Exponent, mit dem man die gegebene Basis 10 potenzieren muss, um den gegebenen Numerus 1000 zu erhalten. Die folgende Gleichung zeigt allgemein, wie mit dem Logarithmus der Exponent einer Potenz bestimmt werden kann:

Logarithmus von 1000 zur Basis 10 ist 3:
$$10^3 = 1000.$$

Die Gleichung $a^c = b$ aufgelöst nach c ergibt: $c = \log_a(b)$.

Man spricht: c ist der Logarithmus von b zur Basis a.

Auch beim Logarithmus bleiben Ihnen die **Sonderformen** nicht erspart. Die folgenden Umformungen sollten Sie im Kopf haben, denn auch sie können einem das Leben enorm vereinfachen:

━ Der Logarithmus einer Zahl a zur Basis a ist immer eins: $\log_a(a) = 1$.
━ Der Logarithmus von eins zu einer beliebigen Basis a ist immer null: $\log_a(1) = 0$.

Von besonderem Interesse sind die Logarithmen zu besonderen Basen, denn bei der Beschreibung von Wachstums- bzw. Zerfallsprozessen verwendet man meist die Basis 2 (Verdopplung) oder die Basis 10 (Verzehnfachung).

Den meisten von Ihnen wird der **dekadische Logarithmus**, also der Logarithmus zur Basis 10, bekannt sein. Für ihn verwendet man die spezielle Bezeichnung:

$$\log_{10}(b) = \lg(b).$$

Basis 2:
dyadischer Logarithmus,

Basis 10:
dekadischer Logarithmus,

Basis e:
natürlicher Logarithmus.

Für die Basis 2 erhält man den sog. **dyadischen Logarithmus**:

$$\log_2(b) = \text{ld}(b).$$

Eine weitere besondere Basis stellt die Euler'sche Zahl e dar. Diese ist eine irrationale Zahl: $e = 2{,}71828182845\ldots$ Sie wird nach dem Schweizer Mathematiker Leonhard Euler benannt. Wird die Euler'sche Zahl e als Basis verwendet, so spricht man vom **natürlichen Logarithmus**:

$$\log_e(b) = \ln(b).$$

Gesetze für das Rechnen mit Logarithmen

Für das Rechnen mit Logarithmen gibt es bestimmte Gesetze.

Wie Sie bestimmt schon erwartet haben, gilt es auch für das Rechnen mit Logarithmen bestimmte Gesetze einzuhalten:
– Gesetz 1: Der Logarithmus eines Produkts ergibt die Summe aus zwei Logarithmen:

$$\log_a(u \cdot v) = \log_a(u) + \log_a(v).$$

– Gesetz 2: Der Logarithmus aus einem Bruch ergibt die Differenz aus zwei Logarithmen:

$$\log_a\left(\frac{u}{v}\right) = \log_a(u) - \log_a(v).$$

– Gesetz 3: Der Logarithmus einer Potenz ergibt den Exponent multipliziert mit dem Logarithmus der Basis:

$$\log_a(u^n) = n \cdot \log_a(u).$$

1.4.5 Exponential- und Logarithmusfunktionen

Nach den bisher gewonnenen Erkenntnissen rund um die Potenzen fehlt nur noch eine Betrachtung. Diese steht nun zum Schluss, nicht nur weil sie sehr wichtig ist, sondern auch weil sie eben der anspruchsvollste Teil unserer Mathematik ist.

Es handelt sich um den Fall, bei dem die Variable x im Exponenten der Potenz auftaucht. Man spricht in diesem Fall von einer **Exponentialfunktion**. Die allgemeine Form lautet:

Exponentialfunktion:
$y = f(x) = a^x$.

$$y = f(x) = a^x \text{ mit beliebiger Basis } a.$$

Es ist also nichts anderes als die Erweiterung des Wachstums- (Basis $a = 2$) bzw. Zerfallsgesetzes (Basis $a = 1/2$), die wir uns eben angeschaut haben, auf die Variable x im Exponenten.

Nun ist Ihnen bestimmt *die* Exponentialfunktion zur Basis e bekannt: $y = f(x) = e^x$, während Sie die Funktionen 2^x und 3^x, wahrscheinlich nicht kennen, 10^x aber wiederum schon gesehen haben. Denken wir nur an die verkürzende Schreibweise sehr großer oder kleiner Zahlen. Stellt sich die Frage: Wie verhält sich das mit den unterschiedlichen Basen? Ganz einfach! Es gibt eine Umformung, mit deren Hilfe jede beliebige Exponentialfunktion auf die Basis e zurückgeführt werden kann. Kleine Herleitung für Interessierte:

Wie muss der Exponent z zur Basis e aussehen, damit gilt: $e^z = a^x$?
Wenden wir den Logarithmus zur Basis e auf beiden Seiten an, erhalten wir:

$$z = \log_e(a^x).$$

Unter Verwendung des 3. Logarithmengesetzes erhalten wir:

$$z = x \cdot \log_e(a) = x \cdot \ln(a).$$

Somit gilt:

$$e^{x \cdot \ln(a)} = a^x.$$

Es genügt also tatsächlich, die Eigenschaften *der* Exponentialfuntion e^x näher anzuschauen, um *alle* Exponentialfunktionen zu kennen.
   Die Exponentialfunktion e^x weist **drei wichtige Eigenschaften** auf, die Sie sich unbedingt merken sollten (◘ Abb. 1.19):

▬ Sie verläuft stets durch den Punkt $(0/1)$ und für alle x sind die Funktionswerte $f(x) > 0$.
▬ Die Ableitung der e-Funktion ist immer die e-Funktion selbst.
▬ Die Stammfunktion der e-Funktion ist auch stets $y = e^x$.

Die Umkehrfunktion zur e-Funktion ist die Funktion des natürlichen Logarithmus: $y = \ln(x)$.
   Der Definitionsbereich einer Logarithmusfunktion gilt für folgende x: $0 < x < +\infty$.
   Der Wertebereich lautet: $-\infty < y < +\infty$.
   Logarithmusfunktionen haben als einzige Nullstelle $x = 1$, d. h., alle Logarithmusfunktionen verlaufen durch den Punkt $(1/0)$.
   Der Graph der Funktion nähert sich asymptotisch der y-Achse für $x \to 0$.

   Die Ableitungsfunktion des $\ln(x)$ lautet: $\dfrac{1}{x}$.

   Grafisch erhält man die Umkehrfunktion zur Exponentialfunktion, indem man $y = e^x$ an der Geraden $y = x$ spiegelt.

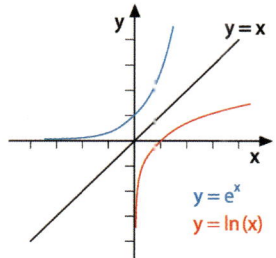

◘ **Abb. 1.19** Exponentialfunktion e^x und ihre Umkehrfunktion, die Logarithmusfunktion $\ln(x)$. Grafisch erhält man die Umkehrfunktion einfach durch Spiegelung an der Geraden $y = x$

Die Umkehrfunktion der e-Funktion ist die Funktion des natürlichen Logarithmus!

kurz & knapp
▬ Beachten Sie beim Rechnen mit Potenzen die Potenzgesetze.
▬ Die Graphen der Potenzfunktionen für gerade Exponenten nennt man Parabeln und für ungerade Exponenten Hyperbeln.
▬ Die Umkehrfunktionen der Potenzfunktionen sind die Wurzelfunktionen.
▬ Beachten Sie beim Rechnen mit Logarithmen die zugehörigen Gesetze.
▬ Wachstum und Zerfall lassen sich mittels Exponentialfunktionen darstellen.
▬ Jede Exponentialfunktionen mit beliebiger Basis lässt sich in *die* Exponentialfunktion e^x umrechnen.
▬ Die Basis der Exponentialfunktion ist die Euler'sche Zahl.
▬ Die Umkehrfunktion zur Exponentialfunktion ist die Funktion des natürliche Logarithmus $\ln(x)$.

Grundlagen

1.4.6 Übungsaufgaben

Aufgabe 1

Aufgabe 1: Berechnen Sie: $10^3 \cdot 10^{-4}$; $10^3 \cdot \left(\frac{1}{2}\right)^3$; $\frac{10^{125}}{10^{123}}$.

Lösung 1:

$$10^3 \cdot 10^{-4} = 10^{(3-4)} = 10^{-1} = \frac{1}{10} = 0,1.$$

$$10^3 \cdot \left(\frac{1}{2}\right)^3 = \left(10 \cdot \frac{1}{2}\right)^3 = 5^3 = 125.$$

$$\frac{10^{125}}{10^{123}} = 10^{(125-123)} = 10^2 = 100.$$

Aufgabe 2

Aufgabe 2: Das Schwächungsgesetz für die Intensität I einer Röntgenstrahlung lautet: $I = I_0 \cdot 10^{-\mu \cdot d}$. Berechnen Sie die benötigte Schichtdicke d, wenn Ihre Schutzweste die Intensität I_0 um den Faktor 200 verringern soll. Der Schwächungskoeffizient sei $\mu = 250 \text{ m}^{-1}$.

Lösung 2: Auflösen der Gleichung nach d ergibt: $d = -\frac{1}{u} \cdot \lg\left(\frac{I}{I_0}\right)$.

Einsetzen der Werte ergibt: $d = 0,009$ m.

Aufgabe 3

Aufgabe 3: Berechnen Sie den Wert für x in: $6^x = 216$.

Lösung 3: Wenden Sie auf beiden Seiten den dekadischen Logarithmus an und beachten Sie die Logarithmengesetze:

$$x \cdot \lg(6) = \lg(216)$$

$$x = \frac{\lg(216)}{\lg(6)}$$

$$x = 3.$$

Alles klar!

Die Auskunft am nächsten Tag

Um Ihrem Patienten eine Antwort liefern zu können, müssen Sie das Zerfallsgesetz für radioaktive Stoffe anwenden. Details zum radioaktiven Zerfall finden Sie in ▶ Kap. 7. Die Strahlungsintensität I, die der Patient abgibt, klingt demnach exponentiell ab und lässt sich beschreiben mit:

$I = I_0 \cdot e^{-\frac{t}{\tau}}$.

Dabei stellt I_0 die verabreichte Anfangsintensität dar. Den Unterlagen zum Medikament entnehmen Sie, dass die natürliche Umgebungsintensität I ca. 0,1% der zu erwartenden Anfangsintensität I_0 direkt auf der Körperoberfläche ist, also $I = 0,001 \cdot I_0$ und die typische Zerfallskonstante des Medikaments $\tau = 3$ h beträgt. Nun müssen Sie nur noch die Gleichung nach t auflösen und die bekannten Werte einsetzen. Also:

$$I = I_0 \cdot e^{-\frac{t}{\tau}} \qquad | : I_0 \text{ und den ln angewendet ergibt}$$

$$\ln\left(\frac{I}{I_0}\right) = -\frac{t}{\tau} \qquad | \text{ nach t auflösen}$$

$$t = -\tau \cdot \ln\left(\frac{I}{I_0}\right) \qquad | \text{ Einsetzen der Werte}$$

$$t = -3\,\text{h} \cdot (-6{,}9) = 20{,}7\,\text{h}.$$

Sie können also Ihrem Patienten bei der Visite am nächsten Tag sagen, dass die zusätzliche Belastung durch das Medikament bereits unter die natürliche Umgebungsbelastung abgeklungen ist.

1.5 Einfache Differenziale und Integrale

Anne McDougall

— Was ist ein Differenzial?
— Ableitungsregeln
— Ableitungen höherer Ordnung
— Extremwerte
— Was ist ein Integral?
— Integrationsregeln

Wie jetzt?

Bevölkerungswachstum
Exponentielles Bevölkerungswachstum – jedem von uns ist dieser Begriff geläufig. Mathematisch lässt sich dies bei einer Bevölkerung von ca. 6,5 Mrd. Menschen am 01.01.2006 und einer Steigerungsrate r von 0,02 pro Jahr wie folgt beschreiben:

$$N(t) = N_0 \cdot e^{(r \cdot t)}.$$

Dabei ist $N_0 = 6{,}5$ Mrd. Menschen und $r = 0{,}02$/a. (1/a bedeutet »pro Jahr«.) Aber was heißt das eigentlich? Wie viele Menschen kommen momentan (01.01.2015) jedes Jahr (oder jeden Tag) hinzu? Und wie hoch ist der jährliche Zuwachs in 30 Jahren?

1.5.1 Differenzialrechnung

Wie Sie wissen, ist eine Funktionsgleichung $y = f(x)$ eine Zuordnungsvorschrift, die jedem x-Wert spezifisch einen y-Wert zuordnet. Sie beschreibt also, wie sich y in Abhängigkeit von x verändert.

Ein Schaubild stellt diese Abhängigkeit bildlich dar (Abb. 1.20). Aus ihm lässt sich für jeden x-Wert der zugehörige y-Wert ablesen. Oft interessiert man sich dafür, wie sich in einem Punkt x_0 der Funktionswert ändert, wenn sich der x-Wert vom Punkt x_0 weg verändert. Man spricht dann von der Änderungsrate

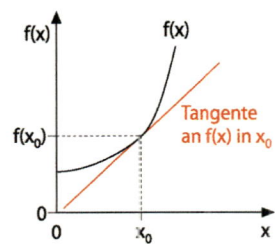

 Abb. 1.20 Die Steigung der Funktion $f(x)$ für den x-Wert x_0 ist gleich der Steigung der Tangente an die Funktion $f(x)$ im Punkt x_0

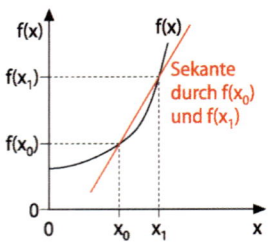

Abb. 1.21 Annäherung der Steigung einer Funktion im Punkt x_0 (Tangente) durch die Steigung einer Sekante durch $(x_0, f(x_0))$ und einen Hilfspunkt $(x_1, f(x_1))$

Die Steigung einer Funktion wird umso besser angenähert, je kleiner das Steigungsdreieck.

oder Steigung der Funktion. Im Schaubild erkennt man, dass die **Änderungsrate** in einem bestimmten Punkt x_0 der **Tangentensteigung** an diesem Punkt entspricht.

Bei einer Geraden wird dies entsprechend einfach, denn eine Gerade steigt gleichmäßig, besitzt also an jeder Stelle x die gleiche Steigung bzw. Änderungsrate. Anders ausgedrückt: Die Tangente an einem Punkt der Geraden ist die Gerade selbst.

Wie aus Schulzeiten vielleicht noch bekannt, berechnet man die Steigung einer Geraden anhand eines beliebigen Steigungsdreiecks für zwei x-Werte x_1 und x_2. Die Steigung oder Ableitung $f'(x)$ der Tangente, also der Geraden, berechnet sich dann als Differenzenquotient:

$$f' = \frac{\Delta f(x)}{\Delta x} = \frac{(f(x_2) - f(x_1))}{(x_2 - x_1)}.$$

Für Funktionen, deren Schaubild keine Gerade, sondern eine gekrümmte Kurve darstellt, lässt sich aus Funktionswerten allerdings nur eine mittlere Steigung errechnen, indem man eine Sekante als genähertes Steigungsdreieck anlegt (Abb. 1.21).

Diese mittlere Steigung gibt nun die eigentliche Steigung des Graphen (Schaubildes) an einem Punkt umso besser an, je kleiner das Steigungsdreieck ist. Denn dann geht die Sekante in die Tangente über. Die nächste Überlegung muss also lauten: Was geschieht, wenn x_1 gegen x_0 geht? Um auf diese Weise die Steigung bzw. Ableitung zu bestimmen, müsste nun also eine Grenzwertbestimmung des Differenzenquotienten für $x_1 \to x_0$ erfolgen:

$$f'(x_0) = \lim_{x_1 \to x_0} \frac{(f(x_1) - f(x_0))}{(x_1 - x_0)} = \lim_{\Delta x \to 0} \frac{\Delta f(x)}{\Delta x}.$$

Mathematisch exakt müsste man sogar zeigen, dass der Wert für $f'(x_0)$ der gleiche ist, und zwar unabhängig davon, ob man x_1 von links oder von rechts an den Punkt x_0 nähert.

Bei einer gegebenen Funktion f(x) müsste man an jedem für uns interessanten Punkt x_0 die Steigung über diesen Grenzwert ermitteln. Dies bleibt uns glücklicherweise erspart, denn **die Steigung ist selbst wieder eine Funktion von** $x = f'(x)$. Kennen wir diese, brauchen wir nur noch den uns interessierenden x-Wert einzusetzen und erhalten sofort die Steigung. Für viele Funktionen gibt es einfache Regeln, wie man auf die Ableitung $f'(x)$ kommt, oder sie sind tabelliert wie in Tab. 1.3.

Ableitungsregeln

Ein konstanter Faktor c ergibt abgeleitet 0. Das ist klar, denn der Funktionswert ändert sich ja nicht, egal an welchem x-Punkt ich mich befinde.

$$f(x) = c \to f'(x) = 0.$$

Die Potenzfunktion x^n leitet man ab, indem man die Hochzahl n als Faktor vor die Variable stellt und die Hochzahl um eins verringert, sodass man $n \cdot x^{n-1}$ erhält:

$$f(x) = x^n \to f'(x) = n \cdot x^{n-1}.$$

Eine Übersicht über diese und andere Ableitungsregeln finden Sie in Tab. 1.3.

Tab. 1.3 Übersicht der wichtigsten Ableitungen

f(x)	f'(x)
$f(x) = c$	$f'(x) = 0$
$f(x) = x^n$	$f'(x) = n \cdot x^{n-1}$
$f(x) = \sin x$	$f'(x) = \cos x$
$f(x) = \cos x$	$f'(x) = -\sin x$
$f(x) = \tan x$	$f'(x) = 1/(\cos^2 x)$
$f(x) = \log_a(x)$	$f'(x) = 1/x \cdot \ln(a)$ für $x > 0$
$f(x) = \ln(x)$	$f'(x) = 1/x$ für $x > 0$
$f(x) = a^x$	$f'(x) = a^x \cdot \ln(a)$ für $a > 0$ und $a \neq 0$
$f(x) = e^{cx}$	$f'(x) = c \cdot e^{cx}$
$f(x) = \sqrt{x} = x^{\frac{1}{2}}$	$f'(x) = \dfrac{1}{2} x^{-\frac{1}{2}} = \dfrac{1}{2x^{\frac{1}{2}}} = \dfrac{1}{2\sqrt{x}}$

Ableitungsregeln für zusammengesetzte Funktionen

So weit, so gut. Jetzt gibt es aber auch Funktionen, die es einem nicht so leicht machen, da sie sich aus mehreren der oben aufgeführten Bestandteile zusammensetzen. Hier hängen die Ableitungsregeln davon ab, in welcher Weise die Terme in der Funktionsgleichung miteinander verknüpft sind. So unterscheidet man für die beiden Funktionen u(x) und v(x) die drei Regeln entsprechend den einfachen Rechenoperationen Addition, Multiplikation und Division:

1. Summenregel: $(u \pm v)'(x) = u'(x) \pm v'(x)$.

2. Produktregel: $(u \cdot v)'(x) = u'(x) \cdot v(x) \pm u(x) \cdot v'(x)$.

3. Quotientenregel: $\left(\dfrac{u}{v}\right)'(x) = \dfrac{u'(x) \cdot v(x) - u(x) \cdot v'(x)}{(v(x))^2}$.

Ableitungsregeln für zusammengesetzte Funktionen.

Was bedeutet das?

1. Eine Funktion, die aus zwei Teilfunktionen u und v besteht, die zueinander addiert oder voneinander subtrahiert werden, wird abgeleitet, indem man jede Teilfunktion für sich ableitet und sie anschließend wieder addiert oder subtrahiert.

2. Anders verhält es sich, wenn die Teilfunktionen als Faktoren, also durch Malzeichen, verknüpft sind. In diesem Fall multipliziert man die Ableitung der 1. Teilfunktion mit der 2. Teilfunktion und addiert das Produkt aus der Ableitung der 2. Teilfunktion und der 1. Teilfunktion.

3. Wieder ein bisschen anders und noch ein wenig komplizierter sieht das Ganze bei einem Quotienten aus verschiedenen Teilfunktionen aus. In diesem Fall erhält man die Gesamtableitung durch folgenden Prozess: Ableitung des Zählers mal Nenner minus Zähler mal Ableitung des Nenners und das Ganze dann geteilt durch das Quadrat des Nenners.

Ableitungen höherer Ordnung sind Ableitungen von bereits abgeleiteten Funktionen.

Extremstellen sind die x-Werte, an denen die Steigung f′ einer Funktion den Wert 0 annimmt, also die Funktion einen Extremwert annimmt.

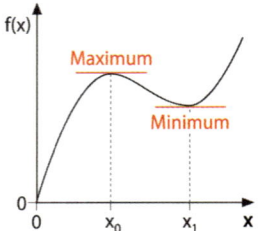

☐ **Abb. 1.22** Extremwerte einer Funktion. Bei x_0 befindet sich ein lokales Maximum, wenn die Tangente horizontal verläuft und die Steigung der Tangente sich dabei von + nach – ändert, also die 2. Ableitung f″ negativ ist. Für ein lokales Minimum bei x_0 ändert sich die Tangentensteigung von – nach +

Integral I = Flächeninhalt zwischen Funktion und x-Achse im Intervall [a;b].

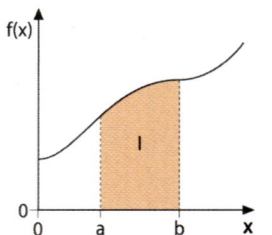

☐ **Abb. 1.23** Das Integral I über eine Funktion im Intervall [a;b] ist die Fläche zwischen der Funktion und der x-Achse, begrenzt durch die Senkrechten im Punkt a und b

Hurra!! Wenn Sie in die Ableitungsgleichung nun Ihren x-Wert einsetzen, also die Stelle, für die Sie die momentane Änderungsrate wissen wollen, können Sie diese Änderungsrate an der Gleichung ablesen.

Ableitungen höherer Ordnung

Da die Ableitung einer Funktion in der Regel wieder eine Funktion ist, die ihrerseits eine Steigung hat, lassen sich einmal abgeleitete Funktionen nochmals ableiten. Diese weiteren Ableitungen nennt man Ableitungen höherer Ordnung und für jedes weitere Mal, dass Sie ableiten, kommt bei der Benennung ein weiterer Apostroph dazu.

Diese Ableitungen höherer Ordnung sind von Bedeutung für die Berechnung von Extremwerten. **Unter Extremwerten versteht man Maxima und Minima einer Funktion**. Im Schaubild sind dies Stellen, an denen die Tangentensteigung und damit die **1. Ableitung gleich null** ist, weil an dieser Stelle, dem Maximum, die Steigung vom Positiven ins Negative übergeht oder umgekehrt am Minimum vom Negativen ins Positive. Dieser Sachverhalt ist in ☐ Abb. 1.22 dargestellt.

Um zu berechnen, wo sich eine Extremstelle befindet, setzt man also zunächst $f'(x) = 0$. Trifft dies für eine Stelle x zu, ist die erste Bedingung, dass die Tangente horizontal verläuft, bereits erfüllt. Um die zweite Bedingung zu überprüfen, bildet man die 2. Ableitung f″:

- Ist $f''(x) > 0$, handelt es sich um ein **Minimum**,
- ist $f''(x) < 0$, handelt es sich um ein **Maximum**.

1.5.2 Integrale

Neben dem Differenzieren stellt das Integrieren den zweiten wichtigen Zweig der Analyse dar. Deshalb wollen wir uns an dieser Stelle nun auch mit dem Thema Integrale auseinandersetzen. Einen Teil des Rechenvorgangs beim Integrieren, das »Aufleiten«, kann man als Gegenteil zum Ableiten beschreiben. Wie schon bei den Differenzialen wollen wir die Problematik zunächst in einem Schaubild betrachten (☐ Abb. 1.23).

Im Schaubild versteht man unter einem Integral den Flächeninhalt, den eine Funktion zusammen mit der x-Achse innerhalb eines Intervalls [a;b] einschließt. War man so schlau, sein Schaubild auf Karopapier zu zeichnen, hat man nun die Möglichkeit, einfach die entsprechenden Kästchen abzuzählen, um so auf einfache Art das Integral der Funktion zu erhalten. Ist diese Methode nicht genau genug oder ist es zu kompliziert, die Kästchen zu zählen, muss man sich überlegen, wie man stattdessen vorgehen könnte.

Theoretisch betrachtet funktioniert Integrieren nun nach dem Prinzip, dass man sich besagte Fläche zwischen Funktion und x-Achse in Rechtecke, sozusagen Streifen, unterteilt. Es handelt sich jedoch nur annähernd um Rechtecke, da die meisten Funktionen ja Rundungen aufweisen und sich durch ihre Steigung nicht in wirkliche Rechtecke teilen lassen. Hat man die Fläche also nur in wenige Rechtecke unterteilt, ist das Ganze ziemlich ungenau. Teilt man aber in immer mehr und immer schmaler werdende Rechtecke, so erhält man in immer besserer Näherung das entsprechende Integral. Wie genau es sich damit verhält, ist für unsere Zwecke allerdings eher zweitrangig. Hauptsache, Sie wissen über die grafische Bedeutung Bescheid und können Integrale berechnen.

Wie also berechnet man ein Integral?

Das Integral von f(x) im Intervall [a;b] schreibt man: $I = \int_a^b f(x)dx$.

Um ein Integral zu berechnen, benötigt man seine Stammfunktion F(x). Eine Stammfunktion ist das Gegenteil einer Ableitung und man erhält sie, analog zum Ableiten, durch »Aufleiten«. Wir suchen also eine Funktion F(x), für die gilt: $F'(x) = f(x)$. Man erhält eine Stammfunktion demnach, indem man die oben aufgeführten Ableitungsregeln (■ Tab. 1.3) »rückwärts« anwendet:

Aus $f(x) = x^n$ ergibt sich also $F(x) = \frac{1}{n+1} \cdot x^{(n+1)}$, aus $f(x) = \sin x$ erhält man $F(x) = -\cos x$ usw.

Ist die Stammfunktion aufgestellt, erhält man das Integral, indem man zunächst die obere Intervallgrenze in die Stammfunktion einsetzt und anschließend davon die Stammfunktion mit der unteren Intervallgrenze subtrahiert:

$$\int_a^b f(x)dx = [F(x)]_a^b = F(b) - F(a).$$

Auch für bestimmte Integrale gelten **Regeln**, nach denen mit den Integralen einfach gerechnet werden kann und darf. So gilt z. B.:

$$\int_b^a f(x)dx = 0;$$

$$\int_a^b c \cdot f(x)dx = c \cdot \int_a^b f(x)dx;$$

$$\int_a^b (f(x) + g(x))dx = \int_a^b f(x)dx + \int_a^b g(x)dx.$$

Will man mithilfe des Integrals einen Flächeninhalt angeben, ist darauf zu achten, ob die Funktion im entsprechenden Intervall über oder unter der x-Achse verläuft oder diese schneidet. Je nachdem wie es sich verhält, muss man beachten, dass man bei einer Funktion unterhalb der x-Achse ein negatives Integral erhält, der Flächeninhalt aber nichtsdestotrotz positiv ist, da es keine negativen Flächen gibt. Schneidet die Funktion die x-Achse im entsprechenden Intervall, muss man das Intervall unter Verwendung der entsprechenden Nullstellen $(f(x) = 0)$ in kleinere Intervalle teilen und die einzelnen Flächen anschließend aufaddieren.

Bei der Integralrechnung ist es immer von Vorteil, sich zumindest eine Skizze der gegebenen Funktion(en) anzufertigen, um einen besseren Überblick zu bekommen und nicht aus den Augen zu verlieren, was genau man jetzt eigentlich wie berechnen wollte bzw. sollte.

Integral von f(x) im Intervall [a;b]:

$$I = \int_a^b f(x)dx.$$

Bei der Integralrechnung ist eine Skizze der gegebenen Funktionen von Vorteil!

---

kurz & knapp

— Das Differenzial oder die Ableitung einer Funktion in einem Punkt ist die momentane Änderungsrate bzw. Tangentensteigung an dem Punkt.

— Berechnet wird die Ableitung durch Ableiten (Differenzieren) und Einsetzen des x-Wertes.

— Die Ableitungen vieler Funktionen entnimmt man Tabellen.

— Das Integral über eine Funktion entspricht dem Flächeninhalt zwischen der Funktion und der x-Achse.

— Das bestimmte Integral einer Funktion über einem Intervall berechnet man durch Aufleiten (Integrieren) und Einsetzen der Intervallgrenzen.

1.5.3 Übungsaufgaben

Aufgabe 1

Aufgabe 1: Leiten Sie ab!

$$a.\ f(x) = x^3 - \sqrt{x}.$$

$$b.\ f(x) = e^x \sin x.$$

$$c.\ f(x) = \frac{x^5}{\cos x}.$$

Lösung 1:

$$a.\ f'(x) = 3x^2 - \frac{1}{2\sqrt{x}}.$$

$$b.\ f'(x) = e^x \cdot \sin x + e^x \cdot \cos x.$$

$$c.\ f'(x) = \frac{5x^4 \cdot \cos x - x^5 \cdot (-\sin x)}{(\cos x)^2}.$$

Aufgabe 2

Aufgabe 2: Berechnen Sie die Tangentensteigung von $f(x) = x^2$ an der Stelle $x = 7$.

Lösung 2: $f'(x) = 2x \rightarrow f'(7) = 14$.

Aufgabe 3

Aufgabe 3: Berechnen Sie alle Extremwerte der Funktion $f(x) = x^2 - 2x$.

Lösung 3:
- $f'(x) = 2x - 2;\ f''(x) = 2 > 0 \rightarrow$ Minimum
- $f'(x) = 0$
- $2x - 2 = 0$
- $x = 1 \rightarrow f(1) = -1$
- Minimum im Punkt $(1/-1)$.

Aufgabe 4

Aufgabe 4: Berechnen Sie das Integral der Funktion $f(x) = x^2 + 2$ im Intervall $[2;5]$.

Lösung 4:

$$\int_2^5 (x^2 + 2)dx = \left[\frac{x^3}{3} + 2x\right]_2^5 = \left(\frac{5^3}{3} + 10\right) - \left(\frac{2^3}{3} + 4\right) = 45.$$

Alles klar!

14,2 Mrd. Menschen im Jahr 2045

Wie groß ist nun der jährliche bzw. der tägliche Bevölkerungszuwachs auf unserer Erde am 01.01.2015? Die Änderungsrate ist, wie wir jetzt wissen, der Wert der Ableitung zum für uns interessanten Zeitpunkt. Also müssen wir nichts anderes tun als die Funktion $N(t) = N_0 \cdot e^{(r \cdot t)}$ nach der Zeit t zu differenzieren und die entsprechenden Werte einzusetzen. Hierbei hilft uns ◘ Tab. 1.3 und wir erhalten das Ergebnis:

$$N'(t) = N_0 \cdot r \cdot e^{r \cdot t}.$$

Einsetzen unserer Werte, also $N_0 = 6{,}5$ Mrd. Menschen und $r = 0{,}02\,/\,a$ sowie $t = 9a$ für die seit dem 01.01.2006 vergangene Zeit ergibt demnach einen Zuwachs am 01.01.2015 von 0,156 Mrd. oder 156 Mio. Menschen pro Jahr, entsprechend ca. 427.000 pro Tag.

30 Jahre später, also am 01.01.2045 ($t = 39a$), erhalten wir eine Zuwachsrate von ca. 284 Mio. Menschen pro Jahr. Die Weltbevölkerung beträgt dann bereits 14,2 Mrd. Menschen.

1.6 Messen und Messunsicherheiten – Statistik

Ann-Kathrin Hartmann

— Verteilung von Messergebnissen
  – Systematische Fehler
  – Statistische Fehler
— Charakteristische Größen von Messwertverteilungen
  – Mittelwert
  – Standardabweichung
  – Messunsicherheit
— Fehlerfortpflanzung

Wie jetzt?

HochGRADiges Durcheinander

Während Ihres Krankenpflegediensts haben Sie die Aufgabe bekommen, die Temperatur der Patienten zu messen. Sie finden diesen Job zwar nicht super, wollen ihn aber dennoch gewissenhaft erledigen. Bei einem Patienten messen Sie 39,7 °C. Dieser fühlt sich allerdings sehr gut und hatte auch sonst nie Fieber, darum messen Sie vorsichtshalber noch einmal nach. Nun beträgt die Temperatur nur 36,9 °C. Dieser Wert erscheint Ihnen wahrscheinlicher. Aber ganz nach dem Motto »Aller guten Dinge sind drei« zücken Sie noch 2-mal das Thermometer und erhalten dabei 37,4 und 37,3 °C. Der Patient hat offenbar also kein Fieber. Aber welchen Wert tragen Sie in die Fieberkurve ein? Welcher ist der »wahre Wert«?

In der Medizin werden oft bestimmte Werte gemessen. Seien es Blutdruck, Körpertemperatur, Puls, Blutwerte oder irgendwelche anderen. Die ermittelten Werte geben Aufschluss über das Befinden eines Patienten und man verlässt sich auf ihre Richtigkeit. Allerdings sollte einem bewusst sein, dass **Messwerte nie mit dem »wahren Wert« einer Messgröße übereinstimmen**, sondern sich diesem nur mehr oder minder gut annähern.

Im Folgenden wollen wir klären, was zu tun ist, wenn identische Messungen fast nie identische Ergebnisse bringen, und wie man mit den erhaltenen Messwerten umgehen kann, um dem tatsächlichen Wert der zu messenden Größe trotzdem möglichst nahezukommen.

Für viele Messungen physikalischer Größen lässt sich die Verteilung der einzelnen Messwerte mittels der Normalverteilung oder Gauß'schen Glockenkurve darstellen. Diese würde sich ergeben, wenn man sehr, sehr viele Einzelmessungen durchführen würde. In der grafischen Darstellung ist die Häufig-

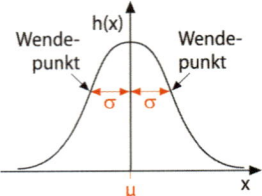

◘ Abb. 1.24 Normalverteilung oder Gauß'sche Glockenkurve

μ: Mittelwert;
σ: Standardabweichung;
μ + σ und μ − σ:
x-Position der Wendepunkte.

keit h(x) eines Messwerts über den Messwerten x aufgetragen (◘ Abb. 1.24). Formelmäßig lässt sich die Form wiedergeben durch einen funktionalen Zusammenhang mit nur zwei Parametern:

$$h(x) = \frac{1}{\sigma\sqrt{2\pi}} \cdot e^{-\frac{(x-\mu)^2}{2\sigma^2}}.$$

Die beiden Parameter, der **Mittelwert** μ und die **Standardabweichung** σ, werden wir uns im Folgenden näher anschauen. Der Vorfaktor ergibt sich aus der Forderung nach Normierung, d. h., integriert über alle x muss sich der Wert 1 ergeben. Zur Standardabweichung sei aber bereits an dieser Stelle erwähnt, dass durch die beiden Werte μ + σ und μ − σ gerade die x-Position der Wendepunkte der Glockenkurve gegeben sind.

1.6.1 Messfehler

Jeder hat Folgendes bestimmt schon einmal in der einen oder anderen Form erlebt: Man führt in einem Praktikum ein Experiment durch und misst dabei eine bestimmte Größe. Um einen herum führen mehrere andere Leute genau das gleiche Experiment durch. Am Schluss vergleichen alle Gruppen ihre Ergebnisse und stellen fest, dass jede Gruppe einen anderen Messwert ermittelt hat. Man hat vielleicht sogar vorher schon theoretisch den zu erwartenden »wahren Wert« ermittelt, aber keines der Messergebnisse stimmt mit ihm überein. Es wäre ungerecht, davon auszugehen, dass jede der Gruppen grobe Fehler gemacht hat, die das Ergebnis verfälscht haben. Woran liegt es also, dass keiner der Messwerte mit dem errechneten »wahren Wert« übereinstimmt?

Die Antwort ist ganz einfach: **Bei Messungen jeder Art treten immer Fehler auf, die das Messergebnis verfälschen!** Diese Fehler haben sehr unterschiedliche Ursachen und lassen sich grob in zwei Klassen unterscheiden: **systematische** und **statistische (zufällige) Fehler.**

Systematische Fehler

Systematische Fehler verändern das Ergebnis stets um einen bestimmten Faktor/Betrag.

Systematische Fehler entstehen durch z. B. Unzulänglichkeiten des gewählten Messverfahrens, ein fehlerhaftes Messinstrument oder falsche Benutzung der Messanordnung. Sie sind prinzipiell vermeidbar, aber oft nur schwer erkennbar. Systematische Fehler verfälschen einen Messwert immer in die gleiche Richtung, also um einen bestimmten Faktor oder einen festen Betrag.

Ein **Beispiel** für einen systematischen Fehler ist der sog. **Parallaxenfehler** beim Ablesen von Skalen. Lesen wir z. B. die Temperatur an der Höhe eines Flüssigkeitsspiegels ab, der vor einer Skala liegt, so hängt der Messwert von unserer Blickrichtung ab: Schauen wir immer von oben auf das Thermometer, so ist der abgelesene Wert zu klein, schauen wir immer von unten darauf, so ist er zu hoch.

Einen systematischen Fehler begeht man auch beim Umfüllen bei der Messung einer Flüssigkeit, bevor man das Volumen bestimmt hat (◘ Abb. 1.25).

Statistische Fehler

Statistische Fehler entstehen z. B. durch äußere Störeffekte auf den Messprozess, die unvermeidbar sind. Sie können einen Messwert um unterschiedliche Beträge vergrößern oder verkleinern. Bei mehrmaligen Messungen erhält man die sog. Streuung der Messwerte um einen mittleren Wert.

Wenn wir eine Größe messen, tun wir dies in der Absicht, ihren »wahren Wert« zu bestimmen. Da wir aber erfahren haben, dass wir diesen durch Mes-

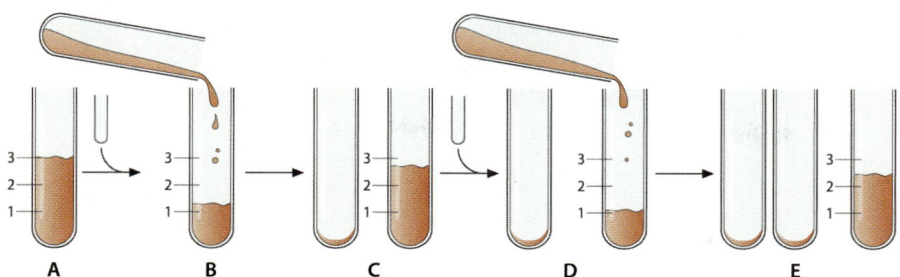

Abb. 1.25 Gießt man eine Flüssigkeit von einem Reagenzglas in ein anderes, so bleibt eine bestimmte Menge der Flüssigkeit zurück. Wiederholt man den Vorgang, so bleibt wieder die gleiche Menge Flüssigkeit im nächsten Reagenzglas zurück. Das Volumen der Flüssigkeit wird also immer kleiner

sungen nie erhalten, lernen wir im Folgenden Methoden kennen, mit deren Hilfe wir dem wahren Wert mit unseren Messwerten nahekommen können und die zudem die fehlerbedingten Schwankungen bei der Angabe unserer Ergebnisse berücksichtigen.

1.6.2 Mittelwert, Standardabweichung, Messunsicherheit

Mittelwert

Haben wir durch mehrmaliges Messen in einer Messreihe mehrere Messwerte ermittelt, so lässt sich mithilfe des arithmetischen Mittels ein Wert berechnen, der dem tatsächlichen Wert der Messgröße nahekommt, der sog. **Mittelwert** oder **Bestwert. Der Mittelwert ist der Quotient aus Summe und Anzahl der Messwerte** und berechnet sich folgendermaßen:

$$\overline{x} = \frac{1}{n} \cdot \sum_{i=1}^{n} x_i = \frac{1}{n} \cdot (x_1 + x_2 + \ldots + x_n).$$

Dabei ist:

- $\overline{x}$ der Mittelwert oder Bestwert,
- n die Anzahl der Messwerte,
- Σ die Anweisung, alle Einzelwerte zu addieren,
- x_i der Messwert bei der i-ten Messung.

Dieser Mittelwert $\overline{x}$ ist eine Schätzung für den wahren Mittelwert μ der Normalverteilung. Wie nahe der Mittelwert wirklich an den »wahren Wert« heranreicht, lässt sich nicht exakt bestimmen. Da wir die Anzahl der Messungen selbst bestimmen können, hängt die Genauigkeit des Mittelwerts also auch vom Aufwand ab, den zu investieren wir bereit sind.

Durch Bildung des Mittelwerts mehrerer Messwerte heben sich die statistischen Abweichungen der Einzelmesswerte auf. Dies ist also eine Methode, um statistische Fehler zu korrigieren. Der Mittelwert sagt aber nichts über die Stärke der Streuung der Messwerte aus. Um diese bei der Angabe der Messwerte mit zu berücksichtigen, gibt es die **Standardabweichung** und die **Messunsicherheit**.

> Mittelwert $\overline{x}$:
> Schätzung für den wahren
> Mittelwert μ.

> Der Mittelwert ist umso zuverlässiger, je größer die Anzahl der Messwerte ist und je weniger die Einzelwerte streuen.

Standardabweichung

Die Standardabweichung zeigt, wie weit die Messwerte einer Messreihe im Schnitt um ihren Mittelwert streuen. Dadurch ist sie ein **Maß für die Qualität des Messverfahrens**: Je kleiner die Standardabweichung, desto besser das Verfahren.

Die **Standardabweichung s_x** berechnet sich folgendermaßen:

$$s_x = \sqrt{\dfrac{\sum\limits_{i=1}^{n}(x_i - \overline{x})^2}{n-1}}.$$

Die Standardabweichung ist ein Schätzwert für die wahre Streuung σ der normalverteilten Messwerte.

Wir können erkennen, dass die Standardabweichung hauptsächlich von der Abweichung der Messwerte vom Mittelwert ($x_i - \overline{x}$) abhängt und nicht von der Anzahl n der Messungen. Erhöhen wir nämlich n, so wachsen sowohl der Zähler (Summe aus n Werten) als auch der Nenner $(n-1)$ des Bruchs. **Die Standardabweichung kann also nicht durch eine Erhöhung der Anzahl der Einzelmessungen verringert werden.** Sie ist ein Schätzwert für die wahre Streuung σ der normalverteilten Messwerte.

s_x wird als **absolute Standardabweichung** bezeichnet. Alternativ kann man auch die **relative Standardabweichung f_x** angeben, indem man s_x auf den Mittelwert $\overline{x}$ bezieht:

$$f_x = \dfrac{s_x}{\overline{x}} \cdot 100\%.$$

Mit der Standardabweichung ist folgende statistische Aussage verknüpft: **Bilden wir das Intervall Bestwert ± Standardabweichung, so erhalten wir einen Bereich, in dem, statistisch gesehen, 68,3% aller Messwerte liegen.** Das heißt, wenn wir nach Ermittlung einer Standardabweichung eine weitere Messung unter den gleichen Bedingungen durchführen, so liegt deren Wert mit einer Wahrscheinlichkeit von 68,3% in diesem Intervall.

Aus diesem Grund sagt die Standardabweichung jedoch nichts über die Zuverlässigkeit des Mittelwerts. Das heißt, wir wissen nicht, wie gut er mit dem »wahren Wert« übereinstimmt. Um dies zu erfahren, brauchen wir die sog. Messunsicherheit.

Messunsicherheit

Die Messunsicherheit gibt Auskunft über die Qualität der Messung.

Die Messunsicherheit ist die Standardabweichung des Mittelwerts und gibt als solche Auskunft über die Qualität der Messung. Sie hängt von der Qualität des Messverfahrens und der Anzahl der Einzelmessungen ab. Die Messunsicherheit u_x berechnet sich aus der Standardabweichung wie folgt:

$$u_x = \dfrac{s_x}{\sqrt{n}}.$$

Wie wir an der Formel erkennen können, lässt sich die **Messunsicherheit durch Erhöhung der Anzahl der Messungen verringern.** Je mehr Messwerte wir also haben, desto näher liegt der Mittelwert einer Messung an ihrem »wahren Wert«. Die Statistik sagt uns sogar, dass **der »wahre Wert« einer Messung mit einer Wahrscheinlichkeit von 68,3% im Intervall Mittelwert ± Messunsicherheit liegt.**

Neben der gerade definierten **absoluten Messunsicherheit u_x** können wir auch die **relative Messunsicherheit ε_x** angeben, die sich auf den Mittelwert $\overline{x}$ bezieht:

$$\varepsilon_x = \dfrac{u_x}{\overline{x}} \cdot 100\%.$$

Warum begnügt man sich eigentlich mit diesen 68,3% Wahrscheinlichkeit?

Wie schon gesagt, ist σ einer der Parameter, mit denen die Normalverteilung einfach zu beschreiben ist. Man kann sich auch Folgendes einfach merken, was für alle Normalverteilungen gilt: Im Intervall $\bar{x} \pm 2\sigma$ beträgt die Wahrscheinlichkeit bereits 95,4% und für das Intervall $\bar{x} \pm 3\sigma$ sogar 99,7%. Dies gilt sowohl für die Anzahl der Messwerte bei der Standardabweichung als auch für die Sicherheit des Mittelwerts.

Wollen wir das **Ergebnis einer Messreihe korrekt angeben**, so sagt die **DIN-Norm** des Deutschen Instituts für Normung, dass dies durch die Angabe des Mittelwerts und der zugehörigen Messunsicherheit erfolgen muss. Also lautet das Ergebnis einer Messreihe:

Bestwert ± Messunsicherheit oder $\bar{x} \pm u_x$.

> Ergebnisse einer Messreihe werden immer angegeben als:
>
> Bestwert ± Messunsicherheit.

Dabei ist es uns freigestellt, ob wir die absolute oder die relative Messunsicherheit verwenden. Allerdings dürfen wir nicht vergessen, dass sowohl die Standardabweichung als auch die Messunsicherheit nur statistische Fehler berücksichtigen, nicht jedoch systematische Fehler. Diese sollten bei Messungen immer so weit wie möglich vermieden werden.

> Standardabweichung und Messunsicherheit berücksichtigen nur statistische Fehler, nicht systematische.

Bei der Angabe ist noch darauf zu achten, dass für Mittelwert und Messunsicherheit gleich viele gültige Stellen angegeben werden. Diese Anzahl orientiert sich vor allem am Wert der Messunsicherheit. Als Orientierung gilt: **Es werden so viele Stellen angegeben, wie sie durch die Messunsicherheit als gesichert angesehen werden können.** In der Regel ist dies erfüllt, wenn zwei signifikante Stellen angegeben werden. Dabei ist die Messunsicherheit immer zum größeren Wert zu runden, wenn Stellen weggelassen werden (!), der Mittelwert aber ist mathematisch zu runden.

Beispiel: Für die mittlere Körpertemperatur eines Patienten erhalten wir aus mehreren Messungen 36,5842 °C und eine Messunsicherheit von 0,2735 °C. Die Ergebnisangabe für die Messreihe mit $T_{\text{Körper}} = 36{,}5842 \pm 0{,}2735\,°C$ ist zwar korrekt (!), aber wegen der doch großen Ungenauigkeit nicht unbedingt sinnvoll, da der wahre Wert ja mit 68,3% Wahrscheinlichkeit zwischen 36,3107 und 36,8577 °C liegt. Wenden wir hier unsere Regel der zwei signifikanten Stellen an, so resultiert eine Messunsicherheit von 0,28 °C und damit ein Mittelwert von 36,58 °C (mathematisches Runden!). Also:

$$T_{\text{Körper}} = 36{,}58 \pm 0{,}28\,°C.$$

Das Intervall wird dann entsprechend 36,30–36,86 °C, also etwas größer.

Dies sind nützliche Formeln für den Umgang mit Messreihen (oder Stichproben). Aber wie müssen wir uns verhalten, wenn es nicht möglich ist, eine aufwendige Messreihe mit vielen Messwerten aufzunehmen? Prinzipiell kann ja ab $n = 2$ gerechnet werden. Es ist aber leicht einzusehen, dass dann die Gefahr besteht, ausgerechnet zwei Werte auf einer Seite der Normalverteilung erwischt zu haben und somit einen völlig falschen Mittelwert und eine zu kleine Standardabweichung zu ermitteln. Deshalb ist es üblich, die Statistik erst anzuwenden, wenn die Stichprobengröße n vergleichbar 10 oder größer ist. Außerdem sollte die Stichprobengröße immer mit erwähnt werden.

Messunsicherheit bei kleinen Stichprobengrößen

Bei kleinen Stichprobengrößen oder wenn wir sogar nur einmal messen können, gibt es zwei Möglichkeiten, die Messunsicherheit anzugeben:

- Entweder wir ziehen die Betriebsanleitung des Messgeräts zurate, in der die Messunsicherheit angegeben ist. Dieser Wert wird vom Hersteller in aufwendigen Tests ermittelt und so angegeben, dass er immer auf der »sicheren Seite« ist.
- Oder wir müssen durch kritisches Betrachten des Messverfahrens einen Wert für die Messunsicherheit abschätzen.

Grundlagen

Bei Geräten mit Digitalanzeige ist der Digitalisierungsfehler zu beachten.

An dieser Stelle sei noch auf eine Besonderheit bei der Messung mit heutzutage üblichen Geräten mit Digitalanzeige hingewiesen. Entsprechend den mathematischen Rundungsregeln impliziert die letzte angezeigte Stelle, dass der Wert innerhalb der halben Stelle nach oben oder unten abweichen kann. Bei angezeigten 36,9 °C liegt der Messwert also zwischen 36,85 und 36,95 °C. Dies nennt man den **Digitalisierungsfehler**.

1.6.3 Fehlerfortpflanzung

Fehlerfortpflanzung:
Die Fehler (Messunsicherheiten) werden an eine abgeleitete Größe weitergegeben.

Oft verwenden wir Messergebnisse verschiedener Größen, um daraus eine abgeleitete Größe zu berechnen. Wie wir wissen, sind gemessene Werte aber immer fehlerbehaftet. Diese Fehler – oder besser: die Messunsicherheiten der Größen – werden an die abgeleitete Größe weitergegeben. Bei der Berechnung des Fehlers für die abgeleitete Größe spricht man von Fehlerfortpflanzung. Da die zugrunde liegende Statistik mathematisch recht kompliziert ist, werden wir uns nur mit zwei grundlegenden einfachen Fällen beschäftigen. Oft verwendet man nicht die exakte Fehlerfortpflanzung, sondern eine einfachere, großzügigere Fehlerabschätzung, die sog. **Größtfehlerabschätzung**.

1. **Addieren oder subtrahieren wir Messwerte, um eine abgeleitete Größe zu erhalten, so addieren sich die absoluten Messunsicherheiten der einfließenden Größen.** Theoretisch ist es möglich, dass sich Messfehler zum Teil ausgleichen, wenn z. B. der eine Messwert zu groß und der andere zu klein ist. Da wir aber den »wahren Wert« nicht kennen, müssen wir vermuten, dass sich die Fehler addieren, müssen wir also die Messunsicherheit durch Addition abschätzen. Im Prinzip gehen wir bei der Fehlerfortpflanzung also immer vom Schlimmsten aus. Daher verwundert es auch nicht, dass wir teilweise sehr hohe Unsicherheiten erhalten, z. B. wenn die abgeleitete Größe nur eine kleine Differenz zweier Messwerte ist. Wir dürfen uns dabei nicht von den großen Messunsicherheiten irritieren lassen, sondern müssen im Kopf behalten, dass wir ein »Worst-Case-Szenario« berechnet haben.
In Formeln:

$$a = \bar{a} \pm u_a$$

$$b = \bar{b} \pm u_b$$

Für $c = a \pm b$ gilt:

$$\bar{c} = \bar{a} \pm \bar{b} \text{ und } u_c = u_a + u_b.$$

Die exakte Fehlerfortpflanzung liefert hier:

$$u_c = \sqrt{u_a{}^2 + u_b{}^2}.$$

2. **Müssen wir Messwerte multiplizieren oder dividieren, um die abgeleitete Größe zu erhalten, so addieren sich die relativen Messunsicherheiten.** Im Gegensatz zur 1. Regel ist diese nicht sofort offensichtlich. Ihre Herleitung ist aufwendig und muss uns nicht weiter interessieren. Für uns ist wichtig, dass die Regel näherungsweise für kleine Unsicherheiten gilt, mit denen wir es meistens zu tun haben.

In Formeln:

$$\text{Für } c = a \cdot b \text{ oder } c = \frac{a}{b} \text{ gilt:}$$

$$\overline{c} = \overline{a} \cdot \overline{b} \text{ oder } \overline{c} = \frac{\overline{a}}{\overline{b}}$$

$$\frac{u_c}{\overline{c}} = \frac{u_a}{\overline{a}} + \frac{u_b}{\overline{b}}.$$

Die exakte Fehlerfortpflanzung liefert hier:

$$\frac{u_c}{\overline{c}} = \sqrt{\left(\frac{u_a}{\overline{a}}\right)^2 + \left(\frac{u_b}{\overline{b}}\right)^2}.$$

Berechnet sich die zu ermittelnde Größe mittels komplizierterer Zusammenhänge als Addition oder Multiplikation, z. B. durch eine Sinus- oder Logarithmusfunktion, so spielt die Ableitung der Berechnungsformel für die Fehlerfortpflanzung eine Rolle. Meist genügen aber die beiden oben besprochenen Fälle.

kurz & knapp

- Messwerte sind immer fehlerbehaftet.
- Der »wahre Wert« einer Größe lässt sich durch eine Messung nicht bestimmen.
- Systematische Fehler verfälschen einen Messwert immer in die gleiche Richtung und um den gleichen Betrag.
- Statistische Fehler können einen Messwert um unterschiedliche Beträge vergrößern oder verkleinern und erzeugen bei mehrmaligen Messungen eine Streuung der Messwerte.
- Der Mittelwert ist der Quotient aus Summe und Anzahl der Messwerte.
- Der Mittelwert ist umso zuverlässiger, je höher die Anzahl der Messwerte ist.
- Die Standardabweichung ist ein Maß für die Qualität des Messverfahrens.
- Die Standardabweichung lässt sich durch eine Erhöhung der Anzahl der Einzelmessungen nicht verringern.
- Im Intervall Bestwert ± Standardabweichung liegen 68,3% aller Messwerte.
- Die Messunsicherheit ist ein Maß für die Qualität der Messung. Sie lässt sich durch Erhöhung der Anzahl der Messungen verringern.
- Der »wahre Wert« einer Messung liegt mit einer Wahrscheinlichkeit von 68,3% im Intervall Mittelwert ± Messunsicherheit.
- Sowohl die Standardabweichung als auch die Messunsicherheit berücksichtigen nur statistische Fehler, nicht jedoch systematische.
- Werden Messwerte addiert/subtrahiert, addieren sich die absoluten Messunsicherheiten.
- Werden Messwerte multipliziert/dividiert, addieren sich die relativen Messunsicherheiten.

1.6.4 Übungsaufgaben

Aufgabe 1

	Tab. 1.4 Aufgabe 1
i	**pH-Wert**
1	6,3
2	6,7
3	5,9
4	6,6
5	7,1

	Tab. 1.5 Lösung 1	
i	$(pH_i - \overline{pH})$	$(pH_i - \overline{pH})^2$
1	−0,22	0,0484
2	0,18	0,0324
3	−0,62	0,3844
4	0,08	0,0064
5	0,58	0,3364
Σ		0,808

Aufgabe 2

Aufgabe 1: Sie haben bei einem Experiment die pH-Wert-Messreihe in ◻ Tab. 1.4 ermittelt. Berechnen Sie – nur zur Übung an der kleinen Stichprobe – Mittelwert, Standardabweichung und Messunsicherheit der Werte.

Lösung 1: Der Mittelwert lässt sich ganz einfach berechnen: Wir addieren alle Messwerte und teilen sie durch ihre Anzahl.

$$\overline{pH} = \frac{1}{n}\sum_{i=1}^{n} pH_i = \frac{1}{5} \cdot (6,3 + 6,7 + 5,9 + 6,6 + 7,1) = 6,52.$$

Bei der Standardabweichung müssen wir ein bisschen Vorarbeit leisten. Zuerst ermitteln wir für jeden Messwert die Differenz zum Mittelwert $(pH_i - \overline{pH})$. Danach berechnen wir die Quadrate aus diesen Werten $(pH_i - \overline{pH})^2$ (◻ Tab. 1.5). Die Quadrate addieren wir anschließend und setzen alles in die Gleichungen der absoluten und relativen Standardabweichung s_{pH} und f_{pH} ein:

$$s_{pH} = \sqrt{\frac{\sum_{i=1}^{n}(pH_i - \overline{pH})^2}{n-1}} = \sqrt{\frac{0,808}{4}} \approx 0,45.$$

$$f_{pH} = \frac{s_{pH}}{\overline{pH}} \cdot 100\% = 6,9\%.$$

Die absolute und relative Messunsicherheit u_{pH} und ε_{pH} lassen sich mithilfe der Standardabweichung leicht berechnen, indem wir die Werte einfach in die Gleichung einsetzen:

$$u_{pH} = \frac{s_{pH}}{\sqrt{n}} = \frac{0,45}{\sqrt{5}} = 0,20;$$

$$\varepsilon_{pH} = \frac{u_{pH}}{\overline{pH}} \cdot 100\% = 3,1\%.$$

Aufgabe 2: Sie haben in den letzten Monaten waghalsige und zeitraubende Experimente beim Bungee-Jumping gemacht. Nun möchten Sie herausfinden, welche Kraft dabei wirkt. Sie haben folgende Daten ermittelt:

- Der Bungee-Jumper hat die Masse $m = 77,3 \pm 0,5\,kg$.
- Die Beschleunigung während des Falls beträgt $a = (5,27 \pm 0,03)\,\frac{m}{s^2}$.

Außerdem wissen Sie, dass die Kraft folgendermaßen definiert ist: $F = m \cdot a$. Wie groß ist also die Kraft, die der Bungee-Jumper erfährt, und mit welcher Messunsicherheit ist sie behaftet?

Lösung 2: Die Kraft F berechnet sich durch eine Multiplikation aus Masse und Beschleunigung. Wir müssen also die relativen Messunsicherheiten der Messwerte addieren. Zuerst berechnen wir jedoch die Kraft ohne Messunsicherheiten:

$$F = m \cdot a = 77,3\,kg \cdot 5,27\,\frac{m}{s^2} = 407,37\,N.$$

Die relative Messunsicherheit der Kraft ist:

$$\varepsilon_F = \varepsilon_m + \varepsilon_a = \frac{u_m}{m} + \frac{u_a}{a} = 0,65\% + 0,57\% = 1,22\%.$$

Die absolute Messunsicherheit ist also: $u_F = 0,0122 \cdot 407,37\,N = 4,9699\,N.$

Da man immer versuchen sollte, sinnvolle Dezimalstellen anzugeben, lautet unser Endergebnis also:

$$F = (407,4 \pm 5,0)\,N.$$

Alles klar!

Alles im grünen Bereich

Es sieht wohl so aus, dass es sich beim ersten Messwert um einen groben Fehler handelt, dessen Ursache darin begründet sein könnte, dass das Flüssigkeitsthermometer kurz vor der Messung auf der Heizung lag und nicht lange genug gemessen wurde. Die drei übrigen Werte ergeben einen Mittelwert von 37,2 °C als Schätzwert für die wahre Körpertemperatur. Da nur drei Messungen durchgeführt wurden, macht die Angabe der Messunsicherheit hier keinen Sinn! Da alle drei Werte aber dicht beieinander lagen, kann die Genauigkeit aus der Betriebsanleitung entnommen werden. Das Beste ist also, die Temperatur immer so gewissenhaft wie möglich zu messen und dann den erhaltenen Wert zu nehmen.

1.7 Grafische Darstellung von Zusammenhängen

Philipp Wagner

— Vorteile von Diagrammen und Schaubildern
— Basics **vor** dem Zeichnen
— Material: **Das** braucht man unbedingt
— Dinge, die in einem Schaubild nie fehlen dürfen
— Messunsicherheit und Fehlerbalken
— Ausgleichskurve und -gerade

Wie jetzt?

Was heißt hier Zusammenhang?

Es ist 18:30 Uhr. Stationsarzt Dr. Clever ist gerade dabei, den Kittel an die Garderobe der infektiologischen Station zu hängen, da stürmt Oberarzt Dr. Konfus durch die Tür und schreit: »Ach gut, dass Sie noch da sind. Ich habe gerade neueste Messwerte unserer Studie bekommen und will sie morgen früh bei der Frühbesprechung vorstellen. Sie haben doch sicher noch etwas Zeit und können sich kurz einen Überblick über die Wirkung des neuen fiebersenkenden Medikaments verschaffen.« Keine zwei Sekunden später ist der reizende Oberarzt wieder weg und Dr. Clever hält einen Schmierzettel mit einer Reihe Daten in der Hand (◘ Abb. 1.26).

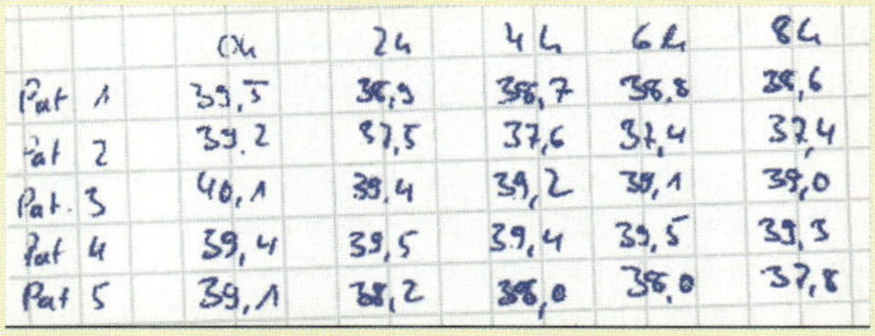

	0 h	2 h	4 h	6 h	8 h
Pat 1	39,5	38,9	38,7	38,8	38,6
Pat 2	39,2	37,5	37,6	37,4	37,4
Pat. 3	40,1	39,4	39,2	39,1	39,0
Pat 4	39,4	39,5	39,4	39,5	39,3
Pat 5	39,1	38,2	38,0	38,0	37,8

◘ **Abb. 1.26** Notizzettel des Dr. Konfus – wie war das noch mal mit den Einheiten?

Was kann Dr. Clever jetzt machen, um erstens den Oberarzt zufrieden zu stellen und zweitens schnellstmöglich zu seiner neuen Freundin zu kommen? Wie werden die Daten für jeden Betrachter übersichtlich?

1.7.1 Warum überhaupt Schaubilder und Diagramme?

Wieso überträgt man eigentlich so oft Daten aus den schönsten und übersichtlichsten Tabellen in ein Diagramm? Eine Tabelle ist doch viel exakter, hier kann man den Wert auch auf ein Tausendstel genau angeben, was in einer Zeichnung nie möglich sein wird.

In Diagrammen lässt sich der Zusammenhang zwischen (zwei oder mehr) Größen darstellen.

Nun, der Vorteil von Diagrammen ist: Sie ermöglichen, eine Größe in Abhängigkeit von einer anderen Größe anzugeben. So kann man z. B. den systolischen Blutdruck in Abhängigkeit vom Alter der Patienten oder die Anzahl der Geburten in Abhängigkeit von der Anzahl der beobachteten Störche (ja klar!) angeben. **Ein Diagramm vermittelt auf einen Blick einen sehr guten Eindruck von Zusammenhängen.** Gerade die Zusammenhänge der Messdaten (z. B. linearer oder exponentieller Zusammenhang) entgehen beim Betrachten einer Tabelle leicht. Besonders einfach zu erkennen sind lineare Zusammenhänge, die sich als Geraden darstellen.

1.7.2 Gedanken vor dem Zeichnen eines Schaubildes

Unerlässlich beim Zeichnen eines Schaubildes ist es, sich **vorher** ein paar Gedanken dazu zu machen. So sollte man sich zu allererst überlegen, was genau man eigentlich darstellen will:
- Welcher Bereich ist interessant?
- Welche Parameter sollen dargestellt werden?
- Auf welcher Achse ist ein Parameter am sinnvollsten darzustellen?

Hier spielt sicher auch Erfahrung eine große Rolle. Die Devise heißt also: nicht gleich aufgeben!

Wichtig ist, sich zu überlegen, wie man die Achsen aufteilt:
- Hat man z. B. alle Werte in einer ähnlichen Größenordnung, so sollte man eine **lineare (»normale«) Aufteilung** der Achsen verwenden.
- Streuen die einzelnen Werte dagegen um einige Zehnerpotenzen, also z. B. von 10^0 bis 10^5, ist es ein riesiger Bereich und man kann die Verwendung einer **logarithmischen Zahlenskala** erwägen.

Aufteilung der Achsen: lineare Aufteilung oder logarithmische Skala.

- **Die Aufteilung lässt sich für die x- und y-Achse unabhängig voneinander festlegen.** Es ist also z. B. möglich, auf der y-Achse eine logarithmische Zahlenskala zu verwenden und auf der x-Achse eine lineare. Ein Beispiel für eine solche **halblogarithmische** Aufteilung zeigt ◘ Abb. 1.27b.

Mit der Wahl der »richtigen« Achsenskalierung kann man einen weiteren Vorteil nutzen. Geraden erkennen wir ja sehr leicht in Diagrammen! Andere Zusammenhänge wie x^2, x^3 oder e^x kann man nur im direkten Vergleich unterscheiden (◘ Abb. 1.16).

Man nutzt nun eine geeignete Achsenskalierung, um den vermuteten Zusammenhang im Diagramm als Gerade erscheinen zu lassen.

Zwei Beispiele sollen dies veranschaulichen:
1. Darstellung der Funktion $y = a \cdot e^{b \cdot x}$ im Diagrammtyp Abb. 1.27b, denn $\ln(y) = b \cdot x - \ln(a)$ mit $\ln(y) = y'$ folgt $y' = b \cdot x - \ln(a)$, eine Geradengleichung mit b als Steigung und $\ln(a)$ als Achsenabschnitt.

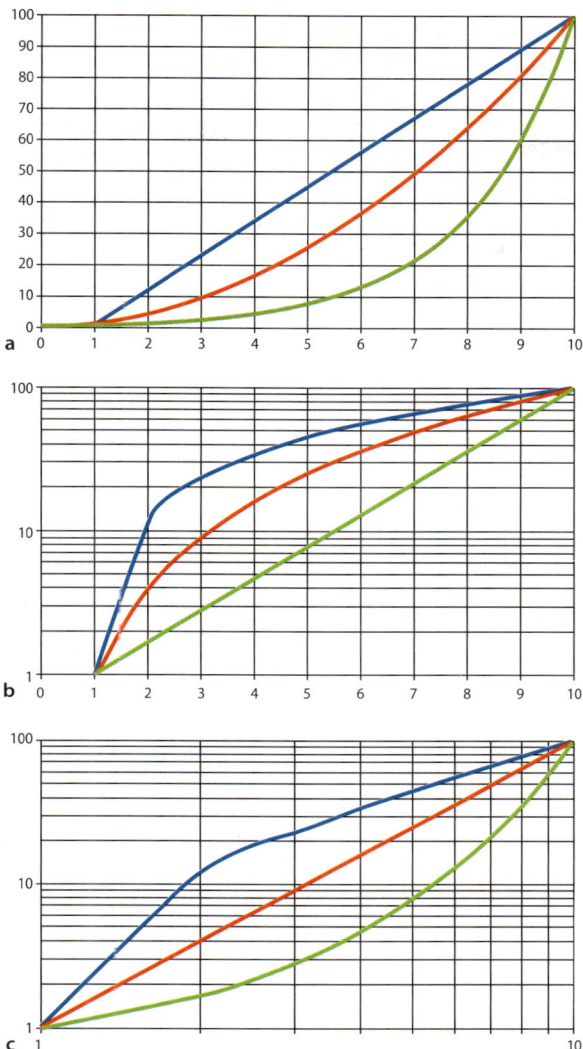

Abb. 1.27a–c **a** Lineare Aufteilung der Achsen. **b** Halblogarithmisches Papier: x-Achse linear, y-Achse logarithmisch geteilt. **c** Logarithmische Aufteilung; beide Achsen logarithmisch geteilt

Ein exponentieller Zusammenhang erscheint in einem halblogarithmischen Diagramm als Gerade.

2. Darstellung der Funktion $y = a \cdot x^n$ im Diagrammtyp Abb. 1.27c, denn
   $\ln(y) = \ln(a) + n \cdot \ln(x)$ mit $\ln(y) = y'$ und $\ln(x) = x'$ ergibt sich
   $y' = n \cdot x' + \ln(a)$, eine Gerade mit n als Steigung und $\ln(a)$ als Achsenabschnitt.

Eine Potenzfunktion erscheint in einem doppelt-logarithmischen Diagramm als Gerade.

In Abb. 1.27 wurden zur Demonstration jeweils folgende drei Funktionen eingezeichnet:

$$y = mx + b = 11x - 10 \quad \text{[linear (blau)]},$$
$$y = a \cdot e^{bx} = 0{,}6 \cdot e^{0{,}511x} \quad \text{(grün)},$$
$$y = a \cdot x^n = x^2 \quad \text{(rot)}.$$

Wie man sieht, erscheint nur die »passende« Funktion im jeweiligen Diagrammtyp als Gerade.

Grundlagen

Material:
Millimeterpapier, gespitzte Stifte,
Lineal.

1.7.3 Material

Grundsätzlich kann man jedes Schaubild problemlos auf kariertem Papier zeichnen. Auf Millimeterpapier kann man seine Werte aber einfacher und vor allem genauer darstellen. **Millimeterpapier ist entweder mit linearer, halblogarithmischer oder logarithmischer Skalierung erhältlich** (◘ Abb. 1.27a–c). Auch gespitzte Bleistifte, Buntstifte und ein gutes Lineal sind für eine ordentliche Darstellung unverzichtbar.

1.7.4 Grundlagen der Diagrammdarstellung

Zunächst ist es sehr wichtig, sich gleich zu Beginn anzugewöhnen, alle Abbildungen bzw. Schaubilder genau und sorgfältig zu **beschriften**. Sonst bekommt man diese spätestens bei der ersten Korrektur der Doktorarbeit von seinem Betreuer um die Ohren gehauen. Ein exemplarisches Beispiel für ein komplett beschriftetes Koordinatensystem zeigt ◘ Abb. 1.28.

Bei einem Schaubild darf auf keinen Fall fehlen:

Wichtig für Schaubilder:
– Überschrift;
– Quadranten wählen;
– Achsenkreuz anlegen:
  Abszisse: x-Achse,
  Ordinate: y-Achse;
– Achsenbeschriftung;
– Skalierung;
– Werte eintragen;
– Legende.

- ▬ **Überschrift:** Hier muss klar ersichtlich sein, welche Inhalte dargestellt werden. Es ist wichtig, spätestens bei der letzten Durchsicht der Zeichnungen seinen Text noch einmal kritisch zu überprüfen. Man muss immer daran denken, dass der (hoffentlich interessierte) Betrachter der Abbildung in den allermeisten Fällen nicht so eingearbeitet ist wie man selbst. Und auch ihm soll schließlich klar werden, was gemeint ist. Dies ist zugegebenermaßen ein schwieriger Schritt, den auch erfahrene Zeichner immer wieder nicht genügend beachten.
- ▬ **Welche Quadranten** werden zur Darstellung gebracht? Hat man z. B. nur Messwerte im negativen Bereich, kann man den positiven Bereich eventuell nur andeuten. Dadurch spart man nicht nur Platz. Zudem wird es möglich, den entscheidenden Bereich mit den meisten Werten »aufzudehnen«. Dadurch gelingt es, selbst kleine Unterschiede herauszuarbeiten. Am häufigsten wird, besonders im medizinischen Bereich, der I. Quadrant benötigt (also für x- und y-Achse nur positive Werte; ◘ Abb. 1.28).
- ▬ **Anlegen des Achsenkreuzes:** Ein Achsenkreuz besteht aus zwei Achsen, einer waagerechten x-Achse oder **Abszisse** und einer senkrechten y-Achse oder Ordinate. Wenn also, wie so oft, lediglich der I. Quadrant im Diagramm ausreicht, zeichnet man die x-Achse ans untere Ende des Blatts und die y-Achse ans linke Ende.
- ▬ **Achsenbeschriftung:** Ganz wichtig ist eine sorgfältige Achsenbeschriftung! Jeder Leser sollte den jeweils aufgetragenen Parameter der beiden Achsen sofort erkennen können. Ohne diese Information ist jede Abbildung wertlos! Zu einer vollständigen Achsenbeschriftung gehört immer der gemessene Parameter (z. B. Körpergröße) und die Angabe, in welcher Einheit diese Werte aufgetragen sind (z. B. cm). So könnte man an die y-Achse schreiben: »Körpergröße/cm«. Diese Schreibweise ergibt sich ganz einfach aus der Definition der Angabe einer physikalischen Größe: **physikalischen Größe = Maßzahl · Einheit.** Dividiert man beide Seiten durch die Einheit, bleibt die Maßzahl!
- ▬ **Skalierung:** Grundsätzlich gilt: den entscheidenden Bereich zentrieren und möglichst auf einen weiten Raum verteilen! Hier ist auch ein bisschen Fingerspitzengefühl gefragt. Es bringt also überhaupt nichts, einen einzelnen Ausreißer ins »Zentrum des Geschehens« zu rücken.

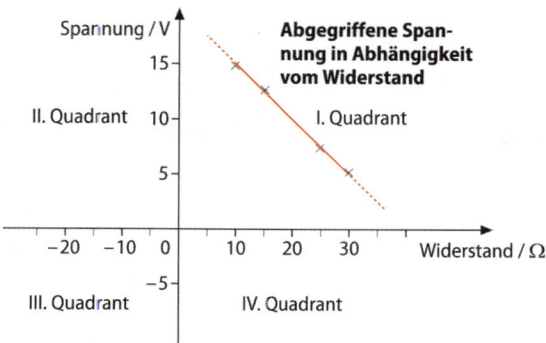

- Sorgfältiges und genaues **Eintragen der Werte:** Nichts ist ärgerlicher, als hierbei einen Leichtsinns- oder Übertragungsfehler einzubauen! Man kennzeichnet normalerweise jedes Wertepaar (aus x- und y-Wert) mit einem kleinen Kreuz (+ oder ×).
- **Legende:** Eventuell ist eine Legende sinnvoll. Besonders in der Doktorarbeit ist sie bei jeder Abbildung ein Muss! Hier können zusätzlich verwendete Zeichen und Abkürzungen erklärt werden. Außerdem lassen sich darin andere wichtige Aussagen zur Abbildung erläutern, wie z. B. Eigenschaften des untersuchten Patientenkollektivs.

Hätten Sie's gewusst?

Richtlinien für eine optimale Skalierung der Achsen des Schaubildes:
- Die Skalierung der Achsen richtet sich getrennt für x- und y-Achse nach den jeweiligen Minimal- und Maximalwerten. Schwierig wird dies nur dann, wenn man einen sehr großen Ausreißer in den Messwerten hat. Ist bei diesem kein Messfehler zu entdecken, kann es manchmal trotzdem sinnvoll sein, im Schaubild anzudeuten, dass ein Messwert außerhalb des dargestellten Bereichs liegt.
- Das Diagramm sollte jeweils den gesamten verfügbaren Platz ausnutzen. So ist eine größtmögliche Übersicht gewährt. Noch wichtiger ist dabei aber, dass die Achsen dann zweckmäßig unterteilt werden. Trägt man z. B. die Körpergröße auf der y-Achse auf, dann sieht man für jeweils 10 cm Körpergröße entsprechend 1 cm auf der y-Achse vor. Wenn man jedem Zentimeter auf der y-Achse dagegen 8,67 cm Körpergröße zuordnet, bringt man sich spätestens beim Zeichnen in große Nöte.
- Falls die Messwerte nicht bei 0 beginnen, sollte auch die jeweilige Achse nicht bei 0 beginnen. Auch hier sollte man einen zweckmäßigen Wert auswählen. Wenn man z. B. nur Personen in der Messgruppe hat, die mindestens 157,5 cm groß sind, ist es sinnvoll, bei 150 cm zu beginnen. Wählt man dagegen z. B. 157,5 cm als Nullpunkt, hat man es beim Zeichnen wiederum sehr schwer

---

Übrigens: Dieselben Richtlinien der Übersichtlichkeit und Beschriftung sind auch für jede Tabelle wichtig. Auch hier sind ungenaue Bezeichnungen und fehlende Überschriften ein Ärgernis.

1.7.5 Messunsicherheiten und Fehlerbalken

Sobald man in ein Diagramm nicht Einzelwerte, sondern Mittelwerte einträgt (z. B. die durchschnittliche Erhöhung der Körpertemperatur von 100 Probanden vor und nach 30 min Sonnenbad), ist es üblich, jeweils die Messunsicherheit mit einzeichnen (▶ Abschn. 1.6). Kein Messverfahren ist 100% genau und nicht alle Menschen reagieren gleich auf Sonneneinstrahlung (◘ Abb. 1.29a).

Die Messunsicherheit wird im Diagramm durch **Fehlerbalken** eingetragen (◘ Abb. 1.29). Der wahre bzw. wirkliche Wert der gemessenen Größe liegt dann mit einer (statistisch errechneten) Wahrscheinlichkeit von 68,3% in dem Bereich, aber das wissen wir ja schon aus ▶ Abschn. 1.6.2.

Der eingezeichnete Einzelwert entspricht dann dem Bestwert und der Fehlerbalken hat in beiden Richtungen die Länge der Messunsicherheit.

Messunsicherheit:
Standardabweichung des Mittelwerts.

Bestwert:
arithmetisches Mittel aller Einzelwerte.

◘ **Abb. 1.29a, b a** Beispiel eines Werts mit Messunsicherheit. **b** Durchschnittlicher Anstieg der Körpertemperatur vor und nach 30-minütigem Sonnenbad. Hier erkennt man, dass die Messunsicherheit nach dem Sonnenbad größer ist. Man also hat nach einem Sonnenbad, bei gleicher Stichprobengröße, eine größere Streuung der Messwerte als vorher

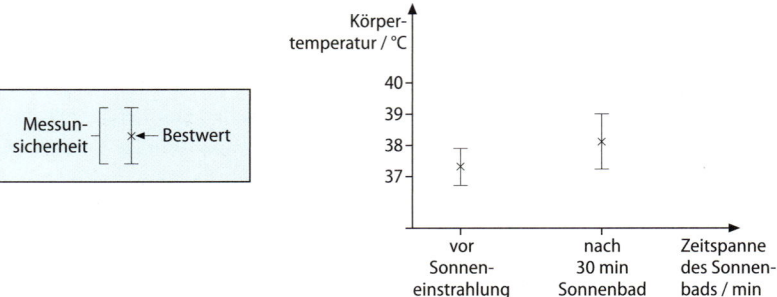

1.7.6 Ausgleichskurve

Angenommen, man misst bei Patienten den systolischen Blutdruck im Tagesverlauf alle 3 h, so erhält man je nach Person, Tätigkeit oder Stress unterschiedlich hohe Werte über den Tag verteilt. Physiologisch ist z. B., dass unser Blutdruck nachts absinkt. Dann liegt der Körper flach und ruhig. In ◘ Abb. 1.30 sieht man beispielhaft diesen Verlauf.

Nun ist es allerdings so, dass der Mensch ja immer einen Blutdruck hat, nicht nur zu den Messungen. Die Messwerte entsprechen also nur **Momentaufnahmen** eines sich **kontinuierlich** ändernden Blutdrucks. Mal ist die Änderung ganz gering, mal sehr stark (z. B. wenn man anfängt, körperlich zu arbeiten). Ist man also daran interessiert, wie sich die physikalische Größe auch zwischen den Messpunkten verhält, so passt man an die Messpunkte eine »vernünftige« Kurve an, die den Verlauf angemessen wiedergibt. Deswegen ist es nicht sinnvoll, die einzelnen Punkte durch gerade (Zickzack-)Linien zu verbinden.

Vielmehr sollte man versuchen, eine möglichst einfache Kurve so nah wie möglich an die Messpunkte zu legen. Eine solche Kurve nennt man **Ausgleichskurve** (◘ Abb. 1.30). Doch was ist mit »vernünftiger« Kurve gemeint? Dies liegt nun tatsächlich in der Sichtweise des Betrachters. Dieser muss sich dazu ein Modell zum betrachteten Zusammenhang machen! Das Modell kann z. B. so aussehen, dass man einen linearen Zusammenhang vermutet. Dann wird man eine Gerade an die Messpunkte anpassen. Vermutet man einen periodischen Zusammenhang, wird man versuchen, eine Sinusfunktion an die Messpunkte anzupassen. In unserem Fall des Temperaturverlaufs scheint es keinen einfachen mathematischen Zusammenhang zu geben, also wird man eine möglichst glatte Kurve ohne Ecken und Kanten wählen.

Ausgleichskurve:
Mittel zur Verbindung einzelner Messwerte, um einen möglichst realistischen Verlauf des Messwerts nachzuahmen.

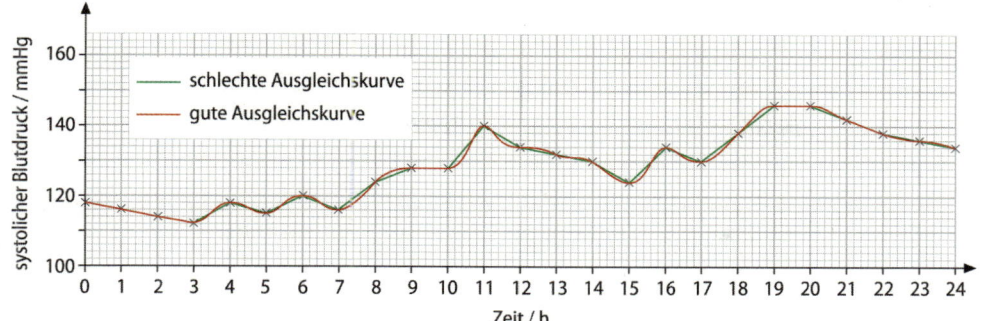

◻ Abb. 1.30 Die grüne Ausgleichskurve ist ein Beispiel, wie man es *nicht* machen sollte, die rote Kurve dagegen ist ein gutes Beispiel für eine gelungene Ausgleichskurve, wenn man verlangt, dass diese durch die Punkte laufen muss

1.7.7 Lineare Zusammenhänge

Ein Sonderfall einer Ausgleichskurve liegt vor, wenn ein linearer Zusammenhang zwischen den Messgrößen besteht (**Ausgleichsgerade**), wenn sich also verschiedene Werte im Rahmen der Messunsicherheit mit einer Geraden darstellen lassen (◻ Abb. 1.31). Dass dabei manche Werte etwas über oder unter der Geraden liegen, hängt mit der **statistischen Streuung** der Werte zusammen. Ein Spezialfall eines linearen Zusammenhangs liegt vor, wenn z. B. die Verdoppelung des x-Wertes zu einer Verdoppelung des y-Wertes führt. Man spricht dann von **Proportionalität**.

Linearer Zusammenhang: Zusammenhang der Messgrößen mittels Gerade darstellbar.

Steigungsdreieck Wenn wir nun schon die Messpunkte durch eine Ausgleichsgerade angepasst haben, ist es für Vorhersagen sinnvoll, diese Gerade auch mathematisch in der Form $y = m \cdot x + b$ anzugeben. Der Achsenabschnitt b lässt sich einfach aus dem Diagramm ablesen, die Steigung m ermittelt man über das Steigungsdreieck (▶ Abschn. 1.5.1). An jede Gerade kann man ein Steigungsdreieck anlegen. Dadurch lässt sich, wie der Name schon vermuten lässt, die Steigung der Geraden berechnen. Außerdem kann ein Steigungsdreieck manchmal auch hilfreich sein, wenn man den Überblick über die Einheiten verloren hat.

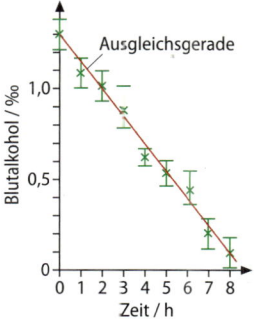

◻ Abb. 1.31 Abbau der Blutalkoholkonzentration eines Probanden über die Zeit. Hier erkennt man sofort den linearen Zusammenhang. Egal wie hoch der Alkoholspiegel ist, der Körper baut pro Stunde immer die gleiche Menge Alkohol ab! Ein Betrunkener in der Ausnüchterungszelle der Polizei mit 3,5 ‰ wird also erst nach ca. 25–35 h nüchtern sein. Es ist also höchst bedenklich, am Morgen nach durchzechter Nacht wieder Auto zu fahren!

Hätten Sie's gewusst?

Die Steigung m oder Änderungsrate einer Geraden lässt sich berechnen durch:

$$m = \frac{\Delta y}{\Delta x}.$$

Die Einheit von m lässt sich durch die gleiche Formel »berechnen«:

$$[\text{Einheit von} \, m] = \frac{[\text{Einheit von} \, y]}{[\text{Einheit von} \, x]}.$$

Grundlagen

kurz & knapp

— Zum perfekten Schaubild benötigt man lineares, halblogarithmisches oder logarithmisches Millimeterpapier.
— Ein Schaubild hat viele Vorteile, insbesondere den der guten Übersichtlichkeit.
— Nie vergessen darf man die komplette Beschriftung eines Schaubildes.
— Ausgleichskurven sind an die Messpunkte und ihre Messungenauigkeiten vernünftig angepasste Verläufe.
— Mit einem Steigungsdreieck lässt sich nicht nur die Steigung einer Geraden bestimmen, sondern auch die resultierende Einheit.

1.7.8 Übungsaufgaben

Aufgabe 1

Aufgabe 1: Sie bekommen die Werte in der Gewichtsentwicklung eines Mannes mit 180 cm Körpergröße im Alter von 20–40 Jahren (■ Tab. 1.6). Stellen Sie diese formal korrekt und übersichtlich dar.

Lösung 1: In der Abbildung werden die Unterschiede zwischen einer eindeutigen Beschriftung und Darstellung (■ Abb. 1.32b) und einer unzureichenden (■ Abb. 1.32a) deutlich. Wir verzichten hier auf die Fehlerbalken, zumal uns diese nicht bekannt sind.

■ **Tab. 1.6** Gewichtsentwicklung eines Patienten im Alter von 20–40 Jahren

Alter/Jahre	Gewicht/kg
20	75
22	75
24	76
26	75
28	77
30	78
32	80
34	81
36	80
38	82
40	83

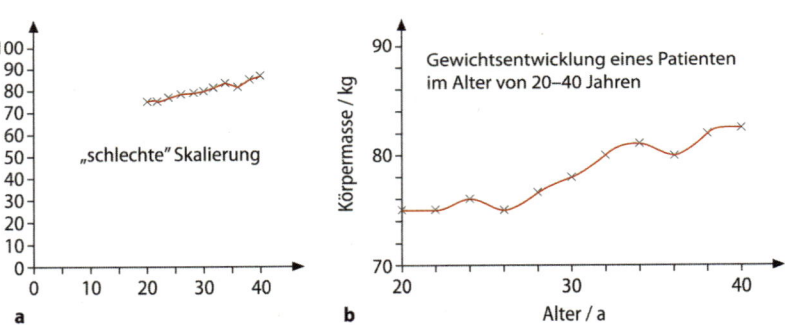

a   b

■ **Abb. 1.32a, b** Unterschiedliche Darstellung von Daten zur Gewichtsentwicklung eines Patienten im Alter von 20–40 Jahren. **a** So sollte es nicht aussehen! Zum einen ist hier die Skalierung der Achsen schlecht gewählt. Man muss nicht unbedingt bei beiden Achsen bei 0 anfangen, wenn es in diesem Bereich überhaupt keine Messwerte gibt. Außerdem sind die Achsen nicht beschriftet. So kann keiner nachvollziehen, was eigentlich gemessen wurde. Auch eine eindeutige Überschrift fehlt. **b** So sieht ein gutes Schaubild aus: Die Skalierung ist sinnvoll gewählt (d.h. kein Platz verschenkt wie in **a**, das Wesentliche wird größer dargestellt), die Achsen sind beschriftet und das Schaubild verfügt über einen eingängigen und leicht verständlichen Titel. So werden die Unterschiede in der Gewichtsentwicklung viel deutlicher

Alles klar!

Fiebersenkendes Mittel oder Reinfall?

Hier kann Dr. Clever seine Fähigkeiten voll und ganz ausspielen. Zunächst gestaltet er die Tabelle neu, ergänzt vor allem die fehlenden formalen Angaben und berechnet die entscheidenden Größen (◘ Tab. 1.7). Entscheidende Größe bei einem fiebersenkenden Medikament ist schließlich nicht die absolute Körpertemperatur, sondern die Angabe, um wie viele Grad Celsius die Temperatur jedes Patienten nach Behandlung abfiel. Die Messunsicherheit liegt hier bei ±0,1 °C.

◘ **Tab. 1.7** Fiebersenkende Wirkung des neuen Medikaments xy. ΔT gibt die Temperaturdifferenz relativ zur Ausgangstemperatur T_0 bei Medikamentengabe an. Alle Angaben in °C

Patient	T_0	T_{2h}	ΔT_{2h}	T_{4h}	ΔT_{4h}	T_{6h}	ΔT_{6h}	T_{8h}	ΔT_{8h}
Pat. 1	39,5	38,9	–0,6	38,7	–0,8	38,8	–0,7	38,6	–0,9
Pat. 2	39,2	37,5	–1,7	38,6	–1,6	37,4	–1,8	37,4	–1,8
Pat. 3	40,1	39,4	–0,7	39,2	–0,9	39,1	–1,0	39,0	–1,1
Pat. 4	39,4	38,5	+0,1	39,4	±0	39,5	+0,1	39,3	–0,1
Pat. 5	39,1	38,2	–0,9	38,0	–1,1	38,0	–1,1	37,8	–1,3

Wichtig sind wie bei jeder Tabelle eine klare Überschrift und die sinnvolle Anordnung der Daten. Außerdem muss immer genau bezeichnet werden, welche Einheiten verwendet und welche wichtigen Größen errechnet werden (wie hier z. B. die Temperaturdifferenz ΔT).

Anschließend kann Dr. Clever sich und dem Oberarzt nun leicht einen ersten Überblick über die Wirksamkeit des Medikaments verschaffen, indem er die errechneten Werte für jeden Patienten in ein Diagramm einträgt (◘ Abb. 1.33). Da die Unsicherheit für alle Messpunkte gleich ist, lässt er sie der Übersichtlichkeit halber hier ausnahmsweise weg. Außerdem wählt er Ausgleichskurven, die genau durch die Messpunkte verlaufen.

Hier lässt sich nun leicht erkennen, dass das neue Mittel einen guten, lang anhaltenden fiebersenkenden Effekt besitzt, dass es aber auf der anderen Seite bei dieser kleinen Patientengruppe auch einen Ausreißer gab (gelbe Linie), der nicht auf das Medikament angesprochen hat. Freilich ist für ein wirklich aussagekräftiges Ergebnis eine viel größere Patientengruppe notwendig (▶ Abschn. 1.6)! Aber mit dieser ersten Auswertung wird Dr. Clever am nächsten Morgen garantiert Pluspunkte beim Oberarzt einheimsen!

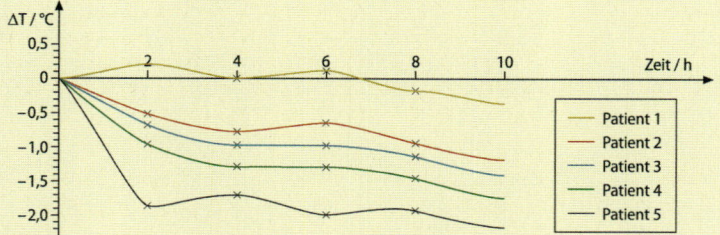

◘ **Abb. 1.33** Im Schaubild ist die Veränderung der Körpertemperatur der fünf Patienten über die Zeit aufgetragen. Dabei wurde der Wert bei Medikamenteneinnahme als Nullpunkt festgelegt. Dann wird der fiebersenkende Effekt nach 2, 4, 6 und 8 h eingetragen (ΔT). Man könnte stattdessen den absoluten Verlauf der Körpertemperatur darstellen (also ausgehend vom jeweiligen Startwert des Patienten). Dies ist immer auch eine Frage des persönlichen Geschmacks und richtet sich vor allem danach, was genau man darstellen will

Naturwissenschaftliche Grundlagen

Annekathrin Drensek, Ann-Kathrin Hartmann, Philipp Wagner und Anne McDougall

J. Schatz, R. Tammer (Hrsg.), *Erste Hilfe – Chemie und Physik für Mediziner*,
DOI 10.1007/978-3-662-44111-4_2, © Springer-Verlag Berlin Heidelberg 2015

Grundlagen

2.1   SI-Einheiten

Annekathrin Drensek

— Angabe physikalischer Größen – Messvorgang
— Sieben Grundeinheiten
— Abgeleitete Einheiten
— Präfixe
— »Exotische Einheiten«

Wie jetzt?

Narkoseprobleme
Ein Patient muss nach einem Motorradunfall operiert werden. Der Anästhesist versucht die Narkose einzuleiten. Als der Patient beim Rückwärtszählen ab 100 bei 20 immer noch nicht schläft, wird der Anästhesist langsam unruhig: »Irgendwas kann hier nicht stimmen«, denkt er. Als er noch ins Grübeln versunken ist, kommt der PJ-ler vorbei. Gemeinsam überlegen sie: »Warum schläft der Patient nicht ein?«

2.1.1   Angabe physikalische Größen – Messvorgang

Wie uns allen aus dem täglichen Leben bekannt ist, werden Größen immer angegeben, indem man den Betrag, also die Maßzahl, und eine der Größe zugehörige Einheit angibt. In der Wetterkarte z. B. wird die Temperatur mit 15 °C angegeben, die Flugentfernung an unseren Urlaubsort ist 6500 km usw.

In der naturwissenschaftlichen Beschreibung von Größen ist, wie sollte es auch anders sein, diese Angabe eindeutig geregelt. Es ist vereinbart, dass eine physikalische **Größe X** immer folgendermaßen anzugeben ist:

$$X = \{X\} \cdot [X].$$

Physikalische Größe:
Maßzahl · Einheit.

Dabei ist X die Abkürzung für die physikalische Größe, z. B. T für die Temperatur, p für den Druck und l für eine Länge, $\{X\}$ ist die **Maßzahl** und $[X]$ ist die zugehörige **Einheit**. Im Falle der angegebenen Temperatur T in der Wetterkarte ist also $\{X\} = 15$ und $[X] = °C$.

Nun ist auch klar, dass nicht jeder seine eigenen Einheiten kreieren kann. Diese Problematik ist so alt wie die Geschichte der naturwissenschaftlichen Beschreibung unserer Umwelt, also des Messens. **Denn ein Messvorgang ist ja nichts anderes als der Vergleich der vorhandenen Menge einer physikalischen Größe mit einer Einheitsmenge dieser physikalischen Größe, kurz der Einheit.**

Das SI-System ist das weltweit verwendete einheitliche Maßsystem in Wissenschaft und Technik.

In der Geschichte des Messens gab es mehrere unterschiedliche Einheitensysteme, wie z. B. das 1799 eingeführte MKS-System (Meter–Kilogramm–Sekunde) der Französischen Akademie der Wissenschaften, das im täglichen Gebrauch sehr lange angewendet wurde. Im Jahre 1960 einigte man sich auf der »11th General Conference on Weights and Measures«, kurz CGPM, auf das heute verwendete »Système International d'Unités« oder kurz »SI-System«. Es ist das weltweit angewandte, einheitliche Maßsystem in der Wissenschaft und Technik. Seit dem 01.01.1978 ist in der Bundesrepublik Deutschland die Verwendung des SI-Einheitensystems im amtlichen und geschäftlichen Verkehr gesetzlich vorgeschrieben.

2.1.2 Einführung der SI-Einheiten

Das SI-System basiert auf sieben Basiseinheiten. In ◼ Tab. 2.1 finden Sie die Angaben ihrer Bezeichnungen, Einheiten und kurze, sehr vereinfachte Definitionen.

Das SI-System hat sieben Basiseinheiten.

◼ **Tab. 2.1** Sieben Basiseinheiten des SI-Systems

Physikalische Größe	Symbol	SI-Einheit	Definition
Länge l	m	Meter	Strecke, die Licht im Vakuum in 1/299.792.458 s zurücklegt
Masse m	kg	Kilogramm	Standard-Kilogramm (Urkilogramm) aus Platin (Pt) und Iridium (Ir). Aufbewahrt in Paris
Zeit t	s	Sekunde	9.192.631.770 Perioden eines bestimmten Strahlungsübergangs von ^{133}Cs (Cäsium- oder Atomuhr)
Elektrische Stromstärke I	A	Ampere	Definiert über die Kraftwirkung zwischen zwei parallelen, von 1 Ampere durchflossenen Leitern
Thermodynamische Temperatur T	K	Kelvin	1/273,16 der Temperatur des Tripelpunkts von Wasser
Substanzmenge n	mol	Mol	Anzahl von Atomen in 12 g Kohlenstoff ^{12}C (Avogadro-Konstante: $N_A = 6,022 \ldots 10^{23}$ mol^{-1})
Lichtstärke I_v	cd	Candela	Definiert über die von einer speziellen Lichtquelle in einem bestimmten Raumwinkel abgestrahlte Leistung

Regeln zur Anwendung der Einheiten

Aber nicht nur die Definition für Basiseinheiten ist international geregelt, auch für die Bezeichnungen und die Angabe von Einheiten wurden Regeln festgelegt.

- Leitet sich der Name der Einheit von einem Forscher ab, so beginnt die Abkürzung mit einem Großbuchstaben: z. B. K für Kelvin, aber s für Sekunde.
- Es gibt keine Mehrzahl: 1 Meter, 2 Meter (nicht 2 Meters).
- Nach der Abkürzung steht kein Punkt: 1 m (nicht 1 m.), außer am Satzende.
- Schreiben Sie immer ein Leerzeichen zwischen Zahl und Einheit: 1 s (nicht 1s)!
- Benötigen Sie mehrere Einheiten hintereinander, so trennen Sie diese stets durch ein Leerzeichen: 1 N m (nicht 1 Nm)!
- Der Exponent –1 steht für »pro«: m s^{-1} entspricht Meter pro Sekunde.
- Vorsilbe und Einheit ergeben ein Wort: 1 Femtosekunde (nicht 1 femto Sekunde).
- Vorsilben werden nicht miteinander kombiniert: Mikrometer (nicht Millimillimeter).

2.1.3 Abgeleitete und zusammengesetzte Einheiten

Bestimmt sind Ihnen aus dem Alltag viele weitere Einheiten bekannt. Diese sonst noch üblichen Einheiten lassen sich jedoch aus den sieben Basiseinheiten des SI-Systems zusammensetzen. Die wichtigsten zusammengesetzten und abgeleiteten Einheiten sind in ◼ Tab. 2.2 aufgeführt. Auch wenn Sie die folgende Tabelle für völlig unnötig halten, so brauchen Sie die Umrechnungen spätestens im Physikum und einige Einheiten werden Ihnen auch in der Klinik erhalten bleiben.

Grundlagen

◘ Tab. 2.2 Beispiele für abgeleitete Einheiten im SI-System

Physikalische Größe	Symbol	Einheit	Name der Einheit	In SI-Einheiten
Frequenz	f, ν	Hz	Hertz	$Hz = 1/s$
Kraft	F	N	Newton	$N = m\,kg/s^2$
Druck, mechanische Spannung	p, σ	Pa	Pascal	$Pa = N/m^2 = kg/(m\,s^2)$
Energie, Arbeit, Wärmemenge	E, A, Q	J	Joule	$J = N\,m = m^2\,kg/s^2$
Leistung	P	W	Watt	$W = J/s = m^2\,kg/s^3$
Elektrische Ladung	q	C	Coulomb	$C = A\,s$
Elektrische Spannung	U	V	Volt	$V = W/A = m^2\,kg/(s^3\,A)$
Kapazität	C	F	Farad	$F = C/V = s^4\,A^2/(m^2\,kg)$
Elektrischer Widerstand	R	Ω	Ohm	$\Omega = V/A = m^2\,kg/(s^3\,A^2)$
Elektrischer Leitwert	G	S	Siemens	$S = A/V = s^3\,A^2/(m^2\,kg)$
Magnetischer Fluss	Φ	Wb	Weber	$Wb = V\,s = m^2\,kg/(s^2\,A)$
Magnetische Induktion	B	T	Tesla	$T = Wb/m^2 = kg/(s^2\,A)$
Induktivität	L	H	Henry	$H = Wb/A = m^2\,kg/(s^2\,A^2)$
Lichtstrom	Φ	lm	Lumen	$lm = cd\,sr$
Beleuchtungsstärke	E	lx	Lux	$lx = lm/m^2 = cd\,sr/m^2$
Radioaktivität	A	Bq	Becquerel	$Bq = 1/s$
Absorbierte (Strahlenenergie-)Dosis	D	Gy	Gray	$Gy = J/kg = m^2/s^2$
Dynamische Viskosität	η	Pa s	Pascalsekunde	$Pa\,s = kg/(m\,s)$
Drehmoment	M, τ	N m	Newtonmeter	$N\,m = m^2\,kg/s^2$
Oberflächenspannung	σ	N/m	Newton pro Meter	$N/m = kg/s^2$
Wärmeflussdichte	j	W/m²	Watt pro m²	$W/m^2 = kg/s^3$
Wärmekapazität, Entropie	C, S	J/K	Joule pro Kelvin	$J/K = m^2\,kg/(s^2\,K)$
Spezifische Wärmekapazität	c_m	J/(kg K)	Joule pro Kilogramm und Kelvin	$J/(kg\,K) = m^2/(s^2\,K)$
Spezifische Energie		J/kg	Joule pro Kilogramm	$J/kg = m^2/s^2$
Thermische Leitfähigkeit	λ	W/(m K)	Watt pro Meter Kelvin	$W/(m\,K) = m\,kg/(s^3\,K)$
Energiedichte	ω	J/m³	Joule pro m³	$J/m^3 = kg/(m\,s^2)$
Elektrische Feldstärke	E	V/m	Volt pro Meter	$V/m = m\,kg/(s^3\,A)$
Elektrische Ladungsdichte	ρ	C/m³	Coulomb pro m³	$C/m^3 = A\,s/m^3$
Elektrische Flussdichte	D	C/m²	Coulomb pro m²	$C/m^2 = A\,s/m^2$
Influenz		F/m	Farad pro Meter	$F/m = s^4\,A^2/(m^3\,kg)$
Permeabilität	μ	H/m	Henry pro Meter	$H/m = m\,kg/(s^2\,A^2)$
Molare Energie	G_m	J/mol	Joule pro Mol	$J/mol = m^2\,kg/(s^2\,mol)$
Molare Entropie, molare Wärmekapazität		J/mol	Joule pro Mol Kelvin	$J/(mol\,K) = m^2\,kg/(s^2\,K\,mol)$
Ionendosis	J	C/kg	Coulomb pro Kilogramm	$C/kg = A\,s/kg$
Absorbierte Dosisrate	Ḋ	Gy/s	Gray pro Sekunde	$Gy/s = m^2/s^3$

2.1.4 SI-Präfixe

Wendet man die oben eingeführten SI-Einheiten systematisch an, so steht man bald vor einem Problem: Man muss mit sehr kleinen bzw. sehr großen Zahlen arbeiten. Um diese Arbeit zu »erleichtern«, gibt es die SI-Präfixe. **SI-Präfixe sind Vorsilben, die jeweils die Nullen hinter oder vor der eigentlichen Zahl angeben.**

Verwirrung komplett? Kein Problem, hier ein **Beispiel**: Elementare Reaktionsschritte in der Chemie können sehr schnell ablaufen. Es gibt Reaktionsschritte mit einer Dauer von 0,000.000.000.000.001 s. Wenn Sie nun die Stellen hinter dem Komma abzählen, kommen Sie auf 15. Um diese winzige Zahl etwas handlicher zu gestalten, können Sie, unter Anwendung der Potenzgesetze, einfach auch 10^{-15} s schreiben. Alternativ kommen nun, um es noch einfacher zu machen, unsere Präfixe ins Spiel, denn – wenn Sie ◘ Tab. 2.3 auswendig gelernt haben – wissen Sie, dass 10^{-15} s einer Femtosekunde (1 fs) entspricht.

Beispiel für SI-Präfixe:
 – 10^{-15} s oder 1 fs,
 – 1000 g oder 1 kg,
 – 0,001 m oder 1 mm.

◘ **Tab. 2.3** Präfixe im SI-System

Name	Abkürzung	Größe	Faktor
Yotta	Y	1.000.000.000.000.000.000.000.000	10^{24}
Zeta	Z	1.000.000.000.000.000.000.000	10^{21}
Exa	E	1.000.000.000.000.000.000	10^{18}
Peta	P	1.000.000.000.000.000	10^{15}
Tera	T	1.000.000.000.000	10^{12}
Giga	G	1.000.000.000	10^{9}
Mega	M	1.000.000	10^{6}
Kilo	K	1.000	10^{3}
Hekto	H	100	10^{2}
Deka	da	10	10^{1}
		1	10^{0}
Dezi	d	0,1	10^{-1}
Zenti	c	0,01	10^{-2}
Milli	m	0,001	10^{-3}
Mikro	μ	0,000.001	10^{-6}
Nano	n	0,000.000.001	10^{-9}
Piko	p	0,000.000.000.001	10^{-12}
Femto	f	0,000.000.000.000.001	10^{-15}
Atto	a	0,000.000.000.000.000.001	10^{-18}
Zepto	z	0,000.000.000.000.000.000.001	10^{-21}
Yokto	y	0,000.000.000.000.000.000.000.001	10^{-24}

Manche Einheiten, die vor Einführung des SI-Systems entstanden, z. B. mmHg für den Blutdruck, sind noch immer gebräuchlich.

2.1.5 »Exotische Einheiten«

Nachdem wir uns ja nun mit dem SI-Einheitensystem inklusive Präfixen auskennen, werden Sie sicherlich feststellen, dass hier noch ein paar bekannte Einheiten fehlen. Stimmt! Dies erklärt sich dadurch, dass es aus der Zeit vor dem SI-Einheitensystem häufig gebrauchte und aus dem täglichen Umgang kaum mehr wegzudenkende Einheiten gibt, die trotz der geforderten ausschließlichen Verwendung der SI-Einheiten weiterhin benutzt werden.

Als spezielles medizinisches **Beispiel** sei hier die Angabe des Blutdrucks genannt. Wie wir alle aus dem täglichen Leben wissen, liegt der »normale« Blutdruck bei 120 zu 80. Nachgefragt nach der Einheit – die bei der Angabe oft einfach weggelassen wird – erfährt man, dass es sich um mmHg (lies »Millimeter Quecksilbersäule«) oder Torr handelt. Natürlich kann man diese Druckwerte auch in SI-Einheiten angeben, es gilt: **1 Torr = 1 mmHg = 1,33 hPa**. Somit wäre der Blutdruck anzugeben als 160 zu 110 hPa. Wie wir wissen, lassen Mediziner gern die Einheiten weg, also »160 zu 110«! Und schon haben Sie einen Bluthochdruck – oder?

---

kurz & knapp

— Beim Messen vergleicht man die zu messende Menge einer physikalischen Größe mit ihrer Einheit.

— Die Maßzahl ist das Verhältnis der zu messenden Menge einer Größe relativ zur Einheit der Größe.

— Eine physikalische Größe wird immer angegeben durch **Maßzahl · Einheit.**

— Es gilt das **SI-Einheitensystem** mit sieben Basiseinheiten.

— Alle anderen Einheiten setzen sich aus den Basiseinheiten zusammen, man nennt sie abgeleitete Einheiten.

— Die Vorsilbe »Präfix« bestimmt die Größe der Zahl, dadurch werden sehr große und sehr kleine Werte schreibbar.

— Achtung bei »exotischen« Einheiten, wie z. B. mmHg für den Blutdruck.

2.1.6 Übungsaufgaben

Hinweis: Die Potenzregeln finden Sie in ▶ Abschn. 1.4.

Aufgabe 1

Aufgabe 1: Rechnen Sie in die jeweils angegebene Einheit um!

a. 500 cl in ml.

b. 12 mm in nm.

c. $0,2\,m\,s^{-1}$ in $km\,h^{-1}$.

d. 200 l in m^3.

Lösung 1:

a. $1\,cl = 1 \cdot 10^{-2}\,l$
$1\,l = 10^3\,ml$
$1\,cl = 1 \cdot 10^{-2} \cdot 10^3\,ml = 1 \cdot 10^1\,ml = 10\,ml$
$500\,cl = 500 \cdot 10\,ml = 5000\,ml.$

b. $1\,mm = 1 \cdot 10^{-3}\,m;\ \ 1\,m = 1 \cdot 10^9\,nm \rightarrow 1\,mm = 1 \cdot 10^6\,nm$
$12\,mm = 12 \cdot 10^6\,nm.$
$1\,m = 10^{-3}\,km;\ 1\,s = 1/3600\,h$

c. $\quad 0{,}2\,\dfrac{m}{s} = 0{,}2 \cdot \left[\dfrac{10^{-3}\,km}{(1/3600\,h)}\right] = 0{,}2 \cdot 3{,}6\ km\,h^{-1} = 0{,}72\ km/h.$

d. $\quad 1\,l = 1\,dm^3 = \left(\dfrac{1}{10}\,m\right)^3 = 10^{-3}\,m^3$

$\qquad 200\,l = 200 \cdot 10^{-3}\,m^3 = 0{,}2\,m^3.$

Aufgabe 2: Sie leiten bei einem Patienten ein EKG ab. Dabei ermitteln Sie, dass sein Herz pro Minute 96-mal schlägt. Welche Frequenz hat der Herzschlag des Patienten?

Aufgabe 2

Lösung 2:

$\qquad 1\,min = 60\,s$

$\qquad \dfrac{96}{min} = \dfrac{96}{60\,s} = \dfrac{96}{60}\ s^{-1} = 1{,}6\,s^{-1}\ \text{oder}\ 1{,}6\,Hz.$

Aufgabe 3: Ein Patient kommt in die Notaufnahme und gibt folgende Daten über sich an: Er ist 1790 mm groß, wiegt 0,0852 t und hat eine Herzfrequenz von 1,5 Schlägen pro Sekunde. Um den Patienten bei Ihrem Oberarzt vorzustellen, müssen Sie seine Angaben in gebräuchliche Einheiten umrechnen (Größe in m, Gewicht in kg und Puls in Schlägen pro Minute)! Zusatzfrage: Welche der umgerechneten Einheiten entspricht nicht den Basiseinheiten des SI-Systems?

Aufgabe 3

Lösung 3:

$\qquad 1790\,mm = 1790 \cdot 10^{-3}\,m = 1{,}79\,m.$

$\qquad 1\,t = 1 \cdot 10^3\,kg$

$\qquad 0{,}0852\,t = 0{,}0852 \cdot 10^3\,kg = 85{,}2\,kg.$

$\qquad \dfrac{1}{s} = 1 \cdot \dfrac{60}{min}$

$\qquad 1{,}5\,s^{-1} = 1{,}5 \cdot 60\ min^{-1} = 90\ min^{-1}.$

(Hierbei war die Frequenz bereits in SI-Einheiten angegeben. Die Umrechnung erfolgt also abweichend von den SI-Einheiten, entspricht aber dem klinischen Gebrauch.)

Alles klar!

Maßeinheiten und Umrechnung beachten!
Nach einigem Überlegen haben Anästhesist und PJ-ler den Fehler gefunden. Die Angaben der Konzentration auf der Verpackung des Narkosemittels hatten sich geändert und der Anästhesist hat den falschen Umrechnungsfaktor gewählt. Deshalb war die Konzentration zu gering, um eine Narkose einzuleiten.

2.2 Atombau, Bohr'sches Atommodell

Annekathrin Drensek

- Atom
- Bohr'sches Atommodell

Wie jetzt?

Typische Frage in einer mündlichen Prüfung: Alphastrahlung dringt beinah ungehindert durch eine sehr dünne Materieschicht. Wie geht das?

Interessant fürs Autofahren:
$1\ m/s = 3{,}6\ km/h.$

Grundlagen

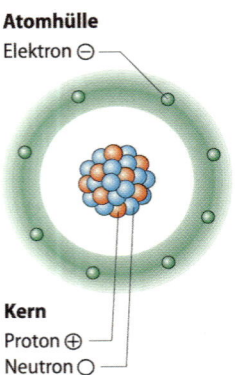

Atomhülle
Elektron ⊖

Kern
Proton ⊕
Neutron ○

◨ **Abb. 2.1** Klassische Vorstellung vom Aufbau eines Atoms

Ein Atom besteht aus Kern und Hülle; Atome sind elektrisch neutral.

Im Kern steckt fast die gesamte Masse eines Atoms.

Uns ist sofort klar, dass wir diese Frage nur beantworten könnten, wenn wir wissen, wie Materie aus einzelnen Atomen aufgebaut ist. Aber was sind eigentlich Atome und was ist Alphastrahlung?

2.2.1 Atombau

Bevor wir uns mit dem Aufbau eines Atoms beschäftigen, soll zunächst eine Definition folgen, um was es sich bei einem Atom eigentlich handelt: Atome sind die kleinsten chemischen Einheiten, in die Materie zerlegt werden kann. Sie bestehen aus einem Kern und einer Hülle (◨ Abb. 2.1). Atome sind elektrisch neutral.

Physikalisch gesehen bestehen Atome aus Elementarteilchen:
- elektrisch einfach positiv geladenen Protonen,
- elektrisch ungeladenen (neutralen) Neutronen,
- elektrisch einfach negativ geladenen Elektronen.

Die Elementarteilchen verteilen sich spezifisch auf die Hülle und den Kern des Atoms. Ein stabiles Atom kann man nur mithilfe physikalischer Methoden, wie z. B. durch Beschuss mit anderen Teilchen aus einem Teilchenbeschleuniger, in seine Elementarteilchen zerlegen.

Spezifische Verteilung der Elementarteilchen

Der Atomkern ist positiv geladen und besteht nur aus positiven Protonen und ungeladenen Neutronen. Nach der Protonenzahl oder Ordnungszahl werden die vorkommenden unterschiedlichen Atome, Elemente genannt, im Periodensystem der Elemente (**PSE**) geordnet. Aber dazu soll die Chemie das Wort haben: ▶ Abschn. 8.2, ▶ Kap. 9.

Die Anzahl der Neutronen im Atomkern kann variieren. Neutronen haben, wie ihr Name schon verrät, keine Ladung. Haben zwei Atome in ihrem Kern die gleiche Protonenzahl, aber eine unterschiedliche Neutronenzahl, so spricht man von **Isotopen des Elements**.

Der Kern ist im Verhältnis zur Schale sehr klein – sein Durchmesser beträgt nur etwa das 10^{-4}-Fache (ein Zehntausendstel) des Atomdurchmessers –, bestimmt aber die Masse des Atoms (ca. 99,9% der Atommasse, Protonen und Neutronen sind ungefähr gleich schwer). Die Masse der Hülle ist so gering, dass man sie bei der Masse des gesamten Atoms fast vernachlässigen kann.

In der Atomhülle befinden sich die oben erwähnten, verglichen mit Protonen und Neutronen fast masselosen Elektronen. Diese sind negativ geladen. Da das Atom insgesamt neutral ist und die Neutronen keine Ladung haben, benötigen wir also gleich viele Elektronen in der Hülle wie Protonen im Kern.

Die Atomhülle hat eine besondere Bedeutung in der Chemie. Denn in ihr spielen sich die chemischen Reaktionen ab, sie bestimmen somit die chemischen Eigenschaften des Atoms. In der Geschichte der Naturforschung waren es diese unterschiedlichen Eigenschaften verschiedener Elemente, die letztendlich zur Erstellung des PSE führten.

Damit Sie sich das alles etwas besser vorstellen können, schauen wir uns nun das Bohr'sche Atommodell an.

2.2.2 Bohr'sches Atommodell

Niels Bohr (1885–1962) formulierte 1913 sein Atommodell (◘ Abb. 2.2). Er stellte fest, dass die Elektronen der Atomhülle nur Licht als Quanten mit bestimmten Energiebeträgen abgeben können. Aus dieser Beobachtung zog er die Schlussfolgerung, dass die Elektronen nur bestimmte Energiezustände in der Hülle einnehmen können und sich auf festgeschriebenen Kreisbahnen in der Hülle um den Kern bewegen, dass also die Elektronen nicht einfach frei und bunt durcheinander durch die Hülle schwirren. Dass sich die Elektronen in der Hülle aufhalten, galt zu Forschungszeiten von Bohr bereits als relativ gesichert, gestritten hat sich die Fachwelt nur, *wie* sie sich dort bewegen.

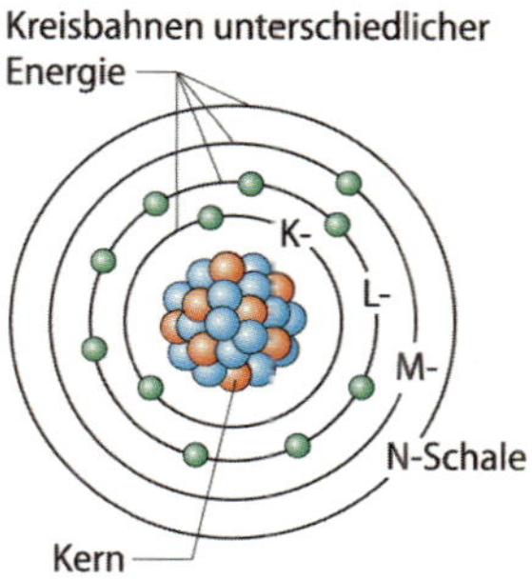

Mit den Kreisbahnen in ◘ Abb. 2.2 erklärte Bohr die Lichtquanten folgendermaßen: Elektronen senden nur dann Lichtquanten aus, wenn sie von einem höheren Energieniveau (großer Radius der Kreisbahn) auf ein niedriges (kleinerer Radius) übergehen. Die Energie des ausgesendeten Lichtquants ist die Energiedifferenz zwischen den beiden Energieniveaus!

Des Weiteren ging Bohr davon aus, dass die Elektronen in einem bestimmten **Grundzustand** verweilen. In diesem energetisch günstigsten Zustand des Atoms sind die innersten möglichen Kreisbahnen besetzt.

Führt man nun dem System Energie zu, so gehen die Elektronen in den **angeregten** Zustand über, einen Zustand höherer Energie. Dort verweilen die Elektronen jedoch nicht lange, da sie das Bedürfnis haben, in ihren Grundzustand zurückzukehren. Bei diesem Zurückfallen in den Grundzustand wird, wie bereits gesagt, die Energie in Form eines Lichtquants abgegeben.

Man könnte annehmen, dass alle Elektronen sich somit auf der innersten Kreisbahn sammeln werden. Die Beobachtungen zeigten aber etwas anderes, nämlich das sog. **Pauli-Prinzip** oder **Pauli-Verbot: Die einzelnen Bahnen können immer nur durch eine bestimmte Maximalzahl von Elektronen besetzt werden.**

Auch wenn sich schon bald erwies, dass Bohr mit seiner Vorstellung nicht so ganz ins Schwarze getroffen hat, ist es ein gängiges Modell für den Atomaufbau, mit dem man sich vieles veranschaulichen kann. Die heutige Beschreibung würde uns in die komplexe Welt der Quantenphysik und der Quantenchemie führen, die an dieser Stelle für unser Verständnis nicht erforderlich ist.

Im Chemieteil (▶ Abschn. 8.2, ▶ Kap. 9) gehen wir auf bestimmte Aspekte näher ein, insbesondere wird dort das PSE (und was dahinter steckt) erläutert. Dort finden sich auch entsprechende Übungsaufgaben.

◘ Abb. 2.2 Bohr'sches Atommodell

Beim Übergang eines Elektrons von einer äußeren Kreisbahn auf eine innere sendet es ein Lichtquant aus.

Grundzustand der Elektronen: innerste Kreisbahnen sind besetzt.

Angeregter Zustand: Elektronen besetzen Kreisbahnen weiter außen.

kurz & knapp
— Atome bestehen aus Kern und Hülle.
— Im Kern befinden sich Neutronen und Protonen, in der Hülle Elektronen.
— Der Kern ist ca. 10^{-4}-fach kleiner als das Atom.
— Im Kern befindet sich fast die gesamte Masse des Atoms (ca. 99,9%).
— Das Bohr'sche Atommodell ist nur ein **Modell**, erklärt aber auf einfache Weise grundlegende Beobachtungen.
— Bessere Modelle führen in die komplexe Welt der Quantenphysik und der Quantenchemie.

Grundlagen

Die großen Lücken zwischen den kleinen Atomkernen
Wie wir nun wissen, besteht ein Atom weitgehend aus nichts und somit Materie aus Atomen mit weit verstreuten Atomkernen. Die Alphateilchen, bei denen es sich ja um sehr kleine Kerne des Heliumatoms handelt, können ziemlich ungehindert durch die dünne Folie fliegen, da die Wahrscheinlichkeit sehr gering ist, ausgerechnet einen Atomkern zu treffen.

2.3   Stoffe & Co.

Ann-Kathrin Hartmann

- Stoffe
- Reinstoffe
- Elemente
- Isotope
- Verbindungen
- Gemische
- Ionen

Wie jetzt?

Verstrahlt?
Während Ihres Krankenpflegedienstes erleben Sie folgenden Fall: Bei einer älteren Dame wurde ein Schilddrüsenkarzinom festgestellt. Als Therapie ist eine Behandlung mit Iod-131 vorgesehen. Als die Patientin erfährt, dass es sich dabei um einen radioaktiven Stoff handelt, ist sie sehr verstört. Sie hören, wie sie ängstlich den Arzt fragt: »Sie wollen mich verstrahlen? Aber warum denn?« Eine durchaus nachvollziehbare Frage – oder?

2.3.1   Stoffe

Stoff:
Überbegriff für alle Materie.

Eine bestimmte Kombination von Eigenschaften kennzeichnet einen Stoff eindeutig.

Wir sind ständig von vielen Dingen umgeben. Sie alle bestehen aus Materie oder einfacher ausgedrückt: aus **Stoffen**. Diese kommen in **drei Aggregatzuständen** vor, können also fest, flüssig oder gasförmig sein.

Jeder Stoff besitzt charakteristische Eigenschaften, die ihn von anderen Stoffen unterscheiden. Eigenschaften, die wir sehr leicht erkennen können, sind dabei z. B. Aussehen (Farbe, Oberfläche), Verformbarkeit (spröde, biegsam, elastisch, viskos), Geruch und Geschmack. Nicht so leicht erkennbar, dafür aber messbar sind z. B. Schmelz- und Siedetemperatur sowie Dichte und Löslichkeit in einem bestimmten Lösungsmittel. **Ein Stoff wird dabei nicht durch eine einzige Eigenschaft charakterisiert, sondern hat mindestens *eine* für ihn typische Eigenschaftskombination**. So ist z. B. Schwefel ein gelber Feststoff unter vielen. Aber nur er brennt mit blauer Flamme und hat ein spezifisches Verhalten beim Erhitzen. Diese Eigenschaften unterscheiden ihn von allen anderen Stoffen und kennzeichnen ihn somit eindeutig.

Welche Eigenschaften wir herausfinden müssen, um einen Stoff eindeutig bestimmen zu können, ist von Fall zu Fall verschieden. Manchmal reichen zwei leicht ermittelbare Eigenschaften aus und manchmal bedarf es vieler komplizierter Experimente und Messungen.

Stoffe können in andere Stoffe umgewandelt werden. Hierbei spricht man von **chemischen Reaktionen**, die man anhand eines Reaktionsschemas angeben kann (▶ Abschn. 8.1.2).

Grundsätzlich können Stoffe in zwei Formen auftreten, als Reinstoffe oder als Gemische.

2.3.2 Reinstoffe

Reinstoffe sind einheitliche Stoffe, die nur aus einer einzigen »Teilchenart« bestehen. Sie können mit physikalischen Methoden nicht in unterschiedliche Bestandteile zerlegt werden. Ihre chemischen und physikalischen Eigenschaften sind konstant. Deshalb kann man Reinstoffe wie oben beschrieben auch anhand ihrer Eigenschaften charakterisieren.

Die Reinstoffe werden noch unterteilt in Elemente und Verbindungen.

> Teilchen:
> Atome, Moleküle, Ionen.

Elemente

Elemente sind Reinstoffe, die aus nur einer Atomsorte aufgebaut sind. Die Atome eines Elements haben alle die gleiche Protonenzahl im Kern und damit die gleiche Elektronenzahl in der Hülle. Sie verhalten sich also alle chemisch gleich. Darum lassen sich Elemente auch nicht durch chemische Methoden in weitere Bestandteile zerlegen. Allerdings können sich die Atome in ihrem physikalischen Verhalten unterscheiden. So zählt man z. B. Atome mit gleicher Protonen-, aber unterschiedlicher Neutronenzahl zum gleichen Element, obwohl sie eine andere Masse haben. Diese sog. **Isotope** zeigen oft ein unterschiedliches Verhalten bei nuklearen Reaktionen.

Zurzeit sind über hundert Elemente bekannt. Sie werden anhand ihrer Kernladungszahl und ihrer Elektronenkonfiguration im Periodensystem der Elemente (PSE; ▶ Kap. 9) in Gruppen und Perioden geordnet. Jedes Element besitzt als Abkürzung ein Elementsymbol, das meist vom lateinischen Namen des Elements abgeleitet ist (z. B.: Fe [lat. *ferrum*] = Eisen).

> Elemente sind nur aus einer Atomsorte aufgebaut; ihre Atome verhalten sich chemisch gleich.

> Atome einer Elementsorte können sich physikalisch unterschiedlich verhalten → Isotope.

Isotope Unter Isotopen eines Elements versteht man Atome, die die gleiche Kernladungszahl haben, sich aber in ihrer Massenzahl unterscheiden. Sind einzelne Isotope eines Elements instabil und neigen zum spontanen Zerfall, so bezeichnet man sie als **Radioisotope**, also als radioaktive Stoffe.

Neben einer bestimmten Protonen- und Neutronenanzahl wird ein Radioisotop auch durch seine spezifischen Zerfallseigenschaften charakterisiert. Obwohl wir darauf in ▶ Kap. 7 im Detail eingehen, sollen hier bereits ein paar Anmerkungen zu radioaktiver Strahlung folgen.

Beim Kernzerfall von radioaktiven Atomen entsteht radioaktive Strahlung aus dem Kern, die wie folgt unterteilt wird:

- **Alphastrahlen:** positiv geladene Heliumkerne (zwei Protonen und zwei Neutronen),
- **Betastrahlen:** Elektronen oder Positronen,
- **Gammastrahlen:** elektromagnetische Strahlen.

> Kernladungszahl = Protonenzahl; Massenzahl = Nukleonenzahl.

Jede dieser Strahlungsarten kann Moleküle schädigen. Deshalb ist radioaktive Strahlung immer gefährlich. **Eine Strahlung richtet umso größeren Schaden an, je energiereicher sie ist.** Die Reichweite der Strahlung ist begrenzt: Alphastrahlen haben die geringste Reichweite, Gammastrahlen die größte. Trotzdem sind Alphastrahlen für den menschlichen Körper gefährlicher als Gammastrahlen. Näheres hierzu erfahren wir in ▶ Kap. 7.

Radioisotope zerfallen mit für sie charakteristischer Halbwertszeit.

Durch den Zerfall der Atome, zuletzt in stabile Elemente, werden es (quantitativ) immer weniger Radioisotope und die Strahlung nimmt mit der Zeit ab. Dieser Vorgang wird durch die für das Radioisotop charakteristische **Halbwertszeit $T_{1/2}$** beschrieben. **Die Halbwertszeit gibt an, nach welcher Zeit nur noch die Hälfte des Stoffs übrig, d. h. noch nicht zerfallen, ist.** Halbwertszeiten können Sekunden, aber auch Jahre betragen, je nachdem wie instabil der betreffende Stoff ist.

Einige in der modernen Medizin verwendete Radioisotope sind ^{131}I, ^{99}Tc, ^{11}C. In der **Nuklearmedizin** werden Radioisotope häufig zur Diagnostik oder Therapie eingesetzt. Radioisotope eignen sich für die Medizin unter anderem deshalb, weil der Körper normalerweise keine Unterschiede zwischen den Isotopen eines Elements macht. Gibt man einem Patienten also statt normalem Iod das Radioisotop ^{131}I, wird dieses normal verstoffwechselt. Dann können bildgebende Verfahren (z. B. PET; SPECT), die die Strahlung des Isotops registrieren, das Isotop abbilden und seine Verteilung im Körper verfolgen.

Man macht sich in der Medizin sogar die schädigende Wirkung der Strahlung zunutze, indem man sie zum Abtöten entarteter Zellen (Tumoren) einsetzt. Wir sollten aber bei allen Möglichkeiten die sie bieten, die Gefahren im Umgang mit radioaktiven Materialien nicht vergessen. **Radioaktive Stoffe können schwere Schäden verursachen und müssen daher immer mit Vorsicht behandelt werden.**

Verbindungen

Verbindungen lassen sich chemisch in mindestens zwei elementare Atome zerlegen.

Lässt sich ein Reinstoff chemisch in weitere Bestandteile zerlegen, sprechen wir von einer chemischen Verbindung. Verbindungen bestehen aus mindestens zwei elementaren Atomen (z. B. H_2O).

Fast alle Elemente können chemische Verbindungen eingehen, wobei Moleküle entstehen. Die verschiedenen Bindungsmöglichkeiten werden in ▶ Abschn. 8.2 behandelt.

2.3.3 Gemische

Gemische: aus verschiedenen Reinstoffen zusammengesetzte Stoffe.

Die meisten Stoffe in der Natur sind aus verschiedenen Reinstoffen zusammengesetzte Gemische. Betrachten wir z. B. eine Backmischung, so erkennen wir schon mit bloßem Auge unterschiedliche Bestandteile. Die einzelnen Körner haben unterschiedliche Farben und Oberflächen. Sie ist also ein aus vielen verschiedenen Reinstoffen bestehendes Gemisch.

Die Reinstoffe eines Gemischs lassen sich durch physikalische Methoden voneinander trennen, da sie im Gemisch ihre charakteristischen Eigenschaften behalten. Die Zusammensetzung eines Gemischs, d. h. das Mischungsverhältnis der beteiligten Reinstoffe, bestimmt seine spezifischen Eigenschaften.

Wie oben bereits erwähnt, treten Stoffe in drei Aggregatzuständen auf: fest, flüssig und gasförmig. Anhand der Aggregatzustände der vermischten Stoffe lassen sich verschiedene Arten von Gemischen unterscheiden, die zwei Gruppen zugeordnet werden können:

Es gibt homogene und heterogene Gemische.

- **homogenen** Gemischen und
- **heterogenen** Gemischen.

Homogene Gemische sind auf molekularer Ebene, d. h. bis zu den kleinsten Teilchen, miteinander vermischt, was ihnen ein einheitliches Aussehen verleiht. Die einzelnen Reinstoffe lassen sich dabei nicht mehr voneinander unterscheiden. ▫ Tab. 2.4 zeigt die Arten homogener Gemische.

Im Gegensatz zu den homogenen Gemischen sind die Reinstoffe bei heterogenen Gemischen nicht vollständig miteinander vermischt und lassen sich mit bloßem Auge oder mit optischen Hilfsmitteln (Mikroskop, Lupe) unterscheiden, wie z. B. bei der Backmischung. Die Arten heterogener Gemische sind in ▪ Tab. 2.5 aufgeführt.

Wie schon erwähnt, kann man die Reinstoffe, aus denen ein Gemisch besteht, durch physikalische Methoden trennen. ▪ Tab. 2.6 zeigt einige häufig angewandte Trennverfahren.

Wir haben bis jetzt gelernt, dass es Reinstoffe und Stoffgemische gibt. Wir wissen auch, dass sich Reinstoffe in Elemente und Verbindungen unterteilen lassen. Wir wollen jetzt den **Elementbegriff** genauer betrachten. Die chemischen Verbindungen werden später im Buch behandelt und daher im Folgenden nur kurz erwähnt.

▪ Tab. 2.4 Homogene Gemische

Name	Zusammensetzung	Beispiel
Legierung	Fest in fest	Amalgam
Lösung	Fest in flüssig	Kochsalzlösung
	Flüssig in flüssig	Weinbrand
	Gasförmig in flüssig	Sprudel
Gasgemisch	Gasförmig in gasförmig	Luft

▪ Tab. 2.5 Heterogene Gemische

Name	Zusammensetzung	Beispiel
Gemenge	Fest in fest	Sand, Granit
Schaumstoff	Gasförmig in fest	Styropor
Suspension	Fest in flüssig	Naturtrüber Saft
Emulsion	Flüssig in flüssig	Milch
Schaum	Gasförmig in flüssig	Bierschaum
Rauch	Fest in gasförmig	Rußteilchen in Luft
Nebel	Flüssig in gasförmig	Wasser in Luft

▪ Tab. 2.6 Verfahren zur Trennung von Gemischen

Trennverfahren	Genutzte Stoffeigenschaft	Art des Gemischs	Beschreibung des Verfahrens
Sedimentieren, Dekantieren	Dichte	Suspension Emulsion	Man wartet, bis sich der Stoff mit der größeren Dichte absetzt und gießt dann den weniger dichten Stoff vorsichtig ab
Zentrifugieren	Dichte	Suspension Emulsion	Das Gemisch wird in einer **Zentrifuge** sehr schnell im Kreis gedreht. Dabei wirkt die **Zentrifugalkraft** nach außen. Die Stoffe bilden aufgrund unterschiedlicher Dichten Banden, die man dann trennen kann
Filtrieren	Teilchengröße	Suspension Rauch	Das Gemisch wird durch einen **Filter** geleitet, in dem die Feststoffe hängen bleiben. Gas/Flüssigkeit sammelt sich als **Filtrat**

Grundlagen

■ **Tab. 2.6** (Fortsetzung)

Trennverfahren	Genutzte Stoffeigenschaft	Art des Gemischs	Beschreibung des Verfahrens
Eindampfen	Siedetemperatur	Lösungen	Man erhitzt die Lösung so lange, bis die Flüssigkeit verdampft ist. Der Feststoff bleibt zurück
Destillieren	Siedetemperatur	Lösungen	Die Lösung wird erhitzt. Der Stoff mit der niedrigeren Siedetemperatur verdampft zuerst und wird an einem **Kühler** wieder kondensiert. Der andere Stoff bleibt zurück
Extrahieren	Löslichkeit	Gemenge	Man löst einen oder mehrere Stoffe in einem geeigneten Lösungsmittel
Chromatografie	Löslichkeit Haftfestigkeit	Lösungen	Die Lösung läuft über eine poröse Oberfläche. Je nachdem wie gut Stoffe gelöst sind oder wie gut sie an der Oberfläche haften, laufen sie unterschiedlich schnell und werden so getrennt

2.3.4 Was sind eigentlich Ionen?

Ionen sind elektrisch geladene Teilchen. Ihre elektrische Ladung erhalten sie durch ihre unterschiedliche Anzahl von Protonen und Elektronen. Gekennzeichnet werden diese Ladungen durch ein + oder – rechts oben neben dem Stoffsymbol (z. B. Na^+). Eine größere Ladung wird durch eine Zahl angegeben (z. B. Fe^{3+}).

Gibt ein Atom Elektronen ab, ist das Ion durch den resultierenden Protonenüberschuss positiv geladen. **Positiv geladene Ionen nennt man Kationen**, da sie im elektrischen Feld zur Kathode (Minuspol) wandern.

Nimmt ein Atom Elektronen auf, entsteht ein Elektronenüberschuss, das Ion ist also negativ geladen. **Negativ geladene Ionen nennt man Anionen**, da sie im elektrischen Feld zur Anode (Pluspol) wandern.

Oktettregel:
Alle Elemente streben nach einer vollbesetzten Außenschale mit acht Elektronen, da dieser Zustand energetisch am günstigsten ist.

Durch die **Oktettregel** können wir voraussagen, welche Elemente eher Elektronen aufnehmen und welche Elektronen abgeben. Jedes Element strebt danach, acht Elektronen in der äußeren Schale zu haben. Es ist logisch, dass die Elemente der ersten drei Hauptgruppen dies leichter erreichen, wenn sie Elektronen abgeben. Elemente der Hauptgruppen V–VII erreichen diesen Zustand schneller, wenn sie Elektronen aufnehmen. Da wir wissen, dass die ersten drei Hauptgruppen überwiegend aus Metallen bestehen, ist auch folgende Aussage logisch: **Metallionen sind normalerweise Kationen, Nichtmetallionen Anionen.**

Ionen können in folgenden Formen auftreten:
- **Einfache Ionen** leiten sich von Elementen ab, z. B. Na^+, Cl^-.
- **Zusammengesetzte Ionen** leiten sich von Molekülen ab, z. B. das Sulfation SO_4^{2-}.
- **Zwitterionen** kommen bei Molekülen mit mindestens zwei funktionellen Gruppen vor. Das Molekül hat eine positiv und eine negativ geladene Gruppe und ist insgesamt neutral.

Salze:
aus Ionen aufgebaute Stoffe.

Ionen unterschiedlicher Ladungen können miteinander Ionenbindungen eingehen. Aus Ionenbindungen aufgebaute Stoffe nennt man Salze (▶ Abschn. 8.2).

Lösungen, die frei bewegliche Ionen enthalten, werden **Elektrolyte** genannt und leiten den elektrischen Strom. Elektrolyte spielen im menschlichen Körper und in der Medizin (z. B. Kochsalzlösung) eine wichtige Rolle.

kurz & knapp

- Jeder Stoff besitzt charakteristische Eigenschaften, die ihn von anderen Stoffen unterscheiden.
- Reinstoffe bestehen nur aus einer einzigen Teilchenart.
- Gemische sind aus verschiedenen Reinstoffen zusammengesetzt.
- Es gibt homogene und heterogene Gemische.
- Zur Trennung von Gemischen nutzt man die unterschiedlichen physikalischen Eigenschaften ihrer Reinstoffe.
- Elemente sind Reinstoffe, die aus Atomen mit gleicher Protonenzahl aufgebaut sind.
- Verbindungen bestehen aus mindestens zwei elementaren Atomen.
- Ionen sind elektrisch geladene Teilchen.
- Kationen sind positiv, Anionen negativ geladen.
- Salze sind aus Ionen aufgebaute Stoffe.
- Elektrolyte sind ionenhaltige Flüssigkeiten, die den Strom leiten.
- Isotope sind Atome mit gleicher Kernladungszahl, aber unterschiedlicher Massenzahl.
- Radioisotope sind instabile Atome, die bei ihrem Zerfall Alpha-, Beta- oder Gammastrahlen abgeben.
- Die Reichweite verschiedener radioaktiver Strahlen nimmt von α nach γ zu.
- Die Halbwertszeit eines Stoffs gibt an, nach welcher Zeit die Hälfte des Stoffs zerfallen ist.
- Beim Umgang mit radioaktiven Stoffen ist immer höchste Vorsicht geboten!

2.3.5 Übungsaufgaben

Aufgabe 1 Blut ist ein Stoffgemisch. Um welche Art Gemisch handelt es sich?

Aufgabe 1

Lösung 1: Das Blut ist ein heterogenes Gemisch. Zwar liegen im Blut Stoffe in Lösung vor (z. B. Salze, Kohlenstoffdioxid usw.), allerdings sind in dieser Lösung auch nichtgelöste Feststoffe zu finden (Erythrozyten, Leukozyten usw.). Blut lässt sich also am ehesten als Suspension beschreiben.

Aufgabe 2: Welche Ladung lässt sich bei einem Kalziumion aufgrund seiner Position im PSE voraussagen und warum ist dies so?

Aufgabe 2

Lösung 2: Kalzium ist ein Element der II. Hauptgruppe, hat also zwei Elektronen in der äußeren Hülle. Nach der Oktettregel strebt es danach, acht Elektronen in der äußeren Hülle zu haben. Dieses Ziel kann Kalzium leichter erreichen, wenn es zwei Elektronen abgibt, anstatt zu versuchen, sechs Elektronen aufzunehmen. Kalziumionen sind also in der Regel zweifach positiv geladen: Ca^{2+}.

Aufgabe 3: Das in der Medizin oft eingesetzte Radioisotop ^{99m}Tc hat eine Halbwertszeit von $T_{1/2} = 6\,h$. Wie viel Prozent des Stoffs sind demnach nach 12 h noch nicht zerfallen?

Aufgabe 3

Lösung 3: Die Halbwertszeit besagt, dass nach der angegebenen Zeit die Hälfte des Stoffs noch nicht zerfallen ist. ^{99m}Tc hat eine Halbwertszeit von 6 h. Nach 6 h ist also noch die Hälfte des Stoffs übrig. Nach 12 h sind demnach noch 25% des Isotops vorhanden.

Haben wir z. B. 100 ^{99m}Tc-Atome, dann sind nach 6 h noch 50 Atome übrig, nach weiteren 6 h ist wieder die Hälfte der Atome zerfallen. Es sind nach 12 h also noch 25 Atome vorhanden.

Alles klar!

Strahlung im grünen Bereich
Bei einem Schilddrüsenkarzinom sind Schilddrüsenzellen unkontrolliert gewuchert. Diese Zellen sind bösartig, d. h., sie schädigen den Körper und müssen daher entfernt werden. In der Schilddrüse werden im normalen Stoffwechsel iodhaltige Hormone gebildet und gespeichert. Diese Eigenschaft macht man sich bei der Krebstherapie zunutze. Der Stoffwechsel unterscheidet nicht zwischen den Isotopen eines Elements. Für ihn ist radioaktives Iod-131 nicht anders als die nichtradioaktiven Iodisotope. Bei der Therapie mit Iod-131 wird dem Patienten eine Kapsel des Radiopharmakons oral verabreicht. Iod wird von den hormonproduzierenden Schilddrüsenzellen aufgenommen und zerfällt dort. Dabei sendet es radioaktive Strahlen aus, die das umliegende Gewebe schädigen. Da Krebszellen eine besonders hohe Aktivität aufweisen, lagern sie besonders viel Radioisotop ein. Folglich werden hauptsächlich Krebszellen abgetötet.
Die Patientin wird bei dieser Therapie also tatsächlich »verstrahlt«. Allerdings beträgt die Reichweite der vom Iod ausgehenden Betastrahlung im Gewebe nur wenige Millimeter. Die Strahlung kann also ganz gezielt auf die Krebszellen wirken und das gesunde Gewebe wird geschont. Die Radioiodtherapie ist eine risikoarme, bewährte Behandlungsmethode, deren Strahlenbelastung ungefähr der eines Computertomogramms (CT) entspricht.

2.4   Masse, Stoffmenge, Dichte und Konzentration

Philipp Wagner

- Definition der Masse
- Messung der Masse
- Konzentration
- Stoffmenge
- Dichte

Wie jetzt?

Wie viel jetzt wo rein?
Ihr erster Tag als PJ-ler auf einer internistischen Station. Es herrscht Hektik. Die Station ist überbelegt. Geduldig macht man sich in einer Ecke klein und wartet, bis man beachtet oder gar begrüßt wird. Doch nichts passiert. Also fragt man einfach mal die Oberschwester, ob man was helfen kann. Nach einem mürrischen »Ganzkörper-Musterungsblick« sagt diese, die Patientin in Zimmer 11 braucht noch eine Infusionslösung zur Ausschwemmung ihrer Ödeme. Sie sollen eine Dosierung von 50 mg/kg Körpergewicht in die angeschlossene Infusionsflasche spritzen. Der Kurve entnehmen Sie das aktuelle Gewicht der Patientin von 75 kg. Das zu verabreichende Medikament zur Erhöhung der Urinausscheidung liegt in einer Konzentration von 500 mg/ml vor. Die Packungsgröße ist dabei 3 ml. Welche Menge des Medikaments benötigen Sie?

2.4.1 Masse

Das Wort »Masse« ist jedem geläufig und wird im Sinne einer »großen Menge« oder einer »großen Anzahl« benutzt. Aber soll man Masse physikalisch definieren, ist das überhaupt nicht so einfach.

Definition

Die **Masse m** beschreibt zwei Eigenschaften jedes Körpers:
- Masse setzt jeder Bewegungsänderung einen Widerstand entgegen. Man benötigt also Kraft, um diesen Körper zu beschleunigen.
- Massen ziehen sich gegenseitig an, so wie z. B. Erde und Mond.

Die SI-Basiseinheit (▶ Abschn. 2.1) ist dabei das Kilogramm: [m] = kg. Die Masse ist eine besondere SI-Einheit, da sie als einzige lediglich durch einen Vergleichsgegenstand festgelegt ist, das **Urkilogramm**.

Dieses Urkilogramm lagert in einem Tresor bei Paris. Jedes Land, das dem metrischen System beigetreten ist, besitzt eine genaue Kopie dieses Urkilogramms. »Sorgt« sich das betreffende Land, seine Kopie habe sich vielleicht verändert, können Vertreter jederzeit nach Paris fahren und das Gewicht exakt vergleichen lassen. Und ob man es glaubt oder nicht, dies wird immer wieder in Anspruch genommen! Beispiele für ganz unterschiedlich kleine und große Massen gibt ◘ Tab. 2.7.

Das Urkilogramm besteht aus 90% Platin und 10% Iridium und lagert in einem Tresor des Internationalen Büros für Maß und Gewicht in der Nähe von Paris.

◘ **Tab. 2.7** Verschiedene Größenordnungen von Massen

Körper	Masse
Elektron	$9{,}1 \cdot 10^{-31}$ kg
Grippevirus	$6 \cdot 10^{-19}$ kg
Bakterium	$1 \cdot 10^{-12}$ kg
Menschliches Herz	0,25–0,35 kg
1 l Wasser (bei ca. 4 °C)	1 kg
PKW	ca. 1 t = 1000 kg
Erde	$5{,}98 \cdot 10^{24}$ kg
Sonne	$1{,}99 \cdot 10^{30}$ kg

Messung

Prinzipiell wird die Masse m eines Körpers bestimmt, indem man den Gegenstand mit einer Referenzmasse vergleicht. **Zwei Massen sind dann gleich, wenn sie die gleiche Gewichtskraft im gleich starken Gravitationsfeld erfahren.**

Genauer wird die Gewichtskraft in ▶ Abschn. 3.1.3 erklärt. Man kann z. B. die Masse eines Apfels bestimmen, indem man diesen auf die Waagschale einer Balkenwaage legt. Nun kann man so lange eine Referenzmasse nach der anderen auf die andere Seite legen (z. B. immer 10 g schwere Referenzmassen), bis die Waage im Gleichgewicht ist. Anschließend zählt man die Nennwerte der einzelnen Referenzmassen zusammen und erhält so die Masse des Apfels. Wie oben erwähnt, muss darauf geachtet werden, dass beide Massen, also Referenzmasse und zu bestimmender Körper, einem identischen Gravitationsfeld ausgesetzt sind.

Bei einer Balkenwaage auf der Erde ist dies freilich kein Problem, denn das Schwerefeld der Erde ist in kleinen Raumbereichen überall gleich. Denken wir

Gravitationsfeld: Raum, in dem ein sehr schwerer Körper andere Massen anzieht.

nur an den uns allen bekannten Ortsfaktor g = 9,81 m/s², der genau dieses Schwerefeld der Erde beschreibt (▶ Kap. 3). Die Masse ist immer die gleiche, aber die Gewichtskraft, über die die Masse bestimmt wird, ist z. B. auf dem Mond viel geringer als auf der Erde. Dies liegt an der unterschiedlichen Fallbeschleunigung von 1,62 m/s² auf dem Mond gegenüber 9,81 m/s² auf der Erde.

2.4.2 Stoffmenge und Teilchenzahl

Die **Stoffmenge n** bezeichnet eine quantitative Mengenangabe für Stoffe, besonders in der Chemie, und wird mit der SI-Basiseinheit **mol** angegeben. Das mol haben wir ja bereits als Anzahl der Teilchen (Atome) kennengelernt, die in 12 g Kohlenstoff ^{12}C enthalten sind. Diese Teilchenzahl wird als Avogadro-Konstante N_A bezeichnet und hat den Wert:

mol:
Einheit der Stoffmenge.

$$N_A = 6,02214129\,(27) \cdot 10^{23}\,\frac{1}{\text{mol}}.$$

Die **Teilchenzahl N** eines Stoffs berechnet sich somit aus $N = n \cdot N_A$.

2.4.3 Konzentration, Dichten, spezifische und molare Größen

Die **Konzentration c** eines Stoffs kann man auf unterschiedlichste Weise angeben, je nachdem wie es für die anstehende Aufgabe am geschicktesten ist. Grundsätzlich handelt es sich darum, eine das System beschreibende Größe bezogen auf eine zweite Größe des Systems anzugeben. Klar wird das, wenn wir uns die drei gängigsten Konzentrationen einmal genauer anschauen: Dichten, spezifische Größen und molare Größen.

Dichten
Unter einer Dichte versteht man alle Größen, die auf das Volumen V bezogen sind, z. B.:

$$\text{Massendichte:} \quad \rho = \frac{m}{V} \text{ in } \frac{kg}{m^3}; \frac{g}{l}$$

$$\text{Teilchendichte:} \quad n = \frac{N}{V} \text{ in } \frac{1}{m^3}; \frac{1}{l}$$

$$\text{Ladungsdichte:} \quad \rho_Q = \frac{Q}{V} \text{ in } \frac{As}{m^3}$$

$$\text{Molarität:} \quad c = \frac{n}{V} \text{ in } \frac{mol}{m^3}; \frac{mol}{l}.$$

Spezifische Größen
Eine spezifische Größe wird gebildet, indem man die betrachtete Größe des Systems auf die Masse m des Systems bezieht, z. B:

$$\text{Spezifisches Volumen:} \quad V_{spez} = \frac{V}{m} \text{ in } \frac{1}{kg}$$

$$\text{Spezifische Wärmekapazität:} \quad c = \frac{Q}{m \cdot \Delta T} \text{ in } \frac{J}{kg \cdot K}$$

$$\text{Spezifische Umwandlungswärme:} \quad c_u = \frac{Q}{m} \text{ in } \frac{J}{kg}.$$

Neben dem üblichen Bezug auf die Masse gibt es auch noch andere spezifische Größen:

Flächenspezifisch: als $\dfrac{X}{A}$ in $\dfrac{1}{m^2}$

Längenspezifisch: als $\dfrac{X}{l}$ in $\dfrac{1}{m}$.

Dies wird dann aber im Namen explizit angegeben.

Molare Größen

Eine weitere wichtige Form sind die auf die Stoffmenge bezogenen molaren Größen, z. B.:

Molare Masse: $\qquad m_{mol} = \dfrac{m}{n}$ in $\dfrac{kg}{mol}$

Molares Volumen: $\qquad V_{mol} = \dfrac{V}{n}$ in $\dfrac{l}{mol}$.

Hier sieht man mal wieder, wie wichtig es ist, genaue Bezeichnungen zu verwenden, oder?

2.4.4 Massendichte ρ

Die Dichte ρ eines Körpers ist definiert als Masse pro Volumen. Anders ausgedrückt: Die Dichte beschreibt, wie viele Moleküle sich in einem bestimmten Volumen befinden. Deshalb ist es leicht verständlich, dass z. B. Wasserdampf in einem Behälter eine geringere Dichte hat als Wasser im selben Behälter. Denn im Wasserdampf sind die einzelnen H_2O-Moleküle viel weiter voneinander entfernt, als dies bei flüssigem Wasser der Fall ist. Hier sind die H_2O-Moleküle dicht gedrängt!

Die Berechnung der Dichte ρ eines Körpers erfolgt über die Gleichung:

Dichte = Masse/Volumen

$$\rho = \dfrac{m}{V}; \ [\rho] = kg \, m^{-3}.$$

Dabei hängt die Dichte unter anderem von der Temperatur ab. So ist z. B. die Dichte des Wassers bei 3,98 °C (ca. 4 °C) am größten. Das ist auch der Grund dafür, warum man insbesondere keine mit Wasser gefüllten Glasflaschen in den Gefrierschrank legen sollte. Kühlt das Wasser nämlich weiter ab, sinkt die Dichte ρ wieder. Sinkende Dichte heißt nach obigen Grundsatz, dass die einzelnen Moleküle jeweils einen etwas weiteren Abstand zueinander haben. Und da es in einer gefüllten Glasflasche ja Abermilliarden von Molekülen gibt, macht es insgesamt schon ein paar Millimeter aus, wenn jedes ein winziges Stück vom anderen wegrückt. Die gleiche Wassermenge braucht also ein größeres Volumen. Folge ist meistens ein »Explodieren« der unflexiblen Glasflasche.

Die Dichte hängt unter anderem von der Temperatur ab.

◻ Tab. 2.8 zeigt einige Dichtebeispiele von gasförmigen, flüssigen und festen Stoffen.

Insbesondere bei Gasen hängt die Dichte auch vom **Druck** ab. Ein komprimiertes Gas hat demzufolge eine höhere Dichte. Nur durch Druck ist es z. B. möglich, Atemluft für einen 2-stündigen Tauchgang in eine Pressluftflasche zu bekommen. Formt man die Gleichung $\rho = m/V$ nach m um ($m = \rho \cdot V$), so wird auch klar, warum eine volle Pressluftflasche so verdammt schwer ist, denn man trägt zwar ein relativ kleines Volumen, aber eine sehr hohe Dichte des

Besonders bei Gasen hängt die Dichte auch vom Druck ab.

◻ Tab. 2.8 Dichtebeispiele von gasförmigen, flüssigen und festen Stoffen

Stoff	Dichte/kg m^{-3}
Gasförmig	
Wasserstoff (H$_2$) bei 1013,25 hPa und 0 °C	0,090
Wasserdampf (H$_2$O)	0,880
Luft bei 20 °C	1,204
Kohlenstoffdioxid (CO$_2$)	1,977
Flüssig	
Benzin	750
Wasser bei 3,98 °C	999,975
Meerwasser	1025
Essigsäure	1049
Schwefelsäure	1834
Fest	
Wasser bei 0 °C	917
Glas	2500–2600
Stahl	7900

Gases. Es sind also x-fach mehr Moleküle in der Flasche und die muss man schließlich alle tragen.

Prinzip von Archimedes

Ein Körper in einer Flüssigkeit erfährt genau so viel Auftriebskraft, wie die von seinem Volumen verdrängte Flüssigkeit an Gewichtskraft ausüben würde.

Noch heute wird auf der Basis dieses Prinzips von Archimedes eine direkte Dichtebestimmung durchgeführt (Details in ▶ Abschn. 3.2.2).

2.4.5 Stoffgemische

Insbesondere bei Stoffgemischen gibt es eine Reihe von Größen, die dazu dienen, den Anteil eines Stoffs am Gemisch anzugeben. Erwähnt seien hier nur folgende Größen:

$$\text{Stoffmengenanteil Molenbruch:} \quad x_i = \frac{n_i}{n_{\text{Gesamt}}}$$

$$\text{Massenanteil:} \quad \omega_i = \frac{m_i}{m_{\text{Gesamt}}}$$

$$\text{Volumenanteil:} \quad \Phi_i = \frac{V_i}{V_{\text{Gesamt}}}$$

oder auch die entsprechenden Dichten des betrachteten Teilstoffs:

$$\text{Teilmengenkonzentration:} \quad C_{\text{Teil}} = \frac{n_i}{V_{\text{Gesamt}}} \text{ in } \frac{\text{mol}}{\text{m}^3}$$

$$\text{Teilmassenkonzentration:} \quad C_{\text{Teil}} = \frac{m_i}{V_{\text{Gesamt}}} \text{ in } \frac{\text{kg}}{\text{m}^3}$$

kurz & knapp

— Die Masse m wird durch die SI-Einheit kg bestimmt.

— (Wiege-)Verfahren zur Bestimmung der Masse m messen oder vergleichen die Gewichtskraft.

— Die Konzentration c von Stoffen lässt sich in Massen- und Volumenprozent, aber auch als Molarität oder Massenkonzentration angeben.

— Die Stoffmenge n ist eine quantitative Mengenangabe für Stoffe und kann ebenfalls aus Masse, Volumen, Molarität und Teilchenzahl berechnet werden.

— Die Dichte ρ eines Stoffs sagt etwas über die Masse pro Volumeneinheit aus.

— Die Dichte ist anhängig von Material, Temperatur und Druck.

2.4.6 Übungsaufgaben

Aufgabe 1: Es soll eine 1,5-molare Kochsalzlösung hergestellt werden. Wie viel Gramm Kochsalz werden für 2 l dieser Lösung benötigt?

Aufgabe 1

Lösung 1: Zur Lösung dieser Aufgabe muss man zunächst wissen, dass Kochsalz die chemische Formel $NaCl$ hat. Im nächsten Schritt sucht man sich nun im Periodensystem der Elemente die relativen Atommassen heraus. Dies ist für Na^+ ungefähr $23\,\mathrm{g\,mol^{-1}}$ und für Cl^- ungefähr $35{,}5\,\mathrm{g\,mol^{-1}}$. Daraus folgt, dass man für 1 mol einer Kochsalzlösung $23\,\mathrm{g} + 35{,}5\,\mathrm{g} = 58{,}5\,\mathrm{g}\ NaCl$ benötigt. Will man nun 2 l einer 1,5-molaren Lösung herstellen, benötigt man also $58{,}5\,\mathrm{g\,mol^{-1}} \cdot 1{,}5\,\mathrm{mol\,l^{-1}} \cdot 2\,\mathrm{l} = 175{,}5\,\mathrm{g}$.

Alles klar!

Bei der Dosierung darf man sich nie verrechnen!

Zunächst errechnen Sie die benötigte Gesamtmenge des Medikaments bei der 75 kg schweren Patientin aus Zimmer 11:

Gesamtmenge $= 75\,\mathrm{kg} \cdot 50\,\mathrm{mg\,kg^{-1}} = 3750\,\mathrm{mg}$.

Im nächsten Schritt kann nun berechnet werden, wie viel Milliliter Arzneimittel benötigt werden:

$3750\,\mathrm{mg} / 500\,\mathrm{mg\,ml^{-1}} = 7{,}5\,\mathrm{ml}$.

Es werden also 2½ Packungen des Medikaments à 3 ml benötigt.

Nun steht der baldigen Genesung der Patientin nichts mehr im Wege!

2.5   Stöchiometrisches Rechnen

Anne McDougall

— Definition der Stöchiometrie
— Allgemeine Gesetze der Chemie
— Stöchiometrisches Rechnen

Wie jetzt?

Dextrose als Energielieferant – wie genau läuft der Verbrennungsprozess ab?
Unser menschlicher Körper benötigt ständig Energie, um seine Funktionen aufrechtzuhalten. Jedem Sportler ist klar, dass – wenn er kurzfristig Energie benötigt – es am besten ist, Traubenzucker oder auch Dextrose bzw. D-Glucose genannt, zu sich zu nehmen. Dieser wird in unserem Körper mit Sauerstoff (O_2) zu Kohlendioxid (CO_2) und Wasser (H_2O) verbrannt. Aber wie lautet eigentlich die stöchiometrisch richtige Gleichung für diesen Verbrennungsprozess?

2.5.1   Bedeutung des stöchiometrischen Rechnens

Mittels Stöchiometrie lassen sich Mengenverhältnisse bei chemischen Reaktionen benennen.

Der Begriff Stöchiometrie stammt aus dem Griechischen und setzt sich zusammen aus »*stoicheion*« für Grundstoff und »*metrein*« für messen. Unter **Stöchiometrie** versteht man ein mathematisches Hilfsmittel in der Chemie, das sich mit den Mengenverhältnissen bei chemischen Reaktionen beschäftigt. Mit ihrer Hilfe lässt sich sagen, wie viel an Edukt(en) man einsetzen muss, um eine bestimmte Menge an Produkt(en) zu erhalten, bzw. wie viel Produkt man umgekehrt aus einer gegebenen Menge an Edukt(en) erhält.

Um diesbezüglich eine Aussage machen zu können, ist es sinnvoll, sich Schritt für Schritt heranzuarbeiten.

2.5.2   Allgemeine chemische Gesetze

Aber zunächst sollte man sich ein paar wichtige allgemeine chemische Gesetze bewusst machen:

— Das **Gesetz der konstanten Proportionen** besagt, dass das Mengenverhältnis der Ausgangsstoffe für eine bestimmte chemische Verbindung immer unveränderlich bleibt. Das wohl bekannteste Beispiel ist Wasser (H_2O), das sich immer aus zwei Wasserstoffatomen und einem Sauerstoffatom, d. h. aus zwei Teilen Wasserstoff und einem Teil Sauerstoff, zusammensetzt.

— Das **Gesetz der multiplen Proportionen** besagt, dass die Massenanteile der Elemente in allen chemischen Verbindungen gleicher Elemente in einem ganzzahligen Verhältnis stehen. Es reagieren also keine halben Atome. Neben Wasser kann aus Wasserstoff und Sauerstoff auch noch Wasserstoffperoxid (H_2O_2) entstehen, aber auch hier ist das Massenverhältnis ganzzahlig.

— Das **Gesetz der konstanten Gesamtmasse** besagt, dass die Gesamtmasse der an einer chemischen Reaktion beteiligten Stoffe konstant bleibt. Außerdem muss auf beiden Seiten einer Reaktionsgleichung immer die gleiche Menge der jeweiligen Atome vorhanden sein.

2.5.3 Vorgehen bei stöchiometrischen Berechnungen

Nun aber zurück zu unserer Berechnung. Um das Ganze etwas anschaulicher zu gestalten, gehen wir die Sache gleich an einem Beispiel durch. **Wie gesagt: Es geht hier um die Rechentechnik, nicht um die Chemie!**

Beispiel für stöchiometrisches Rechnen

Frage: Wie viel Gramm Natriumhydroxid entstehen bei der Reaktion von 1 g Natrium mit Wasser?

Zuerst gilt es zu überlegen, welche Stoffe miteinander reagieren und welche Produkte dabei entstehen:

> *Was reagiert wozu?*

$$\text{Natrium} + \text{Wasser} \rightarrow \text{Wasserstoff} + \text{Natriumhydroxid}.$$

In chemischen Symbolen geschrieben ergibt das:

$$Na + H_2O \rightarrow H_2 + NaOH.$$

Wie oben erwähnt, muss auf beiden Seiten der Gleichung die gleiche Menge an Atomen vorhanden sein. Betrachten wir das an unserem Beispiel:

Dort finden wir ein Na-Atom bei den Edukten, ein Na-Atom bei den Produkten, was soweit in Ordnung ist. Bei den H-Atomen sieht es jedoch anders aus: Dort stehen bei den Edukten zwei Atome, bei den Produkten hingegen drei. Jetzt ist also Ausgleichen angesagt, um die Reaktionsgleichung auch quantitativ korrekt wiederzugeben. Wir erhalten dann also:

$$2\,Na + 2\,H_2O \rightarrow H_2 + 2\,NaOH$$

> *Reaktionsgleichungen müssen ausgeglichen sein.*

Wie bei den meisten Dingen im Leben ist es auch in der Chemie so, dass ein größerer Einsatz auch einen größeren Gewinn hervorbringt. Das weitere Vorgehen folgt denn auch dem Prinzip der Proportionalität, also der Verhältnismäßigkeit.

Überlegen wir uns also einmal, welche Massen die Reaktionspartner haben. Die molare Masse M eines Atoms in g/mol lässt sich dem Periodensystem entnehmen (▶ Anhang, ◻ Abb. A.2).

> *Masse der reagierenden Moleküle bestimmen.*

$$2 \cdot M(Na) = 2 \cdot 23\,\frac{g}{mol} = 46\,\frac{g}{mol}$$

$$2 \cdot M(H_2O) = 2 \cdot [2\,M(H) + M(O)] = 2 \cdot \left[2 \cdot 1\,\frac{g}{mol} + 16\,\frac{g}{mol}\right] = 36\,\frac{g}{mol}$$

$$M(H_2) = 2\,\frac{g}{mol}$$

$$2 \cdot M(NaOH) = 2 \cdot [(M(Na) + M(O) + M(H)]$$
$$= 2 \cdot \left[23\,\frac{g}{mol} + 16\,\frac{g}{mol} + 1\,\frac{g}{mol}\right] = 80\,\frac{g}{mol}.$$

Wir wissen nun also, dass bei Einsatz von 46 g Natrium 80 g Natriumhydroxid entstehen. Das Mengenverhältnis der Stoffe zueinander beträgt also 46 : 80 bzw. 23 : 40. Es gilt für diese Reaktion für jede beliebige eingesetzte Stoffmenge, sodass sich der letzte Teil der Aufgabe nun auf verschiedene Weise berechnen lässt.

Die **erste Möglichkeit** bietet folgende Gleichung, die Folgendes beschreibt: Die molare Masse NaOH verhält sich zur molaren Masse Na wie 80 : 46 bzw. 40 : 23, auch unsere Unbekannte x (die Menge NaOH, die man bei Einsatz von 1 g Na erhält) verhält sich also zu 1 g Natrium ebenso:

> *Die Proportionalität macht's.*

$$\frac{M(NaOH)}{M(Na)} = \frac{80\,g \cdot mol^{-1}}{46\,g \cdot mol^{-1}} = \frac{x}{1g}.$$

Nach x aufgelöst ergibt sich daraus:

$$x = \frac{80}{46} \cdot 1\,\mathrm{g} \approx 1{,}74\,\mathrm{g}.$$

Eine **andere Möglichkeit** wäre die schlichte Überlegung (Zweisatz bzw. Dreisatz):

$$46\,\mathrm{g\,Na} \rightarrow 80\,\mathrm{g\,NaOH}$$

$$1\,\mathrm{g\,Na} \rightarrow \frac{80}{60}\,\mathrm{g\,NaOH} \approx 1{,}74\,\mathrm{g}.$$

Welche Lösungsmöglichkeit man auch bevorzugt, am Ende steht fest: Beim Einsatz von 1 g Natrium erhält man bei der Reaktion mit Wasser rund 1,74 g Natriumhydroxid.

Angenommen, wir wollten wissen, was man für 3 g Natrium erhält, würden wir obiges Ergebnis einfach »mal 3« nehmen (Dreisatz).

> **kurz & knapp**
> ━ Bei Stöchiometrie geht es um Mengenverhältnisse.
> ━ Es gelten die allgemeinen chemischen Gesetze.
> ━ Mithilfe einer Reaktionsgleichung und der molaren Massen (vgl. Periodensystem) lassen sich spezifische Mengenverhältnisse bestimmen.
> ━ Diese Verhältnisse sind für »ihre« Reaktion konstant, sodass sich aus einer gegebenen Menge Edukt(e) über die Proportionalität die jeweilige Menge an Produkt(en) und umgekehrt bestimmen lässt.

2.5.4 Übungsaufgaben

Aufgabe 1

Aufgabe 1
a. Wie viel Gramm Wasserstoff entstehen unter Einsatz von 1 g Natrium bei der Reaktion mit Wasser?
b. Wie viel Gramm Wasserstoff entstehen unter Einsatz von 3 g Kalium bei der Reaktion mit Wasser?

Lösung 1:
a. Erster Teilschritt (siehe Beispielaufgabe):

$$\frac{M(\text{Wasserstoff})}{M(\text{Natrium})} = \frac{2\,\mathrm{g \cdot mol^{-1}}}{46\,\mathrm{g \cdot mol^{-1}}} = \frac{x}{1\,\mathrm{g}}$$

$$x = \frac{2}{46} \cdot 1\,\mathrm{g} = \frac{1}{23}\,\mathrm{g} \approx 0{,}04\,\mathrm{g}$$

b. Kalium + Wasser → Wasserstoff + Kaliumhydroxid.

$$K + H_2O \rightarrow H_2 + KOH$$

$$2\,K + 2\,H_2O \rightarrow H_2 + 2\,KOH$$

$$2 \cdot M(K) = 2 \cdot 39\,\frac{\mathrm{g}}{\mathrm{mol}} = 78\,\frac{\mathrm{g}}{\mathrm{mol}}$$

$$2 \cdot M(H_2O) = 2 \cdot [2\,M(H) + M(O)] = 2 \cdot \left[2 \cdot 1\,\frac{\mathrm{g}}{\mathrm{mol}} + 16\,\frac{\mathrm{g}}{\mathrm{mol}}\right] = 36\,\frac{\mathrm{g}}{\mathrm{mol}}$$

$$M(H_2) = 2\,\frac{\mathrm{g}}{\mathrm{mol}}$$

$$2 \cdot M(KOH) = 2 \cdot [M(K) + M(O) + M(H)]$$

$$= 2 \cdot \left[39 \frac{g}{mol} + 16 \frac{g}{mol} + 1 \frac{g}{mol} \right] = 112 \frac{g}{mol}$$

$$\frac{M(H)}{M(K)} = \frac{2 \, g \cdot mol^{-1}}{78 \, g \cdot mol^{-1}} = \frac{x}{3 \, g}$$

$$x = \frac{2}{78} \cdot 3 \, g = \frac{6}{78} \, g \approx 0,077 \, g.$$

Alternativ als Dreisatz: $78 \, g \, K \rightarrow 2 \, g \, H$:

$$1 \, g \, K \rightarrow \frac{2}{78} \, g \, H$$

$$3 \, g \, K \rightarrow 3 \cdot \frac{2}{78} \, g \, H = \frac{6}{78} \, g \, H \approx 0,077 \, g \, H.$$

Aufgabe 2: Wie viel Gramm Na_2SO_4 entstehen unter Einsatz von 1 g NaCl bei der Reaktion mit Schwefelsäure?

Aufgabe 2

Lösung 2:

$$NaCl + H_2SO_4 \rightarrow HCl + Na_2SO_4$$

$$2 \, NaCl + H_2SO_4 \rightarrow 2 \, HCl + Na_2SO_4$$

$$2 \cdot M(NaCl) = 2 \cdot [M(Na) + M(Cl)] = 2 \cdot \left[23 \frac{g}{mol} + 35,5 \frac{g}{mol} \right]$$

$$= 117 \frac{g}{mol}$$

$$M(H_2SO_4) = 2 \cdot M(H) + M(S) + 4 \cdot M(O)$$

$$= 2 \cdot 1 \frac{g}{mol} + 32 \frac{g}{mol} + 4 \cdot 16 \frac{g}{mol} = 98 \frac{g}{mol}$$

$$2 \cdot M(HCl) = 2 \cdot [M(H) + M(Cl)] = 2 \cdot \left[1 \frac{g}{mol} + 35,5 \frac{g}{mol} \right] = 73 \frac{g}{mol}$$

$$2 \cdot M(Na_2SO_4) = 2 \cdot M(Na) + M(S) + 4 \cdot M(O)$$

$$= 2 \cdot 23 \frac{g}{mol} + 32 \frac{g}{mol} + 4 \cdot 16 \frac{g}{mol} = 142 \frac{g}{mol}$$

$$\frac{M(Na_2SO_4)}{M(NaCl)} = \frac{142 \, g \cdot mol^{-1}}{117 \, g \cdot mol^{-1}} = \frac{x}{1 \, g}$$

$$x = \frac{142}{117} \cdot 1 \, g \approx 1,21 \, g.$$

Alles klar!

Stöchiometrische Formel für die Energielieferung

Zunächst müssen wir die chemische Formel für Traubenzucker besorgen. Sie lautet $C_6H_{12}O_6$. Somit können wir die stöchiometrische Gleichung aufstellen mit den unbekannten Vielfachen a für Sauerstoff, b für Kohlendioxid und c für Wasser.

$$C_6H_{12}O_6 + aO_2 = bCO_2 + cH_2O.$$

Die Forderung der Ausgeglichenheit in dieser Gleichung liefert sofort die Lösungen für die beiden Werte b und c, da Kohlenstoff (C) und Wasserstoff (H) links und rechts jeweils nur einmal vorkommen. 6 C im Traubenzucker bedingen 6 CO_2-Moleküle rechts, also b = 6. 12 H in der Glucose fordern 12 H im Wasser rechts, also 6 Moleküle Wasser und somit c = 6.

Fehlt zu guter Letzt die Anzahl der benötigten Sauerstoffmoleküle a: Einfaches Einsetzen von b und c liefert das Ergebnis $a = 6$. Die vollständige Reaktionsgleichung für den Traubenzuckerumsatz lautet also:

$$C_6H_{12}O_6 + 6\,O_2 = 6\,CO_2 + 6\,H_2O.$$

Ist doch gar nicht so schwer, oder?

Physik

Mechanik

Lisa Schiefele, Stefanie Bohn und Simon Sachs

J. Schatz, R. Tammer (Hrsg.), *Erste Hilfe – Chemie und Physik für Mediziner*,
DOI 10.1007/978-3-662-44111-4_3, © Springer-Verlag Berlin Heidelberg 2015

3.1   Physik starrer Körper

Lisa Schiefele

- Masse, Länge, Zeit
- Geschwindigkeit und Beschleunigung
- Newton'sche Axiome
- Reibung
- Gravitation
- Auftrieb
- Drehmomente und Hebelgesetze
- Periodische Bewegungen
- Kreisbewegung
- Arbeit, Energie und Leistung
- Impuls, Drehimpuls und Impulserhaltung

Wie jetzt?

Ein kleiner Auffahrunfall und nur Blechschaden … welche Kräfte wirken?
Nach einem kleinen Auffahrunfall, der nur Blechschaden verursachte, stellen sich einen Tag später leichte Schmerzen im Bereich der Halswirbelsäule ein. Bestimmt war die Belastung zum Zeitpunkt des Aufpralls doch größer als zunächst angenommen. Der Autofahrer hat die rote Ampel zu spät gesehen und ist mit 36 km/h auf den vor ihm bereits stehenden Transporter aufgefahren, der sich dadurch kaum bewegt hat. Die Knautschzone hat zwar die gesamte Energie seines ca. 1 t schweren PKW aufgenommen, er selbst wurde aber innerhalb von nur etwa 1 m Wegstrecke auf 0 km/h abgebremst. Welche Energien waren da überhaupt im Spiel und welche Kräfte wirkten auf seine Halswirbelsäule, die nun sicherlich für die Beschwerden verantwortlich sind?

Die Mechanik ist das Gebiet der Physik, das uns im Alltag ständig begegnet und beeinflusst. Im Gegensatz zur Berechnung von Halbwertszeiten radioaktiver Elemente oder den Wellenlängen verschiedenfarbigen Lichts beschäftigen wir uns doch recht häufig mit Geschwindigkeit und Kraft. So sind uns viele Aspekte der Mechanik nicht ganz unbekannt. In der Physik werden die Dinge meist differenzierter und genauer betrachtet und dargestellt, als wir das im Alltag tun. Die einzelnen Teilgebiete der Mechanik sind sehr eng miteinander verknüpft, sodass man den Überblick erst bekommt, wenn man sich mit der gesamten Materie befasst hat.

3.1.1   Grundgrößen der Mechanik: Länge, Zeit und Masse

Grundgrößen der Mechanik: Länge l, Zeit t und Masse m.

Am Anfang sollten wir uns mit den drei wichtigsten Größen der Mechanik auseinandersetzen, **Länge**, **Zeit** und **Masse**. **Alle Größen der Mechanik lassen sich auf diese drei Größen zurückführen, man hat jedoch zur Vereinfachung zusätzlich abgeleitete Größen eingeführt.** Tab. 3.1 gibt einen Überblick über die besprochenen Größen der Mechanik und deren Einheiten sowie die Umformungen in die Grundgrößen, was bei vielen Berechnungen hilfreich ist.

Beginnen wir mit der Länge: Die **Länge l** kennt jeder und weiß, dass sie in Metern angegeben wird $[l] = $ m. Ebenso geläufig ist uns die **Zeit t** (»time«), die in Sekunden (oder Stunden) angegeben wird $[t] = $ s. Die **Masse m** ist uns nicht ganz so vertraut, obwohl wir ebenso häufig unbewusst damit umgehen. Die Masse eines Körpers wird in Gramm g angegeben: $[m] = g$. Gemessen wird die Masse durch Wiegen. Fragt man im Alltag nach dem »Gewicht« eines Körpers, bekommt man die Antwort »soundso viel Gramm oder Kilogramm«. Man erfährt also eigentlich die Masse des Körpers und nicht die Gewichtskraft.

Die Physik unterscheidet eindeutig zwischen der Masse m eines Körpers und der auf ihn wirkenden Gewichtskraft F_G: Die Gewichtskraft oder Schwerkraft gibt an, wie stark ein Körper von einem anderen (z. B. einem Planeten) angezogen wird, bei uns eben von der Erde. Dabei ist die Gewichtskraft eines Körpers auf der Erde anders als auf dem Mond, da die Anziehungskraft vor allem von der Masse und dem Radius des Himmelskörpers abhängt. Die Masse eines Körpers dagegen ist auf Mond und Erde gleich groß, also unabhängig vom Ort.

Masse und Gewichtskraft werden vielleicht auch deswegen so leicht verwechselt, weil es einen engen Zusammenhang gibt: Aus der Masse lässt sich die Gewichtskraft berechnen:

$$F_G = m \cdot OF.$$

Masse und Gewichtskraft sind nicht das Gleiche.

OF steht hier für einen Ortsfaktor, in dem die Eigenschaften des die Anziehung verursachenden Himmelskörpers zusammengefasst sind. Übrigens: Die Masse m eines Körpers kann berechnet werden, wenn man **Dichte ρ** und **Volumen V** oder aber **Molmasse M** und **Stoffmenge n** des Körpers kennt gemäß der folgenden Formel (▸ Abschn. 2.4):

$$m = \rho \cdot V = n \cdot M.$$

Um mit den Größen in der Mechanik ohne Probleme zurechtzukommen, prägt man sich die Grundgrößen Länge, Masse und Zeit mit den zugehörigen Einheiten gut ein, da der Rest der Größen aus diesen drei »zusammengebastelt« wird, z. B. ist das Newton die Einheit für Kräfte: $1\,N = 1\,kg\,m/s^2$.

Bei vielen Berechnungen ist es unumgänglich, die Einheiten in die Grundgrößen umformen zu können, um zu einem verwertbaren Ergebnis zu kommen. Ebenso sollte man Angaben wie Milli-, Mikro- oder Kilo- bei Bedarf ineinander umformen können. ◘ Tab. 3.1 gibt einen Überblick über die Größen, deren Einheiten und die Umformungsmöglichkeiten.

Achtung!
Unterscheide zwischen der Bezeichnung der physikalischen Größe und der Abkürzung der Einheit (▸ Abschn. 2.1.1).

◘ **Tab. 3.1** Übersicht der mechanischen Größen, der zugehörigen Einheiten und Umformungen

Größe	Bezeichnung	Einheit	Abkürzung	Umformungen
Masse	m	Gramm	g	
Zeit	T	Sekunde	s	$1\,h = 3600\,s$
Weg, Länge	s; l	Meter	m	
Beschleunigung	a		$m\,s^{-2}$	
Kraft	F	Newton	N	$kg\,m\,s^{-2}$
Impuls	P		$N\,s$	$kg\,m\,s^{-1}$
Drehmoment	M		$N\,m$	$kg\,m^2\,s^{-2}$
Arbeit	W	Joule	J	$N\,m$
Energie	W	Joule	J	$N\,m$
Leistung	P	Watt	W	$N\,m^{-1}, J\,s^{-1}$
Trägheitsmoment	I		$kg\,m^2$	
Drehimpuls	L		$kg\,m^2\,s^{-1}$	

3.1.2   Bewegungen und Geschwindigkeit

Geschwindigkeit

Geschwindigkeit:
zurückgelegter Weg pro Zeit.

Die **Geschwindigkeit** gibt an, in welcher Zeit ein bestimmter Weg zurückgelegt wird, und besitzt daher die Einheit $[v] = m\,s^{-1}$ bzw. $[v] = km\,h^{-1}$.

Schon in der Mittelstufe bekommt man eingebläut, wie man die Geschwindigkeit berechnen kann: $v = \Delta s\,/\,\Delta t$. ($\Delta$ bedeutet immer »Änderung«, z. B. Änderung der Strecke Δs oder zurückgelegte Strecke und Änderung der Zeit Δt oder dafür benötigte Zeit). Mit dieser Formel können wir in zwei Fällen die Geschwindigkeit berechnen:

- die Durchschnittsgeschwindigkeit,
- gleichförmige Bewegung mit konstanter Geschwindigkeit.

Durchschnittsgeschwindigkeit:
Mittelwert der Geschwindigkeiten auf einer bestimmten Strecke.

Durchschnittsgeschwindigkeit Diese gibt die durchschnittliche Geschwindigkeit, also den Mittelwert der Geschwindigkeiten auf einer bestimmten Strecke an. Braucht ein Auto also 1 h, um eine Strecke von 100 km zurückzulegen, errechnen wir die durchschnittliche Geschwindigkeit wie folgt:

$$\Delta s = \text{zurückgelegter Weg} = 100\ \text{km}$$
$$\Delta t = \text{dafür benötigte Zeit} = 1\ \text{h}$$
$$v = \frac{\Delta s}{\Delta t} = \frac{100\ \text{km}}{1\ \text{h}} = 100\ \text{km}\,h^{-1}.$$

Jetzt wissen wir, dass das Auto diese Strecke mit einer Durchschnittsgeschwindigkeit von $100\ \text{km}\,h^{-1}$ zurückgelegt hat, können aber nicht sagen, ob das Auto auf der Strecke zeitweise schneller, z. B. $120\ \text{km}\,h^{-1}$, und dann wieder langsamer, z. B. $80\ \text{km}\,h^{-1}$, gefahren ist. Dazu müssen wir die **Momentanwerte** der Geschwindigkeit an bestimmten Punkten auf dem Weg kennen.

Momentangeschwindigkeit:
Geschwindigkeit an bestimmtem Ort der Strecke.

Um diese herauszufinden, müssten wir entweder ständig die Geschwindigkeit des Autos aufzeichnen und an der entsprechenden Stelle der Aufzeichnung nachsehen oder der Fahrer muss an der gefragten Stelle auf den Tacho schauen. Die **Momentangeschwindigkeit** gibt also an, wie groß die Geschwindigkeit an einem bestimmten Punkt der Strecke ist. Berechnen lässt sie sich, indem man in der Formel für die Durchschnittsgeschwindigkeit die beobachtete Wegstrecke Δs immer kleiner macht, also gegen null gehen lässt und somit die Steigung der Orts-Zeit-Kurve am interessierenden Ort bestimmt (▶ Abschn. 1.5 und ▶ Abschn. 1.7).

Bei gleichförmiger Bewegung mit konstanter Geschwindigkeit verhalten sich Zeit und Weg proportional zueinander.

Neben der Berechnung der Durchschnittsgeschwindigkeit können wir die Formel $v = \Delta s\,/\,\Delta t$ auch bei der **gleichförmigen Bewegung mit konstanter Geschwindigkeit** verwenden. Bei dieser Bewegung bewegt sich der Gegenstand mit konstanter, also immer gleicher Geschwindigkeit. Die zurückgelegte Strecke wird also pro vergangene Zeiteinheit immer länger: bei doppelter Fahrzeit doppelter Weg, bei 3-facher Zeit 3-mal so langer Weg… Verhalten sich zwei Größen so zueinander, wird das als **proportional** bezeichnet und durch das Zeichen ~ dargestellt. In unserem Beispiel: $s \sim t$. **Sind zwei Größen proportional zueinander, ergibt der Quotient aus beiden Werten eine Konstante, die Proportionalitätskonstante:** $\Delta s\,/\,\Delta t = \text{konst}$. Die Proportionalitätskonstante des Quotienten aus Weg und Zeit $v = \Delta s\,/\,\Delta t$ ist unsere soeben definierte Geschwindigkeit.

Weg-Zeit- bzw. Geschwindigkeits-Zeit-Diagramm bei Bewegungen mit konstanter Geschwindigkeit Da Physiker Erscheinungen gern in Bildern betrachten, wollen wir die Bewegung mit konstanter Geschwindigkeit im Diagramm darstellen. Zuerst das **Weg-Zeit-Diagramm** (s-t-Diagramm, ◘ Abb. 3.1 *links*): Hier stellt sich die Bewegung als Gerade dar. Weg und Zeit können an den Achsen

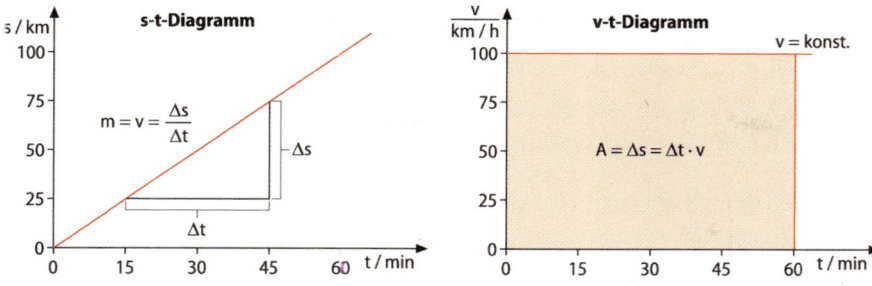

Abb. 3.1 Weg-Zeit- oder s-t-Diagramm (*links*) und Geschwindigkeits-Zeit- oder v-t-Diagramm (*rechts*) einer gleichförmigen Bewegung mit konstanter Geschwindigkeit

abgelesen werden. Die Steigung m einer Geraden ist gleich $\Delta y / \Delta x$, bei diesem Diagramm entspricht dies $\Delta s / \Delta t$, was bekanntlich die Geschwindigkeit ist.

Im **Geschwindigkeits-Zeit-Diagramm** (v-t-Diagramm, ■ Abb. 3.1 *rechts*) entspricht diese Bewegung einer Geraden parallel zur Zeitachse, da ihre Geschwindigkeit konstant ist. Die zurückgelegte Strecke entspricht der Fläche A unter der Geraden, die mittels Integralrechnung bzw. geometrischer Berechnung ermittelt werden kann: entweder durch das Integral von 0 bis t von f(x) oder durch Lösen der Gleichung: A = (Betrag von t) · (Betrag von v).

Um das Diagramm komplett zu erläutern, muss man hinzufügen, dass die Beschleunigung (s. u.) die Steigung der Geraden ist, die in diesem Fall null ist.

Im Weg-Zeit-Diagramm einer Bewegung mit konstanter Geschwindigkeit entspricht die Steigung der Geraden der Geschwindigkeit.

Leitungsgeschwindigkeit von Nervenfasern

Die Ausbreitung des Aktionspotenzials an einem myelinisierten Axon ist ebenfalls eine gleichförmige Bewegung mit konstanter Geschwindigkeit, die man folglich mit der Formel $\bar{v} = s/t$ berechnen kann. Die Bestimmung der Leitungsgeschwindigkeit hat neben dem physiologischen Interesse, wie schnell dies funktioniert, auch große Bedeutung in Neurologie und Orthopädie. So ist z. B. bei einem Bandscheibenvorfall die Leitungsgeschwindigkeit eine wichtige Entscheidungshilfe bei der Frage, ob der Patient operiert werden sollte oder nicht.

Bestimmt wird die Leitungsgeschwindigkeit, indem man zwei Elektroden längs des Nervs anlegt, ihn mit der einen elektrisch reizt und dann die Zeit misst, bis das so ausgelöste Aktionspotenzial die zweite Elektrode erreicht. Dann wird der Abstand zwischen den Elektroden als Weg und die gemessene Zeit zur Berechnung der Geschwindigkeit verwendet.

Man hat herausgefunden, dass die schnellsten Nerven in unserem Körper es schaffen, Aktionspotenziale mit bis zu 120 m s^{-1} (entspricht 432 km h^{-1}!) fortzuleiten – also ganz schön fix.

Beschleunigung

Während der meisten in der Natur beobachtbaren Bewegungen ändert sich die Geschwindigkeit. Die Änderung der Geschwindigkeit pro Zeiteinheit wird als **Beschleunigung a** bezeichnet, mathematisch ausgedrückt also $a = \Delta v / \Delta t$, was bereits die Einheit der Beschleunigung erkennen lässt: $[a] = $ m s^{-2}.

Wir verstehen im Allgemeinen unter »beschleunigen«, dass wir einen Körper, z. B. ein Auto, schneller machen. In der Physik ist aber auch das Bremsen eine Form der Beschleunigung, da sich ja beim Bremsen die Geschwindigkeit

Beschleunigung: Geschwindigkeitsänderung pro Zeit.

Bremsen: negative Beschleunigung.

Physik

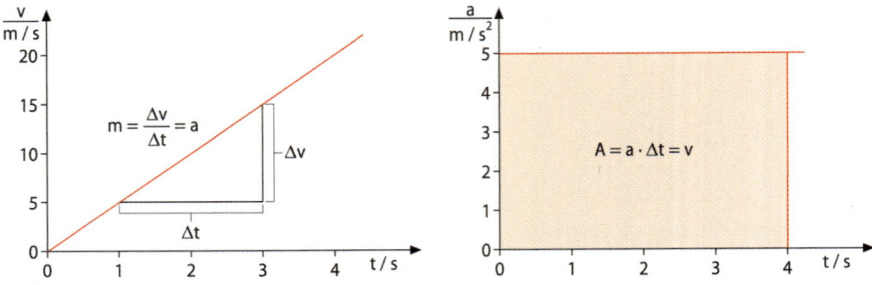

■ **Abb. 3.2** Geschwindigkeits-Zeit-Diagramm (v-t-Diagramm, *links*) und Beschleunigungs-Zeit-Diagramm (a-t-Diagramm, *rechts*) einer gleichmäßig beschleunigten Bewegung

des Körpers ebenfalls ändert. Bremsen wird häufig als negative Beschleunigung bezeichnet.

Im Geschwindigkeits-Zeit-Diagramm einer Bewegung mit konstanter Beschleunigung entspricht die Steigung der Geraden der Beschleunigung.

Geschwindigkeits-Zeit- bzw. Beschleunigungs-Zeit-Diagramm bei konstanter Beschleunigung Betrachten wir die Bewegung mit konstanter Beschleunigung, z. B. ein Auto, das ständig mit konstanter Beschleunigung beschleunigt wird. Je länger das Auto beschleunigt wird, desto größer wird seine Geschwindigkeit. Diesmal ist also die Geschwindigkeit proportional zur Zeit: $\Delta v \sim \Delta t$. Auch hier wollen wir uns die Bewegung in Diagrammen veranschaulichen.

Im Geschwindigkeits-Zeit- oder v-t-Diagramm (■ Abb. 3.2 *links*) entspricht die Beschleunigung der Steigung m der Geraden. Im **Beschleunigungs-Zeit-Diagramm** (a-t-Diagramm; ■ Abb. 3.2 *rechts*) sehen wir wieder eine Gerade parallel zur Zeitachse. Hier entspricht die Fläche A unter dem Graphen der Geschwindigkeit des Körpers, die wieder mittels Integral- oder geometrischer Flächenberechnung bestimmt werden kann.

Berechnung der einzelnen Größen bei konstanter Beschleunigung Häufig soll nicht die Beschleunigung bestimmt werden, sondern die aktuelle Geschwindigkeit oder der zurückgelegte Weg bei vorgegebener Beschleunigung. Durch Umformen der Gleichung $a = \frac{v}{t}$ erhält man die Formeln zur Berechnung der Geschwindigkeit v bei der gleichförmigen Bewegung mit konstanter Beschleunigung:

$$v = a \cdot t.$$

Besitzt der sich bewegende Körper bereits vor der Beschleunigung eine gewisse Geschwindigkeit v_0, wird diese einfach addiert: $\mathbf{v = a \cdot t + v_0}$.

Die zurückgelegte Strecke s ist ja die Fläche unter der Geschwindigkeit-Zeit-Kurve. Diese berechnet sich für $v(t) = a \cdot t$ also zu:

$$s = \tfrac{1}{2} \cdot a \cdot t^2.$$

Auch hier kann eine bereits vor der Beschleunigung zurückgelegte Strecke s_0 einfach addiert werden, ebenso der zurückgelegte Weg, der sich aus einer anfänglich vorhandenen Geschwindigkeit v_0 ergibt, sodass sich allgemein ergibt:

$$s = s_0 + v_0 \cdot t + \tfrac{1}{2} \cdot a \cdot t^2.$$

Ist der Weg s bekannt, auf dem der Körper aus dem Stand ($s_0 = 0$ und $v_0 = 0$) konstant beschleunigt wird, kann man die Geschwindigkeit, die der Körper am

Ende der Strecke s hat, durch Elimination der Zeit t mit folgender Formel berechnen:

$$v^2 = 2 \cdot a \cdot s \quad \text{bzw.} \quad v = \sqrt{2 \cdot a \cdot s}.$$

Mathematischer Zusammenhang von Beschleunigung, Geschwindigkeit, Weg und Zeit Mathematisch betrachtet hängen die vier Größen Beschleunigung, Geschwindigkeit, Weg und Zeit folgendermaßen zusammen:

Die Momentangeschwindigkeit ist die Ableitung des Weges nach der Zeit.

$$v = \lim_{t \to 0} \frac{\Delta s}{\Delta t} = \frac{ds}{dt} = \dot{s}$$

Die Momentanbeschleunigung ist die Ableitung der Geschwindigkeit und somit die 2. Ableitung des Weges nach der Zeit.

$$a = \lim_{t \to 0} \frac{\Delta v}{\Delta t} = \frac{dv}{dt} = \dot{v} = \ddot{s}$$

Für viele ist die Umrechnung von km/h in m/s und umgekehrt schwierig. Da man sie aber so häufig braucht, soll sie hier einmal gezeigt werden:

$$1\frac{km}{h} = \frac{1000\,m}{60\,min} = \frac{1000\,m}{60 \cdot 60\,s} = \frac{1000\,m}{3600\,s} = \frac{1\,m}{3,6\,s} = \frac{1\,m}{3,6} \cdot \frac{m}{s}.$$

Um also eine in km/h angegebene Geschwindigkeit in $m\,s^{-1}$ umzurechnen, muss man einfach den Zahlenwert durch 3,6 teilen: Fährt ein Auto mit $72\,km\,h^{-1}$, entspricht das einer Geschwindigkeit von $20\,m\,s^{-1}$, da $72/3,6 = 20$.

Umgekehrt muss man bei der Umrechnung von $m\,s^{-1}$ in $km\,h^{-1}$ einfach die angegebene Geschwindigkeit mal 3,6 rechnen, da gilt:

$$1\frac{m}{s} = \frac{\frac{1}{1000}\,km}{\frac{1}{3600}\,h} = \frac{3600\,km}{1000\,h} = \frac{3,6\,km}{1\,h} = 3,6\frac{km}{h}.$$

Man **merkt** sich also am einfachsten: Bei der Umwandlung von m/s in die »größere« Einheit km/h den Zahlenwert mal 3,6 rechnen, bei der umgekehrten Umwandlung in die »kleinere« Einheit geteilt durch 3,6!

3.1.3 Kräfte

Auch der Begriff der Kraft ist uns nicht völlig fremd – sollen wir aber genau beschreiben, was eine Kraft ist, wird es schwierig, da Kräfte etwas sehr Abstraktes sind. Die Kraft selbst kann man nicht sehen, man kann sie nur an ihrer Wirkung erkennen. Dieses Merkmal ist so kennzeichnend, dass die Kraft so definiert wird: **Jede Einwirkung auf einen Körper, die dessen Bewegungszustand (Geschwindigkeit und/oder Richtung) oder Form ändert, bezeichnet man als Kraft F.** Die Einheit der Kraft ist Newton: $[F] = N$. 1 Newton wurde so definiert, dass es genau diejenige Kraft ist, die einen Körper mit der Masse 1 kg aus der Ruhe in 1 s auf die Geschwindigkeit 1 m/s beschleunigt. 1 N entspricht also $1\,kg\,m\,s^{-2}$ (■ Tab. 3.1).

Margin notes:

Momentangeschwindigkeit: Ableitung des Weges nach der Zeit.

Momentanbeschleunigung: 2. Ableitung des Weges nach der Zeit.

Umwandlung m/s → km/h: mal 3,6;
Umwandlung km/h → m/s: geteilt durch 3,6.

Wichtig bei Kraftvektoren:
Angriffspunkt, Richtung und Größe.

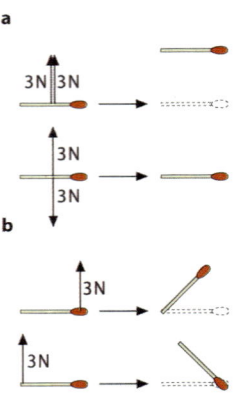

Abb. 3.3a, b Die Wirkung von Kräften auf einen Körper (Masse m) ist abhängig von ihrer jeweiligen Richtung und ihrem Angriffspunkt

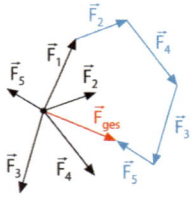

Abb. 3.4 Zeichnerische Addition mehrerer Kräfte zu einer Gesamtkraft:
$\vec{F}_{Ges} = \vec{F}_1 + \vec{F}_2 + \vec{F}_3 + \vec{F}_4 + \vec{F}_5$

Kräftegleichgewicht →
Bewegungszustand ändert sich nicht.

Newton'sche Axiome.

Kraft ist ein Vektor Das bedeutet, dass wir, um eine Kraft genau zu beschreiben, drei Dinge angeben müssen: die Richtung, in der sie wirkt, die Größe und den Angriffspunkt. Diese drei Dinge sind entscheidend für die Wirkung der Kräfte, da zwei gleich große Kräfte, die in verschiedene Richtungen auf einen Körper einwirken, völlig unterschiedliche Wirkungen erzielen. Ziehen sie z. B. in die gleiche Richtung, wird sich der Körper in diese Richtung bewegen, ziehen sie in entgegengesetzte Richtungen, wird sich ihre Wirkung aufheben (◘ Abb. 3.3a).

Kräfte werden zeichnerisch als Vektoren, also als Pfeile dargestellt, die die Richtung und den Angriffspunkt zeigen (▸ Abschn. 1.2). Die Länge des Vektors gibt die Größe der Kraft an, z. B. $1\,N \triangleq 1\,cm$. Demzufolge würde der Pfeil einer Kraft von 3 N also z. B. 3 cm lang gezeichnet.

Ebenso wichtig ist der Angriffspunkt der Kraft: Zieht man z. B. an einer Stange mit 3 N in der Mitte oder an einem Ende der Stange in dieselbe Richtung, erhält man nicht die gleiche neue Position, sondern zwei verschiedene (◘ Abb. 3.3b).

Gemessen wird die Kraft an ihrer Wirkung Erzielen zwei Kräfte die gleiche Wirkung, sind sie gleich groß. Dabei kann man »verschiedene Wirkungen« zum Vergleich heranziehen. Man kann schauen, wie stark die Kräfte beschleunigen oder wie stark die Kräfte eine Feder dehnen oder einen Körper verformen. Dehnen zwei Kräfte, eine Feder gleich weit, sind sie gleich groß. So funktionieren z. B. die herkömmlichen Kraftmesser. Sie wurden vorher geeicht. Dabei wird markiert, welche Kraft welche Dehnung hervorruft, sodass man bei der entsprechenden Dehnung die Größe der Kraft ablesen kann.

Mittels **Kräftegleichheit** kann man also die Kraft bestimmen. Neben der Kräftegleichheit gibt es auch die **Kräftevielfachheit**: Ist eine Kraft doppelt, 3-fach, 4-fach, …, n-fach so groß, beschleunigt sie einen Körper doppelt, 3-fach, 4-fach, …, n-fach so stark.

Wirkt eine Kraft einer anderen Kraft genau entgegengesetzt, kann dies durch ein Minuszeichen dargestellt werden: Die Kraft $\vec{F}_1$ ist gleich groß wie die Kraft $\vec{F}_2$, aber wirkt in die entgegengesetzte Richtung, also gilt: $\vec{F}_1 = -\vec{F}_2$. Einfacher kann man die beiden als $\vec{F}$ und $-\vec{F}$ bezeichnen.

Da Kräfte Vektoren sind, kann man sie addieren (▸ Abschn. 1.2) oder subtrahieren (◘ Abb. 3.4). Der Summenvektor aller Kräfte an einem Körper zeigt, welchen Effekt diese auf den Körper haben.

Ergibt die Summe aller Vektoren, die an einem Körper angreifen, null, spricht man vom **Kräftegleichgewicht**. Im Kräftegleichgewicht bleibt der Körper in seinem bisherigen Bewegungszustand.

Newton'sche Axiome

Der große Wissenschaftler Isaac Newton (1643–1727) hat sich mit vielen verschiedenen Dingen im Bereich der Naturwissenschaften und Philosophie beschäftigt. Unter anderem hat er drei Gesetze formuliert, die als **Newton'sche Axiome** bezeichnet werden und grundlegende Erscheinungen der Mechanik beschreiben.

1. Newton'sches Axiom: Trägheitssatz Fährt man mit dem Auto aus dem Stand an, hat man über die ersten Meter das Gefühl, in den Sitz gepresst zu werden. Umgekehrt wird man beim Abbremsen des Wagens nach vorn geschoben. Man hat das Gefühl, zu träge zu sein, um sich sofort mit dem neuen Bewegungszustand anfreunden zu können. Man würde eigentlich gern in der alten Bewegung bleiben. Newton hat ebenfalls beobachtet, dass Körper eine gewisse Unwilligkeit zeigen, wenn sich deren Bewegung ändert, und dies als »Trägheit« bezeichnet.

Diese Beobachtung hat er im Trägheitssatz formuliert: Jeder Körper zeigt das Bestreben, seinen Bewegungszustand beizubehalten. Nur Kräfte können ihn abhalten, dies zu tun. Wirkt auf einen Körper keine Kraft, bleibt er in Ruhe oder bewegt sich geradlinig mit konstanter Geschwindigkeit fort. Sobald ein Körper also schneller oder langsamer wird oder eine Kurve beschreibt, wirkt eine Kraft auf ihn. Diese muss seine Trägheit, also sein Bestreben, im momentanen Bewegungszustand zu verweilen, überwinden.

Die Größe der Trägheit hängt von der Masse des Körpers ab: Je größer die Masse, desto größer ist die Trägheit, weshalb man sie auch als **Massenträgheit** bezeichnet.

2. Newton'sches Axiom: Newton'sches Grundgesetz Beschleunigt man einen Körper mit einer bestimmten Kraft, z. B. einen Zug durch zwei Lokomotiven, nimmt seine Geschwindigkeit zu. Würde nur eine Lokomotive den Zug ziehen (mit derselben Kraft wie zuvor, also mit insgesamt halber Kraft), würde der Zug nur halb so stark beschleunigt werden. Die Beschleunigung, die ein Körper erfährt, ist somit der an ihm angreifenden Kraft proportional, also gilt: $F \sim a$.

Ein anderes Experiment kann dies verdeutlichen: Wollen wir einen Wagen mit der Masse m ziehen, brauchen wir eine bestimmte Kraft. Packen wir auf den Wagen zusätzlich ein paar Kisten, wird der Wagen immer schwerer, je mehr Kisten wir aufladen. Je schwerer der Wagen wird, desto mehr Kraft brauchen wir, um den Wagen zu beschleunigen. Dabei ist es völlig egal, ob wir z. B. vier kleine Bleiblöcke aufladen, die kaum Volumen haben, oder vier große Pakete, die zwar genauso viel wiegen wie die kleinen Blöcke, aber mehr Volumen besitzen – die Masse entscheidet, wie viel schwerer es wird, den Wagen zu beschleunigen. Die Kraft, die wir zur Beschleunigung brauchen, ist also auch proportional zur Masse des Körpers, den wir beschleunigen wollen: $F \sim m$.

Ziehen wir den Wagen immer mit der gleichen Kraft und packen dabei immer mehr auf, wird die durch die Kraft erreichbare Beschleunigung immer kleiner. Die Kraft, die pro Masse wirkt (F/m), ist also ebenfalls proportional zur Beschleunigung: je kleiner die Kraft pro Masse, desto kleiner auch die erreichte Geschwindigkeit: $\dfrac{F}{m} \sim a$.

Diese Beobachtungen sind so grundlegend für das Verständnis und die Anwendung der Mechanik, dass Newton sie im **Grundgesetz der Mechanik** zusammengefasst hat: $F = m \cdot a$.

3. Newton'sches Axiom: Actio = Reactio Das kann man sich wegen des einprägsamen Namens am besten merken – Actio = Reactio beschreibt eine Erscheinung, die nicht unbedingt offensichtlich ist: **Jede Kraft ruft eine Gegenkraft hervor.** Ein Beispiel: Wir hängen eine Lampe an einen Haken an der Decke: Die Lampe wird von ihrer Gewichtskraft in Richtung Boden gezogen, fällt aber nicht herunter. Ist etwas in Ruhe, wirkt entweder keine Kraft, oder die wirkenden Kräfte sind im Gleichgewicht. Da wir wissen, dass die Gewichtskraft wirkt, muss eine gleich große Kraft in Gegenrichtung wirken, da die Lampe ja an der Decke hängt und nicht herunterfällt (Abb. 3.5). Diese Kraft $\vec{F}$ muss so groß wie die Gewichtskraft $\vec{F}_G$ sein und genau entgegengesetzt wirken, also $\vec{F} = -\vec{F}_G$.

Am folgenden **Beispiel** kann man die Wirkung der Gegenkraft auch sehen: Zwei Kinder, Anna und Noah, stehen sich mit Inlineskates gegenüber und halten beide ein Ende eines Seils (Abb. 3.6). Beide Kinder sind gleich schwer ($m_{Anna} = m_{Noah}$). Sie werden also durch gleich große Kräfte gleich schnell beschleunigt. Zieht Noah mit der Kraft $\vec{F}_{Noah}$ am Seil, rollt Anna auf ihn zu. Aber

Trägheitssatz: Alle Körper zeigen das Bestreben, ihren Bewegungszustand beizubehalten.

Die Beschleunigung eines Körpers ist zu der auf ihn einwirkenden Kraft proportional.

Die zur Beschleunigung nötige Kraft ist zur Masse des beschleunigten Körpers proportional.

Die pro Masse wirkende Kraft ist proportional zur Beschleunigung.

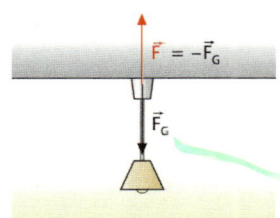

 Abb. 3.5 Der Gewichtskraft $\vec{F}_G$ einer Lampe wirkt die Kraft $\vec{F} = -\vec{F}_G$ in der Aufhängung entgegen

Physik

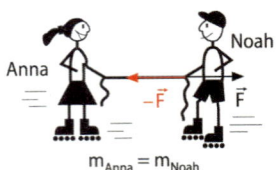

Abb. 3.6 Wirkt ein Körper A (Noah) mit einer Kraft $\vec{F}_{Noah}$ auf einen anderen Körper B (Anna), zeigt sich, dass der Körper B auf den Körper A mit einer Kraft $\vec{F}_{Anna}$ wirkt, die gleich groß, aber entgegengesetzt gerichtet ist, d. h. $\vec{F}_{Noah} = -\vec{F}_{Anna}$. Dies besagt das 3. Newton'sche Axiom: Actio = Reactio

Gravitation:
Anziehung zwischen Massen.

$$F = G \cdot \frac{m_A \cdot m_B}{r^2}.$$

auch er fängt im selben Moment an, sich auf Anna zuzubewegen – es muss also eine Kraft geben, die Noah in Richtung Anna zieht. Anna zieht nicht an dem Seil, sie hält es nur fest – die Kraft, mit der Noah zieht, muss also eine Gegenkraft hervorrufen, die ihn auf Anna zubewegt.

Würde man messen, wie schnell sich die beiden jeweils bewegen, würde man feststellen, dass sie sich mit gleicher Beschleunigung in entgegengesetzter Richtung bewegen, und da sie gleich schwer sind, müssen die wirkenden Kräfte gleich groß sein ($\vec{F} = m \cdot \vec{a}$, und beide sind gleich schwer). Auch hier bewirkt also die Kraft eine Gegenkraft, die gleich groß ist und in entgegengesetzter Richtung wirkt, $\vec{F}_{Noah} = -\vec{F}_{Anna}$.

Gravitation und Gewichtskraft

Stellen wir uns vor, alle Gegenstände auf der Erde würden wie im Weltraum wild umherfliegen – dann wäre das Leben manchmal ganz schön schwer. Alle Körper besitzen auf der Erde also eine gewisse »Schwere«, die sie am Erdboden festhält. Auch hiermit hat sich Newton beschäftigt und angeblich kam ihm die Erklärung für diese Schwere, als er im Garten saß und einen Apfel vom Baum fallen sah. Er erkannte, dass sich Massen anziehen. **Die Anziehung zwischen Massen wird als Gravitation bezeichnet.** Sie hängt von zwei Dingen ab:

- von der Größe der Massen und
- vom Abstand der Massen.

Je größer die Masse, desto stärker ist einerseits die von ihr ausgehende Gravitationskraft. Andererseits gilt: Je größer der Abstand zwischen den Massenschwerpunkten ist, desto kleiner ist die Anziehungskraft zwischen den Massen. Also haben wir auch hier proportionale Beziehungen, die wir in eine Formel packen können: Der Betrag der Anziehungskraft F zwischen zwei Körpern A und B mit den Massen m_A und m_B, deren Massenschwerpunkte einen Abstand r haben, beträgt nach dem **Gravitationsgesetz**:

$$F = G \cdot \frac{m_A \cdot m_B}{r^2}.$$

G ist die Gravitationskonstante und beträgt $G = 6{,}673 \cdot 10^{-11}\,\mathrm{m^3 kg^{-1} s^{-2}}$. Die obige Formel wird nach ihrem Erstbeschreiber **Newton'sches Gravitationsgesetz** genannt.

Die Gravitationskraft greift am (Massen-)**Schwerpunkt** an und zeigt von einem Schwerpunkt zum anderen (Richtung des Kraftvektors). Körper verhalten sich, als wäre ihr gesamtes Gewicht in einem Punkt gesammelt. Dieser Punkt ist der Schwerpunkt. Der Schwerpunkt ist eine Art »Gleichgewichtspunkt«: Unterstützt man einen Körper in diesem Punkt, kann man seine Gewichtskraft kompensieren, er bleibt in Ruhe und fällt nicht herunter.

Den Schwerpunkt eines Körpers zu bestimmen ist nicht immer leicht. Manchmal kann man ihn aber recht leicht erkennen, z. B. bei einem Quadrat (▶ Abb. 3.7, Figur 1). Bei »unförmigeren« Körpern wird es schwieriger (▶ Abb. 3.7, Figur 2). Um hier den Schwerpunkt zu bestimmen, hängt man diesen Körper nacheinander an zwei verschiedenen Punkten auf und zeichnet jeweils die Lotlinie ein. Diese bestimmt man mithilfe eines Lots, das am selben Punkt aufgehängt wird. Im Schnittpunkt der beiden Lotgeraden befindet sich der Schwerpunkt S.

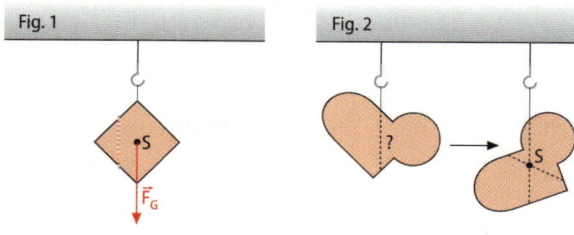

Abb. 3.7 Praktische Schwerpunkt-
bestimmung. Hängt man einen Körper an
einer beliebigen Stelle auf, kommt der
Körper zur Ruhe, wenn der Schwerpunkt
genau unter dem Aufhängepunkt liegt.
Figur 1: Bei symmetrischen Körpern genügt
ein einziger Aufhängepunkt.
Figur 2: Bei unregelmäßigen Körpern
benötigt man zwei verschiedene Aufhänge-
punkte

Hätten Sie's gewusst?

Der Schwerpunkt des menschlichen Körpers und seine Bedeutung
Der Schwerpunkt des menschlichen Körpers ist relativ schwer zu bestimmen. Er befindet sich im Rumpf. Bei allen Bewegungen müssen wir durch
die entsprechenden Gelenkstellungen sowie Muskelanspannung und -ent-
spannung versuchen, unseren Schwerpunkt so zu halten, dass wir nicht
umkippen. Schon das Aufstehen aus dem Sitzen ist eine kleine Balance-
übung, bei der der Schwerpunkt immer weiter verlagert wird und jedes Mal
neu stabilisiert werden muss, damit wir nicht umkippen. Man kann jedoch
die Verlagerung des Schwerpunkts auch nutzen – Sprinter z. B. neigen den
Oberkörper nach vorn und verlagern damit ihren Schwerpunkt nach vorn,
was sie zu schnellerem Laufen animiert, damit sie nicht umkippen.
 Abb. 3.8 (*links*) zeigt einige Positionen und die jeweilige Lage des
Schwerpunkts. Solange dieser über der Standfläche liegt, bleiben wir stehen – stabiles Gleichgewicht. Kann der Halteapparat den Körper nicht mehr
stabilisieren, müssen wir auf Hilfsmittel, wie z. B. einen Stock, zurückgreifen
(**Abb. 3.8** *rechts*).

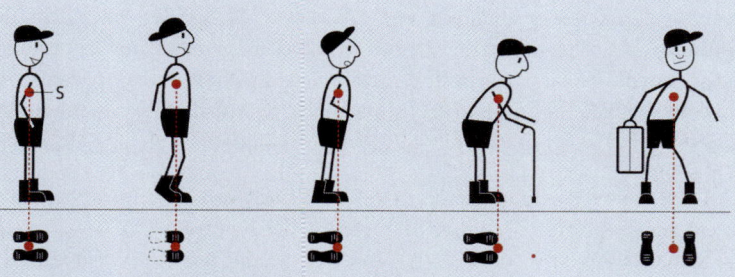

 Abb. 3.8 Zum Schwerpunkt des menschlichen Körpers

Gravitationskräfte wirken zwischen allen Körpern Sie sind jedoch so gering,
dass es eine große Masse braucht, um tatsächlich eine Kraftwirkung erkennen
zu können. Zwei Tanker mit jeweils 10^5 t Masse z. B., deren Massenschwerpunkte im Hafen etwa 100 m voneinander entfernt sind, ziehen sich gerade einmal
mit der Kraft

$$F = 6{,}673 \cdot 10^{-11} \frac{m^3}{kg \cdot s^2} \cdot \frac{10^5\,t \cdot 10^5\,t}{(100\,m)^2} = 66{,}73\ N\ an.$$

Diese Kraft ist so gering, dass sie keinerlei erkennbare Wirkung auf die beiden Tanker ausübt. Um die Wirkung von Gravitationskräften erkennen zu
können, bedarf es schon eines Körpers mit richtig viel Masse – wie der Erde.
Als Beispiel wollen wir die Anziehungskraft zwischen Erde und Mond berech-

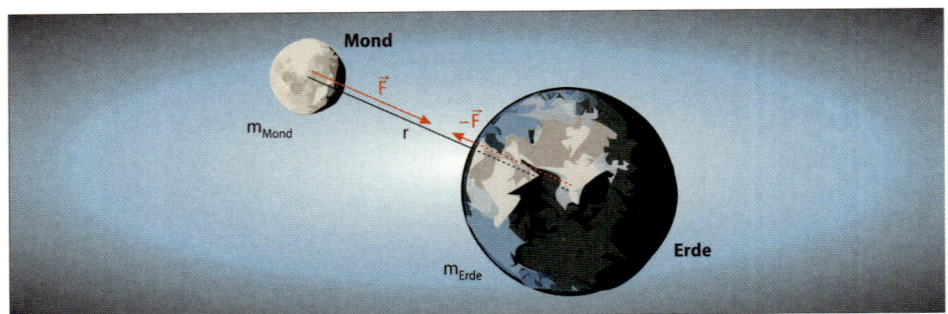

Abb. 3.9 Die gegenseitige Anziehungskraft zwischen Erde und Mond bewirkt, dass der Mond seine Kreise um die Erde zieht, da diese ihn immer wieder nach innen beschleunigt, sodass sich die Kreisbewegung ergibt

Gravitationskraft F zwischen Erde und Mond:
$F = 1{,}98 \cdot 10^{20}$ N.

nen (**Abb. 3.9**): Die Erde besitzt die Masse $m_{Erde} = 5{,}974 \cdot 10^{24}$ kg, die des Mondes $m_{Mond} = 7{,}348 \cdot 10^{22}$ kg. Der Abstand von Erde und Mond beträgt im Mittel 384.401 km. Somit ergibt sich für die Gravitationskraft F:

$$F = G \cdot \frac{m_{Erde} \cdot m_{Mond}}{r^2} = 6{,}67 \cdot 10^{-11} \frac{m^3}{kg \cdot s^2} \cdot \frac{5{,}974 \cdot 10^{24}\,kg \cdot 7{,}348 \cdot 10^{22}\,kg}{(384.401\,km)^2}$$
$$= 1{,}98 \cdot 10^{20}\,N.$$

Erdanziehungskraft Auch zwischen der Erde und jedem Körper auf der Erde wirken die Gravitationskräfte. Da aber die Erde durch ihre große Masse entscheidend zur Anziehungskraft zwischen Erde und den Dingen auf der Erde beiträgt, wird diese Gravitationskraft auch Erdanziehungskraft genannt.

Die Erdanziehungskraft, die auf der Erdoberfläche in Richtung zum Erdmittelpunkt (Schwerpunkt der Erde) wirkt, haben wir bereits als Gewichtskraft kennengelernt. Sie ist abhängig von der Masse – je größer die Masse, desto größer auch die Gewichtskraft. Durch viele Messungen von Gewicht und Masse hat man die Konstante ermittelt, die die Gewichtskraft und die Masse verbindet: die **Erdbeschleunigung $\vec{g}$; $|\vec{g}| = 9{,}81\,\mathrm{m\,s^{-2}}$**. Mit der Erdbeschleunigung lässt sich die Gewichtskraft $\vec{F}_G$ aus der Masse m mit der folgenden Formel berechnen (2. Newton'sches Axiom):

$$\vec{F}_G = m \cdot \vec{g}.$$

Die Gewichtskraft greift im Schwerpunkt an.

»Gewicht« eines Menschen: Masse in kg

Physikalisches Gewicht: Gewichtskraft in N.

Fazit: Masse versus Gewicht Wie bereits erwähnt, sind Masse und Gewichtskraft in der Physik zwei verschiedene Dinge. Wir verwenden vor allem den Begriff »Gewicht« im Alltag anders, was zu Missverständnissen führen kann. Deshalb folgt hier noch einmal die genaue physikalische Unterscheidung: Die Masse eines Körpers wird in Kilogramm angegeben und ist völlig unabhängig davon, wo sich der Körper befindet. Wenn man das »Gewicht«, eines Patienten bestimmt, gibt man es in Kilogramm an, man bestimmt also eigentlich die Masse! **Die Physiker verstehen unter dem »Gewicht« aber die Kraft, mit der ein Körper von einem Planeten angezogen wird, also die Gewichtskraft.** Die Gewichtskraft hat die Einheit der Kraft, also Newton.

Auftrieb

Auftriebskräfte: Warum schwimmen manche Körper im Wasser und manche nicht? Ein Gegenstand wird auch im Wasser von der Erde angezogen, also mit seiner Gewichtskraft F_G nach unten gezogen. Dabei verdrängt er so viel Wasser, wie von seinem Volumen unterhalb der Wasseroberfläche liegt. Dieses verdrängte Wasser besitzt ebenfalls eine Gewichtskraft und wird daher ebenfalls von der Erde angezogen. Es versucht wieder an seinen »alten Platz« zu gelangen und den ins Wasser gelegten Körper nach oben zu drücken. Diese Kraft heißt **Auftriebskraft F_A** oder nur **Auftrieb** (Abb. 3.10).

F_A lässt sich ganz einfach **berechnen**, denn es gilt: Die Auftriebskraft ist so groß wie die Gewichtskraft des verdrängten Wassers. Wir kennen die Dichte ρ von Wasser: $\rho_{H_2O} = 1\,\mathrm{g\,cm^{-3}}$. Das verdrängte Wasservolumen versucht mit der Kraft seines Gewichts zurückzudrängen. Also berechnen wir aus der Dichte des Wassers und des verdrängten Volumens $V_{verdrängt}$ die Masse des verdrängten Wassers wie folgt:

$$m_{H_2O\ verdrängt} = V_{verdrängt} \cdot \rho_{H_2O}.$$

Und somit gilt:

$$F_A = m_{H_2O\ verdrängt} \cdot g = V_{verdrängt} \cdot \rho_{H_2O} \cdot g.$$

Je nachdem, welche Kraft größer ist – die Auftriebskraft $\vec{F}_A$ oder die Gewichtskraft $\vec{F}_G$ –, schwimmt der Körper oder nicht: Ist die Gewichtskraft des Körpers größer, sinkt dieser auf den Boden, ist der Auftrieb größer, schwimmt der Körper. Sind Gewichtskraft und Auftrieb gleich groß, schwebt der Körper im Wasser.

Ob ein Körper sinkt oder schwimmt, hängt von seiner mittleren Dichte ab. Da die Masse und damit die Gewichtskraft von der Dichte abhängig sind, sinken alle Körper, die eine höhere mittlere Dichte als Wasser besitzen. Besitzen sie eine geringere mittlere Dichte als Wasser, schwimmen sie. Mittels der Form kann man einen Körper ebenfalls zum Schwimmen bringen: Eine Bleikugel würde sofort im Wasser versinken, da Blei sehr viel dichter ist als Wasser. Enthält die Kugel jedoch eine ausreichend große Kammer mit Luft, kann sie schwimmen, da auch die Luft in der Kugel Wasser verdrängt, jedoch viel leichter ist als Wasser. Es kommt also auf die **mittlere Dichte ρ_m** des betrachteten Körpers an. Diese berechnet sich aus der Gesamtmasse des Körpers m_g und dem gesamten verdrängten Volumen V_g zu:

$$\rho_m = \frac{m_g}{V_g}.$$

Auch in anderen Flüssigkeiten erfahren Körper Auftrieb. Abhängig von der Dichte der Flüssigkeit ist dieser größer oder kleiner als bei Wasser. Das Wasser des Toten Meeres hat aufgrund seines hohen Salzgehalts eine wesentlich höhere Dichte als destilliertes Wasser, weshalb der Auftrieb hier viel größer ist.

Federkraft

Zur Mechanik gehört auch die ausführliche Behandlung der Feder. Da diese für den Bereich Medizin nur bedingt interessant ist, werden wir den Teil kurzfassen.

Federn besitzen die Eigenschaft, in ihre Ausgangsform zurückkehren zu können, wenn man sie auseinanderzieht oder zusammendrückt. Man spricht

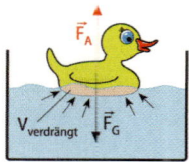

 Abb. 3.10 Unsere Badewannenente schwimmt, wenn ihre Gewichtskraft $\vec{F}_G$ durch die Auftriebskraft $\vec{F}_A$ kompensiert wird. Die Auftriebskraft wird durch das von der Ente verdrängte Wasser bewirkt und entspricht der Gewichtskraft der verdrängten Wassermenge

> Auftriebskraft $\vec{F}_A$:
> – Gewichtskraft der verdrängten Flüssigkeit.

> Ob ein Körper sinkt, schwebt oder schwimmt, hängt von seiner mittleren Dichte ρ_m ab.

dann von elastischer Verformung oder **Elastizität** (▶ Abschn. 3.2.1). Während der Dehnung oder Stauchung entwickeln sie eine Kraft, die sie in die Ausgangslänge zurückführen möchte, die Federkraft. **Die Federkraft ist genauso groß wie die Kraft, die an der Feder wirkt.** Deshalb werden Federn in der Physik unter anderem auch zur Kraftmessung genutzt. Hierfür sind sie besonders gut geeignet, da die Dehnung s der Feder zur an ihr ziehenden Kraft F in einem bestimmten Bereich **proportional** ist: $F \sim s$.

> Im Hooke'schen Bereich ist die Feder-
> härte $D = F / s$ konstant.

Der Quotient F/s wird **Federhärte D** genannt. Den Bereich, in dem diese für eine Feder konstant ist, nennt man **Hooke'schen Bereich**; für diesen gilt: $F = D \cdot s$. D wird dann auch Federkonstante genannt.

Die Elastizität der Feder hat jedoch auch Grenzen: Ist die Kraft, mit der gezogen oder gedrückt wird, so stark, dass die Feder sich nicht mehr elastisch dehnt, sondern »verbogen« wird, gilt das Hooke'sche Gesetz nicht mehr und die Feder ist kaputt.

3.1.4 Drehmoment und Hebelgesetze

Eine Stange, die um eine feste Achse im Punkt D drehbar ist, nennt man einen **Hebel**. ◘ Abb. 3.11 zeigt einen zweiseitigen Hebel, der zwei Hebelarme in verschiedene Richtungen besitzt. Greift am linken Arm eine Kraft $\vec{F}_1$ an, dreht sich der Hebel in Richtung der Kraft, also entgegen dem Uhrzeigersinn. **Den Abstand zwischen dem Angriffspunkt der Kraft $\vec{F}_1$ und dem Drehpunkt D bezeichnet man als Hebelarm oder Kraftarm $\vec{a}_1$.** Es ist der Vektor von D zum Angriffspunkt.

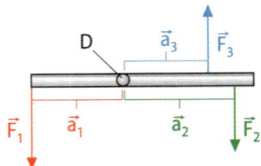

◘ **Abb. 3.11** Jede an einem Hebel angreifende Kraft bewirkt ein eigenes Drehmoment, dabei ist die Richtung der Kraft entscheidend dafür, ob der Hebel nach links ($\vec{F}_1 \cdot \vec{a}_1$ und $\vec{F}_3 \cdot \vec{a}_3$) oder rechts ($\vec{F}_2 \cdot \vec{a}_2$) gedreht wird. Ist die Summe aller nach links drehenden Momente gleich groß wie die Summe aller nach rechts drehenden Momente, ist der Hebel im Drehmomentengleichgewicht

Wie stark der Hebel durch die Kraft gedreht wird, hängt von der Größe der Kraft, ihrer Richtung relativ zum Kraftarm und der Länge des Kraftarms ab. Betrachten wir zunächst nur senkrecht zum Kraftarm wirkende Kräfte. Je größer die beiden sind, desto größer ist auch die Drehfähigkeit an diesem Hebel, das sog. Drehmoment $\vec{M}$. **Das Drehmoment $\vec{M}$ ist das Produkt aus Kraft und Kraftarm: $\vec{M} = \vec{F} \times \vec{a}$.** Für die Beträge gilt bei der betrachteten senkrechten Orientierung der Kraft zum Hebelarm: $M = F \cdot a$. Die Richtung von $\vec{M}$ ist durch den Uhrzeigersinn gegeben.

Das Drehmoment hat die **Einheit N m** oder N cm und besitzt eine Richtung, denn es ist ein Vektor. Diesen Vektorcharakter kann man aber auch einfach berücksichtigen, wenn man mit den Beträgen wie folgt verfährt: Wirken mehrere Kräfte an einem Hebel wie in ◘ Abb. 3.11, werden jeweils die Drehmomente addiert, die in die gleiche Richtung wirken. Wir bilden also die Summe aller nach links (gegen den Uhrzeigersinn) drehenden Drehmomente M_{links} und die Summe aller nach rechts (im Uhrzeigersinn) drehenden Drehmomente M_{rechts}.

> Drehmomentengleichgewicht:
> $M_{links} = M_{rechts}$.

Der Hebel ist dann im Drehmomentengleichgewicht, wenn gilt: $M_{links} = M_{rechts}$. Dann verbleibt der Hebel in Ruhe oder dreht sich mit konstanter Drehgeschwindigkeit.

Denken wir uns eine **dritte Kraft $\vec{F}_3$** an unserem Hebel, die nach oben zieht. Diese Kraft entwickelt ein Drehmoment, das dem Drehmoment der Kraft $\vec{F}_2$ entgegenwirkt. Nun kann man das Drehmoment entweder mit einem negativen Vorzeichen versehen, also $-M_3$ und zu den Drehmomenten am rechten Hebelarm rechnen. Oder man kann ein positives Vorzeichen lassen, dann muss man es allerdings zum Drehmoment der Kraft $\vec{F}_1$ addieren, da diese die gleiche Richtung besitzt. Also besitzen auch die Drehmomente wie Kräfte eine Richtung, die für die Wirkung entscheidend ist. Sobald ein Gesamtdrehmoment größer ist als das andere, dreht sich der Hebel. Die Tatsache, dass das Dreh-

■ **Abb. 3.12** Mittels eines Hebels gelingt es der schlankeren Person, die deutlich kräftigere Person hochzuheben

moment von der Größe der Kraft und der Länge des Hebelarms abhängt, macht uns das Alltagsleben häufig sehr viel einfacher.

■ Abb. 3.12 zeigt ein **Beispiel**: Ohne weitere Hilfsmittel ist es eher schwierig für die schlanke Person, den deutlich kräftigeren Kollegen in die Luft zu heben. Da dieser aber zum Glück auf einer Wippe sitzt – einem Hebel –, geht es doch recht einfach: Je länger unsere schlanke Person den Hebelarm macht, desto weniger Kraft benötigt sie, den Wipppartner anzuheben. Das **Hebelgesetz** erfasst diese Beobachtung: **Am n-fachen Hebelarm braucht man nur die 1/n-fache Kraft, um ein bestimmtes Drehmoment zu erzeugen.** Sind an einem Hebel die Summe der Drehmomente im Uhrzeigersinn und gegen den Uhrzeigersinn gleich groß, ist der Hebel im Gleichgewicht.

Ein Hebel muss nicht immer zwei verschiedene Arme haben, es gibt auch **einseitige Hebel**, z. B. den Nussknacker (■ Abb. 3.13).

Hebelgesetz:
Am n-fachen Hebelarm erfordert die Erzeugung eines bestimmten Drehmoments nur die 1/n-fache Kraft.

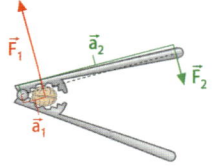

■ **Abb. 3.13** Einseitiger Hebel: hier ein Nussknacker

Hätten Sie's gewusst?

Hebelarm am Ellenbogen

Aus Sicht der Hebelgesetze sind einige unserer Gelenke sehr schlecht konzipiert, da unsere Muskulatur mit einem sehr kurzen Hebelarm ansetzt. Das Gewicht dagegen hat einen relativ langen Hebelarm, wenn wir uns das Ellenbogengelenk anschauen:

Der Bizeps greift nah am Drehpunkt des Gelenks an, sodass sein Hebelarm $\vec{a}_1$ sehr kurz ist (■ Abb. 3.14). Nehmen wir etwas in die Hand, ist der Hebelarm $\vec{a}_2$ von der Hand zum Gelenk ziemlich lang. Der M. biceps muss also viel Kraft entwickeln, um ein relativ geringes Gewicht zu heben. Doch wäre es recht ungeschickt, wenn bei jedem Beugen des Arms der Muskel sich diagonal zwischen Hand und Schulter aufspannen würde – die Pullis, die wir dann tragen müssten, sähen echt komisch aus…

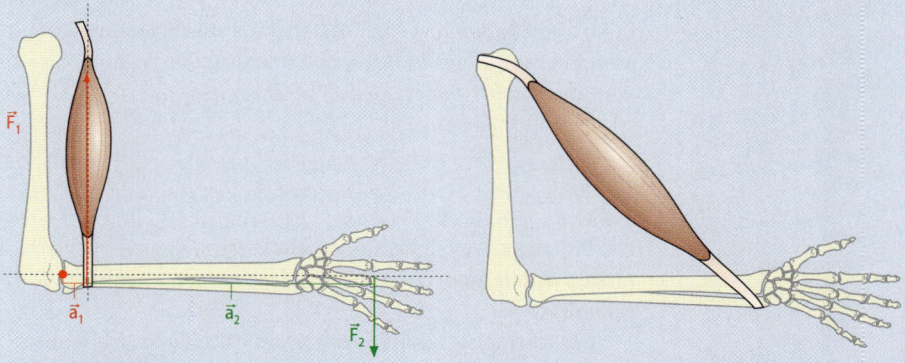

■ **Abb. 3.14** Muskulatur am Oberarm: *links* die Realität und *rechts* die aus Drehmomentgründen günstigere Variante – naja…

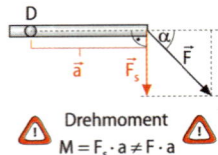

Abb. 3.15 Greift eine Kraft unter dem Winkel α an einem Hebelarm an, bewirkt nur die senkrecht zum Hebel wirkende Kraft ein Drehmoment bezüglich des Drehpunkts D. Für die Beträge gilt: $F_s = F \cdot \sin \alpha$

Nur der senkrecht am Hebel wirkende Teil einer Kraft trägt zum Drehmoment bei.

Periodische Bewegungen werden beschrieben durch die Frequenz oder Periodendauer.

Frequenz f:
Anzahl der Perioden pro Zeit.

Beim Berechnen von Drehmomenten ist zu beachten, dass nur jener Teil der am Hebel wirkenden Kraft zum Drehmoment beiträgt, der senkrecht zum Hebelarm wirkt. Wirkt eine Kraft schräg am Hebelarm, muss man diese zerlegen und nur der Teil, der tatsächlich senkrecht zum Hebelarm wirkt, geht in das Drehmoment ein (Abb. 3.15). Hierzu erinnern wir uns an die Vektorzerlegung (▶ Abschn. 1.2) und die Trigonometrie (▶ Abschn. 1.3); so erhalten wir für den Betrag des Drehmoments M:

$$M = a \cdot F_s$$

oder

$$M = a \cdot F \cdot \sin \alpha.$$

Dabei ist α der Winkel zwischen Hebelarm und angreifender Kraft.

Drehmomente wirken nicht nur an Hebeln. An allen Körpern, die sich drehen, wirken Drehmomente – also auch an Rädern oder Kreisen. Dabei entspricht auch hier der Abstand zwischen Ansatzpunkt der Kraft und Drehpunkt dem Kraftarm und das Drehmoment ist das Produkt aus Kraft und Kraftarm.

3.1.5 Periodische Bewegungen

Setzt sich eine Bewegung aus immer gleichen, sich wiederholenden Bewegungen zusammen, ist es eine periodische Bewegung. Beispiele hierfür sind ein schwingendes Uhrpendel, unsere Herzkontraktionen oder unsere Atemzüge.

Eine dieser Wiederholungen heißt **Periode**. Beim Pendel entspricht eine Periode dem Schwingen des Pendels von links nach rechts und zurück, bis es zum Startpunkt zurückgekehrt ist. Die Zeit, die für diese Periode gebraucht wird, nennt man **Periodendauer T,** die in Sekunden gemessen wird, also $[T] = s$. Auch beim Herz gibt es die Periodendauer, die einem Herzzyklus entspricht. Man misst im Alltag jedoch nie die Dauer eines Herzzyklus, sondern gibt immer die Herz**frequenz** an. Die **Frequenz f** gibt die Anzahl der Perioden pro Zeit an:

$$f = \frac{\text{Perioden}}{\text{Zeit}}.$$

Beim Herz verwendet man üblicherweise Schläge pro Minute. Bei gesunden Menschen sind dies in Ruhe ca. 70 Schläge pro Minute. So kann man mit der Periodendauer T die Frequenz f berechnen:

$$f = \frac{1}{T}.$$

Die Frequenz besitzt die Einheit Hertz (Hz), die 1/s entspricht. **Hertz darf also nicht anstelle von 1/min oder 1/h verwendet werden, sondern steht ausschließlich für 1/s.**

Die normale Herzfrequenz von 70 Schlägen pro Minute entspricht also 1,16 Hz.

3.1.6 Kreisbewegung

Auch die Kreisbewegung zählt zu den periodischen Bewegungen. Stellen wir uns ein Kind vor, das ein Jo-Jo im Kreis neben sich bewegt (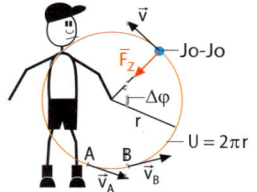 Abb. 3.16). Das Kind bewegt das Jo-Jo die ganze Zeit mit gleicher Geschwindigkeit und dieses beschreibt immer wieder den gleichen Weg, einen Kreis – es zeigt also eine gleichförmige Bewegung. Die Zeit, die ein Körper, hier das Jo-Jo, für eine Kreisrunde braucht, wird **Umlaufdauer T** genannt. (So hat die Erde um die Sonne eine Umlaufdauer von 365 Tagen.) Der zurückgelegte Weg Δs bei einem Umlauf entspricht dem Umfang des Kreises, der wie folgt berechnet wird:

$$\Delta s = 2\pi \cdot r.$$

r ist der Radius des Kreises. Bei der Kreisbewegung wird die Geschwindigkeit **Bahngeschwindigkeit $\vec{v}$** genannt. Diese hat immer die Richtung tangential zur Kreisbewegung und ihr Betrag ergibt sich aus:

$$v = \frac{\Delta s}{\Delta t} = 2\pi \cdot r \cdot \frac{1}{T}.$$

Neben der Bahngeschwindigkeit wird auch die **Winkelgeschwindigkeit $\vec{\omega}$** angegeben. Bewegt sich ein Körper auf einer Kreisbahn, kann man anstelle des zurückgelegten Weges auch den überschriebenen Winkel Δφ (gr. Kleinbuchstabe »phi«) heranziehen (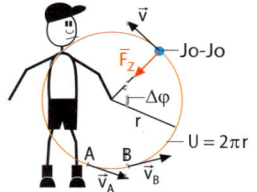 Abb. 3.16). Der Betrag der Winkelgeschwindigkeit $\vec{\omega}$ wird dann berechnet durch:

$$\omega = \frac{\Delta \varphi}{\Delta t}.$$

Zu beachten ist hierbei, dass der **Winkel Δφ** nicht in Grad (360° sind eine volle Umdrehung) angegeben wird, sondern im sog. **Bogenmaß**. Das Bogenmaß ist die Länge der zurückgelegten Strecke auf dem Umfang des Einheitskreises. Demnach entsprechen 360° der Strecke 2π. Somit ergibt sich folgender einfacher Zusammenhang zwischen der Frequenz f und dem Betrag der Winkelgeschwindigkeit $\vec{\omega}$:

$$\omega = 2 \cdot \pi \cdot f.$$

Für eine Kreisumdrehung ist Δφ = 2π, für die der Körper die Periodendauer T benötigt. Also gilt:

$$\omega = \frac{\Delta \varphi}{\Delta t} = \frac{2\pi}{T}.$$

Zentripetalkraft Schauen wir uns die Bewegung genauer an: Das Jo-Jo ändert ständig die Richtung – auf das Jo-Jo muss ständig eine Kraft in Richtung des Kreismittelpunkts wirken. Diese Kraft nennt man **Zentripetalkraft $\vec{F}_Z$**. Sie wirkt immer senkrecht zur Richtung der momentanen Bewegungsrichtung und »zieht« das Jo-Jo immer wieder zur Mitte, sodass die Kreisbewegung entsteht. Physikalisch ausgedrückt wird das Jo-Jo ständig zur Mitte hin beschleunigt.

Eine **Zentripetalbeschleunigung $\vec{a}_Z$** führt also dazu, dass das Jo-Jo immer wieder ein kleines Stück zur Mitte hin abgelenkt wird. Betrachten wir zwei Punkte A und B auf dem Kreis und die Änderung der Richtung des Geschwindigkeitsvektors $\Delta\vec{v} = \vec{v}_B - \vec{v}_A$ zwischen beiden Punkten (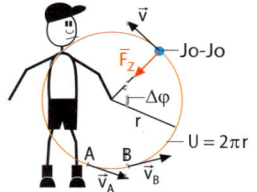 Abb. 3.16), können wir ablesen, wie groß die Zentripetalbeschleunigung auf diesem Kreisabschnitt war. Minimieren wir nun den Abstand zwischen den beiden Punkten, nähern wir uns immer mehr der an einem Punkt wirkenden Beschleunigung. Mithilfe

Die Kreisbewegung gehört zu den periodischen Bewegungen.

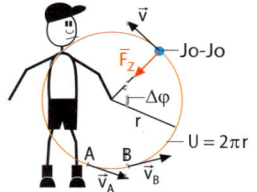

Abb. 3.16 Die Kreisbewegung eines an einem Faden der Länge r aufgehängten Jo-Jos kann als periodische Bewegung aufgefasst werden. Details im Text

Bei Kreisbewegungen entspricht der zurückgelegte Weg dem überschriebenen Winkel Δφ; dieser wird im Einheitskreis im Bogenmaß angegeben. (360° entsprechen der Strecke 2π.)

Die Zentripetalkraft halt den Körper auf seiner Kreisbahn.

Physik

der Differenzialrechnung erhalten wir für den Betrag der Beschleunigung folgende Formel:

$$a_Z = \frac{v^2}{r}.$$

Da auch hier das 2. Newton'sche Axiom gilt, lässt sich der Betrag der Zentripetalkraft $\vec{F}_Z$ aus dem Betrag der Zentripetalbeschleunigung a_Z und der Masse m berechnen:

$$\mathbf{F_Z = m \cdot a_Z = m \cdot \frac{v^2}{r}}.$$

Die Zentrifugalkraft ist eine »Scheinkraft«; sie ist Ausdruck der Trägheit des kreisenden Körpers.

Die meisten verbinden mit der Kreisbewegung als Erstes die **Zentrifugalkraft** oder **Fliehkraft** und nicht die Zentripetalkraft. Dabei ist die Zentrifugalkraft nur eine »Scheinkraft«: Wenn wir in einem Karussell sitzen, haben wir das Gefühl, nach außen gezogen zu werden. Also meinen wir, da müsste tatsächlich eine Kraft wirken, die uns nach außen zieht. **Die Zentrifugalkraft existiert in Wirklichkeit nicht, sie ist vielmehr die Trägheit des kreisenden Körpers:** Der Körper möchte sich aufgrund seiner Trägheit immer in der momentanen Richtung des Geschwindigkeitsvektors fortbewegen. Durch die Zentripetalkraft wird man aber immer wieder zur Kreismitte hin abgelenkt. Sitzt man im Karussell, wird der Sitz immer zur Mitte abgelenkt, durch die eigene Trägheit rutscht man im Sitz immer weiter nach außen, was den Eindruck einer nach außen ziehenden Kraft erweckt.

Sedimentation und Zentrifuge

Die Zentrifugalbeschleunigung wirkt beim Auftrennen von Gemischen in einer Zentrifuge.

Dennoch kann man die »Zentrifugalkraft« oder besser die Zentrifugalbeschleunigung nutzen. Man nutzt diesen Effekt in der Zentrifuge, die heute nicht mehr aus den Labors wegzudenken ist: **Die Zentrifugalbeschleunigung wirkt immer nach außen und addiert sich vektoriell zur Erdbeschleunigung.**

Das zu trennende Gemisch befindet sich also in einem sehr starken »Schwerefeld«. Durch den Auftrieb wandern die Teilchen mit einer höheren Dichte in den Gefäßen in der Zentrifuge nach außen bzw. unten. Durch hohe Drehfrequenz und lange Drehdauer können somit unterschiedlich dichte Substanzen aus einer Suspension oder einem Gasgemisch aufgetrennt werden. Ohne Zentrifuge geht das auch, dauert aber erheblich länger – denken wir an die Bestimmung der Blutsenkung.

3.1.7 Arbeit, Leistung und Energie

Reibung

Die Haftkraft $\vec{F}_H$ hält Körper am Boden fest und wirkt der Zugkraft $\vec{F}_{Zug}$ entgegen.

Wir wollen eine Box (ohne Rollen) auf einer Fläche ziehen. Wir ziehen zunächst mit geringer Zugkraft $\vec{F}_{Zug}$ parallel zur Oberfläche: Es passiert nichts (◻ Abb. 3.17). Dann ziehen wir immer fester an der Box, bis sie sich irgendwann ruckartig in Bewegung setzt. Am Anfang hält scheinbar eine Kraft die Box am Boden fest, die sog. **Haftkraft** $\vec{F}_H$. (Es gibt keine Oberfläche, die perfekt glatt ist; deshalb können sich raue Stellen immer ineinander »verhaken«, was dann zur Haftkraft führt.)

Die Reibungskraft $\vec{F}_R$ bremst sich bewegende Körper ab.

Die Haftkraft wirkt der Zugkraft entgegen. Sobald die Zugkraft größer wird als die maximale Haftkraft, setzt sich die Box in Bewegung. Auch beim Gleiten der Box gibt es eine der Zugkraft entgegengesetzte Kraft, die **(Gleit-)Reibungskraft** $\vec{F}_R$. Diese Reibungskraft ist etwas kleiner als die maximale Haftkraft $\vec{F}_H$, bremst die Box aber trotzdem immer etwas ab.

Wie groß die Reibungskraft ist, hängt von zwei Dingen ab:

- zum einen davon, wie stark die Box senkrecht auf die Oberfläche drückt, also von der sog. **Normalkraft** $\vec{F}_N$,
- zum anderen von der **Gleitreibungszahl** μ_R.

Die **Normalkraft** $\vec{F}_N$ ist die Kraft, die senkrecht zur Oberfläche wirkt. Bei waagerechter Oberfläche ist die Normalkraft so groß wie die Gewichtskraft, bei schrägem Untergrund ist es der Teil der Gewichtskraft, der senkrecht zur Oberfläche wirkt.

Die **Gleitreibungszahl** μ_R ist spezifisch für die Kombination zweier Materialien; je größer μ_R ist, desto größer ist die Reibung. Für die **Reibungskraft** $\vec{F}_R$ gilt also (Abb. 3.17):

$$\vec{F}_R = \vec{F}_N \cdot \mu_R.$$

Entsprechend hängt die Haftkraft $\vec{F}_H$ von der Normalkraft $\vec{F}_N$ und der Haftreibungskonstanten μ_H ab, die größer ist als μ_R:

$$\vec{F}_H = \vec{F}_N \cdot \mu_H; \quad \mu_H > \mu_R.$$

Reibung tritt immer auf. Sie entsteht, wenn zwei Oberflächen aneinander reiben, ein Körper rollt oder sich ein Körper in einer Materie fortbewegt, z. B. ein Gegenstand, der im Wasser sinkt. **Es gibt auf der Erde also praktisch keine Bewegung, die völlig reibungsfrei abläuft.** Man versucht jedoch meist, die Reibung so gering wie möglich zu halten, da Reibung Energieverlust bedeutet.

Möchte man seine Muskulatur aufbauen, kann man die Reibung nutzen: Bei Heimtrainer-Rädern wird die Reibung am Rad vergrößert, je höher man den Gang schaltet. Dadurch muss mehr Kraft aufgewendet werden, um das Rad zu drehen, wodurch sich ein stärkerer Trainingseffekt erreichen lässt.

Energie und Arbeit

Ohne Energie wäre kein Leben und keine Bewegung möglich, gäbe es keine Wärme und wäre überhaupt alles sehr ruhig. Denn um etwas zu bewegen oder zu verändern, braucht man **Energie. Durch Arbeit W** (»work«) **wird Energie übertragen, die dadurch etwas bewegen oder verändern kann.** Die Energie wird durch eine Kraft F entlang eines Weges s übertragen. Für die verrichtete Arbeit gilt:

$$W = F \cdot s.$$

Die Einheit der Arbeit $[W] = N\,m$. Ein $N\,m$ entspricht $1\,J$ [Joule]. Für Rechnungen ist die Umformung der Einheit Joule häufig unumgänglich: $1\,J = 1\,N\,m = 1\,kg\,m^2\,s^{-2}$ (Tab. 3.1). Die Kraft muss in Richtung des Weges wirken. Ist dies nicht der Fall, verrichtet nur jener Teil der Kraft mechanische Arbeit am System, der parallel zum Weg gerichtet ist. **Die zum Weg senkrechte Komponente der Kraft verrichtet keine Arbeit am System.**

Beispiel Verschieben wir einen Körper mit der Kraft 10 N um 1 m, verrichten wir eine Arbeit $W = 10\,N \cdot 1\,m = 10\,J$. Tragen wir dagegen eine Aktentasche, deren Gewichtskraft $F_G = 20\,N$ in Richtung Boden zieht, über eine Strecke von 10 m (Abb. 3.18), ist das Tragen der Tasche keine Arbeit, da die Kraft nicht in Richtung des Weges wirkt. Dagegen ist das Anheben der Tasche vom Boden durchaus Arbeit, da hier die Kraft in Richtung des Weges wirkt.

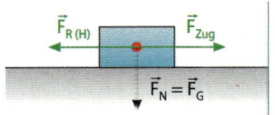

 Abb. 3.17 Um einen Körper über eine Fläche zu ziehen, benötigt man die Zugkraft $\vec{F}_{Zug}$, die parallel zur Oberfläche wirken muss. $\vec{F}_{Zug}$ muss gleich groß sein wie die Reibungskraft $\vec{F}_R$, die versucht, den Körper zu bremsen. $\vec{F}_R$ berechnet sich aus der Normalkraft $\vec{F}_N$ (bei ebener Auflage gleich der Gewichtskraft $\vec{F}_G$) und dem Reibungskoeffizienten μ_R

Die Normalkraft $\vec{F}_N$ ist die senkrecht zur Oberfläche wirkende Kraft.

Die Größe der Reibungskraft berechnet sich aus der senkrecht zur Auflage wirkenden Normalkraft und der Gleitreibungszahl.

Mechanische Arbeit: Kraft · Weg. Wichtig: Die Kraft muss in Richtung des Weges zeigen!

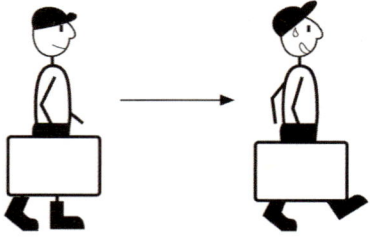

◘ **Abb. 3.18** Nur wer am Koffer eine Kraft in Richtung der Bewegung ausübt, verrichtet auch Arbeit am Koffer. Also gilt: Wer ihn hochhebt, steckt Arbeit ins System; wer den Koffer nur in konstanter Höhe mit konstanter Geschwindigkeit wegträgt, verrichtet an ihm keine Arbeit

Für den Fall, dass die Kraft sich längs des Weges ändert, müssen wir die verrichtete Arbeit durch Integration ermitteln. Allgemein gilt:

$$A = \int_{s_1}^{s_2} F_\parallel \cdot ds.$$

$F_\parallel$ ist dabei die am Ort s in Bewegungsrichtung wirkende Kraftkomponente.

Verschiedene Formen von Energie Es gibt verschiedene Formen von Energie und Arbeit, die wir im Folgenden besprechen wollen. Wie wir schon wissen, ist **Energie E** die Fähigkeit, Arbeit zu verrichten. **Energie ist in Körpern in verschiedenen Formen gespeichert.** Die Einheit der Energie ist wie die der Arbeit Joule (J). Die verschiedenen Formen der Energie sind:

- Höhenenergie (Lageenergie, potenzielle Energie),
- Spannenergie,
- kinetische Energie,
- thermische Energie (Wärmeenergie),
- mechanische Energie,
- elektrische Energie.

Die Höhenenergie hängt ab von der Höhe h, auf der der Körper liegt, und von dessen Gewichtskraft F_G.

Höhenenergie E_H (Synonyme: Lageenergie, **potenzielle Energie**): Etwas Schweres hochzuheben und nach oben zu stellen kann manchmal ganz schön schwierig sein – das kostet viel Kraft und Arbeit. Die aufgebrachte Arbeit nimmt der angehobene Körper auf. Dabei ist es wesentlich anstrengender, einen schweren Körper anzuheben als einen leichten. Die Höhenenergie E_H ist also von der Höhe h, auf der der Körper liegt, und von dessen Gewichtskraft F_G abhängig:

$$E_H = F_G \cdot h = m \cdot g \cdot h.$$

Spannenergie E_{Sp} wird durch folgende Gleichung berechnet:

$$E_{Sp} = \frac{1}{2} \cdot D \cdot s^2.$$

Die Spannenergie einer Feder ist umso größer, je mehr diese gedehnt wird.

Je stärker die Feder gedehnt oder gestaucht wird, desto mehr Energie enthält sie also. Das ist gut nachvollziehbar, da man, je weiter man eine Feder spannt, eine umso größere Kraft benötigt und so eine größere Arbeit verrichtet wird, die die Feder speichert. Für die Feder gilt bei einer Auslenkung um s aus der Ruhelage:

$$F = D \cdot s.$$

D ist dabei die Federkonstante. Damit lässt sich die allgemeine Definition für die verrichtete Arbeit anwenden und man erhält für die in einer Feder gespeicherte Arbeit bei einer Längenänderung um s:

$$A = \int_0^s F_\parallel \cdot ds = \int_0^s D \cdot s \cdot ds = \frac{1}{2} \cdot D \cdot s^2.$$

Auch andere elastische Körper können Energie durch elastische Formänderung speichern und beim Zurückgehen in die alte Form wieder abgeben, z. B. ein Gummiseil oder Gummihandschuh.

Kinetische Energie E_{Kin}: Die Bewegungsenergie E_{Kin} ist die Energie sich bewegender Körper. Sie ist abhängig von der Geschwindigkeit des Körpers – je größer diese Geschwindigkeit ist, desto größer ist auch die Bewegungsenergie. Außerdem spielt die Masse eine Rolle, da – wie wir wissen – mehr Energie nötig ist, um einen schweren Körper in Bewegung zu bringen, im Vergleich zu einem leichten. Die kinetische Energie, die in einem Körper der Masse m steckt, der sich mit der Geschwindigkeit v bewegt, berechnet sich zu:

$$E_{Kin} = \frac{1}{2} \cdot m \cdot v^2.$$

> Die kinetische Energie eines Körpers hängt von dessen Geschwindigkeit und Masse ab.

Thermische Energie: Umgangssprachlich **Wärmeenergie** oder nur Wärme genannt, ist sie die Energie der ungeordneten oder geordneten Bewegung der Moleküle und/oder Atome eines Stoffs (▶ Kap. 4). Je wärmer ein Körper ist, desto höher ist die Geschwindigkeit, mit der sich »seine« Atome oder Moleküle bewegen, sie besitzen also mehr Energie. Die Energie, die in dieser Bewegung der Teilchen gespeichert wird, ist von außen nicht zu erkennen, weshalb man sie auch als **innere Energie** bezeichnet.

> Je wärmer ein Körper ist, desto schneller bewegen sich »seine« Atome und Moleküle, desto mehr (innere) Energie besitzen sie also.

Wärmeenergie ist eine Form der Energie, die nur in wenigen Fällen nutzbar gemacht werden kann. Bei sehr vielen Energieübertragungen und Umwandlungen wird ein Teil der übertragenen Energie in Wärme überführt, die dann nicht mehr nutzbar ist, z. B. im Motor. Deshalb wird die in Wärme umgewandelte Energie häufig als »verlorene« Energie bezeichnet.

Die Summe aus Höhen-, Spannungs- und kinetischer Energie wird **mechanische Energie E_{mech}** genannt: $E_{mech} = E_H + E_{Sp} + E_{Kin}$.

Es gibt daneben noch die **elektrische Energie**, die bei der Elektrizitätslehre genauer besprochen wird (▶ Kap. 5).

Verschiedene Formen von Arbeit Da Arbeit wie bereits erwähnt die Übertragung von Energie zwischen Körpern ist, gibt es auch verschiedene Formen von Arbeit. Dabei kann eine Energieform in eine andere umgewandelt oder einfach nur Energie übertragen werden. Um die einzelnen Arten der Arbeit zu berechnen, greift man immer wieder auf die Formel der **mechanischen Arbeit** $W = F \cdot s$ zurück. Für den Fall, dass die wirkende Kraft F immer in Richtung des Weges s wirkt, ergeben sich einfache Formeln:

> Die verschiedenen Formen der Arbeit sind Hub-, Beschleunigungs- und Reibungsarbeit.

Hubarbeit W_H: Durch sie erhöht man die Höhenenergie eines Körpers, indem man ihn anhebt. Die Größe der Arbeit hängt von der angehobenen Höhe h und der Gewichtskraft F_G des Körpers ab:

$$\mathbf{W_H = F_G \cdot h = m \cdot g \cdot h.}$$

Die Hubarbeit wird vom angehobenem Körper ohne Verlust aufgenommen, sodass dessen Lageenergie um den Betrag der verrichteten Hubarbeit zunimmt.

> Hubarbeit wird ohne Verlust vom Körper aufgenommen (→ Lageenergie ↑).

Beschleunigungsarbeit W_B: Mit ihr kann man, wie man am Namen schon erkennt, einen Körper (gegen die Trägheit) beschleunigen. Wird der Körper über einen Weg s mit konstanter Kraft F_B beschleunigt, ist die Beschleunigungsarbeit:

$$W_B = F_B \cdot s.$$

Reibungsarbeit W_R: Diese muss im Zusammenhang mit Beschleunigungsarbeit und kinetischer Energie genannt werden, da jeder sich bewegende Körper die Reibung überwinden muss. Dies tut er mittels der Reibungsarbeit:

$$W_R = F_Z \cdot s.$$

F_Z ist dabei die Zugkraft, mit der der Körper gerade mit konstanter Geschwindigkeit gezogen werden kann und die sich aus der **Reibungskonstante μ_R** und der **Normalkraft F_N** des Körpers berechnet:

$$F_Z = F_N \cdot \mu_R.$$

Reibungsarbeit geht nicht in mechanische Energie des Körpers über, sondern in innere Energie (Wärme).

Das Besondere der Reibungsarbeit ist, dass sie nicht in die mechanische Energie des Körpers eingeht, sondern in Wärme umgewandelt wird. Denken wir z. B. an das Händereiben, wenn es kalt ist – dabei wird die Reibungsarbeit, die wir durch Aneinanderreiben der Hände aufwenden, in Wärme umgewandelt, die unsere Hände wärmt. Reibung geht also in innere Energie über.

Energieerhaltung

Obwohl das Wort »Energieverbrauch« überall zu hören ist, beschreibt es etwas, was es gar nicht gibt: **Energie kann nicht verbraucht werden – ebenso wenig wie sie erzeugt werden kann.**

Beispiel rollende Kugel Betrachten wir die Situation, wie sie in ◘ Abb. 3.19 dargestellt ist. Wir gehen davon aus, dass es bei diesem Experiment keine Reibung gibt. Die Kugel mit der Masse m liegt auf einer Höhe h, besitzt also die Höhenenergie $E_H = m \cdot g \cdot h$. Lässt man die Kugel los, rollt sie die Schräge hinunter. Dabei wird sie immer schneller: Die Höhenenergie wird immer geringer und die kinetische Energie um diesen Betrag größer, sodass im »Tal« die kinetische Energie E_{Kin} der Kugel gleich groß ist wie die Höhenenergie am Anfang des Experiments; die Höhenenergie ist im »Tal« jedoch gleich null.

Trifft die Kugel nun auf die Feder, wird die Feder zusammengepresst und dabei wird die Kugel abgebremst. Die kinetische Energie E_{Kin} wird dabei in Spannenergie E_{Sp} umgewandelt. Kehrt die Feder wieder in ihre entspannte Position zurück, schiebt sie die Kugel zurück, die dadurch wieder beschleunigt wird und den Berg nach oben rollt. Ohne Reibung rollt die Kugel bis zum Ausgangspunkt zurück und hat wieder die Anfangshöhenenergie E_H.

In diesem Beispiel kann man erkennen, dass die Energie immer gleich groß bleibt und nur von einer Form in eine andere umgewandelt wird.

Führen wir das Experiment in der **Realität** durch, kann die Kugel nicht mehr bis zum Ausgangpunkt zurückrollen, da ein Teil der Energie durch Reibung in Wärmeenergie umgewandelt wird. (Die Kugel wird ein paar Mal hin und her pendeln und irgendwann liegen bleiben, weil die Gesamtenergie in Reibungsarbeit umgewandelt worden ist.) Aber auch dann ist die Energie nicht verschwunden, da Reibungsarbeit die Energie in Wärme umwandelt. Sie exis-

◘ **Abb. 3.19** Energieerhaltung am Beispiel einer reibungsfrei rollenden Kugel

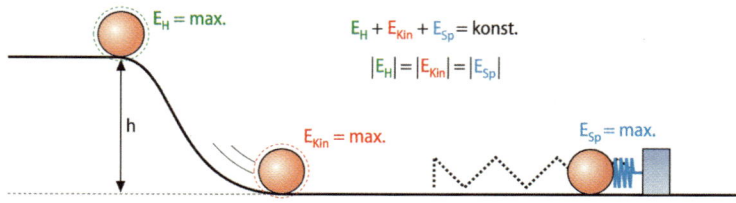

tiert also nach wie vor, kann aber für das Rollen der Kugel nicht mehr verwendet werden. Somit ist die für unsere Zwecke nutzbare Form der Energie »verbraucht«, die Energie an sich aber ist nach wie vor vorhanden!

Der **Energieerhaltungssatz** fasst dies zusammen: **Energie kann weder aus dem Nichts entstehen noch ins Nichts verschwinden. Alle verschiedenen Formen der Energie können aber ineinander umgewandelt werden. In einem abgeschlossenen System (▶ Abschn. 4.2.5) bleibt die Summe aller Energien immer gleich groß.**

Beispiel schwingendes Pendel Das Pendel stellt auch ein hervorragendes Beispiel zur Erklärung des Energieerhaltungssatzes dar (❑ Abb. 3.20). In Position 1 hat die Kugel am Pendel die Höhenenergie $E_H = m \cdot g \cdot h$. Lässt man sie los, wird sie immer schneller, bis sie am Scheitelpunkt S ihre maximale Geschwindigkeit und die maximale kinetische Energie $E_{Kin} = (1 / 2) \cdot m \cdot v^2$ erreicht, die denselben Betrag hat wie die Höhenenergie an Position 1. Beim Weiterschwingen wird die Kugel wieder langsamer, bis sie an Position 2 die Ausganghöhe h erreicht und die gleiche Höhenenergie E_H wie am Anfang, aber keine kinetische Energie mehr besitzt. Die Summe aus kinetischer Energie und Höhenenergie ist dabei an allen Punkten gleich. Gäbe es keine Reibung, würde das Pendel immer weiter schwingen, es ginge also keine Energie »verloren«, diese wird nur immer wieder in eine andere Form umgewandelt.

Energieerhaltungssatz:
In abgeschlossenen Systemen bleibt die Energie erhalten.

Energie wird von einer Form in eine andere umgewandelt, bleibt aber gleich groß.

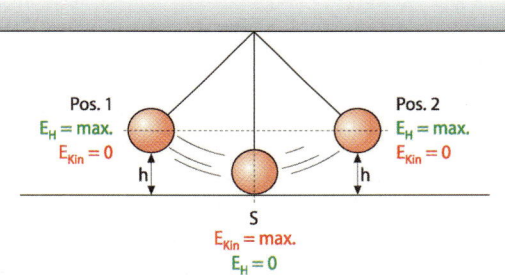

❑ **Abb. 3.20** Energieerhaltung am Pendel

Beispiel: Freier Fall Auch beim freien Fall kann man eine Energieumwandlung erkennen: Die Höhenenergie wird während des Falls in kinetische Energie umgewandelt. Die kinetische Energie ist beim Aufprall auf dem Boden gleich groß wie die Höhenenergie zu Beginn des Falls und während des Falls ist an allen Punkten die Summe der einzelnen Energien gleich groß: E_{ges} = konstant.

Leistung

»Gute Leistung!« heißt in unserem täglichen Sprachgebrauch, dass jemand eine gute Arbeit vollbracht hat. Auch in der Physik hängen Arbeit und Leistung zusammen: **Leistung P (»power«) ist die pro Zeit t verrichtete Arbeit W.** Die Leistung wird in Watt (W) angegeben (❑ Tab. 3.1). Es gilt: 1 W = 1 J/1 s.

$$P = \frac{W}{t}.$$

Auch bei der Leistung interessieren in vielen Fällen Momentanwerte und Mittelwerte:

- ▬ Die **Momentanwerte** geben die Leistung in einem bestimmten Moment an.
- ▬ Der **Mittelwert** gibt die im Mittel über einen längeren Zeitraum aufgebrachte Leistung an.

Leistung:
Verrichtete Arbeit pro Zeit!

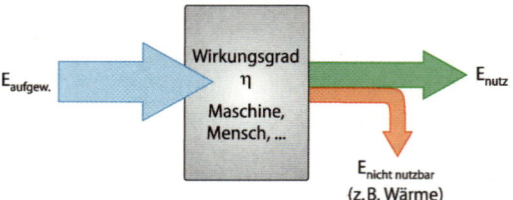

Abb. 3.21 Wirkungsgrad η (Einzelheiten siehe Text)

Vor allem in der Sportmedizin ist die Leistung eine wichtige Größe zur Bestimmung der Fitness und Leistungsfähigkeit. Die Leistung lässt sich auf einem Fahrradergometer bestimmen. Auch zur Einschätzung der Belastungsfähigkeit des Herzens wird beim Belastungs-EKG vom Patienten eine bestimmte Leistung erbracht und dabei beobachtet, wie das Herz mit dieser Belastung zurechtkommt bzw. ob der Kreislauf in der Lage ist, eine bestimmte Leistung zu erbringen.

Auch der Wirkungsgrad ist in diesem Zusammenhang erwähnenswert: **Der Wirkungsgrad η (eta) gibt an, wie viel Prozent der aufgewendeten oder investierten Energie nutzbar wieder abgegeben wird.** Klassisches Beispiel hierfür ist der **Verbrennungsmotor**: In Form von Benzin oder Diesel wird Energie $E_{aufgewendet}$ in die Maschine investiert. Die Energie, die dann z. B. zum Bewegen der Räder eines Autos genutzt werden kann, ist die nutzbare Energie E_{nutz}. Das Verhältnis $E_{nutz}/E_{aufgewendet}$ entspricht dem Wirkungsgrad η (gr. Kleinbuchstabe »eta«) des Motors (**Abb. 3.21**). Dieser ist natürlich immer kleiner als eins, wenn wir den Motor als abgeschlossenes System (▶ Abschn. 4.2.5) betrachten:

Wirkungsgrad η:
Verhältnis von nutzbarer Energie zur einem System zugeführten Energie.
η ist immer < 1, weil Energie »verloren« geht.

$$\eta = \frac{E_{nutz}}{E_{aufgewendet}}.$$

Der Rest der aufgewendeten Energie geht im Fall des Verbrennungsmotors als Wärme »verloren«, die nicht für die gewünschten Zwecke genutzt werden kann. Je höher der Wirkungsgrad einer Maschine ist, desto besser ist sie, da man für einen großen Nutzen weniger Energie aufwenden muss.

Impuls und Impulserhaltung

Diese Größen benötigt man um sog. Stoßprozesse beschreiben zu können. Bei einem Stoß interagieren zwei Körper durch eine kurze Kraftwechselwirkung. Eine zentrale Größe bei diesem Prozess ist der Kraftstoß.

Der Kraftstoß ist das Produkt aus einer wirkenden Kraft F und der Zeit Δt, während der die Kraft wirkt: **Kraftstoß = F · Δt**.

Bevor wir zum Impuls selbst kommen, ist es gut, den Unterschied zwischen elastischem und unelastischem (Kraft-)Stoß zu verstehen:

– Stoßen zwei Körper, z. B. Billardkugeln, aufeinander, behalten sie ihre Form. Dies wird als **elastischer Stoß** bezeichnet. Die Körper besitzen also eine Elastizität, sodass sie nach dem Stoß wieder in ihrer alten Form vorliegen.

Unterscheide:
elastischer Stoß (z. B. zwei Kugeln) und unelastischer Stoß (z. B. Autounfall).

– Beim **unelastischen Stoß** wird die Form der aufeinanderprallenden Kugeln oder Körper verändert, diese werden deformiert. Dabei wird Energie für die Verformung dieser Körper aufgewendet, wenn z. B. zwei Autos zusammenprallen. Beide werden beim Zusammenstoß mehr oder weniger verdellt und diese Verformung löst sich (leider) nicht mehr von allein.

Beispiel: Kugelreihe Die meisten kennen das faszinierende Spiel, wie es in **Abb. 3.22** abgebildet ist. Lässt man die linke Kugel oder auch zwei der Kugeln auf einer Seite auf die anderen prallen, werden auf der anderen Seite der Kugelreihe ebenso viele Kugel auf die (fast) gleiche Höhe ausgelenkt. Die Energie muss irgendwie ohne Verluste durch die anderen Kugeln hindurch übertragen werden (wenn wir uns die Reibung wieder wegdenken).

Wir vereinfachen dieses Spiel erst einmal und betrachten nur zwei Kugeln A und B (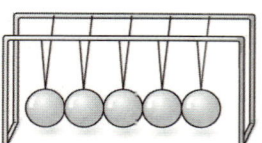 Abb. 3.23). Beide besitzen die gleiche Masse, also $m_A = m_B$. Heben wir die Kugel A um die Höhe h an und lassen sie fallen, stößt sie auf die Kugel B, sodass diese dann auf die Fallhöhe h der Kugel A ausschlägt. Die Erklärung des Phänomens ist nun relativ mathematisch, was aber nicht abschrecken soll, da die einzelnen Schritte sehr ausführlich und genau beschrieben werden, sodass man die Erklärung gut nachvollziehen kann.

▪ **Abb. 3.22** Faszinierendes Spielzeug: Egal wie viele Kugeln man auf der einen Seite auslenkt – nach dem Stoß fliegen genauso viele Kugeln davon. Zur Erklärung benötigen wir den Energie- und den Impulserhaltungssatz

▪ **Abb. 3.23** Elastischer Stoß zwischen zwei Kugeln

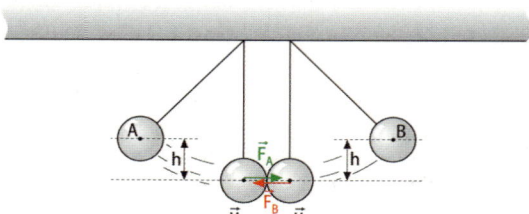

Kugel A wird auf die Höhe h ausgelenkt und dann losgelassen, sodass sie auf die Kugel B trifft. Unmittelbar bevor die Kugel A auf die Kugel B trifft, hat sie die Geschwindigkeit v. (v kann man aus der Formel $\frac{1}{2} \cdot m \cdot v^2 = m \cdot g \cdot h$ berechnen, wobei h die Loslasshöhe ist, da die Höhenenergie in kinetische Energie verwandelt wird – Energieerhaltungssatz.)

Die Geschwindigkeit der Kugel B vor dem Aufprall ist null. Prallt Kugel A nun auf Kugel B, stoppt sie, ihre Geschwindigkeit ist dann v' = 0. Kugel B aber fängt an sich zu bewegen, und zwar mit der Geschwindigkeit u. In dem Moment, in dem die Kugeln aufeinanderprallen, wirken die zwei Kräfte F_A und F_B, die gleich groß sind, aber in entgegengesetzte Richtungen wirken, also $F_A = -F_B$ (Actio = Reactio).

Die Geschwindigkeitsänderung der Kugel A ist:

$$\Delta v_A = v - 0.$$

Die Geschwindigkeitsänderung der Kugel B ist:

$$\Delta v_B = u - 0.$$

Beim Aufprall der Kugeln wirken zwei gleich große Kräfte in entgegengesetzter Richtung: Actio = Reactio ($F_A = -F_B$).

Das waren die Grundlagen, nun müssen wir nur noch umformen. In jedem Augenblick Δt des Stoßes gilt:

$$F_A = -F_B.$$

Und mit $F = m \cdot a$ ergibt sich: $m_A \cdot a_A = m_B \cdot a_B$.

Die **Beschleunigung** ist die Änderung der Geschwindigkeit pro Zeit, also $a = \Delta v / \Delta t$ und somit gilt für jedes kleinste Zeitintervall Δt:

$$m_A \cdot \frac{\Delta v_A}{\Delta t} = m_B \cdot \frac{\Delta v_B}{\Delta t}.$$

Betrachtet man nun den gesamten Stoßvorgang, so müssen wir über die gesamte Stoßzeit integrieren, um die **Geschwindigkeitsänderungen** zu erhalten.

Dies führt in unserem Beispiel auf:

$$m_A \cdot \Delta v_A = m_B \cdot \Delta v_B$$

oder

$$m_A \cdot v = m_B \cdot u.$$

Das Produkt $m \cdot v$ nennt man **Impuls p**:

$$p = m \cdot v.$$

Mittels des Stoßes oder Aufpralls wurde also der gesamte Impuls der Kugel A auf die Kugel B übertragen. Der Impuls hat die Einheit $[p] = 1\,\text{kg m s}^{-1}$ oder N s. Der Impuls hat wie die Kraft eine Richtung. **Der Impuls p ist ebenfalls ein Vektor.** Dies ist einfach zu erkennen, da die Geschwindigkeit ein Vektor ist, während die Masse eines Körpers ein Skalar ist.

Impulserhaltungssatz Wie für die Energie gilt auch für den Impuls ein Erhaltungssatz, der Impulserhaltungssatz: **Die Vektorsumme des Gesamtimpulses P_{Gesamt} bleibt in einem abgeschlossenen System (▶ Abschn. 4.2.5) konstant.**

Elastischer Stoß: Um das zu verstehen, stellt man sich zwei Billardkugeln vor, die gleich schwer sind und sich mit gleicher Geschwindigkeit aufeinanderzubewegen: Die Impulse der beiden Kugeln wirken also in entgegengesetzter Richtung, $p_1 = -p_2$. Somit beträgt der Gesamtimpuls $p = p_1 + (-p_2) = 0$.

Wenn die beiden Kugeln aufeinandertreffen, kommen sie beide kurzzeitig zum Stehen, haben dann also jeweils die Geschwindigkeit $v = 0$. Der Impuls $p_1' = m \cdot v = 0$ und $p_2' = m \cdot v = 0$. Somit gilt:

$$\text{Gesamtimpuls } p = p_1' + p_2' = 0 = \text{konstant.}$$

Nach dem Stoß bewegen sich die Kugeln wieder auseinander. Wegen der Impulserhaltung müssen sie sich in entgegengesetzte Richtung, aber mit betragsmäßig gleicher Geschwindigkeit bewegen. Außerdem gilt beim elastischen Stoß der Energieerhaltungssatz, weshalb die Summe der Energien der Kugeln nach dem Stoß gleich ist wie vor dem Stoß.

Neben der betragsmäßigen Impulserhaltung kann man an diesem Beispiel auch deutlich erkennen, dass die Richtung des Impulses mitentscheidend ist.

Unelastischer Stoß: Auch beim unelastischen Stoß gilt der Impulserhaltungssatz.

Mittels eines Kraftstoßes $F \cdot \Delta t$, der ja über $F = m \cdot a$ eine Beschleunigung a bewirkt, kann man also den Impuls eines Körpers ändern.

Drehimpuls

Abschließend müssen wir uns noch mit dem Drehimpuls befassen. Welchen Impuls kann man einem rotierenden Körper zuordnen? Um diesen zu verstehen, brauchen wir das **Trägheitsmoment I**.

Betrachten wir einen rotierenden Körper, z. B. einen Kinderkreisel, und bestimmen seine Rotationsenergie E_{Rot}. Dazu unterteilen wir den Kreisel in kleine Massenstücke und bestimmen deren **kinetische** Energie (◨ Abb. 3.24).

Die Geschwindigkeit eines Massenpunkts hängt von seinem Abstand r von der Rotationsachse und der Winkelgeschwindigkeit ω ab. Das Massenstück mit der Masse m_1 und dem Abstand r_1 von der Drehachse besitzt die **Geschwindigkeit**:

$$v_1 = \omega \cdot r_1.$$

(Seitenrand links:)

Physik

Mit dem Stoß wird der gesamte Impuls p der einen Kugel auf die andere übertragen; $p = m \cdot v$.

Kraftstoß bewirkt Beschleunigung und ändert den Impuls eines Körpers.

Drehimpuls: Impuls eines rotierenden Körpers.

Es besitzt also die **kinetische Energie**:

$$E_{Kin} = \frac{1}{2} \cdot m_1 \cdot v_1^2 = \frac{1}{2} \cdot m_1 \cdot (\omega \cdot r_1)^2 = \frac{1}{2} \cdot \omega^2 \cdot (m_1 \cdot r_1^2) \quad (\blacktriangleright \text{Abschn. 3.1.6}).$$

Auch die anderen Massenstücke besitzen Energie, weshalb man die Energie aller Massenstücke des sich drehenden Körpers addieren muss, um die **Gesamtenergie** zu bestimmen:

$$E_{Rot} = \frac{1}{2} \omega^2 (m_1 \cdot r_1^2 + m_2 \cdot r_2^2 + m_3 \cdot r_3^2 + \ldots + m_x \cdot r_x^2) = \frac{1}{2} \omega^2 \sum_1^i m_i \cdot r_i^2.$$

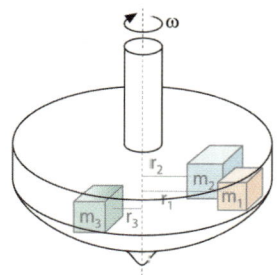

□ **Abb. 3.24** Zum Trägheitsmoment I eines rotierenden Körpers

Die Winkelgeschwindigkeit ω ist für alle Massestücke gleich und kann somit ausgeklammert werden. Es bleibt also ein Produkt mit der Summe:

$$I = \sum_1^i m_i \cdot r_i^2.$$

Diese Summe bezeichnet man als **Trägheitsmoment I** des Körpers. Einheit $[I] = kg \cdot m^2$.

Die **Rotationsenergie** ergibt sich dann formal ähnlich zur linearen kinetischen Energie ($E_{Kin} = \frac{1}{2} \cdot m \cdot v^2$):

$$\mathbf{E_{Rot} = \frac{1}{2} \cdot I \cdot \omega^2}.$$

Ähnlich wie im linearen Fall, bei dem das Produkt aus m und v den Impuls ergibt, kann man bei der Rotation eines Körpers das Produkt aus I und ω bilden und erhält den **Drehimpuls**:

$$\mathbf{L = I \cdot \omega} \text{ mit der Einheit } [L] = kg\,m^2 s^{-1}$$

Wie man genau auf die Formel zur Berechnung des Drehimpulses kommt, ist für Mediziner nicht unbedingt von Bedeutung und sehr aufwendig, weshalb ich Interessierte auf ausführlichere Lehrbücher verweisen möchte. Durch Umformungen erhält man eine Formel für den Impuls, mit der man vielleicht besser zurechtkommt:

$$\mathbf{L = p \cdot d}.$$

Dabei ist p der Impuls $m \cdot v$ und d der Dreharm einer Masse m, die sich im Abstand d um ein Rotationszentrum dreht.

Alternative Berechnung
des Drehimpulses:
$L = p \cdot d$ (mit $p = m \cdot v$).

Auch für den Drehimpuls gilt der Impulserhaltungssatz.

Hätten Sie's gewusst?

Drehimpuls beim Eiskunstlauf
Der Begriff Drehimpuls klingt sehr abstrakt und man weiß nicht so genau, was man damit anfangen soll. Es braucht einen bestimmten Impuls, um eine Rotationsbewegung auszulösen und aufrechtzuerhalten. Aber betrachten wir nur einmal die Pirouette einer Eiskunstläuferin. Bei ihrer Rotation besitzt sie einen bestimmten Drehimpuls L. Am Anfang hat sie ihre Arme noch ausgebreitet, d. h., der Dreharm d ist relativ lang. Was passiert nun, wenn die Eiskunstläuferin die Arme zum Körper hin zieht? Der Dreharm verkürzt sich, aber der Drehimpuls muss erhalten bleiben. Betrachten

Physik

wir die Formel $L = m \cdot v \cdot d$: Wenn d kleiner wird, der Drehimpuls L ebenso wie die Masse m aber gleich bleiben, muss die Drehgeschwindigkeit v größer werden. Genau das passiert auf dem Eis: Die Eiskunstläuferin rotiert viel schneller, bis sie die Arme wieder ausbreitet und dadurch langsamer wird.

Auch in anderen Bereichen, z. B. bei Autoreifen oder Drehbewegungen in Gelenken, wirkt der Drehimpuls, sodass er in vielen Bereichen eine Rolle spielt. Für die Medizin reicht es, die Formel zu kennen, um den Drehimpuls berechnen zu können und eine grobe Vorstellung davon zu haben, welche Rolle er spielt.

kurz & knapp

- Die **Grundgrößen der Mechanik** sind die **Länge l**, die **Zeit t** und die **Masse m**.
- Die **Durchschnittsgeschwindigkeit** gibt die im Mittel gefahrene Geschwindigkeit über eine bestimmte Strecke Δs an und kann mit der Formel $v = \Delta s / \Delta t$ berechnet werden.
- Die **Momentangeschwindigkeit** gibt die Geschwindigkeit an einer bestimmten Stelle an.
- Bei der **gleichförmigen Bewegung mit konstanter Geschwindigkeit** ist die Geschwindigkeit $v = \Delta s / \Delta t$ konstant, die Beschleunigung ist null.
- $v = v_0 + a \cdot t$ gibt die Geschwindigkeit bei einer **Bewegung mit konstanter Beschleunigung a** an.
- Jede Einwirkung auf einen Körper, die dessen Bewegungszustand (Geschwindigkeit oder Richtung) oder dessen Form ändert, bezeichnet man als **Kraft F**. Kräfte tragen die Einheit **Newton**, $[F] = N = kg \cdot m \cdot s^{-2}$.
- **Kräfte** sind **Vektoren**, deren Richtung, Größe und Angriffspunkt entscheidend für ihre Wirkung sind.
- Ist die Summe aller Kraftvektoren, die an einem Körper angreifen, null, spricht man von **Kräftegleichgewicht**.
- Die Newton'schen Axiome:
  1. **Newton'sches Axiom: Trägheitssatz**
     Jeder Körper zeigt das Bestreben, seinen Bewegungszustand beizubehalten, was als Trägheit bezeichnet wird. Nur Kräfte können ihn abhalten, dies zu tun. Je größer die Masse, desto größer ist auch die Trägheit, weshalb sie auch als Massenträgheit bezeichnet wird.
  2. **Newton'sches Axiom: Newton'sches Grundgesetz**
     $F = m \cdot a$
     Jede Kraft F, die auf einen Körper der Masse m wirkt, führt zu einer Beschleunigung a des Körpers.
  3. **Newton'sches Axiom: Actio = Reactio**
     Jede Kraft F ruft eine Gegenkraft hervor, die gleich groß ist und in die entgegengesetzte Richtung wirkt: $F = -F$.
- Die Anziehung zwischen Massen A und B wird als **Gravitation** bezeichnet. Sie hängt von der Größe und dem Abstand der Massen ab. Die Gravitationskraft F setzt im Schwerpunkt eines Körpers an. Sie berechnet sich mit der Gravitationskonstanten G zu:

$$F = G \cdot \frac{m_A \cdot m_B}{r^2}.$$

- Die **Auftriebskraft F_A** oder kurz der **Auftrieb** ist die Kraft, die einen Körper in Flüssigkeiten nach oben drückt. Sie ist so groß wie das Gewicht der durch den Körper verdrängten Flüssigkeit.
- Das **Hooke'sche Gesetz, $F = D \cdot s$**, gibt den linearen Zusammenhang zwischen der Federkraft, der Federdehnung und der Federhärte wieder.
- Das **Drehmoment M** an einem Hebel errechnet sich aus der ansetzenden Kraft F und dem Hebelarm a, $M = F_s \cdot a$; Fs ist die zum Hebel a senkrecht wirkende Komponente der Kraft F.
- Sind rechtsdrehendes und linksdrehendes Drehmoment am Hebel gleich groß, ist dieser im **Drehmomentengleichgewicht**.
- **Periodische Bewegungen** setzen sich aus sich immer wiederholenden, gleichen Bewegungsabläufen, sog. **Perioden**, zusammen. Die Dauer einer solchen Teilbewegung heißt **Periodendauer T**, die Anzahl der Perioden pro Zeit ist die **Frequenz f**.
  - Die **Umlaufdauer T** bei der **Kreisbewegung** gibt die Zeit für eine Umrundung an.
  - Die Geschwindigkeit v des sich drehenden Körpers heißt **Bahngeschwindigkeit**: $v = 2 \cdot \pi \cdot r / T$.
  - Die **Drehfrequenz f** gibt die Umrundungen pro Zeit an.
- Die **Zentripetalkraft** ist die Ursache für die **Zentripetalbeschleunigung a_Z** zur Kreismitte hin; durch sie kommt die Kreisbewegung zustande.
- Reiben Oberflächen aufeinander, kommt es zwischen ihnen zur **Reibung**. Die **Reibungskraft F_R** muss für ein Aufeinandergleiten überwunden werden.
- **Energie E** ist die Fähigkeit, Arbeit zu verrichten. Die Einheit der Energie ist **Joule, $J = N \cdot m = kg \cdot m^2 \cdot s^{-2}$**.
- Die **Arbeit W** ist die Übertragung von Energie. Sie ist das Produkt aus der Strecke s und der entlang dieser wirkenden Kraft F, $W = F \cdot s$.
- **Energieerhaltungssatz:** Energie kann weder aus dem Nichts entstehen noch ins Nichts verschwinden. Alle verschiedenen Formen der Energie können aber ineinander umgewandelt werden. In einem abgeschlossenen System bleibt die Summe aller Energien immer gleich groß.
- **Leistung P** (»power«) ist die pro Zeit verrichtete Arbeit, $P = W/t$.
- Das Produkt **$m \cdot v$** nennt man **Impuls p.** Der Impuls ist ebenfalls eine Erhaltungsgröße.

3.1.8 Übungsaufgaben

Aufgabe 1:

a. Ein Rennradfahrer fährt in 75 min eine Strecke von 55 km. Für die ersten 50 km benötigt er genau 60 min und für die restlichen 5 km den Rest der Zeit, da er bergan fahren muss. Berechnen Sie die Durchschnittsgeschwindigkeit in km/h auf der Gesamtstrecke und auf den beiden Teilstrecken und zeichnen Sie ein s-t- und ein v-t-Diagramm dieser Bewegung.

b. Auf dem Berg angekommen, kann sich der Radrennfahrer nach einer Rast ein steiles Stück herunterrollen lassen. Er wird dabei aus dem Stand konstant beschleunigt, sodass er nach 15 min – am Fuße angekommen – eine Geschwindigkeit von 81 km/h erreicht hat. Bestimmen Sie die Beschleunigung und zeichnen Sie ein v-t- und ein a-t-Diagramm.

Aufgabe 1

Lösung 1 (■ Abb. 3.25)

a. Die Durchschnittsgeschwindigkeit kann man einfach mittels $v = \dfrac{\Delta s}{\Delta t}$ bestimmen, wobei Δs die insgesamt zurückgelegte Strecke ist, also $\Delta s = 55\,\text{km}$, und Δt die benötigte Zeit, $\Delta t = 90\,\text{min}$. Also:

$$v = \frac{\Delta s}{\Delta t} = \frac{55\,\text{km}}{75\,\text{min}} = \frac{55\,\text{km}}{1\frac{1}{4}\,\text{h}} = \frac{55\,\text{km}}{\frac{5}{4}\,\text{h}} = \frac{55\,\text{km} \cdot 4}{5\,\text{h}} = 44\,\text{km/h}.$$

Die Durchschnittsgeschwindigkeit auf der Gesamtstrecke beträgt 44 km/h, auf der 1. Teilstrecke ($\Delta s = 50\,\text{km}$, $\Delta t = 60\,\text{min}$) beträgt sie:

$$v_1 = \frac{\Delta s}{\Delta t} = \frac{50\,\text{km}}{60\,\text{min}} = \frac{50\,\text{km}}{1\,\text{h}} = 50\,\frac{\text{km}}{\text{h}}.$$

Die Durchschnittsgeschwindigkeit auf der 2. Teilstrecke: ($\Delta s = 5\,\text{km}$, $\Delta t = 15\,\text{min}$) beträgt:

$$v_2 = \frac{\Delta s}{\Delta t} = \frac{5\,\text{km}}{15\,\text{min}} = \frac{5\,\text{km}}{\frac{1}{4}\,\text{h}} = 20\,\frac{\text{km}}{\text{h}}.$$

Über die Momentangeschwindigkeiten zu einzelnen Zeitpunkten haben wir keine Information und können aus den gegebenen Angaben auch nichts ableiten.

b. Der Radfahrer wird aus dem Stand konstant beschleunigt, sodass wir zur Berechnung der Beschleunigung die Formel $v = a \cdot t$ verwenden. Er wird beim Bergabfahren über die Zeit von $\Delta t = 15\,\text{min}$ auf die Geschwindigkeit $v = 81\,\text{km/h}$ beschleunigt.

$$v = a \cdot t \Rightarrow a = \frac{v}{t} = \frac{81\,\frac{\text{km}}{\text{h}}}{15\,\text{min}} = \frac{81\,\frac{\text{km}}{\text{h}}}{\frac{1}{4}\,\text{h}} = 324\,\frac{\text{km}}{\text{h}^2} = 324\,\frac{1000\,\text{m}}{(3600\,\text{s})^2} = \frac{324.000\,\text{m}}{3600^2\,\text{s}^2}$$

$$= \frac{1}{40} \cdot \frac{\text{m}}{\text{s}^2} = 0{,}025\,\frac{\text{m}}{\text{s}^2}.$$

■ **Abb. 3.25a, b** Lösungsdiagramme zu Aufgabe 1

a

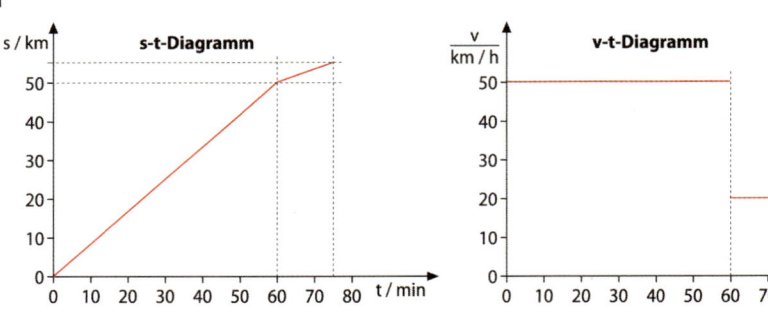

b

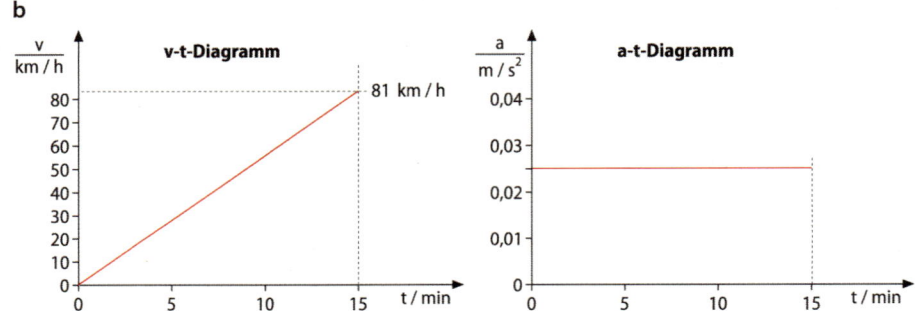

Die Beschleunigung ist also $0{,}025\,\mathrm{m\,s^{-2}}$ bzw. $324\,\mathrm{km\,h^{-2}}$.
Dabei legt der Radfahrer folgenden Weg zurück:

$$s = \tfrac{1}{2}at^2 = \tfrac{1}{2} \cdot 324\,\tfrac{km}{h^2} \cdot (\tfrac{1}{4}h)^2 = 162\,\tfrac{km}{h^2} \cdot \tfrac{1}{16}\,h^2 = 10\tfrac{1}{8}\,km = 10{,}125\,km.$$

Aufgabe 2: Berechnen Sie die Gewichtskraft F_G eines 75 kg schweren Menschen auf der Erde.

Aufgabe 2

Lösung 2: Man setzt einfach die Masse 75 kg in die Formel $F_G = m \cdot g$ ein:

$$F_G = m \cdot g = 75\,kg \cdot 9{,}81\,\frac{m}{s^2} = 735{,}75\,\frac{kg\,m}{s^2} \approx 736\,N.$$

Aufgabe 3: Berechnen Sie den Auftrieb eines Menschen in normalem Wasser ($\rho_{H_2O} = 1\,\mathrm{g\,cm^{-3}}$) und in Salzwasser (Salzgehalt einer gesättigten Kochsalzlösung, $\rho_{Salzwasser} = 1{,}12\,\mathrm{g\,cm^{-3}}$) und geben an, ob der Mensch untergeht oder nicht. Der Körper des Menschen hat ein Volumen von 80 dm³, die Dichte des Körpers beträgt etwa $\rho_M = 1{,}05\,\mathrm{g\,cm^{-3}}$.

Aufgabe 3

Lösung 3: Auftrieb: Die Gewichtskraft F_G des Menschen berechnen wir aus der Dichte ρ_M, dem Volumen seines Körpers V_M und der Gravitationskonstanten g:

$$F_G = m \cdot g = \rho_M \cdot V_M \cdot g = 1{,}05\,\frac{g}{cm^3} \cdot 80\,dm^3 \cdot 9{,}81\,\frac{m}{s^2} = 1{,}05\,\frac{g}{cm^3} \cdot 80.000\,cm^3 \cdot 9{,}81\,\frac{m}{s^2}$$

$$= 84.000\,g \cdot 9{,}81\,\frac{m}{s^2} = 84\,kg \cdot 9{,}81\,\frac{m}{s^2} = 842{,}04\,\frac{kg \cdot m}{s^2} = 842\,N.$$

Auftrieb im Wasser: Die Auftriebskraft F_A entspricht der Gewichtskraft des verdrängten Wassers. Diese Gewichtskraft berechnet sich analog der Gewichtskraft des Menschen, nur dass wir die Dichte des Wassers verwenden müssen. Das Volumen $V_{verdrängt}$ sind ebenfalls 80 dm³, da diese Menge Wasser verdrängt wird:

$$F_A = \rho_{H_2O} \cdot V_{verdrängt} \cdot g = 1\,\frac{g}{cm^3} \cdot 80\,dm^3 \cdot 9{,}81\,\frac{m}{s^2} = 784{,}8\,N \approx 785\,N.$$

Die Auftriebskraft $F_A = 785\,N$ ist also geringer als die Gewichtskraft des im Wasser liegenden Menschen, sodass der Mensch »sinken«, also untergehen würde, wenn er nicht anfängt zu schwimmen.

Und im **Salzwasser**: Hier müssen wir die Dichte $\rho_{Salzwasser} = 1{,}12\,\mathrm{g\,cm^{-3}}$ zur Berechnung der Auftriebskraft F_A verwenden:

$$F_A = \rho_{Salzwasser} \cdot V_{verdrängt} \cdot g = 112\,\frac{g}{cm^3} \cdot 80\,dm^3 \cdot 9{,}81\,\frac{m}{s^2} = 878{,}98\,N \approx 879\,N.$$

Hier ist die Auftriebskraft größer als die Gewichtskraft des Menschen, sodass der Mensch schwimmt. Das ist auch der Grund, warum man sich im Toten Meer über Wasser halten kann, ohne zu schwimmen.

Aufgabe 4 (◻ Abb. 3.26):
a. Welche Kraft F_2 muss wirken, damit der Hebel jeweils im Drehmomentengleichgewicht ist?
b. Welche Kraft muss der Muskel senkrecht zum Hebelarm aufbringen, um den Gegenstand anzuheben?

Aufgabe 4

⬛ Abb. 3.26a, b Aufgaben zum Hebelgesetz.
a 1. Zweiseitiger Hebel, 2. Einseitiger Hebel, 3. gemischte Aufgabe;
b Oberarm

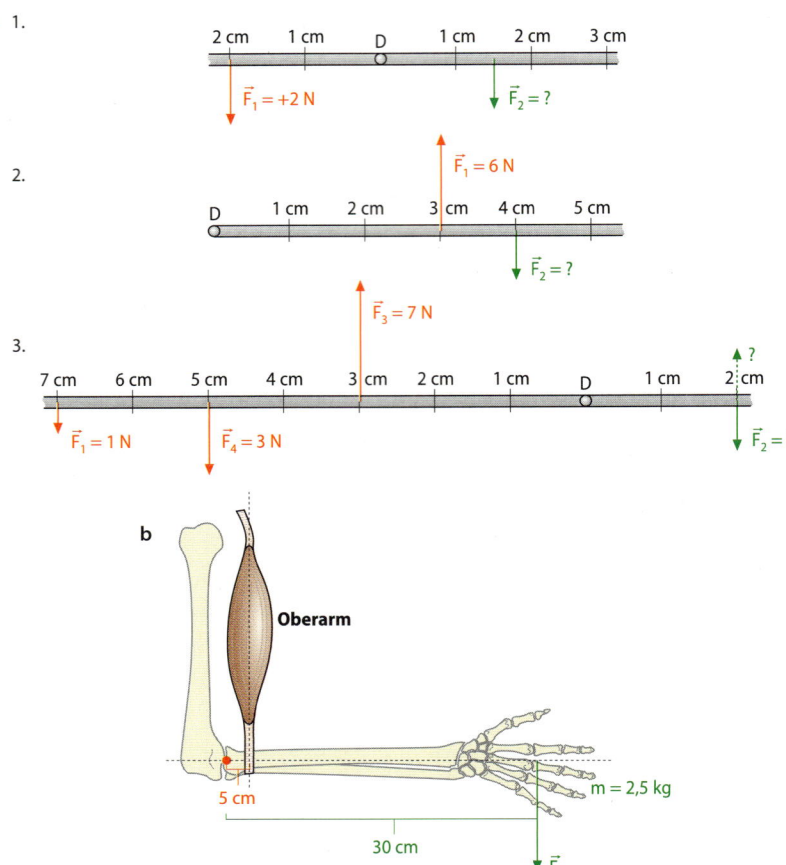

Lösung 4:

a. 1. Hier haben wir einen zweiseitigen Hebel. Im Gleichgewicht muss gelten:

$$M_1 = M_2$$
$$F_1 \cdot a_1 = F_1 \cdot a_1$$
$$\Rightarrow F_2 = \frac{F_1 \cdot a_1}{a_2} = \frac{2\,N \cdot 0{,}02\,m}{0{,}025\,m} = 1{,}6\,N.$$

Die Kraft F_2 muss in die gleiche Richtung wie F_1 wirken.

2. Auch am einseitigen Hebel müssen die Drehmomente gleich groß sein:

$$M_1 = M_2$$
$$\Rightarrow F_2 = \frac{F_1 \cdot a_1}{a_2} = \frac{6\,N \cdot 0{,}03\,m}{0{,}04\,m} = 4{,}5\,N.$$

Die Kraft F_1 muss in die entgegengesetzte Richtung zur Kraft F_2 wirken.

3. Wir müssen hier die Summe der Drehmomente in dieselbe Richtung addieren: F_1 und F_4 wirken in dieselbe Richtung und wollen den Hebel gegen den Uhrzeigersinn drehen (= linksdrehend): M_{li}. Die Kraft F_3 dreht den Hebel im Uhrzeigersinn (= rechtsdrehend): M_{re}. Für ein Gleichgewicht müssen beide Drehmomente gleich groß sind. Sind mehrere Kräfte beteiligt, muss man sich auch überlegen, in welche Richtung nachher die angreifende Kraft wirken muss. Deshalb schauen wir erst einmal, wie groß die Drehmomente in beiden Richtungen sind, um zu

erkennen, welches kleiner ist und somit noch »Unterstützung« braucht, um ein Gleichgewicht herzustellen:

$$M_{li} = F_1 \cdot a_1 + F_4 \cdot a_4 = 1\,N \cdot 0{,}07\,m + 3\,N \cdot 0{,}05\,m = 0{,}85\,Nm$$
$$M_{re} = F_3 \cdot a_3 = 7\,N \cdot 0{,}03\,m = 0{,}21\,Nm.$$

Das rechtsdrehende Drehmoment M_{re} ist kleiner als das linksdrehende, weshalb eine Kraft F_2 wirken muss, die M_{re} unterstützt. Sie muss also am Hebel in Richtung rechts drehen, also in Richtung der Kraft F_1 gerichtet sein. Die Größe der Kraft F_2 bestimmen wir durch Gleichsetzen der beiden Drehmomente:

$$M_{li} = M_{re}$$
$$F_1 \cdot a_1 + F_4 \cdot a_4 = F_3 \cdot a_3 + F_2 \cdot a_2$$
$$\Rightarrow F_2 = \frac{M_{li} - F_3 \cdot a_3}{a_2} = \frac{0{,}35\,Nm - 0{,}21\,Nm}{0{,}02\,m} = 32\,N.$$

F_2 muss also 32 N groß sein und in Richtung der Kraft F_1 wirken.

b. Der M. biceps muss das gleiche Drehmoment M_{bi} erzeugen wie das Gewicht in der Hand M_{ha}. Er hat einen Hebelarm $a_{bi} = 5\,cm$, entsprechend dem Abstand vom Ansatz seiner Sehnen bis zum Drehpunkt im Ellenbogengelenk. Das Gewicht in der Hand hat einen Hebelarm vom Drehpunkt im Ellenbogengelenk bis zur Hand, $a_{ha} = 30\,cm$.

$$M_{bi} = M_{ha}$$
$$F_{bi} \cdot a_{bi} = F_{ha} \cdot a_{ha}$$
$$F_{bi} = \frac{F_{ha} \cdot a_{ha}}{a_{bi}} = \frac{m \cdot g \cdot a_{ha}}{a_{bi}} = \frac{2{,}5\,kg \cdot 9{,}81\frac{m}{s^2} \cdot 0{,}3\,m}{0{,}05\,m} = \frac{24{,}5\,N \cdot 0{,}3\,m}{0{,}05\,m} = 147\,N.$$

Wenn wir ein 2,5 kg schweres Gewicht in die Hand nehmen und anheben wollen, muss unsere Muskulatur also immerhin 147 N aufbringen, die senkrecht zum Hebelarm wirken.

Alles klar!

Welche Energie wurde beim Auffahrunfall »vernichtet« und wie groß war die Kraft, die auf die Halswirbelsäule einwirkte?
Zunächst zur Energie, diese Frage ist jetzt leicht zu beantworten. Der PKW besaß kurz vor dem Aufprall nur kinetische Energie. Diese können wir berechnen mit der Formel:

$$E_{Kin} = \frac{1}{2} \cdot m \cdot v_0^2.$$

Also gilt für unseren PKW mit der Masse $m = 1\,t = 1000\,kg$ und der Geschwindigkeit:

$$v_0 = 36\,\frac{km}{h} = 36\,\frac{1000\,m}{3600\,s} = 10\,\frac{m}{s}$$
$$E_{Kin} = \frac{1}{2} \cdot 1000\,kg \cdot \left(10\,\frac{m}{s}\right)^2 = \frac{1 \cdot 10^3 \cdot 10^2}{2}\,\frac{kg \cdot m^2}{s^2}$$
$$E_{Kin} = 5 \cdot 10^4\,Nm = 50\,kJ.$$

Hier ein kleiner Vergleich: Diese Energie hätte der PKW auch gehabt, wenn er aus der Höhe $h = 5\,m$ heruntergefallen wäre (einfache Anwendung des Energiesatzes). Nun zur Kraft auf die Halswirbelsäule:

Unser Kopf hat ungefähr die Masse m = 4 kg. Durch die Verzögerung a beim Aufprall, die wir der Einfachheit halber als konstant annehmen wollen, wirkte wegen des 2. Newton'schen Axioms die Kraft:

$$F = m \cdot a.$$

Wie groß war aber die Verzögerung a? Wir wissen zum einen, dass das Fahrzeug auf dem Weg s = 1 m zum Stillstand kam, mit der Anfangsgeschwindigkeit v_0 = 10 m/s zu Beginn der Verzögerung a und der Verzögerungszeit t:

$$s = v_0 \cdot t - \frac{1}{2} \cdot a \cdot t^2.$$

Zum anderen wurde in der Zeit t die Geschwindigkeit von v_0 auf v = 0 m/s reduziert.

$$\dot{v} = v_0 - a \cdot t.$$

Wir haben also zwei Gleichungen mit zwei Unbekannten a und t. Formen wir die 2. Gleichung nun nach t um zu:

$$t = \frac{v_0 - v}{a}$$

und eliminieren damit t in der oberen Gleichung, erhalten wir:

$$s = v_0 \cdot \frac{v_0 - v}{a} - \frac{1}{2} \cdot a \cdot \left(\frac{v_0 - v}{a} \right)^2$$

und die Beschleunigung:

$$a = \frac{v_0^2 - v^2}{2s}.$$

Als Zahlenwert erhalten wir also eine Beschleunigung a = 50 m/s². Oft werden Beschleunigungen auch als das Vielfache der Erdbeschleunigung g ≈ 10 m/s² angegeben, demnach wirkt hier eine Verzögerung von **5 g**.

Nebenbei bemerkt können wir jetzt sofort die Zeit berechnen, in der der PKW zum Stillstand kam: Der Unfall dauerte nur **t = 0,2 s**.

Die Kraft, mit der die Halswirbelsäule den Kopf halten musste, ergibt sich nun zu:

$$F = m \cdot \frac{v_0^2 - v^2}{2s}.$$

Also gilt: **F = 200 N**. Dies entspricht dem 5-Fachen der eigenen Gewichtskraft. Wen wundert dies angesichts der 5-fachen Erdbeschleunigung bei der Verzögerung!

3.2   Verformbare Körper und Blutkreislauf

Stefanie Bohn

- Festkörper:
  - Dehnung, Spannung, Elastizitätsmodul, Hooke'sches Gesetz, Biegung, Scherung, Torsion, Viskoelastizität
- Flüssigkeiten:
  - Druck, Druckmessung, Manometer
  - Stempeldruck, Schweredruck in Flüssigkeiten, atmosphärischer Luftdruck, Kompressibilität, Boyle-Mariotte-Gesetz, Windkessel, Auftrieb, archimedisches Prinzip

- Kohäsion, Adhäsion, Oberflächenspannung, Grenzflächenspannung, Kapillarwirkung
- Volumenstromstärke, Strömungstypen, Newton'sche Flüssigkeit, Nicht-Newton'sche Flüssigkeit, Bernoulli'sche Gleichung, Strömungswiderstand, Hagen-Poiseuille'sches Gesetz, Reihen- und Parallelschaltung von Kapillaren, Kirchhoff'sche Gesetze

---

Wie jetzt?

Blutdruckmessung – welche physikalischen Mechanismen stecken dahinter?

Puls (= Herzfrequenz) und arterieller Blutdruck gehören wohl zu den am häufigsten gemessenen und kontrollierten Parametern unseres Körpers. Grund dafür ist, dass sie entscheidende Rückschlüsse für die Beurteilung von Zustand und Regulation des Kreislaufs erlauben. So kann der Puls in viele Pulsqualitäten eingeteilt werden:

- Frequenz (Pulsus frequens oder rarus),
- Rhythmus (Pulsus regularis oder irregularis),
- Spannung (Pulsus durus oder mollis),
- Amplitude (Pulsus magnus oder parvus) oder
- Steilheit (Pulsus celer oder tardus).

Die Traditionelle Chinesische Medizin (TCM) unterscheidet über 40 verschiedenen Pulsqualitäten!

Der Blutdruck lässt sich auf vielfältige Weise bestimmen: entweder direkt intraarteriell, indem ein Kathetermanometer oder eine mit einem Manometer verbundene Kanüle in eine Arterie geschoben wird, oder indirekt, indem der Blutdruck auskultatorisch (durch Strömungsgeräusche), palpatorisch (fühlend) oder oszillatorisch (die Nadel des Manometers »springt«) bestimmt wird.

Wie ist die Vorgehensweise bei der Blutdruckmessung nach Riva-Rocci? Auf welchen physikalischen Gesetzen und physiologischen Mechanismen beruht sie? Was ist bei der Blutdruckmessung zu beachten, um falsche Messergebnisse zu vermeiden?

3.2.1 Verformung fester Körper – Elastizität

Wirken äußere Kräfte auf einen Festkörper ein, so hält dieser ihnen zunächst aufgrund seiner besonderen Struktur und seiner inneren Bindungen stand. Ab einer bestimmten Krafteinwirkung verformt sich der Festkörper. Hier unterscheidet man eine elastische von einer plastischen Verformung:

- Nimmt der Körper wieder seine ursprüngliche Form an, wenn die Kräfte nicht mehr auf ihn wirken, spricht man von einer **elastischen, reversiblen Verformung**.
- Kehrt der Körper nicht mehr in seine Ausgangsform zurück, handelt es sich um eine **plastische** und **irreversible Verformung**.

Elastische Verformungen sind reversibel; plastische Verformungen sind irreversibel.

Zugspannung und Dehnung

Zur Veranschaulichung betrachten wir einen Draht, der unter Zug gedehnt wird (◻ Abb. 3.27a): Gewichte unterschiedlicher Masse (zunehmende Anzahl gleicher Massestückchen) werden an den Draht gehängt und dessen jeweilige Längenänderung Δl wird gemessen. Wird das Gewicht wieder abgenommen,

Physik

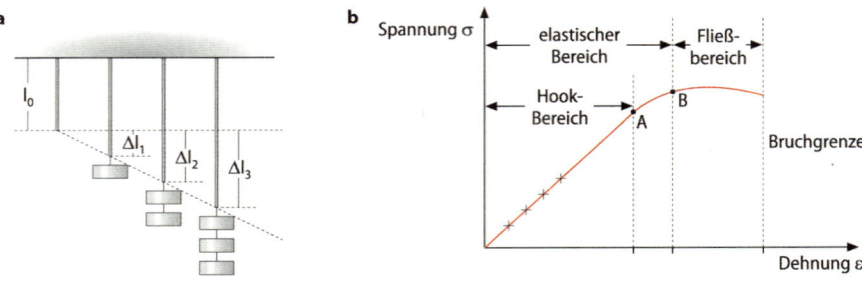

■ **Abb. 3.27a, b** Dehnung eines Drahts durch Anhängen von Massestücken (**a**) und zugehörige Spannungs-Dehnungs-Kurve (**b**)

kann überprüft werden, ob die Verformung des Drahts reversibel oder irreversibel ist.

Der Zusammenhang zwischen der auf den Draht einwirkenden Kraft (Gewichtskraft der angehängten Massen) und der resultierenden Längenänderung wird üblicherweise grafisch dargestellt, indem man die **Spannung σ = F/A**, den Quotienten aus einwirkender Kraft F und Querschnittsfläche des Drahts A, gegen die **Dehnung ε = Δl/l₀** – oder die **relative Längenänderung** – aufträgt.

In ■ Abb. 3.27b ist der typische Verlauf eines **Spannungs-Dehnungs-Diagramm** von Metallen dargestellt, das man bei einem solchen Versuch erhält. Wir erkennen zunächst einen linearen Bereich. Diesen linearen Zusammenhang beschreibt das **Hooke'sche Gesetz**: Die relative Längenänderung $\Delta l/l_0$, die sog. Dehnung ε, ist der mechanischen Spannung σ proportional:

$$\sigma = E \cdot \left| \frac{\Delta l}{l_0} \right|.$$

> **Hooke'sches Gesetz:**
> Dehnung ε ist proportional zur mechanischen Spannung σ.

Die **Materialkonstante E** wird **Elastizitätsmodul** genannt und hat wie die mechanische Spannung σ die Einheit N/m^2. Die Dehnung ε ist dimensionslos. Der Kehrwert des Elastizitätsmoduls E wird als Elastizitätskoeffizient bezeichnet. Wir können also die Formel umformen zu:

$$F / A = E \cdot \frac{\Delta l}{l_0}.$$

> **Hooke'scher Bereich:**
> Der Elastizitätsmodul E ist konstant.

Diese Form der Gleichung verdeutlicht, dass die Längenänderung Δl proportional zur angreifenden Kraft F und zur Ausgangslänge l_0 ist, während zur Querschnittsfläche A eine umgekehrte Proportionalität besteht.

> Die Proportionalitätsgrenze begrenzt die lineare (reversible) Verformung.
>
> Ab der Elastizitätsgrenze beginnt die irreversible Verformung.

Geht die Dehnung über Punkt A, die **Proportionalitätsgrenze**, hinaus, verformt sich der Draht nicht mehr linear, aber immer noch reversibel. Wird Punkt B überschritten, der die **Elastizitätsgrenze** markiert, geht die Dehnung in eine irreversible plastische Verformung über (■ Abb. 3.27b).

Wir können uns die plastische Verformung folgendermaßen vorstellen: Die Gitterstruktur des Festkörpers ist nicht perfekt gebaut, sondern weist Fehl- und Leerstellen auf. In diese Leerstellen können Gitternachbarn hineinrutschen und zu einer Versetzung führen (»Stufenversetzung«). Die Plastizität hängt von der Temperatur ab, da diese die Beweglichkeit der Teilchen beeinflusst. Im anschließenden **Fließbereich** dehnt sich der Draht bei nur geringer Zunahme des Zugs sehr stark. An der **Bruch- und Zerreißgrenze** kann der Draht dem Zug nicht mehr standhalten und reißt.

Nicht alle Materialien folgen diesem Schema, sondern weisen Besonderheiten auf:

— Spröde Materialien wie Glas brechen bereits nach Überschreiten ihrer Elastizitätsgrenze.

- Plastische Materialien, z. B. viele Kunststoffe, weisen einen stark ausge-prägten und großen Bereich auf, in dem sie sich irreversibel plastisch ver-formen.
- Viskoelastische Materialien zeichnen sich dadurch aus, dass sie auf eine Druckeinwirkung oder einen Druckabfall oft zeitlich verzögert reagieren, wobei sie sowohl hochelastische als auch sehr viskose Eigenschaften zeigen.

In ◻ Abb. 3.28 ist das **viskoelastische Verhalten** eines Stabes idealisiert darge-stellt. Hochpolymere Kunststoffe, die menschliche Haut, Knorpel, Sehnen und Bänder zeigen viskoelastische Eigenschaften.

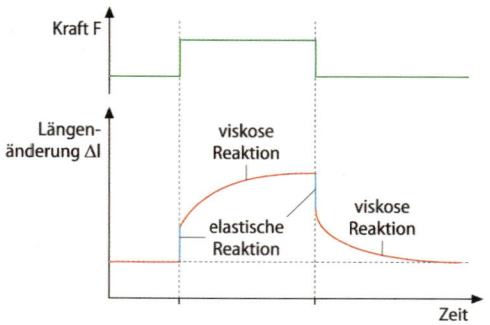

◻ **Abb. 3.28** Zeitliches Verhalten der Längen-änderung bei viskoelastischen Materialien (nach Harten 2006)

Die Zugspannung haben wir bereits durch unsere Überlegungen mit dem Draht kennengelernt. Bei der Zugspannung erfolgt die Formänderung durch Dehnung des Materials. Gleichzeitig erfolgt eine Verringerung des Querschnitts des Drahts. Trotz der Verringerung des Querschnitts steigt das Volumen des Drahts.

Zugspannung dehnt das Material → Querschnitt ↓, Volumen ↑.

Druckspannung (Stauchung) und Schubspannung (Scherung)

Neben der Zugspannung unterscheiden wir eine Druck- und eine Schubspan-nung:

- Bei der **Druckspannung** wirkt eine Kraft senkrecht zur Oberfläche auf einen Körper ein. Es folgt eine **Stauchung** des Körpers, sein Volumen ver-kleinert sich. Die Beschreibung erfolgt mittels des Elastizitätsmoduls E. Dies ist die typische Belastung, der unsere Knochen ausgesetzt sind.
- Die **Schubspannung** wird durch eine tangential zur Oberfläche angrei-fende Kraft charakterisiert. Wir sprechen bei dieser Formveränderung von **Scherung**, das Volumen bleibt gleich. Bei der Scherung gilt die allgemeine Form des Hooke'schen Gesetzes: Die Verformung hängt auch hier linear von der Größe der einwirkenden Kraft ab. Ähnlich dem Elastizitätsmo-dul E sprechen wir in diesem Fall vom **Scher-**, **Schub-** oder **Torsions-modul G**.

Druckspannung (Stauchung) wirkt senkrecht zur Oberfläche des Körpers.

Schubspannung (Scherung) wirkt tangential zur Oberfläche eines Körpers.

Schräg auf die Oberfläche wirkende Kräfte haben sowohl eine Druckspan-nungs- als auch eine Schubspannungskomponente. Die Lamellenbauweise un-serer Knochen ist so ausgerichtet, dass sie diese Spannungen bis zu einem be-stimmten Maß »auffangen« kann.

Biegung und Torsion

Es gibt neben der einfach zu beschreibenden Stauchung und Scherung noch weitere Formänderungen.

Physik

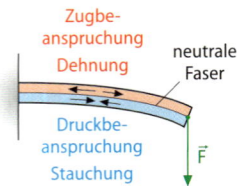

Abb. 3.29 Wie biegen sich die Balken?

Bei Biegung erfährt die neutrale Faser keine Verformung.

Biegung In ◘ Abb. 3.29 sehen wir die Biegung eines Stabs. Auf der Druckseite wird das Material gestaucht, auf der Zugseite durch Dehnung beansprucht. Dazwischen befindet sich die sog. **neutrale Faser**, deren Länge konstant bleibt und die keinen Beitrag zur Biegefestigkeit leistet. **Bei gleichem Materialaufwand bietet also eine Röhrenform im Vergleich zur massiven Stabstruktur die ideale Antwort auf Biegebeanspruchung.**

Dies wird in der Technik angewandt. Aber auch die Natur macht sich dies zunutze, denken wir nur an die Röhrenknochen in unserem Körper. Wird jedoch die Elastizitätsgrenze auf der Druck- oder Zugseite überschritten, erfährt der Stab einen Knick oder bricht sogar ab.

Torsion Wir können sie uns als Verdrillung eines Körpers mit kreisförmigem Querschnitt vorstellen. Von der Seite betrachtet, kann diese Deformation ebenfalls auf **Scherungen** zurückgeführt werden. Es handelt sich also nicht um etwas prinzipiell Anderes: Auch die Torsion lässt sich mithilfe des oben behandelten Schermoduls G beschreiben. Wiederum gibt es einen Bereich, in dem die Verdrillung der angreifenden Kraft proportional ist, also einen **Hooke'schen Bereich**.

3.2.2 Druck

Nach einem Autounfall bleibt eine kleine Delle als Zeuge des Vorfalls zurück, Schuhe mit hohem Absatz haben schon den einen oder anderen Parkettboden ruiniert und in der Obst- und Gemüseabteilung des Supermarkts wird die Ware sorgfältig auf Druckstellen hin untersucht – Druck kann uns das Leben ganz schön schwer machen. Andererseits erleichtert Druck uns auch vieles: Mit der Fernbedienung können wir auf Knopfdruck viele technische Geräte steuern, im Druckkochtopf werden leckere Sachen superschnell gegart oder wir »drücken« unsere Verwandten und Freunde gern mal.

Druck ist also überall gegenwärtig. Zudem hat er eine weitere zentrale Funktion für den Menschen: Der Druck ermöglicht uns ein kommunikatives Leben mit unserer Umwelt. Denn über Drucksensoren in unserer Haut oder über unser Gehör nehmen wir Druckqualitäten oder -veränderungen wahr, die Rückschlüsse und Reaktionen auf unsere Umgebung und Umgebungsreize erlauben.

Dabei spielen die **Druckintensität** (die Kraft, die aufgewendet wird) und die **Fläche** eine große Rolle: Eine sanfte Berührung (wenig Kraft) wird anders wahrgenommen und interpretiert als ein fester Schlag (viel Kraft), die Verletzung an einer Tischkante (geringe Fläche) ist meist tiefer und kleinflächiger als eine Druckstelle, die durch einen zu engen Schuh verursacht wird (große Fläche). Es wird deutlich, dass der Druck mit der Kraft und der Fläche in enger Verbindung stehen muss: **Der Druck p ist der Quotient aus der Kraft F, die senkrecht auf die Angriffsfläche wirkt, und der Größe der Angriffsfläche A:**

Druck:
Kraft pro Fläche $p = \dfrac{F}{A}$.

$$p = \frac{F}{A}.$$

Einheit des Drucks ist Pa (Pascal). In der Medizin wird oft noch Torr oder mmHg verwendet.

Daraus ergibt sich die Einheit des Drucks zu $[p] = N/m^2$. Hierfür wurde eine eigene Einheit verwendet, die **SI-Einheit Pa (Pascal)**. In der Medizin wird allerdings immer noch die ältere Einheit Torr oder mmHg (Millimeter Quecksilbersäule) verwendet. Um sich das Umrechnen zu erleichtern, lohnt es, sich folgende Zahlen gut einzuprägen:

1 Torr = 1 mmHg = 133 Pa
10^5 Pa = 750 Torr = 750 mmHg = 1 bar.

Bei großen Drücken verwendet man häufig die Einheit bar, 1 bar = 10^5 Pa.

Druckmessung per Manometer

Zur Messung des Drucks werden **Manometer** eingesetzt. Man unterscheidet Membran- und Flüssigkeitsmanometer:

- **Membranmanometer** verfügen, wie der Name schon sagt, über eine Membran, die sich bei einer Druckdifferenz zwischen beiden Seiten elastisch und reversibel verbiegt, was mechanisch durch einen Zeiger oder nach Umwandlung in ein elektrisches Signal digital angezeigt wird.
- Die Funktion des **Flüssigkeitsmanometers** basiert auf dem Schweredruck, wobei meist Wasser (oder früher Quecksilber) als Flüssigkeit dient.

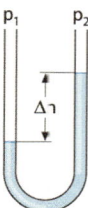

■ **Abb. 3.30** U-Rohr-Manometer als Druckmessgerät

In ■ Abb. 3.30 ist der Aufbau eines klassischen U-Rohr-Manometers abgebildet, das eine Flüssigkeit enthält. Auffällig ist, dass das Wasser im rechten Teil des Glases höher steht als im linken. Dies zeigt recht anschaulich, dass der Gasdruck p_1 auf die Flüssigkeitsoberfläche im linken Teil größer sein muss als der Druck p_2 auf der rechten Seite, um das Wasser im rechten Teil »nach oben« drücken zu können: Die Druckdifferenz $\Delta p = p_2 - p_1$ muss dabei dem **Schweredruck** einer Wassersäule des Höhenunterschieds Δh entsprechen, die durch diesen höheren Druck hervorgerufen wird. Dabei gilt:

$$\Delta p = \rho \cdot g \cdot \Delta h.$$

Bei dieser Gleichung gibt es nun zwei Möglichkeiten: entweder hinnehmen und warten, bis sie weiter unten beim Thema Schweredruck/hydrostatischer Druck erklärt wird, oder vorblättern und die Erklärung hinzuziehen.

Aber kommen wir wieder zum Manometer zurück: Der Druckunterschied hängt somit nicht nur vom Höhenunterschied Δh ab, sondern auch von der Dichte ρ der enthaltenen Flüssigkeit und der Fallbeschleunigung g. Wenn wir nun den rechten Teil des U-Rohrs evakuieren würden, also dort den umgebenden Luftdruck wegnähmen ($p_2 = 0$), würde der auf der linken Seite wirkende normale Luftdruck (1013,25 mbar oder 760 Torr) das Wasser in dieser Konstruktion ca. 10 m hoch drücken.

Zum Messen des absoluten Luftdrucks ist ein Wassermanometer also schlecht geeignet. Um die Steighöhe zu reduzieren, muss eine Flüssigkeit mit großer Dichte gewählt werden. Quecksilber steigt im Vergleich zum Wasser »nur« etwa 760 mm, was nahezu »perfekt« für diese Messung wäre, wenn das Quecksilber selbst nicht so gesundheitsschädlich wäre. Dennoch erlebte das Quecksilberbarometer eine steile Karriere, was sich heute noch in den Einheiten Torr bzw. mmHg widerspiegelt.

Stempeldruck und Schweredruck

Wie wir aus der täglichen Beobachtung wissen, reagieren Festkörper und Flüssigkeiten unterschiedlich, wenn Druck auf sie wirkt. Festkörper verformen sich bei weitgehender Formstabilität in der Regel nur wenig, während Flüssigkeiten davonzufließen versuchen. Doch wie reagiert eine Flüssigkeit, wenn wir sie in einen fest vorgegebenen Raum einsperren und dann Druck auf sie ausüben? Denken wir nur an eine Injektionsspritze.

Im geschlossenen Gefäß werden zwei Kräfte wirksam: Der Stempel (Kolben, Pumpe) drückt auf die Flüssigkeit, diese versucht auszuweichen. Da Flüssigkeiten ihr Volumen nicht verkleinern können, was man **Inkompressibilität** nennt, geben sie den Druck weiter, sodass an allen Stellen der Gefäßwand derselbe Druck, eben der **Stempeldruck**, herrscht. Dies ist das **Pascal'sche Prinzip**. Außerdem wirkt natürlich das Eigengewicht der Flüssigkeit als Schweredruck auf die Gefäßwand, je nachdem auf welcher Höhe des Gefäßes ich mich befinde.

Wirkt Druck auf einen Festkörper, verformt er sich. Wirkt Druck auf eine Flüssigkeit, versucht diese auszuweichen.

Der Gesamtdruck im geschlossenen Gefäß ergibt sich aus Stempeldruck und Schweredruck.

Stempel- und Schweredruck werden addiert und ergeben den Gesamtdruck auf die Gefäßwand:

$$P_{Gesamt} = P_{Stempel} + P_{Schwere}.$$

Im Folgenden werden wir uns sowohl mit dem Stempeldruck als auch mit dem Schweredruck näher befassen.

Ein sehr anschauliches **Beispiel** für eine Anwendung des Stempeldrucks ist eine Spritze. Um ihren Inhalt zu injizieren, muss auf den Kolben (= Stempel) eine (Muskel-)Kraft wirken. Der Kolben wiederum übt in der Spritze (= geschlossenes Gefäß) an allen Stellen der Spritzenwand den gleichen Stempeldruck aus. In einer kleinen Spritze können wir den Einfluss des Schweredrucks zunächst vernachlässigen.

Eine technische Anwendung des Stempeldrucks ist die **hydraulische Presse**, die aus zwei Kolben besteht (◘ Abb. 3.31). Wird der kleine Kolben durch eine Kraft F_1 um die Strecke s_1 nach unten gedrückt, so wird das Volumen $V = A_1 \cdot s_1$ verdrängt und mit dem Druck $p = F_1/A_1$ auf die Seite des großen Kolbens gepumpt. Dieser steigt durch das zusätzliche Volumen etwas auf, wobei s_2 aufgrund der größeren Querschnittsfläche A_2 deutlich kleiner ist, denn aus $V = A_2 \cdot s_2$ folgt:

$$s_2 = \frac{V}{A_2}.$$

◘ **Abb. 3.31** Hydraulische Presse (aus Harten 2011)

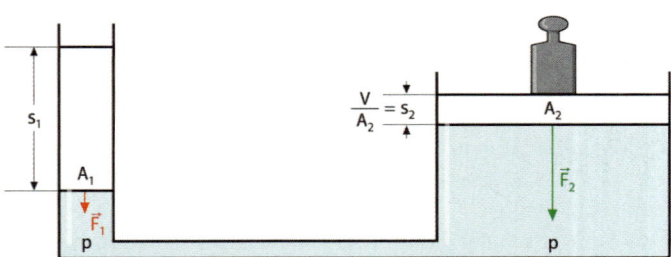

Der Druck p auf der rechten Seite bewirkt indes, dass die Fläche A_2 mit einer Kraft F_2 nach oben gedrückt wird, die sich wie folgt einfach berechnen lässt:

$$F_2 = p \cdot A_2 = \frac{F_1}{A_1} \cdot A_2 = F_1 \cdot \frac{A_2}{A_1}.$$

Zur Erinnerung: Der Stempeldruck in einer Flüssigkeit ist überall gleich!

Die Veränderung des Querschnitts bewirkt also eine umgekehrt proportionale Änderung der Kraft, was es technisch ermöglicht, mittels einer geringen Kraft schwere Lasten hochzuheben.

Eine hydraulische Presse verringert zwar die aufzuwendende Kraft, nicht aber die zu verrichtende Arbeit.

Arbeit einer hydraulischen Presse bzw. einer Pumpe

Betrachten wir die hydraulische Presse nun einmal in folgender Hinsicht: Das Hochheben bedeutet natürlich die Verrichtung einer Arbeit gegen die Kraft F_2. Diese Arbeit konnte verrichtet werden, indem wir das Volumen V gegen den Druck p von der linken Seite auf die rechte Seite transportiert haben. Es wird sofort deutlich, dass der Druck p in enger Verbindung mit dem Volumen V steht. Die erbrachte Arbeit ist dabei gegeben durch:

$$W = F_2 \cdot s_2.$$

Für F_2 und den Druck p gilt: $p = \dfrac{F_2}{A_2}$. Eingesetzt ergibt dies für die verrichtete Arbeit:

$$W = p \cdot A_2 \cdot s_2 = p \cdot V.$$

Die Arbeit entspricht also dem Produkt aus Volumen und Druck; sie wird deshalb als **Volumenarbeit W_V** bezeichnet. Als Einheit erhalten wir $[W] = N \cdot m = J$.

Eine unvorstellbare Volumenarbeit leistet Tag für Tag das Herz. Deshalb wird es oft mit einer Pumpe verglichen. Pumpen werden dazu eingesetzt, Flüssigkeiten oder Gase zu transportieren. Diese werden durch einen Unterdruck angesaugt und anschließend mittels Überdruck wieder herausgeschleudert, also beschleunigt. Um die Flüssigkeit beim Austritt aus der Pumpe zu beschleunigen, muss die Pumpe zusätzlich zur Volumenarbeit W_V die **Beschleunigungsarbeit W_b** verrichten. Die gesamte **Pumpleistung**, also die pro Zeitintervall Δt verrichtete Arbeit der Pumpe, beträgt dann:

$$p = \frac{W_v}{\Delta t} + \frac{W_b}{\Delta t}.$$

Im Vergleich zur Volumenarbeit ist die Beschleunigungsarbeit relativ klein und wird aus diesem Grund oft vernachlässigt.

Hinsichtlich der technischen Ausgestaltung von Pumpen sind der Fantasie fast keine Grenzen gesetzt. Es gibt Kolben- und Membranpumpen, Kreiselpumpen, Rollerpumpen, Strahlpumpen, um mal die wichtigsten zu nennen. Da es sich hier um ein Lehrbuch für Studienanfänger handelt, sei bei großem Interesse für die technischen Feinheiten auf Bücher der Physik, des Maschinenbaus, des Ingenieurwesens oder Ähnliches verwiesen. Empfehlenswert ist aber auf jeden Fall, sich später mit dem Aufbau und der Wirkweise von Herz-Kreislauf-Maschinen, Dialyseapparaten und Beatmungsgeräten näher auseinanderzusetzen, die aus solchen Pumpelementen aufgebaut sind.

Schweredruck

Die Formel für den **Schweredruck** oder **hydrostatischen Druck** haben wir bereits bei der Funktionsweise des Flüssigkeitsmanometers kennengelernt.

Mithilfe von ◘ Abb. 3.32 wollen wir uns die Entstehung des Schweredrucks nochmals näher anschauen. Dargestellt ist ein offenes Gefäß, das mit einer Flüssigkeit gefüllt ist. Denken wir uns in der Tiefe h eine horizontale Querschnittsfläche A. Auf diese Fläche A wirkt von oben die Gewichtskraft F_G der über A befindlichen Flüssigkeitsmenge.

Aus dem Volumen $V = A \cdot h$ der Flüssigkeitssäule berechnet sich die Masse zu $m = \rho \cdot V = \rho \cdot A \cdot h$ und letztendlich die Gewichtskraft der Flüssigkeitssäule zu:

$$F_G = g \cdot m = g \cdot \rho \cdot A \cdot h.$$

Volumenarbeit W_V:
$p \cdot V$ mit der Einheit $N\,m = J$.

Pumpleistung:
pro Zeitintervall verrichtete Arbeit
der Pumpe.

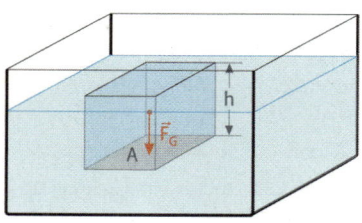

◘ **Abb. 3.32** Wie entsteht der Schweredruck?

Mit der Definition für den Druck folgt sogleich die Formel für den Schweredruck p_S in der Tiefe h:

$$p_S = \frac{F_G}{A} = g \cdot \rho \cdot h.$$

Hydrostatisches Paradoxon: Schweredruck in der Tiefe ist von der Form des Gefäßes unabhängig.

Der Schweredruck steigt mit zunehmender Eintauchtiefe h linear an. Außerdem erkennt man sofort, dass der Druck in der Tiefe h auch völlig unabhängig ist von der Form des betrachteten Gefäßes. Diesen Sachverhalt nennt man hydrostatisches Paradoxon.

Hätten Sie's gewusst?

Schweredruck beim Tauchen
Der Schweredruck spielt eine große Rolle für unseren Körper. Beim Tauchen und beim Bergsteigen muss sich der Körper auf diese Veränderungen einstellen, worauf Lehrbücher der Physiologie ausführlich eingehen. **Im Wasser nimmt der Schweredruck pro 10 m Wassertiefe linear um 10^5 Pa (1 bar) zu.** Auf einen Taucher wirkt in 30 m Wassertiefe also ein Druck von insgesamt 4 bar. Denn der an der Oberfläche wirkende Luftdruck (im Normalfall 1 bar) kommt zum Schweredruck des Wassers über dem Taucher hinzu. Typische Frage im Physikum, also den Luftdruck nicht vergessen!

Wie ändert sich der Schweredruck in Gasen?

Wir können uns auch unsere Atmosphäre als Lufthülle mit vielen einzelnen Luftschichten vorstellen, die jeweils auf die tieferen Schichten einen Schweredruck ausüben. Eine exakte physikalische Rechnung liefert als Ergebnis: **Der Luftdruck nimmt mit zunehmender Höhe nicht wie in einer Flüssigkeit linear, sondern exponentiell ab. Seine Halbwertshöhe liegt bei etwa 6 km.**

Aber warum nimmt der Schweredruck bei zunehmender Höhe in Flüssigkeiten linear, in der Luft exponentiell ab (◘ Abb. 3.33)? Der Unterschied liegt in der **Kompressibilität** der Lufthülle, also in ihrer Fähigkeit, ihr Volumen unter Druck zu verkleinern. Flüssigkeiten und Festkörper weisen eine geringe Kompressibilität auf, da zwischen ihren Molekülen kaum Platz besteht. Gasmoleküle hingegen haben viel Raum zur Verfügung und folglich auch eine hohe Kompressibilität. Dies führt dazu, dass mit steigender Höhe wegen des abnehmenden Drucks zusätzlich die Dichte des Gases abnimmt. Im Ergebnis

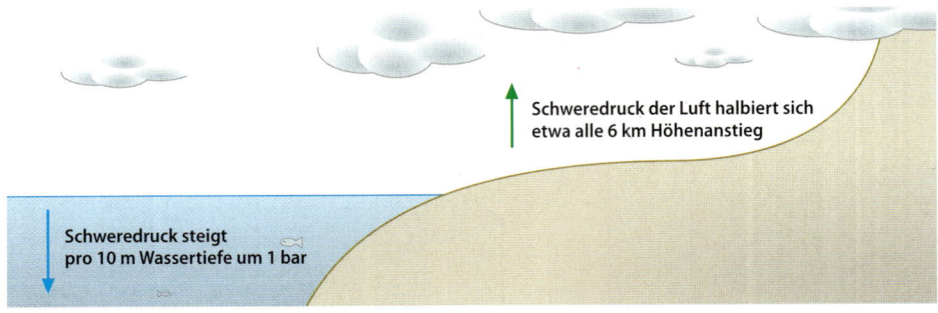

Schweredruck der Luft halbiert sich etwa alle 6 km Höhenanstieg

Schweredruck steigt pro 10 m Wassertiefe um 1 bar

◘ **Abb. 3.33** Der Schweredruck von Gasen und Flüssigkeiten ändert sich abhängig von der Höhe bzw. Wassertiefe

erhält man eine exponentielle Abnahme des Luftdrucks mit steigender Höhe. Wenn wir vereinfachend in allen Höhen die gleiche Temperatur annehmen, gilt:

$$p(h) = p_0 \cdot e^{\frac{\rho_0 \cdot g \cdot h}{p_0}}$$

$$\text{mit } p_0 = p(h = 0).$$

In der Atmosphäre gilt ab der Meereshöhe (h = 0):

$$p_0 = 1013,25 \, hPa,$$

$$\rho_0 = 1,16 \frac{kg}{m^3}$$

$$g = 9,81 \frac{m}{s^2}.$$

Weil Gase sehr kompressibel sind, nimmt der Schweredruck in Gasen bei zunehmender Höhe exponentiell ab.

Die Fähigkeit eines Körpers, sein Volumen unter Druck zu ändern, wird beschrieben mithilfe des **Volumenelastizitätsmodul Q**. Dieser gibt an, mit welcher Volumenänderung ΔV das Ausgangsvolumen V auf eine Druckänderung Δp reagiert:

$$Q = V \cdot \frac{\Delta p}{\Delta V}.$$

Der Kehrwert ist die sog. **Kompressibilität k** des Körpers: $k = -1/Q$. Zu beachten ist das negative Vorzeichen. Dieses wird aber sofort klar, wenn man bedenkt, dass der Körper bei Druckerhöhung, also $\Delta p > 0$, natürlich mit Volumenverkleinerung $\Delta V < 0$ reagiert. Durch das Minuszeichen wird k wieder positiv.

Windkesselfunktion

Doch zurück zum Druck in Flüssigkeiten, da der Gaszustand in ▶ Abschn. 4.3 genauer beschrieben wird. Betrachten wir mit den bisher behandelten Aspekten einmal die Druckverhältnisse in unserem Körper, und zwar direkt nach dem Herz, wo unser Blut periodisch durch die Kontraktionen des Herzens in die Aorta gedrückt wird.

Hätten Sie's gewusst?

Windkesselfunktion der Aorta

Wie reagiert die Aorta auf diese wechselnde Belastung? Sie hat die Funktion eines **Windkessels**. Während der Systole nimmt sie durch Dehnung (elastisches Verhalten) ihrer Gefäßwand einen großen Teil des Blutvolumens auf, indem sie dem Druck nachgibt und dadurch ihren Durchmesser und somit ihr Volumen vergrößert, und gibt das gespeicherte Volumen während der Diastole langsam ab. Dabei wird durch die elastische Dehnung ein bestimmter Druck aufrechterhalten, obwohl das Herz gerade keinen Druck erzeugt, sondern »Luft holt«. Man erhält einen kontinuierlichen Blutfluss trotz periodisch arbeitender Pumpe.

Die Charakteristika des Windkessels sind in ◘ Tab. 3.2 kurz zusammengefasst und in ◘ Abb. 3.34 veranschaulicht.

Ein Windkessel reduziert die Belastung in einem Rohrleitungssystem.

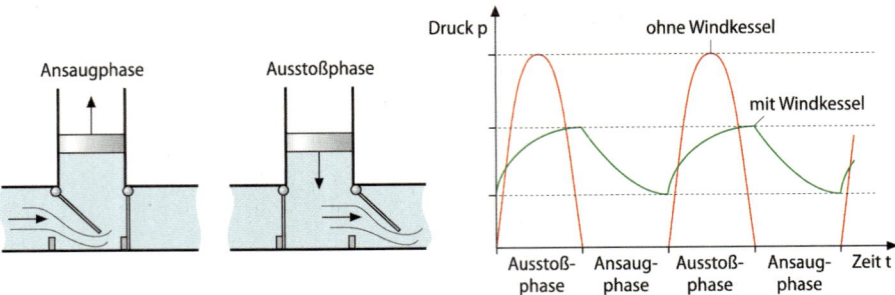

Abb. 3.34 Vereinfachte Wirkungsweise einer periodisch arbeitenden Pumpe (Herz) und Einfluss des Windkessels Aorta auf den Druck p in unserem Blutkreislauf

Tab. 3.2 Wirkungsweise eines Windkessels in einem Strömungskreislauf bei periodisch arbeitender Pumpe (Herz und Aorta im Blutkreislauf)

Beeinflusster Parameter	Ohne Windkessel	Mit Windkessel
Druckdifferenz zwischen Ausstoßphase und Luftholen	Sehr groß	Deutlich reduziert
Druckspitzenwert p_{max} in Aorta	Sehr hoch	Abgesenkt
Volumenstromstärke I	Hoher Spitzenwert	Abgesenkter Spitzenwert
Strömungsgeschwindigkeit v	In Ansaugphase $v = 0$!	Strömung aufrechterhalten
Mittlerer Volumenstrom über mehrere Pumpperioden		Kein Einfluss!
Strömungscharakteristik	Turbulente Strömung	Turbulente Strömung in Aorta wird in Richtung Peripherie schnell laminar

Auftrieb

Zum Abschluss dieses Abschnitts rund um den Druck widmen wir uns einem besonders spannenden Thema, dem **archimedischen Prinzip**, auch als **Auftrieb** bekannt (▶ Abschn. 3.1.3). Oder auch der Frage: Welche physikalischen Gegebenheiten helfen uns, dass wir uns auch im Wasser schwimmend fortbewegen können? ▪ Abb. 3.35 zeigt einen Körper, der in eine Flüssigkeit eintaucht.

Die **Auftriebskraft**, die dieser Körper erfährt, wird durch den Schweredruck hervorgerufen. Der Körper erfährt von allen Seiten einen gewissen Druck, der aber an den verschiedenen Angriffsflächen unterschiedlich stark ausfällt. Denn der Druck $p' = p + p_S$ auf die Unterseite des Körpers ist wegen des Schweredrucks p_S in dieser Tiefe h größer als der Druck p auf dessen Oberseite. Bilden wir aus diesen beiden Drücken die Differenz der daraus resultierenden

Auftrieb entsteht, weil Flüssigkeit verdrängt wird.

Abb. 3.35 Archimedisches Prinzip

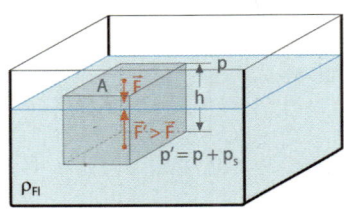

Kräfte F und F', erhalten wir die **Auftriebskraft F_a** ($F_a = F' - F$), die der Gewichtskraft F_G des Körpers entgegenwirkt.

Die Rechnung, die jeder mit den bisher behandelten Formeln leicht selbst nachvollziehen kann, liefert folgendes Ergebnis: **Der Betrag der Auftriebskraft F_a eines Körpers entspricht der Gewichtskraft des vom Körper verdrängten Volumens.** Die Auftriebskraft ist somit das Produkt aus dem eingetauchten Volumen V_K des Körpers, der Dichte ρ_{Fl} der Flüssigkeit (beide zusammen bilden die Masse m_{Fl} der verdrängten Flüssigkeit) und dem Ortsfaktor g:

$$F_a = g \cdot m_{Fl} = \rho_{Fl} \cdot V_K \cdot g.$$

Nun lassen sich drei Situationen unterscheiden:
1. Die Gewichtskraft des Körpers ist größer als die der verdrängten Flüssigkeit. Resultat: **Der Körper sinkt:**

$$F_a < F_G$$
$$\rho_{Fl} \cdot V_K \cdot g < \rho_K \cdot V_K \cdot g$$
$$\rho_{Fl} < \rho_K.$$

Ein Körper geht unter, wenn seine Dichte größer ist als die der Flüssigkeit, in die er eintaucht.
2. Sind Auftriebskraft und Gewichtskraft gleich groß, gilt:

$$\rho_{Fl} = \rho_K.$$

Resultat: **Der Körper schwebt.**
3. Ist die Dichte des Körpers kleiner als die Dichte der Flüssigkeit, steigt der Körper auf, bis er an der Oberfläche schwimmt.

$$\rho_{Fl} > \rho_K.$$

Resultat: **Der Körper schwimmt.**

Betrachten wir den letzten Fall noch etwas genauer. Was bedeutet: Der Körper schwimmt? Dann muss ja die Auftriebskraft gleich groß sein wie seine Gewichtskraft. Ist das ein Widerspruch? Nein, denn nur ein Teil des Körpers taucht jetzt in die Flüssigkeit ein, so wird das verdrängte Flüssigkeitsvolumen V_{Fl} kleiner. Schwimmt der Körper, muss gelten:

$$F_A = F_G$$
$$g \cdot V_{Fl} \cdot \rho_{Fl} = g \cdot V_K \cdot \rho_K.$$

Das Verhältnis des Körpervolumens V_K zum eingetauchten Volumen V_{Fl} ergibt sich zu:

$$\frac{V_K}{V_{Fl}} = \frac{\rho_K}{\rho_{Fl}}.$$

3.2.3 Kräfte an Grenzflächen

Im Zentrum dieses Abschnitts werden die **zwischenmolekularen Kräfte** stehen, die nicht nur für viele chemische, sondern auch für interessante physikalische Phänomene verantwortlich sind:
- Die Wirkung zwischenmolekularer Kräfte im *selben* Stoff, z. B. einer Flüssigkeit, wird als **Kohäsion** bezeichnet.
- Wirken Kräfte zwischen Molekülen *verschiedener* Stoffe, z. B. zwischen einer Flüssigkeit und einem Festkörper, nennen wir dies **Adhäsion**. Eine spezielle Form der Adhäsion ist die **Adsorption**, bei der die Oberfläche eines Festkörpers Gase oder Flüssigkeiten aufnimmt.

Zwischen Molekülen gibt es anziehende und abstoßende Kräfte.

Bei den zwischenmolekularen Kräften unterscheiden wir anziehende und abstoßende Kräfte:

- Bei den **anziehenden Kräften** handelt es sich insbesondere um Van-der-Waals-Kräfte, wobei diese zur 7. Potenz des Abstands eine umgekehrte Proportionalität aufweisen.
- Nähern sich aber zwei Atome oder Moleküle zu sehr an, werden **abstoßende** elektrische **Kräfte** wirksam, die mit zunehmendem Abstand exponentiell abnehmen.

Abstand r_0:
Abstand zwischen zwei Molekülen, bei dem sich die anziehenden und abstoßenden Kräfte aufheben.

Liegen zwei Moleküle in einem Abstand vor, an dem sich die anziehenden und die abstoßenden Kräfte gegenseitig aufheben, haben sie voneinander den **Abstand r_0**. Dies entspricht dem Zustand mit der geringsten Energie.

Oberflächenspannung

Im Folgenden werden wir die Wirkungsweise der Kohäsions- und Adhäsionskräfte näher beleuchten:

Kohäsionskräfte möchten eine Flüssigkeitsoberfläche so klein wie möglich halten. Sie ziehen Moleküle von der Oberfläche ins Innere der Flüssigkeit und wirken darin so gleichmäßig auf die Moleküle, dass sich diese im Kräftegleichgewicht befinden. Dabei strebt die Flüssigkeit eine kugelige Form an, denn die Kugel weist im Verhältnis zu ihrem Volumen die kleinste Oberfläche auf. In der Oberfläche wirkt demnach eine Spannung, die materialspezifische **Oberflächenspannung σ**, die die Verkleinerung der Oberfläche bewirken will: Physikalisch definiert wird die Oberflächenspannung σ über die **Arbeit ΔE, die aufgewendet werden muss, um gegen die Kohäsionskräfte der Flüssigkeitsteilchen eine Vergrößerung der Oberfläche ΔA zu bewirken:**

Oberflächenspannung
→ Verkleinerung der Oberfläche.

$$\sigma = \frac{\Delta E}{\Delta A}.$$

Dieser nicht besonders eingängigen Definition der Oberflächenspannung wollen wir nun einen sehr praktischen Aspekt gegenüberstellen. In einem (kugelförmigen) Tropfen Flüssigkeit mit dem Radius r bewirkt die Oberflächenspannung σ einen Binnendruck p:

$$p = \frac{2 \cdot \sigma}{r}.$$

Der Binnendruck einer Kugel bzw. Luftblase, die sich in einer Flüssigkeit befindet, ist reziprok abhängig von ihrem Radius.

Dies gilt sowohl für eine Flüssigkeitskugel als auch für eine Luftblase in einer Flüssigkeit. Die reziproke Abhängigkeit des Binnendrucks p vom Radius r der Kugel hat physiologisch große Bedeutung.

Hätten Sie's gewusst?

Surfactant als Retter in der Not

Die Young-Laplace-Gleichung ($p = \sigma/r$) beschreibt den Zusammenhang zwischen Oberflächenspannung σ, Druck p und Radius r einer Gasblase oder eines Flüssigkeitstropfens, die oder der sich in einer (anderen) Flüssigkeit befindet. Die Gleichung zeigt, dass die Alveolen in unserer Lunge ein großes Problem bewältigen müssen: Diese haben einen sehr kleinen Radius, sodass die Oberflächenspannung σ an ihrer Luft-Wasser-Grenze aufgrund der umgekehrten Proportionalität des Radius einen Druck erzeugt, der zum Zusammenfallen der Alveolen und terminalen Atemwege führen oder die Entfaltung der Alveolen beim Neugeborenen verhindern würde. Damit wäre der Gasaustausch unmöglich.

Da der Mensch auf die Atmung angewiesen ist, hat sich der Körper etwas einfallen lassen, um diesen Druck zu mindern: Typ-II-Alveolarzellen stellen »surface active agent« (grenzflächenaktives Agens) oder kurz »Surfactant« her, der aus Phospholipiden, Lecithinderivaten und Surfactant-assoziierten Proteinen besteht. Er verteilt sich an der Wasser-Luft-Grenze der Alveolen und vermindert deren Oberflächenspannung.

Außerdem zeigt Surfactant eine weitere Wirkung: Verkleinert sich eine Alveole, steigt die Surfactant-Konzentration, sodass die Oberflächenspannung vermindert wird. Folglich verkleinert sich die Alveole nicht noch weiter. Große Alveolen haben eine geringere Oberflächenspannung als kleinere und weisen eine niedrigere Surfactant-Konzentration auf, sodass ihre Oberflächenspannung vergrößert ist. Somit bewirkt Surfactant, dass sich eine mittlere Alveolengröße einstellt.

Da Typ-II-Zellen des Ungeborenen erst ab der 30. Schwangerschaftswoche Surfactant herstellen können und diese Fähigkeit erst ab der 35. Schwangerschaftswoche vollständig ausgereift ist, leiden viele Frühgeborene aufgrund des Surfactant-Mangels an einem lebensbedrohlichen Atemnotsyndrom. Die Babys können durch die Gabe von Surfactant in ihre Atemwege behandelt werden. Bei drohender Frühgeburt erhalten Mütter ggf. Glukokortikoide, welche die Lungenreife des Ungeborenen fördern.

Kapillarwirkung

Treffen eine Flüssigkeit und ein Festkörper aufeinander, treten die **Kohäsionskräfte** der Flüssigkeit und die **Adhäsionskräfte** zwischen Flüssigkeit und Festkörper in einen Wettkampf ein:

- Sind die Adhäsionskräfte stärker als die Kohäsionskräfte, sprechen wir von einer **benetzenden Flüssigkeit**.
- Überwiegt die Kohäsion zwischen den Flüssigkeitsteilchen, ist die Flüssigkeit **nichtbenetzend**.

▫ Abb. 3.36 zeigt, dass sich eine benetzende und eine nichtbenetzende Flüssigkeit an einer Gefäßwand charakteristisch verhalten: Die benetzende Flüssigkeit hat möglichst viel Kontakt mit der Gefäßwand (links), die nichtbenetzende Flüssigkeit hingegen versucht, die Gefäßwand zu meiden (rechts). Dieses Verhalten beobachten wir insbesondere an den abgebildeten Kapillaren, Rohren mit geringem Durchmesser r, wenn diese in eine Flüssigkeit eintauchen. Ist die Flüssigkeit benetzend, steigt die Flüssigkeit in der Kapillare hoch, die Oberfläche der Flüssigkeit in der Kapillare ist eingedellt. Wir beobachten eine sog. **Kapillaraszension**.

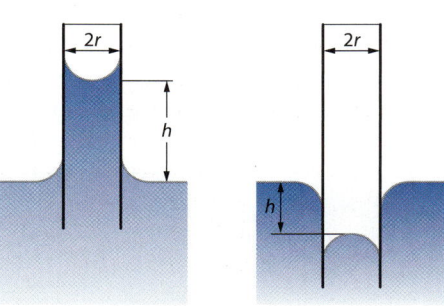

▫ **Abb. 3.36** Kapillaraszension (*links*) und -deszension (*rechts*) (aus Harten 2015)

Die Steighöhe h zeigt dabei eine enge Beziehung zur Oberflächenspannung σ, zum Radius r der Kapillare, zum Ortsfaktor g und zur Dichte ρ der Flüssigkeit und setzt sich aus dem von der Oberflächenspannung σ erzeugten Druck $p_{Oberfläche}$ und dem Schweredruck $p_{Schwere}$ der Flüssigkeit zusammen. Es gilt:

$$p_{Oberfläche} = \frac{2\sigma}{r}$$

und

$$p_{Schwere} = \rho \cdot g \cdot h.$$

Die maximale Steighöhe h ist erreicht, wenn Oberflächendruck und Schweredruck gleich groß sind.

$$h = \frac{2\sigma}{r \cdot g \cdot \rho}.$$

Bei einer nichtbenetzenden Flüssigkeit tritt im Gegensatz dazu eine **Kapillardeszension** auf. Die Flüssigkeit steht innerhalb der Kapillare tiefer als außerhalb, ihre Oberfläche ist in der Kapillare halbkugelig (◻ Abb. 3.36 *rechts*).

3.2.4 Strömungen in Flüssigkeiten

Strömungsarten

Bisher haben wir uns mit der Hydrostatik befasst, die die physikalischen Gesetzmäßigkeiten ruhender Flüssigkeiten beschreibt. Mit der **Hydrodynamik** bringen wir etwas Bewegung ins Spiel, vielmehr in die Flüssigkeit. Wir widmen uns dabei einem sehr komplexen Thema, denn selbst der Altmeister der Hydrodynamik Horace Lamb sagte im Jahr 1932: »Wenn ich in den Himmel kommen sollte, erhoffe ich Aufklärung über zwei Dinge: Quantenelektrodynamik und Turbulenz. Was den ersten Wunsch betrifft, bin ich ziemlich zuversichtlich.« Nähern wir uns schrittweise einer gewissen Vorstellung.

Wir unterscheiden:
- stationäre Strömung,
- nichtstationäre Strömung,
- laminare Strömung,
- turbulente Strömung.

In einer laminaren Strömung durchmischen sich benachbarte Flüssigkeitsschichten nicht.

Während bei laminarer Strömung benachbarte Flüssigkeitsschichten parallel und undurchmischt aneinander vorbeigleiten, treten bei turbulenter Strömung Verwirbelungen auf (◻ Abb. 3.37).

In ◻ Abb. 3.37 sind beispielhaft drei Stromlinienbilder gezeichnet, die das charakteristische Strömungsverhalten einer Flüssigkeit wiedergeben. Die Richtung der einzelnen Stromlinien entspricht der Bewegungsrichtung der Flüssigkeitsteilchen, deren Geschwindigkeit durch die Stromliniendichte veranschaulicht wird.

So kann eine Strömung auch als Vektorenfeld beschrieben werden, das aus vielen Vektoren besteht, wobei jeder Vektor die Geschwindigkeit eines Strömungsteilchens angibt. Handelt es sich um ein zeitlich konstantes Feld und

◻ **Abb. 3.37** Laminare und turbulente Umströmung eines Hindernisses (*links* und *Mitte*) sowie laminare Strömung durch eine Rohrverengung (*rechts*)

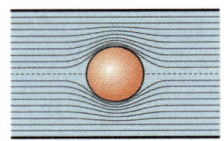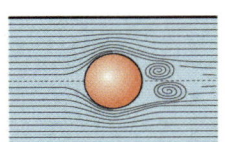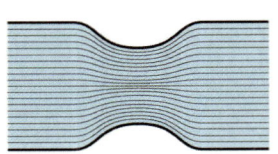

behalten die Stromlinien ihre Form bei, sprechen wir von einer **stationären Strömung**. Trifft dies nicht zu, ist die Strömung **nichtstationär**.

Die Stromlinien einer **laminaren Strömung** kreuzen sich selbst dann nicht, wenn sie ein Hindernis passieren. Bei einer **turbulenten Strömung** kreuzen sich die Stromlinien und Verwirbelungen sind deutlich zu erkennen, die den Strömungswiderstand erhöhen und zu Energieverlusten führen (◘ Abb. 3.37).

Reynolds-Zahl Eine laminare Strömung kann in eine turbulente Strömung übergehen, wenn die Stromlinie an einem Hindernis abreißt oder wenn die **kritische Geschwindigkeit v_{krit}** überschritten wird. Diese berechnet sich aus der empirisch ermittelten **Reynolds-Zahl Re**, der Viskosität η, der Dichte ρ der Flüssigkeit und dem Radius r des Rohrs wie folgt:

$$v_{krit} = \frac{Re \cdot \eta}{\rho \cdot r}.$$

Umgekehrt ist allgemein die Reynolds-Zahl Re einer gegebenen Strömungssituation berechenbar aus der Dichte ρ, der mittleren Geschwindigkeit v, der Viskosität η der Flüssigkeit und einer charakteristischen Länge $l_{charakt}$. Bei einer Rohrströmung mit dem Radius r gilt: $l_{charakt} = r$.

$$Re = \frac{\rho \cdot v \cdot l_{charakt}}{\eta}.$$

Die Reynolds-Zahl Re kann zur Bestimmung des Strömungsverhaltens herangezogen werden:
- Bei einer Reynolds-Zahl unter 1000 ist die Strömung durch ein Rohr laminar.
- Bei Zahlenwerten um oder knapp oberhalb 1000 können bereits Turbulenzen auftreten.
- Bei Werten deutlich über 1000 kann man fast sicher sein, dass die Strömung bereits turbulent ist.

Allerdings gibt es keinen genauen Wert für die Reynolds-Zahl, ab dem spontan ein Umschlag von laminarer zu turbulenter Strömung erfolgt. Denn in der Realität spielen auch andere Randbedingungen eine Rolle, wie z. B. die Beschaffenheit der Wandung.

Viskosität

Um die **Viskosität η** besser zu verstehen, müssen wir uns etwas intensiver mit ihr auseinandersetzen. Dazu schauen wir uns zunächst in ◘ Abb. 3.38 das Strömungsprofil einer laminaren Strömung in einem Rohr mit kreisförmigem Querschnitt an. An der Stelle A erkennen wir, dass die äußeren Flüssigkeitsschichten am Rand des Rohrs eine geringere Geschwindigkeit haben als die inneren Flüssigkeitsschichten – am Rand haftet die erste Schicht sogar an der Wand, also v = 0. Verbinden wir die Spitzen der Strömungsvektoren, entsteht eine Parabel.

Übergang einer laminaren Strömung in eine turbulente ausgelöst durch Hindernisse oder Überschreiten der kritischen Geschwindigkeit v_{krit}.

Die Größe der Reynolds-Zahl einer Strömung gibt Auskunft darüber, ob diese noch laminar ist.

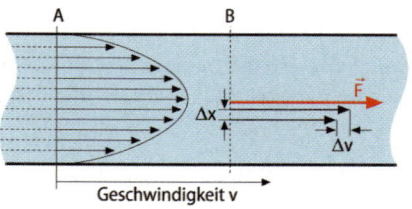

◘ Abb. 3.38 Geschwindigkeitsprofil einer laminaren Rohrströmung

Bei laminarer Strömung bewegen sich benachbarte Flüssigkeitsschichten unterschiedlich schnell; die daraus folgende innere Reibung ist die Viskosität.

Zwischen benachbarten Flüssigkeitsschichten mit einer Kontaktfläche A tritt aufgrund der unterschiedlichen Geschwindigkeiten eine innere Reibung auf, die Viskosität η [Pa s]. Zum Überwinden dieser Reibung muss, wie an Punkt B dargestellt, eine tangentiale Schubspannung σ = F/A angreifen, wobei Δv/Δx der Geschwindigkeitsgradient quer zur Strömungsrichtung ist. Die Proportionalitätskonstante zwischen der Schubspannung und dem sich ergebenden Geschwindigkeitsgradienten ist die Viskosität:

$$\sigma = \frac{F}{A} = \eta \cdot \frac{\Delta v}{\Delta x}.$$

Für die Viskosität gilt dann:

$$\eta = \frac{F/A}{\Delta v / \Delta x}.$$

Die Viskosität hat die Einheit Pa s.

Aber dies ist nur die Definition für die Viskosität η. Um mit dieser Größe etwas vertrauter zu werden, betrachten wir folgendes **Gedankenexperiment**: Lassen wir eine Kugel der Masse m und dem Radius r in ein flüssigkeitsgefülltes Gefäß fallen. Auf die Kugel wirken Gewichts- (F_G) und Auftriebskräfte (F_A) sowie wegen der Viskosität der sie umströmenden Flüssigkeit eine Reibungskraft (F_R) zwischen Kugel und Flüssigkeit. Zunächst wird die Kugel durch die Kraft $F_G - F_A$ beschleunigt. Mit steigender Geschwindigkeit wird sie aber durch die immer größer werdende Reibungskraft F_R abgebremst. (F_R ist in diesem Fall proportional zur Geschwindigkeit!) Schließlich stellt sich ein Kräftegleichgewicht ein und die Kugel sinkt mit konstanter Geschwindigkeit (◘ Abb. 3.39):

$$F_G - F_A - F_R = 0.$$

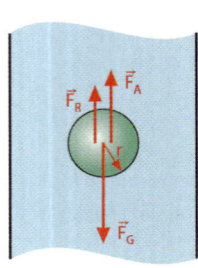

◘ **Abb. 3.39** Kräftegleichgewicht an einer in der Flüssigkeit mit konstanter Geschwindigkeit fallenden Kugel

Gewichtskraft F_G und Auftriebskraft F_A sind uns bereits bekannt, sodass wir sie direkt in unsere Gleichung für das Kräftegleichgewicht einsetzen können. Die Gewichtskraft F_G entspricht dem Produkt aus der Masse m_K des Körpers und dem Ortsfaktor g. Die Masse der Kugel ist das Produkt aus dem Kugelvolumen V_K und der Kugeldichte ρ_K.

$$F_G = \frac{4}{3}\pi \cdot r^3 \cdot \rho_K \cdot g.$$

Das Gewicht des verdrängten Flüssigkeitsvolumens berechnen wir mithilfe des Kugelvolumens V_K, der Dichte ρ_{Fl} der Flüssigkeit und dem Ortsfaktor g und erhalten als Auftriebskraft der Kugel:

$$F_A = \frac{4}{3}\pi \cdot r^3 \cdot \rho_{Fl} \cdot g.$$

Stokes-Gesetz: dient zur Berechnung der Reibungskraft F_R einer Kugel, die sich in einer ruhenden Flüssigkeit bewegt.

Nur die Reibungskraft F_R gibt uns Rätsel auf: Des Rätsels Lösung finden wir durch das **Stokes-Gesetz**: Bewegt sich eine Kugel mit dem Radius r mit der Geschwindigkeit v in einer ruhenden Flüssigkeit mit der Viskosität η, so gilt für die Reibungskraft:

$$F_R = 6\pi \cdot \eta \cdot r \cdot v.$$

Die Geschwindigkeit v der Kugel bestimmen wir mithilfe ihres Fallweges Δs und der Fallzeit Δt:

$$v = \frac{\Delta s}{\Delta t}.$$

Setzen wir diese drei Kräftegleichungen in unser Kräftegleichgewicht ein und lösen nach der Viskosität η auf, ergibt sich:

$$\eta = \frac{2 \cdot g \cdot r^2 \cdot (\rho_K - \rho_{Fl})}{9 \cdot v}.$$

Dieses Verfahren ist auch als **Viskositätsmessung nach dem Stokes-Gesetz** bekannt.

Hätten Sie's gewusst?

Viskosität und Blutkörperchen-Senkungsgeschwindigkeit
Eine medizinische Anwendung des Stokes-Gesetz ist die Messung der Blutkörperchen-Senkungsgeschwindigkeit: Die Erythrozyten einer Blutprobe sinken langsam ab, sodass sich ein Erythrozytenspiegel ausbildet. Dabei wird die Sedimentationsgeschwindigkeit gemessen, die Rückschlüsse auf den »Gesundheitszustand« unseres Blutes erlaubt. Bei Infektionen bilden die Erythrozyten Klumpen, der Radius der Teilchen wird dadurch größer. Da $v \sim r^2$, erhöht sich folglich die Senkungsgeschwindigkeit.

Die Viskosität aller Flüssigkeiten zeigt eine exponentielle reziproke Temperaturabhängigkeit: Sie nimmt mit zunehmender Temperatur stark ab.

Außerdem verhalten sich nicht alle Flüssigkeiten so, wie wir es bis jetzt beschrieben haben. Flüssigkeiten, für die die Annahme gilt, dass die Schubspannung durch eine geschwindigkeitsunabhängige Konstante mit dem Geschwindigkeitsgradienten verknüpft ist, nennt man **Newton'sche Flüssigkeiten**. Somit gilt die Berechnung des Stokes'schen Kugelfallexperiments eben nur in Newton'schen Flüssigkeiten.

Sobald dieser lineare Zusammenhang nicht mehr gilt, spricht man von einer **Nicht-Newton'schen Flüssigkeit**. Unser Blut ist z.B. eine Nicht-Newton'sche Flüssigkeit. Wir werden etwas später nochmals auf diese Unterscheidung zurückkommen.

Berechnung nach Stokes gilt nur in Newton'schen Flüssigkeiten; Blut gehört zu den Nicht-Newton'schen Flüssigkeiten.

Hätten Sie's gewusst?

Was macht Blut viskos?
Blut besteht aus Plasma und Zellen. Blutplasma kann näherungsweise als physiologische Kochsalzlösung (9 g auf 1 l) beschrieben werden. Es entspricht in seiner Zusammensetzung dem Interstitium. (Ausnahme: Plasma enthält mehr Proteine.) Interstitium und Plasma sind Flüssigkeiten, die außerhalb der Zellen liegen und bilden zusammen den Extrazellulärraum. Die Viskosität des Plasmas hängt von der Konzentration der Plasmaproteine ab, die im Blut vielfältige Funktionen übernehmen: Sie transportieren hydrophobe Moleküle, wirken als Puffer und unterstützen Blutgerinnung und Immunabwehr.

Zu den Blutzellen zählen Erythrozyten, Leukozyten und Thrombozyten sowie deren Differenzierungen. Sie bestimmen den Hämatokrit des Bluts. Dieser gibt den relativen Anteil der Blutzellen am Gesamtblutvolumen an. Dabei spielen insbesondere die Erythrozyten eine große Rolle, da diese am häufigsten im Blut vorkommen, sodass häufig auch der »Erythrokrit« bestimmt wird.

Im Gegensatz zum Fließverhalten einer Newton'schen Flüssigkeit, deren Viskosität nur von der Temperatur abhängt, hängen Fließverhalten und Viskosität des Blutes als Nicht-Newton'scher Flüssigkeit von vielen weiteren Faktoren ab:

- Wird der Hämatokrit größer, steigt auch die Viskosität an.
- Die Viskosität nimmt auch mit abnehmender Strömungsgeschwindigkeit, z. B im Bereich der Endkapillaren, zu, da sich die Erythrozyten geldrollenartig aufreihen. Dieses Verhalten wird Erythrozytenaggregation genannt und ist reversibel.
- Der Fåhraeus-Lindqvist-Effekt beschreibt, dass die Blutviskosität auch vom Gefäßdurchmesser abhängt, was auf der Verformbarkeit der Erythrozyten beruht:
  - Blut in Kapillaren mit 5–8 μm Innendurchmesser weist eine minimale Viskosität auf, da die Erythrozyten aufgrund ihrer Verformbarkeit hintereinander aufgereiht in der Mitte der Strömung »schwimmen«. Am Gefäßrand entsteht eine zellarme Strömung, die die Reibung minimiert.
  - In noch kleineren Gefäßen nimmt die Viskosität wieder zu, da der Platz nur für die Erythrozyten ausreicht und nicht mehr für eine solche »Schmierschicht« um die Erythrozyten.
  - In größeren Gefäßen erhöht sich die Viskosität ebenfalls, weil die Erythrozyten nicht mehr nur hintereinander, sondern auch nebeneinander »schwimmen« können, wodurch die Reibung ansteigt.

Einfache Strömungsgesetze

Nachdem wir uns mit dem allgemeinen Strömungsverhalten von Flüssigkeiten und deren Eigenschaften beschäftigt haben, wenden wir uns nun ganz dem Stromfluss selbst zu. **Die Volumenstromstärke I ist definiert als das pro Zeiteinheit Δt transportierte Volumen ΔV:**

$$I = \frac{\Delta V}{\Delta t}.$$

Ihre Einheit ist $[I] = m^3/s$. Es besteht aber auch ein Zusammenhang zwischen der Volumenstromstärke I und dem Produkt aus der Querschnittsfläche A und der Strömungsgeschwindigkeit v. Denn das transportierte Volumen ΔV kann auch geschrieben werden als Produkt aus der Querschnittsfläche A und der in der Zeit Δt zurückgelegten Strecke Δs. Anders zusammengefasst ergibt dies dann:

$$I = \frac{A \cdot \Delta s}{\Delta t} = A \cdot \frac{\Delta s}{\Delta t} = A \cdot v.$$

Kontinuitätsgleichung:
Bei inkompressiblen Fluiden ist die Volumenstromstärke überall gleich.

Die **Kontinuitätsgleichung** besagt, dass die Volumenstromstärke I bei einer Änderung der Querschnittsfläche A konstant bleibt, während sich die mittlere Strömungsgeschwindigkeit verändert (◻ Abb. 3.40).

Unterscheiden sich zwei Stellen in ihren Querschnittsflächen A_1 und A_2, so verhalten sich ihre Strömungsgeschwindigkeiten v_1 und v_2 folgendermaßen:

$$A_1 \cdot v_1 = A_2 \cdot v_2.$$

Verkleinert sich der Querschnitt, nimmt die Strömungsgeschwindigkeit zu, vergrößert sich der Querschnitt, nimmt sie ab.

Hagen-Poiseuille'sches Gesetz **Dieses Gesetz beschreibt eine laminare Strömung durch eine Kapillare oder Röhre mit kreisförmigem Querschnitt.** Die Volumenstromstärke I ist der 4. Potenz des Kapillarradius r und der Druckdifferenz Δp direkt proportional, aber der Viskosität η und der Kapillarlänge l umgekehrt proportional:

$$I = \frac{\Delta V}{\Delta t} = \frac{\pi \cdot r^4 \cdot \Delta p}{8 \cdot \eta \cdot l}.$$

Bei konstanter Kapillargeometrie (r und l) und konstanter Viskosität besteht zwischen Volumenstromstärke I und Druckdifferenz Δp ein linearer Zusammenhang, wie das Stromstärke-Druckdifferenz-Diagramm (◨ Abb. 3.41) zeigt. Doch diese lineare Abhängigkeit zeigen nur Newton'sche Flüssigkeiten. Für Nicht-Newton'sche Flüssigkeiten erhält man keinen linearen Zusammenhang. Anhand dieses Beispiels lässt sich der Begriff der **Newton'schen Flüssigkeit** besser verstehen. Zwar ist auch Blut keine Newton'sche Flüssigkeit, doch die Abweichungen von den Idealbedingungen sind nicht besonders groß. Deshalb lassen sich die Strömungsverhältnisse im menschlichen Körper mit dem Hagen-Poiseuille'schen Gesetz gut abschätzen.

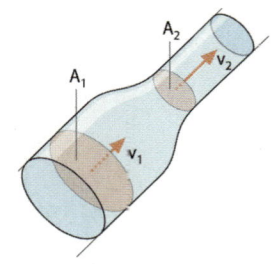

◨ **Abb. 3.40** Zur Kontinuitätsgleichung

Bei Newton'schen Flüssigkeiten ist die Volumenstromstärke I proportional zur 4. Potenz des Röhrenradius!

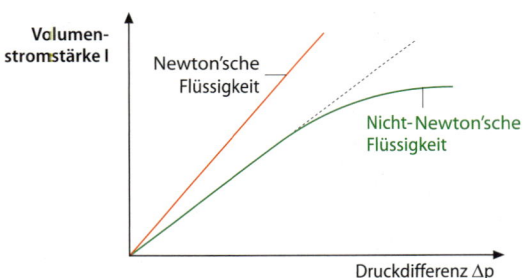

◨ **Abb. 3.41** Stromstärke-Druckdifferenz-Diagramm für Newton'sche und Nicht-Newton'sche Flüssigkeiten

Aber widmen wir uns lieber wieder der linearen Abhängigkeit zwischen der Volumenstromstärke I und der Druckdifferenz Δp bei einer Newton'schen Flüssigkeit und betrachten wir sie analog zum linearen Zusammenhang zwischen Ladungsstrom I und Spannung U, der durch das Ohm'sche Gesetz der Elektrizitätslehre beschrieben wird (▶ Abschn. 5.3.1).

Flüssigkeitsströmung nach Hagen-Poiseuille, Volumenstrom aufgrund einer Druckdifferenz:

$$I = \frac{\Delta V}{\Delta t} = \frac{\pi \cdot r^4}{8 \cdot \eta \cdot l} \cdot \Delta p.$$

Elektrischer Strom nach Ohm, Ladungsstrom aufgrund einer Potenzialdifferenz:

$$I = \frac{\Delta Q}{\Delta t} = \frac{1}{R} \cdot U.$$

Volumenstromstärke I und Druckdifferenz Δp in Newton'schen Flüssigkeiten verhalten sich analog zu Ladungsstrom I und Spannung U eines elektrischen Stroms.

Aufgrund dieser Analogie definieren wir in der Hydrodynamik den **Strömungswiderstand R** einer Strömung mithilfe des Ohm'schen Gesetzes:

$$R = \frac{8 \cdot \eta \cdot l}{\pi \cdot r^4}.$$

Die Einheit des Strömungswiderstands ergibt sich zu $[R] = Pa\,s\,m^{-3}$.

Der Strömungswiderstand ist zur 4. Potenz des Radius umgekehrt proportional. Es lohnt sich, dieses kleine Detail gut einzuprägen, da es zum einen für das persönliche Verständnis, zum anderen für die Prüfung von großer Bedeutung ist – es gibt dazu viele schöne Klausur- und Physikumfragen.

> Der Strömungswiderstand R ist umgekehrt proportional zur 4. Potenz des Radius!

Wie in der Elektrizitätslehre wird der Kehrwert des Widerstands als **Leitwert G** bezeichnet:

$$G = \frac{1}{R}.$$

Dank Ohm'schem Gesetz haben wir nun endlich eine Definition, mit der wir Newton'sche und Nicht-Newton'sche Flüssigkeiten unterscheiden können: **Eine Flüssigkeit wird als Newton'sch bezeichnet, wenn sie dem Ohm'schen Gesetz der Hydrodynamik folgt. Erfüllt sie dieses Gesetz nicht, handelt es sich um eine Nicht-Newton'sche Flüssigkeit.**

> Kirchhoff'sche Gesetze gelten für Strömungswiderstände.

Es gibt noch eine **weitere Parallele zur Elektrizitätslehre**: Verbinden wir Röhren verschiedener Durchmesser und Längen miteinander, erhalten wir ein Netzwerk seriell und parallel geschalteter Strömungswiderstände. Für die Serien- und Parallelschaltung elektrischer Widerstände sind die **Kirchhoff'schen Gesetze** formuliert worden, die wir hier analog für die Hydrodynamik übernehmen können:

Für die **Serienschaltung** von Strömungswiderständen (■ Abb. 3.42) gilt:

- Die Volumenstromstärke I ist in allen Abschnitten des unverzweigten Röhrensystems konstant – wo soll sie denn auch hin (Kontinuitätsgleichung)?

$$I_1 = I_2 = \ldots = I_n = I.$$

- An den einzelnen unterschiedlich breiten Rohrabschnitten ergeben sich somit folgende Druckdifferenzen:

$$\Delta p_1 = R_1 \cdot I$$

$$\Delta p_2 = R_2 \cdot I, \text{ usw.}$$

Die gesamte Druckdifferenz Δp_{gesamt} ist die Summe aus den Druckdifferenzen aller in Serie geschalteter Röhren:

$$\Delta p_{gesamt} = \Delta p_1 + \Delta p_2 + \ldots \Delta p_n = (R_1 + R_2 + \ldots + R_n) \cdot I.$$

> Serienschaltung von Strömungswiderständen:
> Die Widerstände addieren sich!

- Der Gesamtströmungswiderstand R_{gesamt} wird also berechnet, indem man die Strömungswiderstände aller in Serie geschalteten Röhren addiert:

$$R_{gesamt} = R_1 + R_2 + \ldots + R_n.$$

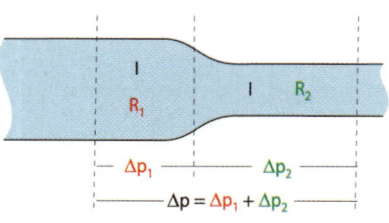

■ **Abb. 3.42** Serienschaltung von Strömungswiderständen

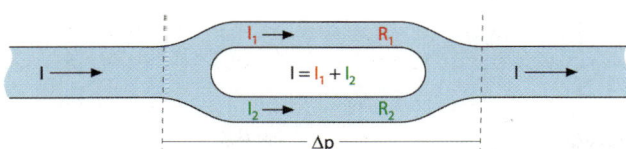

◻ Abb. 3.43 Parallelschaltung von Strömungswiderständen

Für die **Parallelschaltung** von Strömungswiderständen (◻ Abb. 3.43) erhält man:

━ An einer Verzweigungsstelle ist die Summe der ankommenden Volumenströme gleich groß wie die Summe der abfließenden Volumenströme (1. Kirchhoff'sches Gesetz):

$$I_{gesamt} = I_1 + I_2 + \ldots + I_n.$$

━ Dass sich die Volumenstromstärke in einem parallel geschalteten Röhrensystem aufteilt, können wir uns auch als Weggabelung vorstellen: Der Volumenstrom hat nun die Qual der Wahl, welchen Weg er einschlagen möchte. Da er sich nicht entscheiden kann, nimmt ein Teil den einen Weg, ein anderer den anderen, sodass die Summe der Volumenströme immer noch dem Volumenstrom vor der Weggabelung entspricht:

━ Die Druckdifferenz Δp, die entlang der parallel geschalteten Röhren auftritt, ist an allen Strömungswiderständen gleich groß (2. Kirchhoff'sches Gesetz):

$$\Delta p_1 = \Delta p_2 = \ldots = \Delta p_n = \Delta p_{gesamt}.$$

Für die einzelnen Ströme durch die Widerstände erhalten wir:

$$I_1 = \frac{\Delta p}{R_1}$$

$$I_2 = \frac{\Delta p}{R_2}, \text{ usw.}$$

━ In einem parallel geschalteten Röhrensystem verhalten sich die Volumenstromstärken umgekehrt wie die Strömungswiderstände:

$$\frac{I_1}{I_2} = \frac{R_2}{R_1}.$$

━ Für den Gesamtstrom ergibt sich:

$$I = \left(\frac{1}{R_1} + \frac{1}{R_2} + \ldots \right) \Delta p,$$

woraus man den Gesamtströmungswiderstand R_{gesamt} ablesen kann:

$$\frac{1}{R_{gesamt}} = \frac{1}{R_1} + \frac{1}{R_2} + \ldots + \frac{1}{R_n}.$$

Hätten wir die Betrachtung der Parallelschaltung nicht für die Widerstände durchgeführt, sondern den Strömungsleitwert G verwendet, hätten wir Folgendes erhalten: Bei einem parallel geschalteten Röhrensystem addieren sich die Strömungsleitwerte der einzelnen Röhrenabschnitte zum Gesamtströmungsleitwert:

$$G_{gesamt} = G_1 + G_2 + \ldots + G_n.$$

◻ Tab. 3.3 vergleicht die Parameter Volumenstromstärke I, Druckdifferenz Δp und Strömungswiderstand R in Serien- und Parallelschaltung von Strömungswiderständen.

Parallelschaltung von Strömungswiderständen: Leitwerte (Kehrwerte des Widerstands) addieren sich.

◼ **Tab. 3.3** Parameter in Serien- und Parallelschaltung von Strömungswiderständen

	Serienschaltung von Strömungswiderständen	Parallelschaltung von Strömungswiderständen
Volumen-stromstärke I	$I_{gesamt} = I_1 = I_2 = \ldots = I_n$	$I_{gesamt} = I_1 + I_2 + \ldots + I_n$ $= \left(\dfrac{1}{R_1} + \dfrac{1}{R_2} + \ldots + \dfrac{1}{R_n} \right) \cdot \Delta p$ $= \dfrac{\Delta p}{R_{gesamt}}$
Druck-differenz Δp	$\Delta p_{gesamt} = \Delta p_1 + \Delta p_2 + \ldots + \Delta p_n$ $= (R_1 + R_2 + \ldots + R_n) \cdot I$	$\Delta p_{gesamt} = \Delta p_1 = \Delta p_2 = \ldots = \Delta p_n$
Strömungs-widerstand R	$R_{gesamt} = R_1 + R_2 + \ldots + R_n$	$\dfrac{1}{R_{gesamt}} = \dfrac{1}{R_1} + \dfrac{1}{R_2} + \ldots + \dfrac{1}{R_n}$

Hätten Sie's gewusst?

Auch Blutgefäße leisten Widerstand

Wir können unser Kreislaufsystem mit all seinen Gefäßen näherungsweise als Netzwerk vieler in Serie oder in Reihe geschalteter Röhren ansehen, von denen jede ihren eigenen Strömungswiderstand hat:

— Herznah befinden sich Druckgefäße, die sich in der Systole aufdehnen und einen Teil des aus dem Herzen ausgeworfenen Blutvolumens auffangen, um in der Diastole dieses Volumen wieder langsam abzugeben. Hier sind die Blutgefäße hauptsächlich in Serie geschaltet, da dieses Gefäßsystem eine Transportfunktion einnimmt.

— In Richtung Peripherie kommen immer mehr Widerstandsgefäße zum Einsatz und die Gefäße zweigen sich unzählige Male auf, damit im Gewebe zwischen Kapillare und Zelle oder Interstitium ein reger Austausch stattfinden kann.

Besonders interessant ist die Tatsache, dass unsere Blutgefäße ihren Widerstand selbst steuern und somit die Durchblutung der nachgeschalteten Gefäßsysteme regulieren können. Da kann man nur rufen: ein Hoch auf die Widerstandskämpfer!

Hydrodynamisches Paradoxon

Zum Abschluss dieses Abschnitts zu Strömungen in Flüssigkeiten befassen wir uns mit dem sog. **hydrodynamischen Paradoxon**. Stellen wir uns vor, dass wir in unserem gedanklichen Versuch mit einer idealen Flüssigkeit arbeiten, die inkompressibel und reibungsfrei mit der Geschwindigkeit v_1 durch ein Rohr mit konstantem Radius fließt. Die Flüssigkeit strömt somit nicht aufgrund einer Druckdifferenz, sondern ausschließlich aufgrund ihrer kinetischen Energie. Ihre Volumenstromstärke wird durch die Gleichung $I = \Delta V/\Delta t = A \cdot v$ beschrieben.

Wird die Strömung unserer idealen Flüssigkeit doch einmal wie in ◼ Abb. 3.44 durch eine Engstelle behindert, erhöht sie dort ihre Geschwindigkeit auf den Wert v_2 und besitzt damit eine höhere kinetische Energie. Ist die Engstelle überwunden, beträgt die Geschwindigkeit wieder v_1 und die kinetische Energie reduziert sich auf ihren Ausgangswert.

Fließt eine ideale Flüssigkeit durch eine Engstelle, so ist dort der Druck geringer als vor und nach der Engstelle.

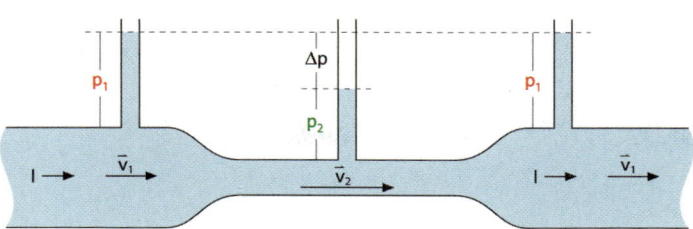

Abb. 3.44 Hydrodynamisches Paradoxon

Das Verblüffende und Paradoxe daran ist, dass der Druck p_2 an der Engstelle kleiner ist als der Druck p_1 vor und nach der Engstelle. Die Druckdifferenz Δp ist für die Beschleunigung der Flüssigkeit verantwortlich, durch die Volumenarbeit W verrichtet und kinetische Energie ΔE hinzugewonnen wird:

Durch die Druckdifferenz wird die Flüssigkeit beschleunigt.

- Die Volumenarbeit W entspricht dem Produkt aus der Druckdifferenz Δp und dem Volumen V:

$$W = \Delta p \cdot V.$$

- Die kinetische Energie wird mithilfe der Masse m und der Geschwindigkeit v berechnet:

$$E_{Kin} = \frac{1}{2} \cdot m \cdot v^2.$$

Daraus ergibt sich für die Änderung der kinetischen Energie ΔE:

$$\Delta E = \frac{1}{2} \cdot \rho \cdot v_2{}^2 - \frac{1}{2} \cdot \rho \cdot v_1{}^2.$$

Aufgrund des Energieerhaltungssatzes können wir die beiden Gleichungen gleichsetzen und erhalten schließlich die **Gleichung von Bernoulli:**

$$\frac{1}{2} \cdot \rho \cdot v_2{}^2 + p_2 = \frac{1}{2} \cdot \rho \cdot v_1{}^2 + p_1.$$

Wir können die Gleichung von Bernoulli auch allgemein formulieren:

dynamischer Druck + statischer Druck = Gesamtdruck = konstant.

$$\frac{1}{2} \cdot \rho \cdot v^2 + p = konstant.$$

---

kurz & knapp

Druck

- $p = F/A$ mit der Einheit: $1\,N\,m^{-2} = 1\,Pa$; dabei ist p: Druck, F: Kraft, A: Angriffsfläche.
- $1\,bar = 10^5\,Pa$; $1\,Torr = 1\,mmHg = 133\,Pa$.
- In einem geschlossenen Gefäß werden Stempeldruck und Schweredruck der Flüssigkeit addiert zum Gesamtdruck, der auf die Gefäßwand resultiert:
  - Stempeldruck: An allen Stellen der Gefäßwand wirkt derselbe Stempeldruck.
  - Schweredruck steigt mit zunehmender Wassertiefe linear an, mit abnehmender Höhe in der Atmosphäre exponentiell an. Ursache: Das Eigengewicht der höheren Schichten drückt auf die unteren Schichten.
    $p(h) = \rho \cdot g \cdot h.$

Physik

— Auftrieb: Die Auftriebskraft eines Körpers entspricht der Gewichtskraft der verdrängten Flüssigkeit.

— Volumenarbeit: $W = p \cdot V$ in der Einheit $J = N\,m$.

Elastizität

— Elastische Verformung ist reversibel.

— Hooke'sches Gesetz: linearer Zusammenhang zwischen Spannung und relativer Längenänderung: $\sigma = E \cdot (\Delta l / l_0)$.

— Ab der Elastizitätsgrenze erfolgt eine plastische Verformung, diese ist irreversibel.

— Bis zur Bruch- oder Zerreißgrenze ist bei geringer Krafteinwirkung eine starke Verformbarkeit möglich.

Kräfte an Grenzflächen

— Kohäsion: zwischenmolekulare Kräfte zwischen Molekülen des gleichen Stoffs.

— Adhäsion: zwischenmolekulare Kräfte zwischen Molekülen unterschiedlicher Stoffe.

  – Oberflächenspannung: $\sigma = \dfrac{\Delta E}{\Delta A}$.

  – Steighöhe der Kapillarwirkung: $h = \dfrac{2\sigma}{r \cdot g \cdot \rho}$.

Strömung

— Strömungsverhalten: stationär, nichtstationär, laminar, turbulent.

  – Kritische Geschwindigkeit: $v_{krit} = \dfrac{Re \cdot \eta}{\rho \cdot r}$.

  – Reynolds-Zahl: $Re = \dfrac{\rho \cdot v \cdot l_{charakt}}{\eta}$.

— Stokes-Gesetz: $F_R = 6\pi \cdot \eta \cdot r \cdot v$.

  – Viskosität: $\eta = \sigma \cdot \dfrac{\Delta x}{\Delta v}$.

  – Volumenstromstärke: $I = \dfrac{\Delta V}{\Delta t} = A \cdot v = \dfrac{\pi \cdot r^4 \cdot \Delta p}{8 \cdot \eta \cdot l}$.

  – Strömungswiderstand: $R = \dfrac{\Delta p}{l} = \dfrac{8 \cdot l \cdot \eta}{\pi \cdot r^4}$.

  – Gleichung von Bernoulli: $\dfrac{1}{2} \cdot \rho \cdot v_2{}^2 + p_2 = \dfrac{1}{2} \cdot \rho \cdot v_1{}^2 + p_1$ oder

  $p_{dynamisch}$ (also $\dfrac{1}{2} \cdot \rho \cdot v^2$) $+ p_{statisch}$ (also p) $= p_{gesamt} = $ konstant.

— Vergleich der Volumenstromstärke I, Druckdifferenz Δp und des Strömungswiderstands R in Serien- und Parallelschaltung von Strömungswiderständen: ◼ Tab. 3.3.

3.2.5 Übungsaufgaben

Aufgabe 1: Die Gehörknöchelchen des Mittelohrs übertragen den Schall vom luftgefüllten Außenmedium auf das flüssigkeitsgefüllte Innenohr, sodass eigentlich die Schallenergie reflektiert werden müsste. Durch die sog. Impedanzanpassung wird die Schallreflexion von fast 100% auf etwa ein Drittel reduziert, indem zum einen das Flächenverhältnis zwischen Trommelfell und ovalem Fenster günstig ist und zum anderen die Hebelwirkung der Gehörknöchelchen die Kraft erhöht. Um welchen Faktor wird der Druck gesteigert, wenn man nur das Flächenverhältnis bei gleich bleibender Kraft betrachtet? (Angaben: Fläche des Trommelfells: $90\,mm^2$; Fläche des ovalen Fensters: $3\,mm^2$.)

Aufgabe 1

Lösung 1: Ausgangspunkt für die Lösung ist die Tatsache, dass gilt: $p = F/A$. Somit wirken folgende Druckwerte:

- am Trommelfell: $p_1 = F_1/A_1$ mit $A_1 = 90\,mm^2$,
- am ovalen Fenster: $p_2 = F_2/A_2$ mit $A_2 = 3\,mm^2$.

Da ausschließlich die Veränderung der Fläche berücksichtigt werden soll, können die Gleichungen nach F ausgelöst und gleichgesetzt werden:

$$F_1 = p_1 \cdot A_1 \text{ und } F_2 = p_2 \cdot A_2.$$

Laut Vorgabe ist anzunehmen: $F_1 = F_2 = F$, also folgt:

$$p_1 \cdot A_1 = p_2 \cdot A_2.$$

In der Aufgabe wird nach dem Druckverhältnis gefragt; also ergibt sich nach Umformung und Einsetzen der Zahlenwerte für A:

$$\frac{p_1}{p_2} = \frac{3\,mm^2}{90\,mm^2} = \frac{1}{30}.$$

Der Druck am ovalen Fenster ist 30-mal größer als am Trommelfell.

Aufgabe 2: Ein Rohr mit kreisförmiger Querschnittsfläche A_1 (Durchmesser: $d_1 = 6\,cm$) hat eine Einengung mit kreisförmiger Querschnittsfläche A_2 (Durchmesser: $d_2 = 4\,cm$). Wie verändert sich die Strömungsgeschwindigkeit an der Engstelle, wenn die Strömungsgeschwindigkeit vor der Einengung $10\,cm\,s^{-1}$ beträgt, und welchen Wert nimmt sie dahinter an?

Aufgabe 2

Lösung 2: Grundlage der Lösung bildet die Kontinuitätsgleichung:

$$I = \frac{V}{\Delta t} = A \cdot v = konst.$$

Also gilt: $A_1 \cdot v_1 = A_2 \cdot v_2$.

Da nach der Strömungsgeschwindigkeit v_2 gefragt wird, formen wir die Gleichung folgendermaßen zur Lösungsgleichung um:

$$v_2 = \frac{A_1 \cdot v_1}{A_2}.$$

Die Zahlenangaben lauteten: $d_1 = 6\,cm$, $d_2 = 4\,cm$, $v_1 = 10\,cm\,s^{-1}$.

Da es sich um eine kreisförmige Querschnittsfläche handelt, gilt:

$$A = \pi \cdot r^2.$$

Mithilfe dieser Formel können wir A_1 und A_2 berechnen:

$$A_1 = 9 \cdot \pi \cdot cm^2 \approx 28{,}27 \, cm^2$$
$$A_2 = 4 \cdot \pi \cdot cm^2 \approx 12{,}57 \, cm^2.$$

Und somit: $v_2 = 22{,}5 \, cm \, s^{-1}$.

Die Strömungsgeschwindigkeit erhöht sich an der Engstelle auf $22{,}5 \, cm \, s^{-1}$.

Aufgabe 3

Aufgabe 3: Bei einem Patienten wird eine leichte Verengung der A. carotis communis festgestellt. Der Arteriendurchmesser beträgt jetzt 90% des ursprünglichen Wertes. Wie verändert sich der Strömungswiderstand im Vergleich zum Strömungswiderstand ohne Einengung?

Lösung 3: Wenn der aktuelle Durchmesser d_2 nur noch 90% des ursprünglichen Durchmessers d_1 beträgt, so lässt sich diese Aussage auch auf den Radius übertragen. Es gilt:

$$r_2 = 0{,}9 \cdot r_1.$$

Der Strömungswiderstand R ist umgekehrt proportional zur 4. Potenz des Radius:

$$R = \frac{8 \cdot 1 \cdot \eta}{\pi \cdot r^4}.$$

Da die anderen Größen in dieser Aufgabe als konstant angesehen werden können, vereinfachen wir zu:

$$R \cdot r^4 = konst.$$

Sowohl für Zustand 1, also ohne Verengung, als auch für Zustand 2 mit Verengung gilt die gleiche Konstante:

$$R_1 \cdot r_1^4 = konst. = R_2 \cdot r_2^4$$
$$R_2 = R_1 \cdot \frac{r_1^4}{r_2^4} = R_1 \cdot \frac{r_1^4}{0{,}9^4 \cdot r_1^4} = R_1 \cdot 1{,}524.$$

Der Strömungswiderstand steigt durch die leichte Verengung bereits etwa auf das 1,5-Fache des ursprünglichen Wertes, also um mehr als 50%!

Alles klar!

Blutdruckmessung – turbulente und laminare Strömung des Blutes
Ri · va-Rocci hat mit seinem Kompressionsverfahren 1896 eine palpatorische Methode zur indirekten, also unblutigen Messung des Blutdrucks entwickelt. Diese ergänzte und verbesserte Korotkow 1905 durch eine auskultatorische Bestimmung. Der Riva-Rocci-Apparat besteht aus einer aufpumpbaren (Oberarm-)Manschette, einer Pumpe, einem Druckventil und früher einem Quecksilbermanometer, heute in der Regel einem Membranmanometer (◘ Abb. 3.45).
Nachdem die Manschette (meistens am Oberarm auf Herzhöhe!) angelegt worden ist, wird sie solange aufgepumpt, bis der Manschettendruck (gestrichelte Linie in ◘ Abb. 3.45) größer als der arterielle Blutdruck ist, sodass die A. brachialis gestaut und der Blutstrom an dieser Stelle unterbrochen

wird. Erst wenn der Druck durch Öffnen des Auslassventils langsam auf den Wert A absinkt, wird die durch die Stauung etwas verformte A. brachialis immer kurzzeitig, wenn der arterielle Blutdruck größer als der Manschettendruck ist, von Blut durchströmt. Das Blut fließt jetzt aber aufgrund der erhöhten Strömungsgeschwindigkeit an der Einengung nicht laminar, sondern turbulent. Diese Turbulenzen können als sog. Korotkow-Geräusche auskultatorisch mit dem Stethoskop in der Armbeuge abgehört werden. Den Wert A, an dem zum ersten Mal die Turbulenzen hörbar werden, bezeichnen wir als **systolischen Druck**. Die Korotkow-Geräusche werden bei abnehmendem Manschettendruck zunächst lauter, erreichen manchmal ein konstantes Niveau oder werden wieder leiser. Bei Erreichen des Wertes B ist die A. brachialis wieder vollständig geöffnet, sodass das Blut laminar strömen kann und die Geräusche verschwinden vollständig. Wert B ist der **diastolische Druck**.

Um Fehlmessungen zu vermeiden, müssen folgende Standards eingehalten werden: Die Manschettenbreite muss richtig gewählt werden. Bei Übergewichtigen oder bei Messung am Bein sind breitere Manschetten nötig, da ansonsten der Blutdruck als zu hoch bestimmt wird. Bei Kindern sind kleinere Manschetten das Mittel der Wahl, da andernfalls der Blutdruck zu niedrig gemessen wird. Außerdem spielt das Eigengewicht des Blutes eine große Rolle. Die Messung sollte deshalb immer auf Herzhöhe erfolgen. Bei herabhängendem Arm wird der Blutdruck zu hoch eingeschätzt, da eine größere Blutsäule auf dem Messbereich »lastet«, bei hochgelagertem Arm ist die Blutsäule kleiner und die Blutdruckmessung ergibt einen zu niedrigen Wert.

Ein besonderes Phänomen stellt die sog. **auskultatorische Lücke** dar, die bei ungefähr jedem 20. Menschen mit normalem Blutdruck auftritt: Oberhalb des diastolischen Wertes führt eine zufällig entstandene laminare Strömung zur Unterbrechung der Korotkow-Geräusche. Nach weiterem Druckabfall können diese wieder wahrgenommen werden, bis sie bei Erreichen des diastolischen Wertes endgültig verschwinden. Wird die auskultatorische Lücke bereits als diastolischer Wert fehlinterpretiert, wird ein zu hoher diastolischer Wert ermittelt.

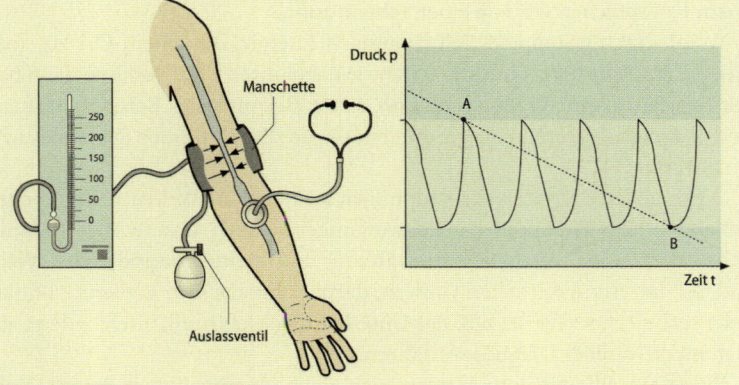

☐ **Abb. 3.45** Blutdruckmessung nach Riva-Rocci

Physik

3.3   Mechanische Schwingungen und Wellen

Simon Sachs

- Mechanische Schwingungen
  - Ungedämpfte Schwingung
  - Gedämpfte Schwingung
  - Erzwungene Schwingung – Resonanz
- Wellen
  - Einfache eindimensionale Welle
  - Zwei- und dreidimensionale Welle
  - Wellenausbreitung mit Hindernissen – Huygens-Prinzip
  - Doppler-Effekt
  - Interferenz
  - Stehende Wellen
- Schall und Ultraschall
  - Hörschall
  - Ultraschall

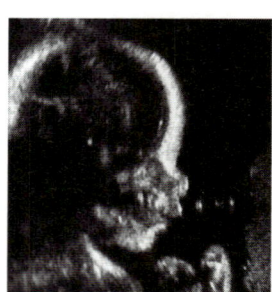

□ **Abb. 3.46** Ultraschallaufnahme des Kopfes eines ungeborenen Kindes

Schwingung:
periodische Bewegung um eine Ruhelage.

Welle:
Energieübertragung zwischen schwingenden Systemen von einem Ort zum anderen, ohne dass Materie transportiert wird.

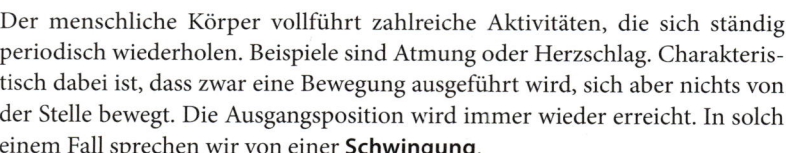

Wie jetzt?

Ultraschallbilder
Die meisten von uns haben sicherlich schon einmal eine Ultraschallaufnahme eines ungeborenen Kindes gesehen. Wenn nicht, hier ist eine (□ Abb. 3.46):
Bei einem solchen ersten »Bild« für die werdenden Eltern und den zunehmenden diagnostischen Möglichkeiten stellt sich aber auch die grundlegende Frage: Wie kommt so ein Bild überhaupt zustande und was ist das eigentlich: Ultraschall?

Der menschliche Körper vollführt zahlreiche Aktivitäten, die sich ständig periodisch wiederholen. Beispiele sind Atmung oder Herzschlag. Charakteristisch dabei ist, dass zwar eine Bewegung ausgeführt wird, sich aber nichts von der Stelle bewegt. Die Ausgangsposition wird immer wieder erreicht. In solch einem Fall sprechen wir von einer **Schwingung**.

Wird durch gekoppelte Schwingungen Energie von einem Ort zu einem anderen transportiert, ohne dass Materie dabei ihren Platz verlässt, dann handelt es sich um eine **Welle** (▶ Abschn. 3.3.2). Bekanntestes Beispiel hierfür ist eine Wasserwelle, deren Energie durchaus in der Lage ist, einen Strandbesucher umzuwerfen.

Viele unserer Sinneswahrnehmungen basieren auf Wellen: Durch **Schallwellen** wird das Trommelfell in Schwingungen versetzt, unsere Augen nehmen **Lichtwellen** wahr. Auch Wärmestrahlung und **elektromagnetische Wellen** sind Teil unserer natürlichen Umwelt, darüber hinaus sind Wellen Grundlage vieler technischer Geräte, z. B. der Unterhaltungselektronik, nicht zuletzt aber auch medizinischer Diagnoseverfahren.

Es ist also überaus lohnenswert, sich einen Überblick über die gemeinsamen physikalischen Grundlagen von Schwingungen und Wellen zu verschaffen, um damit sowohl den menschlichen Körper als auch Natur und Technik besser zu verstehen. Wir werden dies an sehr anschaulichen mechanischen Beispielen tun. Prinzipiell lassen sich die Beobachtungen auf alle Bereiche der Physik übertragen.

3.3.1 Mechanische Schwingungen

Charakteristisch für Schwingungssysteme ist die Existenz einer **Ruhelage x_0** sowie einer **rücktreibenden Kraft F**. Diese sorgt dafür, dass das System nach der Auslenkung immer wieder in die Ruhelage zurückkehrt, also, einmal angeregt, eine periodische Bewegung um diese Ruhelage ausführt. In der Realität sind Schwingungen gedämpft, d. h., sie verlieren Energie durch Reibung. Auf diese Weise wird die Amplitude (Auslenkung) der Schwingung kontinuierlich kleiner, bis sie ganz zum Erliegen kommt.

Ungedämpfte harmonische Schwingung
Zur Einführung wollen wir jedoch ungedämpfte Schwingungen betrachten.

Beispiel Federpendel
Als Beispiel soll uns ein Federpendel mit der Masse m dienen (▶ Abb. 3.47). Aus ▶ Abschn. 3.1.3 und ▶ Abschn. 3.2.1 ist uns bereits das Hooke'sche Gesetz bekannt:

$$F = -D \cdot x.$$

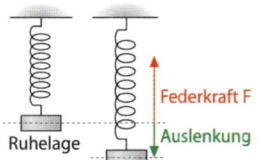

■ **Abb. 3.47** Federpendel als Beispiel einer harmonischen Schwingung

D ist hier die Federkonstante. Wir wählen unser Koordinatensystem so, dass die Auslenkung in x-Richtung erfolgt, und schreiben dies als Auslenkung x. Das Minuszeichen zeigt, dass die rücktreibende Kraft F immer entgegen der Auslenkung x gerichtet ist; sie treibt das Pendel zurück in seine Ausgangsposition. Aus ▶ Abschn. 3.1.7 kennen wir das 2. Newton'sche Axiom:

$$F = m \cdot a.$$

Gleichsetzen ergibt:

$$a = -\frac{D}{m} \cdot x.$$

Federkonstante D und Masse des Pendels m sind konstant für ein bestimmtes System, das wir betrachten. Also ist die Beschleunigung a der Auslenkung entgegengerichtet und proportional zu ihr.

Der Physiker erkennt nun sofort, dass wir es hier mit einer **Bewegungsgleichung** zu tun haben. Was heißt das für uns? Erinnern wir uns daran, dass die **Beschleunigung** die zeitliche Änderung oder Ableitung der Geschwindigkeit ist und diese ihrerseits die zeitliche Änderung oder Ableitung des Orts (▶ Abschn. 3.1.2), so erhalten wir, dass die Beschleunigung die 2. Ableitung des Orts nach der Zeit ist:

$$\ddot{x} = a = \frac{D}{m} \cdot x.$$

Die resultierende Gleichung ist, mathematisch gesprochen, eine Differenzialgleichung (▶ Abschn. 1.5.1), die es zu lösen gilt, um die Bewegung, also die zeitliche Veränderung des Orts, zu erhalten. Machen wir uns die Erfahrung der Mathematik zunutze, so wählt man zur Lösung den folgenden Ansatz für die Zeitabhängigkeit des Orts $x(t)$:

$$x(t) = x_{max} \cdot \cos(\omega \cdot t).$$

x_{max} ist dabei die **maximale Amplitude**, die erreicht wird, wenn $\cos(\omega \cdot t) = \pm 1$.

Bei einer harmonischen Schwingung gilt für die rücktreibende Kraft das Hooke'sche Gesetz.

Die Frequenz f der Schwingung ist der Kehrwert der Schwingungsdauer T: $f = 1/T$.

Die **Winkelgeschwindigkeit ω** haben wir bereits kennengelernt. Es gilt: $\omega = 2\pi/T$, mit der **Schwingungsdauer T** einer einzelnen Schwingung. Der Kehrwert der Schwingungsdauer T ist die Frequenz $f = 1/T$ der Schwingung.

Einsetzen unseres Ansatzes ergibt:

$$[x_{max} \cdot \cos(\omega \cdot t)]'' + \frac{D}{m} \cdot x_{max} \cdot \cos(\omega \cdot t) = 0.$$

Wenden wir die Ableitregeln für den Cosinus (► Abschn. 1.5.1, ◘ Tab. 1.3) an, erhalten wir:

$$-\omega^2 \cdot x_{max} \cdot \cos(\omega \cdot t) + \frac{D}{m} \cdot x_{max} \cdot \cos(\omega \cdot t) = 0.$$

Oder wenn wir nun den Cosinus kürzen:

$$-\omega^2 + \frac{D}{m} = 0.$$

Oder zu guter Letzt:

$$\omega^2 = \frac{D}{m}.$$

Die Periodendauer eines Federpendels berechnet sich nur aus der schwingenden Masse m und der Federkonstanten D.

Das Ergebnis diskutieren wir besser an der uns verständlicheren Größe der **Schwingungsdauer T = 2π/ω**, also ergibt sich nach Einsetzen von ω aus obiger Formel:

$$T = 2\pi\sqrt{\frac{m}{D}}.$$

Eigenfrequenz einer Schwingung:
$f = \frac{1}{T}$.

Dieses Ergebnis lässt sich leicht physikalisch interpretieren: **Wählt man eine größere Masse oder eine kleinere Federkonstante, wird die Schwingungsdauer größer und umgekehrt.** Die zugehörige Frequenz $f = 1/T$ nennt man **Eigenfrequenz** der Schwingung.

Schauen wir uns nun den Ablauf einer Schwingung etwas genauer an. Mit unserem Ansatz $x = x_{max} \cdot \cos(\omega \cdot t)$ haben wir impliziert, dass die Schwingung in ihrem höchsten Punkt startet, denn aus $t = 0$ folgt sofort $\cos(\omega t) = \cos(0) = 1$, was unsere Bedingung für ein Maximum war. Anschaulich lässt sich das so erklären, dass wir das Federpendel aus seiner Ruhelage bis zu x_{max} auslenken und loslassen. Daraufhin beginnt es zu schwingen.

Maximalgeschwindigkeit des Pendels Interessant ist auch die Frage, an welcher Stelle das Pendel seine maximale Geschwindigkeit erreicht. Das können wir nach kurzer Überlegung ebenfalls aus unserem Ansatz ablesen: Die Geschwindigkeit $v = v(t)$ ist die 1. Ableitung des Orts nach der Zeit:

$$v(t) = \dot{x}(t) = -x_{max} \cdot \omega \cdot \sin(\omega \cdot t).$$

Im Nullpunkt hat das Pendel die maximale Geschwindigkeit.

Dieser Ausdruck wird genau dann maximal, wenn $\sin(\omega \cdot t) = \pm 1$, also $\omega \cdot t = \pi/2$ oder $3/2\pi$. Aus $T = 2\pi/\omega$ folgt: $t = 1/4\,T$ und $t = 3/4\,T$. Das entspricht dem »Nulldurchgang« des Pendels, bei dem es also seine Ruhelage passiert.

Auf gleiche Weise kann man auch die Orte minimaler Geschwindigkeit ($t = 0$ und $t = 1/2\,T$) sowie maximaler und minimaler Beschleunigung ermitteln. ◘ Abb. 3.48 veranschaulicht diesen Schwingungsverlauf mit Auslenkung x, Geschwindigkeit $v = \dot{x}$ und Beschleunigung $a = \dot{x}$ in Abhängigkeit von der Zeit t.

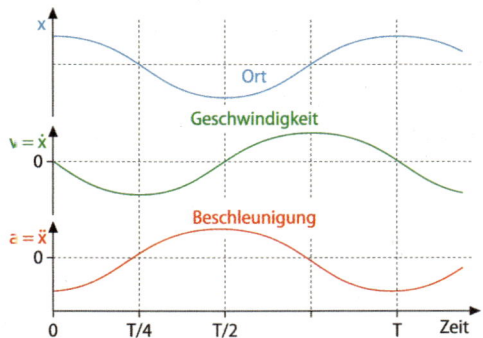

■ **Abb. 3.48** Zeitliche Veränderung des Orts x, der Geschwindigkeit $v = \dot{x}$ und der Beschleunigung $a = \ddot{x}$ eines Pendels

Energiezustände des Pendels Betrachten wir nun noch die Energiezustände, die das Pendel während einer Schwingung einnimmt. Wir hatten uns darauf geeinigt, dass unsere Schwingung am Punkt maximaler Auslenkung beginnt. Aus der Behandlung des Hooke'schen Gesetzes (▶ Abschn. 3.1.7 und ▶ Abschn. 3.2.1) wissen wir: Die Arbeit, die erforderlich ist, um das Pendel dorthin zu bringen, beträgt $W = \frac{1}{2} \cdot D \cdot x_{max}^2$. Da sich das Pendel zu Beginn noch nicht bewegt, ist diese durch Arbeit erzeugte potenzielle Energie gleich der Gesamtenergie des Pendels zu diesem Zeitpunkt:

$$W = \frac{1}{2} \cdot D \cdot x_{max}^2.$$

Nun beginnt das Pendel zu schwingen. Dabei nimmt die potenzielle Energie ab und dafür die kinetische Energie zu, weil die Geschwindigkeit, wie wir oben gezeigt haben, bis zum Nulldurchgang immer größer wird. **Beim Nulldurchgang ist die potenzielle Energie null, denn es gilt: x = 0**. Also ist die Energie des Pendels vollständig in kinetische Energie umgewandelt worden (Energieerhaltungssatz, ▶ Abschn. 3.1.7):

$$W = \frac{1}{2} \cdot m \cdot v_{max}^2 = \frac{1}{2} \cdot D \cdot x_{max}^2.$$

Ist der Nulldurchgang durchschritten, beginnt der umgekehrte Prozess: Geschwindigkeit und kinetische Energie nehmen ab, das Pendel gewinnt stattdessen wieder potenzielle Energie, bis am Punkt der maximalen Auslenkung wieder ausschließlich potenzielle Energie vorliegt.

An jedem anderen Punkt gilt wegen der Energieerhaltung:

$$W_{gesamt} = W_{kin} + W_{pot}.$$

Diese kontinuierliche Umwandlung verschiedener Energieformen ineinander ist ein weiteres charakteristisches Merkmal der Schwingung.

Beispiel Fadenpendel

Ganz ähnliche Beziehungen ergeben sich bei der Betrachtung des Fadenpendels. Wir betrachten hier ein sog. mathematisches Pendel, dass aus einer punktförmigen Masse m, aufgehängt an einem masselosen Faden der Länge l, besteht. Mit ■ Abb. 3.49 machen wir uns klar, welche **rücktreibende Kraft F_R** wir erhalten, wenn wir das Pendel um die Strecke x aus seiner Ruhelage auslenken.

Für **kleine Auslenkungen**, also kleine Auslenkwinkel α, gilt:

$$x = l \cdot \sin\alpha.$$

Am Nullpunkt ist die potenzielle Energie null, die kinetische Energie maximal.

Am Punkt der maximalen Auslenkung liegt ausschließlich potenzielle Energie vor, die kinetische Energie ist null.

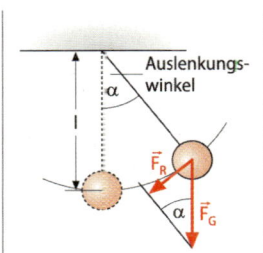

■ **Abb. 3.49** Fadenpendel: Die rücktreibende Kraft F_R ist eine Komponente der Gewichtskraft F_G

Tatsächlich wirkt auf das Massestück die Gewichtskraft m · g, die wir in verschiedene Komponenten zerlegen können. Die für uns relevante Komponente in Bewegungsrichtung lässt sich beschreiben als:

$$F_R = -m \cdot g \cdot \sin \alpha$$

$$F_R = m \cdot \left(\frac{g}{l} \right) \cdot x.$$

Analog zum Federpendel gibt es also wieder eine Konstante, die die rücktreibende Kraft in Abhängigkeit von der Auslenkung bestimmt. Diese Konstante ist hier nicht mehr D, sondern m · g/l.

Nach gleicher Behandlung dieser Gleichung mit F = m · a erhält man für die Periodendauer T eines Fadenpendels:

$$T = 2\pi \sqrt{\frac{l}{g}}.$$

> Die Periodendauer T eines Fadenpendels ist von Fadenlänge l und Erdbeschleunigung g abhängig, nicht aber von Masse m oder Auslenkwinkel α.

Die **Periodendauer** T eines Fadenpendels ist nur von dessen Länge l und der Erdbeschleunigung g abhängig, nicht von der Masse m! Wir sehen: Die Schwingungsdauer wird größer, je länger das Pendel ist. Die Schwingungsdauer ist jedoch nicht von der Masse m oder dem Auslenkwinkel α abhängig, was sicher eine kleine Überraschung ist.

Hätten Sie's gewusst?

Pendel schwingen lassen
Einfach mal ausprobieren! Nehmen Sie zwei gleich lange (ca. 1 m) Bindfäden und binden einen leichten Kaffeelöffel an den einen und einen Esslöffel an den anderen. Nun lassen Sie beide nebeneinander schwingen: Die Schwingungen sollten synchron sein.

Gedämpfte Schwingung

> In der Realität kommen aufgrund der Reibungskräfte nur gedämpfte Schwingungen vor.

In der Realität kommen vollkommen ungedämpfte harmonische Schwingungen nicht vor, da immer Energieverluste durch Reibungskräfte auftreten (Dissipation). Deshalb bleibt die Amplitude der Schwingung im zeitlichen Verlauf nicht konstant, sondern nimmt kontinuierlich ab. Unsere Schwingungsdifferenzialgleichung müssen wir also um die Reibungskraft ergänzen. Nehmen wir einmal an, diese ist von der Geschwindigkeit $v = \dot{x}$ abhängig:

$$F_R = r \cdot v = r \cdot \dot{x}, \text{ dann gilt:}$$
$$m \cdot \ddot{x} + D \cdot x + r \cdot \dot{x} = 0.$$

> Die Reibungskraft ist der Bewegung entgegengerichtet.

r ist dabei der Reibungskoeffizient. Wir sehen, dass die Reibungskraft in dieselbe Richtung wie D · x wirkt, nämlich der Bewegung entgegen. Dies entspricht unserer Intuition, denn auch z. B. beim Radfahren wird die Vorwärtsbewegung durch Reibung gebremst.

Zur Lösung dieser Differenzialgleichung bedienen wir uns wieder der Erfahrung der Mathematik, die uns einen Lösungsansatz vorgibt:

$$x(t) = x_{max} \cdot e^{-\delta \cdot t} \cdot \cos(\omega \cdot t).$$

Der Dämpfungskoeffizient δ hängt von der Masse **m und dem Reibungskoeffizienten r ab.** Der Zusammenhang mit dem Reibungskoeffizienten r ist wie folgt: $\delta = r/2$. Für kleine Dämpfungskonstanten δ erhalten wir auch hier für die Periodendauer T des Pendels:

$$T = 2\pi \sqrt{\frac{m}{D}}.$$

Gedämpfte und ungedämpfte Schwingung im Vergleich

Der Exponentialfaktor $e^{-\delta \cdot t}$ wird mit der maximalen Amplitude x_{max} zur zeitabhängigen Amplitude der Schwingung zusammengefasst. Man kann dies auch als »Hüllkurve« der gedämpften Schwingung interpretieren (◘ Abb. 3.50).

Bei einer gedämpften Schwingung nimmt die Amplitude und damit die Energie exponentiell mit der Zeit ab.

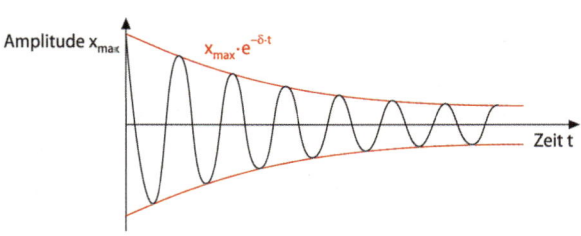

◘ **Abb. 3.50** Amplitudenverlauf einer gedämpften Schwingung

Die Energie eines gedämpften Schwingungssystems bleibt im Gegensatz zum ungedämpften Fall natürlich nicht erhalten, denn durch die Reibungskraft wird dem System Energie entzogen, die dann z. B. für eine Erwärmung der Umgebung sorgt. Außerdem hatten wir oben hergeleitet, dass die Energie eines Pendels proportional zu seiner Amplitude ist. Diese nimmt beim gedämpften System im Zeitverlauf ab. Setzen wir unser Ergebnis für die zeitabhängige Amplitude in die Formel für die Energie, $W = 1/2 \cdot D \cdot x^2_{max}$, ein, erhalten wir sofort die zeitliche Abnahme der Energie des Federpendels:

$$W(t) = \frac{1}{2} \cdot D \cdot x^2_{max} \cdot e^{-2\delta \cdot t}.$$

Erzwungene Schwingung und Resonanz

Im vorherigen Abschnitt haben wir gesehen, dass die Energie eines gedämpften Systems mit der Zeit immer mehr abnimmt. **Möchte man die Schwingung aufrechterhalten, muss man von außen mechanische Energie zuführen; dann sprechen wir von einer erzwungenen Schwingung.** Wir kennen dieses Phänomen alle noch aus unseren Kindertagen: Beim Schaukeln muss man periodische Bewegungen des Oberkörpers und der Beine ausführen, wenn man in Bewegung bleiben will. Oder einfacher: Man lässt sich von Papa anschubsen.

Die exakte Behandlung einer erzwungenen Schwingung ist recht aufwendig. Wir wollen es deshalb hier bei einer einfachen Beschreibung belassen.

Die Amplitude der erzwungenen Schwingung hängt sicherlich nicht nur von der Amplitude der treibenden Kraft ab, sondern auch von der Frequenz, mit der die treibende Kraft versucht, die Schwingung zu unterstützen. Beim Schaukeln mussten wir unsere Bewegungen auch der Eigenbewegung (Eigenfrequenz) der Schaukel anpassen, um so richtig hoch hinaus schaukeln zu können.

Die Amplitude der erzwungenen Schwingung hängt ab von Amplitude und Frequenz der treibenden Kraft.

Es gibt also Frequenzbereiche, in denen die äußere Kraft das Schwingungssystem stärker anregt, und solche, in denen weniger große Erfolge erzielt werden.

◘ Abb. 3.51 zeigt, wie sich die Amplitude eines Systems verhält, wenn es mit unterschiedlichen Frequenzen f, aber immer gleicher Amplitude A_0 angeregt wird.

☐ Abb. 3.51 Resonanzverhalten einer erzwungenen Schwingung

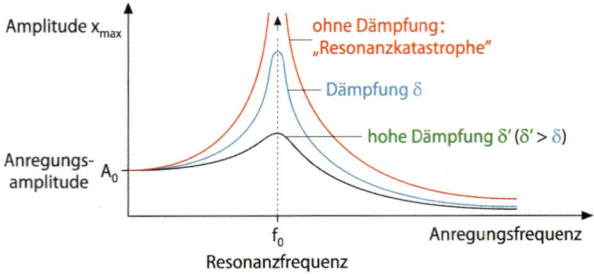

Wird ein schwingungsfähiges System mit seiner Eigenfrequenz angeregt, erhält man die maximale Schwingungsamplitude: Man spricht von Resonanz und Resonanzfrequenz.

Man sieht, dass sich in der Nähe der **Eigenfrequenz $f_0 = 1/T$** des Systems, also der Frequenz, mit der das System ohne äußere Anregung schwingen würde, ein stark ausgeprägtes Maximum bildet. Diesen Bereich bezeichnen wir als **Resonanzbereich**. Bei diesen Frequenzen ist eine viel größere Amplitude zu beobachten als in allen anderen Frequenzbereichen.

Die maximale Amplitude der erzwungenen Schwingung erhält man bei der **Resonanzfrequenz. Eine genaue Untersuchung zeigt: Je größer die Dämpfung ist, desto kleiner ist das Maximum und desto breiter wird der Resonanzbereich.**

Ein Beispiel für **Resonanz im Alltag** ist das berühmte Zerspringen eines Glases bei hochfrequenten Tönen. Diese versetzen das Glas im Bereich der Resonanzfrequenz in Schwingungen, sodass es durch die auftretenden Kräfte zersplittert. Allerdings gelingt dies auf gar keinen Fall durch die menschliche Stimme, außer das Glas wäre speziell präpariert.

Steigt die Amplitude bei zu geringer Dämpfung derart an, dass es durch die Anregung zur Zerstörung des Systems kommt, spricht man von einer **Resonanzkatastrophe**.

3.3.2 Wellen

Einfache eindimensionale Wellenbewegungen

Eine mechanische Welle wird durch eine »Störung« in einem Medium erzeugt. Eine solche Störung kann z. B. die Anregung einer Teilchenschwingung an einem Ort sein. Diese Störung breitet sich dann, durch Wechselwirkungen zwischen benachbarten schwingungsfähigen Teilchen, eine sog. Kopplung, längs des Mediums aus und transferiert dabei Energie.

Man unterscheidet transversale und longitudinale Wellen.

- Eine Welle, bei der die Richtung der Störung senkrecht zur Ausbreitungsrichtung ist, heißt **transversale Welle**. Denken wir z. B. an eine Wasserwelle, bei der die einzelnen Wasserteilchen auf und ab schwingen.
- Verlaufen Störungs- und Ausbreitungsrichtung parallel, wie z. B. beim Schall, liegt eine **longitudinale Welle** vor.

Die Geschwindigkeit, mit der sich die Störung, also Wellenberge und -täler bei Transversalwellen bzw. die Verdichtungen bei Longitudinalwellen, durch das Medium bewegt, heißt **Ausbreitungsgeschwindigkeit c** der Welle.

Eine harmonische Welle liegt vor, wenn jeder Punkt des Mediums, in dem sich die Welle ausbreitet, sinusförmig mit gleicher Frequenz schwingt. Jede Welle, ob periodisch oder nicht, kann mathematisch aus harmonischen Wellen verschiedener Frequenzen zusammengesetzt werden. Deshalb genügt es, sich die Eigenschaften einer harmonischen Welle mit nur einer Frequenz klarzumachen. Darstellen kann man harmonische Wellen, wie zuvor schon die

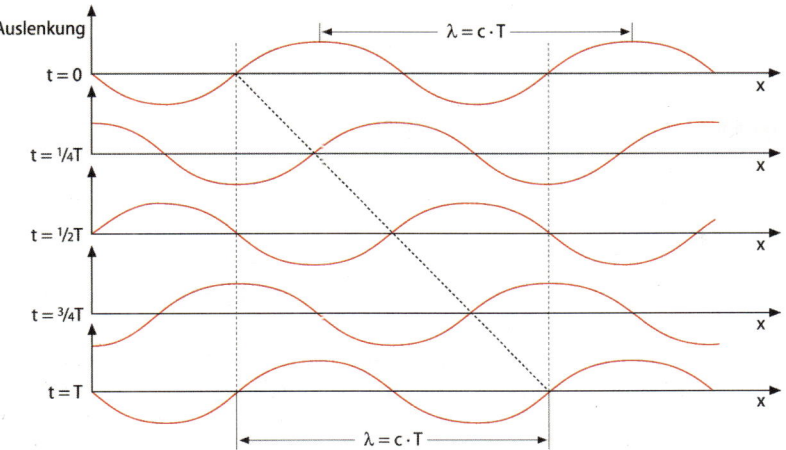

Schwingungen, durch Sinus- oder Cosinusfunktionen – je nachdem welchen Anfangszustand man haben möchte. Der Abstand zwischen zwei benachbarten Wellenbergen ist die **Wellenlänge** λ.

Betrachten wir das Beispiel in ■ Abb. 3.52, stellen wir fest, dass die Bewegung des Seils **senkrecht** zur Ausbreitungsrichtung der Welle erfolgt, und zwar in der Frequenz f der »Störung«, d. h. der Anregung.

Während einer Schwingungsdauer $T = 1/f$ hat sich die Welle genau um eine Wellenlänge λ weiterbewegt. Daraus ergibt sich die Ausbreitungsgeschwindigkeit c der Welle zu:

$$c = \frac{\lambda}{T} = \lambda \cdot f.$$

Hier sieht man auch, dass Frequenz f und Wellenlänge λ bei konstanter Geschwindigkeit c (d. h. im gleichen Material, also materialspezifisch) umgekehrt proportional zueinander sind. **Hochfrequente Wellen haben kürzere Wellenlängen als niederfrequente!**

Die Momentaufnahme für $t = 0$ kann durch eine Sinusfunktion für die Amplitude A in Abhängigkeit vom Ort x beschrieben werden:

$$A(x) = A_{max} \sin(-2\pi \cdot x / \lambda).$$

Weil bei harmonischen Wellen stets der Faktor $2\pi / \lambda$ auftritt, führt man dafür eine eigene Größe, die **Wellenzahl** k, ein. Die Amplitude A ist nun sowohl vom Ort x als auch von der Zeit t abhängig. Zusammengefasst formuliert man:

$$A(x,t) = A_{max} \cdot \sin(\omega \cdot t - k \cdot x).$$

Die Herleitung soll uns nicht weiter interessieren. Von der Richtigkeit kann man sich leicht überzeugen, indem man geeignete Werte für x und t einsetzt und mit ■ Abb. 3.52 vergleicht.

Der Ausdruck $(\omega \cdot t - k \cdot x)$ wird als die **Phase** der Welle bezeichnet. Zwischen Frequenz f, Schwingungsdauer T und Kreisfrequenz ω der Welle besteht der folgende Zusammenhang:

$$\omega = 2\pi \cdot f = \frac{2\pi}{T}.$$

Jede Welle lässt sich aus harmonischen Wellen verschiedener Frequenzen zusammensetzen.

Zwischen Ausbreitungsgeschwindigkeit c einer Welle, ihrer Wellenlänge λ und Frequenz f besteht eine feste Beziehung:
$c = \lambda \cdot f$.

Die Frequenz f einer Welle hängt nicht vom Ausbreitungsmedium ab; ihre Ausbreitungsgeschwindigkeit c aber schon.

Wichtig ist noch Folgendes:

Die Frequenz f einer Welle wird nur dadurch bestimmt, wie die Welle erzeugt wird, sie ändert sich also nicht in verschiedenen Ausbreitungsmedien. Ganz anders die Wellenausbreitungsgeschwindigkeit c: Sie hängt sehr wohl vom Medium ab. Beispiel: **Schallwellen breiten sich in Luft mit etwa 330–340 m/s aus, in Wasser dagegen erreichen sie Geschwindigkeiten um 1500 m/s.** Aus der Gleichung c = λ · f ersehen wir sofort, dass sich demzufolge auch die Wellenlänge λ einer Welle in verschiedenen Medien ändert.

Wellenausbreitung in zwei und drei Dimensionen

In der Praxis bewegen sich Wellen in zwei oder drei Dimensionen.

Bisher haben wir die grundlegenden Eigenschaften von Wellen kennengelernt und dabei stillschweigend eine Betrachtung in nur einer Dimensionen vorausgesetzt – z. B. Ausbreitungs- und Störungsrichtung bei der transversalen Welle auf einem Seil. In der Praxis bewegen sich Wellen aber meist in zwei oder sogar allen drei (Raum-)Dimensionen.

Man denke an einen ins Wasser geworfenen Stein. Das Wasser schwingt auf und ab, dabei breitet sich die Welle kreisförmig in einer Ebene, also **zweidimensional** aus. **Die Wellenlänge ist wieder der Abstand zwischen zwei aufeinanderfolgenden Wellenbergen, die im zweidimensionalen Fall konzentrische Kreise sind** (◘ Abb. 3.53).

◘ **Abb. 3.53** Wasserwellen an der Oberfläche sind Beispiele für eine zweidimensionale Wellenausbreitung

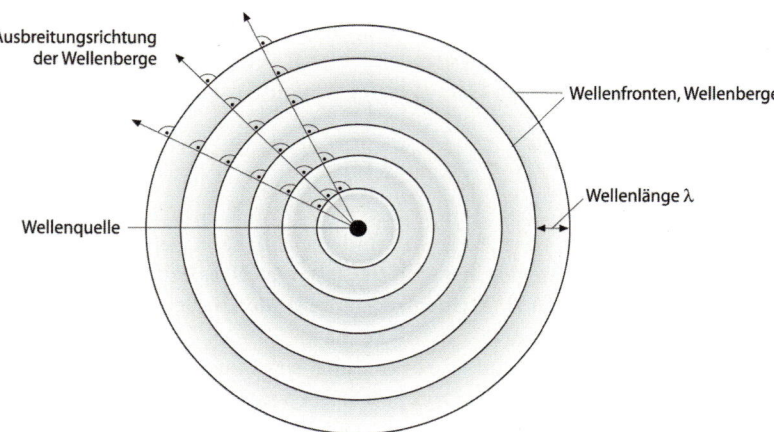

Ausbreitungsrichtung der Wellenberge

Wellenfronten, Wellenberge

Wellenlänge λ

Wellenquelle

Diese Kreise werden auch **Wellenfronten** genannt. Die Bewegungsrichtung der Welle lässt sich durch **Strahlen** darstellen, die von der Quelle ausgehen und **senkrecht zu den Wellenfronten** verlaufen.

Betrachtet man als Beispiel dagegen eine punktförmige Schallquelle, breiten sich die Wellen sogar in alle drei Richtungen aus. **Im dreidimensionalen Fall sind die Wellenfronten konzentrische Kugeloberflächen.**

In sehr großer Entfernung einer Quelle können die eigentlich gekrümmten Wellenfronten als parallele Ebenen aufgefasst werden, man spricht dann von **ebenen Wellen.**

In der Praxis wichtig ist das Verhalten der Intensität I einer Welle. **Die Intensität I einer Welle ist definiert als die durch eine Fläche hindurchtretende mittlere Leistung P.** Da sich die Störung bei einer dreidimensionalen Welle auf eine Kugeloberfläche $A = 2\pi \cdot r^2$ verteilt, gilt für die Intensität:

Die Intensität einer dreidimensionalen Welle nimmt mit dem Abstand r wie $\frac{1}{r^2}$ ab.

$$I = \frac{P}{A} = \frac{P}{2\pi \cdot r^2}.$$

Wir sehen: Die Intensität nimmt **quadratisch** mit dem Radius ab. Um ein Zahlenbeispiel zu nennen: In doppelter Entfernung hat die Welle nur noch ¼ ihrer Intensität. Im zweidimensionalen Fall der Wasserwelle macht man sich leicht klar, dass die Intensität mit $1/r$ abnimmt, da die Leistung hier auf einen Kreis verteilt wird, der den Umfang $2\pi \cdot r$ hat.

Wellenausbreitung an Hindernissen

Wellen können sich meist nicht ungestört ausbreiten, sondern treffen früher oder später auf Hindernisse. Das können massive Grenzen sein wie eine Mauer für eine Lichtwelle oder der Strand für eine Meereswelle. Aber schon die Grenzfläche beim Übergang von einem in ein anderes Medium – man denke an eine Schallwelle, die von Luft in Wasser übergeht – stellt ein solches Hindernis dar. In diesem Abschnitt wollen wir Phänomene untersuchen, die an solchen Hindernissen auftreten und die gerade auch in der Medizin praxisrelevant sind.

Hindernis: Grenzfläche zwischen zwei verschiedenen Medien

Trifft eine Welle auf eine Grenzfläche zwischen zwei verschiedene Medien mit jeweils unterschiedlichen Wellenausbreitungsgeschwindigkeiten, wird ein Teil der Welle reflektiert und ein anderer Teil durchgelassen (◘ Abb. 3.54). Es ist zur einfachen Darstellung dieses Sachverhalts üblich, die Welle nur noch durch ihre Ausbreitungsrichtung zu beschreiben. Man stellt sich also vereinfachend einen Lichtstrahl vor, der sich in diese Richtung bewegt.

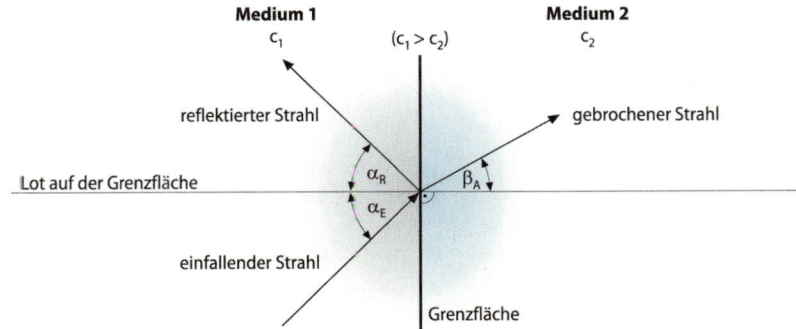

◘ **Abb. 3.54** Änderung der Ausbreitungsrichtung bei Reflexion und Brechung an einer Grenzfläche zwischen unterschiedlichen Materialien. Der Winkel β_A des gebrochenen Strahls ist hier kleiner als der Einfallswinkel α_E, der Strahl wird also zum Lot hin gebrochen. Näheres siehe Text

Der reflektierte Strahl bildet mit der **Senkrechten zur Grenzfläche**, dem **Lot**, denselben Winkel wie der einfallende Strahl. Dies ist das bekannte Prinzip der **Reflexion**:

Einfallswinkel α_E = Ausfallswinkel α_R.

Der durchtretende Strahl wird zum Lot hin gebrochen (→ Winkel wird kleiner) oder vom Lot weg gebrochen (→ Winkel wird größer), und zwar je nachdem in welchem Medium die Wellengeschwindigkeit höher ist:

- Ist die Ausbreitungsgeschwindigkeit c im zweiten Medium kleiner als im ersten ($c_1 > c_2$), wird der Strahl zum Lot hin gebrochen (◘ Abb. 3.54).
- Ist hingegen c im zweiten Medium größer ($c_2 > c_1$), wird der Strahl vom Lot weg gebrochen. Dies ist der Fall, wenn man sich den Durchtritt des im Bild gezeigten Strahls durch die Grenzfläche in umgekehrter Richtung vorstellt.

Je nach der Höhe der Wellengeschwindigkeit in den Medien wird der durchtretende Strahl zum Lot hin oder vom Lot weg gebrochen.

Die Richtungsänderung des durchtretenden Strahls wird als **Brechung** bezeichnet. Dieser Aspekt der Wellenausbreitung wird im Detail im Optikkapitel (▶ Abschn. 6.2.2) behandelt.

Totalreflexion:
Einfallswinkel α_E > kritischer Winkel α_K.

Je größer der Einfallswinkel wird, desto größer auch der Brechungswinkel. Erfolgt die Brechung vom Lot weg, kann der Brechungswinkel β_A jedoch maximal 90° betragen. Der Einfallswinkel α_E, bei dem der Brechungswinkel α_R genau 90° erreicht, heißt **kritischer Winkel α_K**. Für Einfallswinkel größer als der kritische Winkel gibt es keinen gebrochenen Strahl mehr, man spricht dann von **Totalreflexion**.

Massives Hindernis mit einem Spalt

Eine andere Möglichkeit eines Hindernisses haben wir dann, wenn es keine Grenzfläche zwischen unterschiedlichen Materialien gibt, sondern einfach ein massives Hindernis mit einem Spalt vorliegt. Die Welle bewegt sich dann nicht nur in ihrer normalen Ausbreitungsrichtung weiter, sondern sie dringt auch in den »Schattenraum« vor.

Die Teile einer Welle, die auf den Rand eines Spalts in einem Hindernis treffen, werden gebeugt. Ist der Spalt nur wenige Wellenlängen breit, wird er zur punktförmigen Quelle einer neuen Kreis- oder Kugelwelle.

Unter rein geometrischen Gesichtspunkten könnte sie den »Schattenraum« nicht erreichen. Dieses Phänomen, **Beugung** genannt, kann man sich folgendermaßen vorstellen: Jene Teile der Welle, die vom Rand des Spalts mehr als wenige Wellenlängen entfernt sind, passieren den Spalt ungehindert. Jene Teile aber, die direkt auf den Rand treffen, werden gebeugt, und zwar in den Schattenraum hinein. Unter der Voraussetzung, dass der Spalt selbst nur wenige Wellenlängen breit ist, wird die gesamte einfallende Welle gebeugt und der Spalt wird zur punktförmigen Quelle einer neuen Kreiswelle, im dreidimensionalen Fall einer Lochblende sogar zu einer Kugelwelle (◻ Abb. 3.55).

◻ **Abb. 3.55** Eine ebene Welle breitet sich hinter einer kleinen Öffnung (Spalt) als Kreis- oder Kugelwelle aus

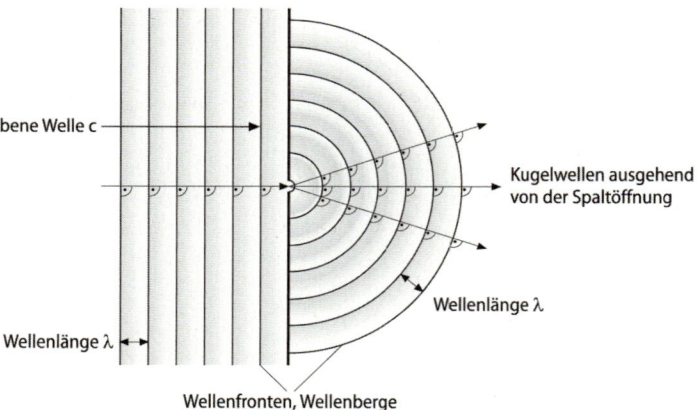

Ebene Welle c

Kugelwellen ausgehend von der Spaltöffnung

Wellenlänge λ

Wellenlänge λ

Wellenfronten, Wellenberge

Zur Erklärung und Beschreibung dieses Phänomens der Beugung dient das berühmte **Huygens-Prinzip**: Jeder Punkt einer bestehenden Wellenfront ist Ausgangspunkt einer neuen kreis- oder **kugelförmigen Elementarwelle**, die sich mit derselben Frequenz und Geschwindigkeit ausbreitet wie die ursprüngliche Wellenfront. **Die Einhüllende** all dieser Elementarwellen **ergibt die Wellenfront** der neuen Welle zu einem späteren Zeitpunkt.

Wird also, wie in unserem Spezialfall des kleinen Spalts, nur ein Punkt der ursprünglichen Wellenfront durchgelassen, ist klar, dass eine Kugel- bzw. im zweidimensionalen Raum eine Kreiswelle das Resultat sein muss. Auch die sonstigen Beugungsphänomene, z. B. die Beugung des Hörschalls um eine Gebäudeecke, lassen sich mit dem Huygens-Prinzip erklären. Festzuhalten bleibt: **Je größer der Spalt im Vergleich zur Wellenlänge, desto geringer ausgeprägt sind die Beugungserscheinungen**.

Die Wellenlänge von hörbarem Schall (bis zu mehreren Metern) ist relativ groß im Vergleich zu relevanten Öffnungen im Alltag (Türen, Fenster, Häuserkanten etc.), sodass Schallbeugung recht häufig auftritt. Sichtbares Licht dagegen hat so kleine Wellenlängen, in der Größenordnung von $4–8 \cdot 10^{-7}$ m (400–800 nm), dass Lichtbeugung schwerer zu beobachten ist. Doch sie existiert tatsächlich, wie wir in ▶ Abschn. 6.3.2 lernen werden.

> Wegen seiner großen Wellenlänge wird hörbarer Schall oft gebeugt; wegen seiner kleinen Wellenlänge wird sichtbares Licht dagegen selten gebeugt.

Hätten Sie's gewusst?

Wellen in der medizinischen Diagnostik
Beugung setzt eine Grenze, wie genau man bei verschiedenen medizinischen Diagnosetechniken Objekte abbilden kann. Denn benutzt man Wellen zur Untersuchung, wie z. B. Ultraschall in der Sonografie oder Licht in der Mikroskopie, wirken Objekte, die kleiner als die Wellenlänge sind, wie kleine Spalte oder Lochöffnungen und auch die reflektierten Strahlen zeigen Beugungserscheinungen. Also können Einzelheiten nicht beobachtet werden, die kleiner als die Wellenlänge sind. Um Abhilfe zu schaffen, muss man möglichst kleine Wellenlängen verwenden, gleichbedeutend mit großen Frequenzen, wie wir oben gesehen haben.

Doppler-Effekt

Wenn ein Krankenwagen auf der Straße mit eingeschalteter Sirene auf uns zufährt, empfinden wir das Geräusch höher, als wenn er von uns wegfährt. Dafür verantwortlich ist der **Doppler-Effekt**, der allgemein das Verhalten von Wellen beschreibt für den Fall, dass sich Sender und Empfänger relativ zueinander bewegen. Tatsächlich ändert sich dabei die vom Empfänger gemessene Frequenz.

> Der Doppler-Effekt beschreibt die Änderung der vom Empfänger gemessenen Frequenz, wenn Sender und Empfänger sich relativ zueinander bewegen.

Wir nehmen nun an, die Quelle bewege sich mit der Geschwindigkeit v_Q und die ausgesandten Wellen haben die Ausbreitungsgeschwindigkeit v sowie die Schwingungsdauer T (◙ Abb. 3.56). Im Punkt A sendet die Quelle eine Wellenfront aus. Nach einer kompletten Schwingung hat der zu Beginn dieser Schwingung nach vorn, in Richtung des Empfängers E, ausgesandte Wellenberg gerade die Strecke $v \cdot T$ zurückgelegt, die Quelle selbst hat in derselben Zeit aber die Strecke $v_Q \cdot T$ bis zum Punkt A' zurückgelegt. Und genau zu diesem Zeitpunkt wird der nächste Wellenberg ausgesendet. Welchen Abstand haben nun die beiden nacheinander ausgesendeten Wellenberge in Richtung des Empfängers voneinander?

Wie aus ◙ Abb. 3.56 ersichtlich, haben sie gerade den Abstand:

$$R_E = v \cdot T - v_Q \cdot T = (v - v_Q) \cdot T.$$

Dieser Abstand ist aber nichts anderes als die beim Empfänger E ankommende Wellenlänge λ_E, so wie wir sie oben als Abstand benachbarter Wellenberge

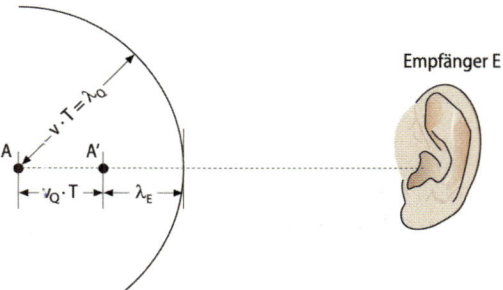

◙ **Abb. 3.56** Doppler-Effekt: Durch die Relativbewegung zwischen Sender und Empfänger hört man eine Frequenzverschiebung

definiert haben. Außerdem wissen wir, dass allgemein gilt: $f = v/\lambda$. Also folgt für die vom Empfänger gemessene Frequenz:

$$f_E = \frac{v}{(v - v_Q) \cdot T},$$

oder ausgedrückt mit der Senderfrequenz $f_Q = 1/T$:

$$f_E = \left[\frac{v}{v - v_Q}\right] \cdot f_Q.$$

Bewegt sich die Quelle vom Empfänger weg, ändert sich lediglich das Vorzeichen zwischen v und v_Q, dort steht dann ein Plus, wie man sich in ◘ Abb. 3.56 klarmachen kann.

Im Falle kleiner Geschwindigkeiten v_Q relativ zur Ausbreitungsgeschwindigkeit v der Welle kann diese Gleichung auch umgeformt werden in die beobachtete **Frequenzänderung**:

$$\Delta f = f_E - f_Q = f_Q \cdot \left(\frac{v_Q}{v}\right).$$

Bewegt sich nicht nur die Quelle, sondern auch der Empfänger, ändert sich nicht viel. Die Berechnung der vom Empfänger wahrgenommenen Wellenlängen muss lediglich auf der Empfängerseite nochmals durchgeführt werden. Für die beobachtete Frequenzverschiebung gilt dann:

$$\Delta f = f_Q \cdot \frac{\Delta v}{v}.$$

Dabei ist Δv die Relativgeschwindigkeit zwischen Quelle und Empfänger. Man kann also bei bekannter Quellenfrequenz die relative Geschwindigkeit der Quelle gegenüber dem Empfänger aus der gemessenen Frequenzänderung Δf bestimmen. Dieses Prinzip wird unter anderem zur Bestimmung von Fließgeschwindigkeiten verwendet, in der Medizin z. B. des Blutes.

Bei allen diesen Überlegungen haben wir angenommen, dass die Geschwindigkeit der Quelle kleiner ist als die Wellenausbreitungsgeschwindigkeit. Gilt das nicht, gibt es gar keine Wellen mehr vor der Quelle, es häufen sich alle dahinter an. Das ist der Grund für den bekannten Knall beim »Durchbrechen der Schallmauer«, den man z. B. beim Vorbeifliegen überschallschneller Militärjets am Boden hören kann.

Überlagerung von Wellen – Interferenz

Die Überlegungen, die wir bisher über Wellen angestellt haben, bezogen sich jeweils auf *eine* Welle. Wir wollen nun der Frage nachgehen, was passiert, wenn mehrere Wellen an einem Ort zusammentreffen.

Für die Überlagerung von Wellen gilt das Superpositionsprinzip.

Was dann passiert, lässt sich mit der einfachsten aller mathematischen Operationen, der Addition, beschreiben. Die Auslenkungen der Wellen – oder, formalisiert, die einzelnen Wellenfunktionen – werden schlicht addiert. Dieses Verfahren bezeichnet man als **Superpositionsprinzip**, das Phänomen als **Interferenz**.

Als Konsequenz dieser einfachen Überlagerung erhält man noch folgende Tatsache: Wenn die Wellen den Bereich des Zusammentreffens verlassen haben, läuft jede Welle wieder so weiter wie vor der Überlagerung, als ob es diese nicht gegeben hätte. Es kann auch dazu kommen, dass sich zwei Wellen zu null addieren, wenn sie den gleichen Betrag der Auslenkung, aber entgegengesetzte Auslenkungsrichtungen aufweisen.

Wir wollen nun den folgenden Fall etwas näher untersuchen: **Zwei Wellen gleicher Frequenz und gleicher Amplitude treffen aufeinander; dies nennt man Interferenz.** Eine einzelne Welle haben wir bereits beschrieben mit der Gleichung:

$$A(x,t) = A_{max} \cdot \sin(\omega \cdot t - k \cdot x).$$

Gehen wir nun weiter davon aus, dass zwischen unseren beiden Wellen eine **Phasendifferenz** δ besteht, d. h., die beiden Phasen unterscheiden sich durch diesen Summanden δ:

$$A_1(x,t) = A_{max} \cdot \sin(\omega \cdot t - k \cdot x)$$
$$A_2(x,t) = A_{max} \cdot \sin(\omega \cdot t - k \cdot x + \delta).$$

Addiert man beide Wellenfunktionen, erhält man:

$$A_1 + A_2 = A_{max} \cdot \sin(k \cdot x - \omega \cdot t) + A_{max} \cdot \sin(k \cdot x - \omega \cdot t + \delta).$$

Nach mathematischen Umformungen der beiden Sinusfunktionen kann man das auch schreiben als:

$$A_1 + A_2 = 2 \cdot A_{max} \cdot \cos\left(\frac{1}{2} \cdot \delta\right) \cdot \sin\left(k \cdot x - \omega \cdot t + \frac{1}{2} \cdot \delta\right).$$

Der geschulte Blick erkennt sofort: Es entsteht wiederum eine Welle mit der gleichen Frequenz ω wie bei den Ausgangswellen. Die Amplitude der neuen Welle ergibt sich, da δ ein fester Wert ist, zu:

$$A_{Summe} = 2 \cdot A_{max} \cdot \cos\left(\frac{1}{2} \cdot \delta\right).$$

Anschaulich wird die Formel, wenn man die beiden Extremfälle betrachtet:
- Ist $\delta = 0$, liegen also zwei »identische« Wellen vor, bei denen die Punkte maximaler Auslenkung immer zusammenfallen, erreicht $\cos(\frac{1}{2} \cdot \delta)$ sein Maximum 1, es entsteht also eine Welle mit der doppelten Amplitude wie zuvor. Man nennt diesen Fall **konstruktive Interferenz**. Genau das entspricht auch dem, was wir oben gefordert hatten: Die Amplituden der beiden Wellen addieren sich (◘ Abb. 3.57a).
- Das andere Extrem ist dann erreicht, wenn die beiden Wellen gerade gegenphasig sind, also die maximale positive Auslenkung von Welle 1 mit der maximalen negativen Auslenkung von Welle 2 zusammenfällt. Das ist der Fall, wenn die beiden Wellen eine Phasendifferenz haben, die gerade der halben Wellenlänge entspricht $\delta = \pi$. An dieser Stelle ist $\cos(\frac{1}{2} \cdot \delta) = 0$, es resultiert also eine Welle mit der Amplitude null. Man spricht dann von **destruktiver Interferenz** (◘ Abb. 3.57b).

Je nach relativer Phasenlage können sich überlagerte Wellen auslöschen (destruktive Interferenz) oder verstärken (konstruktive Interferenz).

Wichtig zum Verständnis ist noch, dass eine Phasendifferenz nicht nur durch unterschiedliches Schwingungsverhalten zweier Wellenzentren entstehen kann, sondern auch durch unterschiedliche Entfernung des Beobachters von beiden, den sog. **Gangunterschied**. Nehmen wir an, die Wellenfronten verlassen beide Wellenzentren zum selben Zeitpunkt. Ist der Beobachtungspunkt von einem Wellenzentrum genau eine Wellenlänge (bzw. ein ganzzahliges Vielfaches einer Wellenlänge) weiter entfernt als vom anderen, tritt dort konstruktive Interferenz auf. Denn nur dann erreicht der Wellenkamm der beiden Wellen den Beobachtungspunkt zur gleichen Zeit!

Gangunterschied: unterschiedliche Entfernung des Beobachters von beiden Quellen.

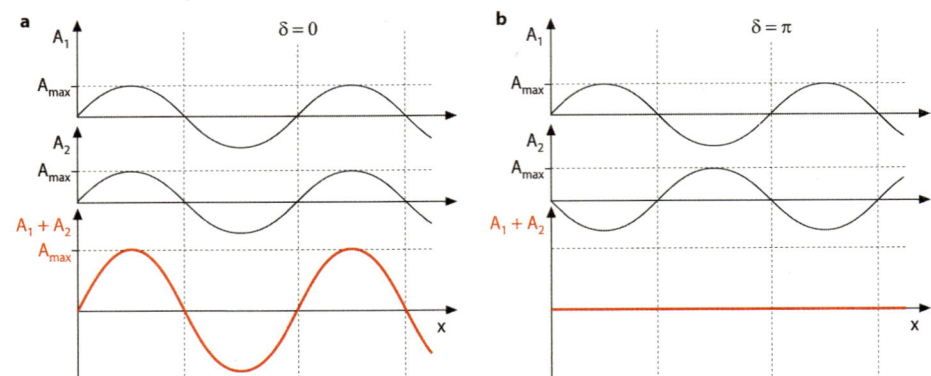

◘ **Abb. 3.57a, b** Überlagerung von Wellen. Die beiden von links nach rechts laufenden Wellen interferieren je nach relative Phasenlage konstruktiv (**a**) oder destruktiv (**b**)

Der umgekehrte Fall (destruktive Interferenz) tritt dann auf, wenn der Beobachtungspunkt eine halbe Wellenlänge (bzw. ein ungeradzahliges Vielfaches davon) entfernt ist. Dann fallen Maximum und Minimum beider Wellen zusammen. Der Zusammenhang zwischen Phasendifferenz δ und Gangunterschied Δx lässt sich wie folgt ausdrücken:

$$\delta = (\omega \cdot t - k \cdot x_1) - (\omega \cdot t - k \cdot x_2) = k \cdot (x_1 - x_2) = k \cdot \Delta x = 2\pi \cdot \frac{\Delta x}{\lambda}.$$

Δx ist hier der Gangunterschied, also die unterschiedliche Entfernung des Beobachters von beiden Quellen.

Bei konstantem Gangunterschied handelt es sich um kohärente Quellen.

Bleibt die Phasendifferenz zweier Quellen (und damit auch der Gangunterschied) immer konstant, bezeichnet man die beiden Quellen als **kohärent**. Dies tritt in der Realität nur selten auf, etwa dann, wenn man zwei Lautsprecher an dieselbe Stromquelle anschließt. In solch einem Fall entstehen dann räumlich fest verteilte Intensitätsmuster, d. h., wenn man durch den Raum geht, kann man je nach Standort die Maxima und Minima hören. Wohlgemerkt gilt dies nur für eine feste Frequenz.

Treffen zwei Schallwellen nahezu gleicher Frequenz aufeinander, kommt es zur Schwebung.

Ein praktisches Phänomen, das auf der Interferenz beruht, ist die sog. **Schwebung**. Es tritt auf, wenn zwei Schallwellen nahezu gleicher Frequenz aufeinandertreffen. Man stelle sich dazu das Stimmen einer Gitarre vor. Als Referenz benutzt man den Kammerton a (440 Hz), die Gitarre liefert einen leicht anderen Ton, wenn sie verstimmt ist. Zu hören ist an einem beliebigen Ort im Raum dann Folgendes: Die Lautstärke des gehörten Tons nimmt kontinuierlich ab und wieder zu. Grund dafür ist die Interferenz der Schallwelle unseres Stimmgeräts und der Schallwelle unserer Gitarre.

Nehmen wir an, dass die beiden Wellen zu Beginn unseres Betrachtungszeitraums in Phase sind, dann herrscht dort konstruktive Interferenz. Durch den kleinen Frequenzunterschied wird nach einiger Zeit destruktive Interferenz eintreten. Zu diesem Zeitpunkt ist dann also kaum noch etwas zu hören. Und so geht das immer weiter. Die Frequenz dieser periodischen Erscheinung heißt **Schwebungsfrequenz**.

Man kann zeigen, dass die Schwebungsfrequenz gerade gleich dem Frequenzunterschied beider Wellen ist. Hat die Gitarre in unserem Beispiel also die Frequenz 438 Hz (im Vergleich zum Kammerton a mit 440 Hz), hört man einen Ton, der 2-mal pro Sekunde laut und leise wird. **Das zeitliche Auflösungsvermögen des menschliche Ohr ist begrenzt: Wir können maximal 15–20 Schwebungen pro Sekunde wahrnehmen.**

Stehende Wellen

Wellen in einem räumlich begrenzten Gebiet (Gitarrensaite)

Ein ganz anderes Phänomen tritt dann auf, wenn sich Wellen nur in einem begrenzten räumlichen Gebiet ausbreiten können, man denke an die Saite einer Gitarre oder eines Klaviers. Dann treten an beiden Enden (oder auch an allen Enden, wenn man mehr als zwei Dimensionen betrachtet) Reflexionen auf und die Welle überlagert sich gewissermaßen mit sich selbst. In Abhängigkeit von der Länge der Seite gibt es in solch einem Fall bestimmte Frequenzen, die zu stationären Mustern, **stehenden Wellen** genannt, führen. Die entsprechenden Frequenzen heißen **Eigenfrequenzen** (◘ Abb. 3.58) oder **Resonanzfrequenzen**, die zugehörige Wellenfunktion nennt man **Schwingungsmode**.

◘ Abb. 3.58 zeigt die ersten Eigenfrequenzen für eine auf beiden Seiten eingespannte Saite. Die niedrigste Resonanzfrequenz, als **Grundfrequenz** bezeichnet, erzeugt die sog. **Grundschwingung** (auch bekannt als Fundamentale oder 1. Harmonische). Man erkennt, dass zwischen die beiden fest eingespannten Enden genau eine halbe Sinuswelle passt. Anders ausgedrückt, entspricht dies genau einer halben Wellenlänge.

> Können Wellen sich nur begrenzt ausbreiten, gibt es bestimmte Eigenfrequenzen, die zu stationären Mustern (= stehenden Wellen) führen.

● Schwingungsknoten der stehenden Welle

↕ Schwingungsbauch der stehenden Welle

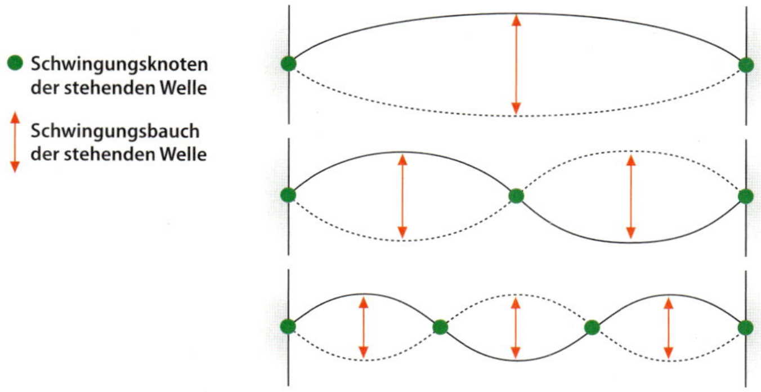

◘ **Abb. 3.58** Eigenschwingungen einer fest eingespannten Saite

Die nächsthöhere Resonanzfrequenz passt genau dann zwischen die beiden Enden, wenn ihre Länge genau einer Wellenlänge entspricht, muss also die doppelte Frequenz haben wie die Grundschwingung. Hier sprechen wir nun von der 2. Harmonischen oder der 1. Oberschwingung. Die 3. Harmonische hat dann die 3-fache Frequenz der Grundschwingung und so setzt sich das fort. **Achtung: Es gibt auch Systeme, in denen Resonanzfrequenzen kein ganzzahliges Vielfaches der Grundschwingung sind. Dann spricht man zwar auch von Oberschwingungen, nicht aber von Harmonischen.**

Für jede Harmonische gibt es Punkte auf der Saite, die sich nicht bewegen – z. B. die Randpunkte bei der Grundschwingung oder der Mittelpunkt der Saite bei der ersten Oberschwingung. Solche Punkte bezeichnet man als **Schwingungsknoten**. Immer in der Mitte zwischen zwei Knoten liegen Punkte maximaler Schwingungsamplitude, die sog. **Schwingungsbäuche**, deren Zahl mit zunehmender Frequenz wächst.

Aus ◘ Abb. 3.58 können wir außerdem einen Zusammenhang zwischen der Länge der Saite und den Resonanzfrequenzen herleiten: Bei der Grundschwingung entspricht die Länge l der Saite gerade einer halben Wellenlänge, bei der 2. Harmonischen sind es zwei halbe Wellenlängen, bei der 3. Harmonischen drei und so weiter. Daraus folgt:

$$l = n \cdot \frac{\lambda}{2}.$$

> Schwingungsknoten: Punkt auf der Saite, der sich nicht bewegt.
>
> Schwingungsbauch: Punkt auf der Saite, der maximal schwingt.

Dabei entspricht n der Ordnungszahl der betrachteten Harmonischen und λ der Wellenlänge der zugehörigen Resonanzfrequenz.

Wichtig ist nun folgende Erkenntnis: **Wird das System, in unserem Fall die Saite, mit einer anderen Frequenz als einer Eigenfrequenz von außen angeregt, bildet sich keine stehende Welle aus**. Es gibt dann kein denkbares festes Muster, das sich auf der Saite ausbilden könnte. (Zur Erinnerung: Wir hatten gefordert, dass die Saite an beiden Enden fest eingespannt ist.)

Hätten Sie's gewusst?

Durch Resonanz freigesetzte Kräfte
Wird das System jedoch mit der Eigenfrequenz von außen angeregt, können die stehenden Wellen große Macht entfalten, es tritt nämlich Resonanz auf, genau wie in ▶ Abschn. 3.3.1 für die erzwungene harmonische Schwingung besprochen. Ein eindrucksvolles Beispiel dafür war die Hängebrücke von Tacoma Narrows im US-Bundesstaat Washington, die 1940 von Windturbulenzen in ihrer Eigenfrequenz zu stehenden Wellen angeregt wurde und daraufhin einstürzte.

Einseitig begrenzte Wellen (Peitsche)

Beispiel Peitsche:
festes Ende = Schwingungsknoten;
loses Ende = Schwingungsbauch.

Nun sind aber auch Wellen in Medien denkbar, die nur an einem Ende fest sind, am anderen aber lose. Welche stabilen Muster können sich dort ausbilden? Stellt man sich eine Peitsche vor, deren Bewegung näherungsweise als wellenförmig angesehen werden kann, wird schnell klar, dass das lose Ende auf keinen Fall einen Schwingungsknoten darstellt. Es bewegt sich im Gegenteil sogar sehr deutlich. Tatsächlich ist es ein Schwingungsbauch. Am festen Ende bleibt alles beim Alten, dort stellt sich ein Schwingungsknoten ein.

Unter diesen Voraussetzungen kann man sich leicht vorstellen, wie stehende Wellen dann aussehen können. **Die Distanz eines Schwingungsknotens zum benachbarten Schwingungsbauch beträgt gerade ¼ der Wellenlänge.** Also muss für die Grundschwingung gelten:

$$l = \frac{\lambda}{4}.$$

Die 1. Oberschwingung nimmt dann schon ¾ der Wellenlänge in Anspruch, da man ja nur eine halbe Wellenlänge zusätzlich zwischen das feste und das lose Ende packen kann. Also können wir wie oben wieder eine Bedingung für stehende Wellen herleiten:

$$l = n \cdot \frac{\lambda}{4}; \text{ mit } n = 1,3,5,\dots.$$

Mit geschultem Blick sieht man: Bei der stehenden Welle auf dem Medium mit einem losen Ende fehlen die *geraden* Harmonischen!

Weiterhin sollte man sich stets folgende notwendige Bedingung für stehende Wellen vor Augen halten: **Jeder Punkt auf der Saite bleibt entweder in Ruhe (Schwingungsknoten) oder schwingt in einer einfachen harmonischen Bewegung (alle anderen Punkte außen den Schwingungsknoten).**

3.3.3 Schall und Ultraschall

Hörschall

Da es sich bei Schall um ein Wellenphänomen handelt, haben wir in diesem Kapitel schon viel darüber gelernt. Hier sei nur wiederholt: **Schall** ist eine typische **longitudinale Welle** mit der Ausbreitungsrichtung in Störungsrichtung.

Aufgefasst werden kann die Störung entweder als **Druckschwankung** oder als **Schwingung der Moleküle.** (Beides ist letztendlich das Gleiche, nur die Betrachtungsweise ist unterschiedlich.)

Zur Ausbreitung braucht der Schall wie jede andere mechanische Welle ein Medium (Luft, Wasser etc.), im Vakuum kann er sich nicht ausbreiten. Das zeigt übrigens, wie unrealistisch die meisten Science-Fiction-Filme sind: »Knalleffekte« bei Weltraumschlachten sind physikalisch unmöglich!

Reden wir von **Hörschall**, so sprechen wir über einen Frequenzbereich von **ca. 16 Hz bis ca. 20 kHz.** Nur Kleinkinder hören tatsächlich in diesem Bereich. Wer jedoch einmal im Physikpraktikum sein Gehör »überprüft« hat, wird feststellen, dass der tatsächlich hörbare Bereich eines jungen Erwachsenen im Bereich von ca. 20 Hz bis ca. 16 kHz liegt und mit dem Alter noch schmaler wird.

> Hörschall ist eine longitudinale Druckwelle.

> Hörschall umfasst den Frequenzbereich von ca. 16–20.000 Hz.

Geschwindigkeit von Schall in Flüssigkeiten und Gasen

Für die Geschwindigkeit von Schall in Flüssigkeiten und Gasen gibt es experimentell bestimmte Formeln, die hier kurz angegeben werden sollen.

So hängt die Schallgeschwindigkeit in einem Medium direkt mit dessen Dichte ρ und dem **Kompressionsmodul** K (Kehrwert des Volumenelastizitätsmoduls, ▶ Abschn. 3.2.2) zusammen:

$$c = \sqrt{\frac{K}{\rho}}.$$

> Geschwindigkeit von Schall in einem Medium hängt direkt ab von der Dichte und dem Kompressionsmodul.

In Gasen ist der Kompressionsmodul abhängig vom Druck. Dieser wird seinerseits durch die Dichte und die absolute Temperatur des Mediums bestimmt. Deshalb ist die Schallgeschwindigkeit bei Gasen stark von der absoluten Temperatur T abhängig:

$$c = \sqrt{\frac{\gamma \cdot R \cdot T}{m}}.$$

> Die Schallgeschwindigkeit in Gasen hängt stark von deren Temperatur ab.

Hier ist R die allgemeine Gaskonstante, m die molare Masse des Gases und γ eine Zahl, die abhängig von der Gasart ist: Zweiatomige Gase wie Sauerstoff bekommen z. B. einen Wert $\gamma = 1{,}4$ zugewiesen, für Edelgase dagegen gilt: $\gamma = 1{,}67$.

Man kann sich natürlich auch einfach ein paar **typische Werte** für die Schallgeschwindigkeit merken: In Luft breitet sich Schall mit ca. 340 m/s aus, während er sich in Wasser mit 1500 m/s und in Glas sogar mit ca. 5600 m/s ausbreitet.

> Schallgeschwindigkeiten:
> in Luft ca. 340 m s^{-1},
> in Wasser ca. 1500 m s^{-1},
> in Glas: 5600 m s^{-1}.

Schallintensität und Schallempfinden

Kurze Wiederholung: Unter **Intensität** verstehen wir die pro Zeit Δt durch eine Fläche A hindurchtretende Energie E. Die Intensität wird bei Schallwellen auch **Schallstärke** oder Schallintensität genannt. Der Wahrnehmungsbereich des menschlichen Ohrs erstreckt sich von etwa 10^{-12} W/m², der **Hörschwelle**, bis ca. **1–10 W/m²**, der **Schmerzschwelle**. Die Druckschwankungen, die diesen extremen Intensitäten entsprechen, liegen bei $2 \cdot 10^{-5}$ Pa an der Hörschwelle bzw. 20 Pa an der Schmerzgrenze.

> Schallintensität:
> Hörschwelle $= 10^{-12}$ W m^{-2};
> Schmerzschwelle $= 1$–10 W m^{-2}.

Diese Schwankungen überlagern den normalen Atmosphärendruck (1013,25 hPa), werden vom menschlichen Ohr aufgenommen und über die Nervenleitungen im Gehirn registriert, wie uns die Physiologie lehrt. Die mit dem Hörprozess gespeicherten Erfahrungen erlauben uns, einer Vielzahl unterschiedlicher Reize, jeweils bestehend aus Frequenz und Intensität, bestimmte Ursachen zuzuordnen.

Unser Schallintensitätsempfinden (die Lautstärke LS, die wir wahrnehmen) ist aber nicht proportional zur tatsächlichen Schallstärke: **Das menschliche Schallintensitätsempfinden** hängt logarithmisch von der Schallstärke ab. Deswegen definieren wir:

$$LS = 10 \cdot \log\left(\frac{I}{I_0}\right).$$

Unsere Lautstärkeempfindung hängt logarithmisch mit der Schallintensität zusammen:
Weber-Fechner-Gesetz.

Dieser logarithmische Zusammenhang der Schallintensitätsempfindung von der Intensität wird als **Weber-Fechner-Gesetz** bezeichnet. Die Lautstärke LS wird angegeben in Dezibel, dB(A), mit der zugehörigen Schallstärke I. I_0 ist eine Referenzgröße, die Hörschwelle, dokumentiert durch das Kürzel »(A)«.

Im Unterschied zur Einheit dB(A) verwendet man die Einheit dB dann, wenn man allgemein zwei beliebige Intensitäten I_1 und I_2 zueinander ins Verhältnis setzt. Handelt es sich z. B. um den Vergleich der Intensität mit Gehörschutz (I_2) und ohne (I_1), so spricht man vom **logarithmischen Dämpfungsmaß** oder einfach von der Dämpfung des Gehörschutzes, angegeben in dB.

Bei Frequenzen um 1000 Hz liegt die Hörschwelle bei 0 dB(A), die Schmerzschwelle bei 120 db(A).

Legt man den logarithmischen Zusammenhang zwischen Schallintensität und Lautstärke zugrunde, befindet sich die **Hörschwelle bei 0 dB(A)**, die **Schmerzschwelle bei etwa 120 dB(A)**. Zu beachten ist aber, dass diese Werte für eine Frequenz von etwa 1000 Hz gelten, denn die menschliche Schallintensitätsempfindlichkeit hängt auch von der Frequenz des Geräuschs ab. Beispielsweise kann Schall mit einer Frequenz von 100 Hz erst ab einer Schallstärke von ca. 10^{-10} W/m^2 wahrgenommen werden. **Am empfindlichsten ist das menschliche Ohr für Schall mit Frequenzen um 4 kHz**. Dies kann man ◘ Abb. 3.59 entnehmen, in der die spektrale Empfindlichkeit des menschlichen Ohres dargestellt ist.

Die Hörschwelle ist abhängig von der Frequenz!
Isophone:
Kurve gleicher Lautstärkeempfindung.

Die Hörschwelle ist also von der Frequenz abhängig. Unser Lautstärkeempfinden wird immer auf diese Hörschwelle bezogen. Die **Kurven gleicher Lautstärkeempfindung** oder **Isophonen** sind deshalb keine einfachen Geraden. Sie folgen dem Verlauf der Hörschwelle. Die Bezeichnung Isophone kommt von der früher benutzten Einheit **Phon** anstelle der heute zu verwendenden Einheit dB(A).

In ▸ Abschn. 3.3.2 haben wir uns bereits mit der **Wellenausbreitung über die Grenze** zwischen **verschiedenen Medien** befasst. Hier interessiert uns nun aber weniger die Richtungsänderung des in ein anderes Medium eintretenden Schalls, sondern vielmehr folgende Frage: Welcher Anteil der ankommenden Intensität wird reflektiert bzw. transmittiert?

◘ **Abb. 3.59** Spektrale Empfindlichkeit des menschlichen Gehörs. Der von Sprache verwendete Bereich ist schraffiert eingetragen (aus Harten 2015)

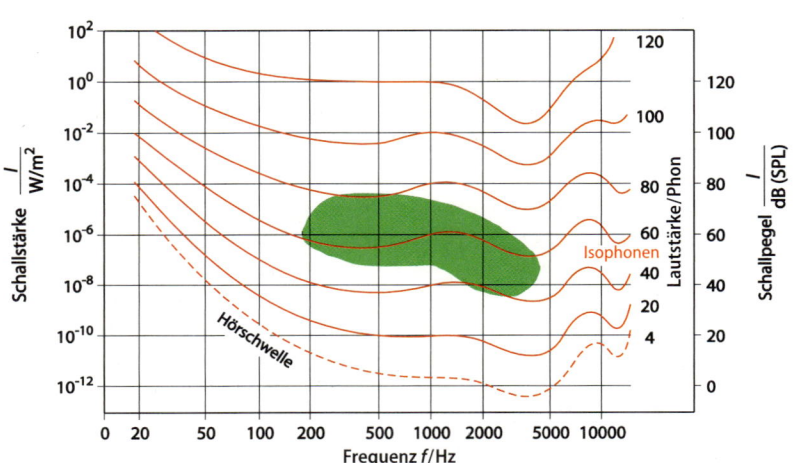

Der Anteil ist abhängig von den Wellenwiderständen beider Medien. Der **Wellenwiderstand z** ist definiert als Produkt aus der Dichte ρ des Mediums und seiner Ausbreitungsgeschwindigkeit c:

$$z = \rho \cdot c.$$

Der **Reflexionskoeffizient r^2** für die Intensität berechnet sich dann zu:

$$r^2 = \left| \frac{z_1 - z_2}{z_1 + z_2} \right|^2 .$$

Und der **transmittierte Anteil t^2** ergibt sich aus der Forderung: $r^2 + t^2 = 1$.

Besonders interessant ist der Übergang zwischen Luft und Wasser. Für die Transmission ergibt sich hier $t^2 = 0{,}001$ oder $t^2 = 0{,}1\%$. Nun wissen wir, warum wir unter Wasser die Geräusche von außerhalb so schlecht hören. Übrigens spielt dieser Übergang auch in unserem Ohr eine wichtige Rolle, nämlich beim Übergang von der Luft auf die Flüssigkeit in unserem Ohr. Aber dazu hat die Physiologie einiges zu sagen, speziell zu der Frage, wie die Natur diesen physikalisch schlechten Übergang verbessert hat, zur sog. Impedanzanpassung.

> Schallwelle beim Übergang an Luft-Wasser-Grenze: Nur 0,1% der ankommenden Intensität wird transmittiert.

Ultraschall

Eng mit dem Schall verbunden ist der **Ultraschall**, dessen Frequenzen, wie der Name schon sagt, über die des Schalls hinausgehen. Während hörbarer Schall Frequenzen im Bereich 16 Hz bis 20 kHz umfasst, beginnt **Ultraschall bei 16 kHz und reicht bis 1 GHz.** Es gibt also wie oft im Wellenspektrum einen Bereich der Überschneidung.

Für den Ultraschall gelten die gleichen Gesetzmäßigkeiten wie für andere Wellen. Insbesondere gelten die soeben erklärten Gleichungen für die Reflexion und Transmission beim Übergang zwischen verschiedenen Materialien.

In der **Medizin** werden Ultraschallwellen sowohl für diagnostische als auch für therapeutische Zwecke eingesetzt. Die Ultraschalldiagnostik bietet wesentliche Vorteile gegenüber anderen Bildgebungsverfahren wie etwa Röntgenstrahlung: Die Sonografie ist schmerzlos, nicht strahlenbelastend, schnell und rationell durchführbar. Besonders wichtig ist, dass die hohen Frequenzen und entsprechend kleinen Wellenlängen es erlauben, relativ kleine Strukturen noch aufzulösen, was z. B. bei Verwendung von normalem Hörschall nicht möglich wäre (Stichwort Beugung, ▶ Abschn. 3.3.2).

> Ultraschallwellen haben Frequenzen zwischen 16 kHz und 1 GHz.

Hätten Sie's gewusst?

Nierensteinzertrümmerung per Ultraschall
Natürlich ist auch der Ultraschalleinsatz nicht frei von Nebeneffekten. Wir haben in ▶ Abschn. 3.3.2 gelernt, dass Wellen Energie übertragen. Diese Energie manifestiert sich dann auch im Körper, meist in Form von Wärme. Aber genau dieser Effekt wird bei der Behandlung genutzt, wenn mit Ultraschall z. B. Nierensteine zertrümmert werden. Wie man sich vorstellen kann, ist dazu viel Energie notwendig: Man richtet mehrere Ultraschallgeber so ein, dass sich die abgestrahlten Wellen am gewünschten Ort innerhalb des Körpers konstruktiv überlagern. Dadurch wird nur in diesem Bereich die Schallintensität derart hoch, dass die Nierensteine zertrümmert werden. Auf dem Weg zum Zielort ist die Intensität der einzelnen Wellen zu gering, um irgendwelche Schädigungen zu erzielen.

Physik

Die Reflexion von Ultraschall an Materialgrenzen (zwischen Geweben mit unterschiedlichen Wellenwiderständen) ist die Grundlage der bildgebenden Ultraschalldiagnostik.

Wie kommen eigentlich Ultraschallbilder zustande?

Ultraschallwellen werden – genau wie wir im vorhergehenden Abschnitt gelernt haben – an Grenzflächen teilweise reflektiert. Solche Grenzflächen liegen beim Übergang von einem Gewebe in ein anderes vor. Schickt man nun einen kurzen Ultraschallimpuls von einem Sender ausgehend durch ein mehrschichtiges Gewebe, wird an den einzelnen Grenzflächen jeweils ein kleiner Teil reflektiert und gelangt nach einer bestimmten Laufzeit wieder zurück zum Sender.

Neben dem Sender befindet sich nun ein Empfänger, der dies in Abhängigkeit von der Zeit registriert. Da man die Ausbreitungsgeschwindigkeit c der Ultraschallwellen kennt, kann man aus der verstrichenen Zeit Δt die Abstände der reflektierenden Schichten berechnen. Dieses Verfahren nennt man **Echolotverfahren**. Der Abstand der reflektierenden Grenzschicht vom Sender berechnet sich zu:

$$s = \frac{\Delta t \cdot c}{2}.$$

Zu beachten ist der **Faktor 2**. Dieser ergibt sich, weil der Schallimpuls den Weg ja zweimal zurücklegen muss (in den Körper hinein und wieder hinaus!).

A-Scan:
Information über die Tiefe reflektierender Grenzschichten.

Trägt man nun die reflektierte Intensität als Funktion der Zeit auf, erhält man einen sog. **A-Scan**. In der betrachteten Richtung erhält man also eine Information darüber, in welcher Tiefe sich Übergänge zwischen verschiedenen Materialien (Geweben) befinden.

B-Scan:
Information über Richtung und Ort reflektierender Grenzschichten.

Das sind jedoch nicht die Bilder, die wir mittlerweile von modernen Ultraschalldiagnosegeräten kennen. Um nicht nur eine Richtung untersuchen zu können, werden fächerartig in einer Ebene mehrere Richtungen nacheinander untersucht. Die Darstellung erfolgt nun derart, dass für jede Richtung die Zeit in eine Ortsdifferenz und gleichzeitig die Intensität der reflektierten Welle in einen Grauwert umgerechnet wird. Man erhält somit auf dem Bildschirm (Ort) eine Grauwertdarstellung. Dies ist der sog. **B-Scan**.

Wir sehen: Mathematisch steckt gar nicht so viel dahinter, wenn werdenden Eltern die große Freude bereitet wird, ihr ungeborenes Kind auf dem Ultraschallschirm zu sehen (🔲 Abb. 3.46).

Doppler-Effekt zur Messung des Blutstroms:
Blutkörperchen reflektieren die Ultraschallwellen und werden so zur »Schallquelle«.

Ein weiteres Einsatzgebiet des Ultraschalls ist die Ausnutzung des **Ultraschall-Doppler-Effekts** zur Messung von Fließgeschwindigkeiten von Körperflüssigkeiten. Wie wir gesehen haben, ändert sich bei einer bewegten Quelle die Frequenz der abgestrahlten Wellen in Abhängigkeit von der Geschwindigkeit der Quelle. Die Ultraschallwellen werden dann z. B. von Blutkörperchen reflektiert, wodurch diese zur »Quelle« werden. Man fängt die reflektierte Strahlung auf und misst deren Frequenzverschiebung relativ zur Quellenfrequenz und kann dann die Fließgeschwindigkeit errechnen. Das ist exakt das gleiche Prinzip wie beim Temporadar der Polizei.

Abnahme der Intensität (Halbwertstiefe) und Reflexionsverluste

Beim Durchgang der Schallwellen durch Materie nimmt die Intensität selbstverständlich auch aufgrund von Absorption ab, und zwar exponentiell mit der Eindringtiefe x nach folgender Formel:

$$I = I_0 \cdot e^{-\mu \cdot x}.$$

μ ist der materialspezifische Absorptionskoeffizient. Zur Verdeutlichung sei hier angegeben, in welcher Tiefe die Intensität sich bereits halbiert hat: Für Wasser erhält man bei einer Frequenz von 2,5 MHz eine **Halbwertstiefe** $d_{1/2} = 180$ cm, im Muskel beträgt sie nur 1 cm und im Knochen gar nur 0,1 cm.

Daraus wird klar, wie empfindlich die Empfänger sein müssen. Außerdem wird klar, dass nach dem Durchtritt durch Knochen so gut wie keine Intensität mehr übrig ist.

Die Halbwertstiefe ist von der verwendeten Frequenz abhängig: **Je niedriger die Frequenz der verwendeten Ultraschallwelle ist, desto größer ist die Halbwertstiefe.** Also scheint es sinnvoll zu sein, kleinere Frequenzen zu verwenden. Dem steht aber die bereits besprochene schlechtere räumliche Auflösung bei niedrigen Frequenzen – größeren Wellenlängen – gegenüber. Es muss also ein vernünftiger Kompromiss gefunden werden.

Nun wissen wir, warum bei der Ultraschalluntersuchung immer ein **Kontaktgel** verwendet wird. Es dient dazu, den Wellenwiderstand des Geräts an den des Körpers anzupassen. Denn beim Übergang der Schallwellen vom Gerät in Luft und dann wieder von der Luft in den Körper gäbe es enorme Reflexionsverluste.

Halbwertstiefe: Strecke, nach der die Intensität einer Welle halbiert ist (für Knochen bei einer Frequenz von 2,5 MHz: 0,1 cm).

Kontaktgel zur Verringerung der Reflexionsverluste an den Übergängen Gerät–Luft–Körper.

kurz & knapp

- **Schwingungen** sind gekennzeichnet durch die periodische Wiederholung einer Bewegung. Dabei gehen verschiedene Energieformen kontinuierlich ineinander über.
  - Zeitliche Änderung der Amplitude A einer freien, ungedämpften Schwingung: $A(t) = A_{max} \cdot \cos(\omega \cdot t)$.
  - Kreisfrequenz $\omega = 2\pi \cdot f = 2\pi/T$ (f = Schwingungsfrequenz; T = Schwingungsdauer).
  - Schwingungsdauer T eines Federpendels mit der Masse m und der Federkonstanten D:

  $$T = 2\pi\sqrt{\frac{m}{D}}.$$

  - Energie einer Federschwingung: $W = \frac{1}{2} \cdot D \cdot x_{max}^2$.

  - Schwingungsdauer T eines Fadenpendels der Länge l im Schwerefeld g der Erde: $T = 2\pi\sqrt{\frac{l}{g}}$.

  - Bei einer gedämpften Schwingung (Dämpfungskoeffizient δ) nimmt die Amplitude exponentiell mit der Zeit ab:
  $A = A_{max} \cdot e^{-\delta \cdot t} \cdot \cos(\omega \cdot t)$.
  - Erzwungene Schwingungen entstehen durch eine äußere Kraft, die das System kontinuierlich anregt und damit den Energieverlust durch die Dämpfung ausgleicht. Stimmt die Anregungsfrequenz mit der Eigenfrequenz des Systems überein, kommt es zur **Resonanz**: Das System schwingt nun mit maximaler Amplitude.
- **Wellen** haben die Eigenschaft, Energie zu transportieren, ohne dass Materie ihren Platz wechselt. Bei **transversalen Wellen** ist die Auslenkung der schwingenden Teilchen senkrecht zur Ausbreitungsrichtung, bei **longitudinalen Wellen** hingegen parallel zur Ausbreitungsrichtung.
  - Die Amplitude am Ort x zur Zeit t einer Welle mit der Frequenz ω wird beschrieben durch: $A(x,t) = A_{max} \cdot \sin(k \cdot x - \omega \cdot t)$.
  - Es gelten die Zusammenhänge:
  $c = \lambda \cdot f$; Ausbreitungsgeschwindigkeit c, Wellenlänge λ und Frequenz f; $k = 2\pi/\lambda$.

Physik

- Die **Intensität I** einer Welle ist die durch die Fläche A transportierte Leistung P:
  $I = P / A$.
- Wichtige Wellenphänomene: **Reflexion, Brechung, Beugung** und **Doppler-Effekt**.
- **Superpositionsprinzip**: Wellen überlagern sich durch Addition ihrer Amplituden.
- Dies wird **Interferenz** genannt. Je nach relativer Phasenlage kommt es bei Wellen gleicher Frequenz zu **konstruktiver** oder **destruktiver Interferenz**.
- **Schwebungen** entstehen bei der Interferenz zweier Wellen mit leicht unterschiedlicher Frequenz.
- **Stehende Wellen** sind die Überlagerung gegenläufiger Wellen gleicher Frequenz, z. B. bei einer eingespannten Saite. Es bilden sich Schwingungsknoten und Schwingungsbäuche.
- Zusammenhang Saitenlänge l und Wellenlänge λ: $l = n \cdot \lambda / 2$ (beidseitig fest eingespannte Saite).

- **Schall**:
  - Ausbreitung von Druckschwankungen in Form longitudinaler Wellen.
  - Hörschall liegt im Frequenzbereich **16–20.000 Hz**.
  - Schallausbreitungsgeschwindigkeiten: **Luft: ~340 m/s; Wasser: ~1500 m/s**.
  - Die Lautstärkeempfindung LS des menschlichen Gehörs hängt vom Logarithmus der Schallintensität I ab: **Weber-Fechner-Gesetz**.
  - Die Lautstärke wird in **Phon** angegeben, mit der Hörschwelle $I_0 = 10^{-12}$ W/m^2 bei 1000 Hz als Bezugsgröße: $LS\,(Phon) = 10 \cdot \log(I/I_0)$.
  - **Isophonen** geben Intensitäten bei verschiedenen Frequenzen an, die wir als gleich laut empfinden.
  - Unser Gehör ist für Frequenzen um 4 kHz am empfindlichsten.

- **Ultraschall**:
  - Schall im Frequenzbereich von ca. 16 kHz bis über 1 GHz.
  - Verwendung als therapeutisches Mittel durch Wärmeeintrag in Gewebe bis hin zur Zerstörung von Nierensteinen.
  - Diagnostische Anwendung durch Ausnutzung der **Reflexion an Grenzschichten** zwischen Materialien bzw. Geweben mit unterschiedlichen Wellenwiderständen beim **Echolotverfahren**.
  - Bildhafte Darstellung (Sonografie) durch Grauwerte (reflektierte Intensität) gegenüber Richtung und Impulslaufzeit: **B-Scan**.
  - **Doppler-Sonografie** zur Geschwindigkeitsanalyse des Blutstroms in Gefäßen.

3.3.4 Übungsaufgaben

Aufgabe 1

Aufgabe 1: Sie überlegen, wie Ihre nächste WG-Party zum ganz besonderen Erfolg werden kann, und kommen zu dem Ergebnis, dass dafür Papierfedern als Dekoration die optimale Lösung sind. Nachdem Sie eine Papierfeder gebastelt haben, hängen Sie daran ein farbiges Blatt Papier. Die Feder dehnt sich um 4 cm. Wie viele Blätter Papier müssen Sie an die Federn hängen, damit die Dekoration pro Sekunde eine Schwingung ausführt?

Lösung 1: Gesucht ist die Zahl n der zu verwendenden Blätter, damit sich eine Frequenz f = 1 Hz ergibt. Es gilt:

$$f = \frac{\omega}{2\pi} = \frac{1}{2\pi}\sqrt{\frac{D}{m}}.$$

Wir benötigen also zunächst noch die Federkonstante D, die wir aus der Auslenkung durch ein Blatt der Masse m_1 erhalten, denn es gilt:

$$D \cdot x_1 = m_1 \cdot g \rightarrow D = \frac{g}{x_1} \cdot m_1.$$

Alle Größen rechts sind uns bekannt. Darüber hinaus ist die Masse von n Blatt Papier gegeben durch $m = n \cdot m_1$.

Beide Gleichungen in die Frequenzgleichung eingesetzt ergibt:

$$f = \frac{1}{2\pi}\sqrt{\frac{g \cdot m_1}{x_1 \cdot n \cdot m_1}}.$$

Aufgelöst nach der gesuchten Anzahl n:

$$n = \frac{g}{x_1 \cdot (2\pi \cdot f)^2}.$$

Jetzt erst setzen wir die bekannten Zahlenwerte ein und erhalten als Lösung: n = 6,22.

Es sind also etwa 6¼ Blatt Papier erforderlich!

Aufgabe 2: Eine 70 kg schwere Person steigt in ein Auto mit m = 2 t ein, dabei dehnen sich die Federn der Radaufhängung um 4 cm. Mit welcher Frequenz schwingt das System (Annahme: Dämpfung liege nicht vor)?

Aufgabe 2

Lösung 2: Wir verwenden die elementaren Formeln:

$$f = \frac{1}{2\pi} \cdot \sqrt{\frac{D}{m}} \quad \text{und} \quad F = m_1 \cdot g = D \cdot x_1.$$

m steht hier für die gesamte Masse des Systems (Mensch und Auto), m_1 ist lediglich die Masse der Person, da nur durch diese Masse die Federn des Autos um x_1 zusammengedrückt werden. Umgeformt folgt für die Frequenz:

$$f = \frac{1}{2\pi} \cdot \sqrt{\frac{m_1 \cdot g}{m \cdot x_1}}.$$

Mit den gegebenen Werten erhalten wir als Lösung: f = 0,46 Hz.

Vielleicht probiert ihr das mal an einem alten Gebrauchtwagen aus, denn es gelingt nur, wenn die Stoßdämpfer verschlissen sind! Diese wirken ja, wie ihr Name sagt, als Dämpfung, die wir ausgeschlossen hatten.

Aufgabe 3: An einer Feder mit der Kraftkonstanten D = 600 N/m hängt 1,5 kg Masse. Mit welcher Frequenz (Resonanz- oder Eigenfrequenz) muss man das System anregen, um einen maximalen Schwingungseffekt zu erzielen?

Aufgabe 3

Lösung 3: Gefragt ist hier nach der Resonanzfrequenz, die bekanntlich der Eigenfrequenz entspricht. Diese ist definiert als:

$$\omega = \sqrt{\frac{D}{m}}.$$

Physik

Mit den gegebenen Werten erhalten wir die Frequenz $f = \dfrac{\omega}{2\pi} = 3{,}2\,\text{Hz}$.

Aufgabe 4

Aufgabe 4: Die Wellenfunktion einer harmonischen Welle auf einer Saite sei:

$$A(x,t) = 0{,}03\,\text{m} \cdot \sin\left[2{,}2\,\text{m}^{-1} \cdot x - (3{,}5\,\text{s}^{-1}) \cdot t\right].$$

Bestimmen Sie Frequenz f, Wellenlänge λ und Schwingungsdauer T der Saite! Welches ist die größtmögliche Auslenkung, die ein beliebiger Punkt auf der Saite erreichen kann?

Lösung 4: Wichtig ist zunächst zu erkennen, dass hier eine Wellenfunktion folgender Form vorliegt:

$$A_{\max} \cdot \sin(k \cdot x - \omega \cdot t).$$

Wir hatten definiert: $k = 2\pi/\lambda$, also folgt für die Wellenlänge hier: $\lambda = 2\pi/k = 2{,}86\,\text{m}$.

Und wir haben gelernt: $\omega = 2\pi/T$. Wir erhalten für die Schwingungsdauer: $T = 2\pi/\omega = 1{,}8\,\text{s}$.

Die Frequenz ist schlicht $f = 1/T = 0{,}557\,\text{Hz}$.

Weiter als die maximale Amplitude kann kein Punkt ausgelenkt werden, deshalb ist die Antwort auf die Ergänzungsfrage: $A_{\max} = 0{,}03\,\text{m}$.

Aufgabe 5

Aufgabe 5: Ein Lautsprecher besitzt eine mittlere akustische Leistung von 0,5 W. Berechnen Sie die wahrgenommene Schallintensität in 3 m Abstand, wenn man annimmt, dass der Lautsprecher den Schall nur in den Halbraum nach vorn abstrahlt. (Hinter dem Lautsprecher hört man also nichts.)

Lösung 5: Die Intensität ist definiert als $I = P/A$. Welche Fläche wird vom Lautsprecher bedient? Da er nur nach vorn strahlt, handelt es sich um eine halbe Kugeloberfläche, also $A = \frac{1}{2} \cdot 4\pi \cdot r^2$, mit dem Kugelradius r als Abstand. Hier erhalten wir als Ergebnis für die Intensität: $I = 8{,}84 \cdot 10^{-3}\,\text{W}\,\text{m}^{-2}$.

Aufgabe 6

Aufgabe 6: Die G-Saite einer Violine ist 30 cm lang. Wenn sie ohne Fingersatz gespielt wird, schwingt sie mit 196 Hz. Wie weit entfernt vom Ende der Saite muss man seine Finger setzen (Grifflänge), um die Töne a (220 Hz) bzw. h (247 Hz) zu spielen?

Lösung 6: Es gilt der allgemeine Zusammenhang: $c = \lambda \cdot f$. Schwingt die Saite bei 30 cm in der Grundschwingung, entspricht also die Länge l der (beidseitig fest eingespannten) Saite der halben Wellenlänge λ, dann ist für die Frequenz $f_0 = 196\,\text{Hz}$ $\lambda = 0{,}6\,\text{m}$.

Wir berechnen die spezifische Wellenausbreitungsgeschwindigkeit der Saite zu $c = 117{,}6\,\text{m/s}$. Nun können wir mit derselben Formel leicht die Wellenlängen beider gesuchten Töne bestimmen: $\lambda = c/f$. Wir erhalten für den Ton a mit 220 Hz die Wellenlänge $\lambda_a = 0{,}53\,\text{m}$ und für das h mit 247 Hz $\lambda_h = 0{,}48\,\text{m}$. Um die für diese Töne jeweils benötigte Saitenlänge zu erhalten, müssen wir die Wellenlängen wieder halbieren. Dies liefert uns die gesuchten Grifflängen 0,27 m bzw. 0,24 m. Man muss den Finger also 3 bzw. 6 cm vom Ende der Saite entfernt ansetzen!

Alles klar!

Ultraschallbilder?

Wir wissen jetzt, dass ein Ultraschallbild viel mit der Ausbreitung longitudinaler Ultraschallwellen zu tun hat, speziell mit der Ausbreitung in unterschiedlichen Materialien. Übrigens: Dass man auf dem Bild auch noch
Strukturen hinter der Stirn sieht, hat etwas damit zu tun, dass in diesem
Entwicklungsstadium die Schädelkapsel noch nicht so verknöchert ist wie
beim Erwachsenen. Deshalb ist die Reflexion an der Oberfläche der Schädelkapsel und die Absorption darin noch gering.

Wärmelehre

Maria Heuberger und Theresa Fels

J. Schatz, R. Tammer (Hrsg.), *Erste Hilfe – Chemie und Physik für Mediziner*,
DOI 10.1007/978-3-662-44111-4_4, © Springer-Verlag Berlin Heidelberg 2015

4.1   Temperatur

Maria Heuberger

— Temperaturskalen
— Thermische Ausdehnung, linearer und kubischer Ausdehnungskoeffizient
— Thermometer, Thermografie

Wie jetzt?

Fieber messen

Zu einer Grippe gehört auch Fieber. Dieses wird mit einem Fieberthermometer in Grad Celsius (°C) gemessen. Was steckt hinter dieser Einheit? Wie funktioniert ein Fieberthermometer und wie kann man damit möglichst genau messen?

Die Wärmelehre, auch **Thermodynamik** genannt, beschreibt die Temperaturabhängigkeit physikalischer Eigenschaften. Zwei Begriffe dürfen dabei nicht verwechselt werden: Wärme bzw. Wärmeenergie und Temperatur:

Wärme und Temperatur sind unterschiedliche Größen mit verschiedenen Einheiten.

— Wärme ist die Energie der Teilchen eines Körpers; sie wird in Joule gemessen.
— Die Temperatur ist ein Maß für den Wärmezustand; ihre Einheit ist Grad Celsius oder Kelvin.

Zunächst wollen wir uns deshalb mit der Temperatur beschäftigen.

4.1.1   Temperatur und Temperaturskalen

Bei der Temperatur ist es wichtig, sich die beiden gebräuchlichsten Temperaturskalen und die Umrechnung klarzumachen, man sollte mit dem linearen und kubischen Ausdehnungskoeffizienten rechnen können und wissen, auf welchen Eigenschaften die einzelnen Thermometer basieren.

Schmelzpunkt und Siedepunkt von Wasser sind die Fixpunkte der Celsius-Skala.

Celsius-Skala: Ihre willkürlich gewählten Fixpunkte sind der Gefrier- und der Siedepunkt des Wassers bei Normaldruck (1013,25 hPa). Der Bereich dazwischen wurde in 100 Abschnitte eingeteilt, die wir Grad nennen. (Die Fahrenheit-Skala benutzt dagegen z. B. die Körpertemperatur des Menschen als zweiten Fixpunkt [100 °F].)

Tiefstmögliche Temperatur:
$0\,K = -273{,}15\,°C$.

Thermodynamische Temperaturskala: Ihre Einheit ist Kelvin (K). Kelvin ist eine SI-Basiseinheit (SI = Internationales Einheitensystem, ▶ Abschn. 2.1.4). **Null Kelvin entsprechen der physikalisch tiefstmöglichen Temperatur –273,15 °C.** Dort ist die kinetische Energie aller Teilchen gleich null – deshalb gilt der Begriff thermodynamische Temperatur. Die Skalenschritte stimmen mit denen der Celsius-Skala überein. Ändert sich die Temperatur um 1 °C, so ändert sie sich auch um 1 K. Zum Rechnen, wenn es nicht auf Zehntelgrade ankommt, wird der gerundete Wert –273 °C verwendet:

Exakt gilt folgende Umrechnung zwischen Celsius- und Kelvin-Skala:

$$T \text{ (in K)} = T^* \text{ (in °C)} + 273{,}15\,K.$$

Physik

Beispiele, die man sich merken sollte:

– Schmelzpunkt von Wasser: 0,00 °C = 273,15 K
– Normale Raumtemperatur: 20 °C = 293 K
– Körpertemperatur: 37 °C = 310 K
– Siedepunkt von Wasser (1013,25 hPa): 100,00 °C = 373,15 K

In der Wärmelehre wird nur in Kelvin gerechnet. Deshalb ist es sinnvoll, zu Beginn einer Rechnung alle Temperaturen von Grad Celsius in Kelvin umzurechnen.

Gasthermometer: Mit diesem kann die tiefste Temperatur null Kelvin zwar nicht gemessen, aber vorhergesagt werden. Ein Gasthermometer besteht aus einer Glaskugel mit Gas und einer Messvorrichtung für den Druck des Gases, in ◘ Abb. 4.1 angedeutet durch die Höhendifferenz Δh und den daraus resultierenden Schweredruck. Wird das Gas erwärmt, dann steigt der Druck bei konstantem Volumen. Die gemessenen Werte werden in ein Druck-Temperatur-Diagramm eingetragen (◘ Abb. 4.1). Verbindet man die Werte miteinander, dann ergibt sich für verschieden große Gasmengen jeweils eine Gerade. Werden die Geraden extrapoliert, laufen sie bei –273 °C (exakt bei –273,15 °C) zusammen. Das ist die tiefste Temperatur für alle Gase, denn hier wird der Druck zu $p = 0$ hPa.

Mit einem Gasthermometer lässt sich die tiefste Temperatur vorhersagen.

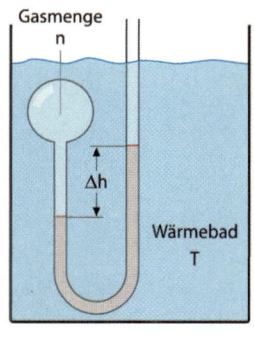 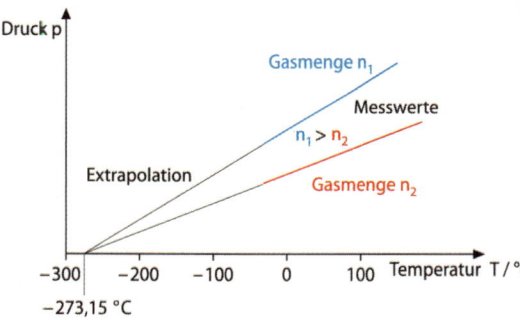

◘ **Abb. 4.1** Gasthermometer und zugehörige Messkurve (Näheres siehe Text; aus Harten 2011)

Die **Temperatur des menschlichen Körpers** lässt sich unterteilen in Kern- und Körperschalentemperatur. Die Kerntemperatur wird bei 37 °C konstant gehalten, die Schalentemperatur kann bis zu 9 °C unter der Kerntemperatur liegen. Die Kerntemperatur schwankt im Verlauf des Tages um etwa 1 °C; sie erreicht ihr Minimum zwischen 3 und 6 Uhr morgens, ihr Maximum gegen Abend. Reguliert wird die Temperatur vor allem über den Hypothalamus.

4.1.2 Thermische Ausdehnung

Um die Temperatur zu messen, kann man prinzipiell alle temperaturabhängigen Eigenschaften eines Körpers nutzen. Bei einer Temperaturzunahme verändern sich unter anderem
- die Länge eines Stabes,
- das Volumen einer Flüssigkeit,
- der Druck in einem Gas (Gasthermometer),
- der elektrische Widerstand eines Drahts.

Für Länge und Volumen existieren stoffabhängige Ausdehnungskoeffizienten.

Längenausdehnungskoeffizient: Erwärmt man einen festen Körper, so dehnt er sich aus. Die relative Längenänderung oder Dehnung eines Körpers ist der Quotient aus der Längenänderung $\Delta l = l - l_0$ und der Ausgangslänge l_0. Sie ist **proportional** zur Temperaturänderung ΔT des Körpers:

$$\frac{\Delta l}{l_0} \sim \Delta T.$$

mit $\Delta T = T - T_0 =$ Endtemperatur minus Anfangstemperatur und $\Delta l = l - l_0$ = Länge l nach der Ausdehnung bei T minus Länge l_0 vor der Ausdehnung bei der Anfangstemperatur T_0.

Die Proportionalitätskonstante α ist materialspezifisch. Sie wird spezifischer Längenausdehnungskoeffizient α oder auch linearer Ausdehnungskoeffizient genannt. Ihre Einheit ist 1/K. Der Längenausdehnungskoeffizient von Aluminium ist z. B. $2,3 \cdot 10^{-5}$ 1/K. Es gilt:

$$\frac{\Delta l}{l_0} = \alpha \cdot \Delta T$$

oder in umgestellter Form, die meist verwendet wird:

$$\Delta l = \alpha \cdot \Delta T \cdot l_0.$$

$$\rightarrow l - l_0 = \alpha \cdot (T - T_0) \cdot l_0$$

$$\rightarrow l = l_0 \cdot [1 + \alpha \cdot (T - T_0)].$$

$\Delta l = \alpha \cdot \Delta T \cdot l_0$;

$\alpha =$ spezifischer Längenausdehnungskoeffizient in [1/K].

Volumenausdehnungskoeffizient: Da sich ein Körper im Raum dreidimensional ausdehnt, vergrößert sich bei einer Temperaturerhöhung ΔT das Volumen um ΔV:

$$\Delta V = \gamma \cdot \Delta T \cdot V_0 \quad \text{oder:} \quad V = V_0 \cdot [1 + \gamma \cdot (T - T_0)].$$

$\Delta V = \gamma \cdot \Delta T \cdot V_0$;

$\gamma =$ Volumenausdehnungskoeffizient in [1/K].

γ ist der spezifische Volumenausdehnungskoeffizient oder der kubische Ausdehnungskoeffizient des Materials. Er hat die Einheit 1/K. Der Volumenausdehnungskoeffizient von Ethanol, das heute häufig in Flüssigkeitsthermometern verwendet wird, ist z. B. $1,1 \cdot 10^{-3}$ 1/K, der von Wasser ist mit $0,13 \cdot 10^{-3}$ 1/K deutlich kleiner.

Die Gleichungen zur Temperaturabhängigkeit der Längen- und der Volumenänderung sind nur für kleine Temperaturänderungen ausreichend genau. Über größere Temperaturbereiche sind die Koeffizienten selbst wieder temperaturabhängig.

Beide Gleichungen lassen sich als Geraden grafisch darstellen. Sie weisen die typische Form linearer Gleichungen auf (◘ Abb. 4.2). Es gilt z. B. für den linearen Ausdehnungskoeffizienten α:

$$l = \alpha \cdot (T - T_0) \cdot l_0 + l_0, \quad \text{analog zu:} \quad y = m \cdot x + c.$$

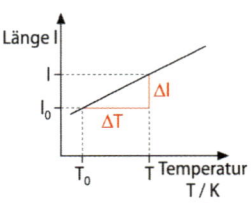

◘ **Abb. 4.2** Trägt man die Länge l eines Stabs über der Temperatur T auf, lässt sich die Steigung über das Steigungsdreieck ermitteln. Man erhält den linearen Ausdehnungskoeffizienten α aus $\Delta l / \Delta T = \alpha \cdot l_0$

4.1.3 Thermometer

Ein Thermometer nutzt die Temperaturabhängigkeit von Stoffeigenschaften, um die Temperatur eines Körpers zu messen. Die Energie, die zur Thermometererwärmung nötig ist, darf dabei natürlich die Temperatur des zu messenden Körpers nicht verfälschen.

Die Funktion der gängigsten Thermometer sei hier kurz dargestellt.

Flüssigkeitsthermometer basieren auf der Volumenausdehnung einer Flüssigkeit bei Erwärmung, z. B. von Ethanol oder Quecksilber. Der Messbereich ist durch den Siede- und Gefrierpunkt der Flüssigkeit begrenzt. Ein Fieberthermometer (■ Abb. 4.3a) zeigt immer die höchste gemessene Temperatur an. Dazu ist am Ende der Kapillare über dem Vorratsgefäß eine kleine Verengung, die den Flüssigkeitsfaden beim Abkühlen abreißen lässt. Die Empfindlichkeit eines Thermometers ist umso höher, je größer die Steighöhe der Flüssigkeit bei der Temperaturänderung von 1 K ist. Die Flüssigkeit steigt stärker an, wenn

- die eingeschlossene Flüssigkeitsmenge groß,
- die Kapillare dünn und
- der Ausdehnungskoeffizient hoch ist (deshalb Ethanol und nicht H_2O).

> Ein Flüssigkeitsthermometer basiert auf der thermischen Volumenausdehnung von Flüssigkeiten.

Ein **Bimetallthermometer** besteht aus zwei fest miteinander verbundenen Metallstreifen mit deutlich unterschiedlichen Längenausdehnungskoeffizienten. Eine Seite verkürzt bzw. verlängert sich bei einer Temperaturänderung stärker als die andere. Bei Erwärmung biegt sich der Bimetallstreifen zu der Seite, auf der sich das Metall mit dem kleineren Ausdehnungskoeffizienten befindet (■ Abb. 4.3b). Anhand der Krümmung ist eine Aussage über die vorliegende Temperatur möglich. Der Metallstreifen kann auch eingesetzt werden, um bei Erhitzung einen Stromkreis zu schließen oder zu öffnen, so eingesetzt in Toastern oder Kaffeemaschinen zur Unterbrechung des Heizvorgangs.

> Ein Bimetallthermometer basiert auf der unterschiedlichen thermischen Volumenausdehnung von Metallen.

Ein **Thermoelement** im elektrischen Thermometer besteht aus zwei Drähten unterschiedlicher Metalle, die an ihren Enden leitend miteinander verbunden sind. Diese Enden nennt man Kontaktstellen. Bei einer Temperaturdifferenz zwischen den beiden Kontaktstellen ist eine elektrische Spannung messbar (■ Abb. 4.3c). Meist wird als Referenztemperatur die Schmelztemperatur von Wasser verwendet, da diese leicht reproduziert werden kann. Heutzutage wird die Referenz elektronisch erzeugt. Die Messfühler für Thermoelemente sind klein, haben eine geringe Wärmekapazität und messen sehr genau.

> Ein Thermoelement basiert auf der Temperaturabhängigkeit der Kontaktspannung zwischen zwei verschiedenen Metallen.

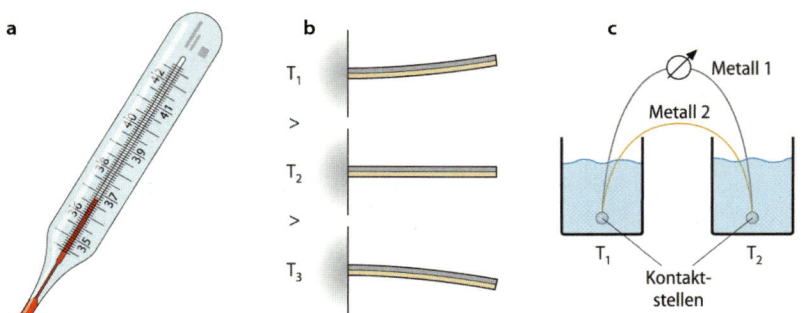

a
b
T_1
>
T_2
>
T_3

c
Metall 1
Metall 2
T_1
T_2
Kontakt-
stellen

■ **Abb. 4.3a–c** Verschiedene Thermometer (aus Harten 2011):
a Fieberthermometer,
b Bimetallthermometer,
c Thermoelement

Widerstandsthermometer: Der elektrische Widerstand eines Metalls ist temperaturabhängig: Er erhöht sich bei vielen Metallen mit zunehmender Temperatur. Bei Halbleitern verringert er sich mit zunehmender Temperatur.

Bei einer **Thermografie** wird ein Temperaturbild erzeugt, z. B. das der Körperoberfläche. Dazu wird die emittierte Wärmestrahlung (Infrarotstrahlung) des Körpers ermittelt, die mit der Temperatur zusammenhängt. Mit diesem Verfahren lässt sich die Durchblutung oberflächennaher Gewebe und der Haut darstellen. Das berührungslose Fieberthermometer im Ohr misst die Infrarotstrahlung des Trommelfells.

> Ein Widerstandsthermometer basiert auf der Temperaturabhängigkeit des elektrischen Widerstands von Metalldrähten.

> Mittels Thermografie wird die emittierte Wärmestrahlung ermittelt.

Physik

4.1.4 Übungsaufgaben

Aufgabe 1

Aufgabe 1: Welches Verhältnis haben die Temperaturen $T_1 = -3\,°C$ und $T_2 = 87\,°C$ in Kelvin?

Lösung 1:

Lösung: $\dfrac{T_1}{T_2} = \dfrac{(-3+273)K}{(87+273)K} = \dfrac{3}{4}$

Aufgabe 2

Aufgabe 2: Um wie viel Millimeter ändert sich die Länge einer 2 m langen Eisenstange, wenn sie von 10 auf 100 °C erwärmt wird? Der lineare thermische Ausdehnungskoeffizient von Eisen ist $\alpha = 1{,}2 \cdot 10^{-5}\,K^{-1}$.

Lösung 2:

$$\Delta l = \alpha \cdot \Delta T \cdot l_0 = 1{,}2 \cdot 10^{-5}\ K^{-1} \cdot 90\ K \cdot 2\ m = 2{,}16 \cdot 10^{-3}\ m = 2{,}16\ mm.$$

Aufgabe 3

Aufgabe 3: Um wie viel Millimeter steigt die Ethanolsäule eines Flüssigkeitsthermometers mit 10 ml Flüssigkeit bei einer Temperaturerhöhung von 12 auf 24 °C? Volumenausdehnungskoeffizient des Ethanols: $\gamma = 1{,}10 \cdot 10^{-3}\,K^{-1}$. Durchmesser der Kapillare: $d = 2\,mm$.

Lösung 3:

$$\Delta V = \gamma \cdot \Delta T \cdot V_0 = 1{,}10 \cdot 10^{-3} K^{-1} \cdot 12\ K \cdot 10\ ml$$
$$= 0{,}132\ ml = 0{,}132\ cm^3 = 132\ mm^3;$$

$$\Delta V = \pi \cdot r^2 \cdot \Delta h;$$

$$\Delta h = \frac{\Delta V}{\pi \cdot r^2} = \frac{132\ mm^3}{\pi \cdot 1\ mm^2} = 42\ mm;$$

Aufgabe 4: Ein Thermoelement, dessen Kontaktstellen jeweils eine Temperatur von 273 K und 323 K haben, liefert eine elektrische Spannung von 2 mV. Welcher Temperatur in Grad Celsius entspricht eine Spannung von 1,2 mV?

Lösung 4: Lösung durch den Dreisatz:
2 mV entsprechen 50 K.
0,1 mV entspricht dann 50 K/20 = 2,5 K.
1,2 mV entsprechen 2,5 K · 12 = 30 K.
Die Temperatur beträgt also 273 K + 30 K = 303 K oder 70 °C.

Alles klar!

Alles klar mit dem Fieberthermometer
Die Einheit Grad Celsius basiert auf der Festlegung zweier Fixpunkte, des Schmelz- und Siedepunkts von Wasser. Ein Fieberthermometer nutzt die thermische Ausdehnung von Flüssigkeiten $(\Delta V = \gamma \cdot \Delta T \cdot V_0)$, um Temperaturänderungen messbar zu machen. Es misst besonders genau, wenn der Volumenausdehnungskoeffizient der Flüssigkeit groß, die Flüssigkeitsmenge groß und die Kapillare dünn ist.

4.2   Wärme

Maria Heuberger

- Wärme als Energie
- Wärmekapazität, spezifische Wärmekapazität, molare Wärmekapazität
- Kalorimeter
- Wärmeleistung, Wärmestromdichte
- Innere Energie, 1. Hauptsatz der Wärmelehre
- Offene Systeme
- Reversible und irreversible Prozesse, Entropie, 2. Hauptsatz.

Wie jetzt?

Wie funktioniert die Regulation unserer Körpertemperatur?
Unser Körper muss immer auf einer konstanten Temperatur gehalten werden. Dazu und um Arbeit verrichten zu können brauchen wir Nahrung. Wir führen Energie zu, um sie in Wärme und Arbeit umzuwandeln. Wie viel Energie braucht unser Körper, um sich um 1 °C zu erwärmen? Und warum können wir uns auch mit einer Wärmflasche aufwärmen?

Bei der Wärme ist es wichtig, mit der Wärmekapazität (vor allem mit der spezifischen) und der Wärmeleistung rechnen zu können. Den 1. und 2. Hauptsatz sollte man verstehen.

4.2.1   Wärmekapazität

Die Wärmemenge ist neben der uns bereits bekannten potenziellen und der kinetischen Energie eine weitere Energieform. Sie entspricht der kinetischen Energie der Teilchen eines Körpers. Die Temperatur ist ein Maß für den Wärmezustand. Betrachten wir Systeme ohne Änderung des Aggregatzustands, so beobachten wir in der Regel: Die Temperaturerhöhung ΔT ist proportional zur Änderung der Wärmeenergie ΔQ: $\Delta Q \sim \Delta T$.

Allgemein kann man sagen: **Wird einem Körper Wärmeenergie zugeführt, erhöht sich entweder die kinetische Energie seiner Teilchen – und damit die Temperatur – oder sein Aggregatzustand ändert sich.** Die Änderungen des Aggregatzustands werden in ▶ Abschn. 4.4.1 besprochen.

Die Einheit der Wärmeenergie ist Joule. 1 J (in der Wärmelehre) entspricht 1 N m (in der Mechanik) oder 1 W s (in der Elektrizität) oder ausgedrückt in SI-Basiseinheiten 1 kg m^2 s^{-2} oder in »alten« Einheiten 0,24 cal.

Eine veraltete Einheit der Wärme ist die Kalorie (cal). 1 cal ist die Wärmemenge, die nötig ist, um die Temperatur von 1 g Wasser um 1 °C zu erhöhen. 1 cal = 4,2 J.

Die **Wärmekapazität C** eines Stoffs legt fest, welche Wärmemenge ΔQ dem Stoff zugeführt werden muss, um ihn um die Temperaturdifferenz 1 K zu erwärmen:

$$C = \frac{\Delta Q}{\Delta T} = \frac{\text{zugeführte Wärmemenge}}{\text{Temperaturerhöhung}}; \quad [C] = J\,K^{-1}.$$

> Einheit der Wärmeenergie:
> $1\,J = 1\,N\,m = 1\,W\,s = 1\,kg\,m^2\,s^{-2} = 0{,}24\,cal$.

Die **spezifische Wärmekapazität c$_m$** eines Stoffs, auch spezifische Wärme genannt, berechnet sich nach:

$$c_m = \frac{C}{m}; \quad [c_m] = \frac{J}{kg\,K}.$$

Die spezifische Wärmekapazität c_m gibt an, wie viel Energie nötig ist, um die Temperatur von 1 kg des Stoffs um 1 K zu erhöhen.

Die spezifische Wärmekapazität von Wasser beträgt 4,2 J g^{-1} K^{-1} = 4,2 · 10^3 J kg^{-1} K^{-1} und entspricht etwa der Wärmekapazität des Menschen. Diese Zahl sollte man sich merken.

> Die spezifische Wärmekapazität von Wasser beträgt $4{,}2\,J\,g^{-1}\,K^{-1} = 4{,}2 \cdot 10^3\,J\,kg^{-1}\,K^{-1}$ und entspricht etwa der Wärmekapazität des Menschen.

Die **molare Wärmekapazität c$_n$**, auch Molwärme genannt, gibt an, wie viel Energie nötig ist, um die Temperatur von 1 Mol eines Stoffs um 1 K zu erwärmen.

$$c_n = \frac{C}{n};$$

$$[c_n] = 1\,\frac{J}{mol\,K}.$$

Bei Gasen unterscheidet man zwei Wärmekapazitäten:
- c_v bei konstantem Volumen (nur die kinetische Energie der Teilchen wird erhöht),
- c_p bei konstantem äußerem Druck (kinetische Energie wird erhöht und Arbeit wird gegen die intermolekularen Bindungskräfte geleistet, denn bei p = konst. erhöht sich das Volumen).

Es gilt: $c_p > c_v$.

4.2.2 Kalorimeter

Mit einem Kalorimeter lassen sich spezifische Wärmekapazitäten bestimmen. Es beruht auf dem Energieerhaltungssatz: Die abgegebene Wärmeenergie muss gleich der aufgenommenen Wärmeenergie sein. Um die spe-

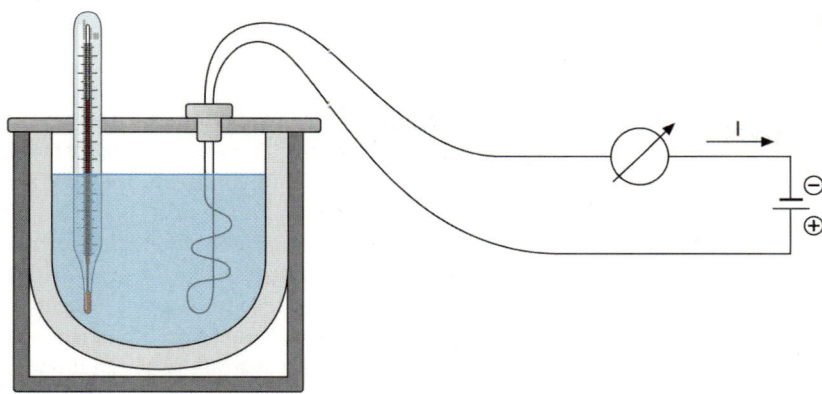

◻ **Abb. 4.4** Die spezifische Wärmekapazität des Wassers wird mit einem Kalorimeter bestimmt

zifische Wärmekapazität eines Stoffs zu bestimmen, benötigt man neben der Masse m und der Temperaturdifferenz ΔT, die ohne Weiteres messbar sind, die Wärmemenge ΔQ. Zur Messung von ΔQ gibt es kein direktes Messgerät. Aber die Kalorimetrie hilft weiter:

Ein Kalorimeter ist ein doppelwandiges, wärmeisoliertes Gefäß, ein sog. Dewar-Gefäß (◻ Abb. 4.4). In diesem befindet sich eine bekannte Menge Wasser m_0 mit der Temperatur T_0. Die spezifische Wärmekapazität des Wassers $c(H_2O)$ kann gemessen werden, indem ein Tauchsieder eine bestimmte elektrische Energie (berechenbar aus der Spannung U und der Stromstärke I; $\Delta W_{elektrisch} = \Delta Q = U \cdot I \cdot \Delta t$ mit $\Delta t =$ Zeit, während der Strom fließt) in die Wärmemenge ΔQ umwandelt:

$$c(H_2O) = \frac{\Delta Q}{m \cdot \Delta T}.$$

Ist die spezifische Wärmekapazität des Wassers bekannt, dann kann auch diejenige anderer Substanzen bestimmt werden:

Die Masse m_1 der Substanz mit unbekannter spezifischer Wärmekapazität c_1 wird auf eine Temperatur T_1 erwärmt und danach ins Wasser (mit c_0 und T_0) gegeben. Die warme Substanz gibt nach dem Energieerhaltungssatz so viel Energie ans Wasser ab, wie dieses aufnimmt:

$$\Delta Q_{1(\text{vom Körper abgegeben})} = \Delta Q_{0(\text{vom Wasser aufgenommen})}$$

Dabei gilt jeweils: $\Delta Q = C \cdot m \cdot \Delta T$.

Nach einer Weile stellt sich eine Mischtemperatur T_m ein. Nun gilt:

$$(c_1 \cdot m_1) \cdot (T_1 - T_m) = (c_0 \cdot m_0) \cdot (T_m - T_0)$$

$$c_1 = \frac{(c_0 \cdot m_0) \cdot (T_m - T_0)}{(T_1 - T_m) \cdot m_1}.$$

4.2.3 Wärmestrom und Wärmeleistung

Der **Wärmestrom I** ist die Wärme, die pro Zeiteinheit strömt: $I = \Delta Q / \Delta t$; $[I] = W$ (Watt). Diese Formel entspricht auch der Wärmeleistung P.

Die **Wärmestromdichte j** ist der Wärmestrom pro Fläche: $j = I/A$; $[j] = W/m^2$.

Wärmestrom:
$$I = \frac{\Delta Q}{\Delta t}; [I] = W.$$
Wärmestromdichte:
$$j = \frac{I}{A}; [j] = \frac{W}{m}.$$

Physik

4.2.4   1. Hauptsatz der Wärmelehre

Der 1. Hauptsatz der Wärmelehre ist eine besondere Form des Energieerhaltungssatzes (▶ Abschn. 3.1.7). Er lautet: **Die Zunahme der inneren Energie ΔU eines Systems ist gleich der Summe aus zugeführter Wärmeenergie ΔQ und der am System verrichteten Arbeit ΔW.** Er gilt für alle Stoffe und lässt sich gut an Gasen erklären:

Führt man einem Gas Wärme (ΔQ) zu, erhöht sich die kinetische Energie seiner Teilchen und damit die Temperatur. Das Gleiche passiert, wenn man das Volumen eines Gases verkleinert. Dabei wird Volumenarbeit geleistet: $\Delta W = p \cdot \Delta V$. Die kinetische Energie der Gasteilchen kann auch als innere Energie U des Gases bezeichnet werden. Es können also Wärmeenergie und Arbeit (mechanische Energie) in innere Energie umgewandelt werden. Wenn man ein Gas gleichzeitig erwärmt und komprimiert, dann steigt seine innere Energie um die Summe aus Wärmezufuhr und Arbeit. Das ist der 1. Hauptsatz der Wärmelehre. Als Formel ausgedrückt:

$$\Delta U = \Delta Q + \Delta W.$$

Die Einheit dieser Energieformen ist Joule.

Ein System mit der inneren Energie U kann Anteile seiner inneren Energie ΔU als Wärme ΔQ oder Arbeit ΔW mit der Umgebung austauschen. Der 1. Hauptsatz besagt, dass es nicht möglich ist, eine Maschine zu bauen, die ständig Arbeit leistet, also Arbeit ΔW abgibt, ohne dass ihr auf andere Art diese Energie wieder zugeführt werden muss! Dies würde dem Energieerhaltungssatz widersprechen. Eine Maschine die das könnte, nennt man »Perpetuum mobile 1. Art«, da sie dem 1. Hauptsatz widersprechen würde.

Eine Wärmekraftmaschine ist eine Maschine, die Wärmeenergie in innere Energie und Arbeit umwandelt. Ein klappernder Kochtopfdeckel ist z. B. eine Wärmekraftmaschine: Der heiße Wasserdampf dehnt sich aus, er übt Kraft auf den Deckel aus. Hebt sich der Deckel, dann wird Arbeit verrichtet. Auf molekularer Ebene: Die kinetische Energie der Gasmoleküle wird erhöht, sodass sie beim Aufprallen auf den Deckel Kraft auf diesen ausüben und ihn kurz anheben. Die kinetische Energie der Teilchen wird damit zum Teil in mechanische Energie umgewandelt. Nach dem gleichen Prinzip funktionieren auch Turbinen.

4.2.5   2. Hauptsatz der Wärmelehre

Systeme

In Vorbereitung auf den 2. Hauptsatz der Wärmelehre soll der Begriff »System« geklärt werden. In der Wärmelehre wird immer ein System (ein Teil der Umwelt) beobachtet, z. B. ein eingeschlossenes Gas. Folgende Systeme werden unterschieden:

- **Offene Systeme** können mit der Umgebung Materie und Energie austauschen. Ein Beispiel hierfür ist der Mensch.
- **Geschlossene Systeme** können nur Wärmeenergie mit der Umgebung austauschen, z. B. ein eingeschlossenes Gas.
- **Abgeschlossene** oder **isolierte Systeme** können nichts mit der Umgebung austauschen. Ihre innere Energie U ist deshalb immer gleich. Es gilt also $\Delta U = 0$. Die Anteile an Wärme ΔQ und mechanischer Energie ΔW können sich aber ineinander umwandeln: $\Delta Q = -\Delta W$. Ein abgeschlossenes System ist z. B. der Inhalt einer verschlossenen Thermosflasche.

Randnotiz:
1. Hauptsatz der Wärmelehre:
$\Delta U = \Delta Q + \Delta W.$

Geht man vom 1. Hauptsatz der Wärmelehre aus, dann ist es möglich, jede Energieform beliebig und vollständig in eine andere umzuwandeln. In der Natur beobachten wir aber: Bei der Umwandlung von Wärmeenergie in eine andere Energieform bleibt aber immer etwas Wärme im System zurück, die nicht genutzt werden kann. Warum das passiert, kann der 2. Hauptsatz der Wärmelehre erklären. Dieser ist wie der 1. Hauptsatz ein Erfahrungssatz aus der Beobachtung der Natur.

2. Hauptsatz der Wärmelehre: Die Entropie in einem abgeschlossenen System kann niemals abnehmen, sie kann nur in reversiblen Prozessen oder im Gleichgewicht konstant bleiben und in irreversiblen Prozessen zunehmen.

2. Hauptsatz der Wärmelehre: Die Entropie S kann in einem geschlossenen System niemals abnehmen.

Bringt man in einem abgeschlossenen System zwei Gase gleicher Dichte zusammen, dann vermischen sie sich. Hätten sie unterschiedliche Dichten, würden sie sich im Raum schichten. Die Gase gehen beim Vermischen vom geordneten Nebeneinander in ein ungeordnetes Durcheinander über.

Dieses Phänomen, dass Ordnung spontan in Unordnung übergeht, findet man überall in der Natur. Die Unordnung kann nicht verringert werden, ohne dass sie an anderer Stelle zunimmt. **Der Fachausdruck für Unordnung ist Entropie (S).** Sind die betrachteten Gase einmal vermischt, werden sie sich von selbst nicht mehr trennen. Der Prozess wird als irreversibel, als nicht umkehrbar bezeichnet. Er läuft nur in einer Richtung ab. Haben sich die Gase vermischt, stellt sich ein Gleichgewicht ein. Die Unordnung lässt sich nun nicht mehr vergrößern, die Entropie S bleibt also konstant. Man spricht dann von einem thermodynamischen Gleichgewicht.

In einem abgeschlossenen System möchte die Entropie S (Unordnung) sich immer vergrößern.

Der 2. Hauptsatz der Wärmelehre lautet auch:

- $\Delta S > 0$: **Irreversible Prozesse** laufen spontan ab, dabei nimmt die Entropie zu.
- $\Delta S = 0$: Im thermodynamischen Gleichgewicht bleibt die Entropie konstant. Ein **reversibler Prozess** ist immer im Gleichgewicht. Reversible Prozesse können in beide Richtungen ablaufen.
- $\Delta S < 0$: Eine Abnahme der Entropie ist in abgeschlossenen Systemen unmöglich. In nichtabgeschlossenen Systemen kann die Entropie abnehmen, wenn dem System Wärme entzogen wird.

Der 2. Hauptsatz macht eine Aussage darüber, welche der nach dem 1. Hauptsatz erlaubten Prozesse in einem System tatsächlich ablaufen können. Insbesondere in abgeschlossenen Systemen ist dies natürlich wichtig zu wissen.

Aber wie wird diese Entropie S eigentlich berechnet? Bringt man in ein System bei einer Temperatur T eine Wärmemenge ΔQ reversibel ein, dann erhöht sich dessen Entropie um $\Delta S = \dfrac{\Delta Q}{T}$. Für irreversible Prozesse ist die Entropieänderung größer als der Quotient aus zugeführter Wärmemenge geteilt durch die Temperatur $\Delta S > \dfrac{\Delta Q}{T}$.

Beim Wärmetransport ist noch Folgendes zu beachten: Die Wärme wird in einem abgeschlossenen System immer vom wärmeren zum kälteren Körper übergehen, bis ein Gleichgewicht erreicht ist. Der Grund dafür ist die angestrebte Erhöhung der Entropie, in diesem Fall die Erhöhung der ungerichteten Bewegung der Teilchen. In einem Kraftwerk wird Wärme in elektrische Energie umgewandelt. Ein Teil der Wärme wird aber gebraucht, um die Entropie zu erhöhen, z. B. einen Kessel aufzuheizen. Diese Wärme kann nicht mehr in elektrische Energie umgewandelt werden. **Wärme kann also nicht vollständig in eine**

Perpetuum mobile 2. Art: Es ist nicht möglich, eine periodisch arbeitende Maschine zu bauen, die ausschließlich mechanische Arbeit durch Abkühlung eines Wärmereservoirs produziert.

Physik

andere Energieform umgewandelt werden. Umgekehrt lässt sich aber jede andere Energieform vollständig in Wärme umwandeln.

Der 2. Hauptsatz der Wärmelehre kann die Unmöglichkeit eines Perpetuum mobile 2. Art erklären: Dieses soll durch Abkühlung der Umgebung mechanische oder elektrische Energie gewinnen. Das wäre dann ungefähr so, als könnte ein Auto durch Abkühlung der Umgebung fahren. Da sich die Entropie immer vergrößern möchte, geht nur Wärme vom wärmeren zum kälteren Körper über. Auf dem Weg vom Ort hoher Temperatur T_1 zum Ort niedriger Temperatur T_2 kann die Wärmeenergie teilweise in mechanische Energie W verwandelt werden. Das stehende Auto ist aber gleich warm wie seine Umgebung. Es besteht also ein thermodynamisches Gleichgewicht in einem abgeschlossenen System. Eine Entropieerhöhung und damit mechanische Energiegewinnung ist nicht möglich.

Unter dem **Wirkungsgrad** einer Wärmekraftmaschine versteht man das Verhältnis von geleisteter oder verrichteter Arbeit ΔW zur zugeführten Energie

ΔE: $\eta = \dfrac{\Delta W}{\Delta E}$. Wird die Energie ausschließlich als Wärme zugeführt, spricht

man vom thermischen Wirkungsgrad $\eta = \dfrac{\Delta W}{\Delta Q}$.

Betrachtet man anstelle der insgesamt zugeführten Energie $\Delta E_{zugeführt}$ bzw. insgesamt verrichteten Arbeit $\Delta W_{verrichtet}$ die in einer bestimmten Zeit Δt zugeführte Energie bzw. verrichtete Arbeit, also die entsprechenden Leistungen $P_{zugeführt} = \Delta E_{zugeführt}/\Delta t$ und $P_{verrichtet} = \Delta W_{verrichtet}/\Delta t$, kann man den Wirkungsgrad η auch berechnen aus:

$$\eta = \frac{P_{verrichtet}}{P_{zugeführt}}.$$

Der Wirkungsgrad ist immer kleiner als 1! Für einen ideal geführten Prozess unter Einhaltung des 1. und 2. Hauptsatzes der Thermodynamik (Carnot-Kreisprozess) ergibt sich ein maximaler Wirkungsgrad $\eta_{max} = 1 - T_2 / T_1 < 1$.

Wirkungsgrad:

$$\eta = \frac{\Delta W_{verrichtet}}{\Delta E_{zugeführt}}.$$

---

kurz & knapp

- Wärme wird in Joule gemessen.
- Die Wärmekapazität C eines Stoffs besagt, wie viel Wärme ΔQ ihm zugeführt werden muss, um ihn um 1 K zu erwärmen: $\Delta Q = C \cdot \Delta T$.
- Es gibt verschiedene Arten der Wärmekapazität: die »normale« Wärmekapazität C, die spezifische Wärmekapazität c_m und die molare Wärmekapazität c_n: $c_m = C / m$; $c_n = C / n$.
- Der Wärmestrom I ist die pro Zeit strömende Wärmemenge ΔQ: $I = \Delta Q / \Delta t$.
- Der 1. Hauptsatz der Wärmelehre besagt, dass die Zunahme der inneren Energie ΔU eines Systems gleich der Summe aus zugeführter Wärmeenergie ΔQ und der am System verrichteten.
- Arbeit ΔW ist: $\Delta U = \Delta Q + \Delta W$.
- Der 2. Hauptsatz der Wärmelehre besagt, dass die Entropie in abgeschlossenen Systemen niemals abnehmen, sondern nur im Gleichgewicht konstant bleiben kann.
- Der 2. Hauptsatz macht eine Aussage darüber, welche Prozesse in einem System überhaupt ablaufen können, also in der Natur erlaubt sind.

4.2.6 Übungsaufgaben

Aufgabe 1: Um 1 kg Wasser von 23 auf 100 °C zu erwärmen, muss man 323 kJ zuführen. Wie groß ist die spezifische Wärmekapazität von Wasser?

Aufgabe 1

Lösung 1: $c_m = \dfrac{\Delta Q}{m \cdot \Delta T} = \dfrac{323\,kJ}{1\,kg \cdot 77\,K} = \dfrac{4,2\,kJ}{kg\,K}.$

Aufgabe 2: Wie lange braucht ein Wasserkocher (Leistung $P = 2\,kW$), um 2 kg Wasser von 23 auf 100 °C zu erwärmen? $c_{wasser} = 4,2 \cdot 10^3\,J\,kg^{-1}\,K^{-1}$.

Aufgabe 2

Lösung 2: 23 °C = 296 K; 100 °C = 373 K;
$\Delta Q = c_m \cdot m \cdot \Delta T = 4,2 \cdot 10^3\,J\,kg^{-1}\,K^{-1} \cdot 2\,kg \cdot 77\,K = 647\,kJ;$

$\Delta t = \dfrac{\Delta Q}{P} = \dfrac{647 \cdot 10^3\,W \cdot s}{2 \cdot 10^3\,W} = 323,5\,s = 5,4\,min.$

Aufgabe 3: 1 kg Limonade (m_1) mit der Temperatur $T_1 = 4\,°C$ wird mit 2 kg Limonade (m_2) mit der Temperatur $T_2 = 10\,°C$ gemischt. Welche Mischtemperatur stellt sich ein?

Aufgabe 3

Lösung 3: Die Wärmeenergie des abgeschlossenen Systems bleibt erhalten. Die beiden Teilsysteme m_1 und m_2 tauschen aber Wärmeenergie aus, wobei gilt: $\Delta Q_1 = -\Delta Q_2$.

Die von m_1 abgegebene Wärmemenge ΔQ_1 ist gleich der von m_2 aufgenommenen Wärmemenge ΔQ_2.

In Formeln:

$$C_1 \cdot (T_1 - T_m) = C_2 \cdot (T_m - T_2)$$

$$\rightarrow T_m = \frac{C_1 \cdot T_1 + C_2 \cdot T_2}{C_2 + C_1},$$

mit $C_1 = m_1 \cdot C_{Limo}$ und $C_2 = m_2 \cdot C_{Limo}$

$$\rightarrow T_m = \frac{m_1 \cdot T_1 + m_2 \cdot T_2}{m_1 + m_2}.$$

Rechnerisch: $T_m = 281\,K \triangleq 8\,°C$.
Beachte: Die spezifische Eigenschaft der Limo C_{Limo} spielt gar keine Rolle!

Aufgabe 4: Ein Kraftwerk verbraucht 13 l Öl pro Sekunde. Seine elektrische Leistung beträgt 200 MW. Die Abwärme wird einem Fluss mit der Volumenstromstärke $I = 10\,m^3/s$ zugeführt.
a. Wie hoch ist der Wirkungsgrad des Kraftwerks? (Heizwert von Öl: 40 MJ/l.)
b. Um wie viel Kelvin erwärmt sich der Fluss?

Aufgabe 4

Lösung 4:

a. $\eta = \dfrac{P_{verrichtet}}{P_{zugeführt}};$

$P_{verrichtet} = 200\,MJ\,s^{-1},$

$P_{zugeführt} = 13\,ls^{-1} \cdot 40\,MJ\,l^{-1} = 520\,MJ\,s^{-1}$

$\eta = \dfrac{200\,MJ\,s^{-1}}{520\,MJ\,s^{-1}} = 0,38 = 38\%.$

Physik

b. Die Abwärmeleistung $\Delta P'$ ist die Differenz zwischen zugeführter Wärmeleistung $P_{zugeführt}$ und verrichteter elektrischer Leistung $P_{verrichtet}$:

$$\Delta P' = P_{zugeführt} - P_{verrichtet} = 520\ \text{MJ s}^{-1} - 200\ \text{MJ s}^{-1} = 320\ \text{MJ s}^{-1}$$

$$\Delta P' = \Delta T \cdot m' \cdot c \quad \text{mit} \quad m' = \text{Massendurchsatz (pro Zeit)} = I \cdot \rho$$

$$\Delta T = \frac{\Delta P'}{m' \cdot c} = \frac{320\ \text{MJ s}^{-1}}{(10\ \text{m}^3\text{s}^{-1} \cdot 10^6 \text{gm}^{-3} \cdot 4,2\ \text{Jg}^{-1}\text{K}^{-1})} = 7,6\ \text{K}.$$

Alles klar!

Unser Wärmehaushalt

Die Wärmekapazität des menschlichen Körpers entspricht etwa der des Wassers. Die Energie, die wir aufwenden, um unseren Körper um 1 °C zu erwärmen, beträgt 4,2 J g^{-1}. Ein 60 kg schwerer Mensch braucht also 252 kJ = 4,2 kJ kg^{-1} · 60 kg, um seinen Körper um 1 °C zu erwärmen. Das entspricht 60 kcal, also ungefähr 20 g Gummibärchen. Das gilt nur, wenn diese Energie ausschließlich zur Wärmeentwicklung verwendet würde und der Körper vollständig isoliert wäre.

An einer Wärmflasche können wir unseren Körper erwärmen, wenn diese mit Wasser gefüllt ist, das wärmer ist als unsere Körpertemperatur. Nach dem 2. Hauptsatz der Wärmelehre möchte sich die Entropie in einem abgeschlossenen System erhöhen. Die kinetische Energie der Teilchen des Wassers in der Wärmflasche erhöht also die kinetische Energie der Körperteilchen. Die Körpertemperatur steigt.

4.3   Gaszustand

Maria Heuberger

- Thermische Zustandsgrößen: Druck, Volumen, Temperatur
- Modell des idealen Gases vs. reale Gase
- Normbedingungen, Molvolumen
- Allgemeine Zustandsgleichung, universelle Gaskonstante, Boltzmann-Konstante
- Spezielle Zustandsänderungen: isotherm, isobar, isochor, adiabatisch
- Gasgemische: Partialdruck, Gesetz von Dalton
- Zusammensetzung atmosphärischer Luft

Wie jetzt?

Wie hoch ist eigentlich der Druck in unserer Lunge?

Bevor eingeatmete Luft in die Lunge gelangt, wird sie in der Nase mit Wasserdampf angefeuchtet und erwärmt. Wie verändert sich der Luftdruck durch diese Erwärmung und Anfeuchtung? Ist er in der Lunge größer als außerhalb?

Die allgemeine Gaskonstante ist sehr wichtig. Mit ihr sollte man sicher rechnen können. Die Diagramme der speziellen Zustandsänderungen werden oft abgefragt, aber auch über das Modell des idealen Gases und den Partialdruck sollte man Bescheid wissen.

4.3.1 Thermische Zustandsgrößen

Zustandsgrößen sind physikalische Größen, die für jeden Zustand eines Systems bestimmte Werte annehmen und diesen Zustand dadurch eindeutig beschreiben. Für Gase sind das die Größen

— **Druck p** in $N\,m^{-2}$,
— **Volumen V** in m^3,
— **Temperatur T** in Kelvin.

Darüber hinaus benötigen wir noch die Menge des betrachteten Stoffs. Diese ist für Gase normalerweise durch die **Molzahl n** festgelegt. Zwischen all diesen Größen besteht eine feste Beziehung. Diese wichtige Beziehung wollen wir uns im Folgenden klarmachen.

Thermische Zustandsgrößen für Gase sind Druck, Volumen und Temperatur.

Ideale und reale Gase

Ein Gas besteht aus Teilchen, die mit hoher Geschwindigkeit ziellos im Raum herumsausen und diesen vollständig ausfüllen. Es gibt keine Formbeständigkeit wie bei Festkörpern und keine Volumenbeständigkeit wie bei Flüssigkeiten. Bei Zusammenstößen ändern die Moleküle ihre Richtung und ihre Geschwindigkeit. Die Wärmeenergie eines Gases beruht auf der kinetischen Energie seiner Moleküle.

Ein **ideales Gas** muss folgende Voraussetzungen erfüllen:

— Die Moleküle können als Massenpunkte betrachten werden, d. h. ihr Volumen ist im Verhältnis zu ihrem Abstand verschwindend klein.
— Die Moleküle üben außer beim Zusammenstoß keine anziehenden oder abstoßenden Kräfte aufeinander aus.
— Beim Zusammenstoß zweier Moleküle bleiben kinetische Energie und Gesamtimpuls erhalten, es liegt also ein elastischer Stoß vor.

Beim idealen Gas können die Moleküle als Massenpunkte betrachtet werden; die Moleküle üben keine Kräfte aufeinander aus, außer beim elastischen Zusammenstoß.

Bei **realen Gasen** sind diese Voraussetzungen meist nicht erfüllt:

— Die Atome oder Moleküle realer Gase sind nicht punktförmig. Sie haben ein Eigenvolumen.
— Gaspartikel ziehen sich gegenseitig an.

Die Moleküle realer Gase haben ein Eigenvolumen und ziehen sich gegenseitig an.

Nur bei geringen Dichten und hohen Temperaturen verhalten sich Gase ideal. Wird die Temperatur gesenkt oder die Dichte erhöht, dann treten zwischen den Teilchen Van-der-Waals-Anziehungskräfte auf. Luft bei Zimmertemperatur verhält sich z. B. ideal, Wasserdampf dagegen nicht. **In der Medizin verwendete Atemgase verhalten sich in Vorratsflaschen unter üblichen Fülldrücken wie ideale Gase.**

Die Teilchenbewegung ist ein Maß für die Temperatur und den Druck eines Gases. Nicht alle Teilchen haben die gleiche Geschwindigkeit. Die Häufigkeit, mit der bestimmte Geschwindigkeiten auftreten, wird durch die **Maxwell-Verteilung** beschrieben (◘ Abb. 4.5).

Bei großem Volumen und hoher Temperatur verhalten sich Gase ideal (z. B. Luft bei Zimmertemperatur).

Die Teilchen eines Gases haben unterschiedliche Geschwindigkeiten.

Normbedingungen

Bei der Beschreibung der Zustände von Gasen hat man sich darauf geeinigt, einen Norm- oder Normalzustand zu definieren, um nicht immer alle Zustandsgrößen angeben zu müssen. So versteht man unter der **Normbedingung**:

— Temperatur: $273,15\,K = 0\,°C$
— Druck: $1013,25\,hPa = 1013,25\,mbar = 760\,Torr$.

Normbedingungen: 273,15 K und 1013,25 hPa.

◻ **Abb. 4.5** Geschwindigkeitsverteilung der N_2-Moleküle in gasförmigem Stickstoff. Die Kurve ist asymmetrisch; sie läuft nach rechts langsam aus. Die mittlere Geschwindigkeit ist größer als die häufigste Geschwindigkeit. Bei steigender Temperatur wird die Kurve flacher und breiter (aus Harten 2011)

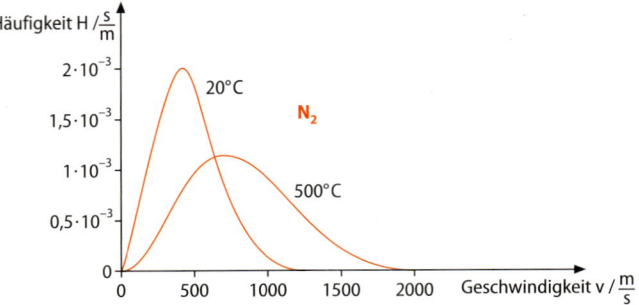

In der Physiologie sind die Bedingungen STPD, BTPS und ATPS wichtig:

━ **Standardbedingungen STPD** (Standard Temperature Pressure Dry) beschreiben den Normzustand eines trockenen Gases: $T = 273{,}15$ K, $p = 1013{,}25$ hPa, $p(H_2O) = 0$ hPa.

━ **BTPS** (Body Temperature Pressure Saturated) beschreiben den Normzustand der Luft in den Lungenalveolen. Diese ist bei Körpertemperatur ($37\,°C$) und äußerem Druck p wasserdampfgesättigt: $T = 310{,}15$ K, $p(H_2O) = 62{,}79$ hPa.

━ **ATPS** (Ambient Temperature, Pressure, Saturated) sind die aktuellen Messbedingungen außerhalb des Körpers.

Bei spirometrischen Untersuchungen der Lungenfunktion wird das Atemgas bei ATPS-Bedingungen eingeatmet. Dabei wechselt es zu BTPS-Bedingungen, um anschließend beim Verlassen des Körpers wieder zu ATPS-Bedingungen zurückzukehren. Somit ist es erforderlich, die Bedingungen ineinander umzurechnen und umgebungsneutral in STPD-Bedingungen angeben zu können. Dies ist sehr einfach, wenn wir erst einmal den Zusammenhang dieser Zustandsgrößen erkannt und in einer Formel vorliegen haben. Und um den in der Natur allgegenwärtigen Wasserdampf müssen wir uns dann auch noch kümmern.

Allgemeines Gasgesetz

Die allgemeine Zustandsgleichung für ideale Gase, das »ideale« Gasgesetz, beschreibt den Zusammenhang zwischen Druck p, Temperatur T und Volumen V.

Herleitung

$E_{kin} \sim T$ und $E_{kin} \sim p$.
Daher gilt: $T \sim p$.

$T \sim p$: Der Gasdruck ist proportional zur Temperatur. Die durchschnittliche kinetische Energie der Moleküle ist proportional zur absoluten Temperatur: $E_{kin} \sim T$. Die mittlere Geschwindigkeit der Teilchen eines Gases nimmt mit steigender Temperatur zu. Dadurch vergrößert sich auch der Druck, der durch die Stöße der Teilchen auf die Gefäßwand entsteht. Der Druck ist deshalb auch proportional zur mittleren Geschwindigkeit der Teilchen: $E_{kin} \sim p$. Sind aber zwei Größen zu einer dritten proportional, so sind sie auch untereinander proportional. Deshalb gilt: **$T \sim p$**.

Der Gasdruck verhält sich reziprok zum Volumen.

$p \sim 1/V$. Der Gasdruck ist indirekt proportional (reziprok) zum Volumen: Bleibt die Temperatur konstant, dann bleibt auch E_{kin} konstant. Verdoppelt man unter dieser Bedingung das Volumen, dann halbiert sich die Anzahl der Moleküle pro Raumeinheit. Damit halbieren sich auch die Anzahl der Kraftstöße pro Flächeneinheit. Der Gasdruck halbiert sich. Deshalb gilt: **$p \sim 1/V$**.

Fasst man $p \sim T$ und $p \sim 1/V$ zusammen, so erhält man $p \sim T/V$ und damit **$p \cdot V \sim T$**.

Die allgemeine (universelle) Gaskonstante R: Aus dieser Proportionalitätsbeziehung kann mithilfe einer Konstanten eine Gleichung entstehen. In diese Proportionalitätskonstante geht noch die Anzahl der betrachteten Teilchen, also die Molzahl n ein. Die doppelte Gasmenge nimmt bei gleicher Temperatur und gleichem Druck das doppelte Volumen ein. Berücksichtigt man dies, erhält man die **allgemeine Zustandsgleichung für ideale Gase:**

$$p \cdot V = n \cdot R \cdot T.$$

Dabei gilt: universelle Gaskonstante $R = 8,3144 \, J \, mol^{-1} \, K^{-1}$. R lässt sich auch anders ausdrücken als $R = N_A \cdot k$ mit $N_A = 6,032 \cdot 10^{23} \, l \, mol^{-1}$ = Avogadro-Konstante (1 mol hat so viele Partikel) und der Boltzmann-Konstanten $k = 1,38 \cdot 10^{-23} \, J \, K^{-1}$. Oder mit dem molaren Volumen $V_m = V/n$:

$$P \cdot V_m = R \cdot T.$$

Das Molvolumen eines idealen Gases unter Normbedingungen beträgt $22,4 \, l \, mol^{-1}$.

Bei konstanter Menge, also n = konstant, ist auch $V \cdot p/T$ = konstant. Eine Änderung von einem Zustand 1 in einen Zustand 2 lässt sich somit beschreiben durch:

$$V_1 \cdot \frac{p_1}{T_1} = V_2 \cdot \frac{p_2}{T_2}.$$

Spezielle Zustandsänderungen

Das allgemeine Gasgesetz ist sehr wichtig. Mit ihm lassen sich verschiedene Zustandsänderungen berechnen. Zur Überschaubarkeit wird meist eine Zustandsgröße konstant gehalten und das Verhalten der anderen beiden untersucht. Die Stoffmenge n ist dabei ebenfalls konstant. Sind zwei Zustandsgrößen bekannt, ist das System hinreichend beschrieben und man kann die dritte ausrechnen. Man kann alle folgenden Gleichungen aus dem allgemeinen Gasgesetz der Form $V_1 \cdot p_1/T_1 = V_2 \cdot p_2/T_2$ herleiten.

Isobare Zustandsänderung

Isobar bedeutet, dass der Druck konstant bleibt.

Bei $V_1 \cdot p_1/T_1 = V_2 \cdot p_2/T_2$ gilt damit: $p_1 = p_2$ und kann gekürzt werden. Daraus folgt: $\frac{V_1}{T_1} = \frac{V_2}{T_2}$.

V_1/T_1 = konstant. Ist der Quotient zweier Größen konstant, dann sind diese proportional zueinander: **V ~ T. Das ist das 1. Gesetz von Gay-Lussac.**

Trägt man V über T auf, erhält man eine Gerade (◘ Abb. 4.6a). Diese geht durch den Nullpunkt und hat eine positive Steigung. Das Volumen eines idealen Gases würde also theoretisch bei 0 K verschwinden. Isobare Kurven verlaufen umso steiler, je kleiner der konstant gehaltene Druck ist, weil das Volumen mit steigendem Druck abnimmt.

In Worten heißt das: Wird das Gas bei konstantem Druck erwärmt, nimmt das Volumen zu.

Isochore Zustandsänderung

Isochor bedeutet, dass das Volumen konstant bleibt.

Bei $V_1 \cdot p_1/T_1 = V_2 \cdot p_2/T_2$ gilt damit: $V_1 = V_2$ und kann gekürzt werden. Daraus folgt: $p_1/T_1 = p_2/T_2$.

p_1/T_1 = konstant. Hier gilt also wie oben: Wenn der Quotient zweier Größen konstant ist, dann sind diese proportional zueinander: **p ~ T. Das ist das 2. Gesetz von Gay-Lussac.**

$p \cdot V = n \cdot R \cdot T.$

Für p = konst. gilt:
$$\frac{V_1}{T_1} = \frac{V_2}{T_2}.$$

Für V = konst. gilt:
$$\frac{p_1}{T_1} = \frac{p_2}{T_2}.$$

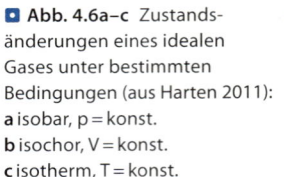

Abb. 4.6a–c Zustands-
änderungen eines idealen
Gases unter bestimmten
Bedingungen (aus Harten 2011):
a isobar, p = konst.
b isochor, V = konst.
c isotherm, T = konst.

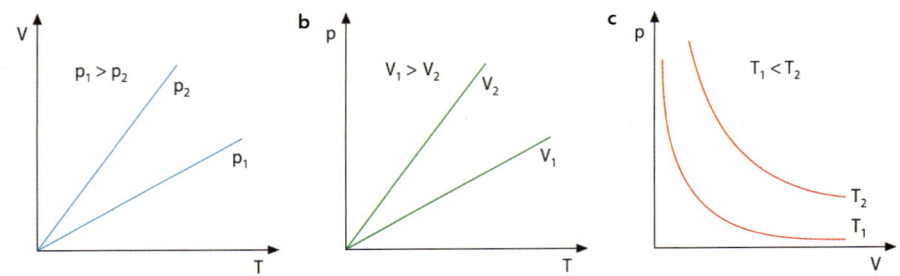

Im Diagramm stellt p über T ebenfalls eine Gerade dar (Abb. 4.6b). Iso-
chore verlaufen umso steiler, je kleiner das konstant gehaltene Volumen ist, da
mit steigendem Volumen der Druck abnimmt.

In Worten heißt das: Wird das Gas bei konstantem Volumen erwärmt,
nimmt der Druck zu.

Isotherme Zustandsänderung

Isotherm bedeutet, dass die Temperatur konstant bleibt.

Bei konstanter Temperatur T gilt:
$p_1 \cdot V_1 = p_2 \cdot V_2$.

Bei $V_1 \, p_1 / T_1 = V_2 \, p_2 / T_2$ gilt damit: $T_1 = T_2$ und kann gekürzt werden. Daraus
folgt: $p_1 \cdot V_1 = p_2 \cdot V_2$.

$p_1 \cdot V_1$ = konstant. Wenn das Produkt zweier Größen konstant ist, dann sind
diese umgekehrt proportional zueinander: **p ~ 1/V. Das ist das Gesetz von
Boyle-Mariotte.**

Die Auftragung p über V (Abb. 4.6c) ergibt Hyperbeln. Mit wachsender
Temperatur entfernen sich die Kurven von den Koordinatenachsen, weil Druck
und/oder Volumen zunehmen.

In Worten ausgedrückt, heißt das: Wird das Volumen eines Gases bei konstanter Temperatur vergrößert, dann sinkt der Druck.

Nach dem 1. Hauptsatz der Wärmelehre gilt dabei: $\Delta U = 0$ und $\Delta Q = -\Delta W$.

Das bedeutet, dass einem System, das isotherme Arbeit verrichtet, die dafür
nötige Energie als Wärme, z. B. durch Kontakt mit einem Wärmereservoir wie
Wasser, zugeführt werden muss.

Adiabatische Zustandsänderung

Adiabatisch (gr.):
»nicht hindurchgehen«.

**Bei einer adiabatischen Zustandsänderung ist kein Wärmeaustausch mit der
Umgebung möglich. Es** ändern sich alle drei Zustandsgrößen. Bei der isother-
men Zustandsänderung wird die Gastemperatur durch einen Wärmeaustausch
mit der Umgebung konstant gehalten. Ist dieser Wärmeaustausch nicht möglich, ändern sich alle drei Zustandsgrößen und man spricht von einer adiabatischen Zustandsänderung (adiabatisch: »nicht hindurchgehen«). Die Wärme
geht nicht durch die Grenzen des Systems.

Ein **Beispiel** sind aufsteigende Luftmassen über einem Gebiet mit starker
Sonneneinstrahlung. Hier findet kein Wärmeaustausch mit der Umgebung
statt, weil die Wärmeleitung der Luft sehr gering ist. Mit zunehmender Höhe
sinkt der Druck, das Volumen steigt und die Luft kühlt ab.

Im Sinne des 1. Hauptsatzes gilt dabei: $\Delta Q = 0$; $\Delta U = \Delta W$.

Beispiel eines adiabatischen Systems:
Luftpumpe.

Wird an einem adiabatischen System Arbeit geleistet, dann erhöht sich die
innere Energie und damit die Temperatur; z. B. erwärmt sich eine Luftpumpe
nach rascher Betätigung.

Gasgemische
Partialdruck

Gasgemische werden idealisiert dadurch beschrieben, dass man annimmt, die einzelnen Atome und Moleküle verschiedener Gase beeinflussen sich gegenseitig nicht. Deshalb kann in einem Gasgemisch jede Komponente für sich betrachtet werden. Für jedes Gas gilt getrennt die Gasgleichung. Für den Druck formuliert dies sich wie folgt: **Der Partialdruck ist der Druck, den ein Gas ausüben würde, wenn alle übrigen Gase aus dem Gemisch entfernt wären.**

$$p_1 = \frac{n_1 \cdot R \cdot T}{V}.$$

Ein anderes Gas hat dann den Partialdruck $p_2 = n_2 \cdot R \cdot T / V$.

T und V sind dabei für alle Gase des Gemischs gleich. Deshalb gilt:

p/n = konstant für alle Teilgase. Oder für das Verhältnis zweier Teilgase gilt: $p_1/n_1 = p_2/n_2$.

Die Stoffmenge n ist also proportional zum Partialdruck p: $p \sim n$.

Die Stoffmenge n ist proportional zum Partialdruck p.

Gesetz von Dalton

Natürlich ist die Gesamtmenge der Teilchen in einem Gas gleich der Summe aller Teilmengen:

$$n_{ges} = n_1 + n_2 + n_3 + \dots .$$

Da der Druck zur Stoffmenge n proportional ist, erhält man für den Gesamtdruck des Gemischs:

$$p_{ges} = p_1 + p_2 + p_3 + \dots .$$

In einem Gemisch aus idealen Gasen addieren sich die Partialdrücke zum Gesamtdruck.

Insbesondere bedeutet das: **Nur die Gesamtmenge an Gas bestimmt den Druck, die Gasart ist unerheblich.**

$$p_{ges} = p_1 + p_2 + p_3 + \dots .$$

Zusammensetzung der Luft

Wie wir alle wissen, ist Luft ein Gasgemisch, wobei sich alle Komponenten in sehr guter Näherung wie ideale Gase verhalten. Deshalb gelten hier auch die soeben besprochenen Gleichungen zur Beschreibung des Zustands. Unter normalen Bedingungen besteht trockene Luft aus vielen verschiedenen Gasen, wobei die Hauptbestandteile und deren Anteil am Volumen wie folgt sind:

- Stickstoff (N_2) hat mit ca. 78% den größten Teilchenanteil.
- Sauerstoff (O_2) ist mit ca. 21% die zweithäufigste Komponente.
- Im restlichen einen Prozent tummeln sich dann alle sonst noch bekannten Gase, die wegen ihrer geringen Menge meist Spurengase genannt werden. Zum Beispiel findet man dort CO_2 mit ca. 0,04%, Methan und Edelgase.

Luft (in Volumenprozent, Vol%):

N_2	78%
O_2	21%
CO_2	0,04%
Spurengase	ca. 1

Volumenprozent (Vol%) ist der Anteil am Gesamtvolumen, den das Gas bei sonst gleichen Bedingungen für sich beansprucht. Die Angabe in Prozent entspricht nach Dalton auch dem Prozentanteil des Partialdruckes des Teilgases am Gesamtdruck. In der Ausatemluft ist hauptsächlich der O_2-Partialdruck verringert und der CO_2-Partialdruck erhöht, weil O_2 verbraucht und CO_2 gebildet wird. Der H_2O-Partialdruck ist erhöht, weil die Luft im Körper angefeuchtet wird. Der Partialdruck für H_2O entspricht dabei dem Sättigungsdampfdruck (▶ Abschn. 4.4.1) von 62,78 hPa bei 37 °C Körpertemperatur. (Bei

0 °C beträgt der Sättigungsdampfdruck nur 6,11 hPa.) Übrigens: Sauerstoff kann bei zu hohem Partialdruck toxisch wirken.

Hätten Sie's gewusst?

Spirometer

Mit einem Spirometer lassen sich Lungenvolumina messen, wie z. B. die maximale Ein- oder Ausatmung. Das Messgerät besteht ursprünglich aus einer in Wasser schwebend gelagerten Glocke, in deren geschlossenem Raum der Patient über einen Schlauch ein- und ausatmet. Die dabei entstehenden Auf- und Abbewegungen der Glocke werden von einem Schreiber registriert. Tatsächlich wird es heute anders realisiert, dazu aber mehr in der Physiologie. Um daraus die richtigen Werte ermitteln zu können, muss zwischen den unterschiedlichen Bedingungen im Körper und im Spirometer umgerechnet werden, insbesondere die Luftfeuchtigkeit spielt eine große Rolle.

Luftfeuchtigkeit

Besonders wichtig bei der Beschreibung des Gaszustands in medizinischer Hinsicht ist die Kenntnis der Luftfeuchtigkeit f. Diese ist definiert als die Masse des Wasserdampfs je Volumeneinheit, $f = m_{H_2O}/V$ in g/m³. Denn nur bei einer »angemessenen« Luftfeuchtigkeit fühlen wir uns wohl. Als typische Angabe kennen wir alle den Begriff der relativen Luftfeuchtigkeit. $f_{relativ}$ ist das Verhältnis der tatsächlichen Luftfeuchtigkeit $f_{tatsächlich}$ zur maximal möglichen Luftfeuchtigkeit f_{max}:

$$f_{relativ} = \frac{f_{tatsächlich}}{f_{max}} \cdot 100\%.$$

Steigt die Luftfeuchtigkeit über die maximal mögliche, kommt es zur Kondensation des überschüssigen Anteils. Bei 100% spricht man auch von gesättigter Luftfeuchte.

Da sich trockene Luft und der Wasserdampfanteil aber in guter Näherung als ideale Gase verhalten, kann man die Luftfeuchte einfach durch den Partialdruck ausdrücken und erhält dann die oft verwendete Relation:

Die relative Luftfeuchtigkeit gibt an, wie viel Prozent des möglichen Sättigungsdampfdrucks der tatsächliche Wasserdampfpartialdruck bei einer bestimmten Temperatur ausmacht:

Relative Luftfeuchtigkeit:

$$\frac{\text{Partialdruck des Wasserdampfs}}{\text{Sättigungsdampfdruck}} \cdot 100\%$$

$$\text{Relative Luftfeuchtigkeit} = \frac{\text{Partialdruck des Wasserdampfs}}{\text{Sättigungsdampfdruck}} \cdot 100\%$$

Der Sättigungsdampfdruck ist stark abhängig von der Temperatur.

Der Sättigungsdampfdruck (Definition ▶ Abschn. 4.4.1) zeigt eine starke Abhängigkeit von der Temperatur: Bei 0 °C beträgt dieser nur 6,11 hPa, bei 100 °C jedoch 1013,25 hPa.

Kühlt wassergesättigte Luft (100% relative Luftfeuchte) ab, dann sinkt der Sättigungsdampfdruck unter den Partialdruck des Wasserdampfs. Es kommt zur Übersättigung und schließlich zur Kondensation (Nebel- und Wolkenbildung). Die Messgeräte zur Bestimmung der relativen Luftfeuchtigkeit nennt man **Hygrometer**.

Van-der-Waals-Zustandsgleichung für reale Gase

Für die täglichen Abschätzungen rund ums Verhalten von Gasen genügen für die uns umgebenden Gase die Aussagen der allgemeinen Zustandsgleichung für ideale Gase. Genügt deren Genauigkeit nicht mehr, kann man eine einfache Erweiterung heranziehen, die die nichtidealen Eigenschaften der Gasmoleküle durch ein einfaches Modell berücksichtigt. Dies war zum einen das nichtvernachlässigbare Eigenvolumen der Gasteilchen, das durch ein Eigenvolumen b berücksichtigt wird, und zum anderen die Wechselwirkung zwischen den Teilchen, was zu einem zusätzlichen Druck a/V_m^2 führt.

Die resultierende **Zustandsgleichung für reale Gase** ist nach ihrem Entwickler **van der Waals** benannt. Da man an ihr aber sehr schön die nichtidealen Eigenschaften realer Gase erkennt, sei diese Gleichung hier zum Abschluss dieses Abschnitts über die Beschreibung des Gaszustands angegeben:

$$\left(p + \frac{a}{V_m^2}\right) \cdot (V_m - b) = R \cdot T.$$

---

kurz & knapp

- Die Moleküle eines idealen Gases haben kein Eigenvolumen und üben keine Kraft aufeinander aus – diejenigen realer Gase dagegen sehr wohl.
- Die allgemeine Gasgleichung $p \cdot V = n \cdot R \cdot T$ gilt nur für ideale Gase.
- Die Bestandteile trockener Luft können alle jeweils als ideale Gase behandelt werden.
- Normbedingungen herrschen bei 1013,25 hPa und 273,15 K.
- Der Gesamtdruck eines Gasgemischs ergibt sich aus der Summe der Partialdrücke:

  $p_{Ges} = p_1 + p_2 + \dots .$
- 21 Vol% der trockenen Luft bestehen aus Sauerstoff, 78 Vol% aus Stickstoff und 0,04 Vol% aus Kohlenstoffdioxid (CO_2).
- Die relative Luftfeuchtigkeit gibt den Quotienten aus dem tatsächlichem Druck des Wasserdampfs und dem Sättigungsdampfdruck der vorliegenden Temperatur an.

4.3.2 Übungsaufgaben

Aufgabe 1: Gesucht ist das Volumen von 1 mol CO_2 unter Normbedingungen ($p = 1013,25$ hPa $= 101.325$ J m^{-3}, $T = 273,15$ K).

Aufgabe 1

Lösung 1: $V = n \cdot R \cdot T/p$; $V = (1 \text{ mol } 8,31 \text{ J mol}^{-1} \text{ K}^{-1} \, 273,15 \text{ K})/(101.325 \text{ J m}^{-3}) = 0,0224 \text{ m}^3$. Dabei ist die Tatsache, dass es sich um CO_2 handelt, unerheblich. 1 mol eines idealen Gases nimmt unter Normbedingungen immer das Volumen 22,4 l ein.

Aufgabe 2: Was passiert mit dem Volumen, wenn sich die Temperatur verdoppelt und der Druck sich verdreifacht?

Aufgabe 2

Lösung 2: $V \cdot p = n \cdot R \cdot T$; $n, R = $ konstant;

$$\frac{V_2 \cdot p_2}{T_2} = \frac{V_1 \cdot p_1}{T_1}; T_2 = 2 \cdot T_1; p_2 = 3 \cdot p_1;$$

$$V_2 = V_1 \cdot \frac{p_1}{p_2} \cdot \frac{T_2}{T_1} = V_1 \cdot \frac{p_1}{3 p_1} \cdot \frac{2T_1}{T_1} = \frac{2}{3} \cdot V_1.$$

Das Volumen verringert sich um ⅓.

Aufgabe 3

Aufgabe 3 2 m³ Luft werden von +60 auf –51 °C abgekühlt. Um wie viel Prozent verringert sich das Volumen? Der Druck ist konstant.

Lösung 3:

$$\frac{V_1}{T_1} = \frac{V_2}{T_2}; \quad V_2 = V_1 \cdot T_2/T_1; \quad 60\ °C = 333{,}15\ K; \quad -51\ °C = 222{,}15\ K;$$

$$V_2 = \frac{222{,}15\ K}{333{,}15\ K} \cdot 2\ m^3 \approx \frac{4}{3}\ m^3 \approx 1{,}3\ m^3.$$

Das Volumen verringert sich dadurch um 2 m³ – 1,3 m³ = 0,7 m³ und damit um 0,7 m³/2 m³ = 0,35, also um 35%.

Aufgabe 4

Aufgabe 4: In einer geschlossenen Flasche mit 100 Pa Druck befindet sich Luft. Diese wird von 17 °C im Schatten in die Sonne gestellt und erwärmt sich um 20 °C. Wie groß ist der Druck jetzt?

Lösung 4: $p_1/T_1 = p_2/T_2$; $p_2 = p_1 \cdot T_2/T_1$; $p_2 = 100\ Pa \cdot 310{,}15\ K/290{,}15\ K = 107\ Pa$.

Aufgabe 5

Aufgabe 5: Ein Taucher nimmt als Luftvorrat eine Plastiktüte mit 50 l Volumen mit in die Tiefe. Wie groß ist das Volumen der verformbaren Plastiktüte in 30 m Tiefe, wenn sich der Druck je 10 m Tiefe um 1 bar erhöht? Beachte: Normaler Luftdruck auf Meereshöhe ist 1 bar.

Lösung 5: $p_1 \cdot V_1 = p_2 \cdot V_2$; $V_2 = p_1 \cdot V_1/p_2 = (1\ bar \cdot 50\ l)/4\ bar = 12{,}5\ l$.

Aufgabe 6

Aufgabe 6: Wie groß ist unter Normbedingungen der Partialdruck des Sauerstoffs an der Luft?

Lösung 6: Sauerstoff macht 21 Vol% der Luft aus. Der Normdruck der Luft beträgt 1013,25 hPa. Der Partialdruck des Sauerstoffs ist damit 0,21 · 1013,25 hPa = 213 hPa.

> **Alles klar!**
>
> **Alles klar in unserer Lunge!**
> Zur Vereinfachung nehmen wir an, dass die eingeatmete Luft ein konstantes Volumen behält. Dann gilt nach dem allgemeinen Gasgesetz $p_1/T_1 = p_2/T_2$. Die Luft wird bei Normdruck von Zimmertemperatur (20 °C) auf Körpertemperatur (37 °C) erwärmt. Damit gilt: $p_2 = p_1 \cdot T_2/T_1 = 1072$ hPa. Da die Luft auch noch angefeuchtet wird, muss zu diesem Druck der Wasserdampfdruck von 62,8 hPa addiert werden. Es entsteht also etwa ein Druck von 1134 hPa. Dieser ist größer als der Druck außerhalb der Lunge. Dies führt natürlich sofort zum Druckausgleich, da der Druck in unserer Lunge immer dem Umgebungsdruck entspricht.

4.4 Transportphänomene

Theresa Fels

- Phasenübergänge
- Umwandlungsenergien
- Keimbildungsprozess
- Siedeverzug
- Unterkühlung
- Dampfdruck
- Sättigungsdampfdruck
- Anomalie des Wassers
- Phasendiagramm des Wassers
- Wärmeleitung
- Konvektion
- Temperaturstrahlung
- Stefan-Boltzmann-Gesetz

Wie jetzt?

Husten und Heiserkeit im Sommer?
Eine 32-jährige Patientin kommt zu Ihnen in die Praxis. Sie klagt über Husten und Heiserkeit und kann sich überhaupt nicht erklären, wie sie mitten in diesem heißen Sommer eine solche Erkältung bekommen kann. Auf die Frage nach ihrer beruflichen Tätigkeit antwortet die Patientin, im Büro einer großen Firma zu arbeiten, wo dank vieler Klimaanlagen den ganzen Tag über angenehme 25 °C herrschen und sie nicht der unerträglichen Hitze draußen ausgesetzt ist, durch die man doch solche Probleme mit dem Kreislauf bekomme. Doch ist die Patientin durch die Klimaanlagen im Büro und die damit verbundene trockene Luft vielleicht anderen Gefahren ausgesetzt, die ihre Heiserkeit begründen könnten?

4.4.1 Phasenübergänge und Umwandlungsenergien

Allgemeines zu Aggregatzuständen

Wie wohl jedem von uns bekannt ist, kann ein Stoff in drei verschiedenen **Aggregatzuständen** vorliegen – **fest, flüssig und gasförmig** (◻ Abb. 4.7). Am Beispiel Wasser lässt sich dies sehr gut nachvollziehen: Normalerweise ist es ja flüssig, im festen Zustand kennen wir es als Eis oder Schnee und gasförmig als Wasserdampf. Dieser ist ein unsichtbares Gas, obwohl man dem Namen nach vielleicht meinen könnte, Wasserdampf wäre sichtbar. Bei Wolken und Nebel dagegen liegt Wasser schon in flüssigem Zustand vor, in Form von Wassertröpfchen nämlich, weswegen Wolken und Nebel sichtbar sind.

Wie definiert man Feststoffe, Gase und Flüssigkeiten, was unterscheidet sie voneinander?

Um die Form von Feststoffen, Flüssigkeiten und Gasen zu veranschaulichen, stellen wir uns zunächst Gefäße vor, in die man jeweils einen Feststoff (z. B. einen Holzwürfel), eine Flüssigkeit (z. B. Wasser) und ein Gas (z. B. Wasserstoff) gibt (◻ Abb. 4.7): Der Holzwürfel behält – wie zu erwarten war – dabei seine Form bei, unabhängig von der Gefäßform, in der er sich befindet. Die Flüssigkeit dagegen passt sich ganz der Gefäßform an und das Gas nimmt den

Als Aggregatzustände bzw. Phasen bezeichnet man alle möglichen Erscheinungsformen einer Substanz.

■ **Abb. 4.7** Die drei Aggregatzustände: fest, flüssig, gasförmig

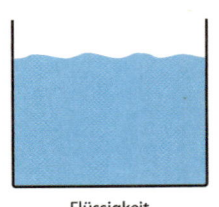
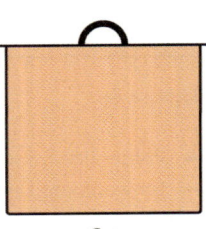

Feststoff   Flüssigkeit   Gas

gesamten Raum des Gefäßes ein, der ihm zur Verfügung steht. Das heißt, man muss das Gefäß verschließen, um Wasserstoff darin einzusperren und zu verhindern, dass er sich nicht mit anderen Gasen der Luft vermischt.

Als Nächstes wollen wir uns mit den Volumina von Stoffen verschiedener Aggregatzustände befassen. Dazu stellen wir uns vor, dass eine Kraft auf Stoffe verschiedener Aggregatzustände ausgeübt wird. Ein Feststoff behält stets sein Volumen und seine Form, solange eine nicht zu große Kraft auf ihn wirkt, die ihn deformieren würde. **Flüssigkeiten haben ebenfalls ein unveränderliches Volumen, sie sind inkompressibel!** Gase dagegen sind kompressibel, man kann also die gleiche Gasmenge in verschieden große Behälter zwängen, indem man unterschiedlich große Drücke auf sie ausübt. Dabei muss man aber berücksichtigen, dass sehr hohe Drücke eine Verflüssigung des Gases bewirken können.

Neben dem Volumen sollten wir uns auch die Kräfte zwischen den Teilchen (Atomen, Molekülen oder Ionen) anschauen, die einen Feststoff, ein Gas oder eine Flüssigkeit ausmachen, sowie deren Anordnung. Ein Feststoff ist dadurch gekennzeichnet, dass zwischen den einzelnen Teilchen relativ große **Anziehungskräfte** wirken, weshalb sie sich in nur geringem Abstand zueinander befinden. Die einzelnen Teilchen eines Feststoffs setzen sich zu Gittern zusammen und haben somit alle ihren festen Platz. Dadurch können sie sich nicht frei bewegen, sie sind lediglich dazu befähigt, um ihre Ruhelage zu schwingen.

In einer Flüssigkeit sind diese Anziehungskräfte kleiner als bei einem Feststoff. Es existieren aber sog. **Kohäsionskräfte** (▶ Abschn. 3.2.3), die unter anderem für die Tropfenbildung von Flüssigkeiten verantwortlich sind. Die Abstände der Teilchen sind immer noch relativ gering, jedoch sind die Atome oder Moleküle von Flüssigkeiten im Gegensatz zu Feststoffen gegeneinander verschiebbar.

Bei Gasen wirken fast keine Kräfte mehr zwischen den einzelnen Atomen oder Molekülen, sie bewegen sich völlig frei und regellos im Raum. Wirken zwischen Gasteilchen keinerlei Anziehungskräfte, handelt es sich um ein ideales Gas (▶ Abschn. 4.3.1). Aufgrund fehlender Anziehungskräfte sind die Teilchenabstände relativ groß im Vergleich zu Flüssigkeiten und Feststoffen.

Zwischen den Teilchen eines Festkörpers wirken relativ große Kräfte.

Zwischen den Teilchen einer Flüssigkeit wirken geringere Anziehungskräfte als bei einem Festkörper.

Zwischen den Teilchen eines idealen Gases wirken keinerlei Anziehungskräfte.

Zu allen Phasenübergängen gehören Umwandlungsenergien.

Änderung des Aggregatzustands – Phasenübergänge

Welchen Aggregatszustand ein Stoff nun tatsächlich einnimmt, ist unter anderem abhängig von der Temperatur, die ihn umgibt, und dem Druck, dem der Stoff ausgesetzt ist. Ändern sich diese Variablen, so kann ein Stoff seinen Aggregatzustand wechseln, man sagt auch, er geht in eine andere Phase über. **Diese Phasenumwandlungen sind stark an Energieänderungen gekoppelt:** Wenn ein Stoff seinen Aggregatzustand ändert bzw. ändern soll, wird dabei entweder **Energie freigesetzt** oder dem Stoff muss eine bestimmte Menge **Energie zugeführt** werden. Die Energiezufuhr ist notwendig, um die Teilchen gegen ihre Anziehungskräfte zu trennen. Sehen wir uns diese Energien einmal an (■ Abb. 4.8).

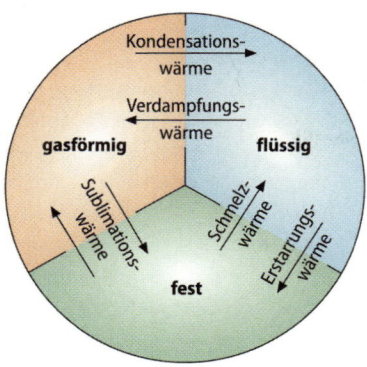

Abb. 4.8 Aggregatzustände, ihre Umwandlungen und die zugehörigen Umwandlungswärmen (nach Harten 2011)

Geht ein Stoff vom festen in den flüssigen Aggregatzustand über (»Schmelzen«), so muss ihm dabei ein bestimmter Betrag an **Schmelzenergie** zugeführt werden. Im umgekehrten Fall, also von flüssig nach fest (»Erstarren«), gibt der Stoff eine bestimmte Menge an **Erstarrungsenergie** ab, nämlich genau die Menge, die ihm beim Schmelzen zugeführt wurde.

Verdampft ein Stoff, geht die flüssige Phase in die gasförmige über. Wie beim Schmelzen benötigt die Substanz dazu Energie, die ihr von außen zugeführt werden muss – die sog. **Verdampfungsenthalpie**.

Hier wird der Begriff »Enthalpie« verwendet, da zur inneren Verdampfungswärme noch die Volumenarbeit hinzukommt. Was heißt das? Ändert ein Stoff seinen Aggregatzustand, so ändert sich auch seine Dichte und damit verbunden sein Volumen. Diese Volumenänderung kann beim Schmelzvorgang vernachlässigt werden, sie ist beim Verdampfen aber umso wichtiger. Denn nun muss das neue Volumen gegen den Dampfdruck gebildet werden, also gegen die Gasteilchen, die danach streben, sich zu verteilen und mit anderen Teilchen zu vermischen. Man könnte sagen, das Gas muss zu einem bestimmten Volumen zusammengehalten werden, was eine zusätzliche sog. Volumenarbeit erfordert... Dies versteckt sich hinter dem Begriff Enthalpie.

Der zur Verdampfung entgegengesetzte Vorgang ist die **Kondensation**. Hier gehen die Teilchen eines Gases in den flüssigen Zustand über, wobei **Kondensationsenergie** frei wird.

Daneben gibt es noch den Phasenübergang fest–gasförmig, auch **Sublimation** genannt. Dem Körper muss für diese Phasenumwandlung **Sublimationsenergie** zugeführt werden. Beispielsweise kann Schnee bei tiefen Temperaturen durch die Wärme und Energie der Sonne direkt zu Wasserdampf sublimieren, ohne dass er zuvor flüssig wird. Bei der **Resublimation** wird aus einem gasförmigen Stoff ein Feststoff. Hierbei wird wie bei Kondensation und Erstarrung wieder Energie frei.

> Verdampfungsenthalpie umfasst die innere Verdampfungswärme und die Volumenarbeit.

> Schmelzen, Verdampfen, Sublimieren erfordern Energiezufuhr!

> Erstarren, Kondensieren, Resublimieren setzen Energie frei!

Hätten Sie's gewusst?

Chlorethan (Ethylchlorid)
Chlorethan wird in Glasampullen aufbewahrt, die mit einem Federventil verschlossen sind. Sprüht man es auf die Haut, so verdunstet es sofort. Die dazu benötigte Verdampfungsenthalpie entzieht es seiner Umgebung (z. B. der Haut). Durch den Energieverlust der Haut sinkt deren Temperatur. Sie wird so stark abgekühlt, dass umliegende Nerven empfindungslos werden. In der Medizin wird Chlorethan aufgrund dieser Eigenschaften zur kurzfristigen örtlichen Betäubung verwendet.

Physik

> **Gefriertrocknung**
>
> Wie der Name schon sagt, ist damit die Trocknung von Objekten in gefrorenem Zustand gemeint. Feuchtes Papier z. B. oder andere poröse Materialien werden zuerst tiefgefroren. Anschließend kommen sie in eine Vakuumkammer, in der ein starker Unterdruck herrscht. Durch diesen Unterdruck sublimiert Eis, das sich aus dem feuchten Material gebildet hat, und geht dabei unmittelbar in den Gaszustand über, ohne zuvor flüssig zu werden. Das Prinzip der Gefriertrocknung findet in der Pharmaindustrie häufig Gebrauch: Medikamente, die in Wasser gelöst nicht lange stabil wären, später aber in wässriger Lösung einzunehmen sind, werden so haltbar gemacht. Auch Gewebeschnitte stellt man auf diese Weise her.

Umwandlungsenergien

Will man einen Feststoff (z. B. Eis bei –20 °C) erst zum Schmelzen bringen und anschließend verdampfen, braucht man noch mehr Energie als die zuvor besprochene Schmelzenergie plus die Verdampfungsenthalpie – warum ist das so?

Schmelzen und Verdampfen im Detail

Hierzu betrachten wir die Prozesse Schmelzen und Verdampfen einmal genauer – nämlich in Bezug auf die Moleküle oder Atome, die den Feststoff ausmachen, deren Bewegungen und Energiezustände. Im Feststoff Eis sind bei –20 °C die Wassermoleküle relativ stark an ihren Ort gebunden. Sie befinden sich alle an ihrem festen Patz und schwingen, wie wir bereits wissen, lediglich um ihre Position. Jeder weiß, dass Eis bei –20 °C nicht schmelzen kann. Man muss es erst auf 0 °C erwärmen, denn erst bei dieser Temperatur kann Eis flüssig werden, hier liegt sein **Schmelzpunkt**.

Durch diese Erwärmung um 20 °C, bei der den Molekülen in ihrem Gitter Energie zugeführt wird, beginnen diese heftiger um ihre Ruheposition zu schwingen. Welcher Energie diese Erwärmung um 20 °C entspricht, lässt sich mit folgender Formel berechnen (▶ Abschn. 4.2.1):

$$\Delta Q = c \cdot m \cdot \Delta T.$$

Dabei gilt: c = spezifische Wärmekapazität (Wasser: $c = 4{,}2\,\mathrm{J\,g^{-1}\,K^{-1}}$); m = Masse; ΔT = Temperaturdifferenz.

Jetzt erst kommt die **Schmelzwärme** ins Spiel, die den festen Körper in eine Flüssigkeit umwandelt. Diese Energie wird benötigt, um Arbeit gegen die im Feststoff herrschenden Anziehungskräfte der Moleküle zu verrichten. Durch sie werden die Moleküle aus ihrem festen Platz befreit, sie haben dann mehr Bewegungsfreiheit, wie das bei Flüssigkeiten im Gegensatz zu Feststoffen ja der Fall ist. **Während dieser Änderung des Aggregatzustands von fest nach flüssig ändert sich die Temperatur nicht!** Sie bleibt konstant bei dem **Haltepunkt** von 0 °C, bis aus der gesamten Eismenge Wasser geworden, der Festkörper also vollständig geschmolzen ist.

Die benötigte Schmelzenergie lässt sich mit folgender Formel berechnen:

$$E_s = s \cdot m,$$

mit s = spezifische Schmelzenergie (Eis: $s = 335\,\mathrm{J\,g^{-1}}$), m = Masse.

Als Nächstes wird dann der eben erhaltenen Flüssigkeit Energie zugeführt, und zwar so lange, bis der **Siedepunkt der Flüssigkeit** erreicht ist. Um einen

Bei Phasenumwandlungen bleibt die Temperatur konstant.

konkreten Energiebetrag zu erhalten, verwendet man wieder die oben genannte Formel $\Delta Q = c \cdot m \cdot \Delta T$.

Während dieses Erwärmungsvorgangs des Wassers von 0 auf 100 °C gewinnen die leicht gegeneinander verschiebbaren Teilchen der Flüssigkeit an Bewegungsenergie, sie werden immer schneller. Manche werden sogar so schnell, dass sie die Flüssigkeit aufgrund ihrer hohen kinetischen Energie verlassen können und in die Gasphase übergehen. Dies ist auch der Grund für die Tatsache, dass ein Teil der Flüssigkeit schon unterhalb ihrer Siedetemperatur verdunstet, je nachdem wie viele Teilchen genügend Energie besitzen, um in die Gasphase überzugehen.

Eine Folge davon ist die sog. **Verdunstungskälte**. Dieser Begriff ist uns ja bereits bekannt, man könnte auch Verdunstungsenergie dazu sagen. Doch was ist Verdunstungskälte? Ist das nicht ein Widerspruch in sich?

Haben die schnellsten Teilchen die Flüssigkeit verlassen, sinkt automatisch die mittlere Geschwindigkeit der verbleibenden Teilchen. Die langsamere Bewegung der Atome und Moleküle geht mit einem Absinken der Temperatur der Flüssigkeit einher. Man könnte auch sagen: Die Flüssigkeit wird kälter. Dies meint der Begriff Verdunstungskälte.

Hat unsere Flüssigkeit nun endlich trotz eventueller Verzögerung durch Verdunstungskälte ihren Siedepunkt erreicht, beginnt sie zu verdampfen. **Beim Verdampfen steigt trotz kontinuierlicher Energiezufuhr die Temperatur, genau wie beim Schmelzpunkt vorher, nicht an.** Denn jetzt wird die Energie nicht mehr für die Beschleunigung der Flüssigkeitsmoleküle verwendet, sondern, genau wie beim Schmelzen zuvor, um die Bindungen zwischen den Molekülen der Flüssigkeit endgültig aufzubrechen und **Arbeit gegen die vorhandenen Anziehungskräfte** zu verrichten. Für diese Energiemenge E_V gilt die gleiche Formel wie für die Schmelzenergie – sie unterscheidet sich lediglich durch die materialabhängige Konstante:

$$E_V = r \cdot m.$$

Es gilt: r = spezifische Verdampfungsenergie (Wasser: $r = 2{,}26\,\mathrm{kJ\,g^{-1}}$); m = Masse.

Erst wenn dieser Prozess abgeschlossen ist und nur noch ein Gas vorliegt, bewirkt die zugeführte Energie wieder eine Temperaturerhöhung, eine Erwärmung des Gases; die Gasteilchen nehmen die Energie auf und erhöhen ihre Geschwindigkeit. Bindungskräfte sind zwischen den Atomen oder Molekülen hierbei kaum mehr vorhanden.

Verdunstungskälte: Absinken der Temperatur der erhitzten Flüssigkeit aufgrund der geringeren mittleren Geschwindigkeit der in ihr verbleibenden Moleküle.

Hätten Sie's gewusst?

Zur spezifischen Wärmekapazität von Wasser
Im Vergleich zu anderen Materialien hat Wasser eine sehr hohe spezifische Wärmekapazität. Dies hat eine große Bedeutung für unser Erdklima: Alle Meere sind aus diesem Grund große Energiespeicher – im Sommer nehmen sie sehr viel Energie auf, ohne sich dabei jedoch stark zu erwärmen, da die Energiemengen, die man dafür benötigen würde, extrem groß sind: Ursache hierfür ist die hohe spezifische Wärmekapazität von Wasser. Im Winter dann wird die im Sommer aufgenommene Wärme wieder an die Umgebung abgegeben. Dies ist auch der Grund, warum am Meer ganzjährig ein relativ ausgeglichenes Klima mit geringen Temperaturunterschieden vorherrscht, wohingegen diese auf den Kontinenten größer sind.

Siedeverzug und Unterkühlung
Siedeverzug

Wie wir wissen, hängt es ganz von den **Eigenschaften eines Materials** ab, wann ein Stoff schmilzt oder erstarrt, siedet oder kondensiert. Daher haben Materialien **verschiedene Schmelz- und Siedepunkte**. Doch eine Flüssigkeit muss nicht immer und unter allen Umständen ab einer bestimmten Temperatur zu verdampfen beginnen – dieses Phänomen beschreibt der sog. **Siedeverzug**, den wir uns nun am Beispiel Wasser anschauen.

Siedeverzug:
Überhitzung über den Siedepunkt hinaus, weil kein Keim entsteht.

Unter Siedeverzug versteht man das Erhitzen einer Flüssigkeit über ihren Siedepunkt hinaus, ohne dass die Flüssigkeit zu verdampfen beginnt.

Umwandlungen der Aggregatzustände sind Keimbildungsprozesse.

Man kann Wasser auf über 100 °C erhitzen, ohne dass es dabei zur Verdampfung kommt. Dies ist möglich, wenn sich kein Siedekeim bildet. Was bedeutet das? Umwandlungen der Aggregatzustände sind sog. **Keimbildungsprozesse**, d. h. sie müssen eigens durch einen Keim ausgelöst werden, der sich zufällig bildet. Entsteht dieser Keim nicht, so tritt keine Verdampfung ein und es kommt zu einer Überhitzung über den Siedepunkt hinaus.

Den Siedeverzug begünstigen folgende Faktoren:
- glatte Wände,
- geringe Durchmischung,
- hoher Reinheitsgrad der Flüssigkeit (gas- und partikelfrei).

Bei spontaner Keimbildung nach Siedeverzug kann die entstandene Gasblase explosionsartig entweichen!

Siedeverzug ist sehr gefährlich, da sich schon bei geringer Erschütterung in kürzester Zeit eine Gasblase in der überhitzten Flüssigkeit bilden kann (spontane Keimbildung), die explosionsartig entweicht und dabei Flüssigkeit mitreißt. Mit der Explosion hat der Verdampfungsprozess eingesetzt, der viel Energie erfordert und damit die überhitzte Flüssigkeit wieder auf ihre ursprüngliche Siedetemperatur abkühlt.

Achtung: Bei der Arbeit mit Reagenzgläsern ist höchste Vorsicht geboten! Man sollte beim Erhitzen von Flüssigkeiten mit einem Bunsenbrenner das Reagenzglas zur besseren Durchmischung stets leicht schütteln und nie die Öffnung in Richtung von Personen halten!

Zur Verhinderung eines Siedeverzugs verwendet man oft sog. **Siedesteinchen**. Diese sind durch eine raue und poröse Oberfläche gekennzeichnet, was eine homogene Molekülanordnung der Flüssigkeit verhindert. Außerdem dehnt sich die in den Poren gespeicherte Luft bei Erwärmung schnell aus, Bläschen steigen auf und wirken als Siedekeime.

Unterkühlung

Das zum Siedeverzug gegenteilige Phänomen ist die Unterkühlung. **Unterkühlung ist das Absinken der Temperatur einer Flüssigkeit unter den Gefrierpunkt, ohne dass Erstarrung einsetzt.** Auch sie ist ein **Keimbildungsprozess** – fehlt ein Keim, erstarrt eine Flüssigkeit nicht. Setzt die Kristallisation aber irgendwann doch ein, wird plätzlich sehr viel Erstarrungswärme frei. Die Temperatur der unterkühlten Flüssigkeit steigt daher wieder auf den Gefrierpunkt an und verweilt dort so lange, bis die ganze Flüssigkeit erstarrt ist. Erst danach sinkt die Temperatur bei weiterem Energieentzug ab, genau wie beim normalen Erstarrungsprozess.

Dieser Effekt wird bei den Handwärmekissen ausgenutzt, die im Winter in der Manteltasche für warme Hände sorgen. Der Prozess wird hierbei durch Knacken eines kleinen Metallblättchens ausgelöst.

Dampfdruck

Hat man in einem abgeschlossenen System eine verdampfende Flüssigkeit, so stellt sich zwischen den Phasen flüssig und gasförmig irgendwann ein Gleichgewicht ein, vorausgesetzt die Temperatur wird konstant gehalten. Das bedeutet, dass genauso viele Moleküle die Flüssigkeit verlassen wie in sie eintreten. Sind die Phasen nicht im Gleichgewicht, so verdampft entweder die Flüssigkeit oder aber der Dampf kondensiert.

Befinden sich beide Phasen jedoch im Gleichgewicht, so liegt in der Gasphase wie auch in der Flüssigkeit jeweils eine bestimmte Konzentration von Teilchen vor. Die Teilchen in der Gasphase üben einen gewissen Druck auf ihre Umgebung aus – den Dampfdruck. **Der Dampfdruck ist eine Kenngröße von Flüssigkeiten, er ist stoff- und temperaturabhängig. Doch auch Festkörper haben einen Dampfdruck.**

Der Dampfdruck einer Flüssigkeit bei einer gegebenen Temperatur kann nicht unendlich groß werden. Ab einem bestimmten Punkt können keine weiteren Flüssigkeitsmoleküle mehr in den Gasraum aufgenommen werden. Überschüssige Teilchen kondensieren an Kondensationskeimen, da das Gas nun gesättigt ist (wir denken z. B. an die Entstehung von Morgennebel und Tau. Überschüssige Wassermoleküle kondensieren an Staubpartikeln in der Luft oder an Pflanzen). **Der maximale Dampfdruck einer Flüssigkeit bei einer bestimmten Temperatur wird als Sättigungsdampfdruck bezeichnet.** Er steigt mit der Temperatur sehr steil, nahezu exponentiell, an, d. h., im Wasserdampf können bei 90 °C z. B. viel mehr Wassermoleküle aufgenommen werden als bei 30 °C.

Sättigungsdampfdruck:
– Gas und Flüssigkeit oder Feststoff im thermodynamischen Gleichgewicht;
– steigt fast exponentiell mit der Temperatur an.

Wasser – eine ganz spezielle Flüssigkeit
Dichteanomalie des Wassers

Eigentlich haben wir ja gelernt, dass das Volumen (wenn auch nur geringfügig) beim Schmelzen zunimmt. **Ein größeres Volumen ist unmittelbar mit einer Abnahme der Dichte verbunden, vorausgesetzt die Masse bleibt konstant.** Andersherum ausgedrückt ist eine Volumenabnahme an eine Zunahme der Dichte gekoppelt. Folglich begünstigen hohe Drücke den festen Aggregatzustand, da der hohe Druck das Material auf einen kleineren Raum begrenzen kann (Volumenabnahme), wodurch seine Dichte zunimmt.

Doch für Wasser gilt dies nicht! Erhöht man den Druck auf Eis, nimmt die Dichte des Eises zwar zu und das Volumen damit ab, doch dann verflüssigt sich das Eis. Es wird zu Wasser, obwohl eine Druckerhöhung doch eigentlich den Feststoff begünstigen sollte. Außerdem hängt das Volumen und damit die Dichte von flüssigem Wasser nicht linear von der Temperatur ab (▶ Abschn. 4.1.2). Wasser hat bei ca. 4 °C seine größte Dichte, also wenn es flüssig ist und nicht erst als Feststoff Eis. Dieses Phänomen wird als **Dichteanomalie des Wassers** bezeichnet (◻ Abb. 4.9). Kühlt man Wasser bei 4 °C weiter ab und lässt es zu Eis

Dichteanomalie des Wassers: Druckerhöhung verflüssigt Eis, da Wasser im flüssigen Zustand (bei 4 °C) seine größte Dichte hat.

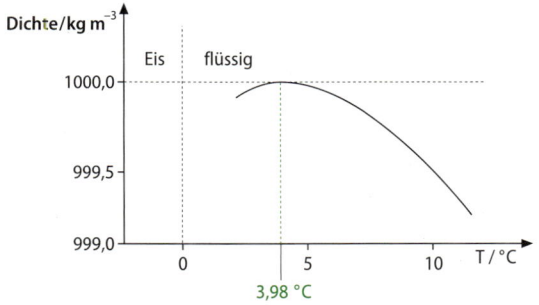

◻ **Abb. 4.9** Dichteanomalie des Wassers

erstarren, nimmt seine Dichte die ganze Zeit über ab und sein Volumen zu. Gleiches gilt, wenn man Wasser bei 4 °C erwärmt: Dies ist ebenfalls mit einer Volumenzunahme und einer Abnahme der Dichte verbunden.

Die Tatsache, dass Eis auf Wasser schwimmt, lässt sich nun auch sehr leicht erklären: Eis hat eine geringere Dichte als Wasser und deshalb schwimmt es und geht nicht unter. Friert man eine mit Wasser gefüllte Glasflasche ein, so wird man feststellen, dass sie irgendwann platzt. Auch dies ist mit der Dichteabnahme bzw. Volumenzunahme beim Erstarren von Wasser zu erklären.

Hätten Sie's gewusst?

Zugefrorene Seen und ihre Bewohner
Die Anomalie des Wassers hat für die Natur eine sehr große Bedeutung. Sie ist die Ursache dafür, dass Seen im Winter nie von unten zufrieren und so die Wasserbewohner am Grund des Sees überwintern können. Wenn sich das Wasser an der Oberfläche immer weiter abkühlt, erreicht es irgendwann 4 °C. Nun hat es seine größte Dichte erreicht und sinkt auf den Grund. Dadurch steigen andere Wassermassen nach oben. Sie werden oberflächennah ebenfalls auf 4 °C abgekühlt und sinken dann wieder ab. Dieser Prozess läuft so lange, bis der gesamte Wasserkörper 4 °C kalt ist. Das Wasser an der Seeoberfläche kühlt sich durch die kalten Außentemperaturen oft noch weiter ab, bis es gefriert. Doch dieses Wasser bzw. Eis bleibt oben, es sinkt nicht nach unten, da bei Abkühlung unter 4 °C die Dichte ja wieder abnimmt. Am Seegrund befindet sich das dichteste Wasser mit 4 °C und somit können die Lebewesen dort überleben.

Phasendiagramm des Wassers

In Phasendiagrammen gibt die Abszisse die Temperatur an, die Ordinate den Druck.

Die Umwandlung von Aggregatzuständen und die damit verbundenen sich ändernden Eigenschaften werden grafisch in sog. Phasendiagrammen dargestellt. An deren Abszisse wird jeweils die Temperatur aufgetragen, an der Ordinate der (Dampf-)Druck. Exemplarisch schauen wir uns nun das Phasendiagramm von Wasser an.

Man erkennt drei Linien, die sog. Phasengrenzlinien oder Koexistenzkurven; diese grenzen die jeweiligen Aggregatzustände voneinander ab (◘ Abb. 4.10):

- Die Kurve zwischen dem festen und dem flüssigen Bereich bezeichnet man als **Schmelzkurve**,
- die Kurve zwischen fest und gasförmig als **Sublimationskurve** und
- die Kurve zwischen flüssiger und gasförmiger Phase als **Siedepunktkurve**.

◘ **Abb. 4.10** Phasendiagramm des Wassers

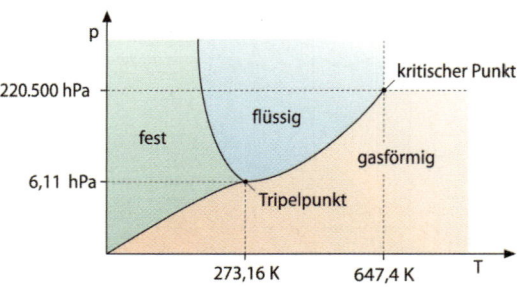

Alle drei Kurven haben einen gemeinsamen Schnittpunkt: Dies ist der sog. **Tripelpunkt**. Für Wasser liegt der Tripelpunkt bei 273,16 K (ca. 0 °C) und 611,65 Pa. Am Tripelpunkt können alle drei Phasen fest, flüssig und gasförmig gleichzeitig existieren.

Daneben ist für ein Phasendiagramm der sog. **kritische Punkt** von besonderer Bedeutung. Dieser ist am oberen Ende der Siedepunktkurve zu finden. Für Wasser liegt der kritische Punkt bei 374,2 °C und 22,05 MPa. Oberhalb dieses kritischen Punkts können die Aggregatzustände flüssig und gasförmig nicht mehr unterschieden werden, ihre unterschiedlichen Dichten, durch die man sie zuvor unterscheiden konnte, haben sich angeglichen. Ab diesem Punkt spricht man nicht mehr von flüssig oder gasförmig, sondern von überkritischen Fluiden.

> Tripelpunkt von Wasser:
> p = 611,65 Pa und T = 0,01 °C (273,16 K).

> Kritischer Punkt von Wasser:
> Lage am oberen Ende der Siedepunkt-kurve;
> p = 22,05 MPa; T = 374,2 °C (647,35 K).

4.4.2 Vier Arten des Wärmetransports

Nach dieser kurzen Einführung zu Umwandlungswärmen und Phasenübergängen wollen wir uns nun mit dem eigentlichen Thema dieses Abschnitts, mit Wärmetransportphänomenen, befassen. Was ist damit gemeint? Es gibt vier verschiedene Arten des Wärmetransports:

- Wärmeleitung,
- Konvektion,
- Wärme- oder Temperaturstrahlung,
- Verdunstung.

Diese Phänomene basieren auf den zuvor behandelten Prinzipien und lassen sich daher logisch aus dem bisher aufgebauten Wissen erschließen.

Wärmeleitung

Wärmeleitung bezeichnet den Energiestrom innerhalb eines Körpers. Thermische Energie wird dabei von den Gitterbausteinen eines Kristalls weitergegeben, ohne dass diese dabei ihren Platz verlassen. Wärme wird übertragen, indem die Wärmeenergie also nur auf unmittelbar benachbarte Teilchen übergeht. Dabei übertragen die Moleküle an wärmeren Stellen, die sich aufgrund ihrer höheren kinetischen Energie schneller bewegen, kinetische Energie durch Stöße auf sich langsamer bewegende Teilchen an Orten geringerer Temperatur. Die langsameren Teilchen erhalten dadurch Energie und bewegen sich nun ebenfalls schneller, was lokal einer Temperaturerhöhung des Materials entspricht.

Ursache für diesen Wärmefluss ist immer ein **Temperaturgradient** – die Temperaturdifferenz wird durch die Wärmeleitung ausgeglichen. Dies geschieht aber stets nur in eine Richtung, die Wärme fließt immer von warm nach kalt.

> Der Temperaturgradient ist Ursache für den Wärmefluss von warm nach kalt.

Es gibt natürlich eine Gleichung, anhand derer sich dieser Wärmestrom berechnen lässt:

$$j_Q = \frac{I}{A} = -\lambda \cdot \frac{dT}{dx}.$$

Es gilt: j_Q = Wärmestromdichte (in W m^{-2});
I = Wärmestrom (in Watt), repräsentiert eine Leistung, da I = dQ/dt;
A = Fläche (in m^2); λ = Wärmeleitfähigkeit (in W m^{-1} K^{-1});
dT/dx = Temperaturgradient (in K m^{-1}).

Der Wärmestrom I stellt die übertragene Wärme pro Zeit dar (dQ/dt) und repräsentiert somit eine Leistung. Er durchfließt eine Querschnittsfläche A, was durch die Wärmestromdichte j_Q beschrieben wird. j_Q ist direkt proportional zum Temperaturgradienten dT/dx, woraus sich dann letztendlich die Formel erschließt. Das Minus symbolisiert den nur in eine Richtung stattfindenden Wärmestrom von warm nach kalt.

Elektronen im Metall, die den elektrischen Strom transportieren, nehmen auch an dieser Wärmebewegung teil. Deshalb sind gute elektrische Leiter wie Silber oder Kupfer auch sehr gute Wärmeleiter. Nicht umsonst bestehen Kochlöffel aus dem Nichtleiter Holz, sie leiten die Wärme nicht.

Gase haben schon allein wegen ihrer geringen Dichte eine geringe Wärmeleitfähigkeit. Im Vakuum ist weder elektrische noch thermische Leitung möglich.

Im Vakuum findet keine Wärmeleitung statt!

Konvektion

Eine andere Art von Transportphänomenen ist die Konvektion. **Konvektion beschreibt den Wärmetransport mithilfe von Materie.** Wenn bei der Wärmeleitung thermische Energie von Teilchen zu Teilchen durch Stöße weitergegeben wird, funktioniert der Wärmetransport bei der Konvektion dadurch, dass sich das Transportmittel als Gesamtes weiterbewegt. Typisches Beispiel hierfür wäre das Blut. Indem Blut unseren Körper durchströmt, hält es dessen Temperatur konstant. Man unterscheidet zwei Arten von Konvektion:

- bei der **freien oder natürlichen Konvektion** wird Wärme aufgrund eines temperaturabhängigen **Dichtegefälles** transportiert;
- bei der **erzwungenen Konvektion** handelt es sich um eine »Zwangsströmung«, die durch das **Einwirken äußerer Kräfte** zustande kommt.

Das Herz verursacht als eine Art Antriebspumpe eine erzwungene Konvektion des Bluts in unserem Blutkreislauf.

Antriebskräfte für eine erzwungene Konvektion sind z. B. Pumpen oder Ventilatoren. Auch das menschliche Herz stellt eine Art Antriebspumpe dar. Deshalb ist der Wärmetransport durch Blut beim Menschen als erzwungene Konvektion anzusehen.

Die freie Konvektion tritt vor allem bei flüssigen und gasförmigen Stoffen auf. Das Beispiel Raumheizung veranschaulicht sehr gut die freie Konvektion mit einem Gas als Transportmittel. Die vom Heizkörper erwärmte Luft steigt auf, da sie eine geringere Dichte hat als die kalte Luft am Boden. Oben kühlt sie sich ab, nimmt damit also an Dichte zu und sinkt wieder zu Boden. Es erfolgt somit eine effektive Wärmeübertragung vom Heizkörper auf die Raumluft, da immer wieder kühlere Luft am Heizkörper vorbeiströmt. Die dabei aufgenommene Wärme wird dann durch die Konvektion im Raum verteilt.

Wie effektiv dieser Wärmetransport ist, wird maßgeblich dadurch bestimmt, wie viel Wärme von der wärmeren Oberfläche ans konvektierende Material übertragen werden kann. Dies lässt sich mit der folgenden Formel gut beschreiben, wobei die Wärmeübertragungszahl α experimentell bestimmt ist:

$$I = \alpha \cdot A \cdot \Delta T.$$

Es gilt dabei: I = Wärmeübertrag pro Zeit (in Watt); α = Wärmeübertragungszahl (in $W\,m^{-2}\,K^{-1}$); A = Oberfläche, über die Wärme ausgetauscht wird; ΔT = Temperaturdifferenz.

Wärme- oder Temperaturstrahlung

Temperaturstrahlung ist der Wärmetransport durch elektromagnetische Wellen. Dieser bedarf keines Mediums, wie das bei der Wärmeleitung und der

Konvektion der Fall ist: Wärmestrahlung findet auch im Vakuum statt. Dies ist auch gut so, denn ansonsten gäbe es auf der Erde kein Leben. Die Energie der Sonne muss nämlich auf ihrem Weg zur Erde durch den praktisch leeren Weltraum.

Allgemein kann man sagen, dass jeder Körper dadurch Energie verliert, dass er »Licht« abstrahlt – auch der Körper des Menschen. Dieses Licht ist jedoch nicht immer für uns sichtbar. Deshalb nennt man dies **Wärmestrahlung**. Erst ab ca. 700 °C beginnt ein Körper für uns sichtbar zu glühen.

Für die Wellenlänge λ_{max}, bei der das Emissionsspektrum ein Maximum besitzt, gilt: $\lambda_{max} \cdot T = 2898\ \mu m\,K$. Bei unserer Sonne mit 5778 K Oberflächentemperatur liegt λ_{max} bei 500 nm und der sichtbare Spektralbereich »Licht« überdeckt den Bereich der maximalen Emission unserer Sonne – Zufall?

Man sieht das Glühen am Beispiel einer hocherhitzten konventionellen Herdplatte: Sie leuchtet glühend rot und strahlt damit auch sichtbares Licht ab. Nimmt die Temperatur noch weiter zu, verschiebt sich das Spektrum der Strahlung hin zu kürzeren Wellenlängen. Es gibt einen Zusammenhang zwischen dieser Temperatur und der abgestrahlten Leistung eines Körpers: Je höher dessen Temperatur, umso größer ist auch die vom Körper abgestrahlte Energie. Diesen Zusammenhang hat das **Stefan-Boltzmann-Gesetz** zum Inhalt: **Die Energie bzw. Strahlungsleistung, die ein Körper pro Sekunde und Quadratmeter abstrahlt, ist direkt proportional zur 4. Potenz seiner absoluten Temperatur:**

$$P_E = \varepsilon \cdot \sigma \cdot A \cdot T^4.$$

Dabei gilt: P_E = abgestrahlte Leistung; ε = Emissionsgrad (Wert zwischen 0 und 1). $\sigma = 5{,}676 \cdot 10^{-8}\ W\,m^{-2}\,K^{-4}$; A = Oberfläche, über die Wärme verloren geht; T = Temperatur (in K).

Im Emissionsgrad ε sind die Material- und Oberflächeneigenschaften des abstrahlenden Körpers zusammengefasst. Ein idealer oder **schwarzer Strahler** besitzt den Wert $\varepsilon = 1$. Unsere Sonne ist z. B. ein schwarzer Strahler. Reale Körper haben ε-Werte < 1.

Temperaturstrahlung ist auch im Vakuum möglich!

Hätten Sie's gewusst?

Raucher strahlen weniger Wärme ab
Sehr interessant ist die Tatsache, dass Raucher weniger strahlen. Denn Nikotin verengt die Blutgefäße, die Haut wird weniger durchblutet und kühlt sich dadurch ab. Die geringere Temperatur hat nach dem Stefan-Boltzmann-Gesetz eine geringere abgestrahlte Wärmeleistung zur Folge. Mit einem Thermogramm kann dieser Effekt sichtbar gemacht werden (Abb. 4.11).

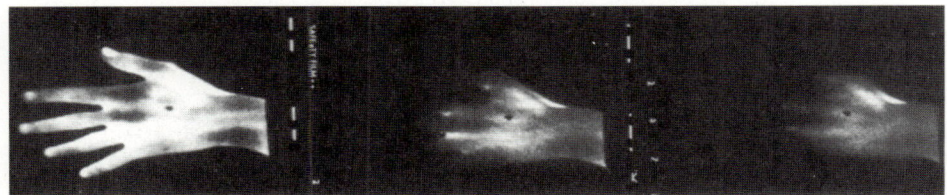

 Abb. 4.11 Thermogramm. Hand eines Menschen im infraroten Licht ihrer eigenen Temperaturstrahlung. Die drei Thermogramme entstanden im Abstand von 2 min während des Rauchens einer Filterzigarette: Nikotin verengt die Blutgefäße und senkt mit der Durchblutung auch die Temperatur der Haut (Aufnahmen von Prof. W. Stürmer, Erlangen; aus Harten 2011)

Physik

Schwitzen:
Die Verdunstung von Wasser
an der Hautoberfläche schützt vor
Überhitzung.

Verdunstung

Bei allen bisher betrachteten Transportphänomenen, egal ob Wärmeleitung, Konvektion oder Temperaturstrahlung, erfolgte der Temperaturausgleich stets in dieselbe Richtung, nämlich von warm nach kalt. Wie sieht es nun aber aus, wenn sich ein Mensch mit 37 °C Körpertemperatur in einer Umgebung befindet, in der 45 °C herrschen? Steigt seine Körpertemperatur dann an, da er von der wärmeren Luft, die ihn umgibt, Energie aufnimmt?

Natürlich nicht! Der Körper muss gerade diesem Prozess entgegenwirken, um seine Temperatur konstant auf 37 °C zu halten. Dies geschieht dadurch, dass er ständig Wasser an die Hautoberfläche abgibt und dieses verdunsten lässt – der Mensch schwitzt. Um Verdunstung zu ermöglichen, muss der Körper Energie aufbringen. Diese geht ihm dann verloren und daher überhitzt er sich nicht.

Der Körper kann das Wasser auch in eine wärmere Umgebung hinein verdampfen lassen, solange diese nicht vollständig mit Wasserdampf gesättigt ist. Das ist auch der Grund dafür, dass es uns in der Wüste leichter fällt zu schwitzen, wo trockene Hitze herrscht. In tropischen Regionen fällt es uns dagegen aufgrund der hohen Luftfeuchtigkeit viel schwerer, unsere Körpertemperatur durch Schwitzen konstant zu halten.

kurz & knapp

- Alle **Phasenumwandlungen** sind an Energieänderungen geknüpft. Entweder wird Energie frei, wenn ein Stoff seinen Aggregatzustand ändert, oder sie muss zugeführt werden.
- Der Phasenübergang von fest nach flüssig wird als **Schmelzen** bezeichnet, der von flüssig nach fest als **Erstarren**. Bei einer Aggregatzustandsänderung von flüssig nach gasförmig spricht man von **Verdampfung**, im umgekehrten Fall von **Kondensation**. **Sublimation** beschreibt den Phasenübergang von fest nach gasförmig, **Resublimation** den Übergang von gasförmig nach fest.
- **Während einer Phasenumwandlung bleibt die Temperatur des Systems konstant,** sie steigt nicht weiter an bzw. fällt nicht weiter ab. Dies ist erst dann wieder der Fall, wenn der gesamte Stoff in den neuen Aggregatzustand umgewandelt wurde.
- Unter **Siedeverzug** versteht man das Erhitzen einer Flüssigkeit über ihren Siedepunkt hinaus, ohne dass diese zu verdampfen beginnt. Dagegen beschreibt **Unterkühlung** das Absinken der Temperatur einer Flüssigkeit unter ihren Gefrierpunkt, ohne dass diese gefriert.
- Der **Dampfdruck** ist eine Kenngröße der Flüssigkeit. Er ist stoff- und temperaturabhängig und beschreibt den Druck, den Teilchen in der Gasphase auf ihre Umgebung ausüben. Für jede Temperatur gibt es einen Maximalwert des Dampfdrucks – den **Sättigungsdampfdruck**.
- Unter der **Dichteanomalie des Wassers** versteht man die Tatsache, dass Wasser bei 4 °C, also wenn es noch flüssig ist, und nicht erst als Feststoff, seine größte Dichte aufweist. Dies ist auch der Grund dafür, dass Eis auf Wasser schwimmt und Seen nie von unten zufrieren.
- Im Phasendiagramm des Wassers unterscheiden wir:
  - die **Schmelzkurve** zwischen fester und flüssiger Phase,
  - die **Sublimationskurve** zwischen fester und gasförmiger Phase,
  - die **Siedepunktkurve** zwischen flüssiger und gasförmiger Phase.
  - den **Tripelpunkt** als Schnittpunkt dieser drei Kurven; hier können alle drei Phasen nebeneinander existieren; für Wasser liegt er bei 273,16 K und 611,65 Pa.

- Bei der **Wärmeleitung** wird Energie dadurch transportiert, dass Moleküle an wärmeren Stellen ihre höhere kinetische Energie durch Stöße auf sich langsamer bewegende Moleküle an kälteren Stellen übertragen.
- Bei der **Konvektion** ist das gesamte Transportmittel in Bewegung und transportiert dabei die Wärme. Man unterscheidet freie Konvektion (aufgrund eines Temperaturgradienten) und erzwungene Konvektion (durch Einwirken äußerer Kräfte, z. B. Pumpen).
- **Temperaturstrahlung** ist der Wärmetransport mittels elektromagnetischer Wellen. Je höher die Temperatur T eines Körpers, desto größer ist auch dessen abgestrahlte Leistung P (Stefan-Boltzmann-Gesetz):

$P_E = \varepsilon \cdot \sigma \cdot A \cdot T^4$!))

- Eine weitere Art von Wärmetransport ist die **Verdunstung**. Durch sie geben wir beim Schwitzen Energie an die Umgebung ab, um einer Überhitzung vorzubeugen.

4.4.3 Übungsaufgaben

Aufgabe 1

Aufgabe 1: In einer Thermosflasche (Dewar-Gefäß) befindet sich 1 kg Wasser mit 60 °C. 1 kg Eis wird dazugegeben. Schmilzt beim Ausgleich das gesamte Eis? Die Schmelzwärme von Eis beträgt 333 kJ/kg.

Lösung 1: Würde das gesamte Eis schmelzen, dann müsste die Energie, die es beim Schmelzen aufnimmt, gleich der Energie sein, die 1 kg Wasser beim Abkühlen abgibt:

$\Delta Q_{abgegeben} = \Delta Q_{aufgenommen}$;
$\Delta Q_{aufgenommen} = 333 \text{ kJ kg}^{-1} \cdot 1 \text{ kg} = 333 \text{ kJ}$;
$\Delta Q_{abgegeben} = c_m \cdot \Delta T = 4{,}2 \text{ J g}^{-1} \text{ K}^{-1} \cdot 1000 \text{ g} \cdot 60 \text{ K} = 252 \text{ kJ}$.

1 kg Wasser kann also nicht so viel Energie abgeben, wie 1 kg Eis zum Schmelzen benötigt. Es bleibt also ein Rest Eis übrig. Die Wassertemperatur liegt am Ende bei 0 °C.

Aufgabe 2

Aufgabe 2: Wärmeverlust durchs Fenster: Welcher Wärmeverlust entsteht an einem 2 m² großen Fenster mit 3 mm dickem Glas, wenn auf der Innenseite 18 °C und auf der Außenseite 15 °C herrscht? (Glas hat etwa die Wärmeleitfähigkeit $\lambda = 1 \text{ W m}^{-1} \text{ K}^{-1}$.)

Lösung 2: Wir wenden die Gleichung für die Wärmeleitung an und lösen nach I auf (I ist eine Leistung, da I = dQ/dt):

$$\frac{I}{A} = -\lambda \cdot \frac{\Delta T}{\Delta x} \rightarrow I = -\lambda \cdot A \cdot \frac{\Delta T}{\Delta x}$$

$$= \frac{(-1 \text{ W m}^{-1} \text{ K}^{-1} \cdot 2 \text{ m}^2 \cdot 3 \text{ K})}{0{,}003 \text{ m}} = 2000 \text{ W}.$$

Dieser Verlust von 2000 W ist sehr hoch! Doppeltes (oder dreifaches) Verglasen ist daher sehr vorteilhaft; die Luft zwischen den Scheiben hat nämlich nur die Wärmeleitfähigkeit $\lambda = 0{,}023 \text{ W m}^{-1} \text{ K}^{-1}$.

Aufgabe 3

Aufgabe 3: Wärmeverlust des Körpers durch Konvektion: Die Oberfläche des Menschen beträgt etwa 1,5 m², seine Hauttemperatur etwa 33 °C. Wie groß ist der Wärmeverlust durch Konvektion, wenn man sich unbekleidet in einem Raum mit 25 °C befindet (Wärmeübertragungszahl $\alpha = 5{,}5 \text{ W m}^{-2} \text{ K}^{-1}$)?

Physik

Lösung 3: Man muss einfach die Formel für Konvektion anwenden und einsetzen. Nicht vergessen: ΔT in Kelvin angeben! (Zur Erinnerung: 1 K entspricht 1 °C.)

$$I = \alpha \cdot A \cdot \Delta T = 5{,}5\,\mathrm{W\,m^{-2}\,K^{-1}} \cdot 1{,}5\,\mathrm{m^2} \cdot 8\,\mathrm{K} = 66\,\mathrm{W}.$$

Aufgabe 4

Aufgabe 4: Wärmeverlust des Körpers durch Temperaturstrahlung: Nicht nur durch Konvektion, sondern auch durch Strahlung verliert der Mensch (Oberfläche $A = 1{,}5\,\mathrm{m^2}$, Hauttemperatur $T = 33\,°C$) Energie. Berechnen Sie diesen Betrag ($\varepsilon = 1$; $\sigma = 5{,}6 \cdot 10^{-8}\,\mathrm{W\,m^{-2}\,K^{-4}}$)!

Lösung 4: Um den Wärmeverlust zu errechnen, verwendet man das Stefan-Boltzmann-Gesetz:

$$P_E = \varepsilon \cdot \sigma \cdot A \cdot T^4 = 1 \cdot 5{,}6 \cdot 10^{-8}\,\mathrm{W\,m^{-2}\,K^{-4}} \cdot 1{,}5\,\mathrm{m^2} \cdot (306\,\mathrm{K})^4 = 736\,\mathrm{W}.$$

Wichtig ist bei solchen Formeln, dass die Temperatur immer von °C in K umgerechnet wird (also: $273\,\mathrm{K} + 33\,\mathrm{K} = 306\,\mathrm{K}$)! Denn dieser Wert für T muss ins Stefan-Boltzmann-Gesetz eingesetzt werden.

736 W Wärmeverlust wären vergleichsweise sehr hoch, waren es doch bei der Konvektion nur 66 W. Doch man darf nicht vergessen, dass die Umgebung ($T = 25\,°C$), in der sich der Mensch befindet (wenn es nicht gerade das Weltall ist), ebenfalls strahlt! Um den Wärmeverlust der Umgebung zu berechnen, verwendet man wieder das Stefan-Boltzmann-Gesetz:

$$P_E = \varepsilon \cdot \sigma \cdot A \cdot T^4 = 1 \cdot 5{,}6 \cdot 10^{-8}\,\mathrm{W\,m^{-2}\,K^{-4}} \cdot 1{,}5\,\mathrm{m^2} \cdot (298\,\mathrm{K})^4 = 662\,\mathrm{W}.$$

Der wirkliche Wärmeverlust ist also die Differenz beider Wärmeverluste: Der Wert 74 W entspricht etwa dem Wärmeverlust des Menschen durch Konvektion bei 25 °C warmer Umgebung!

Man könnte den tatsächlichen Wärmeverlust auch in nur einem Schritt errechnen, indem man gleich zu Beginn die Temperaturdifferenz ins Stefan-Boltzmann-Gesetz einsetzt:

$$PE = \varepsilon \cdot \sigma \cdot A\,(T_H^4 - T_U^4),$$

mit T_H = Hauttemperatur und T_U = Umgebungstemperatur.

Alles klar!

Luftfeuchtigkeit als entscheidendes Wohlfühlkriterium

Luft ist ein Gasgemisch. Ihre Hauptbestandteile sind Stickstoff (78%) und Sauerstoff (21%). Sie enthält aber auch ca. 0,04% Kohlenstoffdioxid, was vielleicht zunächst verwundert. Hinzu kommt, dass Luft immer auch einen bestimmten Anteil Wasser in Form von Wasserdampf enthält.

Um den Gehalt an Feuchtigkeit in der Luft bestimmen und mit anderen Werten vergleichen zu können, hat man die sog. relative Luftfeuchtigkeit eingeführt. Sie ist definiert als das Verhältnis der aktuellen Wasserdampfdichte zur Sättigungsdampfdichte (▶ Abschn. 4.3.1). Die Feuchtigkeit der Luft hat für das Wohlbefinden der Menschen große Bedeutung. Einen Wert zwischen 35–65% relativer Luftfeuchtigkeit empfindet der Mensch als angenehm.

Ist der Wert deutlich höher, wie z. B. häufig in den Tropen, empfindet man dies als unangenehme Schwüle, die den Kreislauf belastet. Der Körper versucht, durch Schwitzen seine Temperatur zu reduzieren, indem er Wasser, das die Schweißdrüsen der Haut bei Bedarf abgeben, verdampft. Doch dies kann nicht mehr gut funktionieren, wenn die Luft schon weitgehend wasserdampfgesättigt ist.

Auf der anderen Seite ist eine zu geringe Luftfeuchtigkeit, wie sie z. B. in klimatisierten Büroräumen vorkommt, nicht gesund. Die Luft, die wir einatmen, muss in den Lungenbläschen mit Wasserdampf vollständig gesättigt sein. Der Anfeuchtung der einströmenden Luft dienen die Schleimhäute unserer Atemwege. Ist die Einatemluft jedoch zu trocken, wie das bei unserem Patienten der Fall war, muss unsere Atemwegsschleimhaut sie mit so viel Wasser anreichern, dass sie zunehmend austrocknet und mit der Zeit gereizt wird. Dadurch wird sie anfälliger gegenüber reizenden Staubpartikeln und Infektionen mit Krankheitserregern. Entsprechend treten Erkältungskrankheiten häufiger auf.

4.5   Stoffgemische

Theresa Fels

- Absorption
- Gitterenergie
- Solvatationswärme
- Gefrierpunkterniedrigung
- Dampfdruckerniedrigung
- Siedepunkterhöhung
- Raoult-Gesetz
- Diffusion
- Diffusionskonstante
- Permeabilitätskoeffizient
- Osmose
- Osmotischer Druck
- Van't-Hoff-Gleichung

Wie jetzt?

Farmerlunge – ein Fallbeispiel

Ein 58-jähriger Landwirt wird zu Ihnen ins örtliche Krankenhaus eingeliefert. Laut Angaben des ihn zuvor betreuenden Notarztes leidet er unter starker Atemnot und Problemen beim Einatmen. Auch sein Sauerstoffgehalt im Blut ist deutlich zu niedrig. Nach einigen Untersuchungen stellt sich heraus, dass Ihr Patient an einer Lungenfibrose erkrankt ist. Bei der Lungenfibrose handelt es sich um eine restriktive Ventilationsstörung, bei der es zur Verdickung der Alveolarmembran kommt. Verursacht wird sie häufig durch Schadstoffe oder organische Stäube, denen man vor allem im Beruf ausgesetzt ist.

Nicht untypisch ist diese Krankheit daher für Landwirte, die von Zeit zu Zeit mit solchen Schadstoffen (z. B. durch schimmeliges Heu) in Kontakt geraten – man spricht auch von einer Farmerlunge. Symptome sind, wie im Fall anfangs beschrieben, Atemnot und ein zu geringer Sauerstoffanteil im Blut. Doch wie hängt nun die verdickte Alveolarmembran damit zusammen?

4.5.1   Gas in einer Flüssigkeit – Absorption

Gase lösen sich in Flüssigkeiten, Beispiel Sektflasche.

Gase können in Flüssigkeit gelöst werden; diesen Prozess bezeichnet man als Absorption. Sehr gut kann man sich das am Beispiel einer Sekt- oder Mineralwasserflasche vorstellen. Die Flaschen sind jeweils fest verschlossen, vor allem die Sektflasche, da sie unter hohem Druck stehen. Öffnet man den Verschluss und lässt damit den Druck entweichen, so steht das Flüssigkeits-Gas-Gemisch nicht mehr im Gleichgewicht mit der über ihr befindlichen Luft. Das Volumen der Luft, die zuvor auf sehr engem Raum in der Flasche gefangen war, hat mit dem Öffnen der Flasche stark zugenommen. Die Gasteilchen, die sich eben noch im kleinen Luftraum der Flasche befanden, verteilen sich nun auf einen viel größeren Raum (auch außerhalb der Flasche) – ihre Konzentration nimmt ab! Nun ist aber die Konzentration eines bestimmten Gases in der Luft direkt proportional zur Konzentration dieses Gases in der angrenzenden Flüssigkeit. Denn es gilt:

$$c_{\text{Gas in Flüssigkeit}} = \alpha \cdot c_{\text{Gas in Luft}}.$$

α = Löslichkeit eines bestimmten Gases.

Die Proportionalitätskonstante nennt man die **Löslichkeit α des Gases in dieser Flüssigkeit**. Da die Konzentration des Gases in der Luft so schnell abnimmt und sich die Konzentration des Gases in der Flüssigkeit nicht so schnell angleichen kann, ist die Flüssigkeit zunächst übersättigt. Durch das starke Aufschäumen entweicht ein Teil des Gases aus der Flüssigkeit in die Luft. So sinkt zum einen die Konzentration des Gases in der Flüssigkeit und zugleich steigt die Konzentration des Gases in der Luft (wenn auch nur leicht) durch die Gasteilchen, die die Flüssigkeit verlassen und in die Luft entweichen, wodurch das Gleichgewicht wieder hergestellt wird. In der Gasphase gilt, wie in ▶ Abschn. 4.3.1 besprochen wurde, die Zustandsgleichung für ideale Gase:

$$p \cdot V = n \cdot R \cdot T.$$

Formt man diese Gleichung nach dem Druck um, so ergibt sich:

$$p = \frac{n \cdot R \cdot T}{V}.$$

Der Quotient n/V stellt nichts anderes dar als die Konzentration c des Gases. Löst man die Gleichung nun danach auf, erhält man:

$$c_{\text{Gas}} = \frac{1}{R \cdot T} \cdot p_{\text{Gas}}$$

Ersetzt man $c_{\text{Gas in Flüssigkeit}}$ nun in der anfangs genannten Formel durch $p_{\text{Gas}}/(R \cdot T)$, erhalten wir das **Henry-Dalton-Gesetz: Die Konzentration des in einer Flüssigkeit gelösten Gases ist direkt proportional zu dessen Partialdruck in der Gasphase:**

$$c_{\text{Gas in Flüssigkeit}} = \frac{\alpha}{R \cdot T} \cdot p_{\text{Gasphase}}.$$

α stellt im Übrigen die Löslichkeit eines bestimmten Gases dar, die angibt, wie gut oder schlecht es sich in einer Flüssigkeit löst. Der Quotient $\alpha/(R \cdot T)$ wird oft durch den **Löslichkeitskoeffizienten K** ersetzt. Er stellt eine Konstante dar, die abhängig ist vom jeweiligen Gas und von der vorgegebenen Temperatur.

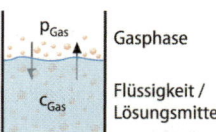

■ **Abb. 4.12** Gleichgewicht zwischen dem Partialdruck eines Gases in der Gasphase und der Konzentration des gelösten Gases in einem Lösungsmittel: Henry-Dalton-Gesetz

Das Henry-Dalton-Gesetz besagt also, dass die Konzentration des in einer Flüssigkeit gelösten Gases proportional zu seinem Partialdruck in der Luft ist (■ Abb. 4.12). Wie viel man jedoch von einem Gas in einer Flüssigkeit lösen kann, ist abhängig von der Temperatur der Flüssigkeit. So nimmt die Löslichkeit bzw. Proportionalitätskonstante α mit steigender Temperatur deutlich ab. Will man Sauerstoff in Wasser lösen, so ist bei 20 °C Wassertemperatur $\alpha = 0,031$, bei 37 °C nur noch 0,024. Sauerstoff lässt sich also bei höherer Temperatur schlechter in Wasser lösen.

Wie viel Gas sich in einer Flüssigkeit löst, hängt von deren Temperatur ab: Temperatur $\uparrow \rightarrow \alpha \downarrow$.

4.5.2 Feststoff in einer Flüssigkeit

Gitterenergie und Solvatationswärme

Nicht nur Gase, auch Feststoffe können in Flüssigkeit gelöst werden, z. B. Zucker. Dabei ändert sich erstaunlicherweise meist die Temperatur der Flüssigkeit. Diese kühlt sich entweder ab oder erwärmt sich. Die Temperaturänderung hängt davon ab, welchen Feststoff man in die Flüssigkeit gibt. Bei Salpeter (KNO_3) in Wasser würde sich die Lösung abkühlen, Calciumchlorid ($CaCl_2$) löst sich unter Erwärmung auf.

Doch wie kann das sein, dass sowohl Erwärmung als auch Abkühlung der Lösung möglich sind?

Beim Lösen eines Feststoffs in einer Flüssigkeit kann sich diese entweder erwärmen oder abkühlen.

Abkühlung der Flüssigkeit Die Erklärung, warum sich die Lösung durch Zugabe eines Feststoffs abkühlt, ist die einfachere. Wird der Feststoff in die Flüssigkeit gegeben, so muss, um den Stoff darin zu lösen, gegen die Anziehungskräfte der Gitterteilchen Arbeit verrichtet werden – man benötigt also **(Gitter-) Energie**. Diese wird aus der Energie und damit der Temperatur der Flüssigkeit hergenommen. Die innere Energie der Flüssigkeit sinkt also und damit deren Temperatur – die Lösung kühlt sich ab.

Gitterenergie entzieht der Flüssigkeit Wärme.

Erwärmung der Flüssigkeit Daneben existiert aber auch eine andere Möglichkeit: Löst man einen Feststoff in einer Flüssigkeit, so kann es sein, dass sich die Teilchen der Flüssigkeit aufgrund ihrer Polarität und der damit bestehenden Anziehungskräfte an die Teilchen des Feststoffs anlagern und eine sog. **Solvathülle** (bei Wasser als Lösungsmittel: Hydrathülle) um die Feststoffteilchen bilden. Man könnte sagen, dass das Lösungsmittel durch die Anlagerung an die Teilchen des Feststoffs erstarrt. Wie wir ja bereits wissen, wird bei Erstarrung Energie frei. Diese frei werdende **Solvatationsenergie** ist für die Temperatur der Lösung von Vorteil – die Temperatur steigt.

Solvatationsenergie führt der Flüssigkeit Wärme zu.

Fazit: Es kommt zu einer Abkühlung der Lösung, wenn die aufzubringende Gitterenergie überwiegt, dagegen überwiegt bei einer Erwärmung die frei werdende Solvatationsenergie.

Gefrierpunkterniedrigung

Betrachten wir einen Behälter mit einer Flüssigkeit und einer Gasphase darüber, also den Übergang gasförmig–flüssig: Normalerweise stellt sich nach einer gewissen Zeit zwischen beiden Phasen ein Gleichgewicht der Teilchenübergangsraten ein, d. h., die Menge an Teilchen, die die Flüssigkeit verlassen und in die Gasphase übergehen, ist genauso groß, wie die, welche aus der Gasphase in die Flüssigkeit übergehen. Netto ändert sich also an den Teilchenmengen in Flüssigkeit und Gasphase nichts – sie bleiben konstant (▶ Abschn. 4.5.1).

Löst man einen Feststoff in einer Flüssigkeit, wird dieses Teilchenstromgleichgewicht gestört: Die Teilchen des gelösten Feststoffs können nämlich nicht aus der Lösung austreten wie die Teilchen des Lösungsmittels. Dadurch dass sich Teilchen des Feststoffs zwischen Teilchen der Flüssigkeit befinden und mit diesen wechselwirken, sinkt die Anzahldichte der Lösungsmittelteilchen an der Oberfläche in der flüssigen Phase und die Wechselwirkung erschwert den Übergang in die Gasphase. Folglich verlassen weniger Lösungsmittelteilchen die Lösung, als aus der Gasphase in sie eintreten.

Genauso verhält es sich am Übergang fest–flüssig, wenn sich ein Feststoff in der flüssigen Phase einer Lösung befindet. Die Anzahldichte der Lösungsmittelteilchen an der Grenzfläche der flüssigen Phase sinkt ebenfalls, da sich dort nun auch gelöste Teilchen des Feststoffs befinden. Durch diese geringere Anzahl von Lösungsmittelteilchen am Übergang zur festen Phase sinkt folglich auch die Übergangsrate aus der flüssigen in die feste Phase. Dagegen bleibt die Übergangsrate aus der festen Phase in die flüssige konstant – das Teilchenstromgleichgewicht ist damit verschoben!

Um dieses Gleichgewicht wiederherzustellen, muss die Temperatur gesenkt werden. Denn dadurch sinkt die Übergangsrate aus der festen Phase in die flüssige, während jene aus der flüssigen in die feste Phase steigt. Das Gleichgewicht ist damit, wenn auch bei niedrigerer Temperatur, wiederhergestellt. Die Tatsache, dass sich die Lösung nun bei niedrigerer Temperatur im Gleichgewicht zur festen Phase befindet, hat zur Folge, dass auch der Gefrierpunkt der Lösung gegenüber dem des reinen Lösungsmittels erniedrigt ist.

Der Umfang der Gefrierpunkterniedrigung hängt dabei nur von der Anzahl der gelösten Teilchen ab, nicht von der Teilchenart, die gelöst wird. Pro Mol gelöster Teilchen in Wasser sinkt der Gefrierpunkt um ca. 1,86 °C.

Gefrierpunkterniedrigung:
Der Gefrierpunkt einer Lösung ist niedriger als der des reinen Lösungsmittels. Er sinkt pro Mol gelöster Teilchen in Wasser um ca. 1,86 °C.

> **Hätten Sie's gewusst?**
>
> **Salz streuen gegen Glatteis**
> Im Winter ist dieses Phänomen von großer Bedeutung. Man streut Salz zum Schmelzen des Eises auf den Straßen oder um zu verhindern, dass das Wasser schon bei 0 °C zu Eis wird. Denn durch das Salz sinkt der Gefrierpunkt des Wassers: Bei 0 °C Außentemperatur bildet sich auf gestreuten Straßen (meist) noch kein Glatteis.

Dampfdruckerniedrigung und Siedepunkterhöhung

Das Lösen eines Feststoffs in einer Flüssigkeit hat noch zwei weitere Effekte.

Dampfdruckerniedrigung   Der Dampfdruck einer Lösung ergibt sich aus dem Bestreben der Lösungsmittelteilchen, die flüssige Phase zu verlassen. Je mehr Teilchen schon bei geringeren Temperaturen von der flüssigen in die gasförmige Phase strömen, desto höher ist der Dampfdruck der Lösung, also das Bestreben des Lösungsmittels, gasförmig zu werden. Wie schon besprochen, ist diese Übergangsrate einer Flüssigkeit bei Zugabe eines Feststoffs erniedrigt und damit also auch ihr Dampfdruck. Denn es befinden sich auch gelöste Feststoffteilchen an der Oberfläche der Lösung, die aber nicht das Bestreben haben, in die Gasphase zu wechseln, und durch ihre Wechselwirkung mit den Lösungsmittelteilchen deren Übergang in die Gasphase behindern.

Dampfdruck:
Bestreben der Flüssigkeit, gasförmig zu werden.

Zugabe eines Feststoffs erniedrigt den Dampfdruck einer Flüssigkeit und erhöht so die Siedetemperatur.

Siedepunkterhöhung Aufgrund des niedrigeren Dampfdrucks der Lösung im Vergleich zum reinen Lösungsmittel verdampft die Lösung also weniger leicht. Folglich ist auch ihre Siedetemperatur höher als die des reinen Lösungsmittels. **Wie die Gefrierpunkterniedrigung ist die Siedepunkterhöhung nur abhängig von der Anzahl der in der Flüssigkeit gelösten Teilchen.** Pro Mol gelöster Teilchen in Wasser steigt dessen Siedepunkt um ca. 0,51 °C.

> Der Siedepunkt von Wasser steigt pro Mol gelöster Teilchen um ca. 0,51 °C an.

Hätten Sie's gewusst?

Nudeln in kochendem Salzwasser

Wer zum Kochen von Nudeln Salz ins Wasser gibt, macht sich dies zum Vorteil. Denn durch das Salz im Wasser hat sich dessen Siedepunkt erhöht und das Wasser beginnt damit nicht schon bei 100 °C zu verdampfen, sondern erhitzt sich weiter. Durch die erhöhte Temperatur, die den Siedepunkt von normalem, salzarmem Wasser überschreitet, werden die Nudeln etwas schneller gar, als wenn man sie bei 100 °C kocht. Auch wenn der Siedepunkt umso mehr steigt, je mehr Salzionen darin gelöst sind, sollte man doch darauf achten, dass die Nudeln nicht zu salzig schmecken. Allerdings darf man den Effekt der Siedepunkterhöhung nicht überschätzen: Bei normalen Salzmengen beträgt er nur wenige Zehntelgrad! **Hauptgrund der Salzzugabe ist ein geschmacklicher.**

Raoult-Gesetz

Wie sich nun vermuten lässt, hängt der Dampfdruck in irgendeiner Weise von der Zusammensetzung der Lösung ab. **Das Raoult-Gesetz beschreibt den Zusammenhang zwischen der Dampfdruckerniedrigung eines Lösungsmittels durch Zugabe eines Feststoffs und dessen Konzentration.** Es lautet:

$$\Delta p = E \cdot b.$$

> Raoult-Gesetz:
> $\Delta p = E \cdot b.$

Dabei gilt: Δp = Dampfdruckdifferenz zwischen reinem Lösungsmittel und der Lösung eines darin gelösten Feststoffs;
E = Proportionalitätsfaktor, eine für das Lösungsmittel charakteristische Größe, unabhängig von der Art des gelösten Stoffs;
b = Molalität (Stoffmenge eines gelösten Stoffs in mol/kg Lösungsmittel).

Für diese Formel verwendet man die **Molalität** in mol kg^{-1} anstatt der sonst üblich Molarität bzw. Stoffmengenkonzentration in mol l^{-1}. Die Molalität hat den Vorteil, dass sie im Gegensatz zur Stoffmengenkonzentration **temperaturunabhängig** ist. Löst man in einem Lösungsmittel nicht nur einen Feststoff, sondern verschiedene Arten, so ist in der Molalität b die Gesamtstoffmenge aller Teilchen enthalten, die in der Lösung vorhanden sind.

> Die Molalität ist temperaturunabhängig.

Sowohl die Gefrierpunkterniedrigung ΔT_G als auch die Siedepunkterhöhung ΔT_S sind proportional zur Dampfdruckerniedrigung Δ_p. **Die Dampfdruckerniedrigung kann somit als Ursache der Gefrierpunkterniedrigung und der Siedepunkterhöhung angesehen werden.** Für die beobachteten Werte gilt eine ähnlich einfache Beziehung zur Molalität b wie für die Dampfdruckerniedrigung nach dem Raoult-Gesetz:

> Die Dampfdruckerniedrigung ist die Ursache der Siedepunkterhöhung und der Gefrierpunkterniedrigung.

$$\text{Aus } \Delta T_G \sim \Delta p \text{ folgt } \Delta T_G = E_G \cdot b,$$
$$\text{aus } \Delta T_S \sim \Delta p \text{ folgt } \Delta T_S = E_S \cdot b.$$

E_G bezeichnet die sog. **kryoskopische Konstante**, E_S ist die **ebullioskopische Konstante**. Diese sind jeweils unabhängig von der Natur des gelösten Stoffs, sondern haben für jedes Lösungsmittel charakteristische Werte.

4.5.3 Diffusion

Der Konzentrationsgradient ist Ursache für die Diffusion.

Möchte man z. B. den Partialdruck eines Gases bestimmen, so geht man stets von einer Gleichverteilung, also einer gleichmäßigen Durchmischung der Gase –, aus. In der Realität hat man jedoch zumindest am Anfang ein **Konzentrationsgefälle**, d. h. an verschiedenen Orten unterschiedliche Konzentrationen eines Gases. Dieser Konzentrationsgradient $\Delta c/\Delta x$ ist nun die Ursache für den darauf folgenden Durchmischungsprozess – also für die **Diffusion**.

Diffusion beschreibt das Bestreben von Gasgemischen, von gelösten Stoffen in Lösungen oder von Lösungsmittelgemischen, Konzentrationsgradienten der einzelnen Mischungspartner/Teilchen zu beseitigen und überall gleiche Teilchendichten zu schaffen.

Diffusionsgesetze

Aufgrund der unterschiedlichen Konzentrationen an verschiedenen Orten ($\Delta c/\Delta x$) kommt es wegen der thermischen Bewegung zu Wanderbewegungen der Atome, Ionen oder Moleküle. Mit diesem Teilchenstrom I, der stets über eine gewisse (vorgegebene) Fläche A stattfindet, ergibt sich die Stromdichte j:

$$j = \frac{I}{A} = \frac{\text{Teilchenstrom}}{\text{Fläche}}.$$

Den Zusammenhang zwischen Konzentrationsgradient, Teilchenstrom, Fläche und Stromdichte definiert das **1. Fick'sche Gesetz**:

$$j = \frac{I}{A} = -D \cdot \frac{\Delta c}{\Delta x}.$$

Dabei gilt: j = Teilchenstromdichte = I/A = Teilchenstrom pro Fläche; D = Diffusionskonstante (in $m^2\, s^{-1}$); $\Delta c/\Delta x$ = Konzentrationsgradient.

1. Fick'sches Gesetz:
Die Teilchenstromdichte ist direkt proportional zum Konzentrationsgradienten.

Das Gesetz besagt, dass die Teilchenstromdichte j proportional zum Konzentrationsgradienten $\Delta c/\Delta x$ ist. Die **Diffusionskonstante D** ist abhängig von den Eigenschaften und Bedingungen der diffundierenden Substanz und der Substanz, in der die Diffusion erfolgt. Sie ist sozusagen ein Maß für die Beweglichkeit der diffundierenden Teilchen im Material, in dem die Diffusion stattfindet.

2. Fick'sches Gesetz:
beschreibt die Diffusionsgeschwindigkeit.

Daneben gibt es das **2. Fick'sche Gesetz**, das die zeitliche Änderung von räumlichen Konzentrationsunterschieden beschreibt. Es beschreibt die **Diffusionsgeschwindigkeit**, also wie schnell sich das neue Gleichgewicht einstellt:

$$\frac{\partial c}{\partial t} = D \cdot \frac{\partial^2 c}{\partial x^2}.$$

Diffusion durch eine Membran

Das 1. Fick'sche Diffusionsgesetz beschreibt die Teilchenstromdichte in Bezug zum Konzentrationsgradienten $\Delta c/\Delta x$. Findet die Diffusion durch eine Membran statt, so entspricht Δx der Membrandicke d. Die Formel lautet dann:

$$j = \frac{I}{A} = -D \cdot \frac{\Delta c}{d}.$$

Um die Gleichung für die Diffusion durch eine Membran zu vereinfachen, fasst man den Quotienten D/d zum **Permeabilitätskoeffizienten P** zusammen. Es ergibt sich:

$$j = \frac{I}{A} = -\left(\frac{D}{d}\right) \cdot \Delta c = -P \cdot \Delta c.$$

Dieser Permeabilitätskoeffizient P in m s^{-1} ist für die Kombination aus Membranmaterial und diffundierende Substanz charakteristisch.

4.5.4 Osmose

Osmotischer Druck

Osmose:
Diffusion durch eine selektiv permeable
(für verschiedene Moleküle unterschiedlich durchlässige) Membran.

Im vorherigen Abschnitt haben wir die Diffusion durch eine Membran kennengelernt. Bei der Osmose ist ebenfalls eine Membran involviert – diese ist jedoch **selektiv** oder **semipermeabel** (halb- oder teildurchlässig). Somit können nicht alle Molekülsorten ungehindert durch die Membran diffundieren. Für manche Molekülsorten ist eine solche Membran undurchlässig, d. h., sie werden ganz zurückgehalten.

Zur Veranschaulichung stellen wir uns ein Gefäß vor, das durch eine selektiv permeable Membran, die nur für Wasser durchlässig ist, unterteilt wird. In der linken Hälfte befindet sich nur Wasser, in der rechten dagegen eine Lösung aus Wasser und Zucker (◘ Abb. 4.13). Das Wasser der linken Seite diffundiert ohne Schwierigkeiten durch die Membran und bewirkt, dass die wässrige Zuckerlösung der rechten Seite verdünnt und der Konzentrationsgradient der Zuckermoleküle beseitigt wird. Denken wir uns das Volumen des (abgeschlossenen) Gefäßes als konstant, erhöht sich durch das einströmende Wasser der Druck in der rechten Hälfte des Gefäßes, da ein Gegenstrom von Zuckermolekülen aufgrund der für diese Substanz undurchlässigen Membran nicht möglich ist. Der Druck erhöht sich solange, bis die resultierende Druckdifferenz $\Delta\pi$ über die Membran eine weitere Diffusion der Lösungsmittelteilchen verhindert. Diesen Druck bezeichnet man als **osmotischen Druck** π.

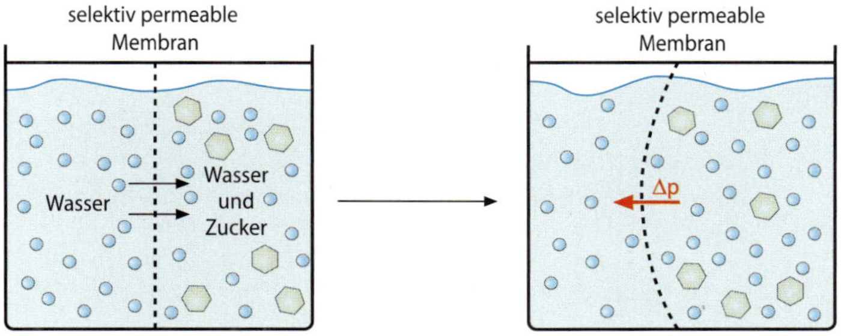

◘ **Abb. 4.13** Osmotischer Druck einer Zuckerlösung. Durch die selektiv permeable Membran können nur Wassermoleküle diffundieren

Es kann sehr lange dauern, bis sich der osmotische Druck aufgebaut hat. Oft wird er auch gar nicht erreicht (daher »potenziell«) oder die Membran platzt vorher.

Van't-Hoff-Gleichung

Mithilfe der **Van't-Hoff-Gleichung** lässt sich der osmotische Druck π einer Lösung gegenüber dem reinen Lösungsmittel berechnen. Sie lautet:

$$\pi = \frac{n}{V} \cdot R \cdot T.$$

Wichtig: Nur die Stoffmengendichte n/V, also die Stoffmengenkonzentration c, der gelösten Moleküle spielt eine Rolle und nicht deren Art oder Natur. Gänzlich außer Acht lassen kann man auch die Moleküle des Lösungsmittels. Die Membran muss lediglich die einzelnen Molekülsorten unterscheiden können, damit nur Lösungsmittelteilchen passieren und die gelösten Teilchen zurückgehalten werden.

Physik

---

kurz & knapp

— Unter **Absorption** versteht man die Tatsache, dass sich Gase in Flüssigkeiten lösen. Die Konzentration c eines in Flüssigkeit gelösten Gases ist proportional zum Partialdruck p des Gases in der Luft: $c = \alpha \cdot p$ (Henry-Dalton-Gesetz). Mit steigender Temperatur der Flüssigkeit nimmt die Löslichkeit α eines Gases deutlich ab.

— Löst man einen **Feststoff in einer Flüssigkeit**, so kühlt sich die Lösung ab, wenn die aufzubringende **Gitterenergie** überwiegt, oder sie erwärmt sich im Falle, dass die frei werdende **Solvatationsenergie** überwiegt.

— Das Lösen eines Feststoffs in einer Flüssigkeit ist verbunden mit einer **Dampfdruckerniedrigung** aufgrund der Feststoffteilchen, die sich nun in der Flüssigkeit befinden und nicht danach streben, in die Gasphase überzutreten, anders als die Lösungsmittelteilchen. Diese Dampfdruckerniedrigung hat eine **Siedepunkterhöhung** und **Gefrierpunkterniedrigung** zur Folge.

— Das **Raoult-Gesetz** beschreibt den Zusammenhang zwischen der Dampfdruckerniedrigung Δp und der Zusammensetzung der Flüssigkeit, also der Molalität b: $\Delta p = E \cdot b$.

— **Diffusion** ist der Teilchenstrom (z. B. in Flüssigkeiten), der dadurch zustande kommt, dass an verschiedenen Orten unterschiedliche Teilchenkonzentrationen vorliegen. Einen solchen Konzentrationsgradient beseitigt die Diffusion, damit überall gleiche Teilchenkonzentrationen vorliegen. Der sich ergebende Teilchenstrom oder Diffusionsstrom ist zum vorhandenen Konzentrationsgradienten direkt proportional – **1. Fick'sches Diffusionsgesetz**:
$j = I/A = -D \cdot \Delta c/\Delta x$.

— Die **Osmose** beschreibt die Diffusion durch eine selektiv permeable Membran, welche die in einer Lösung vorhandenen verschiedenen Teilchensorten unterschiedlich gut bzw. überhaupt nicht passieren lässt. Dies ist die Ursache für den daraufhin möglicherweise entstehenden osmotischen Druck π, der sich durch die Van't-Hoff-Gleichung errechnen lässt:

$$\pi = \frac{n}{V} \cdot R \cdot T.$$

4.5.5 Übungsaufgaben

Aufgabe 1

Aufgabe 1: Sauerstoff in Wasser: Berechnen Sie die Konzentration des gelösten Sauerstoffs in Wasser. Der Löslichkeitskoeffizient $K(O_2)$ in Wasser beträgt $1,25 \cdot 10^{-8}$ mol/(l Pa) und der Luftdruck sei 1000 hPa. Der Sauerstoffanteil der Luft beträgt 21%.

Lösung 1: Zuerst muss der O_2-Partialdruck berechnet werden, danach wendet man das Henry-Dalton-Gesetz an, um die Konzentration des gelösten Sauerstoffs zu berechnen:

$$p(O_2) = 1000\,\text{hPa} \cdot 0,21 = 210\,\text{hPa}$$
$$c(O_2) = K(O_2) \cdot p(O_2) = 1,25 \cdot 10^{-8} \cdot 210\,\text{hPa} = 0,000263\,\text{mol}\,\text{l}^{-1}$$
$$= 263\,\mu\text{mol}\,\text{l}^{-1}.$$

Aufgabe 2: **Glucosestrom:** Berechnen Sie den Glucosestrom, wenn die Glucose-konzentration in einer Lösungskammer $c_1 = 1\,mM$ und in der anderen $c_2 = 0,1\,mM$ beträgt. Beide Kammern sind durch eine wässrige Diffusions-strecke getrennt (Länge $d = 1\,mm$, Querschnitt $A = 10\,cm^2$). Der Diffusions-koeffizient D beträgt $10^{-5}\,cm^2\,s^{-1}$.

Aufgabe 2

Lösung 2: Zur Berechnung des Glucosestroms verwendet man das 1. Fick'sche Diffusionsgesetz. Da nach dem Teilchenstrom I und nicht nach der Teilchen-stromdichte j gefragt ist, muss die Gleichung nach I aufgelöst werden:

$$j = \frac{I}{A} = -D \cdot \frac{\Delta c}{d} \rightarrow I = -A \cdot D \cdot \frac{\Delta c}{d}.$$

$$I = -10\,cm^2 \cdot 10^{-5}\,cm^2 \cdot s^{-1} \cdot (0,1-1)\,mM\,mm^{-1} = 0,9 \cdot 10^{-9}\,mol/s.$$

Bei solchen Rechnungen ist besonders auf die Einheiten zu achten und sind diese richtig umzurechnen!

Aufgabe 3: **Osmotischer Druck I:** Welcher osmotische Druck entsteht, wenn 9 g NaCl (molare Masse $M = 58,5\,g\,mol^{-1}$) in 1 l Wasser bei 37 °C gelöst werden? (Hinweis: Löst man Kochsalz in Wasser, so entsteht für jedes NaCl-Molekül ein Na^+-Ion sowie ein Cl^--Ion, die Teilchenanzahl verdoppelt sich also. Beide Sorten der entstandenen Ionen sind osmotisch wirksame Teilchen.)

Aufgabe 3

Lösung 3: Berechnung der Stoffmenge n/Konzentration c von NaCl:

$$n(NaCl) = \frac{m(NaCl)}{M(NaCl)} = \frac{9\,g}{58,5\,g\,mol^{-1}} = 0,154\,mol.$$

Mit $V = 1\,l$ folgt: $c(NaCl) = \frac{n(NaCl)}{1\,l} = 0,154\,mol\,l^{-1}.$

Berechnung der Konzentration osmotisch wirksamer Teilchen:

$$NaCl \rightarrow Na^+ + Cl^-$$
$$0,154\,mol \rightarrow 0,154\,mol + 0,154\,mol.$$

Wie man erkennen kann, handelt es sich damit um 0,31 mol entstandene osmo-tisch wirksame Teilchen pro Liter: $c_{osm} = 0,31\,mol\,l^{-1}$.

Berechnung des osmotischen Drucks π nach der Van't-Hoff-Gleichung:

$$\pi = c_{osm} \cdot R \cdot T = 0,31\,mol\,l^{-1} \cdot 8,31\,J\,mol^{-1}\,K^{-1} \cdot 310\,K = 799\,J\,l^{-1} = 7990\,hPa.$$

Aufgabe 4: **Osmotischer Druck II:** Wie groß ist der osmotische Druck einer 0,1 M Na_2SO_4-Lösung bei 37 °C? (Hinweis: Es ist wichtig zu wissen, dass festes Natriumsulfat in Wasser dissoziiert zu Natrium- und Sulfationen. Für jedes Na_2SO_4-Einheit entstehen 2 Na^+-Ionen und 1 $(SO_4)^{2-}$-Ion. Alle entstandenen Teilchen sind osmotisch wirksam.)

Aufgabe 4

Lösung 4: Berechnung der Konzentration osmotisch wirksamer Teilchen:

$$Na_2SO_4 \rightarrow 2\,Na^+ + (SO_4)^{2-}$$
$$0,1\,mol \rightarrow 2 \cdot 0,1\,mol + 0,1\,mol.$$

Wie man erkennen kann, handelt es sich also um 0,3 mol osmotisch wirksame Partikel pro Liter: $c_{osm} = 0,3\,mol\,l^{-1}$.

Berechnung des osmotischen Drucks π nach der Van't-Hoff-Gleichung:

$$\pi = c_{osm} \cdot R \cdot T = 0,3\,mol\,l^{-1} \cdot 8,31\,J\,mol^{-1}\,K^{-1} \cdot 310\,K = 773\,J\,l^{-1} = 7730\,hPa.$$

Physik

Alveolenmembran bei Lungenfibrose

Ziel der Atmung ist es, den Körper mit Sauerstoff zu versorgen und im Gegenzug das entstandene Kohlendioxid wieder aus dem Körper zu entfernen. Beim Einatmen strömt die Luft über die Trachea in die Lunge, die über die vielen Bronchien und Bronchiolen bis hin zu den Alveolen stark verzweigt ist. In den Alveolen findet dann der eigentliche Gasaustausch statt – Sauerstoff wird hier ins Kapillarblut abgegeben und daraus zugleich CO_2 aufgenommen. Dieser Gasaustausch erfolgt durch Diffusion.

Die treibende Kraft für diese Diffusion sind die Partialdruckdifferenzen der jeweiligen Gase. Außerdem hängt die Stärke des Diffusionsstroms von der Diffusionsstrecke sowie der Austauschfläche ab. Die Austauschfläche wird durch die vielen (ca. 300 Mio.) verzweigten Alveolen stark vergrößert. Die Gesamtoberfläche kann bis zu 120 m^2 betragen. Die Diffusionsstrecke umfasst die Alveolarmembran sowie das Interstitium und das Kapillarendothel bis hin zu den Erythrozyten. Je kürzer die Diffusionsstrecke, umso günstiger ist das für den Diffusionsstrom und damit für den Gasaustausch.

Verdickt sich die Alveolarmembran wie bei der Lungenfibrose, so nimmt der Diffusionsstrom ab und es dauert deutlich länger, bis der gesamte Gasaustausch vollzogen ist, bis die Erythrozyten also vollständig mit Sauerstoff beladen sind. Die Zeit für den kompletten Gasaustausch über die gesamte Diffusionsstrecke (Dauer ca. 0,25 s) ist etwa 3-mal kürzer, als ein Erythrozyt für den Weg um eine Alveole herum (Dauer ca. 0,75 s) benötigt. So ist auch bei verdickter Alveolarmembran und somit langsamerem Diffusionsstrom eine vollständige Sauerstoffsättigung des Bluts gewährleistet – vorausgesetzt der Körper befindet sich in Ruhe.

Doch schon bei geringer körperlicher Belastung, wenn das Blut also schneller um die Alveolen herumfließt, kann die nötige Kontaktzeit zwischen Luft und Blut zu kurz werden und die Erythrozyten strömen bei unvollständiger Sauerstoffsättigung an der Alveole vorbei.

Elektrizitätslehre

Stefanie Raakl und Philipp Wagner

J. Schatz, R. Tammer (Hrsg.), *Erste Hilfe – Chemie und Physik für Mediziner*,
DOI 10.1007/978-3-662-44111-4_5, © Springer-Verlag Berlin Heidelberg 2015

5.1 Elektrische Ladung und elektrisches Feld

Stefanie Rankl

- Ladung – Reibungselektrizität
- Coulomb-Gesetz
- Elektrisches Feld
- Influenz
- Kondensator
- Stromstärke

Wie jetzt?

Ein defektes Stromkabel und ein Vogelkäfig…

Zu Beginn dieses Kapitels stellen wir uns zur richtigen Einstimmung auf das Thema Elektrizität folgendes Szenario vor: Die Tante eurer Mutter ist eine wahre Tierliebhaberin, sie besitzt neben drei Katzen und vier weißen Zwergkaninchen seit über 5 Jahren einen äußerst schönen, aber doch schon etwas in die Jahre gekommenen Wellensittich mit dem Namen »Peterle«. Als Tantchen sich auf ein Schläfchen hingelegt hat, genießt unser Peterle wieder einmal die wärmende Sonne und erfreut sich des Tages. Daher bemerkt er erst sehr spät, dass sich der unartige und überhaupt nicht tierliebe Nachbarjunge ins Haus geschlichen hat (◲ Abb. 5.1): In der Hand hält er ein kaputtes Stromkabel (wo auch immer er das herhaben mag…), das er an einem Ende in eine Steckdose steckt und mit dem er dann langsam auf Peterles Käfig zugeht – mit einem unheimlichen Grinsen im Gesicht… Was mag jetzt passieren? Schwebt Peterle in großer Gefahr, wenn der Junge zu nah mit dem defekten Kabel an seinen Käfig kommt? Oder passiert vielleicht ihm selbst etwas? Es ist aber auch möglich, dass er in der letzten Physikstunde gut aufgepasst hat und den dort gesehenen Versuch daheim nachmachen möchte!

◲ **Abb. 5.1** Wellensittich »Peterle« schlägt seine Flügel vor die Augen. Ein defektes Kabel nähert sich seinem Käfig…

5.1.1 Elektrische Ladung – Reibungselektrizität

Folgende Phänomene sind uns doch allen bekannt: Der Lehrer schafft es, durch starke Reibung von Hartgummi oder Glas mit einem einfachen Tuch diese Materialien so aufzuladen, dass sie z. B. kleine Papierschnipsel anziehen. Und wer hat seinen Pullover noch nicht an einem aufgeblasenen Luftballon gerieben und dann die frisch gewaschenen langen Haare einer Freundin zu Berge stehen

Reibungselektrizität:
starke Reibung lädt Stoffe elektrisch auf.

Physik

Es gibt positive und negative Ladung.

Elementarladung:
$e = 1{,}602 \cdot 10^{-19}\,C$.

lassen? Was spielt sich hier ab? Die übliche Erklärung liegt eigentlich sehr nahe: Durch das starke Reiben »springen« elektrische Ladungen von einem Stoff zum anderen. Man nennt diese Stoffe dann elektrisch geladen und die erzeugte Ladung **Reibungselektrizität**.

Untersucht man diese Ladungen und die damit verbundenen Phänomene etwas genauer, so stellt man fest, dass in der Natur **zwei verschiedene Ladungen** vorkommen, **positive und negative** Ladungen.

Quantitative Untersuchungen zeigten, dass Ladungen nur als ganzzahliges Vielfaches einer kleinsten Ladungsmenge, der **Elementarladung e**, vorkommen und dass die Träger negativer Ladung Elektronen und die Träger positiver Ladung Protonen sind. Im SI-System ergibt sich die Elementarladung zu **e = 1,602176565(35) · 10^{-19} C**, C steht für das **Coulomb**.

Zusammen mit der Vorzeichenwahl ergibt sich:

- Elektronen (negativ): $q_e = -e = -1{,}602 \cdot 10^{-19}\,C$,
- Protonen (positiv): $q_p = +e = 1{,}602 \cdot 10^{-19}\,C$.

Daran kann man auch ganz einfach erkennen, dass ein Körper mit gleicher Anzahl an Protonen und Elektronen keine elektrische Ladung besitzt, also elektrisch neutral ist. Anders gesagt: **Ein Körper mit einer höheren Elektronen- als Protonenzahl ist negativ bzw. mit einer höheren Protonen- als Elektronenzahl positiv geladen.**

Hätten Sie's gewusst?

Eine kleine Aufgabe zum »Warmwerden«
Wie viele Elektronen bzw. Protonen sind denn dann in 1 Coulomb enthalten? Hierfür müssen wir uns nur an den Dreisatz erinnern…

Formal: 1 Elementarladung $e = 1{,}602 \cdot 10^{-19}\,C$; $n \cdot e = 1\,C$;
$n = 1\,C/e = 1\,C/(1{,}602 \cdot 10^{-19}\,C) = 6{,}25 \cdot 10^{18}$.

Und voilà, $6{,}25 \cdot 10^{18}$ Elektronen bzw. Protonen benötigen wir, um die Ladungsmenge von −1 bzw. +1 Coulomb zu haben. Jedoch muss man zugeben, dass diese Anzahl nur schwer vorzustellen ist!

5.1.2 Coulomb-Gesetz

Gleichnamige Ladungen stoßen sich ab, verschiedenartige dagegen ziehen sich an.
Die Kraftwirkung zwischen Ladungen wird durch das Coulomb-Gesetz beschrieben.

Außerdem zeigen die Experimente folgendes wichtige Prinzip der Elektrizitätslehre: **Gleichnamige Ladungen stoßen sich gegenseitig ab, verschiedenartige dagegen ziehen sich an!**

Wichtig ist noch zu wissen, dass diese Anziehungs- und Abstoßungskräfte zwar prinzipiell unendlich weit wirken, aber wegen ihrer **Entfernungsabhängigkeit** sehr schnell sehr stark abnehmen. Dies kommt im Coulomb-Gesetz ganz klar zum Ausdruck: **Coulomb-Gesetz**: Die Anziehungs- bzw. Abstoßungskraft F zwischen zwei Punktladungen q_1 und q_2 ist direkt proportional zum Produkt dieser beider Ladungen und indirekt proportional zu deren Abstand r im Quadrat.

Das Ganze wird schließlich noch multipliziert mit einem Proportionalitätsfaktor (dem SI-Einheitensystem geschuldet, mit $\varepsilon_0 = 8{,}854 \cdot 10^{-12}\,\dfrac{C}{V\,m}$), und schon erhalten wir unsere Coulomb-Kraft F:

$$F = \frac{1}{4\pi \cdot \varepsilon_0} \cdot \frac{q_1 \cdot q_2}{r^2}.$$

Zur Berechnung sollte man folgende Äquivalenz noch kennen:
$1\,J = 1\,N\,m = 1\,V\,A\,s$.

Wie wir aus der Mechanik wissen, sind Kräfte Vektoren, sodass wir in der eben angegebenen Gleichung links einen Vektor stehen haben (▶ Kap. 1.2.1). Und rechts? Nun ja, die Physiker führen hier einen Einheitsvektor (seine Länge ist gleich eins) ein, der von der Ladung q_1 zur Ladung q_2 zeigt.

Für den praktischen Umgang genügt es aber meistens, wenn wir uns bezüglich der Richtung der Kraft an die obige Aussage erinnern: Gleichnamige Ladungen stoßen sich ab, verschiedenartige dagegen ziehen sich an!

5.1.3 Elektrisches Feld

Prinzipiell lässt sich mit dieser Formel auch ausrechnen, welche Kraft auf eine Ladung q wirkt, wenn in der Umgebung mehrere (oder viele) Ladungen verteilt sind. Hier wird der Vektorcharakter der Kraft aber dann sehr wichtig und muss berücksichtigt werden.

Die Physiker haben für diesen Fall aber vor die aufwendige Rechnung ein einfacheres und anschauliches Prinzip gestellt. Die Idee ist, die Wirkung mehrerer Ladungen nicht auf eine Probeladung zu berechnen, sondern eine Eigenschaft des Raums oder Orts zu definieren, die – wenn man dann eine Probeladung an einen beliebigen Punkt bringt – sofort die Kraftwirkung angibt. Dieses Phänomen wird als **elektrisches Feld** (E-Feld) bezeichnet. Hier sind mehrere spezielle Fälle von Ladungsverteilungen denkbar, an denen wir uns das elektrische Feld klarmachen wollen.

> Unter dem elektrischen Feld E an einem Ort versteht man die Wirkung von Ladungen aus der Umgebung auf diesen Ort.

Darstellung des elektrischen Feldes – Feldlinien

Am einfachsten kann man sich das so vorstellen: Ein Körper ist positiv oder negativ geladen und liegt mutterseelenallein auf seinem Platz (◘ Abb. 5.2); also kann das durch die Ladung verursachte Feld völlig ungestört wirken.

Um die Abbildungen besser verstehen zu können, müssen wir ein paar essenzielle Spielregeln einführen:

> Eine anschauliche Darstellung des elektrischen Feldes ist das Feldlinienbild.

- Feldlinien geben die Richtung der Kraft an, die auf eine positive Probeladung wirkt, wenn diese an einen beliebigen Ort im Feld gebracht wird.
- Die elektrischen Feldlinien verlaufen deshalb stets von positiver zu negativer Ladung – Richtungspfeil!
- Die Richtung der Feldlinien ist identisch mit der Richtung des Feldstärkevektors $\vec{E}$.
- Die Stärke des elektrischen Feldes wird durch die Dichte der Linien beschrieben.

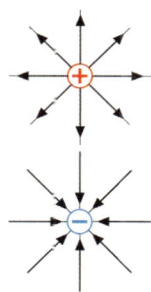

Einen Tick schwieriger wird es allerdings, wenn mehrere Körper mit gleichen oder mit unterschiedlich starken Ladungen ein gemeinsames Feld erzeugen (◘ Abb. 5.3). Die Spielregeln bleiben die gleichen wie eben.

◘ **Abb. 5.2** Feldliniendarstellung des elektrischen Feldes um eine positive und negative Ladung

Elektrische Feldstärke

Die Stärke eines solchen elektrischen Feldes lässt sich natürlich auch berechnen, denn das elektrische Feld ist ja so definiert, dass bei bekanntem elektrischem Feld $\vec{E}$ die Kraft auf eine Probeladung q gegeben ist durch:

$$\vec{F} = q \cdot \vec{E}.$$

> Ein Ladung q erfährt im elektrischen Feld $\vec{E}$ die Kraft $\vec{F}$:
> $$\vec{F} = q \cdot \vec{E}.$$

Physik

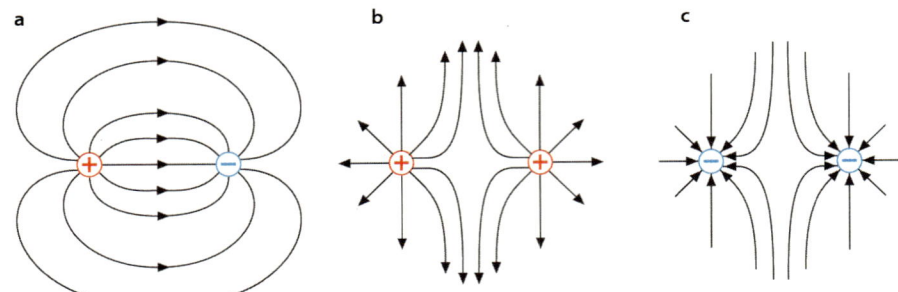

▪ Abb. 5.3a–c Feldlinienverlauf bei zwei Ladungen: **a** plus und minus, **b** beide positiv, **c** beide negativ

Umgestellt nach dem Feld $\vec{E}$ erhält man:

$$\vec{E} = \frac{\vec{F}}{q}.$$

Als SI-Einheit erhält man: $[E] = \dfrac{V}{m}.$

Erinnern wir uns an die Coulomb-Kraft zwischen zwei Ladungen und nehmen eine der beiden Ladungen als die Probeladung $q = q_2$ an, können wir den Betrag der Feldstärke im Abstand r von einer Ladung q_1 sofort berechnen:

$$E = \frac{F}{q} = \frac{1}{4\pi \cdot \varepsilon_0} \cdot \frac{q_1}{r^2}.$$

Somit kann man prinzipiell auch bei einer beliebigen Ladungsverteilung das elektrische Feld berechnen, einfach durch **Vektoraddition** (▶ Abschn. 1.2.1).

5.1.4 Influenz

Mit **Influenz** beschreibt man in der Physik, wie sich Stoffe verhalten, die einem elektrischen Feld ausgesetzt sind. Kurz gesagt bleibt ein Stoff in der Umgebung eines geladenen Körpers nicht unbeeindruckt von dessen Feld.

Das Feld wird sicherlich eine Kraft auf die Ladungen in unserem Stoff ausüben und versuchen, die Ladungen zu bewegen entsprechend dem 2. Newton'schen Axiom $F = m \cdot a$ (▶ Abschn. 3.1.7) . Somit müssen wir unterscheiden, ob die Ladungen im Stoff frei beweglich sind, dann handelt es sich bekanntlich um einen Leiter, wie z. B. die Elektronen in einem Metall, oder ob die Ladungen durch die chemischen Bindungen in einem Stoff fest an ihre Position gebunden sind.

Leiter im elektrischen Feld

Influenz beschreibt die räumliche Verschiebung elektrischer Ladungen durch ein elektrisches Feld.

Wie verhalten sich nun Elektronen eines **elektrischen Leiters**, wenn man ihn einem geladenen Körper nähert? Man stellt sich dies folgendermaßen vor: Ein beispielsweise negativ geladener Körper induziert im Leiter die Wanderung von dessen frei beweglichen Elektronen vom geladenen Körper weg ans andere Ende, zum entgegengesetzten Pol. Das Ganze resultiert schließlich in einer elektrischen **Polarisation** (Ladungsverschiebung). Denn die Atomrümpfe bleiben ja auf der ursprünglichen Seite und bilden durch ihre positiven Ladungen einen **Pluspol**. Die weggewanderten freien Elektronen bilden den entgegen-

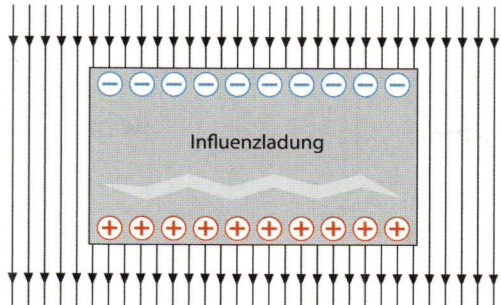

■ **Abb. 5.4** Influenzladung auf einem Leiter (Metallgitterkäfig) im elektrischen Feld – Faraday-Käfig

gesetzten **Minuspol. Influenz beschreibt also die räumliche Verschiebung elektrischer Ladungen durch ein elektrisches Feld.**

Wie viel Ladung wird nun eigentlich verschoben? Nun überlegen wir mal: Die Ladungen bewegen sich nur so lange, wie eine Kraft auf sie wirkt. Die Kraftwirkung erfolgt durch das externe Feld. Die durch die Influenz getrennten Ladungen erzeugen aber ihrerseits ein Feld. **Die Ladungsverschiebung wird nun so lange andauern, bis die beiden Felder, externes Feld und Feld der Influenzladungen, sich gegenseitig aufheben.** Denn nur in diesem Fall wirkt auf die frei beweglichen Ladungen keine resultierende Kraft mehr und die Ladungen bleiben an ihrer Position. In ■ Abb. 5.4 ist dies dargestellt.

Sehr nützlich, und deshalb sollte man sich dies auch merken, ist also folgende Tatsache: **Das Innere des Leiters ist feldfrei.** Handelt es sich beim betrachteten Körper um einen Metallkäfig, so bewegen sich die Ladungen auf dessen Oberfläche, und zwar so lange, bis das Innere des Käfigs feldfrei ist. Dieses Phänomen nennt man **Faraday-Käfig.** Autos aus Metall sind ein solcher Faraday-Käfig. Ladungen in einem Faraday-Käfig sind keinem elektrischen Feld ausgesetzt und erfahren somit keine Kraftwirkung.

Nichtleiter im elektrischen Feld

Etwas anders sieht die Sache aus, wenn die Ladungen nicht frei beweglich sind, wir also einen **Nichtleiter** ins elektrische Feld bringen.

Das elektrische Feld zerrt auch in diesem Fall an den elektrischen Ladungen. Diese können sich jedoch nicht wegbewegen, werden aber versuchen, sich gegen die Kräfte, die sie an ihrer Stelle halten, etwas zu verschieben, und zwar in Richtung des externen Feldes. Die Ladungen werden somit leicht gegeneinander verschoben, also ebenfalls polarisiert, denn die Kraftwirkung ist ja für unterschiedliche Ladungen entgegengesetzt. Diesen Effekt nennt man **Verschiebungspolarisation.** Die Verschiebungsladungen können in diesem Fall aber das externe Feld nicht komplett kompensieren, sondern nur teilweise, sodass gilt: **Im Innern eines Nichtleiters bleibt immer ein Restfeld des externen Feldes vorhanden.**

So toll Kunststoffkarosserien moderner Autos auch sind, es sind Nichtleiter, die keinen Schutz vor starken elektrischen Feldern (wie beim Gewitter) bieten.

Ein Faraday-Käfig bietet Schutz vor elektrischen Feldern.

Ein Nichtleiter im elektrischen Feld erfährt eine Verschiebungspolarisation.

5.1.5 Kondensator

Ein elektrisches Bauelement, das sehr viel mit dem elektrischen Feld und Ladungen zu tun hat, ist der Kondensator. Es handelt sich dabei um eine Anordnung wie in ■ Abb. 5.5 wiedergegeben.

Abb. 5.5 Prinzipieller Aufbau eines Kondensators und Feld im Kondensator

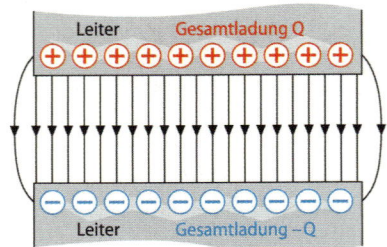

Ein Kondensator speichert Ladung.

Es handelt sich also um zwei den elektrischen Strom leitende Schichten, die durch eine nichtleitende Schicht getrennt sind. Dies kann z. B. Vakuum oder eine Zellmembran sein. Eine derartige Anordnung finden wir auch in unserem Körper. Die leitenden Schichten sind in diesem Falle die Elektrolyte im Inneren und außerhalb einer Zelle, getrennt durch die nichtleitende Zellmembran (▶ Abschn. 5.6.2). Nehmen wir der Einfachheit halber an, die Leiter haben die Form von Platten, so nennt man das Ganze einen **Plattenkondensator**. Legt man an einen Kondensator eine Spannung U, so werden Ladungen auf die beiden Platten strömen, bis die Abstoßung der Ladungen untereinander ein weiteres Laden der Platten verhindert. Für die Gesamtladung Q auf den Platten gilt der Zusammenhang:

Gesamtladung Q eines Kondensators: $Q = C \cdot U$.

$$Q = C \cdot U.$$

Dabei ist die Proportionalitätskonstante **C** die **Kapazität** des Kondensators. Die Einheit der Kapazität ergibt sich zu:

$$[C] = \frac{C}{V} = 1\,F\,(\text{Farad}).$$

Die Kapazität ist aus den geometrischen Größen des Kondensators, der Plattengröße A, dem Plattenabstand d und den Eigenschaften des Materials zwischen den Platten berechenbar zu:

$$C = \varepsilon_0 \cdot \varepsilon_r \cdot \frac{A}{d}.$$

Im Vakuum gilt für die relative Dielektrizitätskonstante: $\varepsilon_r = 1$, die Proportionalitätskonstante ε_0, die sog. **Dielektrizitätskonstante**, hat den Wert:

$$\varepsilon_0 = 8{,}89 \cdot 10^{-12}\,\frac{F}{m}.$$

Bringt man Materie zwischen die Kondensatorplatten, so beobachtet man eine Erhöhung der Kapazität. Also ist ε_r dann größer als 1.

In einem Stromkreis wirkt ein Kondensator, nachdem er aufgeladen ist, wie ein Isolator, denn es fließt kein Strom durch ihn. Aber im elektrischen Feld, das sich zwischen den entgegengesetzt geladenen Kondensatorplatten aufbaut (▶ Abb. 5.5), steckt Energie. Diese **gespeicherte Energie** ist gegeben durch die Formel:

Ein geladener Kondensator ist ein Energiespeicher: $E = \frac{1}{2} \cdot C \cdot U^2$.

$$E = \frac{1}{2} \cdot C \cdot U^2.$$

5.1.6 Elektrische Stromstärke

Bei der eben besprochenen Influenz haben wir zur Erklärung des Influenzeffekts die Bewegung von Ladungen in einem Leiter postuliert. Dieses Strömen von Ladungen wird in der Physik als **elektrischer Strom** bezeichnet. **Die Stromstärke I gibt an, wie viele Ladungen, also welche Ladungsmenge Q pro Zeit Δt eine bestimmte Fläche (z. B. den Querschnitt eines Kabels) durchwandert.** Als Formel:

$$I = \frac{Q}{\Delta t}.$$

Aus den SI-Einheiten für die Ladung und die Zeit erhalten wir: $[I] = C/s$. Hierfür wurde eine eigene Einheit vergeben, das **Ampere A**, also $[I] = A$.

Stromstärke:
transportierte Ladung pro Zeit;

$$I = \frac{Q}{\Delta t}.$$

kurz & knapp

- In der Natur existieren **zwei unterschiedliche Ladungen, positive und negative.**
- Durch Aneinanderreiben unterschiedlicher Materialien können Ladungen getrennt werden → **Reibungselektrizität.**
- Ladungen üben Kräfte aufeinander aus: **Gleichnamige Ladungen stoßen sich gegenseitig ab, unterschiedliche Ladungen ziehen sich gegenseitig an.**
- Die Kraft zwischen Ladungen ist **abstandsabhängig** und wird beschrieben durch das **Coulomb-Gesetz:**

$$F = \frac{1}{4\pi \cdot \varepsilon_0} \cdot \frac{q_1 \cdot q_2}{r^2}.$$

- Unter dem **elektrischen Feld E** an einem Ort versteht man die Wirkung von Ladungen aus der Umgebung auf diesen Ort. Aus der Feldstärke E an einem Ort ergibt sich sofort die Kraftwirkung auf eine Probeladung q, wenn diese an den Ort gebracht wird:

$$\vec{F} = q \cdot \vec{E}.$$

- Die Ladungen in einem Körper werden durch ein äußeres elektrisches Feld räumlich weit verschoben (frei bewegliche Ladungen) oder zumindest lokal im Bindungsbereich verschoben (gebundene Ladungen, Verschiebungspolarisation). Dies nennt man **Influenz.**
- Influenz bewirkt, dass das Innere eines Leiters feldfrei wird – **Faraday-Käfig.**
- Die elektrische **Stromstärke I** ist definiert als die pro Zeit Δt eine bestimmte Fläche (z. B. Kabelquerschnitt) durchströmende Ladungsmenge Q:

$$I = \frac{Q}{\Delta t}.$$

5.1.7 Übungsaufgaben

Aufgabe 1

Aufgabe 1:
a. Berechnen Sie die Kraft zwischen zwei geladenen Körpern mit $+1\,mC$ und $-1\,mC$ in 1 m Abstand.
b. Wie groß müssten zwei gleiche Massen im gleichen Abstand sein, damit die Gravitationskraft zwischen ihnen gleich groß ist?

Lösung 1:
a. Das Coulomb-Gesetz liefert: $F = 8988\,N$.
b. Mit dem Gravitationsgesetz ergibt sich: $m = 11.608.300\,kg = 11.608\,t$. Hieran kann man sehr schön erkennen, dass 1 mC eine riesige Ladung ist – oder hat schon jemand eine so große Kraft durch Ladungen beobachtet? Außerdem überwiegen bei normalen Ladungen und Massen in der Regel die elektrostatischen Kräfte.

Aufgabe 2

Aufgabe 2: Ein Elektron befindet sich in einem Feld der Stärke $E = 400\,V\,m^{-1}$. Wie groß ist die Kraft auf das Elektron?

Lösung 2: Auf das Elektron wirkt eine Kraft $F = 6{,}4 \cdot 10^{-16}\,N$, eine sehr kleine Kraft. Man benötigt also schon eine ganze Menge Elektronen, um eine merkliche Kraft zu erzeugen. Bei $6{,}25 \cdot 10^{18}$ Elektronen, entsprechend 1 C Ladung, erhält man bereits 4000 N.

Aufgabe 3

Aufgabe 3: Zeichnen Sie das Feldlinienbild, wenn vier Ladungen in den Ecken eines Quadrats angeordnet sind und jeweils die diagonalen Ladungen gleich sind, benachbarte aber verschieden.

Lösung 3 (◘ Abb. 5.6):

◘ **Abb. 5.6** Feldlinienbild eines Quadrupols

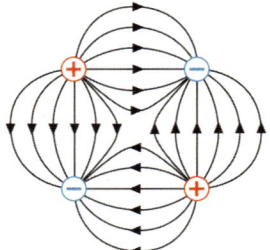

Alles klar!

Ist Peterle in ernst zu nehmender Gefahr?
Nun, die Lösung ist ganz einfach! Das defekte Stromkabel entspricht nämlich einem stark geladenen Körper, somit wirkt ein elektrisches Feld auf den Vogelkäfig ein. Dies führt durch den Effekt der Ladungsverschiebung zur Polarisation der Gitterstäbe. Diese Influenz erfolgt so, dass dadurch die von außen wirkende Feldstärke kompensiert wird. Genau deshalb vollzieht sich im Innenraum keine Ladungsverschiebung, er bleibt feldfrei. Also kann Peterle dem Geschehen ganz gelassen zusehen.
Für den Nachbarjungen ist die Sache natürlich viel gefährlicher! Aber dazu später mehr.

Physik

5.2   Elektrische Spannung und elektrisches Potenzial

Stefanie Rankl

— Elektrische Spannung

5.2.1   Elektrische Spannung

Jeder kennt den Begriff **Spannung** bestimmt noch aus der Schule, doch weiß jemand, was er genau bedeutet? Man kann die elektrische Spannung auch mit dem Wort **Potenzialdifferenz** beschreiben. Das ist eine weitaus bessere Bezeichnung. Denn aus der Mechanik ist uns ja der Begriff potenzielle Energie geläufig, was nichts anderes ist als in Höhe, also im Schwerefeld der Erde, gespeicherte Energie.

Im elektrischen Fall würde sich nun eine Ladung q, wenn wir sie in einem elektrischen Feld loslassen, ebenfalls beschleunigt bewegen – wie ein Radiergummi der Masse m im Erdfeld – und dadurch kinetische Energie gewinnen. Diese Energie gewinnt die Ladung nur aus ihrer Position im elektrischen Feld. **Also ist mit der Position im elektrischen Feld auch so etwas wie eine potenzielle Energie verknüpft. Hier nennt man diese einfach elektrisches Potenzial Φ.**

Ebenso wie im mechanischen Fall ist die absolute Größe des Potenzials in der Regel uninteressant. Viel wichtiger ist der Unterschied der potenziellen Energie zwischen zwei Punkten. Im mechanischen Fall ist uns sofort klar, dass es nur auf den Höhenunterschied ankommt, um den der Radiergummi herabfällt, um berechnen zu können, mit welcher kinetischen Energie er am zweiten Ort, also unten, ankommt.

Genauso verhält es sich im elektrischen Fall: **Den Unterschied zwischen dem Potenzial an zwei Punkten nennt man Potenzialdifferenz $\Delta\Phi$ zwischen diesen Punkten oder einfach Spannung U.**

Betrachten wir die Sache noch etwas genauer, so kann man die Potenzialdifferenz berechnen, wenn wir das Feld kennen. Denn hinter dem Feld steckt ja eine Kraftwirkung auf eine Probeladung q. Und wird q im Feld E gegen diese Kraft $F = q \cdot E$ bewegt, so wird Arbeit verrichtet (► Abschn. 3.1.7).

Ordnen wir nun jedem Punkt im Raum neben der lokalen Feldstärke auch sein lokales Potenzial zu, so gibt es viele Orte, die das gleiche Potenzial besitzen. Verbinden wir alle Orte miteinander, die das gleiche Potenzial besitzen, so erhalten wir die Äquipotenziallinien oder im dreidimensionalen Fall die Äquipotenzialflächen. In ◘ Abb. 5.7 ist dies für das Feld eines Dipols dargestellt.

Besonders wichtig ist die Eigenschaft der Äquipotenziallinien, Feldlinien immer senkrecht zu schneiden. Begründung: Wäre dies nicht so, könnten wir den Feldvektor so zerlegen, dass eine Komponente entlang der Äquipotenziallinie wirkt, und dadurch könnte eine Probeladung q Energie gewinnen, wenn

Die elektrische Spannung U ist eine Potenzialdifferenz $\Delta\Phi$ zwischen zwei Punkten:
$U = \Delta\Phi$.

Äquipotenziallinie:
Linie durch alle Orte gleichen Potenzials.

Elektrische Spannung:
Triebkraft des elektrischen Stromflusses;
$[U] = V$.

Physik

◘ **Abb. 5.7** Äquipotenziallinien eines elektrischen Dipols

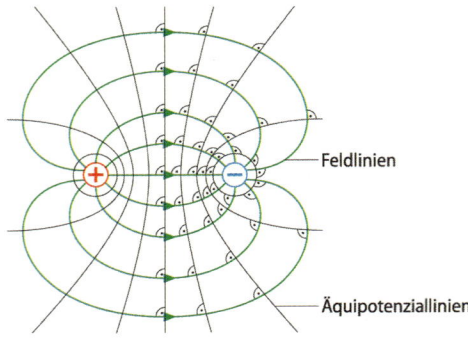

Feldlinien

Äquipotenziallinien

sie sich in diese Richtung bewegt: Dies aber widerspricht der Definition der Äquipotenziallinie.

Die elektrische Spannung kann man auch anders beschreiben: **Die elektrische Spannung ist die Triebkraft des elektrischen Stromflusses.** Denn sie versucht Ladungen in Bewegung zu setzen. Dabei gewinnt eine Ladung Q, wenn sie die Spannung U durchläuft, an Energie, und zwar gilt:

$$W = U \cdot Q.$$

Für die Spannung ergibt sich hieraus die Einheit $[U] = \dfrac{[W]}{[Q]} = \dfrac{J}{C}$. Diese erhielt

einen eigenen Namen, das uns sicherlich vertraute Volt: $[U] = V$.

Bevor wir uns nun den Zusammenhang zwischen der Spannung U und dem daraus resultierenden Strom I näher anschauen, sollten wir noch kurz einen Begriff klären. Im täglichen Leben verwenden wir häufig sog. **Spannungsquellen**. Dahinter verbirgt sich nichts anderes als ein Gerät, dass uns an zwei Punkten eine Spannung oder Potenzialdifferenz zur Verfügung stellt. Das klingt wieder so naturwissenschaftlich, aber denken wir nur an unseren MP3-Player: In dem steckt entweder eine Batterie mit 1,5 V **Nennspannung** oder ein Akku, also nichts anderes als eine wiederaufladbare Spannungsquelle. Eine dritte Möglichkeit ist, ein kleines sog. Steckernetzteil zu verwenden, das unsere Gerät mit der erforderlichen Spannung versorgt.

Um bei den praktischen Beispielen zu bleiben, machen wir uns klar, dass die Steckdosen in unseren Wohnungen auch eine Spannung liefern, also auch Spannungsquellen sind. Die Spannung wird hier angegeben als **230 V~**.

Das Zeichen »~« gibt in diesem Fall an, dass es sich um **Wechselspannung** handelt. Das bedeutet, dass beide Pole periodisch ihr Potenzial ändern, und zwar mit 50 Hz, also 50-mal in einer Sekunde – aber dazu später mehr (▶ Abschn. 5.6).

Demgegenüber spricht man von **Gleichspannung**, wenn sich die beiden Spannungspole zeitlich nicht ändern.

Spannungsquellen stellen Potenzialdifferenzen zur Verfügung, z. B. Batterie.

Bei Wechselspannung ändern beide Pole periodisch ihr Potenzial.

Bei Gleichspannung ändern sich die Pole zeitlich nicht.

kurz & knapp

— Elektrische Ladungen besitzen in einem elektrischen Feld eine bestimmte potenzielle Energie.

— Die Größe der potenziellen Energie ist orts- und ladungsabhängig.

— Bezieht man die Energie auf die Einheitsladung, erhält man eine rein ortsabhängige Größe, das **elektrische Potenzial**.

— Alle Punkte mit gleichem elektrischem Potenzial bilden eine **Äquipotenziallinie** oder im dreidimensionalen Fall eine **Äquipotenzialfläche**.

- Die elektrische Spannung U ist die **Potenzialdifferenz** zwischen zwei Punkten.
- Die Einheit der Spannung ist das Volt.
- Die elektrische Spannung ist die Triebkraft des elektrischen Stromflusses.

5.2.2 Übungsaufgaben

Aufgabe 1: In Röntgenröhren werden Elektronen mit Spannungen von bis zu 100.000 V beschleunigt. Welche kinetische Energie besitzt ein Elektron nach dieser Beschleunigung?

Aufgabe 1

Lösung 1:

$$W = U \cdot Q$$
$$Q = e = 1{,}6 \cdot 10^{-19}\,C;\ U = 100.000\,V$$

also gilt: $W = 1{,}6 \cdot 10^{-19}\,C \cdot 10^5\,V = 1{,}6 \cdot 10^{-14}\,J$.

Man muss also ca. $6 \cdot 10^{13}$ Elektronen mit 100.000 V beschleunigen, damit diese 1 J kinetische Energie besitzen.

Alles klar!

Potenzialverteilung im menschlichen Körper
Wenn wir uns das EKG-Gerät etwas näher anschauen, tasten wir mit den Elektroden, die auf den Körper aufgebracht werden, irgendwelche elektrischen Eigenschaften auf der Körperoberfläche ab. Genau genommen betrachten wir den Unterschied einer elektrischen Eigenschaft zwischen verschiedenen Punkten der Oberfläche.
Eine solche Eigenschaft haben wir aber soeben kennengelernt, die Potenzialdifferenz oder Spannung. Und tatsächlich, ein EKG ist nichts anderes als die Aufzeichnung von Potenzialdifferenzen – in der medizinischen Fachsprache, der Ableitungen – zwischen jeweils vorgegebenen Punkten auf dem Körper. Ursache für diese messbaren Spannungen ist die elektrische Aktivität unseres Herzens – aber dazu mehr in Lehrbüchern der Physiologie.

5.3 Einfache Stromkreise

Stefanie Rankl

- Widerstand und Leitwert
- Stromkreismodelle – Parallel- und Reihenschaltung von Widerständen
- Elektrische Arbeit und Leistung
- Kondensator im Stromkreis

Wie jetzt?

Blitzschlag und Energie
Schlägt ein Blitz in einen Baum ein, so hat das für den Baum meist fatale Folgen, er wird gespalten oder völlig zerstört. Dabei treten Spannungen von ca. 10 MV auf und Energien im GJ-Bereich werden freigesetzt. In einem

Blitz steckt also doch einiges an Energie. Auf der anderen Seite ist es sehr schwer, einen Blitz zu fotografieren, denn er dauert nur wenige Millisekunden. Sehr imposante Zahlen, aber wie viel Energie ist das eigentlich?
Also: Wie lange könnte man mit der Energie eines 10 ms langen Blitzes, der 1,5 GJ Energie freisetzt, einen PC mit ca. 50 W Leistungsaufnahme betreiben?

Was ist ein Stromkreis? Ein Stromkreis oder Schaltkreis besteht stets aus elektrischen Bauteilen, darunter versteht man z. B. Kabel, Glühlampen oder Heizspiralen, die eine leitende Verbindung zwischen den Polen einer Spannungsquelle bilden. Durch die vorhandene Spannung kommt es dann zu einem Fluss der frei beweglichen Ladungen, also zum Stromfluss durch die Bauelemente (■ Abb. 5.8). Bei Metallen wissen wir ja schon, dass der Stromfluss durch Elektronen erfolgt. Diese flitzen immer vom Minus- zum Pluspol der Spannungsquelle. (Bei sog. Gleichstrom und Gleichspannung ist die Polung der Spannungsquelle unveränderlich.)

■ **Abb. 5.8** Prinzipieller Aufbau einer Stromkreises: In das Schaltbild mit eingezeichnet ist die Anordnung der Geräte zur Spannungs- und Strommessung

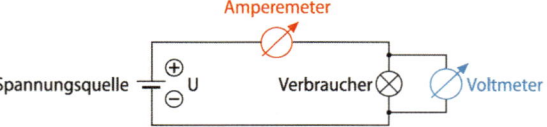

Im Folgenden wollen wir uns die Eigenschaften eines solchen Stromkreises etwas näher anschauen, also der Frage nachgehen, welchen Stromfluss I die verschiedenen Bauteile zulassen, wenn an sie eine bestimmte Spannung U angelegt wird.

In ■ Abb. 5.8 ist die Position der benötigten Messgeräte eingezeichnet. Das Strommessgerät muss dazu direkt in den Stromfluss eingebaut werden, da es ja die vorbeikommenden Ladungsträger »zählen« muss, während das Spannungsmessgerät parallel zum betrachteten Bauelement (Verbraucher) geschaltet wird, denn es soll ja die Potenzialdifferenz, also die Spannung, zwischen den Punkten kurz vor und kurz nach dem Bauelement messen.

Ein Strommessgerät wird direkt in den Stromfluss gebaut, das Spannungsmessgerät parallel zum Verbraucher.

Hätten Sie's gewusst?					

Die Deutsche Bahn hat nur *eine* sichtbare Stromleitung…
Wie in ■ Abb. 5.8 zu sehen, bedarf es eines **geschlossenen** Stromkreises, damit elektrischer Strom fließen kann. Und wie ist das bei unserer elektrischen Eisenbahn der DB? Hier sehen wir nur *einen* Fahrdraht über den Schienen hängen. Das ist ganz einfach! Die DB benutzt die Schiene, die sehr gut geerdet (also leitend mit der Erde verbunden) ist, als stromrückleitenden »Draht«.

5.3.1 Widerstand und Leitwert

Jeder elektrische Verbraucher hat einen Widerstand.

Der **Widerstand** – die Bremse. Jeder elektrische Verbraucher, jeder Leiter hat einen eigenen – unterschiedlich großen – Widerstand. Das bedeutet, dass er den »freien« Stromfluss in gewisser Art und Weise behindert und dadurch bremst.

Strom-Spannungs-(I-U-)Kennlinie Man kann im Experiment verschiedene Möglichkeiten durchspielen, etwa die Stromstärke I bei verschieden langen Drähten und unterschiedlichen angelegten Spannungen U messen und den Zusammenhang in ein Diagramm eintragen. Dadurch erhält man für jeden betrachteten Leiter einen Zusammenhang zwischen U und I, der für dieses Bauteil charakteristisch ist. Dies nennt man die **Strom-Spannungs-Kennlinie** des Bauteils (◘ Abb. 5.9).

An der Kennlinie des kurzen Drahts wird sichtbar, dass sein I/U-Quotient viel größer ist als der des langen Drahts, d. h. man benötigt beim kurzen Draht eine viel kleinere Spannung, um dieselbe Stromstärke I zu erhalten. Man sagt, der kurze Draht widersetzt sich dem Stromfluss weniger als der lange.

Aus diesem Zusammenhang heraus können wir leicht den Widerstandsbegriff ableiten: **Man bezeichnet den Quotienten aus angelegter Spannung U und zugehöriger Stromstärke I als den Widerstand R des Bauelements:**

$$R = \frac{U}{I}.$$

Als Einheit für den Widerstand ergibt sich: $[R] = [U]/[I] = 1\,V/1\,A = 1\,\Omega$ (Ohm).

Anders herum kann man natürlich auch nach den Leitungseigenschaften eines Bauelements fragen: Wie gut leitet ein Bauelement den Strom? Dabei fragen wir nach dem Zusammenhang zwischen der resultierenden Stromstärke I bei angelegter Spannung U. Hier betrachtet man also den Zusammenhang:

$$I = G \cdot U \text{ oder } G = \frac{I}{U}.$$

Der Proportionalitätsfaktor ist der **Leitwert G** des Bauteils, wobei wir sofort Folgendes erkennen: **Der Leitwert ist der Kehrwert des Widerstands.** Als Formel:

$$G = \frac{1}{R}.$$

Als Einheit erhalten wir $[G] = 1/[R] = 1/\Omega = 1\,S$ (Siemens).

Wichtig zu wissen ist auch, dass bei den meisten Leitern bei konstanter Temperatur der Widerstand R von der angelegten Spannung unabhängig ist. Einen Leiter, für den dies gilt, nennt man einen **Ohm'schen Widerstand**.

Die in ◘ Abb. 5.9 dargestellten Kennlinien sind also die Kennlinien Ohm'scher Widerstände. Denn bei Ursprungsgeraden ist der Quotient aus Strom und zugehöriger Spannung immer gleich. Dies ist das **Ohm'sche Gesetz**. Dieses Gesetz lohnt es sich wirklich zu merken… und es ist auch gar nicht so schwer!

Ohm'sches Gesetz: I ~ U.

Untersucht man den Widerstand verschiedener Materialien bei verschiedenen Temperaturen, sieht man, dass Widerstände durchaus ein temperaturabhängiges Verhalten aufweisen. Wie empfindlich der Widerstand R eines Drahts auf die Temperatur reagiert, hängt sehr vom Material ab.

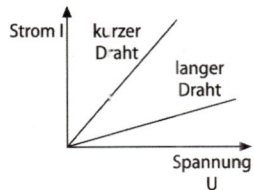

◘ **Abb. 5.9** Strom-Spannungs-Kennlinien verschieden langer Drähte gleichen Materials

Definitionsgleichung für den elektrischen Widerstand R:

$$R = \frac{U}{I}.$$

Ohm'scher Widerstand: Leiter, bei dem der Widerstand bei konstanter Temperatur von der angelegten Spannung unabhängig ist.

Kaltleiter, Heißleiter, Isolatoren und Halbleiter

Kaltleiter leiten Strom bei niedriger Temperatur besser.

Heißleiter leiten Strom bei hohen Temperaturen besser.

Ohne im Detail auf die Temperaturabhängigkeit einzugehen, sollten wir uns folgenden Zusammenhang merken: Für die meisten Leiter gilt, dass der Widerstand mit steigender Temperatur zunimmt. Man bezeichnet solche Stoffe als **Kaltleiter**, da sie bei niedriger Temperatur den Strom besser leiten. Die Metalle gehören zu diesen Materialien. Demgegenüber sind **Heißleiter** Stoffe, deren Widerstand mit steigender Temperatur sinkt. Typischer Vertreter ist die Kohle, aber auch die in der Computertechnologie verwendeten Halbleiter.

Ein wichtiges technisches Beispiel für einen Ohm'schen Leiter ist das **Konstantan**. Es handelt sich um eine Legierung aus 55% Kupfer und 45% Nickel. Bei Konstantan ist der Widerstand temperaturunabhängig. Also auch so etwas gibt es.

Hätten Sie's gewusst?

Glühfaden als Kaltleiter
Typische Kaltleiter sind Metalle. Der Glühfaden unserer Glühlampe besteht aus Wolfram. Beim Einschalten fließt wegen des niedrigen Kaltwiderstands ein hoher Einschaltstrom durch die Glühlampe. Wenn die Glühlampe dann so richtig »arbeitet«, der Glühfaden also aufgrund seiner hohen Temperatur leuchtet, hat sich der Widerstand derart erhöht, dass der Strom verringert wird.

Isolatoren haben einen sehr hohen Widerstand. Halbleiter haben einen höheren Widerstand als Leiter, aber einen niedrigeren als Isolatoren.

Die Größe des elektrischen Widerstands wird auch verwendet, um Stoffe zu unterscheiden:
- Bei **Isolatoren** ist der Widerstand sehr hoch (beinah unendlich). In diesen Stoffen liegen also keine frei beweglichen Ladungsträger vor, die den Strom leiten könnten.
- Stoffe mit kleinem Widerstand, die den elektrischen Strom sehr gut leiten, nennt man elektrische **Leiter** – wie eben die Metalle mit ihren frei beweglichen Elektronen.
- Außerdem gibt es Stoffe, deren elektrischer Widerstand deutlich niedriger ist als der von Leitern, aber eben nicht unendlich niedrig. Dies sind die sog. **Halbleiter**, die so heißen, weil sie den Strom nur »halb« leiten. Bekannteste Vertreter sind das Silicium und das Germanium (▶ Abschn. 5.6.1). Die Widerstandseigenschaften dieser Metalle sind extrem von Verunreinigungen ihrer Kristallstruktur abhängig.

Heute werden diese Verunreinigungen gezielt eingebracht; man kann durch diese sog. Dotierung die elektrischen Eigenschaften der Materialien maßgeschneidert beeinflussen. Ihre Anwendung ist aus unserem täglichen Leben nicht mehr wegzudenken: PC, Handy, LED-Bildschirme, Autoelektronik oder sehr viele medizintechnische Geräte wären ohne Halbleiter nicht denkbar.

Wen die wichtige Materialgruppe der Halbleiter näher interessiert, sollte sich in der Spezialliteratur umsehen. Hier würde es den Rahmen der physikalischen Grundlagen sprengen.

5.3.2   Spezifischer Widerstand und spezifische Leitfähigkeit

Wie schon das Wort »spezifisch« verdeutlicht, wird hier der Widerstand als materialspezifische Größe betrachtet. Es ist offensichtlich, dass der Widerstand eines Bauteils von seiner Länge und seinem Querschnitt abhängt: **Je länger der Draht ist, desto größer ist sein Widerstand** (◘ Abb. 5.9). **Und je größer der Drahtquerschnitt ist, desto mehr Ladungsträger können ihn parallel durchströmen, also desto kleiner ist der Widerstand.**

Genaue Untersuchungen dieser Zusammenhänge führten darauf, dass der Widerstand eines Bauelements ganz einfach berechnet werden kann, uns zwar nach:

$$R = \rho \cdot \frac{1}{A}.$$

Der Proportionalitätsfaktor ist der **materialspezifische Widerstand** und lässt sich entsprechenden Tabellen entnehmen. Seine Einheit ist $[\rho] = \Omega\,m$.

Die **spezifische Leitfähigkeit** σ berechnet sich analog zum Leitwert G aus dem Kehrwert des spezifischen Widerstands:

$$\sigma = \frac{1}{\rho} \text{ mit der Einheit } \frac{1}{\Omega\,m}.$$

Die Temperaturabhängigkeit des Widerstands steckt nun in der Temperaturabhängigkeit des spezifischen Widerstands.

5.3.3 Stromkreismodelle

In diesem Abschnitt wollen wir uns kurz damit befassen, was eigentlich geschieht, wenn wir verschiedene Bauelemente, speziell Widerstände, in einem Stromkreis kombinieren. Dabei gibt es prinzipiell nur zwei Möglichkeiten, wie man zwei Widerstände anordnen kann:

- Entweder man schaltet zwei Widerstände nacheinander in den Stromkreis, dies nennt man dann eine **Reihen-** oder **Serienschaltung**.
- Oder man schaltet sie nebeneinander oder parallel in den Stromkreis, was dann eben **Parallelschaltung** genannt wird.

Alle Anordnungen von mehreren Widerständen lassen sich in Bereiche unterteilen, die entweder Parallel- oder Serienschaltungen sind, die dann selbst wiederum parallel oder in Serie geschaltet sind. Klingt vielleicht etwas kompliziert, ist aber so, wie wir an einem Übungsbeispiel zum Schluss sehen werden.

Zunächst wenden wir uns jedoch zwei grundlegenden Eigenschaften in Stromkreisen zu, die uns die weitere Behandlung erheblich vereinfachen werden.

Im Stromkreis gibt es die Reihen- und die Parallelschaltung.

Kirchhoff und die Frage, ob man ihn kennen sollte?

Diese Frage ist zu bejahen, denn die beiden **Kirchhoff'schen Regeln** (oder Gesetze) helfen prima weiter, wenn es darum geht, verschiedene Größen in und um Stromkreise zu berechnen.

Knotenregel – 1. Kirchhoff'sches Gesetz

Als Knoten bezeichnet man Verzweigungen, also Punkte im Stromkreis, an denen mehrere Stromleitungen zusammentreffen.

An einer solchen Verzweigung ist die Summe der Stromstärken der hinfließenden Ströme gleich der Summe der Stromstärken der wegfließenden Ströme (**Knotenregel**). Im Beispiel der ◘ Abb. 5.10 gilt deshalb:

$$I_1 + I_2 = I_3 + I_4.$$

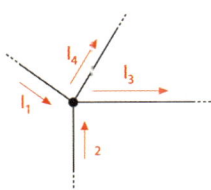

◘ **Abb. 5.10** Knotenregel

Knoten: Verzweigungen in einem Stromkreis.

Knotenregel: $\sum I = 0$ in einem Knoten.

Warum ist das so? Nun ja, es kommen ja keine Elektronen dazu oder verschwinden, ihre Anzahl bleibt konstant, also gilt: Alle Ladungsträger, die in den Knoten reinfließen, müssen sofort wieder raus.

Maschenregel – 2. Kirchhoff'sches Gesetz

Kommen in einem Stromkreis geschlossene Stromwege vor, so bezeichnet man sie als Maschen (🔹 Abb. 5.11).

Läuft man in einer Masche einmal im Kreis herum und addiert dabei die Spannungen, die man durchlaufen hat, so ist die Summe aller Teilspannungen gleich null. Das bedeutet: **Die Summe der Einzelspannungen, berechnet aus der jeweiligen Stromstärke I und dem Widerstand R ($U = R \cdot I$), ist zwischen zwei Punkten auf allen Verbindungswegen gleich.** Im Beispiel der 🔹 Abb. 5.11 gilt deshalb:

$$R_1 \cdot I_1 = R_2 \cdot I_2.$$

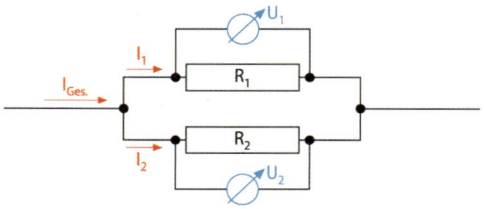

Warum ist das so? Auch das ist nachvollziehbar, denn wenn ich einmal im Kreis herumgelaufen bin, komme ich ja wieder am gleichen Punkt, also gleichen Potenzial, an und die Potenzialdifferenz zwischen Anfangs- und Endpunkt meines Weges ist demnach null.

So, und nun geht es um die Schaltungen.

Unverzweigter Stromkreis – Reihenschaltung

In diesem Fall benötigen wir das 1. Kirchhoff'sche Gesetz. Es besagt, dass durch alle Widerstände der gleiche Strom fließen muss (🔹 Abb. 5.12a), denn es gibt ja keine Verzweigungen.

Um diesen Strom aufrechtzuerhalten, benötigen wir an den einzelnen Widerständen die Spannungen:

$$U_1 = I \cdot R_1$$
$$U_2 = I \cdot R_2$$
usw.

Man sagt auch: Der Strom I erzeugt am Widerstand R den Spannungsabfall (oder die Spannung) U.

Bei Anwendung des 2. Kirchhoff'schen Gesetzes kommen wir zu dem Schluss, dass die Spannung U_0 in dem Stromkreis der Quelle entgegengesetzt gleich groß sein muss wie die Summe der Spannungsabfälle an den Widerständen. Dabei müssen die Vorzeichen der Spannungen entsprechend gewählt werden:

$$0 = U_0 - U_1 - U_2 - U_3$$
oder
$$U_0 = U_1 + U_2 + U_3.$$

Maschen:
geschlossene Stromwege in einem Stromkreis.
Maschenregel:
$\Sigma U = 0$ beim Umlauf in einer Masche.

🔹 **Abb. 5.11** Maschenregel

Einsetzen unserer Spannungsabfälle liefert:

$$U_0 = I \cdot R_1 + I \cdot R_2 + I \cdot R_3 = I \cdot (R_1 + R_2 + R_3).$$

Andererseits können wir, da der Strom I im gesamten Stromkreis überall gleich ist, den Stromkreis auch formal beschreiben mit:

$$U_0 = I \cdot R_{\text{Stromkreis}}.$$

Wir sehen somit sofort, dass sich der Gesamtwiderstand $R_{\text{Ges}} = R_{\text{Stromkreis}}$ ergibt zu:

$$R_{\text{Ges}} = R_1 + R_2 + R_3.$$

Natürlich gilt dies nicht nur für drei Widerstände, sondern auch, wenn wir n Widerstände hintereinander schalten. In einer Reihenschaltung addieren sich die Widerstände.

Reihenschaltung:
Die Widerstände addieren sich.

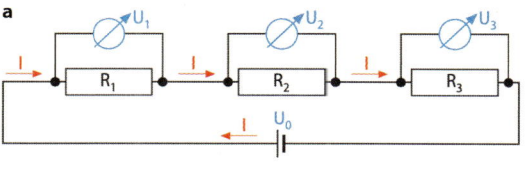 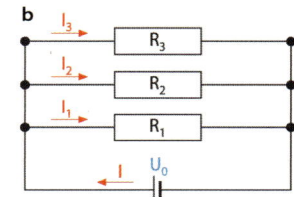

■ **Abb. 5.12a, b** Reihenschaltung (**a**) und Parallelschaltung (**b**) von Widerständen

Verzweigter Stromkreis – Parallelschaltung

In dieser Schaltung (■ Abb. 5.12b) haben die Ladungsträger, die Elektronen im Metall, die Qual der Wahl – sie haben mehrere Möglichkeiten, vom Minus- zum Pluspol zu gelangen. Das bedeutet, dass sich der von der Spannungsquelle kommende Strom auf verschiedene Wege aufteilen wird. Über den Strom können wir also so einfach keine Aussage treffen außer der, dass der Gesamtstrom I_{Ges}, der von der Spannungsquelle kommt, gleich der Summe der Ströme durch die einzelnen Widerstände sein muss, 1. Kirchhoff'sches Gesetz:

$$I_{\text{Ges}} = I_1 + I_2 + I_3.$$

Wieder hilft uns hier das 2. Kirchhoff'sche Gesetz, die Maschenregel. Betrachten wir zunächst die erste Masche mit Spannungsquelle und Widerstand R_1: Für die Spannungen ergibt sich: Die Spannung, die am Widerstand R_1 anliegt, ist gleich der Spannung U_0 der Spannungsquelle:

$$U_1 = U_0.$$

So können wir uns von Masche zu Masche weiterhangeln und schlussfolgern, dass an allen Widerständen die gleiche Spannung anliegt, nämlich U_0.

Für die einzelnen Widerstände erhalten wir also die Zusammenhänge:

$$U_0 = I_1 \cdot R_1$$

$$U_0 = I_2 \cdot R_2$$

usw.

Eingesetzt in unsere Stromgleichung erhalten wir:

$$I_{Ges} = \frac{U_0}{R_1} + \frac{U_0}{R_2} + \frac{U_0}{R_3} = U_0 \cdot \left(\frac{1}{R_1} + \frac{1}{R_2} + \frac{1}{R_3} \right).$$

Hier steht aber nichts anderes als die Gleichung für den gesamten Stromkreis:

$$I_{Ges} = U_0 \cdot \frac{1}{R_{Stromkreis}}.$$

Auch hier sehen wir sofort, dass für den Gesamtwiderstand $R_{Ges} = R_{Stromkreis}$ gilt:

$$\frac{1}{R_{Ges}} = \frac{1}{R_1} + \frac{1}{R_2} + \frac{1}{R_3}.$$

Wiederum gilt dies nicht nur für drei Widerstände, sondern auch, wenn wir n Widerstände hintereinander schalten.

Erinnern wir uns an die Definition des elektrischen Leitwerts, so kann dies auch in folgender Form geschrieben werden:

$$G_{Ges} = G_1 + G_2 + G_3.$$

Parallelschaltung von Widerständen: Leitwerte addieren sich.

Bei der Parallelschaltung von Widerständen addieren sich die Leitwerte.

5.3.4 Elektrische Leistung und Arbeit

Habt ihr euch schon mal gefragt, ob für eure Schreibtischlampe eine Glühbirne mit 40 W geeigneter ist als eine mit 25 W? Oder besser gefragt: Was bedeutet die Angabe »Watt« überhaupt? Diese Einheit stammt eigentlich aus einem anderen Themenblock der Physik, nämlich aus der Mechanik. Hier dient sie selbstverständlich auch zur Berechnung der Leistung P. Generell gilt für die Leistung auch im elektrischen Fall:

Leistung P = geleistete Arbeit W geteilt durch die zur Verrichtung der Arbeit benötigte Zeit Δt:

Elektrische Leistung:

$P = \frac{W}{\Delta t}$.

$$P = \frac{W}{\Delta t}.$$

Hätten Sie's gewusst?

Leistungskontrollen
Zum besseren Verständnis stellen wir uns Folgendes vor: Eine Physikklausur (= Arbeit) könnte jeder von uns lässig schaffen, hätten wir nur keinerlei Zeitangaben – oder nicht? Doch leider erfordern Universitäten **Leistung**skontrollen; d.h., wir haben nur 1 h Zeit dafür… nun ja, 60 min können sooooo kurz sein… und was wir dann bis dahin zustande gebracht haben, wird dann als unsere Leistung angesehen! Obwohl wir doch noch viel mehr könnten…

Elektrische Arbeit:
$W = U \cdot I \cdot \Delta t$.

Doch wie berechnet sich die **elektrische Arbeit**? Ohne uns damit lange aufzuhalten, merken wir uns einfach Folgendes als Festlegung:

$$W = U \cdot I \cdot \Delta t$$
mit der Einheit: $[W] = V \cdot A \cdot s$.

Die mechanische Einheit für die Arbeit ist das Joule (J), womit wir eine Umrechnungsvorschrift erhalten:

$$1\,J = 1\,VAs.$$

Für die Leistung P, deren Einheit das Watt (W) ist, erhalten wir dann:

$$1\,W = 1\,\frac{J}{s} = 1\,VA.$$

Was geschieht eigentlich mit der eben berechneten Energie W, wenn aufgrund der Spannung U ein Strom I über eine Zeit Δt fließt? Nun, diese Arbeit muss verrichtet werden, um den Widerstand, der sich dem Stromfluss entgegenstellt, zu überwinden. Diese Arbeit bleibt also im Widerstand »hängen«, sie wird im Endeffekt in Wärme verwandelt. **Der Widerstand R wird sich also erwärmen. Diese Wärme nennt man deshalb Stromwärme oder Joule'sche Wärme.**

Mit dem Zusammenhang $U = R \cdot I$ lässt sich die erzeugte Joule'sche Wärme an einem Widerstand berechnen zu:

$$W = R \cdot I \cdot I \cdot \Delta t = R \cdot I^2 \cdot \Delta t.$$

Oder ausgedrückt durch die angelegte Spannung ergibt sich:

$$W = U \cdot \frac{U}{R} \cdot \Delta t = \frac{U^2}{R} \cdot \Delta t.$$

5.3.5 Kondensator im Stromkreis

Obwohl der Kondensator im Gleichspannungsstromkreis keinen Strom hindurchlässt (▶ Abschn. 5.1.5), macht es Sinn, sich klarzumachen, wie sich Kondensatoren verhalten, wenn man sie zusammenschaltet. Wie schon gesagt, sind Zellmembranen in Elektrolyten nichts anderes als Kondensatoren und kommen überall in unserem Körper vor. In der Physiologie werden wir dann besser verstehen, welche Konsequenzen Kondensatoren für die Entstehung und Weiterleitung elektrischer Nervensignale in unserem Körper haben.

Die Proportionalität der Kapazität C zur Plattengröße A legt es nahe, dass die **Parallelschaltung von Kondensatoren** einfach wie eine additive Vergrößerung der Fläche wirkt, die Kapazitäten also einfach zusammengezählt werden. Und so ist es auch:

$$C_{Ges} = C_1 + C_2 + ... + C_n.$$

Parallel geschaltete Kondensatoren addieren ihre Kapazität.

Schwieriger ist die **Serienschaltung von Kondensatoren**. Der Vollständigkeit halber merken wir uns einfach die Lösungsformel:

$$\frac{1}{C_{Ges}} = \frac{1}{C_1} + \frac{1}{C_2} + ... + \frac{1}{C_n}.$$

Aber dieser Fall kommt sehr selten vor.

Physik

kurz & knapp

- Ein **Stromkreis** ist eine geschlossene Anordnung von Bauelementen, die einen Ladungstransport vom Minus- zum Pluspol einer Spannungsquelle ermöglicht.
- **Strommessgeräte** müssen immer **in den Stromkreis** geschaltet werden, also in Reihe.
- **Spannungsmessgeräte** werden **immer parallel** zu dem Bauelement **geschaltet**, an dem der Spannungsabfall gemessen werden soll.
- Der Zusammenhang zwischen dem Strom I durch ein Bauelement und der an das Bauelement angelegten Spannung U ist die **Strom-Spannungs-Kennlinie** des Bauelements.
- Der **Widerstand R** ist definiert als Quotient aus Spannung U und Stromstärke I:

$$R = \frac{U}{I}; \ [R] = \frac{1\,V}{1\,A} = 1\,\Omega\,(\text{Ohm}).$$

- Bei einem **Ohm'schen Widerstand** ist der Widerstand R für alle beobachteten Strom-Spannungs-Paare gleich:

$$U = R \cdot I; \ R = \text{konst.}$$

- Den Kehrwert des elektrischen Widerstands nennt man elektrischen **Leitwert G**:

$$G = \frac{1}{R}; \ [G] = \frac{1}{\Omega} = 1\,S\,(\text{Siemens}).$$

- Der Widerstand R eines Drahts mit der Länge l und der Querschnittsfläche A errechnet sich zu:

$$R = \rho \cdot \frac{l}{A}$$

  mit dem **materialspezifischen Widerstand** ρ.
- Die Kirchhoff'schen Gesetze sind die Grundlage der Berechnungen in Stromkreisen:

  1. Kirchhoff'sches Gesetz: Knotenregel:

  Die Summe aller Ströme, die in einen Knoten fließen, ist gleich null:

  $$\sum I_i = 0.$$

  2. Kirchhoff'sches Gesetz: Maschenregel:

  Die Summe aller Spannungen in einer Masche ist gleich null:

  $$\sum U_i = 0.$$

- **Reihenschaltung** von Widerständen – die Widerstände addieren sich:

  $$R_{Ges} = R_1 + R_2 + \ldots + R_n.$$

- **Parallelschaltung** von Widerständen – die Leitwerte addieren sich:

  $$G_{Ges} = G_1 + G_2 + \ldots + G_n$$

  oder

  $$\frac{1}{R_{Ges}} = \frac{1}{R_1} + \frac{1}{R_2} + \ldots + \frac{1}{R_n}.$$

- **Elektrische Arbeit:** $W = U \cdot I \cdot \Delta t$.

- **Elektrische Leistung:** $P = \dfrac{W}{\Delta t} = U \cdot I$.

- **Parallelschaltung** von Kondensatoren:

$C_{Ges} = C_1 + C_2 + \ldots + C_n$.

- **Reihenschaltung** von Kondensatoren:

$\dfrac{1}{C_{Ges}} = \dfrac{1}{C_1} + \dfrac{1}{C_2} + \ldots + \dfrac{1}{C_n}$.

5.3.6 Übungsaufgaben

Aufgabe 1: Eine Nervenfaser (Axon) lässt sich, was seine Leitungseigenschaften angeht, wie ein Stück Draht behandeln. Angenommen, zwischen den Enden eines 20 cm langen Axons liegt eine Spannung von 75 mV, der spezifische Widerstand beträgt 30 Ω cm und der Radius ist 0,2 mm. Welcher Strom fließt im Axoninneren und wie viele Ladungsträger mit je einer Elementarladung passieren in 1 s eine Axonquerschnittsfläche?

Aufgabe 1

Lösung 1: Zunächst berechnen wir den Widerstand des Axons nach $R = \rho \cdot l/A$ und erhalten R = 447,5 kΩ. Mittels $U = R \cdot I \rightarrow I = U/R$ erhalten wir den Strom I zu I = 157 nA. Dies entspricht einem Ladungstransport von 157 nC s^{-1} im Axon oder $0,98 \cdot 10^{12}$ Ladungsträgern.

Aufgabe 2: Berechnen Sie den Gesamtwiderstand einer Anordnung aus drei gleichen Widerständen R = 100 Ω, wobei zwei in Reihe geschaltet sind und der dritte zu diesen parallel geschaltet ist.

Aufgabe 2

Lösung 2: Für die beiden in Reihe geschalteten Widerstände gilt: $R_{12} = R_1 + R_2$ = 200 Ω. Dieser R_{Ges} wird nun zum dritten Widerstand parallel geschaltet, wobei sich die Leitwerte addieren, also:

$$\frac{1}{R_{Ges}} = \frac{1}{R_3} + \frac{1}{R_{12}} = \frac{1}{100\,\Omega} + \frac{1}{200\,\Omega} = \frac{3}{200\,\Omega}.$$

Nun darf man nicht vergessen, den Kehrwert zu bilden, und erhält $R_{Ges} = 66⅔\ \Omega$.

Aufgabe 3: Warum ist eine Glühlampe kein Ohm'scher Widerstand?

Aufgabe 3

Lösung 3: Nun, der Glühfaden einer Glühlampe besteht aus Metall. Metalle sind Kaltleiter und wie wir wissen, wird der Glühfaden im Betrieb sehr heiß. Somit ändert sich der Widerstand, er wird größer, wenn ein Strom durch den Glühfaden fließt. Dies widerspricht aber der Definition eines Ohm'schen Widerstands, dessen Widerstandswert R unabhängig von der Stromstärke (oder der Spannung) sein muss.

Physik

Ein Blitz und unser PC läuft ewig?

Bei P = 50 W Leistung verbraucht der PC in der Zeit t eben t · P Energie, denn Leistung mal Zeit ist ja die verrichtete Arbeit oder umgewandelte Energie. Diese soll nun der Blitzenergie W = 1,5 GJ entsprechen. Somit gilt:

$$t = \frac{W}{P}.$$

In Zahlen: t = 3 · 10^7 s oder 347 Tage, also 1 Jahr.

5.4   Magnetismus, Induktion und elektromagnetische Welle

Philipp Wagner

- Aufbau eines Magneten und seiner Feldlinien
- Vergleich zwischen magnetischen und elektrischen Feldern
- Magnetfeld bewegter elektrischer Ladungen
- Lorentz-Kraft
- Induktion und Selbstinduktion
- Wichtige Geräte im (physikalischen) Alltag

MRT – einmal und immer wieder!

Nach einer »süßen« 36-h-Schicht: Hektik am Morgen – auf dem Weg zu einem Notfallpatienten, der im MRT wartet. Chefarzt Prof. Jähzorn ruft an, beschwert sich lautstark über irgendwelche Versäumnisse der letzten Nacht. Ohne viel nachzudenken und mit dem Handy am Ohr stürmt Assistenzarzt Dr. Jedermann in den Untersuchungsraum. Bei seinem Eintreten in den MRT-Raum ist die schreiende Chefarztstimme plötzlich verstummt. Klasse, denkt sich Dr. Jedermann, heute hat er sich aber schnell wieder beruhigt.

Ist der Chefarzt wirklich nicht mehr sauer? Oder was hat Dr. Jedermann falsch gemacht? Mit was muss er eigentlich rechnen? Kann er überhaupt sein Mittagessen noch bezahlen? Was wäre bei laufender Untersuchung mit dem Reflexhammer in seiner Kitteltasche passiert? Alles Bahnhof oder was?

5.4.1   Magnetismus

Der Magnet und sein Magnetfeld

Magnete bestehen aus vielen ausgerichteten magnetischen Dipolen.

Ein Magnet besteht aus lauter mikroskopisch kleinen magnetischen Dipolen mit jeweils einem Nord- und Südpol, die gleich ausgerichtet sind. Deshalb entstehen beim Durchbrechen eines Dauermagneten wieder zwei Magneten mit Nord- und Südpol (Abb. 5.13b). Man kann dies so lange fortführen, bis nur noch ein einzelner **Elementarmagnet** übrig bleibt. **Es sind also immer nur magnetische Dipole möglich, einzelne Nord- oder Südpole sind dagegen unmöglich.**

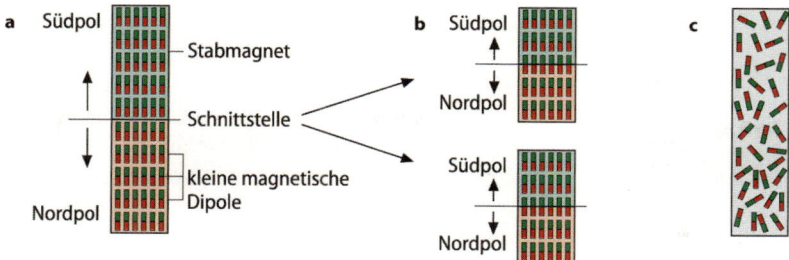

Abb. 5.13a–c **a** Ein Stabmagnet besteht aus lauter kleinen magnetischen Dipolen. Sowohl sein Nord- als auch sein Südpol besteht aus den gleichen winzigen magnetischen Dipolen mit jeweils Nord- und Südpol. Lediglich die einheitliche Ausrichtung führt zu den unterschiedlichen Polen des Stabmagneten. **b** Der Stabmagnet wurde in der Mitte durchgesägt: Es entstehen zwei neue identische Magneten mit geringerer Stärke, aber ebenfalls mit Nord- und Südpol. **c** Zustand der Elementarmagneten in einem nichtmagnetisierten Eisenstück (aus Dorn/Bader 2000)

Von jedem Magneten gehen Kräfte aus. Der von magnetischen Kräften durchsetzte Raum ist das **magnetische Feld** oder B-Feld. Ein Magnetfeld wird daher, ebenso wie ein elektrisches Feld, durch Feldlinien beschrieben (■ Abb. 5.14, ■ Tab. 5.1). Seine Stärke wird ebenso wie im elektrischen Fall durch die Dichte der Feldlinien beschrieben.

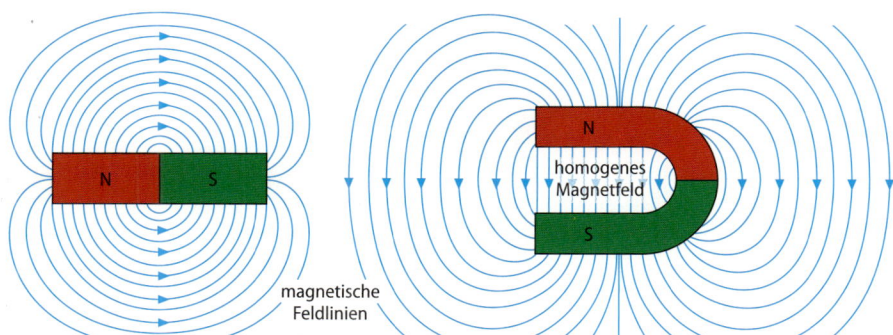

Abb. 5.14a, b Magnetische Feldlinien verlaufen außerhalb von Magneten vom Nord- zum Südpol. **a** Stabmagnet, **b** Hufeisenmagnet

Feldlinien kann man durch ein Experiment leicht sichtbar machen. Man legt dazu z. B. eine Folie auf einen Magneten und streut Eisenfeilspäne darauf. Man kann beobachten, wie sich die Eisenfeilspäne im Magnetfeld entlang der Feldlinien ausrichten. Sie werden durch das Feld ebenfalls magnetisiert. **Magnetische Feldlinien beginnen definitionsgemäß am Nord- und enden am Südpol jedes Magneten.** Im Magneten selbst laufen sie vom Südpol zum Nordpol zurück, sodass sie schlussendlich immer geschlossene Kurven bilden, die sich niemals schneiden.

Kräfte zwischen Magneten Nähert man zwei Magneten einander an, so wird man schnell Folgendes feststellen: **Gleichnamige Pole stoßen sich ab, ungleichnamige ziehen sich an.** Dies ist leicht zu verstehen, wenn man sich die Feldlinien zweier Stabmagneten anschaut (■ Abb. 5.15).

Unser Planet Erde als Magnet Auch die Erde ist ein Magnet und deshalb von einem Magnetfeld umgeben (■ Abb. 5.16).

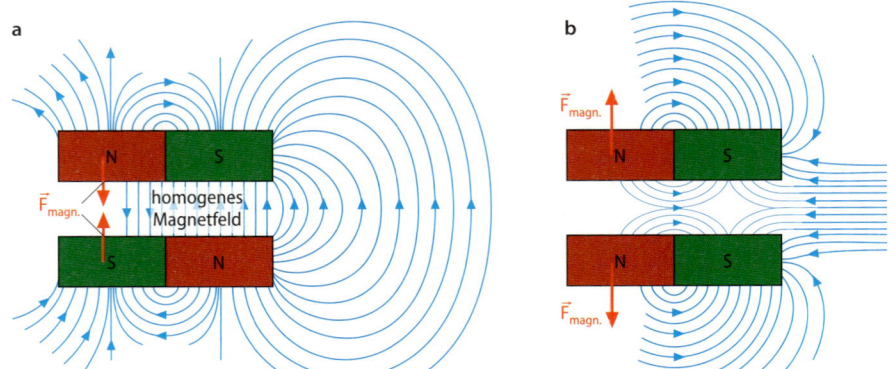

a

N   S

homogenes
Magnetfeld

$\vec{F}_{magn.}$

S   N

b

$\vec{F}_{magn.}$

N   S

N   S

$\vec{F}_{magn.}$

◘ **Abb. 5.15a, b** Wechselwirkung der Pole am Beispiel zweier Stabmagneten. Am linken Teil des Magneten sind jeweils die wirkenden Kräfte eingezeichnet (F_{magn}), am rechten Teil der Feldlinienverlauf. **a** Ungleichnamige Pole ziehen sich an. Dies ist deutlich an den parallel verlaufenden Feldlinien zwischen den Magneten zu erkennen. **b** Gleichnamige Pole stoßen sich ab. Auch dies ist deutlich am Feldlinienverlauf und der »Dichte« der Feldlinien erkennbar

◘ **Abb. 5.16** Der magnetische Nord- und Südpol der Erde entsprechen nicht ganz den geografischen Polen (Rotationsachse). Außerdem entspricht der geografische Nordpol dem magnetischen Südpol. Denn der Nordpol einer Kompassnadel zeigt zwar nach Norden, aber magnetisch betrachtet zeigt ein Nordpol natürlich immer zum Südpol. Innerhalb der Erde laufen die Feldlinien wieder zurück zum Nordpol, wie bei jedem anderen Magneten auch

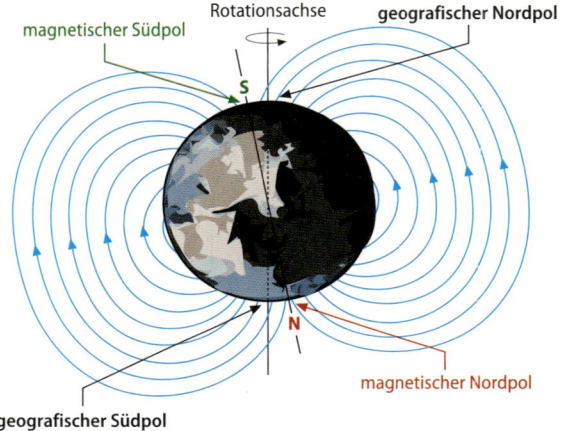

Rotationsachse   geografischer Nordpol

magnetischer Südpol

S

N

magnetischer Nordpol

geografischer Südpol

Allerdings entsprechen der magnetische Süd- und Nordpol nicht ganz den geografischen Pendants. Genauso wie die gerade beschriebenen Eisenfeilspäne richtet sich jeder Magnet bzw. jede magnetisierte Substanz im Magnetfeld aus: **Der Nordpol zeigt nach Norden (zum magnetischen Südpol) und der Südpol nach Süden (zum magnetischen Nordpol).** Dies ist die Funktionsweise eines **Kompasses.** Hier bewegt sich eine kleine Magnetnadel (magnetischer Dipol) auf einem Metallstift und richtet sich im Magnetfeld der Erde aus. So konnten die Seefahrer schon vor vielen Jahrhunderten mehr oder weniger genau ihr Ziel finden.

Drehmoment im Magnetfeld Man kann die Stärke eines Magnetfeldes messen, indem man z. B. eine Kompassnadel so auslenkt, dass diese senkrecht zu den Feldlinien steht. Nun muss man lediglich das Drehmoment der Kompassnadel im Magnetfeld bestimmen und kann so die Stärke des Feldes messen.

Verbindung zwischen magnetischen und elektrischen Feldern

Magnetische und elektrische Felder Magnetismus und Elektrizität haben viele Gemeinsamkeiten, aber auch einige Unterschiede. Die wesentlichen Punkte zu ihren Feldern sind in ◘ Tab. 5.1 zusammengefasst.

Physik

Kriterium	Magnetisches Feld (B-Feld)*	Elektrisches Feld (E-Feld)
Feldlinien	Vom Nordpol zum Südpol und im Magneten zurück zum Nordpol; kein Anfang und Ende	Immer von plus nach minus, mit Anfang und Ende
Einzelladungen möglich	Nur magnetische Elementardipole möglich (»Elementarmagneten«)	Negative oder positive Einzelladungen möglich
Kräfte auf elektrische Ladungen im Feld	Nur bewegte elektrische Ladungen erfahren eine Kraft (F_L, senkrecht zu Stromrichtung und Magnetfeld)	Ruhende elektrische Ladungen erfahren eine Kraft (in Richtung der Feldstärke E!)

☐ **Tab. 5.1** Unterschiede und Gemeinsamkeiten von magnetischen und elektrischen Feldern

* Nach der magnetischen Flussdichte B benannt (▶ Abschn. 5.4.2)

Magnetische Felder um bewegte Ladungen Was hat eigentlich Magnetismus mit Strom bzw. mit elektrischen Feldern zu tun? Warum tauchen Begriffe wie »elektromagnetisch« immer wieder auf? Die Antwort liefert folgende Tatsache: **Jede bewegte elektrische Ladung wird von einem Magnetfeld umgeben.** Dies lässt sich am einfachen Beispiel eines stromdurchflossenen geraden Leiters veranschaulichen.

Sobald in einem Leiter ein Strom fließt, wird dieser von einem Magnetfeld umgeben. Die Feldlinien laufen dabei kreisförmig mit unterschiedlichen Radien um den Leiter (☐ Abb. 5.17b). Besonders hier wird deutlich, dass magnetische Feldlinien keinen Anfang und kein Ende besitzen. Die »Drehrichtung« der Feldlinien lässt sich mit einem einfachen Trick leicht bestimmen, der **Rechte-Hand-Regel** (☐ Abb. 5.17a). Das Magnetfeld nimmt mit zunehmender Entfernung vom Leiter an Stärke ab.

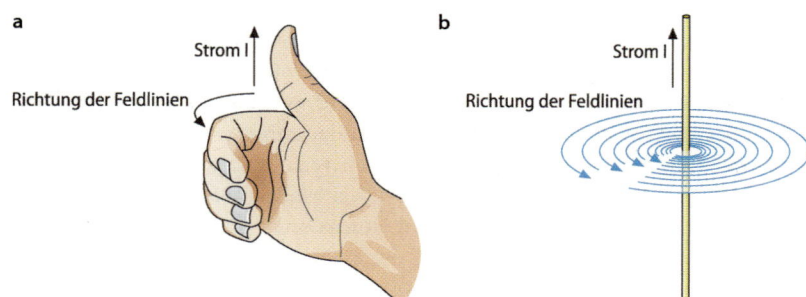

a

Strom I

Richtung der Feldlinien

b

Strom I

Richtung der Feldlinien

☐ **Abb. 5.17a, b a** Rechte-Hand-Regel für stromdurchflossene Leiter: Der Daumen der rechten Hand zeigt in Richtung der konventionellen Stromrichtung (also entgegengesetzt zur Richtung der Elektronen). Dann zeigen die abgewinkelten Finger die »Drehrichtung« des Magnetfeldes an. **b** Stromdurchflossener Leiter mit ringförmigem Verlauf der Feldlinien in einer Ebene

Magnetfeld einer stromdurchflossenen Spule Wickelt man diesen langen geraden Draht zu vielen Windungen auf, entsteht eine Spule (☐ Abb. 5.18). Wenn man nun Strom durch die Spule fließen lässt, kann man sich durch die **Rechte-Hand-Regel** wieder leicht klarmachen, wie das Magnetfeld im Inneren der Spule aussehen muss. Dabei wird es im Inneren der Spule durch die vielen Wicklungen stark, außerhalb der Spule dagegen relativ schwach. **Im Inneren der Spule laufen die Feldlinien (wie im Inneren eines Magneten)**

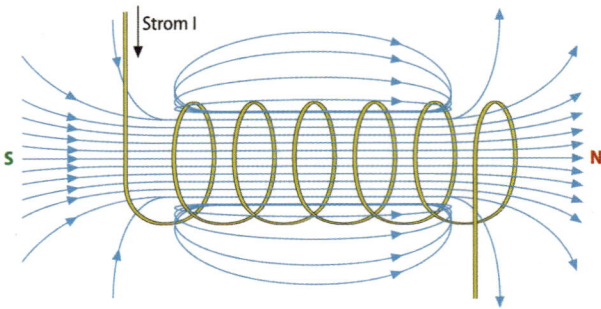

■ **Abb. 5.18** Sobald man durch eine Spule einen Strom fließen lässt, baut sich um sie herum und in ihrem Inneren ein Magnetfeld auf. Je höher die Windungsanzahl ist, desto homogener wird das Magnetfeld im Spulen-inneren. Achtung: Dort laufen die Feldlinien (wie im Inneren eines Dauermagneten) vom Süd- zum Nordpol! Die Richtung der Feldlinien lässt sich auch hier leicht mit der Rechte-Hand-Regel herleiten

Physik

vom Süd- zum Nordpol. Das Innere der Spule »simuliert« also das Innere eines Magneten.

Der gute alte Röhrenfernseher Die inzwischen durch Flachbildschirme ersetzten Fernseher mit Bildröhre funktionieren genau nach diesem Prinzip. Um das hintere Ende der Bildröhre sitzen Spulen, die den Elektronenstrahl durch magnetische Felder ablenken und so Zeile für Zeile das Bild aufbauen. Dies geschieht so schnell, dass das träge menschliche Auge bewegte und ruckelfreie Bilder wahrnimmt.

5.4.2 Lorentz-Kraft, magnetische Feldkonstante, Permeabilitätszahl, magnetische Feldgrößen H und B, magnetischer Fluss

Lorentz-Kraft: Kraftwirkung auf einen stromdurchflossenen Leiter im Magnetfeld.

Drei-Finger-Regel zur Angabe der Richtung der Feldlinien und der Lorentz-Kraft.

Lorentz-Kraft (F_L)

Im letzten Abschnitt haben wir erfahren, dass bewegte Ladungen von einem Magnetfeld umgeben sind. Was passiert aber nun, wenn dieser stromdurchflossene Leiter mit seinem Magnetfeld von einem weiteren Magnetfeld umgeben ist? Dann wirkt auf ihn eine Kraft, die sog. **Lorentz-Kraft F_L.**

Die **Lorentz-Kraft** wirkt immer in eine genau definierte Richtung. Am einfachsten ist diese Richtung mit der **Drei-Finger-Regel** zu bestimmen (■ Abb. 5.19c): Dabei nimmt man die ersten drei Finger der rechten Hand zu Hilfe. **Man hält den Daumen in Richtung der konventionellen Stromrichtung, den Zeigefinger in Richtung der Feldlinien des Magnetfeldes; der Mittelfinger gibt nun an, in welche Richtung die Lorentz-Kraft F_L wirkt.** Wichtig ist dabei, dass die Finger jeweils im rechten Winkel zueinander stehen.

Die **Ursache dieser Kraft** ist eigentlich recht simpel. So resultiert die Lorentz-Kraft aus der Überlagerung der zwei Magnetfelder des stromdurchflossenen Leiters und z. B. eines großen Hufeisenmagnets (■ Abb. 5.19a). Dadurch dass sich die Magnetfelder auf der einen Seite des Leiters gegenseitig schwächen und auf der anderen Seite verstärken, entstehen links und rechts des Leiters sehr unterschiedlich starke Magnetfelder. Dies ist der Grund dafür, dass der Leiter in eine Richtung »abgestoßen« wird, und zwar in Richtung des schwächeren Feldes (■ Abb. 5.19b).

Die Lorentz-Kraft wirkt dabei nicht nur auf eine Ladung, die in einem Leiter durch ein Magnetfeld transportiert wird, sondern z. B. auch auf Elektronen, die durch ein Magnetfeld geschossen werden. Auch die Drei-Finger-Regel ist hier analog anzuwenden.

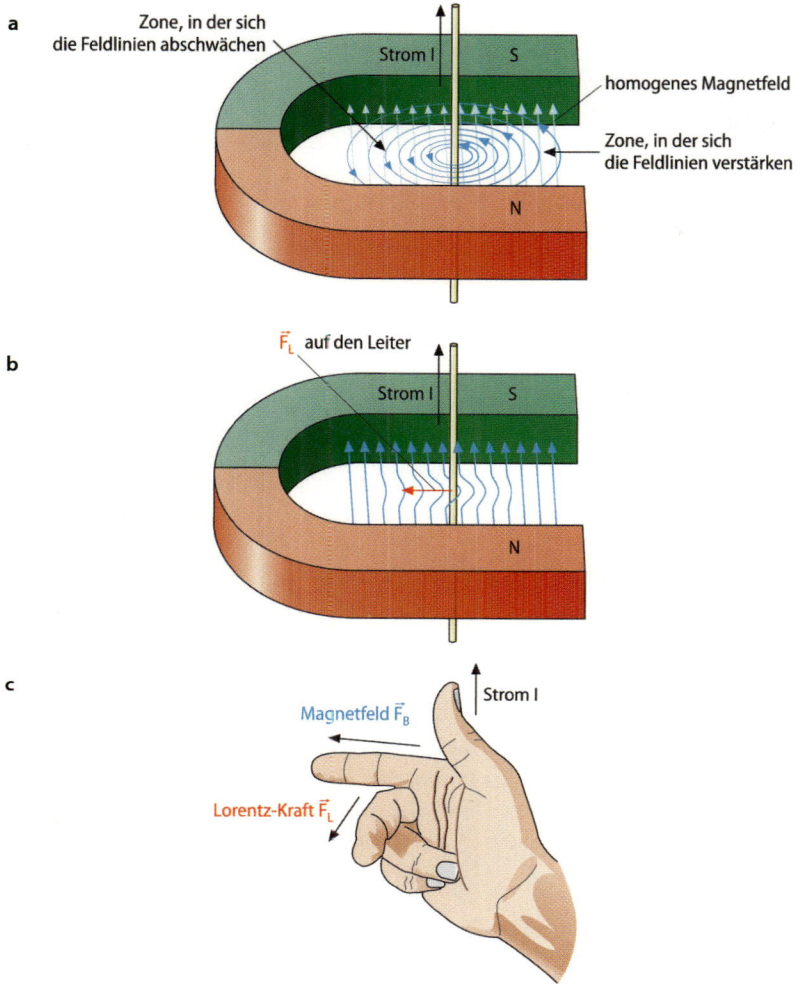

a

Zone, in der sich die Feldlinien abschwächen

Strom I

S

homogenes Magnetfeld

Zone, in der sich die Feldlinien verstärken

N

b

$\vec{F}_L$ auf den Leiter

Strom I

S

N

c

Strom I

Magnetfeld $\vec{F}_B$

Lorentz-Kraft $\vec{F}_L$

Abb. 5.19a–c Der Leiter aus Abb. 5.17 wird in das (nahezu) homogene Feld eines Hufeisenmagneten gebracht. Nun wird der Strom eingeschaltet.
a Die Richtung des Magnetfeldes um den Leiter wird durch die Rechte-Hand-Regel bestimmt. Die Feldlinien von Leiter und Magnet überlagern sich. Feldlinien in gleicher Richtung verstärken sich, Feldlinien in entgegengesetzter Richtung schwächen sich dagegen ab.
b Resultierende Feldliniendichte um den stromdurchflossenen Leiter. Die Richtung der Lorentz-Kraft F_L wird erkennbar.
c Eine weniger aufwendige Methode, um die Richtung von F_L vorherzusagen, ist die **Drei-Finger-Regel:** Der Daumen zeigt in Richtung der konventionellen Stromrichtung (nach oben), der Zeigefinger in Richtung des Magnetfeldes (nach schräg links hinten) und der Mittelfinger in Richtung von F_L

Hätten Sie's gewusst?

Wie hängen Lorentz-Kraft und Polarlicht zusammen?
Die Sonne »bombardiert« unsere Erde nicht nur mit Licht, sondern auch mit einem **Sonnenwind** genannten Strom aus geladenen Teilchen. Ohne das Erdmagnetfeld würden diese Teilchen ungehindert auf uns niederprasseln. Dank der Lorentz-Kraft werden diese geladenen Teilchen abgelenkt, und zwar so, dass sie den Feldlinien unseres Erdmagnetfeldes folgen: Die Teilchen fliegen auf Spiralbahnen um die Feldlinien herum und kommen somit erst an den Polen in die unteren Atmosphärenschichten. Dort richten sie weniger Schaden an, da diese Regionen kaum bewohnt sind, und sorgen für eine wunderschöne Himmelserscheinung – das Nordlicht oder Polarlicht.

Magnetische Flussdichte B

Die magnetische Flussdichte B gibt Auskunft über die magnetische Feldstärke. **Je dichter die Feldlinien liegen, desto höher ist die Flussdichte.** Man kann mit der magnetischen Flussdichte also eine Aussage über die Stärke des Magnetfeldes treffen. Experimentell kann man die Flussdichte bestimmen, indem

Die magnetische Flussdichte B beschreibt die Stärke eines Magnetfeldes.

man den in ◻ Abb. 5.19 gegebenen Versuchsaufbau heranzieht. Entscheidend sind die Stromstärke I, ein zum Leiter **senkrechtes** Magnetfeld, die Länge des Leiters s im Magnetfeld und die resultierende Lorentz-Kraft F_L, die auf diesen Leiter wirkt. Die Einheit der magnetischen Flussdichte ist Tesla [B] = T. Diese Einheit ist sehr groß. Magnetfelder mit 1 T oder mehr sind nur mit großem Aufwand zu realisieren, wie z. B. beim MRT.

Definiert ist die magnetische Flussdichte wie folgt:

$$B = \frac{F_L}{I \cdot s}; \quad [B] = \frac{N}{Am} = 1\,T\,(Tesla).$$

Dabei gilt: Lorentz-Kraft F_L in N, Stromstärke I in A und Länge des Leiters im Magnetfeld s in m.

Berechnung der magnetischen Flussdichte einer schlanken Spule

Will man die magnetische Flussdichte einer schlanken Spule berechnen, benötigt man einige physikalische Angaben der Spule. Außerdem kommen noch zwei wichtige Faktoren hinzu:

- Zum einen die **magnetische Feldkonstante** $\mu_0 = 4 \cdot \pi \cdot 10^{-6}\frac{T \cdot m}{A}$. Dies ist nichts anderes als die Proportionalitätskonstante, die im SI-System benötigt wird.
- Der zweite wichtige Faktor ist die Permeabilitätszahl μ_r einer Spule: **Die Permeabilitätszahl μ_r gibt an, um das Wievielfache sich die magnetische Flussdichte im Gegensatz zum Vakuum erhöht (d. h. im Vakuum gilt: $\mu_r = 1$), wenn man das Innere der Spule mit diesem Stoff ausfüllt.** Dies können gravierende Unterschiede sein. So ist bei einem Spulenkern aus Gusseisen der magnetische Fluss bereits um das ca. 800-Fache erhöht ($\mu_r = 800$)!

Die Berechnung der magnetischen Flussdichte B einer Spule erfolgt nach:

$$B = \mu_0 \cdot \mu_r \cdot I_{err} \cdot \frac{n}{l}; \quad [B] = T.$$

Dabei gilt: magnetische Feldkonstante μ_0, Permeabilitätszahl μ_r, Erregerstrom I_{err} und Anzahl der Windungen n bei der Länge l der Spule.

Induktion

Induktion:
In einem Leiter, der senkrecht zu einem Magnetfeld bewegt wird, fließt ein Strom.

Wenn man nun mithilfe eines stromdurchflossenen Leiters im Magnetfeld eine Kraft erzeugen kann, so müsste es doch auch umgekehrt möglich sein, durch einen **bewegten** Leiter im Magnetfeld einen Strom zu induzieren. Dieses Phänomen nennt man folglich **Induktion**. Ganz wichtig dabei ist, dass der Leiter im Magnetfeld bewegt wird. Allerdings ist nicht nur die Anzahl der pro Zeiteinheit überquerten magnetischen Feldlinien für die Höhe des induzierten Stroms verantwortlich. Dies ist etwas komplizierter. Entscheidend: **Sowohl das Magnetfeld als auch der durch das Magnetfeld bewegte Leiter sind dreidimensionale Gebilde.**

Beim Magnetfeld mag dies noch einleuchten. Beim Leiter aber zunächst nicht. Hier muss man sich klarmachen, dass der Leiter an seinen Enden ja mit dem Messgerät verbunden ist. So entsteht ein geschlossener Stromkreis in einer Art Hufeisenform. Entscheidend ist, dass sich die Anzahl der magnetischen Feldlinien ändert, die vom Stromkreis umschlossen werden (◻ Abb. 5.20). Würde sich nun der Stromkreis komplett im Magnetfeld befinden, fiele der indu-

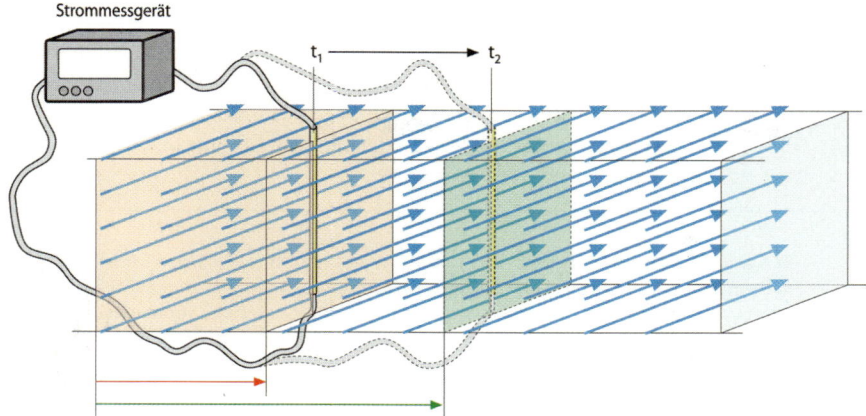

◘ Abb. 5.20 Zum Zeitpunkt t_1 wird der rot gefärbte Anteil des Magnetfeldes vom Stromkreis umschlossen. Beim Zeitpunkt t_2 dagegen wird der gesamte grün gefärbte Anteil des Magnetfeldes vom Stromkreis umschlossen. Der magnetische Fluss Φ hat sich folglich geändert und es wird ein Strom induziert. Würde der gesamte Stromkreis im Magnetfeld liegen und dort verschoben werden, würde sich der magnetische Fluss nicht mehr ändern. Es würde also kein Strom induziert werden

zierte Strom auf null. Diese Anzahl der magnetischen Feldlinien wird als **magnetischer Fluss Φ** (gr. Großbuchstabe »phi«, mit $[\Phi] = Vs = Wb(\text{Weber})$ bezeichnet und ist als Funktion der Zeit für die Induktion maßgeblich. **Induktion ist nur so lange möglich, wie eine Änderung des magnetischen (Kraft-)Flusses $\Delta\Phi$ erfolgt.**

Lenz'sche Regel bzw. Selbstinduktion

Lenz'sche Regel: Eine Spannung, die durch Änderung des magnetischen Flusses in einem Stromkreis bzw. einer Spule einen Strom induziert, wirkt immer ihrer Ursache entgegen. Der Grund hierfür ist, dass das entstehende Magnetfeld auf die Leiterschleifen zurückwirkt und dort eine »Gegenspannung« induziert. Deshalb wird die induzierte Spannung U_{ind} mit negativem Vorzeichen angegeben. Man kann also im übertragenen Sinne sagen, die Induktion bzw. Selbstinduktion verkörpert eine »konservative Haltung«: Es soll alles so bleiben, wie es ist. Gegen alles, was man dann zu verändern versucht (Strom ein, Strom aus usw.) wird angekämpft (im Sinne von: die Veränderung zu verlangsamen). Genaueres wird im nächsten Abschnitt beschrieben.

Nach dem Induktionsgesetz gilt: Die induzierte Spannung ist das Produkt der zeitlichen Änderung des Flusses $\dfrac{\Delta\Phi}{\Delta t}$ und der Windungszahl n der Spule:

$$U_{ind} = -\frac{n \cdot \Delta\Phi}{\Delta t}; [U_{ind}] = V.$$

Die induzierte Spannung wirkt dabei wie gesagt ihrer Ursache, also hier der Flussänderung, stets entgegen. Deswegen das Minuszeichen: **Lenz'sche Regel.** Diese wichtige Entdeckung machte Faraday bereits 1831.

Will man einen Gleichstrom durch eine Spule fließen lassen, so steigt die Stromstärke nicht sofort, wie man dies vielleicht vermuten würde. Stattdessen nähert sich die Stromstärke nur asymptotisch ihrem Maximalwert an (◘ Abb. 5.21b).

Der Grund hierfür ist die **Selbstinduktion**, die immer ihrer Ursache entgegenwirkt. In unserem Beispiel geschieht Folgendes: Der plötzlich an die Spule

Lenz'sche Regel:
Die induzierte Spannung wirkt ihrer
Ursache stets entgegen.

Michael Faraday (1791–1867):
Berühmter Physiker des 19. Jahrhunderts. Unter anderem verdanken
wir ihm, dass wir unbesorgt bei
Gewitter im Auto sitzen können:
Faraday-Käfig.

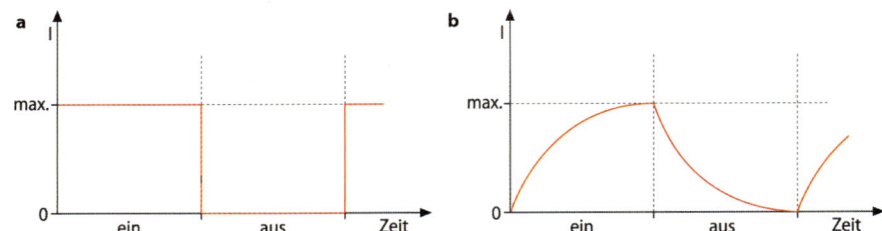

○ **Abb. 5.21a, b** Selbstinduktion. **a** So würde man es erwarten, wenn **keine** Selbstinduktion vorhanden wäre. Die Stromstärke würde nach Einschalten des Stroms augenblicklich ihr Maximum erreichen, genauso schnell würde sie nach Ausschalten des Stroms wieder absinken. **b** In Wirklichkeit: Durch Selbstinduktion wird der Anstieg der Stromstärke beim Einschalten ebenso wie der Abfall beim Ausschalten gebremst

Wegen der Selbstinduktion steigt die Stromstärke nicht sofort, wenn man Strom durch eine Spule fließen lässt.

angelegte Strom induziert in ihrem Inneren das beschriebene Magnetfeld. Da das Magnetfeld mit Ansteigen des Stroms schnell stärker wird, kommt es zu einer starken Änderung des magnetischen Flusses $d\Phi/dt$. Die Anzahl der Feldlinien steigt also rasant an. Nun haben wir aber soeben gelernt, dass jede Änderung des magnetischen Flusses für sich wieder eine »Gegenspannung« (U_{ind}) induziert, die gegen den angelegten Strom wirkt. Erst wenn die Stromstärke schließlich ihr Maximum erreicht hat, fällt die Änderung des Flusses auf null und folglich wird auch keine Gegenspannung induziert.

Umgekehrt verringert sich aber bei Abschalten des Spulenstroms der magnetische Fluss. Auch hier wird nun eine Spannung induziert, die nach der Lenz'schen Regel nun aber den plötzlich sinkenden Stromfluss unterstützt und so dessen Absinken verlangsamt. Ohne dieses Phänomen würde man ein sofortiges Absinken des Spulenstroms auf null erwarten. Die Energie hierfür wird aus dem zusammenbrechenden Magnetfeld abgezogen, die bei dessen Aufbau hineingesteckt wurde. **Bei der Selbstinduktion wird also keine Energie erzeugt, sondern lediglich die gespeicherte Energie (magnetisch) in eine andere Energieform (elektrisch) umgewandelt.**

Selbstinduktivität einer Spule Die Induktivität einer Spule kann durch einige ihrer physikalischen Daten bestimmt werden. Für die Selbstinduktivität L einer Spule gilt:

$$L = \mu_0 \cdot \mu_r \cdot n^2 \cdot \frac{A}{l}; \; [L] = \frac{V\,s}{A} = H \, (Henry).$$

Dabei ist: magnetische Feldkonstante μ_0, Permeabilitätszahl μ_r, Windungszahl n, Spulenquerschnitt A und Spulenlänge l.

Die Selbstinduktionsspannung einer Spule wird berechnet durch:

$$U_{ind} = -\frac{L \cdot \Delta I}{\Delta t}.$$

Dabei ist $\Delta I/\Delta t$ die Änderung der Stromstärke I über die Zeit.

5.4.3 Prinzip des Transformators

Transformator:
Wandelt Wechselspannung in eine höhere oder niedrigere Spannung um.

Wie das Wort schon vermuten lässt, hat ein Transformator (»Trafo«) etwas mit Umformen zu tun. Mit diesem Gerät ist es möglich, eine Wechselspannung in eine höhere oder niedrigere Wechselspannung umzuwandeln. Das hängt ganz vom Bau des Transformators ab.

Ein Transformator besteht im Prinzip aus zwei Spulen, die den gleichen Eisenkern teilen. Dabei durchsetzt das Magnetfeld der einen Spule bei Anschluss eines Wechselstroms die andere Spule und induziert in dieser einen Strom. Die Spannung, die dabei in der zweiten Spule entsteht, ist abhängig vom Verhältnis der Windungszahlen beider Spulen.

5.4.4 Amperemeter, Voltmeter, Ohmmeter

Klassische Amperemeter und Voltmeter sind im Prinzip **Drehspulinstrumente** (◻ Abb. 5.22). In der Mitte befindet sich also eine drehbare Spule (wie ja der Name schon sagt), die von einem Magneten umschlossen wird. Der an der Spule befestigte Zeiger wird umso stärker ausgelenkt, je höher der Strom bzw. die Spannung ist (Induktion!). Allerdings muss Wechselstrom zunächst in Gleichstrom umgewandelt werden. Aufgrund der Trägheit der Spule würde sonst allenfalls ein leichtes Zittern um den Nullpunkt zu erkennen sein.

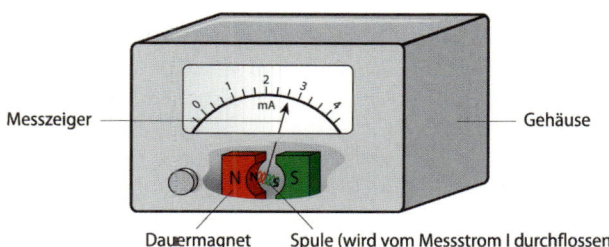

Messzeiger — Gehäuse

Dauermagnet — Spule (wird vom Messstrom I durchflossen)

◻ **Abb. 5.22** Aufbau eines Drehspulinstruments: In der Mitte solcher Instrumente ist eine drehbar gelagerte Spule vorhanden, die von einem Magneten umschlossen ist. An der Spule ist ein Zeiger befestigt, der z.B. später die Stromstärke anzeigen soll. Fließt nun ein Strom durch die Windungen der Spule, wird durch die Spule ein zusätzliches Magnetfeld induziert, das mit dem Magnetfeld des Dauermagneten wechselwirkt und die Spule auslenkt

Amperemeter Ein Messgerät, das den Stromfluss bestimmen soll, muss in Reihe geschaltet werden und einen möglichst geringen Innenwiderstand besitzen. Am besten lässt sich dies an einem Vergleich veranschaulichen: Nehmen wir an, die zu messende Leitung sei nicht strom-, sondern wasserführend, z.B. ein Wasserrohr. Will man nun die Stromstärke messen, also die Menge Wasser, die durch das Rohr fließt, so braucht man eine Art Wasserrad, das im Wasser steht und z.B. pro Umdrehung eine bestimmte Wassermenge hindurchlässt. Deshalb muss der Strommesser also in Reihe geschaltet werden. Wenn das Wasserrad an einem parallelen Wasserrohr angebracht wird, kann die Stromstärke nicht bestimmt werden. Hier kommt ja dann nicht das gesamte Wasser durch. Das Ergebnis würde verfälscht werden. Außerdem muss das Wasserrad leicht laufen, also einen geringen Widerstand besitzen. Andernfalls würde das Wasser zurückgestaut werden und ein geringerer Stromfluss käme zustande.

> Amperemeter müssen einen geringen Widerstand besitzen.
>
> Innenwiderstand eines Geräts ist der Widerstand vom Eingangs- zum Ausgangsstecker.

Voltmeter Beim Voltmeter ist es genau umgekehrt: **Ein Voltmeter muss parallel geschaltet werden und einen möglichst hohen Innenwiderstand besitzen.** In unserem Wasserrohr-Beispiel wäre der Druck im Wasserrohr der Spannung im Stromkreis entsprechend. Will man nun den Druck messen, so würde man vom oberen und unteren Messpunkt ein kleines Rohr zum Messgerät legen, um dort den Druckunterschied anzuzeigen. Der Durchmesser der Messröhrchen sollte dabei möglichst klein sein. Wäre das Messrohr ebenso groß wie das ursprüngliche Wasserrohr, hätte das Wasser den doppelten Platz zum

> Voltmeter haben einen hohen Innenwiderstand.

Fließen und der Druck würde sich halbieren. Dies entspricht dem hohen Innenwiderstand im Voltmeter, sodass hier möglichst wenig Spannung abfällt.

Ohmmeter Beim Prinzip der Widerstandsmessung werden einfach der Strom und die Spannung gemessen, die durch den Widerstand R fließt bzw. an ihm anliegt. Anschließend kann über die Formel $R = U/I$ leicht der Widerstand berechnet werden.

5.4.5 Magnetresonanztomografie (MRT)

Spin: Rotation um die eigene Achse.

Atomkerne haben einen Spin, was man sich modellhaft einfach so vorstellen kann, dass sie sich um ihre eigene Achse drehen. Und weil ja bewegte elektrische Ladung ein Magnetfeld erzeugt, erzeugen auch diese rotierenden Kerne mit ihrer Ladung ein, allerdings wahnsinnig schwaches, Magnetfeld.

Durch das Magnetfeld des MRT richten sich alle Protonen im Körper gleich aus.

Auch kleinste elektrische Ladungsverschiebungen erzeugen ein Magnetfeld. Dies gilt insbesondere für Wasserstoffprotonen, die ja überall im Körper vorkommen. Wasserstoffprotonen können somit vereinfacht als wankende magnetische Kreisel angesehen werden. Allerdings sind die Protonen in unserem Körper nicht alle gleich ausgerichtet, sondern jedes Proton »kreiselt, wie es will«. Wenn man dann allerdings von außen (wie bei einer MRT-Untersuchung) ein Magnetfeld anlegt, richten sich alle Kreisel mit ihren magnetischen Feldern aus ihrer Ruhelage nach diesem Magnetfeld aus, wie die Kompassnadel im Magnetfeld der Erde. Sie beginnen um die Achse des Hauptmagnetfeldes zu kreisen. Zusätzlich werden alle kreiselnden Protonen durch Hochfrequenzimpulse »gleichgeschaltet«. Das heißt, die Protonen absolvieren ihre Kreisbahnen parallel.

Wird jetzt der Hochfrequenzimpuls ausgeschaltet, fallen die Protonen wieder zurück in ihren ursprünglichen Zustand, der durch das statische Feld bestimmt ist. Die Zeit, die vergeht, bis dies beim Großteil der Protonen geschehen ist, kann man messen, da ja mit der Änderung der Orientierung der Kernspins und der damit verbundenen Magnetfelder sich das Gesamtmagnetfeld ändert (Messung über Induktion), und in das MRT-Bild umrechnen.

Je nachdem, wie man nun die Hochfrequenzpulse in ihrer Orientierung und Zeitdauer anordnet, kann man unterschiedliche Kernspinumgebungen abfragen. Man spricht dann von einer T_1- bzw. T_2-Gewichtung. Details führen hier zu weit, man kann sich aber bereits Folgendes merken: **Mit T_1-Gewichtung lassen sich besonders fetthaltige Gewebe gut unterscheiden, mit T_2-Gewichtung besonders wasserhaltige Gewebe.**

---

kurz & knapp

- Jeder Permanentmagnet besteht aus mikroskopisch kleinen magnetischen Dipolen – **Elementarmagneten**.
- Magnetische Einzelladungen sind, im Gegensatz zu elektrischen, nicht möglich.
- **Magnetische Feldlinien verlaufen vom Nord- zum Südpol** und innerhalb des Magneten oder der Spule wieder zum Nordpol zurück. Sie haben keinen Anfang und kein Ende.
- Gleichnamige magnetische Pole stoßen sich ab, ungleichnamige ziehen sich an.

- Jede bewegte elektrische Ladung umgibt sich mit einem magnetischen Feld.
- Bewegte elektrische Ladungen in einem Magnetfeld erfahren eine **Lorentz-Kraft**.
- Induktion ist nur dann möglich, wenn sich der magnetische Fluss Φ ändert.
- Nach der Lenz'schen Regel wirkt eine induzierte Spannung immer ihrer Ursache entgegen.

5.4.6 Übungsaufgaben

Aufgabe 1: Wie viele Windungen hat eine 25 m lange Spule mit einem Eisenkern (μ_r=800), die eine magnetische Flussdichte B von $5 \cdot 10^{-2}$ T bei 0,1 A aufweist?

Aufgabe 1

Lösung 1: Um die Windungsanzahl zu berechnen, benutzen wir die Gleichung zur Berechnung der magnetischen Flussdichte B einer Spule. Natürlich müssen wir sie nach unseren Bedürfnissen umbauen. Auflösen nach Windungszahl n:

$$B = \mu_0 \cdot \mu_r \cdot I_{err} \cdot \frac{n}{l}$$
$$n = \frac{l \cdot B}{\mu_0 \cdot \mu_r \cdot I_{err}}.$$

Jetzt müssen wir nur noch einsetzen und auf die richtigen Einheiten aufpassen. Wir erhalten für die Windungszahl n = 124,3 – also 124 oder 125 Windungen.

Aufgabe 2: Wie hoch ist die Selbstinduktionsspannung der Spule aus Aufgabe 1, wenn sich die Stromstärke in 2 s um 5 A ändert?

Aufgabe 2

Lösung 2: Zunächst müssen wir die Selbstinduktivität L der Spule berechnen. Die Formel hierzu lautet:

$$L = \mu_0 \cdot \mu_r \cdot n^2 \cdot \frac{A}{l}.$$

Hier müssen wir die Werte aus der Aufgabe einsetzen und erhalten L = 6,18 H. Jetzt können wir leicht U_{inc} berechnen:

$$U_{ind} = -\frac{L \cdot \Delta I}{\Delta t}.$$

Die induzierte Spannung beträgt $U_{ind} = -15,45$ V.

Alles klar!

Handy-Flatrate im MRT?
Also, wahrscheinlich ist Chefarzt Prof. Jähzorn immer noch sauer, nur kann ihn Dr. Jedermann nicht mehr hören. Dies liegt am starken Magnetfeld des MRT im Untersuchungsraum (auch schon vor Untersuchungsbeginn). Viele Chips und Karten, die wir im täglichen Gebrauch benutzen,

haben die enthaltenen Informationen magnetisch gespeichert, so auch Computerfestplatten, EC-Karten, viele Identifikationskarten und natürlich auch die SIM-Karte der Handys. Wenn man mit diesen Datenträgern in die Nähe eines solch starken Magnetfeldes wie im MRT kommt, werden die gespeicherten Informationen zerstört. Der Handy-Nutzer, in unserem Falle Dr. Jedermann, kann dann vom Netz nicht mehr erkannt werden und Telefonieren wird unmöglich. Dr. Jedermann muss sich also nicht nur eine neue SIM-Karte besorgen, sondern höchstwahrscheinlich kann er mit seiner (Magnet-)Karte auch das Mittagessen nicht mehr bezahlen.

Wenn im Untersuchungsraum **magnetische Gegenstände** herumliegen, kann dies für den Patienten **lebensgefährlich** werden. Diese fliegen spätestens bei Untersuchungsbeginn durch den Raum. Nicht von ungefähr müssen deshalb alle Schmuckstücke, Brillen und Ähnliches vor einer MRT-Untersuchung entfernt werden. Nicht durchführbar ist eine solche Untersuchung bei Patienten mit Herzschrittmacher. Selbst Tätowierungen können gefährlich werden. Also Vorsicht im Umgang mit Magnetfeldern!

5.5   Wechselspannung, Wechselstrom, biologische Wirkung

Philipp Wagner

— Wichtige Grundlagen des Wechselstroms
— Effektivwert des Wechselstroms
— Kapazitiver Widerstand des Kondensators
— Induktiver Widerstand der Spule
— Phasenverschiebung an Kondensator und Spule
— Einfache Schaltkreise mit Spule und Kondensator

Wie jetzt?

Reanimation bei Hundewetter?
Schon die ganze Woche schüttet es wie verrückt. Der Boden ist durchweicht. Gerade heute hat Dr. Schock Nachtdienst. Und wie es immer ist, wird er um 3 Uhr nachts aus den schönsten Träumen gerissen. Ein Mann ist auf nassem Boden ausgerutscht und mit dem Kopf angeschlagen. Als Dr. Schock ankommt, hat der Patient bereits einen Herz-Kreislauf-Stillstand. Dr. Schock diagnostiziert Kammerflimmern im EKG. Ohne zu zögern, zückt er den Defibrillator und … zack … puff … peng…
Was ist passiert? Was hat Dr. Schock falsch gemacht? An was hat er nicht gedacht und so sich und seine Helfer gefährdet?

5.5.1   Wechselstrom

Wieso herrscht im deutschen Stromnetz Wechselspannung? Welche Vorteile bringt Wechselspannung im Vergleich zur Gleichspannung?

Zum einen ist es so, dass die durch Generatoren induzierte Spannung einen Wechselstrom erzeugt. In einem Generator rotiert ein Magnet in der Mitte von drei Spulen. Das sich ständig ändernde Magnetfeld und damit der magnetische Fluss Φ induzieren so einen Wechselstrom in den Spulen, der dort abgegriffen wird. Mit einem Generator ist es also möglich, mechanische Energie (durch die der Magnet rotiert wird) in elektrische Energie (Wechselstrom) umzuwandeln. Beim Wechselstrom werden keine Elektronen durch die Leitung transportiert, sondern die **Elektronen pendeln lediglich hin und her** und übertragen so elektrische Energie.

Zum Zweiten ist es so, dass Wechselspannung durch Transformatoren viel leichter herauf- oder heruntertransformiert – also erhöht oder vermindert – werden kann (▶ Abschn. 5.4.3), als dies bei Gleichstrom möglich wäre.

Harmonischer Wechselstrom und harmonische Wechselspannung

Wenn man Wechselstrom grafisch über der Zeit aufträgt, wie in ◘ Abb. 5.23, erhält man für Strom und Spannung eine **harmonische sinusförmige Schwingung** um die Nulllinie.

> Harmonische Schwingung: sinus- oder cosinusförmige Schwingung.

Periodendauer und Kreisfrequenz

Die **Periodendauer T** ist die Zeitspanne, die für eine komplette Schwingung benötigt wird (◘ Abb. 5.23). Damit ist nicht nur die Zeitspanne von null bis zum Maximalwert und zurück zur Nulllinie gemeint, sondern T schließt auch die Zeitspanne bis zum negativen Maximalwert und zurück zu null ein. Die **Frequenz f** eines Wechselstroms wird berechnet, indem man durch die Periodendauer dividiert, und in Hz angegeben. Die **Kreisfrequenz ω** (gr. Kleinbuchstabe »omega«; auch Winkelgeschwindigkeit genannt) ist schließlich das Produkt $2\pi \cdot f$.

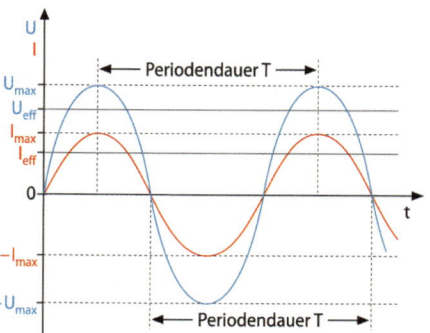

◘ **Abb. 5.23** Sinusförmiger Wechselstrom: Aufgetragen sind zeitlicher Verlauf von Strom I(t) und Spannung U(t). Die beiden Linien für U_{eff} und I_{eff} sind die Effektivwerte für Strom und Spannung (also im deutschen Stromnetz z. B. 230 V). Strom und Spannung sind (wie hier) in Phase, wenn lediglich rein Ohm'sche Widerstände im Schaltkreis vorhanden sind (▶ Abschn. 5.5.2)

Die Grundmaße des Wechselstroms sind:
- Periodendauer T in s.
- Die Frequenz f des Wechselstroms berechnet sich aus:

$$f = \frac{1}{T}; \ [f] = Hz.$$

- Die Kreisfrequenz ω des Wechselstroms ist definiert als:

$$\omega = 2\pi \cdot f.$$

Ohm'sche Widerstände im Wechselstromkreis

Sind **nur** rein Ohm'sche Widerstände im Schaltkreis vorhanden, sind Spannung und Strom **in Phase** (◘ Abb. 5.23). Dies bedeutet, dass sie jeweils gleichzeitig ihr Maximum und den Nullpunkt erreichen. Insgesamt wird die Dauer einer Periode T mit 2π oder 360° angegeben.

> Strom und Spannung sind »in Phase«, wenn sie ihr Maximum und den Nullpunkt jeweils gleichzeitig erreichen.

Physik

Berechnung der Momentanwerte von Strom und Spannung Es ist nun möglich, zu jedem beliebigen Zeitpunkt die Momentanwerte für Strom und Spannung zu berechnen. Man bestimmt also, an welchem Punkt der sinusförmigen Schwingung sich Strom und Spannung gerade befinden. Zwischen negativem und positivem Maximalwert ist jeder Wert möglich.

Für die Momentanwerte eines sinusförmigen Wechselstroms gilt:

- Für die Spannung U(t):

$$U = U_{max} \cdot \sin(\omega \cdot t).$$

- Für die Stromstärke I(t):

$$I = I_{max} \cdot \sin(\omega \cdot t).$$

Dabei gilt: Maximalwert (Amplitude) der Spannung U_{max}; Maximalwert (Amplitude) des Stroms I_{max}.

Effektivwerte des Wechselstroms
Effektivwerte von Strom und Spannung

Die von Stromversorgern angegebene Spannung und Stromstärke sind Effektivwerte.

Wieso können Stromversorger behaupten, sie liefern Wechselspannung von 230 V bei 50 Hz? Die Spannung geht dabei doch 100-mal pro Sekunde durch null (2-mal pro Periode). Der Grund hierfür ist, dass dies lediglich Effektivwerte für Strom und Spannung sind, eine Art Mittelwert also…

Bei Wechselstrom bzw. Wechselspannung werden die Effektivwerte für Strom und Spannung berechnet mittels:

$$U_{eff} = \frac{U_{max}}{\sqrt{2}}$$
$$I_{eff} = \frac{I_{max}}{\sqrt{2}}.$$

Die Strom- und Spannungsspitzen liegen weit darüber. Die Amplitude der Wechselspannung in unserer Steckdose erreicht einen maximalen Wert von $U_{max} = 311$ V.

Wirkleistung des Wechselstroms P_W

Bei der Betrachtung zum Gleichstrom in ▶ Abschn. 5.3 haben wir die elektrische Leistung kennengelernt als $P = U \cdot I$. Ändern sich nun Strom und Spannung permanent wie beim Wechselstrom, ändert sich auch die momentane Leistung ständig:

$$P(t) = U(t) \cdot I(t).$$

Im täglichen Leben interessiert uns dieser schnelle zeitliche Wechsel der Leistung eher nicht. Bei einer elektrischen Heizung sind wir an der mittleren, über einen längeren Zeitraum abgegebenen Leistung interessiert. Und genau hier kommen nun unsere Effektivwerte für Strom und Spannung ins Spiel. Bei einer Wechselspannung berechnet sich die mittlere verrichtete elektrische Leistung so:

$$P = U_{eff} \cdot I_{eff}.$$

Aber wir müssen genau genommen noch die sog. **Phasenverschiebung φ** (gr. Kleinbuchstabe »phi«) berücksichtigen. Bislang haben wir angenommen, dass immer dann, wenn die Spannung maximal ist, auch gleichzeitig der Strom maximal ist. Demzufolge wären Spannung und Strom in Phase. Was geschieht aber, wenn der Strom der Spannung etwas hinterherhinkt? Dann gibt es gewisse Zeitspannen, in denen die Spannung positiv und der Strom noch negativ ist oder umgekehrt. Es entsteht also auch ein Teil »negative Leistung«. Für die tatsächlich nutzbare Leistung, auch **Wirkleistung** genannt, erhält man dann:

$$P_W = U_{eff} \cdot I_{eff} \cdot \cos \varphi.$$

Im Extremfall ist die Phasenverschiebung gleich 90°, d. h., der Strom hinkt der Spannung eine Viertelperiode hinterher. Der Cosinusfaktor wird dann zu $\cos 90° = 0$. **Bei 90° Phasenverschiebung existiert also keine Wirkleistung mehr.**

> Unter Berücksichtigung der Phasenverschiebung berechnet sich die Wirkleistung.

5.5.2 Elektrische Elemente im Wechselstromkreis

Kondensator im Wechselstromkreis
Wechselstromwiderstand eines Kondensators

Wenn wir uns an die Situation im Gleichstromsystem erinnern, so wissen wir, dass hier Kondensatoren einen unendlichen Gleichstromwiderstand aufweisen. Sind die Platten einmal unterschiedlich geladen, fließt kein Strom mehr. Ein Kondensator stellt somit unter Gleichstrom ein unüberbrückbares Hindernis dar.

Dies ändert sich nun mit Umstellen des Stromkreises auf Wechselstrom. In einem Moment wird die eine Kondensatorplatte negativ geladen, im nächsten schon die andere. Diese Umladung des Kondensators erfordert natürlich einen Stromfluss in der Zuleitung des Kondensators, und zwar immer so lange, bis der Kondensator wieder voll aufgeladen ist. Je höher die Wechselstromfrequenz ist, desto öfter wechselt die Stromrichtung pro Sekunde und damit die Ladung der Kondensatorplatten. Der Kondensator wird gar nicht mehr voll aufgeladen: Vorher hat sich die Richtung des Stroms schon wieder geändert.

In der Zuleitung zum Kondensator wechselt nun der Strom ebenfalls ständig die Richtung, wird aber nicht mehr unterbrochen, da ja ständig umgeladen wird. Das heißt, es sieht so aus, als ob der Kondensator dem Wechselstrom keinen Widerstand entgegenstellt. Je höher die Wechselfrequenz f ist, desto geringer ist dann der Widerstand des Kondensators. Dieser frequenzabhängige Widerstand des Kondensators wird **kapazitiver Widerstand X_C** genannt.

> Kapazitiver Widerstand X_C: frequenzabhängiger Widerstand eines Kondensators bei Wechselstrom.

Der kapazitive Widerstand eines Kondensators X_C wird berechnet durch:

$$X_C = \frac{1}{\omega \cdot C}.$$

Mit $\omega = 2\pi \cdot f$ und der Kondensatorkapazität C.

Der Widerstand eines Kondensators im Wechselstromkreis wird umso geringer, je höher die Frequenz des Wechselstroms ist.

Phasenverschiebung an einem Kondensator

Ist lediglich ein Kondensator mit kapazitivem Widerstand im Stromkreis vorhanden, so eilt der Strom der Spannung um $\pi/2$ oder 90° voraus. Die Phasendifferenz φ beträgt also 90°. Dies können wir uns ebenfalls leicht mit den physikalischen Eigenschaften des Kondensators erklären. Hier muss zunächst einmal ein Strom fließen. Dadurch verteilen sich die Elektronen unterschiedlich auf die

Physik

Induktiver Widerstand X_L einer Spule: durch Länge und Eigenschaften des gewickelten Drahts bedingter Widerstand.

Kondensatorplatten: Eine ist negativ, die andere positiv geladen. Dadurch erst entsteht eine Spannung. Deshalb eilt die Spannung am Kondensator dem Strom voraus: **Ist ein Kondensator mit kapazitivem Widerstand im Stromkreis vorhanden, so eilt der Strom der Spannung um π/2 oder 90° voraus.**

Spule im Wechselstromkreis
Wechselstromwiderstand einer Spule

Auch eine Spule besitzt neben einem Ohm'schen Widerstand, der durch die Länge und die Eigenschaften des aufgewickelten Drahts vorgegeben ist, einen Wechselstromwiderstand. Dieser wird als **induktiver Widerstand X_L einer Spule** bezeichnet.

Die Spule verhält sich wieder einmal genau umgekehrt wie ein Kondensator im Wechselstromkreis. Sie besitzt einen umso höheren Blindwiderstand, je höher die Frequenz des Wechselstroms ist. Aber warum? Auch das können wir uns wieder relativ leicht herleiten: Die Selbstinduktion einer Spule ist umso größer, je schneller sich der magnetische Fluss ändert. Je schneller sich also das Vorzeichen des Stroms von plus nach minus oder umgekehrt (also bei höherer Frequenz) ändert, desto schneller ändert sich eben auch dieser magnetische Fluss. Deswegen ist hier auch die Induktivität L der Spule größer. Und da die Selbstinduktivität immer ihrer Ursache entgegenwirkt (Lenz'sche Regel, ▶ Abschn. 5.4.2), versucht sie also jeweils den Stromfluss zu bremsen. Daher kommt der erhöhte induktive Widerstand einer Spule bei hoher Wechselstromfrequenz. Mathematisch wird der induktive Widerstand X_L einer Spule berechnet durch:

$$X_L = \omega \cdot L.$$

Dabei gilt: $\omega = 2\pi \cdot f$ und Induktivität L.

Der Widerstand einer Spule im Wechselstromkreis wird umso höher, je höher die Frequenz des Wechselstroms ist.

Phasenverschiebung an einer Spule

Auch hier haben wir wieder ein gegensätzliches Bild zum Kondensator. Ist lediglich eine Spule mit ihrem induktiven Widerstand im Stromkreis vorhanden, so eilt die Spannung dem Strom um π/2 oder 90° voraus. Die Phasendifferenz φ beträgt also ebenfalls 90°, aber die Rollen von Strom und Spannung haben sich vertauscht.

Warum dies so ist, kann man leicht erklären: Wenn eine Spannung an einer Spule angelegt wird, so würde eigentlich auch sofort ein Strom fließen. Allerdings haben wir ja gelernt, dass durch den Stromfluss ein Magnetfeld entsteht, das durch Selbstinduktion seinerseits den Strom bremst. Deshalb eilt an einer Spule die Spannung dem Strom voraus: **Ist eine Spule mit induktivem Widerstand im Stromkreis vorhanden, so eilt die Spannung dem Strom um π/2 oder 90° voraus.**

5.5.3 Einfache Wechselstromschaltkreise

Siebkette: Reihenschaltung von kapazitivem, induktivem und Ohm'schem Widerstand

Schaltet man einen Kondensator, eine Spule und einen Ohm'schen Widerstand (z. B. auch schon in Form der Widerstände der Leiter) in Reihe (◻ Abb. 5.24), so kann man nicht, wie dies bei rein Ohm'schen Widerständen der Fall ist, die Nennwerte der Widerstände einfach zusammenzählen. Dies ist aufgrund der

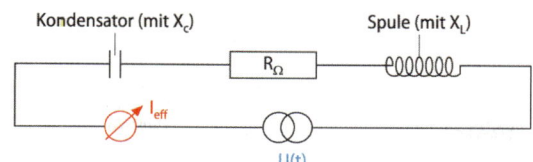

● **Abb. 5.24** Eine S ebkette besteht aus Ohm'schem Widerstand, Kondensator und Spule, die in Reihe geschaltet sind. Es wird eine Wechselspannung U(t) angelegt. Je nach Frequenz besitzt die Schaltung einen unterschiedlich großen Widerstand

Phasenverschiebungen zwischen Strom und Spannung an den einzelnen Bau-elementen nicht möglich. Außerdem haben wir ja eben gelernt, dass die Wech-selstromwiderstände frequenzabhängig sind. **Der sich ergebende Gesamtwi-derstand wird auch als Scheinwiderstand oder Impedanz Z bezeichnet.**

Die Impedanz Z eines in Reihe geschalteten Ohm'schen, kapazitiven und induktiven Widerstands im Wechselstromkreis wird berechnet durch:

$$Z = \frac{U_{eff}}{I_{eff}} = \sqrt{R_\Omega^2 + \left(\omega \cdot L - \frac{1}{\omega \cdot C}\right)^2}.$$

Hier ist die effektive Wechselspannung U_{eff}, die effektive Stromstärke I_{eff}, der Ohm'sche Widerstand R_Ω, die Kreisfrequenz ω, die Induktivität L und die Kapazität C.

Diese Siebkette wird technisch verwendet. Betrachtet man nämlich die Frequenzeigenschaften des Widerstands, so kann man eine sog. Resonanz-frequenz f_0 bestimmen. Bei dieser heben sich induktiver und kapazitiver Wider-stand gerade auf und die Impedanz entspricht nur noch dem Ohm'schen Widerstand R. Bei dieser Frequenz kann der Strom also besonders gut über die Schaltung fließen, während für alle anderen Frequenzen der Stromfluss deut-lich unterdrückt wird. **Diese Schaltung siebt also eine bestimmte Frequenz heraus – deshalb der Name »Siebkette«.**

> Impedanz: Gesamtw derstand aus in Reihe geschaltetem Ohm'schem, kapazitivem und induktivem Einzelwiderstand im Wechselstromkreis.

> Bei der Resonanzfrequenz f_0 heben sich induktiver und kapazitiver Wider-stand in der Siebkette auf.

Elektromagnetischer Schwingkreis

Ein **elektromagnetischer Schwingkreis** besteht aus einem **Kondensator** und einer **Spule** (● Abb. 5.25).

Der chronologische Ablauf einer kompletten Schwingung ist wie folgt (● Abb. 5.25):

a. Der Kondensator wird geladen und damit entsteht ein elektrisches Feld.
b. Die Spannungsquelle wird abgeklemmt. Der Kondensator entlädt sich über die Spule und induziert dort ein Magnetfeld.
c. Der Kondensator ist entladen. Eigentlich würde kein Strom mehr fließen. Aber dann müsste auch das magnetische Feld in der Spule verschwinden. Das zusammenfallende Magnetfeld induziert nun aber einen Strom und lädt so die Kondensatorplatten wieder auf. Dieses Mal werden die Kon-densatorplatten in die andere Richtung voll aufgeladen, bis das Magnet-feld in der Spule verschwunden ist.
d. Nun können sich die Platten wieder über die Spule entladen. Das Spiel be-ginnt von vorn in Gegenrichtung.

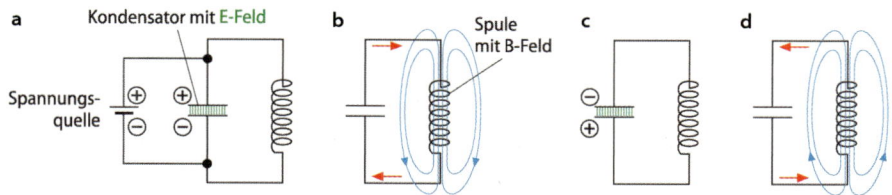

● **Abb. 5.25a–d** Ein elektromagnetischer Schwingkreis besteht aus einem Kondensator und einer Spule. Näheres siehe Text

Ein Schwingkreis kann elektrische in magnetische Felder umwandeln und umgekehrt. Betrachten wir den Schwingkreis einmal aus energetischer Sicht. Es wird also z. B. magnetische in elektrische Energie umgewandelt. Die Funktionsweise eines Schwingkreises beruht auf der Selbstinduktion von Spulen und der Speicherkapazität von Kondensatoren. Im 1. Schritt lädt man den Kondensator auf. Die Ladung wird ungleichmäßig auf die Kondensatorplatten verteilt. Man hat also maximale elektrische Energie. Andererseits ist zu diesem Zeitpunkt keine magnetische Energie vorhanden. Nun schließt man den Stromkreis und der Kondensator würde augenblicklich seine Ladung auf den Platten ausgleichen. Da der Strom aber vorher durch die Spule fließt, wird in ihr ein Magnetfeld induziert, das, was wir aus ▶ Abschn. 5.4.2 wissen, durch die Selbstinduktivität L diesen Stromfluss bremst. Irgendwann sind die Ladungen der Kondensatorplatten ausgeglichen, es fließt kein Strom mehr. Jetzt steckt sämtliche Energie im Magnetfeld und das elektrische Feld existiert nicht mehr.

Wird das Magnetfeld nun schwächer, weil kein Strom mehr fließt, wird erneut eine Spannung induziert, die den Stromfluss unterstützt und Elektronen auf die andere Kondensatorplatte treibt (Lenz'sche Regel, ▶ Abschn. 5.4.2). Könnte man diesen Schwingkreis ungedämpft schwingen lassen, was praktisch nicht möglich ist, würde er eine unendlich andauernde freie Schwingung ausführen. Für diesen Idealfall kann man die Eigenfrequenz f_0 des Schwingkreises bestimmen.

Für die Eigenfrequenz eines elektromagnetischen Schwingkreises gilt unter der widerstandslosen Idealbedingung (R = 0):

$$f_0 = \frac{1}{\sqrt{L \cdot C}}.$$

Dabei ist die Induktivität L und die Kapazität C.

In Wirklichkeit handelt es sich aber um eine gedämpfte Schwingung, die nur durch exakte, kurze Stromstöße, quasi als ungedämpfte Schwingung, aufrechterhalten werden kann. Diese anregenden Stromstöße müssen immer dann erfolgen, wenn der Kondensator durch das in sich zusammenfallende Magnetfeld aufgeladen wird. Durch den zusätzlichen kurzen Stromstoß sind die Kondensatorplatten jeweils voll geladen und das Spiel kann von Neuem beginnen.

Hertz'scher Dipol

Den elektromagnetischen Schwingkreis kann man auch »etwas« vereinfacht darstellen, indem man zum einen eine Spule mit immer weniger Windungen in die Schaltung einbaut, zum anderen die Kondensatorplatten und damit die Kapazität immer kleiner macht. Treibt man dies auf die Spitze, hat man nur noch einen **geraden Leiter**. Die Enden repräsentieren die Kondensatorplatten, das Mittelstück die verkümmerte Spule. Dieses Gebilde nennt sich **Hertz'scher Dipol**. Hier wird die Schwingungsdauer minimal und die Frequenz maximal.

Auch ein solcher Dipol würde, einmal angestoßen, ewig schwingen, wenn keine Reibungsverluste aufträten. Dies ist in der Realität nicht der Fall. Die einzelnen Schwingungsphasen zeigt ▯ Abb. 5.26. Vom Funktionsprinzip her arbeitet der Hertz'sche Dipol genau wie ein elektromagnetischer Schwingkreis. Selbst bei einem geraden Leiterstück entstehen also elektrische und magnetische Felder. Wegen der endlichen Ausbreitungsgeschwindigkeit, mit der sich die Felder im umgebenden Raum aufbauen und wieder zusammenbrechen, kann man mit einem schwingenden Dipol eine **elektromagnetische Welle** erzeugen.

Idealfall ungedämpfte Schwingung: Schwingung ohne Reibungsverluste.

Hertz'scher Dipol: Schwingkreis, der lediglich aus einem geraden Leiter besteht.

Hertz'scher Dipol funktioniert wie ein elektromagnetischer Schwingkreis.

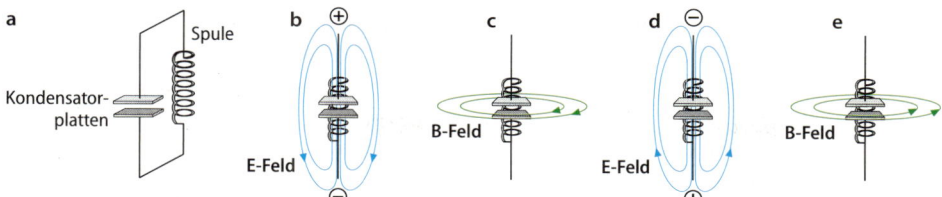

☐ **Abb. 5.26a–e** Hertz'scher Dipol (aus Harten 2011). **a** Hier sind die »Spule« und der »Kondensator« bei einem Hertz'schen Dipol eingezeichnet. **b** Zunächst sind die »Kondensatorplatten« geladen. **c** Nun wird die Ladungsverschiebung ausgeglichen und das Magnetfeld entsteht. **d** Durch das zusammenbrechende Magnetfeld wird ein Strom in der »Spule« induziert, der die andere »Kondensatorplatte« auflädt. **e** Wieder gleicht sich die Ladung aus und ein neues Magnetfeld entsteht

In einem bestimmten schmalen Frequenzbereich werden elektromagnetische Wellen für unser Auge sichtbar. **Das für das menschliche Auge sichtbare Licht besteht aus elektromagnetischen Wellen (Wellenlänge ca. 400–800 nm).** Genaueres zum Thema Licht, Optik und Sehen in ▶ Kap. 6.

Die Schwingungsdauer T und damit die Resonanzfrequenz eines Hertz'schen Dipols lässt sich sehr einfach berechnen durch:

$$T = 2 \cdot \frac{l}{c} \cdot$$

Dabei ist l die Länge des Leiterstücks und c die Lichtgeschwindigkeit. Diese wird in der Regel mit ca. 300.000 km/s angegeben.

5.5.4 Menschlicher Körper im elektrischen Stromkreis und Schutzmaßnahmen

Elektrischer Strom: Freund oder Feind

Der Mensch muss im Umgang mit elektrischem Strom sehr vorsichtig sein. Dies liegt zum einen daran, dass menschliche Zellen leicht durch elektrischen Strom geschädigt werden können. Hier ist nicht die anliegende Spannung entscheidend, sondern der fließende Strom. Schon Ströme von 100 mA können bei 50 Hz **tödlich** sein. Es kann bei einem elektrischen Unfall dazu kommen, dass z. B. jemand, der an ein defektes Elektrogerät greift, nicht mehr loslassen kann, weil seine Muskeln verkrampfen. **Kommt man an eine Unfallstelle, bei der Strom eine Rolle spielen könnte, muss man sich als Allererstes darum kümmern, dass der Strom abgestellt wird.** Ansonsten ist man bestenfalls selbst ein Fall für die Klinik.

Besondere Bedeutung kommt natürlich dem **Herzen** zu: Es besteht aus Muskelfasern, die **elektromechanisch gekoppelt** sind. Das heißt, auch im Normalzustand fließt bei jedem Herzschlag ein, allerdings sehr kleiner, Strom. Wird dieser Ablauf nun von einem anliegenden Strom, der durch den Brustkorb fließt, gestört, kann dies fatale Folgen für den Menschen haben – entweder in Form von Verbrennungen, Kammerflimmern oder gar eines Herzstillstands.

Aber auch zwei wichtige **Therapieprinzipien in der Humanmedizin** benutzen Stromstöße, allerdings sehr unterschiedlicher Stärke:

Herzschrittmacher Hier werden Elektroden meist in **beide Herzkammern** vorgeschoben, die in rhythmischen Abständen kleine elektrische Impulse abgeben.

Therapieprinzipien mit elektrischem Strom: Herzschrittmacher und Defibrillator.

Physik

Diese Stromimpulse sorgen dafür, dass sich die Herzmuskulatur in gleichen Abständen und gemeinsam kontrahiert. So lassen sich Extrasystolen vermeiden und eine ökonomischere Arbeitsweise des Herzens lässt sich sicherstellen.

Eine Defibrillation erfolgt zunächst 2-mal mit 200 J und dann mit 360 J.

Defibrillator Das Defibrillieren wird in **Notfallsituationen** angewendet, insbesondere beim **Kammerflimmern**. Was viele nicht wissen und was auch in vielen Fernsehsendungen à la »Emergency Room« falsch gemacht wird: Ein Defibrillator wird bei einer Nulllinie im EKG des Patienten nicht angewendet. Bei dieser fehlt jede elektrische Resttätigkeit des Herzens und man behandelt medikamentös. Das Defibrillieren dient vielmehr dazu, ein »Reset« des Herzens zu erreichen. Beim Kammerflimmern entladen sich die Herzmuskelzellen unkoordiniert und eine Kontraktion des Herzens kommt nicht mehr zustande. Sind nun alle Herzmuskelzellen durch den Elektroschock entladen, kann wieder eine geregelte Tätigkeit einsetzen. Die dabei abgegebene Energie beträgt 200–360 J.

Schutzmaßnahmen

Schutzmaßnahmen: Schutzkontaktstecker, Erdung, geeignetes Verhalten.

Schutzkontaktsteckdosen Es gibt zwei Arten von Netzsteckern an elektrischen Geräten: zum einen die kleineren, flachen Netzstecker, die lediglich die beiden Kontakte für die Phasen besitzen, und solche Netzstecker, die die Steckdose voll ausfüllen. Diese Netzstecker sind die sog. Schutzkontaktstecker (Schuko-Stecker), denn die beiden seitlichen Einkerbungen kommen mit den Metallspangen der Steckdose in Kontakt. Über diese Verbindung läuft die Erdung der elektrischen Geräte.

Erdung Sicher hat jeder schon einmal etwas von der Erdung elektrischer Geräte gehört. Aber was ist das eigentlich genau und wozu braucht man es? Die Erdung ist eine Verbindung vom Gehäuse des elektrischen Geräts bis ins Erdreich. (Dort wird sie mit den Wasserleitungen verbunden und hat deshalb breiten Kontakt zur Erde.) Der Sinn einer solchen Erdung ist zu verhindern, dass ein defektes Gerät elektrisch geladen wird. Gelangt also Ladung auf das Gehäuse, das vom Benutzer berührt werden könnte, wird diese schnellstmöglich und sicher abgeführt. Zusätzlich ist dieser Erdungsleiter meist über eine Sicherheitsschaltung geleitet, die, wenn über sie ein unzulässiger Strom fließt, das Gerät vom Strom trennt. Dies dient also zum Schutz, weshalb dieser Leiter auch **Schutzleiter** genannt wird.

Verhalten Im Umgang mit Elektrizität ist immer größtmögliche Sicherheit anzustreben. Wer dennoch einmal mit ungeschützten, hohen Spannungen zu tun hat, sollte immer jeweils nur eine Hand benutzen. Die andere sollte man auf den Rücken nehmen. So kann, im Falle eines Falles, der Strom direkt vom Arm durch das seitengleiche Bein in die Erde abfließen. Ströme suchen sich ja immer den kürzesten Weg zur Erde. Ein Strom durchs Herz lässt sich so (wahrscheinlich) verhindern. Ausprobieren sollte man dies natürlich nicht.

kurz & knapp
- Der **kapazitive Widerstand** eines Widerstands sinkt mit steigender Frequenz.
- Am **Kondensator** eilt der Strom der Spannung um 90° oder π/2 voraus.
- Eine **Spule** besitzt einen induktiven Widerstand, der mit steigender Wechselstromfrequenz zunimmt.

- Die Spannung eilt dem Strom an der Spule um 90° oder π/2 voraus.
- Ein **elektromagnetischer Schwingkreis** besteht aus Kondensator und Spule und wandelt ständig die Energie eines elektrischen Feldes in die Energie eines magnetischen Feldes um und umgekehrt.
- Ein **Hertz'scher Dipol** ist ein »verkümmerter« Schwingkreis und strahlt eine elektromagnetische Welle ab.
- Im Umgang mit elektrischem Strom ist große Vorsicht geboten!

5.5.5 Übungsaufgaben

Aufgabe 1: Berechnen Sie die Maximalwerte eines Wechselstroms mit $U_{eff} = 110\,V$ und $I_{eff} = 15\,A$.

Aufgabe 1

Lösung 1: Hier müssen wir lediglich die Formel zur Errechnung des Wechselstroms bzw. der Wechselspannung umformen, einsetzen und erhalten:

$$U_{max} = 155,6\,V$$
$$I_{max} = 21,2\,A.$$

Die Maximalwerte liegen also bei $U_{max} = 155,6\,V$ und $I_{max} = 21,2\,A$.

Aufgabe 2: Berechnen Sie den induktiven Widerstand einer Spule mit Eisenkern ($\mu_r = 750$) und 10^4 Windungen, $2,25\,cm^2$ Spulenquerschnitt sowie 10 cm Länge. Die Frequenz des Wechselstroms beträgt 50 Hz.

Aufgabe 2

Lösung 2: Der induktive Widerstand X_L berechnet sich zu:

$$X_L = \omega \cdot L.$$

Doch zunächst müssen wir L berechnen. Dies geschieht über die Formel für die Selbstinduktivität einer Spule. Wir müssen dabei auf die richtigen Einheiten achten!

$$L = \mu_0 \cdot \mu_r \cdot n^2 \cdot \frac{A}{l}$$
$$L = 2{,}12 \cdot 10^{-2}\,H.$$

Somit erhalten wir für den induktiven Widerstand: $X_L = 66{,}6\,k\Omega$.

Aufgabe 3: Eine Siebkette besitzt eine Spule mit der Eigeninduktivität L = 20 H und einen Kondensator mit einer Kapazität von 5,4 μF. Außerdem ist ein Widerstand von R = 500 Ω enthalten. Bei welcher Frequenz wird der Widerstand minimal?

Aufgabe 3

Lösung 3: Gesucht ist also die Resonanzfrequenz f_0. Um diese zu berechnen, brauchen wir den Ohm'schen Widerstand überhaupt nicht. Denn es muss ja gelten:

$$\omega \cdot L - \frac{1}{\omega \cdot C} = 0.$$

Jetzt wird nach der Frequenz $f_0 = 2\pi \cdot \omega$ aufgelöst und wir erhalten:

$$f_0 = \frac{1}{2\pi\sqrt{L \cdot C}}.$$

Jetzt setzen wir ein und erhalten für die Resonanzfrequenz, also die Frequenz des geringsten Widerstands: $f_0 = 21{,}66\,\text{Hz}$.

Alles klar!

Gefahren für Notärzte

Hier bringt unser Dr. Schock sich und seine Helfer in Lebensgefahr. Denn Wasser und Feuchtigkeit sind extrem gut stromleitend. Hier könnte also gleichzeitig die gesamte Helfercrew mitgeschockt werden. Auch in Badezimmern oder Schwimmbädern ist Vorsicht geboten. Deshalb ist eine **Defibrillation auf nassem Grund untersagt**. Selbst bei trockenen Verhältnissen muss sich der defibrillierende Notarzt **vor jedem** Auslösen des Elektroschocks vergewissern, dass alle anderen Personen keinen Kontakt zum Patienten haben.

5.6   Elektrizitätsleitung – Leitungsmechanismen

Philipp Wagner

- Elektrizitätsleitung in Feststoffen, Flüssigkeiten, Gasen und im Vakuum
- Funktionsweise von Ionisationskammer und Geiger-Müller-Zählrohr
- Glühemission und Fotoemission
- Vakuumdiode, Braun'sche Röhre und Röntgenröhre

Wie jetzt?

Alles Schlucki oder was?

Die meisten Medikamente müssen wir oral einnehmen oder bekommen sie direkt ins Gewebe oder die Blutbahn injiziert. Die Spritzen sind dabei meist nicht sehr angenehm und bringen auch immer die Gefahr einer Infektion mit sich. Medikamente, die der Patient schluckt, müssen dagegen immer durch Magen und Darm und wirken systemisch. Der Wirkstoff kann also andere Organsysteme belasten, auch wenn er nur an einer ganz bestimmten Stelle im Körper gebraucht wird, so z. B. am Herzen oder an den Gelenken. Deshalb gibt es die Überlegung, Strom dazu zu nutzen, die Medikamente zu applizieren. Aber wie könnte das funktionieren? Einfach den Patient an die Steckdose anzuschließen ist eine schlechte Idee.

5.6.1   Elektrizitätsleitung in Festkörpern

Man kann alle Festkörper in Leiter, Halbleiter und Isolatoren einteilen. Die Namensgebung bezieht sich dabei auf ihre Fähigkeit, Strom zu leiten.

Freie Elektronen in Metallen und Halbleitern

Im Metall leiten Elektronen den elektrischen Strom.

Metalle Der Grund für die gute Leitfähigkeit von Metallen ist die Anordnung ihrer Atome. Diese sind in einer sehr engen Gitterstruktur so streng periodisch angeordnet, dass sich die äußersten Elektronen auf den Elektronenschalen »quasifrei« bewegen können. Wenn eine Spannung anliegt, können sie sozusagen von einer Atomschale zur nächsten springen und so Ladung und damit einen elektrischen Strom von a nach b übertragen.

Wenn man ein elektrisches Feld E anlegt, so bewegen sich die Elektronen in Richtung des positiven Pols. Es fließt ein Strom. Die einzelnen Elektronen im Leiter bewegen sich dabei aber erstaunlich langsam. Sie sind sogar eher »lahme Enten«: **Elektronen bewegen sich im Leiter nur wenige Zehntelmillimeter pro Sekunde (mittlere Driftgeschwindigkeit eines Elektrons).** Der Grund für die Langsamkeit der Elektronen ist die Tatsache, dass nicht nur das elektrische Feld anliegt, sondern dass sich die Elektronen ja auch zwischen den anderen Atomen »durchquälen« müssen. Es entsteht also starke **Reibung**. Bis das Elektron, das im Moment des Einschaltens die Steckdose verlässt, beim Toaster ankommt, ist das Toastbrot längst schwarz.

Elektronen bewegen sich im metallischen Leiter äußerst langsam. Allerdings geht das Licht ja sofort beim Einschalten an. Dies liegt daran, dass Elektronen in der gesamten Leitung in Reih' und Glied beieinandersitzen. Sobald man den Lichtschalter umlegt und eine Spannung anliegt, setzen sie sich alle in Bewegung. Die Spannung wird also mit Lichtgeschwindigkeit übertragen. Dies kann man sich an einer Wasserleitung veranschaulichen. Der Wasserturm hält einen konstanten Druck auf den Leitungen. Dreht man nun den Wasserhahn auf, kommt sofort Wasser heraus, auch wenn die Wassermoleküle, die gerade am Wasserturm in die Leitung laufen, erst viel später bei uns ankommen.

Die mittlere **Driftgeschwindigkeit** v_D eines Elektrons in einer Leitung wird berechnet durch:

$$v_D = \frac{I}{n \cdot A \cdot e}.$$

Dabei gilt: Stromstärke I, Leiterquerschnitt A und Elementarladung des Elektrons e. Die Konzentration n der Elektronen im Leiter (Anzahldichte) ist gegeben durch:

$$n = \frac{N}{V}.$$

Dabei ist: Anzahl N der Elektronen im Leiter und Volumen V des Leiters.

Die makroskopische Beschreibung der Stromleitung haben wir ja bereits in ▶ Abschn. 5.3 ausführlich gegeben.

Halbleiter Halbleiter sind aus der heutigen Welt nicht mehr wegzudenken. Aus ihnen werden Mikrochips hergestellt, mit denen unter anderem die heutige Computertechnologie erst möglich wurde. Die wichtigsten Halbleiter sind **Silicium, Germanium** und **Selen**. Schon am Namen »Halbleiter« lässt sich erkennen, dass sie sich in einer Zwischenstellung zwischen Leitern und Isolatoren befinden. Reine Halbleiter leiten einen Strom nur bei **hohen Temperaturen**. In der Elektrotechnik verwendet man aber Halbleiter, die durch einen geringen Anteil von Fremdatomen »verschmutzt« bzw. dotiert sind. So werden die mögliche Stromrichtung und die Widerstände von Halbleitern beeinflusst.

Elektronen bewegen sich im Leiter langsam: Driftgeschwindigkeit.

Dotierter Halbleiter: mit geringem Anteil Fremdatomen versetzter Halbleiter.

5.6.2 Elektrizitätsleitung in Flüssigkeiten

Stromtransport mittels Ionen

Dissoziation:
reversibler Zerfall einer Verbindung in Ionen in einem Lösungsmittel.

In Flüssigkeiten wird ein Strom durch Ionen transportiert. Dies ist auch der Grund dafür, dass destilliertes Wasser eine sehr schlecht leitende Substanz ist, denn hier fehlen genau diese Ionen. Welche Stoffe bringen nun aber die Ionen ins Wasser? Dies sind **Salze, Säuren und Laugen**. Sie dissoziieren im Wasser in Ionen, die entweder positiv oder negativ geladen sind. Diese können nun Ladungen und damit einen Strom transportieren. **Wichtig: Beim Stromtransport durch Ionen werden nicht nur Ladungen, sondern auch Teilchen transportiert.**

Elektrolyte sind Stoffe, die in einer wässrigen Lösung den Strom leiten (z. B. Säuren, Basen, Laugen).

Legt man an eine Elektrolytlösung einen Strom an, wandern (negativ geladene) Anionen zur positiven Anode. In Gegenrichtung wandern (positiv geladene) Kationen zur negativen Kathode. Dies hat Konsequenzen. Denn diese Teilchen können sich an der Elektrode ablagern, wenn sie durch die Flüssigkeit gewandert sind und durch die Aufnahme oder Abgabe eines Elektrons wieder elektrisch neutral werden.

Kathode:
negative Elektrode, zu der die positiv geladenen Kationen wandern.

Wenn man in ein Gefäß mit Silbernitratlösung ($AgNO_3$) zwei Elektroden eintaucht und einen Strom anlegt, passiert Folgendes: Das Silbernitrat ist fast vollständig zu Ag^+ und $(NO_3)^-$ dissoziiert. Ag^+ wandert nun von der Anode zur Kathode und scheidet sich dort ab. Dies ist nach kurzer Zeit auch makroskopisch an der silbern schimmernden Kathode zu sehen. Umgekehrt hat $(NO_3)^-$ ein Elektron zu viel und wandert zur Anode, um es dort abzugeben.

1. und 2. Faraday-Gesetz

Anode:
positive Elektrode. Von ihr werden die negativ geladenen Elektronen bzw. Anionen angezogen.

An Elektroden in Elektrolyten werden also immer genauso viele Elektronen aufgenommen, wie abgegeben werden. **Die Elektroneutralität der Lösung bleibt also erhalten.** Da elektrische Ladungen in Form von »Elektronen-Päckchen« transportiert werden, ist jeweils nur der Transport eines ganzzahligen Vielfachen der Ladung eines einzelnen Elektrons ($e = 1,60219 \cdot 10^{-19}$ C) möglich. Diese Überlegungen lassen weitere Schlüsse zu: In einer Elektrolytlösung ist die elektrolytisch abgeschiedene Masse Δm des abgelagerten Stoffs proportional zur elektrisch transportierten Ladung ΔQ. Die Proportionalitätskonstante c ist stoffspezifisch:

- **1. Faraday-Gesetz:** $\Delta m \sim \Delta Q$ oder $\Delta m = c \cdot \Delta Q$.

  Außerdem ist die abgeschiedene Masse Δm proportional zur molaren Masse M der Ionen. Das heißt, die abgeschiedene Masse Δm eines Elements ist proportional zum Atomgewicht M des abgeschiedenen Elements und umgekehrt proportional zu seiner Wertigkeit z:

- **2. Faraday-Gesetz:** $\Delta m \sim M/z$.

  Die **Faraday-Konstante F** gibt an, welche elektrische Ladung ein Mol an Ionen oder Elektronen trägt. Sie kann berechnet werden aus der Avogadro-Zahl N_A und der Elektronenladung e:

$$F = N_A \cdot e = 96.485,3365 \ C \ mol^{-1}.$$

Zusammengefasst ergibt sich für die abgeschiedene Masse:

$$\Delta m = \frac{M \cdot \Delta Q}{F \cdot z} = \frac{M \cdot \Delta Q}{N_A \cdot e \cdot z}.$$

Vergoldeter Schmuck und Physik
Der Abscheidungsprozess von Metallen ist auch unter dem Begriff **Galvanik** bekannt. Typische Anwendungen sind hier die Verchromung von Stahl oder das Versilbern oder Vergolden von Schmuck. Neben dem schöneren Aussehen dient dieser Überzug mit edlen Metallen auch dem Schutz, da diese Metalle widerstandsfähiger sind und nicht oxidieren (»rosten«).

Spezifische Ionenleitfähigkeit

Neben diesem mikroskopischen Verständnis der Elektrolytleitung ist natürlich noch die makroskopische Beschreibung interessant: also die Frage danach, wie sich die Leitfähigkeit eines Elektrolyten berechnen lässt.

Hierzu führt man die für jedes Ion i charakteristische spezifische Ionenleitfähigkeit σ_i^0 ein. Die Abhängigkeit von der Konzentration c – je mehr Ionen, desto höher die Leitfähigkeit – wird nun berücksichtigt durch:

$$\sigma_i = \sigma_i^0 \cdot c.$$

Um die Gesamtleitfähigkeit eines Elektrolyten zu bestimmen, addiert man einfach die Leitfähigkeiten der einzelnen Ionen:

$$\sigma_{Ges} = \sigma_1 + \sigma_2 + ... + \sigma_n.$$

> Die Leitfähigkeit eines Elektrolyten entspricht dem Produkt aus spezifischer Ionenleitfähigkeit und Konzentration der Ionen.

Auf Ionen wirkende Kräfte

Welche Kräfte wirken auf die Ionen in einer elektrolytischen Lösung? Zum einen wirkt natürlich eine **elektrische Kraft** auf die geladenen Ionen. Aber färbt man diese Elektrolyte an, so kann man beobachten, dass sie sich nur sehr langsam bewegen. Es muss also noch eine weitere Kraft wirken. Wenn die Ionen von einer Elektrode zur anderen wandern, befinden sie sich ja nicht im leeren Raum oder Vakuum, sondern die Flüssigkeit besteht aus vielen anderen Molekülen, insbesondere natürlich aus Wasser. Die Ionen müssen sich deshalb durch dieses ganze Gewirr hindurchschlängeln. Dabei stoßen sie hier und da an, rammen andere Moleküle usw. Die gesuchte Gegenkraft zur elektrischen Kraft ist die **Reibungskraft: Wenn man Ladung in Form von Ionen in einer Flüssigkeit transportiert, wirkt zum einen die elektrische Kraft und als Gegenkraft die Reibung.**

Auch die Ionen in einem Elektrolyten bewegen sich, jedes für sich, sehr langsam, wie die Elektronen in Metallen. Hier gilt ebenfalls: **Die Menge macht's!**

5.6.3 Elektrizitätsleitung in Gasen

An sich sind Gasmoleküle **nichtleitend**. Sie sind elektrisch neutral und können deswegen nicht von elektrischen Polen angezogen werden. Dies hat wichtige Vorteile. Würden nämlich Gase, wie unsere Atemluft, leiten, müsste man sämtliche elektrischen Bauteile und Elemente isolieren, um zu verhindern, dass die Benutzer schon bei Annäherung einen Stromschlag bekommen. **Gase sind elektrisch neutral und leiten keinen Strom.** Will man dies aber ändern und Gase leitend machen, so benötigt man Energie, die sog. **Ionisierungsenergie W_i**, um aus den neutralen Atomen leitende Ionen zu machen.

> Ionisierungsenergie W_i: Energie, die benötigt wird, um aus elektrisch neutralen Gasen Ionen zu machen.

Als Nächstes stellt sich die Frage, wie man diese benötigte Energie überhaupt aufbringen kann. Man kann ein Gas schließlich nicht so einfach an die Steckdose anschließen. Folgende Möglichkeiten zum Aufbringen der Ionisierungsenergie stehen zur Verfügung: **Man kann Gasmoleküle durch hohe Temperaturen, aufprallende Elektronen, radioaktive Stahlen oder Röntgenstrahlen ionisieren.** Dies macht man sich in unterschiedlichen Bereichen zunutze.

Ionisationskammer

Durch die Ionisierungsenergie entstehen aus elektrisch neutralen Gasen Kationen und freie Elektronen.

Mithilfe einer Ionisationskammer ist es möglich, die Stärke von radioaktiven Materialien oder auch von Röntgenstrahlen zu bestimmen. Dazu kommen die Proben in eine abgeschlossene Kammer, die von zwei großen Kondensatorplatten umgeben ist. Die Kammer füllt also den Raum zwischen den Platten komplett aus. Die Strahlung ionisiert die darin enthaltenen Gasmoleküle, wobei Gaskationen und freie Elektronen entstehen. Die Ionen sind nun aber nicht elektrisch neutral wie das Gasmolekül, aus dem sie hervorgegangen sind. Sie werden deshalb, wie die freien Elektronen, aber in jeweils entgegengesetzte Richtung, sofort durch das elektrische Feld im Kondensator an die Kondensatorplatte gezogen, bevor sie sich wieder vereinigen können. So kann also zwischen den im Normalzustand isolierenden Kondensatorplatten plötzlich ein Strom fließen.

Gasentladung:
Vorgang, bei dem elektrischer Strom durch gasförmige Materie fließt.

Diesen Ionisationsstrom misst ein Messverstärker. Der ganze Vorgang wird als **Gasentladung** bezeichnet. Von der Stärke des Ionisationsstroms lässt sich nun die Stärke der Strahlung herleiten. **Mit einer Ionisationskammer misst man die Stärke von radioaktiver Strahlung oder Röntgenstrahlen.** Entfernt man das radioaktive Material wieder, versiegt der Ionisationsstrom. Dies ist logisch, denn wo keine Ionen (mehr) sind, da ist keine Stromleitung.

Geiger-Müller-Zähler

Das Geiger-Müller-Zählrohr ist eine spezielle Kondensatoranordnung.

Das Ticken des im Volksmund meist »Geiger-Zähler« genannten Geiger-Müller-Zählrohrs hat jeder schon mal gehört. Es ist ein sehr empfindliches Messgerät zum Nachweis radioaktiver Strahlung (▶ Abschn. 7.3.1). Man kann damit sogar einzelne ionisierende Gasmoleküle nachweisen, die beim Zerfall eines einzelnen Atomkerns entstehen. Aber wie funktioniert es genau? Im Prinzip besteht das Geiger-Müller-Zählrohr aus einem langen, dünnen Draht, der in der Mitte eines dünnwandigen Metallrohrs verläuft (◘ Abb. 5.27). Im Metallrohr ist ein entsprechendes Gas eingeschlossen. Am Draht liegt eine hohe Spannung an. Es handelt sich also um eine spezielle Kondensatoranordnung.

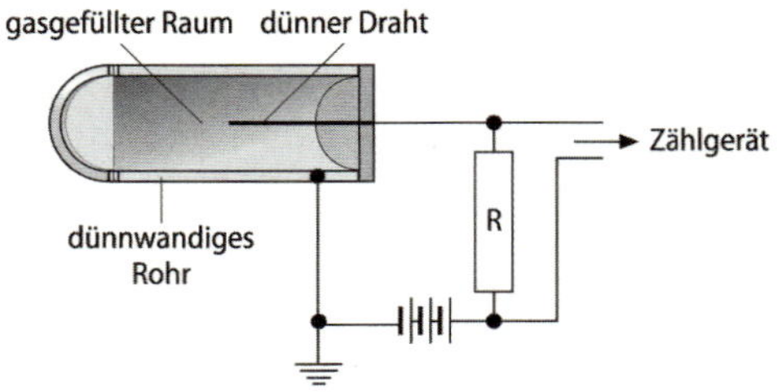

◘ **Abb. 5.27** Geiger-Müller-Zähler

Radioaktive Strahlung in Form von Alpha-, Beta- oder Gammateilchen, die ins Innere des Metallrohrs gelangen (daher dünnwandig), ionisieren einige Gasmoleküle. Durch das starke elektrische Feld werden die Ionen augenblicklich enorm beschleunigt. Ihre Beschleunigung ist so stark, dass sie andere Gasmoleküle ebenfalls ionisieren können (**Stoßionisation**). Es wird also eine **Ionen-lawine** bzw. **Elektronenlawine** ausgelöst. Diese führt zu einem kurzen Strom-stoß, der für einen Moment die Spannung absinken lässt. Dieser Abfall der Spannung wird durch ein Knacken hörbar gemacht: »Der Geiger-Zähler tickt.«

5.6.4 Elektrizitätsleitung im Vakuum

Fliegen Elektronen durch ein Vakuum (etwa wie in der Fernsehröhre), dann sind sie unabhängig von Leitern. Es spielen lediglich die Kräfte eine Rolle, die auf die Elektronen wirken. Dies können magnetische oder aber elektrische Fel-der sein.

Lorentz-Kraft auf Elektronen

Fliegt ein Elektron durch ein magnetisches Feld, so erfährt auch dieses, analog zum bewegten Leiter im Magnetfeld, eine Lorentz-Kraft F_L. Diese ist natürlich viel kleiner als die auf einen Leiter, der ja mit Elektronen »vollgestopft« ist. Man kann die Lorentz-Kraft auf ein einzelnes Elektron deshalb nicht messen, son-dern nur berechnen. Wie wir aus ▸ Abschn. 5.4.2 wissen, wird die Lorentz-Kraft eines Leiters im Magnetfeld berechnet durch $F_L = I \cdot B \cdot s$ in [N].

Für die Lorentz-Kraft auf ein einzelnes Elektron gilt dann:

$$F_L = e \cdot B \cdot v_s.$$

Dabei ist die Elementarladung e eines Elektrons, die magnetische Flussdichte B und die Elektronengeschwindigkeit v_s senkrecht zum Magnetfeld.

Herleitung: Aus der Lorentz-Kraft

$$F_L = I \cdot B \cdot s$$

müssen wir die Stromstärke berechnen. Diese ist definiert als $I = Q/t$. Und die Ladung Q berechnen wir über $Q = I \cdot t = N \cdot e$, also die Elementarladung eines Elektrons multipliziert mit der Anzahl N der Elektronen. Wenn wir die Glei-chung $v = s/t$ nach t umformen, können wir auch die Zeit t (weil wir sie ja nicht kennen) durch $t = s/v$ ersetzen. Es folgt:

$$I = \frac{N \cdot e \cdot v_s}{s}.$$

Diese Gleichung können wir jetzt in die Gleichung der Lorentz-Kraft einsetzen und erhalten das Ergebnis. Wichtig: Wir dürfen jeweils nur den Teil der Ge-schwindigkeit v einsetzen, der **senkrecht** zum Magnetfeld steht! **Die Lorentz-Kraft F_L lenkt das Elektron senkrecht zu v_s und senkrecht zum Magnetfeld ab (Drei-Finger-Regel;** ▸ Abschn. 5.4.2).

Glühemission und Fotoemission
Glühemission

Elektronen kann man natürlich ohne Leiter »auf Reisen schicken«. Um einen solchen Elektronenstrahl zu erzeugen, muss man die Elektronen zunächst aber einmal irgendwo herholen. Man kann sie ja nicht einfach aus einem Stück Metalldraht herausschütteln.

Nehmen wir einmal an, ein Elektron entfernt sich von seiner Elektronen-schale und möchte also den Atomverband verlassen. In diesem Moment entste-

Physik

Austrittsarbeit $E_{Austritt}$:
Energie, die ein Elektron benötigt, um aus seinem atomaren Verband herauszutreten.

hen aber zwei unterschiedlich geladene Teilchen: das negativ geladene Elektron und das positiv geladene Molekül. Und weil wir ja wissen, dass sich unterschiedliche Ladungen anziehen, wirken also auch hier Coulomb-Kräfte. Man muss also Energie aufwenden, genauer die sog. **Austrittsarbeit $E_{Austritt}$**, um Elektronen freizuschlagen. Hierzu eignen sich z. B. Wärme oder auch Licht gut.

Wärme können wir einfach dadurch zuführen, dass wir das Metallstück aufheizen, z. B. elektrisch über die Joule'sche Wärme. Bei genügend hohen Temperaturen können einzelne Elektronen das Metall verlassen. Da Metall bei diesen Temperaturen zu glühen beginnt, nennt man diesen Effekt **Glühemission**.

Fotoeffekt (lichtelektrischer Effekt)

Wie wir in ▶ Kap. 6 lernen, kann Licht zum einen als elektromagnetische Welle wahrgenommen werden, zum anderen verhält es sich, als bestünde es aus lauter kleinsten Teilchen, sog. Lichtquanten. Die Energie eines solchen Lichtquants lässt sich bestimmen aus der Formel:

$$E = h \cdot f.$$

Dabei gilt: Planck'sches Wirkungsquantum $h = 6{,}6 \cdot 10^{-34}\,\mathrm{N\,m\,s}$; Frequenz f des Lichts.

Wenn nun Licht auf ein Material auftrifft und die Energie eines Lichtquants (also seine kinetische Energie) auf ein Elektron übertragen wird, gewinnt dieses genau die Energie $E = h \cdot f$ des Quants. Ist diese Energie größer als die nötige Austrittsarbeit $E_{Austritt}$ des Elektrons, kann dieses den Metallverband der Fotokathode verlassen. **Allerdings hat das Elektron nun weniger Energie, denn man muss schließlich die Austrittsarbeit abziehen.**

Es folgt für die Energie eines Elektrons nach dem Austritt aus dem Metallverband der Fotokathode:

$$E_{Elektron} = h \cdot f - E_{Austritt}.$$

Eine Anwendung des lichtelektrischen Effekts ist die **Vakuumfotozelle**, deren Aufbau ◻ Abb. 5.28 zeigt. Die Lichtquanten durchqueren die lichtdurchlässige Anode und schlagen an der Fotokathode Elektronen heraus. Diese fliegen nun durch den Innenraum der Vakuumfotozelle. Viele von ihnen treffen irgendwann auf die Anode und laden diese negativ auf. Die Anode kann natürlich nur so weit aufgeladen werden, dass die Elektronen dank ihrer Restenergie $E_{Elektron}$ noch dagegen ankommen. Denn eigentlich stoßen sich die gleichnamigen Ladungen von Elektron und Anode ja ab. Je höher also die Frequenz des Lichts ist, desto größer ist auch die Energie des Lichtquants und eine desto größere Restenergie $E_{Elektron}$ besitzt das Elektron noch. Deshalb kann bei höherer Lichtfrequenz auch die Spannung zwischen Kathode und Anode größer sein. **Die Höhe der erzeugten elektrischen Spannung einer Vakuumfotozelle ist nicht abhängig von der Lichtintensität, sondern von der Frequenz des Lichts.**

◻ **Abb. 5.28** Vakuumfotozelle. Die Lichtquanten gelangen durch die lichtdurchlässige Anode auf die Fotokathode. Hier schlagen sie Elektronen frei, die irgendwann auf die Anode treffen und diese negativ aufladen. Daraufhin lässt sich eine Spannung zwischen Kathode und Anode abgreifen. Die gesamte Fotozelle muss dabei unter Vakuum stehen

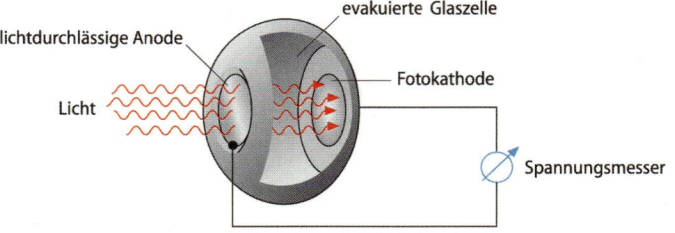

Auf der anderen Seite kann man dann aber auch eine sog. Grundfrequenz oder Minimalfrequenz f_0 bestimmen, bei der keine Spannung auftritt. Hier ist nämlich die Austrittsarbeit gleich der Energie des Lichtquants. **Die Vakuumfotozelle ist das Grundprinzip einer Solarzelle.** Heute werden allerdings fast ausschließlich Halbleiterbauelemente verwendet.

Vakuumfotozelle:
Grundprinzip einer Solarzelle.

Vakuumdiode

Will man Wärme verwenden, um die Austrittsarbeit $E_{Austritt}$ aufzubringen, muss man allerdings die meisten Leiter zum Glühen bringen. In einer normalen Glühbirne tritt dieses Phänomen also ständig auf. Aber die herausgeschlagenen Elektronen werden sofort von den sie umgebenden Gasmolekülen wieder »eingefangen«. Dies ist der Grund, warum man bei der Glühemission im Vakuum arbeitet. Im Prinzip benutzt man also einen **evakuierten Glaskolben**, in den eine Kathode (negativ) und eine Anode (positiv) hineinragen (■ Abb. 5.29). Ein solches Gebilde bezeichnet man als **Vakuumdiode**.

Man bringt die Kathode nun zum Glühen. Die Anode dagegen bleibt kalt und steht unter positiver Spannung (etwa 100 V). Sobald ein Elektron die Kathode verlassen hat, wird es von der Anode angezogen. Es fließt also ein Strom, der von den Elektronen getragen wird, die von der Kathode zur Anode durchs Vakuum sausen: der **Anodenstrom**. Seine Stärke wird im Wesentlichen von der Temperatur der Kathode bestimmt. Denn so ist es möglich, die Anzahl der Elektronen, die die erforderliche Austrittsarbeit $E_{Austritt}$ leisten können, zu regeln.

Aber was soll das Ganze? Welche Vorteile hat eine Vakuumdiode? Vakuumdioden wurden früher als **Gleichrichter** verwendet. Man kann also einen Wechselstrom anlegen und es fließt immer nur ein Strom, wenn die kalte Elektrode positiv geladen ist. Ist sie negativ geladen, werden die emittierten Elektronen ja nicht angezogen. Dann fließt kein Strom. **Eine Vakuumdiode funktioniert als Gleichrichter.** Heute benutzt man dazu Halbleiterdioden.

Diode:
elektronisches Bauelement,
das für Strom nur in einer Richtung
durchlässig ist.

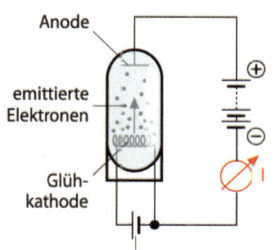

Anode

emittierte Elektronen

Glüh- kathode

■ **Abb. 5.29** Die Glühkathode emittiert Elektronen, die sogleich von der Anode angezogen werden. Es fließt ein sog. Anodenstrom

Eine Vakuumdiode funktioniert als
Gleichrichter.

Braun'sche Röhre

An der Anode werden die Elektronen normalerweise in alle Richtungen abgegeben. Man kann aber durch Leitbleche (die Elektronen wie eine Art Spiegel zurückwerfen) einen Elektronenstrahl erzeugen (**Elektronenkanone**). Diesen feinen Elektronenstrahl kann man nun durch ein Vakuum auf einen positiv geladenen Schirm prallen lassen. So entsteht ein **Kathodenstrahloszillograf**. Hier können die Elektronen durch **Elektrolumineszenz** (Umwandlung der Elektronenenergie in sichtbares Licht) sichtbar gemacht werden.

Es wäre aber ziemlich langweilig, lediglich einem stehenden Punkt auf dem Monitor zuzuschauen. Deshalb ordnet man zwei Kondensatoren um den Elektronenstrahl senkrecht zueinander an. So ist es möglich, diesen in jede Richtung abzulenken. Ein solches Gerät wird als **Braun'sche Röhre** (■ Abb. 5.30 *links*) bezeichnet. Es lassen sich Bilder erzeugen oder, in der Physik viel wichtiger, Spannungen sichtbar machen, die sich schnell ändern. Die sinusförmigen grünen Kurven haben manche Leser schon einmal gesehen (■ Abb. 5.30 *rechts*). Allerdings werden diese Geräte heute kaum mehr eingesetzt. Sie wurden durch digitale Instrumente mit LED-Bildschirmen ersetzt.

Oszillograf:
Gerät, mit dem man schnell ändernde
Spannungen sichtbar machen kann.

Röntgenröhre

Eine weitere wichtige Anwendung ist die **Röntgenröhre**. Mit ihr kann man, wie der Name schon vermuten lässt, Röntgenstrahlung erzeugen. Sie ist im Prinzip wie eine Vakuumdiode aufgebaut, nur liegt hier eine tausendfach höhere Spannungsdifferenz (etwa 100.000 V!) zwischen Kathode und Anode. Die Elektro-

Physik

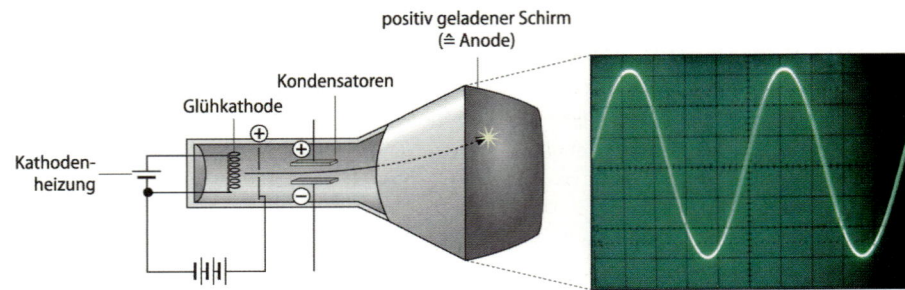

positiv geladener Schirm
(≙ Anode)

Kondensatoren

Glühkathode

Kathoden-
heizung

○ **Abb. 5.30** Braun'sche Röhre. *Links:* Die Elektronen werden durch Leitbleche (nicht dargestellt) so abgelenkt, dass sie die Kathode in einem einzigen Strahl verlassen. Durch seitlich
angebrachte Kondensatoren lässt sich der Elektronenstrahl nun beliebig ablenken und so
lassen sich bewegte Bilder auf dem positiv geladenen Schirm anzeigen. *Rechts:* Angezeigt
wird eine sinusförmige Wechselspannung

Eine Röntgenröhre funktioniert im
Prinzip wie eine Vakuumdiode.

nen werden also extrem beschleunigt. Wenn sie mit sehr hoher Geschwindigkeit an der schräg gestellten Anode ankommen, werden sie dort abrupt abgebremst und geben all ihre kinetische Energie ab. Dadurch wird **Röntgenstrahlung** erzeugt, die durch eine Öffnung zielgerichtet abgegeben werden kann.
**Röntgenstrahlung besteht aus elektromagnetischen Wellen im Wellenlän-
genbereich von 10^{-8}–10^{-14} m.**

Dabei entspricht Röntgenstrahlung vom Frequenzspektrum her ziemlich
genau Gammastrahlung. Der einzige Unterschied ist die Herkunft der Strahlung. Während für Gammastrahlung Prozesse im Atomkern verantwortlich
sind (▶ Abschn. 7.1.3), wird Röntgenstrahlung von abgebremsten Elektronen
emittiert. Hinter dem Patienten liegt bei der diagnostischen Nutzung dann der
Röntgenfilm, der durch die Röntgenstrahlung belichtet wird. So kommen also
»die Knochen auf den Film«. Sie absorbieren mehr Röntgenstrahlung als z. B.
Weichgewebe. Deshalb ist nachher eine Unterscheidung der verschiedenen
Gewebearten möglich.

---

kurz & knapp

— Elektrizitätsleitung in Metallen ist aufgrund der sehr engen periodischen
Gitterstruktur der Metallatome möglich. **Elektronen in Metallen können
»quasifrei« driften.**

— Ladung wird in **Flüssigkeiten** durch **Ionen** transportiert.

— **Gase** sind an sich **nichtleitend**. Um sie leitend zu machen, muss eine
Ionisierungsenergie W_i aufgebracht werden.

— **Gasentladung** ist das Prinzip von Ionisationskammer und Geiger-Müller-
Zählrohr.

— Auch im Vakuum wirken Lorentz-Kräfte auf Elektronen.

— **Fotoemission** ist das Funktionsprinzip von Fotodioden.

— Vakuumdioden sind Gleichrichter, die benötigten Elektronen werden
durch **Glühemission** emittiert.

— **Röntgenröhren** arbeiten mit stark beschleunigten Elektronen, die
schnell abgebremst werden und ihre kinetische Energie in Form von
Röntgenstrahlen abgeben.

5.6.5 Übungsaufgaben

Aufgabe 1: Berechnen Sie die Zeit, die ein Elektron benötigt, um vom Lichtschalter zur Glühbirne zu gelangen. Die Stromstärke beträgt dabei 0,3 A und der Leiter ist 4,5 m lang. Die Konzentration der Elektronen im Leiter ist $n = 3,5 \cdot 10^{21}\,\text{cm}^{-3}$, die Elementarladung des Elektrons $e = 1,60219 \cdot 10^{-19}\,\text{C}$ und der Leiterquerschnitt $A = 2\,\text{mm}^2$.

Aufgabe 1

Lösung 1: Zunächst müssen wir hier die Driftgeschwindigkeit berechnen und auf die richtigen Einheiten aufpassen. Es gilt:

$$v_d = \frac{I}{(n \cdot A \cdot e)}$$
$$= \frac{0,3\,\text{A}}{(3,5 \cdot 10^{21}\,\text{cm}^{-3} \cdot 2\,\text{mm}^2 \cdot 1,6022 \cdot 10^{-19}\,\text{C})}$$
$$= 0,27\,\text{mm s}^{-1}.$$

Die Elektronen bewegen sich also mit 0,27 mm/s.

Jetzt können wir die Zeit berechnen, die die Elektronen vom Lichtschalter zur Glühbirne benötigen. Dazu verwenden wir:

$$v = \frac{s}{t}$$
$$t = \frac{s}{v} = \frac{4,5\,\text{m}}{0,00027\,\text{m s}^{-1}} = 16.667\,\text{s} = 278\,\text{min} = 4,63\,\text{h}.$$

Ein Elektron braucht also fast 5 h vom Schalter zur Glühbirne!

Aufgabe 2: Berechnen Sie die Stärke des Magnetfeldes, wenn ein Elektron mit einer senkrechten Geschwindigkeitskomponente von $1,2\,\text{km s}^{-1}$ eine Lorentz-Kraft von $2 \cdot 10^{17}\,\text{N}$ erfährt.

Aufgabe 2

Lösung 2: Hierzu müssen wir die Formel für eine Lorentz-Kraft auf Elektronen umformen:

$$F_L = e \cdot B \cdot v_s.$$

Und dann heißt es wieder: Werte in den richtigen Einheiten einsetzen!

$$B = \frac{F_L}{(e \cdot v_s)} = \frac{2 \cdot 10^{17}\,\text{N}}{(1,6022 \cdot 10^{-19}\,\text{C} \cdot 1200\,\text{m s}^{-1})} = 0,104\,\text{T}.$$

Das Magnetfeld hat also eine Stärke von 0,1 T.

Alles klar!

Alles Spritzen oder was?

Die Technik, bei der man Medikamente mittels Strom applizieren kann, heißt **Iontophorese**. Sie wird dazu eingesetzt, lokal wirkende Arzneimittel besser in den Körper des Patienten zu bringen. Dabei wird eine Salbe auf die Haut unter den Elektroden aufgetragen. Wichtig ist, dass das Medikament in der Salbe in ionisierter Form vorliegt. Ansonsten würden die Moleküle ja im elektrischen Feld nicht reagieren. Es wird Gleichstrom verwendet und positive Ionen werden unter der Anode, negative unter der Kathode aufgebracht. Durch die elektrische Abstoßung gleichnamiger Ladungen werden diese in das Gewebe »getrieben«. Man benutzt die Iontophorese also, um das »Einziehen« von Salben z. B. bei Rheuma oder Arthrose zu verbessern. Freilich lassen sich mit dieser Methode nur frei zugängliche Organe behandeln.

Optik

Susanne Albrecht

J. Schatz, R. Tammer (Hrsg.), *Erste Hilfe – Chemie und Physik für Mediziner*,
DOI 10.1007/978-3-662-44111-4_6, © Springer-Verlag Berlin Heidelberg 2015

Physik

6.1   Licht

- Welle-Teilchen-Dualismus
  - Licht als elektromagnetische Welle
  - Licht besteht aus Photonen
- Lichtquellen
  - Temperaturstrahler
  - Spektrallampen
  - Laser
- Lichtmessung

Wie jetzt?

Was ist eigentlich Licht genau?
Wir nehmen unsere Umwelt mit unseren Sinnen wahr. Bei genauerer Betrachtung dieses Satzes stellen wir fest, dass wir in erster Linie das Sehen meinen. Dies wird besonders deutlich, wenn in der Nacht der Strom ausfällt und wir plötzlich auf andere Sinne angewiesen sind, also förmlich im Dunkeln tappen.
Es ist sinnvoll, sich mit dem Gesichtssinn näher auseinanderzusetzen.
Aber womit haben wir es da eigentlich zu tun? Na klar, mit Licht. Und was ist das denn nun eigentlich? Wie war das noch mit dem Welle-Teilchen-Dualismus?

Unter dem Begriff Optik verstehen wir alles, was mit der Entstehung, der Ausbreitung und dem Nachweis von Licht zu tun hat. Bevor wir uns also mit der Lichtausbreitung beschäftigen, müssen wir uns eine klare Vorstellung davon machen, was Licht denn eigentlich ist.

Licht verhält sich je nach verwendeter Untersuchungstechnik unterschiedlich.

Diese Frage haben sich schon viele Naturwissenschaftler gestellt und sich dem Licht durch systematische Untersuchungen genähert. Dabei haben sie eine erstaunliche Beobachtung gemacht. Je nachdem, mit welcher Untersuchungsmethode man dem Licht »auf den Leib rückt«, verhält es sich unterschiedlich.

Licht lässt sich als Welle beschreiben.

Betrachtet man, wie sich Licht ausbreitet, so lässt sich dies beschreiben, wenn wir Licht als **Wellenerscheinung** behandeln. Dies bezieht sich z. B. auf die detaillierte Untersuchung der Ausbreitung von Licht um kleine Hindernisse herum. Das führt zu vergleichbaren Erscheinungen wie die Betrachtung von Wasserwellen, die sich ja auch um Hindernisse herum ausbreiten können – oder, wie wir später noch sehen werden, um das Hindernis gebeugt werden.

Licht besteht aus Photonen.

Betrachtet man hingegen die **Energie**, die zweifellos mit der Lichtausbreitung verknüpft ist, so stellt man fest, dass Licht aus lauter einzelnen Energiepaketen oder »Teilchen« besteht. Diese nennt man **Photonen**, und je nach der Farbe des Lichts besitzen die einzelnen Photonen eine ganz bestimmte Energiemenge. Dies beobachtet man beim sog. lichtelektrischen Effekt (**Fotoeffekt**; ▶ Abschn. 5.6.4), bei dem durch Lichteinwirkung Elektronen aus Metallen herausgeschlagen werden.

Licht ist also Welle und zugleich Teilchen, was mit dem Begriff **Welle-Teilchen-Dualismus des Lichts** zum Ausdruck gebracht wird.

Fassen wir kurz die wichtigsten beschreibenden Eigenschaften, die sich aus beiden Erscheinungsformen ergeben, zusammen.

6.1.1 Licht ist eine elektromagnetische Welle

Unter einer elektromagnetischen Welle versteht man die Ausbreitung eines elektrischen Feldes von einem schwingenden elektrischen Dipol. Das elektrische Feld eines elektrischen Dipols (Hertz'scher Dipol; ▶ Abschn. 5.5.3) haben wir ja bereits kennengelernt. Ändert der Dipol nun periodisch mit der Frequenz ν seine Richtung, fließen also die Ladungen immer hin und her, so muss sich auch das elektrische Feld im Umfeld des Dipols ständig ändern.

Es zeigt sich nun, dass sich das elektrische Feld nicht immer sofort an jedem Ort auf die neue Ladungsverteilung des Dipols einstellt, sondern dass sich die Information über diese Ladungsverteilung mit maximaler Ausbreitungsgeschwindigkeit vom Dipol entfernt, sich die Feldlinien also von dem Dipol mit dieser Ausbreitungsgeschwindigkeit entfernen. Dies lässt sich an den kurz hintereinander aufgenommenen Momentaufnahmen eines schwingenden Dipols verdeutlichen (◘ Abb. 6.1).

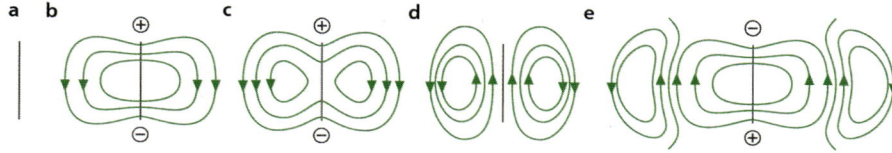

◘ **Abb. 6.1a–e** Ausbreitung des elektrischen Feldes um einen mit der Frequenz ν periodisch schwingenden elektrischen Dipol in kurz nacheinander aufgenommenen Momentaufnahmen (Schema)

Wie wir wissen, ist mit einem sich wechselnden elektrischen Feld E immer ein magnetisches Feld B verbunden (▶ Abschn. 5.4.1), das sich mit dem elektrischen Feld vom Dipol entfernt. Diese Erscheinung nennt man eine **elektromagnetische Welle**.

Trägt man vom Dipol ausgehend die in jedem Augenblick bestehenden Feldstärken entlang einer Richtung senkrecht zum Dipol auf, so erhält man ◘ Abb. 6.2.

> Mit einem wechselnden elektrischen Feld ist stets ein magnetisches Feld verbunden:
> Licht als elektromagnetische Welle.

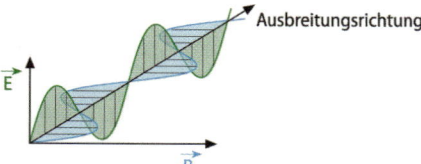

◘ **Abb. 6.2** Momentaufnahme der elektrischen (E) und magnetischen Feldstärke (B) entlang der Ausbreitungsrichtung einer elektromagnetischen Welle

Folgende Eigenschaft sollten wir uns merken: **Das B-Feld ist immer senkrecht zum E-Feld orientiert.**

Den räumlichen Abstand zwischen zwei Punkten der elektromagnetischen Welle, an denen das elektrische Feld den gleichen Betrag hat und sich in die gleiche Richtung ändert, also z. B. zwischen zwei Nulldurchgängen mit Änderung von plus nach minus, nennt man **Wellenlänge λ**.

Zwischen **Ausbreitungsgeschwindigkeit c**, **Wellenlänge λ** und **Frequenz ν** des schwingenden Dipols besteht der folgende einfache, aber wichtige Zusammenhang:

> Ausbreitungsgeschwindigkeit= Wellenlänge mal Frequenz:
> $c = \lambda \cdot \nu$.

$$c = \lambda \cdot \nu.$$

Physik

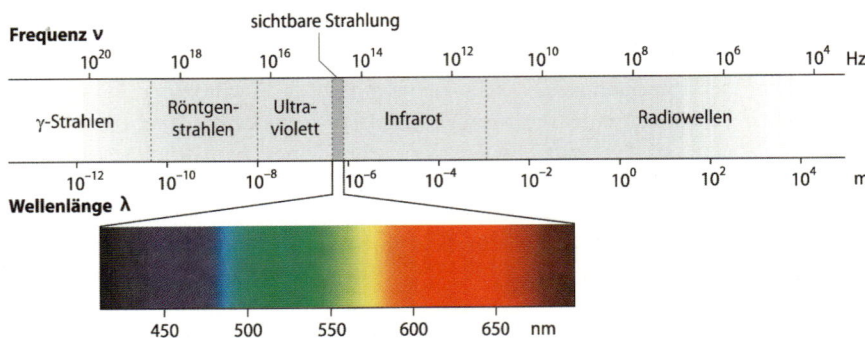

Frequenz ν

sichtbare Strahlung

| | γ-Strahlen | Röntgen-strahlen | Ultra-violett | Infrarot | Radiowellen |

Wellenlänge λ

450   500   550   600   650   nm

⊡ Abb. 6.3 Spektrum elektromagnetischer Wellen. Zusammenhang zwischen der Frequenz ν und der Wellenlänge λ entsprechend der Formel $c = \lambda \cdot \nu$. Besonders hervorgehoben ist der Bereich des sichtbaren Spektrums (380–780 nm)

Im **Vakuum** beträgt die Ausbreitungsgeschwindigkeit (»Lichtgeschwindigkeit«) c = 299.792.459 m s^{-1}. Dieser Wert ist im SI-System fest definiert. In der Praxis genügt es jedoch meist, mit dem Wert **c = 3 · 10^8 m s^{-1}** zu rechnen.

Die Frequenzen der elektromagnetischen Wellen, das **Spektrum**, erstrecken sich über einen sehr großen Bereich (⊡ Abb. 6.3).

Sichtbarer Spektralbereich: 380–780 nm.

Die einzelnen Bereiche werden unterschiedlich bezeichnet. Nur ein sehr kleiner Bereich des elektromagnetischen Spektrums wird von unserem Gesichtssinn, also von unseren Sehrezeptoren in der Netzhaut, wahrgenommen, eben der **sichtbare Spektralbereich**. Dieser ist definiert als der Wellenlängenbereich von **380 (violett) bis 780 nm (rot)**. Auch die direkt benachbarten Bereiche sind uns aus dem täglichen Leben bekannt:

- Da ist auf der rechten Seite der **Infrarotbereich** mit Wellenlängen > 780 nm bis hinauf in den Millimeterbereich, wo die Radiowellen beginnen. Infrarotstrahlung empfinden wir als wärmend auf unserer Haut.
- Auf der linken Seite im Spektrum schließt sich der **Ultraviolettbereich** an – mit Wellenlängen < 380 nm bis in den 10-nm-Bereich. Die Energie der Photonen (▶ Abschn. 6.1.2) ist im UV-Bereich bereits derart hoch, dass es zur Schädigung unserer Haut kommen kann; einen Sonnenbrand hatte sicherlich schon jeder einmal.

6.1.2 Licht besteht aus einzelnen Photonen

Der Energietransport des Lichts geschieht über einzelne Energieportionen, auch **Quanten** oder **Photonen** genannt. Die Energie eines einzelnen Photons ist dabei direkt mit der Frequenz ν, die wir soeben aus der Wellenbetrachtung des Lichts kennengelernt haben, verknüpft. Es gilt:

$$E = h \cdot \nu.$$

Der Proportionalitätsfaktor h ist nach Max Planck (1858–1947) als **Planck'sches Wirkungsquantum** benannt und hat den Wert:

$$h = 6{,}6260755(40) \cdot 10^{-34}\, \text{J s}.$$

Der Fotoeffekt ist Beweis für die Quantennatur des Lichts.

Als eindeutiger Beweis für die Quantennatur des Lichts gilt der **Fotoeffekt** (▶ Abschn. 5.6.4). Dabei lässt man Licht mit bestimmter Wellenlänge im Vakuum auf eine Metallplatte fallen. Gegenüber der Metallplatte wird eine zweite

Elektrode angebracht. Man beobachtet, dass aus der beleuchteten Metallplatte Elektronen herausgeschlagen werden, die dann auf die andere Elektrode gelangen und somit eine Potenzialdifferenz zwischen den beiden Elektroden aufbauen.

Genaue Untersuchungen ergeben:

- Erst ab einer bestimmten Frequenz ν_m des Lichts wird diese Spannung aufgebaut.
- Danach steigt die Spannung linear mit der Frequenz: $U \sim \nu$.
- Von der Intensität des Lichts ist die Spannung unabhängig.

Mit der Annahme, dass das Licht aus einzelnen Photonen besteht, lassen sich diese Beobachtungen einfach erklären.

Die Elektronen im Metall können aus dem Licht Energie aufnehmen, also einzelne Photonen absorbieren. Ist die Frequenz, also die Photonenenergie, zu klein, reicht diese Energie nicht aus, damit die Elektronen das Metall verlassen können. Es ist eine Mindestenergie notwendig, um die Elektronen aus dem Metall austreten zu lassen, diese wird **Austrittsarbeit** des Metalls genannt. Haben die Photonen eine noch höhere Energie, also eine Frequenz $\nu > \nu_m$, nehmen sie diesen Überschuss über der Austrittsarbeit als kinetische Energie mit und können somit gegen die Spannung auf die andere Elektrode gelangen, weshalb die Spannung mit zunehmender Frequenz des Lichts immer weiter ansteigt.

Dass die Spannung von der Intensität des Lichts unabhängig ist, lässt sich auch sofort erklären, denn ist die Spannung einmal aufgebaut, können auch viele Elektronen – hohe Intensität = viele Photonen – jedes für sich diese Potenzialdifferenz nicht mehr überwinden.

Schließt man zwischen den Elektroden jedoch einen Stromkreis, so beobachtet man, dass die erzielbare Stromstärke zwischen den Elektroden sehr wohl von der Intensität abhängig ist. Das ist klar, denn viele Photonen erzeugen viele Elektronen, was einem hohen Strom entspricht.

Beim Fotoeffekt ist die Spannung unabhängig von der Lichtintensität.

Die Stromstärke ist abhängig von der Lichtintensität.

6.1.3 Lichtquellen

Nachdem wir uns mit der Natur des Lichts beschäftigt haben, wollen wir uns kurz den Lichtquellen zuwenden. Hier beobachtet man im Wesentlichen zwei unterschiedliche Typen:

- Temperaturstrahler,
- Spektrallampen.

Lichtquellen sind Temperaturstrahler oder Spektrallampen.

Temperaturstrahler

Temperaturstrahler sind Lichtquellen, die Licht mit kontinuierlicher Verteilung an Frequenzen, einem kontinuierlichen Spektrum, erzeugen. Bei solchen Quellen besteht ein Zusammenhang zwischen der Temperatur der strahlenden Oberfläche und der Intensitätsverteilung über den emittierten Frequenzen. Deshalb werden diese Quellen auch **Temperaturstrahler** genannt. Ein typischer Vertreter dieser Quellen ist unsere **Sonne**, deren kontinuierliches Spektrum wir in jedem Regenbogen beobachten können (▶ Abschn. 6.4.3).

Ein idealer Temperaturstrahler wird auch **schwarzer Körper** genannt. Bei ihm gelten wichtige Gesetze für die resultierende **schwarze Strahlung**:
Gemäß dem **Stefan-Boltzmann-Gesetz** (▶ Abschn. 4.4.2)

Ein idealer Temperaturstrahler wird schwarzer Körper genannt.

$$P(T) = \varepsilon \cdot \sigma \cdot A \cdot T^4$$

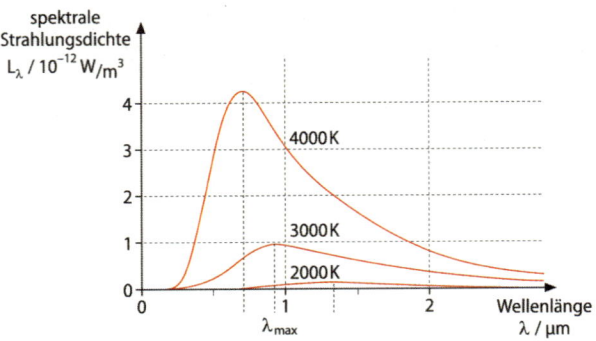

Abb. 6.4 Temperaturabhängigkeit der spektralen Strahlungsdichte L_λ eines schwarzen Strahlers

ergibt sich die gesamte von einem schwarzen Strahler, für den definitionsgemäß gilt: $\varepsilon = 1$, emittierte Strahlungsleistung P zu:

$$P(T) = A \cdot \sigma \cdot T^4.$$

Dabei ist A die Fläche des Strahlers, T die Temperatur (in Kelvin) und σ die Strahlungs- oder Stefan-Boltzmann-Konstante mit dem Wert $\sigma = 5{,}67 \cdot 10^{-8}\,\mathrm{W\,m^{-2}\,K^{-4}}$. **Man beachte besonders die 4. Potenz bei der Temperaturabhängigkeit.**

Die spektrale Verteilung der Leistung, die spektrale Strahlungsdichte L_λ, verschiebt mit steigender Temperatur die Wellenlänge mit maximaler Intensität zu kürzeren Wellenlängen, also höheren Frequenzen (Abb. 6.4).

Für die Wellenlänge λ_{max}, bei der die Strahlungsdichte ihr Maximum hat, gilt das **Wien'sche Verschiebungsgesetz**:

$$\lambda_{max} = \frac{S}{T}.$$

Dabei ist die Konstante $S = 2898\,\mu\mathrm{m\,K}$.

Spektrallampen

Beispiel für eine Spektrallampe ist die Gasentladungslampe.

Spektrallampen erzeugen ein Linienspektrum, emittieren also nur bestimmte Frequenzen. Typische Vertreter sind die Gasentladungslampen, in denen einzelne Gasatome dazu angeregt werden, Photonen auszusenden. Dies geschieht z. B. dadurch, dass ein Elektronenstrom durch ein Gas erzeugt wird. Bei den unvermeidlichen Stößen der Elektronen mit den elektrisch neutralen Gasatomen wird auf diese Energie übertragen. In diesen Atomen gelangen auf diese Weise gebundene Elektronen der Elektronenhülle in höhere Energiezustände (vgl. Bohr'sches Atommodell, ▶ Abschn. 2.2.2). Die angeregten Elektronen purzeln dann wieder auf energetisch günstigere Bahnen herunter und geben dabei Photonen mit einer bestimmten Energie ab, die der Energiedifferenz zwischen den beiden Schalen entspricht.

Für unterschiedliche Atome ist die Zusammensetzung der möglichen Frequenzen, das **Linienspektrum**, eindeutig, also sozusagen ein Fingerabdruck für die jeweilige Atomsorte (Abb. 6.5). Die einzelnen Linien werden **Spektrallinien** genannt.

Laser

Um eine besondere Lichtquelle handelt es sich bei Lasern. Die Funktionsprinzipien sind je nach Typ sehr unterschiedlich, was jeder Interessierte in speziellen Büchern nachlesen kann. Wegen der besonderen Eigenschaften seines Lichts wird der Laser sowohl im täglichen Leben eingesetzt, wie beim Laser-

Abb. 6.5 Charakteristisches Linien-spektrum des Quecksilbers

pointer, CD-Player usw., aber auch in der Medizin. Daher werden hier die wichtigsten Eigenschaften der Laserstrahlung beschrieben.

Laser werden so gebaut, dass sie in der Regel nur Licht einer einzigen Frequenz aussenden. Ihr Spektrum enthält also nur eine einzige Spektrallinie. Deshalb werden sie als monochromatisch bezeichnet.

In einer normalen Gasentladungslampe senden die einzelnen Atome ihre Photonen unabhängig voneinander aus, was man als **spontane Emission** bezeichnet. Beim Laser entstehen die Photonen hingegen so, dass die einmal erzeugten Photonen immer mehr Photonen mitreißen, also die Erzeugung weiterer Photonen stimulieren. Deshalb wird dieser Prozess **stimulierte Emission** genannt. Daraus ergibt sich eine weitere spezielle Eigenschaft der Laserstrahlung: Laser erzeugen einen Lichtstrahl, eben den **Laserstrahl**. Das gesamte Licht wird nur in eine Richtung ausgesendet, weshalb man Laserstrahlen mit sehr hoher Intensität erzeugen kann. Diesen gesamten Vorgang der Lichterzeugung beschreibt man als »Light Amplification by Stimulated Emission of Radiation« oder eben kurz »Laser«.

> **Hätten Sie's gewusst?**
>
> **Laser in der Medizin**
> Wie wir in der geometrischen Optik noch sehen werden, lassen sich Laserstrahlen sehr gut auf einen Punkt bündeln. An dieser Stelle werden dann sehr hohe Intensitäten erzielt. Dadurch lassen sich Laserstrahlen als optisches Skalpell verwenden – Verdampfen von Gewebe im Brennpunkt wie z. B. in der Augenheilkunde zur Korrektur der Hornhautkrümmung als Brillenersatz (LASIK-Methode) – oder bei geringeren Energien »nur« zur Koagulation von Proteinen, z. B. beim Wiederanheften einer teilweise abgelösten Netzhaut.

Laser sind monochromatisch.

Laser senden Licht nur in eine Richtung aus → hohe Intensität.

6.1.4 Lichtmessung

Wie misst man eigentlich die Intensität von Licht? Da jede elektromagnetische Welle Energie transportiert, wird die **Strahlungsintensität I** als Energie, hier als **Strahlungsenergie Q**, pro Zeit und Fläche definiert: $I = Q / (t \cdot A)$. Die Strahlungsenergie dQ pro Zeit dt nennt man auch **Strahlungsfluss $\Phi = dQ/dt$**. Die Einheiten dieser Größen sind:

$$[Q] = J; \; [\phi] = W \;\; \text{und} \;\; [I] = Js^{-1}m^{-2} = Wm^{-2}.$$

Man misst also einfach den Energieeintrag dQ in einer bestimmten Zeit dt auf einer bestimmten Fläche A, z. B. durch die Erwärmung des Detektors, und kann bei bekannter Wärmekapazität des Detektors die Strahlungsintensität bestimmen. Dies geschieht natürlich in physikalischen Detektoren technisch sehr geschickt, sodass wir das Ergebnis einfach ablesen können. Von der Sonne z. B. kommt außerhalb der Erdatmosphäre eine Strahlungsintensität an, die als **Solarkonstante** bezeichnet wird: $I_{Sonne} = 1{,}37 \, kWm^{-2}$.

Strahlungsintensität I: Strahlungsenergie Q pro Zeit t und Fläche A:

$$I = \frac{Q}{t \cdot A}.$$

Physik

■ **Tab. 6.1** Typische Beleuchtungsstärken

Beleuchtungsstärke in lx	Beispiel
20.000	Helles Sonnenlicht
10.000	Tageslicht
5000	Tageslicht im Schatten
500	Ausreichend zum Lesen im Büro
150–200	Ausreichend im Straßenverkehr

Trifft die Strahlungsintensität S auf eine Fläche, so spricht man von der **Bestrahlungsstärke E** auf dieser Fläche. Diese hat ebenfalls die Einheit $[E] = \mathrm{W\,m^{-2}}$.

Betrachten wir nun aber nur die Intensität, die wir mit unseren Augen wahrnehmen können, dann interessiert einzig der sichtbare Anteil des gesamten Spektrums und man spricht von den entsprechenden **Lichtmessgrößen**:

- Als Basisgröße im SI-System ist hier die **Lichtstärke** mit der Einheit cd (Candela) definiert.
- Daraus abgeleitet wird der **Lichtstrom**, gemessen in lm (Lumen). Er entspricht dem Strahlungsfluss in W bei den Strahlungsgrößen.
- Wie bei den Strahlungsgrößen die Bestrahlungsstärke E definiert man als entsprechende Lichtmessgröße die **Beleuchtungsstärke** als Lichtstrom pro Fläche. Als Einheit ergibt sich $\mathrm{lm\,m^{-2}}$ oder lx (Lux).

Beleuchtungsstärke: Lichtstrom pro Fläche.

Auch für die Beleuchtungsstärke gibt es entsprechende Messgeräte. ■ Tab. 6.1 gibt einen kleinen Überblick über typische Werte für die Beleuchtungsstärke, wie wir sie täglich wiederfinden.

kurz & knapp

- Licht zeigt sowohl typische Welleneigenschaften als auch typische Teilcheneigenschaften. Dies nennt man **Welle-Teilchen-Dualismus**.
- Als elektromagnetische Welle ist Licht ein kleiner Ausschnitt des elektromagnetischen Spektrums.
- **Sichtbares Licht** liegt zwischen den Wellenlängen $\lambda = 380\,\mathrm{nm}$ (violett) und $\lambda = 780\,\mathrm{nm}$ (rot).
- Im Vakuum breitet sich Licht mit der **Vakuum-Lichtgeschwindigkeit** $c = 3 \cdot 10^8\,\mathrm{m\,s^{-1}}$ aus (genau 299.792.459 m s⁻¹). Mit der Frequenz ν des Lichts besteht der Zusammenhang: $c = \lambda \cdot \nu$.
- Als Teilchenstrom besteht Licht aus einzelnen **Photonen**. Jedes Photon besitzt die Energie $E = h \cdot \nu$. Planck'sche Wirkungsquantum $h = 6{,}6260755(40) \cdot 10^{-34}\,\mathrm{J\,s}$.
- **Temperaturstrahler** sind Lichtquellen, die aufgrund ihrer Temperatur ein **kontinuierliches Spektrum** emittieren.
- Für ideale Temperaturstrahler, auch schwarze Strahler genannt, gilt:
  - Die gesamte abgestrahlte Leistung berechnet sich nach dem Stefan-Boltzmann-Gesetz:
  - $P(T) = A \cdot \sigma \cdot T^4$; A ist die Fläche des Strahlers, $\sigma = 5{,}67 \cdot 10^{-8}\,\mathrm{W\,m^{-2}\,K^{-4}}$ ist die Stefan-Boltzmann-Konstante und T die Temperatur des Strahlers.

- Die maximale Strahlungsdichte wird bei $\lambda_{max} = S/T$ (Wien'sches Verschiebungsgesetz) mit $S = 2898\ \mu m\,K$ emittiert.
- **Spektrallampen** emittieren ein **Linienspektrum**, also nur ganz bestimmte Wellenlängen bzw. Frequenzen.
- Die einzelnen Spektrallinien erklären sich durch charakteristische Übergänge zwischen den Energieniveaus der Atome (Bohr'sches Atommodell).
- **Laser** erzeugen in der Regel Licht mit nur einer einzigen Frequenz, sie sind **monochromatisch**. Das Licht eines Lasers ist stark gebündelt, weshalb es sehr hohe Intensitäten erreicht.
- Physikalisch misst man Licht durch die **Strahlungsintensität I**. Dies ist die pro Zeit durch eine Fläche transportierte Energie des Lichts. Sonnenlicht hat außerhalb der Erdatmosphäre die Intensität $I_{Sonne} = 1{,}37\ kW\,m^{-2}$. Dies nennt man die **Solarkonstante**. Betrachtet man die auf eine Fläche auftreffende Strahlungsintensität, so nennt man diese die Bestrahlungsstärke E, $[E] = W\,m^{-2}$.
- Bezieht man die physikalischen Größen auf die Empfindlichkeit des Auges, so spricht man von **Lichtmessgrößen**. Für die Ausleuchtung eines Arbeitsplatzes ist die **Beleuchtungsstärke** in lx (Lux) die relevante Größe. Zum Lesen sollte man das Buch mit ca. 500 lx ausleuchten.

6.1.5 Übungsaufgaben

Aufgabe 1: Berechnen Sie die zu den Wellenlängen für blaues und rotes Licht gehörigen Frequenzen im Vakuum.

Lösung 1: Für Licht gilt der Zusammenhang: $c = \lambda \cdot \nu$.

Daraus lassen sich mit der Ausbreitungsgeschwindigkeit für Licht im Vakuum $c = 3 \cdot 10^8\ m\,s^{-1}$ die Frequenzen berechnen; es gilt:

$$\nu = \frac{c}{\lambda}.$$

Man erhält:

$$\nu_{violett} = \frac{3 \cdot 10^8\ \frac{m}{s}}{380\ nm} = 7{,}89 \cdot 10^{14}\ \frac{1}{s} = 789\ THz$$

$$\nu_{rot} = \frac{3 \cdot 10^8\ \frac{m}{s}}{780\ nm} = 3{,}85 \cdot 10^{14}\ \frac{1}{s} = 385\ THz.$$

Aufgabe 2: Wie lange benötigt Licht für den Weg von der Sonne bis zur Erde?

Lösung 2: Die Sonne ist im Mittel 149.597.870 km von der Erde entfernt. Aus der Gleichung $v = \frac{\Delta s}{\Delta t}$, die natürlich auch für die Lichtausbreitung mit Lichtgeschwindigkeit c gilt, erhalten wir:

$$\Delta t = \frac{\Delta s}{c} = \frac{149.597.870.000\ m}{300.000.000\ \frac{m}{s}} = 499\ s.$$

Dies entspricht 8 min und 19 s.

Aufgabe 1

Aufgabe 2

Übrigens, bis zum Mond, der gerade mal 384.403 km von der Erde entfernt ist, benötigt das Licht nur gut eine Sekunde (1,28 s).

Alles klar!

Welle oder Teilchen?

Wie wir gesehen haben, ist Licht also weder das eine allein, also elektromagnetische Welle, noch das andere allein, ein Strom aus einzelnen Teilchen. Je nachdem, wie wir dem Phänomen Licht »auf den Leib rücken«, können wir unsere Beobachtungen mit Wellen- oder aber Teilcheneigenschaften beschreiben. Die Physik bietet keine einfachere Beschreibung an, die beide Aspekte abdecken kann.

Somit müssen wir uns einfach merken, Licht ist sowohl Welle als auch Teilchen, was sich im Begriff **Welle-Teilchen-Dualismus** niederschlägt.

6.2   Geometrische Optik

- Lichtstrahlen und Lichtbündel
- Ausbreitung des Lichts
  - Reflexion
  - Brechung
  - Totalreflexion
  - Dispersion
- Abbildungen – Anwendung der Brechung
  - Abbildung mittels sphärisch gekrümmter Flächen
  - Abbildung mit dünnen Linsen
- Bildentstehung
  - Zeichnerische Bildkonstruktion
  - Berechnungen zur Abbildung – Linsengleichung
- Linsensysteme
- Linsenarten
- Linsenfehler oder Abbildungsfehler
- Auge des Menschen
  - Akkomodation
  - Fehlsichtigkeit
  - Vergrößerung

Wie jetzt?

Wie kommt die Welt auf die Netzhaut?

»Ich seh dir in die Augen, Kleines« oder in etwas abgewandelter Form: »Schau mir in die Augen, Kleines« – wer kennt diesen berühmten Filmsatz aus »Casablanca« mit Humphrey Bogart und Ingrid Bergman nicht… Beim Augenarzt bekommt er eine ganz andere Bedeutung – oder? Dieser schaut einem auch in die Augen, um den Zustand der Netzhaut und den Gesundheitszustand unserer Augen zu beurteilen. Aber wie kann man sich eigentlich erklären, was man da sieht? Wie kommt das Bild auf der Netzhaut zustande?

Nachdem wir nun kennengelernt haben, was Licht ist und wo es herkommt, können wir uns damit beschäftigen, wie Licht sich ausbreitet und was das mit dem Sehvorgang zu tun hat.

Für die Beschreibung des Sehens können wir die Welleneigenschaft des Lichts vernachlässigen, da die Wellenlänge des sichtbaren Lichts (380–780 nm) vernachlässigbar klein ist relativ zur Größe der Objekte, die wir mit unserem Gesichtssinn wahrnehmen. Somit vereinfacht sich die Wellenoptik zur **geometrischen Optik**. Hier brauchen wir nur den Begriff des »**Lichtstrahls**« und die Kenntnis des **Verhaltens von Lichtstrahlen in einem Medium**.

Doch zuvor noch eine Anmerkung zum Ursprung des Lichts, das wir mit unseren Augen verarbeiten: Wir haben in unserer Umwelt ja nicht nur selbstleuchtende Lichtquellen, wie die Sonne und Glühlampen, sondern wir sehen auch andere Gegenstände. Allerdings gilt das nur, wenn diese von einer selbstleuchtenden Quelle beleuchtet werden. Man unterscheidet dies dadurch, dass man im einen Fall von einer **Primärquelle** spricht und im anderen Fall von einer **Sekundärlichtquelle**.

Dabei kann man sich vorstellen, dass das Licht der Primärquelle durch die Atome oder Moleküle des beleuchteten Gegenstands einfach umgelenkt, man sagt auch »gestreut«, werden. Für die weitere Ausbreitung des Lichts dienen diese Streupunkte als Ursprung des Lichts, für das dann wieder das Konzept des Lichtstrahls angewendet wird.

> Es gibt Primärquellen und Sekundärquellen des Lichts.

6.2.1 Lichtbündel, Lichtstrahl

Lichtstrahl **Ein Strahl ist ein geometrisches Gebilde, das von einem Punkt ausgeht und geradlinig durch den Raum zieht.** Anschaulich denken wir hier z. B. an die Lichtstrahlen der Sonne, wenn diese durch eine Wolkendecke nur an einzelnen Punkten hindurchkommen und wir dann »Lichtstrahlen« sehen.

Lichtbündel Physikalisch ist ein einzelner Lichtstrahl nicht realisierbar. Das Lichtbündel eines Laserpointers kommt einem Lichtstrahl schon sehr nahe, obwohl es einen nachweisbaren Durchmesser hat. **Der Durchmesser eines Lichtbündels wird, ausgehend von der punktförmigen Lichtquelle, im Verlauf immer größer.** Grund dafür ist, dass ein Lichtbündel aus mehreren Lichtstrahlen immer divergiert, d. h. die einzelnen Strahlen streben auseinander (◘ Abb. 6.6).

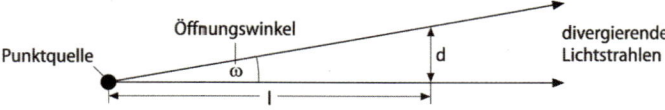

> ◘ **Abb. 6.6** Divergenz eines Lichtbündels

Diese Divergenz beschreibt man mit dem **Öffnungswinkel ω**, der näherungsweise als Quotient aus Bündeldurchmesser d und Abstand l von der punktförmigen Lichtquelle berechnet werden kann.

Das Auge kann nur Licht verarbeiten, wenn die Lichtbündel direkt ins Auge einfallen. Quer zur Blickrichtung verlaufende Lichtbündel hingegen erreichen das Auge nicht oder erst dann, wenn diese an Körpern (z. B. Staubpartikeln in der Luft) gestreut oder an bestimmten Grenzflächen (z. B. zwischen Wasser und Luft) gebrochen werden. Erst dann können wir diese als Sekundärlichtbündel wahrnehmen, die von sog. Sekundärlichtquellen aus dem Primärbündel »herausgestreut« wurden.

Der Raum wird somit von unzähligen, diffus in alle Richtungen verlaufenden Sekundärlichtbündeln ausgefüllt. Das Auge greift sich jedoch nur einen geringen Bruchteil von ihnen heraus. **Dabei fungiert die Pupille wie eine**

> Öffnungswinkel eines Lichtbündels:
> $$\omega = \frac{d}{l}.$$
> Das Auge kann nur direkt einfallende Lichtbündel verarbeiten; quer verlaufende Lichtbündel müssen zunächst gestreut oder gebrochen werden.

Physik

Blende mit kleinem (variablem) Öffnungswinkel. Dadurch erreichen schließlich nur kleine, divergente Lichtbündel, die von der »Optik des Auges« noch gebündelt werden, die Netzhaut. Das Gehirn kann die Ausgangspunkte dieser Lichtbündel erkennen und interpretiert aus diesen Informationen letztendlich ein räumliches Bild der Umwelt.

Zur Konstruktion des Strahlengangs im Auge vereinfacht man die vielen ins Auge einfallenden Lichtstrahlen jedes Lichtbündels dadurch, dass man jedes Lichtbündel durch einen **Zentralstrahl** repräsentiert, der die Hauptrichtung des Lichtbündels wiedergibt.

6.2.2 Lichtausbreitung, Brechzahl, Stoffabhängigkeit der Lichtgeschwindigkeit

Lichtstrahlen im Vakuum verlaufen »immer geradeaus«. Was geschieht aber nun mit den Lichtstrahlen, wenn sich das Medium ändert?

Hier interessieren uns eigentlich nur die Medien, die Licht auch durchlassen, die sog. transparenten Medien. Denn wird das Licht von einem Medium absorbiert, ist es für unseren Gesichtssinn verloren.

Trifft ein Lichtstrahl auf die Grenzfläche zwischen zwei transparenten Medien (z. B. Luft/Glas, Luft/Wasser oder Glas/Wasser), so beobachtet man zweierlei:

Beim Übergang eines Strahls zwischen zwei transparenten Medien beobachtet man Reflexion und Brechung.

- Teilweise wird der Strahl an der Grenzschicht reflektiert: **Reflexion**.
- Teilweise dringt der Strahl in das andere Medium ein, d. h. er passiert die Grenzschicht und ändert dabei unter Umständen seine Richtung: **Brechung**.

Reflexion oder Spiegelung

An der Oberfläche eines Spiegels wird das gesamte einfallende Licht vollständig zurückgeworfen, d. h. vollständig reflektiert. Deswegen erscheint die Spiegeloberfläche als so glatt und glänzend. **Je weniger Licht von der Oberfläche eines Körpers reflektiert wird, desto matter erscheint sie.**

🔲 Abb. 6.7 veranschaulicht die Reflexion.

Das **Lot** ist Bezugslinie für alle Winkelangaben bei Reflexion und Brechung.

Zur Beschreibung der Richtung von Lichtstrahlen verwendet man den Winkel, unter dem ein Lichtstrahl relativ zum Lot auf die betrachtete Grenzfläche trifft. Das **Lot** ist die Senkrechte auf der Grenzfläche in dem Punkt, wo der Lichtstrahl die Grenzfläche trifft. Für einen auf die Grenzfläche einfallenden Strahl ist dies der **Einfallswinkel** und für den die Grenzfläche verlassenden Strahl ist es der **Ausfallswinkel**.

Dabei hängt der Ausfallswinkel β des Lichts, also die Richtung, mit der der reflektierte Strahl die Grenzfläche wieder verlässt, vom Einfallswinkel α des Lichtstrahls ab. Einfallender Strahl, reflektierter Strahl und das Einfallslot am Auftreffpunkt auf der Grenzfläche liegen dabei in einer Ebene. **Nach**

🔲 **Abb. 6.7** Reflexion von Lichtstrahlen an einer Grenzfläche. Es gilt das Reflexionsgesetz: Einfallswinkel α = Ausfallswinkel β

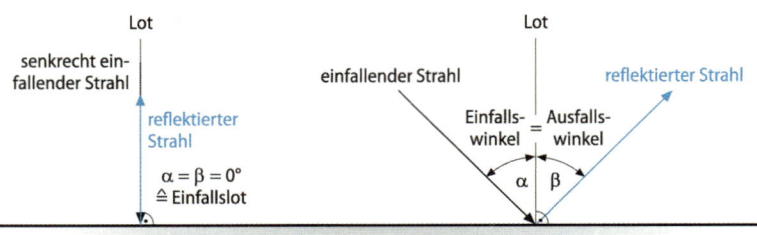

dem Reflexionsgesetz sind Einfallswinkel α und Ausfallswinkel β gleich (■ Abb. 6.7).

Ein **senkrecht einfallender Strahl** läuft in sich selbst zurück, da α = β = 0°. Beim anderen Extremfall, wenn der Strahl parallel zur Grenzfläche läuft und diese somit nur streift (α = β = 90°), wird er überhaupt nicht reflektiert und somit auch nicht abgelenkt.

Senkrechter Strahl läuft in sich selbst zurück; para leler Strahl wird nicht reflektiert.

Virtuelles Bild

Bei einem ebenen Spiegel stehen alle Einfallslote parallel und jeweils senkrecht zur Spiegeloberfläche. Somit behält ein einfallendes Lichtbündel seinen Öffnungswinkel bei, da alle Strahlen des Lichtbündels dem Reflexionsgesetz folgen, Randstrahlen wie Zentralstrahl.

Wenn dieses reflektierte Bündel nun in unser Auge einfällt, erscheint es so, als ginge das Licht von einem Punkt P' hinter dem Spiegel aus. Dieser Punkt hat dabei den gleichen Abstand vom Spiegel wie die eigentliche Lichtquelle P vor dem Spiegel (■ Abb. 6.8). **Im ebenen Spiegel sieht man das Bild dort, wo es sich in Wirklichkeit gar nicht befindet – man spricht von einem virtuellen Bild.**

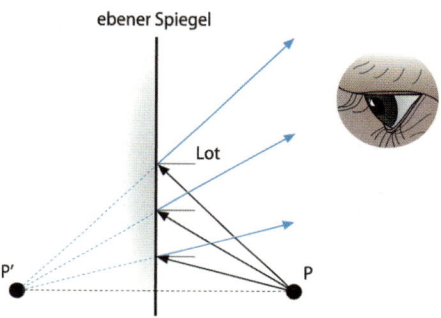

ebener Spiegel

■ **Abb. 6.8** Bildentstehung an einem ebenen Spiegel, virtuelles Bild bei Spiegelung

Solche virtuellen Bilder (= Spiegelbilder) sind seitenverkehrt, unterscheiden sich also, was rechts/links anbelangt; oben/unten ist jedoch unverändert. Davon kann sich jeder überzeugen, wenn er sich selbst im Spiegel betrachtet.

Besonderes gilt noch für vorgewölbte Spiegel und Hohlspiegel:

Vorgewölbter Spiegel Für jeden Lichtstrahl existiert hier ein eigenes Lot, da die Oberfläche gekrümmt ist. Dadurch ist der Öffnungswinkel des reflektierten, divergierenden Bündels (in ■ Abb. 6.9a blau dargestellt) größer als der des einfallenden Lichtbündels (schwarz dargestellt). Folge: Das virtuelle Bild erscheint kleiner, da es durch den Strahlengang näher am Spiegel liegt.

Im vorgewölbten Spiegel erscheint das virtuelle Bild kleiner.

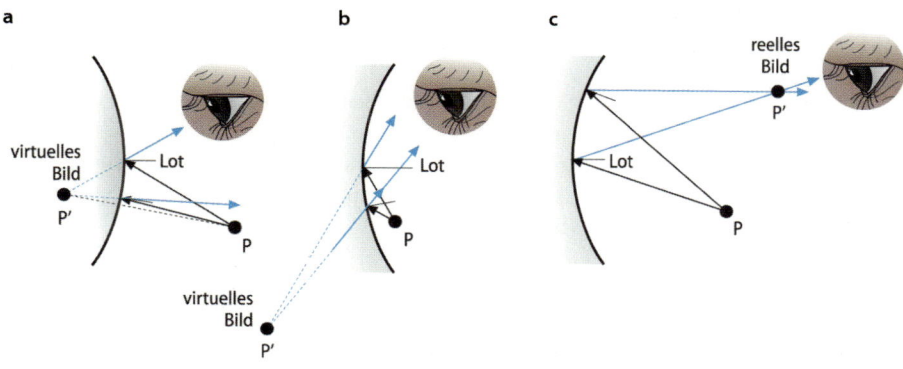

■ **Abb. 6.9a–c** Bildentstehung am gewölbten Spiegel (**a**) bzw am Hohlspiegel (**b, c**)

Hohlspiegel – reelles Bild

Im Gegensatz zum vorgewölbten Spiegel wird hier der Öffnungswinkel verkleinert. Dies kann zweierlei Konsequenzen haben, je nach Lage der Lichtquelle zum Spiegel:

- Liegt die Lichtquelle nahe genug am Spiegel, ergibt sich wieder ein virtuelles Bild, jetzt vergrößert und mit größerem Abstand zum Spiegel (Abb. 6.9b).
- Liegt die Lichtquelle weit genug entfernt vom Spiegel, wird der Öffnungswinkel so klein, dass die reflektierten Strahlen nicht mehr divergieren, sondern konvergieren und sich an einem Punkt P' treffen (Abb. 6.9c). Es entsteht ein reelles Bild des Gegenstands. Für das Auge ist nun dieser Konvergenzpunkt der Ausgangspunkt des reflektierten Lichts. Man sieht also die Lichtquelle P so, als würde sie sich im Punkt P' befinden (▸ Abschn. 6.2.5).

> Im Hohlspiegel entsteht je nach Entfernung der Lichtquelle ein vergrößertes virtuelles oder ein reelles Bild.

Brechung

Wie oben schon erwähnt, wird ein Lichtstrahl beim Auftreffen auf die Grenzschicht zwischen zwei transparenten Medien teilweise reflektiert und teilweise dringt er ins andere Medium ein. Für die Ausbreitung des eindringenden Strahls ändern sich dabei zwei Dinge: Zum einen ändert sich seine Ausbreitungsgeschwindigkeit v im Medium, zum anderen seine Ausbreitungsrichtung. **Diese Änderung der Ausbreitungsrichtung nennt man Brechung.**

> Die Ausbreitungsgeschwindigkeit v ist eine Eigenschaft des Mediums!

Dabei ist die Brechung von den Stoffeigenschaften der Medien abhängig (Abb. 6.10). Diese für die Brechung wichtige Eigenschaft wird durch die **Brechungsindizes** n_1 und n_2 der beiden Medien angegeben.

 Abb. 6.10 Brechung eines Lichtstrahls beim Übergang zwischen zwei unterschiedlichen transparenten Medien

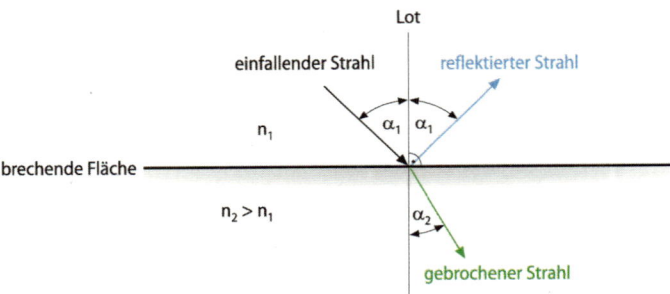

Der **Brechungsindex n** (= **Brechzahl**) eines Mediums ist das Verhältnis zwischen der Lichtgeschwindigkeit c im Vakuum ($c \approx 3 \cdot 10^8 \, \mathrm{m \, s^{-1}}$) und der Lichtgeschwindigkeit v in dem Medium:

$$n = \frac{c}{v}.$$

Als Quotient zweier Geschwindigkeiten besitzt der Brechungsindex keine Einheit, sein Zahlenwert ist größer als 1 (Tab. 6.2).

Die Ausbreitungsrichtung der Lichtstrahlen bei der Brechung wird durch den Einfallswinkel α_1 und den Brechungswinkel α_2 zwischen den Lichtstrahlen und dem Lot beschrieben.

Man beobachtet folgende Phänomene:

- Wird beim Durchgang durch die Grenzfläche der Brechungsindex größer ($n_2 > n_1$), also beim Übergang vom optisch dünneren (kleinerer Brechungsindex) ins optisch dichtere Medium, so wird der Winkel zum Lot hin kleiner ($\alpha_2 < \alpha_1$): Man sagt: **Der Lichtstrahl wird »zum Lot hin« gebrochen.**

◻ Tab. 6.2 Brechzahlen einiger transparenter Materialien

Material	Brechzahl
Luft	1,00027
Glas, je nach Glasart	~ 1,5
Wasser	1,333
Hornhaut des Auges	1,376
Kammerwasser und Glaskörper des Auges	1,336
Augenlinse am Rand	1,385
Augenlinse im Kern	1,406

━━ Beim Übergang vom optisch dichteren ins optisch dünnere Medium ($n_2 < n_1$) gilt der umgekehrte Fall $\alpha_1 < \alpha_2$: **Der Lichtstrahl wird »vom Lot weg« gebrochen.**

Berechnen kann man diese Änderung mithilfe des **Snellius-Brechungs-gesetzes**:

$$\frac{\sin\alpha_1}{\sin\alpha_2} = \frac{n_2}{n_1}.$$

Brechungsgesetz:

$$\frac{\sin\alpha_1}{\sin\alpha_2} = \frac{n_2}{n_1}.$$

Totalreflexion

Bei der Brechung vom Lot weg, also beim Übergang vom optisch dichten in ein optisch dünnes Medium ($n_2 < n_1$), gibt es einen Grenzwinkel für α_1, bei dem $\alpha_2 = 90°$ ist. Für größere Winkel tritt die sog. **Totalreflexion** ein, d. h., der Lichtstrahl kann das Medium nicht mehr verlassen und die gesamte Intensität des einfallenden Strahls wird ins Medium 1 zurückreflektiert (◻ Abb. 6.11). Es tritt also nur noch der reflektierte Strahl auf, für den das Gesetz der Reflexion gilt.

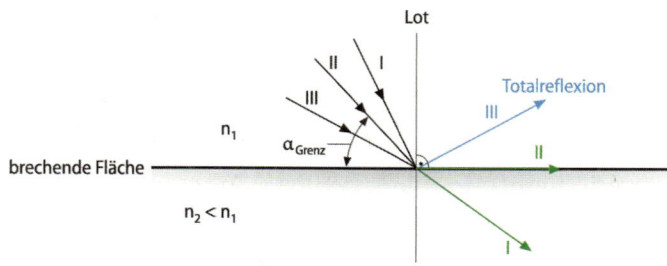

◻ Abb. 6.11 Totalreflexion. Beim Übergang aus einem optisch dichten in ein optisch dünnes Medium gibt es einen Grenzwinkel α_{Grenz}, ab dem der Lichtstrahl das Medium nicht mehr verlassen kann und total reflektiert wird

Lichtleiter in der Medizin
Neben der nachrichtentechnischen Anwendung in Form von **Lichtleitern** zur Informationsübertragung wird die Totalreflexion auch in der Medizin eingesetzt – in der **Endoskopie**: Mittels einzelner dünner und flexibler Lichtleiter, die zu einem Bündel zusammengefasst werden, kann dabei Licht in einen dunklen Innenraum (Körperhöhle) transportiert werden. Außerdem können solche Bündel von Lichtleitern die Bildinformation, die ein abbildendes System auf die Stirnseite des Bündels projiziert, punkt-weise (pixelweise) auf die andere Seite des Bündels übertragen.

Dispersion

Dispersion:
Brechungsindex eines Materials ist von der Wellenlänge des Lichts abhängig: $n = n(\lambda)$.

Da die Brechung direkt mit dem materialabhängigen Brechungsindex n verknüpft ist, muss eine besondere Eigenschaft des Brechungsindex berücksichtigt werden. Es zeigt sich, dass die Brechzahl eines Mediums in der Regel nicht für alle Wellenlängen im sichtbaren Bereich gleich ist. Der Brechungsindex ist von der Wellenlänge λ und damit von der Frequenz ν abhängig. Man nennt diese Abhängigkeit der Brechzahl von der Wellenlänge **Dispersion**, ausgedrückt in der Form $n = n(\lambda)$ (sprich: »Der Brechungsindex n ist eine Funktion der Wellenlänge λ«).

Im Normalfall sinkt die Brechzahl n mit steigender Wellenlänge λ. Allerdings besteht keine direkte Proportionalität; die jeweiligen Werte sind in sog. Dispersionskurven für die jeweiligen Glassorten grafisch zusammengestellt und können entsprechenden Tabellenwerken entnommen werden.

Ein weißes Lichtbündel wird durch ein Glasprisma in seine Spektralfarben zerlegt.

Dispersion kann man gut beobachten, wenn man ein weißes Lichtbündel, z. B. von der Sonne (Temperaturstrahler mit kontinuierlichem Spektrum), durch ein Glasprisma schickt. Der uns als weißes Licht erscheinende Lichtstrahl wird in seine Spektralfarben zerlegt, da wegen der Dispersion die Lichtstrahlen für jede Wellenlänge unterschiedlich stark gebrochen werden (◘ Abb. 6.12). Lichtstrahlen kleinerer Wellenlänge, wie die des blauen Spektralbereichs, werden dabei stärker gebrochen als die mit größerer Wellenlänge λ (z. B. rot).

◘ **Abb. 6.12** Spektrale Zerlegung eines »weißen« Lichtstrahls, z. B. von der Sonne

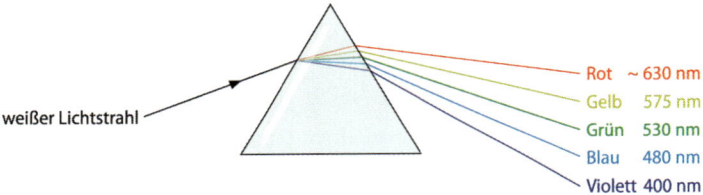

Bei der Brechung von Laserstrahlen spielt die Dispersion keine Rolle, da Laserstrahlung monochromatisch ist.

Würde man denselben Versuch mit einem Laserstrahl durchführen, spielte die Dispersion des Brechungsindex keine Rolle, da Laserlicht monochromatisch ist (► Abschn. 6.1.3), d. h. nur elektromagnetische Wellen einer bestimmten Wellenlänge beinhaltet, für die ein definierter Brechungsindex gilt und sich somit auch nur ein Brechungswinkel ergibt.

6.2.3 Anwendung der Brechung: Formen der Abbildung

Abbildung durch sphärisch gekrümmte Flächen

Das Brechungsgesetz gilt auch für gekrümmte Grenzflächen zwischen zwei Medien mit unterschiedlichen Brechungsindizes. Denken wir nur einmal an die Hornhaut des menschlichen Auges. Wie wir später noch sehen werden, ist der Übergang von der Luft auf die Hornhaut die am stärksten brechende Grenzfläche und nicht die Linse; diese macht nur einen kleinen Teil der Brechung aus. **Die Hornhaut stellt eine stark und annähernd sphärisch (= kugelförmig) gekrümmte Trennfläche zwischen Luft und Kammerwasser dar** (vgl. Schema des Auges, ◘ Abb. 6.21).

Das Brechungsgesetz gilt auch für gekrümmte Grenzflächen zwischen zwei Medien, z. B. für die Hornhaut des Auges.

Streng genommen existieren zwei Grenzflächen: die zwischen Luft und Hornhaut einerseits sowie die zwischen Hornhaut und Kammerwasser. Da die Brechungsindizes von Hornhaut und Kammerwasser annähernd gleich sind (◘ Tab. 6.1), ist die Brechung an der zweiten Grenzschicht vernachlässigbar.

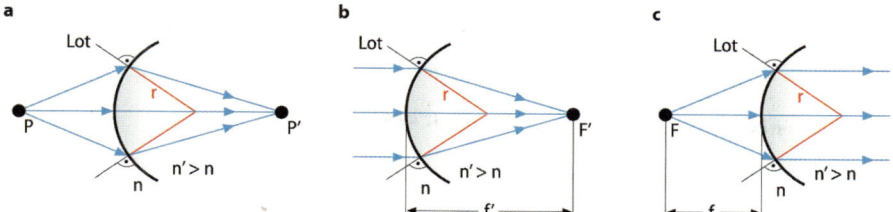

a Lot r P P' n' > n n

b Lot r F' n' > n n f'

c Lot r F n' > n n f

◻ **Abb. 6.13a–c** Möglicher Strahlenverlauf an einer sphärisch gekrümmten Fläche. **a** Entstehung des Bildpunkts P' von P. **b** Bündelung parallel einfallender Strahlen – Definition des Brennpunkts F'. **c** Umkehrung von b, Erzeugung eines parallelen Strahlenbündels

Für die Brechung an einer sphärischen Fläche und den Fall, dass n < n' ist, ergeben sich folgende Möglichkeiten der Abbildung:

1. Strahlen, die von einem Punkt (P) ausgehen, können hinter der Grenzfläche wieder in einem Punkt (P') gebündelt werden (◻ Abb. 6.13a). Eine solche Grenzfläche hat also abbildende Eigenschaften. **Man bezeichnet daher P' als Bild von P**.

2. **Spezialfall:** Die Lichtstrahlen treffen parallel auf die Grenzfläche. Dies ist der Fall, wenn die Lichtstrahlen von einer sehr weit entfernten Lichtquelle wie der Sonne kommen (◻ Abb. 6.13b). Sie werden dann in einem Punkt gebündelt, im sog. **bildseitigen Brennpunkt F'**. Sein Abstand zum Flächenscheitel ist die **bildseitige Brennweite f'**.

3. Eine weitere Möglichkeit ist der umgekehrte Strahlengang zu Punkt 2 und eigentlich keine wirklich neue Möglichkeit, denn Strahlengänge sind umkehrbar. Verlaufen nun also Lichtstrahlen, die von einem ganz bestimmten Punkt F vor der Grenzfläche ausgehen, hinter der Grenzfläche parallel zueinander, dann bezeichnet man diesen Punkt als **gegenstandsseitigen Brennpunkt F** und seinen Abstand zum Flächenscheitel als **gegenstandsseitige Brennweite f** (◻ Abb. 6.13c).

> Strahlengänge sind umkehrbar.

Beide Brennweiten f und f' hängen dabei sowohl vom Krümmungsradius der Fläche als auch von den Brechungsindizes beider beteiligten Medien ab. Zwischen f und f' besteht folgender Zusammenhang:

$$\frac{n}{f} = \frac{n'}{f'}.$$

Betrachten wir dies wiederum am Beispiel des menschlichen Auges. Es gilt: $n = n_{Luft} = 1$ und $n' = n_{Kammerwasser} = 1{,}336$. Also ist $f/f' = n/n' = 1/1{,}336 \sim 0{,}75$. Das heißt, die gegenstandsseitige Brennweite f ist somit um den Faktor 0,75 kleiner als die bildseitige Brennweite f'.

Abbildung durch dünne Linsen/Sammellinsen

Abgesehen von unserem Auge, das wir in einfacher Näherung gerade als eine einzige gekrümmte Fläche mit unterschiedlichen Brechungsindizes auf beiden Seiten der Hornhaut betrachtet haben, ist der Normalfall eines abbildenden Systems eine Linse.

Linsen Linsen werden in der Regel durch zwei sphärische Flächen begrenzt, die zwei verschiedene Krümmungsradien besitzen können. Lichtstrahlen, die eine Linse durchlaufen, werden also 2-mal gebrochen, einmal beim Eintritt in das Linsenmaterial und dann erneut beim Verlassen des Materials.

> Beim Durchtritt durch eine Linse werden die Lichtstrahlen 2-mal gebrochen.

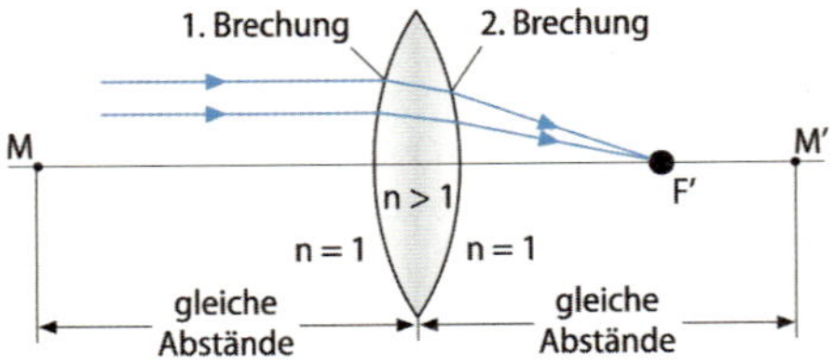

Abb. 6.14 Strahlengang bei der Abbildung durch eine dünne Linse

Zur besseren Übersicht und Angabe der Strahlengänge ist es üblich, eine Bezugslinie zu definieren, die **optische Achse** des Systems. **Durch die Krümmungsmittelpunkte M und M' der beiden sphärischen Grenzflächen wird eine Gerade festgelegt, die man als optische Achse der Linse bezeichnet** (■ Abb. 6.14). Vor und hinter der Linse können sich zwei verschiedene Medien mit den Brechungsindizes n_1 und n_2 befinden, die ihrerseits vom Brechungsindex n' des Linsenmaterials verschieden sind. In der Regel, wie z. B. bei einer Brille, handelt es sich beim umgebenden Medium um Luft ($n_1 = n_2 = 1$) und der Brechungsindex des Linsenmaterials sei n.

Merksatz konvex vs. konkav:
»Konvex ist der Buckel von der Hex'«.

Betrachten wir nun einmal den Fall, dass beide Krümmungsradien gleich sind und die gewölbten Flächen jeweils von der Linse wegzeigen. Wenn sich diese symmetrische, bikonvexe, dünne Linse in einem Medium befindet, dessen Brechungsindex kleiner ist als der des Linsenmaterials, handelt es sich um eine **Sammellinse**, wie in ■ Abb. 6.14 dargestellt. Das heißt, ihre sphärischen Flächen haben denselben Krümmungsradius (symmetrisch) und weisen auf beiden Seiten nach außen (bikonvex).

Solche Linsen haben die Eigenschaft, parallel einfallende Lichtstrahlen in einem Punkt zu sammeln, worauf sich auch der Name Sammellinse bezieht. Dabei hat die Linse ähnliche abbildende Eigenschaften wie die in ■ Abb. 6.13b besprochenen sphärischen Flächen. So werden parallel zur optischen Achse einfallende Lichtstrahlen im bildseitigen Brennpunkt F' gebündelt. Dies erreicht man, wenn man die Gegenstandsweite sehr groß wählt. Die vom Gegenstand ausgehenden, durch die Linse fallenden Lichtstrahlen verlaufen dann vor der Brechung an der Linse nahezu parallel und werden schließlich im Brennpunkt F' gebündelt. Umgekehrt verlaufen Lichtstrahlen, die vom gegenstandsseitigen Brennpunkt F ausgehen, hinter der Linse parallel zur optischen Achse. (Wir wissen ja, der Strahlengang ist umkehrbar.)

Weil auf beiden Seiten der Linse das gleiche Medium ist, sind die beiden Brennweiten gleich.

Brennweite f und Brechkraft D

Die Eigenschaften einer Linse sind mit ihrer **Brennweite f** vollständig beschrieben. Hieraus ergibt sich auch die **Brechkraft D**, die als Größe im Bereich der Augenheilkunde und Augenoptik wesentlich gebräuchlicher ist als die Brennweite f. So wird bei Brillengläsern und Kontaktlinsen nicht die Brennweite f, sondern die Brechkraft D (»Gläserstärke«) angegeben.

Brechkraft D:
Kehrwert der Brennweite f in Metern;
$$D = \frac{1}{f}$$

$$[D] = \frac{1}{m} = dpt.$$

Definiert ist die **Brechkraft D** als Kehrwert der Brennweite f, wobei f in Metern anzugeben ist:

$$D = \frac{1}{f}.$$

Ihre Einheit, die sich eigentlich demnach zu 1/m ergibt, heißt **Dioptrie**, **[D] = dpt.**

Hohe Brechkraft = kleine Brennweite, geringe Brechkraft = große Brennweite.

Eine hohe Brechkraft D bedeutet also eine kleine Brennweite f: Die Linse bricht das einfallende Licht sehr stark. Umgekehrt entspricht einer großen

Brennweite f eine geringe Brechkraft D: Die Linse bricht das einfallende Licht also nur gering.

Bei der Umrechnung ist unbedingt darauf zu achten, die Brennweite immer erst in Meter umzurechnen, da gilt: 1 dpt = 1/m.

6.2.4 Bildentstehung

Nachdem wir nun die prinzipiellen Eigenschaften brechender Flächen besprochen haben, müssen wir uns, wie kann es in einer exakten Wissenschaft wie der Physik anders sein, etwas näher mit der genauen Beschreibung der Abstände bei der Abbildung durch Linsen beschäftigen. Es gibt prinzipiell zwei verschiedene Möglichkeiten, für eine bestimmte Linse die Lage oder **Bildweite b** und die Größe des **Bildes B** bei vorgegebener **Gegenstandsweite g**, **Gegenstandsgröße G** und bekannter **Brennweite f** zu ermitteln: eine **zeichnerische** und eine **rechnerische Lösung**.

Zeichnerische Bildkonstruktion

Wenn die Form der Linse und ihr Brechungsindex bekannt sind, kann man den Verlauf einzelner Lichtstrahlen durch die Linse nach dem **Brechungsgesetz** konstruieren.

Wie in ◘ Abb. 6.15 gezeigt, werden die Strahlen hierbei an der vorderen und hinteren Linsenfläche gebrochen. Führt man dies für mindestens zwei Strahlen durch, die vom Punkt G aus die Linse durchqueren, so ergibt der Schnittpunkt der an beiden Linsenflächen gebrochenen Strahlen den **Bildpunkt B**.

Hauptebene

Bei dünnen Linsen, also im Normalfall, kann man dieses aufwendige Verfahren vereinfachen, indem man die dünne Linse in der Zeichnung durch die sog. **Hauptebene** ersetzt und so tut, als ob die gesamte Brechung der beiden Grenzflächen der Linse in dieser Hauptebene stattfindet. Sie befindet sich in der Linsenmitte und ist somit der Bezugspunkt für die Definition der Brennweiten und der Gegenstands- und Bildweite (◘ Abb. 6.15):

Bei einer dünnen Linse kann man eine Hauptebene postulieren.

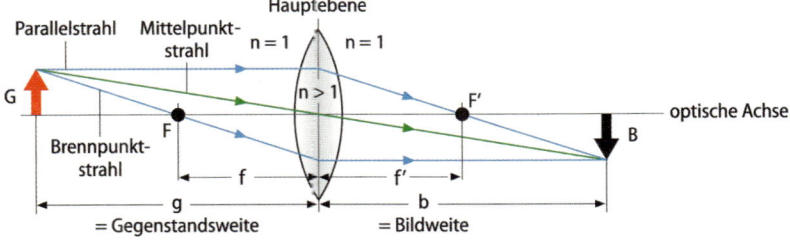

◘ **Abb. 6.15** Zeichnerische Bildkonstruktion an bikonvexer Linse

- Die gegenstands- bzw. bildseitige Brennweite f bzw. f′ ist der Abstand zwischen gegenstandsseitigem Brennpunkt F bzw. bildseitigem Brennpunkt F′ und Hauptebene.
- Die Gegenstandsweite g bzw. die Bildweite b entspricht dem jeweiligen Abstand zwischen Gegenstand G bzw. Bild B und der Hauptebene.

Doch wie können wir nun, ohne die Brechung an den einzelnen Flächen zu berechnen, die Brechung der Strahlen an der Hauptebene konstruieren? Wie wir gleich sehen werden, haben wir bereits alle notwendigen Informationen beisammen. Man braucht für die Konstruktion eines Bildpunkts:

- die Lage der **Hauptebene**,
- die Lage der **Brennpunkte F und F′**, die durch die optische Achse und die Brennweiten f und f' eindeutig bestimmt sind,
- drei spezielle Strahlen, die vom Gegenstand ausgehen und nach bestimmten Regeln gebrochen werden, die sog. **drei Konstruktionsstrahlen**:
  - **Brennpunktstrahl**,
  - **Parallelstrahl**,
  - **Mittelpunktstrahl**.

Brennpunktstrahlen werden an der Hauptebene zu Parallelstrahlen.

Parallelstrahlen werden an der Hauptebene zu Brennpunktstrahlen.

Mittelpunktstrahlen verlaufen bei gleichen Medien auf beiden der Seite der Hauptebene geradlinig.

Brennpunktstrahlen werden an der Hauptebene zu Parallelstrahlen, d. h., jeder Strahl, der aus der Richtung des gegenstandsseitigen Brennpunkts F auf die Hauptebene trifft, verläuft hinter der Hauptebene parallel zur optischen Achse, entsprechend der Definition von F (■ Abb. 6.14).

Parallelstrahlen werden an der Hauptebene zu Brennpunktstrahlen, d. h., jeder Strahl, der parallel zur optischen Achse auf die Hauptebene trifft, durchläuft hinter der Hauptebene den bildseitigen Brennpunkt F', ebenfalls entsprechend der Definition von F' (■ Abb. 6.14).

Mittelpunktstrahlen verlaufen geradlinig durch die Hauptebene unter der Voraussetzung, dass sich auf beiden Seiten der Linse das gleiche Medium befindet (n = n'). Das heißt, dass Mittelpunktstrahlen, also Strahlen, die auf den **Schnittpunkt zwischen Hauptebene und optischer Achse** treffen, ihre Richtung nicht ändern.

Streng genommen findet hier beim Durchtritt durch den Mittelpunkt aber durchaus eine Brechung des Strahls statt, auch wenn man dies zeichnerisch vernachlässigt. Sie wirkt sich in Form eines »**Parallelversatzes**« aus, denn die beiden Brechungen an Vorder- bzw. Rückseite ergeben zusammen keine Richtungsänderung der Mittelpunktstrahlen.

Bei der **Konstruktion der Abbildung** z. B. eines Pfeils, der senkrecht auf der optischen Achse steht (■ Abb. 6.16), gilt auch für dessen Bild, dass es senkrecht auf der optischen Achse steht. Deshalb reicht hier die Konstruktion von nur einem Bildpunkt, der Pfeilspitze, aus, um die Lage und Größe des gesamten Bildes zu konstruieren.

Wie ■ Abb. 6.16 zeigt, kann sich je nach Gegenstandsweite g das Bild B vergrößern (kurz: B > G) oder verkleinern (B < G). **Auch die Bildweite b hängt offensichtlich von der Gegenstandsweite g ab.**

Rechnerisches Verfahren

Berechnung der Abhängigkeit der Bildgröße B und Bildweite b von der Gegenstandsweite g und der Gegenstandsgröße G:

Neben der zeichnerischen Lösung gibt es Formeln, mit denen sich die **Abhängigkeit der Bildgröße B und der Bildweite b von der Gegenstandsweite g und der Gegenstandsgröße G** berechnen lässt.

Ohne auf die Herleitung einzugehen (die findet sich in vielen Optikbüchern), merken wir uns einfach die beiden folgenden Gleichungen für den Fall, dass sich die Linse mit dem Brechungsindex n in Luft befindet (Brille).
Abbildungsgleichung:

$$\frac{1}{f} = \frac{1}{g} + \frac{1}{b}.$$

Abbildungsmaßstab:

$$\frac{B}{G} = \frac{b}{g} = \beta.$$

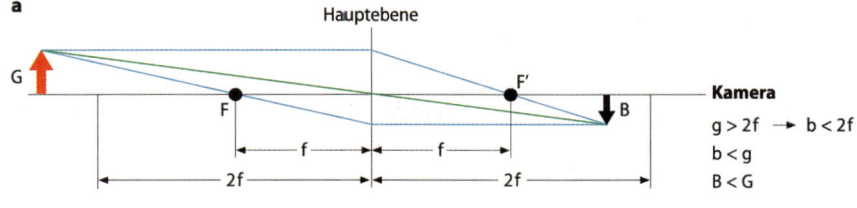

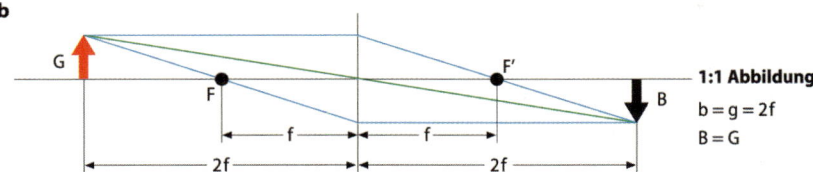

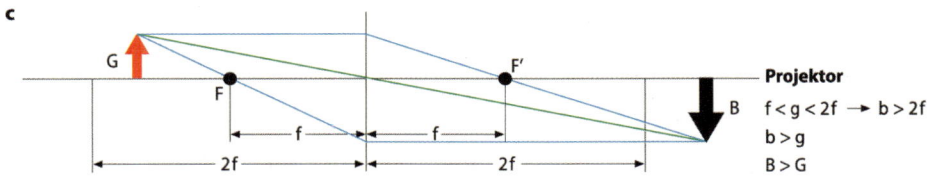

◻ **Abb. 6.16a–c** Konstruktion von Bildweite b und Bildgröße B in Abhängigkeit von der Gegenstandsweite g

Dabei werden folgende Bezeichnungen verwendet:
- g = Gegenstandsweite
- G = Gegenstandsgröße
- f = Brennweite
- b = Bildweite
- B = Bildgröße
- β = Abbildungsmaßstab der Abbildung

Bedeutung der Abbildungsgleichung Aus dem Abbildungsmaßstab leitet sich schließlich ab, was man in ◻ Abb. 6.16 sehen kann. Formen wir dazu die Abbildungsgleichung nach b um (kleine Übung am Rande):

$$b = \frac{f \cdot g}{g - f}.$$

Wenn wir das Ergebnis in den Abbildungsmaßstab einsetzen, erhalten wir für die Vergrößerung der Abbildung:

$$\beta = \frac{B}{G} = \frac{f}{g - f}.$$

Betrachten wir nun die Fälle wie bei der Konstruktion in ◻ Abb. 6.16a–c und ermitteln die Konsequenzen für die Lage und die Größe des Bildes:
- Für g = f ist die Bildgröße nicht definiert. Wie wir wissen, verlaufen die Lichtstrahlen nach der Linse sämtlich parallel, sie schneiden sich nie, es gibt also keinen Bildpunkt.
- Für g = 2 f erhalten wir B/G = 1. Befindet sich also der Gegenstand in der doppelten Brennweite vor der Linse, ist das Bild gleich groß wie der Gegenstand. Die Bildweite ergibt sich übrigens zu b = 2 f (◻ Abb. 6.16b).

Je nach dem Verhältnis von Gegenstandsweite g zu Brennweite f ergeben sich verschiedene Bildgrößen.

- Für $f < g < 2f$ gilt: $B/G > 1$. Wir erhalten also ein reelles, vergrößertes Bild. Diese Einstellung wird bei allen **Projektoren** gewählt (◘ Abb. 6.16c).
- Für $g > 2f$ gilt: $B/G < 1$. Das Bild ist kleiner als der Gegenstand. Dies wird für die Abbildung in einem **Fotoapparat** verwendet (◘ Abb. 6.16a).
- Für $g < f$ wird der Abbildungsmaßstab negativ. Dies bedeutet, dass kein reelles Bild entsteht. Die Konstruktionsstrahlen scheinen aus einem Punkt auf der Gegenstandsseite zu kommen, aus dem **virtuellen Bild**.

6.2.5 Reelle und virtuelle Bilder

Man unterscheidet zwischen virtuellen und reellen Bildern. Diese sollen an dieser Stelle exakt definiert werden.

Reelle Bilder entstehen z. B. auf der Leinwand eines Kinos.

Reelle Bilder Bei einem reellen Bild vereinigen sich die Lichtstrahlen, werden also konvergent (Sammellinse). Somit kann das Bild B des Gegenstands G auf einem Bildschirm sichtbar gemacht werden. Zum Beispiel handelt es sich auf unserer Netzhaut immer um reelle Bilder, im Kino wird durch einen Projektor (»Beamer«) ein reelles Bild auf die Leinwand geworfen und in unserer Digitalkamera entsteht ein reelles Bild auf dem CCD-Chip.

Virtuelle Bilder lassen sich nicht auf einem Schirm darstellen; z. B. unser Spiegelbild.

Virtuelle Bilder (fr.: *virtuell*, scheinbar) Ein durch optische Geräte erzeugtes virtuelles Bild kann man nicht auf einem Schirm darstellen. Die vom Gegenstand G ausgehenden Lichtstrahlen verlaufen nach dem optischen System divergent auseinander. Will man diese Lichtstrahlen wieder zu einem reellen Bild auf einem Schirm bündeln, benötigt man eine weitere Sammellinse. Oder man betrachtet das virtuelle Bild mit dem Auge, denn dieses hat selbst eine Sammelwirkung.

Die wichtigste Eigenschaft ist jedoch, dass wir ein Bild sehen, wo in der Realität gar keins existiert, es ist also nur scheinbar vorhanden. Typisches Beispiel ist unser Spiegelbild. Die Lichtstrahlen, die von uns ausgehen, bleiben so lange divergent, bis sie von unserem Auge wieder gebündelt werden. Unser »Gegenüber« steht dabei scheinbar hinter dem Spiegel. Man nennt diesen scheinbaren Ursprung der Lichtstrahlen das **virtuelle Bild**.

6.2.6 Linsensystem

Nur in sehr einfachen Anwendungen, z. B. bei der Lupe (▶ Abschn. 6.4.1), benutzt man eine einzelne Linse zur Abbildung. Bei anspruchsvolleren optischen Geräten wie Mikroskop oder Kamera setzt man in der Regel **Linsensysteme** ein, d. h. ein komplexes System aus mehreren Linsen.

Das Auge ist ein Beispiel für ein Linsensystem.

Auch das Auge ist ein klassisches Beispiel eines Linsensystems mit zwei Komponenten: Die Abbildung erfolgt hier durch die brechende Wirkung von Hornhaut *und* Augenlinse. Bei Fehlsichtigkeit kommt häufig als dritte Komponente noch ein Brillenglas oder eine Kontaktlinse hinzu.

Unter der Voraussetzung, dass die einzelnen Komponenten sehr eng hintereinander stehen, d. h. der Abstand d der Einzellinsen deutlich kleiner ist als deren Brennweite, kann man die Wirkung eines Linsensystems auf die Brechung sehr einfach durch die Beiträge seiner Komponenten beschreiben. Dazu benötigt man wieder den Begriff der Brechkraft D.

Kombiniert man nun zwei Linsen mit den Brechkräften D_1 und D_2, so kann man die Brechkraft des Linsensystems folgendermaßen berechnen:

$$D_{Gesamt} = D_1 + D_2 - \frac{d}{n} \cdot D_1 \cdot D_2.$$

Dabei ist d der Abstand zwischen den Linsenmitten und n der Brechungsindex des Mediums zwischen den Linsen (im Auge das Kammerwasser). Bei der Addition der Brechkräfte zweier Linsen spielt der Linsenabstand d also eine wichtige Rolle.

Entsprechend vereinfachen kann man die obige Gleichung, wenn man den Abstand zwischen den Einzellinsen sehr klein gegenüber deren Brennweiten wählt, also wenn d annähernd null ist. Der dritte Term der obigen Gleichung, $(d/n) \cdot D_1 \cdot D_2$, wird dann gegenüber $D_1 + D_2$ sehr klein und kann vernachlässigt werden. Somit vereinfacht sich die Gleichung zu:

$$D_{Gesamt} = D_1 + D_2.$$

Diese Gleichung ist für prinzipielle Überlegungen ausreichend. Im Einzelfall muss man den 3. Term in der ersten Gleichung jedoch mit einbeziehen, z. B. bei der Anpassung von Korrekturlinsen wie **Brille** oder **Kontaktlinse** bei Fehlsichtigkeit.

Kontaktlinsen werden direkt auf die Hornhaut platziert, der Abstand d ist also wesentlicher geringer als bei einem Brillenglas, bei dem d eine wesentliche Rolle spielt. Dies ist der Grund dafür, weswegen Brillengläser eine höhere Brechkraft besitzen müssen, um dieselbe Korrekturwirkung wie Kontaktlinsen zu erreichen, was man sich anhand des Minuszeichens vor dem Korrekturterm klarmachen kann.

> Bei der Addition der Brechkräfte zweier Linsen spielt der Linsenabstand eine wichtige Rolle.

6.2.7 Linsenarten

Noch ein paar Bemerkungen zu Linsen und ihren Eigenschaften: zum einen zur Linsenform und den resultierenden Eigenschaften, zum anderen zu nichtidealen Abbildungseigenschaften, wie sie sich aus dem Material oder dem Herstellungsprozess (Linsenschleifen) ergeben.

Bezüglich der Linsenform gibt es drei Typen:
- Sammellinse (konvexe Linse),
- Zerstreuungslinse (konkave Linse),
- Zylinderlinse.

> Wichtige Linsenformen: Sammellinse, Zerstreuungslinse, Zylinderlinse.

Konvexe oder Sammellinse

Konvexe Linsen, auch **Sammellinsen** genannt, wurden in den vorhergehenden Abschnitten schon eingehend besprochen. Wichtig ist, dass ihre sphärische Fläche auf beiden Seiten nach außen (bikonvex) weist (◘ Abb. 6.17).

Sammellinsen haben die Eigenschaft, parallel einfallende Lichtstrahlen in einem Punkt (konvergent) zu sammeln. Dieser befindet sich im Abstand f, der Brennweite, hinter der Linse in der sog. Brennebene (◘ Abb. 6.17 *unten*). Sind die parallel einfallenden Strahlen zudem parallel zur optischen Achse, sammeln sich diese Strahlen im Brennpunkt F' der Linse (◘ Abb. 6.17 *oben*).

Für Sammellinsen gilt:
- Sie erzeugen in der Regel ein reelles Bild.
- Sie besitzen eine positive Brennweite f und somit auch eine positive Brechkraft $D = 1/f$.

> Sammellinsen erzeugen meist ein reelles Bild und besitzen eine positive Brechkraft.

Physik

■ **Abb. 6.17** Strahlengänge an einer Konvexlinse mit parallel zur optischen Achse (*oben*) bzw. schräg zu dieser einfallenden parallelen Lichtstrahlen (*unten*)

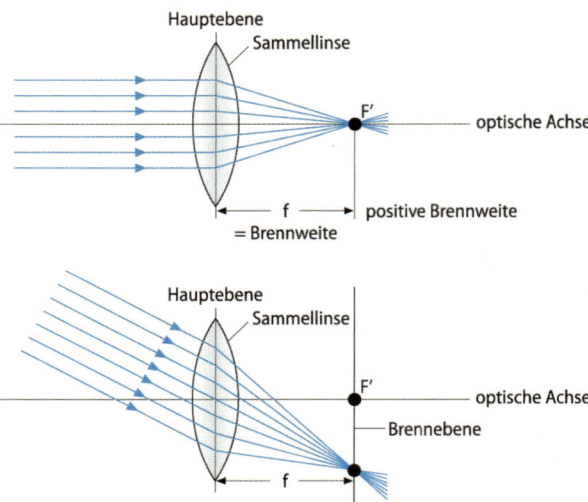

Konkave oder Zerstreuungslinse

Konkave Linsen oder **Zerstreuungslinsen** sind Linsen, deren sphärische Flächen nach innen zeigen. Sie sind somit in der Mitte dünner als an den Rändern.

Bei parallel einfallenden Lichtstrahlen vergrößern Zerstreuungslinsen deren Öffnungswinkel, sodass diese Lichtstrahlen hinter der Linse divergieren (auseinanderstreben) (■ Abb. 6.18). Deswegen werden diese Linsen Zerstreuungslinsen genannt. Sie erzeugen ausschließlich virtuelle Bilder, da es scheint, als ob die Lichtstrahlen virtuellen Punkten auf der Gegenstandsseite der Linse entstammen, also von einem Ort, wo sich der Gegenstand gar nicht befindet. In ■ Abb. 6.18 scheinen die Strahlen vom Punkt F' hinter der Linse zu kommen.

Weil sich die Brennebene jetzt auf der »falschen« Seite befindet, gibt man die Brennweite f mit einem negativen Vorzeichen an, somit ist auch die Brechkraft negativ. Die Abbildungsgleichung ist damit wieder ausgeglichen.

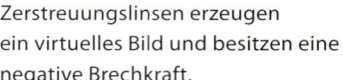
Zerstreuungslinsen erzeugen ein virtuelles Bild und besitzen eine negative Brechkraft.

■ **Abb. 6.18** Strahlengang an einer Konkavlinse

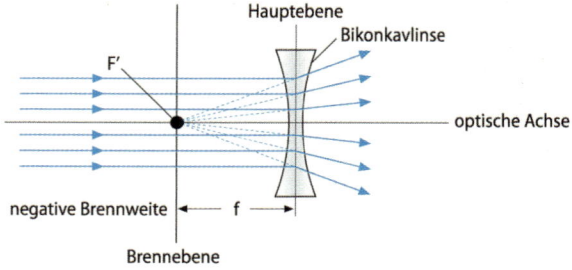

Zylinderlinse

Zylinderlinsen haben Bedeutung für die **Korrektur des Astigmatismus** (Stabsichtigkeit, ▶ Abschn. 6.2.9). Ihre Flächen sind zylinderförmig gekrümmt. **Bei Zylinderlinsen werden einfallende parallele Lichtstrahlen nicht zu einem Punkt, sondern zu einem Strich zusammengezogen.** Dieser Bildstrich liegt dabei in der Ebene, in der sich die Achse der Zylinderlinse befindet; d. h., wenn man eine Zylinderlinse mit horizontaler Achse verwendet, erhält man einen horizontalen Bildstrich (■ Abb. 6.19a). Man kann auch für diese Linsen eine Brennweite definieren: den Abstand des Bildstrichs von der Hauptebene.

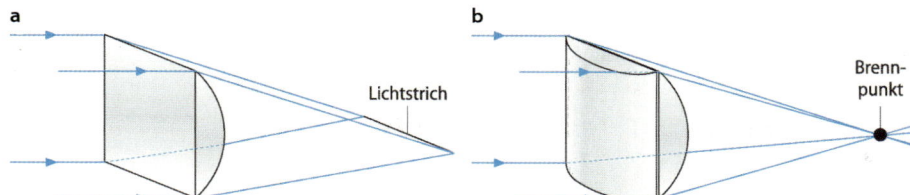

◻ Abb. 6.19a, b Strahlengang an einer Zylinderlinse (**a**); Kombination zweier gleicher Zylinderlinsen, deren Zylinderachsen senkrecht zueinander stehen (**b**) (aus Harten 2011)

Bringt man eine zweite Zylinderlinse mit gleicher Brennweite f, aber zur ersten Linse senkrechten Zylinderachse zusammen wie in ◻ Abb. 6.19b, erhält man nun wie bei einer Sammellinse einen klaren Bildpunkt. Hat die zweite Zylinderlinse jedoch eine andere Brennweite f_2, liefert sie allein (also nicht kombiniert mit der ersten Zylinderlinse) in einem anderen Abstand einen vertikalen Bildstrich. Die Kombination zweier Zylinderlinsen unterschiedlicher Brennweite erzeugt also keinen klaren Bildpunkt. Es gibt immer eine unscharfe Abbildung endlicher Größe.

Man kann eine Zylinderlinse auch mit einer sphärischen Linse kombinieren. Die Kombination hat dann keinen eindeutigen Brennpunkt mehr, sondern für die beiden Ebenen parallel bzw. senkrecht zur Zylinderachse eine andere Brennweite, in der sich ebenfalls ein Bildstrich bildet. Eine solche Linse ist dann gewissermaßen stabsichtig (astigmatisch) und kann beim Ausgleich eines Astigmatismus der Hornhaut (▶ Abschn. 6.2.9) verwendet werden.

> Eine Kombination aus Zylinderlinse und sphärischer Linse korrigiert Astigmatismus.

6.2.8 Linsenfehler oder Abbildungsfehler

Erinnern wir uns noch einmal an die **Abbildungsgleichung**: $1/f = 1/g + 1/b$. Streng genommen gilt sie und treffen die obigen zeichnerisch konstruierten Strahlengänge nur für Linsen mit idealen Eigenschaften zu. Die Linse unseres Auges ist annähernd eine ideale Linse. Denn beim alltäglichen Sehen haben wir keine Einschränkungen, Gegenstände scharf zu sehen.

Anders ist es bei künstlichen Linsen. Auch bei sorgfältigster Herstellung wird eine solche Linse immer Abweichungen gegenüber einem idealen Strahlengang zeigen. **Diese Abweichungen vom idealen Strahlengang sind die sog. Linsenfehler, auch Abberationen genannt.**

> Brillen, Kontaktlinsen und optische Geräte ze gen Linsenfehler oder Aberrationen.

Die **sphärische** und die **chromatische Abberation** sind hier als die wichtigsten Linsenfehler zu nennen und medizinisch durchaus bedeutsam, wenn man bedenkt, dass Brillen, Kontaktlinsen oder optische Geräte diese Abberationen zeigen (◻ Abb. 6.20).

Sphärische Abberation

Eine sphärische Linse ist nicht die ideale Form für eine punktförmige Abbildung. Die Randstrahlen werden stärker gebrochen als Strahlen, die näher an der optischen Achse liegen. Dadurch vereinigen sich die gebrochenen Lichtstrahlen hinter der Linse natürlich nicht mehr scharf in einem Punkt (◻ Abb. 6.20a), er wird dadurch unscharf gesehen. Dieses Phänomen heißt **sphärische Abberation**.

> Sphärische Abberation: Nicht alle Lichtstrahlen vereinigen sich hinter der Linse in einem Punkt.

Wenn man schon die Ursache kennt, könnte man ja einfach eine Linsenform nehmen, die diesen Fehler nicht zeigt. Dies ist prinzipiell möglich, sphärische Linsen sind aber erheblich leichter herzustellen und dadurch billiger.

Physik

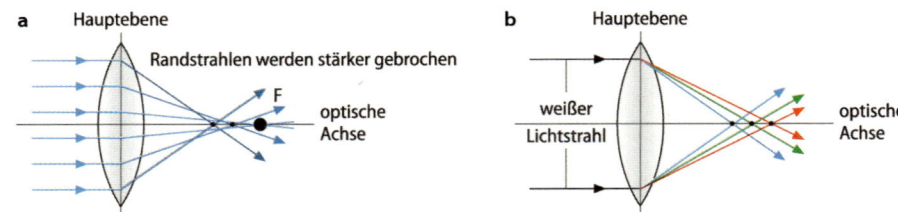

◘ Abb. 6.20a, b Abbildungsfehler. **a** Sphärische Abberation: Randstrahlen werden an sphärischen Linsen stärker gebrochen als Strahlen nahe der optischen Achse. **b** Chromatische Abberation: Weil der Brechungsindex eine Funktion der Wellenlänge ist (Dispersion), werden verschiedene Farben unterschiedlich stark gebrochen

Verwendet man sphärische Linsen nur im achsennahen Bereich, sind die Fehler aber in der Regel akzeptabel.

Chromatische Abberation

Chromatische Abberation: Verschiedene Farbanteile des Lichts werden verschieden stark gebrochen.

Bei der chromatischen Abberation beobachtet man, dass die unterschiedlichen Farbanteile des Lichts unterschiedlich stark gebrochen werden (◘ Abb. 6.20b). Ursache hierfür ist die Dispersion der optischen Materialien ($n = n(\lambda)$, ► Abschn. 6.2.2), also die unterschiedlichen stoffabhängigen Brechungsindizes für Wellen unterschiedlicher Wellenlänge λ.

Normalerweise nimmt der Brechungsindex mit steigender Wellenlänge ab (normale Dispersion). Deshalb wird kurzwelliges Licht (violett oder blau: kleinere Wellenlänge λ) stärker gebrochen als langwelliges Licht (rot: größere Wellenlänge λ).

Hätten Sie's gewusst?

Rot sehen mit Brille…
Bei der Brille gelingt die Kompensation nicht vollständig. Man kann hier die chromatische Abberation vor allem am Brillenrand feststellen. Zum Eigenversuch blickt man z. B. vom Augenwinkel aus (mit Brille natürlich) auf die Kante z. B. einer Schranktür. Wenn man nun leicht die Position ändert, also den Kopf leicht nach links oder rechts dreht, erscheint diese Kante einmal eher rötlicher und dann wieder eher bläulicher. Dies ist die chromatische Abberation unserer Brille im Randbereich. (Für das Gelingen dieses Versuchs wird übrigens keine Haftung übernommen…)

6.2.9 Auge des Menschen

Anatomie: Kornea und Linse

Unser Auge ist ein sehr kompliziert aufgebautes System (◘ Abb. 6.21). Folgen wir einem Lichtstrahl auf seinem Weg ins Auge, durchläuft er nacheinander folgende Bestandteile:
- gekrümmte Hornhaut (Brechungsindex $n = 1{,}376$),
- Kammerwasser ($n = 1{,}336$),
- Augenlinse ($n = 1{,}385$ am Rand bis $n = 1{,}406$ im Zentrum),
- Glaskörper ($n = 1{,}34$).

Dann trifft der Lichtstrahl auf die Netzhaut. Bei der Abbildung im Auge kann man die Funktion der Netzhaut mit der eines Bildschirms vergleichen, auf dem

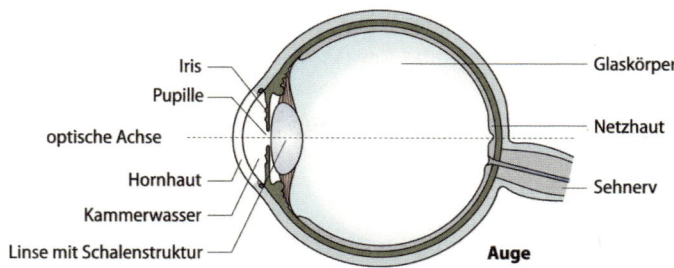

◼ **Abb. 6.21** Das menschliche Auge

man ein reelles Bild B auffängt. Natürlich gilt auch hier die Abbildungsgleichung. **Die Bildweite b ist beim Auge nicht veränderlich, da sie dem Abstand zwischen Hornhaut und Netzhaut (ca. 24 mm) entspricht.** So stellt sich die Frage, wie es das Auge eigentlich schafft, dass wir unterschiedlich weit entfernte Gegenstände, vor allem nahe Gegenstände, trotzdem scharf sehen können.

Hornhaut (Kornea)

Die lichtdurchlässige Hornhaut bildet den etwas stärker gebogenen vorderen Teil des Augapfels. Ihre Funktion ist die Lichtbrechung. Durch ihre fast annähernd sphärisch gekrümmte Form wirkt sie als **Sammellinse**, die die einfallenden Lichtstrahlen auf die Netzhaut bündelt und damit eine scharfe Abbildung ermöglicht.

Die Kornea ist eine Sammellinse.

Die Brechkraft D der Hornhaut beträgt 43 dpt. Da der Unterschied der Brechungsindizes an der Grenzfläche Luft–Hornhaut ($n_{Luft} = 1$, $n_{Hornhaut} = 1,376$) viel größer ist als an der Grenzfläche Kammerwasser–Linse ($n_{Kammerwasser} = 1,336$, $n_{Linse} = 1,385$) ist, findet hier der größte Anteil der Brechung statt!

An der Grenzfläche Luft–Hornhaut findet der größte Anteil der Lichtbrechung statt.

Akkomodation/Augenlinse

Um immer ein scharfes Bild auf der Netzhaut zu haben, bedient sich unser Auge eines Mechanismus, den man **Akkommodation** nennt.

Bei der Akkomodation wird die Brechkraft D der Linse erhöht. Um zu verstehen, wie die Linse es schafft, ihre Brechkraft zu ändern, muss man wissen, dass sie elastisch verformbar ist. Die bikonvexe, transparente Linse besteht aus einem kaum verformbaren Linsenkern, umgeben von einer sehr elastischen Linsenrinde mit Linsenkapsel.

Akkomodation: Scharfstellung der Linse durch Änderung der Linsenkrümmung.

Der Ziliarmuskel (M. ciliaris) bewirkt über seine Erschlaffung oder Anspannung eine Abflachung (geringere Brechkraft, fern sehen) oder eine stärkere Rundung (höhere Brechkraft, nah sehen) der elastischen Linse. Durch dünne Fasern, die Zonulafasern, ist er mit der Linsenkapsel verbunden und liegt ringförmig um die Linse, sodass er sich bei Kontraktion dieser annähert. Das erklärt, warum sich bei seiner Kontraktion die Zonulafasern entspannen und die Linse sich durch ihre Elastizität stärker krümmen kann. Es gilt:

- Eine **stärkere Krümmung der Linse** (hohe Brechkraft) ist dabei wichtig zum **scharfen Sehen in der Nähe,**
- eine **schwächere Krümmung** (geringe Brechkraft) zum **scharfen Sehen in der Ferne.**

Die Brechkraft der Linse beträgt nur etwa 19–33 dpt. Die Gesamtheit des Auges als optisches System aus Hornhaut und Linse bezeichnet man auch als **dioptischen Apparat.** Insgesamt erhält man eine Gesamtbrechkraft D_{System} des Auges von 58–72 dpt. Man beachte hierbei die Formel zur Addition der Brechkräfte (▶ Abschn. 6.2.6).

Brechkraft Hornhaut: 43 dpt, Brechkraft Linse: 19–33 dpt, Gesamtbrechkraft Auge: 58–72 dpt.

Mit zunehmendem Alter verringert sich durch Wasserverlust der Anteil der Linsenrinde zugunsten des Kerns. Dessen Elastizität nimmt immer weiter ab und er versteift schließlich, sodass man im Alter nur noch in der Ferne scharf sehen kann. Die Linse hat somit ihre Anpassungsfähigkeit verloren (Alterssichtigkeit, Presbyopie; ▶ siehe unten).

Akkomodationsbreite

Den Bereich, in dem durch die Akkomodation die Brechkraft der Linse variiert werden kann, nennt man die Akkomodationsbreite. Um sie zu bestimmen, ermittelt man die Brechkraft des Auges für **Nah-** und **Fernpunkt**:

Nahpunkt Bei Annäherung eines Gegenstands zum Auge muss immer stärker akkomodiert werden, bis schließlich die Grenze des Scharfsehens in der Nähe erreicht ist. Dieser Grenzpunkt wird als Nahpunkt bezeichnet. Er ist erreicht, wenn bei maximaler Akkomodation ein punktförmiges Objekt noch scharf auf der Netzhaut abgebildet werden kann.

Nahpunkt:
scharfe Abbildung eines nahen Punkts bei maximaler Akkomodation.

Fernpunkt Er entspricht dem maximal entspannten Sehen in die Ferne und liegt bei einem Normalsichtigen (Emmetropen) im Unendlichen.

Die Differenz zwischen der Brechkraft des dioptischen Apparats beim Fernpunkt D_F (maximal entspanntes Sehen) und Nahpunkt D_N (bei maximaler Akkomodation) nennt man die **Akkomodationsbreite A**. Wie die Brechkraft wird sie in dpt angegeben.

Fernpunkt:
maximal entspanntes Sehen in der Ferne.

$$A = D_n - D_f.$$

Vergrößerung

Der dioptische Apparat des Auges erzeugt auf unserer Netzhaut ein **reelles Bild**. Je größer dieses Bild ist, desto größer erscheint uns der betrachtete Gegenstand. **Die Größe des reellen Bildes auf der Netzhaut ist proportional zum Sehwinkel ε, unter dem der Gegenstand betrachtet wird** (◘ Abb. 6.22).

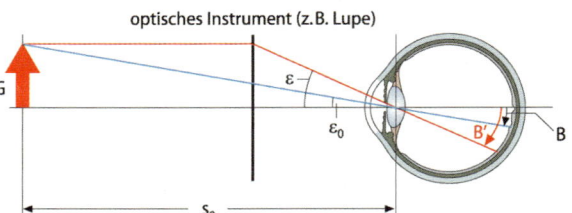

◘ **Abb. 6.22** Definition des Sehwinkels ε eines Objekts vor dem Auge. Mit einem optischen Instrument erhält man einen größeren Sehwinkel ε

Um einen Gegenstand möglichst groß zu sehen, ist es also ratsam, den Gegenstand so nah wie möglich ans Auge heranzubringen. Im vorigen Abschnitt haben wir aber erfahren, dass dies nur bis zum Nahpunkt Sinn macht.

Reicht uns diese Größe immer noch nicht aus, verwenden wir optische Hilfsmittel wie die Lupe oder das Mikroskop. Bevor wir uns aber mit diesen in ▶ Abschn. 6.4 näher beschäftigen, erklären wir den Begriff der Vergrößerung am Beispiel des Auges.

Bei der Bildentstehung haben wir bereits die Vergrößerung von Linsen kennengelernt; dort war der »Abbildungsmaßstab β« das Verhältnis von Bild- zu Gegenstandsgröße B/G (▶ Abschn. 6.2.4). Da das Auge auf der Netzhaut immer ein verkleinertes Bild der Umgebung entwirft, wäre die »Vergrößerung« immer kleiner als eins, denn das Auge funktioniert ja wie ein Fotoapparat.

Deshalb wird für die Betrachtung der Vergrößerung in Bezug auf das Auge eine andere, wie wir sehen werden, praktischere Definition verwendet: **Jedes optische Hilfsmittel, das ein größeres Bild des Gegenstands auf der Netzhaut erzeugt – relativ zur Bildgröße ohne Hilfsmittel –, muss den Sehwinkel ε vergrößern.**

Man definiert entsprechend die **Vergrößerung v** des Auges:

$$v = \frac{\text{Sehwinkel mit Hilfsmittel}}{\text{Sehwinkel ohne Hilfsmittel}} = \frac{\varepsilon}{\varepsilon_0}.$$

Dabei wird der **Sehwinkel ohne Hilfsmittel ε_0** für einen festen Abstand, die **deutliche Sehweite $s_0 = 25\,\text{cm}$**, bestimmt. Das ist der Abstand, in dem ein normalsichtiger (junger) Mensch ohne größere Anstrengung Dinge mit optimaler Auflösung erkennt. In diesem Abstand liest es sich auch am einfachsten.

Deutliche Sehweite $s_0 = 25\,\text{cm}$.

6.2.10 Fehlsichtigkeiten und ihre Korrektur

Beim Auge wird die **sphärische Abberation** durch ihren speziellen Aufbau korrigiert. Dabei ist die Augenlinse nicht optisch homogen aufgebaut, man muss sich ihren **Aufbau eher wie bei einer Zwiebel** vorstellen: Durch die vielen Lagen ist der Brechungsindex n in der Mitte, also im Kernbereich, größer ist als am Rand und dies gleicht die sphärische Abberation weitgehend aus.

Auch bezüglich der **chromatische Abberation** schafft der Zwiebelaufbau der Augenlinse Abhilfe. Man würde ansonsten einen farbigen Gegenstand im Alltag als Doppelbilder aufgetrennt nach seinen Farbanteilen hintereinander wahrnehmen.

Presbyopie (Alterssichtigkeit)

Mit zunehmendem Lebensalter nimmt die Akkomodationsfähigkeit langsam ab, was man als Alterssichtigkeit bezeichnet. Dies wird dadurch verursacht, dass die Linse das ganze Leben über wächst, aber die Linsenkapsel kein Zellmaterial abstoßen kann. So vergrößert und verdichtet sich der unverformbare Kern der Linse zunehmend. Gleichzeitig verliert die Linse, aber auch andere Augenstrukturen (etwa der Ziliarmuskel), an Elastizität, die ja die Basis der Akkomodation ist. Die Folge ist, dass die **Akkomodationsbreite A** mit dem Alter **abnimmt**, alle 5 Jahre um ca. 0,75 dpt.

So können Kinder im gesamten Entfernungsbereich von unendlich bis 5–7 cm (= Nahpunkt) scharf sehen, was ca. 15 dpt Akkomodationsbreite entspricht. Der Nahpunkt rückt mit dem Älterwerden immer weiter weg. Mit 60 Jahren beträgt die Akkomodationsbreite nur noch 1–2 dpt. Typisches Bild der Alterssichtigkeit ist, dass die betroffenen älteren Personen ihr Buch beim Lesen immer weiter weghalten müssen, um die Schrift scharf erkennen zu können, bis schließlich irgendwann die Arme zu kurz sind.

Presbyopie:
Akkomodationsbreite nimmt mit dem Alter ab.

Korrektur Hier ist eine zusätzliche Sammellinse notwendig, um den Nahpunkt wieder »in den Arbeitsbereich« anzunähern. Eine Lesebrille ist die normale Konsequenz.

Ametropien (Refraktionsanomalien)

Bei vielen Menschen kommt es zur Fehlsichtigkeit aufgrund von Störungen im dioptischen Apparat. Diese Störungen werden als Refraktionsanomalien oder

Physik

Ametropien bezeichnet und kommen gleichermaßen bei jungen und alten Menschen vor.

Man unterscheidet **Brechungs-** und **Achsenametropien**.

Brechungsametropie:
Störung der Brechkraft des Auges.

Brechungsametropie

Hierbei liegt eine Störung der Brechkraft des dioptischen Apparats vor. Sie kann entweder die Linse oder aber, viel häufiger, die Hornhaut betreffen.

Astigmatismus = Stabsichtigkeit.

Der Astigmatismus ist die häufigste Form einer Brechungsametropie. Die zugrunde liegende Störung der Brechkraft wird durch einen veränderten Krümmungsradius der Hornhautvorderfläche hervorgerufen. Man spricht deshalb auch von einer **Hornhautverkrümmung**, d.h., die Krümmung ist ungleichmäßig (z.B. vertikal stärker als horizontal). So erkennt man z.B. einen Punkt nicht als Punkt, sondern als Stab, deswegen spricht man auch von **Stabsichtigkeit (Astigmatismus)**.

Abhilfe kann hier eine **Zylinderlinse** schaffen, bei der die Zylinderachse senkrecht zur Achse des Auges steht (◘ Abb. 6.19b). Beispiel: Ist die Brechkraft meines Auges in vertikaler Richtung höher ist als in horizontaler, kann ich diese Fehlsichtigkeit mit einer Zylinderlinse mit horizontaler Achse und einer Brechkraft entsprechend der Differenz aus vertikaler und horizontaler Brechkraft des Auges ausgleichen.

Achsenametropien sind Folge einer veränderten Längsachse des Aufapfels.

Achsenametropien

Achsenametropien entstehen durch Veränderungen der Längsachse des Glaskörpers, was eine **Myopie** (Kurzsichtigkeit) oder **Hyperopie** (Weitsichtigkeit) zur Folge hat (◘ Abb. 6.23). Dabei sind die Brechungsverhältnisse meistens normal.

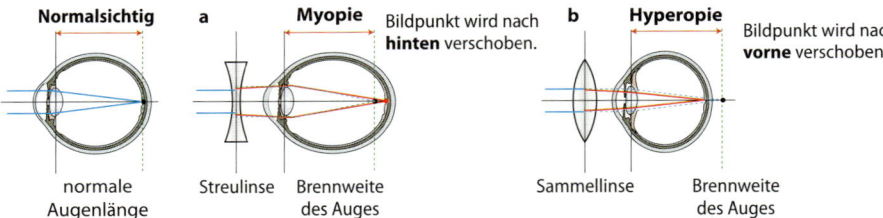

◘ **Abb. 6.23a, b** Fehlsichtigkeiten des Auges: Kurzsichtigkeit (Augapfel länger als normal, **a**) und Weitsichtigkeit (Augapfel kürzer als normal, **b**)

Myopie erfordert eine Zerstreuungslinse mit negative Brechkraft.

Myopie (Kurzsichtigkeit) Bei der Myopie (◘ Abb. 6.23a) ist der Augapfel etwas zu lang, somit ist auch der Hornhaut-Netzhaut- Abstand größer als normalerweise. Die Brechkraft der Linse ist hier zu stark, um einen Gegenstand in der Ferne, d.h. beim entspannten Sehen in die Ferne, scharf auf der Netzhaut abbilden zu können. **Bei einer myopen Person liegt somit der Fernpunkt nicht mehr im Unendlichen, sondern näher am Auge** (blauer gestrichelter Strahlengang). Die Korrektur (roter Strahlengang) erfolgt mit Hilfe einer **konkaven Zerstreuungslinse**, deren Brechkraft D negativ ist (**negative Dioptrien**).

Hyperopie erfordert eine konvexe Sammellinse mit positive Brechkraft.

Hyperopie (Weitsichtigkeit) Bei der Hyperopie (◘ Abb. 6.23b) ist es genau umgekehrt wie bei der Myopie: Hier ist der Augapfel etwas zu kurz, somit ist der Hornhaut-Netzhaut-Abstand geringer als normal. Die Brechkraft der Linse reicht nicht aus, um nahe gelegene Dinge scharf auf der Netzhaut abbilden und diesen Gegenstand scharf sehen zu können. **Also liegt bei der Hyperopie der Nahpunkt weiter vom Auge entfernt als beim Normalsichtigen** (im Bild:

blau gestrichelt). Abhilfe (roter Strahlengang) schafft in diesem Fall die Korrektur mit einer **konvexen Sammellinse**, deren Brechkraft D positiv (**positive Dioptrien**) ist.

kurz & knapp

- In der **geometrischen Optik** betrachtet man die Ausbreitung von Licht als Lichtstrahlen.
- Abbildungen kommen durch **Reflexion** oder **Brechung** zustande.
- Bei der **Reflexion** gilt: Winkel werden zum **Lot** hin angegeben; Lot = Senkrechte auf der brechenden oder spiegelnden Fläche, **Einfallswinkel = Ausfallswinkel.**
- Der **Brechungsindex n** ist das Verhältnis von Ausbreitungsgeschwindigkeit im Vakuum zur Ausbreitungsgeschwindigkeit im Medium.
- Unter **Dispersion** versteht man die Abhängigkeit des Brechungsindex n von der Wellenlänge λ: $n = n(\lambda)$.
- Bei der **Brechung** gilt: (Snellius'sches Brechungsgesetz):

$$\frac{\sin \alpha_1}{\sin \alpha_2} = \frac{n_2}{n_1}.$$

  Beim Übergang vom optisch dünnen (n_1) zum dichten Medium ($n_2 > n_1$): Brechung zum Lot hin;
  beim Übergang vom optisch dichten zum dünnen Medium: Brechung vom Lot weg.
- Bei der **Abbildung durch dünne Linsen** gelten die Formeln:

  Linsengleichung: $\frac{1}{f} = \frac{1}{g} + \frac{1}{b}$ mit f = Brennweite, g = Gegenstandsweite, b = Bildweite;

  Abbildungsmaßstab: $\beta = \frac{B}{G} = \frac{b}{g}$ mit B = Bildgröße, G = Gegenstandsgröße.
- Die zeichnerische Bildkonstruktion an einer dünnen Linse erfolgt mit drei Hilfsstrahlen:
  - Der **Mittelpunktstrahl** geht gerade durch den Linsenmittelpunkt. (Nur verwendbar, wenn die Linse beidseitig vom gleichen Brechungsindex n umgeben ist.)
  - Der **Parallelstrahl** (parallel zur optischen Achse) wird zum Brennpunktstrahl.
  - Der **Brennpunktstrahl** (verläuft durch den Brennpunkt der Linse) wird zum Parallelstrahl.
- Die wichtigsten **Linsenformen** sind:
  - Die **Sammellinse** (konvex, in der Mitte dicker als am Rand) erzeugt reelle Bilder.
  - Die **Zerstreuungslinse** (konkav, in der Mitte dünner als am Rand) erzeugt virtuelle Bilder.
  - Die **Zylinderlinse** ist nur in eine Richtung gekrümmt.
- Abbildungsfehler:
  - **Sphärische Abberation:** Randstrahlen werden stärker gebrochen als achsennahe.
  - **Chromatische Abberation:** Verschiedene Farben (Wellenlängen) werden unterschiedlich stark gebrochen; Ursache: Dispersion des brechenden Materials.

— Für das **Auge** gilt:
  - Die Hauptbrechung erfolgt durch die Hornhaut.
  - Die Augenlinse ist für die **Akkomodation** (Brechkraftanpassung) zuständig.
  - Vergrößerung v:
    $$v = \frac{\text{Sehwinkel mit Hilfsmittel}}{\text{Sehwinkel ohne Hilfsmittel}}; \text{ gilt ohne Hilfsmittel in der deutlichen}$$
    Sehweite $s_0 = 25$ cm.
— **Fehlsichtigkeiten:**
  - Alterssichtigkeit (Presbyopie) = Abnahme der Akkomodationsbreite.
  - Kurzsichtigkeit (Myopie) = Augapfel ist zu lang; Korrektur mittels Zerstreuungslinse.
  - Weitsichtigkeit (Hyperopie) = Augapfel ist zu kurz; Korrektur mittels Sammellinse.

6.2.11 Übungsaufgaben

Aufgabe 1

Aufgabe 1: Wegen der Totalreflexion sieht ein Fisch im Wasserglas die Außenwelt nur bis zu einem maximalen Einfallswinkel. Wie groß ist dieser?

Lösung 1: Nach dem Brechungsgesetz gilt für den Grenzwinkel, bei dem Totalreflexion einsetzt:

$$\sin\alpha_1 = \sin\alpha_2 \cdot \frac{n_2}{n_1} \text{ mit } \alpha_2 = 90°, n_1 = 1{,}333 \text{ (Wasser) und } n_2 = 1{,}0 \text{ (Luft)}.$$

Daraus berechnet sich der Grenzwinkel $\alpha_1 = \arcsin\frac{n_2}{n_1}$ (arcsin ist die Umkehrfunktion des Sinus) zu $\alpha_1 = 48{,}6°$.

Wer im Schwimmbad (oder der Badewanne) einmal abtaucht und wartet, bis sich die Wasseroberfläche beruhigt hat (nicht zu lange warten – die Luft wird knapp), erhält so einen sehr interessanten »Ausblick«.

Aufgabe 2

Aufgabe 2: Die Brillengläser eines Weitsichtigen haben eine Stärke von +3 dpt. In welcher Entfernung hinter dieser Brille lassen sich die Lichtstrahlen der Sonne bündeln, lässt sich also ein reelles Bild der Sonne erzeugen?

Lösung 2: Die Lichtstrahlen, die von der Sonne kommen, verlaufen wegen der großen Entfernung parallel. Parallele Lichtstrahlen werden im Brennweitenabstand hinter einer Sammellinse gebündelt (fokussiert). Die Brennweite f einer Linse ist der Kehrwert der Dioptrienzahl in Metern, also hier $f = 1/3\,\text{m} = 0{,}33$ cm.

Aufgabe 3

Aufgabe 3: Die Bildgröße B sei 4-mal größer als die Gegenstandsgröße G und das Bild entstehe 2 m hinter der abbildenden Sammellinse. Berechnen Sie die Brennweite der zugehörigen Linse.

Lösung 3: Aus dem Abbildungsmaßstab $\beta = B/G = b/g$ erhalten wir $g = \frac{1}{4}\,b$. Eingesetzt in die Linsengleichung und nach f aufgelöst folgt:

$$\frac{1}{f} = \frac{1}{g} + \frac{1}{b} \rightarrow \frac{1}{f} = \frac{1}{0{,}25 \cdot b} + \frac{1}{b} = \frac{5}{b}$$

oder

$$f = \frac{b}{5} = 0{,}4\,\text{m}.$$

Blick auf die Netzhaut

Wenden wir doch einfach die zeichnerische Bildkonstruktion auf das »Auge in Auge« an, wie in ◘ Abb. 6.24 zu sehen.

Der Patient sollte dabei völlig entspannt in die Ferne blicken. Dadurch werden die vom beleuchteten Hintergrund des Auges, der Netzhaut, ausgehenden Lichtstrahlen von der Augenlinse des Patienten parallel ausgerichtet. Im Auge des Untersuchenden entsteht dann ein Abbild der Patientennetzhaut auf dessen Netzhaut (◘ Abb. 6.24a).

Eine alternative Methode stellt das indirekte Spiegeln (◘ Abb. 6.24b) dar. Hier wird durch eine Sammellinse ein reelles Zwischenbild der Patientennetzhaut erzeugt, das der Untersuchende dann anschauen kann.

Der Unterschied zwischen beiden Methoden besteht in der Größe des Bildausschnitts, den der Untersuchende sieht. Beim direkten Spiegeln sieht man einen kleinen Ausschnitt in starker Vergrößerung, während beim indirekten Spiegeln ein größerer Ausschnitt beobachtet wird, der zudem auf dem Kopf steht.

Übrigens, da die Lichtwege umkehrbar sind, kann es dazu kommen, dass der Patient gleichzeitig die Netzhaut des Untersuchenden sieht.

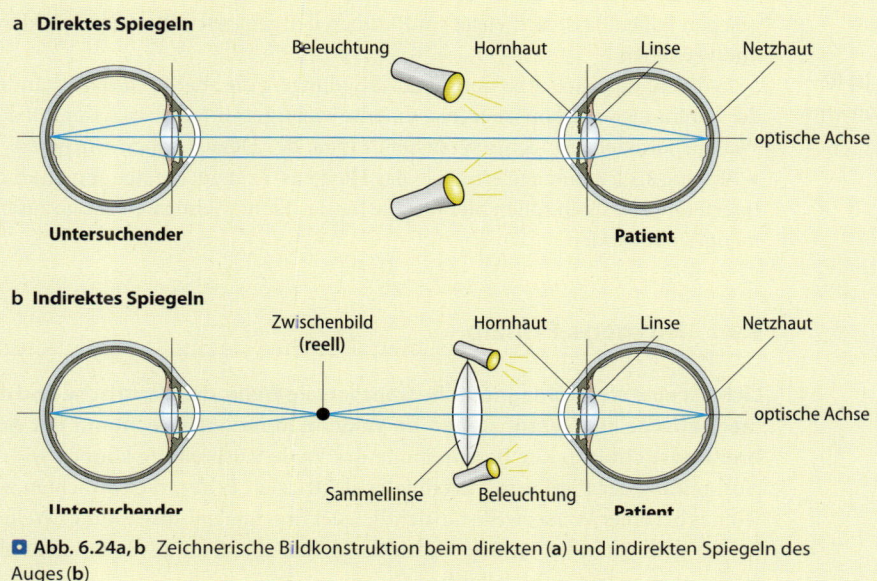

a Direktes Spiegeln

Beleuchtung · Hornhaut · Linse · Netzhaut

optische Achse

Untersuchender · Patient

b Indirektes Spiegeln

Zwischenbild (reell) · Hornhaut · Linse · Netzhaut

optische Achse

Sammellinse · Beleuchtung

Untersuchender · Patient

◘ **Abb. 6.24a, b** Zeichnerische Bildkonstruktion beim direkten (**a**) und indirekten Spiegeln des Auges (**b**)

6.3   Wellenoptik

- Huygens-Prinzip
- Beugung
- Polarisation

Wie jetzt?

Beugung am Auge?
Wie wir gerade gesehen haben, lassen sich die optischen Abbildungen sehr
gut mit den Formeln der geometrischen Optik beschreiben und berechnen.
Dies gilt auch für die Abbildungseigenschaften unseres Auges. Bei den
optischen Instrumenten hingegen ist die Auflösung durch die Beugung begrenzt, wie wir in ▶ Abschn. 6.4 sehen werden.
Wie ist das aber nun bei unserem Auge? Spielt die Beugung hier ebenfalls
eine Rolle?

Im vorigen Abschnitt haben wir uns mit der Ausbreitung des Lichts beschäftigt
und dabei die Wellennatur des Lichts bewusst außer Acht gelassen. Wie wir
gesehen haben, lässt sich vieles im Rahmen der geometrischen Optik erklären
und verstehen.

Weitere Eigenschaften optischer Abbildungen, die aber für das Verständnis
der Funktionsweise optischer Instrumente wichtig sind, lassen sich nur mit dem
Wellencharakter des Lichts verstehen. Einige der Details haben wir bereits in
▶ Abschn. 3.3.2 kennengelernt, wie das Huygens-Prinzip, die Beugung und die
Interferenz. Deshalb sollen hier nur die für das Licht wichtigsten Dinge zusam-
mengestellt werden.

Der Wellencharakter des Lichts ist für
das Verständnis optischer Instrumente
wichtig.

6.3.1   Huygens-Prinzip

**Licht ist eine elektromagnetische transversale Welle; der elektrische und der
magnetische Feldvektor stehen im Vakuum immer senkrecht auf der Ausbreitungsrichtung.** Zur Beschreibung der Wellenausbreitung können wir die
Ausbreitung der Punkte mit maximaler elektrischer Feldstärke betrachten, wie
wir das bei einer Wasserwelle hinsichtlich der maximalen Auslenkung (Wellenberge) auch getan haben. Die Verbindungslinie aller Punkte maximaler Feldstärke nennen wir eine **Wellenfront**.

Huygens hat sich die Wellenausbreitung folgendermaßen vorgestellt
(◘ Abb. 6.25):
- Jeden Punkt einer Wellenfront stellen wir uns als Punktquelle einer neuen
  Kugelwelle um diesen Punkt vor, einer sog. **Elementarwelle**.
- Die Überlagerung aller dieser Elementarwellen gibt ihrerseits die neue,
  sich ausbreitende Welle. Die neue Wellenfront ist die Einhüllende aller
  Elementarwellen.
- Die Senkrechte auf den Wellenfronten entspricht der Ausbreitungsrich-
  tung der Welle.

Übrigens kommt uns diese Senkrechte doch irgendwie bekannt vor: **Die Senkrechte auf der Wellenfront ist der in der geometrischen Optik verwendete
Lichtstrahl.**

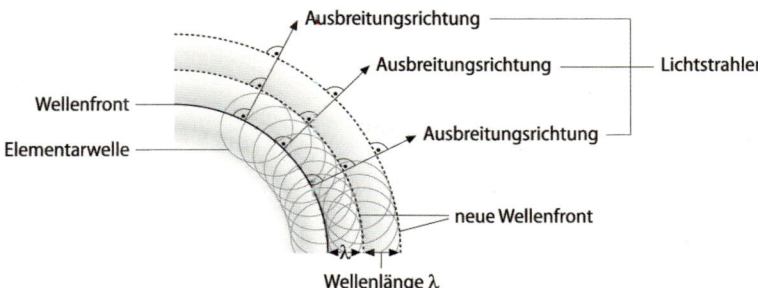

Wellenfront

Elementarwelle

Ausbreitungsrichtung

Ausbreitungsrichtung ——— Lichtstrahlen

Ausbreitungsrichtung

neue Wellenfront

Wellenlänge λ

■ **Abb. 6.25** Huygens-Prinzip. Details im Text

6.3.2 Beugung

Licht breitet sich also in alle Richtungen des Raums aus, wenn keine Hindernisse im Weg stehen. Was passiert aber, wenn doch ein Hindernis die Ausbreitung behindert?

Betrachten wir die Ausbreitung der Elementarwellen hinter einem Hindernis, z. B. einem Spalt (■ Abb. 6.26).

Hinter dem Spalt, den die von links einfallende **ebene Welle** (Wellenfronten sind Ebenen) durchläuft, erkennt man ein Abweichen der Welle von der ursprünglichen Ausbreitungsrichtung. Die Einhüllende, also die neue Wellenfront, gelangt auch in Bereiche, in die entsprechend der geometrischen Optik das Licht eigentlich nicht gelangen kann. Diese Abweichung wird als **Beugung** bezeichnet.

> Licht wird an einem Hindernis (Spalt) gebeugt.

Für eine genaue Beschreibung der Beugung am Spalt muss die Interferenz (▶ Abschn. 3.3.2) aller Elementarwellen, die sich von der Linie des Spalts ausbreiten, in jedem Beobachtungspunkt berechnet werden. Dies ist sehr aufwendig, weshalb wir dies den Physikern überlassen. Wir betrachten nur das Resultat dieser Rechnungen.

Die Intensitätsverteilung hinter einem Spalt zeigt ein zentrales Maximum und daneben Minima (Intensität = 0) und weitere sog. Nebenmaxima, deren Intensität schnell abnimmt, je weiter man sich vom Zentrum entfernt (■ Abb. 6.26). Den zentralen Bereich bis zum 1. Minimum bezeichnet man als Beugungsscheibchen oder Airy-Scheibchen.

> Die neue Wellenfront nach Beugung am Spalt hat ein zentrales Intensitätsmaximum und mehrere Intensitätsminima.

Die Richtung des n-ten Minimums (von der Mitte aus gezählt) erhält man aus der Gleichung:

$$\sin \alpha_n = n \cdot \frac{\lambda}{d}.$$

Dabei ist λ die Wellenlänge des verwendeten Lichts und d die Spaltbreite.

An dieser Gleichung kann man gleich sehen, wann Beugung überhaupt eine Rolle spielt. Der Winkel α_1 zwischen der Senkrechten auf dem Spalt und der Verbindungslinie zwischen Spaltmitte und 1. Minimum gibt an, wie groß der zentrale Lichtfleck auf dem Schirm ist (■ Abb. 6.26). Für Spaltbreiten in der Größenordnung der Wellenlänge wird er doch sehr groß. Ist die Wellenlänge λ hingegen klein gegenüber der Spaltbreite d, werden die Winkel für die Beugungsmaxima (Nebenmaxima) sehr klein, bleiben nahezu bei null. Dies haben wir in der geometrischen Optik angenommen.

Wichtig wird die Beugung also nur dann, wenn wir sehr kleine Objekte betrachten wollen, da dann das Beobachtungslicht an diesem Objekt gebeugt wird. Die Beugung begrenzt dann das Auflösungsvermögen des optischen Instruments, wie z. B. bei Lupe und Mikroskop (▶ Abschn. 6.4.1 und ▶ Abschn. 6.4.2).

Abb. 6.26 Beugung am Spalt. Einzelheiten im Text

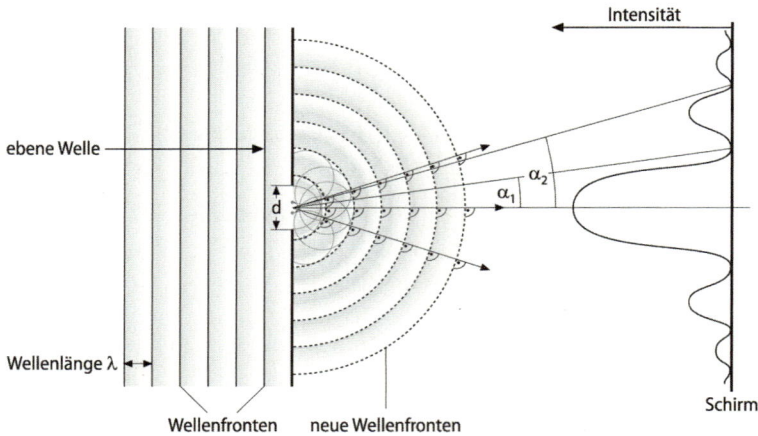

6.3.3 Polarisation des Lichts

Licht besteht aus elektrischem Feld und magnetischem Feld.
E-Feld und B-Feld schwingen dabei senkrecht zur Ausbreitungsrichtung und senkrecht aufeinander.

Wie wir in ▶ Abschn. 6.1.1 gelernt haben, ist Licht eine **elektromagnetische Welle**, sie besteht also aus einem elektrischen und magnetischen Feld. Elektromagnetische Wellen sind **Transversalwellen**, d. h. sowohl das elektrische als auch das magnetische Feld schwingen senkrecht zur Ausbreitungsrichtung (**■** Abb. 6.2). Somit ist die Richtung der elektromagnetischen Welle schon mal eingeschränkt, jedoch noch nicht völlig festgelegt: Denn beide Anteile können gleichzeitig nach rechts und links, nach oben und unten usw. schwingen, immer jedoch senkrecht zur Ausbreitungsrichtung, und sie müssen einen rechten Winkel zueinander bilden (senkrecht aufeinander stehen, **■** Abb. 6.2).

In **unpolarisiertem natürlichem Licht** kann das elektrische Feld also in alle Richtungen zeigen, es ist keine bestimmte Richtung vorgegeben. Alle Richtungen des E-Vektors kommen gleich häufig vor.

Von **polarisiertem Licht** spricht man dagegen, wenn der elektrische Feldvektor in eine ganz bestimmte, feste Richtung weist. Optische Bauteile, die nur Licht mit einer ganz bestimmten Orientierung durchlassen, nennt man **Polarisatoren**.

Hätten Sie's gewusst?

Optisch aktive Substanzen im polarisierten Licht
Polarisationsfolien lassen aufgrund ihrer inneren Struktur nur Licht einer bestimmten Richtung des elektrischen Feldes, einer **Polarisationsrichtung**, durch, die dann in einer bestimmten Ebene ausgerichtet ist. Dazu beleuchtet man die Polarisationsfolie mit natürlichem, unpolarisiertem Licht. Ein Teil des Lichts wird dann adsorbiert, der andere Teil verlässt die Folie als **linear polarisiertes Licht**.
Anwendung: Man kann mithilfe von polarisiertem Licht Lösungen **optisch aktiver Substanzen** (z. B. eine Zuckerlösung) untersuchen. Optisch aktive Substanzen besitzen die Eigenschaft, die Ebene polarisierten Lichts zu drehen. Dabei sind der Drehwinkel, also der Wert, um den die Ebene verändert wurde, und die Drehrichtung charakteristisch für jede optisch aktive Substanz.

kurz & knapp

— Das **Huygens-Prinzip** beschreibt die Ausbreitung einer Welle durch die Überlagerung (Interferenz) von Elementarwellen.

— **Beugung** ist das Wellenphänomen, bei dem Licht durch Überlagerung der Elementarwellen nach dem Huygens-Prinzip auch in Raumbereiche kommen kann, die aufgrund der geometrischen Optik nicht erreichbar sind.

— Die **Polarisation** der Transversalwelle Licht gibt an, in welche Richtung das elektrische Feld schwingt. Linear polarisiertes Licht besteht aus sichtbaren elektromagnetischen Wellen, deren E-Feld nur in eine bestimmte Richtung senkrecht zur Ausbreitungsrichtung schwingt.

6.3.4 Übungsaufgaben

Aufgabe 1: Berechnen Sie den Abstand B zwischen den beiden Beugungsminima links und rechts vom Hauptmaximum hinter einem Spalt der Breite d = 5 mm im Abstand von A = 30 mm hinter dem Spalt. Die Wellenlänge des verwendeten Lichts beträgt 500 nm.

Aufgabe 1

Lösung 1: Der Winkel für die Richtung des 1. Beugungsminimums relativ zur Senkrechten auf dem Spalt ergibt sich aus:

$$\sin\alpha_1 = 1 \cdot \frac{\lambda}{d} = \frac{500\,\text{nm}}{5\,\text{mm}} = 10^{-4} \rightarrow \alpha_1 = \arcsin\frac{\lambda}{d} = 0{,}0057°.$$

Außerdem gilt:

$$\tan\alpha_1 = \frac{B/2}{A}.$$

Für den Abstand B ergibt sich somit:

$$B = 2 \cdot A \cdot \tan\alpha_1 = 0{,}006\,\text{mm} = 6\,\mu\text{m}.$$

Alles klar!

Beugung des Lichts an der Irisblende in unserem Auge

Betrachten wir einmal Licht eines Gegenstands (rechnen wir mit $\lambda = 500$ nm), der durch die Brechkraft unseres Auges (Hornhaut plus Linse) auf der Netzhaut abgebildet wird. Der Gegenstand ist relativ zum Durchmesser D (~5 mm) unserer Irisblende sehr weit entfernt. Deshalb können wir die ihm ausgehenden Lichtwellen als ebene Welle ansehen.

Trifft diese ebene Welle nun auf die Irisblende, wirkt diese wie ein Spalt. Dahinter sollte sich ein Beugungsbild ergeben. In einfacher Näherung können wir die Formel für die Richtungen der Beugungsminima am Spalt heranziehen, um die Größe des Lichtflecks auf unserer Netzhaut zu berechnen (Übungsaufgabe 1 oben).

Für eine kreisförmige Blende mit dem Durchmesser D lautet die Formel für den 1. dunklen Ring genauer: $\sin\alpha_1 = 1{,}22 \cdot \dfrac{\lambda}{D}$.

Physik

> Die Rechnung ergibt, dass eine punktförmige Lichtquelle auf unserer Netzhaut durch Beugung einen Lichtfleck mit etwa 6 μm Durchmesser erzeugt – kleiner kann er nicht werden.
> Betrachten wir demgegenüber die Tatsache, dass in unserem Auge im Bereich der besten Auflösung ca. 40.000 Zapfen (Farblichtrezeptoren) auf 1 mm² verteilen. Jedes Zäpfchen bedeckt und »beobachtet« also eine Fläche von ca. 5×5 μm oder etwa 5 μm Durchmesser.
> Ein interessanter Vergleich – oder?

6.4 Optische Instrumente

- Lupe
- Mikroskop
- Auflösungsvermögen
- Fotometrie und Spektroskopie
- Lambert-Beer-Gesetz
- Polarimeter

Wie jetzt?

Das Tor zur winzig kleinen Welt
Wenn wir winzig kleine Strukturen sichtbar machen wollen, reicht unser Auge und selbst eine Lupe nicht aus. Wir nehmen – als Medizinstudierende z. B. im Histologiekurs – ein Mikroskop zu Hilfe, um z. B. den mikroskopischen Aufbau der Niere, die Muskelzellen des Herzens oder auch Blutzellen zu studieren.
So ist es durchaus interessant zu wissen, wie die Vergrößerung entsteht, die uns derartige detailreiche Einblicke in diese Mikrowelt verschafft. Doch wo sind die Grenzen des lichtmikroskopischen Auflösungsvermögens?

Zum Abschluss dieses Kapitels zur Optik wollen wir uns mit der Anwendung all dessen beschäftigen, was wir an Theorie bislang gelernt haben. Die Anwendung finden wir in den **optischen Instrumenten**, den Hilfsmitteln, mit denen auch Mediziner umgehen. Das sind nicht nur **Brille**, **Lupe** und diverse **Mikroskope**, sondern auch alle anderen Geräte, die aus modernen Labors nicht mehr wegzudenken sind, wie **Fotometer** und **Spektrometer**.

6.4.1 Lupe

Die Lupe besteht nur aus einer Konvexlinse (Sammellinse).

Um das Mikroskop verstehen zu können, müssen wir zunächst wissen, wie eine Lupe funktioniert, denn im Mikroskop ist eine Lupe enthalten.

Wenn man etwas sehr Kleines noch erkennen will, aber die Akkommodation des Auges nicht mehr ausreicht, nimmt man eine Lupe zu Hilfe. Mit ihr kann man z. B. eine winzig kleine Schrift noch entziffern, die man mit bloßem Auge nicht mehr lesen kann.

Die Lupe ist ein sehr einfaches optisches Instrument und besteht nur aus einer Konvexlinse. Diese Sammellinse wird so verwendet, dass sie ein vergrößertes virtuelles Bild des Gegenstands erzeugt, das wir dann mit unserem Auge anschauen können. Wenn wir ihr Funktionsprinzip verstehen wollen, müssen

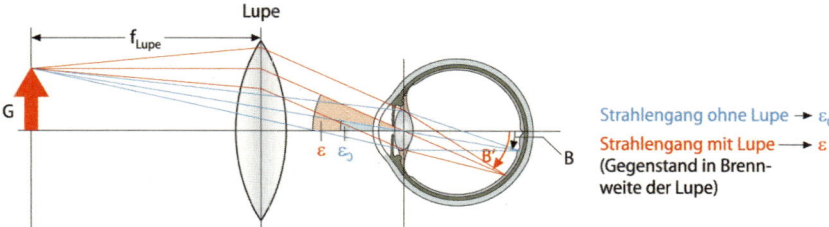

wir uns an ▶ Abschn. 6.2.9 erinnern: Wir hatten gelernt, dass Vergrößerung durch die Vergrößerung des Sehwinkels ε erzeugt wird.

Die Lupe verwenden wir derart, dass wir – und das macht jeder so, ohne darüber nachzudenken – den Gegenstand in die Brennebene, Abstand f vor der Linse, bringen. Dadurch bricht die Linse die vom Gegenstand ausgehenden Lichtstrahlen so, dass sie sich parallel ausrichten, ins entspannte Auge einfallen und auf der Netzhaut ein reelles Bild erzeugen, als kämen sie aus unendlicher Ferne. Der Sehwinkel ε wird auf diese Weise vergrößert, was im Umkehrschluss heißt, dass eine Vergrößerung stattfindet (■ Abb. 6.27).

Die Vergrößerung v des Bildes kann man dann durch folgende Formel berechnen (▶ Abschn. 6.2.9):

$$v = \frac{\varepsilon}{\varepsilon_0}.$$

Dabei ist ε der Sehwinkel mit Lupe, ε_0 der Sehwinkel ohne Lupe.

Aus der Abbildung entnehmen wir:

$$\tan\varepsilon_0 = \frac{G}{s_0} \quad \text{und} \quad \tan\varepsilon = \frac{G}{f}.$$

Da es sich meist um kleine Winkel handelt, gilt mit den Näherungen $\tan\varepsilon_0 = \varepsilon_0$ und $\tan\varepsilon = \varepsilon$:

$$\varepsilon_0 = \frac{G}{s_0} \quad \text{und} \quad \varepsilon = \frac{G}{f}.$$

Eingesetzt in die erste Formel oben ergibt sich die **Lupenvergrößerung** als:

$$v_{\text{Lupe}} = \frac{s_0}{f}.$$

6.4.2 Mikroskop

Beim Mikroskop wird zur Abbildung nun ein Linsensystem aus zwei Linsen verwendet. Es handelt sich um das **Objektiv** und das **Okular**. Beides sind Sammellinsen, die den betrachteten Gegenstand stufenweise vergrößern (■ Abb. 6.28). Die **Gesamtvergrößerung** kommt so als **Produkt der Einzelvergrößerungen** zustande: $v_{\text{Mik}} = v_{\text{Ob}} \cdot v_{\text{Ok}}$.

Im Einzelnen gelingt die Vergrößerung folgendermaßen: Der Gegenstand befindet sich unter dem Mikroskop außerhalb der einfachen Brennweite f_{Ob} des Objektivs. Dadurch entwirft das Objektiv ein vergrößertes reelles Bild B, das sog. **Zwischenbild Z** zwischen beiden Linsen – diesen Bereich nennt man **Tubus**. Das vergrößerte reelle Zwischenbild wird durch das Okular mit der Brennweite f_{Ok}, das wie eine Lupe wirkt, in ein noch größeres virtuelles Bild vergrößert, auf das jetzt unser Auge akkomodiert.

Ein Mikroskop besteht aus zwei Linsen: Objektiv und Okular.

Abb. 6.28 Strahlengang im Mikroskop.
Nicht maßstabgetreue Prinzipdarstellung

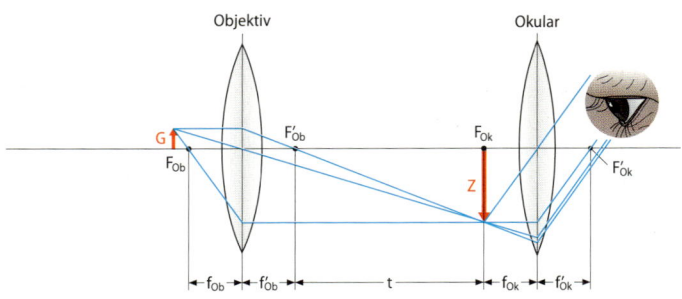

Die Vergrößerung des Okulars (der Lupe) haben wir gerade in ▶ Abschn. 6.4.1 kennengelernt als:

$$v_{Lupe} = v_{Ok} = \frac{s_0}{f}.$$

Die Vergrößerung der Abbildung des Objektivs v_{Ob}, die gleich dem Abbildungsmaßstab β ist (▶ Abschn. 6.2.4), ergibt sich zu:

$$v_{Ob} = \beta = \frac{B}{G} = \frac{t}{f_{Ob}}.$$

Hierbei wird t die optische Tubuslänge genannt, die in normalen Mikroskopen 180 mm beträgt. Wie in ◻ Abb. 6.28 erkennbar, ist t der Abstand zwischen den beiden Brennpunkten F'_{Ob} und F_{Ok}.

Als **Gesamtvergrößerung des Mikroskops** erhalten wir somit:

$$v_{Mik} = v_{Ob} \cdot v_{Ok} = \frac{s_0 \cdot t}{f_{Ob} \cdot f_{Ok}}.$$

Rein prinzipiell muss man die Brennweiten nur klein genug machen, um eine beliebig große Vergrößerung zu erhalten und damit beliebig kleine oder nah beieinander liegende Details eines Objekts noch einzeln sehen zu können. Hier macht uns nun die im ▶ Abschn. 6.3.2 besprochene Beugung einen Strich durch die Rechnung. Diese begrenzt das erzielbare Auflösungsvermögen.

Auflösungsvermögen

Mit unseren Augen können wir im Abstand der deutlichen Sehweite s (25 cm) noch zwei Punkte als einzelne Punkte wahrnehmen, die 0,1 mm voneinander entfernt sind. Dank Mikroskop oder anderen optischen Instrumenten, die zu einer Vergrößerung des betrachteten Gegenstands führen, können wir sogar Punkte getrennt wahrnehmen, die einen noch geringeren **Abstand d** voneinander haben. Man spricht dabei vom **Auflösungsvermögen** eines optischen Apparats oder des Auges: **Das Auflösungsvermögen ergibt sich aus dem kleinsten Abstand d zweier Punkte, die noch getrennt wahrgenommen werden können.** Man definiert:

$$\text{Auflösungsvermögen } U = \frac{1}{d}.$$

Mikroskop

Das Auflösungsvermögen eines Mikroskops wird nur durch das Objektiv bestimmt.

Dadurch, dass hier das Objektiv die erste Vergrößerung bewirkt und das Okular nur zu einer Vergrößerung dieses Zwischenbildes (▶ s.o.) führt, wird das Auflösungsvermögen des gesamten mikroskopischen Apparats nur vom Auflösungsvermögen des Objektivs vorgegeben. Alles, was das Objektiv (◻ Abb. 6.28) nicht abbilden kann, kann auch das Okular als nachgeschaltete Lupe nicht sichtbar machen.

Beim Auflösungsvermögen des Objektivs ist jedoch ein entscheidender Faktor begrenzend: die Beugung. Beim Mikroskop werden die Lichtstrahlen an der Linsenfassung gebeugt, man erhält ein Beugungsmuster (▶ Abschn. 6.3.2). Dies bedeutet, dass hier ein Punkt nicht mehr als Punkt, sondern als sog. **Beugungsscheibchen** abgebildet wird. Das Beugungsscheibchen ist das zentrale Intensitätsmaximum oder Hauptmaximum des Beugungsbildes (◨ Abb. 6.26).

Die Beugung begrenzt das erzielbare Auflösungsvermögen.

Beim Mikroskop hat dies folgende Konsequenz: **Der Abstand d zwischen zwei Punkten muss mindestens so groß sein, dass** ihre Beugungsscheibchen in der Bildebene so weit getrennt sind, dass sie noch als zwei getrennte Scheibchen wahrzunehmen sind. Dies nennt man das **Rayleigh-Kriterium**.

Erinnern wir uns kurz an die Formel $\sin \alpha_1 = \lambda / d_S$ für den Öffnungswinkel α_1 des zentralen Lichtflecks oder Beugungsscheibchens und die Spaltbreite d_S in ◨ Abb. 6.26. Sie besagt, dass der Durchmesser des Beugungsscheibchens proportional zur Wellenlänge λ des verwendeten Lichts ist. Somit ist das Auflösungsvermögen eines Mikroskops auch abhängig von der Wellenlänge λ des Lichts, da eben Licht unterschiedlicher Wellenlänge λ an der Linsenfassung unterschiedlich gebeugt wird.

Das Auflösungsvermögen eines Mikroskops ist abhängig von der Wellenlänge λ des Lichts.

Numerische Apertur

Eine detaillierte und aufwendige Rechnung liefert für das Auflösungsvermögen U den folgenden Zusammenhang:

$$U = \frac{1}{d} = \frac{n \cdot \sin \alpha}{\lambda}.$$

Dabei ist **n · sin α** die **numerische Apertur** (NA) des Objektivs. Diese ist eine für jedes Mikroskop gegebene Konstante. Der Winkel α ist dabei der halbe Winkel des Strahlenbündels, das maximal vom Objekt ins Objektiv gelangen kann, und n der Brechungsindex des Mediums (Immersionsflüssigkeit) zwischen Objekt und Objektiv.

Durch diese Formel wird auch ersichtlich, dass die beste Auflösung bei bauartbedingt vorgegebener numerischer Apertur für kleine Wellenlängen erreicht wird. Im optischen Bereich empfiehlt sich also, blaues Licht zu verwenden.

Verschiedene Arten von Mikroskopen

Alle Mikroskope sind nach diesem Grundprinzip aufgebaut. Durch bestimmte Änderungen erreicht man eine höhere Auflösung, z. B. beim **Elektronenmikroskop**. Hier verwendet man statt Licht schnelle Elektronen, die sich genau wie Licht verhalten, nur eine sehr viel kleinere Wellenlänge λ besitzen.

Stark beschleunigte Elektronen verhalten sich wie Licht mit sehr kleiner Wellenlänge.

Man hat beobachtet, dass sich kleine Teilchen, wenn sie nur einen entsprechend hohen Impuls p (Produkt aus Masse und Geschwindigkeit) besitzen, wie Wellen einer bestimmten Wellenlänge λ verhalten. Der Zusammenhang ist gegeben durch:

$$\lambda = \frac{h}{p}.$$

h ist das Planck'sche Wirkungsquantum (▶ Abschn. 6.1.2).

Wie oben geschildert, ist die Auflösung von der numerischen Apertur und der Wellenlänge λ abhängig. **Somit erreicht man mit der kurzwelligen Elektronenstrahlung eine viel höhere Auflösung als bei einem Lichtmikroskop.** Deshalb können noch kleinere Details sichtbar gemacht werden.

In der Histologie wird man auch der **Fluoreszenzmikroskopie** begegnen. Bei dieser werden bestimmte Strukturen mit einem Fluoreszenzfarbstoff ange-

Physik

färbt, der dann beim Beleuchten z. B. mit Schwarzlicht fluoresziert. So kann man Strukturen mit bestimmten Eigenschaften im mikroskopischen Bild besser erkennen und zuordnen.

6.4.3 Fotometrie und Spektroskopie

Das Emissionsspektrum gibt Auskunft über die Art der Lichtquelle.

Fotometrie und Spektroskopie zusammengefasst ergibt ein **Spektralfotometer.**

Wie wir bereits bei der Frage »Was ist Licht?« gesehen haben, gibt die Verteilung der Intensität auf die einzelnen Wellenlängen im Spektrum (**Emissionsspektrum**) Auskunft über die Art der Lichtquelle. Genauso absorbieren verschiedene Stoffe Licht unterschiedlich stark, ja sogar bei verschiedenen Wellenlängen unterschiedlich: Eine blaue Fensterscheibe schwächt z. B. alle Farben außer eben blau derart ab, dass nur noch der blaue Anteil des kontinuierlichen Spektrums der Sonne hindurchkommt und sie deshalb blau erscheint. Wir erinnern uns: Das Spektrum eines Temperaturstrahlers (▶ Abschn. 6.1.3) wie das der Sonne (Oberflächentemperatur 5778 K) ist ein kontinuierliches Spektrum mit allen Regenbogenfarben, die wir in der Summe als weiß empfinden.

Das Absorptionsspektrum gibt Auskunft über die Art der angestrahlten Substanz sowie deren Konzentration.

Die Art, wie stark Licht von einer Substanz bei verschiedenen Wellenlängen absorbiert wird, nennt man **Absorptionsspektrum.** Dieses ist charakteristisch für die jeweilige Substanz, zu vergleichen mit dem Fingerabdruck beim Menschen. Mehr noch, die *Art* der Substanz kann man in der Regel bereits aus den jeweils absorbierten Lichtfrequenzen ablesen, auf die *Konzentration* der Substanz lässt sich darüber hinaus aus der *Stärke* dieser Absorption rückschließen.

Lambert-Beer-Gesetz

Licht wird beim Durchgang durch eine Farblösung exponentiell geschwächt. Wir können diese Abschwächung mithilfe der folgenden Exponentialfunktion errechnen:

$$I = I_0 \cdot e^{-k \cdot d}.$$

I_0 ist dabei die Intensität des Lichts *vor* dem Durchgang, I die Intensität *nach* dem Durchgang des Lichts, d die Schichtdicke der Küvette, in der sich die Lösung befindet, und **k** ist der **Extinktionskoeffizient.** Dieser Extinktionskoeffizient ist die substanzcharakteristische Größe.

Der Extinktionskoeffizient k ist direkt proportional zur Stoffkonzentration c.

Das Produkt k · d wird als **Extinktion E** bezeichnet: **E = k · d**. In einer Lösung ist nun der Extinktionskoeffizient k direkt proportional zur Konzentration c des Stoffs und lässt sich mit dem spezifischen molaren Extinktionskoeffizenten K, der für viele Substanzen tabelliert wurde, schreiben als:

$$k = K \cdot c \rightarrow E = K \cdot c \cdot d.$$

Zusammengefasst erhält man das **Lambert-Beer-Gesetz** für die spektrale Absorption von Lösungen:

$$I = I_0 \cdot e^{-K \cdot d \cdot c}$$

oder für die **Transmission T**:

$$T = \frac{I}{I_0} = e^{-K \cdot d \cdot c}.$$

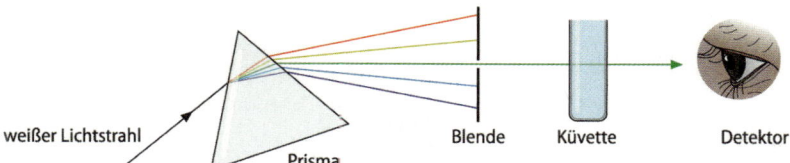

Abb. 6.29 Aufbau eines Spektralfotometers

Der experimentelle Aufbau eines Spektralfotometers ist in ▣ Abb. 6.29 dargestellt: Ausgehend von einer Lichtquelle mit kontinuierlichem Spektrum, z. B.
einer Glühlampe, wird das Licht an einem Prisma in seine Farben zerlegt. Dabei
wird die Dispersion des Prismenmaterials ausgenutzt (▶ Abschn. 6.2.2). Mittels
einer Blende wird nun nur eine Farbe, also Wellenlänge, durch die Küvette geschickt, und für diese Wellenlänge wird die Extinktion bestimmt.

Letzteres geschieht meist durch den Vergleich zweier Küvetten, einmal nur
mit dem Lösungsmittel und einmal mit der darin gelösten, zu untersuchenden
Substanz, um wirklich nur deren Absorptionsanteil zu erhalten.

In automatischen Geräten erhält man dann ein Absorptionsspektrum, in
dem die Extinktion gegenüber der Wellenlänge aufgetragen ist, wie z. B. in
▣ Abb. 6.30 dargestellt.

Das Spektralfotometer nutzt die
Dispersion eines Prismas aus.

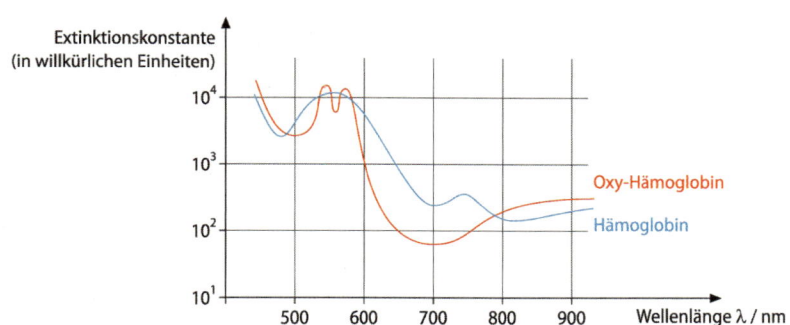

Abb. 6.30 Absorptionsspektrum von
Hämoglobin (blau) und Oxy-Hämoglobin
(rot; aus Harten 2011)

6.4.4 Polarimeter

Das Polarimeter nutzt den Einfluss einer Substanz auf die Polarisationsrichtung
des Lichts aus (▶ Abschn. 6.3.3). Substanzen, die in der Lage sind, die Polarisationsrichtung zu drehen, nennt man **optisch aktive Substanzen**. Ein typischer
Vertreter ist Rohrzucker oder Saccharose. Der Versuchsaufbau ist denkbar einfach (▣ Abb. 6.31):

Der erste Polarisator P_1 lässt von der Lichtquelle nur Licht mit einer bestimmten Polarisationsrichtung durch. Stellt man hinter P_1 einen zweiten Polarisator P_2, den Analysator, und orientiert diesen derart, dass er nur Licht durch-
lässt, das genau senkrecht zur Richtung von P_1 polarisiert ist, gelangt durch P_2
kein Licht mehr (▣ Abb. 6.31a).

Stellt man nun zwischen beide Polarisatoren eine Küvette mit der Lösung
einer optisch aktiven Substanz, so wird die Polarisationsrichtung leicht gedreht,
und das an P_2 ankommende Licht besitzt eine E-Feld-Komponente (das elektrische Feld ist ein Vektor), die durch P_2 hindurchgelassen wird.

Nun dreht man P_2 so lange, bis hinter P_2 alles wieder dunkel ist. **Der Drehwinkel α ist dann ein Maß für die optische Aktivität der Lösung** (▣ Abb. 6.31b).

Für die in Frage kommenden Substanzen sind die spezifischen Drehvermögen $α_{spez}$ in Tabellen zusammengefasst.

Optisch aktive Substanzen drehen
die Polarisationsrichtung des Lichts.

Optisch aktive Substanzen
haben jeweils ein spezifisches
Drehvermögen $α_{spez}$.

■ **Abb. 6.31a, b** Aufbau zur Messung der optischen Aktivität einer Substanz

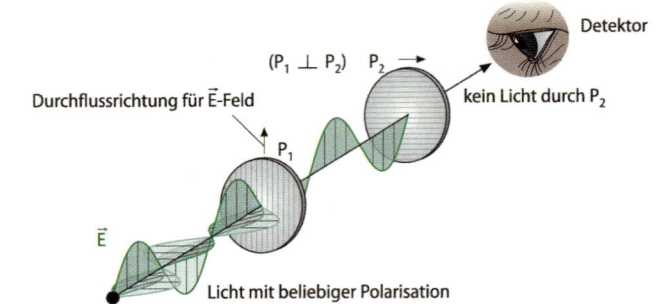

a

Durchflussrichtung für $\vec{E}$-Feld

$(P_1 \perp P_2)$ P_2

Detektor

kein Licht durch P_2

P_1

$\vec{E}$

Licht mit beliebiger Polarisation

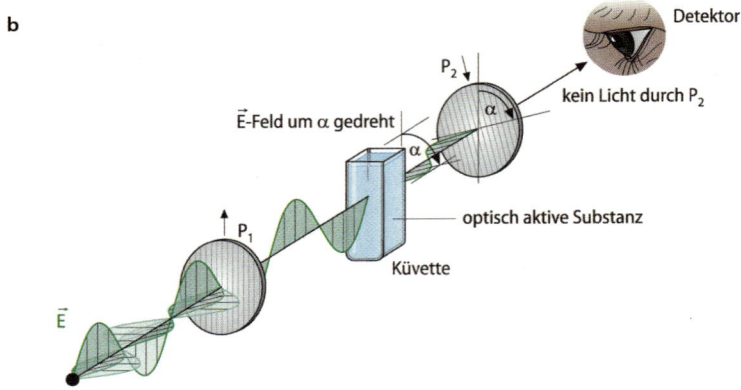

b

P_2

Detektor

$\vec{E}$-Feld um α gedreht

kein Licht durch P_2

α

α

optisch aktive Substanz

P_1

Küvette

$\vec{E}$

Der Drehwinkel α ergibt sich aus:

$$\alpha = \alpha_{spez} \cdot c \cdot d.$$

Dabei ist d die Küvettenlänge und c die Konzentration der optisch aktiven Substanz. Für eine bekannte Substanz und bekannte Küvettenlänge kann man aus der Messung des Drehwinkels die Konzentration der Substanz ermitteln.

Verwendet wird dies z. B. zur Messung des Glucosegehalts im Traubensaft, der – wie allen Weinkennern bekannt ist – für das Gelingen eines »guten Tropfens« wichtig ist.

---

kurz & knapp

— Eine **Lupe** ist eine einfache Sammellinse. Die mit einer Lupe erzielbare Vergrößerung, ist gegeben durch:

$v = \dfrac{s_0}{f}$ mit der deutlichen Sehweite $s_0 = 25\,cm$ und der Brennweite f der Linse.

— Ein **Mikroskop** besteht aus zwei Linsen. Die dem Objekt zugewandte Linse (Objektiv) mit f_{Ob} erzeugt ein vergrößertes reelles Bild. Dieses Zwischenbild wird mit einer als Lupe verwendeten zweiten Linse (Okular mit f_{Ok}) betrachtet. Die Vergrößerung eines Mikroskops ergibt sich zu:

$v = \dfrac{s_0 \cdot t}{f_{Ok} \cdot f_{Ob}}$, t ist die optische Tubuslänge (im Normalmikroskop $t = 180\,mm$).

— Das **Auflösungsvermögen** eines Mikroskops ist durch Beugung begrenzt (► Abschn. 6.3.2).

- Mit einem **Spektralfotometer** untersucht man das Absorptionsverhalten einer Substanz bei verschiedenen Wellenlängen und erhält ein Absorptionsspektrum. Das **Absorptionsspektrum** einer Substanz ist wie ein »Fingerabdruck« der Substanz.
- Die Abschwächung von Licht durch eine Substanz in Lösung wird mit dem **Lambert-Beer-Gesetz** beschrieben: $I = I_0 \cdot e^{-K \cdot d \cdot c}$.
- Mit einem **Polarimeter** bestimmt man die optische Aktivität einer Substanz in Lösung. Die Drehung der Polarisationsrichtung ist proportional zur Schichtdicke d der Substanz und proportional zur Konzentration c der gelösten optisch aktiven Substanz.

6.4.5 Übungsaufgaben

Aufgabe 1: Welche Brennweite f muss eine Sammellinse haben, damit diese als Lupe verwendet eine 10-fache Vergrößerung bewirkt?

Aufgabe 1

Lösung 1: Für die Vergrößerung einer Lupe gilt $v = \dfrac{s_0}{f}$. Somit berechnet sich die benötigte Brennweite zu $f = \dfrac{s_0}{v} = \dfrac{25\,\text{cm}}{10} = 2{,}5\,\text{cm}$.

Aufgabe 2: Mit einem Okular der Brennweite $f = 10\,\text{mm}$ wird die Lupe aus Aufgabe 1 zu einem Mikroskop mit Normaltubuslänge $t = 180\,\text{mm}$ kombiniert. Berechnen Sie die Gesamtvergrößerung des Mikrokops.

Aufgabe 2

Lösung 2: Für die Gesamtvergrößerung eines Mikroskops gilt: $v = \dfrac{s_0 \cdot t}{f_{Ok} \cdot f_{Ob}}$. Einsetzen der Werte liefert:

$$v = \frac{0{,}25\,\text{m} \cdot 0{,}180\,\text{m}}{0{,}025\,\text{m} \cdot 0{,}010\,\text{m}} = 180.$$

Das Mikroskop liefert also eine 180-fache Vergrößerung.

Aufgabe 3: Das Spektralfotometer misst eine Transmission $T = 0{,}1$ für eine bestimmte Wellenlänge. Wie groß ist die Transmission T', wenn Sie die Konzentration durch Verdünnen auf 10% reduzieren?

Aufgabe 3

Lösung 3: Für die Transmission gilt: $T = \dfrac{I}{I_0} = e^{-K \cdot d \cdot c}$. Für $T = 0{,}1$ erhalten wir für die Extinktion E:
$E = K \cdot d \cdot c = -\ln(T) = -\ln(0{,}1) = 2{,}3$. Für das 0,1-Fache der Konzentration ergibt sich:
$E' = K \cdot d \cdot c / 10 = 0{,}23$, und somit für die zugehörige Transmission T':
$T' = e^{-E'} = e^{-0{,}23} = 0{,}79$.

Aufgabe 4: Wie verändert sich der Drehwinkel einer gelösten optisch aktiven Substanz, wenn Sie deren Konzentration c vervierfachen und gleichzeitig die Küvettenlänge halbieren?

Aufgabe 4

Lösung 4: Der resultierende Drehwinkel einer optisch aktiven Substanz ist direkt proportional zur Konzentration und zur Küvettenlänge. Deshalb ergibt die Vervierfachung der Konzentration einen 4-fachen Drehwinkel. Die Halbierung der Küvettenlänge halbiert dann den Drehwinkel wieder. Somit ergibt sich ins-

Physik

gesamt eine Änderung um den Faktor 4/2 = 2, also eine Verdopplung des Dreh-winkels.

Alles klar!

Grenzen des lichtmikroskopischen Auflösungsvermögens

Wie wir jetzt wissen, ist die Auflösung durch die Beugung begrenzt, auch wenn wir rein rechnerisch die Vergrößerung eines Mikroskops beliebig hochtreiben könnten. Nehmen wir einmal an – was durchaus realistisch ist –, wir haben ein Objektiv mit einer numerischen Apertur NA = 0,9. Somit erhalten wir für das Verhältnis $\lambda/d = NA = 0,9$. Für den kleinsten Abstand d zwischen zwei Punkten des Objekts, die noch getrennt gesehen werden können, ergibt sich bei der verwendeten Wellenlänge λ:

$$d = \frac{\lambda}{0{,}9}.$$

Für blaues Licht erhalten wir somit einen minimalen Abstand $d = 380\,\text{nm}/0{,}9 \sim 420\,\text{nm}$. Dies entspricht einem Auflösungsvermögen $U = 1/d \sim 2{,}4 \cdot 10^6\,\text{m}^{-1}$.

Man kann sich also einfach merken, dass mit optischen Mikroskopen bei Verwendung der kürzesten Wellenlänge (blaues Licht) noch Details wahrgenommen werden können mit einem Mindestabstand im Bereich der verwendeten Wellenlänge, also von ca. 400 nm.

Ionisierende Strahlung

Dominik Schneidawind

J. Schatz, R. Tammer (Hrsg.), *Erste Hilfe – Chemie und Physik für Mediziner*,
DOI 10.1007/978-3-662-44111-4_7, © Springer-Verlag Berlin Heidelberg 2015

Physik

7.1 Radioaktivität

- Aufbau eines Atoms
- Definition der Radioaktivität
- Arten und Eigenschaften radioaktiver Strahlung
- Verschiebungsgesetze
- Zerfallsreihen und Nuklidtafel
- Zerfallsgesetz

Wie jetzt?

Mammakarzinom und Strahlentherapie

Signora Mammaria aus Palermo fällt bei der Selbstuntersuchung ihrer linken Brust eine kleine, schlecht verschiebbare Verhärtung auf, die sie zuvor noch nie bemerkt hatte. Daraufhin konsultiert sie ihren Frauenarzt, der nach manueller Palpation und einer Ultraschalluntersuchung der Brust ein Mammakarzinom vermutet. Um seinen Verdacht überprüfen zu lassen, überweist er Signora Mammaria zur Mammografie in eine radiologische Praxis. Auf dem **Röntgenbild** (■ Abb. 7.1) lässt sich der Tumor als unscharf begrenzte Aufhellung mit radiären Ausläufern identifizieren. Weitere diagnostische Verfahren, unter anderem ein **CT**, sichern die Diagnose: Signora Mammaria hat Brustkrebs.

Jetzt bespricht der behandelnde Arzt mit ihr mögliche Therapieverfahren. Welche könnten dies sein und was haben sie mit dem Thema »Ionisierende Strahlung« zu tun?

Dieses Beispiel zeigt schon jetzt, wie wichtig die Kenntnis der physikalischen Grundlagen der ionisierenden Strahlung im klinischen Alltag zum Verständnis von Diagnoseverfahren und Therapiemöglichkeiten bei verschiedenen Erkrankungen ist. Es zahlt sich also aus, auch das letzte physikalische Kapitel dieses Buchs mit Neugier und Interesse durchzuarbeiten. Der Autor hat jedenfalls versucht, einen guten Kompromiss zwischen Verständnis, klinischer Relevanz und Anforderungen des GK zu finden.

■ **Abb. 7.1** Mammakarzinom (Aufnahme: Mit freundlicher Genehmigung von S. Albrecht, Universitätsklinikum Ulm)

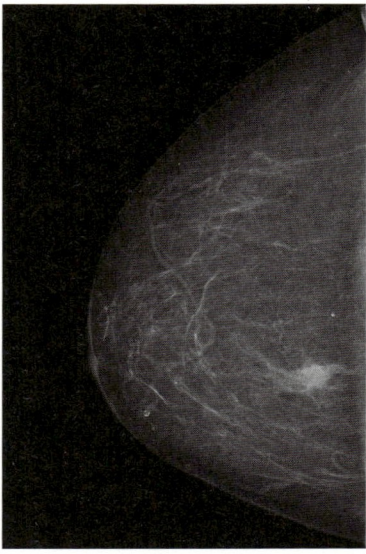

7.1.1 Aufbau eines Atoms

Zunächst betrachten wir zur Wiederholung den Aufbau eines Atoms (▶ Abschn. 2.2). Ein **Atom** besteht aus einer Hülle, die einen Atomkern umgibt. Die Hülle besteht aus negativ geladenen **Elektronen**. Der Atomkern, auch Nukleus genannt, setzt sich aus positiv geladenen **Protonen** und ungeladenen **Neutronen** zusammen, die gemeinsam als Nukleonen bezeichnet werden.

Wenn man in ◘ Tab. 7.1 die Massen der Elementarteilchen betrachtet, fällt auf, dass die **Atommasse** quasi ausschließlich von der Masse der Protonen und Neutronen abhängt, da die Elektronenmasse vergleichsweise gering ist.

Die **Protonenzahl** in einem Atom (Kernladungszahl) definiert das **Element** und damit seine Stellung im Periodensystem, d. h., die Protonenzahl entspricht der **Ordnungszahl**. Das Element mit sechs Protonen wird z. B. als Kohlenstoff bezeichnet und besitzt eben die Ordnungszahl 6.

Aufbau der Atome: Kern (Protonen + Neutronen) und Hülle (Elektronen).

◘ **Tab. 7.1** Aufbau eines Atoms

Elementarteilchen	Lokalisation	Elektrische Ladung	Masse
Elektronen	Hülle	Negativ	$9{,}1 \cdot 10^{-31}$ kg
Protonen	Kern	Positiv	$1{,}7 \cdot 10^{-27}$ kg
Neutronen	Kern	Neutral	$1{,}7 \cdot 10^{-27}$ kg

Im normalen Zustand sind Atome elektrisch neutral. Daraus folgt sofort, dass die Anzahl der Elektronen gleich der Anzahl an Protonen sein muss, also:

Zahl der Elektronen im ungeladenen, neutralen Zustand = Ordnungszahl (= Protonenzahl).

Wenn man von einem ganz bestimmten Kern spricht, einem sog. **Nuklid**, so ist dieser Kern eindeutig durch die Protonenzahl und die genaue Anzahl an Neutronen festgelegt. Es ist jedoch üblich, ein Nuklid durch seine Protonenzahl und seine Massenzahl zu definieren. Dabei gilt der Zusammenhang:

Protonenzahl = Ordnungszahl.

Neutronenzahl = Massenzahl – Ordnungszahl.

Betrachten wir dies einmal für das Element Uran: Uran steht im Periodensystem an 92. Stelle und ein bestimmtes Urannuklid besitzt die Massenzahl 235. Das bedeutet, dass dieses Urannuklid aus 92 Protonen und $235 - 92 = 143$ Neutronen besteht. Das entsprechende Uranatom hat im ungeladenen Zustand 92 Elektronen in seiner Atomhülle. Man schreibt das folgendermaßen: $^{235}_{92}\text{U}$.

Die Protonenzahl definiert, wie bereits gesagt, das Element, d. h., Uran besitzt immer 92 Protonen. Besitzt ein Kern weniger oder mehr Protonen, ist es kein Urankern mehr, sondern der eines anderen Elements. Die Neutronenzahl kann hingegen variieren, ohne das Element als solches zu verändern. Nuklide gleicher Protonenzahl, aber unterschiedlicher Neutronenzahl werden als **Isotope** bezeichnet. So existieren von Uran unterschiedliche Isotope, die sich nur in der Neutronenzahl und damit in der Atommasse bzw. der Massenzahl unterscheiden, z. B. Uran-253 oder Uran-238.

Isotope: Atome gleicher Protonen-, aber unterschiedlicher Neutronenzahl.

7.1.2 Definition der Radioaktivität

Isotope unterscheiden sich häufig in ihrer **Stabilität**.

■ Abb. 7.2 zeigt den Zusammenhang zwischen Neutronenzahl, Protonenzahl und der Stabilität eines Atomkerns. Die als Punkte eingezeichneten stabilen Kerne bilden das sog. **Stabilitätsband**. Kerne, deren Protonen-Neutronen-Verhältnis in diesem Stabilitätsband liegt, sind besonders stabil. Kerne über oder unter dem Stabilitätsband versuchen durch Veränderungen im Kern das Protonen-Neutronen-Verhältnis so zu verändern, dass der resultierende Kern wieder im Stabilitätsband liegt. Das gelingt, indem sich die Zahl der Neutronen oder der Protonen verändert. Dabei wird die sog. Kernstrahlung ausgesendet.

Man sollte im Hinterkopf behalten, dass eine Änderung der Protonenzahl eine Änderung der Ordnungszahl und somit des Elements bedeutet. Solche Kernumwandlungen geschehen nur dann spontan, wenn sich dadurch für den neuen Kern eine energetisch günstigerer Zustand ergibt. Die dabei freiwerdende Energie sendet der Kern als Kernstrahlung aus. Diese Vorgänge bezeichnet man als **Radioaktivität**.

Radioaktivität:
Kernumwandlung unter Aussendung energiereicher Strahlung.

■ **Abb. 7.2** Nuklidtafel: Jeder Punkt repräsentiert einen stabilen Kern mit zugehöriger Proton- und Neutronenzahl

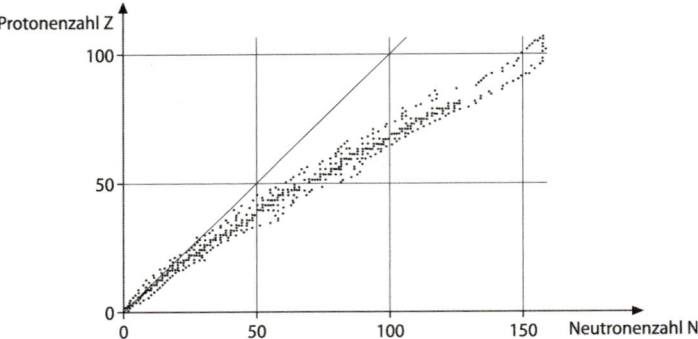

Radioaktive Nuklide sind also Atome, die zu einer Kernumwandlung neigen. Auch in der Natur kommen instabile Isotope vieler Elemente vor. Medizinisch relevant sind z. B. folgende Nuklide:

— $^{226}_{88}$Ra (Radium),

— $^{40}_{19}$K (Kalium),

— $^{14}_{6}$C (Kohlenstoff).

Hätten Sie's gewusst?

Instabile Isotope in unserem Körper
Da wir ständig instabilen Isotopen exponiert sind, nehmen wir sie wie die stabilen Isotope in unseren Körper auf, wo sie verstoffwechselt werden. Chemisch reagieren nämlich alle Isotope eines Elements gleich, da die Außenelektronen in der Atomhülle für die chemischen Eigenschaften des Elements verantwortlich sind. Es kommt daher zur Einlagerung in Knochen, Haare usw. (Näheres in ► Abschn. 7.3.3).

7.1.3 Arten und Eigenschaften radioaktiver Strahlung

Radioaktive Nuklide strahlen wie eine Glühlampe kugelförmig in alle Richtungen. Zur Analyse der Strahlung legt man ein radioaktives Präparat in einen Bleikasten mit einer kleinen Öffnung. Dadurch erhält man eine gerichtete radioaktive Strahlung, die nun durch ein Magnetfeld geleitet wird. Darin wird die radioaktive Strahlung in drei Komponenten aufgetrennt (■ Abb. 7.3): Zwei der drei Komponenten werden durch das Magnetfeld in entgegengesetzte Richtungen ausgelenkt; die dritte wird nicht abgelenkt. Aus der Polung des Magnetfeldes und der (Nicht-)Ablenkung lässt sich auf die elektrische Ladung der Strahlungskomponenten schließen. Dieses Experiment führte zur Unterscheidung in **Alpha-, Beta- und Gammastrahlung**. Weitere wichtige Eigenschaften sind in ■ Tab. 7.2 zusammengefasst.

Natürliche radioaktive Strahlung:
– Alpha- und Betastrahlung sind Teilchenstrahlungen
– Gammastrahlung ist eine elektromagnetische Strahlung.

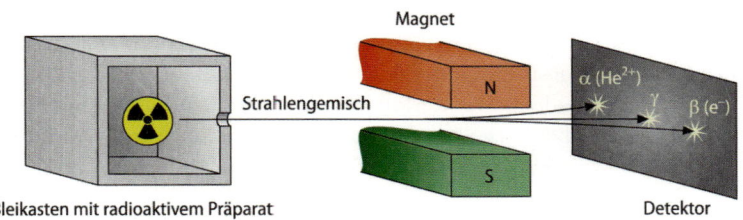

■ **Abb. 7.3** Trennung der drei vorkommenden radioaktiver Strahlungsformen im Magnetfeld

■ **Tab. 7.2** Übersicht über die drei Arten natürlicher radioaktiver Strahlung

	Alphastrahlung	Betastrahlung	Gammastrahlung
Ablenkung im Magnetfeld	Ja	Ja	Nein
Natur	Teilchenstrahlung	Teilchenstrahlung	Kurzwellige elektromagnetische Strahlung
Was genau?	2-fach positiv geladene Heliumkerne: He^{2+}	1-fach negativ geladene Elektronen: e^-	
Typische Reichweite in Luft (sehr energieabhängig!)	Wenige Zentimeter	Wenige Meter	Viele Meter

Normalerweise sendet ein radioaktives Nuklid entweder **Alpha- oder Betastrahlung** aus, sehr selten beide gemeinsam. **Gammastrahlung** tritt begleitend zu den beiden Strahlungsarten auf und entspricht dabei der oben genannten frei werdenden Energiedifferenz zwischen energiereichem (angeregtem) und energieärmerem Kern. Neben den strahlungsspezifischen Eigenschaften besitzt radioaktive Strahlung noch weitere allgemeine Charakteristika:
– Manche radioaktiven Präparate leuchten im sichtbaren Bereich (**Lumineszenz**).
– Radioaktive Strahlung schwärzt Fotoplatten durch **Beeinflussung von Silberhalogeniden**.
– Atome oder Moleküle, egal ob im gasförmigen, flüssigen oder festen Zustand, können durch radioaktive Strahlung **ionisiert** werden.

Physik

Strahlenschäden an Zellen
Aus diesen Eigenschaften wird die Aggressivität der Strahlung für Soma-
und Keimzellen des Körpers sehr leicht verständlich. Die Strahlung führt
z. B. durch Ionisation zur Schädigung der DNA und damit zu Fehlern in der
Proteinbiosynthese, was den Zellstoffwechsel und schlimmstenfalls die
Zellteilung durcheinanderbringt. Es kann zum **Absterben** der Zelle oder
auch zur **Tumorbildung** kommen (Näheres in ▶ Abschn. 7.3.3).

7.1.4 Verschiebungsgesetze

**Radioaktivität ist unabhängig von äußeren Einflüssen wie Temperatur oder
Druck.** Es handelt sich eben nicht um eine chemische Reaktion, die sich in der
Elektronenhülle abspielt, sondern um Vorgänge im Atomkern.

Der Begriff radioaktiver **Zerfall** lässt sich ziemlich wörtlich nehmen. Aus
Gründen der Stabilität (▶ Abschn. 7.1.2) finden Umwandlungen im Atomkern
statt. Bei natürlichen Vorgängen »zerfällt« der Mutterkern dabei in ein Alpha-
oder Betapartikel und in den übrig bleibenden Tochterkern. In beiden Fällen
ändert sich die Zusammensetzung des Kerns, in der Nuklidkarte verschiebt sich
somit die Position des betrachteten Kerns. Wie dies geschieht, beschreiben die
sog. **Verschiebungsgesetze**. Man kann also zwei in der Natur spontan vorkommende Arten von Zerfall unterscheiden: Alpha- und Betazerfall.

Alphazerfall

Alphazerfall:
Emission von Heliumkernen aus dem
Atomkern.

Beim **Alphazerfall** emittiert der Kern ein Alphapartikel (2-fach positiv geladener **Heliumkern** = zwei Protonen und zwei Neutronen). Dieses Partikel besitzt
die Massenzahl 4 und die Ordnungszahl 2. Deshalb muss der Tochterkern um
die Massenzahl 4 und um die Ordnungszahl 2 kleiner sein.

$$\text{Allgemein: } {}^{M}_{P}X \rightarrow {}^{4}_{2}He + {}^{M-4}_{P-2}Y.$$

$$\text{Beispiel: } {}^{235}_{92}U \rightarrow {}^{4}_{2}He + {}^{231}_{90}Th.$$

Nachträglich werden aus der Atomhülle zwei Elektronen abgegeben, damit das
neu entstandene Element ungeladen ist. Beim Alphazerfall entsteht immer ein
neues Element, das sich im Periodensystem **zwei Positionen weiter links** vom
ursprünglichen Element befindet, das also um zwei Positionen nach links verschoben ist.

Betazerfall

Betazerfall:
Emission von Elektronen aus dem
Atomkern.

Beim **Betazerfall** emittiert der Kern ein Betapartikel (**Elektron**). Dieses Elektron stammt nicht aus der Hülle, sondern aus dem Kern! Es entsteht bei der
Umwandlung eines Neutrons in ein Proton und ein Elektron. Ein Elektron
besitzt die Massenzahl 0 und die »Kernladungszahl« -1. Deshalb besitzt der
Tochterkern nach der Emission eine dem Mutterkern identische Massenzahl
und eine um eine Einheit erhöhte Protonenzahl. Die Neutronenzahl hat um
eine Einheit abgenommen.

$$\text{Allgemein: } {}^{M}_{P}X \rightarrow {}^{0}_{-1}e + {}^{M}_{P+1}Y.$$

$$\text{Beispiel: } {}^{227}_{89}Ac \rightarrow {}^{0}_{-1}e + {}^{227}_{90}Th.$$

Beim Betazerfall entsteht immer ein neues Element, das sich **eine Position weiter rechts** vom ursprünglichen Element im Periodensystem befindet, also um eine Position nach rechts verschoben ist.

Für alle Zerfallsgleichungen gilt: Die Summe der Massenzahlen und Kernladungszahlen muss auf beiden Seiten jeweils gleich sein (Erhaltungsgrößen).

7.1.5 Zerfallsreihen und Nuklidtafel

Es gibt in der Natur von einem Mutterkern ausgehend eine Kette an Alpha- und Betazerfällen, wenn die Tochterkerne jeweils selbst radioaktiv sind. Solche Ketten werden als natürliche **Zerfallsreihen** bezeichnet. Es gibt nur vier verschiedene Zerfallsreihen, die nach ihrem »Mutterkern« benannt sind:

- drei natürliche Zerfallsreihen: Thorium-, Uran-Radium- und Actinium-Reihe, die alle bei einem stabilen Bleiisotop enden; die Elemente dieser Zerfallsreihen kommen in der Natur vor;
- die Neptunium-Reihe; ihre Elemente können nur noch künstlich erzeugt werden und enden bei einem stabilen Isotop des Wismut; sie kommen in der Natur nicht mehr vor, weil sie im Laufe der Erdgeschichte bereits zerfallen sind (ihr Zerfall erfolgt wesentlich schneller als jener der natürlichen Reihen).

Für detaillierte Informationen sei auf andere Lehrbücher der Physik verwiesen, denn es macht medizinisch gesehen wenig Sinn, die Abfolge der Alpha- und Betazerfälle einer solchen Zerfallsreihe auswendig zu lernen.

Auf einer **Nuklidtafel** ist die Protonenzahl gegen die Neutronenzahl aufgetragen (🔲 Abb. 7.4). Dadurch befinden sich in einer Reihe alle Isotope eines Elements. Die Nuklidtafel bietet den Vorteil, dass man bei einem radioaktiven Zerfall ausgehend von einem Mutterkern ziemlich rasch den Tochterkern identifizieren kann, wenn man folgende Regeln beachtet:

- Beim **Alphazerfall** wird die Protonen- und die Neutronenzahl des Mutternuklids um jeweils zwei reduziert. Das Tochternuklid befindet sich deshalb auf der Nuklidtafel zwei Stellen weiter links und zwei Stellen weiter unten.
- Beim **Betazerfall** wird die Protonenzahl um eins erhöht und die Neutronenzahl um eins reduziert. Das Tochternuklid befindet sich deshalb auf der Nuklidtafel eine Stelle weiter links und eine Stelle weiter oben.

> Sind die Tochterkerne nach einem Zerfall selbst radioaktiv, entsteht eine Zerfallsreihe.

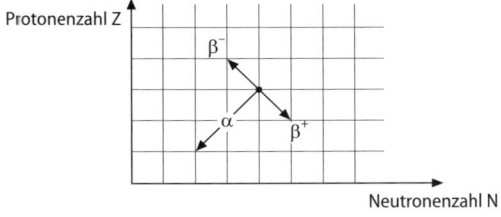

🔲 **Abb. 7.4** Ausschnitt aus einer Nuklidtafel zur Erläuterung des Alpha- und des Betazerfalls – Verschiebungsgesetze

7.1.6 Zerfallsgesetz

Zerfallsrate

Der radioaktive Zerfall eines Präparats folgt einer mathematischen Gesetzmäßigkeit. Die Kenntnis dieser Beziehungen ist von großer Bedeutung, da sich dadurch z. B. Vorhersagen über die Strahlungsdauer eines Präparats oder eines

Physik

Tracers machen lassen. Tracer sind radioaktive Nuklide, mit deren Hilfe Stoffwechselwege im menschlichen Körper durch die Detektion ihrer Strahlung nachvollzogen werden können. **Die Zerfallsrate dN/dt, d. h. die Anzahl der Zerfälle pro Zeit, ist proportional zur Anzahl N der noch vorhandenen zerfallsfähigen Atome eines Nuklids:**

$$-\frac{dN}{dt} \sim N \quad \text{oder} \quad \frac{dN}{dt} = -\lambda \cdot N.$$

Das negative Vorzeichen besagt, dass die Anzahl der zerfallsfähigen Atome eines Nuklids dabei verringert wird. Die Einführung einer **Zerfallskonstanten λ** erlaubt die Transformation der proportionalen Beziehung in eine Gleichung. λ ist für jede Nuklidart **spezifisch**.

Man muss sich unbedingt Folgendes über den Begriff »Zerfall« klarmachen: Es handelt sich dabei um ein statistisches Phänomen: **Der Zerfall eines einzelnen Kerns lässt sich nicht vorhersagen.** Vorhersagbar ist vielmehr nur, welcher Anteil einer großen Anzahl an Kernen eines Nuklids zerfällt. Der Zusammenhang zwischen der Anzahl N(t) der nach der Zeit t noch vorhandenen Atome und der ursprünglichen Anzahl $N_0 = N(t = 0)$ der Atome des betrachteten Nuklids wird durch folgende, als **Zerfallsgesetz** bezeichnete Gleichung beschrieben, auf deren mathematische Herleitung hier nicht näher eingegangen wird. Es handelt sich dabei um eine Exponentialfunktion:

Zerfallsgesetz:
$N(t) = N_0 \cdot e^{-\lambda \cdot t}$;
Zerfallskonstante λ ist für jedes Nuklid spezifisch.

$$N(t) = N_0 \cdot e^{-\lambda \cdot t}.$$

Dank dieser Gleichung kann man jetzt z. B. Aussagen darüber machen, nach welcher Zeit nur noch ein bestimmter Bruchteil radioaktiver Atome eines Nuklids vorhanden ist.

Halbwertszeit

Genauso spezifisch für eine Nuklidart, nur sehr viel greifbarer als die Zerfallskonstante λ, ist die **Halbwertszeit $T_{1/2}$** eines radioaktiven Präparats. **Die Halbwertszeit ist die Zeit, nach der nur noch die Hälfte der ursprünglichen Anzahl an Atomen eines Nuklids vorhanden ist.** Sie lässt sich aus der obigen Gleichung herleiten. Setzt man $N(T_{1/2}) = (1/2) \cdot N_0$ ein und löst nach $T_{1/2}$ auf, so erhält man in Abhängigkeit von der Zerfallskonstanten λ die Halbwertszeit $T_{1/2}$:

Halbwertszeit:
$$T_{1/2} = \frac{\ln 2}{\lambda}.$$

$$T_{1/2} = \frac{\ln 2}{\lambda} = \frac{0{,}693}{\lambda}.$$

Lange Halbwertszeit → langsamer Zerfall;
kurze Halbwertszeit → schneller Zerfall.

Nuklide mit langer Halbwertszeit zerfallen langsamer, Nuklide mit kurzer Halbwertszeit zerfallen schneller (◻ Abb. 7.5).

◻ **Abb. 7.5** Unterschiedliche Zerfallskonstanten

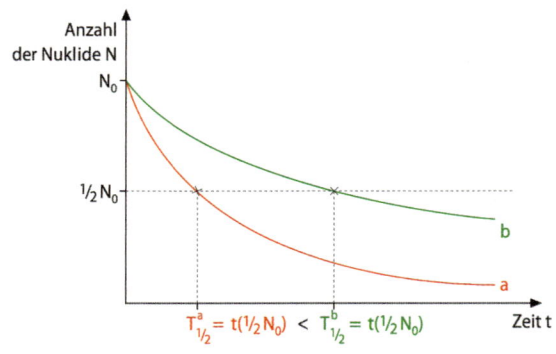

Aktivität

Die **Aktivität A** eines radioaktiven Präparats gibt an, wie viele Kerne pro Zeiteinheit zerfallen. Die Einheit der Aktivität ist **Becquerel** (Bq). 1 Bq entspricht einem Zerfall pro Sekunde. Da $A_0 = \lambda \cdot N_0$ (die Aktivität eines Strahlers ist proportional zur Anzahl der vorhandenen radioaktiven Atome eines Nuklids), erhält man für die Aktivität folgende Gleichung:

$$A(t) = A_0 \cdot e^{-\lambda \cdot t}.$$

Um diese wichtigen Beziehungen besser zu verstehen, gehen wir gemeinsam eine Beispielrechnung durch:

Aktivität:
Zerfälle pro Sekunde.

Praktisches Beispiel

Schilddrüsenkrebs lässt sich – selbst in fortgeschrittenen Stadien – mit **radioaktivem Iod-131** behandeln. Dieses Iodisotop reichert sich nämlich in den Krebszellen der Schilddrüse an. Beim Zerfall des Isotops wird **Betastrahlung** frei, die die Tumorzellen zerstört. Iod-131 hat eine **Halbwertszeit von 8 Tagen**. Der an Schilddrüsenkrebs erkrankte Herr Türoxün aus Istanbul erhält ambulant ein Präparat mit einer Aktivität von 400 MBq. Herr Türoxün möchte von Ihnen als Famulant/in wissen, **wann** das Präparat nur noch ¼ **seiner ursprünglichen Aktivität** besitzt. Sie erinnern sich an die Formel aus diesem Buch und beginnen zu überlegen:

Benötigt werden die Gleichung für das zeitliche Verhalten der Aktivität und der Zusammenhang zwischen λ und $T_{1/2}$:

$$A(t) = A_0 \cdot e^{-\lambda \cdot t}, \quad T_{1/2} = \frac{\ln 2}{\lambda} \to \lambda = \frac{\ln 2}{T_{1/2}}.$$

Ohne die Zahlenwerte einzusetzen, lohnt es sich zunächst, eine allgemeine Lösung zu finden, in die wir dann die Zahlenwerte einsetzen können. Also lösen wir die Gleichungen nach t auf. Hierfür benötigen wir die Umkehrfunktion zur e-Funktion, die in ► Abschn. 1.4.5 diskutiert wurde. Wir erhalten:

$$t = \frac{T_{1/2}}{\ln 2} \cdot \ln\left(\frac{A(t)}{A_0}\right).$$

Jetzt setzen wir die Vorgaben $A(t) = (1/4) \cdot A_0$ und $T_{1/2} = 8$ Tage ein und erhalten: t = 16 Tage.

Nach 16 Tagen wird nur noch ¼ der ursprünglichen Aktivität vorhanden sein – also 100 MBq. Nun werden Sie sagen, dass man hier einen Taschenrechner braucht. Auf diese Lösung kann man allerdings durch Überlegen auch etwas leichter kommen: Denn ¼ **der Aktivität entspricht 2-mal der Hälfte der Aktivität**, also der Hälfte einer Hälfte. Die Halbwertszeit gibt ja die Zeit an, nach der nur noch die Hälfte der ursprünglichen Aktivität bzw. Anzahl der Atome vorhanden ist. Die Hälfte der Aktivität ist daher noch nach 8 Tagen übrig. Die Hälfte der Hälfte (= ¼) ist nach weiteren 8 Tagen übrig. So kommt man insgesamt auch auf 16 Tage.

Nun möchte es Herr Türoxün ganz genau wissen: Er fragt Sie, **wie viele** radioaktive **Iod-131-Atome nach diesen 16 Tagen** noch in seiner Schilddrüse **vorhanden** sind. Jetzt müssen Sie wirklich ins Stationszimmer, um einen Taschenrechner zu holen.

Sie wissen ja aus obiger Rechnung, dass die Aktivität nach 16 Tagen noch ¼ der ursprünglichen Aktivität, also 100 MBq beträgt. Da Sie den Zusammenhang

Physik

zwischen A und N soeben kennengelernt haben, können Sie diese Anzahl leicht berechnen:

$$A_0 = \lambda \cdot N_0 \rightarrow A(t) = \lambda \cdot N(t),\ T_{1/2} = \frac{\ln 2}{\lambda} \rightarrow \lambda = \frac{\ln 2}{T_{1/2}}.$$

Durch Auflösen der Gleichung nach N(t) und Einsetzen von λ ergibt sich:

$$N(t) = \frac{A(t) \cdot T_{1/2}}{\ln 2}.$$

Das Einsetzen der bekannten Größe liefert das Ergebnis:

$$N_t = \frac{100\,\text{MBq} \cdot 8\text{d}}{\ln 2} = \frac{10^5\,\frac{\text{Teilchen}}{\text{s}} \cdot 691.200\,\text{s}}{\ln 2} \approx 9{,}97 \cdot 10^{10}\,\text{Teilchen}.$$

Nun können Sie Herrn Türoxün sagen, dass sich nach 16 Tagen noch knapp 10^{11} radioaktive Iod-131-Atome in seiner Schilddrüse befinden. Beeindruckt von der großen Zahl gibt er Ihnen jetzt 5 Euro Trinkgeld für Ihre hervorragenden Rechenkünste – na ja vielleicht…

---

kurz & knapp

Radioaktivität

- Ein **Atom** besteht aus einer Hülle (Elektronen) und einem Kern (Protonen, Neutronen).
- **Radioaktivität** beschreibt Kernumwandlungen unter Emission energiereicher Strahlung.
- Man unterscheidet drei verschiedene Strahlungen:
  - **Alphastrahlung** besteht aus 2-fach positiv geladenen Heliumkernen.
  - **Betastrahlung** besteht aus Elektronen.
  - Beide sind also Teilchenstrahlung und werden im Magnetfeld abgelenkt.
  - **Gammastrahlung** ist eine kurzwellige elektromagnetische Strahlung, die im Magnetfeld keine Ablenkung erfährt.
- Für den Alpha- und Betazerfall gelten folgende Gesetzmäßigkeiten:
  - Alphazerfall: $_P^M X \rightarrow\ _2^4 He +\ _{P-2}^{M-4} Y$
  - Betazerfall: $_P^M X \rightarrow\ _{-1}^0 e +\ _{P+1}^M Y$
- Radioaktiver Zerfall wird durch das Zerfallsgesetz beschrieben, aus dem sich die Halbwertszeit ableiten lässt:
- **Zerfallsgesetz:** Anzahl der vorhandenen Radionuklide $N(t) = N_0 \cdot e^{-\lambda \cdot t}$; Aktivität $A(t) = A_0 \cdot e^{-\lambda \cdot t}$.
- Zusammenhang zwischen der Teilchenanzahl N und der Aktivität A:

  $A = \lambda \cdot N.$

  - **Halbwertszeit:** $T_{1/2} = \frac{\ln 2}{\lambda} \approx \frac{0{,}693}{\lambda}.$

7.2   Röntgenstrahlung

- Aufbau und Funktionsprinzip einer Röntgenröhre
- Strahlungsleistung
- Bildentstehung und Absorptionsgesetz
- Wechselwirkung zwischen Gammastrahlung und Materie
- CT, SPECT und PET

Jeder von uns ist schon mal irgendwo geröntgt worden: der gebrochene Knochen in der Ambulanz, die schiefe Wirbelsäule beim Orthopäden, der Kiefer beim Kieferorthopäden; Strukturen wie die Speiseröhre, der Darm oder die Herzkranzgefäße lassen sich mithilfe von Kontrastmitteln darstellen. Das Röntgen zählt heute zu den Routineverfahren in jeder Klinik. Um Röntgenbilder wie ◘ Abb. 7.1 richtig zu beurteilen und zu befunden, sollte man die Entstehung eines solchen Bildes unbedingt verstehen.

7.2.1   Aufbau und Funktionsprinzip einer Röntgenröhre

◘ Abb. 7.6 zeigt den Aufbau einer Röntgenröhre. An die **Heizspirale** wird eine Spannung – die sog. **Heizspannung** – angelegt, sodass ein Heizstrom durch die Heizspirale fließt. Durch die Hitze bildet sich um die Heizspirale eine negative **Elektronenwolke** (Glühemission ► Abschn. 5.6.4).

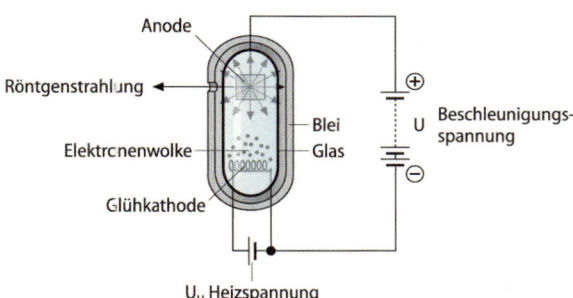

◘ **Abb. 7.6** Aufbau einer Röntgenröhre. Details zur Funktion siehe Text

Die Elektronen stammen aus den Hüllen der Metallatome des Drahts. Die Elektronenwolke bildet nun die Kathode. Die Größe der Elektronenwolke lässt sich über den Heizstrom regulieren. Um die Elektronen aus der Elektronenwolke abzuziehen, wird eine zweite Spannung – die **Beschleunigungsspannung** (Anodenspannung) – angelegt, und zwar so, dass die **Anode** (positiv) gegenüber der »Glühkathode« liegt.

Die Elektronen werden von dieser Anode angezogen. Die Geschwindigkeit und damit die Energie, mit der die Elektronen auf die Anode zufliegen, wird über die Beschleunigungsspannung reguliert. Alle Bestandteile der Röntgenröhre befinden sich im Vakuum, damit eine unerwünschte Wechselwirkung der Elektronen mit Luftmolekülen verhindert wird. Beim Aufprall der Elektronen auf das Anodenmaterial finden nun die entscheidenden Prozesse für die Strahlungsentstehung statt:

Die Elektronen besitzen kinetische Energie (entsprechend ihrer Geschwindigkeit), die von der Beschleunigungsspannung (zwischen 30.000 und 200.000 V) abhängig ist. Diese **Energie E** errechnet sich aus dem Produkt der Elektronenladung e und der angelegten Spannung U (► Abschn. 5.2.1):

$$E = e \cdot U.$$

> An eine Röntgenröhre wird eine Heizspannung und eine Beschleunigungsspannung angelegt.

Normalerweise wird die Energie in Joule angegeben. Man definiert nun für die Energie von Elektronen aus Gründen der Übersichtlichkeit eine neue Maßeinheit, das Elektronenvolt: **Ein Elektronenvolt (eV) entspricht der Energie, die ein Elektron besitzt, wenn es im elektrischen Feld mit einer Potenzialdifferenz von 1 V beschleunigt wird.**

$$1\,\text{eV} = 1{,}6 \cdot 10^{-19}\,\text{A s} \cdot 1\,\text{V} = 1{,}6 \cdot 10^{-19}\,\text{Ws} = 1{,}6 \cdot 10^{-19}\,\text{J}.$$

Diese Energie muss beim Aufprall auf die Anode in eine andere Energieform überführt werden: 99 % gehen als Wärme verloren und ~1 % wird in **Röntgenbremsstrahlung (Gammastrahlung)** überführt. Als Anodenmaterial wird häufig Wolfram verwendet, da es der hohen thermischen Belastung standhält und außerdem eine relativ hohe Strahlenausbeute sicherstellt.

Schauen wir uns das Ganze einmal für ein einzelnes Elektron an. Dieses kann nämlich seine gesamte kinetische Energie entweder komplett in Röntgenbremsstrahlung oder in Wärme überführen. Und auch zwischen diesen beiden Extremen ist alles möglich, ein Teil Wärme, der andere Teil Strahlung, wodurch ein kontinuierliches Spektrum mit kleinster unterer Grenze für die Wellenlänge entsteht – das sog. **Röntgenbremsspektrum** (🔹 Abb. 7.7).

Röntgenbremsspektrum:
Spektrum der Energie, die ein Elektron beim Abbremsen im Anodenmaterial als elektromagnetische Strahlung abgibt.

🔹 **Abb. 7.7** Spektrum einer Röntgenröhre

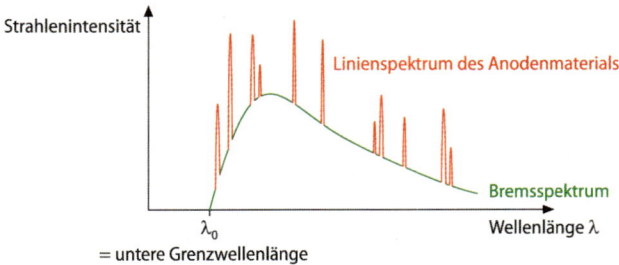

In 🔹 Abb. 7.7 ist die Strahlenintensität gegen die Wellenlänge der Röntgenstrahlung aufgetragen. **Die Strahlenintensität entspricht quasi der Häufigkeit, mit der eine bestimmte Wellenlänge in einem Strahlenbündel vorkommt.** Die untere Grenze (kleinste vorkommende Wellenlänge λ_0 im Strahlenbündel) wird durch die Maximalgeschwindigkeit eines Elektrons bestimmt, das seine gesamte Energie in Strahlung überführt, d. h., die untere Grenze hängt von der Beschleunigungsspannung U ab. Es gilt:

$$\lambda_0 = \frac{h \cdot c}{e \cdot U},$$

mit Wellenausbreitungsgeschwindigkeit c, Elektronenladung e und Planck'schem Wirkungsquantum h.

Bei hoher Beschleunigungsspannung besitzen die Elektronen eine hohe kinetische Energie, die in kurzwellige Röntgenstrahlung überführt wird.

Das Röntgenbremsspektrum ist unabhängig vom Anodenmaterial. Allerdings wird es, wie 🔹 Abb. 7.7 zeigt, durch das **Linienspektrum** einer **für das Anodenmaterial charakteristischen** Röntgenstrahlung überlagert. Ein Elektron trifft auf ein Hüllenelektron eines Atoms der Anode und stößt dieses auf eine höhere Bahn oder sogar ganz aus der Elektronenhülle des Atoms heraus. Beim Zurückfallen von Elektronen aus höheren Schalen (Energieniveaus) auf die ursprüngliche Bahn wird die Energiedifferenz zwischen den Bahnen als

Das Röntgenbremsspektrum ist unabhängig vom Anodenmaterial.

Röntgenquant ausgesendet. Diese Energiedifferenz ist spezifisch für das Anodenmaterial und führt zum charakteristischen Linienspektrum des Anodenmaterials.

7.2.2 Strahlungsleistung

Je nach Fragestellung des Arztes muss die Strahlungsleistung der Röntgenröhre angepasst werden. So benutzt man z. B. bei Aufnahmen von Knochen eine andere Leistung als bei Weichgewebeaufnahmen (der Brust etc.). Die Strahlungsleistung (Wellenlänge und Strahlungsintensität) hängt sowohl vom Heizstrom als auch von der Beschleunigungsspannung einer Röntgenröhre ab (◘ Abb. 7.8).

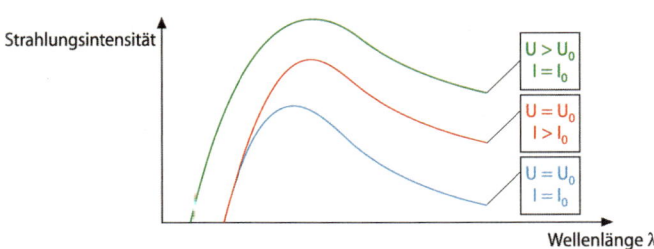

◘ **Abb. 7.8** Die abgestrahlte Leistung einer Röntgenröhre ist abhängig vom Heizstrom. Mit der Beschleunigungsspannung erhöht sich die Energie der einzelnen Röntgenquanten

Dabei gilt Folgendes:
- Eine **Erhöhung des Heizstroms** erhöht die Strahlungsintensität über das gesamte Röntgenbremsspektrum, da mehr Elektronen in der Elektronenwolke zum »Absaugen« zur Verfügung stehen.
- Eine **Erhöhung der Beschleunigungsspannung** erhöht ebenfalls die Strahlungsintensität, da pro Zeit mehr Elektronen abgezogen werden können. Vor allem aber steigert dies die Energie der einzelnen Elektronen, verringert also deren Wellenlänge λ und verschiebt somit die untere Grenze hin zu kleineren λ-Werten, da die Elektronen stärker beschleunigt werden (Erhöhung ihrer kinetischen Energie).

Strahlung mit überwiegend geringen Wellenlängen wird als **harte Strahlung** bezeichnet. Diese wird z. B. bei Knochenaufnahmen benutzt. Strahlung mit größeren Wellenlängen wird entsprechend als **weiche Strahlung** bezeichnet, um z. B. Aufnahmen von Weichgeweben anzufertigen.

Weiche Röntgenstrahlung: Strahlung mit niedrigen Frequenzen, also niedriger Photonenenergie
Harte Röntgenstrahlung: Strahlung mit hohen Frequenzen, also hoher Photonenenergie

7.2.3 Bildentstehung und Absorptionsgesetz

Jetzt muss noch geklärt werden, wie mithilfe von Röntgenstrahlung (energiereicher Gammastrahlung = elektromagnetischen Wellen mit extrem kurzen Wellenlängen) ein Röntgenbild entstehen kann.

Prinzipiell kann man sich die Bildentstehung veranschaulichen, indem man die Röntgenröhre mit einer Lampe vergleicht. Das Licht, das die Lampe aussendet, fällt auf einen Körper und wird von diesem zum Teil reflektiert (wir können den Körper ja sehen), zum Teil aber auch absorbiert und in Wärme umgewandelt. Der Körper lässt also kein Licht durch, sodass er sich auf einer Leinwand folglich als Schatten darstellt.

Nun ist Röntgenstrahlung viel kurzwelliger und damit energiereicher als Licht im für das Auge sichtbaren Spektrum von 400–800 nm. Deshalb kann sie

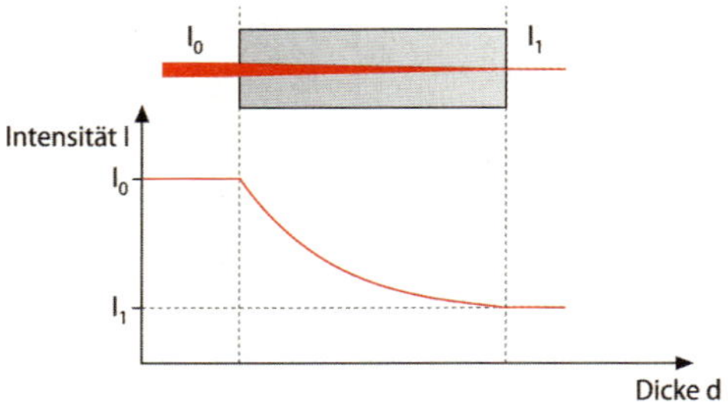

Abb. 7.9 Abnahme der Intensität in einem absorbierenden Material

Körper (sowohl im physikalischen als auch im medizinischen Sinne) durchdringen. Dabei wird die Gammastrahlung allerdings abgeschwächt. **Das Ausmaß dieser Abschwächung hängt von der Beschaffenheit des zu durchdringenden Materials und von der Wellenlänge der Strahlung ab.** Da der menschliche Körper nicht homogen aufgebaut ist, wird sich die Strahlungsintensität nach der Passage durch den Körper in jedem Punkt unterschiedlich stark verringert haben. An einem Punkt musste die Strahlung Haut, Fett, Darm, Fett und Haut durchdringen, 3 cm weiter dagegen Haut, Fett, Brustbein, Herz, Speiseröhre, Wirbelkörper, Fett und Haut. Folglich hat die Strahlungsintensität hier – vor allem wegen der dichten Knochensubstanz – sehr viel stärker abgenommen.

Die Abnahme der Intensität I lässt sich physikalisch durch die Absorption (▶ Abschn. 7.2.4) erklären. Sie hängt also vom zu durchdringenden Material und dessen Dicke d sowie von der Wellenlänge der Strahlung ab (**Abb. 7.9**). Dieser Zusammengang wird durch das **Absorptionsgesetz** beschrieben:

Absorptionsgesetz:
$$I = I_0 \cdot e^{-\mu \cdot d}.$$

$$I = I_0 \cdot e^{-\mu \cdot d}.$$

Die Abnahme der Intensität erfolgt dabei **exponentiell**. Der **Massenabsorptionskoeffizient μ** ist von der **Ordnungszahl** des Elements und der mittleren **Wellenlänge** der Strahlung abhängig und damit spezifisch für ein bestimmtes Material. **Die Strahlung wird umso stärker abgeschwächt, je größer die Wellenlänge der Strahlung, je höher die Ordnungszahl der Atome des durchstrahlten Materials und je dicker das durchstrahlte Material ist.**

Entsprechend dieser Formel lässt sich auch, wie wir das beim Zerfallsgesetz gemacht haben, eine **Halbwertsdicke $D_{1/2}$** herleiten:

Halbwertsdicke:
$$D_{1/2} = \frac{\ln 2}{\mu}.$$

$$D_{1/2} = \frac{\ln 2}{\mu}.$$

Die Halbwertsdicke $D_{1/2}$ ist die Dicke d, nach der die Strahlung nur noch die halbe Intensität besitzt.

Hätten Sie's gewusst?

Absorption bei Alpha- und Betastrahlung
Absorption findet auch bei Alpha- und Betastrahlung statt. Allerdings geschieht dies bei gleicher zu durchdringender Materie viel stärker als bei elektromagnetischer Strahlung, da Teilchenstrahlung aufgrund ihrer Beschaffenheit (Größe, Ladung) stärkere Wechselwirkungen mit der zu durchstrahlenden Materie zeigt. Die Halbwertsdicke ist hier also viel geringer.

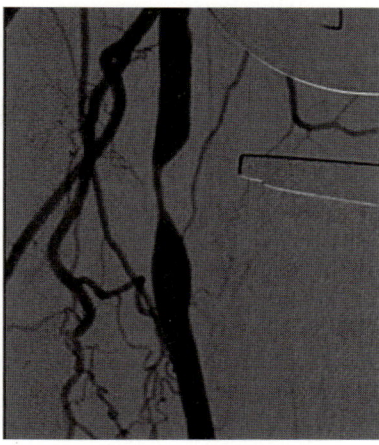

Abb. 7.10 Röntgenaufnahme einer verengten Herzkranzarterie (mit Kontrastmittel), (Aufnahme: Mit freundlicher Genehmigung von S. Albrecht, Universitätsklinikum Ulm)

Nachdem die Strahlung einen Körper durchdrungen hat, ist ihre **Intensität** entsprechend der durchdrungenen Materie **abgeschwächt**. Nach Durchdringen röntgendichter Materialien wie Knochen, Verkalkungen (z. B. eine verkalkte Hypophyse), aber auch Kontrastmitteln (z. B. Barium oder Iod) hat die Intensität relativ stark abgenommen. Bei weniger röntgendichten Materialien wie Muskeln oder Luft hat die Strahlungsintensität relativ schwächer abgenommen.

Kontrastmittel enthalten Iod (Ordnungszahl 53) oder Barium (Ordnungszahl 56) und absorbieren aufgrund ihrer hohen Ordnungszahlen die Röntgenstrahlung fast vollständig. Kontrastmittel für die Speiseröhre sind z. B. ziemlich viskos, wodurch sie an der Schleimhaut hängen bleiben und das Schleimhautrelief im Röntgenbild gut darstellen. Es gibt auch Kontrastmittel, die in Gefäße appliziert werden, sodass z. B. Herzkranzgefäße oder Hirnarterien auf dem Röntgenbild sichtbar und beurteilbar werden (Verengungen, Verschlüsse etc.) (■ Abb. 7.10).

Die Strahlung trifft nach Durchquerung des Körpers auf eine mit **Silberhalogeniden** beschichtete Folie. Die durch die Strahlung eingetragene Energie führt zu einer chemischen Reaktion und elementares **Silber** fällt aus. Die Entwicklung eines Röntgenfilms funktioniert prinzipiell wie bei einem fotografischen Film. Modernere Röntgengeräte arbeiten hingegen mit digitaler Bildentstehung, deren Erläuterung hier zu weit führen würde. Im Röntgenbild stellen sich **röntgendichte Strukturen heller** und **weniger röntgendichte Materialien dunkler** dar: Knochen sind also weiß und Muskeln schwarz.

Aber wie kommt denn nun ein Röntgenbild eigentlich zustande? Bislang haben wir nichts über eine Abbildung gesagt, wie wir sie aus der Optik (▶ Kap. 6) kennen. Dort werden ja Linsen verwendet, um eine Abbildung zu erzeugen. In der Röntgentechnik gibt es keine Linsen oder etwas Ähnliches für Röntgenstrahlung. **Die Röntgenabbildung erfolgt ganz einfach als Schattenwurf.** Das bedeutet natürlich, dass die Größe des Bildes **nicht** mit der Größe des abgebildeten Gegenstands übereinstimmt, sondern von den relativen Abständen zwischen Quelle, Objekt und Fotoplatte abhängt. Legt man das Objekt direkt auf die Fotoplatte, wie es meistens realisiert wird, so kommt die Bildgröße der Gegenstandsgröße sehr nahe.

Kontrastmittel absorbieren die Röntgenstrahlung fast vollständig.

Physik

7.2.4 Wechselwirkung zwischen Gammastrahlung und Materie

Auf molekularer Ebene finden eine Reihe von möglichen Wechselwirkungen zwischen Röntgenstrahlung und durchstrahlter Materie ab, die für die Radiologie nicht uninteressant sind. Die wichtigsten sind:

— Absorption
— Streuung
— Compton-Effekt.

Gammastrahlung lässt sich als Welle oder Teilchen verstehen.

Diese Wechselwirkungen beziehen sich ausschließlich auf Gammastrahlung. Die Wirkungsweise radioaktiver Strahlung werden in ▶ Abschn. 7.3.3 beschrieben. Zunächst sei aber kurz auf den Welle-Teilchen-Dualismus hingewiesen. Wie Licht (vgl. ▶ Abschn. 6.1) kann auch Gammastrahlung sowohl als Welle als auch als Korpuskel, als Gammaquant, verstanden werden. Dabei besteht der Zusammenhang in der Energie E beider Zustände:

Für das Teilchen gilt: $E = m \cdot c^2$.
Für die Welle gilt: $E = h \cdot \nu \ (c = \nu \cdot \lambda)$.
Daher ergibt sich: $m \cdot c^2 = h \cdot \nu$.

Dabei gilt: E = Energie als Teilchen oder Welle (jeweils gleicher Betrag), m = Masse des Teilchens, ν = Frequenz der Welle, h = Planck'sches Wirkungsquantum = $6{,}63 \cdot 10^{-34}$ J s, c = Wellengeschwindigkeit (hier: Lichtgeschwindigkeit = $3 \cdot 10^8$ m/s).

Beide Zustände sind zur Erklärung der Wechselwirkungen erforderlich.

Absorption

Bei der Absorption gibt ein Gammaquant seine gesamte Energie ab.

Gammastrahlung besteht aus Gammaquanten (Korpuskeln). Ein Gammaquant dringt in die Materie ein. Trifft es dabei auf ein **Elektron**, kann es dieses aus seiner Atomhülle **herausschlagen** (**Fotoeffekt**, ▶ Abschn. 5.6.4 und ▶ Abschn. 6.1.2) Dabei gibt das Gammaquant seine **gesamte Energie**, abzüglich der Energie, die zum Herausschlagen aus der Atomhülle nötig war, als kinetische Energie **an das Elektron** ab.

Das Gammaquant wird den Körper nicht mehr als solches verlassen. (Das Elektron nimmt nur einen Teil seiner Energie als kinetische Energie mit, als Korpuskel ist seine Reichweite stark herabgesetzt.) Die Intensität der Gammastrahlung hat abgenommen. Die Absorption hängt von der durchstrahlten Materie und der Wellenlänge der Strahlung folgendermaßen ab: **Die Absorption steigt mit der 3. Potenz der Ordnungszahl und mit der 3. Potenz der Wellenlänge.**

Das heißt konkret: Ist die Ordnungszahl der einen Materie doppelt so hoch wie die der anderen, wird die Absorption durch die eine Materie 2^3-mal, also 8-mal so hoch sein wie durch die andere. Man kann sich das Phänomen der Absorption gut am Billardspiel vorstellen: Stellen Sie sich vor, die rote Vier liegt in der Ecke ganz knapp vor dem Loch. Sie stoßen die weiße Kugel so geschickt, dass sie ihre gesamte kinetische Energie an die rote Vier abgibt und selbst stehen bleibt, damit sie nicht mitversenkt wird.

Streuung

Streuung findet nach allen Seiten hin statt.

Die Streuung ist von besonderer Bedeutung, denn selbst wenn ionisierende Strahlung stark auf einen Punkt fokussiert wird, wird das radiologische Personal wegen der Streuung mit radioaktiver Strahlung stark belastet. Die Streuung findet nämlich zu allen Seiten hin statt.

Dieses Phänomen lässt sich folgendermaßen erklären: Beim Zusammenstoß eines **Gammaquants** mit einem Elektron aus einer Atomhülle **gibt es seine Energie nicht ab**, sondern ändert lediglich seine Richtung. Zwischen Wellenlänge und Streuung besteht folgender Zusammenhang: **Die Intensität der Streuung steigt mit der 4. Potenz der Frequenz.**

Dabei sei kurz wiederholt: Die Frequenz ν ergibt multipliziert mit der Wellenlänge λ die Wellenausbreitungsgeschwindigkeit c. Diese ist in unserem Fall konstant und gleich der Lichtgeschwindigkeit. Deshalb verhält sich die Frequenz umgekehrt proportional zur Wellenlänge. **Eine hohe Frequenz entspricht also einer geringen Wellenlänge und umgekehrt:**

$$c = \lambda \cdot \nu = \text{konstant} \rightarrow \lambda = \frac{c}{\nu}.$$

Beim Billard entspräche das Prinzip der Streuung dem Spielen der weißen Kugel gegen die Bande. Dabei behält sie ihre kinetische Energie (fast) komplett, ändert jedoch ihre Richtung.

> **Hätten Sie's gewusst?**
>
> **Das optimale Röntgenbild**
> Der aufmerksame Leser bemerkt jetzt, dass es einen **Kompromiss** zu finden gilt zwischen dem Ausmaß der **Streuung** und dem der **Absorption**. Bei kleiner Wellenlänge findet zwar wenig Streuung statt (gut für das Personal) aber ziemlich viel Absorption (evtl. schlechtes Bild). Bei großer Wellenlänge haben wir weniger Absorption (besseres Bild), aber dafür viel Streuung (schlecht für das Personal). Deshalb darf das Personal beim Röntgen nicht im Raum sein. Bei extrem großer Wellenlänge wird sich gar kein Kontrast mehr abzeichnen, da die Absorption sehr gering geworden ist. In der Radiologie gibt es also ein Optimum der Wellenlänge, was die Bildqualität betrifft.

Compton-Effekt

Bis jetzt haben wir zwei Extremfälle betrachtet:

Bei der Absorption hat das Gammaquant seine gesamte Energie ans Elektron abgegeben und bei der Streuung seine gesamte Energie behalten. Beim Compton-Effekt gibt das **Gammaquant** während eines **elastischen Stoßes** einen **Teil seiner Energie an das Elektron** ab. Dieses kann sich dabei aus seiner »Bindung« in der Atomhülle lösen und mit einer gewissen kinetischen Energie fortbewegen. Den anderen **Teil der Energie behält das Gammaquant.** Sein Energieverlust geht mit einer Verringerung der Frequenz ν bzw. **Vergrößerung der Wellenlänge λ** einher:

$$E = h \cdot \nu.$$

Beim Billard sähe das Ganze so aus: Auf dem Billardtisch liegt die schwarze Acht bezogen auf die weiße Billardkugel in einer besonders ungünstigen Position, z. B. in der Mitte des Tischs. Um sie zu versenken, dürfen Sie die schwarze Acht nur leicht anspielen. Vor dem Zusammenstoß hat die weiße Kugel eine gewisse kinetische Energie. Nach dem Zusammenstoß hat sie einen Teil ihrer kinetischen Energie an die schwarze Kugel abgegeben – diese bewegt sich jetzt auch. Folglich bewegt sich die weiße Kugel jetzt langsamer (Energieerhaltungs-

Bei der Streuung behält das Gammaquant seine gesamte Energie.

Beim Compton-Effekt gibt das Gammaquant einen Teil seiner Energie ab.

Physik

satz). Beide Kugeln bewegen sich nun in verschiedene Richtungen … versenkt und gewonnen!

7.2.5   CT, SPECT und PET

Verschiedene bildgebende Verfahren basieren auf dem oben beschriebenen Prinzip der Bildentstehung. Durch eine trickreiche Umsetzung lassen sich mit ihnen wertvolle diagnostische Informationen gewinnen. Allerdings wird ihr Funktionsprinzip hier nur kurz umrissen, da sie im GK keinen Schwerpunkt darstellen.

Computertomografie   Beim CT werden mithilfe von Röntgenstrahlung horizontale Schnittbilder (Tomogramme) des menschlichen Körpers erstellt. Um das Prinzip zu verstehen, betrachten wir zunächst eine solche Schnittebene. Dabei wird nicht wie bei der konventionellen Röntgentechnik eine Art Schattenwurf eines Körpers erstellt, sondern man verwendet verschiedene **Projektionswinkel** für ein und dieselbe Ebene. Für jeden Projektionswinkel ergibt sich eine **spezifische Absorption** entsprechend der von der Strahlung durchdrungenen Materie. Ein Computer kann aus diesen Absorptionsprofilen (über viele Gleichungen mit vielen Variablen) jedem Punkt der durchstrahlten Ebene einen Absorptionswert und damit einen **Absorptionskoeffizienten** zuordnen, der für das durchdrungene Material spezifisch ist. Dadurch lässt sich jeder Struktur ein **Helligkeitswert** zuordnen. Die Röntgenröhre wird während der Aufnahme in Längsrichtung bewegt, sodass mehrere horizontale Ebenen entstehen. Großer Nachteil dieses Verfahrens ist die relativ **hohe Strahlenbelastung** für den Patienten.

SPECT   SPECT bedeutet **Single Photon Emission Computed Tomography**. Dieser Name verrät eigentlich schon das Funktionsprinzip dieser Anwendung. Dem Patienten werden **radioaktive Nuklide** appliziert, bei deren Zerfall **Gammastrahlung** emittiert wird. Diese Strahlung kann durch **Fotozellen** detektiert werden. (Natriumiodid-Kristalle emittieren beim Beschuss mit Gammastrahlung Photonen, die ihrerseits durch den Fotoeffekt Elektronen freisetzen; ▶ Abschn. 7.3.1) Die **Auflösung** ist gegenüber dem CT stark **herabgesetzt**. Das Verfahren eignet sich z. B. zur Messung des zerebralen Blutflusses.

PET   PET steht für **Positronenemissionstomografie**. Wie bei der SPECT werden **radioaktive Nuklide** eingesetzt. Bei deren Zerfall wird nun aber β^+-Strahlung emittiert. β^+-Teilchen werden auch als **Positronen** bezeichnet. Sie haben die gleiche Masse wie Elektronen, unterscheiden sich aber von Elektronen dadurch, dass sie positiv geladen sind. Diese Strahlungsart gehört zur künstlichen Radioaktivität (▶ Abschn. 7.1.4 und ▶ Abschn. 7.1.5). Die beim Zerfall der radioaktiven Nuklide frei werdenden Positronen schnappen sich das nächstbeste **Elektron**. Elektron und Positron vernichten sich gegenseitig (**Paarvernichtung**) unter Aussendung zweier Lichtquanten (**Photonen**). Diese entfernen sich vom Ort der Paarvernichtung in **entgegengesetzter Richtung**. Die Zeitdifferenz zwischen der Detektion beider Photonen lässt sich zur Berechnung des Orts der Paarvernichtung heranziehen. Dadurch erreicht man eine relativ **gute Auflösung**. PET eignet sich zur Untersuchung von Stoffwechselvorgängen, wie z. B. dem regionalen Glucoseverbrauch in Hirnarealen.

kurz& knapp

Röntgenstrahlung

— Eine **Röntgenröhre** umfasst folgende wichtige Bausteine: eine evakuierte Röhre mit geheizter Kathode und einer Anode. Durch die Wechselwirkung der von der Kathode zur Anode beschleunigten Elektronen mit dem Anodenmaterial entsteht Gammastrahlung.

— Die energetische Verteilung der Röntgenstrahlung wird durch das kontinuierliche **Röntgenbremsspektrum**, für das eine kleinste untere Grenze typisch ist, dargestellt.

— Dieses ist von einem für das jeweilige **Anodenmaterial typischen Linienspektrum** überlagert.

— Die **Strahlungsleistung** wird über den **Heizstrom** und die **Anoden-spannung** der Röntgenröhre reguliert.

— Dadurch lässt sich **weiche Strahlung** (niedrigere Quantenenergie) von **harter Strahlung** abgrenzen.

— Typische Wechselwirkungen zwischen Röntgenstrahlung und Materie auf atomarer Ebene sind **Absorption, Streuung** und der **Compton-Effekt**.

— Die Abschwächung, die Röntgenstrahlung beim Durchdringen von Materie erfährt, wird durch das **Absorptionsgesetz** beschrieben: $I = I_0 \cdot e^{-\mu \cdot d}$.

— Die Abbildungsform der Röntgenaufnahme ist der **Schattenwurf**.

7.3 Wirkung ionisierender Strahlung

— Methoden zum Nachweis und zur Messung radioaktiver Strahlung
— Energiebegriffe
— Biologische Strahlenwirkung
— Strahlenschutz

Ionisierende Strahlung zeichnet sich durch typische Eigenschaften aus, die bereits in ▶ Abschn. 7.1.3 besprochen worden sind. Dazu zählen die Ionisierung von Gasen, die Lumineszenz und die Beeinflussung von Silberhalogeniden.

7.3.1 Methoden zum Nachweis und zur Messung radioaktiver Strahlung

Zur Messung der radioaktiven Strahlung macht man sich deren Eigenschaften zunutze. Das sind vor allen Dingen die ionisierende und die fluoreszierende Wirkung. Sie finden z. B. Anwendung in der Nebelkammer, im Geiger-Müller-Zähler und im Szintillationszähler.

Nebelkammer

Die Nebelkammer besteht aus einem geschlossenen Behälter, der im Inneren mit **Wasserdampf** gesättigt ist. Durch Abkühlung entwickelt sich eine Übersättigung der Dampfatmosphäre. Wassertropfen können sich allerdings nicht bilden, da keine Partikel (Staub, Ionen etc.) als Kondensationskeime zur Verfügung stehen. Radioaktive Strahlung hat nun die Eigenschaft, auf Gase **ionisierend** zu wirken. Dadurch bilden sich auf dem Weg der Strahlung Ionen, an

In einer Nebelkammer hinterlassen radioaktive Strahlen eine Nebelspur.

Tab. 7.3 Nebelspuren in der Nebelkammer		
Strahlungsart	**Aussehen der Nebelspur**	**Grund**
Alphastrahlung	Kurz, dick, wenig unterbrochen	Großes, stark ionisierendes He^{2+}-Teilchen
Betastrahlung	Dünner, länger, öfters unterbrochen	Kleines, schwächer ionisierendes e^--Teilchen
Gammastrahlung	Dünn, relativ häufig verzweigt	Noch schwächer ionisierendes masseloses Photon

Abb. 7.11 Nebelspuren radioaktiver Strahlung in einer Nebelkammer (aus Harten 2011)

denen eine Kondensation des übersättigten Wasserdampfs stattfinden kann. Die Strahlung hinterlässt so eine **Nebelspur**. Deren Dicke und Länge hängen von der Strahlungsart ab (**Tab. 7.3**, **Abb. 7.11**).

Geiger-Müller-Zähler

Im Geiger-Müller-Zählrohr kommt es durch Stoßionisation zur Gasentladung (→ »Klicken«).

Der Geiger-Müller-Zähler besteht aus einem gegen die Umwelt isolierten Metallrohr, in dessen Mitte sich ein dünner Draht befindet (**Abb. 7.12**; vgl. ▶ Abschn. 5.6.3). Zwischen Rohrwand und Draht ist eine Gleichspannung angelegt. In das Rohr ist ein besonders dünnwandiger Teil, auch **Fenster** genannt, eingearbeitet, durch das die **Strahlung** ins Innere des Geiger-Müller-Zählers gelangen kann. Das Metallrohr ist mit einem sog. **Zählgas** (in der Regel Edelgas) gefüllt, das durch eintretende Strahlung **ionisiert** wird. Die Spannung zwischen Draht und Metallrohr beschleunigt die durch die Ionisation frei werdenden Elektronen in Richtung Anode. Dabei stoßen sie auf andere Gasatome, die dadurch ihrerseits ionisiert werden: Die beschleunigten Elektronen stoßen andere Elektronen aus deren Atomhülle. Dieser Vorgang wird als **Stoßionisation** bezeichnet, die eine **Elektronenlawine** auslöst. Es kommt letztendlich zur **Entladung**.

Abb. 7.12 Prinzipieller Aufbau eines Geiger-Müller-Zählrohrs

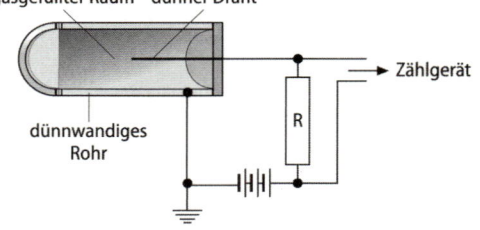

Dieser Stromstoß kann registriert und akustisch als »Klicken« hörbar gemacht werden. Danach kann sich dieser Vorgang wiederholen, indem das Zählrohr über die angelegte Gleichspannung wieder aufgeladen wird. Die Frequenz dieses Klickens ist ein Maß für die Intensität der Strahlung am Ort des Zählrohrs.

Szintillationszähler

Der Szintillationszähler misst Gammastrahlung.

Der Szintillationszähler macht sich die **fluoreszierende Wirkung** der **Gammastrahlung** zunutze. Ein Gammaquant erzeugt beim Einfallen in einen **Natriumiodid-Kristall** einen Lichtblitz (lat. *scintilla* = Funke). Dessen Stärke ist proportional zur Energie des Gammaquants. Die Lichtenergie muss zur Registrierung in elektrische Energie umgewandelt werden. Dazu trifft der **Lichtblitz** auf eine Fotokathode, aus der er durch den **Fotoeffekt** Elektronen herausbefördert. Die

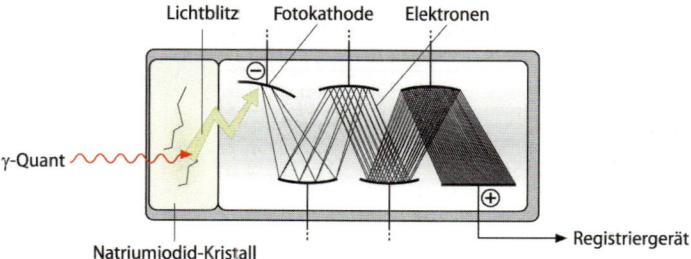

Elektronen werden in einem elektrischen Feld beschleunigt, in dem mehrere Metallplatten hintereinandergeschaltet sind. Hier schlagen die beschleunigten Elektronen immer wieder neue Elektronen aus dem Metall, die das Signal verstärken. Eine solche Vorrichtung wird als **Fotomultiplier** (*foto* = Licht, *multiply* = vervielfachen) bezeichnet. Ein Registriergerät erfasst die Zahl und die Energie der einfallenden Gammaquanten.

Hätten Sie's gewusst?

Metastasen per Szintigramm sichtbar gemacht
Bei der **Szintigrafie** wird dem Patienten radioaktives Technetium intravenös verabreicht. Dieses reichert sich hauptsächlich in Metastasen von Tumoren (z. B. in Knochenmetastasen eines Primärtumors der Brust) an. Beim Zerfall des Elements wird ein **Gammaquant** frei, das über sog. **Gammakameras** registriert wird. Eine Gammakamera funktioniert wie ein Szintillationszähler. Anhäufungen von radioaktivem Technetium, die auf Metastasen hindeuten, werden durch die dort höhere Gammaaktivität sichtbar.

7.3.2 Energiebegriffe

Wir haben den Begriff Aktivität ja bereits in ▶ Abschn. 7.1.6 kennengelernt: **Die Aktivität A gibt die Zahl der Zerfälle pro Zeit mit der Einheit Becquerel (Bq) an.** Sie ist eine Eigenschaft des radioaktiven Materials. Sie ist zu unterscheiden von der ionisierenden Wirkung der freigesetzten Strahlung beim Einschlag in ein anderes Material.

Wie genaue Untersuchungen gezeigt haben, ist die biologische Wirksamkeit von der absorbierten Energie E pro Masse m abhängig. Dies nennt man die **Energiedosis D: Die Energiedosis wird in Gray (Gy) gemessen** (◼ Tab. 7.4). Dieser Energiebegriff beschreibt zwar die Energie, die auf einen Körper ein-

◼ **Tab. 7.4** Zusammenfassung der Begriffe Aktivität, Energiedosis und Äquivalentdosis

Begriff	Definition	Einheit
Aktivität A	$A = \dfrac{n}{t}$	Becquerel (Bq); $1\,Bq = 1\,s^{-1}$
Energiedosis D	$D = \dfrac{E}{m}$	Gray (Gy); $1\,Gy = 1\,J\,kg^{-1}$
Äquivalentdosis H	$H = w_R \cdot D$	Sievert (Sv); $1\,Sv = 1\,J\,kg^{-1}$

Physik

◼ **Tab. 7.5** Von der Strahlungsart abhängige sog. Strahlungswichtungsfaktoren zur Ermittlung der Äquivalentdosis aus der Energiedosis. Je größer das Teilchen und seine Ladung ist, desto größer ist die biologische Wirksamkeit der Strahlung, was sich in einem größeren Wichtungsfaktor widerspiegelt

Strahlungsart	Strahlungswichtungsfaktor w_R
Gammastrahlung (und andere Röntgenstrahlung)	1
Betastrahlung	2
Protonenstrahlung	10
Alphastrahlung	20

wirkt, allerdings bleibt die Art der Strahlung unberücksichtigt. Es ist leicht nachzuvollziehen, dass Gammastrahlung (hochfrequente elektromagnetische Wellen) im Körper bei gleicher Energiedosis eine schwächere Wirkung hat als Alphastrahlung (massereiche, 2-fach positiv geladene Heliumkerne).

Um der biologischen Wirksamkeit der ionisierenden Strahlung gerecht zu werden, führt man den Begriff der Äquivalentdosis ein. **Die Äquivalentdosis H leitet sich aus der Energiedosis ab, indem man die Energiedosis mit einem für die Strahlungsart spezifischen dimensionslosen Faktor F, dem Strahlungswichtungsfaktor w_R, multipliziert** (◼ Tab. 7.5). Die Äquivalentdosis besitzt zwar die gleiche Einheit wie die Energiedosis, nämlich J/kg, wird aber nicht in Gray, sondern in Sievert (Sv) angegeben (◼ Tab. 7.4).

In Bezug auf die Zeit der Einwirkung ergeben sich Energiedosisleistung, Äquivalentdosisleistung.

Man kann diese Energiebegriffe noch mit der Zeit verbinden, denn es macht einen Unterschied, ob die gleiche Energiedosis 3 min oder 3 Wochen auf das Gewebe einwirkt. Dazu teilt man die Energiedosis und die Äquivalentdosis durch die Zeit t, die sie gewirkt hat und erhält die **Energiedosisleistung Ḋ** und die **Äquivalentdosisleistung Ḣ**.

Aus der Energiedosisleistung und der Äquivalentdosisleistung kann man durch Multiplikation mit der Aufenthaltszeit die zugeführte Dosis berechnen, die für die biologische Wirkung maßgeblich ist.

Wichtig ist an dieser Stelle noch folgender Zusammenhang: **Die Energiedosisleistung einer Röntgenquelle ist indirekt proportional zum Abstand im Quadrat.** Dieses beruht nicht auf den Gesetzen der Absorption, sondern auf der kugelförmigen Ausbreitung der Strahlung im Raum (Lampe). Der Abstand zwischen den einzelnen Gammaquanten wird bei dieser Form der Ausbreitung mit zunehmendem Abstand von der Strahlenquelle immer größer. So treffen auf eine bestimmte Fläche nahe der Strahlenquelle viele Gammaquanten, wohingegen in größerer Entfernung weniger Gammaquanten auf die gleiche Fläche treffen. Für die Energiedosisleistung gilt:

$$\dot{D} \sim \frac{1}{r^2}.$$

Abstand von der Strahlungsquelle halten!

Das bedeutet, dass bei doppelter Entfernung zur Strahlenquelle die Energiedosisleistung bereits auf ein Viertel abgenommen hat. Bei 3-facher Entfernung hätte die Energiedosisleistung auf ein Neuntel abgenommen usw. Deshalb gilt Abstandsvergrößerung zur Strahlenquelle als wirkungsvolles Mittel zur Vermeidung unnötiger Strahlenexposition.

7.3.3 Biologische Strahlenwirkung

Inkorporation radioaktiver Nuklide

Wir sind permanent natürlich vorkommenden radioaktiven Isotopen (z. B. Kohlenstoff-, Calcium-, Iodisotopen etc.) und natürlicher radioaktiver Strahlung (z. B. Höhenstrahlung, terrestrischer Strahlung, Röntgenstrahlung) ausgesetzt. **Inkorporation** bedeutet in diesem Zusammenhang **Aufnahme radioaktiven Materials in den menschlichen Organismus**.

Normalerweise befinden sich die Aufnahme und Ausscheidung dieser Isotope **im Gleichgewicht**, weshalb es nicht zur Anreicherung radioaktiver Nuklide im Organismus kommt. Radioaktive Kohlenstoffisotope z. B. können sich quasi in allen kohlenstoffhaltigen Molekülen befinden, radioaktive Calciumisotope liegen vorwiegend im Knochen vor etc.

Problematisch wird eine **Intoxikation**, also die zusätzliche Aufnahme radioaktiver Nuklide. Diese kann über die Nahrung, die Atmung, eine Wunde, intravenös etc. erfolgen. Dabei ist nicht nur die inkorporierte **Menge**, **Aktivität**, **Strahlungsart** und **Strahlungsenergie** entscheidend, sondern vor allem die **Art des Elements**, da sich Isotope eines Elements chemisch gleich verhalten und ganz normal verstoffwechselt werden.

*Inkorporation:
Aufnahme radioaktiver Nuklide
in den Organismus.*

Biologische Halbwertszeit

Besonders wichtig ist bei einer radioaktiven Intoxikation die **biologische Halbwertszeit**. Darunter versteht man die Zeit, die der Körper benötigt, bis er die **Hälfte aller inkorporierten radioaktiven Nuklide ausgeschieden** hat. Eine Aufnahme radioaktiven Calciums z. B. stellt sich als sehr problematisch dar, weil es relativ lange in den Knochen eingelagert wird und dort großen Schaden anrichten kann.

Die biologische Halbwertszeit ist von der physikalischen zu unterscheiden, von der Zeit also, nach der die Hälfte aller radioaktiven Nuklide noch vorhanden sind – unabhängig vom Ort des Zerfalls.

*Biologische Halbwertszeit:
Zeit, nach der der Körper die Hälfte
aller aufgenommenen radioaktiven
Nuklide wieder ausgeschieden hat.*

Molekulare Veränderungen durch radioaktive Strahlung

Radioaktive Strahlung tritt auf dem Weg durch die Zellen in **Wechselwirkung mit Molekülen**, insbesondere mit großen Molekülen wie der DNA, die die Information für die Proteinbiosynthese enthält. Dabei werden diese Moleküle durch die absorbierte Strahlenenergie direkt **zerbrochen** (also Bindungen zerstört), **ionisiert** oder in **freie Radikale** (besonders reaktionsfreudige Moleküle mit ungepaarten Elektronen) gespalten. Diese Bruchstücke reagieren sofort mit anderen Molekülen. Diese veränderten Moleküle verhalten sich aber chemisch in der Regel völlig anders als die Originale, was zu einer massiven Störung der üblichen Zellfunktionen führt, oder sogar zum Zelltod. Bei **Veränderung der DNA** kommt es zur **fehlerhaften Genexpression**.

Der gesamte Zellhaushalt wird auf den Kopf gestellt, da benötigte Proteine (unter anderem Enzyme) nicht mehr funktionsfähig sind. Tumorsuppressorgene werden unter Umständen zerstört, wodurch der Zellzyklus unkontrolliert abläuft. Es kommt zur **Tumorgenese**. Ist die Zelle soweit geschädigt, dass sie nicht mehr lebensfähig ist, kommt es zum Zelltod und zur **Nekrose**. Dies kann aber auch bei der Tumortherapie durch kontrollierte Bestrahlung ausgenutzt werden. Veränderungen können Soma- oder Keimzellen betreffen. Mutationen in Keimzellen führen entweder zur **Infertilität** oder zu schweren **Entwicklungsstörungen** während der Embryogenese der werdenden Frucht.

*Biologische Strahlenwirkung:
energiereiche radioaktive Strahlung
→ Zerstörung der DNA,
→ fehlerhafte Genexpression,
→ Störung des Zellhaushalts,
→ Tumoren, Nekrose.*

Die Schwere einer Schädigung ist bei kurzzeitiger Einwirkung von der absorbierten Energie abhängig. Für die Strahlenkrankheit (Symptome: Rötung der Haut, Übelkeit, Haarausfall etc.) gibt es eine Schwellendosis von ca. 250 mSv.

Bei kurzzeitiger Ganzkörperbestrahlung mit über 7 Sv tritt der Strahlentod ein.

Zum Vergleich: Die natürliche Strahlenbelastung durch die Umwelt beträgt ca. 2 mSv pro Jahr.

7.3.4 Strahlenschutz

5 A's des Strahlenschutzes:
– Abstand
– Aktivität
– Arbeitszeit
– Abschirmung
– Absolute Sauberkeit.

Ionisierende Strahlung ist in hohen Dosen also schädlich für den menschlichen Körper. Deshalb sollte die Entscheidung zur Aufnahme eines Röntgenbildes nicht leichtfertig getroffen werden. Medizinisches Personal, vor allem Radiologen und MTAs, ist diesen Gefahren tagtäglich ausgeliefert, weshalb es sich vor radioaktiver Strahlung schützen muss. Die Möglichkeiten zum Schutz lassen sich aus den bereits ausführlich beschriebenen Eigenschaften der Strahlung herleiten (5 A's):

- Von radioaktiven Präparaten muss »**Abstand**« gehalten werden, denn die Energiedosisleistung nimmt mit der Entfernung stark ab (▶ Abschn. 7.3.2).
- Je geringer die »**Aktivität**« eines Präparats ist, desto geringer ist auch die Strahlenbelastung pro Zeit.
- Die **Zeit der Exposition** (»**Arbeitszeit**«) sollte so kurz wie möglich sein. Bei einer Angiografie (Darstellung der Gefäße mithilfe von Kontrastmittel) muss ein Arzt direkt beim Patienten sein, da es sich um ein invasives Vorgehen handelt. Beide können nicht Abstand halten, müssen sich also anderweitig schützen.
- Die radioaktive Strahlung kann »**abgeschirmt**« werden. Dies gelingt mithilfe schwerer Bleischürzen. **Blei** besitzt eine sehr hohe Ordnungszahl, sodass es Strahlung effektiv absorbiert.
- »**Absolute Sauberkeit**« im Umgang mit radioaktiven Materialien, damit diese nicht in den Körper gelangen können; strenge **Sicherheitsvorschriften** auch bezüglich der Lagerung.

Als weitere Schutzmaßnahme darf bei medizinischem Personal eine gewisse **Maximalbelastung pro Jahr** nicht überschritten werden. Die Strahlendosis wird deshalb mit einem **Dosimeter** kontrolliert, das betroffenes Personal bei beruflicher Strahlenexposition immer bei sich tragen muss.

kurz & knapp

Wirkung ionisierender Strahlung

- Die Eigenschaften ionisierender Strahlung erklären ihre Wirkung. Der Nachweis sowie die quantitative und qualitative Messung der Strahlung gelingen unter anderem mit **Nebelkammer**, **Geiger-Müller-Zähler** und **Szintillationszähler**.
- Wichtige Begriffe zur Beschreibung radioaktiver Energetik sind die **Energiedosis** und die **Äquivalentdosis**. Dividiert durch die Zeit ergibt sich die jeweilige **Dosisleistung**.
- Radioaktive Strahlung in Überdosen hat verheerenden **Einfluss auf den Zellstoffwechsel**. Durch Zerstörung oder chemische Veränderung der

DNA ergeben sich Störungen der Proteinbiosynthese, die vom Zelltod über Nekrosen bis hin zu Tumoren führen können.

— Radioaktive Strahlung kann bei der Tumortherapie durch kontrollierte Bestrahlung ausgenutzt werden. Wichtig ist in diesem Zusammenhang die **biologische Halbwertszeit**. Sie bezieht sich auf die Verweildauer des radioaktiven Präparats im menschlichen Körper.

— Es ist unerlässlich, sich vor ionisierender Strahlung zu schützen. Hauptpunkte (5 A's) sind **Abstand, Abschirmung**, möglichst kurze **Aufenthaltsdauer** und **absolute Sauberkeit** beim Umgang mit radioaktiven Materialien. Deren **Aktivität** sollte möglichst gering sein, um die Strahlenbelastung zu minimieren.

7.3.5 Übungsaufgaben

Aufgabe 1: Zerfallsgleichungen: Ergänzen Sie die folgenden Zerfallsgleichungen:

a. $^X_X N + ^4_2 He^{2+} \rightarrow ^{18}_X X$.

b. $^X_{92} U + ^1_0 n \rightarrow ^{89}_{36} Kr + ^{144}_X X + 3^1_0 n$.

Aufgabe 1

Lösung 1: Die Summe der Massenzahlen und der Kernladungszahlen beider Seiten muss identisch sein. Daher ergibt sich:

a. $^{14}_7 N + ^4_2 He^{2+} \rightarrow ^{18}_9 F^{2+}$.

b. $^{235}_{92} U + ^1_0 n \rightarrow ^{89}_{36} Kr + ^{144}_{56} Ba + 3^1_0 n$ (n = Neutron mit Massenzahl 1 und Kern**ladung**szahl 0).

Aufgabe 2: Zerfallsgesetz:

a. Ein radioaktives Präparat mit 5 Tagen Halbwertszeit besitzt eine Aktivität von 600 Bq. Welche Aktivität besitzt es nach 20 Tagen?

b. Ein radioaktives Präparat enthält 100.000 radioaktive Atome. Nach 90 Tagen sind nur noch 1000 zerfallsfähige Atome vorhanden. Welche Halbwertszeit besitzt das Präparat?

Aufgabe 2

Lösung 2:

a. 20 Tage entsprechen 4-mal der Halbwertszeit. Daher beträgt die Aktivität nur noch 1/16 der ursprünglichen Aktivität, also 37,5 Bq.

b. Hier hilft nur Rechnen: Man nutzt dabei Zerfallsgesetz und Halbwertszeit aus. Man berechnet zunächst den Zerfallskoeffizienten λ im Zerfallsgesetz und ermittelt daraus die Halbwertszeit. Man erhält 27,1 Tage für die Halbwertszeit.

Aufgabe 3: Absorptionsgesetz: Wie dick muss ein Bleiblock (Absorptionskoeffizient: 1 cm^{-1}) mindestens sein, damit Röntgenstrahlung nach dessen Passage nur noch ein Viertel seiner ursprünglichen Intensität besitzt?

Aufgabe 3

Lösung 3: Auch hier muss gerechnet werden: Wir verwenden die Gleichung für das Absorptionsgesetz (▶ Abschn. 7.2.3). Dieses muss nach d aufgelöst werden.

Da $I = 1/4 \cdot I_0$, lässt sich die Gleichung so weit reduzieren, dass $d = -\ln 0{,}25 / \frac{1}{4}$ übrig bleibt.

Da gilt $\mu = 1$ cm^{-1}, ergibt sich als Lösung:

Der Bleiblock muss mindestens $d = -\ln(0{,}25 \text{ cm}) \approx 1{,}4$ cm dick sein.

Physik

Alles klar!

Therapien bei Mammakarzinom

Signora Mammaria, die Brustkrebspatientin aus Palermo, die zu Beginn dieses Kapitels vorgestellt wurde, hat Glück, denn der Tumor ist noch relativ klein und kann zusammen mit benachbarten Lymphknoten brusterhaltend operativ entfernt werden. Daran schließt sich eine **Bestrahlung** des betroffenen Gebiets an, damit eine erneute Wucherung verhindert wird. Um eine eventuelle Metastasierung des Primärtumors ins Knochengewebe nachzuweisen bzw. auszuschließen, wird außerdem ein **Szintigramm** erstellt.

Chemie

Allgemeine Chemie

Jürgen Schatz, Lisa Schiefele, Katharina Trenkle, Birgit Beyrle und Karin Baur

J. Schatz, R. Tammer (Hrsg.), *Erste Hilfe – Chemie und Physik für Mediziner*,
DOI 10.1007/978-3-662-44111-4_8, © Springer-Verlag Berlin Heidelberg 2015

8.1   Einführung

Jürgen Schatz

Herzlichen Glückwunsch, Sie sind erfolgreich in Teil III: »Chemie« angekommen! In den folgenden Kapiteln 8–14 werden die Grundlagen folgender Gebiete der Chemie kurz dargestellt:

- Allgemeine Chemie (► Kap. 8)
- Anorganische Chemie (► Kap. 9)
- Organische Chemie (► Kap. 10)
- Komplexchemie (► Kap. 11)
- Nomenklatur der Chemie (► Kap. 12)
- Spektroskopie (► Kap. 13)
- Medizinisch relevante Werkstoffe und Biomaterialien (► Kap. 14)

Das Kapitel zur Nomenklatur in der Chemie wurde mit aufgenommen, da gerade die Benennung chemischer Verbindungen oft ein großes Problem darstellt und es hier zu hohem »Reibungsverlust« kommt. Kapitel 13 und Kapitel 14 sind als »interdisziplinäre« Themen aufgrund des neuen IMPP-Gegenstandskatalogs vom Frühjahr 2014 in dieser Auflage hinzugekommen.

Bevor Sie weiterlesen, empfiehlt es sich, nochmals die allgemeinen naturwissenschaftlichen Grundlagen (► Kap. 2) durchzuarbeiten, denn daraus werden Begriffe benötigt, wie

- Bohr'sches Atommodell,
- Stoffe, Gemisch, Reinstoff, Element, Ionen,
- Masse, Stoffmenge, Dichte, Konzentration.

Außerdem sollten einfache stöchiometrische Rechnungen und die zugehörigen mathematischen Grundlagen zu

- Gleichungen (► Abschn. 1.1),
- e-Funktion und natürlichem Logarithmus (ln) (► Abschn. 1.4),
- einfachen Integralen (► Abschn. 1.5)

bekannt sein; das macht das Leben im Folgenden leichter.

Abb. 8.1 Ausgewählte Pharmaka

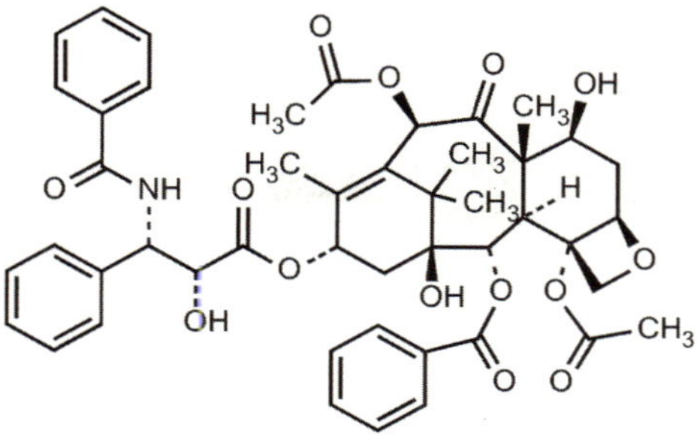

Taxol

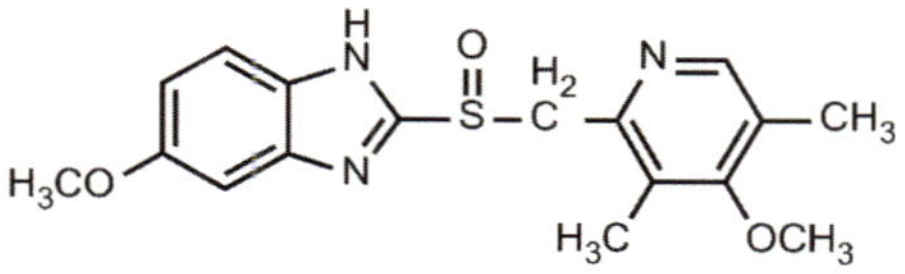

Omeprazol

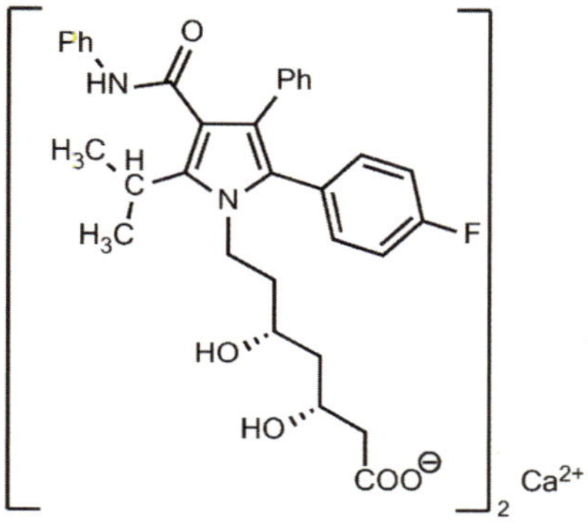

Atorvastatin

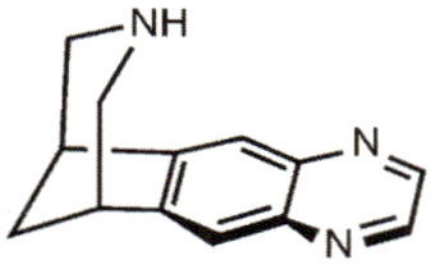

Vareniclin

Hochkomplexe Strukturen, z. B. Taxol, werden im Kampf gegen Krebs eingesetzt. Es finden sich Wirkstoffe, die von großem wirtschaftlichem Interesse sind. Omeprazol, ein sog. Protonenpumpen-Hemmer, findet sich in vielen Magenmitteln, z. B. Antra® oder Prilosec®. Damit werden jährlich Umsätze von mehr als 5 Mrd. Euro gemacht.

Dass Zivilisationserkrankungen ein großes Problem in den Industrieländern sind, zeigt der Lipidsenker Atorvastatin, im europäischen Markt als Sortis®, im US-amerikanischen als Lipitor® bekannt. Im Jahr 2008, also noch vor Auslaufen des Patentschutzes, wurden damit 12,4 Mrd. US-Dollar Umsatz gemacht.

Eine interessante Anwendung zeigt das 2006 zugelassene 7,8,9,10-Tetra-hydro-6,10-methano-6*H*-pyrazino[2,3-*h*][3]benzazepin. Dieses Molekül ist ein Partialantagonist des Nicotinrezeptors und wird zur Rauchentwöhnung eingesetzt. Da der korrekte chemische Name »7,8,9,10-Tetrahydro-6,10-methano-6*H*-pyrazino[*2,3-h*][3]benzazepin« etwas unhandlich ist, hat der Hersteller dem Wirkstoff den Trivialnamen Vareniclin gegeben. Um das Leben noch schwieriger zu gestalten, muss man sich zudem den Handels-namen – Chantix® – merken.

Dieses Dreigestirn aus chemischen Namen, Trivialnamen und Präparate-namen begleitet Mediziner und Pharmazeuten durch den beruflichen

Trivialnamen: Kurze Bezeichnung einer chemischen Verbindung außerhalb offizieller Namensgebungsregeln.

Alltag. Zur Illustration: Die »Rote Liste«, ein Verzeichnis aller zugelassenen Medikamente in Deutschland, führt im Jahr 2010 2319 Wirkstoffe in 8342 Präparaten auf, im Schnitt knapp vier unterschiedliche Präparate pro Wirkstoff. Eine chemische Strukturformel ist da dann doch eindeutiger.

8.2   Chemische Bindungen

Lisa Schiefele

- Valenzelektronen
- Oktettregel und Edelgaskonfiguration
- Elektronegativität
- Ionenbindung
- Salze und Ionen
- Atombindung – polare Atombindung
- Moleküle
- Freie Radikale
- Atom- und Molekülorbitale
- Mesomerie
- Metallische Bindung

Wie jetzt?

Woher kommt Eiter?
Ein Patient wird mit einer großen Wunde am Fuß ins Krankenhaus gebracht. Er gibt Schmerzen im Bereich der Wunde an und beim Messen der Temperatur stellen Sie fest, dass er leichtes Fieber hat. Sie nehmen den Verband von der Wunde und erkennen Eiter in entzündetem Gewebe. Die Wunde ist also infiziert und der Körper scheint sich heftig gegen die Eindringlinge zu wehren. Aber woher kommt denn eigentlich der Eiter?

Chemische Bindungen halten Atome zusammen.

In uns und um uns herum sind Atome, alles besteht aus Atomen. Damit aus diesen kleinen »Kügelchen« so viele verschiedene Dinge entstehen können, müssen sich Atome gleicher und verschiedener Elemente miteinander verbinden bzw. sich zumindest zusammenlagern können. Wenn Atome nicht fest miteinander verbunden sind, aber doch zusammenhalten, bezeichnet man dies als Wechselwirkung. Hier sind neben den Van-der-Waals-Wechselwirkungen noch die Wasserstoff- oder H-Brücken-Bindungen von Bedeutung. Über chemische Bindungen werden Atome dagegen ganz fest zusammengehalten. **Atome können über vier verschiedene Arten von chemischen Bindungen zusammengehalten werden:**
- Ionenbindung,
- Atombindung oder kovalente Bindung,
- metallische Bindung,
- koordinative Bindung.

Bis auf die koordinative Bindung, die in einem eigenen Kapitel (▶ Kap. 11) abgehandelt wird, sollen in den folgenden Abschnitten die chemischen Bindungen erklärt werden.

8.2.1 Grundlagen zum Verständnis chemischer Verbindungen

Atombau, PSE und Valenzelektronen

Warum ein Atom in der Reaktion genau diese Bindung eingeht und nicht eine andere, warum auf einmal drei Atome und nicht zwei oder vier sich verbinden, ist für viele Lernende schwer nachzuvollziehen. Um dies zu verstehen, ist es hilfreich, einige Grundregeln der Reaktionen von Atomen zu kennen. Diese werden wir zuerst kennenlernen, bevor wir uns den einzelnen Bindungen widmen.

Als Erstes muss man den **Aufbau eines Atoms** kennen, vor allem die Verteilung der Protonen und Elektronen im Atom (◼ Abb. 8.2). Außerdem kommt man nicht um das **Periodensystem der Elemente** (PSE) herum: Auch wenn es auf manchen mehr wie eine Beschäftigungsmaßnahme wirken mag, ist es hilfreich, das PSE auswendig zu lernen, also Periode und Gruppe der (häufig gebrauchten) Hauptgruppenelemente zu kennen. Deshalb ist es sinnvoll, sich vor diesem Kapitel noch einmal mit den Grundlagen zu Atombau, PSE etc. zu beschäftigen (▶ Abschn. 2.1; für Ausführlicheres zum PSE ▶ Kap. 9).

Für die Verbindungen (der Hauptgruppenelemente) ist es wichtig, die sog. **Valenzelektronen** (◼ Abb. 8.2) zu betrachten. **Valenzelektronen sind die Elektronen der äußersten Schale eines Atoms.** Die Nummer der Hauptgruppe eines Elements gibt die Zahl der Valenzelektronen an: Sauerstoff steht in der VI. Hauptgruppe, besitzt also sechs Valenzelektronen; Natrium findet man in der I. Hauptgruppe, es besitzt ein Valenzelektron; usw. (Das ist der Grund, weshalb man die jeweilige Hauptgruppe eines jeden Elements kennen sollte.)

Gilbert N. Lewis (1875–1946) hat eine Schreibweise zur Darstellung von Atomen mit deren Valenzelektronen entwickelt, die **Valenzstrichformel** oder **Lewis-Formel**: Hier werden die Elektronen in einem (gedachten) Quadrat um das Elementsymbol angeordnet. Einzelne Elektronen werden als Punkte dargestellt, Elektronenpaare als Striche. Die ersten vier Elektronen werden einzeln auf den Seiten des Quadrats verteilt, ab dem 5. Valenzelektron werden Paare gebildet (◼ Abb. 8.3).

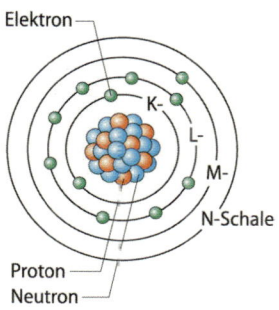

◼ **Abb. 8.2** Aufbau eines Atoms mit Atomkern und Valenzelektronen

Ohne Periodensystem (PSE) geht gar nichts.

Valenzstrichformel: Lewis-Formel zur Darstellung von Atomen und Valenzelektronen.

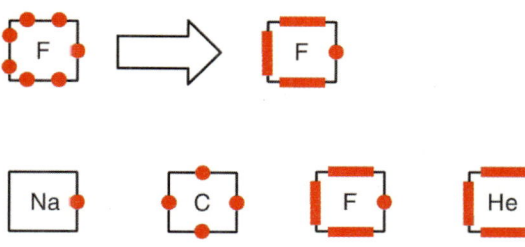

◼ **Abb. 8.3** Darstellung einzelner Atome in der Lewis-Formel

Das PSE in Valenzstrichformel (Lewis-Formel) ist in ◼ Abb. 8.4 dargestellt.

Die Lewis-Formel wird neben der Darstellung von Elementen auch für Ionen und Moleküle sowie deren Valenzelektronenkonfigurationen verwendet.

Die Lewis-Formel eignet sich auch für Ionen und Moleküle.

| Wasser: | H_2O | H—Ö—H |
| Chloridion: | Cl^- | :Cl:⁻ |

Oktettregel

Wie man die äußerste Schale (= Valenz[elektronen]schale) mit Elektronen auffüllt, ist in ◼ Abb. 8.5 gezeigt: Kästchen stehen für Orbitale, Pfeile für Elektro-

Chemie

◘ **Abb. 8.4** Periodensystem in Valenzstrichformel

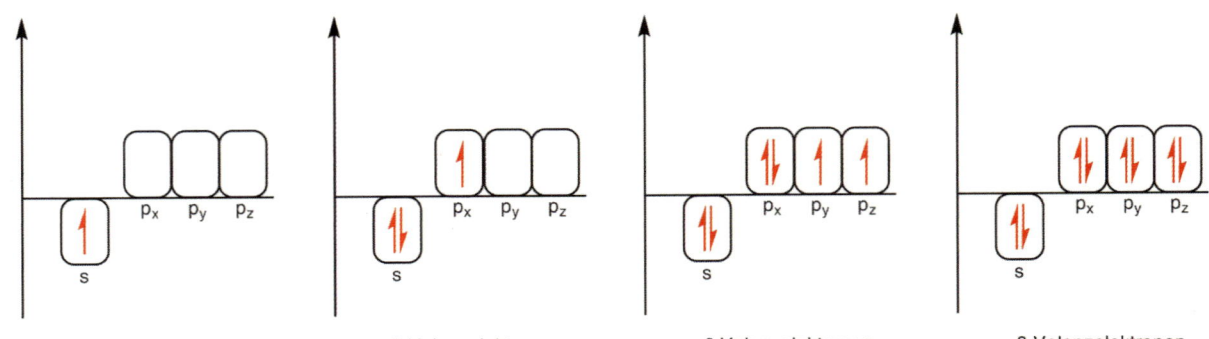

	\multicolumn{8}{c	}{Hauptgruppe}

Periode

	I	II	III	IV	V	VI	VII	VIII
1	H·							He I
2	Li·	Be··	·Ḃ·	·Ċ·	·N̄·	IŌ·	IF̱·	INē I
3	Na·	Mġ·	·Aĺ·	·Sị·	·P̱·	IS̱·	ICḻ·	IAr̄ I
4	K·	Ċa·	·Ġa·	·Ġe·	·Ās·	ISē·	IB̄r·	IKr̄ I
5	Rb·	Sr̄·	·In̄·	·Sṇ·	·S̄b·	ITē·	I Ī ·	IXē I
6	Cs·	Ḃa·	·Ṫl·	·Pḅ·	·B̄i·	IPō·	IĀt·	IRn̄ I
7	Fr·	Ṙa·						

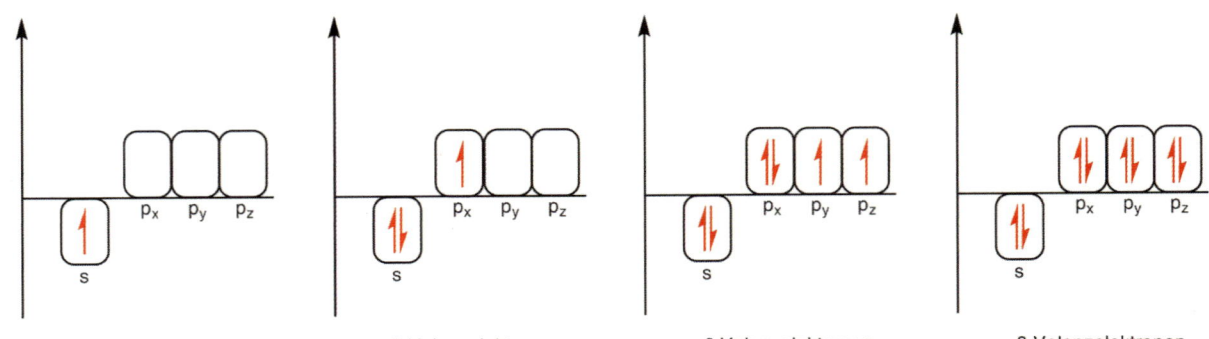

1 Valenzelektron   3 Valenzelektronen   6 Valenzelektronen   8 Valenzelektronen

◘ **Abb. 8.5** Orbitaldarstellung der Valenzelektronenschale und deren Besetzung mit
Elektronen

nen. Ein **Orbital** ist hierbei ein Raum, in dem sich ein Elektron oder ein Elektronenpaar mit einer gewissen Wahrscheinlichkeit aufhält. Die Valenzschale wird in ein s-Orbital und drei p-Orbitale unterteilt. Diese werden jeweils mit maximal zwei Elektronen mit unterschiedlichem Spin belegt, was an entgegengesetzt gerichteten Pfeilen zu erkennen ist (▶ Abschn. 8.2.4).

Nun darf man sich nicht durcheinanderbringen lassen: Bei der Lewis-Formel haben wir die Elektronen gleichmäßig um das Atom herum verteilt. In dieser Schreibweise wird das energetische Niveau der einzelnen Elektronen jedoch nicht beachtet. Bei der jetzigen Darstellung wird dies nun aber berücksichtigt: Zuerst wird die energetisch tiefere s-Schale doppelt besetzt und erst anschließend werden die p-Schalen anfangs einfach und dann doppelt besetzt.

Oktettregel:
Atome streben nach einer voll besetzten Außenschale.

Sind s- und p-Orbitale gefüllt, hat das Atom sein Ziel erreicht: Es ist in einem energetisch stabilen Zustand. Wir merken uns also: Alle Atome wollen eine voll besetzte äußere Schale. Mit Ausnahme der Elemente der 1. Periode (hier sind es nur zwei Elektronen) sind das bei allen Elementen **acht Valenzelektronen**! Das nennt man auch **Oktettregel** (gr. »okta« = acht): **Atome streben nach einer voll besetzten Außenschale, also nach acht Valenzelektronen, da dies ein energetisch sehr stabiler Zustand ist.**

Ausnahme von der Oktettregel:
Elemente der 1. Periode = Wasserstoff und Helium.

Eine **Ausnahme** bilden, wie bereits angesprochen, die Elemente der 1. Periode, Wasserstoff und Helium. Diese sind mit zwei Valenzelektronen zufrieden. Helium besitzt bereits zwei, Wasserstoff muss nur noch ein Elektron abgeben oder aufnehmen, um eine voll besetzte Außenschale zu erlangen.

Edelgase besitzen von Natur aus eine voll besetzte Außenschale, also mit Ausnahme des Heliums immer acht Valenzelektronen. Deshalb nennt man die Valenzelektronenkonfiguration, bei der die Außenschale mit acht Elektronen voll besetzt ist, **Edelgaskonfiguration**.

Edelgaskonfiguration: Außenschale ist mit acht Elektronen voll besetzt.

Da die Edelgase schon von Natur aus mit acht Valenzelektronen gesegnet sind, müssen sie sich also mit keinem Bindungspartner mehr arrangieren, um das Oktett zu erreichen. **Deshalb sind Edelgase sehr reaktionsträge.** Stoffe, die reaktionsträge sind, werden in der Chemie als »edel« bezeichnet. Edelmetalle (Gold, Silber, Kupfer) sind Metalle, die sich ebenfalls sehr reaktionsträge zeigen, was manchmal von großem Nutzen sein kann.

Die anderen Elemente gehen chemische Bindungen ein, um zum Höchsten der Gefühle eines Atoms, dem Valenzelektronenoktett, zu gelangen. Um das zu erreichen, können sie Elektronen aufnehmen, abgeben oder mit einem anderen Atom teilen. Welche Bindung bevorzugt wird, hängt von Bindungspartner und Zahl der Valenzelektronen ab.

Um ein Valenzelektronenoktett zu erlangen, können Atome Elektronen aufnehmen, abgeben oder mit einem anderen Atom teilen.

Elektronegativität

Ein letzter wichtiger Begriff, der benötigt wird, um die Bindungen in der Chemie zu erklären, ist die Elektronegativität (EN).

Metalle besitzen eine geringe Elektronegativität (z. B. $EN_{Natrium} = 0{,}93$) – im Gegensatz zu Halogenen (z. B. $EN_{Chlor} = 3{,}2$) oder Elementen der Sauerstoffgruppe (z. B. $EN_{Sauerstoff} = 3{,}4$), die stark elektronegativ sind. Das Periodensystem hilft uns mal wieder, wenn wir abschätzen wollen, wie groß die Elektronegativität der einzelnen Elemente ist (◘ Abb. 8.6): Die Elektronegativität nimmt von rechts nach links und von oben nach unten ab!

Die Elektronegativität nimmt im PSE von rechts nach links und von oben nach unten ab.

Reagieren Elemente mit stark unterschiedlicher Elektronegativität, entstehen Ionen. Ist die Elektronegativität der Reaktionspartner ähnlich, entstehen Atombindungen (kovalente Bindungen) zwischen den Nichtmetallen bzw. metallische Bindungen zwischen den Metallen.

Elektronegativität sinkt

Elektronegativität sinkt

	I	II	III	IV	V	VI	VII	VIII
1	H							He
2	Li	Be	B	C	N	O	F	Ne
3	Na	Mg	Al	Si	P	S	Cl	Ar
4	K	Ca	Ga	Ge	As	Se	Br	Kr
5	Rb	Sr	In	Sn	Sb	Te	I	Xe
6	Cs	Ba	Tl	Pb	Bi	Po	At	Rn
7	Fr	Ra						

◘ **Abb. 8.6** Elektronegativität der Elemente im Periodensystem

8.2.2 Ionenbindung

Die Ionenbindung basiert darauf, dass sich entgegengesetzt geladene Ionen, also Kationen und Anionen, elektrostatisch anziehen.

Ionen

Aber was sind eigentlich Ionen?

Wir wissen bereits, dass Atome Elektronen verschieden stark an sich binden können (Elektronegativität). Reagieren nun Elemente mit stark unterschied-

Ionen sind geladene Teilchen:
– Anion: negativ geladen, hat mehr Elektronen;
– Kation: positiv geladen, musste Elektronen abgeben.

licher Elektronegativität miteinander, entreißt das Atom mit hoher Affinität dem anderen Atom ein Elektron der Außenschale. Durch den Übergang des Elektrons wandert eine negative Ladung vom einen Atom aufs andere, sodass geladene Teilchen, sog. **Ionen**, entstehen. Das Ion mit zusätzlichem Elektron ist nun negativ (−) geladen, also ein sog. **Anion** A^-. Der Reaktionspartner, dem ein Elektron entrissen wurde, ist nun positiv geladen. Ein positiv geladenes Teilchen nennt man **Kation** K^+.

Ionen entstehen bei der Reaktion von Metallen mit Nichtmetallen. Ein Beispiel ist die Reaktion des Metalls Na mit dem Nichtmetall Cl_2:

$$Na\bullet \ + \ \overset{\bullet\bullet}{\underset{\bullet\bullet}{:Cl}}\bullet \ \longrightarrow \ Na^+ \ + \ \overset{\bullet\bullet}{\underset{\bullet\bullet}{:Cl:}}{}^-$$

$$EN = 0{,}93 \quad EN = 3{,}2$$

Die Bezeichnungen Ion, Kation und Anion gelten nicht nur für einatomige, elektrisch geladene Teilchen, sondern auch für geladene Moleküle (= Teilchen aus mehreren miteinander verbundenen Atomen).

Die Ionenwertigkeit gibt die Anzahl der Ladungen eines Ions an.

Die **Ionenwertigkeit** (= Ladungszahl) gibt die Anzahl der Ladungen (egal ob positiv oder negativ) eines Ions an. Einwertige Ionen sind einfach geladen, z. B. Na^+ oder Cl^-. Zweifach geladene Teilchen, wie Ca^{2+} oder O^{2-}, sind zweiwertig, dreifach geladene dreiwertig etc.

Nun zurück zur **Oktettregel**: Elemente wollen eine voll besetzte Außenschale. Das erreichen die Nichtmetalle, indem sie Elektronen aufnehmen, die Metalle, indem sie Elektronen abgeben. Warum das so ist, kann man sich gut vorstellen:

Ist die äußerste Schale durch Abgabe eines Elektrons leer, wird die nächsttiefere Schale zur äußersten Schale.

Metalle stehen links im PSE, besitzen also nur wenige Valenzelektronen. Durch Elektronenaufnahme das Oktett zu erlangen ist fast unmöglich: Natrium z. B. müsste bis zur Edelgaskonfiguration sieben Elektronen aufnehmen, was schon wegen der Ladungsabstoßung zwischen den Elektronen unmöglich ist. Also bleibt noch die Möglichkeit, Elektronen abzugeben: Gibt ein Atom alle Valenzelektronen ab, ist die äußerste Schale leer. Die nächste tiefer gelegene Schale wird nun zur äußersten Schale und diese ist voll besetzt. Das Metallatom hat also durch Abgabe von Elektronen sein Ziel erreicht: Die Außenschale ist voll besetzt.

Die **Nichtmetalle** finden sich im PSE rechts, besitzen also viele Valenzelektronen. Elemente der VII. Hauptgruppe z. B. besitzen bereits sieben Valenzelektronen, müssen also nur noch eines aufnehmen, um zum Oktett zu gelangen. Die Elemente der VI. Hauptgruppe müssen zur Edelgaskonfiguration zwar zwei Elektronen aufnehmen, was aber auf jeden Fall viel einfacher zu meistern ist als sechs Valenzelektronen abzugeben.

Auch die Elemente der Nebengruppen können Ionen bilden, z. B. $Cu \rightarrow Cu^{2+}$. Zu erklären, wie diese Stoffe reagieren, würde den Rahmen dieses Buchs sprengen. **Man sollte sich aber merken, welche Ionen aus wichtigen Elementen der Nebengruppen entstehen können.** Dabei hilft ◘ Tab. 8.1.

Metalle geben Elektronen ab
→ positiv geladene Kationen.
Nichtmetalle nehmen Elektronen auf
→ negativ geladene Anionen.

Fassen wir noch einmal kurz das Wichtigste zusammen: **Metalle geben Elektronen ab und werden zu positiv geladenen Kationen. Nichtmetalle nehmen Elektronen auf und werden so zu negativ geladenen Anionen.**

Ionenbindung

Elektrostatische Anziehung:
Positiv und negativ geladenen Teilchen ziehen sich an.

Nun aber endlich zur Ionenbindung an sich: Gegensätze ziehen sich an: Kationen und Anionen ziehen sich elektrostatisch an. Die elektrostatischen Kräfte der einzelnen Teilchen wirken in alle Richtungen, die **Ionen sind also kleine, geladene Kugeln** (◘ Abb. 8.7), **die von einem ihrer Ladung entsprechenden**

Tab. 8.1 Elemente der Nebengruppen mit ihren zugehörigen Ionen	
Nebengruppenelement	**Zugehörige Ionen**
Eisen (Fe)	Fe^{2+}, Fe^{3+}
Kupfer (Cu)	Cu^+, Cu^{2+}
Zink (Zn)	Zn^{2+}
Silber (Ag)	Ag^+
Quecksilber (Hg)	Hg^+, Hg^{2+}

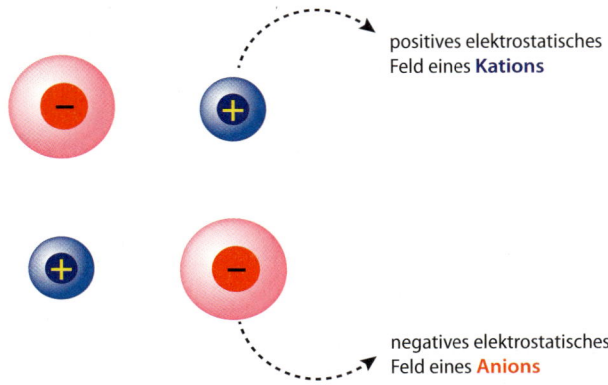

positives elektrostatisches
Feld eines **Kations**

Abb. 8.7 Elektrische Felder von Ionen

negatives elektrostatisches
Feld eines **Anions**

elektrischen Feld umgeben sind. Die elektrostatischen Kräfte umgeben die gesamte Kugel in allen Richtungen und ziehen entgegengesetzt geladene Teilchen an.

Nehmen wir wieder **NaCl** als Beispiel: Das positiv geladene Na^+ ist eine Kugel, dessen elektrostatische positive Kräfte rundherum wirken und negativ geladene Cl^- anziehen. Diese verteilen sich um das Kation herum (sechs Cl^- um ein Na^+; Abb. 8.8). Nun besitzen aber auch die negativ geladenen Cl^- ein elektrostatisches Feld, das seinerseits positiv geladene Na^+-Ionen um sich schart (ebenfalls sechs Na^+ um ein Cl^-). Jetzt sind die Na^+ wieder an der Reihe, dann wieder die Cl^- und so fort, sodass aus diesen Ionen eine Gitterstruktur entsteht, das sog. **Ionengitter.**

Während sich diese Ionen so anordnen, wird Energie frei, die **Gitterenergie** ΔH_{Gitter}. Diese frei werdende Energie ist sehr hoch (für NaCl: $\Delta H_{Gitter} = -788\,kJ\,mol^{-1}$), sodass ein Ionengitter eine sehr stabile Struktur darstellt. **Das Gitter wird durch die elektrostatische Anziehung der entgegengesetzt geladenen Ionen zusammengehalten, die sog. Ionenbindung.**

Stoffe, die im festen Zustand ein Ionengitter ausbilden, heißen Salze. Salze sind sehr fest und stabil, kristallisieren leicht und besitzen einen hohen Schmelzpunkt (für NaCl: 801 °C). Sie sind meist gut wasserlöslich. In geschmolzener und gelöster Form leiten sie sehr gut elektrische Ströme. Dabei wird der Strom durch Ionenwanderung fortgeleitet. Salze sind nach außen elektrisch neutral, müssen also immer gleich viele negative wie positive Ladungen besitzen.

Aus positiv und negativ geladenen Ionen entsteht ein Ionengitter.

Salze:
Stoffe, die im festen Zustand ein Ionengitter bilden. Salze sind nach außen hin elektrisch neutral → gleich viele negative wie positive Ladungen.

Chemie

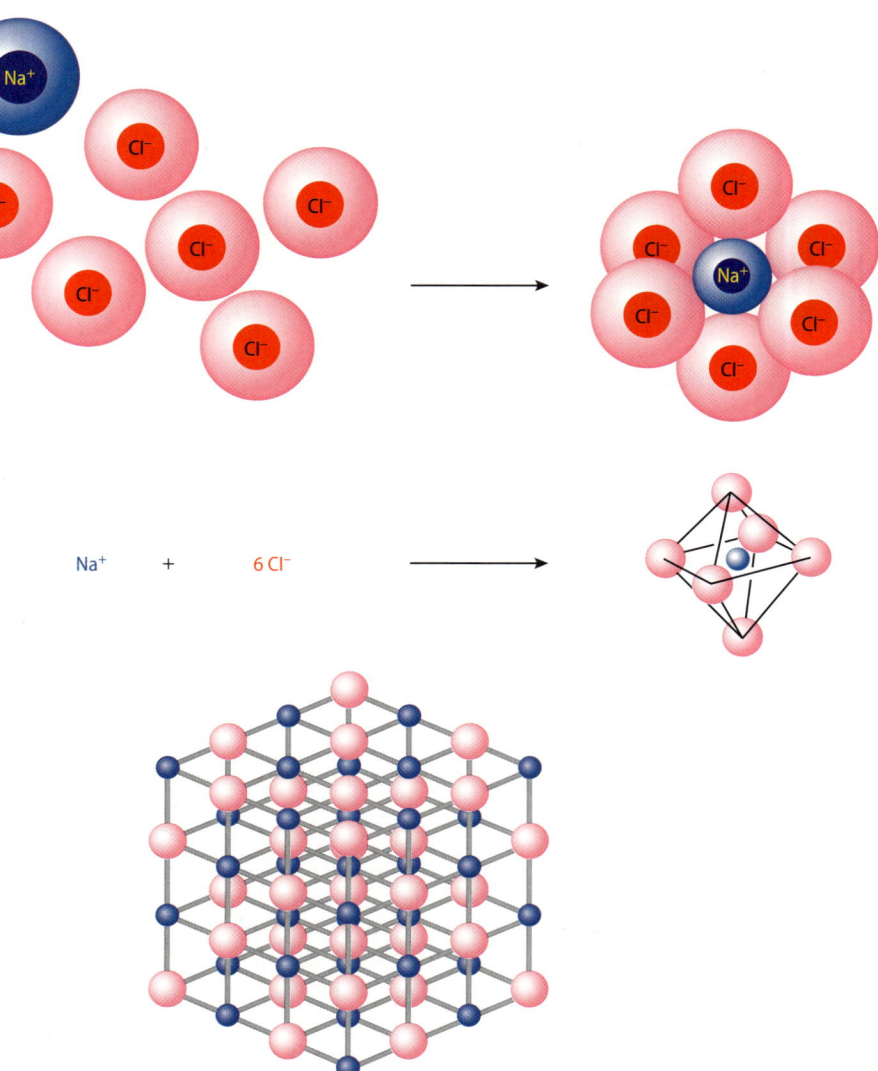

◻ **Abb. 8.8** Entstehung eines Ionengitters

Na^+ + $6\,Cl^-$

Salze und Ionen

Salze kommen in gelöster Form als Ionen überall im Körper vor. Ionen sorgen unter anderem für

- die richtige Verteilung des Wassers in den verschiedenen Kompartimenten unseres Körpers,
- die Fortleitung elektrischer Impulse an Nervenfasern,
- die Kontraktion der Muskulatur (Ca^{2+}),
- den Sauerstofftransport im Blut (Fe^{2+}) und vieles mehr.

Wie bereits gesagt, können Ionen abhängig von ihrer Stellung im Periodensystem einfach oder mehrfach positiv bzw. negativ geladen sein. Die Ladung des Ions wird rechts oben neben das Elementsymbol gestellt. Bei Ionen entspricht die Ladung der Wertigkeit und der Oxidationszahl (▶ Abschn. 8.4, Redoxreaktionen) des Ions.

In ◻ Tab. 8.2 sind für die Medizin wichtige Ionen und deren Namen aufgelistet.

Tab. 8.2 Wichtige Ionen und deren Namen

Kationen		Anionen	
Na^+	Natriumion	F^-	Fluorid
K^+	Kaliumion	Cl^-	Chlorid
Ca^{2+}	Calciumion	Br^-	Bromid
Mg^{2+}	Magnesiumion	I^-	Iodid
H^+	Wasserstoffion/Proton	OH^-	Hydroxid
Cu^+	Kupfer(I)-Ion	S^{2-}	Sulfid
Cu^{2+}	Kupfer(II)-Ion	SO_4^{2-}	Sulfat
Fe^{2+}	Eisen(II)-Ion	NO_3^-	Nitrat
Fe^{3+}	Eisen(III)-Ion	CO_3^{2-}	Carbonat
Co^{2+}	Cobalt(II)-Ion	PO_4^{3-}	Phosphat
NH_4^+	Ammoniumion	HCO_3^-	Hydrogencarbonat
		CH_3COO^-	Acetat

Aus diesen (und anderen) Ionen werden Salze einfach »zusammengestöpselt«. Salze werden in ihrer Summenformel angegeben: Man nimmt ein Anion und ein Kation und schreibt diese nebeneinander, das Kation zuerst. Dabei ist zu beachten, dass Salze nach außen hin elektrisch neutral sind. **Man schaut sich also die Ladung der am Salz beteiligten Ionen an und verbindet die geringste Anzahl der Ionen miteinander, bei der das Salz nach außen elektrisch neutral ist.**

Die Elementsymbole der Ionen schreibt man ohne Ladung nebeneinander. Die Anzahl der »verwendeten« Ionen wird als tiefgestellte Zahl rechts neben dem Elementsymbol notiert.

Na^+ und Cl^- sind beide einfach geladen, also braucht man von beiden nur jeweils ein Ion: Die Formel des Salzes ist also NaCl.

Bei der Reaktion von Ca^{2+} mit F^- brauchen wir ein Calciumion und zwei Fluoridionen, damit das Salz nach außen elektrisch neutral ist. Die Summenformel ist also CaF_2.

Tab. 8.3 Salze: Summenformel und chemischer Name sowie ggf. Trivialname

Summenformel	Chemischer Name, Trivialname
NaCl	Natriumchlorid, Kochsalz
KI	Kaliumiodid
$NaHCO_3$	Natriumhydrogencarbonat, Natron
$CaCO_3$	Calciumcarbonat, Kalk
Na_2CO_3	Natriumcarbonat
$MgSO_4$	Magnesiumsulfat, Bittersalz
$(NH_4)_2SO_4$	Ammoniumsulfat
$AgNO_3$	Silbernitrat
NaH_2PO_4	Natriumdihydrogenphosphat
CH_3COONa	Natriumacetat

$CaCO_3$:
Calcium(ion) Carbonat(ion)
→ Salz »Calciumcarbonat«.

Der Name des Salzes setzt sich einfach aus den Namen der beteiligten Ionen zusammen, wobei von den Kationen die Endung »-ion« weggelassen wird: $CaCO_3$ heißt Calciumcarbonat.

Manche Salze besitzen zusätzlich **Trivialnamen**. Diese sind in ◘ Tab. 8.3 an zweiter Stelle angegeben.

8.2.3 Atombindung

Grundlagen zur Atombindung

Nun können aber neben Metallen mit Nichtmetallen auch Nichtmetalle mit Nichtmetallen oder Atome des gleichen Elements miteinander reagieren. Bei solchen Reaktionen besitzen die Reaktionspartner eine ähnliche oder sogar gleiche Elektronegativität. Sie »ziehen« beide mit ähnlichen Kräften an ihren Elektronen, sodass diese nun nicht vom einen auf ein anderes Atom übergehen können.

Also müssen sich diese Atome einen anderen Weg suchen, ihre Außenschale zu füllen. Was sie nun tun, kann man sich als eine Art »Elektronen-Sharing« vorstellen: Die Atome hätten gerne **vier Elektronenpaare** (mit Ausnahme des Wasserstoffs und des Heliums, die mit einem Elektronenpaar zufrieden sind).

Besitzen die Reaktionspartner bereits drei Elektronenpaare, aber noch ein freies Elektron, tun sich zwei solche Atome zusammen: Jeder stellt sein freies Elektron zur Verfügung, sodass aus zwei einzelnen Elektronen ein Paar wird. Dieses Paar kann nun keines der beiden Atome für sich beanspruchen, also müssen sie es gemeinsam »nutzen«. Die Atome besitzen ein **gemeinsames Elektronenpaar**. Beide sind glücklich, da sie jetzt vier Elektronenpaare, also wieder acht Elektronen, auf ihrer Außenschale besitzen, die Oktettregel ist erfüllt.

Elektronenpaarbindung:
Atombindung = kovalente Bindung.

Das gemeinsame Elektronenpaar verbindet die beiden Atome fest miteinander. **Eine Bindung über ein gemeinsames Elektronenpaar nennt man Elektronenpaarbindung oder auch Atombindung oder kovalente Bindung.** Die drei Begriffe können synonym verwendet werden.

Freie Elektronen sind also immer sehr reaktiv: Je mehr freie Elektronen und je höher die Elektronegativität, desto aggressiver wollen die Atome oder Verbindungen mit einem Partner eine kovalente Bindung eingehen.

Lewis-Formel zur Darstellung einer Atombindung.

Auch zur Darstellung einer Atombindung eignet sich am ehesten die **Lewis-Formel**. Als Beispiel für eine einfache Atombindung betrachten wir erst einmal Wasserstoff und die Halogene:

- Wasserstoff besitzt ein Valenzelektron: H·. Treffen nun zwei H· aufeinander, bilden die freien Elektronen ein gemeinsames Elektronenpaar, das die beiden Wasserstoffatome fest miteinander verbindet:

$$H \cdot + \cdot H \rightarrow H - H$$

- Die Halogene besitzen neben drei Elektronenpaaren ein freies Elektron, sodass auch hier zwischen zwei Halogenatomen eine kovalente Bindung entsteht:

Es gibt aber ja auch Elemente mit mehreren freien Elektronen, z. B. Sauerstoff (zwei freie e^-) und Kohlenstoff (vier freie e^-). Um zum Oktett zu gelangen, bilden solche Elemente mehrere Elektronenpaare aus. Diese Paare können von Atomen nur eines Elements gebildet werden (Singulett-Sauerstoff $^1O_2$ = energetisch angeregtes Sauerstoffmolekül) oder von Atomen verschiedener Elemente (H und O im Falle von H_2O):

Die Ausbildung von Elektronenpaarbindungen zum Erlangen der Edelgaskonfiguration ist übrigens auch der Grund, weshalb Wasserstoff und Sauerstoff sowie die Halogene jeweils als Moleküle aus zwei Atomen vorliegen.

Die Anzahl der möglichen kovalenten Bindungen entspricht also der Zahl der freien, ungepaarten Valenzelektronen. So kann Stickstoff (V. Hauptgruppe, drei freie Valenzelektronen) drei Atombindungen ausbilden, Kohlenstoff (IV. Hauptgruppe, vier ungepaarte Valenzelektronen) dagegen vier.

Die Anzahl der möglichen kovalenten Bindungen ist gleich der Zahl der freien, ungepaarten Valenzelektronen.

vierbindiger Kohlenstoff im Methan

dreibindiger Stickstoff im Ammoniak

Die **Bindigkeit** eines Atoms gibt an, wie viele Atombindungen eingegangen werden können. Auch sie entspricht also der Zahl der ungepaarten Valenzelektronen eines Atoms. Elemente, die nur eine Atombindung ausbilden, z. B. die Halogene oder der Wasserstoff, nennt man einbindig. Zweibindig sind die Elemente der VI. Hauptgruppe, also Sauerstoff, Schwefel. Elemente der V. Hauptgruppe sind dreibindig, die der IV. Hauptgruppe vierbindig (Tab. 8.4).

Tab. 8.4 Bindigkeit eines Atoms

Anzahl möglicher Atombindungen	Bindigkeit	Elemente
1	Einbindig	VII. Hauptgruppe
2	Zweibindig	VI. Hauptgruppe
3	Dreibindig	V. Hauptgruppe (N, P)
4	Vierbindig	Kohlenstoff

Ein Atom kann maximal vier Atombindungen eingehen, da es maximal vier ungepaarte Valenzelektronen besitzen kann.

Atombindungen können durch die Anzahl der gemeinsamen Elektronenpaare beschrieben werden. Sind Atome über eine Atombindung verbunden, handelt es sich um eine Einfachbindung. Bei Mehrfachbindungen halten mehrere Elektronenpaare die Atome zusammen: Bei der Doppelbindung werden die Atome von zwei gemeinsamen Elektronenpaaren zusammengehalten, bei der Dreifachbindung durch drei (Tab. 8.5). Eine Vierfachbindung zwischen zwei Atomen ist unmöglich.

Ein Atom hat maximal vier ungepaarte Valenzelektronen und kann daher maximal vier Atombindungen eingehen.

Es gibt Einfach-, Doppel- und Dreifachbindungen. Vierfachbindungen sind unmöglich (für unsere Betrachtungen).

Bindungslänge und Bindungsenergie

Die durch eine kovalente Bindung verknüpften Atome besitzen einen gewissen Abstand. Den Abstand zwischen den Kernen bezeichnet man als **Bindungs-**

◘ Tab. 8.5 Beispiele für Einfach-, Doppel- und Dreifachbindungen		
Einfachbindung	**Doppelbindung**	**Dreifachbindung**
Flour (Molekül)	Sauerstoffmolekül ($^1O_2$)	Stickstoffmolekül
: F̈—F̈ :	:Ö=Ö:	: N≡N :
Ethan	Ethen	Ethin
		H—C≡C—H

Bindungslänge:
Mittelwert zwischen den verschiedenen Schwingungsabständen der Kerne.

Bindungsenergie:
Energie, die bei der Bildung der Atombindung frei wird = Energie, die aufgebracht werden muss, um die Atombildung wieder zu spalten.

Moleküle:
Atomverbände, die durch kovalente Bindungen entstehen.

länge. Eigentlich gibt es diesen festen Abstand nicht, da die Kerne geringfügig um einen bestimmten Abstand schwingen. Die Bindungslänge beschreibt den Mittelwert zwischen den verschiedenen Schwingungsabständen der Kerne. Sie bewegt sich zwischen 0,07 und 0,3 nm ($nm = 10^{-9}$ m) bzw. 70–300 pm ($pm = Pikometer = 10^{-12}$ m).

Wollen wir eine Atombindung wieder spalten, müssen wir Energie aufbringen. Der Betrag der aufzubringenden Energie ist genauso groß wie der, der bei der Bildung der Atombindung frei wird. Deshalb wird diese Energie **Bindungsenergie** genannt. Jede Bindung hat eine bestimmte Bindungsenergie. **Als Richtwert der Energie einer Atombindung kann man sich 400 kJ mol^{-1} merken.** Im ▶ Anhang sind verschiedene Werte von Atombindungsenergien angegeben (◘ Tab. A.4).

Moleküle

Aber warum sind Atombindungen so wichtig? **Atomverbände, die durch kovalente Bindungen entstehen, nennt man Moleküle:** Und ein Großteil aller Stoffe besteht aus Molekülen. Unsere Zellmembranen, Enzyme, Nährstoffe wie Zucker und vieles andere mehr in unserem Körper bestehen aus Atomen, die über kovalente Bindungen verknüpft sind.

In Molekülen findet man zwei Arten von Elektronenpaaren:

- **bindende Elektronenpaare** zwischen den Atomen (in der folgenden Formel rot) und
- sog. **freie Elektronen** (grün).

Letztere sind die »eigenen« Elektronenpaare der Atome, die nicht an Atombindungen beteiligt sind.

— freies Elektronenpaar
— bindendes Elektronenpaar

Es gibt zwei Möglichkeiten, Moleküle darzustellen: als **Summenformel** oder als **Strukturformel.**

Da uns die Summenformel keine Auskunft über die Anordnung der Atome im Molekül gibt, verwendet man die **Strukturformel. Vor allem bei organischen Stoffen ist es wichtig, die Struktur des Moleküls zu kennen, da sie Verhalten und Eigenschaften der Stoffe bestimmt.** In ◘ Abb. 8.9 ist vor allem beim Molekül ganz rechts (Glutaminsäure) besonders deutlich zu erkennen, wie wenig die Summenformel $C_5H_9NO_4$ über die Struktur aussagt.

Molekülstrukturen bestimmen das Verhalten und die Eigenschaften eines Stoffs.

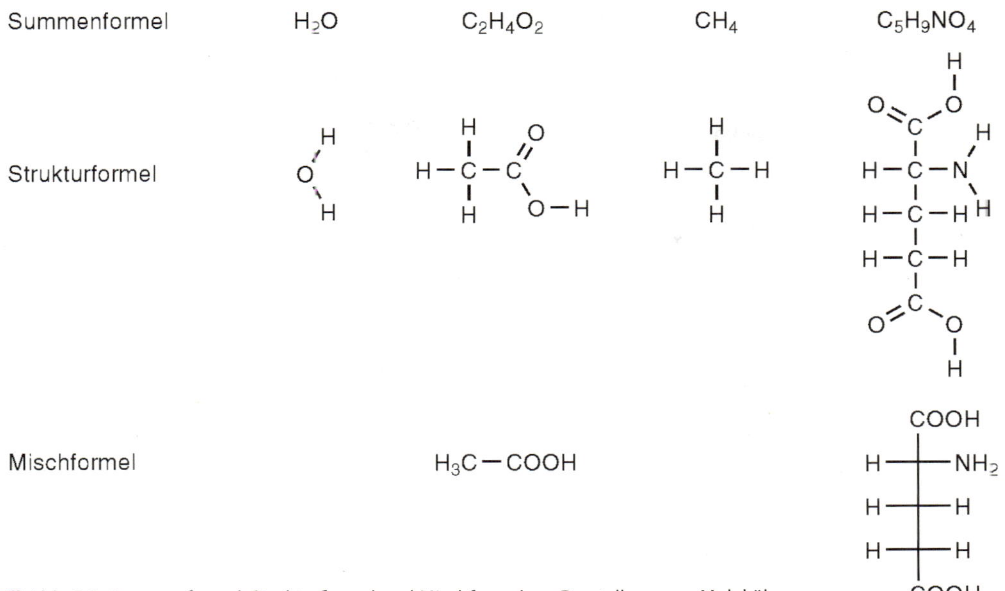

Summenformel	H_2O	$C_2H_4O_2$	CH_4	$C_5H_9NO_4$

Strukturformel

Mischformel

$H_3C - COOH$

Abb. 8.9 Summenformel, Strukturformel und Mischformel zur Darstellung von Molekülen

Die Darstellungsweisen Summen- und Strukturformel werden auch gemischt, um die Strukturformel übersichtlich zu halten, aber trotzdem die wichtigen Strukturmerkmale zu zeigen (**Abb. 8.9**).

Freie Radikale

Freie Radikale sind Verbindungen oder Atome mit einem ungepaarten Elektron und sehr hoher Instabilität. Durch diese Eigenschaften sind sie **sehr reaktionsfreudig**, man kann sie sogar als aggressiv beschreiben: Sie reagieren mit allem, was ihnen in den Weg kommt. Weil sie so radikal versuchen, einen Bindungspartner zu finden, nennt man sie Radikale. Ein einzeln vorkommendes Fluoratom ist z. B. ein solches freies Radikal – es möchte sogleich mit irgendeinem anderen Stoff reagieren, um sein Oktett zu erreichen. Dabei können sie auch bereits bestehende Atombindungen aufbrechen, um selbst in eine stabile Bindung zu gelangen.

In unserem Körper entstehen täglich viele freie Radikale, die durch ihre hohe Reaktivität zu Zellschädigungen führen können. Aber auch in unserer Umwelt gibt es sehr viele hochreaktive Radikale. Einige der Radikale, die in unserem Körper entstehen, sind hier dargestellt:

> Freie Radikale sind sehr reaktionsfreudig.

$$O_2 + e^- \longrightarrow O_2^{\cdot-} \quad \text{Superoxidanion}$$

$$O_2 + 2\,e^- + 2\,H^+ \longrightarrow H_2O_2 \quad \text{Wasserstoffperoxid}$$

$$O_2 + 3\,e^- + 3\,H^+ \longrightarrow H_2O + HO^{\cdot} \quad \text{Hydroxylradikal}$$

8.2.4 Atom- und Molekülorbitale

Atomorbitale

Um genau nachvollziehen zu können, wie eine Atombindung entsteht, müssen wir uns noch ein wenig genauer mit Atom- und Molekülorbitalen beschäftigen.

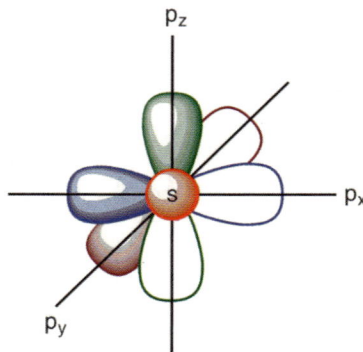

○ **Abb. 8.10** Atomorbitale der äußersten Schale

Wir wissen bereits aus ▶ Abschn. 8.2.1, dass Atome Orbitale besitzen. Die äußere Schale besitzt ein s-Orbital und drei p-Orbitale, p_x, p_y und p_z. Jedes dieser Orbitale kann mit zwei Elektronen mit entgegengesetztem Spin besetzt werden, die Elektronen der p-Orbitale besitzen jedoch mehr Energie als die des s-Orbitals.

Auch an der Form lassen sich Unterschiede zwischen p- und s-Orbital erkennen (○ Abb. 8.10):
- Das s-Orbital legt sich kugelförmig um den Kern herum.
- Das p-Orbital, aufgeteilt in p_x, p_y und p_z, ordnet sich hantelförmig um den Atomkern.

Orbitale darf man sich nicht als eine Art festen Raum vorstellen, in dem die Elektronen festgehalten werden. Vielmehr sind es Bereiche, in denen sich die Elektronen mit höchster Wahrscheinlichkeit aufhalten. **Das bedeutet also, dass die meisten Elektronen die meiste Zeit im Raum ihres Atomorbitals zu finden sind.**

Ein Elektron gehört immer zu einem bestimmten Orbital und besitzt die entsprechende Energie.

Ein Elektron ist einem bestimmten Orbital zugeordnet und besitzt diesem Orbital entsprechend eine bestimmte Energie – Elektronen des p-Orbitals also mehr als die des s-Orbitals, Elektronen in Orbitalen niedrigerer Schalen ebenfalls weniger als die höherer Schalen.

Molekülorbital und Atombindung

Aber warum soll das für die Atombindung wichtig sein?

Die kovalente Bindung entsteht, wie wir wissen, durch die Bildung eines gemeinsamen Elektronenpaars. Infolge der Überlagerung von Atomorbitalen, die mit nur einem Elektron besetzt sind, entsteht ein neues Orbital, das nun mit zwei Elektronen besetzt ist, also ein Elektronenpaar besitzt. **Folglich entsteht eine Atombindung durch Überlagerung zweier einfach besetzter Atomorbitale.** Jetzt kann man sich fragen, warum sich Bereiche mit negativer Ladung zusammenschließen wollen – eigentlich müssten sie sich ja abstoßen. Betrachten wir einen solchen Zusammenschluss am Beispiel zweier Wasserstoffatome, da diese nur jeweils ein s-Orbital besitzen und so recht übersichtlich sind (○ Abb. 8.11).

Wie wir wissen, sind Elektronen nicht gern allein, sondern bevorzugen das paarweise Dasein. Man geht davon aus, dass sich die einfach besetzten s-Atom-

○ **Abb. 8.11** Zwei H-Atome mit s-Orbitalen (K = Kern)

orbitale überlagern, wenn sie aufeinandertreffen. So entsteht ein gemeinsames Orbital, dass nun als **Molekülorbital** bezeichnet wird (■ Abb. 8.12). Dieses Molekülorbital besitzt zwischen den Kernen einen Bereich höherer Dichte (illustriert durch rote Punkte), in dem die Wahrscheinlichkeit, ein Elektron anzutreffen, höher ist. Das ist gut nachzuvollziehen, da hier beide Kerne mit ihrer Anziehung wirken und die Elektronen in diesem stärker positiven Feld besser gehalten werden. Die Elektronen können um beide Kerne schwirren, sodass diese ein gemeinsames Elektronenpaar besitzen. Mit dem zweiten nun um ihren Kern herumschwirrenden Elektron sind die Atome glücklich, da sie jetzt ihre Edelgaskonfiguration erreicht haben.

■ Abb. 8.12 Molekülorbital

Nicht vergessen:
Atome streben nach einer
Edelgaskonfiguration.

σ-Bindung

Das Molekülorbital hält die Atome fest zusammen. **Ein Molekülorbital, das aus zwei s-Orbitalen entstanden ist, nennt man σ-Orbital** (σ, gr. »sigma«). Entsprechend heißt eine solche Atombindung **σ- oder Sigma-Bindung**.

Die **Lewis-Formel** repräsentiert eine σ-Bindung durch **einen** Strich zwischen den Elementsymbolen, z. B. H_2 als H–H.

Das war die anschauliche Vorstellung. Als man die σ-Bindung genauer betrachtete, stellte man fest, dass die beiden Atomorbitale nicht völlig verschmolzen sind, sondern dass im eigentlichen Sinne nach wie vor zwei Orbitale bestehen, die aber nun anders aufgebaut sind: Sie besitzen verschiedene energetische Niveaus – eines ein höheres energetisches Niveau als das Atomorbital, das andere ein niedrigeres. Die beiden Elektronen besetzen jetzt **beide** das Orbital mit geringerem Niveau, was die Stabilität der Bindung erklärt. Das energiereichere Orbital bleibt unbesetzt.

Das Orbital, das beide Elektronen beherbergt, hält also die Atome zusammen und wird deswegen als »bindendes« Orbital bezeichnet. Das andere, leere Orbital wird »antibindend« genannt, da es nicht zur Bindung beiträgt (■ Abb. 8.13).

Prinzip:
Wenig Energie bedeutet Stabilität.

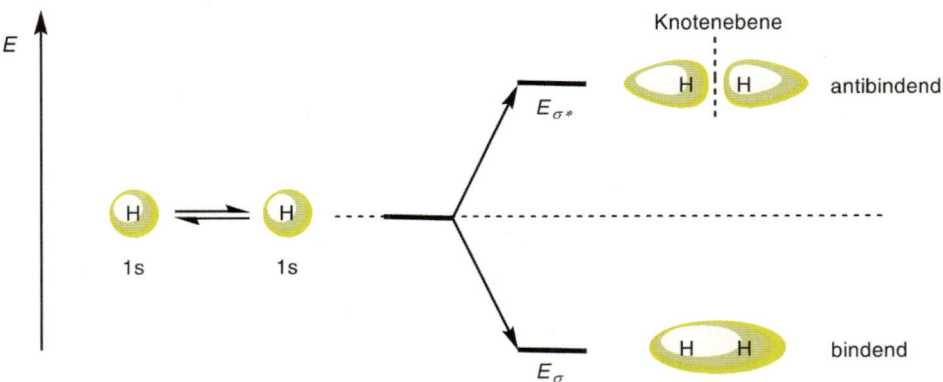

■ Abb. 8.13 Bindendes und antibindendes Orbital am Beispiel Wasserstoff (H_2)

Wir wissen auch, dass zwischen zwei Atomen mehrere Bindungen ausgebildet werden können. (Vor allem die Elemente der 2. Periode neigen durch sog. Hybridisierung zu Mehrfachbindungen.)

Die erste Bindung zwischen zwei Atomen ist immer eine σ-Bindung. Sie liegt genau zwischen den Kernen auf der Verbindungslinie dieser Atome, also **koaxial**.

Die σ-Bindung kommt bei **allen** Molekülen vor, deren Atome einfach oder mehrfach miteinander verbunden sind. Sind zwei Atome also miteinander ver-

Eine σ-Bindung ist immer
Voraussetzung für Mehrfachbindungen.

Chemie

◼ **Abb. 8.14** Bei der π-Bindung überlagern sich zwei Orbitale zum **π-Orbital**

bunden, sind sie auch immer über eine σ-Bindung verbunden. Diese ist die Voraussetzung für Mehrfachbindungen.

π-Bindung

Grundsätzlich können sich verschiedenste Orbitale vereinigen. Wir wollen uns auf die p-Orbitale und die verschiedenen sp-Hybride beschränken, da die anderen von eher geringem Interesse für die Medizin sind.

Eine π-Bindung entsteht durch Überlagerung zweier p-Orbitale. p-Orbitale sind hantelförmig, wobei die Mitte der Hantel am Kern liegt. Bei der π-Bindung überlagern sich zwei Orbitale zum **π-Orbital** (π = gr. »pi«), das sich oberhalb und unterhalb der σ-Bindung befindet (◼ Abb. 8.14). Entsprechend dem Namen des Orbitals heißt die Bindung π-Bindung. Besitzt ein Molekül also eine π-Bindung, sind zwei Atome mindestens über eine Doppelbindung verbunden.

Wir haben aber ja noch zwei p-Orbitale übrig, die ebenfalls einfach besetzt sein können. Zwischen zwei Atomen kann aus zwei weiteren p-Orbitalen eine weitere π-Bindung gebildet werden (◼ Abb. 8.15). So entsteht eine **Dreifachbindung**. Die zweite π-Bindung liegt ebenfalls ober- und unterhalb (bzw. vor und hinter) der σ-Bindung und steht senkrecht zur ersten π-Bindung.

Das dritte einfach besetzte Orbital kann sich rein räumlich nicht mehr mit einem anderen überlagern, da der Platz zwischen den Kernen praktisch schon besetzt ist. Eine Vierfachbindung zwischen zwei Atomen ist also unmöglich.

Die Einfachbindung besteht aus einer σ-Bindung.
Die Doppelbindung besteht aus einer σ-Bindung und einer π-Bindung.
Die Dreifachbindung besteht aus einer σ-Bindung und zwei π-Bindungen.

◼ **Abb. 8.15** Dreifachbindung: eine σ-Bindung, zwei π-Bindungen

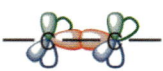
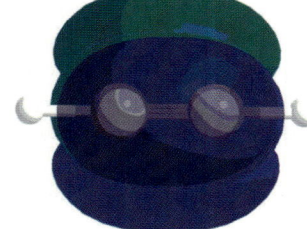

1 x σ – Bindung
1 x π – Bindung (p_z)
1 x π – Bindung (p_y)

Rotation

Die Atome einer σ-Bindung sind frei um ihr gemeinsames Elektronenpaar drehbar, was später wichtig für die organische Chemie ist. Das bedeutet, dass die beteiligten Atome sich – und mit ihnen auch die Bindungspartner an diesem Atom – drehen können. Diese Drehung kann bei der σ-Bindung unabhängig vom anderen Atom gemacht werden. Sobald zwei Atome über eine **π-Bindung** verbunden sind, ist die freie Rotation um die Bindungsachse nicht mehr möglich. Moleküle mit Doppelbindungen können also keine Rotationen um diese Bindung durchführen.

Warum das so ist, erkennen wir, wenn wir ein wenig basteln: Nimmt man einen Stab und steckt auf beide Seiten zwei Windrädchen, kann man diese wunderbar unabhängig voneinander bewegen. Verbindet man die beiden Windrädchen jedoch durch einen zusätzlichen Stab, kann man sie nur noch gleichzeitig, um gleich viel Grad und in die gleiche Richtung, bewegen (◘ Abb. 8.16) Genauso ist es bei der Atombindung: Durch den »zweiten Stab«, die π-Bindung, werden die verbundenen Atome gegeneinander fixiert, sodass sie sich nun nicht mehr unabhängig voneinander bewegen können.

Keine Rotation um Doppelbindungen!

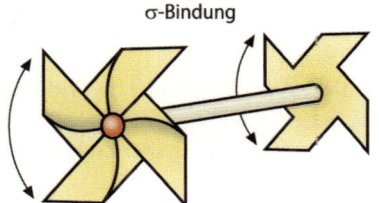
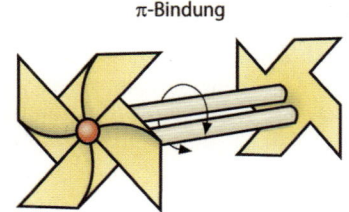

σ-Bindung   π-Bindung

◘ **Abb. 8.16** Drehbarkeit der Atome bei σ-Bindung und π-Bindung

Kohlenstoff – Methan und Hybridisierung

Kohlenstoff ist das Element des Lebens! Kohlenstoff bildet das Grundgerüst der meisten Stoffe, ohne die Leben nicht möglich wäre: Zucker, Aminosäuren, Fette, DNA bestehen aus einem Gerüst aus Kohlenstoff. Da Kohlenstoff lebenswichtig ist, wurde ihm ein ganzer Bereich der Chemie gewidmet, die organische Chemie (► Kap. 10). Und da er natürlich auch wichtig ist für den Mediziner, wollen wir uns anschauen, welches Bindungsverhalten er zeigt.

Kohlenstoff ist das Grundgerüst der meisten lebenswichtigen Stoffe.

Kohlenstoff

Kohlenstoffatome besitzen insgesamt sechs Elektronen. Diese sind folgendermaßen verteilt:

- zwei Elektronen im 1s-Orbital, Schale 1,
- zwei Elektronen im 2s-Orbital, Schale 2,
- je ein Elektron in einem p-Orbital, Schale 2.

Letztere besetzen die p_x- und p_y-Unterorbitale einfach. ◘ Abb. 8.17 zeigt die Elektronenkonfiguration des Kohlenstoffatoms.

Diese Elektronenkonfiguration wird aufgeschrieben als: $1s^2\, 2s^2\, 2p_x^1\, 2p_y^1\, 2p_z^0$.

Noch einmal zur Wiederholung: Die s-Schale liegt auf einem energetisch tieferen Niveau als die p-Schale. Und da Elektronen und Atome, wie wir wissen, recht faul sind, suchen sie sich einen möglichst bequemen Zustand, also einen energetisch möglichst niedrigen Deshalb füllen die Elektronen zuerst die s-Schale ganz, bevor sie auch die p-Schale füllen.

Im Kohlenstoff sind die s-Orbitale je doppelt besetzt, die p-Orbitale (p_x, p_y) jeweils einfach. Das würde bedeuten, dass das Kohlenstoffatom ein Elektronen-

■ **Abb. 8.17** Elektronenkonfiguration des Kohlenstoffatoms

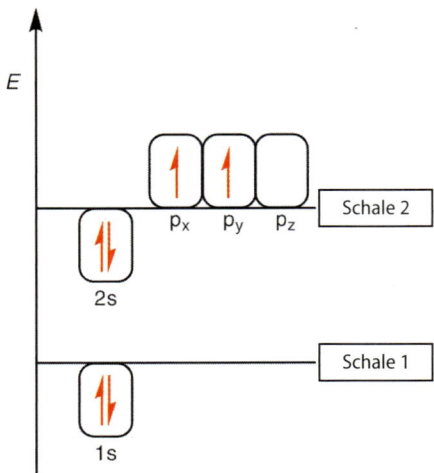

paar und zwei freie Elektronen besitzt. Zwei freie Elektronen würden zwei Atombindungen bedeuten. Die Menschen haben aber schon früh festgestellt, dass Kohlenstoff meist vierbindig reagiert, z. B. bei der einfachsten Kohlenstoffverbindung, dem Methan.

Man geht deshalb davon aus, dass die Kohlenstoffatome **hybridisiert** werden. Dabei passiert Folgendes (für folgende Erklärung siehe ■ Abb. 8.18; wir betrachten nur die äußerste Schale, da die inneren Schalen unverändert bleiben):

Da der Unterschied zwischen den energetischen Niveaus der 2s- und 2p-Schale relativ gering ist, kann ein Elektron des 2s-Orbitals durch Energiezufuhr angeregt werden, auf das freie $2p_z^0$-Orbital zu hüpfen. Diesen Vorgang nennt man **Promotion**. Dadurch haben wir in der äußeren Schale vier freie Elektronen, die Vierbindigkeit des Kohlenstoffs ist geklärt.

Die freien Elektronen sind jedoch energetisch verschieden, da sich eines im s-Orbital und die anderen drei im p-Orbital aufhalten. In Experimenten haben Chemiker jedoch festgestellt, dass dies in Wirklichkeit nicht der Fall ist: Die vier freien Elektronen besitzen alle die gleiche Energie. Deshalb muss noch etwas anderes passiert sein, was man **Hybridisierung** nennt: Die vier bisher energetisch verschiedenen Orbitale kombinieren sich zu **vier energetisch gleichwertigen Orbitalen**. Diese Orbitale nennt man **sp³-Hybridorbitale** – »sp³«, weil die Hybridorbitale aus einem s- und drei p-Orbitalen entstanden sind. **Das**

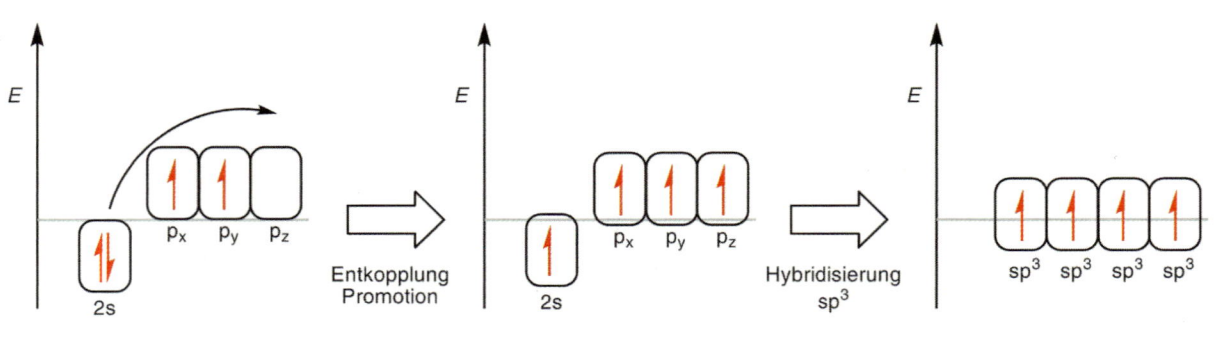

■ **Abb. 8.18** Promotion und Hybridisierung beim Kohlenstoff

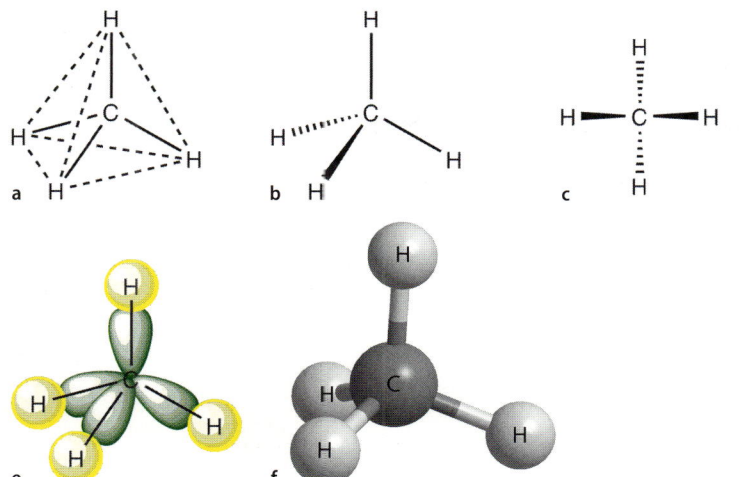

a

b

c

d

e

f

■ **Abb. 8.19a–f** Tetraeder der sp³-Hybridorbitale (Methan) in verschiedenen Darstellungsformen:
a Bindungstetraeder,
b 3D-Projektionsformel,
c Projektion, Blick auf Tetraederkante,
d Projektion, Blick auf eine C–H-Bindung,
e beteiligte Orbitale,
f Kugel-Stab-Modell

sp³-hybridisierte Kohlenstoffatom besitzt vier einfach besetzte Orbitale, die Vierbindigkeit des Kohlenstoffs ist also geklärt.

Die Hybridisierung ist eine Umformung von Wellenfunktionen des Orbitals. Was dabei genau geschieht, kann in weiterführenden Büchern der Chemie nachgelesen werden, ist aber für das allgemeine Verständnis nicht entscheidend.

Die sp³-Hybridorbitale ordnen sich als Tetraeder um den Kern des Atoms. Dieses Tetraeder kann auf verschiedene Weisen dargestellt werden (■ Abb. 8.19).

Methan

Schauen wir uns die einfachste Verbindung des Kohlenstoff, das **Methan,** einmal genauer an: Das Kohlenstoffatom besitzt vier sp³-hybridisierte Orbitale, die energetisch gleich sind und mit jeweils einem freien Elektron besetzt sind. Die Orbitale verteilen sich gleichmäßig um das Atom herum. Jedes sp³-Orbital bildet mit einem s-Orbital eines Wasserstoffatoms ein bindendes Molekülorbital: **Im Methanmolekül findet man vier gleichwertige σ-Bindungen mit einem Bindungswinkel von 109,5°.**

Der Bindungswinkel eines Moleküls gibt den Winkel zwischen zwei Bindungen eines Atoms an. Die Molekülorbitale und somit auch die Wasserstoffatome ordnen sich tetraedrisch um das Kohlenstoffatom, die charakteristische Form des Methans entsteht (■ Abb. 8.19).

Neben der sp³-Hybridisierung existieren auch Hybridisierungen, an denen nicht alle Atomorbitale der Valenzschale beteiligt sind, die sp- und die sp²-Hybridisierung.

Werden statt aller Orbitale nur das s- und zwei der p-Orbitale auf das gleiche energetische Niveau gebracht, entstehen drei gleiche Orbitale, die **sp²-Hybridorbitale**, und ein energetisch unverändertes p-Orbital. Geometrisch liegen alle sp²-Orbitale in einer Ebene und das unbeteiligte p-Orbital steht senkrecht zu dieser Ebene (■ Abb. 8.20).

Da die sp²-Hybridorbitale in einer Ebene liegen, ergeben sich planare (ebene) Teile von Molekülen.

Beim sp-Hybrid werden das s-Orbital und eines der p-Orbitale auf ein gleiches energetisches Niveau gebracht. Die übrigen p-Orbitale sind an der sp-Hybridisierung nicht beteiligt. sp-Hybride liegen auf entgegengesetzten Seiten

Der Bindungswinkel eines Moleküls gibt den Winkel zwischen zwei Bindungen eines Atoms an.

Chemie

◘ **Abb. 8.20** sp²-Hybridisierung: drei sp²-Hybridorbitale und ein p-Orbital

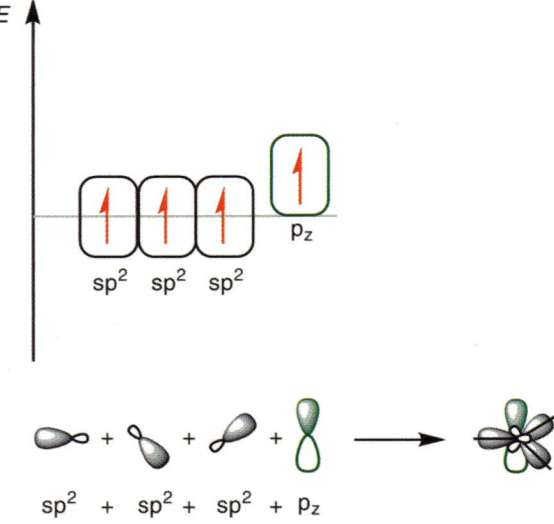

◘ **Abb. 8.21** sp-Hybrid: zwei sp-Hybride und zwei p-Orbitale

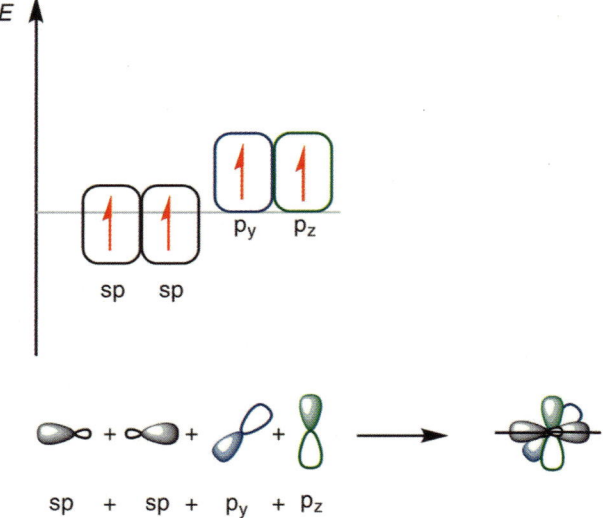

des Atoms, die p-Orbitale stehen senkrecht zueinander und senkrecht zur Achse der sp-Hybridorbitale (◘ Abb. 8.21).

Hybridisierungen findet man vor allem bei Elementen der 2. Periode, für die Medizin ist jedoch in erster Linie die Hybridisierung des Kohlenstoffs von Bedeutung.

Polare Atombindung

Wir kennen mit der Atombindung eine Bindung, bei der sich Atome Elektronen »teilen«, sowie die Ionenbindung, bei der Elektronen von einem Atom auf ein anderes übergehen und die dabei entstandenen Ionen sich miteinander verbinden.

In der Natur kommen auch Zwischenformen dieser beiden Bindungen vor, die polaren Atombindungen. Wie wir wissen, entstehen bei der Reaktion zweier Elemente mit stark verschiedener Elektronegativität Ionen (▶ Abschn. 8.2.2). Besitzen beide die gleiche Elektronegativität, entstehen Atombindungen, bei denen sich die Elektronenwolken gleichmäßig um die beteiligten Atome verteilen (H_2, O_2, …).

Aber lassen wir einmal zwei Elemente mit geringfügig unterschiedlicher Elektronegativität (EN), z. B. H und F miteinander reagieren:

- $EN_H = 2{,}2$
- $EN_F = 3{,}98$

$$H_2 + F_2 \rightarrow 2H-F.$$

In dieser Atombindung wird das Fluor versuchen, dem Wasserstoff sein Valenzelektron zu entreißen. Das wird ihm aber nicht gelingen, da auch der Wasserstoff kein ganz schwacher Seilzieher ist und sein Elektron nicht ohne Weiteres abgibt. Aber das Fluoratom schafft es zumindest, beide Elektronen näher zu sich heranzuziehen. Das Bindungsorbital ist somit um den Kern des Fluoratoms stärker ausgebildet als um den des Wasserstoffatoms (■ Abb. 8.22). Durch diese **Ladungsverschiebung im Molekül** entstehen sog. Teil- oder **Partialladungen**:

- Das Fluoratom ist durch die stärkere Elektronenwolke **partiell negativ** geladen,
- das Wasserstoffatom durch die geringere Elektronenwolke **partiell positiv**.

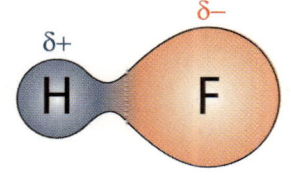

■ **Abb. 8.22** Partialladungen der Bindung zwischen H und F

Eine Atombindung mit verschiedenen Partialladungen nennt man polarisierte kovalente Bindung (oder polare kovalente Bindung, polare Atombindung oder polare Elektronenpaarbindung). In einer polaren Atombindung besitzt grundsätzlich das Atom mit höherer Elektronegativität eine negative Teilladung, das Atom mit kleinerer Elektronegativität entsprechend die positive Teilladung. Gekennzeichnet werden Teilladungen im Molekül mit δ^+ (gr. »delta«) für die positive Teilladung und δ^- für die negative Teilladung.

Je größer die Differenz der Elektronegativität der beteiligten Atomen ist, desto stärker polarisiert ist die Bindung. Wird die Differenz zu groß, entstehen Ionen.

Wenn in einem Molekül der positive und der negative Ladungsschwerpunkt (δ^+ und δ^-) nicht zusammenfällt, besitzt es einen Plus- und einen Minuspol. Im elektrischen Feld würde sich der negative Ladungsschwerpunkt des Moleküls in Richtung Anode (positiv geladen) ausrichten, die positiven Enden entsprechend in Richtung Kathode (negativ geladen). Ein Molekül mit diesen Eigenschaften nennt man **Dipol**. Dipole sind keine Ionen, besitzen also keine Ladung, sondern nur Teilladungen! Bekannte Beispiele für Dipole sind Halogenwasserstoffe (HF, HCl, HBr, HI) und Wasser.

In einer polaren Atombindung besitzt grundsätzlich das Atom mit höherer Elektronegativität eine negative Teilladung, das Atom mit kleinerer Elektronegativität entsprechend die positive Teilladung.

Dipole sind keine Ionen, da sie keine Ladungen, sondern nur Teilladungen besitzen.

Wasser

$$\overset{\delta-}{O}$$
$$H^{}H$$
$$\delta+ \quad \delta+$$

Ammoniak

$$\overset{\delta-}{N}$$
$$H-N-H$$
$$\delta+ \quad H \quad \delta+$$
$$\delta+$$

Ethanol

$$\overset{\delta+}{H} \quad \overset{\delta+}{H}$$
$$\delta+ \; H-\overset{|}{\underset{|}{C}}-\overset{|}{\underset{|}{C}}-\overset{\delta-}{O}-H \; \delta+$$
$$H \quad H$$
$$\delta+ \quad \delta+$$

Chlorwasserstoff

$$\overset{\delta+}{H}-\overset{\delta-}{Cl}:$$

Treffen polare Moleküle aufeinander, ziehen sich die entgegengesetzt geladenen Teilladungen an, gleich geladene stoßen sich ab. Wasserstoffatome in einem Molekül besitzen meist eine positive Teilladung. Trifft das Molekül mit seinem δ^+-H-Atom auf ein anderes Molekül mit einer negative Teilladung δ^-, ziehen sich die Teilladungen an und die Moleküle werden zusammengehalten. Die Anziehung zwischen einem H-Atom und einem Atom mit negativer Partialladung nennt man **Wasserstoffbrückenbindung**, H-Brücken-Bindung oder kurz H-Brücke.

Die Anziehung zwischen einem H-Atom und einem Atom mit negativer Partialladung nennt man Wasserstoff(H-)Brücke oder H-Brücken-Bindung.

■ Abb. 8.23 Wasserstoff- oder H-Brücken-Bindungen in der DNA

■ Abb. 8.23 Wasserstoff- oder H-Brücken-Bindungen in der DNA

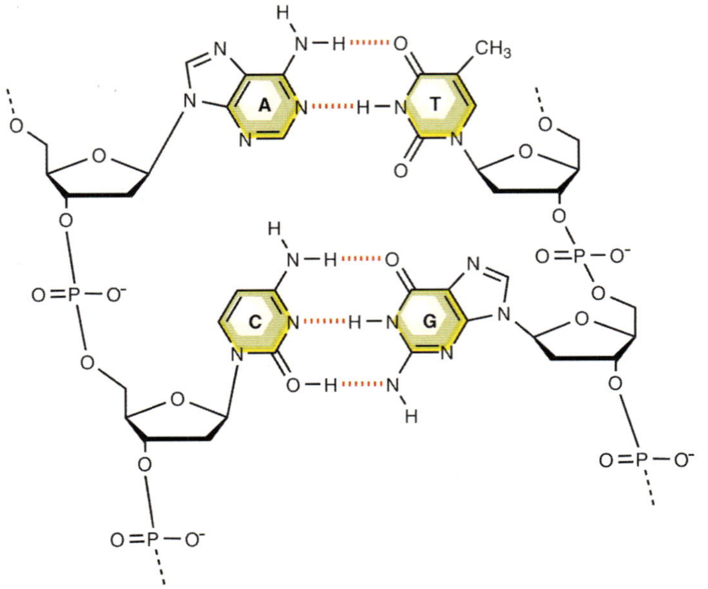

Wasserstoffbrücken(bindungen) werden als gestrichelte Linie zwischen den beteiligten Atomen dargestellt (■ Abb. 8.23): gestrichelt deshalb, da sie wesentlich schwächer sind als eine Atombindung. Vor allem die sog. **Hydroxygruppe** (**–OH**; veraltet: »Hydroxylgruppe«) eignet sich zur Ausbildung von Wasserstoffbrückenbindungen, da –OH eine polare Atombindung enthält und in vielen Molekülen von Lebewesen zu finden ist. **Die Hydroxygruppe spielt eine große Rolle bei der Stabilisierung der Struktur von Proteinen oder der DNA durch Wasserstoffbrückenbindungen** (■ Abb. 8.23).

Hätten Sie's gewusst?

Kraft von Bindungen

Wer kennt es nicht, wenn sich eine Spinne an ihrem gesponnten Faden abseilt. Da muss man sich – auch wenn man keine Spinnen mag – fragen: Wie hält dieser sehr dünne, glänzende Faden die Spinne, ohne zu reißen? Und so eine Spinne kann ziemlich groß werden…

Der Spinnfaden wird immer noch von vielen Wissenschaftlern untersucht: Chemiker interessiert, woraus die Spinnenseide besteht; Biochemiker versuchen die Eigenschaft, Spinnenseide herzustellen, auf andere Organismen zu übertragen; Physiker sind fasziniert von der extremen Reißfestigkeit und Elastizität mancher Spinnfäden. Gerade die Kombination beider Eigenschaften macht den Spinnfaden nicht nur für Spiderman interessant. Moderne künstliche Werkstoffe sind entweder fest oder elastisch.

Ein kleines Beispiel: Der Faden einiger Spinnenarten reißt erst bei einer Länge von ca. 80 km unter seinem eigenen Gewicht. Bei Stahl reichen schon 10–30 km. Um Spinnenseide zu zerreißen, braucht man sehr viel Energie: $10^6\,\mathrm{J\,kg^{-1}}$!

Woran liegt das? Die Antwort liegt in der chemischen Bindung. Spinnenseide besteht aus Skleroproteinen, das sind wasserunlösliche, faserartige Gerüstproteine. Die einzelnen Fasern enthalten sehr feste Atombindungen. Untereinander halten sie durch viele schwächere Bindungen. Wasserstoffbrückenbindungen haben hier einen wichtigen Anteil. Tritt eine schwache Bindung sehr oft auf, ist die Summe dann doch sehr fest. Das hat die Spinne perfektioniert.

Wer weiß, vielleicht besteht in Zukunft das Nahtmaterial für Operationen aus Spinnenseide?

Mesomerie

In der Natur findet man Moleküle, deren Bindungen sich nicht so starr zeigen, wie wir es uns bisher immer vorgestellt haben: die mesomeren Verbindungen. Die Atome können sich in ihrem Verbund auf keinen Zustand »einigen«, der für alle zufriedenstellend ist. Also wechseln sie zwischen verschiedenen Zuständen, sodass alle »bei Laune gehalten werden«: Abwechselnd darf immer wieder ein Atom für kurze Zeit in einen zufriedenstellenden Zustand übergehen. Diese Tatsache, dass verschiedene Bindungszustände ständig ineinander übergehen, wird als Mesomerie bezeichnet.

Da es keine Möglichkeit gibt, einen solchen mesomeren Zustand befriedigend mit einer einzigen Strukturformel zu beschreiben, verwendet man sog. **Grenzformeln**. Das sind nicht existierende Formeln, die den wahren Zustand »umfassend« beschreiben. Ein bekannter Vergleich lautet so: Müsste man ein Rhinozeros über mesomere Grenzformeln beschreiben, wären Einhorn und Drache mögliche Grenzformeln. Beide existieren nicht, der real existierende Zustand (Rhinozeros) liegt irgendwo dazwischen.

In der Chemie werden mesomere Grenzformeln durch einen Pfeil mit zwei Spitzen ($\leftrightarrow$) verknüpft. Dieser Doppelpfeil soll zeigen, dass die Struktur des Moleküls zwischen diesen Grenzformeln liegt. Ein **Beispiel** für ein mesomeres Molekül ist **Ozon**. Es besitzt folgende Grenzformeln:

Beide Grenzformeln spiegeln den wahren Zustand aber nicht wider. Nur die Summe aller Grenzstrukturen beschreibt den wahren Zustand. Je mehr mesomere Grenzformeln geschrieben werden können, desto stabiler ist ein Zustand/ Molekül. **Manche Radikalfänger (Betacarotin oder Vitamin C) stabilisieren sich nach der Aufnahme eines Elektrons durch Mesomerie und werden so zu neuen – aber stabilen – Radikalen.**

In der Biochemie wird Mesomerie manchmal auch dadurch dargestellt, dass alle Elektronenpaare, die sich verschieben können, als gepunktete Linie gezeichnet werden (◻ Abb. 8.24). Als Beispiel ist hier die Peptidbindung angeführt, durch welche die Bausteine der Proteine, die Aminosäuren, miteinander verknüpft sind (▶ Abschn. 10.4.3).

Elektronenabstoßung und Molekülgeometrie

Durch die Theorie der Valenzelektronenabstoßung kann man – zumindest manchmal – leicht die Geometrie eines Moleküls vorhersagen. Betrachten wir

Mesomerie: verschiedene Bindungszustände gehen ständig ineinander über.

◻ **Abb. 8.24** Darstellungsformen der Mesomerie am Beispiel der Peptidbindung

eine Verbindung mit einem zentralen Atom, an das mehrere verschiedene Atome gebunden sind (zur Darstellung der Valenzelektronen nehmen wir die Lewis-Formel):

- Zwei Elektronenpaare sind beide negativ geladen, stoßen sich also ab. Die Orbitale der Elektronenpaare wollen sich deshalb am liebsten so um das Atom anordnen, dass sie möglichst weit weg vom anderen Elektronenpaar sind. Diese Abstoßung ist der bestimmende Einfluss auf die Geometrie eines Moleküls. Bei vier Elektronenpaaren ergibt sich so eine tetraedrische Anordnung mit dem für das Tetraeder typischen Bindungswinkel von 109,5° zwischen allen Bindungspartnern.
- Alle Elektronenpaare der Valenzschale, bindende und nichtbindende, müssen berücksichtigt werden:
  - Bindende Elektronenpaare werden zwischen die Kerne der beteiligten Atome gezogen und beanspruchen deshalb weniger Platz um den Kern herum.
  - Freie Elektronen werden nur von einem Kern angezogen, beanspruchen deshalb einen größeren Bereich um diesen Kern herum.

Betrachten wir ein paar Beispiele (◘ Abb. 8.25):

- **Wasser** (H_2O) besitzt am Sauerstoffatom zwei bindende und zwei freie Elektronenpaare. Die freien Elektronenpaare verschaffen sich Platz um »ihren« Kern und drängen die bindenden Elektronenpaare zusammen. Dadurch entsteht die gewinkelte Struktur des Wassers. Im Vergleich zum ungestörten Tetraeder wird der Bindungswinkel H–O–H komprimiert und es ergibt sich wegen des höheren Raumbedarfs der freien Elektronenpaare ein Bindungswinkel von 105° statt 109,5°.
- Im **Ammoniak** (NH_3) besitzt das Stickstoffatom drei bindende Elektronenpaare und ein freies. Das freie Elektronenpaar macht sich wieder Platz am Stickstoffkern und drängt die bindenden Elektronenpaare zusammen, wodurch die Pyramidenform des Ammoniaks mit einem Bindungswinkel von 107° entsteht.
- Nur bindende Elektronenpaare findet man im **Methan** (CH_4), in dem sich alle Elektronenpaare gleichmäßig um den Kern herum verteilen, was im Tetraeder verwirklicht ist.

◘ **Abb. 8.25** Wasser, Ammoniak und Methan als Beispiele für die Geometrie verschiedener Moleküle. Einzelheiten siehe Text

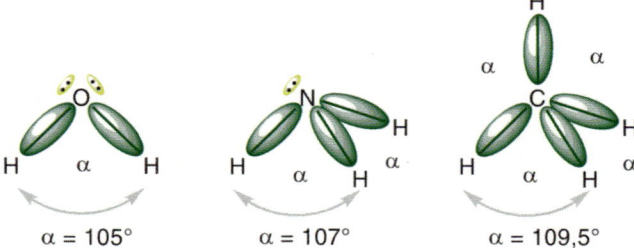

α = 105°   α = 107°   α = 109,5°

8.2.5 Metallische Bindung

Wie der Name der Bindung bereits sagt, findet man die **metallische Bindung** in Metallen und Legierungen (▶ Abschn. 14.1).

Ein Metall ist ein positiv geladenes Gitter aus Metallionen – umgeben von negativ geladenem »Elektronengas«.

Die Metalle findet man in den vorderen Gruppen des PSE. Sie besitzen also nur wenige Valenzelektronen und eine geringe Elektronegativität. In einem Verband von Metallatomen ordnen sich die Atomrümpfe in einem Gitter an. Da die Elektronen recht locker an ihren Kern gebunden sind, lösen sie sich in

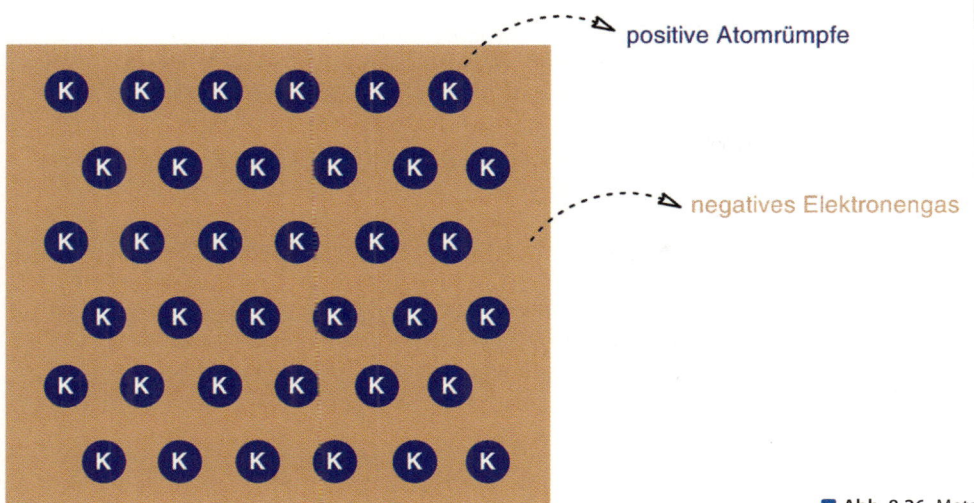

positive Atomrümpfe

negatives Elektronengas

◼ **Abb. 8.26** Metallische Bindung

diesem Verbund von »ihrem« Kern und schwirren um alle Kerne des Metallstücks herum. Wir haben jetzt also ein Gitter aus positiv geladenen Atomrümpfen und um das Gitter herum eine Wolke aus negativ geladenen Elektronen. **Die sich im Gitter verteilenden Elektronen werden als »delokalisierte Elektronen« und alle Elektronen zusammen als »Elektronengas« bezeichnet.**

Ein Metallstück ist also ein positiv geladenes Gitter aus Metallionen – umgeben von einer negativ geladenen Elektronenwolke (◼ Abb. 8.26). Die delokalisierten Elektronen des Elektronengases und das Atomrumpfgitter ziehen sich an und halten dadurch das Metall zusammen. Diese Anziehung ist die **metallische Bindung**.

Mit dem Elektronengas können **wir die gute Leitfähigkeit der Metalle** erklären: Strom beruht auf bewegten Elektronen und da im Metall sehr viele frei bewegliche Elektronen vorkommen, können Ströme hier natürlich gut passieren bzw. fortgeleitet werden.

Legierungen bestehen aus einem Gemisch von Atomen verschiedener Metalle (▶ Abschn. 14.2). Auch Legierungen werden durch die metallische Bindung zusammengehalten. Durch Mischen verschiedener Metalle zu einer Legierung lassen sich Stoffe herstellen, die bestimmte Eigenschaften besitzen, die ein reines Metall (aus Atomen nur eines Elements) meist nicht besitzt. Die Eigenschaften einer Legierung hängt von den vermischten Metallen und deren Verhältnis zueinander ab. Eine Eigenschaft von Legierungen ist z. B. besondere Härte, wie es beim Stahl verwirklicht ist. Auch Gold- und Silberschmuck besteht aus einer Legierung, da reines Gold und Silber zu weich sind, als dass sie beständige Schmuckstücke bilden könnten.

Andere Eigenschaften, die in der Medizin genutzt werden, sind Korrosionsbeständigkeit (wenig rostanfällig) und gute Verträglichkeit im menschlichen Körper. Vor allem in der Zahnmedizin spielen Legierungen eine wichtige Rolle (z. B. Amalgam, Federstahl von Zahnspangen etc.).

Die gute Leitfähigkeit von Metallen erklärt sich durch die vielen frei beweglichen Elektronen – Ströme fließen hier gut durch.
Legierungen haben Eigenschaften, die ein reines Metall nicht besitzt.

Hätten Sie's gewusst?

Amalgam
Das stark diskutierte Amalgam wird in der Zahnmedizin zum Füllen von Löchern im Zahn verwendet. Amalgam ist eine Legierung, die zu 50% aus

einem Legierungspulver (Zinn, Silber, Kupfer, Zink) und zu 50% aus Queck-silber besteht. Es eignet sich besonders zum dichten Verschluss von Kavitä-ten, da es anfangs plastisch ist und dann rasch aushärtet.

Quecksilber ist jedoch ein Metall, das im Menschen toxisch wirken kann. Wird Amalgam als Füllung verwendet, kann sich mit der Zeit das Queck-silber aus der Legierung lösen und in den Körperkreislauf gelangen. Queck-silber ist vor allem in Rückenmark, Gehirn und Nervenbahnen zu finden und wird mit Nervosität, Schlafstörungen, Depressionen und anderen Er-krankungen in Verbindung gebracht. Auch andere Symptome werden in manchen Fällen dem Amalgam zugeschrieben, weshalb eine Diskussion über die weitere Verwendung in der Medizin entbrannt ist.

kurz & knapp

- Die **Valenzelektronen** bestimmen, welche Bindung mit welchem Bindungspartner eingegangen wird.
- Alle Elemente versuchen durch chemische Bindungen die **Edelgas-konfiguration** zu erreichen. Edelgaskonfiguration bedeutet eine voll besetzte Außenschale, also ein Valenzelektronenoktett (Ausnahme: Elemente der 1. Periode: Edelgaskonfiguration entspricht bei ihnen zwei Valenzelektronen).
- **Ionenbindungen** entstehen durch **elektrostatische Anziehung** zwi-schen (positiv geladenen) Kationen und (negativ geladenen) Anionen.
- Metalle und Nichtmetalle besitzen stark unterschiedliche Elektronega-tivität, sodass bei der Reaktion miteinander Ionen entstehen. **Metalle werden zu Kationen, Nichtmetalle zu Anionen.**
- Stoffe, die aus entgegengesetzt geladenen Ionen aufgebaut sind und im festen Zustand ein Ionengitter ausbilden, nennt man **Salze**.
- Elemente mit ähnlicher oder gleicher Elektronegativität bilden aus freien Elektronen mit einem anderen Atom ein **gemeinsames Elektro-nenpaar**, das die Atome zusammenhält. Eine solche Bindung heißt **Elektronenpaarbindung, kovalente Bindung** oder **Atombindung**.
- **Polare Atombindungen** besitzen positive und negative Teil- oder Partialladungen und entstehen bei der Reaktion zweier Elemente mit geringfügig unterschiedlicher Elektronegativität. Moleküle mit Partial-ladungen nennt man **Dipole**.
- Durch polare Atombindungen können **Wasserstoffbrückenbindungen** zwischen Molekülen ausgebildet werden. Solche H-Brücken sind Dipol-Dipol-Wechselwirkungen zwischen partiell positiv geladenen Wasser-stoffatomen eines Moleküls mit partiell negativ geladenen Atomen eines (anderen) Moleküls.
- **Moleküle** sind aus Atomen zusammengesetzte Stoffe, in denen die Atome durch Atombindungen verbunden sind.
- **Metalle** und **Legierungen** werden durch die **metallische Bindung** zu-sammengehalten. Hier ziehen sich ein positiv geladenes Gitter aus Metallatomrümpfen und ein negativ geladenes Elektronengas an und werden so zusammengehalten.
- Andere Wechselwirkungen zwischen Atomen und Molekülen sind **Van-der-Waals-Wechselwirkungen**.

8.2.6 Übungsaufgaben

Aufgabe 1: Wie reagieren die nachfolgenden Stoffe miteinander?

Aufgabe 1

- Ca und Cl_2,
- S und H_2.

Lösung 1: Zuerst schauen wir uns an, welche Sorte von Elementen miteinander reagieren (PSE). Bei der ersten Reaktion reagiert ein Metall mit einem Nichtmetall, also entstehen durch den großen Unterschied der Elektronegativität Ionen: Das Metallatom wird zum Kation, das Nichtmetallatom zum Anion:

- Ca wird zu Ca^{2+}, Cl_2 werden zu zwei Cl^-. Aus Anionen und Kationen entsteht ein Salz, $CaCl_2$.
- Schwefel und Wasserstoff sind beides Nichtmetalle, die Differenz der Elektronegativität reicht also nicht aus für einen Elektronenübergang, es entsteht eine kovalente Bindung. Schwefel steht in der VI. Hauptgruppe, besitzt also zwei freie Elektronen, Wasserstoff in der I. Hauptgruppe, hat also ein freies Elektron. Das Schwefelatom braucht zwei freie Elektronen, reagiert deshalb mit zwei Wasserstoffatomen zu Schwefelwasserstoff (H_2S).

Aufgabe 2: Wie sieht die Summenformel der Salze aus, die aus folgenden Elementen und Stoffen entstehen?

Aufgabe 2

- Calcium und Iod,
- Calcium und Carbonat.

Lösung 2: Als Erstes überlegt man, welche Ionen aus den jeweiligen Elementen entstehen bzw. welche Ladung die angegebenen Ionen besitzen. Dann muss man die Zahl der Ionen so wählen, dass sich ihre Ladungen aufheben, da Salze nach außen hin immer elektrisch neutral sind:

- Calcium wird zu Ca^{2+}, Iod zu I^-. Zur Neutralität brauchen wir ein Ca^{2+} und zwei I^-, das Salz ist CaI_2 (Calciumiodid).
- Calcium wird wieder zu Ca^{2-}, Carbonat ist CO_3^{2-}, das entstandene Salz ist also $CaCO_3$ (Calciumcarbonat).

Aufgabe 3: Wo liegen die Ladungsschwerpunkte folgender Moleküle?

Aufgabe 3

Lösung 3: Man betrachtet die einzelnen Atombindungen, gibt deren jeweilige Teilladungen an und betrachtet dann die Verteilung im gesamten Molekül:

Alles klar!

Eiter

Dringen Bakterien und andere Fremdkörper in den Körper ein, versucht dieser die Eindringlinge wieder loszuwerden, indem das Immunsystem aktiviert wird. Dabei kommt es zu den verschiedensten Reaktionen: Der infizierte Körperbereich wird besser durchblutet, verschiedene chemische Botenstoffe (z. B. Interleukine) werden ausgeschüttet und Zellen des Immunsystems wandern an den »Kampfplatz«.

Zwei dieser Abwehrzellen besitzen eine besondere Fähigkeit, Bakterien oder Fremdstoffe abzubauen: Die Riesenfresszellen (Makrophagen) und die sog. neutrophilen Granulozyten. (Beides sind weiße Blutkörperchen.) Diese Zellen können freie Radikale herstellen, mit denen sie die Eindringlinge angreifen: Hyperoxidanionen (O_2^-), Wasserstoffperoxid (H_2O_2) und Hydroxylradikale (OH•) (▶ Abschn. 8.2.3) werden in kleinen Bläschen im Zellplasma gespeichert. Die Zellen fressen die Eindringlinge auf, indem sie sie in wieder andere Bläschen in ihr Zellinneres aufnehmen. Die Speicherbläschen mit den freien Radikalen verschmelzen mit den Bläschen mit den Eindringlingen, sodass nun die freien Radikale die Fremdkörper chemisch zerstören. Dabei gehen jedoch die neutrophilen Granulozyten zugrunde und werden mit anderen Abfallprodukten der Immunreaktion als Eiter vom Körper abgestoßen.

Daneben existieren noch viele weitere Möglichkeiten der Immunabwehr. Doch man kann erkennen, dass sich unser Körper das Bindungsverhalten mancher Stoffe zunutze macht.

8.3   Chemisches Gleichgewicht

Katharina Trenkle

- Massenwirkungsgesetz
- Säuren und Basen
- pH-Wert
- Puffer
- Titration
- Löslichkeitsprodukt

Wie jetzt?

»Teufelszeug« Cola?

Die meisten Jugendlichen lieben sie und können sich ein Leben ohne sie gar nicht vorstellen: die gute, erfrischende Cola, die von unseren Eltern doch häufig so verteufelt wurde. Ganz unrecht hatten diese ja auch nicht. Auch dem Letzten unter uns ist heute, denke ich, klar, dass Cola verhältnismäßig viel Zucker enthält und somit schlecht für unsere Zähne und unsere Kalorienbilanz ist.

Die anderen Horrorgeschichten haben wir immer über die in ihr enthaltene Phosphorsäure zu hören bekommen. Ja, es stimmt, dass in den 1950er und 1960er Jahren Auto-, Motorrad- und Lastwagenfahrer Cola zum Polieren und als Rostschutz für den verchromten Schmuck ihrer Fahrzeuge verwendet haben.

Was ist also an dem Gerücht der Gesundheitsgefährdung durch Cola dran? Warum kann man dieses Alltagsgetränk auch als Rostschutzmittel verwenden? Kann es sein, dass Cola in unserem Körper trotzdem keinen Schaden anrichtet?

8.3.1 Massenwirkungsgesetz

Die meisten chemischen Reaktionen sind reversibel, d. h. umkehrbar. Dem stehen irreversible Reaktionen gegenüber, bei denen die Menge an rückreagierenden Teilchen so klein ist, dass sie vernachlässigt werden kann. Eine reversible Reaktion können wir wie folgt beschreiben:

$$A + B \rightleftharpoons C + D.$$

Bei allen reversiblen chemischen Reaktionen stehen die Konzentrationen der Edukte mit den Konzentrationen der Produkte in einem sog. chemischen Gleichgewicht. Dabei kommt die Reaktion scheinbar zum Stillstand, bevor sämtliche Edukte verbraucht sind. Es werden genauso schnell Produkte gebildet (Hinreaktion), wie bereits entstandene Produkte wieder in Edukte zerfallen (Rückreaktion).

Das chemische Gleichgewicht ist dynamisch und nicht zu verwechseln mit dem statischen Gleichgewicht, wie es in der Physik vorkommt (► Abschn. 3.1.3). Auf molekularer Ebene reagieren die ganze Zeit Teilchen hin und zurück. Der Chemiker kennzeichnet eine Gleichgewichtsreaktion durch einen Doppelpfeil ($\rightleftharpoons$). Dieser darf aber nicht mit dem Doppelpfeil mit zwei Spitzen ($\leftrightarrow$), dem Mesomeriepfeil (► Abschn. 8.2.4), verwechselt werden.

Beschreiben können wir eine chemische Gleichgewichtsreaktion mit dem Massenwirkungsgesetz (MWG), in das die molaren Konzentrationen von Edukten und Produkten in Lösung einfließen. Je größer die Konzentration der Ausgangsstoffe, je mehr Teilchen anfangs also vorhanden sind, desto wahrscheinlicher reagieren diese untereinander, desto schneller also läuft die Reaktion ab. **Die Reaktionsgeschwindigkeit v ist somit abhängig von der Konzentration der Ausgangsstoffe.**

Wenn wir Hin- und Rückreaktion getrennt betrachten, erhalten wir Folgendes:

$$\text{Hinreaktion: } A + B \rightarrow C + D \tag{1}$$

$$\text{Rückreaktion: } C + D \rightarrow A + B \tag{2}$$

Für die Reaktionsgeschwindigkeiten (► Abschn. 8.5.3) gilt:

$$v_{Hin} = k_{Hin} \cdot [A] \cdot [B]$$
$$v_{Rück} = k_{Rück} \cdot [C] \cdot [D]$$

Die Reaktionsgeschwindigkeit v ist also direkt proportional zu den Konzentrationen der Edukte. Hierbei steht z. B. [A] für die Konzentration der Komponente A in $mol\,l^{-1}$. Die Konstanten k_{Hin} und $k_{Rück}$ werden Geschwindigkeitskonstanten genannt. Sie sind temperaturabhängig und müssen für jede Reaktion experimentell bestimmt werden.

Im Gleichgewicht gilt: $v_{Hin} = v_{Rück}$.

Bezogen auf die Gleichungen (1) und (2) heißt das also:

$$\kappa_{Hin} \cdot [A] \cdot [B] = \kappa_{Rück} \cdot [C] \cdot [D].$$

Massenwirkungsgesetz (MWG):
Die Gleichgewichtskonstante K ist der Quotient der Produkte der Produkt- und Eduktkonzentrationen.

Der Quotient der Konstanten k_{Hin} und $k_{Rück}$ wird Gleichgewichtskonstante oder Massenwirkungskonstante K genannt. Per Definition stehen die Produkte immer im Zähler und die Edukte im Nenner:

$$K = \frac{\kappa_{Hin}}{\kappa_{Rück}} = \frac{[C] \cdot [D]}{[A] \cdot [B]}.$$

Stöchiometrische Koeffizienten treten im Massenwirkungsgesetz als Exponenten auf.

Es gilt:

$K > 1$:
Gleichgewicht liegt auf Seite der Produkte;
$K < 1$:
Gleichgewicht liegt auf Seite der Edukte.

$$a A + b B \rightleftharpoons c C + d D \text{ , also:}$$

$$K = \frac{[C]^c \cdot [D]^d}{[A]^a \cdot [B]^b}.$$

Hieraus ergibt sich: Wenn $K > 1$ ist, liegt das Gleichgewicht auf der Seite der Produkte, wenn $K < 1$ ist, liegt das Gleichgewicht auf der Seite der Edukte.

Einflussmöglichkeiten auf Gleichgewichtsreaktionen

Prinzip des kleinsten Zwangs:
Stört man ein Gleichgewicht durch Entziehen/Zugabe von Komponenten, dann reagiert das System so, dass die Wirkung dieser Störung ausgeglichen wird.

1887 formulierte Henri Le Chatelier (1850–1936) das »**Prinzip des kleinsten Zwangs**«, das auf Gleichgewichtsreaktionen wirkt. Erhöhen wir die Konzentration einer der beteiligten Substanzen, so weicht das System auf die andere Seite aus, bis sich erneut das Gleichgewicht einstellt. Erhöhe ich also z. B. die Konzentration eines der Edukte, verlagert sich das Gleichgewicht zur Seite der Produkte hin, indem mehr Produkte gebildet werden, da K konstant bleiben muss.

Umgekehrt zerfallen bei Erhöhung der Konzentrationen der Produkte diese so lange in die Edukte, bis die Reaktion wieder im Gleichgewicht steht. Das Gleichgewicht verlagert sich also in Richtung der Edukte. Entzieht man einer Reaktion permanent die bereits gebildeten Produkte, wird sie so lange ablaufen, bis keine Ausgangsstoffe mehr vorhanden sind. Dieses Prinzip wird in der Chemie häufig dazu angewendet, Gleichgewichtsreaktionen bis zum Ende zu treiben, d. h. bis die Eduktkomponenten ganz verbraucht sind.

Außerdem kann man die Gleichgewichtskonstante, wie bereits gesagt, durch **Temperaturerhöhung** oder **Temperaturerniedrigung** beeinflussen. Die Auswirkungen der Temperaturänderungen hängen davon ab, ob eine exotherme oder eine endotherme chemische Reaktion vorliegt (▶ Abschn. 8.5.2).

Die Gleichgewichtskonstante kann durch Temperatur- bzw. Druckänderungen geändert werden, nicht aber durch den Einsatz eines Katalysators.

Ein **Katalysator** hat hingegen keinerlei Wirkung auf die Lage des Gleichgewichts eines Systems. Er verkürzt die Zeit bis zum Erreichen des Gleichgewichtszustands, auf den Wert der Gleichgewichtskonstanten K nimmt er aber keinen Einfluss.

8.3.2   Säuren und Basen

In der Vergangenheit wurde eine Lösung als Säure bezeichnet, die »sauer« schmeckte (daher z. B. der Name »Zitronensäure«) oder die Metalle auflösen konnte. Eine Base schmeckte bitter/seifig, ihre Lösung fühlte sich seifig (man denke an eine »Waschlauge«) an und sie hob die Wirkung von Säuren auf. Außerdem war bekannt, dass sich sowohl durch Säuren als auch durch Basen bei Kontakt mit Pflanzenfarbstoffen bestimmte Farben ergaben (z. B. Lackmus oder Blaukraut).

Geschmackstests der von uns im Labor eingesetzten Chemikalien, die sich gerade bei Säuren und Basen als äußerst gesundheitsschädigend erweisen könnten, sind strengstens verboten. Daher danken wir Wissenschaftlern, die uns in ihren Theorien andere »chemische« Möglichkeiten zeigten, um Säuren und Basen zu definieren.

Säure-Base-Definitionen

Svante **Arrhenius** (1859–1927) veröffentlichte 1887 die Ergebnisse seiner Untersuchungen von Säuren und Basen in wässriger Lösung. Danach bildet eine Säure in wässriger Lösung H^+-Ionen (Protonen) und eine Base OH^--Ionen (Hydroxidionen). Je stärker eine Säure bzw. Base ist, desto vollständiger dissoziiert sie in Wasser. Bei der Neutralisationsreaktion nach Arrhenius entsteht somit aus Protonen und Hydroxidionen Wasser:

$$H^+_{aq} + OH^-_{aq} \rightleftharpoons H_2O.$$

Arrhenius-Definition:
Säure = Protonendonator (H^+),
Base = Hydroxidionendonator (OH^-).

Die Arrhenius-Theorie beschränkt sich allerdings auf wässrige Lösungen, was durch den Index »aq« in den Reaktionsgleichungen angedeutet ist, und erfasst dadurch nicht alle Systeme von Interesse.

In den 1920er Jahren entwickelten Johannes **Brønstedt** (1879–1947) in Kopenhagen und – unabhängig von ihm – Thomas Martin **Lowry** (1874–1936) in Cambridge ein allgemeineres Konzept zur Definition von Säuren und Basen. Sie definierten Säuren als Verbindungen, die Protonen abgeben können, also Protonendonatoren sind. Die dabei entstandene Substanz kann ein Proton aufnehmen, ist also ein Protonenakzeptor und wird Base genannt:

Brønsted-Lowry-Definition:
Säure = Protonendonator,
Base = Protonenakzeptor.

$$\text{Säure} \rightleftharpoons H^+_{aq} + \text{Base.}$$

Die Stärke einer Säure gibt deren Bereitschaft an, Protonen abzugeben, und die Basenstärke analog die Bereitschaft einer Verbindung, Protonen aufzunehmen.

Doch auch durch diese Definition werden nicht alle möglichen Substanzen erfasst, denn es gibt auch Säuren, die keine Protonen enthalten.

Im Jahr 1923 schlug Gilbert N. Lewis (1875–1946) eine erweiterte Säure-Base-Theorie vor, die nicht von Protonen abhängt. Hiernach versteht man unter einer **Säure** ein Teilchen mit einer unvollständig besetzten äußeren Elektronenschale, also einen **Elektronenpaarakzeptor**. Eine **Base** kann unter Bildung einer koordinativen Bindung (▶ Kap. 11) ein Elektronenpaar zur Verfügung stellen. Sie ist also ein **Elektronenpaardonator**.

Lewis-Definition:
Base = Elektronenpaardonator,
Säure = Elektronenpaarakzeptor.

Außerdem gibt es sog. **Ampholyte**. Dies sind **Verbindungen, die sowohl Protonen abgeben als auch aufnehmen können**, somit also zugleich als Säure oder als Base wirken können. Der prominenteste Vertreter ist Wasser (H_2O), aber auch $HCO_3^-, H_2PO_4^-, HPO_4^{2-}$ und diverse Aminosäuren werden uns in der Chemie und Biochemie im Laufe des Studiums immer wieder begegnen (▶ Abschn. 10.4).

Ampholyte:
Verbindungen, die sowohl als Säure als auch als Base wirken können, z. B. Wasser.

Säure-Base-Paare

Freie Protonen können in einer »normalen« Umgebung nicht vorkommen, da ihre Ladung im Verhältnis zu ihrer Größe zu groß ist. Eine Säure kann ihre

Säure-Base-Reaktion bedeutet Übertragung von Protonen.

Protonen also nur abgeben, wenn eine Base vorhanden ist, die diese sofort wieder aufnehmen kann. So entsteht eine Säure-Base-Reaktion, die wir auch »Protonenübertragungsreaktion« oder Protolyse nennen können. Eine Säure-Base-Reaktion lässt sich in zwei Einzelschritte zerlegen:

$$\text{Säure 1} \rightarrow H^+_{aq} + \text{Base 1} \quad (1)$$
$$\text{Base 2} + H^+_{aq} \rightarrow \text{Säure 2} \quad (2)$$

$$\text{Säure 1} + \text{Base 2} \rightarrow \text{Base 1} + \text{Säure 2} \ (1) + (2)$$

In einer Säure-Base-Reaktion sind korrespondierende Säure-Base-Paare gekoppelt.

Die Reaktion ist eine chemische Gleichgewichtsreaktion. Wir sprechen von einem **Protolysegleichgewicht**. Base 1 wird die korrespondierende (oder konjugierte) Base zur Säure 1 genannt. Umgekehrt wird die Säure 1 als die korrespondierende (oder konjugierte) Säure zur Base 1 bezeichnet. **Säure 1 und Base 1 bzw. Säure 2 und Base 2 bilden jeweils ein korrespondierendes (oder konjugiertes) Säure-Base-Paar.**

8.3.3 pH-Wert

Autoprotolyse des Wassers

Wasser (H₂O) ist ein Ampholyt und unterliegt einer Autoprotolyse in H_3O^+ und OH^-.

Wasser ist die Lebensgrundlage aller biologischen Systeme. Es reagiert als Ampholyt, kann also sowohl Protonen abgeben als auch aufnehmen. In reinem Wasser dissoziieren Wassermoleküle zu H^+- und OH^--Ionen (Eigendissoziation des Wassers). Die H^+-Ionen werden von einem Wassermolekül auf ein anderes übertragen. Diesen Vorgang nennen wir **Autoprotolyse** des Wassers:

$$H_2O \rightarrow H^+_{aq} + OH^-_{aq}$$
$$H^+_{aq} + H_2O \rightarrow H_3O^+_{aq}$$

$$2\,H_2O \rightarrow H_3O^+_{aq} + OH^-_{aq}$$

Auf die Eigendissoziation des Wassers können wir das Massenwirkungsgesetz anwenden:

$$K = \frac{[OH^-]\cdot[H_3O^+]}{[H_2O]^2}.$$

In reinem Wasser gilt: $[H_2O] = 55{,}5\,\text{mol}\,l^{-1}$.

Die Konzentration von Wasser ist in reinem Wasser bei 25 °C konstant 55,5 mol l^{-1}. (Da rentiert es sich mal, selbst nachzurechnen!) Das Gleichgewicht der Reaktion liegt weitgehend auf der linken Seite. Die Konzentration des Wassers kann daher als konstant angesehen werden. Aus der stöchiometrischen Gleichung erkennt man, dass die Konzentration an H^+- und OH^--Ionen gleich ist.

Mathematisch können wir dies alles wie folgt darstellen, wenn man berücksichtigt, dass das sog. Ionenprodukt des Wassers K_W (vgl. weiter unten im Abschnitt »Titration«) experimentell zu $10^{-14}\,\text{mol}^2\text{l}^{-2}$ bestimmt wurde:

$$K_W = K \cdot [H_2O]^2 = [OH^-]\cdot[H_3O^+] = 10^{-14}\frac{\text{mol}^2}{\text{l}^2}$$
$$[OH^-] = [H_3O^+] = 10^{-7}\,\text{mol}\,l^{-1}.$$

Um sich das umständliche Rechnen mit Potenzzahlen zu erleichtern, wurden logarithmische Größen eingeführt.

Der pH-Wert ist als negativer dekadischer Logarithmus von $[H_3O^+]$ definiert, der pOH-Wert analog als negativer dekadischer Logarithmus von $[OH^-]$.

$$pH = -\log[H_3O^+]$$
$$pOH = -\log[OH^-]$$

$$pK_W = -\log\left([H_3O^+]\cdot[OH^-]\right) = -\log[H_3O^+] - \log[OH^-] = pH + pOH = 14.$$

Für reines Wasser beträgt der pH-Wert immer 7. Wässrige Lösungen mit pH = 7 werden deshalb als neutral bezeichnet. Ist der pH-Wert einer Lösung kleiner als 7, nennen wir sie sauer, ist er größer als 7, nennen wir sie basisch/alkalisch.

pH < 7 → sauer,
pH = 7 → neutral,
pH > 7 → alkalisch.

Säure- und Basenstärke

Wir unterscheiden starke und schwache Säuren bzw. Basen. Starke Säuren/Basen dissoziieren in Wasser praktisch vollständig, wohingegen die Protolyse einer schwachen Säure bzw. Base nur teilweise abläuft. Es stellt sich ein Säure-Base-Gleichgewicht ein. Auch auf dieses können wir selbstverständlich das Massenwirkungsgesetz anwenden:

Starke Säuren/Basen dissoziieren vollständig, schwache nur teilweise.

Säuren: $HA + H_2O \rightleftharpoons H_3O^+ + A^-$

$$K_1 = \frac{[H_3O^+]\cdot[A^-]}{[H_2O]\cdot[HA]}$$

$$K_S = K_1 \cdot [H_2O] = \frac{[H_3O^+]\cdot[A^-]}{[HA]}$$

Basen: $B + H_2O \rightleftharpoons BH^+ + OH^-$

$$K_2 = \frac{[BH^+]\cdot[OH^-]}{[H_2O]\cdot[B]}$$

$$K_B = K_1 \cdot [H_2O] = \frac{[BH^+]\cdot[OH^-]}{[B]}.$$

$[H_2O]$ kann in verdünnten Lösungen als konstant angesehen werden. Das Produkt zweier Konstanten ist ebenfalls konstant. Deshalb kann man dies zu einer neuen Konstante zusammenführen. Es ergeben sich die **Säuredissoziations- oder Azidititätskonstante K_S** und die **Basenkonstante K_B**. Sie sind ein Maß für die Säure- bzw. Basenstärke, also für die Tendenz, Protonen abzugeben oder aufzunehmen. Zur einfacheren Rechnung werden auch hier wieder logarithmierte Größen verwendet.

K_S und K_B stellen ein quantitatives Maß der Säurestärke bzw. Basenstärke dar.

$$-\log K_S = pK_S$$

$$-\log K_B = pK_B.$$

Chemie

◻ Tab. 8.6 Ausgewählte pK_S und pK_B–Werte

Säure	pK_S	Säure	$\rightleftarrows$	Proton	+ Base	pK_B	Base
Sehr stark	–6	HCl	$\rightleftarrows$	H^+	Cl^-	20	Sehr schwach
	–3	H_2SO_4	$\rightleftarrows$	H^+	HSO_4^-	17	
	–1,32	HNO_3	$\rightleftarrows$	H^+	NO_3^-	15,32	
	0,00	H_3O^+	$\rightleftarrows$	H^+	H_2O	14,00	
Stark	1,98	HSO_4^-	$\rightleftarrows$	H^+	SO_4^{2-}	12,02	Schwach
	2,16	H_3PO_4	$\rightleftarrows$	H^+	$H_2PO_4^-$	11,84	
	3,20	HF	$\rightleftarrows$	H^+	F^-	10,8	
	4,19	C_6H_5COOH	$\rightleftarrows$	H^+	$C_6H_5COO^-$	9,81	
Mittelstark	4,75	CH_3COOH	$\rightleftarrows$	H^+	CH_3COO^-	9,25	Mittelstark
	6,35	H_2CO_3	$\rightleftarrows$	H^+	HCO_3^-	7,65	
	7,05	H_2S	$\rightleftarrows$	H^+	HS^-	6,95	
	7,21	$H_2PO_4^-$	$\rightleftarrows$	H^+	HPO_4^{2-}	6,79	
	9,21	HCN	$\rightleftarrows$	H^+	CN^-	4,79	
Schwach	9,25	NH_4^+	$\rightleftarrows$	H^+	NH_3	4,75	Stark
	10,3	HCO_3^-	$\rightleftarrows$	H^+	CO_3^{2-}	3,7	
	12,32	HPO_4^{2-}	$\rightleftarrows$	H^+	PO_4^{3-}	1,68	
Sehr schwach	22,75	NH_3	$\rightleftarrows$	H^+	NH_2^-	–9,25	
	~48	CH_4	$\rightleftarrows$	H^+	CH_3^-	–34	

Mathematisch können wir diese Grundsätze für ein konjugiertes Säure-Base-Paar wie folgt anwenden, unter der Voraussetzung, dass die Säure HA ≙ BH$^+$ und die Base B ≙ A$^-$:

$$K_S \cdot K_B = \frac{\left[H_3O^+\right] \cdot \left[A^-\right]}{\left[HA\right]} \cdot \frac{\left[HA\right] \cdot \left[OH^-\right]}{\left[A^-\right]} = \left[H_3O^+\right] \cdot \left[OH^-\right] = K_W = 10^{-14}$$

$$-\log\left(K_S \cdot K_B\right) = -\log K_S - \log K_B = 14$$

$$pK_S + pK_B = pK_W = 14 .$$

Je schwächer eine Säure ist, desto kleiner ist ihr K_S-Wert und desto größer ihr pK_S-Wert. Die K_B- und pK_B-Werte der konjugierten Base verhalten sich analog.

Die Stärke einer Base kann also entweder durch ihren pK_B-Wert angegeben werden oder durch den pK_S-Wert ihrer korrespondierenden Säure, wie es allgemein üblich ist (◻ Tab. 8.6).

Mehrprotonige Säuren dissoziieren in mehreren Schritten. Jeder Schritt hat seinen eigenen K_S- bzw. pK_S-Wert. Typischerweise steigen die pK_S-Werte von Stufe zu Stufe an. Die Protonen werden also zunehmend schwerer abgegeben.

Die Azidität reiner Wasserstoffverbindungen, also deren Tendenz, ein Proton abzugeben, kann auch mit Hilfe des Periodensystems vorhergesagt werden.

Je stärker polar die H–X-Bindung, je höher also die Elektronegativität von X (► Abschn. 9.1) und je größer der Radius von X ist (größerer Abstand zwischen H und X), desto leichter wird ein Proton abgegeben.

Mit Hilfe des K_S-Werts kann man Vorhersagen über den Ablauf einer Säure-Base-Reaktion treffen: **Die Reaktion wird immer so ablaufen, dass die starke Säure dissoziiert und die schwache gebildet wird.**

K_S-Werte erlauben eine Vorhersage von Säure-Base-Reaktionen.

pH-Wert-Berechnung

Der pH-Wert gibt uns Aufschluss über die vorhandene Protonenkonzentration in einer Lösung (über deren Azidität). Für die pH-Wert-Berechnung müssen wir als Erstes eine Fallunterscheidung treffen: Liegt eine starke oder schwache Säure/Base vor?

Bei **starken Säuren** kann von einer vollständigen Protolyse ausgegangen werden. Alle Säuremoleküle setzen sich vollständig zu H_3O^+-Ionen um. Es gilt:

$$pH = -\log([\text{Säure}] \cdot W).$$

W ist hierbei die Wertigkeit der Säure, d. h. die Anzahl der Protonen, die abgegeben werden können.

Auch bei **starken Basen** wird eine vollständige Reaktion angenommen. Die Formel zur pOH-Wert-Berechnung lautet analog:

$$pOH = -\log([\text{Base}] \cdot W).$$

Starke Säuren/Basen dissoziieren vollständig.

Für **schwache Säuren**, die nicht vollständig protolysiert vorliegen, ist die Berechnung etwas komplizierter. Wir müssen die Größe der Gleichgewichtskonstanten (K_S-/K_B-Wert bzw. pK_S-/pK_B-Wert) berücksichtigen.

Die Berechnung erfolgt über das Massenwirkungsgesetz:

$$HA + H_2O \rightleftharpoons H_3O^+ + A^-$$
$$K_S = \frac{[H_3O^+] \cdot [A^-]}{[HA]}$$
$$[H_3O^+] = [A^-] \Rightarrow K_S = \frac{[H_3O^+]^2}{[HA]}.$$

Die quadratische Gleichung für $[H_3O^+]$ ist prinzipiell über die Mitternachtsformel exakt lösbar. Das Gleichgewicht liegt aber sehr weit links. Die vorhandene Konzentration der Säure $[HA]$ entspricht also in guter Näherung der Ausgangskonzentration der Säure $[\text{Säure}]_0$.

$$K_S = \frac{[H_3O^+]^2}{[\text{Säure}]_0}$$
$$[H_3O^+]^2 = K_S \cdot [\text{Säure}]_0$$
$$[H_3O^+] = \sqrt{K_S \cdot [\text{Säure}]_0} = \left(K_S \cdot [\text{Säure}]_0\right)^{\frac{1}{2}}$$
$$-\log[H_3O^+] = -\log\left(K_S \cdot [\text{Säure}]_0\right)^{\frac{1}{2}}$$
$$pH = \frac{1}{2}(pK_S - \log[\text{Säure}]_0).$$

Analog können wir für **schwache Basen** folgende Formel herleiten:

$$pOH = \frac{1}{2}(pK_B - \log[\text{Base}]_0)$$
$$pH = 14 - pOH$$
$$pH = 14 - \frac{1}{2}(pK_B - \log[\text{Base}]_0).$$

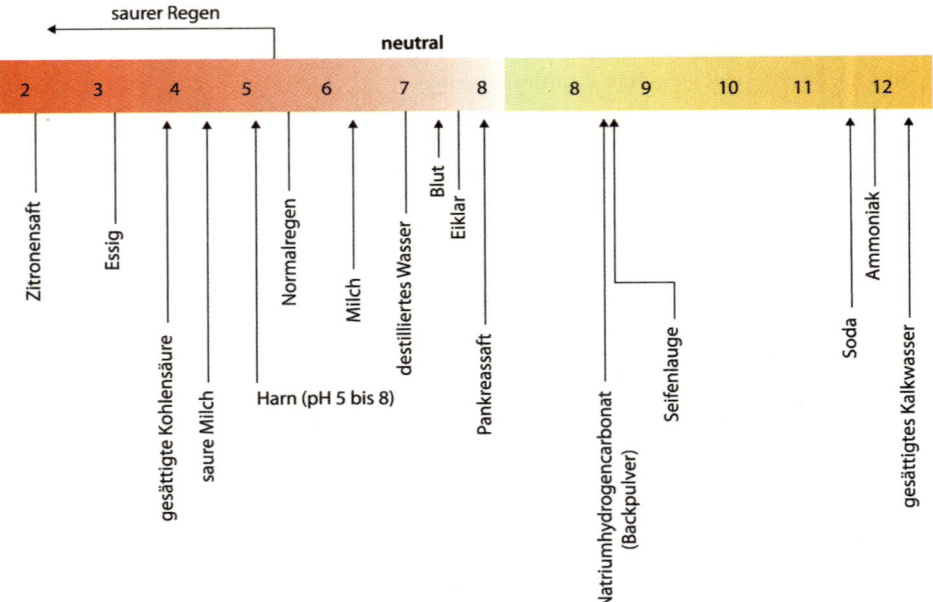

■ **Abb. 8.27** Klinik- und alltagsrelevante Substanzen und ihre pH-Werte

Lösungen von Salzen in Wasser können sauer, neutral oder alkalisch reagieren. Eine Vorhersage ist über die Säure- bzw. Basenstärke möglich.

Salze werden aus einer Säure und einer Base gebildet. Daher kann eine wässrige Lösung von Salzen pH-Wert-Änderungen bewirken. Grundsätzlich gilt hierbei, dass sich die stärkere Säure bzw. Base in einer schwach sauren bzw. basischen Reaktion durchsetzt. Ein Salz aus einer Säure und einer Base vergleichbarer Stärke hat einen ausgleichenden Effekt auf den pH-Wert. Die Lösung ist neutral.

■ Abb. 8.27 zeigt Substanzen und ihre pH-Werte, die uns im Klinikalltag, aber auch zu Hause immer wieder begegnen werden.

> **Hätten Sie's gewusst?**
>
> **Säuren und ihre Wirkung**
> Mit dem Begriff einer starken Säure verbindet man immer auch, dass diese Säure eine »starke« Wirkung auf den Körper, z. B. auf die Haut, hat. Das ist nicht immer so. Ein Beispiel: Sie gießen sich folgende Säuren über die Hand, was ist am schlimmsten? Ja, dumme Frage, alles ist schlecht, aber mal als Gedankenspiel:
> Salzsäure ($pK_S = -6$), Schwefelsäure ($pK_S = -3$), Salpetersäure ($pK_S = -1,3$) und Flusssäure ($pK_S = 3,2$).
> Je kleiner der pK_S-Wert, desto stärker ist die Säure. Deshalb sollte man meinen, dass die Flusssäure (HF_{aq}) mit einem pK_S-Wert in der Größenordnung der Essigsäure den geringsten Schaden anrichtet. Weit gefehlt: Das Fluorid (F^-) der Flusssäure bildet mit Calciumionen ein schwer lösliches Salz, Flussspat (CaF_2). Da aber Calciumionen für die Blutgerinnung wichtig sind, verursacht die Verätzung mit HF sehr schmerzhafte und schwer heilende Wunden.
> Auch Schwefelsäure und Salpetersäure sind unangenehmer, als es die Säurestärke vermuten lässt. Schwefelsäure ist stark hygroskopisch. In einem Sicherheitsdatenblatt – einem Formblatt, das die Gefährlichkeit einer che-

Hygroskopisch:
Wasser an sich ziehend.

mischen Verbindungen beschreibt – findet man folgenden Warnhinweis: »Organische Stoffe wie Papier, Textilien, Haut und Gewebe oder Zucker werden unter Verkohlung zerstört. Papier und Textilien zeigen runde Löcher mit braunem Rand.« Auch hier ist die Säurestärke nicht das Entscheidende für die Wirkung der Mineralsäure.

Salpetersäure ist eine oxidierende Säure (▶ Abschn. 8.4), d. h., Stoffe werden von der Salpetersäure nicht nur verätzt, sondern auch oxidiert. So lösen sich Metalle unter Bildung von Stickoxiden (NO_2 und NO). Metallpulver reagieren aufgrund der großen Oberfläche stürmisch; wenn die entstehende Wärme nicht effektiv abgeführt wird, auch explosiv. Unangenehme Reaktionen unter »Wärmeentwicklung« gibt es auch mit organischen Substanzen, sprich auch mit der Haut. Selbst verdünnte Salpetersäure ist noch mit großer Vorsicht zu verwenden. So werden aromatische Aminosäuren in der Haut nitriert (▶ Abschn. 10.4.3) und gelbe Flecken bleiben zurück. Diese Reaktion nennt man Xanthoprotein-Reaktion; sie kann zum Nachweis aromatischer Aminosäuren dienen. Generationen von Studierenden in chemischen Laboratorien haben diesen Nachweis (im Selbstversuch) führen können!

Indikatoren

Wir haben verschiedene Methoden, um den pH-Wert einer Lösung zu bestimmen. Eine Möglichkeit stellt das pH-Meter dar. Wesentlich einfacher, schneller

◻ Tab. 8.7 pH-Indikatoren

Indikator	Umschlagbereich [pH]	Farbwechsel
Kresolrot	0,2–1,8	rot–gelb
Thymolblau	1,2–2,8	rot–gelb
2,6-Dinitrophenol	2,8–4,7	farblos–gelb
Kongorot	3,0–5,2	blau–rot
Bromphenolblau	3,0–4,6	gelb–blauviolett
Bromkresolgrün	3,8–5,4	gelb–blau
Methylrot	4,4–6,2	rot–gelb
Alizarinrot S	4,3–6,3	gelb–violettrot
Lackmus	4,5–8,3	rot–blauviolett
Alizarin	5,8–7,2	gelb–rotviolett
Neutralrot	6,8–8,0	rot–gelb
Kresolrot	7,0–8,8	gelb–violettrot
Thymolblau	8,0–9,6	gelb–blau
Phenolphthalein	8,4–10,0	farblos–purpur
β-Naphtholviolett	10,6–12,0	orangegelb–violett
Säurefuchsin	12,0–14,0	purpur–farblos

Chemie

Indikatoren sind schwache
Säuren/Basen, bei denen die Säure
und die korrespondierende Base
unterschiedliche Farben zeigen.

und vor allem schöner anzuschauen ist jedoch die pH-Wert-Messung mit Hilfe eines Indikators.

Indikatoren sind organische Farbstoffe. Sie sind schwache Säuren und haben je nachdem, ob sie als Säure oder dissoziiert, also als ihre korrespondierende Base, vorliegen, unterschiedliche Farben. Ihre Farbwirkung ist so intensiv, dass sie als stark verdünnte Lösungen verwendet werden können. Ihre Zugabe verändert das Volumen und den pH-Wert der zu untersuchenden Lösung also in so geringem Maße, dass wir dies vernachlässigen können. **Der Umschlagpunkt eines Indikators liegt immer um seinen pK_S-Wert, da hier die Konzentration der Säure gleich der Konzentration der konjugierten Base ist.**

Wir kennen in der Chemie eine ganze Reihe von Indikatoren und ihren relativ eng definierten Umschlagbereich (◘ Tab. 8.7).

Mischen wir nun mehrere Indikatoren zusammen, kann der pH-Wert einer Lösung durch die spezifische Farbänderung jedes einzelnen Indikators bestimmt werden. Je mehr Indikatoren wir zusammenmischen, desto genauer lässt sich der pH-Wert angeben.

Auf diesem Funktionsprinzip basiert das im Praktikum verwendete Indikatorpapier, mit dem wir wohl alle schon einmal gearbeitet haben oder noch arbeiten werden.

> **Hätten Sie's gewusst?**
>
> **Farbstoffindikatoren im Kochtopf**
> Indikatoren kennt man auch aus der Küche, ein Beispiel ist Rotkohl. Je nach Zugabe von Essig kann man Rotkohl oder Blaukraut essen. Die Zubereitungsart scheint regional in Deutschland zu wechseln. Verantwortlich für die Indikatorwirkung von Rotkohlsaft sind organische Farbstoffe (Cyanidine), die im Sauren rot sind und sich mit steigendem pH-Wert von blau über grün (Mischung aus gelb und blau) nach gelb verfärben. Lediglich der Umschlag nach gelb ist nicht umkehrbar, im stark alkalischen Bereich zersetzt sich der Farbstoff.
> Die gleiche Farbstoffklasse gibt auch der Rose ihre typische rote Farbe. Falls jemand mal schnell eine blaue Rose braucht, ein Tipp: Rose in Ethanol entfetten und über Ammoniak (»Salmiakgeist«) halten. Gibt eine tolle, tiefblau gefärbte Rose. Nur der Geruch hat leicht gelitten…

Puffer

Eine Lösung mit einem bestimmten pH-Wert herzustellen ist nicht sonderlich schwierig. Diesen pH-Wert konstant beizubehalten, ist hingegen deutlich komplizierter, da er von äußeren Faktoren (Luft, Material des Behälters etc.) beeinflusst wird. Die Vorgänge in unserem Körper sind jedoch stark pH-Wert-abhängig, da z. B. Proteine schon bei geringen pH-Wert-Schwankungen ihre Wirkung verlieren.

Ein Puffer besteht aus einer schwachen
Säure/Base und der korrespondieren-
den Base/Säure.
Puffer halten den pH-Wert konstant.

Ein Puffersystem nennt man eine Lösung, die sich aus einer schwachen Säure und deren korrespondierender Base bzw. deren Salz zusammensetzt oder umgekehrt aus einer schwachen Base und deren korrespondierender Säure bzw. deren Salz. Ihr pH-Wert ändert sich in einem bestimmten Bereich, dem Pufferbereich, auch bei Zugabe größerer Mengen einer Säure oder einer Base (egal ob stark oder schwach) nicht. Diese Wirkung wird auch durch Verdünnung nicht aufgehoben.

Der Pufferbereich liegt bei ca. $\Delta pH = pK_S \pm 1$.

Haben wir eine Pufferlösung vorliegen, können wir den pH-Wert mit Hilfe der **Henderson-Hasselbalch-Gleichung** berechnen, die wir uns im Folgenden herleiten wollen:

$$HA + H_2O \rightleftharpoons H_3O^+ + A^-$$

$$K_S = \frac{[H_3O^+] \cdot [A^-]}{[HA]}$$

$$[H_3O^+] = K_S \frac{[HA]}{[A^-]}$$

$$pH = pK_S - \log\frac{[HA]}{[A^-]} \quad \text{bzw.} \quad pH = pK_S + \log\frac{[A^-]}{[HA]}.$$

Der pH-Wert einer Lösung, die aus einer schwachen Säure und ihrer korrespondierenden Base im Verhältnis 1:1 besteht, ist immer gleich dem pK_S-Wert der Säure.

Der den pH-Wert bestimmende Faktor ist also das Verhältnis $[HA]/[A^-]$, nicht deren Absolutkonzentrationen. Durch Basen zugeführte OH^--Ionen können durch die H^+-Ionen der schwachen Säure neutralisiert werden. Von Säuren stammende H^+-Ionen werden durch die korrespondierende Base gebunden – wieder eine Folge des Prinzips von Le Chatelier.

Enthält eine Pufferlösung äquimolare Konzentrationen an Säure und Base, ist das Verhältnis [Säure]/[Base] gleich 1. Folglich ist der pH-Wert gleich dem pK_S-Wert. Die Pufferwirkung ist hier am größten.

Die Menge einer Säure bzw. Base, die man benötigt, um den pH-Wert von 1 l Pufferlösung um eine Einheit auf der pH-Skala zu verändern, nennt man **Pufferkapazität**. Sie steigt mit wachsender Konzentration von Säure und Base.

Der wichtigste physiologische Puffer für den menschlichen Organismus ist der **Kohlensäure-Hydrogencarbonat-Puffer** des Bluts. Dieses Puffersystem und noch einige weitere, z. B. Proteinatpuffer, Hämoglobinpuffer und Phosphatpuffer, halten den pH-Wert des Bluts zusammen mit der Niere und der Lunge als wichtigste Regulationszentren konstant im Bereich zwischen 7,35 und 7,45. Größere pH-Wert-Schwankungen sind immer pathologisch. Mehr über all diese Puffer gibt es in jedem Buch der Physiologie oder Biochemie zu lesen.

> Puffer können durch die Henderson-Hasselbalch-Gleichung berechnet werden.

> Der pH-Wert eines Puffers wird nur durch das Verhältnis der Säure-Base-Konzentrationen bestimmt.

> Die Pufferkapazität wird durch die absolute Konzentrationen der Säure und Base bestimmt.

Titration

Durch Titration ermittelt man die unbekannte Konzentration einer Säure (Base) in einer Lösung durch vollständige Umsetzung mit einer zugefügten basischen (sauren) Lösung bekannter Konzentration.

Grundlage jeder Titration ist die **Neutralisationsreaktion**:

$$H_3O^+ + OH^- \rightleftharpoons 2\,H_2O.$$

Nun wollen wir fünf Möglichkeiten von Titrationen direkt anhand von Beispielen erarbeiten:

- Titration einer starken Säure mit einer starken Base
- Titration einer schwachen Säure mit einer starken Base
- Titration einer schwachen Base mit einer starken Säure
- Titration einer schwachen Säure mit einer schwachen Base und
- Titration einer mehrwertigen schwachen Säure mit einer starken Base.

> Die Titration dient zur Konzentrationsbestimmung von Säuren bzw. Basen.

Titration einer starken Säure mit einer starken Base

Titration starke Säure mit starker Base.

Betrachten wir also zunächst ein Beispiel für eine Titration einer starken Säure mit einer starken Base: In einem Becherglas befinden sich 10 ml einer 0,01-molaren Salzsäure.

Die Ausgangskonzentrationen an H_3O^+- und OH^--Ionen können wir durch folgende Überlegungen direkt berechnen: Es befinden sich insgesamt $10\,ml \cdot 0{,}01\,mol\,l^{-1} = 0{,}0001\,mol$ Salzsäure in unserem Gefäß. Da es sich bei Salzsäure um eine starke Säure handelt, dissoziiert sie vollständig in H_3O^+- und Cl^--Ionen. Die Konzentration der H_3O^+-Ionen beträgt daher ebenfalls $0{,}01\,mol\,l^{-1}$.

Die Konzentration an OH^--Ionen kann man mit Hilfe des Ionenprodukts K_W des Wassers berechnen:

$$K_W = [OH^-] \cdot [H_3O^+] = 10^{-14}\,\frac{mol^2}{l^2}$$

$$[OH^-] = \frac{K_W}{[H_3O^+]} = \frac{10^{-14}\,\frac{mol^2}{l^2}}{10^{-2}\,\frac{mol}{l}} = 10^{-12}\,\frac{mol}{l}.$$

Anfangspunkt Titration:
$pH = -log([Säure]_0)$.

Der sog. **Anfangspunkt** der Titration, also der pH-Wert der Ausgangslösung, ergibt sich laut pH-Wert-Definition aus dem negativen dekadischen Logarithmus der H_3O^+-Ionenkonzentration:

$$pH = -log[H_3O^+] = -log(10^{-2}) = 2.$$

Nun geben wir tropfenweise 0,01-molare Natronlauge hinzu. Während des gesamten Experiments messen wir den pH-Wert der Lösung mit einem pH-Meter. Durch die zugefügten OH^--Ionen der Natronlauge nimmt die Konzentration an H_3O^+-Ionen kontinuierlich ab, da sie durch Wasserbildung neutralisiert werden.

Halbäquivalenzpunkt (unter Vernachlässigung einer Verdünnung):
$pH = -log(½ \cdot [Säure]_0)$

Für jede Titration können wir außerdem einen **Halbäquivalenzpunkt** beschreiben: **Am Halbäquivalenzpunkt ist der Titrationsgrad, also der Quotient der Menge der vorhandenen Säure und der Menge der vorhandenen Base, gleich 0,5.** Bei der Titration einer starken Säure mit einer starken Base ist am Halbäquivalenzpunkt nur noch die Hälfte der Anfangskonzentration vorhanden. Der pH-Wert ist damit am Halbäquivalenzpunkt der negative dekadische Logarithmus der halbierten Anfangskonzentration der Säure, $pH = -log(½ \cdot [Säure]_0)$, oder, noch einfacher, der Anfangs-pH + 0,3 [was man leicht mit den Rechenregeln für den Logarithmus (▶ Abschn. 1.4.4) ableiten kann]. Hierbei ist aber eine Verdünnung durch das zugegebene Volumen an NaOH-Lösung vernachlässigt. Mit Berücksichtigung des Verdünnungseffekts erhält man pH = 2,48.

Der pH-Wert steigt zunächst also kontinuierlich leicht an. Um den Halbäquivalenzpunkt herum verläuft die Titrationskurve sehr flach, der Anstieg des pH-Werts wird verzögert. Haben wir genau 10 ml der 0,01-molaren Natronlauge zugefügt, beträgt die Stoffmenge n der Natronlauge in der Lösung genau 0,0001 mol. Sie entspricht also der Stoffmenge n der Salzsäure.

Äquivalenzpunkt = Neutralpunkt:
pH = 7.
Am Äquivalenzpunkt gilt:
$n(H_3O^+) = n(OH^-)$.

Alle H_3O^+-Ionen der Salzsäure sind zu diesem Zeitpunkt neutralisiert und der pH-Wert ist folglich gleich 7. Dieser Punkt der Titration wird Äquivalenzpunkt genannt: Der Äquivalenzpunkt stimmt mit dem Neutralpunkt überein, **es gilt: pH = 7.**

Geben wir noch mehr Natronlauge hinzu, überwiegt die Konzentration der OH^--Ionen und der pH-Wert wandert immer weiter in den alkalischen Bereich.

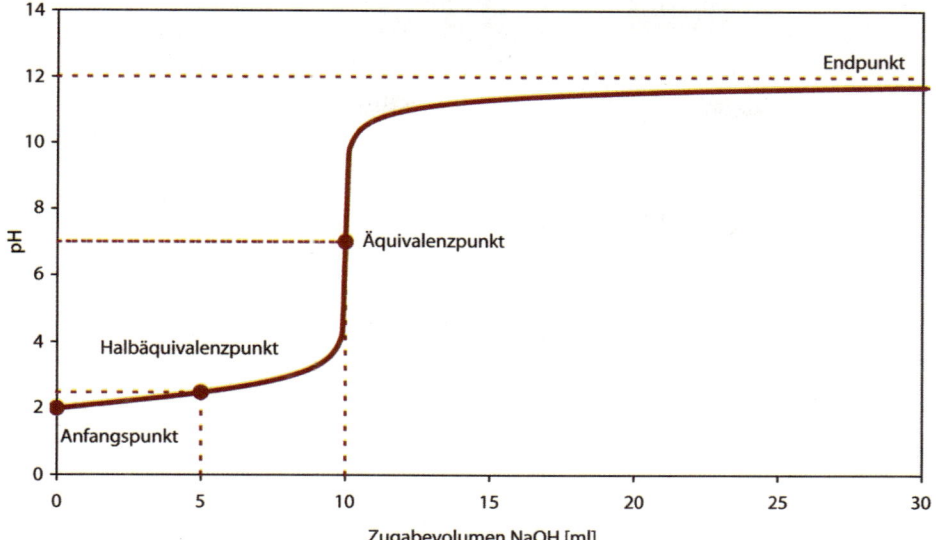

Abb. 8.28 Kurve für die Titration von 10 ml einer starken Säure (0,01-molar) mit einer starken Base (0,01-molar)

Irgendwann ist der Überschuss an Base so groß, dass der pH-Wert dem der reinen Base entspricht. Damit ist der **Endpunkt** der Titration erreicht.

Grafisch kann man die Ergebnisse dieses Versuchs in einer **Titrationskurve** darstellen. Dabei wird die Menge der zugegebenen Lösung auf der x-Achse und der pH-Wert auf der y-Achse aufgetragen. Charakteristisch für diese Kurve ist der steile Anstieg der Kurve beim Äquivalenzpunkt. Hier hat die Kurve einen Wendepunkt (**Abb. 8.28**).

Titration einer schwachen Säure mit einer starken Base

Als Zweites betrachten wir die Titration einer schwachen Säure, z. B. 100 ml einer 0,8-molaren Essigsäure ($pK_S = 4{,}75$), mit einer starken Base. Als Base verwenden wir eine 2-molare Natronlauge-Stammlösung.

Um den pH-Wert am Anfang der Reaktion zu errechnen, setzen wir die vorhandenen Werte in die oben abgeleitete Formel für schwache Säuren ein:

Anfangspunkt:

$$pH = \frac{1}{2}(pK_S - \log[\text{Säure}]_0)$$

$$pH = \frac{1}{2}(4{,}75 - \log 0{,}8) = 2{,}4.$$

Am Halbäquivalenzpunkt liegt ein Puffer vor und der pH-Wert kann, wie oben bereits beschrieben, über die Henderson-Hasselbalch-Gleichung berechnet werden. Am Halbäquivalenzpunkt ist der pH-Wert gleich dem pK_S-Wert der Essigsäure.

Halbäquivalenzpunkt:

$$pH = pK_S = 4{,}75.$$

Kommen wir nun zum Äquivalenzpunkt (**Tab. 8.8**). Dieser liegt bei der Titration einer schwachen Säure mit einer starken Base immer im alkalischen Be-

Endpunkt Titration:
$$pH = 14 - pOH = 14 + \log[\text{Base}]_0.$$

Titration schwache Säure mit starker Base.

Anfangspunkt:
$$pH = \frac{1}{2}(pK_S - \log[\text{Säure}]_0)$$

Halbäquivalenzpunkt:
$$pH = pK_S$$

◘ Tab. 8.8 Berechnung des Äquivalenzpunkts bei der Titration: 100 ml einer 0,8-mo-laren Essigsäure mit einer starken Base

	HOAc	NaOAc	Gesamtvolumen
Ausgangssituation	0,8 mol l^{-1} · 100 ml = 80 mmol	0 mmol	100 ml
Äquivalenzpunkt	0	80 mmol	(100 + 40) ml

reich. Alle Protonen der Essigsäure (hier vereinfachend abgekürzt als HOAc) wurden neutralisiert, sodass wir hier den pH-Wert einer reinen Natriumacetat-(NaOAc-)Lösung berechnen müssen. Hierfür brauchen wir zuerst die zu diesem Zeitpunkt der Reaktion vorliegenden Stoffmengen bzw. Konzentrationen:

$$HOAc + NaOH \rightleftharpoons NaOAc + H_2O$$

$$[NaOAc] = \frac{80 \, mmol}{140 \, ml} = 0{,}571 \frac{mol}{l}.$$

Die zusätzlichen 40 ml ergeben sich dadurch, dass am Äquivalenzpunkt die Stoffmengen der vorgelegten H_3O^+-Ionen und der zugegebenen OH^--Ionen gleich sein müssen: $n(H_3O^+) = n(OH^-)$. Daraus kann das Volumen der benötigten Lauge berechnet werden:

$$c(H_3O^+) \cdot V(H_3O^+) = c(OH^-) \cdot V(OH^-)$$

$$V(OH^-) = \frac{c(H_3O^+) \cdot V(H_3O^+)}{c(OH^-)} = \frac{80 \, mmol}{2 \frac{mol}{l}} = 40 \, ml$$

Äquivalenzpunkt ≠ Neutralpunkt: Der pH-Wert des Äquivalenzpunkts ergibt sich aus der pH-Wert-Berechnung für das durch die Neutralisation entstandene Salz; hier Verdünnung berücksichtigen!

Wir haben uns ja schon überlegt, dass der gesuchte pH-Wert im Alkalischen liegen muss. So können wir ihn mit Hilfe des pK_B-Werts und der eben errechneten Konzentration der Natronlauge mit folgender Formel berechnen.

Äquivalenzpunkt: 0,571-molare NaOAc-Lösung

$$pH = 14 - \frac{1}{2}(pK_B - \log[Base]_0) = 14 - \frac{1}{2}(14 - 4{,}75 - \log 0{,}571) = 9{,}25.$$

Jetzt fehlt uns zum Zeichnen der Titrationskurve nur noch der pH-Wert am Ende der Reaktion. Zum Zeitpunkt des Äquivalenzpunkts sind alle Protonen der Essigsäure verbraucht. Geben wir noch mehr Natronlauge hinzu, steigt der pH-Wert also immer weiter an, bis der pH-Wert der Natronlauge erreicht ist. Hierbei nähert sich der pH-Wert mit zunehmendem Volumen an Lauge dem Wert an, den die Natronlauge selbst ergeben würde. Das Volumen der vorgelegten Säure kann dann vernachlässigt werden. Der pH-Wert nähert sich dann am Ende der Titration asymptotisch dem Endpunkt, dem pH-Wert einer 2-molaren NaOH-Lösung, an.

Endpunkt Titration: $pH = 14 - pOH = 14 + \log[Base]_0$.

$$pH = 14 + \log[OH^-] = 14{,}3.$$

Alle diese errechneten pH-Werte können wir nun wieder in einer Titrationskurve zusammenfassen (◘ Abb. 8.29):

Diese Kurve ist allgemein flacher als die der Salzsäure. Der pH-Wert des Äquivalenzpunkts ist kleiner als 7 und der steile Anstieg des pH-Werts am Wendepunkt kürzer.

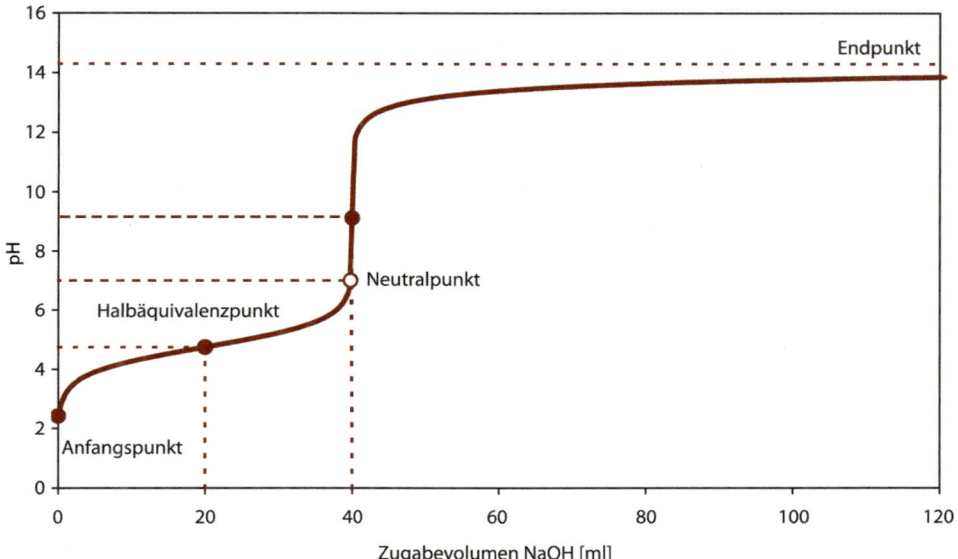

◻ Abb. 8.29 Kurve für die Titration von 100 ml einer schwachen Säure (0,8-molar) mit einer starken Base (2-molar)

Titration einer schwachen Base mit einer starken Säure

Die Titration einer **schwachen Base**, z. B. Ammoniak, mit einer **starken Säure** läuft nach dem gleichen Prinzip wie oben beschrieben ab, nur dass der pH-Wert des Anfangspunkts eben im alkalischen Bereich liegt. Der pH-Wert des Halbäquivalenzpunkts entspricht dem pK_B-Wert der Base, der des Äquivalenzpunkts liegt im sauren Bereich und der Endwert lässt sich mit Hilfe der Konzentration der starken Säure berechnen.

Titration schwache Base mit starker Säure.

Titration einer schwachen Säure mit einer schwachen Base

Die nächste Reaktion, die wir betrachten wollen, ist die Titration einer schwachen Säure mit einer schwachen Base. Die gesamte Titrationskurve verläuft flacher, da ja Anfangs- und End-pH-Wert den Werten der verwendeten Säure bzw. Base entsprechen.

Der pH-Kurvenverlauf der Titration einer Base mit einer Säure stellt einfach das Spiegelbild der Titration Säure mit Base dar.

Titration schwache Säure mit schwacher Base.

Titration einer mehrwertigen schwachen Säure mit einer starken Base

Zuletzt schauen wir uns noch die Titration einer mehrwertigen schwachen Säure mit einer starken Base an. Diese Reaktion läuft in mehreren Stufen ab, da mehrwertige Säuren, wie oben bereits beschrieben, in mehreren Schritten dissoziieren und ihre Protonen abgeben. Entsprechend besitzt auch die Titrationskurve dieser Reaktion mehrere Stufen. Die pH-Werte können über den pK_{S1}-, pK_{S2}-Wert etc. der einzelnen Reaktionsschritte mit den Formeln wie für die Titration einer einwertigen schwachen Säure mit einer starken Base berechnet werden (◻ Abb. 8.30).

Die Titration mehrwertiger Säuren/ Basen verläuft in Stufen.

Im Falle der Titration der Phosphorsäure mit Natronlauge ist die 3. Neutralisationsstufe sehr klein, sodass diese kaum noch erkannt werden kann.

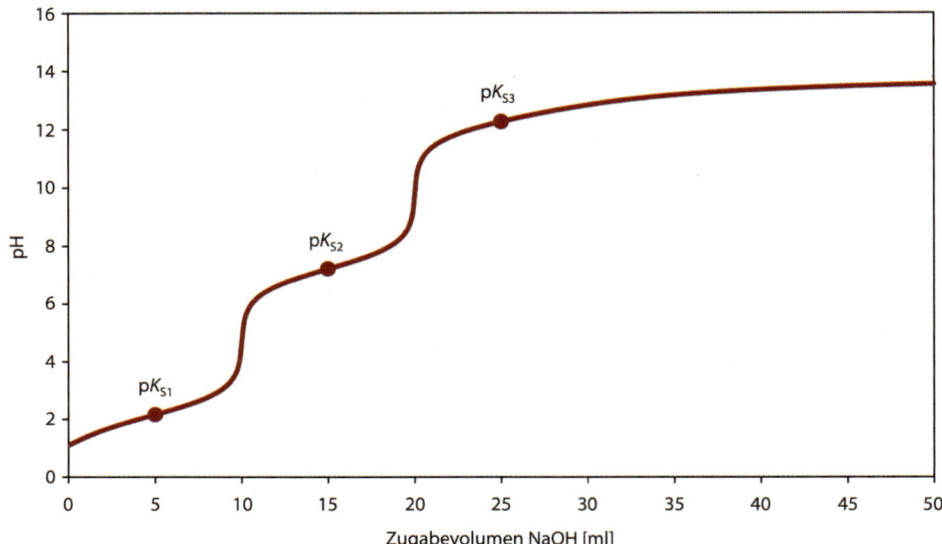

◘ Abb. 8.30 Titrationskurve für die Titration von 10 ml Phosphorsäure (1-molar) mit Natronlauge (1-molar)

8.3.4 Löslichkeitsprodukt

Geben wir in wässriger Lösung Kationen und Anionen zusammen, die ein in Wasser schlecht lösliches Salz bilden, fällt diese Verbindung aus; es bildet sich ein Bodensatz aus ungelöster Substanz. Auch hier liegt ein chemisches Gleichgewicht vor: Es geht genauso viel Salz in Lösung wie Ionen in der Lösung zusammenkommen und wieder den unlöslichen Niederschlag bilden. Die Lösung ist gesättigt, d. h., sie hat die maximale Konzentration an Ionen in der Lösung erreicht. Auch für diese Gleichgewichtsreaktion können wir das Massenwirkungsgesetz aufstellen:

$$AB_{fest} \rightleftharpoons A^+_{aq} + B^-_{aq}$$

$$K = \frac{[A^+_{aq}] \cdot [B^-_{aq}]}{[AB_{fest}]}.$$

Löslichkeitsprodukt L_P:
Sonderfall des Ionenprodukts I_P;
L_P = Ionenprodukt einer gesättigten Lösung.

Die Konzentration im reinen Feststoff bleibt bei Sättigung der Lösung immer gleich. Daher können wir eine neue Konstante aufstellen, die die Chemiker **Löslichkeitsprodukt L_P** genannt haben. Dieses ist, wie schon die Gleichgewichtskonstante, temperaturabhängig.

$$L_P = K \cdot [AB_{fest}] = [A^+_{aq}] \cdot [B^-_{aq}].$$

Betrachten wir ein schwer lösliches Salz mit mehr als zwei Ionen pro Formeleinheit, müssen wir die Konzentrationen mit den Koeffizienten der Reaktionsgleichung potenzieren.

Das heißt:

$$A_a B_{b_{fest}} \rightleftharpoons a A^{b+}_{aq} + b B^{a-}_{aq}$$

$$L_P = [A^{b+}_{aq}]^a \cdot [B^{a-}_{aq}]^b.$$

Liegt keine gesättigte Lösung vor, kann trotzdem ein Ionenprodukt gebildet werden. **Vergleicht man das Ionenprodukt I_P mit dem Löslichkeitsprodukt L_P, kann man vorhersagen, ob ein Niederschlag ausfällt oder nicht. Für den Fall, dass gilt: $I_P > L_P$, fällt so lange ein Niederschlag aus, bis $I_P = L_P$.**

Ist das Ionenprodukt größer als das Löslichkeitsprodukt, fällt ein Niederschlag aus.

kurz & knapp

— Reversible chemische Reaktionen sind Gleichgewichtsreaktionen, für die sich mit Hilfe des Massenwirkungsgesetzes (MWG) die Gleichgewichtskonstante K berechnen lässt:

$$K = \frac{k_{Hin}}{k_{Rück}} = \frac{[C] \cdot [D]}{[A] \cdot [B]}.$$

— Für $K > 1$ liegt das Gleichgewicht auf der Seite der Produkte, für $K < 1$ auf der Seite der Edukte.

— Nach Brønstedt sind Säuren Protonendonatoren und Basen Protonenakzeptoren.

— Nach Lewis sind Säuren Elektronenpaar-Akzeptoren und Basen Elektronenpaar-Donatoren.

— Protolyse = Protonen-Übertragungsreaktion = Säure-Base-Reaktion: Eine Säure gibt ein Proton ab und ihre korrespondierende/konjugierte Base nimmt es auf. Säure und korrespondierende Base sind ein Säure-Base-Paar.

— pK_S- bzw. pK_B-Wert (mit dem MWG errechnet) geben die Stärke einer Säure bzw. Base an.

— Der pH-Wert gibt Auskunft über die Protonenkonzentration einer Lösung:
  – pH < 7: Lösung reagiert sauer.
  – pH = 7: Lösung reagiert neutral.
  – pH > 7: Lösung reagiert alkalisch.

— Starke Säuren (niedriger pH-Wert): $pH = -\log[H_3O^+]$: Säure dissoziiert in Wasser vollständig.

— Starke Basen (niedriger pOH, hoher pH-Wert): $pOH = -\log[OH^-] = 14 - pH$.

— Schwache Säuren: $pH = \frac{1}{2} \cdot (pK_S - \log[Säure]_0)$.

— Schwache Base: $pH = 14 - pOH = 14 - \frac{1}{2} \cdot (pK_B - \log[Base]_0)$.

— Indikatoren = organische Farbstoffe = schwache Säuren, deren korrespondierende Basen einen anderen Farbton besitzen; Farbumschlag am pK_S-Wert.

— Puffer können den pH-Wert trotz Säure- oder Basenzugabe konstant halten. Sie bestehen aus einer schwachen Säure (Base) und ihrer korrespondierenden Base (Säure).

— Wichtigster Puffer des menschlichen Körpers: Kohlensäure-Hydrogencarbonat-Puffer.

— Titration: Ermittlung der Konzentration einer Säure (Base) durch Zugabe einer Base (Säure) bekannter Konzentration.

— Schwer lösliche Verbindungen fallen in Wasser aus. Durch das MWG kann das Löslichkeitsprodukt $L_P = [A]^a \cdot [B]^b \cdot \ldots$ berechnet werden.

8.3.5 Übungsaufgaben

Aufgabe 1

Aufgabe 1: Käuflicher Speiseessig hat üblicherweise einen Säuregehalt von ca. 5%. In einem Titrationsexperiment wurden für die Neutralisation von 100 ml eines solchen Essigs 67 ml einer 1,5-molaren NaOH-Stammlösung verbraucht.

Wie groß ist die Stoffmengenkonzentration c_0 der enthaltenen Essigsäure ($C_2H_4O_2$), wenn man annimmt, dass der Essig keine anderen Stoffe enthält, die den pH-Wert beeinflussen? Wie groß ist der genaue Massenanteil w (in %) der Essigsäure, wenn die Dichte des Essigs $1,05\,g\,cm^{-3}$ beträgt? Welchen pH-Wert besitzt der handelsübliche Essig?

Lösung 1: Das verbrauchte Volumen (67 ml) der Natronlauge-Stammlösung entspricht einer Stoffmenge:

$$c_1 \cdot V_1 = 67\,ml \cdot 1,5\,\frac{mol}{l} = 100,5\,mmol.$$

Somit waren 100,5 mmol Essigsäure in der 100-ml-Portion; dies entspricht einer Konzentration:

$$c = \frac{n}{V_1} = \frac{0,1005\,mol}{0,1\,l} = 1,005\,\frac{mol}{l}.$$

100,5 mmol Essigsäure mit dem Molgewicht $M = 2 \cdot 12 + 4 \cdot 1 + 2 \cdot 16 = 60\,g\,mol^{-1}$ entsprechen dann:

$$m = M \cdot n = 60\,\frac{g}{mol} \cdot 0,1005\,mol = 6,03\,g.$$

Das heißt: In der 100-ml-Portion waren 6,03 g Essigsäure. Da die Dichte des Essigs $1,05\,g\,cm^{-3}$ beträgt, wiegen diese 100 ml 105 g, also sind 6,03 g Essigsäure in 105 g Lösung, der Anteil beträgt damit 5,7%.

Zum Schluss fehlt nur noch der pH-Wert: Die Konzentration beträgt wie bestimmt $1,005\,mol\,l^{-1}$. Da Essigsäure mit dem pK_S-Wert 4,75 eine schwache Säure ist, muss die Näherung für schwache Säuren benutzt werden:

$$pH = \frac{1}{2}(pK_S - \log[\text{Säure}]_0) = \frac{1}{2}(4,75 - \log 1,005) = 2,37.$$

Aufgabe 2

Aufgabe 2: Wie viel von 20 ml einer 2-molaren Essigsäurelösung müssen Sie neutralisieren, um eine Acetat-Pufferlösung mit pH 4,65 herzustellen? Geben Sie hierzu die Henderson-Hasselbalch-Gleichung an.

Lösung 2:
$$pH = pK_S - \log\frac{[HA]}{[A^-]} \quad \text{bzw.} \quad pH = pK_S + \log\frac{[A^-]}{[HA]}.$$

Ziel ist jetzt ein pH-Wert von 4,65:

$$4,65 = 4,75 - \log\frac{[HA]}{[A^-]}$$

$$0,1 = \log\frac{[HA]}{[A^-]}$$

$$10^{0,1} = \frac{[HA]}{[A^-]}$$

$$\frac{[HA]}{[A^-]} = 1,26.$$

Die Säure und die korrespondierende Base müssen also im Mengenverhältnis von ca. 1,26 zu 1 stehen. Da in 20 ml 2-molarer Essigsäurelösung 40 mmol Essigsäure sind, ergibt sich mit x als Variable für die gesuchte Stoffmenge an Acetat:

$$\frac{[HA]}{[A^-]} = \frac{40-x}{x} = 1{,}26$$

$$1{,}26x = 40 - x$$

$$2{,}26x = 40$$

$$x = 17{,}7.$$

Es werden folglich 17,7 mmol Acetat benötigt; dazu muss man 8,85 ml der Essigsäurelösung neutralisieren.

Eine Probe ist immer hilfreich:

Neutralisiert man 8,85 ml einer 2-molaren Essigsäurelösung, ergibt das 17,7 mmol. Damit verbleiben noch (40 – 17,7) mmol = 22,3 mmol Säure.

$$\frac{[HA]}{[A^-]} = \frac{22{,}3}{17{,}7} = 1{,}26 \text{ (qed)}$$

Aufgabe 3: Wie groß ist die Konzentration an freien Bariumionen $[Ba^{2+}]$, wenn man festes $BaSO_4$ in eine 10^{-2}-molare Natriumsulfatlösung verrührt? Hierbei verbleibt ein Bodensatz aus festem $BaSO_4$. Das Löslichkeitsprodukt von $BaSO_4$ beträgt $L_p = 10^{-10} \, mol^2 l^{-2}$.

Aufgabe 3

Lösung 3: Die Berechnung geht davon aus, dass $BaSO_4$ wenig löslich ist. Deshalb kann man annehmen, dass $[SO_4^{2-}]$ gleichzusetzen ist mit der Sulfatkonzentration aus dem Natriumsulfat, d. h. $10^{-2} \, mol \, l^{-1}$. Die weitere Rechnung folgt dann diesem Schema:

$$L_P(BaSO_4) = [Ba^{2+}] \cdot [SO_4^{2-}] = 10^{-10} \frac{mol^2}{l^2}$$

$$[SO_4^{2-}] \approx 10^{-2} \frac{mol}{l}$$

$$[Ba^{2+}] = \frac{L_P(BaSO_4)}{[SO_4^{2-}]} = \frac{10^{-10} \frac{mol^2}{l^2}}{10^{-2} \frac{mol}{l}} = 10^{-8} \frac{mol}{l}.$$

Will man das genau berechnen, muss man berücksichtigen, dass die Sulfatkonzentration, die in das Löslichkeitsprodukt einzusetzen ist, $[SO_4^{2-}]_{Natriumsulfat} + x$ ist. Außerdem zerfällt ein Teilchen $BaSO_4$ genau in ein Teilchen Ba^{2+} und ein Teilchen SO_4^{2-}. Damit ist $[Ba^{2+}] = x$.

$$L_P(BaSO_4) = [Ba^{2+}] \cdot [SO_4^{2-}] = x \cdot [10^{-2} + x] = 10^{-10} \frac{mol^2}{l^2}$$

$$x^2 + 10^{-2} \cdot x - 10^{-10} = 0.$$

All das läuft auf eine quadratische Gleichung hinaus, die über die Mitternachtsformel gelöst werden kann:

$$x^2 + 10^{-2} \cdot x - 10^{-10} = 0$$

$$x = \frac{-10^{-2} + \sqrt{(10^{-2})^2 + 4 \cdot 10^{-10}}}{2} = 10^{-8} \frac{mol}{l}.$$

Dieser Weg hat den Vorzug, eigentlich immer anwendbar zu sein, auch wenn das Salz eine stärkere Löslichkeit zeigt. Ach ja, die zweite Lösung der Mitternachtsformel macht chemisch keinen Sinn: Es gibt keine negativen Konzentrationen.

Alles klar!

Cola als Putzmittel und Getränk

Cola hat einen pH-Wert von 2,7 und 1 l enthält 5 g Orthophosphorsäure. Phosphorsäure reagiert chemisch mit Chrom, wobei Chromphosphat ($CrPO_4$) gebildet wird. Bei der Bildung wird eventuell vorhandener Rost abgelöst und das Chromphosphat stellt eine harte Schutzschicht dar, die den Stahl vor neuen Angriffen schützt. Nach diesem Prinzip funktionieren auch im Handel erhältliche Rostschutzfarben.

Ebenso kann natürlich auch jeder Studierende die meist verchromten Armaturen in Küche und Badezimmer mit Cola wieder zum Glänzen bringen. Es empfiehlt sich nur, gründlich mit Wasser nachzuwischen, da der hohe Zuckergehalt sonst einen unangenehmen Klebefilm hinterlässt (oder ein »Light-Produkt« zu benutzen). Außerdem sorgt der niedrige pH-Wert dafür, dass sich auch der Kalk löst. Da hierbei Kohlendioxid frei wird, löst sich der Kalk auch vollständig auf (Le Chatelier hilft auch beim Putzen...):

$$CaCO_3 + 2\,H_3O^+ \rightarrow Ca^{2+} + 3\,H_2O + CO_2 \uparrow.$$

Aber müssen wir uns aufgrund der Phosphorsäure beim Colatrinken nun Sorgen um unsere Gesundheit machen? Keine Angst, natürlich nicht. Täglich nehmen wir mit unserer Nahrung große Mengen an Phosphat auf, das der Körper für viele Stoffwechselreaktionen benötigt. Der größte Phosphatspeicher des menschlichen Körpers ist unser Skelett. Phosphate sind lebensnotwendig, da sie eine entscheidende Rolle im Energiehaushalt (ATP/ADP/AMP), bei der DNA-Synthese, bei der Knochenbildung und beim Aufbau von Biomembranen spielen. Alle Phosphate, die wir mit der Nahrung aufnehmen, werden im Magen wegen dessen sauren Milieus zunächst in Phosphorsäure umgewandelt.

Insofern könnte man Cola sogar als wichtigen Mineralstofflieferanten bezeichnen. Eine Aussage, die aber nur eingeschränkt gültig ist, da wir bei normaler Ernährung Phosphate in ausreichender Menge zu uns nehmen.

8.4   Oxidation, Reduktion, Redoxreaktion

Birgit Beyrle

- Was ist eine Oxidation, eine Reduktion?
- Oxidationszahlen
- Aufstellen einer Redoxgleichung
- Redoxreihe
- Galvanisches Element
- Nernst-Potenzial
- Batterien
- Elektrolyse

Wie jetzt?

Alkohol am Steuer

»Autofahrer wurde Schlamm zum Verhängnis« – Pressemitteilung der Polizei:

»Der Führerschein ist wohl weg. Nachdem der Pkw eines 21-Jährigen im Schlamm einer Baustelle festgefahren war, versuchte der junge Mann das Fahrzeug mit durchdrehenden Reifen wieder flottzukriegen. Vom Lärm gestörte Anwohner riefen kurze Zeit später die Polizei. Doch der Fahrer hatte noch mehr Überraschungen auf Lager. Als die Ordnungshüter erschienen, stand der 21-Jährige vor seinem Fahrzeug und fragte die Beamten, ob sie ihm helfen könnten. Da die Polizisten heftigen Alkoholgeruch wahrnahmen, machten sie einen Alkoholtest und stellten einen Wert von 2,58 Promille fest.«

Da stellt sich die Frage: Wie funktioniert ein Alkoholtest chemisch gesehen?

8.4.1 Einleitung

Im vorhergehenden Abschnitt haben wir uns mit der **Übertragung von Protonen (H⁺)** von einem auf den anderen Reaktionspartner beschäftigt. Das zweite wichtige Reaktionsprinzip in der Chemie ist die **Übertragung von Elektronen (e⁻): Solche Reaktionen nennt man Redoxreaktionen.** Diese kommen in unserer Umwelt und in unserem Körper oft vor. So auch bei der Atmung, der Fotosynthese und bei der Herstellung von Metallen. Redoxreaktionen bestehen aus zwei Teilreaktionen, aus Oxidation und Reduktion.

Früher bezeichnete man eine Oxidation einfach als eine Aufnahme von Sauerstoff und eine Reduktion als Abgabe von Sauerstoff. Diese Definitionen reichen heute nicht mehr aus und mussten deshalb erweitert werden, was im Folgenden beschrieben werden soll.

> Oxidation = Aufnahme von Sauerstoff:
> $$2\,Mg + O_2 \rightarrow 2\,MgO;$$
> Reduktion = Abgabe von Sauerstoff:
> $$2\,HgO \rightarrow 2\,Hg + O_2.$$

8.4.2 Was ist eine Oxidation, was eine Reduktion?

Während in ▶ Abschn. 8.3 bei den Säuren und Basen die Übertragung von Protonen die entscheidende Größe war, geht es jetzt bei den Oxidationen und Reduktionen – oder allgemein bei Redoxprozessen – um die Übertragung von Elektronen. Wenn ein Teilchen Elektronen abgibt, wird es oxidiert, wenn es Elektronen aufnimmt, wird es reduziert.

Wird ein Oxidations- und ein Reduktionsprozess gekoppelt, spricht man von einer Redoxreaktion.

Ein Beispiel hierzu:

> Redoxchemie bedeutet Übertragung von Elektronen:
> Oxidation = Elektronenabgabe,
> Reduktion = Elektronenaufnahme.

$$
\begin{aligned}
\text{Oxidation:} \quad & 2\,Mg && \rightleftharpoons 2\,Mg^{2+} + 4e^- \\
\text{Reduktion:} \quad & O_2 + 4e^- && \rightleftharpoons 2\,O^{2-} \\
\hline
\text{Redox-Reaktion:} \quad & 2\,Mg + O_2 && \rightarrow 2\,MgO
\end{aligned}
$$

Wie man anhand der unteren Brutto-Redoxgleichung erkennen kann, sind hier die Elektronen »verschwunden«. Es braucht demnach etwas Übung, eine Redoxreaktion auch als solche zu erkennen und von Säure-Base-Reaktionen zu unterscheiden. Ein Hilfsmittel hierzu sind die weiter unten diskutierten **Oxidationszahlen.**

> Oxidationszahlen ändern sich während einer Redoxreaktion.

Es gibt Redoxreaktionen ohne die Beteiligung von Sauerstoff, was der Grund dafür war, die Definition zu erweitern. Ein Beispiel für solch einen »sauerstofflosen« Redoxprozess beobachtet man, wenn man einen Eisennagel in Kupfersulfat taucht:

$$Fe + Cu^{2+} \rightarrow Fe^{2+} + Cu.$$

Das Teilchen, das Elektronen abgibt, ist ein Reduktionsmittel, in diesem Fall Eisen; das Teilchen, das Elektronen aufnimmt, ist ein Oxidationsmittel, hier Cu^{2+}.

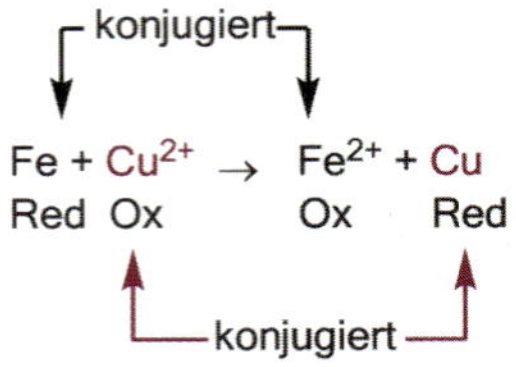

Ein Reduktionsmittel (Red) reduziert den anderen Partner, gibt dabei Elektronen ab und wird selbst oxidiert; ein Oxidationsmittel (Ox) oxidiert den anderen Partner, nimmt dabei dessen Elektronen auf und wird selbst reduziert. Im Laufe einer Redoxreaktion wird das Oxidationsmittel zum Reduktionsmittel und umgekehrt. Zwei Teilchen, die direkt über den Elektronenübertragungsprozess ineinander umgewandelt werden, nennt man **konjugiertes Redoxpaar** (◘ Abb. 8.31).

◘ **Abb. 8.31** Konjugiertes Redoxpaar

8.4.3 Oxidationszahlen

Oxidationszahlen – probates Mittel zum Erkennen von Redoxreaktionen.

Um die Elektronenabgabe und -aufnahme richtig zu verstehen und später die Redoxreaktion richtig aufzustellen, muss man die **Oxidationszahlen** der reagierenden Partner kennen. **Eine Oxidationszahl ist eine formale Ladungszahl innerhalb einer Verbindungseinheit.** Sie wird über das Teilchen geschrieben.
   Regeln:
- Bei Elementen ist die Oxidationszahl 0, z. B. $\overset{0}{Mg}$.
- Bei einfachen Ionen entspricht die Oxidationszahl der Ionenladungszahl, z. B. $\overset{+2}{Mg}{}^{2+}$.
- Wasserstoff hat in Verbindungen die Oxidationszahl +1 (Ausnahme: Hydride).
- Sauerstoff hat in Verbindungen die Oxidationszahl –2 (Ausnahme: Peroxide).
- Fluor (F) hat in Verbindungen die Oxidationszahl –1.
- Bei einer neutralen Verbindung ergibt die Summe aller Oxidationszahlen null. Dies kann dazu benutzt werden, um weitere Oxidationszahlen (OZ) abzuleiten, z. B. $\overset{+1}{H_2}\overset{+6}{S}\overset{-2}{O_4}$ (nach den Regeln oben). Da die Summe aller Oxidationszahlen null sein muss, gilt:

$$2 \cdot OZ(H) + OZ(S) + 4 \cdot OZ(O) = 0 \text{ oder: } 2 + OZ(S) - 8 = 0 \text{ also: } \overset{+1}{H_2}\overset{+6}{S}\overset{-2}{O_4}.$$

- Halogene (VII. Hauptgruppe) haben in Verbindungen die Oxidationszahl –1.
- Bei Molekülionen ergibt die Summe der Oxidationszahlen die Ionenladung, z. B.:

$$\overset{-3}{N}\overset{+1}{H_4^+} \; (-3 + 4 = +1).$$

Falls man bei einem Molekül die Regeln nicht anzuwenden weiß, gibt es einen **einfachen Trick**, um die Oxidationszahl zu bestimmen: Man zeichnet die Strukturformel des Moleküls (die muss man natürlich kennen) und fügt Keile vom elektronegativeren auf den weniger elektronegativen (»elektropositiveren«)

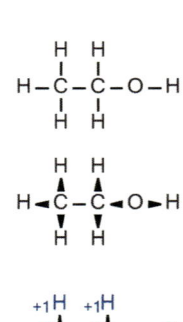

◘ **Abb. 8.32** Aufstellen der Oxidationszahlen am Beispiel des Ethanols

Partner hinzu. Die benötigten Elektronegativitätswerte kann man hierbei dem Periodensystem entnehmen. Die Atome erhalten an der Pfeilspitze jeweils »+1« und am Pfeilanfang »–1«. Zwischen zwei gleichen Atomen wird kein Pfeil gezeichnet. Wenn man nun für jedes Atom die Werte zusammenzählt, bekommt man die Oxidationszahl. Dies funktioniert vor allem bei organischen Verbindungen. Ein Beispiel ist Ethanol ($\square$ Abb. 8.32):

1. Man zeichnet die Strukturformel von Ethanol,
2. zeichnet die Keile,
3. beschriftet die Keile,
4. ausrechnen.

Nun ist auch klar: **Eine Oxidation, die eine Elektronenabgabe ist, bedeutet eine Erhöhung der Oxidationszahlen, eine Reduktion eine Erniedrigung der Oxidationszahlen.**

> Oxidation = Erhöhung der Oxidationszahl;
> Reduktion = Erniedrigung der Oxidationszahl.

8.4.4 Aufstellen einer Redoxgleichung

Regelfall

Da das Aufstellen einer Redoxgleichung wegen des Ausgleichens der stöchiometrischen Zahlen nicht in einem Schritt ausführbar ist, gibt es ein **Schema**, das man auf jede Gleichung anwenden kann:

1. Beteiligte Stoffe in Ionen dissoziiert aufschreiben.
2. **OZ** bestimmen.
3. Reduktion und Oxidation **getrennt** aufschreiben.
4. **Elektronenbilanz** bei Reduktion, Oxidation: Anzahl der Elektronen, die bei der Reduktionsgleichung benötigt wird, muss von der Oxidationsgleichung geliefert werden.
5. **Ladungsbilanz:** Die addierten Ladungen aller Edukte müssen die addierte Ladung aller Produkte ergeben.
6. **Atombilanz:** Alle Edukte müssen die gleiche Atomart und -anzahl wie alle Produkte haben.

Beispiel

Chlor wird aus Kaliumpermanganat und konzentrierter Salzsäure hergestellt. Falls man die Summenformel der einzelnen Partner nicht kennt oder nicht weiß, zu welchen Produkten sie reagieren, kann man in der Tabelle der elektrochemischen Potenziale nachschauen; diese wird später noch besprochen.

$$K^+ + MnO_4^- + H_3O^+ + Cl^- \rightarrow K^+ + Mn^{2+} + Cl_2 + H_2O$$

Man sieht, dass die stöchiometrischen Zahlen sowie der Ladungs- und Elektronenausgleich noch nicht stimmen. Nun bestimmt man die **Oxidationszahlen:**

$$\overset{+1}{K^+} + \overset{+7\ -2}{MnO_4^-} + \overset{+1\ -2}{H_3O^+} + \overset{-1}{Cl^-} \rightarrow \overset{+1}{K^+} + \overset{+2}{Mn^{2+}} + \overset{0}{Cl_2} + \overset{+1\ -2}{H_2O}$$

Daran kann man schon erkennen, dass sich für K^+, H_3O^+ und H_2O die Oxidationszahlen gar nicht ändern, sprich: Dort findet keine Oxidation/Reduktion statt! Nur das Mangan (Mn) im MnO_4^- und das Chlor müssen für den Redoxprozess berücksichtigt werden.

Jetzt betrachtet man **Reduktion und Oxidation getrennt:**

$$\text{Reduktion:}\quad \overset{+7}{MnO_4^-} + 5\,e^- \rightleftharpoons \overset{+2}{Mn^{2+}}$$

$$\text{Oxidation:}\quad 2\,\overset{-1}{Cl^-} \rightleftharpoons \overset{0}{Cl_2} + 2\,e^-$$

Bei der Reduktion werden fünf Elektronen aufgenommen, aber bei der Oxidation nur zwei freigegeben. Also muss man die Reduktion mit 2 und die Oxidation mit 5 multiplizieren, um auf das kleinste gemeinsame Vielfache zu kommen:

$$\text{Reduktion:} \quad \overset{+7}{Mn}O_4^- + 5\,e^- \rightleftharpoons \overset{+2}{Mn}^{2+} \qquad |\cdot 2$$

$$\text{Oxidation:} \quad 2\,\overset{-1}{Cl}^- \rightleftharpoons \overset{0}{Cl}_2 + 2\,e^- \quad |\cdot 5$$

Dies übernimmt man jetzt in die Reaktionsgleichung:

$$2\,\overset{+1}{K}{}^+ + 2\,\overset{+7}{Mn}\overset{-2}{O}_4^- + \overset{+1}{H}_3\overset{-2}{O}{}^+ + 10\,\overset{-1}{Cl}{}^- \rightarrow 2\,\overset{+1}{K}{}^+ + 2\,\overset{+2}{Mn}{}^{2+} + 5\,\overset{0}{Cl}_2 + \overset{+1}{H}{}_2\overset{-2}{O}.$$

Jetzt stimmt die **Ladungsbilanz** noch nicht:

Auf der linken Seite der Gleichung lautet sie: $+2-2+1-10 = -9$, auf der rechten: $+2+4 = 6$. Das heißt, auf der linken Seite fehlen 15 positive Ladungen, da bei chemischen Gleichungen auf beiden Seiten immer die gleiche Ladungssumme vorliegen muss. Da die Reaktion im sauren Medium abläuft, kann man H_3O^+-Ionen zum Ladungsausgleich einsetzen. Für Reaktionen im Alkalischen nimmt man stattdessen OH^-.

$$2\,\overset{+1}{K}{}^+ + 2\,\overset{+7}{Mn}\overset{-2}{O}_4^- + 16\,\overset{+1}{H}_3\overset{-2}{O}{}^+ + 10\,\overset{-1}{Cl}{}^- \rightarrow 2\,\overset{+1}{K}{}^+ + 2\,\overset{+2}{Mn}{}^{2+} + 5\,\overset{0}{Cl}_2 + \overset{+1}{H}{}_2\overset{-2}{O}.$$

Die Ladungsbilanz stimmt nun. Zuletzt muss noch die **Atombilanz** überprüft werden:

Links haben wir 2 K, 2 Mn, 24 O, 10 Cl und 48 H, rechts 2 K, 2 Mn, 1 O, 10 Cl und 2 H.

Der Ausgleich erfolgt über H_2O: $48/2 = 24$. Also entstehen 24 Wassermoleküle:

$$2\,\overset{+1}{K}{}^+ + 2\,\overset{+7}{Mn}\overset{-2}{O}_4^- + 16\,\overset{+1}{H}_3\overset{-2}{O}{}^+ + 10\,\overset{-1}{Cl}{}^- \rightarrow 2\,\overset{+1}{K}{}^+ + 2\,\overset{+2}{Mn}{}^{2+} + 5\,\overset{0}{Cl}_2 + 24\,\overset{+1}{H}{}_2\overset{-2}{O}.$$

Man sieht, dass hiermit auch der Ausgleich der Sauerstoffatome stimmt.

Auffällig ist, dass das Kaliumion nicht an der Reaktion teilgenommen hat, man nennt es **Begleition. In Redoxreaktionsgleichungen kann man Begleitionen weglassen.** Außerdem kann man statt H_3O^+ auch nur H^+ schreiben. Dementsprechend ist die Reaktionsgleichung bis auf die Anzahl der Wassermoleküle die gleiche.

Sonderfälle von Redoxreaktionen
Disproportionierung

Chlorwasser (Cl_{2aq}) reagiert mit Silbernitrat ($AgNO_3$) zu Silberchlorid ($AgCl$) unter Ausbildung eines weißen Niederschlags:

$$\overset{0}{Cl}_2 + 3\,H_2O \rightarrow \overset{-1}{Cl}{}^- + \overset{+1}{Cl}O^- + 2\,H_3O^+$$

$$Cl^- + Ag^+ \rightarrow AgCl\downarrow$$

Disproportionierung:
Atome mittlerer Oxidationsstufe gehen gleichzeitig in eine höhere und eine niedrigere Oxidationsstufe über.

Da bei dieser Reaktion ein Partner gleichzeitig oxidiert und reduziert wird, nennt man die Reaktion **Disproportionierung**.

Sym- oder Komproportionierung

Bei der Chlorherstellung aus HCl, Mn^{2+} und $KMnO_4$ bildet sich in einer Nebenreaktion auch Braunstein (MnO_2):

$$2\,MnO_4^- + 2\,K^+ + 3\,Mn^{2+} + 6\,Cl^- + 6\,H_2O \rightarrow 5\,MnO_2 + 2\,K^+ + 6\,Cl^- + 4\,H_3O^+$$

Reduktion: $\overset{+7}{MnO_4^-} + 3\,e^- \rightleftharpoons \overset{+4}{MnO_2}$ $\qquad |\cdot 2$

Oxidation: $\overset{+2}{Mn^{2+}} \rightleftharpoons \overset{+4}{MnO_2} + 2\,e^-$ $\quad |\cdot 3$

Da bei dieser Reaktion gleichzeitig zwei Partner zum gleichen Produkt jeweils oxidiert und reduziert werden, nennt man die Reaktion **Symproportionierung** oder **Komproportionierung**.

> Symproportionierung oder Komproportionierung:
> Umkehrung der Disproportionierung

8.4.5 Redoxreihe

Metalle haben ein unterschiedliches Bestreben, Elektronen abzugeben, oder andersrum gesagt, ihre Ionen haben ein unterschiedliches Bestreben, Elektronen aufzunehmen. Dementsprechend lässt sich eine Redoxreihe aufstellen (◘ Abb. 8.33, ◘ Tab. 8.9).

Metalle, die ungern oxidiert werden, nennt man **Edelmetalle**, sie stehen in ◘ Abb. 8.33 unter H. Metalle, die gern oxidiert werden, nennt man **unedle Metalle**, sie stehen über H. **Unedle Metalle sind deshalb viel bessere Reduktionsmittel als Edelmetalle. Und Edelmetallionen sind viel bessere Oxidationsmittel als Ionen unedler Metalle.**

Eine spontane Redoxreaktion kann nur eintreten, wenn ein Partner, der links oben in ◘ Abb. 8.33 steht, Elektronen an einen Partner abgibt, der rechts unten steht.

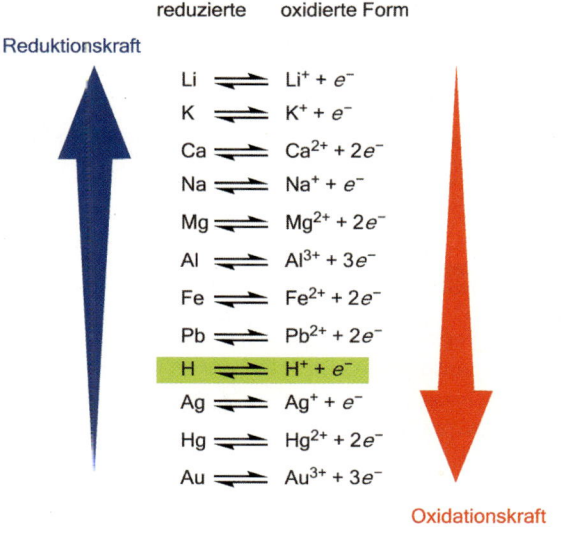

◘ **Abb. 8.33** Spannungsreihe

◘ **Tab. 8.9** Normalpotenzial bzw. Standardpotenzial E_0 (▶ Abschn. 8.4.6) ausgewählter Systeme (Standardbedingungen: Druck: 1,1013 bar, Temperatur 25 °C (298 K), Konzentration: 1 mol l^{-1})

Element	Oxidierte Form	Elektronen		Reduzierte Form	E_0 [V]
Fluor (F)	F_2	$+2\,e^-$	$\rightleftharpoons$	$2\,F^-$	+2,87 V
Sauerstoff (O)	$H_2O_2 + 2\,H_3O^+$	$+2\,e^-$	$\rightleftharpoons$	$4\,H_2O$	+1,78 V
Gold (Au)	Au^{3+}	$+3\,e^-$	$\rightleftharpoons$	Au	+1,42 V
Chlor (Cl)	Cl_2	$+2\,e^-$	$\rightleftharpoons$	$2\,Cl^-$	+1,36 V
Brom (Br)	Br_2	$+2\,e^-$	$\rightleftharpoons$	$2\,Br^-$	+1,07 V
Quecksilber (Hg)	Hg^{2+}	$+2\,e^-$	$\rightleftharpoons$	Hg	+0,85 V
Silber (Ag)	Ag^+	$+e^-$	$\rightleftharpoons$	Ag	+0,80 V
Schwefel (S)	S	$+2\,e^-$	$\rightleftharpoons$	S^{2-}	+0,48 V
Kupfer (Cu)	Cu^{2+}	$+2\,e^-$	$\rightleftharpoons$	Cu	+0,34 V
Zinn (Sn)	Sn^{4+}	$+2\,e^-$	$\rightleftharpoons$	Sn^{2+}	+0,15 V
Wasserstoff (H_2)	$2\,H^+$	$+2\,e^-$	$\rightleftharpoons$	H_2	0
Eisen (Fe)	Fe^{3+}	$+3\,e^-$	$\rightleftharpoons$	Fe	−0,04 V
Blei (Pb)	Pb^{2+}	$+2\,e^-$	$\rightleftharpoons$	Pb	−0,13 V
Zinn (Sn)	Sn^{2+}	$+2\,e^-$	$\rightleftharpoons$	Sn	−0,14 V
Eisen (Fe)	Fe^{2+}	$+2\,e^-$	$\rightleftharpoons$	Fe	−0,41 V
Zink (Zn)	Zn^{2+}	$+2\,e^-$	$\rightleftharpoons$	Zn	−0,76 V
Wasserstoff	$2\,H_2O$	$+2\,e^-$	$\rightleftharpoons$	$H_2 + 2\,OH^-$	−0,83 V
Chrom (Cr)	Cr^{2+}	$+2\,e^-$	$\rightleftharpoons$	Cr	−0,91 V
Aluminium (Al)	Al^{3+}	$+3\,e^-$	$\rightleftharpoons$	Al	−1,66 V
Magnesium (Mg)	Mg^{2+}	$+2\,e^-$	$\rightleftharpoons$	Mg	−2,38 V
Natrium (Na)	Na^+	$+e^-$	$\rightleftharpoons$	Na	−2,71 V
Kalium (K)	K^+	$+e^-$	$\rightleftharpoons$	K	−2,92 V
Lithium (Li)	Li^+	$+e^-$	$\rightleftharpoons$	Li	−3,02 V

Hätten Sie's gewusst?

Korrosion am Auspuff – ein teures Ende
Der Auspuff fällt oft erst auf, wenn er laut wird. Dann ist es bereits zu spät, ein neuer muss her. Und das kann richtig ins Geld gehen. Meist kommt das Ende mit Schrecken: Dann wird es plötzlich extrem laut unterm Auto oder der Auspuff schleift gar funkensprühend über den Asphalt.
Allerdings zerstört sich der Auspuff nicht schlagartig, sondern schleichend. Wobei gegen Naturgewalten wenig auszurichten ist, denn um Regen oder Streusalz können höchstens Autosammler einen Bogen machen. Aber jeder Autofahrer kann das Rosten von innen verlangsamen. Die Lösung ist ganz einfach: Kurzstrecken vermeiden! Denn dabei erwärmt sich die Anlage

nicht genug, in den Schalldämpfern staut sich Kondenswasser – pro verbrauchtem Liter Benzin 1 l Wasser. In Verbindung mit den Abgasen bilden sich daraus schwache Säuren, die den Blechmantel der Auspufftöpfe angreifen.

Jedoch sind vor allem Auspuffanlagen moderner Autos inzwischen sehr widerstandsfähig gegen Korrosion. Viele Hersteller fordern von ihren Auspuffherstellern zumindest für die innere Hülle ihrer doppelwandigen Schalldämpfer Edelstahl als Material; für die Außenhülle kommt, je nach Preis, aluminiumbeschichtetes Stahlblech oder Edelstahl zum Einsatz. Unedle Metalle werden durch saure Flüssigkeiten oxidiert, diesen Vorgang nennt man **Säurekorrosion**. Salzsäure reagiert mit Eisen, es entsteht Wasserstoff. Dies ist eine Redoxreaktion:

$$Fe + 2\,H^+ \;\rightarrow\; Fe^{2+} + H_2$$

$$Fe + 3\,H^+ \;\rightarrow\; Fe^{3+} + \frac{3}{2}\,H_2.$$

Fe gibt Elektronen ab, wird also oxidiert, das Proton nimmt Elektronen auf, wird also reduziert. Fe ist das Reduktionsmittel, das Proton das Oxidationsmittel.

8.4.6 Galvanisches Element

Beispiel galvanisches Element

Ein Kupferstab taucht in eine $CuSO_4$-Lösung, dies ist eine Halbzelle. Die Halbzelle ist über eine Salzbrücke (oder ein Gefäß mit Diaphragma) mit einer anderen Halbzelle verbunden, in diesem Fall mit einer, in der ein Zinkstab in eine $ZnSO_4$-Lösung taucht (◘ Abb. 8.34).

Da Zn ein besseres Reduktionsmittel ist als Cu, überwiegt in der Zinkhalbzelle der Lösungsdruck ($Zn \rightarrow Zn^{2+} + 2\,e^-$). In der Kupferhalbzelle überwiegt hingegen der Abscheidungsdruck ($Cu^{2+} + 2\,e^- \rightarrow Cu$). Das heißt, in jeder Halbzelle existiert ein charakteristisches Potenzial, entsprechend der Reduktions- bzw. Oxidationsstärke des betreffenden Redoxpaars. Ein galvanisches Element mit einer Kupfer- und einer Zinkhalbzelle nennt man **Daniell-Element**.

In einer Halbzelle taucht eine Elektrode in einen geeigneten Elektrolyten (= ionenleitendes Medium).

Verknüpft man zwei Halbzellen, erhält man ein galvanisches Element.

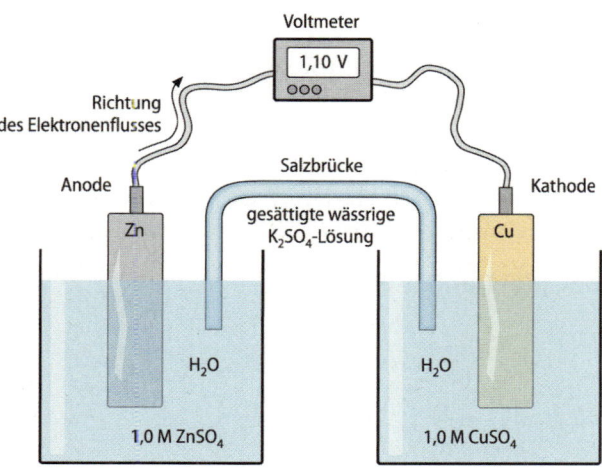

◘ **Abb. 8.34** Galvanisches Element

Voltmeter

1,10 V
○○○

Richtung
des Elektronenflusses

Salzbrücke

Anode

Kathode

gesättigte wässrige
K_2SO_4-Lösung

Zn

Cu

H_2O

H_2O

1,0 M $ZnSO_4$

1,0 M $CuSO_4$

Standard-Wasserstoffhalbzelle

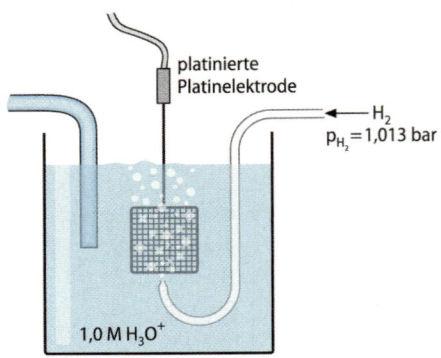

Werden zwei unterschiedliche Halbzellen leitend verbunden, so finden folgende Reaktionen statt:

- Halbzelle mit dem stärkeren Reduktionsmittel:
  $Zn \rightarrow Zn^{2+} + 2\,e^-$ Oxidation; also ist dies die Donatorhalbzelle.
- Halbzelle mit dem stärkeren Oxidationsmittel:
  $Cu^{2+} + 2\,e^- \rightarrow Cu$ Reduktion, also ist dies die Akzeptorhalbzelle.

Kationen wandern zur Kathode. Dort ist der Ort der Reduktion.

An der Kathode wird reduziert. Also liegt an der Kupferhalbzelle der Pluspol = Kathode und an der Zinkhalbzelle der Minuspol = Anode. Allgemein gilt: Bei einer Elektrolyse ist die Kathode die negative Elektrode, die Anode ist die positive Elektrode; bei Batterien und galvanischen Elementen aber ist die Kathode die positive Elektrode und die Anode die negative Elektrode.

Wird ein Voltmeter in den Stromkreis eingebaut bzw. eine Gegenspannung angelegt, so ist kein Stromfluss möglich, es wird nur die Potenzialdifferenz zwischen beiden Halbzellen als Spannung gemessen.

Das elektrochemische Potenzial eines Redoxpartners allein ist nicht messbar. Man benötigt eine Bezugshalbzelle: die **Standard-Wasserstoffhalbzelle** (◻ Abb. 8.35). Eine platinierte Platinelektrode taucht in eine 1-molare saure Lösung bei 298 K und 1013 hPa. **Das elektrochemische Potenzial der Standard-Wasserstoffhalbzelle beträgt vereinbarungsgemäß null: $E_0(\frac{1}{2}\,H_2/H^+) = 0$. E_0 bedeutet Normalpotenzial oder auch Standardpotenzial.**

Wird eine beliebige Halbzelle mit einem Redoxpaar mit der Standard-Wasserstoffhalbzelle verschaltet, so misst man eine bestimmte Spannung. Diese entspricht dem Standardpotenzial des beliebigen Redoxpaares. Der Pol dieser beliebigen Halbzelle ergibt das Vorzeichen des Potenzials.

Auf diese Weise wurde die sog. Spannungsreihe mit den Standardpotenzialen der einzelnen Redoxpaare festgelegt (◻ Tab. 8.9).

Nun können wir die Potenzialdifferenz berechnen, das ein Voltmeter anzeigen würde, wenn wir zwei beliebige Halbzellen miteinander verschalten.

$\Delta E_0 = E_0{}_{\textbf{Akzeptorhalbzelle}}$
$- E_0{}_{\textbf{Donatorhalbzelle}}$
Merkspruch:
»AEDo«.

$$\Delta E_0 = E_0{}_{\textbf{Akzeptorhalbzelle}} - E_0{}_{\textbf{Donatorhalbzelle}}$$

Bei einem galvanischen Element fließen die Elektronen immer vom Partner mit dem negativeren Potenzial zu dem Partner mit dem positiveren.

Beispiel Daniell-Element

$$\Delta E_0 = E_0\frac{Cu}{Cu^{2+}} - E_0\frac{Zn}{Zn^{2+}}$$

$$\Delta E_0 = +0{,}35\,V - (-0{,}76\,V)$$

$$\Delta E_0 = 1{,}11\,V.$$

Chemie

Wie schon oben erwähnt, findet eine Redoxreaktion nur spontan statt, wenn Elektronen vom Partner links oben zum Partner rechts unten fließen. Dies können wir jetzt an ◻ Tab. 8.9 ablesen:

So findet also eine Redoxreaktion statt, bei der Zn zwei Elektronen an Cu^{2+} abgibt, allerdings z. B. keine Reaktion, bei der Ag ein Elektron an K^+ abgeben soll.

Dies können wir auch unter folgender Vorgabe berechnen: **Läuft eine Redoxreaktion spontan ab, dann ist die Spannung zwischen den beiden Halbzellen positiv.**

> Läuft eine Redoxreaktion spontan ab, dann ist die Spannung zwischen den beiden Halbzellen positiv.

$$\Delta E_0 = E_0 \frac{Cu}{Cu^{2+}} - E_0 \frac{Zn}{Zn^{2+}} = 1{,}11 \, V; \quad \text{die Spannung ist positiv}$$

$$\Delta E_0 = E_0 \frac{K}{K^+} - E_0 \frac{Ag}{Ag^+} = -3{,}72 \, V; \quad \text{die Spannung ist negativ.}$$

8.4.7 Nernst-Potenzial

Die Potenziale sind abhängig von Konzentration und Temperatur des Lösungsmittels. Bisher sind wir davon ausgegangen, dass die Metalllösungen 1-molar sind und bei 298 K gemessen wird. Verändern wir die Konzentration oder die Temperatur, verändert sich das Potenzial auch.

Für die Konzentrationsabhängigkeit der elektrochemischen Potenziale (elektromotorischen Kraft, EMK) gilt die **Nernst-Gleichung**:

> Die Nernst-Gleichung beschreibt die Konzentrationsabhängigkeit der elektromotorischen Kraft (EMK).

$$E = E_0 + \frac{R \cdot T}{z \cdot F} \cdot \ln\left(\frac{c_{ox}}{c_{red}}\right).$$

R = Gaskonstante = $8{,}3144621 \, J \, mol^{-1} \, K^{-1}$, T = Temperatur (Standard sind 298 K), z = Anzahl übertragener Elektronen, F = Faraday-Konstante = $96485{,}3365 \, C \, mol^{-1}$, c_{red} = Konzentration der reduzierten Form, c_{ox} = Konzentration der oxidierten Form.

Die Nernst-Gleichung kann vereinfacht werden, wenn man T = 298 K annimmt, die Werte für R und F einsetzt und den natürlichen in den dekadischen Logarithmus umwandelt (▶ Abschn. 1.4.3):

$$E = E_0 + \frac{0{,}059 \, V}{z} \cdot \log \frac{c_{ox}}{c_{red}}.$$

Anwendungen der Nernst-Gleichung zeigen folgende **Beispiele**:

Cu/Cu^{2+}-Halbzelle, $c(Cu^{2+}) = 0{,}001 \, mol \, l^{-1}$:

$$E_{Cu/Cu^{2+}} = E_0 + \frac{0{,}059 \, V}{2} \cdot \log \frac{c_{Cu^{2+}}}{c_{Cu}}.$$

c(Cu) entfällt bei elementaren Metallen, da sich die Konzentration des festen Metalls im Laufe der Reaktion nicht ändert:

$$E_{Cu/Cu^{2+}} = 0{,}35V + \frac{0{,}059 \, V}{2} \cdot \log 0{,}001 = 0{,}262 \, V.$$

2 Cl^-/Cl_2-Halbzelle, $c(Cl^-) = 0{,}05 \, mol \, l^{-1}$:

$$E_{Cl^-/Cl_2} = E_0 + \frac{0{,}059 \, V}{2} \cdot \log \frac{c_{Cl_2}}{(c_{Cl^-})^2}.$$

$c(Cl_2)$ entfällt bei elementaren Nichtmetallen:

$$E_{Cl^-/Cl_2} = 1{,}36 \, V + \frac{0{,}059 \, V}{2} \cdot \log\left(\frac{1}{0{,}05^2}\right) = 1{,}44 \, V.$$

8.4.8 Batterie

In einer Batterie wird chemische in elektrische Energie umgesetzt.

In einer Batterie wird chemische Energie in elektrische umgesetzt (◘ Abb. 8.36). **Eine Batterie besteht aus einem Minuspol (Anode), der oxidiert wird, einem Pluspol (Kathode), der reduziert wird, und einem Elektrolyten mit guter elektrischer Leitfähigkeit.**

◘ **Abb. 8.36** Alkali-Mangan-Batterie

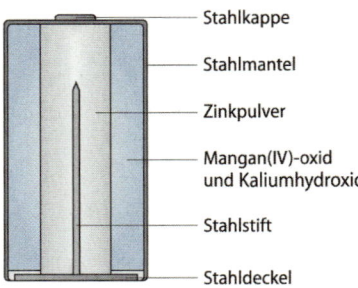

Stahlkappe

Stahlmantel

Zinkpulver

Mangan(IV)-oxid und Kaliumhydroxid

Stahlstift

Stahldeckel

Alkali-Mangan-Batterie: Pluspol aus Mangan(IV)-oxid wird reduziert, Minuspol aus Zink wird oxidiert.

Der Elektrolyt ist alkalisch und besteht aus Kaliumhydroxid. Der Pluspol besteht aus Mangan(IV)-oxid, der Minuspol aus Zink:

$$\text{Minuspol: } Zn \rightarrow Zn^{2+} + 2\,e^-$$

$$\text{Pluspol: } 2\,MnO_2 + 2\,e^- + 2\,H_2O \rightarrow 2\,MnO(OH) + 2\,OH^-.$$

Die entstandenen Zink- und Hydroxidionen wandern in den Elektrolyten und würden hier schwer lösliches Zinkhydroxid bilden und die Leitfähigkeit verringern. Da aber im Elektrolyten bereits eine Konzentration an Hydroxidionen vorhanden ist, wird dies verhindert – es bildet sich leicht lösliches $Zn(OH)_4{}^{2-}$.

$$Zn(OH)_2 + 2\,OH^- \rightarrow \left[Zn(OH)_4\right]^{2-}.$$

Je länger man die Batterie verwendet, umso mehr Zink löst sich auf und es entsteht schwer lösliches Zinkhydroxid. Das heißt, der Innenwiderstand nimmt zu und die Batterie kann immer weniger Energie liefern.

$$Zn^{2+} + 2\,OH^- \rightarrow Zn(OH)_2$$

8.4.9 Elektrolyse

Bei einer Elektrolyse wird elektrische Energie in chemische umgewandelt; es ist die Umkehrung der in einer Batterie spontan ablaufenden Redoxreaktion.

Eine Elektrolyse beim Laden einer Batterie ist die Umkehrung der spontan ablaufenden Redoxreaktion. Der Ablauf einer Redoxreaktion wird durch elektrische Energie erzwungen. Die elektrische Energie wird in chemische umgewandelt (◘ Abb. 8.37).

Es gilt:

— Minuspol: Kathode (bei galvanischen Elementen ist es umgekehrt!), hier findet die Reduktion statt.
— Pluspol: Anode, hier findet die Oxidation statt.

Theoretisch könnten beiden Reaktionen ablaufen, wie man in der Spannungstabelle sieht.

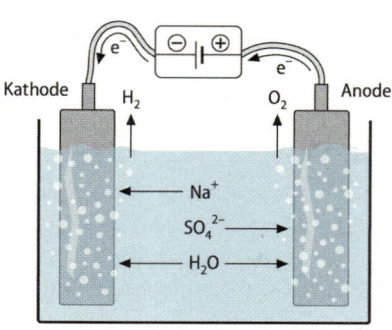

Abb. 8.37 Elektrolyse einer wässrigen Na_2SO_4-Lösung

Minuspol – Kathode und Reduktion:

[a] $Na^+ + e^- \rightarrow Na$ $\qquad E_0 = -2{,}71\,V.$

[b] $2\,H_2O + 2\,e^- \rightarrow H_2 + 2\,OH^-$ $\quad E_0(pH = 7) = -0{,}41\,V.$

Das bessere Oxidationsmittel wird reduziert.

Pluspol – Anode und Oxidation:

[c] $2\,SO_4^{2-} \rightarrow S_2O_8^{2-} + 2\,e^-$ $\qquad E_0 = 2{,}01\,V.$

[d] $3\,H_2O \rightarrow \frac{1}{2}\,O_2 + 2\,H_2O^+ + 2\,e^-$ $\quad E_0(pH = 7) = 0{,}82\,V.$

Das bessere Reduktionsmittel mit dem kleineren Potenzial wird oxidiert:

[b]+[d]: $\quad H_2O \rightarrow H_2 + \frac{1}{2}\,O_2\,.$

$E = 0{,}82\,V - (-0{,}41\,V) = 1{,}23\,V.$

Die beiden Teilreaktionen, deren Potenziale am engsten zusammenliegen, laufen ab; d. h., ihre Potenzialdifferenz ist am kleinsten.

Der durch äußere Spannung verursachte Stromfluss erzeugt ein galvanisches Element. Eine sichtbare Elektrolyse tritt erst ein, wenn die äußere Spannung gleich oder größer ist als die Spannung des galvanischen Elements. Diese Spannung heißt Abscheidungspotenzial (Zersetzungsspannung).

Wenn man die Zersetzungsspannung berechnet, stellt man fest, dass die experimentell gemessene größer ist, diese Differenz heißt Überspannung. Überspannung tritt vor allem auf, wenn bei der Elektrolyse Gase abgeschieden werden. Die Überspannung hängt ab von der Art des Gases, dem Elektrodenmaterial und der Elektrodenoberfläche.

Der durch äußere Spannung verursachte Stromfluss erzeugt ein galvanisches Element. Eine sichtbare Elektrolyse tritt ein, wenn das Abscheidungspotenzial (Zersetzungsspannung) erreicht ist.

kurz & knapp

- **Oxidation** = Elektronenabgabe; **Reduktion** = Elektronenaufnahme.
- **Oxidationsmittel** oxidiert, nimmt somit Elektronen auf und wird selbst reduziert.
- **Reduktionsmittel** reduziert, gibt Elektronen ab und wird selbst oxidiert.
- Kopplung von Reduktion und Oxidation → **Redoxreaktion**.

- **Oxidationszahlen** sind formale Ladungen; Änderungen der Oxidationszahlen im Laufe einer Reaktion zeigen Redoxreaktionen an.
- **Stöchiometrische Redoxgleichungen aufstellen:**
  1. Edukte sammeln.
  2. Teilgleichungen für Reduktion und Oxidation.
  3. Teilgleichungen so kombinieren, dass die Zahl der abgegebene Elektronen der Anzahl der aufgenommenen entspricht (**Elektronenbilanz**).
  4. Ladungen ausgleichen, indem man bei Reaktion im Sauren H^+- oder H_3O^+-Ionen bzw. bei Reaktion im alkalischen OH^--Ionen zufügt (**Ladungsbilanz**).
  5. Ausgleich H und O durch Wassermoleküle (**Atombilanz**).
- **Spannungsreihe:** Potenzial gegen die Normal-Wasserstoffzelle = Standardpotenzial oder Normalpotenzial E_0.
- Durch Zusammenschalten zweier Halbzellen – einer Donor- und einer Akzeptorzelle – entsteht ein **galvanisches Element**. Chemische Energie wird in elektrische Energie umgewandelt (**Batterie**).
- Die **Nernst-Gleichung** beschreibt die Temperatur- und Konzentrationsabhängigkeit des elektrochemischen Potenzials.
- **Elektrolyse:** Umkehrung einer spontan ablaufenden Redoxreaktion.

8.4.10 Übungsaufgaben

Aufgabe 1

Aufgabe 1: Oxidationszahl: Bestimmen Sie die Oxidationszahlen von $HClO_4$, MnO_4^-, H_2S, H_2.

Lösung 1: $\overset{+1\ +7\ -2}{HClO_4}$, $\overset{+7\ \ -2}{MnO_4^-}$, $\overset{+1\ -2}{H_2S}$, $\overset{0}{H_2}$

Aufgabe 2

Aufgabe 2: Redoxreaktion: Stellen Sie die Reaktionsgleichung von Kaliumpermanganat mit Eisensulfat in saurer Lösung (Schwefelsäure) auf.

Lösung 2:

$$K^+ + MnO_4^- + 5\,Fe^{2+} + 5\,SO_4^{2-} + 8\,H_3O^+ + 4\,SO_4^{2-}$$
$$\rightarrow K^+ + Mn^{2+} + 5\,Fe^{3+} + 9\,SO_4^{2-} + 12\,H_2O$$

- Reduktion: $MnO_4^- + 5\,e^- \rightarrow Mn^{2+}$
- Oxidation: $Fe^{2+} \rightarrow Fe^{3+} + e^- \quad |\cdot 5$

Aufgabe 3

Aufgabe 3: Galvanische Elemente: Berechnen Sie die Spannung zwischen einer Magnesium- und einer Zinkhalbzelle.

Lösung 3: Da Magnesium laut ◻ Tab. 8.9 das bessere Reduktionsmittel ist, ist dies die Donatorhalbzelle. Zink ist so die Akzeptorhalbzelle.

$$\Delta E_0 = E_0\,(\textbf{A}kzeptorhalbzelle) - \textbf{E}_0\,(\textbf{Do}natorhalbzelle)$$

$$\Delta E_0 = E_0\ \frac{Zn}{Zn^{2+}} - \frac{Mg}{Mg^{2+}}$$

$$\Delta E_0 = -0{,}76\,V - (-2{,}38\,V) = 1{,}62\,V.$$

Alles klar!

Chemie beim Alkoholtest

Alcotest-Röhrchen zur Überprüfung des Alkoholpegels enthalten Schwefelsäure und Kaliumdichromat ($K_2Cr_2O_7$). Bei Anwesenheit von Alkohol (Ethanol) verfärbt sich der Inhalt des Röhrchens von orangerot nach grün. Ist dies der Fall, können die Polizeibeamten den Fahrer mit auf die Polizeiwache nehmen und dort von einem Arzt Blut abnehmen lassen zur genaueren Bestimmung des Alkoholpegels. Die Reaktion im Alcotest-Röhrchen ist eine Redoxreaktion. Ethanol wird zu Ethanal oxidiert und Dichromat-Ionen werden zu Cr^{3+}-Ionen reduziert. Die Reaktion findet im sauren Milieu (Schwefelsäure) statt.

Zur Verdeutlichung wird nochmals gezeigt, wie man eine Redoxreaktion mit Halbstrukturformel aufstellt:

$$2\,K^+ + Cr_2O_7^{2-} + 2\,H_3O^+ + SO_4^{2-} + H_3C{-}CH_2{-}OH$$
$$\rightarrow 2\,K^+ + 2\,Cr^{3+} + H_2O - SO_4^{2-} + H_3C{-}CHO.$$

Zur Erinnerung: Es sind $2\,K^+$, weil die Summenformel $K_2Cr_2O_7$ heißt und zum Ausgleich der zweifach negativen Ladung von $Cr_2O_7^{2-}$ eine zweifach positive Ladung benötigt wird.

Die Oxidationszahl des Chroms im Dichromat ist $+6$, das entscheidende Kohlenstoffatom im Ethanol hat OZ -1, im Ethanal $+1$.

Reduktion: $\qquad Cr_2O_7^{2-} + 6\,e^- \rightarrow 2\,Cr^{3+}$

Oxidation: $\qquad C(\text{Ethanol}) \rightarrow C(\text{Ethanal}) + 2\,e^- \quad |\cdot 3$

$$2\,K^+ + Cr_2O_7^{2-} + 2\,H_3O^+ + SO_4^{2-} + 3\,H_3C{-}CH_2{-}OH$$
$$\rightarrow 2\,K^+ + 2\,Cr^{3+} + H_2O + SO_4^{2-} + 3\,H_3C{-}CHO.$$

Ladungsbilanz: links: 0; rechts: $+6$.

Also fügen wir links weitere $6\,H_3O^+$ zu, das ergibt insgesamt $8\,H_3O^+$. Und da Schwefelsäure die Formel H_2SO_4 hat, muss man $8:2 = 4$ Moleküle Schwefelsäure hinzufügen; da sich damit auf der rechten Seite ebenfalls 4 Sulfationen ergeben, spielt das auch bei der Ladungsbilanz keine Rolle mehr.

$$2\,K^+ + Cr_2O_7^{2-} + 8\,H_3O^+ + 4\,SO_4^{2-} + 3\,H_3C{-}CH_2{-}OH$$
$$\rightarrow 2\,K^+ + 2\,Cr^{3+} + H_2O + 4\,SO_4^{2-} + 3\,H_3C{-}CHO.$$

Atombilanz: links 34 O, 42 H; rechts: 20 O, 14 H.

Differenz: 14 O und 28 H. Man braucht folglich noch 14 zusätzliche H_2O-Moleküle zum Ausgleich.

$$2\,K^+ + Cr_2O_7^{2-} + 8\,H_3O^+ + 4\,SO_4^{2-} + 3\,H_3C{-}CH_2{-}OH$$
$$\rightarrow 2\,K^+ + 2\,Cr^{3+} + 15\,H_2O + 4\,SO_4^{2-} + 3\,H_3C{-}CHO.$$

Vermutlich war den Leuten diese Rechnerei zu kompliziert und die Polizei setzt heute keine Dichromat-Alcotest-Röhrchen mehr ein, sondern elektronische Messgeräte. Aber auch hier hat das Messprinzip – neben optischen (spektroskopischen) Methoden – noch etwas mit Redoxchemie zu tun!

8.5   Chemische Reaktionsenergetik und -kinetik

Karin Baur

- Begriffserklärung
- Energetik
  - 1. Hauptsatz der Thermodynamik
  - Reaktionsenthalpie
  - Entropie
  - Gibbs freie Energie
- Kinetik
  - Reaktionsgeschwindigkeit
  - Aktivierungsenergie
  - Katalyse
  - Reaktionsordnung

Wie jetzt?

Airbag

Nicht viele Studenten können oder wollen eine Uni in unmittelbarer Nähe zu ihrem Elternhaus besuchen. Deshalb müssen sie oft weite Wege zwischen Ausbildungsstätte und Familie pendeln. Zug, Bus oder andere Mitfahrgelegenheiten gelten als eher unpraktisch und so nutzt, wer kann, bevorzugt das Auto. Das ist allerdings nicht ganz ungefährlich: Jährlich sterben in Deutschland zirka 4000 Menschen bei Autounfällen. Dass diese Zahl nicht noch größer ist, haben wir einer Erfindung aus den 1950er Jahren zu verdanken. Sie schützt Fahrer und Beifahrer davor, gegen Lenkrad, Armaturen oder Windschutzscheibe geschleudert zu werden. Gemeint ist der Airbag, der mittlerweile serienmäßig in alle Neuwagen eingebaut wird. Grundlage des Funktionsmechanismus kann das an sich sehr gefährliche Natriumazid (NaN_3) sein: Aus wenig Substanz kann sehr schnell und effizient ein große Gasmenge zum Aufblasen des Airbags gewonnen werden. Natriumazid wird beim Aufprall elektrisch gezündet, explodiert und der entstehende Stickstoff entweicht in kürzester Zeit in einen Plastiksack. Um den Schädel der Insassen nicht versehentlich zu verletzen, ist es von großer Bedeutung, dass sich der Airbag nur bis zu einer bestimmten Größe aufbläst und auch nur dann, wenn er tatsächlich gebraucht wird. Dann muss es allerdings sehr schnell gehen, um die Bewegung des Kopfs und Oberkörpers nach vorn rechtzeitig abfangen zu können. Um diese Größen, Geschwindigkeit und Produktmenge, berechnen zu können, bedient man sich der Energetik und Kinetik dieser chemischen Reaktion.

8.5.1   Begriffsklärung

Bei einer chemischen Reaktion wandeln sich Stoffe samt ihrer Eigenschaften und Energiegehalte ineinander um. Dafür gibt es einige Regeln, die aus Experimenten abgeleitet sind und den Ausgang einer Reaktion ohne deren Durchführung vorhersagen können.

Die Energiebilanz einer Reaktion ist gleichwertig neben ihrer Stoffbilanz zu betrachten. Zumindest offiziell…

Dieses Kapitel handelt also von Energien. Doch was genau ist jetzt **Energetik** im Gegensatz zu **Kinetik**?

Die Energetik beschreibt die Änderung der Energiezustände der beteiligten Moleküle vor und nach einer Reaktion. Sie betrachtet dabei nur den Anfangs- und Endzustand einer Reaktion unabhängig vom Weg, auf dem der Endzustand erreicht wird. Damit lässt sich beurteilen, wie vollständig eine Reaktion abläuft. Für eine Gleichgewichtsreaktion bedeutet das Auskunft darüber, welche Konzentrationen Edukte und Produkte nach Erreichen des Gleichgewichts haben. Dies ist besonders für chemische Reaktionen in lebenden Organismen sowie für die Chemie- und Pharmaindustrie von großer Bedeutung.

Die Kinetik beschreibt die Geschwindigkeit, mit der sich die Konzentrationen der Edukte und Produkte ändern. Sie quantifiziert die Geschwindigkeit einer Reaktion, wie rasch also ein chemisches Gleichgewicht erreicht wird, und damit den Weg, den eine Reaktion nimmt. Zentraler Punkt in der kinetischen Betrachtungsweise einer chemischen Reaktion ist der Übergangszustand. Mathematisch betrachtet, handelt es sich hierbei um ein Maximum der Kurve, die Edukte und Produkte verbindet (▶ Abschn. 8.5.4).

> Die Energetik beschreibt die Energiebilanz einer Reaktion, die Kinetik den Weg dieser Reaktion.

> Die Kinetik beschreibt die Geschwindigkeit, mit der sich die Konzentrationen der Edukte und Produkte ändern.

Beispiel Man kann die Energetik und Kinetik auch mit einer Autofahrt vergleichen: Ich will von A nach B. Die Energetik beschreibt nur den Punkt A im Vergleich zum Ziel B. Ihr ist dabei egal, ob man über eine Landstraße, Bundesstraße oder Autobahn fährt oder mit dem Hubschrauber fliegt. Das ist das Interesse der Kinetik. Oft gibt es in der Chemie auch mehrere (denkbare) Wege, um von A nach B zu kommen. Welcher besser ist, entscheidet die Kinetik anhand des Übergangszustands.

8.5.2 Energetik

Hauptsätze der Thermodynamik

Thermodynamik (gr: *thermos* = warm; *dynamis* = Kraft) ist mit dem Begriff der Energetik gleichzusetzen. Wie schon erwähnt, werden damit die Energieverhältnisse und deren Auswirkungen auf die chemischen Reaktionen beschrieben.

An dieser Stelle sollen wichtige Grundregeln, die für das tiefere Verständnis dieses Kapitels unerlässlich sind, noch einmal kurz erwähnt werden: Es gibt insgesamt drei Hauptsätze der Thermodynamik. Diese sind nicht beweisbare, fundamentale Annahmen (Erfahrungssätze), auf denen die Thermodynamik aufbaut. Zwei von ihnen kennen wir bereits aus dem Kapitel zur Wärmelehre (▶ Abschn. 4.2.4 und ▶ Abschn. 4.2.5).

> Die drei Hauptsätze der Thermodynamik sind nicht beweisbare, fundamentale Annahmen (Erfahrungssätze), auf denen die Thermodynamik aufbaut.

1. Hauptsatz der Thermodynamik

Energie kann von einer Form in eine andere umgewandelt werden, sie kann aber weder erzeugt noch vernichtet werden. Dieser Hauptsatz besagt vereinfacht, dass Energie niemals verloren geht oder erzeugt wird. Energie wird vielmehr

- umgewandelt,
- an die Umgebung abgegeben,
- in Stoffen gespeichert oder
- in chemische oder physikalische Reaktionen gesteckt.

Innerhalb eines abgeschlossenen Systems, in dem also weder ein Stoff- noch ein Energieaustausch mit der Umwelt möglich ist, bleibt die Gesamtenergie gleich. Siehe hierzu auch ▶ Abschn. 4.2.4.

> 1. Hauptsatz »mal anders«: Es gibt kein Perpetuum mobile (der 1. Art); vgl. ▶ Abschn. 4.2.4.

Für den Verlauf einer chemischen Reaktion spielen also Energien eine entscheidende Rolle. Sie können in verschiedenen Formen auftreten:

Wichtige Energieformen in der Chemie: Wärme, elektrische Energie, Licht.

Meistens kommt Energie in Form von **Reaktionswärme** vor. Sie ist gut messbar und kann auch leicht mit der Umgebung ausgetauscht werden. Daneben kommt es auch zum Austausch von **elektrischer Energie**, z. B. bei Redoxreaktionen (▶ Abschn. 8.4). Diese Energie wird zum Antreiben der chemischen Reaktion, bei Elektrolyse oder beim Aufladen des Akkus verwendet. Die dritte Möglichkeit ist die **Lichtenergie**. Grüne Pflanzen, Algen und Mikroorganismen betreiben Fotosynthese, das wohl bekannteste Beispiel für die Umwandlung von Licht in chemische Energie. Dieses Reaktionssystem ist eine entscheidende Voraussetzung für die Existenz des Lebens auf der Erde.

Reaktionsenthalpie ΔH

Enthalpie: ΔH.

Die **Reaktionswärme** ist gleichbedeutend mit dem Begriff der **Reaktionsenthalpie**, kurz ΔH (gr.: *en* = darin; *thalpos* = Wärme). Beide beschreiben die Wärmemenge, die sich zwischen einem System und der Umgebung austauscht. Sie wird häufig zusammen mit der Reaktionsgleichung angegeben. Es handelt sich bei diesen Messungen um Vergleiche von Zustandsgrößen, die lediglich bei einer Änderung gemessen werden können. Deshalb schreibt man immer ΔH (oder auch dH), da der griechische Großbuchstabe Delta (Δ) immer eine Differenz beschreibt.

Da also nie absolut gemessen wird, sondern immer Differenzen im Vergleich, ist es notwendig, definierte und gut anwendbare Rahmenbedingungen zu schaffen. Nur so lassen sich die gewonnenen Zahlenwerte für chemische Reaktionen vergleichen. Deshalb wurden folgende Beträge als **Standardbedingungen** festgelegt:

- Normaldruck: 1,013 bar = 1 atm,
- Normaltemperatur: 25 °C = 298 K,
- Stoffmenge, die umgesetzt wird: 1 mol.

Der hochgestellte Kreis (°) steht immer für Standardbedingungen!

$\Delta H°$ kürzt die Reaktionsenthalpie unter diesen Standardbedingungen ab. Sie ist genau definiert als die Reaktionswärme, die zu- bzw. abgeführt werden muss, um die Temperatur gleichbleibend bei 298 K zu halten. Durch diese Durchführung der Versuche bei **konstantem Druck (isobar)** und **konstanter Temperatur (isotherm)** wird jede Reaktion vergleichbar und beliebig oft reproduzierbar.

Es gibt **zwei Grundtypen von Reaktionen**, exotherme und endotherme. Bei der einen wird Energie an die Umgebung abgegeben, bei der anderen muss Wärme aufgenommen werden, damit die Ausgangsstoffe überhaupt reagieren.

Exotherme Reaktionen

Wird im Verlauf einer Reaktion Energie frei, so bezeichnet man diese als **exotherm** (◘ Abb. 8.38). Die Edukte sind in diesem Fall energiereicher als die Produkte. Die überschüssige Energie, die zuvor als innere Energie (U) in den Ausgangsstoffen gespeichert war, wird in Form von Wärme freigesetzt.

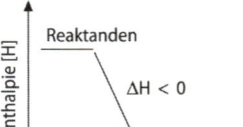

exotherme Reaktion

◘ **Abb. 8.38** Energiediagramm einer exothermen Reaktion

$$\Delta H°(\text{Reaktion}) = \text{Summe } \Delta H°(\text{Produkte}) - \text{Summe } \Delta H°(\text{Edukte})$$
$$\text{in kJ mol}^{-1}.$$

Reaktionswärme ist die Differenz der Enthalpie H zwischen Produkten und Edukten.
Exotherme Reaktion: ΔH < 0.

Die Reaktionswärme ΔH ist als Differenz der Enthalpie H zwischen Produkten und Edukten definiert. Aus der Gleichung ergibt sich:

$\Delta H < 0$ für exotherme Reaktionen, da H(Edukte) > H(Produkte).

Ein Beispiel hierfür ist die Knallgasreaktion:

$$2\,H_{2\,(g)} + O_{2\,(g)} \rightarrow 2\,H_2O_{(l)}; \Delta H° = -286\,kJ\,mol^{-1};$$
$$\text{hier gilt}\quad \Delta H = 2 \cdot \Delta H° = -572\,kJ\,mol^{-1}.$$

Da hier 2 mol H_2O entstehen, muss die Standard-Reaktionsenthalpie $\Delta H°$ (gilt nur für 1-molaren Umsatz) verdoppelt werden, um die tatsächliche Enthalpie ΔH zu erhalten. Nebenbei bemerkt, sind ebenfalls die Aggregatzustände der beteiligten Stoffe zu beachten, da sie die Energieverhältnisse durch die unterschiedliche Beweglichkeit der Moleküle beeinflussen (▶ Abschn. 8.5.2 zur Reaktionsentropie ΔS).

Endotherme Reaktion

Muss allerdings der Umgebung Energie in Form von Wärme entzogen werden, damit die Ausgangsstoffe überhaupt miteinander reagieren, so spricht man von dem anderen Grundtyp: einer **endothermen Reaktion**.

Entsprechend der o. g. Formel, Summe $\Delta H°$(Produkte) – Summe $\Delta H°$ (Edukte) = $\Delta H°$, gilt in diesem Fall $\Delta H > 0$, weil die Produkte auf einem höheren Energieniveau liegen als die Edukte.

Kehrt man eine Reaktion um, müssen sich die Vorzeichen der Reaktionsenthalpien ebenfalls umkehren!

Ein **Beispiel** für eine solche endotherme Reaktion ist die biologisch wichtige **Fotosynthese**. Unter Lichteinfluss werden dabei Elektronen auf ein höheres Energieniveau angehoben. Die aufgenommene Energie wird dazu genutzt, um unter Energieverbrauch Glucose und Sauerstoff herzustellen, die Tieren und Menschen als Atmungs- (O_2) und Ernährungsgrundlage (Zucker = Kohlenhydrate) dienen:

$$6\,CO_2 + 6\,H_2O \xrightarrow{\text{Licht}} C_6H_{12}O_6 + 6\,O_2; \Delta H° = +2805\,kJ\,mol^{-1}$$

Endotherme Reaktion:
$\Delta H > 0$.

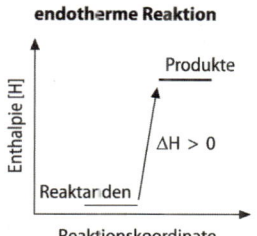

□ Abb. 8.39 Energiediagramm einer endothermen Reaktion

Hess'scher Satz – $\Delta H°$-Werte in Reaktionskaskaden

Manche Reaktionen laufen unmittelbar nacheinander ab. Bei einer solchen Reaktionskaskade dürfen nach dem **Hess'schen Satz – ΔH ist unabhängig davon, ob eine Reaktion in einem oder mehreren Schritten abläuft** – die $\Delta H°$-Werte addiert bzw. subtrahiert werden. Die Gesamtenergiebilanz bleibt durch die Zwischenstufen unbeeinflusst. Ein Beispiel sind die Verbrennungsvorgänge innerhalb des menschlichen Körpers, bei denen Energie erst nach und nach in kleinen, gut zu verarbeitenden Portionen freigesetzt wird.

Beispiel für die Anwendung des Hess'schen Satzes:

a) $2\,C + 2\,O_2 \rightarrow 2\,CO_2 + $ Wärme 1 (-394 kJ mol^{-1})
b) $2\,CO + O_2 \rightarrow 2\,CO_2 + $ Wärme 2 (-283 kJ mol^{-1})

Interessiert jetzt die Wärme der nicht direkt messbaren Reaktion, gilt:

c) $2\,C + O_2 \rightarrow 2\,CO$.

Reaktionskaskade:
Addition der $\Delta H°$-Werte.

Nun kann man beide Reaktionen a) und b) kombinieren zu c) = a) – b) und kennt damit auch die Wärme, die frei wird:

$$2\,C + O_2 \rightarrow 2\,CO + (\text{Wärme 1} - \text{Wärme 2})$$
$$= -394\text{ kJ mol}^{-1} - (-283\text{ kJ mol}^{-1}) = -111\text{ kJ mol}^{-1}.$$

Chemie

Die Sache mit den Kalorien

Die Energiewerte von Lebensmitteln werden ja bekanntlich in $kcal\,mol^{-1}$ oder besser (seit der internationalen Einigung 1979) in $kJ\,mol^{-1}$ angegeben. Damit ist die Energie gemeint, die bei deren »Verbrennung« im menschlichen Verdauungstrakt frei wird. Das hat in diesem Fall mit Feuerbestattung nichts zu tun. In der organischen Chemie ist der Energiegehalt einer Verbindung durch die Reaktion mit O_2 festgelegt. Man misst den zugehörigen Temperaturanstieg in einem geschlossenen Behälter, genannt Kalorimeter, und berechnet daraus die experimentell bestimmte Verbrennungsenthalpie. Diese entspricht der Reaktionsenthalpie, die in einem analogen Vorgang in unserem Stoffwechsel insgesamt frei würde.

Laut Definition ist eine Kalorie der Energiebetrag, der nötig ist, um 1 g Wasser von 14,5 auf 15,5 °C zu erwärmen. Früher wurde ausschließlich die physikalische Einheit cal verwendet, heute findet sich immer häufiger kJ auf den Packungen der Müsliriegel. Die Umrechnung ist aber kein Problem: $1000\,cal = 1\,kcal = 4{,}18\,kJ$.

Nehmen wir zu viele Kalorien zu uns, so steigt die Zahl und Größe der ungeliebten Fettpölsterchen im Körper an. Denn eine übermäßige, zu energiereiche und ungesunde Nahrungsaufnahme führt nicht zu einer übermäßigen Erwärmung, sondern zu einer Speicherung der Energieüberschüsse. Wie wir alle wissen, können diese Energievorräte wieder freigesetzt und damit abgebaut werden, wenn die aufgenommene Nahrung nicht mehr den gesamten Energiebedarf des Körpers deckt. Dies ist bei strengen Diäten oder körperlicher Anstrengung der Fall. Dann werden die Fette in exothermen, also energieliefernden Reaktionssequenzen zu Fettsäuren hydrolysiert und dann schrittweise zu O_2, CO_2 und H_2O abgebaut bzw. verbrannt.

Allen Diätwahnsinnigen kann gesagt werden, dass nicht jedes Fett schlechtes Fett ist. Der menschliche Körper ist auf eine besondere Art des sog. »Baufetts« angewiesen. Es kleidet die inneren Organe aus und schützt sie so vor Beschädigung durch Stöße oder Ähnliches. Es macht zwar nur einen sehr geringen Prozentsatz des Gesamtkörperfettgehalts aus, soll aber nicht unbeachtet bleiben. Genaueres dazu gibt's in Lehrbüchern der Anatomie, Biochemie und Histologie.

$1000\,cal = 1\,kcal = 4{,}18\,kJ.$

Reaktionsentropie ΔS

Das Maß für die Ordnung bzw. Unordnung eines Systems wird als Entropie ΔS bezeichnet. Die Entropie steigt mit zunehmender Unordnung (Näheres zur Entropie und zum 2. Hauptsatz der Wärmelehre im ▶ Abschn. 4.2.5) Das bedeutet: Vom festen über den flüssigen bis hin zum gasförmigen Aggregatzustand wird S, entsprechend der freien Bewegungsmöglichkeiten der Atome, immer positiver. Dies gilt z. B. während der Verdampfung einer Flüssigkeit:

$$H_2O(fl) \rightarrow H_2O(g).$$

Auch bei einer Vermehrung der Molekülanzahl auf Seiten der Produkte steigt die Reaktionsentropie ΔS, z. B. beim Zerfall eines Ausgangsstoffs in seine Komponenten:

$$2\,H_2O_2 \rightarrow 2\,H_2O + O_2.$$

Entropie:
Maß für den Ordnungszustand eines Systems.
$S_{fest} < S_{flüssig} < S_{gas}.$

Dadurch nimmt ΔS Einfluss auf die Energiebilanz. Tritt durch die chemische Reaktion eine Zunahme der Entropie ein, so begünstigt das den Ablauf dieser Reaktion. Oder anders formuliert als **2. Hauptsatz der Thermodynamik: Ein spontan ablaufender chemischer Prozess ist mit einer Entropiezunahme verbunden.**

Die Reaktionsentropie ΔS ist auch verantwortlich für die Diffusion von Teilchen zwischen unterschiedlich konzentrierten Lösungen bis hin zum Konzentrationsausgleich. Dadurch wird die Unordnung überall gleich groß. Dieser Vorgang kehrt sich nicht um, da keine Lösung freiwillig wieder »ordentlicher« werden möchte.

> Chemische Prozesse verlaufen so, dass die Entropie maximiert wird (2. Hauptsatz der Thermodynamik; vgl. ▶ Abschn. 4.2.5).

Hätten Sie's gewusst?

Konzentrationsausgleich = Katastrophe

Die Zellen des menschlichen Körpers sind auf Konzentrationsunterschiede angewiesen. Im Extrazellulärraum (EZR) befinden sich vermehrt Natriumionen im Gegensatz zum Intrazellulärraum (IZR), in dem mehr Kaliumionen und negativ geladene Proteine vorliegen (◘ Abb. 8.40). Auf Grund dieses Konzentrationsgefälles wandern die K^+-Ionen durch spezifische Ionenkanäle nach außen, um dort für annähernd gleiche Unordnung zu sorgen. Sie werden jedoch an der Membranoberfläche durch die größeren, negativ geladenen Proteine aus dem IZR festgehalten, welche die Zellmembran nicht passieren können. Dadurch entsteht das Ruhepotenzial von $-70\,mV$ zwischen Außen- und Innenseite der Zellmembran (Nernst-Gleichung, ▶ Abschn. 8.4.7!).

Damit sich die unterschiedlichen Ionenkonzentrationen beider Seiten der Membran nicht mit der Zeit ausgleichen, bedient sich die Natur eines wirksamen Gegenmechanismus: Ionenpumpen wie der Na^+-K^+-ATPase. Hier werden 3 Na^+ gegen das Konzentrationsgefälle nach außen und im Gegenzug 2 K^+ ebenfalls gegen den Ionenstrom wieder ins Innere der Zelle transportiert. Dadurch wird der Konzentrationsgradient aufrechterhalten und somit die wichtigste Voraussetzung geschaffen, um ein Aktionspotenzial auslösen und weiterleiten zu können.

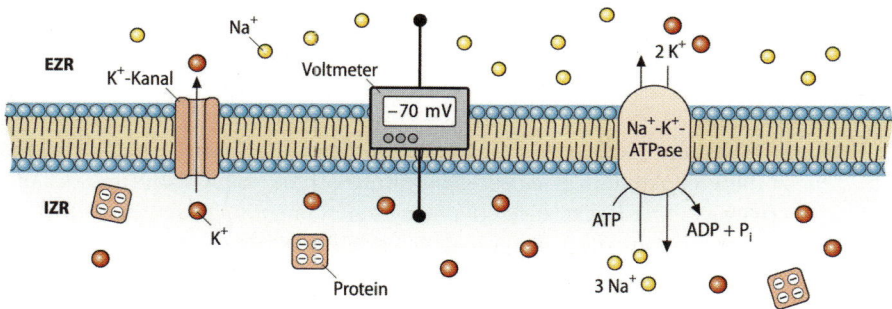

◘ **Abb. 8.40** Ionenströme an Zellmembranen

Ähnlich wie bei der Enthalpie H kann auch bei der Entropie S nur deren Änderung ΔS quantitativ erfasst werden, die sich im Laufe einer chemischen Reaktion fast immer ändert. Unter den definierten Standardbedingungen, $\Delta S°$ abgekürzt, haben beide konstante und reaktionscharakteristische Werte.

Nach dem 3. Hauptsatz der Thermodynamik strebt die Entropie für ideale, reine, kondensierte Stoffe mit sinkender Temperatur gegen null:

$$\lim_{T \to 0} S_{kondensiert} = 0.$$

Für unsere Betrachtungen ist das aber meist ohne Belang.

Gibbs freie Energie ΔG

Zustandsfunktionen, z. B. innere Energie (U), Enthalpie (H), Entropie (S) beschreiben den Zustand eines Systems.

Eine **Zustandsfunktion**, die sowohl die Enthalpie H als auch die Entropie S berücksichtigt, ist die **Gibbs freie Energie G**. Bei einer Reaktion betrachtet man deren Änderung ΔG, die ein Maß für die Triebkraft einer Reaktion darstellt. Das bedeutet, ΔG beurteilt, ob eine Reaktion spontan, also freiwillig abläuft oder nicht. **Bei jeder chemischen Reaktion gibt ΔG die maximale Arbeit an, die gewonnen bzw. verrichtet werden kann.** Es gilt:

- Läuft eine Reaktion freiwillig ab, bezeichnet man sie in der Chemie als **exergonisch** (spontan), wobei Gibbs freie Energie **ΔG < 0** ist, was wir später genau begründen werden.
- Muss jedoch Arbeit aufgewendet werden, damit eine Reaktion überhaupt eintritt, so bezeichnet man dies als **endergonisch** und entsprechend ist **ΔG > 0**.

Gibbs-Helmholtz-Gleichung

Mit der wichtigen und sehr gern gefragten Gibbs-Helmholtz-Gleichung lässt sich die Gesamtenergie einer Reaktion beurteilen und ihre Verbindung zu Enthalpie ΔH und Entropie ΔS erklären:

$$\Delta G = \Delta H - T \cdot \Delta S \left[kJmol^{-1} \right].$$

Dabei ist: ΔG = Gibbs freie Energie, ΔH = Reaktionsenthalpie, T = Temperatur, ΔS = Reaktionsentropie.

Voraussetzung der Gleichung ist eine isobar und isotherm durchgeführte reversible Reaktion in einem geschlossenen System (zur Erinnerung: nur Austausch von Energie möglich, jedoch nicht für Edukte und Produkte; ▶ Abschn. 4.2.5). Dadurch ist gewährleistet, dass es auch bei häufiger Durchführung der gleichen Experimente zu keinen Verfälschungen der Werte kommt.

Aus der Gibbs-Helmholtz-Gleichung geht hervor, dass eine exotherme Reaktionsenthalpie ΔH < 0 eine exergonische Reaktion (ΔG < 0) begünstigt. Steigt die Temperatur T und nimmt die Reaktionsentropie ΔS, also die Unordnung, zu, hat dies ebenfalls eine weitere Verkleinerung von Gibbs freier Energie ΔG zur Folge.

Exergonisch:
ΔG < 0 → spontan ablaufend.

Dies wird deutlich, wenn man eine **exotherme Reaktion** betrachtet, bei der ja die Produkte immer einen energieärmeren und somit stabileren Zustand erreichen als die Edukte. Dieser Vorgang läuft spontaner ab als eine endotherme Reaktion, bei der die Produkte energiereicher und daher instabiler sind.

Eine **Temperaturerhöhung** wirkt sich insofern positiv auf die Triebkraft einer endothermen Reaktion aus, da sie die Reaktionsvoraussetzungen verbessert: Auf Grund der größeren Temperatur erhöht sich die Beschleunigung der Atome innerhalb der Materie, was deren »Zusammenstoßwahrscheinlichkeit« steigert.

Eine **größere Unordnung** innerhalb der Materie, also ΔS > 0, bringt ebenfalls eine solche Verbesserung der »Trefferwahrscheinlichkeit« der Teilchen untereinander. Es ist deshalb auch möglich, dass eine endotherme Reaktion freiwillig abläuft, obwohl bei ihr ΔH > 0 ist. Hierzu muss die Temperatur zunehmen und eine starke Abnahme der Ordnung ($\Delta S > 0$) eintreten. Ein Beispiel hierfür ist das Lösen von Salzen in Wasser, bei der die Lösungswärme über den Energieverbrauch hinweghilft

Knallgasreaktion

Ein Beispiel für eine exotherme und exergonische Reaktion, bei der allerdings die Ordnung zunimmt, ist die Knallgasreaktion:

$$2\,H_2(g) + O_2(g) \rightarrow 2\,H_2O(l);\ \Delta H^o = -286\,kJ\,mol^{-1};\ \Delta G^o = -237\,kJ\,mol^{-1}$$

Die Reaktion ist trotz der Umwandlung vom chaotischen gasförmigen Zustand in einen stärker geordneten flüssigen Stoff exergonisch, weil sich die negative Reaktionsenthalpie ΔH^o stärker auf die Gesamtenergiebilanz auswirkt als ΔS^o.

Wie immer gilt: ΔG^o ist entsprechend ΔS^o und ΔH^o die Änderung von Gibbs freier Energie unter Standardbedingungen ($T = 298\,K$, $p = 1{,}013\,bar$, molarer Umsatz) und für jede Reaktion eine konstante, reproduzierbare Größe.

ΔH^o hat oft den größten Einfluss auf ΔG^o.

Hätten Sie's gewusst?

Energie aus dem Stoffwechsel
Im lebenden Organismus wird Energie gebildet. Das läuft allerdings nicht unter den definierten Standardbedingungen ab. Besonders niedrige pH-Werte (z. B. im Magen), Temperatur (37 statt der üblichen 25 °C) und ganz bestimmte Stoffkonzentrationen wirken sich günstig auf den Verlauf sämtlicher physiologischer Reaktionen aus.

Gleichgewichtsreaktionen

Die meisten chemischen Reaktionen sind Gleichgewichtsreaktionen, weshalb wir im Speziellen deren Zusammenhang mit Gibbs freier Energie näher betrachten:

$$A + B \rightleftharpoons C + D.$$

Bei einer Gleichgewichtsreaktion reagieren die Edukte zu Produkten, die wieder zu den Ausgangsstoffen zurückreagieren. Sowohl Hin- als auch Rückreaktionen verlaufen freiwillig (also $\Delta G < 0$), bis sich die Konzentrationen der Stoffe nicht mehr ändern. In dieser Gleichgewichtssituation ist der stabilste Zustand erreicht, in der Chemie immer gleichbedeutend mit einem Energieminimum, und es besteht keine Triebkraft mehr zur Veränderung des Systems oder der Gesamtenergiegehalte ($\Delta G = 0$).

Bei der Annäherung an die Gleichgewichtssituation nimmt Gibbs freie Energie (ΔG) fortlaufend ab, ähnlich der Größe der Schwingungen einer Schaukel, die nicht mehr angeschubst wird.

Das Energiediagramm (◘ Abb. 8.41) veranschaulicht, dass die Edukte nicht vollständig zu den Produkten reagieren müssen, damit sich das chemische Gleichgewicht einstellt. Wichtig ist das Verhältnis Edukte zu Produkte, was sich in der thermodynamischen Ableitung des Massenwirkungsgesetzes (MWG) näher zeigen lässt:

$$\Delta G = \Delta G^o + R \cdot T \cdot \ln K.$$

$\Delta G = 0$ im Gleichgewicht.

Thermodynamische Ableitung des Massenwirkungsgesetzes:
$\Delta G = \Delta G^o + R \cdot T \cdot \ln K.$

◘ Abb. 8.41 Energiediagramm einer Gleichgewichtsreaktion unter Standardbedingungen, exergonisch (nach Zeeck 2006)

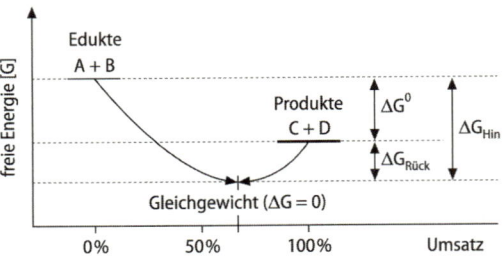

$\Delta G° = \Delta G$ unter Standardbedingungen, $c = 1\, mol\, l^{-1}$; $R = $ allgemeine Gaskonstante $= 8{,}3144621\, J\, mol^{-1}\, K^{-1}$; $T = $ Temperatur; $K = $ Gleichgewichtskonstante.

Im Gleichgewicht ist $\Delta G = 0$, daraus folgt:

$$0 = \Delta G° + R \cdot T \cdot \ln K$$
$$\Delta G° = -R \cdot T \cdot \ln K.$$

Sind Edukte und Produkte nun in der gleichen Konzentration zu **jeweils 50% im Gleichgewichtszustand** vorhanden, so ist ihr Mengenverhältnis 1:1 und entsprechend $K = 1$.

Aus dem Massenwirkungsgesetz ergibt sich:

Gleichgewicht für [Produkt] = [Edukt]: $\Delta G° = 0$.

$$\Delta G° = -R \cdot T \cdot \ln 1$$
$$\Delta G° = -R \cdot T \cdot 0$$
$$\Delta G° = 0.$$

Befindet sich der Prozentwert des Stoffumsatzes über 50%, so liegt das Gleichgewicht mehr auf Seite der Produkte und demzufolge ist $K > 1$. Damit ergibt sich:

Mehr Produkte als Edukte: $\Delta G° < 0$.

$$\Delta G° = -R \cdot T \cdot \ln (\text{Zahl} > 1)$$
$$\Delta G° = -R \cdot T \cdot (\text{Zahl} > 0)$$
$$\Delta G° < 0.$$

Entsprechend ergibt sich bei einem **Stoffumsatz < 50%** aus dem Massenwirkungsgesetz:

Weniger Produkte als Edukte: $\Delta G° > 0$.

$$\Delta G° = -R \cdot T \cdot \ln (\text{Zahl} < 1)$$
$$\Delta G° = -R \cdot T \cdot (\text{Zahl} < 0)$$
$$\Delta G° > 0.$$

Die freie Energie ΔG kann auch mit der elektromotorischen Kraft EMK und der Nernst-Gleichung verknüpft werden (▶ Abschn. 8.4.7) für den Fall, dass eine Reaktion elektrische Energie statt Wärme produziert:

$$\Delta G = -R \cdot T \cdot \ln K = -n \cdot F \cdot \Delta E$$

mit $\Delta E = E - E_0$ gilt:

$$\Delta E = \frac{R \cdot T}{n \cdot F} \cdot \ln K$$

und:

$$E = E_0 + \frac{R \cdot T}{n \cdot F} \cdot \ln K.$$

8.5.3 Reaktionskinetik

Reaktionsgeschwindigkeit

Entscheidend für die Beurteilung einer Reaktion ist neben den Energiegehalten der beteiligten Moleküle auch die Geschwindigkeit der Stoffumsetzung. Manche chemische Reaktionen, z. B. die Verbrennung von Benzin oder der Zerfall von Wasserstoffperoxid ($H_2O_2 \rightarrow H_2O + \frac{1}{2} O_2$), laufen in Sekunden ab, während andere, etwa die Kalkablagerung in Abflussrohren, einen wesentlich längeren Zeitraum beanspruchen.

Die Reaktionsgeschwindigkeit v (RG) einer chemischen Umsetzung ist definiert als die Änderung der Menge (Konzentration) eines Stoffs in Abhängigkeit von der Zeit (Reaktionsdauer). Anders formuliert, sagt die Reaktionsgeschwindigkeit aus, wie schnell wie viele der Ausgangsstoffe zu Produkten reagieren. Deshalb betrachtet man, um die Reaktionsgeschwindigkeit zu berechnen, die Konzentration der unterschiedlichen Stoffe. Bei den Produkten kommt es im Verlauf der Reaktion zu einer Zunahme ihrer Menge. Die Gleichung der Bildungsgeschwindigkeit lautet:

$$v = \frac{d\left[\text{Produkt}\right]}{dt} = -\frac{d\left[\text{Edukt}\right]}{dt} = k \cdot \left[\text{Produkt}\right] \text{ in } \frac{\text{mol}}{\text{sl}}.$$

Die Reaktionsgeschwindigkeit sagt aus, wie schnell wie viele der Ausgangsstoffe zu Produkten reagieren.

Dabei ist $k =$ **Geschwindigkeitskonstante** für diese Umsetzung bei gegebener Temperatur, $d =$ Differenzial, d. h. die Änderung (▶ Abschn. 1.5.1).

Bei den Edukten hingegen reduziert sich ihre ursprüngliche Konzentration, weshalb ein negatives Vorzeichen angefügt wird. Der Proportionalitätsfaktor k ist von der Temperatur abhängig. Dies lässt sich durch die **Arrhenius-Gleichung** beschreiben, die den Zusammenhang zwischen Temperatur, Aktivierungsenergie und Geschwindigkeitskonstanten darstellt:

Die Geschwindigkeitskonstante einer Reaktion ist temperaturabhängig.

$$k = A \cdot e^{\frac{-E_a}{R \cdot T}}$$
$$\ln k = \ln A - \frac{E_a}{R \cdot T}$$
E_a: Aktivierungsenergie

Steigt die Temperatur T, erhöht sich die innere Bewegungsenergie der Teilchen und der Anteil der Moleküle vergrößert sich, welche die benötigte freie Aktivierungsenergie E_a mitbringen. Aus dieser Arrhenius-Gleichung ergibt sich die sog. **RGT-Regel**: Eine Temperaturerhöhung um ca. 10 °C (10 K) hat eine direkte Zunahme der Reaktionsgeschwindigkeit v um den Faktor 2–4 zur Folge. Eine niedrige Aktivierungsenergie E_a wirkt sich ebenfalls positiv auf die Reaktionsgeschwindigkeit aus.

RGT-Regel: Eine Erhöhung der Temperatur (T) um 10 K führt zur Verdopplung bis Vervierfachung der Reaktionsgeschwindigkeit (RG).

Bei sog. Konsekutivreaktionen (Folgereaktionen) reagiert ein primär gebildetes Produkt B weiter zu einem Endprodukt C: $A \rightarrow B \rightarrow C$.

Der langsamste Teilschritt einer Folge von gekoppelten Reaktionen ist geschwindigkeitsbestimmend. Das ist gut mit Fließbandarbeit zu vergleichen: Kommt kein entsprechender Nachschub an Bauteilen, können sie nicht weiterverarbeitet werden und stauen sich an, wenn der Zusammenbau nicht schnell genug vorangeht. Bei einer Reaktionskette muss also immer auf das schwächste bzw. langsamste Glied Rücksicht genommen werden, wie im normalen Leben!

Reaktionsgeschwindigkeit bei Folgereaktionen: Die langsamste Teilreaktion ist bestimmend.

$\Delta G^{\neq}$:
Energie des Übergangszustands.

Gibbs freie Aktivierungsenergie $\Delta G^{\neq}$

Bei chemischen Reaktionen gibt es bekanntlich zwei Arten, exergonische ($\Delta G < 0$) und endergonische ($\Delta G > 0$). Beide Typen haben gemeinsam, dass sie für die Umsetzung der Ausgangsstoffe in die Produkte den energetisch über den Edukten bzw. Produkten liegenden Übergangszustand (»[A---B]« in ◘ Abb. 8.42) überwinden müssen. Die Energie, die zu dieser Überwindung erforderlich ist, nennt man Gibbs freie Aktivierungsenergie $\Delta G^{\neq}$.

◘ **Abb. 8.42** Energieprofil einer endothermen und exothermen Reaktion

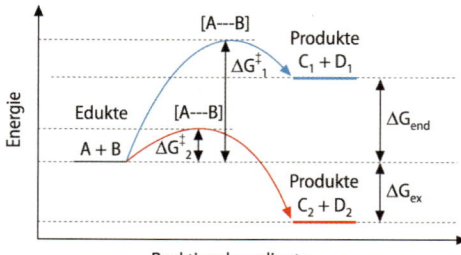

Im Übergangszustand stoßen die beteiligten Edukte zusammen, die Reaktion findet statt. Der Übergangszustand hat idealerweise die Lebensdauer null; physikalische Messungen (A. Zewail, Nobelpreis für Chemie 1999) konnten Übergangszustände direkt beobachten. Die Lebensdauer liegt aber im Femtosekundenbereich (10^{-15} s), das ist ziemlich kurz.

Können aus den gleichen Ausgangsstoffen verschiedene Produkte (vergleichbarer Energie) gebildet werden, entsteht dasjenige bevorzugt, das sich schneller bildet. Wie groß die Reaktionsgeschwindigkeit ist, wird von der jeweiligen Aktivierungsenergie $\Delta G^{\neq}$ bestimmt (◘ Abb. 8.43).

Eine niedrige Gibbs freie Aktivierungsenergie $\Delta G^{\neq}$ erhöht die Reaktionsgeschwindigkeit. In unserem Beispiel aus ◘ Abb. 8.43 würden die Produkte E + F schneller gebildet als C + D.

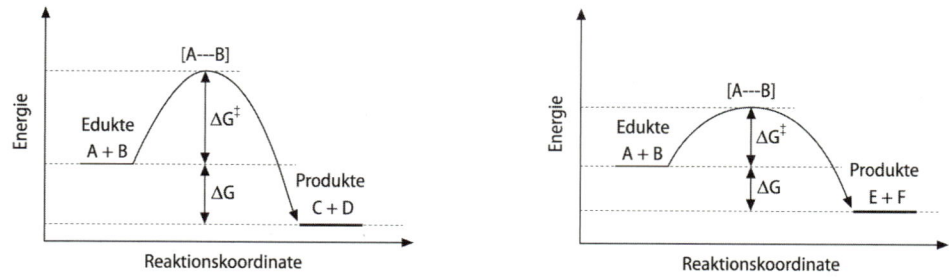

◘ **Abb. 8.43** Energieprofil zweier exothermer Reaktionen mit unterschiedlich hoher Aktivierungsenergie (nach Zeeck 2006)

Katalyse

Ist die Geschwindigkeit einer Reaktion nicht ausreichend, so kann man als Chemiker mit Hilfe eines Katalysators steuernd in die kinetischen Verhältnisse eingreifen.

Im Allgemeinen bestimmen zwei Faktoren den Ablauf einer Reaktion: Gibbs freie Energie ΔG (Energetik) und die Reaktionsgeschwindigkeit (Kinetik).

Wie in dem Reaktionsprofil grafisch dargestellt, setzt der Katalysator die Aktivierungsenergie $\Delta G^{\neq}$ herab, indem er einen anderen, energiesparenden

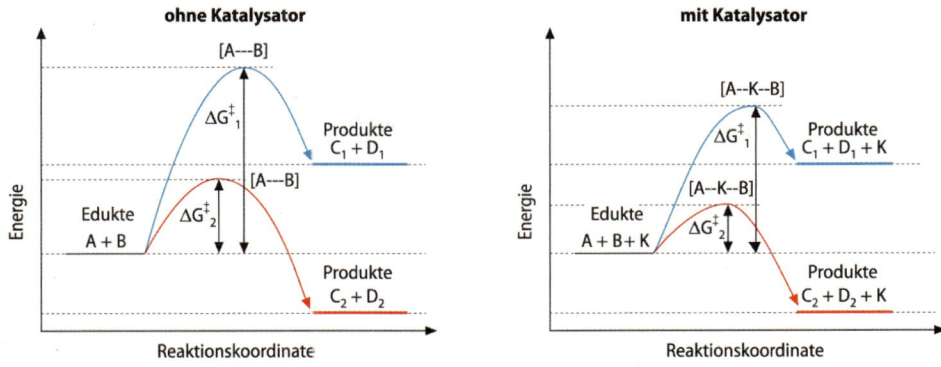

Abb. 8.44 Reaktionsprofile einer endothermen und exothermen Reaktion mit und ohne Katalysator

Reaktionsweg ermöglicht (■ Abb. 8.44). Er erhöht damit die Reaktionsgeschwindigkeit, die unter anderem auch durch Temperaturerhöhung oder Konzentrationsänderungen der beteiligten Stoffe hätte zustande kommen können.

Wichtig zu wissen ist außerdem, dass ein **Katalysator in einer Reaktion niemals verbraucht** wird. Er wird im Laufe der Reaktion wieder zurückgebildet, weshalb er nicht im Endprodukt erscheint und auch nicht stöchiometrisch in die Gesamtenergiebilanz der Reaktion eingeht.

Es gibt verschiedene Arten dieser Hilfsstoffe. Die einen sind im Lösungsmittel löslich und werden als **homogene Katalysatoren** bezeichnet. Andere sind unlöslich, wie Metalle oder Metalloxide, und die Reaktionen laufen an ihrer Oberfläche ab. Solche Hilfsstoffe nennt man **heterogene Katalysatoren**.

Dann gibt es noch eine weitere, medizinisch besonders wichtige Spezies, die **Biokatalysatoren**…

> Ein Katalysator setzt die Aktivierungsenergie herab.

> Katalysatoren beschleunigen chemische Reaktionen, ohne selbst verbraucht zu werden.

Hätten Sie's gewusst?

Biokatalysatoren – Enzyme
Die Stoffwechselreaktionen im Körper laufen nicht einfach freiwillig und irgendwie ab, sondern nur mit Hilfe von Biokatalysatoren, gern auch Enzyme genannt. Somit können die physiologischen Vorgänge im Körper gesteuert werden und böse Überraschungen bleiben aus.
Diese Regelung ist auf Grund der Enzymspezifität möglich: Jedes Enzym kann nur eine ganz bestimmte Reaktion auf eine ganz bestimmte Weise katalysieren, was sich auch im Enzymnamen widerspiegelt.
Es gibt sechs verschiedene Enzymklassen, deren Namen alle auf »-ase« enden (natürlich gibt es noch weitere Untergruppen und Sonderfälle, aber das würde an dieser Stelle jetzt zu einschüchternd wirken und das wollen wir ja nicht…):

1. **Oxidoreduktasen** oxidieren einen Stoff und bauen die frei werdenden Elektronen in ein anderes Molekül ein.
2. **Transferasen** übertragen ganze funktionellen Gruppen auf ein anderes Substrat, z. B. eine Amino- oder Phosphorgruppe; solche Phosphotransferasen bezeichnet man auch als **Kinasen**.
3. **Hydrolasen** trennen Bindungen und lagern an den dann »offenen« Stellen Wasser an.

> Biokatalysatoren = Enzyme; werden in sechs Klassen eingeteilt, Namen enden jeweils auf »-ase«.

4. **Synthetasen** oder **Ligasen** katalysieren Zusammensetzungen von Stoffen unter ATP-, also Energieverbrauch.
5. Durch **Isomerasen** kann ein Substrat zwischen den verschiedenen Isomeren wechseln.
6. **Synthasen** oder auch **Lyasen** knüpfen neue Atombindungen ohne zusätzlichen Energieaufwand.

Die an der Stoffwechselreaktion beteiligten Stoffe tauchen zumeist ebenfalls in den Enzymnamen auf, was die Zuordnung erleichtert, so z. B. bei der Phosphofructokinase zur Gruppe 2: Der Name steht für die **Phosphat**gruppe, die an einer bestimmten Stelle ins **Fructose**molekül eingebaut bzw. dorthin transferiert wird.
Die Phosphofructokinase ist ein sehr wichtiges Schrittmacherenzym der Glykolyse, in deren Verlauf Glucose abgebaut und Energie in Form von ATP gewonnen werden kann. Durch einen möglichen Energieüberschuss wird die Aktivität dieses Enzyms gehemmt und die weitere, unnötige ATP-Produktion unterbunden.
Die Regelung erfolgt direkt und meist sehr schnell. Dies macht einen klaren Vorteil der enzymkatalysierten Reaktionen aus.

Der Katalysator verändert die Lage des Gleichgewichts nicht, sondern nur die Geschwindigkeit der Einstellung des Gleichgewichts.

Bei einer Gleichgewichtsreaktion bewirkt ein Katalysator die schnellere Einstellung des chemischen Gleichgewichts (◘ Abb. 8.41). ΔG und somit die Lage des Gleichgewichts bleiben davon unberührt, da der Katalysator sowohl die Hin- als auch die Rückreaktion gleichermaßen beschleunigt.

Endergonische Reaktionen können durch Kopplung an exergonische Reaktionen trotzdem ablaufen.

Eine weitere Möglichkeit, widerspenstige Gleichgewichtsreaktionen günstig zu beeinflussen, ist die **gekoppelte Reaktion**. Solche Fälle findet man häufig in biochemischen Prozessen. Ist eine chemische Stoffumsetzung stark endergonisch, wird sie auch durch einen Katalysator nicht freiwillig ablaufen. Die Natur bindet solche Reaktionen an stark exergonische Reaktionen, die mit dem Zwischenprodukt spontan weiterreagieren. Nach dem Hess'schen Satz kann man die beiden Energiebilanzen addieren und erhält eine insgesamt exergonische Reaktion, bei der die Gesamtenergiebilanz negativ ausfällt.

Reaktionsordnung

Zusätzlich zu den zwei schon bekannten Faktoren, die den Verlauf einer Reaktion bestimmen, Gibbs freie Energie ΔG und Reaktionsgeschwindigkeit, muss die Konzentration der Ausgangsstoffe berücksichtigt werden. **Die Reaktionsordnung beschreibt, von wie vielen verschiedenen Eduktkonzentrationen die Reaktionsgeschwindigkeit abhängt.**
Die allgemein formulierte Reaktionsgleichung

$$a\text{A} + b\text{B} \rightarrow c\text{C} + d\text{D}$$

ergibt das allgemeine (differenzielle) Geschwindigkeitsgesetz:

$$v = -\frac{1}{a}\frac{d[\text{A}]}{dt} = -\frac{1}{b}\frac{d[\text{B}]}{dt} = +\frac{1}{c}\frac{d[\text{C}]}{dt} = +\frac{1}{d}\frac{d[\text{D}]}{dt} = k \cdot [\text{A}]^{m} \cdot [\text{B}]^{n}.$$

m + n = Reaktionsordnung.

Die Reaktionsordnung ist die Summe aller Exponenten m + n + … etc. Einige häufig vorkommende Fälle werden zur Illustration im Folgenden beschrieben.

Reaktion 1. Ordnung

Handelt es sich bei einer Reaktion um den Zerfall eines Stoffs, so ist nur ein Edukt vorhanden: A → Produkt(e).

Folglich kann die Reaktionsgeschwindigkeit v auch nur von einer Ausgangsstoffkonzentration abhängen.

$$v = -\frac{d[A]}{dt} = k \cdot [A]^1.$$

Die Reaktion ist somit 1. Ordnung.

Im Laufe der Reaktion nimmt die Anfangskonzentration des Edukts $[A]_0$ immer mehr ab. Dies will man nun quantitativ beschreiben, d. h., man will für jeden Zeitpunkt der Reaktion wissen, wie groß die Konzentration von A (oder B, C) ist. Das differenzielle Geschwindigkeitsgesetz hilft da wenig. Das lässt sich wieder durch den Vergleich mit einer Autofahrt veranschaulichen: Ich fahre mit $120\,km\,h^{-1}$ von Ulm nach Erlangen. Das wäre das differenzielle Zeitgesetz. Jetzt will ich aber wissen: Wo bin ich um 15 Uhr, wenn ich um 14 Uhr gestartet bin? Die Lösung in beiden Fällen: Integrieren (▶ Abschn. 1.5.2).

$$v = -\frac{d[A]}{dt} = k \cdot [A]$$

$$\frac{d[A]}{[A]} = -k \cdot dt$$

$$\int_{[A]_0}^{[A]} \frac{d[A]}{[A]} = -k \int_0^t dt$$

$$\ln[A] - \ln[A]_0 = -k \cdot t$$

$$[A] = [A]_0 \cdot e^{-k \cdot t}.$$

Herleitung Ganz allgemein gilt hierzu: Erst werden die Variablen »sortiert«: Konzentrationen auf die eine Seite, Zeit und Konstante k auf die andere. Dann wird integriert. Die Grenzen ergeben sich aus den betrachteten Anfangs- und Endpunkten. Die Konzentration beginnt bei $[A]_0$ zur Zeit $t = 0$ und geht bis zu einer beliebigen Konzentration zur Zeit $t = t$. Daraus ergibt sich dann die exponentielle Abnahme der Konzentration.

Seit der Entdeckung der Radioaktivität durch Antoine Henri Becquerel (1852–1908) 1896 und der weiteren Erforschung durch Marie Curie (1867–1934) und Pierre Curie (1859–1906) ist besonders die **Halbwertszeit $t_{1/2}$**, auch τ (gr. »tau«) abgekürzt, von Interesse. Sie ist definiert als die Zeit, in der die Hälfte der ursprünglich vorhandenen Stoffmenge $[A]_0$ reagiert hat.

$$\ln \frac{[A]}{[A]_0} = -k \cdot t$$

$$[A] = \frac{[A]_0}{2} \text{ für } t = t_{1/2}$$

$$\ln \frac{\frac{[A]_0}{2}}{[A]_0} = -k \cdot t_{1/2}$$

$$\ln \frac{1}{2} = -k \cdot t_{1/2}$$

$$\ln 2 = k \cdot t_{1/2}$$

$$t_{1/2} = \frac{\ln 2}{k} = \frac{0,693}{k}.$$

Reaktion 1. Ordnung:
$$[A] = [A]_0 \cdot e^{-k \cdot t}.$$

Reaktionen 1. Ordnung haben eine konstante Halbwertszeit.

Wie aus der Rechnung ersichtlich, ist die Halbwertszeit $t_{1/2}$ eine Konstante, da sie von der augenblicklichen Konzentration völlig unabhängig ist.

Reaktion 2. Ordnung

Reaktion 2. Ordnung

Bei einer normalen Stoffumsetzung, wie sie am häufigsten in der organischen und anorganischen Chemie vorkommt, hängt die Reaktionsgeschwindigkeit RG von beiden Ausgangsstoffen A und B gleichermaßen ab:

$$A + B \rightarrow C + D$$

$$v = -\frac{d[A]}{dt} = -\frac{d[B]}{dt} = k \cdot [A]^m \cdot [B]^n.$$

Die Reaktionsordnung ist somit m + n = 1 + 1 = 2.

Dies bedeutet, dass beide Edukte Einfluss in das Geschwindigkeitsgesetz haben und den Reaktionsverlauf mitbestimmen.

Auch hier kann man integrieren, das Ergebnis findet sich in ◨ Tab. 8.10.

Reaktion »pseudo 1. Ordnung«

Diese Mischform der Reaktionsordnungen spielt eine besondere Rolle. Es handelt sich hierbei um eine normale bimolekulare Reaktion, also: A + B → Produkt(e), bei der man allerdings unter bestimmten Versuchsbedingungen ein Zeitgesetz 1. Ordnung erhält:

$$v = \frac{d[A]}{dt} = k \cdot [A] \cdot [B] = k' \cdot [A]$$

$$k' = k \cdot [B]_0.$$

Reaktion »pseudo 1. Ordnung«: Reaktion 2. Ordnung mit einem Partner im großen Überschuss.

Obwohl zwei verschiedene Ausgangsstoffe an der Reaktion beteiligt sind, ist die Geschwindigkeit nur von einem der beiden abhängig. Dies ist dann der Fall, wenn einer der Ausgangsstoffe in so großem Überschuss vorhanden ist, dass sich seine Konzentration im Verlauf der Reaktion kaum ändert. Dieses Zeitgesetz gilt zudem bei **Reaktionsketten**, auch Folge- oder Konsekutivreaktionen genannt, bei denen ein Teilschritt wesentlich langsamer abläuft als der andere. Hierbei geht nur die Eduktkonzentration der geschwindigkeitsbestimmenden Teilreaktion in die Gleichung ein.

Reaktion 0. Ordnung.

Reaktion 0. Ordnung

Ist die Umsetzungsgeschwindigkeit RG völlig unabhängig von den Konzentrationen der beteiligten Edukte, so bezeichnet man diesen Fall als Reaktion 0. Ordnung:

$$v = -\frac{d[A]}{dt} = k.$$

Die Reaktionsgeschwindigkeit bleibt während der gesamten Stoffumsetzung konstant. Dieser Fall kommt allgemein relativ selten vor und tritt nur im Grenzbereich katalytischer Reaktionen ein – so z. B. bei der chemischen Zersetzung gasförmigen Ammoniaks an einem heterogenen Katalysator (hier Wolfram, W). Es ist hier völlig egal, wie viel Gas vorhanden ist, da der Hilfsstoff alles verarbeitet, was er kriegen kann:

$$2\,NH_3(g) \xrightarrow{[W]} N_2(g) + 3\,H_2(g)$$

Ein weiteres – den meisten etwas vertrauteres – Beispiel dürfte der Alkoholabbau im Körper sein:

Hätten Sie's gewusst?

Widmark-Formel

Wie viele Promille Alkohol sind denn im Blut? Diese Frage lässt sich in erster Näherung über die Widmark-Formel (schwedischer Physiologe, 1932) beantworten. Widmark hat nämlich einen Zusammenhang zwischen der aufgenommenen Alkoholmenge A und dem Alkoholgehalt (AG) des Blutes hergestellt:

$$AG = \frac{A}{KG \cdot f}$$

mit AG: Blutalkoholspiegel (in ‰); A: Menge des zu sich genommenen Alkohols (in g); KG: Körpergewicht (in kg); f: Verteilungsfaktor im Körper (0,7 für Männer, 0,6 für Frauen).

Da Frauen generell etwas mehr Fettgewebe besitzen, wird der empirische Verteilungsfaktor etwas kleiner angenommen (0,6 statt 0,7). In der Zwischenzeit wurden zwar genauere Modelle erarbeitet, aber für eine erste Abschätzung ist die Widmark-Formel sehr hilfreich.

Ein Szenario: Eine Flasche Hochprozentiges hat einen Gehalt an reinem Alkohol von 40 Vol%. Bei einer 0,7-l-Flasche sind das 280 ml oder 224 g reiner Alkohol. Eine männliche Person mit 80 kg trinkt nun diese Flasche. Das ergäbe laut Widmark einen Blutalkoholspiegel von ca. 4‰ (Prost!).

Was hat das jetzt aber mit der Kinetik zu tun? Ganz einfach, der Alkohol muss wieder aus dem Körper raus. Das Entgiftungssystem beim Menschen arbeitet mit einer konstanten Geschwindigkeit von ca. 0,1 ‰/h. Das entspricht einer Reaktion 0. Ordnung; egal von welcher Anfangskonzentration man ausgeht, der Abbau ist immer gleich schnell. Wäre das anders, würde es bedeuten, einfach mehr zu trinken, um schneller nüchtern zu werden. Außerdem kann man über die kinetischen Gesetze von einem gegebenen Alkoholspiegel zurückrechnen, wie viel Alkohol im Blut z. B. vor 1 h vorhanden war. Das ist vor allem in der Gerichtsmedizin wichtig, wenn Straftaten unter Alkoholeinfluss beurteilt werden sollen. Auch hier hilft die Kinetik.

◘ Tab. 8.10 Zusammenstellung Reaktionen 0.–2. Ordnung

Ordnung	Reaktion	Zeitgesetz		Halbwertszeit
		Differenzielle Form	Integrierte Form	
0	A → Produkte	$v = -\dfrac{d[A]}{dt} = k$	$[A]_t = [A]_0 - kt$	$t_{1/2} = \dfrac{[A]_0}{2k}$
1	A → Produkte	$v = -\dfrac{d[A]}{dt} = k[A]$	$[A]_t = [A]_0 e^{-k \cdot t}$	$t_{1/2} = \dfrac{\ln 2}{k}$
Pseudo 1	A+B → Produkte	$v = -\dfrac{d[A]}{dt} = k[A][B] = k'[A]$ $k' = k[B]_0$	$[A]_t = [A]_0 e^{-k \cdot [B]_0 \cdot t}$	$t_{1/2} = \dfrac{\ln 2}{k'}$
2	A+A → Produkte	$v = -\dfrac{d[A]}{dt} = k[A]^2$	$[A]_t = \dfrac{1}{\frac{1}{[A]_0} + kt}$	$t_{1/2} = \dfrac{1}{k[A]_0}$
	A+B → Produkte	$v = -\dfrac{d[A]}{dt} = k[A][B]$	Vgl. Lehrbücher der physikalischen Chemie	

In ◘ Tab. 8.10 und ◘ Abb. 8.45 sowie ◘ Abb. 8.46 sind alle Charakteristika der Reaktionen 0.–2. Ordnung zusammengestellt.

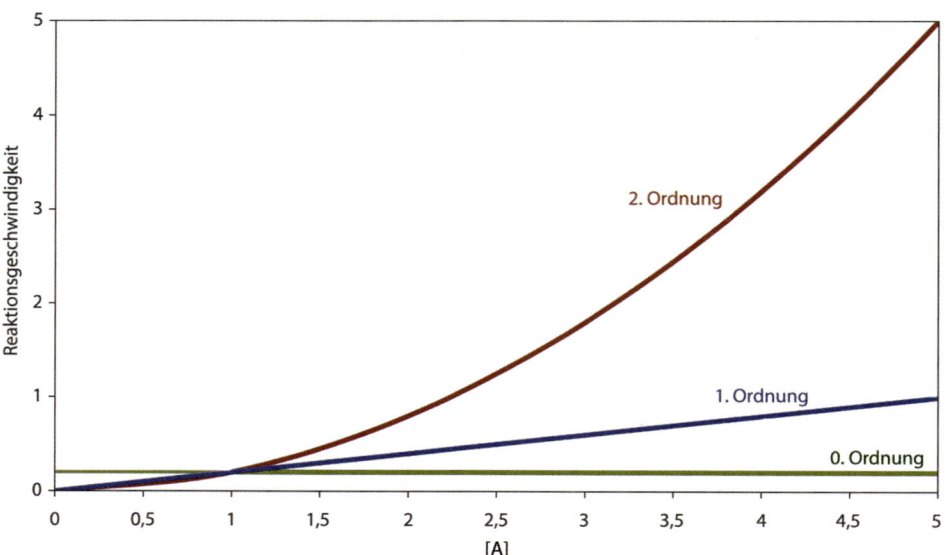

◘ **Abb. 8.45** Reaktionsgeschwindigkeit für Reaktionen 0., 1. und 2. Ordnung (A + A → Produkte) in Abhängigkeit von der Konzentration [A]

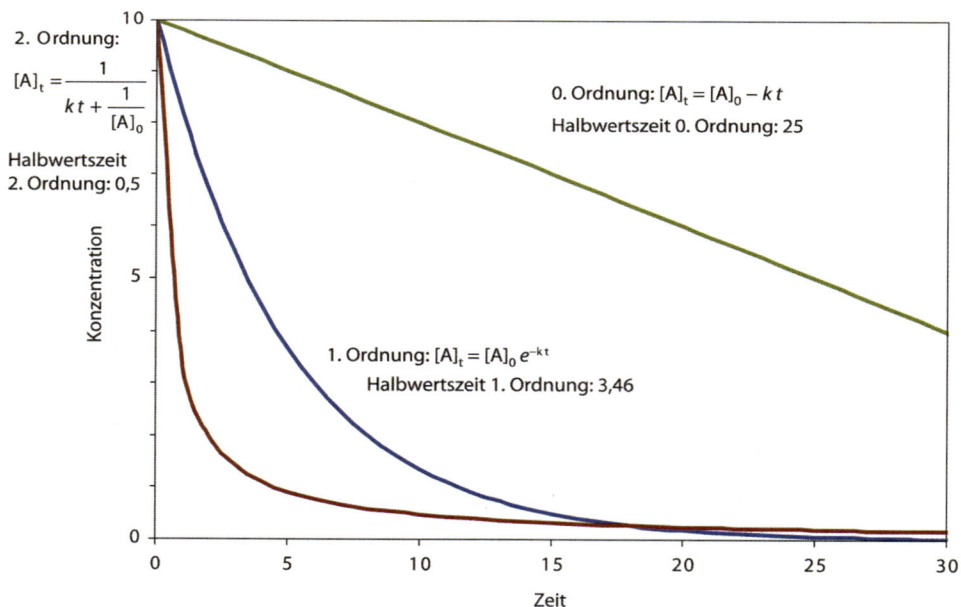

◘ **Abb. 8.46** Konzentrationsabnahme gegen die Zeit für Reaktionen 0., 1. und 2. Ordnung (A + A → Produkte)

8.5.4 Energieprofile

Ein sehr anschauliches Mittel, um den energetischen und kinetischen Verlauf von Reaktionen zu beschreiben, sind **Energieprofile**.

Hierzu geht man wie folgt vor: Man trägt die freie Energie ΔG – oder eine andere Energiegröße von Interesse – eines reagierenden Systems gegen eine sog. **Reaktionskoordinate** auf. Die einfachste Reaktionskoordinate ist die abgelaufene Zeit, man könnte aber auch einen Abstand, Winkel oder Ähnliches dazu benutzen, den Reaktionsweg zu beschreiben. Für eine einstufige Reaktion ergibt sich somit ◘ Abb. 8.47:

> Energieprofile beschreiben Kinetik und Energetik einer Reaktion.

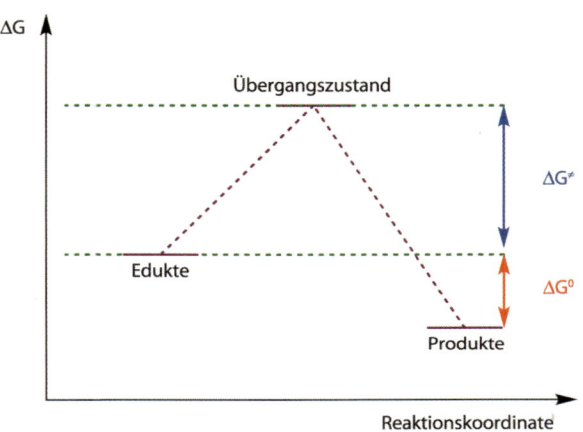

◘ **Abb. 8.47** Energieprofil einer einstufigen, exergonischen Reaktion

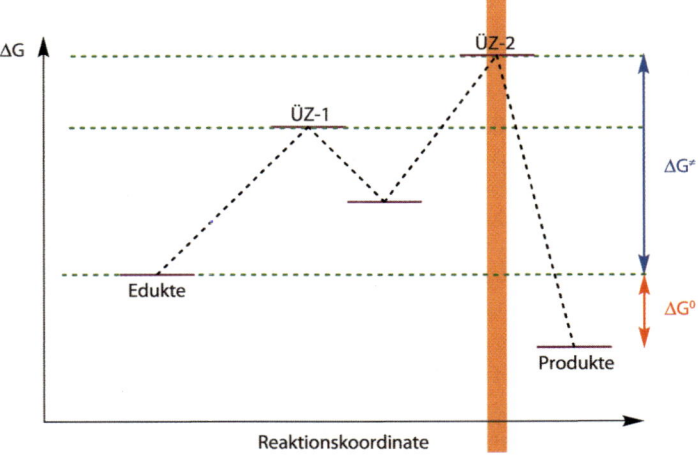

◘ **Abb. 8.48** Mehrstufige (zweistufige) exergonische Reaktion

Der energetische Abstand zwischen Edukten und Produkten ist die Reaktionsenergie ΔG^0 (oder ΔH^0, je nachdem was man aufgetragen hat); der Abstand der Edukte zum Übergangszustand ist die Aktivierungsenergie $\Delta G^{\neq}$, sie bestimmt somit die Kinetik.

Solche Energiediagramme können für alle anderen Fälle von Interesse erstellt werden (◘ Abb. 8.48).

Bei der zweistufigen Reaktion werden zwei Übergangszustände (ÜZ-1 und ÜZ-2) durchlaufen, bei einer dreistufigen drei etc. **Der energetisch höchste**

> $\Delta G^0 \rightarrow$ Gleichgewicht (Thermodynamik); $\Delta G^{\neq} \rightarrow$ Geschwindigkeit (Kinetik)

◨ **Abb. 8.49** Konkurrenzreaktion

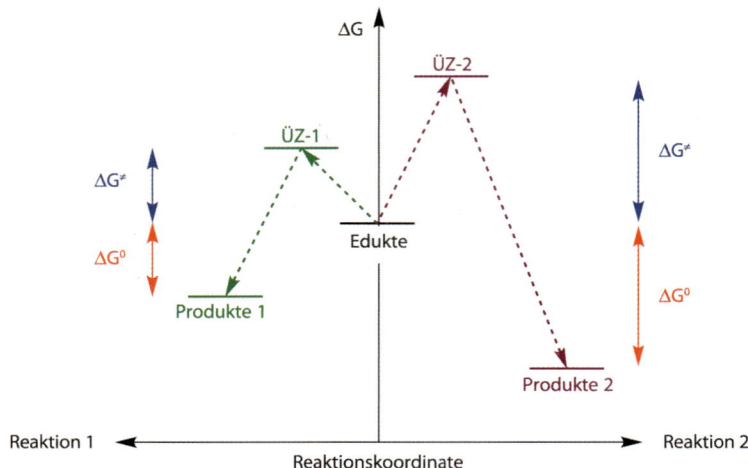

Übergangszustand bestimmt ΔG$^{\neq}$ und damit die Reaktionsgeschwindigkeit. (Übrigens darf die Anzahl der Stufen einer Reaktion nicht mit der Reaktionsordnung verwechselt werden. Es gibt einstufige Reaktionen, die aber trotzdem 2. Reaktionsordnung sind; alle anderen Kombination sind auch denkbar.)

Energieprofile können auch dazu dienen, **Konkurrenzreaktionen** zu beurteilen.

Bei der Konkurrenzreaktion gibt es zwei Möglichkeiten (◨ Abb. 8.49):

▬ Reaktion 1 nach links (grün) und
▬ Reaktion 2 nach rechts (rot).

Thermodynamische und kinetische Produktkontrolle.

Reaktion 1 ist zwar weniger exergonisch, verläuft aber schneller. Wird eine solche Reaktion bevorzugt, nennt der Chemiker das **kinetische Produktkontrolle**, die günstigere Kinetik siegt über die ungünstigere Thermodynamik. Umgekehrt liegt der Fall, wenn Reaktion 2 sich durchsetzt, das nennt man **thermodynamische Produktkontrolle**, hier siegt ΔG^0 über ΔG$^{\neq}$.

Mit etwas Geschick und Wissen lässt sich sogar steuern, welcher Weg beschritten wird. **Allgemein kann man sagen, dass bei tiefen Temperaturen die Kinetik, bei hohen Temperaturen die Thermodynamik siegt.** Das ist auch leicht zu verstehen: Bei hohen Temperaturen bewegen sich die Moleküle alle sehr schnell, die Energie reicht leicht aus, beide Übergangszustände zu überschreiten, es kommt zu einer Gleichgewichtssituation und da siegt schließlich der Unterschied bezüglich ΔG^0. Ist dagegen die Temperatur niedrig, kann es sein, dass die Reaktanden gar nicht über den höheren Übergangszustand kommen, diese »sehen« den Weg nach rechts quasi gar nicht.

Dazwischen gibt es natürlich auch eine Situation, in der beide Wege beschritten werden können, z. B. dann, wenn sowohl Aktivierungs- als auch Reaktionsenergie vergleichbar groß sind. Das nennt man dann **Parallelreaktionen**. Es gäbe auch noch so nette Dinge wie Sackgassengleichgewicht etc., aber das wäre eine andere Geschichte.

kurz & knapp

Bei den Einflussgrößen eines Reaktionsablaufs ist besonders wichtig:

Energetik: Änderung der Energiezustände:

- **Standardbedingungen:** $T = 25\,°C = 298\,K$, $p = 1{,}013\,bar$, 1-molarer Umsatz.
- Reaktion, in deren Verlauf Wärme frei oder gebraucht wird:
  - **exotherm** $\rightarrow \Delta H < 0$;
  - **endotherm** $\rightarrow \Delta H > 0$.
- Größtmögliche **Entropie** (Unordnung, Chaos) wird in chemischen Prozessen angestrebt:
  $\Delta S > 0$, begünstigt Ablauf einer Reaktion.
- **Gibbs-Helmholtz-Gleichung** beurteilt Gesamtenergie einer Reaktion:
  $\Delta G = \Delta H - T \cdot \Delta S$ oder: $\Delta G = \Delta G° + R \cdot T\,\ln K$
- Reaktion, die spontan abläuft: **exergonisch** $\rightarrow \Delta G < 0$ (Gegensatz: **endergonisch**).
- In **Gleichgewichtssituation**: Energieminimum, es besteht keine Triebkraft $\rightarrow \Delta G = 0$:
  - Stoffumsatz $< 50\% \rightarrow \Delta G° > 0$;
  - Stoffumsatz $= 50\%$, $K = 1 \rightarrow \Delta G° = 0$;
  - Stoffumsatz $> 50\% \rightarrow \Delta G° < 0$.

Kinetik beschreibt die Geschwindigkeit chemischer Prozesse:

- Die **Reaktionsgeschwindigkeit** (RG) einer chemischen Umsetzung ist die Änderung der Konzentration eines Stoffs in Abhängigkeit von der Zeit (Reaktionsdauer):

$$v = \frac{d[\text{Produkt}]}{dt} = -\frac{d[\text{Edukt}]}{dt} = k[\text{Edukt}].$$

- In **gekoppelten Reaktionen** ist der langsamste Teilschritt geschwindigkeitsbestimmend für die Gesamtreaktion.
- **Gibbs freie Aktivierungsenergie $\Delta G^{\neq}$:**
  - überwindet energiereichen ÜZ;
  - bestimmt RG.
- **Katalyse:** Beschleunigung einer Reaktion mit Katalysator:
  - Erniedrigung der Aktivierungsenergie $\Delta G^{\neq}$ und somit RG-Erhöhung;
  - Katalysator wird niemals in Reaktion verbraucht, erscheint nicht im Endprodukt, geht nicht stöchiometrisch in Gesamtenergiebilanz der Reaktion ein;
  - Biokatalysatoren = Enzyme;
  - Gleichgewichtsreaktion: Katalysator beschleunigt Einstellung des chemischen Gleichgewichts, hat jedoch keinen Einfluss auf dessen Lage.
- **Halbwertszeit:** Zeit, in der die Hälfte der Anfangskonzentration verbraucht ist.
- **Reaktionsordnung = m + n:** Anzahl der die Reaktion beeinflussenden Eduktkonzentrationen:
  - **0. Ordnung:** RG unabhängig von Konzentrationen der Edukte, $v = $ konstant:

$$v = -\frac{d[\text{A}]}{dt} = k.$$

- **1. Ordnung:** Zerfall, RG abhängig von einer Eduktkonzentration:

$$v = -\frac{d[A]}{dt} = k[A].$$

- **2. Ordnung:** RG abhängig von beiden Eduktkonzentrationen:

$$v = -\frac{d[A]}{dt} = k[A][B].$$

- **»Pseudo 1. Ordnung«:** normale bimolekulare Reaktion, unter bestimmten Versuchsbedingungen Zeitgesetz 1. Ordnung (B in großem Überschuss oder ein Teilschritt wesentlich langsamer).

8.5.5 Übungsaufgaben

Chemie

Aufgabe 1

Aufgabe 1: Eine Gleichgewichtsreaktion hat die Gleichgewichtskonstante $K = 10^{-8}$. Was ergibt sich folglich für die Lage des Gleichgewichts und den $\Delta G°$-Wert?

Lösung 1: Laut der thermodynamischen Ableitung des MWG:

- $\Delta G° = -R \cdot T \cdot \ln 10^{-8}$
- $ = -R \cdot T \cdot (-8) \cdot \ln 10 = -8 \cdot 2{,}303 \approx -18$
- $\Delta G° > 0 \rightarrow$ Das Gleichgewicht liegt auf der Seite der Edukte.

Aufgabe 2

Aufgabe 2: Für die Zersetzung von Ameisensäure $HCOOH\,(fl) \rightarrow CO_2\,(g) + H_2\,(g)$ gilt bei 25 °C:
$\Delta H° = 15{,}7\,kJ\,mol^{-1}$; $\Delta S° = 0{,}215\,kJ\,(mol\,K)^{-1}$.
Ist die Reaktion exergonisch oder endergonisch?

Lösung 2: $\Delta G° = -48{,}3\,kJ\,mol^{-1}$; die Reaktion verläuft also exergonisch.

Aufgabe 3

Aufgabe 3: Formulieren Sie das Zeitgesetz 1. Ordnung für den Zerfall von N_2O_5! Die Halbwertszeit beträgt 21,8 min. Wie groß ist k?

Lösung 3:

- $2\,N_2O_5\,(g) \rightarrow 4\,NO_2\,(g) + O_2\,(g)$
- $v = k \cdot [N_2O_5]^1$
- $21{,}8 \cdot 60\,s = 1308\,s$; daraus folgt: $1308\,s = \ln 2/k$;
  also: $k = \ln 2/1308\,s = 5{,}3 \cdot 10^{-4}\,s^{-1}$.

Alles klar!

...und zurück zum Airbag

Zu Beginn dieses Kapitels wurde auf die Bedeutung des Airbags hingewiesen. Mit dem (hoffentlich) mittlerweile erworbenen Verständnis für Reaktionsenergetik und -kinetik werfen wir nun noch einmal einen Blick darauf.

Der Airbag öffnet durch folgende Reaktion:

$2\,NaN_3\,(f) \rightarrow 2\,Na\,(fl) + 3\,N_2\,(g).$

Dies ist eine exergonische ($\Delta G < 0$) und stark exotherme Reaktion, deren Reaktionsenthalpie ΔH entsprechend negativ ausfällt. Die Reaktionsentropie ΔS ist auf Grund der Erhöhung der Molekülanzahl und der chaotischeren Aggregatzustände der Produkte positiv ($\Delta S > 0$). Da Natriumazid das einzige Edukt ist und sich zersetzt, ergibt sich eine Reaktion 1. Ordnung.

Die Reaktionsgeschwindigkeit ist enorm hoch, sodass sich der Airbag innerhalb von nur 25 ms komplett füllt.

Damit die Reaktion abläuft, muss ein elektronischer Sensor, der erst bei einem Aufprall über 15 km h^{-1} aktiviert wird, ein Signal an eine Steuereinheit im Fußbereich des Autos weiterschicken. Dies aktiviert einen Zünder, der lokal die Temperatur auf über 300 °C ansteigen lässt (Aktivierungsenergie $\Delta G^{\neq}$), wodurch sich das Natriumazid rasch zersetzt und die dabei entstandene Menge an Stickstoffgas, auf der Fahrerseite immer 30 l, in die Nylonhülle einströmt.

Energetik und Kinetik spielen also auch in unserem Alltag eine (lebens)entscheidende Rolle.

Etwas mehr Chemie kommt aber noch dazu: Bei der Airbag-Zündung wird nicht nur sehr schnell und exotherm Stickstoff gebildet, sondern auch geschmolzenes Natriummetall. In der Schule hat man vielleicht mal den Versuch »Natrium in Wasser« gesehen, das spritzt so schön und Flammen gibt es auch. Wenn man das nach einer Airbag-Zündung dann im Gesicht hat... Deshalb müssen Chemikalien zugegeben werden, die das elementare Natrium binden bzw. unschädlich machen. Und schließlich ist Natriumazid selbst eine sehr giftige Chemikalie. Airbags sind kein Spielzeug!

Anorganische Chemie

Verena Gruber

J. Schatz, R. Tammer (Hrsg.), *Erste Hilfe – Chemie und Physik für Mediziner*,
DOI 10.1007/978-3-662-44111-4_9, © Springer-Verlag Berlin Heidelberg 2015

- Periodensystem
  - Historische Entwicklung
  - Elemente im Periodensystem
  - Aufbau: Perioden, Haupt-, Nebengruppen
  - Tendenzen im PSE
  - Reaktivität
  - Metallcharakter
  - Atomradius
  - Elektronegativität, Elektronenaffinität
  - Ionisierungsenergie
- Chemie medizinisch relevanter Elemente
  - Einordnung der Elemente im Hinblick auf ihre biologische Bedeutung
  - Spurenelemente
  - Wichtige chemische Elemente und ihre Bedeutung für den menschlichen Körper
    - Kohlenstoff
    - Sauerstoff
    - Stickstoff
    - Phosphor
    - Halogene
    - Alkalimetalle
    - Erdalkalimetalle
    - Nebengruppenelemente

Wie jetzt?

Nitroglycerin und Potenz
Eine wichtige Frage für ca. 50% der Bevölkerung: Kann Nitroglycerin die Potenz steigern?

9.1   Periodensystem (PSE)

In ▶ Abschn. 8.2.1 wurden bereits einige Grundlagen für das Periodensystem der Elemente gelegt. Im Folgenden wird auf die Zusammenhänge innerhalb des PSE eingegangen. Um dieses besser verstehen zu können, ist es von Vorteil, die geschichtliche Entwicklung zu kennen.

9.1.1   Historische Entwicklung

Anfangs waren den Wissenschaftlern nur 13 chemische Elemente bekannt: Kupfer, Zinn, Blei, Silber, Gold, Eisen, Quecksilber, Antimon, Zink, Arsen, Kohlenstoff, Schwefel und Bismut.

Seit dem 18. Jahrhundert fingen Chemiker mit der wissenschaftlichen Beschreibung von Elementen an, sodass man zu Beginn des 19. Jahrhunderts bereits genug über die Elemente wusste, um Ähnlichkeiten in deren Eigenschaften zu erkennen.

Frühe Ordnungskriterien der Elemente: Triaden und Oktavengesetz.

Johann Wolfgang Döbereiner (1780–1849) sortierte ähnliche Elemente in sog. Triaden und formulierte 1817 damit das erste wissenschaftlich fundierte Ordnungsprinzip. Jedoch wurde schnell deutlich, dass dieses System noch nicht ausgefeilt und umfassend anwendbar war. 1863 ordnete John A. R. Newlands

(1837–1898) die Elemente nach ihrem Atomgewicht und erkannte so, dass Elemente in bestimmtem Abstand ähnliche Eigenschaften aufweisen. Aber die realen Verhältnisse waren komplizierter, als Newland angekündigt hatte. Deshalb wurde sein Oktavengesetz von der Wissenschaft ebenfalls nicht anerkannt.

Da inzwischen schon etwa 60 Elemente bekannt waren, war es notwendig, ein allgemein gültiges System zu entwickeln. Dies gelang 1869 unabhängig voneinander Lothar Meyer (1830–1895) und Dimitri Iwanowitsch Mendelejew (1834–1907). Sie ordneten die Elemente so an, dass die Reihen der Elemente in der Weise in Perioden zerlegt sind, dass Elemente mit ähnlichen Eigenschaften in Gruppen zusammengefasst wurden. Jedoch nahmen die beiden Wissenschaftler in Kauf, dass einige Plätze in ihrem System für noch unbekannte Elemente frei blieben. Dies bedeutete, dass sich unentdeckte Elemente mit einiger Genauigkeit voraussagen ließen, wie z. B. die erst viel später entdeckten bzw. künstlich hergestellten Elemente Polonium, Rhenium und Technetium, die von Mendelejew, wenn auch nur ungenau, vorausgesagt worden waren. **Das heute allgemein anerkannte Periodensystem mit den Ordnungsrichtlinien von Meyer und Mendelejew war geboren.**

Ein Problem stellte noch die Einordnung der Elemente Iod und Tellur in das Periodensystem dar. Wenn man nach der Atommasse geht, müsste Iod (126,9 Masseneinheiten) im Ordnungsprinzip vor Tellur (127,6 Masseneinheiten) stehen, da seine Masse geringer ist. Da dies nicht der Fall ist, musste für die Reihenfolge der beiden Elemente eine andere Eigentümlichkeit ausschlaggebend sein. Dieses Problem löste der Physiker Moseley 1912 mit dem Beweis, dass die Kernladungszahl das entscheidende Kriterium darstellt und nicht die Atommasse, wie man zuvor geglaubt hatte.

Heute sind Elemente bis zur Ordnungszahl 118 bekannt, von denen 88 in der Natur nachgewiesen werden können. Knapp 45% der derzeit bekannten Elemente wurden erst im 19. Jahrhundert entdeckt. Dies waren vor allem schwer zugängliche, oft radioaktive Elemente mit einer Kernladungszahl über 95, deren natürliches Vorkommen noch nicht beobachtet werden konnte. Sie können nur künstlich durch kernchemische Synthesen hergestellt werden und sind Ergebnis von Kernreaktionen oder Atomumwandlungen. Die Bedeutung des Periodensystems der Elemente verlieh so der Entwicklung der chemischen Wissenschaft wichtige Impulse.

> Der Durchbruch: Meyer und Mendelejew ordnen nach Atommassen.

> Entscheidendes Ordnungskriterium: die Kernladungszahl.

> Heute besteht das Periodensystem aus 118 Elementen, Tendenz steigend.

9.1.2 Beschriftung der Elemente im PSE

Um die folgenden Erläuterungen besser nachvollziehen zu können, ist es vorteilhaft, ein Periodensystem vor sich liegen zu haben (◘ Abb. 9.1 und ◘ Abb. A.2 im ▸ Anhang). Wenn wir das PSE im ▸ Anhang betrachten, wird deutlich, dass jedem Element eine Abkürzung zugewiesen wird. Diese steht im Zentrum des Kästchens, das jedem einzelnen Element zugeordnet ist. Darunter ist der ausgeschriebene Name des Elements aufgeführt.

Die **Ordnungszahl (= Kernladungszahl)** gibt die **Zahl der Protonen bzw. Elektronen** des ungeladenen Atoms an. Sie steht im Periodensystem links neben der Abkürzung. Darüber ist die **Nukleonenzahl** aufgeführt, welche die **Summe der Protonen und Neutronen** des erwähnten Elements darstellt.

So gilt für Natrium: $^{\text{Nukleonenzahl } 23}_{\text{Ordnungszahl } 11}\text{Na}$.

Besitzt ein Element die gleiche Anzahl an Protonen, aber unterschiedlich viele Neutronen, spricht man von Isotopen. Diese haben gleiche chemische, aber unterschiedliche physikalische Eigenschaften.

> Ordnungszahl = Zahl der Protonen; Nukleonenzahl = Anzahl der Protonen + Neutronen.

> Isotop: Gleiche Ordnungszahl, aber unterschiedliche Nukleonenzahl.

> Die Elemente werden im PSE von links nach rechts mit steigender Ordnungszahl und von oben nach unten mit steigender Schalenzahl geordnet.

9.1.3   Aufbau des PSE

Aus der Position eines Elements im Periodensystem kann man auf seine Eigenschaften und die Art der von ihm gebildeten Verbindungen schließen.

Das Periodensystem ist aus Zeilen und Spalten aufgebaut:

Zeilen im PSE = Perioden, Spalten im PSE = Gruppen.

- Die **Zeilen** entsprechen insgesamt **sieben Perioden**. Dabei gibt die **Periodennummer eines Elements die Zahl der Schalen seiner Atomhülle**, auch Hauptquantenzahl n genannt, an. Jede zusätzliche innere Elektronenschale schirmt die Außenelektronen zunehmend gegen den Atomkern ab. Dementsprechend hat z. B. Natrium drei Atomschalen.
- Die **Spalten des Periodensystems** stellen **Gruppen** dar. Hierbei muss man zwischen den Haupt- und Nebengruppen sowie der Gruppe der Lanthanoide und Actinoide unterscheiden.

Haupteinteilung im PSE: Haupt- und Nebengruppen, Lanthanoide und Actinoide.

Elemente versuchen in ihren Verbindungen immer die Edelgaskonfiguration zu erreichen. Hierzu werden Außenelektronen aufgenommen (5.–7. Hauptgruppe) oder abgegeben (1.–3. Hauptgruppe).

Die Hauptgruppennummer eines Elements gibt an, wie viele Außenelektronen dessen Atome besitzen. Die Elemente der 1.–3. Hauptgruppe neigen dazu, Elektronen abzugeben. Ziel hierbei ist, genauso viele Außenelektronen (acht Elektronen, deshalb auch »**Oktettregel**«) zu erreichen, wie das im PSE am nächsten stehende Edelgas. Solche Strukturen sind sehr stabil und werden als **Edelgaskonfiguration** bezeichnet. In der 5.–7. Hauptgruppe müssen dagegen Elektronen aufgenommen werden. Die 8. Hauptgruppe trägt die Bezeichnung Edelgase, da ihre Atome bereits acht Elektronen besitzen und somit die Edelgaskonfiguration schon erreicht haben. Deshalb gehen sie praktisch keine chemischen Verbindungen ein.

Ach ja, bei der Nummerierung der Haupt- und Nebengruppen gibt es unterschiedliche Systeme:

- Entweder man nummeriert einfach von links nach rechts von 1–18 durch. Dann hat z. B. die 2. Hauptgruppe die Nummer 2, die 4. aber die Nummer 14.
- Alternativ findet man die Nummerierung mit römischen Zahlen I–VIII. Zusätzlich gibt A bzw. B an, ob es eine Hauptgruppe (A) oder Nebengruppe (B oder kein Buchstabe) ist. Die 2. Hauptgruppe kann folglich auch mit IIA, die 4. mit IVA belegt sein.

Die **4. Hauptgruppe** nimmt eine Sonderstellung im Periodensystem ein. Sie kann vier Elektronen sowohl aufnehmen als auch abgeben. **Dies ist unter anderem ein Grund, weshalb der sich in dieser Gruppierung befindende Kohlenstoff in der Chemie eine so bedeutende Rolle spielt.**

Am Beispiel Natrium erkennt man, dass Natrium ein Elektron zu viel und damit das Bestreben hat, dieses abzugeben, um die Edelgaskonfiguration zu erreichen. Natrium besitzt also die stöchiometrische Wertigkeit +1 (positiv).

Natrium muss ein Elektron abgeben, um die stabile Edelgasschale zu erreichen. Es resultiert ein Natriumkation (Na^+).

Elemente einer Hauptgruppe besitzen die gleiche Zahl an Außenelektronen. Elemente innerhalb einer Gruppe zeichnen sich also durch ähnliche Eigenschaften aus. Deshalb können sie zu den in der Folge genannten Gruppennamen zusammengefasst werden.

Es gibt acht Hauptgruppen im PSE.

Es gibt acht **Hauptgruppen**:

- IA: Alkalimetalle
- IIA: Erdalkalimetalle
- IIIA: Erdmetalle (dieser Begriff ist aber mehrdeutig)
- IVA: Kohlenstoffgruppe

- VA: Stickstoffgruppe
- VIA: Sauerstoffgruppe (Chalkogene)
- VIIA: Halogene
- VIIIA: Edelgase

In den Hauptgruppen werden die s- und p-Zustände (▶ Kap. 8.1) besetzt, in den Nebengruppen die d-Zustände und in der Gruppe der Lanthanoiden und Actinoiden die f-Zustände.

Nach diesem Prinzip kann man das Periodensystem in einzelne Blöcke von links nach rechts einteilen: s-, f-, d- und p-Block.

Wasserstoff und Helium nehmen eine Sonderstellung ein: Wasserstoff weist trotz s-Orbital andere Eigenschaften auf als die anderen Elemente im s-Block, Wasserstoff und Helium besitzen gar keine besetzten p-Orbitale. Die **Nebengruppen** stehen zwischen der 2. und 3. Hauptgruppe und verfügen meist über zwei Außenelektronen.

Da, wie oben bereits erwähnt, die Anzahl der Außenelektronen die Eigenschaften eines Elements bestimmt, zeigen alle Elemente der Nebengruppen große Ähnlichkeiten: Sämtliche Nebengruppenelemente sind Metalle. Da sie zwischen den Hauptgruppen stehen, werden sie auch Übergangsmetalle genannt. Zu ihnen gehören fast alle technisch wichtigen Metalle, wie z. B. Eisen (Fe), Chrom (Cr), Nickel (Ni) und Kupfer (Cu).

Die 6. und 7. Periode umfasst je 14 Gruppenelemente mehr als die 4. und 5. Periode. Diese Elemente werden zu den Gruppen der Lanthanoide und Actinoide zusammengefasst (▣ Abb. A.2 im ▶ Anhang).

Die chemischen Elemente kann man in Metalle, Nichtmetalle und Halbmetalle unterteilen.

In ▣ Abb. 9.1 kann man eine schwarz gefärbte, stufenförmige Diagonale erkennen. Sie trennt die Metalle von den Nichtmetallen. Links von der Diagonale stehen die Metalle, rechts davon die Nichtmetalle.

> Hauptgruppe: s- und p- Schale; Nebengruppe: d-Schale; Lanthanoide und Actinoide: f-Schale.

> Alle Nebengruppenelemente sind Metalle und zeigen ähnliche Eigenschaften.

IA	IIA	IIIB	IVB	VB	VIB	VIIB	VIIIB	VIIIB	VIIIB	IB	IIB	IIIA	IVA	VA	VIA	VIIA	VIIIA
1	2	3	4	5	6	7	8	9	10	11	12	13	14	15	16	17	18
H																	He
Li	Be											B	C	N	O	F	Ne
Na	Mg											Al	Si	P	S	Cl	Ar
K	Ca	Sc	Ti	V	Cr	Mn	Fe	Co	Ni	Cu	Zn	Ga	Ge	As	Se	Br	Kr
Rb	Sr	Y	Zr	Nb	Mo	Tc	Ru	Rh	Pd	Ag	Cd	In	Sn	Sb	Te	I	Xe
Cs	Ba	Lu	Hf	Ta	W	Re	Os	Ir	Pt	Au	Hg	Tl	Pb	Bi	Po	At	Rn
Fr	Ra																

Nichtmetalle, Metalle, Halbmetalle

▣ **Abb. 9.1** Periodensystem der Elemente

Wenn **Metalle** Verbindungen eingehen, neigen sie zur **Abgabe von Elektronen**; es entstehen Kationen (positive Ionen). Als Elemente leiten sie den elektrischen Strom, besitzen einen metallischen Glanz und sind plastisch verformbar.

Wenn dagegen **Nichtmetalle** Verbindungen eingehen, neigen sie zur **Aufnahme von Elektronen**; es entstehen Anionen (negative Ionen). Außerdem leiten sie keinen elektrischen Strom (= Isolator), sind weder schmiedbar noch verformbar.

> Metalle geben in Verbindungen Elektronen ab und ergeben Kationen.

> Nichtmetalle nehmen Elektronen auf und ergeben Anionen.

Bor, Silicium, Germanium, Arsen, Selen und Tellur werden als **Halbmetalle** bezeichnet. Sie weisen **äußerlich die Eigenschaften eines Metalls** auf, **verhalten sich chemisch** jedoch **wie ein Nichtmetall**. Im Periodensystem stehen sie zwischen den Metallen und Nichtmetallen.

9.1.4 Tendenzen innerhalb des PSE

Im Periodensystem lassen sich Tendenzen erkennen. Kennt man diese, können viele Eigenschaften vorhergesagt werden!

Reaktionsbereitschaft

Zum einen lässt sich beobachten, dass die Reaktionsbereitschaft innerhalb der Hauptgruppen IA, IIA, IIIA von oben nach unten zunimmt, während sie bei den Gruppen VA, VIA, VIIA von oben nach unten abnimmt (◻ Abb. 9.2).

Die Elemente der Hauptgruppen IA und VIIA sind sehr reaktionsfreudig, sie haben eine deutlich höhere Reaktivität als die benachbarten Elemente der 3. und 4. Hauptgruppe (IIIA und IVA). **Daraus kann man folgern, dass die Hauptgruppen, die im PSE in den äußeren Spalten liegen, gern miteinander reagieren, ebenso wie die in der Mitte gelegenen Hauptgruppen unter sich.**

Metallcharakter

Betrachtet man den Metallcharakter der Elemente im PSE, wird ersichtlich, dass dieser innerhalb der Perioden tendenziell von links nach rechts abgeschwächt und in den Gruppen von oben nach unten verstärkt wird (◻ Abb. 9.3).

Atomradius Tendenzen innerhalb des PSE

Die Größe des Atomradius lässt sich nicht leicht bestimmen. Aufgrund der Tatsache, dass ein Atom keine definierte Oberfläche hat, ist die Größe von Atomen nicht zu messen. Der Abstand zwischen den Kernen gebundener Atome jedoch kann festgestellt werden. Atome können sich nicht beliebig nahekommen. Bei Annäherung zweier Atome entwickelt sich zunächst eine Anziehungskraft. Diese wird in eine abstoßende Kraft umgewandelt, wenn sich ihre Elektronenwolken zu sehr durchdringen und die Atomkerne zu sehr annähern. Die Hälfte der kürzestmöglichen Entfernung zwischen zwei Atomen definiert man als Atomradius (Ionenradius).

Es lässt sich beobachten, dass in einer Periode der Atomradius von links nach rechts abnimmt. Dies geschieht, weil die Kernladung ansteigt und der Kern so die Elektronen stärker anzieht. Innerhalb einer Gruppe nimmt der Atomradius von oben nach unten zu. Hier besetzen die jeweils äußeren Elektronen vom Kern immer weiter entfernte Schalen. Der Atomradius steigt (◻ Abb. 9.4).

Elektronegativität

Bei der Elektronegativität (EN) lassen sich innerhalb des PSE weitere Tendenzen ausmachen. Unter Elektronegativität versteht man die Fähigkeit benachbarter Atome, die an einer chemischen Bindungen beteiligt sind, die gemeinsamen Elektronen unterschiedlich stark anzuziehen.

Man kann zwischen elektropositiven und elektronegativen Elementen unterscheiden, wobei es davon abhängt, ob das Element mehr dazu neigt, positive oder negative Ionen zu bilden. Anhand seiner Elektronegativität lässt sich das Verhalten eines Elements besser verstehen.

Reaktivität:

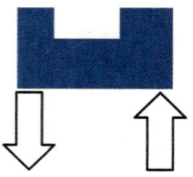

◻ **Abb. 9.2** Entwicklung der Reaktivität im PSE

Metallcharakter:

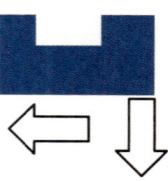

◻ **Abb. 9.3** Entwicklung des Metallcharakters im PSE

Ionenradius:

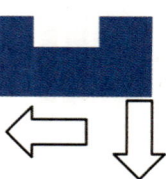

◻ **Abb. 9.4** Entwicklung des Ionenradius im PSE

Elektropositive Elemente bilden eher positive Ionen, elektronegative Elemente bilden eher negative Ionen.

Linus Pauling (1901–1994, Nobelpreis Chemie 1954, Friedensnobelpreis 1962) hat 1932 eine empirische EN-Skala aufgestellt, die die Stärke der Elektronegativität über einen Zahlenwert von ca. 1–4 ausdrückt. So hat z. B. Fluor die Elektronegativität 4. Dies ist der höchste Wert im PSE. Damit ist Fluor das elektronegativste Element.

Insgesamt nimmt die Elektronegativität innerhalb der Perioden von links nach rechts zu. Sie ist im PSE links unten am niedrigsten, während sie rechts oben am höchsten ist. In den Hauptgruppen nimmt sie von oben nach unten ab (◘ Abb. 9.5). Alle Nebengruppen weisen eine relativ geringe Elektronegativität auf. Die Werte der Lanthanoiden-Gruppe unterscheiden sich nur geringfügig.

Da Edelgase (praktisch) keine Verbindungen eingehen, sind für sie keine Elektronegativitäten definiert.

Im Zusammenhang mit der Elektronegativität gilt es die **Elektronenaffinität** zu nennen. Darunter versteht man die **Energie, die bei der Aufnahme eines Elektrons durch ein Atom oder Ion frei wird**. Eine hohe Elektronenaffinität eines Elements bedeutet, dass stark elektronegative Elemente die Tendenz haben, Elektronen aufzunehmen. Wenn Atome Elektronen leicht abgeben, spricht man von niedriger Elektronenaffinität.

Fluor ist das elektronegativste Element.

Elektronegativität:

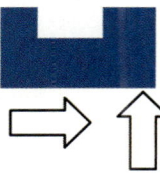

◘ **Abb. 9.5** Entwicklung der Elektronegativität im PSE

Elektronenaffinität:
Energie, die bei Aufnahme eines Elektrons frei wird.

Ionisierungsenergie

Wie oben schon erwähnt, existiert außerdem die **Ionisierungsenergie**. Sie ist die **Energie, die benötigt wird, um Elektronen aus dem Anziehungsbereich des Atomkerns zu entfernen**. Je mehr Elektronen entfernt werden, desto mehr Energie muss dafür aufgewandt werden.

Die Ionisierungsenergie nimmt innerhalb der Periode von links nach rechts zu (◘ Abb. 9.6). Die Wegnahme eines Elektrons wird dadurch schwieriger, weil die Atome kleiner werden und die Kernladung zunimmt. Innerhalb der Hauptgruppen nimmt die Ionisierungsenergie im PSE von oben nach unten ab. Die Vergrößerung der Atome erleichtert das Entfernen eines Elektrons. Das zu entfernende Elektron entstammt von Element zu Element einer immer weiter außen liegenden Schale. Dagegen wird die Zunahme der Kernladung von der Abschirmung durch die inneren Elektronen weitgehend kompensiert. Die Ionisierungsenergie bei den Nebengruppenelementen nimmt weniger stark zu als bei den Hauptgruppenelementen.

Typisch für Metalle ist eine niedrige, für Nichtmetalle eine hohe Ionisierungsenergie. Am niedrigsten innerhalb ihrer jeweiligen Periode ist sie bei den Alkalimetallen und am höchsten bei den Edelgasen. **Die Ionisierungsenergie ist eine messbare Eigenschaft eines Atoms.**

Ionisierungsenergie:
Energie zum Entfernen eines Elektrons aus dem Atomkern.

Ionisierungsenergie:

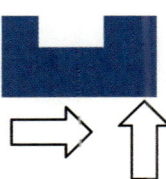

◘ **Abb. 9.6** Entwicklung der Ionisierungsenergie im PSE

9.2 Exemplarische Abhandlung der Chemie wichtiger Elemente

9.2.1 Einordnung der Elemente im Hinblick auf ihre biologische Bedeutung

Von den stabilen **Elementen des Periodensystems** sind nur ca. 20 für Mensch, Tier und Pflanze auf der Erde lebensnotwendig. Allerdings sind diese nur wirksam als Bestandteil chemischer Verbindungen. Die Mehrzahl dieser Elemente lässt sich in den ersten vier Perioden des PSE finden. Als wasserlösliche Verbindungen sind viele Elemente mit höherer Ordnungszahl sehr gefährlich für die Entwicklung von Lebensprozessen. Als Beispiele können hier unter anderem Salze des Quecksilbers (Hg^{2+}) oder Bleis (Pb^{2+}/Pb^{4+}) genannt werden.

Für den Menschen ist nur ca. ¼ aller stabilen Elemente bedeutsam.

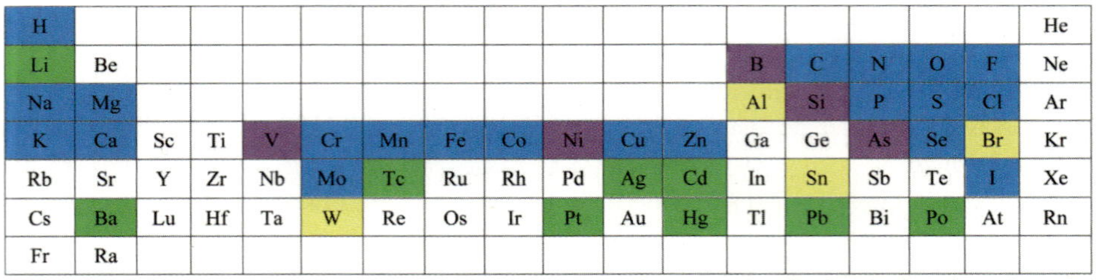

biochemisch wichtig, essenziell für mindestens eine Art, toxikologisch oder pharmakologisch wichtig, biologische Funktion vermutet, keine Funktion oder unbekannt

◘ **Abb. 9.7** Biologische Bedeutung der Elemente

Der menschliche Körper:
viel Wasser, viel organische, wenig anorganische Chemie.

◘ Abb. 9.7 zeigt Elemente mit wichtiger biologischer Bedeutung.

In der Evolution spielt die sog. **Bioverfügbarkeit** für die Auswahl lebensnotwendiger Elemente eine große Rolle. Darunter versteht man, wie häufig ein Element in der Natur aufzufinden ist und wie leicht es sich z. B. aus Mineralien in Lösung bringen lässt.

Der **menschliche Körper** besteht zu 50–60% aus Wasser, wobei der nichtwässrige Anteil hauptsächlich organischer und nur zu 5% mineralischer Natur ist.

◘ Tab. 9.1 listet die am Körperaufbau überwiegend beteiligten Hauptgruppenelemente auf.

Spurenelemente sind Elemente, die in geringen Mengen (< 50 mg/kg Gewebe) im Körper vorkommen, für die Funktion aber unerlässlich sind.

Als **Spurenelemente** werden Elemente bezeichnet, die für die Funktionen des Körpers unerlässlich sind, aber nur in sehr geringen Mengen (»in Spuren«) benötigt werden. Zu ihnen zählen die Nebengruppenelemente Eisen, Zink, Kupfer, Chrom, Mangan, Cobalt und Molybdän sowie Iod, Fluor und Selen aus den Hauptgruppen. **Da der Körper Spurenelemente nicht selbst herstellen kann, müssen sie mit der Nahrung konstant aufgenommen werden. Bleibt dies aus, können Mangelerscheinungen auftreten.**

9.2.2 Wichtige chemische Elemente und ihre Bedeutung für den menschlichen Körper

Im Folgenden werden einzelne Elemente des PSE erläutert, die für den menschlichen Organismus eine wichtige Rolle spielen.

Kohlenstoff

Der Grundbaustoff der organischen Chemie ist Kohlenstoff (C). Er gilt als weit verbreitetes Element, dessen organische Verbindungen zentrale Bedeutung für alle Lebensvorgänge haben. Die große Vielzahl an chemischen Verbindungen kommt durch seine Fähigkeit zustande, lange Ketten oder Ringe zu bilden.

Gegenwärtig gibt es mehrere Millionen Kohlenstoffverbindungen. Somit wird die Zahl der kohlenstofffreien Verbindungen (ca. 300.000) deutlich übertroffen. Anfang September 2014 waren in der Chemical Abstract Service Datenbank – der umfassendsten Quelle chemischer Information – 89.613.000 organische und anorganische Verbindungen und 65.720.000 Sequenzen (Proteine, DNA) bekannt. Das erklärt auch, warum sich der Chemiker ein eigenes Benennungssystem chemischer Verbindungen überlegt hat: die Nomenklatur. Mehr dazu im ▶ Kap. 12.

◘ **Tab. 9.1** Prozentuale Anteile der Elemente des menschlichen Körpers

Element	Prozentanteil
Sauerstoff (O)	63
Kohlenstoff (C)	20
Wasserstoff (H)	10
Stickstoff (N)	3
Calcium (Ca)	1,5
Phosphor (P)	1
Schwefel (S)	0,25
Kalium (K)	0,2
Natrium (Na)	0,1
Chlor (Cl)	0,1
Magnesium (Mg)	0,04
Andere	0,8

Kohlenstoff (C):
Grundlage des Lebens.

Kohlenstoff ist an allen dynamischen Abläufen der Ökosphäre beteiligt. Der globale Kohlenstoffkreislauf stellt die Voraussetzung für die Entstehung und Entwicklung des Lebens auf der Erde dar.

Weder pflanzliches noch tierisches Leben könnte ohne Kohlenstoff existieren.

Neben Wasserstoff und Sauerstoff stellt Kohlenstoff im menschlichen Körper das wichtigste Element dar. Aber Kohlenstoff kann in bestimmten Verbindungen für den Körper auch gefährlich sein, etwa in der chemischen Verbindung Kohlenmonoxid (CO).

Der Hauptanteil des Kohlenstoffs, der im Treibstoff eines Autos oder im Brennstoff eines Ofens enthalten ist, wird zu **Kohlendioxid (CO_2)** verbrannt. Reicht bei einer Verbrennung der vorhandene Sauerstoff nicht für die vollständige Oxidation des Kohlenstoffs zu CO_2 aus, so entsteht **Kohlenmonoxid (CO)**. Es weist nur ein Sauerstoffmolekül auf.

Kohlenmonoxid existiert als farb- und geruchloses Gas. Deshalb ist es nicht einfach, sich vor ihm zu schützen, und es kann für den Menschen eine große Gefahr darstellen. **Kohlenmonoxidvergiftungen** bei Unfällen im Haushalt kommen nicht selten vor. Bei Überdosierungen führen sie zum Tod. Anzeichen der drohenden Gasvergiftung ist die Rosafärbung der Haut. Als Gegenmaßnahme wird die Zuführung von – wenn möglich – reinem Sauerstoff eingesetzt.

Erkenntnisse über Kohlenstoff werden auch im Bereich der Paläontologie, der Wissenschaft von den Lebewesen vergangener Erdperioden, genutzt: beim sog. Radiocarbontest, auch C-14-Methode genannt. Damit kann man eine direkte Altersbestimmung von Fossilien durchführen. Dies ist möglich durch Ermittlung des Gehalts an Radiokohlenstoff (^{14}C), denn diesen speichert ein Organismus in Knochen, Zähnen etc. genau bis zu seinem Tod. Mit der Methode können Datierungen im Bereich von 1000–40.000 Jahren gemacht werden.

Oxide des Kohlenstoffs: CO, CO_2.

Das radioaktive Isotop C-14 kann zur Altersbestimmung fossiler Proben benutzt werden.

Hätten Sie's gewusst?

Isotope und Doping

Ich bin zu langsam! Deshalb muss etwas her, um die Leistung zu steigern: Doping.

In der heutigen Sportwelt ist der Begriff Doping allgegenwärtig geworden. Die Dopingmethoden werden immer ausgefeilter, die Nachweismethoden aber auch. Problematisch wird es, wenn zum Doping körpereigene Verbindungen, z. B. Testosteron, eingesetzt werden. Man kann zwar am für eine gewisse Person sehr konstanten Verhältnis Testosteron/Epitestosteron vermuten, dass Testosteron »zugeführt« wurde, aber wie kann man das zweifelsfrei nachweisen?

Isotope können hier helfen. So ist in jedem lebenden Organismus das Verhältnis der Isotope ^{12}C/^{13}C/^{14}C charakteristisch. Stirbt ein Organismus ab, so beginnt z. B. das C-14-Isotop radioaktiv zu zerfallen und das Verhältnis verschiebt sich. Jetzt kommt der Trick: (Fast) Alle künstlichen organischen Verbindungen stammen vom Erdöl ab, das seinerseits aus vor Jahrmillionen abgestorbenen Organismen entstanden ist. Deshalb liegt im Erdöl ein anderes Isotopenverhältnis vor als in heute biologisch hergestellten organischen Verbindungen. Diese Methode kann benutzt werden, um synthetischen Alkohol von Ethanol zu unterscheiden, der durch Vergärung hergestellt wurde. Letzteres wird oft auch netterweise mit »Bioalkohol« bezeichnet, wobei es der Leber ziemlich egal ist, woher der Alkohol kommt.

Beim Dopingtest ist das Verfahren leider etwas komplizierter. Künstliche Steroide werden nicht aus Erdöl, sondern aus Ausgangsmaterialien hergestellt, die aus Sojabohnen oder Pflanzenölen anderer Pflanzen gewonnen werden. Da kann man aber das Verhältnis $^{12}C/^{13}C$ heranziehen. Findet man im Körper des Sportlers Testosteron mit einem ungewöhnlichen Isotopenverhältnis, muss das Hormon aus einer externen künstlichen Quelle stammen. Quod erat demonstrandum! Es droht eine mehrjährige Sperre.

Sauerstoff, Stickstoff und Phosphor
Sauerstoff

Sauerstoff unterhält die Verbrennung.

Das Element **Sauerstoff (O)** hat wie Kohlenstoff eine große Bedeutung für das Leben. Beide sind zentrale Elemente der Atmung des Menschen. Der Mensch nimmt Sauerstoff auf, setzt ihn im Körper zu Kohlendioxid (CO_2) um und scheidet dieses aus. Sauerstoff gelangt über die Lunge in das Blut. Der Großteil des im Blut transportierten Sauerstoffs wird in den roten Blutkörperchen reversibel an Hämoglobin (Hb) gebunden.

Atmung als kontrollierte Verbrennung: Sauerstoff (O_2) wird aufgenommen und Kohlendioxid (CO_2) abgeatmet.

Auf diesem Weg wird der Sauerstoff zu den Zellen des Körpers geliefert, wo er an vielen Reaktionen beteiligt ist. Er verbrennt dort z. B. Traubenzucker. Dieser spielt eine entscheidende Rolle bei der Erzeugung von Körperwärme, bei der Muskelarbeit, der Gehirntätigkeit etc. Dies erklärt, weshalb ein Mensch binnen weniger Minuten ohne Sauerstoff den Hirntod erleidet. Die Atemluft muss deshalb mehr als 17% Sauerstoff enthalten. Geringere Konzentrationen führen mehr oder weniger schnell zum Erstickungstod. Schon ein geringes Absinken des Sauerstoffgehalts in der Atemluft kann zu Störungen der Gehirnleistung führen.

Ebenso gesundheitsschädigend ist, wenn man längere Zeit einer weiteren reinen Sauerstoffverbindung ausgesetzt ist, dem **Ozon (O_3)**. Es ruft starke Schleimhautreizung hervor und kann bei hohen Konzentrationen sogar zu Lungenschäden führen.

Stickstoff

Einen wichtigen Bestandteil von Proteinen (▶ Abschn. 10.4.3), Nukleinsäuren und Enzymen stellt das Element **Stickstoff (N)** dar. Es ist somit ein fundamentaler Bestandteil der organischen Chemie (▶ Abschn. 10.2.5).

Stickstoffmonoxid ist ein Botenstoff, der die Gefäße weitet.

Stickstoffmonoxid (NO)   Diese Verbindung bewirkt eine Ausdehnung der kleinen Arterien im Blutsystem. Für einen Herzinfarkt ist eine Gefäßverengung ursächlich. Da Stickstoffmonoxid die Arterien erweitert, werden Stoffe, die NO freisetzen oder dessen Abbau verzögern, gegen Angina pectoris und Herzinfarkt eingesetzt.

Hätten Sie's gewusst?

Entdeckung der Narkosemittel
Zu Beginn des 19. Jahrhunderts gab es noch keine ausreichend wirksamen Narkosemittel bei Operationen am menschlichen Körper. Die Patienten waren oft höllischen Schmerzen bei operativen Eingriffen ausgesetzt. Ein chirurgischer Eingriff glich zu jener Zeit manchmal einem Todesurteil. Wer einen Eingriff überlebt hatte, litt oft ein Leben lang unter dem Trauma der Operation. Dies verbesserte sich erst, als die ersten Narkotika erfunden wurden: Ether wurde erstmals im Jahr 1640 synthetisiert. Über 100 Jahre später entdeckte man die chemische Verbindung N_2O. Distickstoffoxid ist

weitläufig als Lachgas bekannt. Durch Einatmen von Ether und Lachgas wurden die Patienten ohnmächtig und damit schmerzunempfindlicher. Qualen während der Operation konnten deutlich reduziert werden. Millionen von Menschen blieben unerträgliche Schmerzen erspart. Lachgas findet sich heute auch noch häufig, aber im Supermarkt. Dort wird es als Lebensmittelzusatzstoff E942 zum Aufschäumen z. B. von Schlagsahne (Sprühsahne) verwendet.

Phosphor

Ein weiterer Grundstoff im menschlichen Organismus ist **Phosphor (P)**.

Der größte Teil der Phosphormenge im menschlichen Körper ist in der Verbindung **Hydroxylapatit**, einem Phosphat (PO_4^{3-}), gespeichert, das beim **Aufbau der Knochen und Zähne** bedeutsam ist.

Im Zusammenhang mit den Phosphaten ist das Phosphatpuffersystem ($HPO_4^{2-}/H_2PO_4^-$) neben dem Kohlensäure-Hydrogencarbonat-Puffer als wichtiges Puffersystem des Körpers zu nennen. Um das Säure-Base-Gleichgewicht des Körpers konstant zu halten, werden pro Tag etwa 60–100 mmol H^+-Ionen über die Niere ausgeschieden. Damit die Ausscheidung pH-neutral gehalten wird, wird der pH-Wert über diese Puffersysteme stabilisiert (▶ Abschn. 8.3.3).

Zudem ist Phosphor Bestandteil der Desoxyribonukleinsäure (**DNA**), in der die Erbinformation gespeichert ist. Eine entscheidende Rolle spielt dieses Element auch beim Energiestoffwechsel in Form von Adenosintriphosphat (**ATP**).

Phosphor ist im Organismus vor allem als Phosphat wichtig.

Hydroxylapatit $Ca_5[(OH)(PO_4)_3]$ ist Bestandteil von Zähnen und Knochen.

Halogene

In Hauptgruppe 7 sind die Halogene aufgeführt. Unter ihnen befinden sich ebenfalls lebensnotwendige Grundstoffe.

Griechisch »Halogen« bedeutet »Salzbildner«. Verbindungen der Halogene mit Metallen werden demzufolge in die Gruppe der Salze eingereiht. Zu den Halogenen gehören:

- Fluor,
- Chlor,
- Brom,
- Iod,
- Astat.

Halogene sind reaktionsfreudige Nichtmetalle. Fluor, Chlor und Brom wirken in gasförmigem Zustand als starke Atemgifte. Flüssiges Brom kann auf der Haut zu schweren Verätzungen führen. Im Folgenden wird die Bedeutung von Fluor, Chlor und Iod für den menschlichen Körper näher erläutert.

Halogene: Fluor, Chlor, Brom, Iod und Astat.

Fluor

Fluor gehört zu den Spurenelementen. Es verfestigt als Fluorid (F^-) die Zahnsubstanz und vermindert den Kariesbefall. Aus diesem Grund wird in einigen Ländern, wie z. B. in der Schweiz, das Wasser mit Fluorid versetzt. Auch in Zahnpasta ist Fluorid (kein Fluor!) enthalten. Dadurch entsteht aus Hydroxylapatit Fluorapatit, der weniger anfällig gegenüber Säureattacken ist.

Allerdings sind viele Fluorverbindungen sehr giftig. Gasförmiges Fluor (F_2) z. B. führt bereits in geringen Konzentrationen zu Reizungen der Atemwege und Verätzungen der Haut.

Härtung des Zahnschmelzes durch Fluorid:
$$Ca_5[(OH)(PO_4)_3] + F^- \rightarrow Ca_5[F(PO_4)_3] + OH^-.$$

Fluor (F_2) ist ein sehr reaktives, giftiges Gas.

Chlor

Im Körper spielt Chlor nur als Chlorid (Cl⁻) eine Rolle.

Chlor spielt eine zentrale Rolle bei der Erregungsleitung in den Nerven. Die Chloridionen (Cl^-) bestimmen die Anionenkonzentration im Raum außerhalb einer Zelle. Im nicht erregten Zustand haben die Chloridionen kaum Einfluss auf die Zelle. Bei einer Erregung der Zelle aber wird Cl^- durch chemische Kräfte in die Zelle hinein und durch elektrische Kräfte aus der Zelle herausgedrängt. Auf diese Weise wird die Zelle erregt und die Erregung zu den anderen Zellen weitergeleitet. Die Nerven regen die Muskeln an, sich zu kontrahieren. Folglich sind die höchsten Chloridkonzentrationen im menschlichen Körper in den Muskeln zu finden.

Chlor (Cl_2) ist ein sehr reaktives, giftiges Gas.

Chlor ist als Chlorid weitgehend ungiftig, während es als Element (Gas) giftig ist: Es greift in geringen Konzentrationen die Atemwege an und reizt die Schleimhäute. In höheren Konzentrationen bewirkt es bereits schwere Lungenschäden. Letztlich kann es tödlich wirken. Im Ersten Weltkrieg wurden Chlorgas sowie die Chlorverbindung Phosgen ($COCl_2$) sogar als Kampfgas eingesetzt.

Chlorgas (Cl_2) und hypochlorige Säure (HOCl) können zur Desinfektion eingesetzt werden.

Heute dient Chlor vor allem der **Desinfektion**, z. B. bei der Chlorung von Schwimmbädern. Hierbei löst sich Chlor in Wasser und zerfällt in Salzsäure (HCl) und hypochlorige Säure (HOCl). Diese kann leicht Zellmembranen von Bakterien durchdringen und tötet diese ab. Zusätzlich zerfällt HOCl in Sauerstoff, der als Oxidationsmittel dient.

$$Cl_2 + H_2O \rightleftharpoons HOCl + HCl$$
$$2\,HOCl \rightarrow O_2 + 2\,HCl.$$

Will man den Umgang mit Chlorgas vermeiden, kann auch das leichter zu handhabende Natriumhypochlorit (Natriumsalz der hypochlorigen Säure) eingesetzt werden. **Das Gleichgewicht zwischen Chlor und Hypochlorit ist übrigens der Grund dafür, dass man chlorhaltige Reinigungsmittel nie mit säurehaltigen Reinigern zusammenbringen soll: Denn dann reagiert die Säure mit dem Hypochlorit und es wird sehr giftiges Chlorgas freigesetzt.**

Iod

Iodid (I⁻) ist als Spurenelement vor allem für die Synthese von Schilddrüsenhormonen wichtig.

Wie Fluor ist Iod (I) ein Spurenelement. Die Gesamtmenge an Iod im Körper beträgt 10–20 mg. Es wird als Iodid aufgenommen und für den Aufbau der Schilddrüsenhormone benötigt. Bei Iodmangel kann es zur Unterfunktion der Schilddrüse sowie zur Kropfbildung kommen. Eine Überfunktion liegt dann vor, wenn Schilddrüsenhormone in zu großer Konzentration produziert werden.

In Dampfform reizt Iod Haut, Augen und Schleimhäute.

Alkali- und Erdalkalimetalle

Als **Alkalimetalle** werden folgende Elemente bezeichnet:

- Lithium
- Natrium
- Kalium
- Rubidium
- Cäsium
- Francium.

Wichtige Alkalimetalle: Lithium (Li), Natrium (Na) und Kalium (K).

Alkalimetalle sind wichtige Bestandteile des menschlichen Organismus. In der Natur kommen sie nicht elementar, sondern nur gebunden als Kationen vor (Li^+, Na^+, K^+).

Für den Körper stellen Natrium und Kalium äußerst wichtige Elektrolyte dar.

Natriumionen

Natriumionen (Na^+) spielen eine tragende Rolle beim Ionentransport und bei der Erregungsleitung. Durch eine Ionenpumpe wird Na^+ gegen das sich im Zellinneren befindende K^+ ausgetauscht. Dabei wird Na^+ in die Zelle und K^+ aus der Zelle transportiert. Dieser Na^+-Fluss ins Innere der Zelle wird für Erregungsprozesse und viele Transportvorgänge von Ionen genutzt.

Natrium wird in Form von Kochsalz (NaCl) mit der Nahrung aufgenommen. Ein Natriummangel kommt selten vor, da Natrium in der Nahrung ausreichend vorhanden ist, sodass man eher zu viel Natrium als zu wenig zu sich nimmt. **So ist ein übermäßiger Kochsalzgenuss mitverantwortlich für Bluthochdruck, Arterienverkalkung und Entzündungsneigung.**

Alkalimetalle sind sehr reaktiv und spielen deshalb nur als Kationen der allgemeinen Formel X^+ eine Rolle. Die Natrium-Kalium-Pumpe ist entscheidend für die Reizleitung im Körper. Kochsalz (NaCl) ist die Hauptquelle für Natriumionen.

Kalium

Kalium (K) ist in Form von K^+ in allen Teilen unseres Körpers vorhanden, wie z. B. in den roten Blutkörperchen und im Muskel- und Hirngewebe. Auch Kalium wird reichlich über die Nahrung in den Körper aufgenommen. So kommt es, wie bei Natrium, häufiger zu Überschussbildungen im Körper als zu Mangelerscheinungen.

Chronischer Kaliumüberschuss schränkt die Funktionsfähigkeit des zentralen Nervensystems ein, da sich erhöhte Mengen von Kalium im Extrazellulärraum befinden und so keine K^+-Ionen aus dem Zellinneren entweichen können. Folglich wird kein Nervenimpuls übertragen. Sämtliche Körperfunktionen sind davon betroffen. Letztlich kann dies sogar zum Herzstillstand führen. Einige Krankheiten, z. B. Nierenfunktionsstörungen, können zu einem **Kaliummangel** führen. Zusätzliche Kaliumgaben sind dann erforderlich.

Zu den **Erdalkalimetallen** werden gezählt (◘ Tab. 9.2):

— Beryllium,
— Magnesium,
— Calcium,
— Strontium,
— Barium,
— Radium.

Kaliumionen sind entscheidend für die Erregungsleitung.

Wichtige Erdalkalimetalle: Magnesium (Mg), Calcium (Ca) und Barium (Ba).

Wie die Alkalimetalle liegen die Erdalkalimetalle in der Natur nicht elementar vor. Allerdings sind sie Bestandteil mineralischer Verbindungen.

Die Erdalkalimetalle sind sehr reaktiv und spielen deshalb nur als Dikationen der allgemeinen Formel X^{2+} eine Rolle.

Magnesium

Magnesium (Mg) als Ion reguliert den Stofftransport durch die Zellmembran und sorgt gemeinsam mit den schon genannten Elementen für die Erregbarkeit

Mg^{2+}: Muskelerregung und Knochenbildung.

◘ Tab. 9.2 Alkali- und Erdalkalimetalle im Körper		
Mengenelement	**Gehalt im Körper [g kg^{-1}]**	**Übliche Aufnahme [g d^{-1}]**
Natrium	1,0–1,5	5
Kalium	2,0–2,5	3
Calcium	10–20	1
Magnesium	0,4–0,5	0,2–0,3

Chemie

einer Zelle. Bei Magnesiummangel kann eine gesteigerte Erregbarkeit der Muskelzellen zu Muskelkrämpfen führen. Übermäßige Magnesiumzufuhr vermindert die zelluläre Erregbarkeit.

Die Aufnahme von Magnesium in die Zelle wird durch Insulin und Schilddrüsenhormone stimuliert. In der Zelle wird Magnesium für Reaktionen benötigt, die Energie freisetzen. Eine weitere physiologische Funktion übernimmt das Magnesium bei der Knochenbildung und beim Muskelstoffwechsel. Ungefähr 60% der Magnesiummenge ist in den Knochen gebunden, die als Magnesiumspeicher dienen. Magnesium ist reichlich in unseren Speisen vorhanden. Eine zusätzliche Aufnahme des Minerals in Tabletten- oder Pulverform ist meist nicht notwendig.

Calcium

Ca^{2+}:
Muskelerregung, Knochenbildung und Blutgerinnung.

Ähnlich wichtig wie Magnesium ist das Erdalkalimetall Calcium (Ca). Es kommt zu 99% als Calciumphosphat im Knochen vor. Ein Mangel an Calcium führt zu brüchigen Knochen. Therapeutisch werden die radioaktiven Isotope des Calciums für die Knochenszintigrafie und Calcium-Stoffwechseluntersuchungen genutzt. Auch bei der Muskelkontraktion und der Gerinnung von Blut nach Verletzungen spielen die Calciumionen eine bedeutende Rolle. Komplexbildner (▶ Kap. 11), z. B. EDTA, binden freie Calciumionen und unterbinden so die Blutgerinnung.

Der Gesamtcalciumspiegel im Serum liegt bei 2,2–2,6 mmol l^{-1}.

Die Konstanthaltung des Gesamtcalciumspiegels im Serum auf ca. 2,2–2,6 mmol l^{-1} ist von großer Wichtigkeit, da schon relativ geringe Schwankungen einen erheblichen Einfluss auf die Erregbarkeit der Zellen haben können. Muskelkrämpfe können die Folge sein.

Wichtige Nebengruppenmetalle

Wichtige Nebengruppenelemente:
Eisen (Fe), Zink (Zn) und Kupfer (Cu).

Funktionelle Bedeutungen für den menschlichen Körper werden auch den Metallen aus den Nebengruppen zugeschrieben: Eisen (Fe), Zink (Zn) und Kupfer (Cu).

Eisen

Eisenionen sind zentraler Baustein des Hämoglobins.

Als erstes Metall aus den Nebengruppen soll Eisen (Fe) genannt sein. **Eisenionen (Fe^{2+}) sind der wichtigste Bestandteil von Hämoglobin (▶ Kap. 11) und dienen dem Sauerstofftransport im Körper.** Rote Blutkörperchen können ohne Eisen keinen Sauerstoff transportieren. Eisenmangel, z. B. durch Verletzung oder Menstruation, führt so zu einer Anämie (Blutarmut). Die aufzunehmende Menge kann stark variieren (typischer Tagesbedarf 5–40 mg).

Auch bei Redoxvorgängen in der Zelle stellen Eisenionen als Bestandteil der Eisenproteine einen wesentlichen Faktor dar. Allerdings kann der Körper auch zu viel Eisen speichern. Eine überhöhte Menge an Eisen kann zu Krankheitserscheinungen führen. Bei der Parkinson-Krankheit wird ein Eisenüberschuss im Gehirn nachgewiesen.

Zink

Zinkionen (Zn^{2+}) sind Bestandteil von Enzymen (»Zinkfinger« als Strukturmotiv einiger Proteine).

Zink (Zn) gilt als wichtiger Baustein von Enzymen, die Wachstum, Entwicklung, Lebensdauer und Fruchtbarkeit des menschlichen Körpers regulieren. Das Element wird in Form von Zn^{2+}-Ionen in Muskelgewebe, Nieren und Leber benötigt. Männer müssen mehr Zink aufnehmen als Frauen, da es auch in Spermien und der Prostata vorkommt.

Bei einer noch nicht allzu weit fortgeschrittenen Leberzirrhose werden Zinkgaben verabreicht, weil diese Krankheit mit Zinkmangel einhergeht. Eine weitere Folge von Zinkmangel ist der Minderwuchs des Menschen. Auch für

die DNA- bzw. RNA-Bildung und den Hormonstoffwechsel ist Zink unentbehr-
lich. Da Zink vom Organismus nicht gespeichert, sondern schnell wieder ausgeschieden wird, ist die Giftigkeit anorganischer Zinkverbindungen gering.

Kupfer

Wie Fluor und Iod ist Kupfer (Cu) den Spurenelementen zuzuordnen. Kupferionen benötigt der Körper für Enzyme. Durch diese kann der Mensch den
Sauerstoff aus der Atemluft effektiv nutzen. Außerdem ist Kupfer an zahlreichen körpereigenen Redoxreaktionen sowie an der Elektronenübertragung
beteiligt. Es ist unwahrscheinlich, dass ein Mensch sich mit oral aufgenomme-
nem Kupfersulfat vergiftet. Das Salz wirkt als Brechmittel – man kann es nicht
lange im Magen behalten.

Kupferionen (Cu^{2+}) sind Bestandteil
von Redoxenzymen.

Quecksilber

Zuletzt sollte noch Quecksilber (Hg) genannt werden. Für den menschlichen
Organismus hat es keine essenzielle Bedeutung. **Vielmehr sind Quecksilber
und seine Verbindungen für ihre Giftigkeit bekannt, denn sie schädigen das
Erbgut.** Jedoch konnte eine krebserzeugende Wirkung bis heute nicht nachgewiesen werden. Chronische Quecksilbervergiftungen führen zur Schädigung
des Gehirns und der Nieren sowie zu Stoffwechselstörungen.

Quecksilber und seine Verbindungen
sind toxisch.

In ◘ Tab. 9.3 wird aufgeführt, welche Elemente der Körper täglich in welchen Mengen aufnehmen muss, um keine Mangelerscheinungen zu entwickeln.

---

kurz & knapp

Periodensystem
- **Ordnungszahl** = Zahl der Protonen bzw. Elektronen.
- **Nukleonenzahl** = Summe aus Protonen und Neutronen.
- **Isotope** = gleiche Anzahl Protonen, aber unterschiedlich viele Neutronen.
- **Periodennummer** eines Elements = Zahl der Schalen seiner Atomhülle.
- **Hauptgruppennummer** eines Elements = Anzahl der Außenelektronen
  seiner Atome.
- Hauptgruppen I–III geben Elektronen ab, Hauptgruppen V–VII nehmen
  Elektronen auf.
- Metalle geben Elektronen ab, Nichtmetalle nehmen Elektronen auf.
- Die **Elektronegativität** (EN) ist die Fähigkeit eines Atoms, Elektronen, die
  an einer chemischen Bindung dieses Atoms beteiligt sind, anzuziehen.
- Die **Ionisierungsenergie** beschreibt die Energie, die benötigt wird, um
  Elektronen aus dem Anziehungsbereich des Atomkerns zu entfernen.
- **Tendenzen im PSE:**

Elementeigenschaft	Innerhalb der Hauptgruppe ↓	Innerhalb der Periode →
Metallcharakter	Nimmt zu	Nimmt ab
Atomradius	Nimmt zu	Nimmt ab
Elektronegativität	Nimmt ab	Nimmt zu
Ionisierungsenergie	Nimmt ab	Nimmt zu

◘ **Tab. 9.3** Menschlicher Tagesbedarf an Elementen

Element	Bedarf [mg]
Phosphor	700–1300
Iod	0,1–0,2
Natrium	5000–15.000
Kalium	2000–6000
Magnesium	250–500
Calcium	700–1300
Eisen	10–20
Kupfer	2–5

Chemie

> **Wichtige chemische Elemente und ihre Bedeutung für den menschlichen Körper**
> — Kohlenstoff: organische Chemie, CO, CO_2.
> — Sauerstoff: O_2 und Ozon (O_3).
> — Stickstoff: Stickstoffmonoxid (NO).
> — Phosphor: Phosphatpuffer, Bestandteil von DNA und ATP, Knochen und Zähnen.
>
> **Halogene**
> — Fluor: Spurenelement und Zähne.
> — Chlor: Erregungsleitung in den Nerven.
> — Iod: Schilddrüsenhormone.
>
> **Alkalimetalle**
> — Natrium: Ionentransport und Nervenerregungsleitung.
> — Kalium: in roten Blutkörperchen, Muskel- und Hirngewebe, Steuerung des Nervensystems.
>
> **Erdalkalimetalle**
> — Magnesium: reguliert den Stofftransport durch die Zellmembran, Knochenbildung, Muskelstoffwechsel.
> — Calcium: Muskelkontraktion, Gerinnung von Blut nach Verletzungen, Knochen und Zähne.
>
> **Nebengruppenelemente**
> — Eisen: Sauerstoffbindung des Hämoglobins der roten Blutkörperchen.
> — Zink: wichtiger Baustein von Enzymen.
> — Kupfer: für Enzyme notwendiges Spurenelement, Redoxsysteme.
> — Quecksilber: giftig.

9.2.3 Übungsaufgaben

Aufgabe 1

Aufgabe 1: Setzen Sie die fehlenden Elemente in ▪ Abb. 9.8 ein.

▪ **Abb. 9.8** Zu Aufgabe 1

		N		
Al				
	Ge			
				I
		Po		

Aufgabe 2

Aufgabe 2: In welcher Hauptgruppe und welcher Periode des Periodensystems steht Magnesium?
Die Lösungen sind ▪ Abb. 9.1 zu entnehmen.

Alles klar!

Stickstoffmonoxid als gefäßerweiternder Bote

Nitroglycerin hat 1847 der italienische Chemiker Ascanio Sobrero erfunden. Jedoch war Nitroglycerin eine hochexplosive Mischung und für jede Anwendung viel zu gefährlich. Jahre später entwickelte Alfred Nobel aus Nitroglycerin Dynamit. Dynamit gilt als relativ ungefährlicher Sprengstoff, der einfach zu handhaben und gezielt einsetzbar ist. 1879 entdeckte schließlich ein Londoner Arzt das stark verdünnte Nitroglycerin als Heilmittel gegen Angina pectoris. Um Patienten durch den in seiner Wirksamkeit bekannten Namen Nitroglycerin nicht zu verunsichern, erhielt diese gefährliche chemische Verbindung die neue Benennung Glyceroltrinitrat. Um das Jahr 1998 ließ ein Pharmakonzern die Wirksamkeit eines Herzmedikaments überprüfen. Als die klinische Versuchsphase beendet werden sollte, da sie nicht den erwünschten Erfolg zeigte, zeigten sich die männlichen Teilnehmer dieser Studie enttäuscht über den Abbruch. Bei Nachfragen erkannten die Forscher, dass dieses Medikament eine positive Nebenwirkung auf die Potenz der Männer ausgeübt hatte. Daraufhin wurde das Medikament in dieser Richtung weiterentwickelt und kam schließlich als Viagra® (Wirkstoff: Sildenafil) auf den Markt.

Aber was haben all diese organischen Verbindungen wie Viagra oder Nitroglycerin mit »anorganischer Chemie« zu tun? Beide haben mit Stickstoffmonoxid (NO) als Botenstoff zu tun. Nitroglycerin soll NO als gefäßerweiterndes Agens freisetzen, während Viagra den Abbau von NO verhindert. Gefäßerweiterung am richtigen Ort des Körpers kann durchaus sinnvoll (und lustvoll) sein.

Organische Chemie

Stefanie Bohn, Dominik Buckert, Stefanie Rankl und Ricarda Krebs

J. Schatz, R. Tammer (Hrsg.), *Erste Hilfe – Chemie und Physik für Mediziner*,
DOI 10.1007/978-3-662-44111-4_10, © Springer-Verlag Berlin Heidelberg 2015

10.1   Kohlenwasserstoffe

Stefanie Bohn

- Besonderheiten der Kohlenwasserstoffe
- Kohlenwasserstoffe mit C–C-Einfachbindungen: Alkane und Cycloalkane
- Kohlenwasserstoffe mit C=C-Doppelbindungen: Alkene, Cycloalkene, Diene und Polyene
- Kohlenwasserstoffe mit C≡C-Dreifachbindungen: Alkine
- Konstitution, Konfiguration, Konformation
- Darstellung der räumlichen Ausrichtung organischer Moleküle in verschiedenen Projektionsformen
- Aromaten und Heteroaromaten

Wie jetzt?

Fiebersenkung vor 250 Jahren

Als 1763 viele Bewohner einer südwestenglischen Stadt an sehr hohem Fieber litten, brühte ihr Pfarrer Reverend Edmund Stone einen Aufguss aus der Rinde der Silberweide auf. Seine Therapie schlug an, senkte die Temperatur und linderte die Schmerzen seiner Gemeindemitglieder.

Schon der berühmte altgriechische Arzt Hippokrates von Kos (460–370 v. Chr.) hatte dem Saft der Weidenrinde eine schmerzstillende und fiebersenkende Wirkung zugeschrieben und es daher als Naturheilmittel eingesetzt. Auch im Mittelalter wurde die Weidenrinde in der Heilkunde eingesetzt, bis die Korbherstellung an Bedeutung gewann und das Sammeln der Weidenrinde verboten wurde.

Erst zur Zeit Napoleons wurde in Frankreich das Wissen um die Wirkung der Weidenrinde neu entdeckt und die Methodik zur Gewinnung des Wirkstoffs verfeinert: Die Isolierung reiner, farbloser, kristalliner Salicylsäure (Weidengewächse = [lat.] Salicaceae) aus Silberweidenextrakten gelang gegen Mitte des 19. Jahrhunderts, die erstmalige Synthese 1859 durch den Marburger Chemiker H. Kolbe, sodass einer industriellen Herstellung nichts mehr im Wege stand.

Salicylat ist auch heute noch in vielen Nahrungsmitteln enthalten: in einigen Gemüsesorten, z. B. Auberginen, Chicorée, Gurken, Paprika, Tomaten und Zucchini; in vielen Früchten, wie Ananas, Himbeeren, Mangos, Melonen und Rosinen; in Kräutern; in Getränken, wie Tee, Fruchtsäften, Wein und Bier; etc. Einige Menschen reagieren sehr empfindlich auf Salicylat und leiden unter Verdauungsbeschwerden, gereizter Magenschleimhaut, Magenblutungen bis hin zu Magengeschwüren. Bei der Behandlung mit Salicylat konnten diese unangenehmen Nebenwirkungen auch bei weniger salicylatsensiblen Patienten auftreten. Ziel der medizinischen Forschung war es deshalb, eine verträglichere und bessere Substanz mit vergleichbarer Wirkung zu finden.

Der Chemiker Dr. Felix Hoffmann der Firma Bayer konnte Ende des 19. Jahrhunderts einen dem Salicylat verwandten Wirkstoff synthetisieren und isolieren, dessen therapeutische Wirkungen sogar noch verstärkt, dessen Nebenwirkungen jedoch stark vermindert sind.

Wie heißt dieser Wirkstoff und unter welchem Handelsnamen wurde er weltberühmt? Wie wird er synthetisiert, wie wirkt er und warum ist er für unser Leben so bedeutsam?

10.1.1 »Short history of« – Organische Chemie

Der schwedische Chemiker Jöns Jakob von Berzelius (1779–1848) zog mit seinem Begriff »organische Chemie« eine klare, nahezu unüberwindliche Grenze zwischen anorganischer und organischer Chemie: Während sich die Anorganik mit den Elementen und Verbindungen der unbelebten Natur befasste, beinhaltete die Organik die Chemie des Lebens, so wie sie in allen Lebensformen vorkommt. Berzelius ging davon aus, dass organische Substanzen allein durch die »vis vitalis«, die Lebenskraft der Organismen, hergestellt und daher niemals künstlich synthetisiert werden können.

Der deutsche Chemiker Friedrich Wöhler (1800–1882) konnte 1828 diese Annahme eindeutig widerlegen: Als er Ammoniumcyanat, ein typisch anorganisches Salz, erhitzte, entstand eine Substanz, die er als Harnstoff identifizierte, d. h., er hatte einen Naturstoff künstlich synthetisiert (◘ Abb. 10.1)!

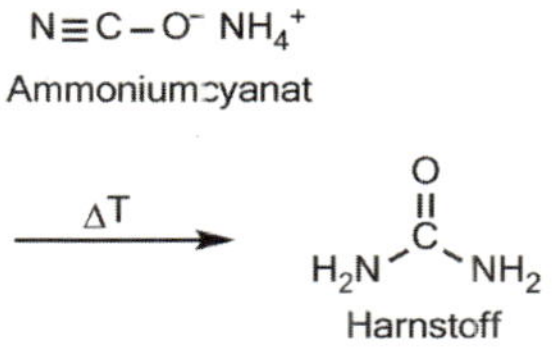

Kaum zu glauben, wie diese Entdeckung nicht nur die Welt der Chemie revolutioniert, sondern durch zahlreiche weitere Entwicklungen auch unser Leben verändert hat! Inzwischen ist es möglich, viele organische Naturstoffe künstlich zu synthetisieren, aber auch ganz neue organische Verbindungen zu kreieren.

Ein Leben ohne diesen industriellen Fortschritt der organischen Chemie können wir uns gar nicht mehr vorstellen, denn organische Verbindungen beeinflussen entscheidend unseren Alltag: Nicht nur Nährstoffe wie Proteine, Kohlenhydrate, Lipide und Vitamine werden künstlich hergestellt, sondern auch Hormone und Pharmazeutika. Kunststoffe begleiten uns als Kleidung, Verpackungsmaterial, Baumaterial, Datenträger…

Heute wird die organische Chemie als die Chemie der Kohlenstoffverbindungen zusammengefasst. Einige davon werden dennoch klassischerweise zur Anorganik gezählt: Zu ihnen gehören Kohlenmonoxid, Kohlendioxid, Carbonate, Cyanide und Carbide. Daher kann man die organische Chemie auch definieren als die **Chemie der Kohlenwasserstoffe und ihrer Derivate.** Außerdem enthalten organische Verbindungen in kleinen Mengen die Elemente Sauerstoff, Stickstoff, Schwefel, Phosphor und Halogene. Organische Verbindungen haben im Allgemeinen niedrige Reaktionsgeschwindigkeiten und sind nur geringfügig wärmebeständig.

Kohlenwasserstoffe sind Verbindungen, die ausschließlich aus den Elementen Kohlenstoff und Wasserstoff aufgebaut sind. Sie kommen in gemischter Zusammensetzung in Erdgas und Erdöl vor und werden daraus gewonnen. Ihre physikalischen und chemischen Eigenschaften variieren und hängen von vielen Faktoren wie Aufbau, Größe und räumlicher Struktur ab. Sie sind hauptsächlich auf Wechselwirkungen zurückzuführen, wobei bei Kohlenwasserstoffen die Van-der-Waals-Kräfte (► Abschn. 3.2.3, ► Abschn. 8.2) die wichtigste intermolekulare Wechselwirkung darstellen. **Aufgrund der Van-der-Waals-Kräfte steigen die Schmelz- und Siedepunkte der Kohlenwasserstoffe mit der Anzahl der Atome bzw. mit der molaren Masse des Moleküls.**

Aber die Kohlenwasserstoffe haben eine entscheidende Gemeinsamkeit: Alle organischen Verbindungen leiten sich von ihnen ab! Ein wesentlicher Grund dafür ist, dass Kohlenwasserstoffe gern Reaktionen eingehen und viele Reaktionsmechanismen auf ihnen beruhen. Mit einem Überschuss an Sauerstoff reagieren Kohlenwasserstoffe stark exotherm ($\Delta H = -888\ \text{kJ mol}^{-1}$) zu Kohlendioxid und Wasser. Wird zu wenig Sauerstoff zugeführt, entsteht elementarer Kohlenstoff, also Ruß:

$$CH_4 + 2\,O_2 \rightarrow CO_2 + 2\,H_2O$$

$$CH_4 + O_2 \rightarrow C + 2\,H_2O.$$

◘ **Abb. 10.1** Harnstoffsynthese nach Wöhler

Organische Chemie: Chemie der Kohlenstoffverbindungen, von denen einige aber klassischerweise zur Anorganik zählen.

Kohlenwasserstoffe sind ausschließlich aus den Elementen Kohlenstoff und Wasserstoff aufgebaut – von ihnen leiten sich alle organischen Verbindungen ab.

Die H-Atome der Kohlenwasserstoffe können in einer Substitutionsreaktion ersetzt werden.

In einer **Substitutionsreaktion** können H-Atome durch einen Substituenten oder eine funktionelle Gruppe ersetzt werden. **Eine funktionelle Gruppe ist eine Molekülgruppe in einem Kohlenwasserstoff, die für einen bestimmten organischen Stoff charakteristisch ist.** Verschiedene funktionelle Gruppen werden in den folgenden Abschnitten dieses Kapitels besprochen. Wenn Fremdatome oder funktionelle Gruppen in einen Kohlenwasserstoff eingebaut worden sind, wirkt sich der sog. **induktive Effekt** auf die Atombindung zum nächsten C-Atom aus:

▬ Er ist **negativ**, wenn das Fremdatom bzw. die funktionelle Gruppe elektronegativer als Wasserstoff ist und daher einen »Sog« auf die Bindungselektronen ausübt, oder aber

▬ **positiv**, wenn das Fremdatom bzw. die funktionelle Gruppe überschüssige Elektronen enthält und die Bindungselektronen in Richtung des C-Atoms abstößt.

Da Kohlenwasserstoffe an vielen weiteren Reaktionsmechanismen beteiligt sind, entstehen vielfältige organische Moleküle.

Kohlenwasserstoffe werden unterteilt in Alkane, Alkene, Alkine und Aromaten.

Kohlenwasserstoffe können unterteilt werden in Alkane, Alkene, Alkine und Aromaten.

Hätten Sie's gewusst?

Kohlenwasserstoffe auf Rekordjagd
Schneller, höher, weiter…
Auch Kohlenwasserstoffe zeigen einen gewissen sportlichen Geist und brechen alle Rekorde. Die Disziplinen sind Ketten- bzw. Ringlänge, Bindungsstärke und Bindungswinkel:

▬ Die bisher längste künstlich hergestellte Kohlenwasserstoffkette enthält 390 C-Atome. Dabei handelt es sich um ein Alkan mit der Summenformel $C_{390}H_{782}$. Im Vergleich dazu ist das längste Alkin mit einer Kettenlänge von »nur« 32 C-Atomen eher bescheiden.

▬ Der größte synthetische Kohlenwasserstoffring umfasst 288 C-Atome und ist in zwei Varianten zu haben: als Alkan mit der Summenformel $C_{288}H_{576}$ oder als Alkin mit insgesamt 24 Dreifachbindungen und der Summenformel $C_{288}H_{480}$.

▬ Mit einer Bindungsenthalpie von $368,2\,kJ\,mol^{-1}$ zählt Ethan schon zu den stärkeren Kohlenwasserstoffen, denn die unteren Werte liegen ungefähr bei $50,2\,kJ\,mol^{-1}$. Bisher ungeschlagen ist allerdings eine Bindungsenergie von $603\pm21\,kJ\,mol^{-1}$.

▬ Auch bei den Bindungswinkeln gibt es große Extreme. Besonders der Tetraederwinkel fällt dabei gelegentlich stark aus dem Rahmen. Wir erinnern uns (▶ Abschn. 8.2.4): Eigentlich sollte er genau 109,47° betragen. Der Minimalwert liegt allerdings bei 50,7°, maximal wurde ein Winkel von 127,6° gemessen!

Wir können gespannt sein, welche Rekorde noch aufgestellt werden, denn jedes Jahr werden viele weitere rekordverdächtige Kohlenwasserstoffe synthetisiert.

Chemie

10.1.2 Alkane

Kohlenwasserstoffe kommen so vielfältig vor, dass sie aufgrund ihrer Bindungsverhältnisse, ihrer Struktur und ihres Reaktionsverhaltens noch weiter unterteilt werden können. Hinsichtlich ihres Aufbaus spielt die sog. **homologe Reihe** eine große Rolle: Um von einem Reihenglied zum nächsten zu gelangen, muss immer das gleiche Strukturelement eingefügt werden. Jedes Molekül einer homologen Reihe ist auf eine allgemeine Summenformel zurückzuführen, die das Zahlenverhältnis der einzelnen Atome der Verbindung zueinander durch die Verallgemeinerung »n« beschreibt.

So lautet z. B. die allgemeine Summenformel der Cycloalkane C_nH_{2n}, d. h., ein Cycloalkan enthält doppelt so viele H-Atome wie C-Atome. Nach dieser theoretischen Einführung werden wir im Folgenden die homologen Reihen der Kohlenwasserstoffe näher kennenlernen.

Alkane (auch Paraffine genannt) sind gesättigte, aliphatische Kohlenwasserstoffverbindungen, die nur C–C-Einfachbindungen (Sigma- oder σ-Bindungen) enthalten und somit sp³-hybridisierte Orbitale aufweisen (▶ Abschn. 8.2.4). Ihre räumliche Gestalt entspricht der Form eines Tetraeders: Das C-Atom liegt im Zentrum, die vier gebundenen Atome in den Ecken des Tetraeders (▢ Abb. 8.19, ▢ Abb. 10.2). Der Tetraederwinkel zwischen dem C-Atom und zwei gebundenen Atomen beträgt 109,47°. Aufgrund der rotationssymmetrischen Sigma-Bindung sind beliebig viele sog. **Konformationsisomere** (▶ Abschn. 10.1.5) möglich (bei n ≥ 2).

Die homologe Reihe der Alkane hat die allgemeine Summenformel C_nH_{2n+2}. Das Strukturelement, das die Reihenglieder voneinander unterscheidet, ist eine CH_2-Gruppe (CH_2 = Methylen).

Beispiel Diese Zusammensetzung lässt sich durch folgende Überlegung vielleicht etwas besser veranschaulichen: Methan, der einfachste Vertreter der Alkane, besteht aus einem C-Atom, das vier H-Atome gebunden hat (▢ Abb. 10.2). Seine Summenformel lautet mit n = 1 $C_1H_4 = C_1H_{2 \cdot 1+2}$.

Größere Alkanmoleküle enthalten jedoch viel mehr C-Atome, die eine Kette bilden. Ein C-Atom in der Kettenmitte geht in der unverzweigten Form zwei Bindungen mit anderen C-Atomen der Kette ein, die anderen beiden Bindungen geht es mit Wasserstoff ein. Das kleinste Strukturelement besteht somit aus einem C-Atom mit zwei H-Atomen. Aber an den Kettenenden steht den äußersten C-Atomen jeweils nur ein C-Atom als Bindungspartner zur Verfügung, sodass die anderen drei Bindungen mit drei H-Atomen gebildet werden. Folglich ist an jedem Kettenende im Vergleich zum Strukturelement ein H-Atom mehr gebunden, was in der allgemeinen Summenformel als »+2« angegeben wird. Diese beiden Enden bleiben immer gleich, sodass im Verlauf der homologen Reihe immer nur ein weiteres CH_2-Strukturelement eingefügt werden muss. Die verzweigte Form erschwert diese Vorstellung etwas, aber in der Summe kommen wir auf dieselben Atomzahlen. Denn wenn wir an einer Stelle statt eines H-Atoms ein drittes C-Atom gebunden haben, muss ein H-Atom das Ende dieser »Seitenkette« abschließen.

Nomenklatur

Während die ersten vier Vertreter der Alkane Eigennamen besitzen (▢ Abb. 10.3), werden die Namen der folgenden Alkane mithilfe der altgriechischen und lateinischen Zahlwörter gebildet. Sie heißen: Pentan, Hexan, Heptan, Octan, Nonan und Decan (▶ Kap. 12).

In einer homologen Reihe unterscheiden sich die Moleküle aufeinanderfolgender Reihenglieder um ein identisches Strukturelement.

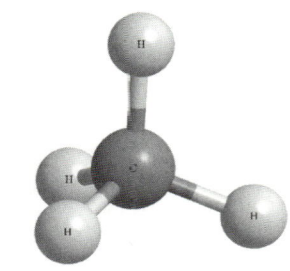

▢ **Abb. 10.2** Methan als Tetraeder

Alkane: C_nH_{2n+2}.

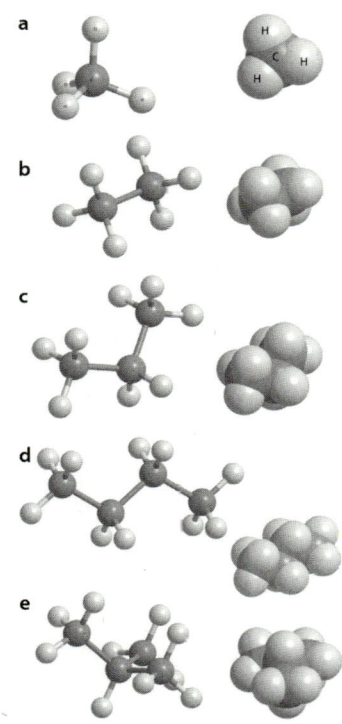

▢ **Abb. 10.3a–e** a Methan, b Ethan, c Propan, d Butan, e Isobutan; *links* ist jeweils das zugehörige Kugelstabmodell gezeigt, *rechts* das Kalottenmodell (Näheres zu diesen Darstellungsformen in ▶ Abschn. 10.1.5)

Eigenschaften

Mit steigender Zahl der C-Atome sind Alkane zunächst gasförmig, dann (ab C_5) flüssig und schließlich (ab C_{17}) fest.

Bei den ersten vier Alkanen handelt es sich um farb- und geruchlose Gase (■ Tab. 10.1). Alkane, die zwischen fünf und 16 C-Atome enthalten, sind flüssig und haben einen charakteristischen Petroleumgeruch. Dabei unterscheiden sie sich in ihrer **Viskosität**, einer Eigenschaft, die das Fließverhalten von flüssigen Stoffen charakterisiert (► Abschn. 3.2.4). Da die Van-der-Waals-Kräfte mit der Anzahl der C-Atome in der Alkankette ansteigen, werden flüssige Alkane zunehmend »zäher«: Während die flüssigen Alkane bis zum Decan noch dünnflüssig sind, werden sie ab Decan zunächst ölig, dann zähflüssig. Ab einer Anzahl von 17 C-Atomen liegen die Alkane schließlich in festem Zustand vor und sind geruchlos.

Schmelz- und Siedepunkte steigen in der homologen Reihe der Alkane an.

Wie bei Kohlenwasserstoffen im Allgemeinen handelt es sich auch bei den Alkanen um unpolare, lipophile bzw. hydrophobe Verbindungen. Schmelz- und Siedetemperaturen steigen in der homologen Reihe der Alkane aufgrund der wirksameren Van-der-Waals-Kräfte an (■ Abb. 10.4).

Außerdem sind Alkane **reaktionsträge**. Doch mit einigen Reaktionspartnern wie Sauerstoff können hochexplosive Gasgemische entstehen, die zu heftigen Reaktionen führen. Flüchtige Alkane sind leicht brennbar, aber auch höhere Alkane sind entzündlich. Mit zunehmender Kettenlänge bildet sich vermehrt Ruß und die Flamme gewinnt an Leuchtkraft.

Radikalische Substitution

Infolge einer radikalischen Substitution entstehen aus Alkanen Radikale: Alkyle (C_nH_{2n+1}).

Ein für Alkane charakteristischer Reaktionsmechanismus ist die radikalische Substitution (► Abschn. 10.3.3). Die Radikale der Alkane heißen Alkyle. Sie bilden ebenfalls eine homologe Reihe aus, wobei sich ihre Vertreter von den Alkanen durch ein »fehlendes« H-Atom unterscheiden. Deshalb lautet ihre allgemeine Summenformel C_nH_{2n+1}. Sie erhalten statt der Endung »-an« die Endung »-yl« (■ Abb. 10.5).

■ Tab. 10.1 Die ersten vier Vertreter der homologen Reihe der Alkane

Alkan	Summen-formel	Strukturformel		Schmelz-punkt	Siede-punkt	Bemerkung
Methan	CH_4		CH_4	–183 °C	–162 °C	gasförmig, geruchlos, farblos, leichter als Luft, Hauptbestandteil von Erd- und Biogas, am Treibhausefekt beteiligt
Ethan	C_2H_6		H_3C-CH_3	–183 °C	–89 °C	gasförmig, geruchlos, farblos, Bestandteil von Erdgas
Propan	C_3H_8		$H_3C\overset{H_2}{\underset{C}{}}CH_3$	–188 °C	–42 °C	gasförmig, geruchlos, farblos, bei der Erdgasaufbereitung gewonnen, Verwendung als Camping-, Kartuschen- und Feuerzeuggas
n-Butan	C_4H_{10}		$H_3C\overset{H_2}{\underset{C}{}}\overset{}{\underset{H_2}{C}}CH_3$	–138 °C	–0,5 °C	wie Propan
iso-Butan			$H_3C\overset{CH_3}{\underset{H}{C}}CH_3$	–160 °C	–12 °C	erstes Alkan, das mehrere Konstitutionsisomere besitzt (► Kap. 10.1.5)

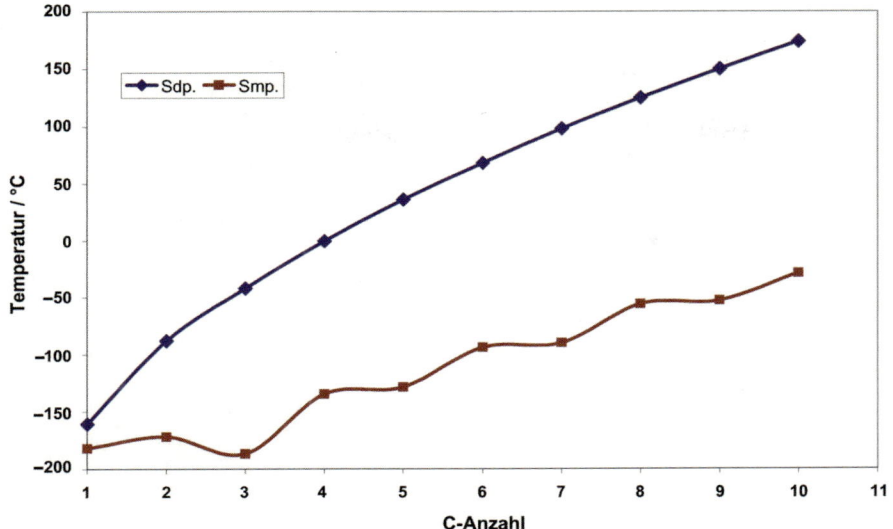

◻ **Abb. 10.4** Verlauf der Siedepunkte (Sdp.) und Schmelzpunkte (Smp.) geradkettiger Alkane

Auch Seitenketten der Kohlenwasserstoffe, die im Vergleich zu den Alkanen ebenfalls ein H-Atom weniger aufweisen, können als Radikale angesehen werden und werden daher laut Nomenklatur als solche bezeichnet. **Beispiel:** 2-Methylpropan für *iso*-Butan.

Cycloalkane

Cycloalkane sind gesättigte, zyklische Kohlenwasserstoffverbindungen mit der allgemeinen Summenformel C_nH_{2n}. Wie die Alkane bilden die Mitglieder der homologen Reihe der Cycloalkane nur C–C-Einfachbindungen (σ-Bindungen) aus und unterscheiden sich durch das Strukturelement CH_2. Cycloalkane ähneln in ihren Eigenschaften und ihrem Verhalten stark den acyclischen aliphatischen Alkanen. Die ersten vier Vertreter weisen jedoch hinsichtlich Stabilität und räumlicher Struktur Besonderheiten auf. Sie heißen: Cyclopropan, Cyclobutan, Cyclopentan und Cyclohexan (◻ Abb. 10.6).

Das Cycloalkan wird umso stabiler, je mehr C-Atome in den Ring integriert sind. Cyclopropan und Cyclobutan (◻ Abb. 10.6, ◻ Abb. 10.7a, b) können den angestrebten Tetraederwinkel von 109,47° zwischen den C-Atomen nicht verwirklichen, sondern müssen viel kleinere Bindungswinkel eingehen. **Cyclopropan und Cyclobutan sind mit Bindungswinkeln von 60° bzw. 90° Moleküle, die unter großer Ringspannung stehen.** Sie sind sehr reaktionsfreudig, bei Reaktionen öffnen sie ihren Ring und können somit ihren idealen Bindungswinkel einnehmen.

◻ **Abb. 10.5** Von Methan und Ethan abgeleitete Kohlenwasserstoffreste und Substituenten

◻ **Abb. 10.6** Homologe Reihe der Cycloalkane

Cyclopropan Cyclobutan Cyclopentan Cyclohexan

◻ **Abb. 10.7a–d** Dreidimensionale Struktur der Cycloalkane: **a** Cyclopropan, **b** Cyclobutan, **c** Cyclopentan, **d** Cyclohexan

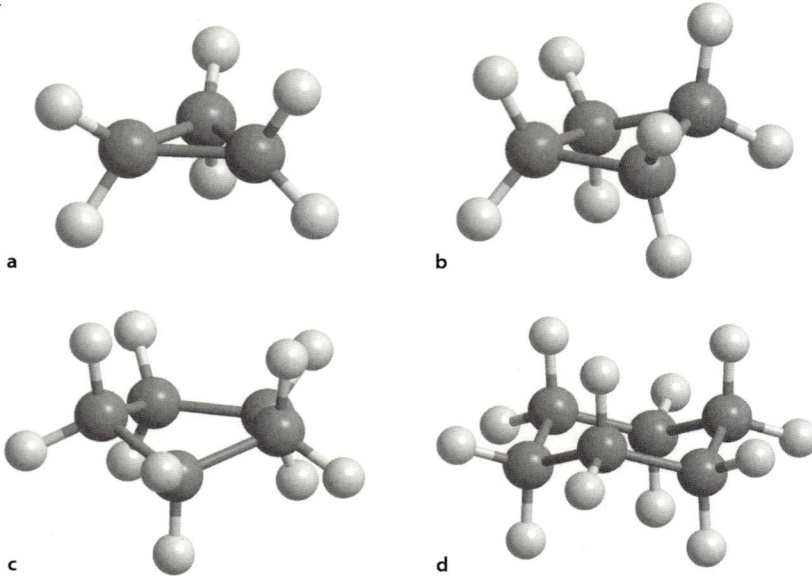

a

b

c

d

Cyclopentan (◻ Abb. 10.6, ◻ Abb. 10.7c) ist mit einem Bindungswinkel von 108° im Fünfeck schon relativ stabil, aber seine H-Atome stoßen sich ab, sodass sich die sog. Briefumschlag-Konformation ausbildet: Immer vier CH_2-Gruppen liegen in einer Ebene, wobei abwechselnd die fünfte CH_2-Gruppe aus der Ebene herausgedreht wird. **Erst Cycloalkane mit mindestens fünf C-Atomen haben annähernd Tetraederwinkel und eine nichtebene Ringstruktur** (◻ Abb. 10.7d). Hinsichtlich ihrer räumlichen Anordnung sind vielfältige Konformationsisomere (▶ Abschn. 10.1.5) möglich.

Auch bei Cycloalkanen können H-Atome durch Halogene (zu sog. **Heterocyclen**) und Alkylgruppen substituiert werden. **Sind zwei oder mehr Ringe miteinander verknüpft, entstehen Bi- oder Polycyclen.** Die Ringe teilen sich jeweils ein C-Atom (→ »Spiro«) oder sogar zwei C-Atome (◻ Abb. 10.8).

trans-Dekalin (Bicyclo[4.4.0]dekan)

Spirononan

◻ **Abb. 10.8** Spiro- und Bicyclo-Alkane

10.1.3 Alkene

Alkene (Olefine) sind ungesättigte, aliphatische Kohlenwasserstoffverbindungen mit mindestens einer C=C-Doppelbindung. Summenformel bei einer Doppelbindung: C_nH_{2n}.

Alkene (Olefine) sind ungesättigte, aliphatische Kohlenwasserstoffverbindungen mit mindestens einer C=C-Doppelbindung. Sie werden durch die allgemeine Summenformel C_nH_{2n} beschrieben. Die C=C-Doppelbindung besteht aus einer σ- und einer π-Bindung.

Die π-Bindung ist einerseits nicht so stabil wie die σ-Bindung und bricht daher leichter auf, andererseits schränkt sie die σ-Bindung in ihrer freien Drehbarkeit so stark ein, dass im Gegensatz zur C–C-Einfachbindung keine

Chemie

Rotation mehr möglich ist. Bei Alkenen sind daher Konfigurationsisomere (▶ Abschn. 10.1.5) möglich. Die an der Doppelbindung beteiligten C-Atome sind sp^2-hybridisiert, was zur Folge hat, dass sich Alkene mit einem Bindungswinkel von 120° trigonal-planar ausrichten (◘ Abb. 10.9).

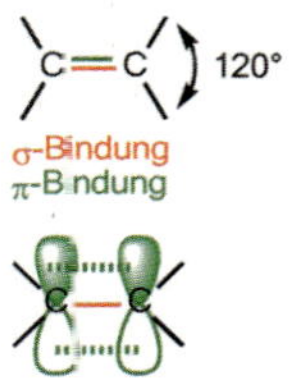

Der erste Vertreter der homologen Reihe der Alkene ist das farblose Gas Ethen (Ethylen), das viele Früchte zur Fruchtreifung produzieren. In ◘ Abb. 10.10 ist Ethen zusammen mit seinen nächsten drei »Nachfolgern« dargestellt und der homologen Reihe der Cycloalkene gegenübergestellt, deren allgemeine Summenformel C_nH_{2n-2} lautet.

Alkene unterscheiden sich in ihren Eigenschaften nicht wesentlich von den Alkanen, sind aber außer an Substitutionsreaktionen an weiteren für sie typischen Reaktionen beteiligt (◘ Abb. 10.11):

— **Alkene können durch Eliminierung aus substituierten Alkanen hergestellt werden** (▶ Abschn. 10.3.3).
— **Außerdem gehen ungesättigte Kohlenwasserstoffe gern Additionsreaktionen** ein. Durch elektrophilen und anschließenden nucleophilen Angriff (▶ Abschn. 10.2.2, ▶ Abschn. 10.3.1) wird die π-Bindung gelöst, um zwei σ-Bindungen ausbilden zu können. Auf diese Weise können Halogene, Wasserstoff, Halogenwasserstoffe und Wasser addiert werden.
  — Ein **Elektrophil** ist hierbei ein Teilchen, das ein »Elektron sucht«, weil es einen Elektronenmangel hat und damit eine Lewis-Säure darstellt.
  — Ein **Nucleophil** ist der Widerpart dazu, also ein Teilchen mit einem Elektronenüberschuss, das infolgedessen »Kern liebend« und damit eine Lewis-Base ist. (Näheres dazu in ▶ Abschn. 10.3.1)
— **Findet eine Selbstaddition der Edukte unter Bildung eines einzigen Produkts statt, nennt man diese Reaktion Polymerisation** (▶ Abschn. 14.3). Sie kann sowohl durch Radikale als auch durch Kationen ausgelöst werden.

In ◘ Abb. 10.11 steht der Buchstabe **R** für einen beliebigen organischen Rest. Das macht das Leben oft einfacher: Egal wie groß und kompliziert dieser Rest ist, Zentrum des Interesses muss nur die Bindung zwischen dem Rückgrat

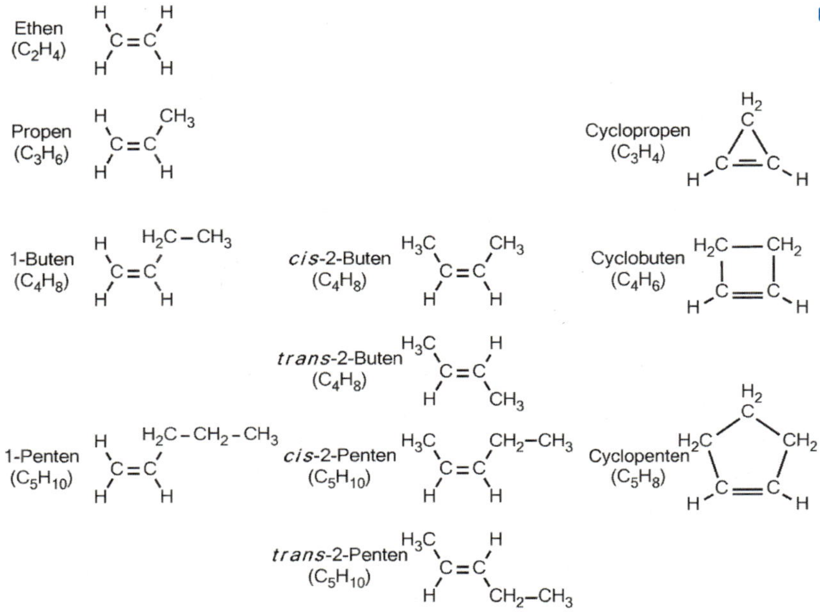

◘ **Abb. 10.9** Geometrie und Bindung bei den Alkenen

Am Anfang der homologen Reihe der Alkene steht Ethen (Ethylen).

Addition:
Edukte werden zu einem Produkt zusammengefasst.

Polymerisation:
Selbstaddition der Edukte unter Bildung eines einzigen Produkts.

◘ **Abb. 10.10** Alkene und Cycloalkene

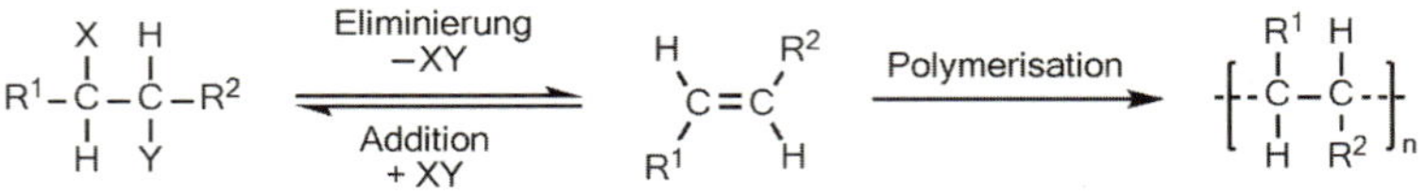

■ **Abb. 10.11** Grundlegende Reaktionen der Alkene (zu den Bezeichnungen R, X und Y siehe Text)

R^2: Rest Nummer zwei;
R_2: 2-mal·Rest R.

Die Radikale der Alkene heißen Alkenyle.

(Rest, **R**) und dem reagierenden Substituenten (**X** bzw. **Y**) sein. Die Bezeichnung R für einen Teil des Moleküls findet sich in der organischen Chemie oft. Will man unterschiedliche Reste andeuten, benutzt man R^1, R^2, R^3 etc. Hier muss man nur aufpassen:

– die Schreibweise R^2 bedeutet: »Rest Nummer 2«,
– während R_2 »2-mal der Rest R« bedeutet.

Auch bei Alkenen treten Radikale auf. Sie heißen Alkenyle. Beispiele sind:

– Ethenyl (Vinyl) $CH_2 = \dot{C}H$
– 2-Propenyl (Allyl) $CH_2 = CH - \dot{C}H_2$
– 1-Propenyl $CH_3 - CH = \dot{C}H$

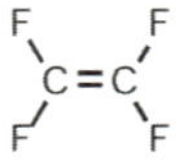

Tetrafluorethen

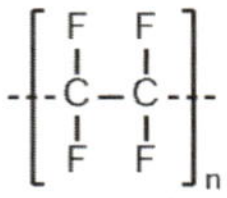

Teflon®

■ **Abb. 10.12** Teflon

Hätten Sie's gewusst?

Teflon – Von der Küche in den Körper
Kunststoffe finden nicht nur in unserem Alltag, sondern auch in der Medizin reichlich Verwendung: Sie dienen als Verpackungsmaterial, als Instrumente, als spezielle chirurgische Fäden, zur Unterstützung von Heilungsprozessen oder auch als Ersatz körpereigener Gewebe. Teflon® (Polytetrafluorethylen = PTFE; ■ Abb. 10.12), das sich als Antihaftbeschichtungsmaterial z. B. für Pfannen einen Namen gemacht hat, hat eine ganz neue Aufgabe in einem dieser medizinischen Einsatzgebiete erhalten. Teflon entsteht durch Polymerisation des Alkens Tetrafluorethen.
Teflon ist sehr flexibel, reißfest und hält selbst hohem Druck stand, sodass es sich hervorragend als Gerüstsubstanz für künstliche Gefäße eignet. Meistens wird bei sog. Bypass-Operationen versucht, körpereigene Gefäßabschnitte aus Beinvenen oder Brustkorb- bzw. Unterarmarterien zu gewinnen und als Bypass einzusetzen, aber oft sind auch die Gefäßwände dieser peripheren Gefäße so geschädigt, dass sie nicht als Bypass geeignet sind. An herkömmlichen Gefäßprothesen aus Kunststoff bilden sich leicht Blutgerinnsel, sodass die Forschung nach einer Alternative sucht und bereits eine verträgliche Technik entwickelt hat, die derzeit in klinischen Studien erprobt wird: Auf einer Teflonoberfläche werden glatte Muskelzellen und Endothelzellen gezüchtet. Durch einen Fibrinkleber und eine künstlich erzeugte Blutströmung lagern sich die kultivierten Zellen besonders gut dem Teflonröhrchen an, sodass ein Ersatzgefäß entsteht, das dem Aufbau der natürlichen Vorlage ähnelt und deren Funktion übernehmen kann.

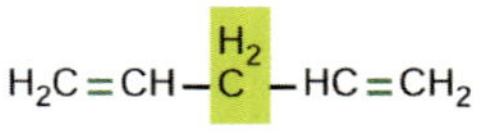

isoliert

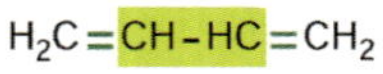

$H_2C = CH - HC = CH_2$

konjugiert

$H_2C = C = CH_2$

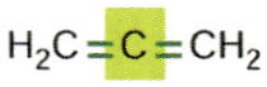

kumuliert

■ **Abb. 10.13** Typen von Dienen

Diene: Alkene mit zwei C=C-Doppelbindungen;
Polyene: Alkene mit mehr als zwei C=C-Doppelbindungen.

Diene

Diene sind Alkene mit genau zwei C=C-Doppelbindungen, Polyene weisen mehrere C=C-Doppelbindungen auf.

Die C=C-Doppelbindungen können in verschiedenen Anordnungen auftreten, als kumulierte, konjugierte oder isolierte C=C-Doppelbindungen (■ Abb. 10.13):

– Wenn ein C-Atom seine vier Bindungsmöglichkeiten auf zwei Doppelbindungen »verteilt«, so handelt es sich um **kumulierte Doppelbindungen**. Alkene mit zwei kumulierten Doppelbindungen erhalten den speziellen Namen »Allene«.

- **Konjugierte Doppelbindungen** hingegen sind durch eine C–C-Einfachbindung »voneinander getrennt«. Das hat einen entscheidenden Vorteil: Aufgrund des mesomeren Effekts sind die π-Elektronen über mehr als zwei π-Orbitale verteilt (Mesomerie, ▶ Abschn. 8.2.4). Die π-Elektronen haben einen größeren Aufenthaltsraum, sie sind delokalisiert (◘ Abb. 10.14). Dadurch befinden sich die Moleküle in einem energetisch günstigeren Zustand und sind stabiler. Alkene mit zwei konjugierten Doppelbindungen werden als »Diene« im engeren Sinne bezeichnet.

- Wenn mindestens zwei C–C-Einfachbindungen zwischen den C=C-Doppelbindungen liegen, sind letztere »voneinander isoliert« und ihre π-Elektronen haben keinen Bezug zueinander. Sie werden daher **isolierte Doppelbindungen** genannt. Alkene mit zwei isolierten Doppelbindungen heißen Diolefine.

Diene im engeren Sinne: Alkene mit zwei konjugierten C=C-Doppelbindungen.

Diolefine: Alkene mit zwei isolierten C=C-Doppelbindungen.

Mesomere Grenzformeln

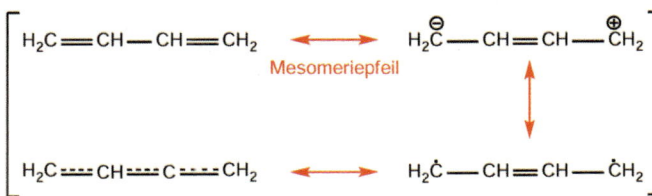

◘ **Abb. 10.14** Mesomerie des 1,3-Butadiens

Orbitaldarstellung

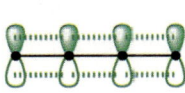

10.1.4 Alkine

Alkine sind ungesättigte, aliphatische Kohlenwasserstoffverbindungen mit der allgemeinen Summenformel C_nH_{2n-2}. Sie enthalten mindestens eine charakteristische C≡C-Dreifachbindung, die durch eine σ- und zwei π-Bindungen gebildet wird. Wenn mehrere C≡C-Dreifachbindungen in einem Alkin vorkommen, können diese nur konjugiert oder isoliert sein, aber niemals kumuliert, da das C-Atom nur vier Bindungen eingehen kann und davon schon drei in eine einzige C≡C-Dreifachbindung investiert.

Aufgrund ihrer sp-Hybridisierung sind Alkine linear gebaut mit einem Bindungswinkel der C≡C-Dreifachbindung von 180° (◘ Abb. 10.15). Daher sind Konstitutionsisomere zwar möglich, aber weder Konformations- noch Konfigurationsisomere (▶ Abschn. 10.1.5).

In ◘ Tab. 10.2 sind die ersten vier Vertreter der homologen Reihe der Alkine dargestellt, die nach dem Vorbild der Alkane ihren Wortstamm und zusätzlich die Endung »-in« erhalten. **Ethin** (auch Acetylen genannt) ist das erste Glied in dieser homologen Reihe. Es ist ein farbloses, instabiles Molekül, das sehr schnell zerfällt und mit Luft hochexplosive Gemische bildet.

Ethin ist ein gutes Beispiel dafür, wie reaktionsfreudig Alkine sind. Dabei spielen nicht nur Substitutions- und Additionsreaktionen eine große Rolle, die aufgrund der C≡C-Dreifachbindung langsamer ablaufen als bei Alkenen.

Alkine sind ungesättigte, aliphatische Kohlenwasserstoffverbindungen mit mindestens einer charakteristischen C≡C-Dreifachbindung (allgemeine Summenformel C_nH_{2n-2}).

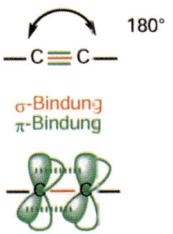

◘ **Abb. 10.15** Geometrie und Bindung bei den Alkinen

Ethin (Acetylen) steht am Anfang der homologen Reihe der Alkine.

◘ Tab. 10.2 Homologe Reihe der Alkine

Name	Summenformel	Strukturformel	Siedepunkt
Ethin (Acetylen)	C_2H_2	$H-C \equiv C-H$	$-84\,°C$
Propin	C_3H_4	$H-C \equiv C-CH_3$	$-23\,°C$
1-Butin	C_4H_6	$H-C \equiv C-CH_2-CH_3$	$8\,°C$
2-Butin	C_4H_6	$H_3C-C \equiv C-CH_3$	$27\,°C$
1-Pentin	C_5H_8	$H-C \equiv C-CH_2-CH_2-CH_3$	$40\,°C$
2-Pentin	C_5H_8	$H_3C-C \equiv C-CH_2-CH_3$	$56\,°C$

Alkine reagieren mit einer starken Base zu Acetyliden (umkehrbare Reaktion).

Alkine haben eine interessante Besonderheit: **Alkine sind schwach sauer und bilden bei Zugabe einer starken Base sog. Acetylide.** Das sind schwer lösliche Salze, die als starke Protonenakzeptoren reagieren. Dieser Vorgang ist umkehrbar: Versetzt man Acetylide mit Säure, entstehen wieder Alkine.

Radikale der Alkine heißen Alkinyle.

Auch Alkine können Radikale bilden. Sie heißen Alkinyle. Beispiele sind:
- Ethinyl $H-C \equiv \dot{C}$
- Propinyl $H-C \equiv C-\dot{C}H_2$

10.1.5 Formen der Isomerie: Konstitution, Konformation, Konfiguration

Hill-Formel:
Summenformel C_xH_y und dann alle weiteren Elemente in alphabetischer Reihenfolge.

In der anorganischen Chemie werden Moleküle oft nur durch die sog. Summenformel wiedergegeben. **Die Summenformel gibt an, wie viele Atome eines Elements in einer Verbindung vertreten sind.**

In der organischen Chemie reicht die Summenformel allerdings meistens nicht aus, um ein Molekül eindeutig zu beschreiben. **Deshalb verwendet man bevorzugt Strukturformeln. Die Strukturformel veranschaulicht die Stellungen der Atome eines Moleküls zueinander.** Ein bindendes Elektronenpaar wird durch einen Strich dargestellt, der die beiden an der Bindung beteiligten Atome in der Strukturformel miteinander verbindet.

Um auch große Moleküle übersichtlich darstellen zu können, wurde eine vereinfachte Schreibweise eingeführt: die **Halbstrukturformel** (◘ Abb. 10.16).

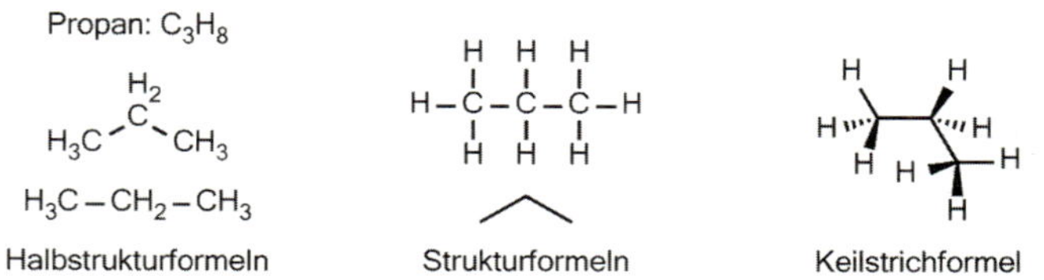

◘ Abb. 10.16 Darstellungsweisen für Propan

Propan: C_3H_8

Halbstrukturformeln   Strukturformeln   Keilstrichformel

Keilstrichformel:
Versuch der räumlichen Darstellung.

Allerdings projizieren diese »herkömmlichen« Strukturformeln Moleküle lediglich auf die Papierebene. Dies erlaubt keine räumliche Vorstellung. Einen ersten Versuch zur dreidimensionalen Darstellung wagt die sog. **Keilstrichformel: Bindungen, die hinter der Papierebene liegen, werden durch Punkte (Strichelung), diejenigen, die vor der Papierebene liegen, durch einen Keil dargestellt.**

Da auch diese Strukturformeln die große Vielfalt der organischen Chemie nicht erfassen können, werden wir uns die räumliche Struktur organischer

Moleküle und deren Darstellungsmöglichkeiten anhand der Kohlenwasserstoffe näher ansehen. Wir werden feststellen, dass organische Moleküle isomere Formen aufweisen. **Isomerie bedeutet, dass Moleküle bei gleicher Summenformel den Raum unterschiedlich ausfüllen.**

Organische Moleküle weisen isomere Formen auf, d. h., sie füllen bei gleicher Summenformel den Raum unterschiedlich aus.

Konstitution

Die Tatsache, dass Moleküle bei identischer Summenformel unterschiedliche Strukturformeln haben, ihre Atome also unterschiedlich verknüpft sind, nennt man Konstitution. Die Moleküle selbst werden als **Struktur- oder Konstitutionsisomere** bezeichnet. Man unterscheidet zwischen einer unverzweigten Form (Präfix: normal- oder abgekürzt »*n*-«) und verzweigten Formen (Präfix: iso- oder abgekürzt »*i*-«).

Aufgrund dieses strukturellen Unterschieds haben Konstitutionsisomere verschiedene chemische und physikalische Eigenschaften. Da verzweigte Formen erst ab vier C-Atomen möglich sind, treten Konstitutionsisomere erst bei Verbindungen mit mindestens vier C-Atomen auf. Es gilt: Je mehr C-Atome in der Verbindung enthalten sind, desto größer ist die Anzahl an Konstitutionsisomeren. Dabei steigt die Zahl überproportional an: Butan hat zwei Konstitutionsisomere, Pentan drei, Hexan fünf, Heptan neun usw. Schon Decan bildet 75 isomere Formen und Heptadecan besitzt die erstaunliche Anzahl von 24.894 Konstitutionsisomeren.

Konstitution: Moleküle haben bei identischer Summenformel eine unterschiedliche Strukturformel.

Beispiel Unser bisheriges Beispiel Propan weist noch keine Konstitutionsisomere auf, da es mit einer Kette von lediglich drei C-Atomen keine verzweigte Form bilden kann. Erst sein Nachfolger **Butan** zeigt uns zwei isomere Formen (◘ Abb. 10.17):
- *n*-Butan (Siedepunkt –0,5 °C),
- *i*-Butan/*iso*-Butan = 2-Methylpropan (Siedepunkt –12 °C).

Wie wir dem Beispiel entnehmen können, unterscheiden sich Konstitutionsisomere auch in ihren Siedepunkten. Diese Eigenschaft ist ebenfalls auf die Van-der-Waals-Kräfte zurückzuführen: **Je verzweigter ein Isomer ist, desto kleiner wird seine Moleküloberfläche.** Dies wird am Beispiel von *n*-Butan (◘ Abb. 10.3d; ◘ Abb. 10.18) bzw. *i*-Butan (◘ Abb. 10.3e) sowohl im Kugelstabmodell als auch im Kalottenmodell sehr anschaulich gezeigt:
- Das **Kugelstabmodell** (◘ Abb. 10.18 *links*) veranschaulicht vor allem die Struktur und die Bindungswinkel.
- Das **Kalottenmodell** (»space-filling model«, ◘ Abb. 10.18 *rechts*) stellt die Durchdringung der Elektronenhüllen und die Oberflächenstruktur des Moleküls in den Vordergrund.

n-Butan:

$CH_3CH_2CH_2CH_3$

i-Butan:

CH_3
|
CH_3CHCH_3

◘ Abb. 10.17 Darstellungsweisen für Butan

Kugelstabmodell: veranschaulicht Struktur und Bindungswinkel.

Kalottenmodell: stellt Durchdringung der Elektronenhüllen und Oberflächenstruktur dar.

Mit kleinerer Moleküloberfläche verringern sich auch die Kontaktflächen, mit denen sich Moleküle gegenseitig berühren, folglich nehmen die Van-der-Waals-

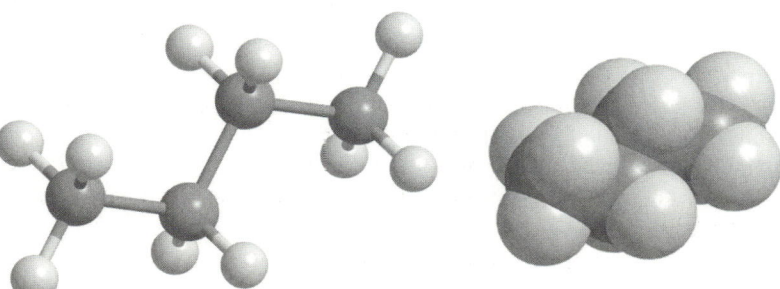

◘ Abb. 10.18 Kugelstabmodell (*links*) und Kalottenmodell (*rechts*) von *n*-Butan

Kräfte ab. Das bedeutet, dass verzweigte *i*-Alkane niedrigere Siedepunkte haben als unverzweigte *n*-Alkane.

Konformation

Die Tatsache, dass sich Moleküle durch Rotation um C–C-Einfachbindungen (σ-Bindungen) im Raum unterschiedlich anordnen, bezeichnet man als Konformation. Die Moleküle selbst werden **Konformere** oder **Konformationsisomere** genannt.

Die C–C-Einfachbindung besteht aus einer rotationssymmetrischen σ-Bindung, um die sich die C-Atome nahezu uneingeschränkt drehen können. Es gibt zahllose Möglichkeiten, wie sich die C-Atome mit ihren drei anderen Bindungen durch diese Rotation räumlich ausrichten können, wobei sich die Konformationen in ihrem energetischen Zustand unterscheiden. Anhand des Ethanmoleküls werden wir zwei wichtige Konformationen besprechen (■ Abb. 10.19):

- In der **verdeckten (Synonym: ekliptischen) Konformation** liegen die H-Atome der beiden Methylgruppen genau hintereinander. Das Molekül liegt dabei in der höchsten energetischen Stufe vor.
- In der **gestaffelten Konformation** stehen die H-Atome der beiden Methylgruppen genau »auf Lücke«. Das Molekül erreicht so den niedrigsten Energiezustand.

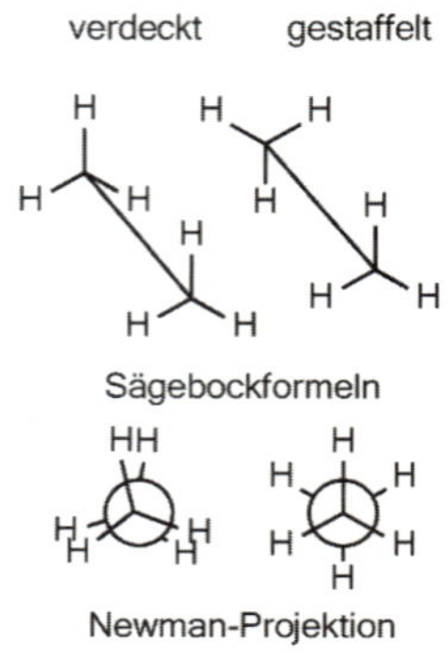

Da die Energiedifferenz zwischen den einzelnen Energiezuständen sehr gering ist, können sich die Methylgruppen bei Zimmertemperatur frei um die C–C-Einfachbindung drehen.

Darstellung von Konformationen: Sägebock- und Newman-Projektion

Zur anschaulicheren Darstellung von Konformationen wird bevorzugt die Sägebock- bzw. die Newman-Projektion verwendet (■ Abb. 10.19 *oben* bzw. *unten*):

- Die **Sägebock-Projektion** stellt die C–C- und C–H-Bindungen schematisch durch Striche dar, wobei von oben schräg auf die C-C-Bindung geblickt wird, die scheinbar in voller Länge abgebildet wird. Nur die H-Atome werden bezeichnet, die C-Atome liegen an den zentralen Stellen, an denen vier Bindungsstriche zusammentreffen. Durch die stark vereinfachte schematische Darstellung wird die räumliche Beziehung der H-Atome zueinander deutlich.
- Die **Newman-Projektion** hingegen erleichtert insbesondere die Ermittlung des sog. Diederwinkels.

Der Diederwinkel entspricht einem Winkel zwischen zwei Ebenen, die in der Newman-Projektion schematisch aufeinander abgebildet werden. Die beiden C-Atome liegen hintereinander: Das vordere C-Atom befindet sich im Zentrum, von dem drei C–H-Bindungen ausgehen, das hintere wird durch einen Kreis symbolisiert, an dem ebenfalls drei H-Atome gebunden sind. Der Diederwinkel wird somit von zwei H-Atomen benachbarter C-Atome umschlossen und insgesamt von den Punkten $H^1 – C^2 – C^3 – H^4$ gebildet (■ Abb. 10.20).

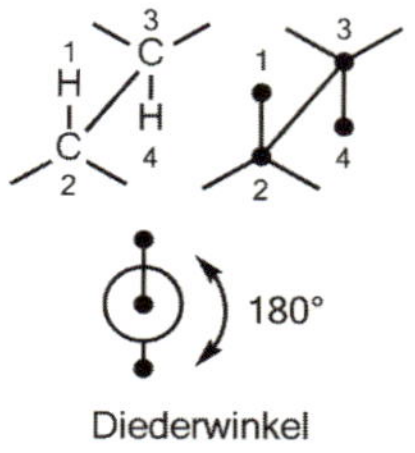

In ■ Abb. 10.21 ist der Diederwinkel den verschiedenen Energiezuständen von Ethan bzw. Butan gegenübergestellt. Dieses Diagramm zeigt, dass die Energie immer gleich groß ist, wenn wie im Ethan zwei H-Atome aneinander vorbeigleiten. Die Energiezustände erreichen jedoch höhere Maximalwerte, wenn

Konformation: unterschiedliche Molekülanordnung im Raum infolge der Rotation um die C–C-Einfachbindung.

■ **Abb. 10.19** Konformationen des Ethans und Darstellungsformen

Die Sägebock-Projektion macht die räumliche Beziehung der H-Atome zueinander deutlich.

Mittels Newman-Projektion lässt sich der Diederwinkel ermitteln.

■ **Abb. 10.20** Definition des Diederwinkels

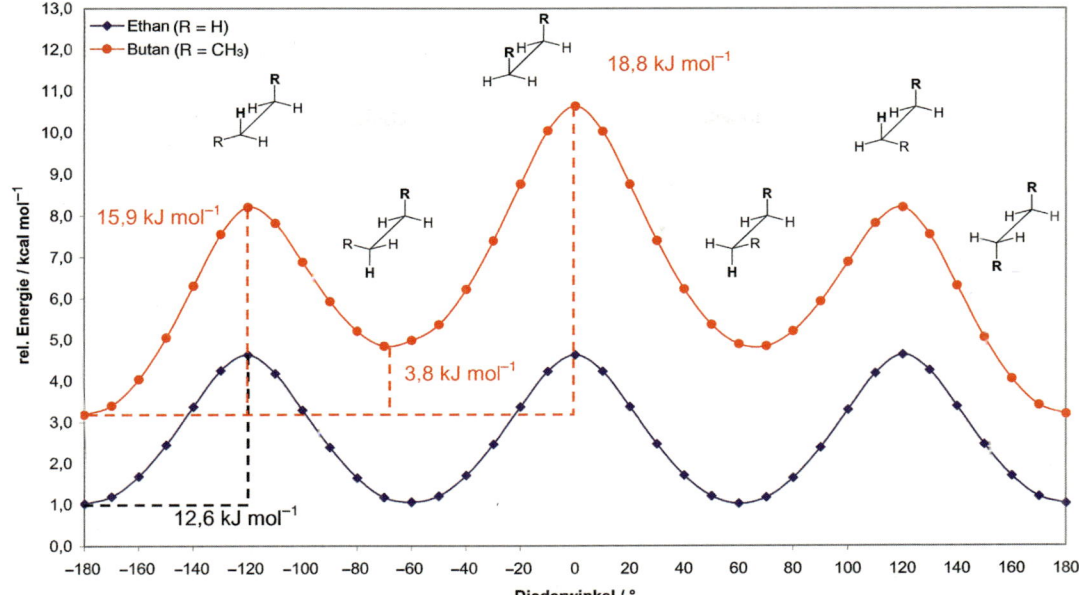

Abb. 10.21 Berechnetes Energiediagramm für die Rotation um eine C–C-Einfachbindung im Ethan bzw. Butan (die angegebenen Energien stammen aus sog. Kraftfeldrechnungen)

wie im Butan unterschiedlich große Molekülreste genau hintereinander liegen und aneinander vorbeirotieren.

Sesselkonformation und Wannenkonformation

Im **Cyclohexan** sind vor allem zwei Konformationen wichtig: die Sesselkonformation oder die Wannenkonformation (■ Abb. 10.22):

- Die **Sesselkonformation** ist energieärmer und daher stabil. Die H-Atome sind gestaffelt angeordnet: An jedem C-Atom befindet sich das eine H-Atom in axialer, das andere in äquatorialer Position. Axiale H-Atome liegen in einer senkrechten Ebene und zeigen nach oben bzw. unten, äquatoriale H-Atome zeigen nach außen.
- Die **Wannenkonformation** ist aus energetischer Sicht ungünstiger. Eine CH_2-Gruppe ist »hochgeklappt«, sodass vier C-Atome in einer Ebene liegen müssen.

Dazwischen gibt es verschiedene Stadien der Umwandlung; Cyclohexan liegt meistens in der Sesselkonformation vor.

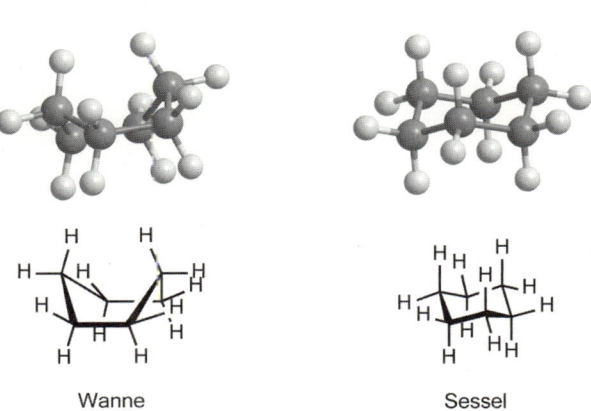

Wanne

Sessel

Abb. 10.22 Konformationen des Cyclohexans (*links:* Wanne, *rechts:* Sessel), *oben:* Kugel-Stab-Modell, *unten:* 3D-Strukturformel

Konfiguration

Konfiguration:
Substituenten in einem Molekül
nehmen verschiedene, nicht änderbare
Positionen ein. Beispiel: *cis-trans*-Iso-
merie.

Die Tatsache, dass Substituenten innerhalb eines Moleküls unterschiedliche Positionen einnehmen und nicht ändern können, ist als Konfiguration definiert. Die Moleküle selbst werden **Konfigurationsisomere** genannt.

Ein Beispiel für diese Art der Isomerie ist die **cis-trans-Isomerie** bei Alkenen bzw. Cycloalkanen:

— Isomere erhalten die Vorsilbe »*cis-*«, wenn die Substituenten auf derselben Seite sind, oder

— die Vorsilbe »*trans-*«, wenn die Substituenten einander gegenüberliegen. Die *trans*-Konfiguration ist im Allgemeinen energetisch günstiger.

Als eine weitere Form der Konfigurationsisomerie werden wir in ▸ Abschn. 10.2.2 die wichtige Stereoisomerie und die mit dieser in Zusammenhang stehende optische Aktivität von Alkylhalogeniden kennenlernen.

10.1.6 Aromaten und Heteroaromaten

Benzol ist aufgrund seiner besonderen
elektronischen Struktur ausgesprochen
stabil.

Benzol

Ein besonderer Kohlenwasserstoff stellte die Wissenschaft lange Zeit vor ein Rätsel. 1825 entdeckte der britische Naturforscher Michael Faraday (1791–1867) im Leuchtgas eine farblose, hydrophobe und leicht entzündliche Flüssigkeit mit aromatischem Geruch und hohem Brechungsindex. Quantitative Analysen ergaben, dass diese Flüssigkeit aus einer mehrfach ungesättigten Kohlenwasserstoffverbindung mit der Summenformel C_6H_6 bestehen muss, die Benzol genannt wurde. Die Molekülstruktur blieb lange Zeit ungeklärt.

1865 stellte der deutsche Chemiker August Kekulé (1829–1896) folgenden Vorschlag zur Diskussion: Er ging davon aus, dass es sich um einen zyklischen Kohlenwasserstoff handelt, in dem sich C–C-Einfach- und C=C-Doppelbindung abwechseln: 1,3,5-Cyclohexatrien. Um alle bekannten chemischen Eigenschaften des Benzols zu erklären, musste er zusätzlich ein Gleichgewicht zwischen zwei Cyclohexatrien-Molekülen annehmen (▫ Abb. 10.23). Benzol wäre so etwas wie der Mittelwert daraus. Mit dieser Theorie kam er der wirklichen Molekülstruktur nicht ganz, aber vergleichsweise sehr nahe.

▫ **Abb. 10.23** Theorie von August Kekulé zum Aufbau des Benzols (Cyclohexatrien-Moleküle)

Benzol gleicht einem planaren regelmäßigen Sechseck.

Darstellung der ringförmig aufgebauten π-Elektronen ober- und unterhalb des Benzolrings durch mesomere Grenzformeln.

Moderne Methoden ermittelten, dass Benzol einem planar gebauten regelmäßigen Sechseck entspricht, in dem die Bindungswinkel 120°, die C–C-Bindungslängen 139 pm betragen. Die C–C-Bindungslängen in Benzol entsprechen somit weder der C–C-Einfachbindung der Alkane noch der C=C-Doppelbindung der Alkene, sodass in Benzol die C-Atome auf andere Weise verknüpft sein müssen. Dies hat zur folgenden Modellvorstellung geführt:

Jedes C-Atom weist drei sp^2-Hybridorbitale auf, wobei zwei Hybridorbitale durch die Bildung von σ-Bindungen das zyklische Gerüst des Benzols aufbauen. Die sechs nicht hybridisierten p-Orbitale überlappen sich oberhalb und unterhalb der Ringebene und bilden ein geschlossenes, ringförmiges π-Elektronen-System mit sechs delokalisierten π-Elektronen, was Benzol die besondere Stabilität verleiht. Die π-Elektronen nehmen einen Zwischenzustand ein, der durch mesomere Grenzformeln dargestellt wird (▫ Abb. 10.24). **Der wirkliche Zustand des Benzolmoleküls liegt zwischen den theoretisch denkbaren Grenzstrukturen und wird durch einen Kreis symbolisiert.**

▫ **Abb. 10.24** Mesomere Grenzformeln des Benzols

Der Energiebetrag, um den der mesomere Zustand des Benzolmoleküls mit seinen sechs delokalisierten π-Elektronen energieärmer und somit stabiler als das gedachte Cyclohexatrien mit lokalisierten Doppelbindungen ist, wird **Mesomerie- oder Delokalisierungsenergie** genannt.

Der vom Benzol abgeleitete Substituent wird Phenyl genannt.

Aromaten

Aromaten (Arene) sind Kohlenwasserstoffverbindungen, die sich vom Molekülgerüst des Benzols ableiten. Die **Hückel-Regel** stellt weitere Kriterien auf: Aromaten sind planare Ringsysteme mit ringförmig geschlossener Elektronenwolke (= vollständig konjugiert), die insgesamt (4n + 2) π-Elektronen enthält (n = 0, 1, 2, …).

Additions- und Polymerisationsreaktionen sind für Aromaten untypische Reaktionsmechanismen, stattdessen gehen sie **elektrophile Substitutionsreaktionen** ein (▶ Abschn. 10.3.3): Durch einen elektrophilen Angriff (▶ Abschn. 10.3.1) auf das π-Elektronen-System können H-Atome der aromatischen Verbindung durch andere Substituenten ersetzt werden. Je nach Substituent werden die elektrophilen Substitutionsmechanismen eingeteilt in

- Nitrierung,
- Sulfonierung,
- Halogenierung,
- Friedel-Crafts-Alkylierung und -Acylierung.

Sind zwei Substituenten an Benzol gebunden, können drei Konstitutionsisomere auftreten. Ihre Stellung zueinander wird durch die Vorsilben *ortho* (= 1,2), *meta* (= 1,3) und *para* (= 1,4) verdeutlicht (◻ Abb. 10.25). Die Position von mehr als zwei Substituenten wird im Allgemeinen nur durch die Nummern der C-Atome wiedergegeben. Im ▶ Anhang sind in ◻ Abb. A.4 weitere Beispiele gezeigt.

◻ **Abb. 10.25** Beispiele aromatischer Verbindungen

Benzol · Toluol · Phenol · *m*-Xylol · Naphthalin · Anthracen · Phenanthren · Pyren · Benz[*a*]pyren

Heteroaromaten

Heteroaromaten (auch Heteroarene genannt), die für uns von Interesse sind, sind 5- oder 6-gliedrige bzw. kondensierte aromatische Ringsysteme, in denen mindestens ein Heteroatom (vor allem Stickstoff, Sauerstoff und Schwefel) eingebaut ist (◻ Abb. 10.26, ◻ Abb. A.4 im ▶ Anhang). Wie die Aromaten haben sie eine planare Struktur und ein delokalisiertes π-Elektronen-System aus (4n + 2)

Randnotizen:

Aromaten: vom Molekülgerüst des Benzols abgeleitete Kohlenwasserstoffverbindungen.

Aromaten gehen elektrophile Substitutionsreaktionen ein.

Heteroaromaten: 5- oder 6-gliedrige bzw. kondensierte aromatische Ringsysteme mit mindestens einem Heteroatom.

Abb. 10.26 Beispiele heteroaromatischer Verbindungen

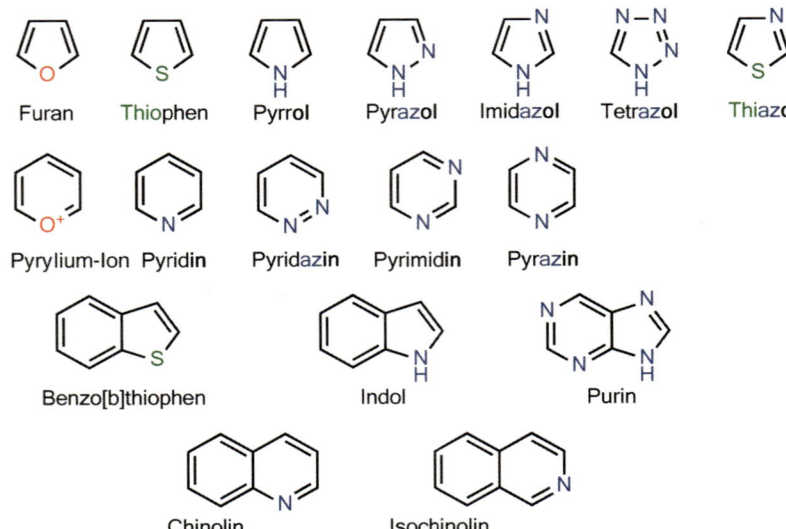

π-Elektronen, wobei in Fünfringen ein freies Elektronenpaar des Heteroatoms miteinbezogen wird, sodass ein π-Elektronen-Überschuss entsteht. Heteroaromaten werden durch mesomere Grenzformeln wiedergegeben.

Ihre **Eigenschaften** werden stark durch ihre Heteroatome beeinflusst:

- 6-gliedrige Heteroaromaten mit N-Atomen zeigen basisches Verhalten und bilden gerne Wasserstoffbrücken (▶ Abschn. 8.2.4) aus.
- Heteroaromaten mit S-Atomen ähneln in ihren Eigenschaften den Aromaten, da sich Kohlenstoff und Schwefel in ihrer Elektronegativität wenig unterscheiden.
- Heteroaromaten mit O-Atomen sind ein gutes Beispiel für den negativen induktiven Effekt, da Sauerstoff elektronegativer als Kohlenstoff ist.

10.1.7 Zusammenfassung der Kohlenwasserstoffe

In ▪ Tab. 10.3 werden die wichtigsten Informationen zu den Kohlenwasserstoffen übersichtlich aufgeführt.

Tab. 10.3 Zusammenfassung der Hauptfakten zu den Kohlenwasserstoffen

Verbindungsklasse	Bindungsverhältnisse	Räumliche Ausrichtung	Typische Reaktionen	Radikale
Alkane C_nH_{2n+2}	Einfachbindung: σ-Bindung	Tetraeder Winkel 109°	Radikalische Substitution	Alkyle
Alkene C_nH_{2n}	Doppelbindung: σ-Bindung π-Bindung	Trigonal-planar Winkel 120°	Addition Polymerisation	Alkenyle
Alkine C_nH_{2n-2}	Dreifachbindung: σ-Bindung 2 π-Bindungen	Linear Winkel 180°	Substitution Addition Polymerisation	Alkinyle
Aromaten	σ-Bindung geschlossenes, ringförmiges π-Elektronen-System mit 4n + 2 delokalisierten π-Elektronen	Planar Winkel 120°	Elektrophile Substitution, z. B.: – Nitrierung – Sulfonierung – Halogenierung – Friedel-Crafts-Alkylierung/-acylierung	Phenyl

kurz & knapp

Kohlenwasserstoffe

- ▬ Definition: Sie enthalten nur C- und H-Atome und bilden homologe Reihen aus.
- ▬ Eigenschaften:
  - – Schmelz- und Siedetemperatur steigen, wenn die Molekülgröße zunimmt.
  - – Sie enthalten unpolare Bindungen, daher sind sie lipophil und hydrophob.
- ▬ Einteilung: ◘ Tab. 10.3.
- ▬ **Konstitution:** gleiche Summenformel, unterschiedliche Strukturformeln → Struktur-/Konstitutionsisomere.
- ▬ **Konformation:** gleiche Summenformel, gleiche Strukturformel, aber unterschiedliche räumliche Anordnung; Ursache: rotations-symmetrische σ-Bindung bedingt Drehung um Einfachbindungen → Konformere/Konformationsisomere.
- ▬ **Konfiguration:** gleiche Summenformel, gleiche Konstitution, aber unterschiedliche relative Lage von Atomen bzw. Atomgruppen zueinander → Konfigurations-/*cis-trans*-Isomere.

10.1.8 Übungsaufgaben

Aufgabe 1 Geben Sie die Strukturformeln folgender Verbindungen an und entscheiden, ob cis/trans-Isomere möglich sind.

a. 1,2-Dimethylcyclopropan.
b. 1-Hexin.
c. 3-Hexen.

Aufgabe 1

Lösung1: Siehe ◘ Abb. 10.27.

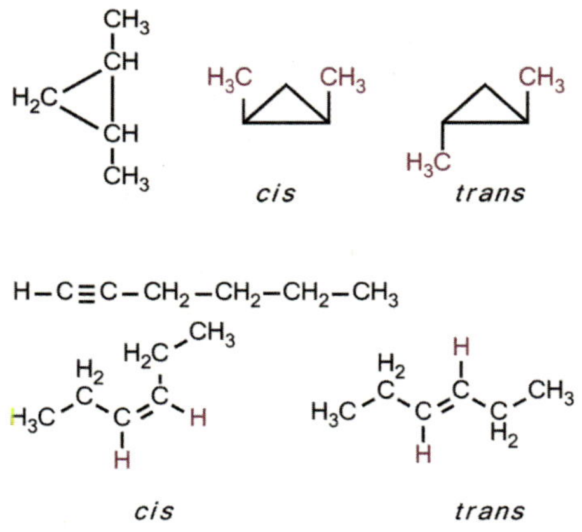

◘ **Abb. 10.27** Lösung der Übungsaufgabe 1

Chemie

Aspirin®

Die Synthese von Acetylsalicylsäure (ASS) durch Dr. Felix Hoffmann war eine große Errungenschaft für die Medizin und die Pharmazie und garantierte unter dem Handelsnamen Aspirin dem Pharmaunternehmen Bayer einen weltweiten Erfolg: Bereits 1950 wurde es als das meistverkaufte Schmerzmittel ins Guinnessbuch der Rekorde aufgenommen! Und heute kann man es in über 80 Ländern kaufen.

ASS wird dadurch hergestellt, dass Salicylsäure mit Essigsäure eine chemische Verbindung eingeht, was als Acetylierung bezeichnet wird. Die Reaktionsgleichung in ◘ Abb. 10.28 beschreibt die ASS-Synthese.

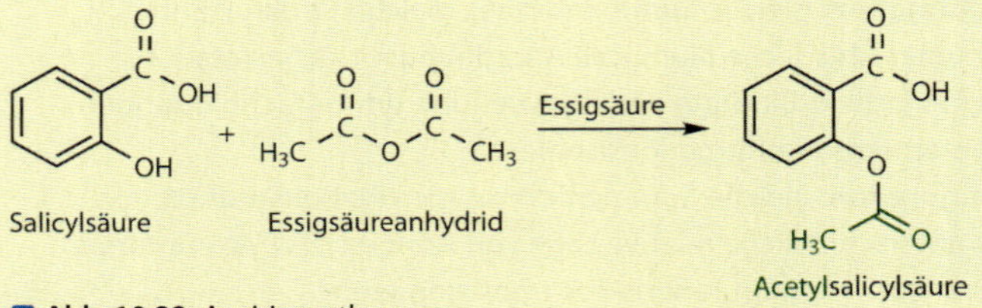

◘ **Abb. 10.28** Aspirinsynthese

Die Wirkung von ASS beschränkt sich nicht auf Schmerzlinderung, Fiebersenkung und Entzündungshemmung. ASS wird auch aufgrund seines blutverdünnenden Effekts zur Vorbeugung arterieller Thrombosen eingesetzt und nach Herzinfarkten und Schlaganfällen verabreicht. Aber auch das ist nicht alles: ASS wird vielfältig angewandt und noch immer werden neue Wirkungsmechanismen entdeckt, die zu neuen Einsatzgebieten führen. So wurde z. B. kürzlich berichtet, dass niedrige Dosen ASS krebsvorbeugend sein sollen.

Prinzipiell **wirkt** Aspirin auf folgende Weise: Prostaglandine haben in unserem Körper viele Aufgaben. Eine davon besteht darin, die Empfindlichkeit von Schmerzrezeptoren zu erhöhen. Indem ASS die körpereigene Herstellung dieser Prostaglandine hemmt, werden Schmerzinformationen vermindert weitergeleitet.

Aber nicht nur die Wirkung selbst wird erforscht, sondern auch immer mehr Darreichungsformen werden entwickelt: Aspirin wird als Pulver, Tabletten, Granulat und Kautabletten angeboten. Kombinationen mit anderen Substanzen wie Vitamin C oder Coffein erweitern das Sortiment, da diese die Wirkung der ASS positiv beeinflussen sollen. Wir können also gespannt sein, welche neuen Erkenntnisse die ASS-Forschung noch für uns bereit hält!

10.2 Organische Verbindungen mit Heteroatomen

Dominik Buckert

- Heteroatome
- Organische Halogenverbindungen
- Radikalische Substitution, elektrophile Addition
- Stereoisomerie und optische Aktivität
- Nucleophile Substitution, Eliminierung
- Alkohole und Ether
- Carbonylgruppe
- Aldehyde und Ketone
- Nucleophile Addition, Aldolreaktion und Aldolkondensation
- Carbonsäuren
- Veresterung, Esterspaltung, Esterkondensation
- Carbonsäurederivate
- Verbindungen mit Schwefel
- Verbindungen mit Stickstoff

Wie jetzt?

Alkohol und die Folgen

Wahrscheinlich hat ihn jeder schon einmal »genossen«: den Kater nach einer feuchtfröhlichen Feier. Doch was führt letztlich zu den altbekannten Symptomen? Wie viel Alkohol darf ich täglich guten Gewissens zu mir nehmen? Vertragen Asiaten tatsächlich weniger? Kann man Alkohol sonst noch zu etwas gebrauchen?

10.2.1 Einführung Heteroatome

Atome, die in organischen Verbindungen vorkommen, aber weder Kohlenstoff noch Wasserstoff sind, bezeichnen wir als Heteroatome. Die wichtigsten unter ihnen sind

- die Halogene (Fluor, Chlor, Brom und Iod),
- Sauerstoff,
- Schwefel,
- Stickstoff.

> Heteroatome:
> Atome in organischen Verbindungen, die weder Kohlenstoff noch Wasserstoff sind.

◘ Tab. 10.4 Wichtige funktionelle Gruppen

Struktur	Name der funktionelle Gruppe	Name der Verbindung
R–X (X = F, Cl, Br, I)	Halogen-	Halogenide
R–OH	Hydroxy-	Alkanol, Alkohol
R–CHO	Aldehyd-	Alkanal, Aldehyd
R–C(O)–R	Carbonyl-	Alkanon, Keton
R–COOH	Carboxy-	Carbonsäure
R–SH	Thio-	Thiol, Mercaptan
R–NH_2	Amino-	Amin

Ihre Bedeutung erlangen Heteroatome dadurch, dass die von ihnen gebildeten **funktionellen Gruppen** (◘ Tab. 10.4) als Ausgangs- oder Angriffspunkte für wichtige (bio)chemische Reaktionen dienen, denen wir uns im Folgenden näher zuwenden.

10.2.2 Verbindungen mit Halogenen

Organische Halogenverbindungen besitzen eine oder mehrere kovalente Kohlenstoff-Halogen-Einfachbindungen. Sie sind polarisiert.

Organische Halogenverbindungen zeichnen sich durch eine oder mehrere **kovalente Kohlenstoff-Halogen-Einfachbindungen** aus. Da die Halogene gegenüber Kohlenstoff stärker elektronegativ sind (Elektronegativität [EN] F: 4,0; EN Cl: 3,2; EN Br: 3; EN C: 2,5), sind diese Bindungen so polarisiert, dass der Ladungsschwerpunkt beim jeweiligen Halogen liegt (◘ Abb. 10.29). ◘ Tab. 10.5 zeigt einige Beispiele. Diese Verbindungen kommen in der Natur so nicht vor, sondern werden vom Menschen künstlich hergestellt.

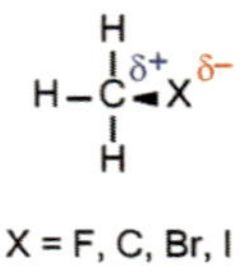

Abb. 10.29 Polarisierte Einfachbindung

◘ Tab. 10.5 Beispiele organischer Halogenverbindungen		
Name	**Summenformel**	**Verwendung**
Trichlorfluormethan	CCl_3F	Kältemittel, Treibgas, Lösungsmittel
Chlorethan, Ethylchlorid	C_2H_5Cl	Örtliche Betäubung (Vereisungsmittel)
Trichlormethan, Chloroform	$CHCl_3$	Früher als Narkosemittel, Lösungsmittel
Brommethan	$BrCH_3$	Schädlingsbekämpfungsmittel
Dichlordifluormethan, Frigen	CF_2Cl_2	Treibgas

Herstellung von Alkylhalogeniden

Um zu verstehen, wie solche Verbindungen überhaupt entstehen können, sollen exemplarisch zwei wichtige Reaktionen dargestellt werden, deren genaue Mechanismen in ▶ Abschn. 10.3.3 näher erläutert werden.

Radikalische Substitution

Halogene plus energiereiche Strahlung/hohe Temperaturen → Halogenradikale, die mit Alkanen reagieren.

Natürlicherweise kommen Halogene als **bimolekulare Verbindungen (X_2)** vor. Setzt man diese Moleküle energiereicher Strahlung oder hohen Temperaturen aus, so entstehen Halogenradikale, die direkt mit Alkanen zur Reaktion gebracht werden können (◘ Abb. 10.30, ◘ Abb. 10.31). Dabei ersetzt jeweils ein solches Radikal ein am Kohlenstoff gebundenes Wasserstoffatom (daher Substitution). Je nachdem, wie lange man diese Reaktion andauern lässt, kann man die unterschiedlichsten einfach oder mehrfach substituierten Kohlenwasserstoffe herstellen:

Abb. 10.30 Radikalstart

Abb. 10.31 Radikalische Substitution

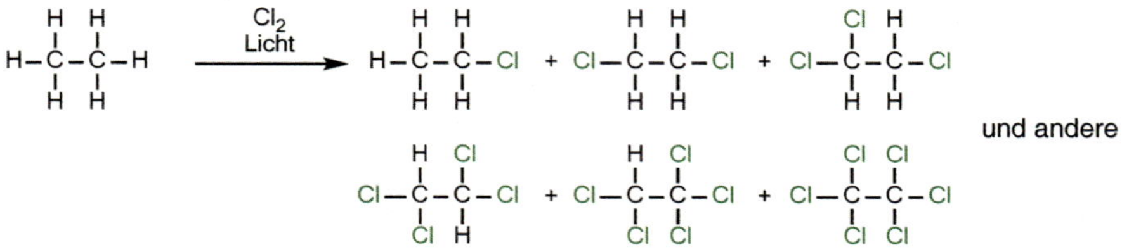

Elektrophile Addition

Halogene können aber auch mit der C=C-Doppelbindung von Alkenen reagieren (■ Abb. 10.32). Bei dieser elektrophilen Addition wird die Doppelbindung aufgebrochen, es lagern sich die Halogenatome an die nun frei gewordenen Bindungsplätze der beiden benachbarten Kohlenstoffatome an, so dass ein **1,2-Dihalogenid** entsteht.

Elektrophile Addition: Reaktion von Halogenen mit der C=C-Doppelbindung von Alkenen.

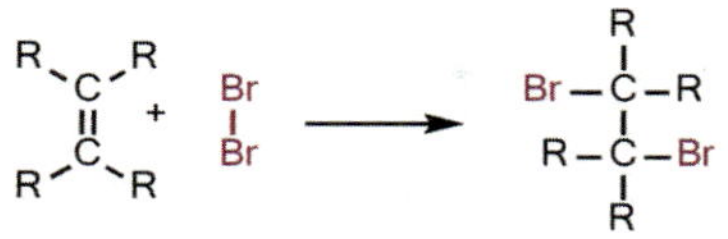

■ **Abb. 10.32** Elektrophile Addition

Klassischerweise wird diese Reaktion mit Brom durchgeführt. Dabei macht man sich zunutze, dass Bromlösung eine charakteristische braune Farbe besitzt, die nach Ablauf der Reaktion verschwindet. Auf diese Weise lassen sich Doppelbindungen in organischen Verbindungen nachweisen.

Hätten Sie's gewusst?

DDT

Eine aromatische Chlorverbindung, das DDT = **D**i-(*p*-chlor**d**iphenyl)-**t**richlorethan, wurde aufgrund ihrer hohen Giftigkeit für Insekten bei vermeintlich geringer Toxizität für Warmblüter als erfolgreiches Schädlingsbekämpfungsmittel eingesetzt (■ Abb. 10.33). Da diese Verbindung allerdings äußerst schwer abbaubar ist und sich in der Nahrungskette anreichert, wurde sie aus Angst vor Langzeitnebenwirkungen verboten. Nun war man aber mittels DDT vielerorts in der Lage gewesen, die *Anopheles*-Mücke wirksam zu bekämpfen und damit die von ihr übertragene Malaria einzudämmen. So nahm nach dem Verbot die Zahl der Malariaerkrankungen wieder sprunghaft zu.

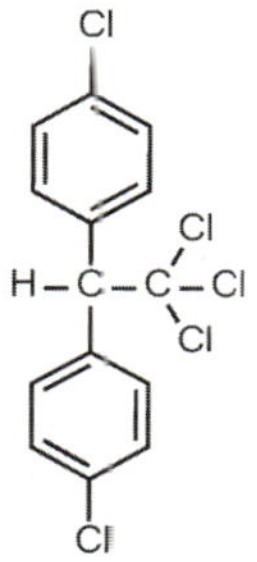

■ **Abb. 10.33** Insektizid DDT

Stereoisomerie und optische Aktivität

Im Zusammenhang mit den mehrfach halogenierten Kohlenwasserstoffen wollen wir am **Beispiel Bromchlorfluormethan** einige wichtige Begriffe der organischen Chemie klären. Betrachtet man diese Verbindung, so stellt man fest, dass das zentrale Kohlenstoffatom vier verschiedene Substituenten besitzt. Man bezeichnet es als **asymmetrisches C-Atom**. Nun kann man sich zwei Isomere des Bromchlorfluormethans vorstellen, die sich nicht zur Deckung bringen lassen, also nicht kongruent zueinander sind. Es handelt sich um eine **chirale (händige) Verbindung**; die beiden Isomere werden **Enantiomere** oder Spiegelbildisomere genannt, sie unterscheiden sich nicht in ihren physikalischen Eigenschaften wie Siedepunkt, Löslichkeit usw. (■ Abb. 10.34).

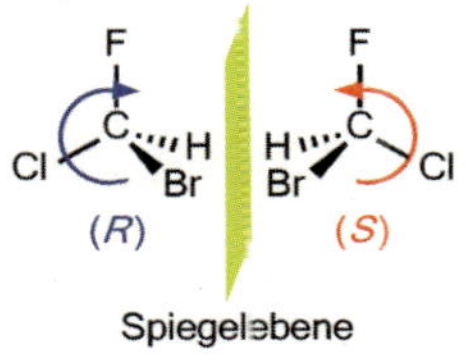

■ **Abb. 10.34** Enantiomere und *R/S*-Nomenklatur

Die Konfiguration gibt die relative Anordnung der Liganden um das stereogene Zentrum wieder. Ein stereogenes Zentrum oder Chiralitätszentrum ist ein Atom, das tetraedrisch von vier unterschiedlichen Substituenten umgeben ist.

Um die Konfiguration darzustellen, kommt das Nomenklatursystem nach Cahn, Ingold und Prelog zum Einsatz. Dabei werden den vier verschiedenen Substituenten Prioritäten 1–4 zugeordnet; 1 hat die höchste, 4 die geringste Priorität. Es gilt:

- Verfolgt man den Verlauf der Prioritäten 1–3 von der vom Substituenten mit der geringsten Priorität abgewandten Seite, so ergibt sich eine *R*-Konfiguration, wenn die Folge 1–2–3 im Uhrzeigersinn verläuft.

Stereogenes Zentrum oder Chiralitätszentrum: tetraedrisch von vier verschiedenen Substituenten umgebenes Atom.

Klassifizierung der Konfigurationen nach dem Verfahren von Cahn, Ingold und Prelog.

Chemie

— Die Anordnung von 1–2–3 entgegen dem Uhrzeigersinn beschreibt die **S-Konfiguration**. Spiegelung führt definitionsgemäß eine *R*- in eine *S*-Konfiguration über.

Die Verteilung der Prioritäten der Substituenten erfolgt nach der Ordnungszahl der ans chirale Zentrum gebundenen Atome. Steigende Ordnungszahlen führen zu höheren Prioritäten. Haben dabei zwei oder mehrere Atome die gleiche Ordnungszahl, so betrachtet man zur weiteren Unterscheidung die an diese Atome gebundenen Liganden nach dem gleichen Schema der Prioritätenverteilung. Hierbei spielt bei gleichen Ordnungszahlen auch die Anzahl der Atome mit dieser Ordnungszahl eine Rolle. Dieses Verfahren von Cahn, Ingold und Prelog ist allgemein zur Klassifizierung der Konfigurationen chiraler Verbindungen anwendbar.

Eine Eigenschaft von Verbindungen mit asymmetrischen Kohlenstoffatomen ist die Fähigkeit, die Ebene des linear polarisierten Lichts (▶ Abschn. 6.3.3; ▶ Abschn. 6.4.4) um einen bestimmten Betrag zu drehen. Dabei drehen Enantiomere einer Verbindung diese Ebene um den gleichen Betrag, aber in entgegengesetzte Richtung. Das rechtsdrehende Enantiomer erhält dabei ein (+), das linksdrehende ein (−). Hierbei handelt es sich um eine rein experimentell zu bestimmende Eigenschaft, es besteht **kein Zusammenhang** zwischen (+) und (−) und dem *R* und *S* des Nomenklatursystems.

Treten Enantiomere gemeinsam nebeneinander auf, und zwar genau im Verhältnis 1:1, heben sich die Drehungen des linear polarisierten Licht auf. Es kann – wie bei einer achiralen Verbindung – kein Drehwinkel gemessen werden. Ein solches Gemisch nennt man Racemat.

Racemat:
Gemisch von Enantiomeren im Verhältnis 1:1.

Abb. 10.35 Veranschaulichung der Enantiomere

Hätten Sie's gewusst?

Wirkungen der Enantiomere im Organismus
Auch wenn sich zwei Enantiomere in ihren physikalischen Eigenschaften nicht unterscheiden, können sie im Organismus eine durchaus unterschiedliche Wirkung haben. Von zahlreichen Medikamenten existieren Enantiomere, von denen jeweils nur eines die gewünschte therapeutische Wirkung besitzt. Das andere kann wirkungslos, aber auch verantwortlich für schwere Nebenwirkungen sein.
Diese Tatsache beruht im Wesentlichen auf unterschiedlichen Wechselwirkungen mit menschlichen Rezeptoren und Enzymen, die ihrerseits chiral sind und deshalb nur mit passenden Partnern reagieren können. Schließlich schütteln sich auch die Menschen jeweils nur mit rechts die Hände (■ Abb. 10.35)…

Wichtige Reaktionen der Alkylhalogenide: nucleophile Substitution, Eliminierung

Nachdem wir einige Eigenschaften dieser Verbindungsklasse betrachtet haben, wollen wir uns ihren charakteristischen Reaktionen zuwenden. Wie weiter oben bereits erwähnt, ist die Bindung zwischen C-Atom und Halogen polarisiert (■ Abb. 10.29). Dabei findet man am Halogen eine negative und beim Kohlenstoff eine positive Teilladung.

Nucleophile, also Teilchen, die ein freies Elektronenpaar besitzen (z. B. H_2O, OH^-, SH^-, CN^-, Lewis-Basen), können am Kohlenstoff angreifen und unter Austritt des Halogenids eine neue kovalente Bindung ausbilden (▶ Abschn. 10.3.1).

$$-\overset{|}{\underset{|}{C}}{\blacktriangleleft}X \ + \ Nu^{\ominus} \ \longrightarrow \ -\overset{|}{\underset{|}{C}}{\blacktriangleleft}Nu \ + \ X^{\ominus}$$

◧ Abb. 10.36 Nucleophile Substitution

Offensichtlich wird das Halogen durch das angreifende Teilchen ersetzt, also substituiert (◧ Abb. 10.36). Da der Angreifer ein Nucleophil ist, spricht man von der Gesamtreaktion als **nucleophile Substitution (S$_N$)**. Diese wichtige Reaktion wird uns im Verlauf dieses Kapitels noch häufiger begegnen. Da ihr genauer Mechanismus jedoch nicht einfach zu verstehen ist, wollen wir uns an dieser Stelle auf die obige Bruttogleichung beschränken (Einzelheiten in ▶ Abschn. 10.3.3).

In Gegenwart einer Base können Alkylhalogenide unter Abspaltung und Freisetzung von Halogenwasserstoff zu Alkenen reagieren (◧ Abb. 10.37). Diesen Reaktionstyp nennt man **Eliminierung**. Im Prinzip stellt er die Umkehrreaktion zur weiter oben beschriebenen elektrophilen Addition (◧ Abb. 10.32) dar. Es gibt dabei verschiedene Möglichkeiten, wie die beiden Abgangsgruppen (Wasserstoff und Halogen) zueinander stehen können. Der weitaus wichtigste Fall ist die **Betaeliminierung** oder **(1,2-)Eliminierung** (◧ Abb. 10.38).

Wie bei der nucleophilen Substitution gibt es mechanistisch gesehen einige Besonderheiten, die ebenfalls in ▶ Abschn. 10.3.3 genau unter die Lupe genommen werden.

◧ Abb. 10.37 Eliminierung

◧ Abb. 10.38 Betaeliminierung

10.2.3 Verbindungen mit Sauerstoff

Das nächste bedeutungsvolle Heteroatom, dem wir uns zuwenden, ist der Sauerstoff. Im Gegensatz zu den Halogenen kann er zwei kovalente Bindungen eingehen. Daher gibt es eine Vielzahl von Möglichkeiten, wie Sauerstoff in einer organischen Verbindung vorkommen kann. ◧ Tab. 10.6 zeigt exemplarisch die wichtigsten sauerstoffhaltigen Substanzklassen.

Sauerstoff kann zwei kovalente Bindungen eingehen → viele mögliche organische Verbindungen mit Sauerstoff.

◧ Tab. 10.6 Organische Substanzen mit Sauerstoff

Struktur	Name	Kohlenstoff-Sauerstoff-Bindung
R–OH	Alkanol, Alkohol	Einfachbindung
R–O–R	Ether	Zwei Einfachbindungen
R–CHO	Alkanal, Aldehyd	Doppelbindung
R–C(=O)–R	Keton	Doppelbindung
R–COOH	Carbonsäure	Doppelbindung, Einfachbindung
R–COOR	Ester	Doppelbindung, zwei Einfachbindungen

Zunächst betrachten wir die Familie der Alkohole und Ether.

Substitution eines Wasserstoffatoms durch –OH in einem gesättigten Kohlenwasserstoff → Alkanol oder Alkohol.

Alkohole und Ether

Substituiert man in einem gesättigten Kohlenwasserstoff ein Wasserstoffatom durch die Hydroxygruppe (-OH), so erhält man ein Alkanol oder einen Alkohol (◨ Abb. 10.39).

◨ **Abb. 10.39** Alkohole als Derivate der Kohlenwasserstoffe

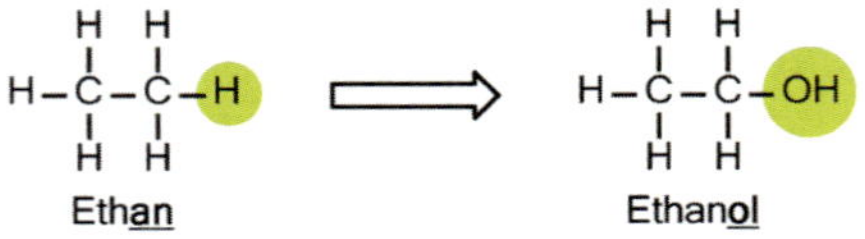

◨ **Abb. 10.40** Primärer, sekundärer und tertiärer Alkohol

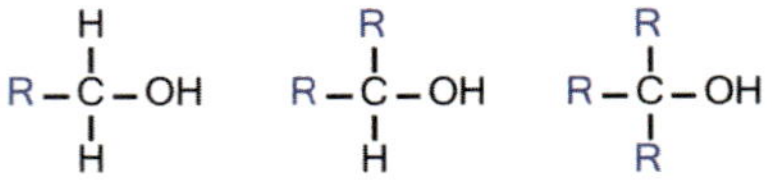

primärer   sekundärer   tertiärer   Alkohol

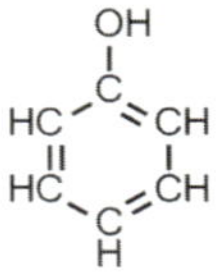

◨ **Abb. 10.41** Phenol

Substitution eines H-Atoms durch –OH bei Aromaten → aromatischer Alkohol = Phenol.

Dabei spricht man von einem **primären, sekundären oder tertiären Alkohol** – je nachdem, ob das Kohlenstoffatom, an dem die Hydroxygruppe sitzt, einen, zwei oder drei organische Reste als weitere Substituenten trägt (◨ Abb. 10.40).

Ist die Ausgangsverbindung kein Alkan, sondern ein **Aromat** wie etwa Benzol, erhält man folgerichtig einen aromatischen Alkohol, ein **Phenol** (◨ Abb. 10.41).

Selbstverständlich kann man auch mehrere Wasserstoffatome durch Hydroxygruppen ersetzen. Man spricht dann von **mehrwertigen** Alkoholen bzw. Phenolen.

Substitution des am Sauerstoff sitzenden H-Atoms im Phenol durch organischen Rest → Ether.

Geht man nun noch einen Schritt weiter und ersetzt das am Sauerstoff sitzende Wasserstoffatom durch einen organischen Rest, so kommt man zur Substanzklasse der Ether (◨ Abb. 10.42).

◨ Tab. 10.7 zeigt einige Beispiele von Alkoholen und Ethern.

◨ **Abb. 10.42** Ether

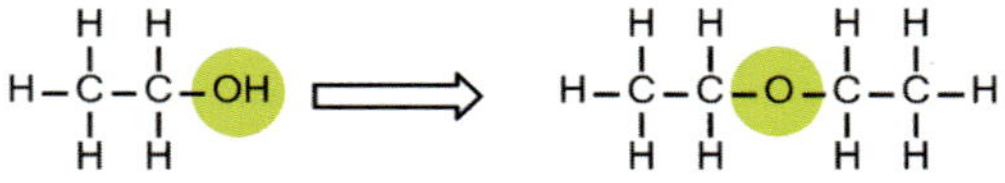

◨ **Tab. 10.7** Beispiele von Alkoholen und Ethern

Name	(Halb-)Summenformel
Methanol	CH_3OH
Ethanol	$CH_3–CH_2OH$
n-Butanol	$CH_3–CH_2–CH_2–CH_2OH$
sek-Butanol	$CH_3–CH_2–CHOH–CH_3$
tert-Butanol	$CH_3–C(CH_3)_2OH$
Phenol	Ph–OH
Propantriol, Glycerin	$CH_2OH–CHOH–CH_2OH$
Dimethylether	$CH_3–O–CH_3$
Methoxybenzol (Anisol)	Ph–O–CH_3

Eigenschaften

Um die Eigenschaften der Alkohole und Ether besser verstehen zu können, soll zunächst die Analogie zum Wassermolekül deutlich gemacht werden: Alkohole sind letztlich nichts anderes als einfach substituierte, Ether zweifach substituierte Wassermoleküle.

Dabei bleibt der gewinkelte Bau des Wassermoleküls ebenso wie die Ladungsverteilung erhalten, da Sauerstoff (EN O: 3,5) gegenüber Kohlenstoff (EN C: 2,5) in etwa so viel elektronegativer ist wie gegenüber Wasserstoff (EN H: 2,2) (◘ Abb. 10.43).

Siedepunkte Alkohole sind wie Wasser in der Lage, **Wasserstoffbrückenbindungen** (»H-Brücken«; ▶ Abschn. 8.2.4) zwischen den einzelnen Molekülen auszubilden (◘ Abb. 10.44). Dadurch besitzen sie deutlich höhere Siedepunkte als die Kohlenwasserstoffe ähnlicher Molmasse. Denn es muss zusätzliche Energie aufgewendet werden, um diese intermolekularen Bindungen zu lösen. Ether können keine H-Brücken ausbilden und ihre Siedepunkte liegen deshalb im Bereich der entsprechenden Kohlenwasserstoffe.

Wasserlöslichkeit Die niederen Alkohole (mit bis zu drei C-Atomen) sind aufgrund der polaren Hydroxygruppe gut wasserlöslich. Bei längerkettigen Alkoholen verschwindet zunehmend die hydrophile (wasserliebende) Eigenschaft der funktionellen Gruppe und die unpolare und damit hydrophobe Kohlenwasserstoffkette tritt diesbezüglich in den Vordergrund. **Deshalb nimmt die Wasserlöslichkeit der Alkohole mit steigender Anzahl an Kohlenstoffatomen rasch ab.**

Ether sind bis auf Ausnahmen (z. B. der Dimethylether) **nicht wasserlöslich**, da sie keine Wasserstoffbrücken mit Wasser ausbilden können.

Säure-Base-Verhalten Wie Wasser sind auch Alkohole **amphotere Teilchen**: Sie können Protonen aufnehmen oder abgeben und somit sowohl als Base als auch als Säure fungieren, wenn auch nur als sehr schwache (pK_s von Methanol: 15,5). Anders sieht es hier bei den aromatischen Alkoholen aus. Betrachtet man z. B. das Phenol, so stellt man fest, dass es über Mesomerieeffekte in der Lage ist, das entstehende Phenolat-Ion zu stabilisieren (◘ Abb. 10.45). Dadurch wird die Abspaltung des Protons einfacher und die Azidität steigt (pK_s von Phenol: 10).

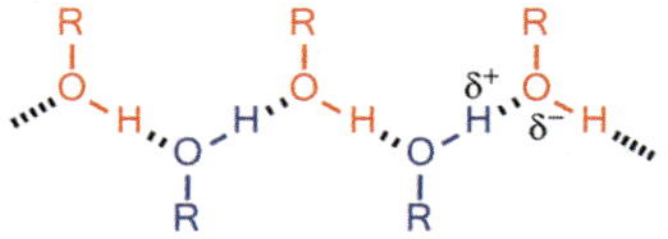

Alkohole:
einfach substituierte Wassermoleküle;
Ether:
zweifach substituierte Wassermoleküle.

Alkohole haben höhere, Ether dagegen niedrigere Siedepunkte als Kohlenwasserstoffe ähnlicher Molmasse.

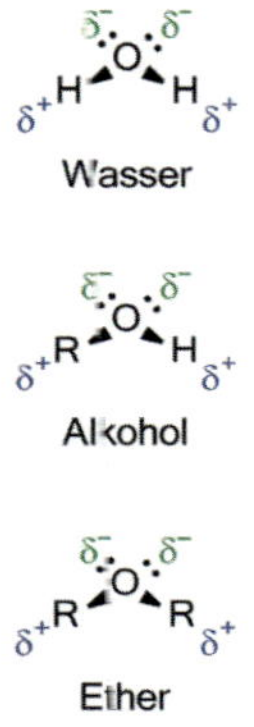

◘ **Abb. 10.43** Durch die Verteilung der Elektronegativitäten bleibt der gewinkelte Bau des Wassermoleküls auch im Alkohol und Ether erhalten

◘ **Abb. 10.44** Wasserstoffbrückenbindungen bei den Alkoholen

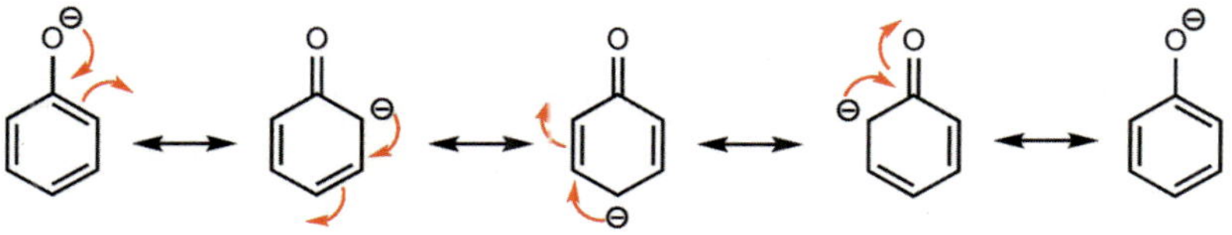

◘ **Abb. 10.45** Mesomerie des Phenolat-Anions

Mesomerie (▶ Abschn. 8.2.4) ist die Fähigkeit, Ladung innerhalb eines Moleküls über mehrere Atome zu verteilen, wodurch die Ladung jedes einzelnen Atoms entsprechend kleiner wird.

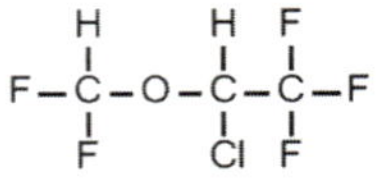

Isofluran

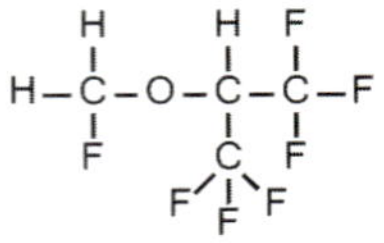

Sevofluran

Abb. 10.46 Inhalationsnarkotika Isofluran und Sevofluran

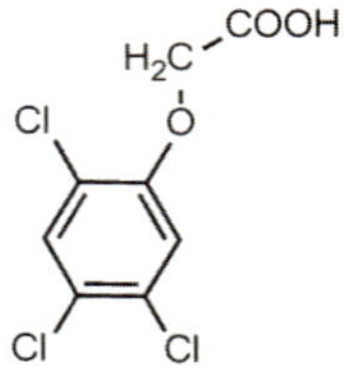

»Agent Orange«

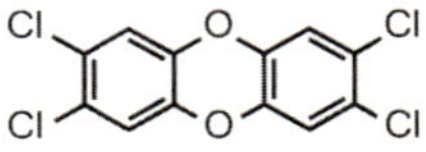

»Dioxin«

Abb. 10.47 »Agent Orange« (Komponente 2,4,5-Trichlorphenoxyessigsäure, kurz »2,4,5-T«) und »Dioxin« (TCDD = 2,3,7,8-Tetrachlordibenzodioxin)

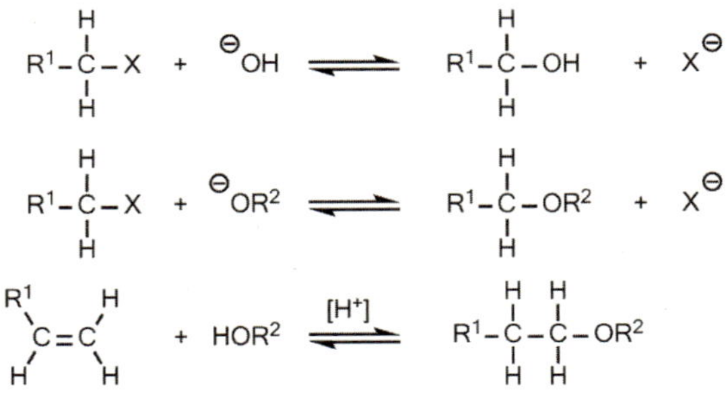

Abb. 10.48 Bildung von Alkoholen und Ethern aus Alkylhalogeniden und Alkenen (zu den Bezeichnungen X, R^1 und R^2 vgl. **Abb. 10.11**)

Alkylhalogenid und OH^- → Alkohol; Substitution mit anderem Alkohol → Ether.

Nucleophile Substitution: Alkohol plus starke Säure plus Nucleophil

Aus Alkoholen lassen sich symmetrische Ether, Alkene und Aldehyde oder Ketone herstellen (Ketone nicht aus tertiären Alkoholen).

Mehrfach halogenierte Ether zeichnen sich durch vielfältige Verwendungsmöglichkeiten aus. So gehören die meisten modernen Inhalationsnarkotika (Isofluran, Sevofluran, ◨ Abb. 10.46) dieser Verbindungsklasse an. Werden sie der Atemluft des Patienten in bestimmten Konzentrationen zugefügt, halten sie die narkotische und muskelentspannende Wirkung der intravenös verabreichten Narkosemedikamente aufrecht.

Darüber hinaus gelangten einige **aromatische Ether** durch ihre Giftigkeit zu trauriger Berühmtheit. So setzte die US-Armee im Vietnamkrieg z. B. »Agent Orange« (◨ Abb. 10.47 *oben* zeigt eine der beiden darin enthaltenen Verbindungen) großflächig als Entlaubungsmittel und zur Ernteverrichtung ein, mit verheerenden Folgen für die exponierten Menschen, aber dazu später mehr (▶ Abschn. 10.3). Auch das hochgiftige Dioxin (◨ Abb. 10.47 *unten*) kann zu den aromatischen Ethern gezählt werden.

Herstellung von Alkoholen und Ethern

Um Alkohole und Ether herzustellen, kann man die schon besprochenen Alkylhalogenide als Ausgangsprodukte verwenden (◨ Abb. 10.48). Versetzt man ein Alkylhalogenid mit einer Lauge, so erhält man einen Alkohol. Die ablaufende Reaktion ist eine nucleophile Substitution (◨ Abb. 10.36).

Substituiert man mit einem anderen Alkohol, führt das zu einem Ether. Hierbei können **unsymmetrische Ether** hergestellt werden: Bei diesen hängen am Sauerstoffatom zwei unterschiedliche organische Reste.

Weiterhin kann man zur großtechnischen Herstellung von Alkohol säurekatalysiert Wasser an die Doppelbindung eines Alkens addieren. Diese wichtige Reaktion läuft sehr ähnlich wie die schon besprochene Addition von Brom ab und soll hier deshalb nur kurz erwähnt werden.

Reaktionen von Alkoholen und Ethern

Wie schon ausgeführt, sind Alkohole schwache Basen. Versetzt man sie mit einer starken Säure, können sie Protonen aufnehmen. In Gegenwart eines Nucleophils (z. B. eines Halogenids) kann nun wieder die altbekannte nucleophile Substitution ablaufen, wobei Wasser als Abgangsgruppe austritt (◨ Abb. 10.49).

Lässt man den Alkohol selbst als Nucleophil reagieren, kann man auf diese Weise Ether herstellen. Allerdings entstehen so nur **symmetrische Ether** (s. o.).

Wenn man Alkohole in die Nähe stark wasserliebender Substanzen (wie konzentrierter Schwefelsäure) bringt, läuft eine **Dehydratisierung** ab; es wird Wasser entzogen und ein **Alken** entsteht. Diese Eliminierung ist die Umkehrung der in ▶ Abschn. 10.1.3 beschriebenen Additionsreaktion.

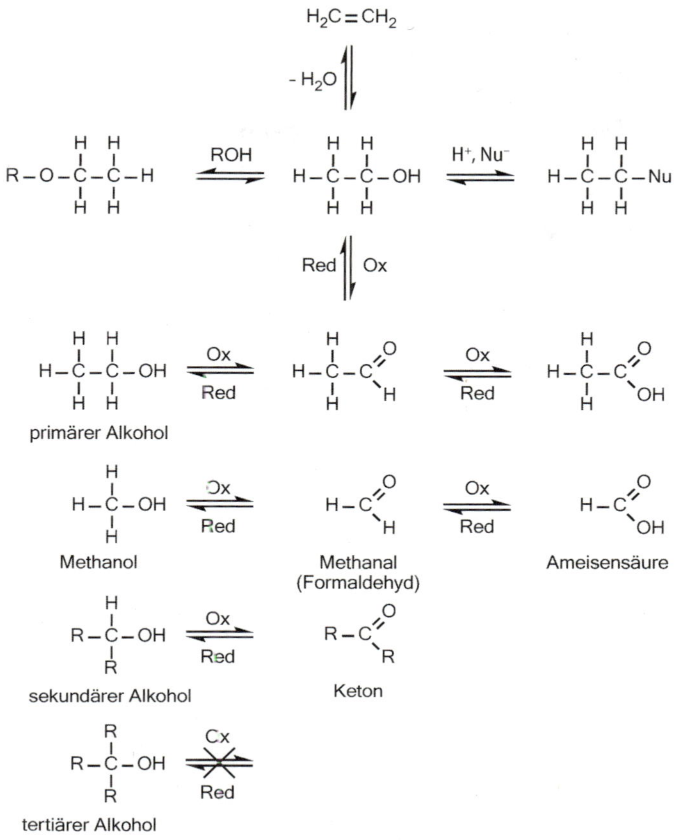

Abb. 10.49 Reaktionen der Alkohole (Übersicht)

primärer Alkohol

Methanol

Methanal (Formaldehyd)

Ameisensäure

sekundärer Alkohol

Keton

tertiärer Alkohol

In Gegenwart von geeigneten Oxidationsmitteln reagieren primäre und sekundäre Alkohole zu Aldehyden oder Ketonen, die in einem nachfolgenden Abschnitt näher untersucht werden. Tertiäre Alkohole reagieren nicht auf diese Weise.

Carbonylgruppe

Bisher haben wir nur Substanzklassen betrachtet, in denen der Sauerstoff Einfachbindungen eingeht. Nun wollen wir uns den Stoffen zuwenden, die als charakteristische funktionelle Gruppe eine **Kohlenstoff-Sauerstoff-Doppelbindung** aufweisen. Die Eigenschaften dieser **Carbonylgruppe** werden zunächst näher beleuchtet.

Das Kohlenstoffatom der Carbonylgruppe befindet sich in **sp²-Hybridisierung**, wodurch die gesamte Gruppe planar gebaut ist. Die Bindungswinkel betragen dabei 120° (☐ Abb. 10.50). Weiterhin besteht bekanntlich ein großer Elektronegativitätsunterschied zwischen Sauerstoff (EN O: 3,5) und Kohlen-

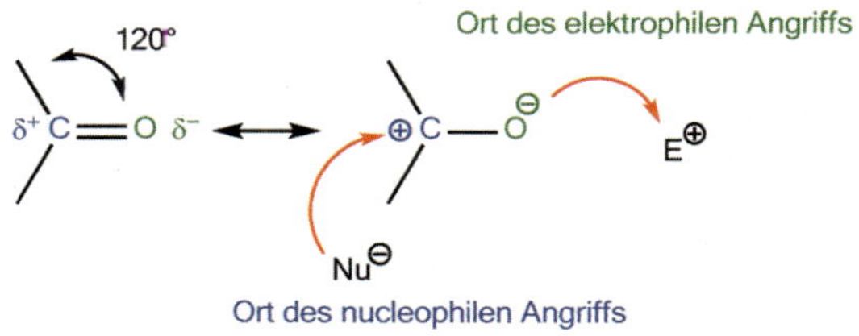

Carbonylgruppe: Kohlenstoff-Sauerstoff-Doppelbindung

Abb. 10.50 Geometrie und Reaktivität der Carbonylgruppe

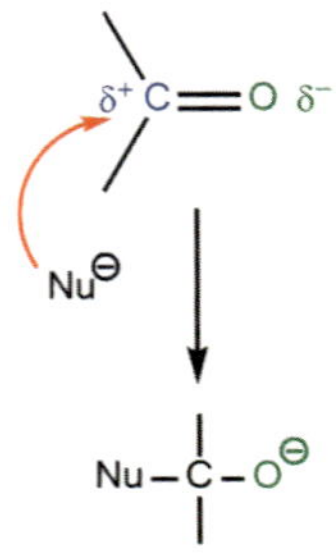

Abb. 10.51 »Aufrichten« der Carbonyl-gruppe

stoff (EN C: 2,5), der eine negative Teilladung am Sauerstoff sowie eine positive Teilladung am Kohlenstoff bedingt. **Damit vermag die Carbonylgruppe als Angriffsort für nucleophile und elektrophile Reagenzien zu dienen.**

Entsprechend können nucleophile Teilchen unter Ausbildung einer neuen Einfachbindung am Kohlenstoff angreifen. Die C=O-Doppelbindung wird dabei aufgehoben; der Sauerstoff »zieht« förmlich ein Elektronenpaar aus der ehemaligen Bindung zu sich. Man sagt, die Carbonylgruppe wird aufgerichtet (■ Abb. 10.51). **Diese nucleophile Addition stellt eine zentrale Reaktionsweise aller Carbonylverbindungen dar.**

Weiterhin ist der elektronenziehende Effekt des Sauerstoffs so stark, dass er sich auch auf die dem Carbonyl-Kohlenstoff benachbarten Kohlenstoffatome und deren Bindungen auswirkt. Die direkten Nachbarn des Carbonyl-C bezeichnet man als α-C-Atome, die übernächsten als β-C-Atome und so weiter (■ Abb. 10.52).

Für die Carbonylgruppe ist die Keto-Enol-Tautomerie typisch.

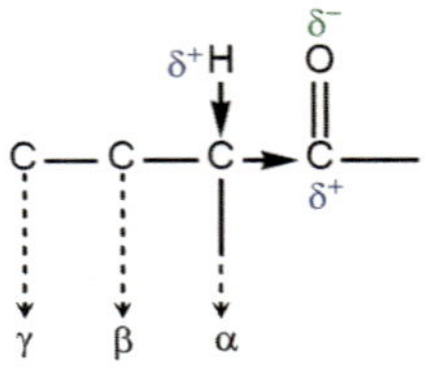

Abb. 10.52 Bindungspolarisation in Carbonylverbindungen

Hängt an einem solchen α-C-Atom ein Wasserstoff (α-ständiges H), dann wird durch den Einfluss des Sauerstoffs diese C–H-Bindung so weit geschwächt, dass der Wasserstoff relativ leicht abgespalten werden kann. Damit wird eine wichtige Eigenschaft der Carbonylgruppe verständlich: die sog. Keto-Enol-Tautomerie. **Mit der Keto-Enol-Tautomerie ist die dynamische Umlagerung eines α-ständigen H-Atoms ans Carbonyl-O gemeint.** Dabei »klappt« die C–H-Bindung ins Molekül hinein und die Doppelbindung wird aufgerichtet (■ Abb. 10.53).

Keto- und Enolform (»Enol-« deshalb, weil Doppelbindung »-en« und alkoholische Hydroxygruppe »-ol« in direkter Nachbarschaft vorkommen) sind **Konstitutionsisomere** (▸ Abschn. 10.1.5), die in einem echten chemischen Gleichgewicht zueinander stehen. Normalerweise stellt die Ketoform die energetisch günstigere Form dar und überwiegt deshalb im Gleichgewicht. Gelingt es allerdings, die ungünstigere Enolform auf anderen Wegen (z. B. über Mesomerieeffekte) zu stabilisieren, nimmt ihr Anteil zu.

Abb. 10.53 Keto-Enol-Tautomerie

Keto-Form   Enol-Form

Keto- und Enolform stehen miteinander in einem echten chemischen Gleichgewicht.

Durch die geschwächte C–H-Bindung ist ein solches Teilchen aber auch in der Lage, eine gewöhnliche **Säure-Base-Reaktion** einzugehen. Dabei gibt es den α-ständigen Wasserstoff als Proton ab, ein Carbanion bleibt als konjugierte Base zurück. Dieses Carbanion steht in Analogie zur Keto-Enol-Tautomerie im Gleichgewicht mit einer Enolat-Form und wird dadurch weiter stabilisiert (■ Abb. 10.54). **Alles in allem hat sich also die Azidität der C–H-Bindung durch den Einfluss der Carbonylgruppe erhöht.**

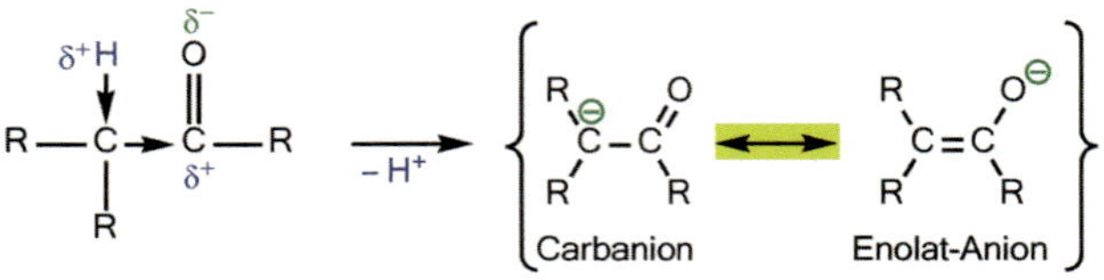

Abb. 10.54 CH-Azidität bei Carbonylverbindungen

Carbanion   Enolat-Anion

Aldehyde und Ketone

Aldehyde und Ketone weisen die Carbonylgruppe als funktionelle Gruppe auf, können aber darüber hinaus die unterschiedlichsten aliphatischen oder

Tab. 10.8 Beispiele für Aldehyde und Ketone

Name	Struktur
Formaldehyd, Methanal	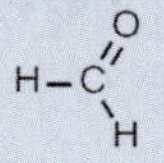
Acetaldehyd, Ethanal	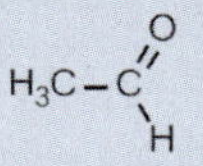
Benzaldehyd	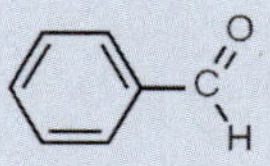
Aceton	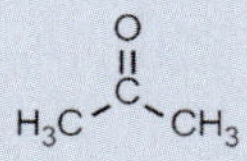
Cyclohexanon	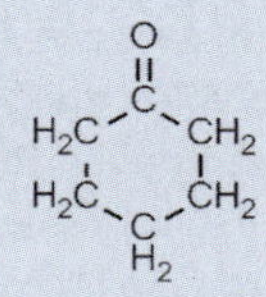
Vanilin	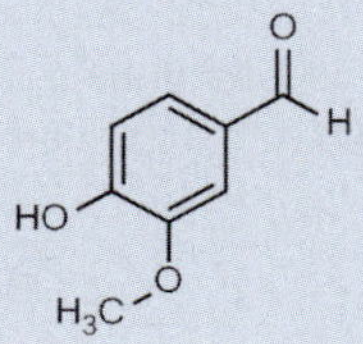

Abb. 10.55 Aldehyd und Keton

aromatischen Reste tragen (■ Abb. 10.55). ■ Tab. 10.8 zeigt eine Auswahl mit Beispielen.

Eigenschaften Niedere Aldehyde und Ketone sind aufgrund der Polarität der C=O-Doppelbindung wasserlöslich, bei größeren organischen Resten nimmt die Wasserlöslichkeit wie üblich ab. Da sie keine Wasserstoffbrücken ausbilden können, sieden Aldehyde und Ketone bei niedrigerer Temperatur als vergleichbare Alkohole.

Herstellung von Aldehyden und Ketonen Wie schon besprochen, erhält man Aldehyde durch milde Oxidation primärer, Ketone durch die Oxidation sekundärer Alkohole. Diese Reaktionen sind umkehrbar.

Reaktionen von Aldehyden und Ketonen

Während Ketone unter normalen Umständen nicht weiter oxidierbar sind, lassen sich Aldehyde leicht zu Carbonsäuren oxidieren (▶ nächster Abschnitt) (■ Abb. 10.56).

Spezielle Oxidationsmittel und damit Nachweisreagenzien für Aldehyde sind die **Fehling-Lösung** ([Cu(tartrat)$_2$]$^{2-}$) und das **Tollens-Reagenz** ([Ag(NH$_3$)$_2$]$^+$). Im ersten Fall entsteht schwer lösliches, rotbraunes Kupfer(I)-oxid (Cu$_2$O), im zweiten Fall elementares Silber (Ag). ■ Tab. 10.9 zeigt die Zusammensetzung der Reagenzien:

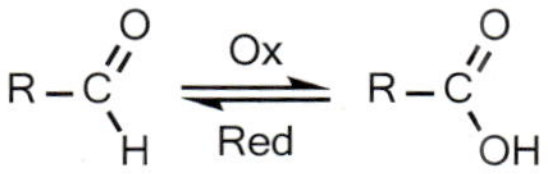

Niedere Aldehyde und Ketone sind wasserlöslich, mit größer werdendem organischen Rest werden sie weniger wasserlöslich. Die Siedepunkte liegen niedriger als bei vergleichbaren Alkoholen.

Abb. 10.56 Carbonsäuren als Oxidationsprodukte von Aldehyden

Chemie

⬛ Tab. 10.9 Zusammensetzung der Reagenzien zum Aldehydnachweis	
Reagens	**Zusammensetzung**
Fehling	Fehling I: 7 g Kupfersulfat + 100 ml Wasser Fehling II: 35 g Natriumkaliumtartrat + 10 g Natriumhydroxid + 100 ml Wasser
Tollens	Silbernitrat + konzentrierter Ammoniak

Sowohl Aldehyde als auch Ketone reagieren mit Nucleophilen nach dem Mechanismus der nucleophilen Addition, der weiter oben im Zusammenhang der Carbonylgruppe im Allgemeinen besprochen wurde.

Addition von Nucleophilen
Addiert man Wasser an das Carbonyl-C-Atom, so entsteht ein **Hydrat** (⬛ Abb. 10.57 *links*).

Addition von Alkoholen führt im 1. Schritt zur Ausbildung eines **Halbacetals**. Dieses kann leicht mit einem weiteren Teilchen Alkohol unter Freisetzung eines Wassermoleküls zu einem **Vollacetal** weiterreagieren.

Amine sind Derivate des Ammoniaks und werden in ▶ Abschn. 10.2.5 ausführlich besprochen. Für das Verständnis der Reaktion ist nur wichtig, dass ein Stickstoffatom mit freiem Elektronenpaar ein Nucleophil darstellt. Im 1. Schritt reagiert das Amin (R'-NH_2) am Carbonyl-C-Atom analog zu den anderen Nucleophilen zum instabilen **Halbaminal**, das durch Eliminierung von Wasser zum **Imin** weiterreagiert (⬛ Abb. 10.57 *unten*).

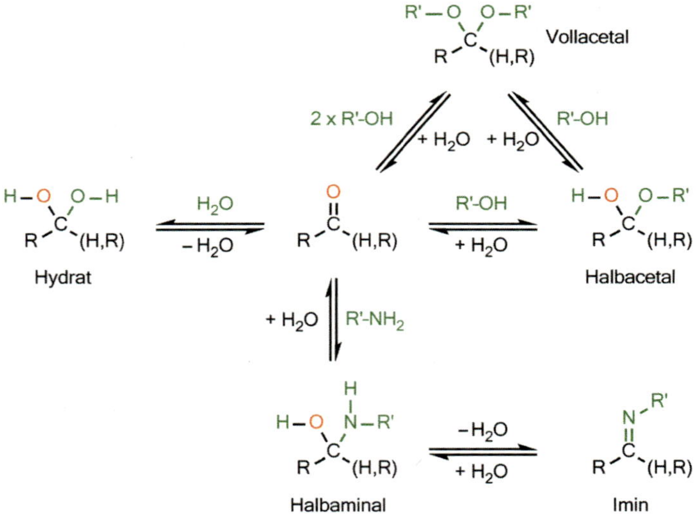

Carbonyl-C-Atom:
– Addition von Wasser → Hydrat;
– Addition von Alkohol → Halbacetal;
– Halbacetal + Alkohol → Vollacetal.

⬛ **Abb. 10.57** Reaktion der Aldehyde und Ketone mit Alkoholen und primären Aminen

Je nachdem, welchen organischen Rest R' das Amin hat, können so verschiedene biologisch bedeutende Reaktionsprodukte entstehen (⬛ Abb. 10.58), die für den Moment allerdings noch nicht interessieren.

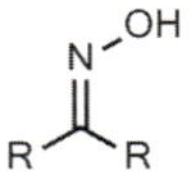

Aldolreaktion und Aldolkondensation
Die Wichtigkeit der Aldolreaktion beruht darauf, dass durch sie neue C–C-Bindungen geschaffen werden und sich dadurch längere Kohlenstoffketten aufbauen lassen. Man kann sie getrost als eine der zentralen Reaktionen der Biochemie bezeichnen. Letztlich reagieren dabei zwei (gleiche oder verschie-

Oxim

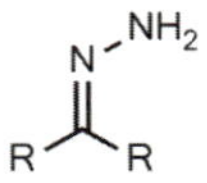

Hydrazon

⬛ **Abb. 10.58** Derivate mit C=N-Doppelbindung

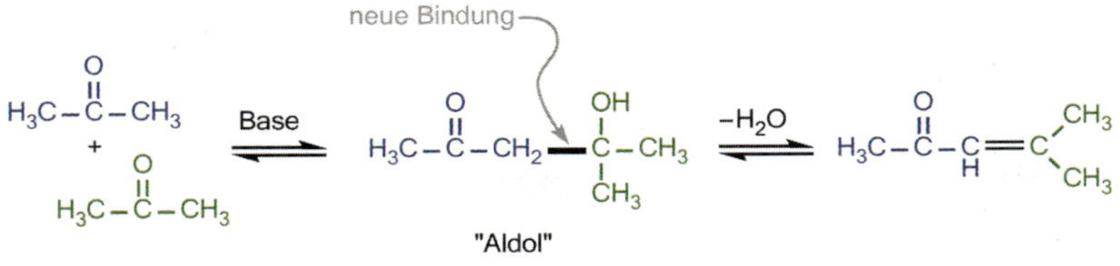

■ Abb. 10.59 Alcolreaktion

dene) Carbonylverbindungen in Gegenwart einer starken Base. Hier wollen wir uns auf die Bruttoreaktionsgleichung für Aceton als Beispiel beschränken (■ Abb. 10.59); der nicht ganz einfache Mechanismus der Reaktion wird in ▶ Abschn. 10.3.3 erklärt.

Aldolreaktion: zentrale Reaktion in der Biochemie.

Carbonsäuren

Die funktionelle Gruppe der Carbonsäure ist die Carboxygruppe –COOH
(veraltet: Carboxylgruppe). Der Name setzt sich zusammen aus Carbonyl- und Hydroxygruppe.

Wie zu erwarten, kann die Carboxygruppe die unterschiedlichsten organischen Reste tragen. Um die C-Atome des Rests bezeichnen zu können, werden sie, angefangen mit dem Carboxy-C, durchgezählt bzw. mit griechischen Buchstaben bezeichnet. Dabei erhält das 1. Kohlenstoffatom in Nachbarschaft der Carboxygruppe ein α, das 2. ein β und so weiter (■ Abb. 10.60). Trägt ein Molekül mehr als eine Carboxygruppe, spricht man von mehrwertigen Carbonsäuren oder Polycarbonsäuren. ■ Tab. 10.10 zeigt eine kleine Auswahl von Polycarbonsäuren.

Molekül mit > 1 Carboxygruppe: mehrwertige bzw. Polycarbonsäure.

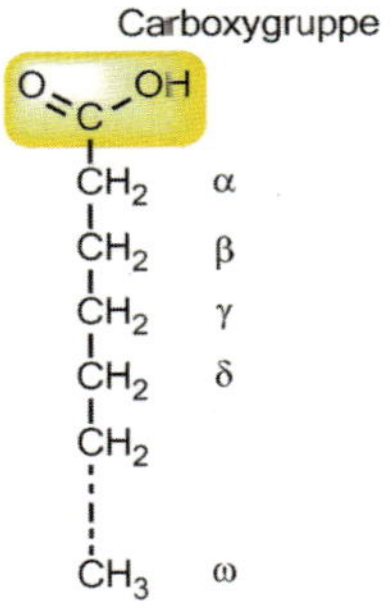

■ Abb. 10.60 Carbonsäuren

■ Tab. 10.10 Beispiele für Carbonsäuren

Name	Struktur
Ameisensäure	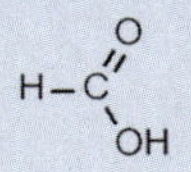
Essigsäure	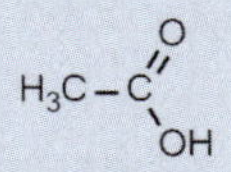
Benzoesäure	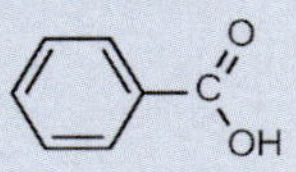
Oxalsäure	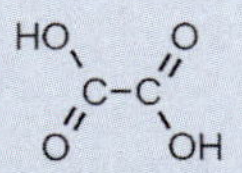
Phthalsäure	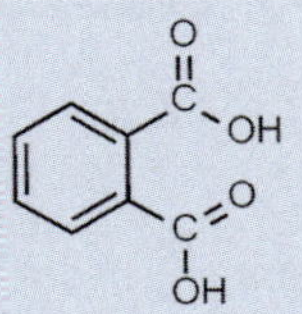
Citronensäure	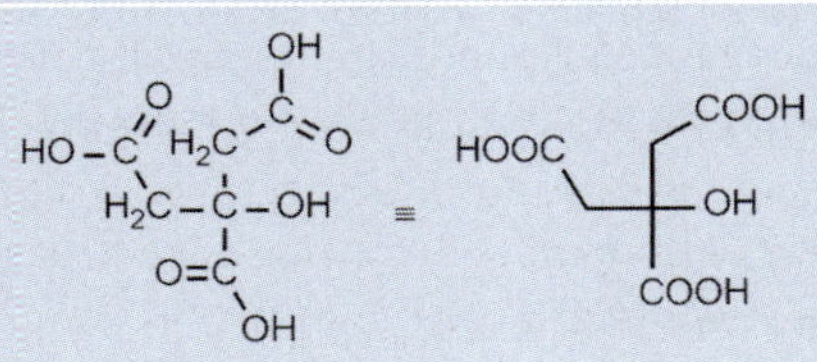

Carbonsäuren:

– Niedere C. sind gut wasserlöslich; mit größer werdendem organischen Rest sind sie eher hydrophob.

– Die Siedepunkte liegen relativ hoch.

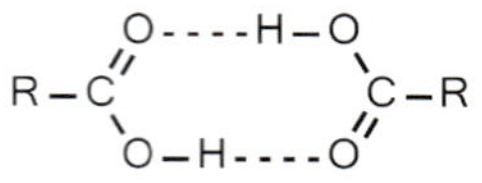

■ **Abb. 10.61** Carbonsäuredimer

Carbonsäuren besitzen eine hohe Azidität.

■ **Abb. 10.62** Säure-Base-Reaktion organischer Säuren

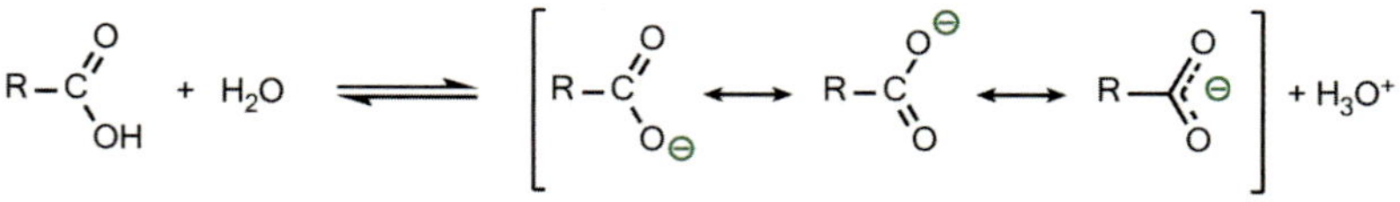

Substituenten an Rest R:

– Elektronenakzeptor → Säurestärke ↑;

– Elektronendonator → Säurestärke ↓.

Eigenschaften

Wie in der Carbonylgruppe ist auch hier der **Kohlenstoff sp²-hybridisiert**, die Carboxygruppe als Ganzes damit planar. Bedingt durch die Elektronegativitätsunterschiede entsteht eine starke positive Teilladung am Kohlenstoff sowie jeweils zwei negative Teilladungen an den Sauerstoffatomen. Durch die Polarität dieser Gruppe und die Möglichkeit, H-Brücken auszubilden, sind niedere Carbonsäuren gut **wasserlöslich**. Werden die organischen Reste allerdings größer, bestimmen sie mit ihren hydrophoben Eigenschaften die Wasserlöslichkeit.

Die **vergleichsweise hohen Siedepunkte** vor allem der niederen Carbonsäuren lassen sich damit erklären, dass sich jeweils zwei Säuremoleküle über Wasserstoffbrücken zu Dimeren zusammenlagern (■ Abb. 10.61).

Die wichtigste Eigenschaft der Carbonsäuren ist jedoch ihre Azidität. In wässriger Lösung dissoziieren sie zu einem Proton und dem Carboxylat-Ion. Dabei ist ihre relativ hohe Säurestärke dadurch bedingt, dass vom Carboxylat-Ion **zwei mesomere Grenzformeln** existieren. So wird die negative Ladung über einen größeren Teil des Moleküls verteilt und damit stabilisiert (■ Abb. 10.62).

Weiterhin wird die Azidität verschiedener Carbonsäuren vom Rest R und den Substituenten bestimmt, die sich an diesem befinden. Kommen dort Substituenten mit **elektronenziehenden Eigenschaften** (Elektronenakzeptoren, z. B. F, Cl, Br, OH) vor, wird die negative Ladung des Carboxylat-Ions weiter stabilisiert, indem sie förmlich über das ganze Molekül verteilt wird: Die Säurestärke steigt. Das Gegenteil ist bei Elektronendonatoren als Substituenten der Fall (■ Abb. 10.63).

■ **Abb. 10.63** Azidität und induktiver Effekt: *oben:* X = Elektronenakzeptor, z. B. Halogen, COOH, CN; *unten:* Y = Elektronendonor, z. B. Alkyl

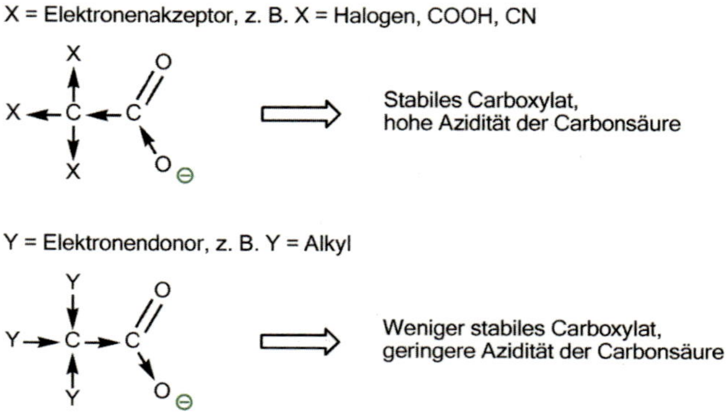

X = Elektronenakzeptor, z. B. X = Halogen, COOH, CN

Stabiles Carboxylat, hohe Azidität der Carbonsäure

Y = Elektronendonor, z. B. Y = Alkyl

Weniger stabiles Carboxylat, geringere Azidität der Carbonsäure

Weiterhin sind natürlich Verbindungen denkbar, die neben der Carboxygruppe noch weitere funktionelle Gruppen tragen, wie z. B. eine α-Aminogruppe. Die resultierenden Aminosäuren besitzen eine äußerst große biologische Bedeutung, daher ist ihrer Chemie der ▶ Abschn. 10.4.3 gewidmet.

Monocarbonsäuren und Mizellenbildung
Die Salze langkettiger Monocarbonsäuren (z.B. Natriumstearat, $C_{17}H_{35}COO^-Na^+$) zeigen ein ganz besonderes Lösungsverhalten in Wasser. Trotz des großen organischen Rests mit dessen stark lipophilen (fettliebenden) Eigenschaften lösen sich diese Verbindungen auf. Grund dafür ist der stark polare und damit hydrophile Carboxylat-Rest. Man beobachtet, dass sich dabei jeweils mehrere dieser Moleküle so anordnen, dass ihre wasserliebenden Reste nach außen zeigen und vom Lösungsmittel umgeben werden, während sich die lipophilen Ketten nach innen in einen wasserfreien Raum erstrecken. Diese Strukturen werden Mizellen genannt. Kommt jetzt eine solche Lösung mit Fetten in Kontakt, werden diese im Inneren einer solchen Mizelle eingeschlossen (◨ Abb. 10.64) und vom umgebenden Wasser fortgespült. Aufgrund dieser Eigenschaften finden diese Salze seit jeher als Seifen und Waschmittel Verwendung.

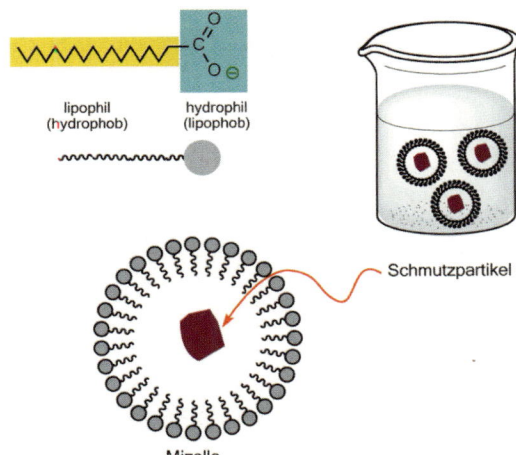

◨ **Abb. 10.64** Mizelle und Reinigungswirkung

lipophil
(hydrophob)

hydrophil
(lipophob)

Schmutzpartikel

Mizelle

Reaktionen der Carbonsäuren

Carbonsäuren reagieren mit Alkoholen unter Abspaltung von Wasser zu Estern. Die Gesamtreaktion wird Veresterung genannt (◨ Abb. 10.65).

Veresterung:
Reaktion von Carbonsäuren mit Alkohol zu Estern.

◨ **Abb. 10.65** Veresterung

H_3C-C (O, OH) + HO$-CH_2-CH_3$ ⇌ H_3C-C (O, O$-CH_2-CH_3$) + H_2O

Essigsäure   Ethanol   Essigsäureethylester

Carbonsäure + Alkohol ⇌ Ester + Wasser

$(CH_2)_{n-5}$ ... OH / OH ⇌ Lacton = zyklischer Ester

Carbonsäure + Alkohol ⇌ Ester + Wasser.

Die Veresterung gilt auch für den Fall, dass eine längerkettige Verbindung sowohl eine alkoholische als auch eine Säurefunktion besitzt. Diese Verbindungen können dann einen intramolekularen (zyklischen) Ester ausbilden, der **Lacton** genannt wird.

$$K = \frac{[\text{Ester}][\text{Wasser}]}{[\text{Säure}][\text{Alkohol}]}.$$

Bei der Veresterung handelt es sich um eine Gleichgewichtsreaktion, deren Gleichgewichtslage sich nur langsam einstellt. Säuert man das Reaktionsgemisch etwas an, so läuft die Reaktion sehr viel schneller bis zu diesem Punkt ab. Die Säure wird dabei nicht verbraucht: Es handelt sich um eine säurekatalysierte Reaktion (Mechanismus: ▶ Abschn. 10.3.3).

Esterspaltung durch saure oder basische Esterhydrolyse.

Die **Spaltung eines Esters** kann auf zwei verschiedenen Wegen erfolgen (◻ Abb. 10.66):

▬ **Saure Esterhydrolyse:** Sie stellt die Rückreaktion zur säurekatalysierten Veresterung dar und läuft ebenfalls bis zur Einstellung des Gleichgewichts ab.

▬ **Basische Esterhydrolyse oder Verseifung:** Sie führt zur quantitativen, also vollständigen Spaltung eines Esters. Hierbei wird das von der Base stammende Hydroxidion (OH^-) verbraucht, Carbonsäure und Alkoholat-Ion entstehen.

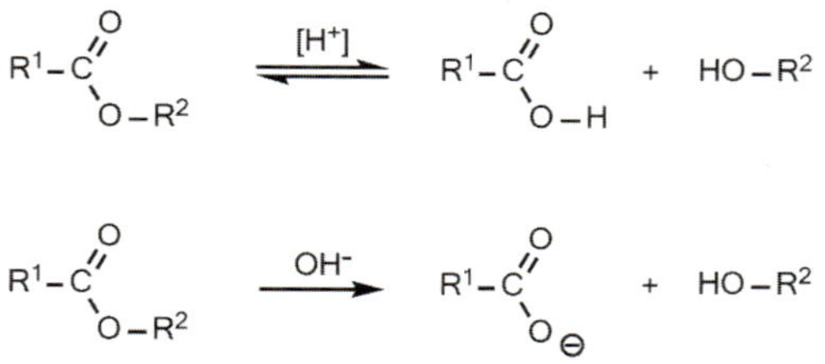

◻ **Abb. 10.66** Saure (*oben*) und basische Esterspaltung (*unten*)

Die Esterkondensation verläuft ähnlich wie die Aldolreaktion.

Die letzte wichtige Reaktion der Ester ist die **Esterkondensation**, die in Gegenwart sehr starker Basen abläuft (◻ Abb. 10.67). Ähnlich wie bei der Aldolreaktion werden auch hier neue C–C-Bindungen geknüpft; es entstehen längerkettige Moleküle, wobei es allerdings nicht zur Abspaltung von Wasser, sondern von Alkoholat-Ionen kommt. Ansonsten folgt die Reaktion etwa dem gleichen Mechanismus wie die Aldolreaktion (◻ Abb. 10.59).

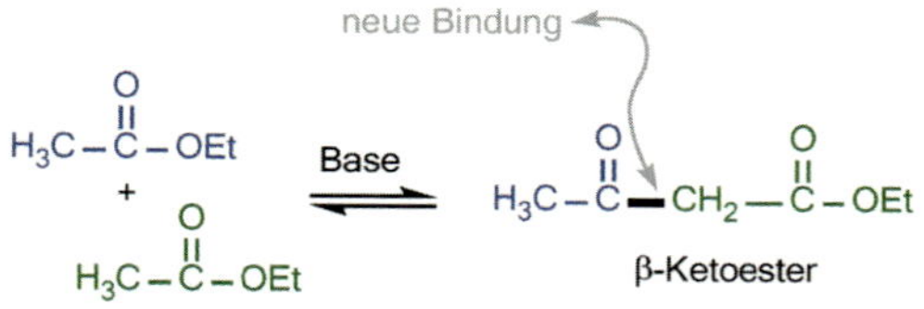

◻ **Abb. 10.67** Esterkondensation

◻ Tab. 10.11 Ester als Duftstoffe	
Name	**Aroma**
Ethansäurepentylester	Banane
Propansäurebutylester	Rum
Butansäuremethylester	Ananas
Butansäurepentylester	Birne

Hätten Sie's gewusst?

Ester als Duft- und Aromastoffe
Die Ester niederer Carbonsäuren mit niederen Alkoholen kommen in der Natur als Aroma- und Duftstoffe vor, sie lassen sich aber auch einfach im Labor herstellen (◘ Tab. 10.11). Darüber hinaus können Alkohole auch mit anorganischen Säuren wie Schwefel- oder Phosphorsäure Ester bilden, die im menschlichen Organismus eine große Rolle spielen. So enthält sowohl der universelle Energieträger ATP (Adenosintriphosphat) als auch die DNA Phosphorsäureesterbindungen.

Carbonsäurederivate

Ersetzt man die Hydroxygruppe der Carbonsäuren durch eine andere polare funktionelle Gruppe, so entstehen Carbonsäurederivate. Diese Substanzen können sich in ihren Eigenschaften sehr von ihren entsprechenden Carbonsäuren unterscheiden. Wir wollen uns dabei nur die wichtigsten Reaktionen der Carbonsäurederivate anschauen, die in ◘ Abb. 10.68 nach ihrer Reaktivität gegenüber Nucleophilen geordnet wurden.

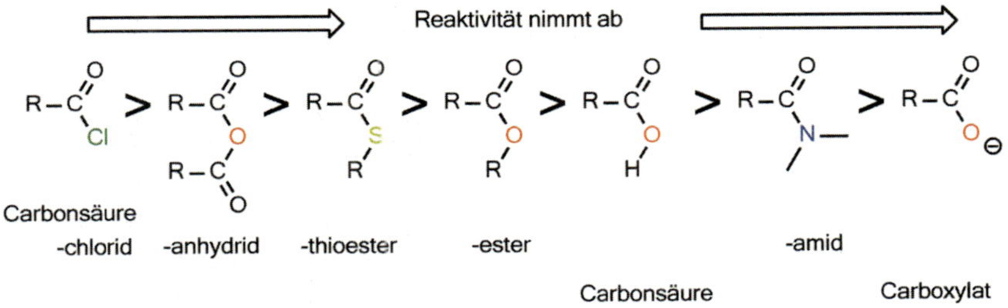

◘ **Abb. 10.68** Reaktivität der Carbonsäurederivate

Reaktionen der Carbonsäurederivate

Die wichtigste Reaktion stellt auch hier wieder die **nucleophile Substitution** dar (◘ Abb. 10.69), die durch Zugabe einer starken Säure katalysiert werden kann.

Wichtigste Reaktion der Carbonsäurederivate: nucleophile Substitution, katalysiert durch eine starke Säure.

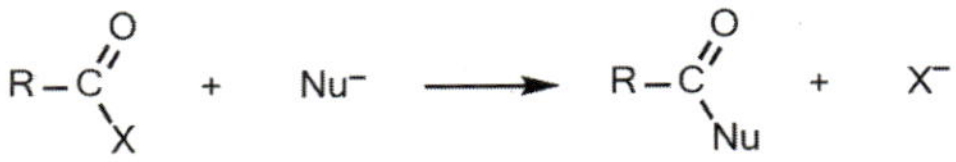

◘ **Abb. 10.69** Nucleophile Substitution an aktivierten Carbonsäurederivaten

Starke Basen hingegen sind, in Analogie zu den Carbonylverbindungen in der Lage, α-ständige H-Atome zu entfernen, wodurch das Carbonsäurederivat selbst zu einem Nucleophil wird, das z. B. mit der Carbonylgruppe von Aldehyden oder Ketonen reagieren kann.

Durch Zugabe einer starken Base zu Carbonsäurederivaten werden diese selbst zu einem Nucleophil.

Eigenschaften bestimmter Carbonsäurederivate

Das Carbonsäurederivat mit der höchsten Reaktivität ist das Carbonsäurechlorid. Um es, ausgehend von der entsprechenden Carbonsäure, herzustellen, kann man die Säure mit einem Chlorierungsmittel wie Thionylchlorid ($SOCl_2$) reagieren lassen. Das so entstandene Chlorid lässt sich nun leicht mit anderen Nucleophilen umsetzen. Daher wird es als Ausgangsprodukt verwendet, um andere Carbonsäurederivate herzustellen (◘ Abb. 10.70).

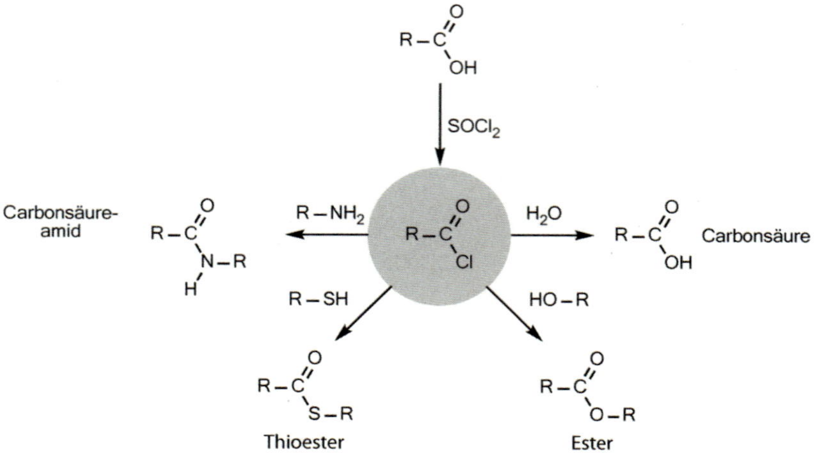

◘ **Abb. 10.70** Carbonsäurechlorid als Ausgangsprodukt zur Herstellung anderer Carbonsäurederivate

Zwei Carbonsäuren reagieren unter Abspaltung von Wasser zu Carbonsäureanhydrid.

◘ **Abb. 10.71** Bildung von Carbonsäureanhydriden

Carbonsäureanhydride entstehen aus zwei (gleichen oder unterschiedlichen) Carbonsäuren unter Abspaltung von Wasser (◘ Abb. 10.71).

Liegen bei längerkettigen Dicarbonsäuren die Carboxygruppen in einem günstigen räumlichen Abstand zueinander, können sich **intramolekulare (zyklische) Anhydride** bilden. Carbonsäureanhydride sind ebenfalls sehr reaktiv gegenüber Nucleophilen. Dabei entstehen nach Ablauf der Reaktion das jeweilige Substitutionsprodukt und das stabile und damit wenig reaktive Carboxylat-Ion.

Carbonsäureamide können (ähnlich wie Ester in ◘ Abb. 10.65 *unten*) in einem zyklischen Molekül auftreten. Von dieser Substanzklasse spricht man dann als **Lactame**.

10.2.4 Verbindungen mit Schwefel

Schwefel ist wie Sauerstoff zweibindig, aber größer und weniger elektronegativ.

Im PSE steht Schwefel in derselben Hauptgruppe wie Sauerstoff. Er ist ebenfalls **zweibindig**, jedoch deutlich größer und weniger elektronegativ (EN S: 2,6). Ersetzt man gedanklich den Sauerstoff in den Alkoholen und Ethern durch Schwefel, so kommt man zu den **Thiolen** und **Thioethern** (◘ Tab. 10.12, ◘ Abb. 10.72). Letztere werden auch als Sulfide bezeichnet, also wie die Salze des Schwefelwasserstoffs.

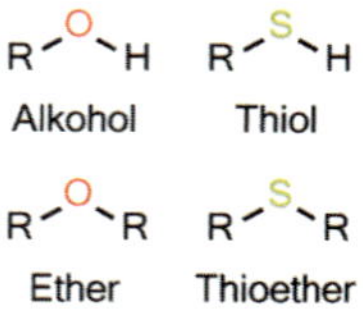

◘ **Abb. 10.72** Thiole und Thioether

◘ **Tab. 10.12** Verbindungen mit Schwefel	
Name	**Struktur**
Methanthiol	H_3C-SH
Ethanthiol	CH_3CH_2-SH
Thiophenol	Ph–SH (C_6H_5–SH)

Eigenschaften Durch den schwächer elektronegativen Schwefel ist die Schwefel-Wasserstoff-Bindung der Thiole gegenüber der Sauerstoff-Wasserstoff-Bindung der Alkohole schwächer polarisiert. Dadurch kommt es weniger zur Ausbildung von Wasserstoffbrückenbindungen und die Siedepunkte der Thiole liegen deutlich unter denen vergleichbarer Alkohole. Allerdings ist die S–H-Bindung azider als die O–H-Bindung; **Thiole bilden deshalb mit Laugen in wässriger Lösung Thiolate**. Die Azidität der S–H-Bindung ist vor allem durch die Größe des Schwefels bedingt: Die auftretende negative Ladung kann hier nämlich auf einen großen Raum verteilt werden, was das Thiolat insgesamt stabilisiert (Abb. 10.73).

Die Siedepunkte der Thiole liegen niedriger als die vergleichbarer Alkohole; S–H-Bindung ist aber azider als die O–H-Bindung.

$$R–S–H \;+\; NaOH \;\longrightarrow\; R–S^{\ominus} \;+\; Na^+ \;+\; H_2O$$

 Abb. 10.73 Bildung von Thiolat aus einem Thiol

Reaktionen der Schwefelverbindungen

Zur Herstellung von Thiolen können als Ausgangsprodukte Alkylhalogenide dienen, die mit Natriumhydrogensulfid (NaHS) umgesetzt werden. Auch hier läuft die schon bekannte nucleophile Substitution ab.

Der Schwefel in den Thiolen und Thioethern ist **leicht oxidierbar**. Abhängig vom eingesetzten Oxidationsmittel erhält man dabei verschiedene Reaktionsprodukte (Abb. 10.74).

Folgende Reaktionen ergeben sich infolge unterschiedlicher Oxidanzien:
- **Thiole:**
  - Verwendet man milde Oxidanzien (Iod), so reagieren zwei Thiole unter Dehydrierung zu einem **Disulfid**.
  - Stärkere Oxidationsmittel ($KMnO_4$, HNO_3, H_2O_2) lassen ein Thiol zur **Sulfonsäure** reagieren.
- **Thioether:**
  - Setzt man bei Thioethern milde Oxidationsmittel ein, nimmt der Schwefel hier ein Sauerstoffatom auf und reagiert zum **Sulfoxid**. Das so herstellbare Dimethylsulfoxid (DMSO) ist ein hervorragendes Lösungsmittel für viele Stoffe.
  - Mit stärkeren Oxidanzien lassen sich Thioether zu **Sulfonen** oxidieren.

Der Schwefel in Thiolen und Thioethern lässt sich leicht oxidieren; je nach Oxidationsmittel entstehen Disulfid oder Sulfonsäure (aus Thiolen) bzw. Sulfoxid und Sulfone (aus Thioethern).

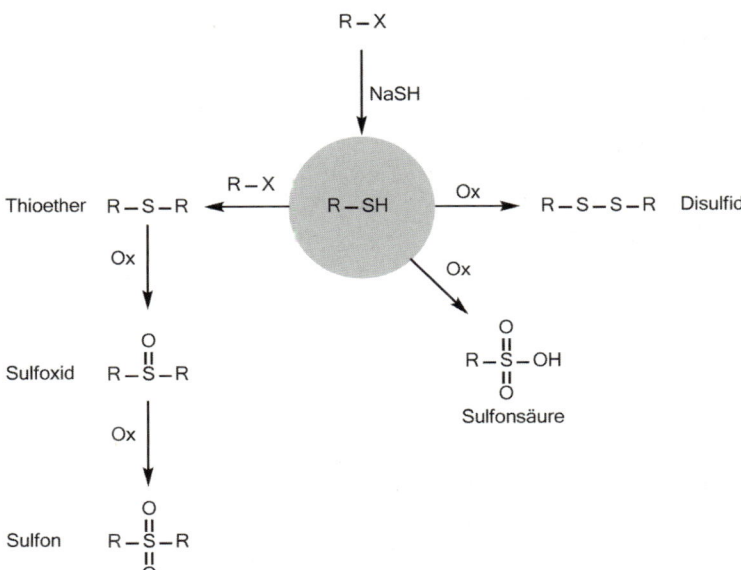

 Abb. 10.74 Reaktionen von Thiolen und Thioethern

DMSO: eine Erfolgsstory?
Das abendliche Jogging endet nicht ganz nach Wunsch: Stolpern und Hinfallen führt zu einem schmerzenden Knöchel. Aber da gibt es bestimmt eine Salbe, die den Schmerz lindert und die Schwellung kleiner werden lässt. Ein Blick auf die Tube zeigt einen komischen Wirkstoff: DMSO. DMSO oder ausgeschrieben Dimethylsulfoxid [H_3C–$S(=O)$–CH_3] ist ein bekanntes Lösungsmittel im organisch-chemischen Labor. Es schmilzt bei 19 °C und siedet bei 189 °C. Entgegen der Erwartung, die die Bezeichnung »organisches Lösungsmittel« auslöst, ist DMSO eigentlich nicht giftig – logisch, sonst wäre es auch nicht in der Salbentube. Aber was macht es da? DMSO wirkt als sog. Transportvermittler, d. h., es transportiert andere Stoffe durch die Haut. Bei Salben macht man sich diese Eigenschaft zunutze, indem DMSO den eigentlichen Wirkstoff (in unserem Fall Heparin) durch die Haut zum Wirkort transportiert.
Eigentlich sollten die Chemiker dann doch nur noch DMSO als Lösungsmittel benutzen. Tja, der Vorteil kann auch – wie immer im Leben – ein Nachteil sein. DMSO transportiert auch Giftstoffe durch die Haut und das will man nun wirklich nicht.

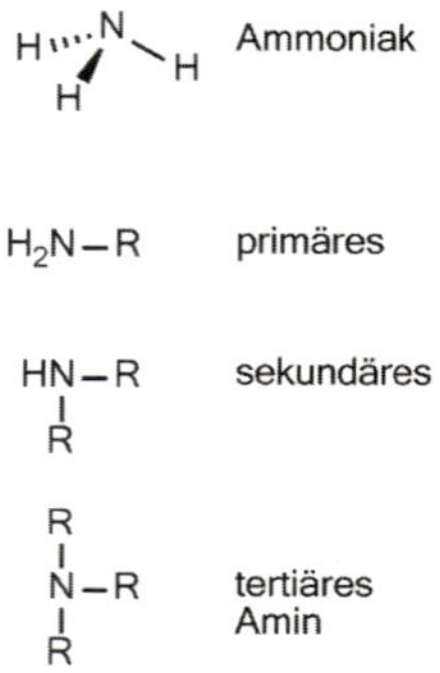

Ammoniak

H₂N–R   primäres

HN–R   sekundäres
 |
 R

 R
 |
 N–R   tertiäres
 | Amin
 R

▫ **Abb. 10.75** Amine

Amine:
organische Verbindungen mit Stickstoff als Heteroatom.

10.2.5 Verbindungen mit Stickstoff

Organische Verbindungen, die Stickstoff als Heteroatom beinhalten, bezeichnet man als Amine. Das den Aminen zugrunde liegende Molekül ist der **Ammoniak.** Ersetzt man nacheinander die Wasserstoffatome mit organischen Resten, erhält man primäre, sekundäre und tertiäre Amine (▫ Abb. 10.75).

Die Nomenklatur der Amine richtet sich im Gegensatz zu den Alkoholen nach dem Substitutionsgrad des Stickstoffs und nicht nach dem des Kohlenstoffs, der die funktionelle Gruppe trägt. (Vgl. primäre, sekundäre und tertiäre Alkohole; ▫ Abb. 10.40)

Eigenschaften

Ähnlich wie die Alkohole sind die Amine in der Lage, H-Brücken auszubilden. Daher sind niedere Amine gut wasserlöslich. Bei größeren organischen Resten bestimmen H-Brücken die Wasserlöslichkeit.

Amine sind gut wasserlöslich; sie reagieren als Basen.

Wie Ammoniak reagieren Amine als Basen: Sie können ein Proton an das freie Elektronenpaar des Stickstoffs anlagern (▫ Abb. 10.76).

▫ **Abb. 10.76** Amine reagieren als Basen: Anlagerung eines Protons an das freie Elektronenpaar des Stickstoffs

Die **Basizität** ist hierbei ganz entscheidend von der **Art der Substituenten abhängig**:

▬ Alkylreste mit ihrem **elektronenschiebenden Effekt (+I-Effekt)** verstärken dabei die negative Ladung am Stickstoff. Dadurch kann sich das Proton leichter anlagern, die Basenstärke nimmt zu.

▬ Amine mit **elektronenziehenden Substituenten** weisen entsprechend eine geringere Basenstärke auf, da die negative Ladung am Stickstoff verkleinert wird.

Reaktionen der Amine

Da Amine durch das freie Elektronenpaar am Stickstoff nucleophile Reagenzien sind, reagieren sie mit Alkylhalogeniden nach dem Mechanismus der nucleophilen Substitution ($\blacksquare$ Abb. 10.77). Ausgehend von einem tertiären Amin entsteht dabei ein quartäres Ammoniumsalz.

Amine reagieren mit Alkylhalogeniden im Sinne einer nucleophilen Substitution.

$\blacksquare$ **Abb. 10.77** Alkylierung von Aminen

quartäres Ammoniumsalz

Versetzt man ein **Amin mit Salzsäure**, kommt es zu einer **Neutralisationsreaktion** ($\blacksquare$ Abb. 10.78). Entfernt man das Wasser, bleibt ein Salz zurück, das als Hydrochlorid des Amins bezeichnet wird. Diese Reaktion ist durch starke Basen umkehrbar.

$\blacksquare$ **Abb. 10.78** Protonierung von Aminen

Hydrochlorid

---

kurz & knapp

— Die wichtigsten Heteroatome sind Fluor (F), Chlor (Cl), Brom (Br), Iod (I), Sauerstoff (O), Schwefel (S), Stickstoff (N).

— Heteroatome bilden funktionelle Gruppen, die jeweils ganz bestimmte Eigenschaften haben.

— Asymmetrische Kohlenstoffatome (C-Atome mit vier verschiedenen Substituenten) können als stereogenes oder Chiralitätszentrum unterschiedliche Konfigurationen haben und damit Enantiomere bilden.

— Enantiomere drehen die Ebene des linear polarisierten Lichts, sie sind optisch aktiv.

— Alkylhalogenide reagieren nach dem Mechanismus der nucleophilen Substitution.

— Vom Wassermolekül leiten sich die Verbindungen der Alkohole und Ether ab.

— Je nach Substitutionsgrad des Kohlenstoffatoms, das die Hydroxygruppe trägt, unterscheidet man primäre, sekundäre und tertiäre Alkohole. Diese können zu anderen Verbindungen oxidiert werden:
  – Methanol → Formaldehyd → Ameisensäure → Kohlensäure,
  – primärer Alkohol → Aldehyd → Carbonsäure,
  – sekundärer Alkohol → Keton,
  – tertiärer Alkohol → keine Oxidation, ohne das Kohlenstoffgerüst abzubauen.

— Die Carbonylgruppe (C=O-Doppelbindung) bietet Angriffsorte für nucleophile und elektrophile Reagenzien. Sie ist in Aldehyden, Ketonen, Carbonsäuren und deren Derivaten enthalten.

— Die nucleophile Addition ist eine der wichtigsten Reaktionen dieser Verbindungen.

— Durch die Aldolreaktion und die Esterkondensation können neue C–C-Bindungen geschaffen und damit längerkettige Moleküle hergestellt werden.

10.2.6 Übungsaufgaben

Aufgabe 1

Aufgabe 1: Die Veresterung und die Esterspaltung sind wichtige Gleichgewichtsreaktionen. Welche Möglichkeiten hat man, um jeweils eine hohe Ausbeute an den gewünschten Reaktionsprodukten zu erhalten?

Lösung 1: Um die Hinreaktion, also die Veresterung, möglichst vollständig ablaufen zu lassen, bietet sich nur an, die Reaktionsprodukte ständig zu entfernen. Nach dem Prinzip des kleinsten Zwangs (▶ Abschn. 8.3.1) werden so weitere Ausgangsprodukte bis zum erneuten Erreichen der Gleichgewichtslage zur Reaktion gebracht. Eine Ansäuerung hat keinen Einfluss auf die Ausbeute. Durch sie wird lediglich der Ablauf der Reaktion beschleunigt, das Gleichgewicht wird sich schneller einstellen.

$$\text{Säure} + \text{Alkohol} \xrightleftharpoons[\text{Esterspaltung}]{\text{Veresterung}} \text{Ester} + \text{Wasser}.$$

Für die Esterspaltung im sauren (oder neutralen) Milieu gilt letztlich das Gleiche. Wiederum empfiehlt es sich, die Produkte (diesmal Carbonsäure und Alkohol) aus dem Reaktionsgemisch zu entfernen. Führt man die Reaktion allerdings im Basischen durch, läuft die Reaktion freiwillig vollständig ab. Hierbei handelt es sich nicht um eine Gleichgewichtsreaktion.

Aufgabe 2

Aufgabe 2: Gegeben sind vier Carbonsäuren (■ Abb. 10.79). Ordnen Sie sie nach der Säurestärke und begründen Sie Ihre Entscheidung.

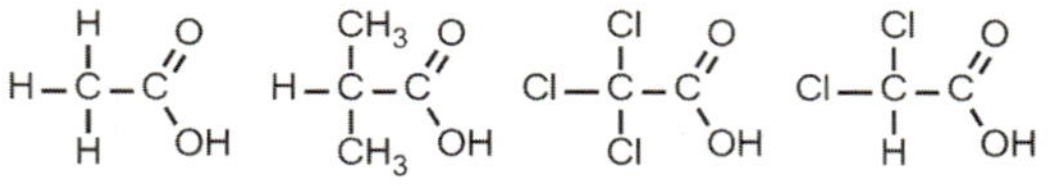

■ **Abb. 10.79** Carbonsäuren

(1)   (2)   (3)   (4)

Lösung 2: Je stabiler ein Carboxylat-Ion ist, desto leichter kann es gebildet werden und desto stärker ist die Carbonsäure, aus der es hervorgeht. Um also ein solches Ion möglichst stabil zu machen, muss seine negative Ladung verkleinert werden. Dies ist durch Substituenten mit elektronenziehenden Eigenschaften (im Beispiel Cl) möglich. Dagegen verstärken Substituenten mit elektronenschiebenden Eigenschaften (z. B. aliphatische Seitenketten) die negative Ladung. Schließlich kommen wir zu folgender Ordnung: **(3) > (4) > (1) > (2)**.

Aufgabe 3

Aufgabe 3: Normalerweise liegt das Gleichgewicht bei der Keto-Enol-Tautomerie fast vollständig auf der Seite der Keto-Form (bei Aceton z. B. zu 99,9999%). Betrachtet man den Acetessigsäureethylester, ist das jedoch nicht der Fall. Woran liegt das?

Lösung 3: Damit im Gleichgewicht ein relativ hoher Anteil an der Enol-Form vorliegt, muss diese auf irgendeine Art stabilisiert werden. In diesem Fall sind maßgeblich zwei Mechanismen dafür verantwortlich (■ Abb. 10.80):

— In dem Molekül kommen zwei Carbonylgruppen vor. Das α-H-Atom, das sich zwischen den beiden befindet, ist also dem Einfluss beider Gruppen ausgesetzt und kann deshalb verhältnismäßig leicht abgespalten werden.

— Wie man sieht, bildet die Enol-Form einen Sechsring. Dieser wird zusätzlich über eine Wasserstoffbrückenbindung aufrecht gehalten und stabilisiert.

■ **Abb. 10.80** Gleichgewicht auf Seiten der Enol-Form beim Acetessigsäureethylester

Alles klar!

Ethanol und seine Wirkung

Verantwortlich für den Rausch beim Alkoholgenuss ist bekannterweise das Ethanol. Er wird zügig über die Magenschleimhaut und den oberen Dünndarm aufgenommen und dann mit dem Blutstrom weiter bis ins Gehirn transportiert. Dort blockiert bzw. enthemmt er nach und nach die Verbindungen zwischen einzelnen Gehirnzellen, was zu den allseits bekannten Folgen wie Euphorie und Selbstüberschätzung führen kann.

Die eigentliche Giftwirkung geht aber nicht vom Ethanol selbst, sondern von seinen Abbauprodukten aus. So wird Ethanol in der Leber erst zu Acetaldehyd und dann zu Essigsäure oxidiert. Das Acetaldehyd ist nun mitverantwortlich für den Kater am nächsten Morgen, aber auch für die Beeinträchtigung oder gar Schädigung einzelner Organe bei zu hohem Alkoholkonsum über längere Zeit. Aber was ist nun zu hoher Konsum? Je nach Quelle ist eine Aufnahme von 20–40 g reinem Alkohol täglich erlaubt. Schließlich besitzt Ethanol, in solchen Maßen genossen, auch die Fähigkeit, das Risiko für bestimmte Krankheiten (Herzinfarkt, Prostatakarzinom etc.) herabzusetzen – zumindest wird das für Rotweingenuss behauptet.

In diesem Zusammenhang hat man vielleicht schon davon gehört, dass Menschen aus asiatischen Ländern weniger Alkohol vertragen. Und tatsächlich stellt man fest, dass es ihnen an einem bestimmten Enzym (der mitochondrialen Acetaldehyd-Dehydrogenase) mangelt, das in der Lage ist, das schädliche Acetaldehyd verhältnismäßig schnell abzubauen. Da bei Asiaten dadurch andere Stoffwechselwege nötig werden, steigt in ihrem Körper die Konzentration an Acetaldehyd entsprechend schneller an, einhergehend mit den beschriebenen Symptomen.

Abgesehen vom Einsatz in der Spirituosenindustrie findet Ethanol aber noch auf vielen anderen Gebieten Verwendung: So ist es ein wichtiges Lösungsmittel in der Arzneimittelherstellung, ein potentes Desinfektionsmittel in Krankenhäusern oder schlicht ein viel gebrauchtes Ausgangsprodukt in der synthetischen Chemie.

10.3 Grundlegende Reaktionstypen und -mechanismen der organischen Chemie

Stefanie Rankl

— Radikal, Nucleophil, Elektrophil
— Elementare Reaktionstypen:
  – Substitution
  – Addition
  – Eliminierung
— Wichtige Reaktionstypen:
  – radikalische Substitution – S_R
  – nucleophile Substitution – S_N1 und S_N2
  – elektrophile Addition
  – Eliminierungen – E1 und E2

— Zusammensetzung von Elementarschritten: komplexere Mechanismen:
  – elektrophile Substitution am Aromaten – S_EAr
  – Veresterung, Verseifung
  – Aldol- und Esterkondensation

Wie jetzt?

Chlorakne und »Agent Orange«

So – in diesem Abschnitt befassen wir uns zunächst mit der Frage »wer oder was« den Zusammenhang darstellt, der zwischen der schmerzhaften und entstellenden Chlorakne und dem im Vietnamkrieg verwendeten Gift »Agent Orange« besteht. Des Weiteren besitzen diese Substanzen große Bedeutung bei vielen innovativen Schritten in der aseptischen Behandlung und sie tragen große Schuld an Fehlbildungen in der Embryogenese. Ganz entscheidend für uns ist schließlich der folgende Punkt: Was soll das Ganze dann auch noch mit unserem Thema zu tun haben?

10.3.1 Von Radikalen, Nucleophilen und Elektrophilen

Heute sind viele Millionen organischer Verbindungen bekannt. Alle diese Moleküle müssen irgendwie in Zellen, Lebewesen oder Laboren hergestellt werden. Das scheint ein unüberschaubares Problem zu sein. Glücklicherweise ist die organische Chemie dann doch nicht ganz so schwierig, wie es auf den ersten Blick scheint. Es gibt darin einige wenige Grundprinzipien, auf die sich (fast) alles zurückführen lässt. Hat man diese verinnerlicht, wird das Leben leichter.

Beginnen wir damit, eine beliebige Verbindung genauer zu betrachten: Zwischen zwei Atomen, X und Y, befindet sich das **bindende Elektronenpaar**, wie immer angedeutet durch einen Strich »–«. Eine chemische Reaktion führt zum Umordnen von bindenden Elektronen, zur Ausbildung von neuen Bindungen zu anderen Partnern etc. Um das aber zu machen, steht am Anfang etwas formal sehr Einfaches: **Die Bindung muss gespalten werden.** Ein bindendes Elektronenpaar kann grundsätzlich auf drei unterschiedliche Arten gespalten werden, einmal **homolytisch** und zweimal **heterolytisch** (◘ Abb. 10.81):

Spaltung bindender Elektronenpaare:
– Homolyse → symmetrisch;
– Heterolyse → unsymmetrisch.

▬ **Homolyse** bedeutet, dass die beiden Elektronen gerecht aufgeteilt werden, X erhält ein Elektron und Y auch. **Es entstehen zwei Teilchen mit je einem ungepaarten Elektron, es ergeben sich sehr reaktive Radikale.**

▬ Bei der **Heterolyse** wird das gemeinsame Elektronenpaar ungerecht geteilt, entweder alles nach rechts oder alles nach links. **Es entsteht jeweils ein Kation und ein Anion.**

◘ **Abb. 10.81** Bindungsspaltungen

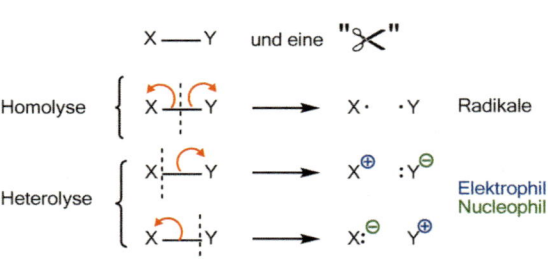

Da das Kation zu wenig Elektronen hat, ist es auf der permanenten Suche, solche zu finden. Ein solches »elektronensuchendes« Teilchen nennt man **Elektrophil**. Das Anion dagegen hat zu viele Elektronen und will diese wieder mit jemanden teilen, der zu wenig hat; als **Nucleophil** ist es auf der Suche nach »Kernen«.

Die einfachste Möglichkeit, beide wieder glücklich zu machen, wäre:

Elektrophil + Nucleophil → neue Bindung.

Genau dieser Prozess ist ein grundlegendes Reaktionsprinzip in der organischen Chemie. **Die meisten biochemischen Reaktionen beruhen auf der Kombination von Elektrophilen mit Nucleophilen, das nennt man polare Reaktion.** Radikale spielen in solchen Mechanismen eine untergeordnete Rolle.

Elektrophil: Elektronenmangel; Nucleophil: Elektronenüberschuss.

Polare Reaktion: Elektrophil (δ^+) reagiert mit Nucleophil (δ^-).

10.3.2 Elementare Reaktionstypen

Die organische Chemie ist trotz der Vielzahl möglicher Verbindungen auf wenigen Grundprinzipien aufgebaut. So gibt es relativ wenige grundlegende Mechanismen, wie Moleküle miteinander reagieren können, um neue Verbindungen auszubilden:

— Substitution,
— Addition,
— Eliminierung,
— Säure-Base-Reaktionen,
— Redoxprozesse.

Solche Reaktionsmechanismen sind (Modell-)Vorstellungen über das Geschehen während einer Reaktion.

Die Säure-Base-Reaktionen (▶ Abschn. 8.3.2) und Redoxprozesse, d. h. Oxidationen und Reduktionen (▶ Abschn. 8.4), haben wir schon kennengelernt, sodass darauf nicht mehr näher eingegangen werden muss. Wie sieht es aber mit den drei anderen Vertretern aus?

Reaktionsmechanismus: (Modell-)Vorstellung über das Geschehen während einer Reaktion.

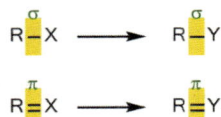

◻ **Abb. 10.82** Substitution

Substitution

Eine Substitutionsreaktion (abgekürzt »S«) kann man meistens leicht erkennen; ein Molekülteil wird durch einen anderen ausgetauscht, sprich substituiert. Das kann auch auf einer formaleren Ebene betrachtet werden. In einer Substitution wird eine bestehende Einfachbindung durch eine neue Einfachbindung ersetzt. Später werden wir noch sehen, dass das sehr einfach (in einem oder wenigen Einzelschritten) geschehen kann. Der Austausch einer Doppelbindung durch eine neue ist ebenfalls eine Substitution.

Einfachbindung = σ-Bindung, Doppelbindung = σ- + π-Bindung.

Substitution: R–X → R–Y.

Addition

In einer Additionsreaktion (abgekürzt »A«) wird einem Molekül etwas hinzugefügt. In der Bindungsbilanz bedeutet das, dass aus einer π-Bindung zwei neue σ-Bindungen werden.

Demzufolge treten Additionen vor allem bei ungesättigten Verbindungen auf (◻ Abb. 10.83). Eine Ausnahme gibt es: Additionen an Cycloalkane, bei denen das Ringgerüst zerstört wird. Hier ergibt die Bindungsbilanz $1 \cdot \sigma \rightarrow 2 \cdot \sigma$ (◻ Abb. 10.84).

Addition tritt vor allem bei ungesättigten Verbindungen auf; Ausnahme: Addition an Cycloalkane!

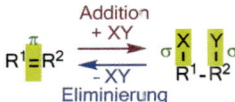

◻ **Abb. 10.83** Addition und Eliminierung

○ **Abb. 10.84** Addition und Eliminierung an Cyclopropan

Die 1,2- bzw. β-Eliminierung ist die wichtigste Eliminierungsreaktion.

○ **Abb. 10.85** Allgemeine Typen der Eliminierung

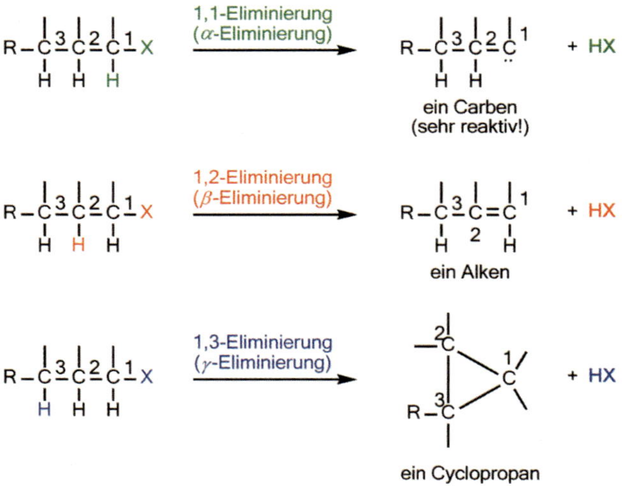

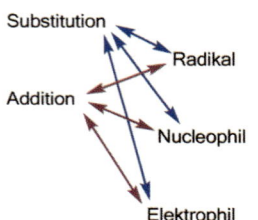

○ **Abb. 10.86** Genauere Charakterisierung von Mechanismen

Eliminierung

Die Umkehrung der Addition, das Entfernen von Molekülteilen, nennt man Eliminierung; abgekürzt »E« (○ Abb. 10.83, ○ Abb. 10.84). Dabei unterscheidet man, wo die zu entfernenden Teilchen am Grundgerüst sitzen (○ Abb. 10.85):

- Eine Eliminierung von Fragmenten am gleichen (Kohlenstoff-)Atom nennt man 1,1-Eliminierung oder häufiger α-Eliminierung,
- Eliminierung von Fragmenten direkt benachbarter Teilchen: 1,2- oder β-Eliminierung; letztere ist bei weitem die häufigste und wichtigste Eliminierungsreaktion.

Benennung der Reaktion nach dem initiierenden Teilchen

All diese Grundreaktionen können jeweils von einem Radikal, Nucleophil oder Elektrophil initiiert werden. Abhängig von dem entscheidenden reaktiven Teilchen spricht man dann von nucleophiler Substitution, radikalischer Addition und anderen Kombinationen (○ Abb. 10.86). Für die Eliminierung finden sich solche Zusätze weniger (▶ Abschn. 10.3.3).

Mit diesem Vorwissen können wir uns jetzt an die Mechanismen in der organischen Chemie wagen.

10.3.3 Wichtige Reaktionsmechanismen

Radikalische Substitution – S_R

Die radikalische Substitution, abgekürzt S_R, findet sich als wichtigstes Reaktionsprinzip vor allem bei den Alkanen. Wie die Bezeichnung radikalische Substitution schon zeigt: Ein Radikal sorgt dafür, dass etwas substituiert wird. Die Bruttogleichung bei Alkanen lautet:

Alkan + Halogen X_2 → Alkylhalogenid + HX.

Gehen wir die Reaktion am **Beispiel der Alkane** allgemein durch:

Was wissen wir? Ein Radikal substituiert am Alkan ein H-Atom. Im 1. Schritt, der sog. **Startreaktion**, muss also ein Radikal erzeugt werden. Die einfachste Methode, dies zu tun, ist die Bestrahlung von Halogenen mit Licht; nimmt man z. B. Brom, erhält man Bromradikale (Br•), allgemein X• (○ Abb. 10.87 ganz oben). Alternativ gibt es auch noch sog. Radikalstarter, instabile

Bruttogleichung S_R bei Alkanen:
Alkan + Halogen X_2
→ Alkylhalogenid + HX.

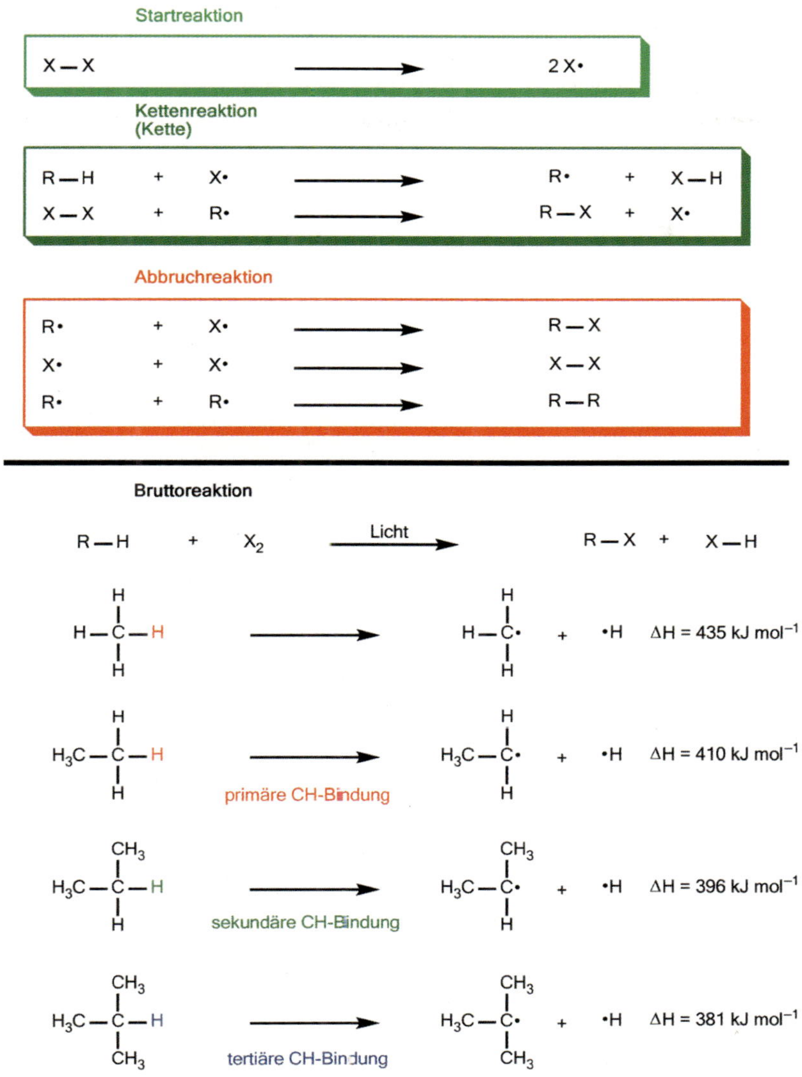

Startreaktion

$$X - X \longrightarrow 2\,X\bullet$$

Kettenreaktion (Kette)

$$R - H \quad + \quad X\bullet \longrightarrow R\bullet \quad + \quad X - H$$
$$X - X \quad + \quad R\bullet \longrightarrow R - X \quad + \quad X\bullet$$

Abbruchreaktion

$$R\bullet \quad + \quad X\bullet \longrightarrow R - X$$
$$X\bullet \quad + \quad X\bullet \longrightarrow X - X$$
$$R\bullet \quad + \quad R\bullet \longrightarrow R - R$$

Bruttoreaktion

$$R - H \quad + \quad X_2 \xrightarrow{\text{Licht}} R - X \quad + \quad X - H$$

$$H-\overset{\overset{\displaystyle H}{|}}{\underset{\underset{\displaystyle H}{|}}{C}}-H \longrightarrow H-\overset{\overset{\displaystyle H}{|}}{\underset{\underset{\displaystyle H}{|}}{C}}\bullet \quad + \quad \bullet H \quad \Delta H = 435\ \text{kJ mol}^{-1}$$

$$H_3C-\overset{\overset{\displaystyle H}{|}}{\underset{\underset{\displaystyle H}{|}}{C}}-H \longrightarrow H_3C-\overset{\overset{\displaystyle H}{|}}{\underset{\underset{\displaystyle H}{|}}{C}}\bullet \quad + \quad \bullet H \quad \Delta H = 410\ \text{kJ mol}^{-1}$$

primäre CH-Bindung

$$H_3C-\overset{\overset{\displaystyle CH_3}{|}}{\underset{\underset{\displaystyle H}{|}}{C}}-H \longrightarrow H_3C-\overset{\overset{\displaystyle CH_3}{|}}{\underset{\underset{\displaystyle H}{|}}{C}}\bullet \quad + \quad \bullet H \quad \Delta H = 396\ \text{kJ mol}^{-1}$$

sekundäre CH-Bindung

$$H_3C-\overset{\overset{\displaystyle CH_3}{|}}{\underset{\underset{\displaystyle CH_3}{|}}{C}}-H \longrightarrow H_3C-\overset{\overset{\displaystyle CH_3}{|}}{\underset{\underset{\displaystyle CH_3}{|}}{C}}\bullet \quad + \quad \bullet H \quad \Delta H = 381\ \text{kJ mol}^{-1}$$

tertiäre CH-Bindung

■ **Abb. 10.87** Radikalkettenmechanismus

Moleküle, die beim Erwärmen selbst in Radikale zerfallen und so ihrerseits Radikale erzeugen können. Radikale sind extrem reaktive Teilchen, sie reagieren sehr schnell mit »allem, was daherkommt«.

Im Gemisch aus dem Alkan und dem Halogen wird jetzt ein Radikal gebildet. Dieses sieht in erster Linie Alkanmoleküle in der näheren Umgebung. Da das Radikal nicht lange genug »lebt«, um auf Wanderschaft zu gehen, bleibt als wahrscheinlichster Reaktionspartner nur ein Alkan übrig. Das Radikal muss sich absättigen, sprich: Ein Bindungspartner muss her. Beim Alkan gibt es unterschiedliche Bindungen, die ein Radikal angreifen kann:

━ C–C-Einfachbindungen und
━ C–H-Einfachbindungen.

Erstes Reaktionsprodukt: HX

Das reaktive Teilchen macht das, was in der Chemie (fast) immer passiert, es geht den Weg des geringsten Widerstands, es bricht die schwächste Bindung. **Da C–C-Bindungen stärker sind als C–H-Bindungen, abstrahiert das Halogenradikal ein H-Atom,** wird zu H–X und ist glücklich.

Startreaktion: Erzeugung von Radikalen durch Bestrahlung oder mit Radikalstartern.

Zunächst abstrahiert das Halogenradikal ein H-Atom → HX + Alkylradikal.

Damit haben wir schon eine Erklärung für das erste Produkt der Substitution – HX. Je nach Bindungsstärke der unterschiedlichen C–H-Bindungen (◘ Abb. 10.87) werden hierbei tertiäre C–H-Bindungen leichter gespalten als sekundäre und diese leichter als primäre C–H-Bindungen. Leider entsteht dabei ein neues Radikal, ein Alkylradikal.

Was hat man gewonnen? Scheinbar nichts, aber man ist in der Energiekaskade nach unten »gewandert«.

Das Kohlenstoffradikal geht jetzt den gleichen Weg wie zuvor das Halogen, es bricht eine Bindung, um sich abzusättigen. Wenn wir uns gedanklich auf das Alkylradikal setzen und uns umschauen, sehen wir viele andere Kohlenwasserstoff- und Halogenmoleküle X_2. Andere Radikale sind selten, da bei der Startreaktion ja nur eine minimale Menge erzeugt wurde.

Zweites Reaktionsprodukt: Alkylhalogenid (Halogenalkan, R–X)

Reaktion des Alkylradikals mit anderen Kohlenwasserstoffen führt zu nichts: R• + H–R → R–H + R• wäre nur ein »ping-pong-artiges« Austauschen der Radikale. So bleibt nur die Reaktion mit überschüssigem Halogen übrig: Es entsteht das Alkylhalogenid (Halogenalkan, R–X). Damit haben wir schon das zweite Produkt der Reaktion erklärt. Wieder ist ein Halogenradikal (X•) entstanden (◘ Abb. 10.87), das kommt uns schon bekannt vor.

Jetzt geht das ganze Spiel wieder von vorn los, H-Abstraktion gibt HX, Alkylradikal reagiert mit Halogen etc., eine Kettenreaktion ist in Gang gekommen, am Laufen gehalten durch X• als Kettenträger.

Diese Reaktionen laufen dann so lange ab, wie Substrat verfügbar ist bzw. bis es zu einem der drei möglichen **Kettenabbruchreaktionen** kommt (◘ Abb. 10.87). Diese bezeichnet man auch als Radikalrekombinationen.

Die radikalische Substitution läuft folglich in drei Teilschritten:

S_R: 1. Kettenstart – 2. Radikalkette – 3. Kettenabbruch.

Radikalkettenreaktionen lassen sich sehr gut mit Bindungsenergien beschreiben: Die Bilanz aus gebrochenen und neu gebildeten Bindungen ohne Kettenstart und Kettenabbruch lässt eine Vorhersage zu, ob die Reaktion exotherm oder endotherm verläuft. Allgemein ergibt sich so:

Die direkte Fluorierung ist extrem stark exotherm (explosionsartig), Chlorierungen und Bromierungen sind exotherm und präparativ wertvoll, Iodierungen sind schwach endotherm.

(Randnotizen linke Spalte:)

Alkylradikal reagiert mit Halogen → Alkylhalogenid plus Halogenradikal; dieses führt zu einer Kettenreaktion.

Radikalische Substitution S_R:
1. Kettenstart,
2. Radikalkette,
3. Kettenabbruch.

Hätten Sie's gewusst?

Oxidativer Stress
Oxidativer Stress – diesen Ausdruck findet man aktuell häufig in den Medien. Oxidativer Stress scheint an allem schuld zu sein, am Älterwerden, an den Falten und auch am Krebs. Grundlage des oxidativen Stresses sind Radikale, meist **Sauerstoffradikale**. Da der Sauerstoff der Luft schon ein (Bi-)Radikal ist, kann man Radikalen offenbar nicht entgehen. Durch Umwelteinflüsse scheint es nun aber zu einer noch größeren Belastung des Körpers mit hochreaktiven, sehr kurzlebigen Sauerstoffradikalen (Lebensdauer ca. 10^{-6}–10^{-10} s) wie z. B. Hydroxyl-, Alkoxyl- oder Peroxylradikalen zu kommen. Die überschüssigen Radikale zerstören Zellbausteine, Membranen und die Erbsubstanz, es kommt zu »oxidativem Stress«.

Folgende Faktoren scheinen die Verbreitung von freien Radikalen zu verstärken:

— UV-Strahlung
— ionisierte Strahlung: Handys, Smartphones, Bildschirme etc.
— Tabakrauch und andere Karzinogene
— Alkohol
— Stress
— starke körperliche Belastung
— Pestizide
— Herbizide
— Industrie- und Verkehrsabgase
— radioaktive Strahlung
— gegrilltes Fleisch

Kann man da nichts tun oder muss man in Zukunft auf den Handy-Plausch und das Grillsteak mit Bier verzichten?

Naheliegend ist die Idee, überschüssige Radikale durch **Radikalfänger** unschädlich zu machen. Die Vitamine C und A, das Provitamin A (= Betacarotin), Spurenelemente (besonders Selen) sowie viele weitere Pflanzenstoffe wie Flavonoide, Catechine, Anthocyane etc. können die von den freien Radikalen beschleunigten Kettenreaktionen aufhalten (◘ Abb. 10.88):

— Vitamin E (Tocopherol) schützt im Wesentlichen dadurch, dass es die Radikalkette abbricht. Es spendet den Radikalen ein Elektron, wird selbst zum Radikal, reagiert aber nicht weiter.
— Vitamin C regeneriert »verbrauchtes« Vitamin E.

Das generelle Prinzip, wie Radikalfänger als Antioxidanzien wirken, ist in ◘ Abb. 10.88 (*oben*) dargestellt: Ein freies Radikal reagiert mit einem Phenol unter H-Abstraktion. Es bildet sich ein Phenoxyradikal aus, das

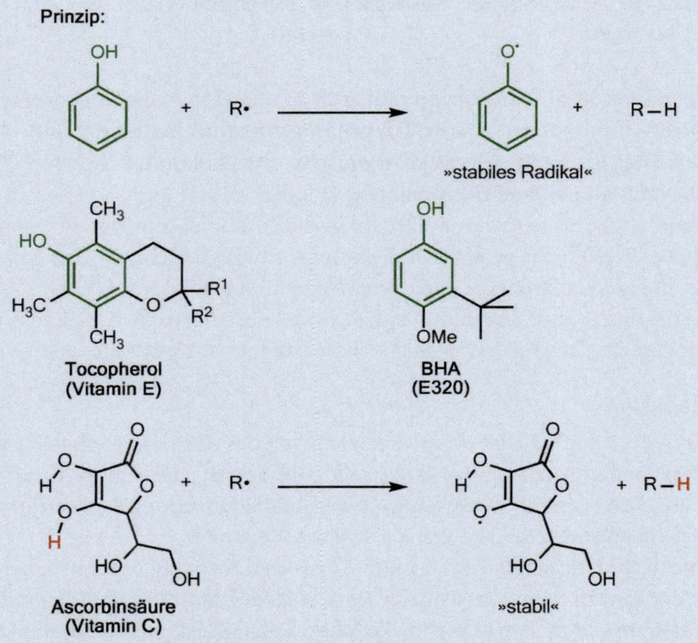

◘ **Abb. 10.88** Radikalfänger

Chemie

im Vergleich zum Ausgangsradikal relativ stabil ist. Dieses Prinzip findet sich sowohl im Körper als auch bei Lebensmittelzusätzen wie z. B. dem Antioxidationsmittel E320 (◘ Abb. 10.88 *Mitte*).

Tocopherol beinhaltet ebenfalls eine Phenoleinheit, die die Funktion des Radikalfängers übernehmen kann. Auch im Falle des Vitamin C wird ein stabiles Sauerstoffradikal gebildet und die schädliche Wirkung der freien Radikale abgefangen.

Es gab auch Bestrebungen, die freien Radikale, die im Tabakrauch enthalten sind, durch sog. »Rauchervitamine« unschädlich zu machen: Es scheint eine verlockende Idee zu sein, etwas Ungesundes zu tun und durch eine kleine Pille alles wieder in Ordnung zu bringen. Leider hat eine klinische Studie gezeigt, dass es nicht so einfach ist: Raucher, die Vitamine eingenommen hatten, zeigten kein geringeres Krebsrisiko, sondern das Gegenteil war der Fall: Die Kombination Rauchen plus Rauchervitamine ließ das Risiko einer Erkrankung so groß werden, dass die Studie abgebrochen werden musste! (Details in *New Engl J Med* 1996; 334:1150.)

Nucleophile Substitution – S_N1 und S_N2

Nucleophile Substitution:
– S_N1 = mononuklear;
– S_N2 = bimolekular.

Die nucleophilen Substitutionen sind sehr wichtige Reaktionen, auch biochemisch-mechanistisch. S_N steht wieder für »eine durch ein Nucleophil verursachte Substitution«. Neu ist die Zahl »1« oder »2«. 1 bzw. 2 steht für mono- bzw. bimolekular (◘ Abb. 10.89). Es gibt zwar auch noch »1'« (1-Strich) und »i«, aber die müssen uns hier nicht interessieren.

◘ **Abb. 10.89** Nomenklatur der nucleophilen Substitutionen

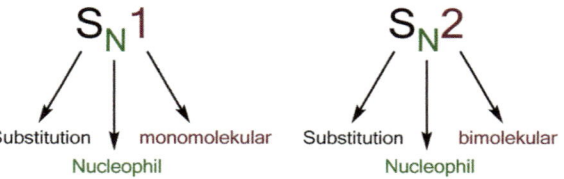

Molekularität beschreibt eine Reaktion auf molekularer Ebene.

Die Molekularität einer Reaktion gibt an, wie viele Moleküle am geschwindigkeitsbestimmenden Schritt (Übergangszustand) beteiligt sind. Die **Molekularität** ist damit eine **mikroskopische**, molekulare Beschreibung. Sie ist bitte nicht mit der **Reaktionsordnung** (1. oder 2. Ordnung) zu verwechseln (▸ Abschn. 8.5.3). Diese ist eine **makroskopische** Größe, die das gesamte System beschreibt. Vereinfacht gesagt: Die Reaktionsordnung beschreibt den ganzen Kolben, die Molekularität die darin reagierenden Moleküle.

Für die nucleophile Substitution gibt es zwei mechanistische Grenzfälle, die experimentell unterschieden werden können (◘ Tab. 10.13, ◘ Abb. 10.90).

S_N1-Reaktion

S_N1-Reaktion: monomolekulare Reaktion, Reaktion 1. Ordnung, Bildung eines Carbokations als Zwischenstufe.

Bei der S_N1-Reaktion liegt ein Halogenalkan vor, das ohne direkte Beteiligung des angreifenden Nucleophils Nu^- zerfällt. Hierbei tritt das Halogenanion X^- aus, dieses wird deshalb als **Abgangs- oder Austrittsgruppe (Nucleofug)** bezeichnet. So entsteht ein Carbokation als **Zwischenstufe**.

Die Ausbildung der Zwischenstufe ist der geschwindigkeitsbestimmende Schritt der ganzen Reaktionssequenz. **Da an diesem zentralen, geschwindigkeitsbestimmenden Schritt nur *ein* Teilchen beteiligt ist, das Halogenalkan, nennt man eine solche Reaktion monomolekular.** Weiterhin geht nur die Konzentration des Alkylhalogenids in die Geschwindigkeitsgleichung ein, die

◘ Tab. 10.13 Kenngrößen nucleophiler Substitutionen

Kenngröße	S_N1	S_N2
Gleichung für Reaktions-geschwindigkeit	$v = k\,[RX]$	$v = k\,[RX]\,[Nu^-]$
Reaktionsordnung	1. Ordnung	2. Ordnung
Molekularität	1	2
Mechanismus	1 Zwischenstufe	1 Übergangszustand
Stereochemie	Racemisierung	Inversion
Reaktivität verschiedener C-Zentren	Tertiär > sekundär > primär	Tertiär < sekundär < primär

Reaktionsgeschwindigkeit (RG) ist unabhängig von der Menge des zugesetzten Nucleophils. Es handelt sich um eine Reaktion 1. Ordnung.

Bei der entstandenen Zwischenstufe handelt es sich um ein planares, sp^2-hybridisiertes Carbokation. Dieses muss sich nun wieder absättigen. Das geschieht durch Angriff des zugesetzten Nucleophils. Eine neue Heteroatom-Kohlenstoff-Bindung wird ausgebildet, das Produkt ist entstanden. Da das Carbokation ein leeres spiegelsymmetrisches p_Z-Orbital (◘ Abb. 8.10) besitzt, kann der Angriff des Nucleophils von zwei Seiten erfolgen (»links« = rot bzw. »rechts« = blau in ◘ Abb. 10.90). Es entsteht ein Gemisch aus den Verbindungen **A** und **B**. Sind im Edukt, dem Alkylhalogenid, alle Reste verschieden ($R^1 \neq R^2 \neq R^3$), verhalten sich **A** und **B** wie Bild und Spiegelbild zueinander, es sind **Enantiomere**. Da sie genau im Verhältnis 50:50 entstehen, liegt ein **Racemat** vor.

Racemat: 1:1-Gemisch aus Enantiomeren.

S_N2-Reaktion

Im Gegensatz dazu ist die S_N2-Reaktion eine bimolekulare Reaktion, am geschwindigkeitsbestimmenden Schritt sind also zwei Moleküle beteiligt. Sowohl die Konzentration des Alkylhalogenids als auch die des Nucleophils geht in das Geschwindigkeitsgesetz ein, es liegt eine **Reaktion 2. Ordnung** vor.

S_N2-Reaktion: bimolekulare Reaktion, Reaktion 2. Ordnung, Übergangszustand (keine Zwischenstufe).

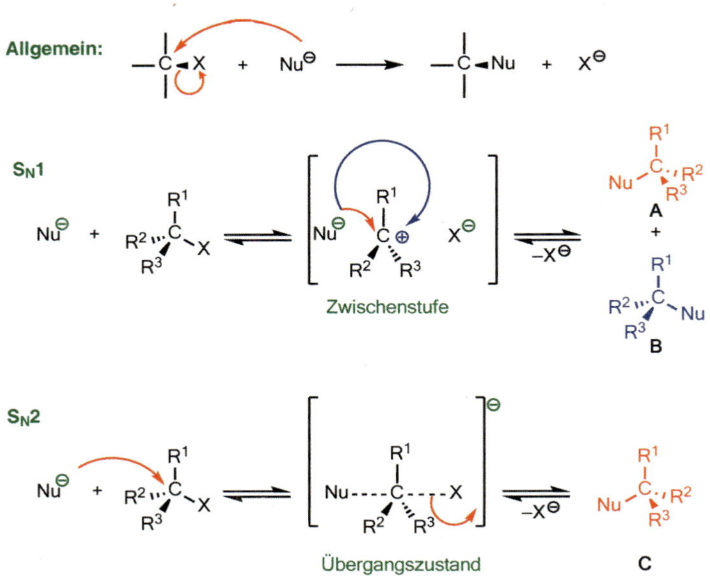

◘ **Abb. 10.90** Mechanismen der nucleophilen Substitution

Das Nucleophil Nu⁻ greift das Alkylhalogenid von »hinten« gegenüber der C–X-Bindung an. Es bildet sich durch diesen Rückseitenangriff ein **Übergangszustand** (*keine* Zwischenstufe) aus (⬛ Abb. 10.90). In diesem liegt ein Kohlenstoffzentrum vor, das von fünf Substituenten umgeben ist, die eine trigonale Bipyramide aufspannen. Die Bindung zum Halogen X als Austrittsgruppe ist erst halb gelöst und die neue C–Nu-Bindung erst teilweise gebildet. Abgeschlossen wird die Reaktion durch den vollständigen Eintritt von Nu bzw. Austritt von X.

Die S_N2-Reaktion erfolgt 100%ig unter **Inversion** der Konfiguration am zentralen C-Atom, d.h., die drei Substituenten klappen wie ein Regenschirm im Sturm nach hinten um.

Die Hauptunterschiede beider Reaktionsweisen zeigen sich auch in den Energieprofilen. Die S_N2-Reaktion verläuft einstufig, es wird keine Zwischenstufe, sondern nur ein Übergangszustand (ÜZ) durchlaufen. Bei der S_N1-Reaktion tritt dagegen eine Zwischenstufe auf, die Gesamtreaktion ist zweistufig, wobei der 1. Schritt – die Ausbildung des Carbokations – die Gesamtreaktivität bestimmt (⬛ Abb. 10.91).

⬛ **Abb. 10.91** Energiediagramm einer S_N2- (*links*) und einer S_N1-Reaktion (*rechts*; mit dem Carbokation als Zwischenstufe zwischen ÜZ-1 und ÜZ-2)

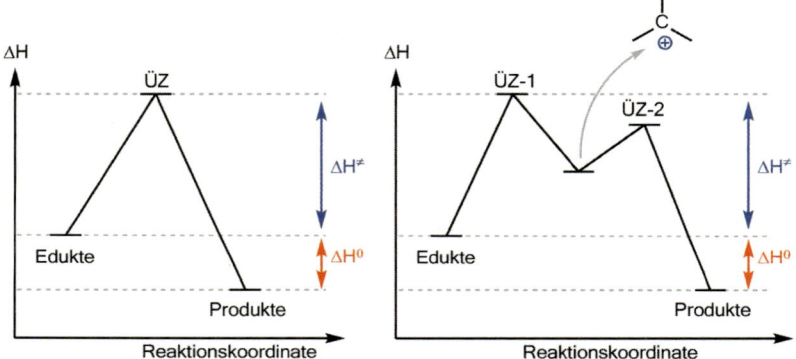

Elektrophile Addition

Die Addition ist eine typische Reaktion von π-Bindungen, also von C=C–, C=O– oder C≡C-Bindungen. Additionsreaktionen an die C=C-Doppelbindung verlaufen im Allgemeinen exotherm, dabei entstehen substituierte Alkane. In der Anwendung am Beispiel des Ethens stellen sich die Additionen wie folgt dar.

Addition von Wasserstoff

Hydrierung: Addition von Wasserstoff.

Die Hydrierung von Alkenen erfolgt meist unter Einsatz eines Edelmetallkatalysators, wie z. B. Pt, Pd oder Ni:

$$CH_2 = CH_2 + H_2 \rightarrow H-CH_2-CH_2-H \ (\Delta H = -136{,}9 \ kJ \ mol^{-1})$$

Addition von Halogenen

Addition von Halogenen an Alkene → Dihalogenverbindungen.

Halogene wie Chlor oder Brom (auch Iod) addieren sich rasch an Alkene. Dabei entstehen Dihalogenverbindungen:

$$CH_2 = CH_2 + X_2 \rightarrow X-CH_2-CH_2-X$$
$$X = Cl \ (\Delta H = -180{,}9 \ kJ \ mol^{-1}), \ Br.$$

Die Chlorierung von Ethen zu 1,2-Dichlorethan wird großtechnisch durchgeführt. Die Entfärbung von Bromwasser dient als analytischer Nachweis für Alkene.

Addition von Säuren

Halogenwasserstoffsäuren addieren sich leicht an Alkene zu Halogenalkanen:

$$CH_2 = CH_2 + H-X \rightarrow CH_3-CH_2-X$$

$$X = Cl, Br \ (\Delta H = -79{,}6 \ kJ \ mol^{-1}), I.$$

Addition von Säuren an Alkene
→ Halogenalkane.

Mit Schwefelsäure entstehen je nach den Reaktionsbedingungen Schwefelsäure-monoalkylester oder -dialkylester.

Ersetzt man in Säuren des Typs X–O–H [z. B. X = SO$_3$H, PO$_3$H$_2$, B(OH)$_2$] das H-Atom durch einen Kohlenstoffrest R (hier Alkylrest), so bezeichnet man die Verbindungen X–O–R als **Ester**.

Ester werden durch Wasser unter Protonen- oder Basenkatalyse in einen Alkohol R–OH und die Säure gespalten. Diese Spaltung stellt eine Hydrolyse dar. Aus Schwefelsäuremonoethylester bzw. -diethylester entstehen Schwefelsäure und CH$_3$CH$_2$OH (Ethanol). Die Kombination beider Prozesse führt formal zur Addition von Wasser an die C=C-Doppelbindung unter Bildung eines Alkohols.

In der Technik werden nach diesem Verfahren der Hydratisierung Alkohole synthetisiert:

$$CH_2 = CH_2 + H_2O \rightarrow CH_3-CH_2OH.$$

Hydratisierung:
Addition von Wasser.

Die **Addition einer Verbindung H–X** an die Doppelbindung verläuft nach folgendem Mechanismus (■ Abb. 10.92): Zwischen dem Proton (Lewis-Säure) und der Alken-Doppelbindung (Elektronendonor, Lewis-Base) kommt es zu einer Wechselwirkung. Da nach dem Molekülorbital-Modell die π-Elektronen der Doppelbindung ausschließlich beteiligt sind, kennzeichnet man den entstehenden Komplex als π-Komplex. Schließlich wird die π-Bindung dazu benutzt, eine neue σ-Bindung zum angreifenden Proton auszubilden. Hier kommt das zur Bindung benötigte Elektronenpaar vollständig vom Alken. Es entsteht ein Carbokation als Zwischenstufe. Dieses energiereiche Teilchen stabilisiert sich durch Addition eines Anions X$^-$. Auch hier liefert erneut ein Teilnehmer (X$^-$) das zur Bindung benötigte Elektronenpaar vollständig.

Bei der Addition von HX an eine Alken-Doppelbindung entsteht als Zwischenstufe ein Carbokation.

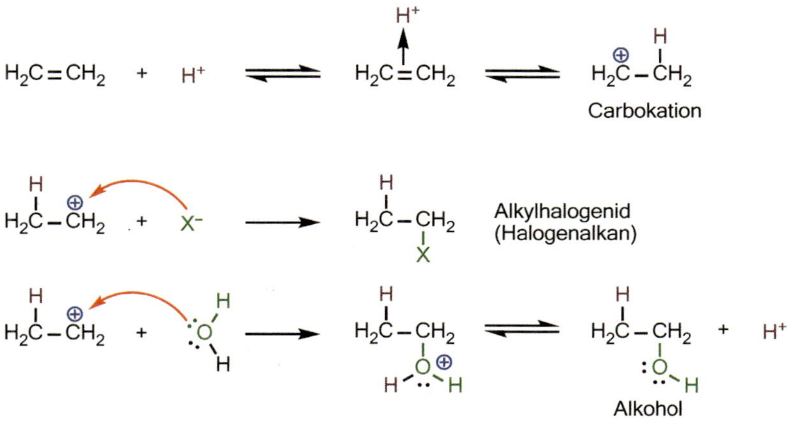

■ **Abb. 10.92** Elektrophile Addition an Ethen

In verdünnten wässrigen Säuren addiert sich an das Carbokation ein Wassermolekül, da dieses in wesentlich höherer Konzentration vorliegt als Anionen X$^-$. Unter H$^+$-Abspaltung entsteht ein Alkohol.

Bei der Addition von Säuren an unsymmetrisch substituierte Alkene können zwei isomere Reaktionsprodukte entstehen (■ Abb. 10.93). Diese Tatsache er-

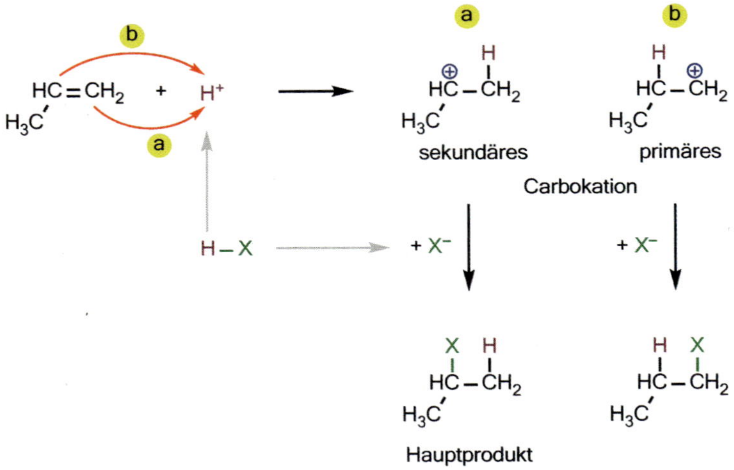

Abb. 10.93 Regiochemie der Addition: Regel nach Markownikoff

kannte und formulierte V. V. Markownikoff (1837–1904) bereits 1869 – **Markownikoff-Regel: Bei der ionischen Addition von HX an ein unsymmetrisches Olefin tritt die negativ geladene Gruppe X$^-$ bevorzugt an das stärker substituierte ungesättigte Kohlenstoffatom (»Wer da hat, dem wird gegeben«).**

Heute kann man – aus der Kenntnis des Mechanismus der Addition von H–X – diese Regel anders formulieren: **Bei der Addition von H–X an unsymmetrisch substituierte Alkene entsteht von den beiden möglichen Produkten immer überwiegend dasjenige, das aus dem stabilsten Carbokation resultiert.** Für die Stabilität von Carbokationen gilt:

Stabilitätsreihe Carbokationen: tertiäre > sekundäre > primäre (»>«: stabiler als).

Bei Addition von HX an unsymmetrisch substituierte Alkene entsteht von beiden möglichen Produkten stets überwiegend das aus dem stabilsten Carbokation resultierende.

Eliminierungen – E1 und E2

Die Eliminierung ist die direkte Umkehrung der Addition. Hier finden sich wieder **zwei Grenzfälle:** E1 und E2 (**Abb. 10.94**). Es gelten ähnliche Fakten wie bereits für die S$_N$1- und S$_N$2-Reaktion diskutiert (**Tab. 10.13**). Die Energiediagramme sind ebenfalls ähnlich wie bei der S$_N$1/2-Reaktion (**Abb. 10.91**), mit dem wichtigen Unterschied, dass Eliminierungen meist endotherm sind.

Für Eliminierungen gilt Ähnliches wie für S$_N$1- und S$_N$2-Reaktionen, sie sind jedoch meist endotherm.

E1-Eliminierung

Im E1-Mechanismus zerfällt das Alkylhalogenid unter Abspaltung eines Halogenid-Anions in einem **monomolekularen** Schritt in eine Zwischenstufe, ein Carbokation. Aus dieser Zwischenstufe greift sich die zugesetzte Base ein Proton ab und das Elektronenpaar der heterolytisch gespaltenen C–H-Bindung bildet mit dem leeren p-Orbital des kationischen Zentrums eine π-Bindung aus. Ein Alken ist entstanden (**Abb. 10.94** *oben*).

Die Menge der Base spielt keine Rolle, denn der geschwindigkeitsbestimmende Schritt, der Zerfall des Alkylhalogenids, ist von ihr unabhängig. Die E1-Eliminierung folgt einem Geschwindigkeitsgesetz **1. Ordnung**. Hat das intermediär auftretende Carbokation zwei Wasserstoffatome in Nachbarschaft des Kations, so gibt es die Möglichkeit, dass unterschiedliche *cis-trans*-isomere Alkene entstehen.

Die E1-Eliminierung ist eine monomolekulare Reaktion und eine Reaktion 1. Ordnung.

E2-Eliminierung

Im Vergleich dazu liefert die **E2-Eliminierung** genau *ein* Produkt. Da hier keine Zwischenstufe, sondern nur ein Übergangszustand auftritt, kann die Eliminie-

Synchron = konzertiert = gleichzeitig.

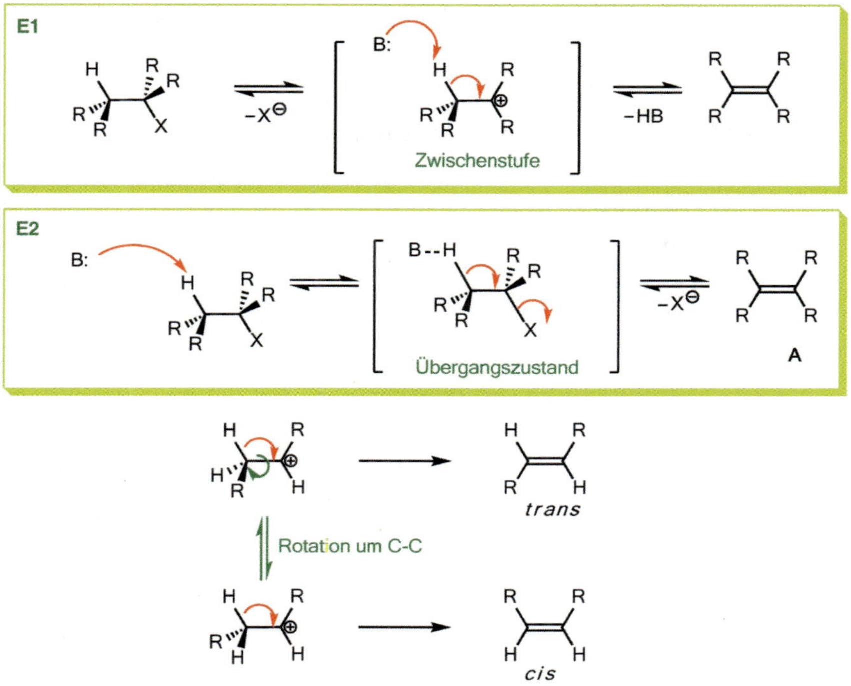

■ **Abb. 10.94** Eliminierung

rung nur aus einer Anordnung heraus erfolgen. Die Austrittsgruppen müssen »**anti**« zueinander angeordnet sein. Es handelt sich bei der baseninduzierten E2-Eliminierung immer um eine Anti-Eliminierung, bei der die C–H- und C–X-Bindung **synchron** gespalten sowie die neue π-Bindung gebildet wird.

Am geschwindigkeitsbestimmenden Schritt sind bei der E2-Eliminierung wie bei der S_N2-Reaktion zwei Reaktionspartner, Base (bzw. Nucleophil bei S_N2) und Substrat, beteiligt, diese Reaktion ist somit ebenfalls **bimolekular** und von **2. Ordnung**.

Anti-Stellung: genau auf gegenüberliegenden Seiten.

Die E2-Eliminierung ist bimolekular und eine Reaktion 2. Ordnung.

Nebenreaktion: nucleophile Substitution

Allgemein braucht die Eliminierung eine Base, z. B. OH^-, RO^-, R_2N^-, R_3N, und eine Austrittsgruppe ($-Halogen$, $-O_3SR$, $-OH_2^+$, $-OHR^+$, $-NR_3^+$). Da Basen oft auch als Nucleophile fungieren können, ist die nucleophile Substitution zur Eliminierung eine denkbare Nebenreaktion und umgekehrt. Ob und in welchem Ausmaß E1/E2, S_N1/S_N2, E1/S_N1 oder E2/S_N2 als Konkurrenzreaktionen ablaufen, ist von den genauen Reaktionsbedingungen sowie den Substraten abhängig. Entscheidend sind hier folgende Faktoren, die miteinander im Wechselspiel stehen:

- Art des Substrats,
- Wahl des Nucleophils bzw. der Base,
- Lösungsmittel,
- Reaktionstemperatur.

Die Diskussion der genauen Verhältnisse in diesem Wechselspiel würde aber den Rahmen dieser Einführung sprengen.

10.3.4 Zusammensetzung von Elementarschritten: komplexere Mechanismen

Elektrophile Substitution am Aromaten – S_EAr

Bei für Benzol und seine Derivate typischen Substitutionsreaktionen wird ein H-Atom ersetzt.

Charakteristisch für Benzol und seine Derivate sind Substitutionsreaktionen. Dabei wird ein Wasserstoffatom in Form eines Protons durch ein anderes Teilchen ersetzt. Die wichtigsten Reagenzien, die zu Substitutionsreaktionen am Benzol befähigt sind, und die zum Entstehen der reaktiven Teilchen notwendigen Katalysatoren sind in ◘ Tab. 10.14 aufgeführt.

Die elektrophile aromatische Substitution erfolgt in drei Stufen.

Alle Teilchen, die eine Substitution eines Wasserstoffatoms im Benzol ermöglichen, weisen ein Elektronendefizit auf. Sie sind Elektrophile. **Aus diesem Grund bezeichnet man die Reaktion der Substitution eines Wasserstoffatoms im Benzol auch als elektrophile aromatische Substitution (S_EAr).** Die S_EAr ist ein Dreistufenprozess (◘ Abb. 10.95):

1. **π-Komplex:** Wechselwirkung eines Elektronenakzeptors (= elektrophiles Teilchen E^+ bzw. $E^{\delta+}Nu^{\delta-}$) mit einem Elektronendonator (π-Elektronen des Benzolmoleküls).
2. **σ-Komplex:** Aus der π-Wechselwirkung wird eine echte σ-Bindung. Dabei entsteht ein Carbokation, zu dessen Wiedergabe drei mesomere Grenzstrukturen notwendig sind. In diesem Zustand ist das delokalisierte aromatische π-System des Benzols mit seiner sehr hohen Mesomeriestabilisierungsenergie aufgehoben.
3. Addition von Y^- an das Carbeniumion des σ-Komplexes analog der Reaktion normaler Alkene würde zum vollständigen Verlust der Mesomerieenergie des Benzols führen. Daher stabilisiert sich das Carbokation durch Abspalten eines Protons unter Wiederherstellung des delokalisierten Zustands der π-Elektronen. Die Substitution ist abgeschlossen.

Die Reaktionsgeschwindigkeit der S_EAr ist abhängig vom Elektrophil und den bereits vorhandenen Substituenten.

Die **Reaktionsgeschwindigkeit** der elektrophilen aromatischen Substitution hängt neben der Reaktivität des Elektrophils in starkem Maße von bereits im

◘ **Tab. 10.14** Bedingungen für elektrophile Substitutionen am Aromaten

Reaktion	Bedingungen
Nitrierung	Bevorzugtes Reagenz: Gemisch aus 1 Teil Salpetersäure und 2 Teilen Schwefelsäure (= Nitriersäure). Nitrierendes Agens: Nitroniumkation (NO_2^+): $HO–NO_2 + 2 H_2SO_4 \rightarrow NO_2^+ + H_3O^+ + 2 HSO_4^-$ NO_2^+ in Form von Nitroniumsalzen eignet sich auch NO_2BF_4 zum Nitrieren.
Halogenierung	Lewis-Säuren wie $AlCl_3$ oder $FeBr_3$ polarisieren das Halogenmolekül. Benzol kann die so geschwächte Chlor–Chlor- bzw. Brom–Brom-Bindung spalten. $Cl–Cl + AlCl_3 \rightarrow Cl^{\delta+}\bullet\bullet\bullet\bullet\bullet ClAlCl_3^{\delta-}$ $Br–Br + FeBr_3 \rightarrow Br^{\delta+}\bullet\bullet\bullet\bullet\bullet BrFeBr_3^{\delta-}$ Die Iodierung von Benzol ist eine reversible Reaktion mit dem Gleichgewicht auf der Seite von Benzol. Entfernen von Iodwasserstoff verschiebt das Gleichgewicht zum Iodbenzol. Die präparative beste Entfernung von HI erfolgt durch Oxidation mit HIO_3; dabei entsteht Iod, das weiter zu Iodbenzol umgesetzt wird: $HIO_3 + 5 HI \rightarrow 3 I_2 + 3 H_2O$
Sulfonierung	Als reaktive Teilchen der Sulfonierung gelten SO_3 (in Oleum) oder SO_3H^+. In Form der Sulfonsäure wird Benzol in ein wasserlösliches Derivat umgewandelt.
Alkylierung	Das Carbeniumion reagiert mit Benzol zu alkylierenden Benzolen. Es lässt sich aus einem Alken und Säure, einem Alkylhalogenid und $AlCl_3$ oder einem Alkohol und Säure erzeugen: Friedel-Crafts-Alkylierung.
Acylierung	Aus einem Carbonsäurechlorid und Lewis-Säuren wie $AlCl_3$ entstehen Acyliumsalze, die als elektrophile Reagenzien wirken: Friedel-Crafts-Acylierung.

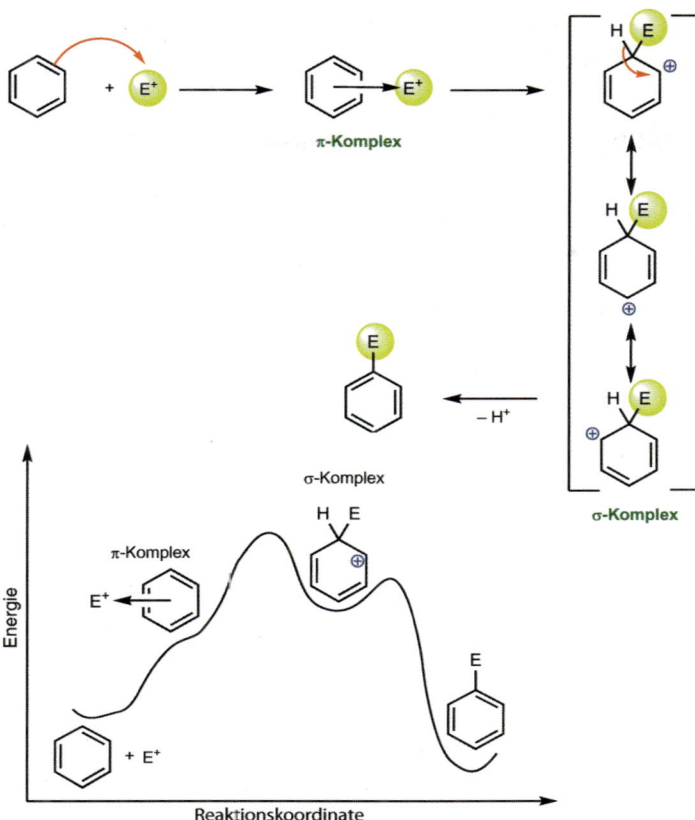

Abb. 10.95 Elektrophile aromatische Substitution

Benzolring vorhandenen Substituenten ab. Abhängig von diesem kann sie sich über mehrere Zehnerpotenzen erstrecken. Dabei gilt:

- Substituenten, die die Reaktionsgeschwindigkeit im Vergleich zum Benzol erhöhen, werden als aktivierend bezeichnet,
- Substituenten, die die Geschwindigkeit senken, als deaktivierend.

Veresterung, Verseifung

Eine Veresterung kann sowohl von der Carbonsäure als auch vom Carbonsäurechlorid (oder -anhydrid) ausgehen. Letztere Möglichkeit ist ein sehr effizienter Weg, um Ester herzustellen (**▪** Abb. 10.96). Es ist aber ein weiterer Schritt, die Umwandlung der Säure in das Chlorid, notwendig. Liegt das Chlorid vor, greift der nucleophile Alkohol den Carbonylkohlenstoff an und richtet in altbekannter Weise die Carbonylgruppe auf (**▪** Abb. 10.51). Es entsteht ein Zwitterion (Betain). Dieses stabilisiert sich dadurch, dass durch den Elektronendruck des negativ geladenen Sauerstoffatoms ein freies Elektronenpaar zum (ehemaligen) Carbonyl-C klappt und die C=O-Bindung wieder ausbildet. Hierzu muss aber eine Gruppe verdrängt werden:

- Ist es der Alkohol, so ist man wieder bei den Edukten und keine Umsetzung ist erfolgt.
- Wird stattdessen Chlorid als sehr gute Abgangsgruppe verdrängt, erhält man nach Deprotonierung direkt den Ester.

Die **Veresterung ausgehend von Carbonsäure und Alkohol** ist eine Gleichgewichtsreaktion, für die das Massenwirkungsgesetz entscheidend ist: Gute Ausbeuten an Ester erhält man nur, wenn man das Gleichgewicht auf die

■ **Abb. 10.96** Estersynthesen

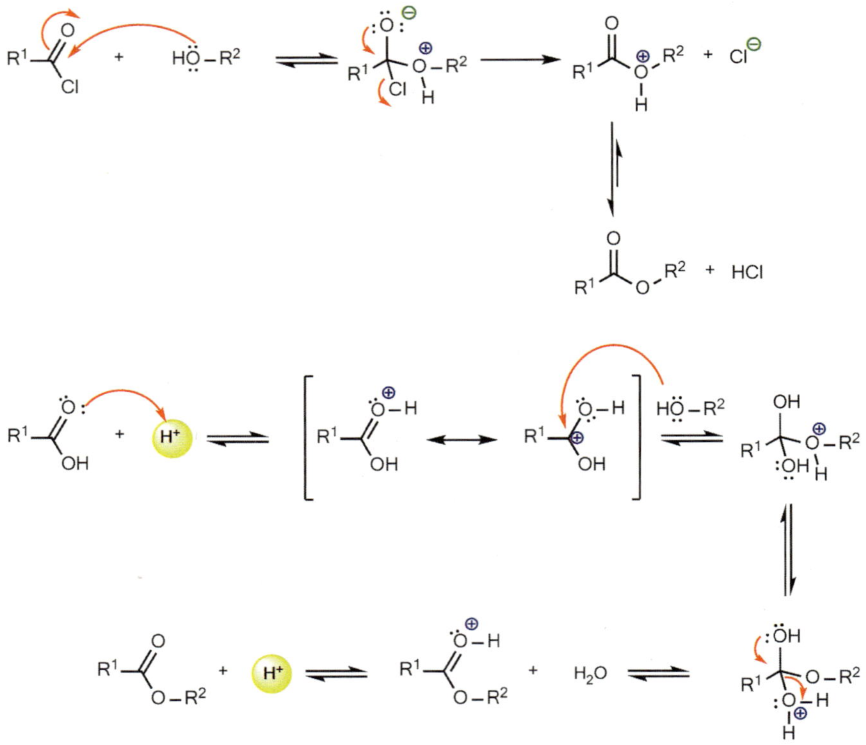

Veresterung ausgehend von Carbonsäure und Alkohol: azeotrope Destillation bzw. Zusatz wasserentziehender Mittel → Gleichgewicht eher auf der Seite der Esterbildung.

Produktseite verschiebt. Dies kann einerseits durch Zugabe des Edukts im Überschuss (Säure, aber meist Alkohol) oder andererseits durch Entfernen von Reaktionswasser erfolgen. Hier hat sich die **azeotrope Destillation** bzw. der Zusatz von wasserentziehenden Mitteln bewährt.

Esterspaltung

Da die säurekatalysierte Veresterung ein Gleichgewichtsvorgang ist, müssen alle Schritte reversibel sein. Demzufolge kann die gesamte Veresterung umgekehrt werden. Gibt man zu einem Ester Säure, kann eine **säurekatalysierte Esterspaltung** erfolgen. Hierzu müssen die mechanistischen Teilschritte in ■ Abb. 10.96 nur von hinten nach vorne erfolgen.

Will man die Esterspaltung irreversibel gestalten, bietet sich die **basenkatalysierte Esterspaltung** an. Bei der basischen Esterspaltung greift die Base OH⁻ nucleophil den Carbonylkohlenstoff an. Aufrichtung der Carbonylgruppe und Zurückklappen des freien Elektronenpaares am Sauerstoff verdrängt das Alkoholat R^2O^- und liefert somit die freie Carbonsäure. Bisher waren alle Schritte Gleichgewichte. Säure und Alkoholat als sehr starke Base gehen jetzt aber eine praktisch irreversible Säure-Base-Reaktion ein. Man erhält das Carboxylat-Anion und den Alkohol R^2-OH. Der letzte irreversible Schritt zieht die vorherigen reversiblen Schritte mit und die gesamte Esterspaltung wird nun irreversibel.

Fazit: Durch Kochen eines Esters mit NaOH erhält man den freien Alkohol und das Salz der Carbonsäure. Da solche Salze früher als Seifen Verwendung fanden, nennt man den Prozess auch Verseifung (■ Abb. 10.97).

Aldol- und Esterkondensation

Die letzte relevante Reaktion der Carbonsäureester ist die Esterkondensation. Diese ist mit der Aldolreaktion verwandt (■ Abb. 10.98). Die Esterkondensation

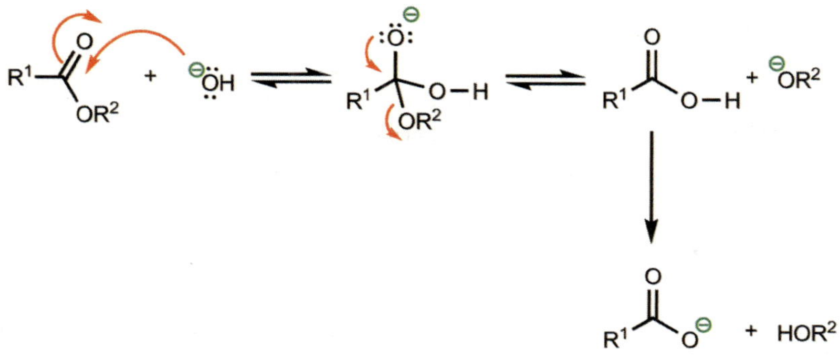

Abb. 10.97 Verseifung von Ester

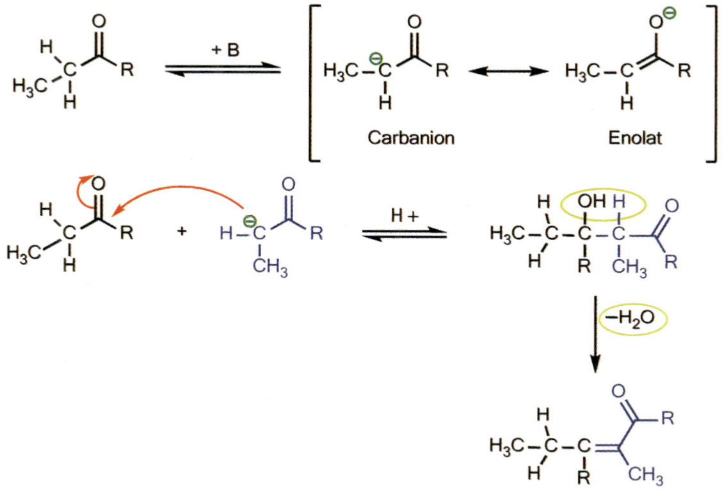

Abb. 10.98 Aldolkondensation

ist ebenfalls eine Reaktion, bei der C–C-Bindungen erzeugt werden. Die biologische Relevanz ist ähnlich wie die der Aldolkondensation sehr groß (■ Abb. 10.99). Auch hier finden sich viele verwandte Beispiele in biochemischen Reaktionszyklen (■ Abb. 10.100).

Die Esterkondensation ähnelt der Aldolreaktion.

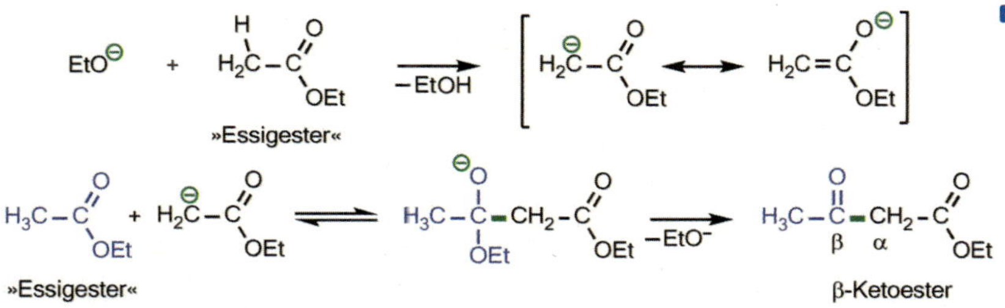

Abb. 10.99 Esterkondensation

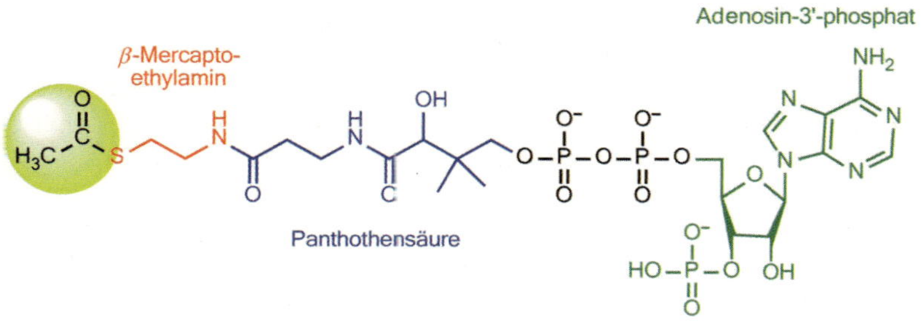

Abb. 10.100 Acetyl-CoA

Esterkondensation → Einführung eines Acyl-Rests am α-Kohlenstoffatom.

Bei der Esterkondensation wird der organische Ester durch eine starke Base deprotoniert. Die azideste Stelle ist hier die C–H-Bindung neben der Carbonylgruppe. Es bildet sich ein induktiv und mesomeriestabilisiertes Carbanion (◘ Abb. 10.99 *oben*). Dieses greift nun als Nucleophil ein zweites Estermolekül am Carbonylkohlenstoff an. Aufrichtung der Carbonylgruppe, Rückklappen der Elektronen am Sauerstoff und Austritt des Alkoholats ergeben das Esterkondensationsprodukt.

Da das entstandene Alkoholat wieder eine starke Base ist, kann diese ihrerseits noch nicht umgesetzten Ester deprotonieren und den Reaktionszyklus so in Gang halten. In der Summe wird durch die Esterkondensation ein Acyl-Rest am α-Kohlenstoffatom eingeführt.

---

kurz & knapp

Radikal, Nucleophil, Elektrophil
- Radikal: reaktives, kurzlebiges Teilchen mit einem ungepaarten Elektron.
- Nucleophil: Teilchen mit einem Elektronenüberschuss, meist ein Anion.
- Elektrophil: Teilchen mit einem Elektronenmangel.

Elementare Reaktionstypen
- Substitution: $C–X \rightarrow C–Y$, σ-Bindung → σ-Bindung.
- Addition: $R_2C=CR_2 + X–Y \rightarrow R_2XC–CYR_2$, 1 Bindung (σ, π) → 2 (σ-)Bindungen.
- Eliminierung: Umkehrung der Addition.

Wichtige Reaktionstypen
- S_R:
    - Kettenstart durch Bestrahlung oder Radikalstarter.
    - Radikalkette, stark exotherm für F_2, exotherm für Cl_2, Br_2, schwach endotherm für I_2.
    - Kettenabbruch durch Radikalrekombinationen.
    - Produkte leiten sich vom Bruch der schwächsten C–H-Bindungen ab.
- Nucleophile Substitution S_N1 und S_N2:
    - zwei Grenzfälle, experimentell unterscheidbar.
    - S_N1: monomolekular, 2-stufig, Carbokation als Zwischenstufe, Racemisierung.
    - S_N2: bimolekular, 1-stufig, Übergangszustand, Inversion.
- Elektrophile Addition:
    - Wichtige Reaktion der π-Bindung.
    - Katalyse durch Säuren möglich.
    - Angriff eines Elektrophils ergibt Carbokation als Zwischenstufe.
- Eliminierungen – E1 und E2.

Zusammensetzung von Elementarschritten: komplexere Mechanismen
- Elektrophile Substitution am Aromaten – S_EAr:
    - π-Komplex → σ-Komplex.
    - Rearomatisierung durch Protonabspaltung.
- Veresterung, Verseifung.
- Aldol- und Esterkondensation.

10.3.5 Übungsaufgaben

Aufgabe 1: Die Aldolreaktion ist eine grundlegende Reaktion, um Kohlenstoff-Kohlenstoff-Bindungen herzustellen. Auch in der Biochemie finden sich Variationen dieses Grundthemas. Geben Sie Konstitutionsformeln der Produkte folgender baseninduzierter Aldolkondensationen an:

a. 1 mol Aceton reagiert mit 2 mol Benzaldehyd.

b. 1 mol Cyclohexanon reagiert mit 2 mol 2,2-Dimethylpropanal.

Aufgabe 1

Lösung 1: Für die Antwort hilft das allgemeine Reaktionsschema der Aldolkondensation, bei der eine CH_2-Gruppe neben einer Carbonylfunktion (C=O) mit einem Aldehyd oder Keton unter Wasserabspaltung reagiert (● Abb. 10.101a). Dieses allgemeine Schema hilft, die Produkte vorherzusagen (● Abb. 10.101b,c). Hier ist zu berücksichtigen, dass sowohl im Benzaldehyd als auch im 2,2-Dimethylpropanal keine CH-Gruppen benachbart zu einer C=O–Gruppe sind. Diese können **nur** als Carbonylkomponente reagieren.

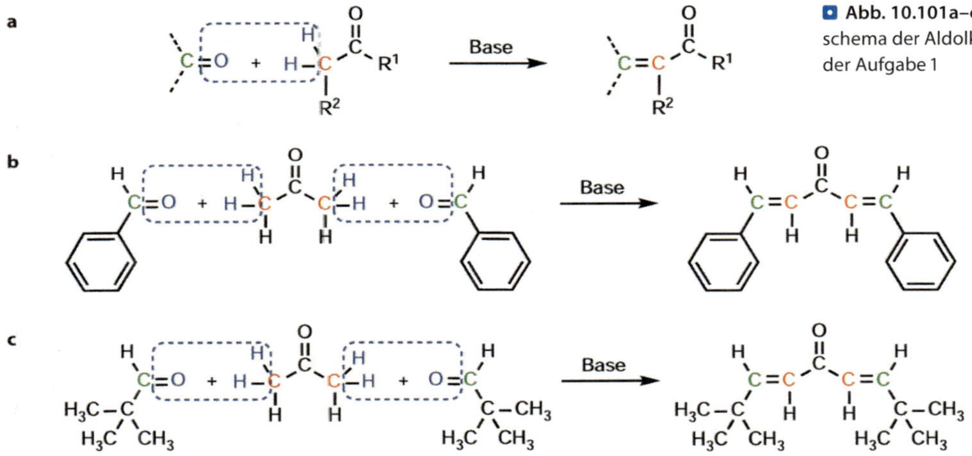

● **Abb. 10.101a–c a** Allgemeines Reaktionsschema der Aldolkondensation. **b, c** Lösung der Aufgabe 1

Aufgabe 2: Geben Sie für die Reaktionen in ● Abb. 10.101 an, um welchen Reaktionstyp es sich handelt (Addition, Substitution, Eliminierung oder Kombinationen).

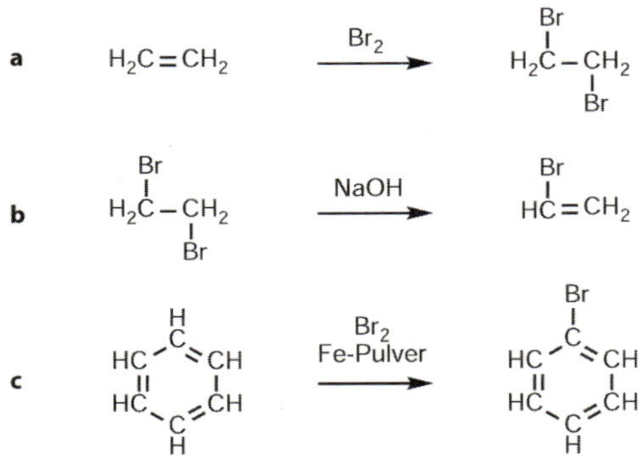

Aufgabe 2

● **Abb. 10.102a–c** Aufgabe 2: Um welchen Reaktionstyp handelt es sich?

Lösung 2:

a. (Elektrophile) Addition.

b. Eliminierung.

c. Substitution (Addition gefolgt von Eliminierung).

Aufgabe 3

Aufgabe 3: Reaktionsorte: Entscheiden Sie, wo im Molekül aus ◘ Abb. 10.103a ein Elektrophil (E^+) bzw. ein Nucleophil (Nu^-) angreifen könnte.

Lösung 3: ◘ Abb. 10.103b zeigt die Angriffsorte.

◘ **Abb. 10.103a, b** a Molekül, das von E^+ bzw. Nu^- angegriffen wird; b Angriffsorte

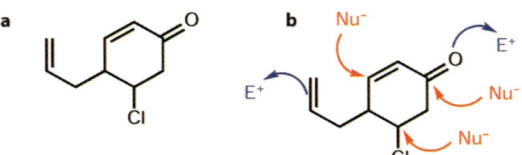

Alles klar!

»Element des Teufels«

Zum Ende des Abschnitts soll die Eingangsfrage noch aufgelöst werden. Es handelt sich um eine Substanz, die bei vielen Chemikern als die »tödlichste Substanz« überhaupt gilt, Greenpeace bezeichnete sie sogar als »Element des Teufels«! Es geht um die Stoffgruppe der **Dioxine** – mit insgesamt 210 Verbindungen, von denen jedoch lediglich 17 als giftig gelten. Was dieser – zugegeben – geringe Prozentsatz aber für Schäden anrichten kann, wird durch folgende Aussagen deutlich:

Chemisch gesehen stammen die Dioxine vom Phenol ab, genauer gesagt entstehen sie als unerwünschte Nebenprodukte bei der **Addition von Phenol mit Chlorgas (Chlorierung).**

Da dies früher kaum bekannt war, litten viele Chemiker bei ersten Versuchen unter bösen Pickeln, Zysten und Geschwüren, der Chlorakne. Nachdem erste Arbeiten zur Verbesserung der aseptischen Behandlung mit Phenol aufgrund seiner Kontakttoxizität fehlschlugen, suchte man nach Alternativen. Eine Lösung wurde in Chlorphenolen gesehen, bei deren Herstellung jedoch als Nebenprodukt Dioxine entstanden.

Als die US-Amerikaner in den 1960er Jahren eine große Menge des Entlaubungs- und Erntevernichtungsmittels »Agent Orange« über dem vietnamesischen Dschungel versprühten, war ihnen wohl nicht bewusst, dass dieses auch Dioxine enthielt – nämlich sage und schreibe 106–366 kg, je nach Quelle! Die furchtbaren Folgen waren und sind noch heute zum einen das Neuauftreten schwerster Krebserkrankungen und zum anderen viele fehlgebildete Neugeborene. Aufgrund dieser Fakten lassen sich die oben genannten Definitionen der Dioxine leicht verstehen!

Im Leben sind die Dinge aber nicht immer ganz so einfach gelagert. Denn am 10.07.1976 wurden aus einer Chemiefabrik in der italienischen Ortschaft Seveso durch einen Unfall größere Mengen 2,3,7,8-TCDD (◘ Abb. 10.104) freigesetzt. Beim Unfall selbst wurde niemand getötet. Obwohl sehr viele Tiere in der Umgebung wegen 2,3,7,8-TCDD verendeten, wurde in der Fabrik sogar noch 1 Woche regulär weitergearbeitet. Später kam es zu fast 200 Fällen von Chlorakne (bei 220.000 Untersuchten). Alle Erkrankungen sind voll abgeheilt. Da die medizinische Überwachung der Bewohner um das Chemiewerk in Folge des Unfalls sehr gut ist, konnte

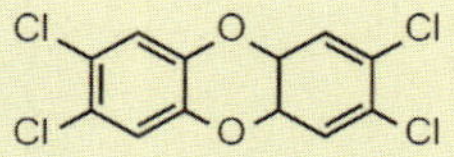

2,3,7,8-Tetrachlor-
dibenzo[1,4]dioxin

2,3,7,8-TCDD   ◨ **Abb. 10.104** 2,3,7,8-Tetrachlordibenzo[1,4]dioxin

man auch 20 Jahre später keine Erhöhung des Krebsrisikos feststellen. Tendenziell waren die Bewohner von Seveso sogar gesünder als Vergleichspersonen, was aber wahrscheinlich an der besseren Betreuung liegt. Die toxikologische Einordnung der Wirkung von Dioxinen auf den Menschen ist somit nicht trivial. Wahrscheinlich sind die Dioxine Verbindungen, die selbst keinen Krebs auslösen, aber wenn andere krebserzeugende Agenzien vorhanden sind, die Krebsentwicklung stark verstärken: Sie sind sog. **Tumorpromotoren.** Das könnte ein Grund für die unterschiedlichen Erscheinungen sein.

10.4 Einführung in die Naturstoffe: Kohlenhydrate, Fette und Aminosäuren

Ricarda Krebs

— Monosaccharide, Oligo- und Polysaccharide:
  – Glucose, Galactose als bedeutende Hexosen
  – Ribose, Desoxyribose als bedeutende Pentosen
  – Oxidation und Reduktion von Monosacchariden
  – Eigenschaften der Disaccharide
  – Maltose, Isomaltose, Lactose, Saccharose
  – Zellulose, Glykogen und Stärke als wichtigste Homoglycane
— Eigenschaften der Lipide:
  – Fettsäuren (geradzahlige und ungeradzahlige, gesättigte und ungesättigte, essenzielle)
  – Triacylglyceride
  – Glycerophosphatide
  – Sphingosinphosphatide
  – Glycolipide
  – Cholesterin
  – Cholesterinderivate
— Allgemeiner Aufbau einer Aminosäure:
  – proteinogene Aminosäuren
  – essenzielle Aminosäuren
  – isoelektrischer Punkt
  – biogene Amine
  – Peptidbindung
  – Konformation von Proteinen
  – Sequenzanalyse

Fast Food und gesunde Ernährung

»Fast Food ist ungesund.« Solche oder ähnliche Aussagen kursieren tagtäglich in der Presse, sind Bestandteil zahlreicher neuer Diätpläne in sämt-
lichen Frauenzeitschriften und haben sich nun auch unauslöschbar in
Otto Normalverbrauchers Kopf festgesetzt.

Schließlich weiß man ja auch, dass zu viel Fett nicht nur für unästhetische
Körperformen verantwortlich ist, sondern auch ernste gesundheitliche
Probleme hervorrufen kann. Und in der Regel ist das, was uns in Form
matschiger Hamburger, salziger und fettdurchtränkter Pommes frites oder
geradezu ekelerregend süßer und klebriger Desserts in den betreffenden
»Restaurants« angeboten wird, offensichtlich höchst gesundheitsschädlich.
Wo sonst kann man binnen so kurzer Zeit das Risiko, an einer koronaren
Herzkrankheit zu sterben, so rasch und irreversibel erhöhen?

Aber kann man diese Aussagen ohne Weiteres so stehen lassen? Ist Fast
Food wirklich so schädlich oder hat es überraschenderweise sogar positive
Aspekte? Und schneidet Fast Food im Vergleich zum herkömmlichen haus-
gemachten Abendbrot wirklich so viel schlechter ab? Hamburger oder
Butterbrot, das ist hier die Frage...

»Essen hält Leib und Seele zusammen.«

Wie wahr erscheint uns dieser Satz, wenn wir heißhungrig in einen saftigen
Hamburger beißen (ob gesund oder nicht gesund, tangiert uns in diesem
Moment meist nur peripher...)! Aber was genau nehmen wir in diesem
Moment eigentlich zu uns? Was ist es denn nun, was »Leib und Seele zu-
sammenhält«?

So viel kann schon einmal verraten werden: Besagter Hamburger (◨ Abb.
10.105) enthält die drei Hauptnahrungsbestandteile Kohlenhydrate, Lipide
und Proteine – geläufige Begriffe, deren weiteres Verständnis die Aufgabe
des folgenden Abschnitts ist.

◨ **Abb. 10.105** Fast Food – gesund, oder?

10.4.1 Chemie der Kohlenhydrate

Aufbau der Kohlenhydrate

Ein Bestandteil des Hamburgers ist das Brötchen, welches das Fleisch umgibt und uns schon zur ersten großen Gruppe der Nahrungsbestandteile
führt, denn es enthält Kohlenhydrate. Was kann man unter diesem Begriff
verstehen?

Schon der Name dieser großen chemischen Stoffgruppe liefert uns einen
ersten Anhaltspunkt, was wohl damit gemeint sein könnte: Es handelt sich bei
den Kohlenhydraten um Stoffe, die überwiegend aus Kohlenstoff und – formal
– aus Wasser bestehen. Dies lässt sich in der allgemeinen Summenformel
$C_n(H_2O)_m$ ausdrücken, nach deren Prinzip alle Kohlenhydrate aufgebaut
sind.

Kohlenhydrate sind Aldehyde oder
Ketone eines mehrwertigen Alkohols,
die der allgemeinen Summenformel
$C_n(H_2O)_m$ folgen.

**Kohlenhydrate entstehen aus mehrwertigen Alkoholen, die entweder
an einer primären oder einer sekundären OH-Gruppe oxidiert werden.**
Somit entsteht entweder ein Aldehyd (wenn eine primäre OH-Gruppe oxidiert wird) oder ein Keton (wenn es sich um eine sekundäre OH-Gruppe
handelt).

Einteilung der Kohlenhydrate

Nun gibt es verschiedene Möglichkeiten, die Kohlenhydrate, besser unter dem Namen »Zucker« bekannt, einzuteilen:

- Handelt es sich um einzelne Zuckerbausteine, spricht man von Monosacchariden.
- Verknüpft man zwei, bilden sich Disaccharide, deren bekannteste Vertreter Saccharose (Rohrzucker) und Lactose (Milchzucker) sind.
- Schließlich kann man auch eine unbegrenzte Anzahl von einzelnen Zuckerbausteinen zu Polysacchariden zusammenfügen, was z. B. im Falle der Stärke geschieht, womit wir wieder beim Hamburger-Brötchen angekommen wären.

Man kann jedoch auch den Schwerpunkt der Betrachtung auf die Anzahl der C-Atome legen, die in den Zuckern enthalten sind. So unterscheidet man die in ◘ Tab. 10.15 aufgeführten wichtigen Klassen von Monosacchariden.

Monosaccharide

Wir wollen uns nun zuerst mit den Einzelzuckern befassen, um uns anschließend langsam den großen Polysacchariden anzunähern. **Die einfachsten Monosaccharide heißen Glycerinaldehyd oder kurz Glyceraldehyd (chiral) und Dihydroxyaceton (Glyceron, einziger achiraler Zucker).** Sie enthalten nur drei C-Atome, sind also Triosen. Sie entstehen, indem der Polyalkohol Glycerin entweder an der primären oder sekundären OH-Gruppe oxidiert wird, wobei jeweils ein Aldehyd (Glyceraldehyd, Glycerinaldehyd) bzw. ein Keton (Dihydroxyaceton, Glyceron) gebildet wird (◘ Abb. 10.106).

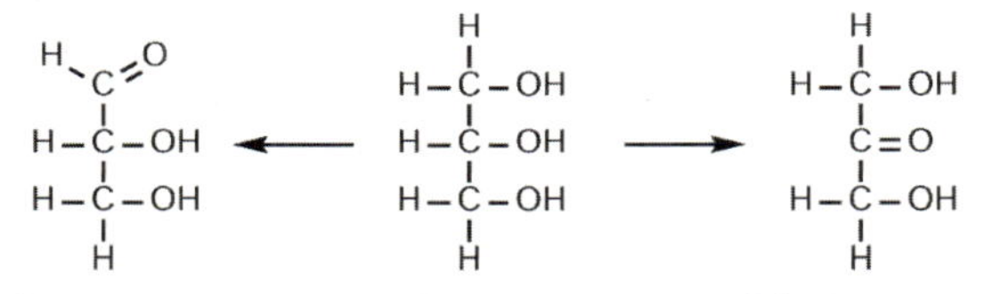

- Monosaccharid:
  1 Zuckerbaustein;
- Oligosaccharid:
  2 bis ca. 10 Zuckerbausteine;
- Polysaccharid:
  > 10 Zuckerbausteine.

◘ **Tab. 10.15** Klassifizierung der Monosaccharide

Anzahl C-Atome	Klassifizierung
3	Triose
4	Tetrose
5	Pentose
6	Hexose
7	Heptose

◘ **Abb. 10.106** Glyceraldehyd, Glycerin, Dihydroxyaceton (Glyceron)

Bei Glyceraldehyd kann man an C^2 ein asymmetrisches C-Atom, d. h. ein C-Atom mit vier unterschiedlichen Substituenten erkennen, während Dihydroxyaceton kein Chiralitätszentrum aufweist. Aufgrund dieser Tatsache kann man Glyceraldehyd in zwei verschiedenen Formen darstellen, je nachdem, ob die OH-Gruppe an C^2 links oder rechts steht (◘ Abb. 10.107):

- Weist die OH-Gruppe nach rechts, spricht man von der (D)-Form (lat. *dexter*, rechts),
- weist sie nach links, von der (L)-Form (lat. *laevus*, links).

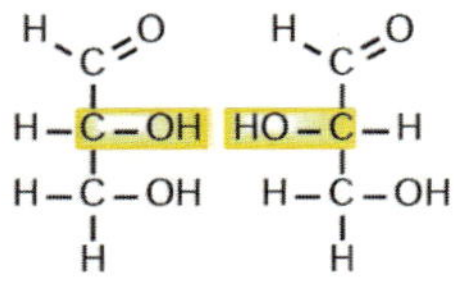

Glyceraldehyd existiert somit in Form zweier Enantiomere (▶ Abschn. 10.2.2).

In der Natur und besonders in unserem Verdauungstrakt spielen vor allem die (D)-Formen der Zucker eine Rolle, ganz im Gegensatz zu den Aminosäuren, bei denen vor allem die (L)-Formen von Bedeutung sind.

Epimere (siehe weiter unten) unterscheiden sich nur in der Stellung eines einzigen asymmetrischen C-Atoms, während bei Enantiomeren die OH-Gruppen aller asymmetrischen C-Atome in genau entgegengesetzte Richtung weisen (Bild- und Spiegelbildisomere).

◘ **Abb. 10.107** D- und L-Form von Glyceraldehyd

Epimere und Enantiomere nicht verwechseln!

Einteilung Monosaccharide nach:
a) funktionellen Gruppen (Aldosen und Ketosen),
b) Anzahl der C-Atome (Triosen, Tetrosen etc.);
a + b) ergibt z. B. Aldohexose (Aldose mit 6 C-Atomen) bzw. Hexulose (Ketose mit 6 C-Atomen).

Einteilung Die Monosaccharide lassen sich nun unter anderem klassifizieren nach:

- funktionellen Gruppen in **Aldosen** und **Ketosen**; im ▶ Anhang ist der sog. Zuckerstammbaum der Ketosen (◘ Abb. A.6) und der der Aldosen (◘ Abb. A.7) wiedergegeben;
- der Anzahl ihrer Kohlenstoffatome; in der Natur kommen sowohl bedeutende Hexosen vor, d. h. Moleküle mit sechs C-Atomen, z. B. die Glucose, aber auch Pentosen, also Zucker mit fünf C-Atomen. Die für uns Menschen und auch in der Biochemie bedeutsamsten sollen nun exemplarisch vorgestellt werden.

Hexosen

Beginnen wir mit den Hexosen, den sog. **Sechserzuckern**. Die bedeutsamsten Hexosen im menschlichen Körper sind:

- Glucose,
- Galactose,
- Mannose,
- Fructose.

Mit der allseits bekannten Glucose wollen wir beginnen. Glucose ist das, was man üblicherweise mit dem Begriff »(Trauben-)Zucker« verbindet.

Der Glucosespiegel wird in engen Grenzen zwischen 80–120 mg dl^{-1} konstant gehalten.

Hätten Sie's gewusst?

Blutglucosespiegel
Glucose spielt eine herausragende medizinische Rolle. Denn sie ist nicht nur unter physiologischen Bedingungen der **wichtigste Energielieferant**, den wir mit der Nahrung zu uns nehmen und der unserem Körper anschließend im Rahmen der Glykolyse unersetzbare Mengen an Energie liefert. (Manche Zellen unseres Körpers haben sich sogar auf Glucose als Energiespender spezialisiert, wie z. B. die Erythrozyten und unsere »grauen Zellen«. Sie sind obligate Glucoseverwerter, d. h., sie können kaum auf andere Energieträger umsteigen und sind daher auf eine kontinuierliche Zufuhr angewiesen.)
Dennoch ist zu viel des Guten in vielen Lebensbereichen oft schädlich, so auch beim Glucosespiegel im Blut. Dieser wird nämlich beim Gesunden in sehr engen Grenzen (80–120 mg dl^{-1}) konstant gehalten. Sollte dies einmal nicht gelingen, wie es im Rahmen eines angeborenen oder erworbenen Insulinmangels der Fall ist, können sich daraus verheerende Folgen ergeben, wie man sie bei Patienten mit **Diabetes mellitus** beobachten kann. Auch in dieser Hinsicht hat die Glucose also herausragende Bedeutung in der Medizin.

◘ **Abb. 10.108** Emil Fischer (1852–1919), Nobelpreis 1902, © The Nobel Foundation

Glucose lässt sich am einfachsten in der Fischer-Projektion beschreiben.

Nun aber zur Glucose an sich: **Es gibt verschiedene Schreibweisen für Glucose, die einfachste ist die Fischer-Projektion**, die nach dem deutschen Chemiker Emil Fischer (◘ Abb. 10.108) benannt wurde. Weitere Schreibweisen sind die Haworth-Darstellung (◘ Abb. 10.111) und die Sesselform (◘ Abb. 10.112).

Fischer-Projektion In der Fischer-Projektion steht das am höchsten oxidierte C-Atom (hier die Aldehyd-Gruppe, –CHO) oben. Die C-Atome werden mit ihren OH-Gruppen, die unbedingt auf der richtigen Seite stehen müssen, darunter angeordnet, sodass das Ganze dann wie in ◘ Abb. 10.109 aussieht.

Der Merkspruch »ta-tü-ta-ta« kann helfen, die OH-Gruppen für die (D)-Glucose auf die richtige Seite zu schreiben.

Der Fischer-Projektion kann man entnehmen, dass es sich bei der Glucose um eine Aldohexose handelt, sprich einen Sechserzucker mit Aldehydgruppe. Nun ist es so, dass die Glucose sich in der Natur nicht allzu gern in diese ausgestreckte Form begibt, vielmehr kommt es zu einem Phänomen, das sich **Halbacetalbildung** (▶ Abschn. 10.2.3; ◘ Abb. 10.57) nennt.

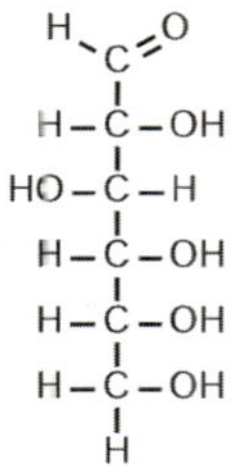

Aldehyd + Alkohol → Halbacetal.

Was sind nun Halbacetale? Das ist nicht allzu schwer zu verstehen: Reagiert eine Aldehydgruppe mit einem Alkohol, so resultiert daraus ein Halbacetal (◘ Abb. 10.110).

◘ **Abb. 10.109** (D)-Glucose in Fischer-Projektion

◘ **Abb. 10.110** Halbacetalbildung: Molekül mit Aldehydgruppe reagiert mit OH-Gruppe eines anderen Moleküls

Und genau das passiert bei der Glucose, nur dass sich hier die beiden Gruppen in ein und demselben Molekül befinden, nämlich der Glucose in Fischer-Projektion. Es kommt zu einem Ringschluss, indem die Aldehydgruppe der Glucose mit der OH-Gruppe an C^5 (selten auch mal mit einer anderen innerhalb des Moleküls) reagiert. Und so entsteht eine weitere mögliche Schreibweise der Glucose, die **Haworth-Darstellung** (◘ Abb. 10.111). Eigentlich ganz einfach, oder?

Bei dieser Ringform fällt auf, dass die **OH-Gruppe an C^1** (= rechte Ecke neben dem Sauerstoff, sog. anomeres Kohlenstoffatom) in zwei verschiedenen Stellungen vorkommen kann:

- Sie kann einmal nach oben weisen, d. h. auf die gleiche Seite wie die CH_2OH-Gruppe, dann spricht man von β-Stellung.
- Oder sie weist nach unten (gegenüber der CH_2OH-Gruppe), dann liegt die sog. α-Form vor.

Der Clou an dem Ganzen ist, dass die beiden Formen in Wasser ineinander umwandelbar sind. **Aus der α-Form kann in Wasser also die β-Form entstehen und umgekehrt, was man als Mutarotation bezeichnet.**

Sesselform Die dritte erwähnenswerte Darstellungsform der Glucose neben Fischer- und Haworth-Projektion ist die Sesselform. In dieser gestaltet sich unsere Glucose wie in ◘ Abb. 10.112 gezeigt.

Wie beim Cyclohexan (▶ Abschn. 10.1.2, ◘ Abb. 10.22) kann auch die Sesselform der Glucose in zwei Konformationen vorliegen, bei denen die axialen und äquatorialen Substituenten die Position tauschen. Die Konformationen benennt man $^4C_1$ und $^1C_4$ – ganz einfach: C steht für »chair«, also Sessel. Die

Innerhalb des Glucosemoleküls bildet sich ein Halbacetal → Ringschluss → Haworth-Darstellung.

Anomere sind Epimere am anomeren Kohlenstoffatom (C^1) und werden mit α und β bezeichnet.

Mutarotation: α- und β-Glucose können sich in Wasser ineinander umwandeln.

$^4C_1$ und $^1C_4$: Konformationen der Monosaccharide.

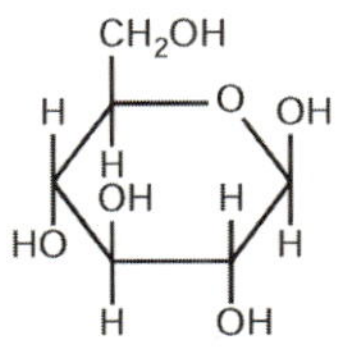

◘ **Abb. 10.111** Ringstruktur der Glucose (Haworth-Projektion)

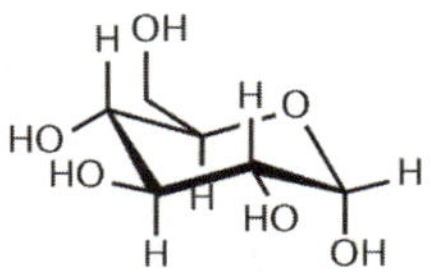

◘ **Abb. 10.112** (α)-(D)-Glucose in Sesselform

Sitzfläche wird von den Atomen O, C^2, C^3 und C^5 gebildet. In der $^4C_1$-Konformation steht die »Spitze« C^4 über dieser Ebene, C^1 darunter, bei der $^1C_4$-Konformation ist es umgekehrt. Da in der $^4C_1$-Anordnung mehr Substituenten äquatorial stehen, ist das bei Glucose die einzig wichtige.

Die drei Schreibweisen der Glucose sollte man unbedingt beherrschen, sie sind auch für wichtige Zusammenhänge der Biochemie unerlässlich. Und einmal im Kopf, verschwinden sie auch so leicht nicht wieder...

Epimere Neben der Glucose gibt es aber noch weitere interessante Hexosen, die ebenfalls für wichtige Funktionen unseres Körpers eine Rolle spielen. Einige davon unterscheiden sich in ihrer Schreibweise kaum von der Glucose, genauer gesagt nur in der Stellung einer einzigen OH-Gruppe an einem bestimmten C-Atom. Solche Moleküle nennt man Epimere. **Epimere sind Monosaccharide, die sich nur in der Stellung einer OH-Gruppe an einem asymmetrischen C-Atom unterscheiden.** Epimere der Glucose sind z. B. Galactose und Mannose.

Beide haben unter anderem ihre Bedeutung beim Aufbau der Glykokalix, d. h. des Kohlenhydratanteils der Zellmembranen, und dienen als zelluläre Erkennungsstrukturen. Bei der Galactose steht an C^4 die OH-Gruppe genau auf der entgegengesetzten Seite wie bei der Glucose, man sagt, Galactose ist ein Epimer der Glucose an C^4. Bei der Mannose hingegen weist die OH-Gruppe an C^2 auf die andere Seite (�’ Abb. 10.113).

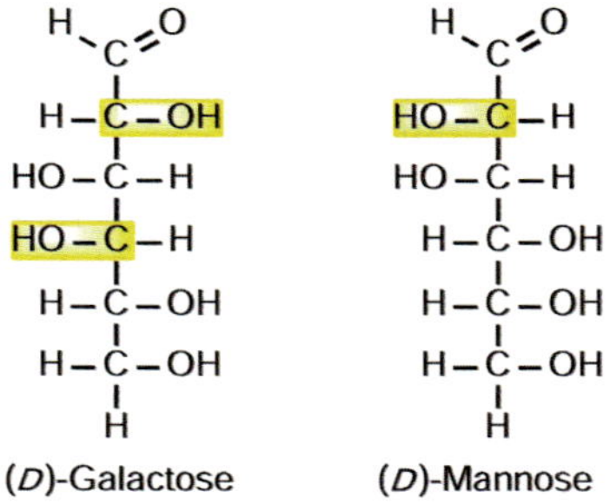

◘ **Abb. 10.113** Galactose und Mannose

(*D*)-Galactose   (*D*)-Mannose

Allen oben erwähnten Hexosen ist gemeinsam, dass sie Aldehydgruppen enthalten, also Aldohexosen sind.

Fructose, eine weitere bekannte Hexose, besser bekannt unter dem Namen Fruchtzucker, weist hingegen eine Ketogruppe auf (◘ Abb. 10.114). Fructose wird daher ganz folgerichtig als Hexulose (früher: Ketohexose) bezeichnet.

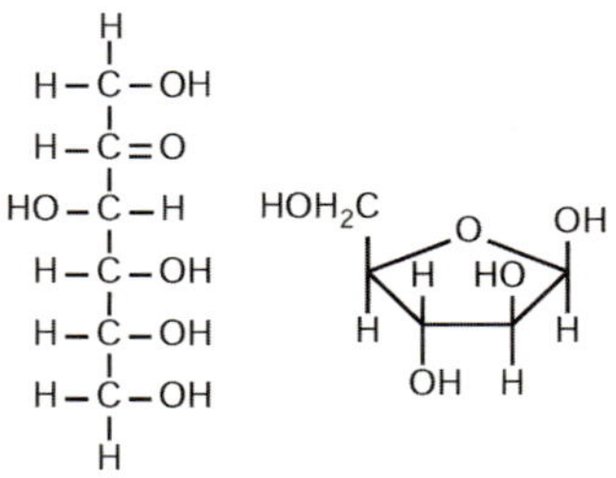

Fructose (Fruchtzucker) ist eine Hexulose.

◘ **Abb. 10.114** Fructose in Fischer- und Haworth-Darstellung

Pentosen

Nun gibt es für die Erhaltung unserer Körperfunktionen aber auch Monosaccharide, die nicht sechs C-Atome enthalten, wie die oben beschriebenen

Hexosen, sondern nur fünf. Diese Zucker bezeichnet man daher als Pentosen. **Zwei herausragende Vertreter der Pentosen sind die Ribose und die Desoxyribose** (🔲 Abb. 10.115).

Manchen ist aus der Biologie noch geläufig, dass diese beiden Moleküle wichtige Funktionen im Zusammenhang mit unserem **Erbgut** erfüllen: Während wir die Desoxyribose nämlich im Rückgrat der DNA finden, die in jeder einzelnen Zelle als Speicher unserer gesamten genetischen Information dient, ist die Ribose ein Bestandteil der RNA, die verschiedene Funktionen in der Zelle erfüllt (siehe Lehrbücher der Biochemie).

Wie aus der Darstellung ersichtlich wird, unterscheiden sich beide Moleküle nur durch eine OH-Gruppe an C^2, die in der Desoxyribose durch ein Wasserstoffatom ersetzt ist.

Reaktionen der Monosaccharide

Natürlich kann man mit den Monosacchariden so einiges anstellen, man kann sie z. B. oxidieren, reduzieren oder die einzelnen Bausteine verknüpfen. Als anschauliches Beispiel nehmen wir wieder einmal die Glucose, da sie im Stoffwechsel einfach die wichtigste Rolle spielt.

Oxidation der Glucose Oxidiert man die Aldehydgruppe der Glucose, entsteht daraus eine Zuckersäure, die **Gluconsäure** (eine On-Säure, 🔲 Abb. 10.116). Genau diese Reaktion läuft ab, wenn man Glucose mit Tollens-Reagenz $[Ag(NH_3)_2]^+$ oder Fehling-Lösung (dunkelblauer Tartrat-Komplex des Cu^{2+}) (▶ Abschn. 10.2.3, 🔲 Tab. 10.9) versetzt, die in diesem Fall als Oxidationsmittel fungieren. Mithilfe dieser Reagenzien kann Glucose in wässriger Lösung nachgewiesen werden (🔲 Abb. 10.117).

Wird auch die endständige CH_2OH-Gruppe oxidiert, erhält man die **Glucarsäure** (eine Ar-Säure); ist dagegen nur die CH_2OH-Gruppe zur Carbonsäure oxidiert und die Aldehydfunktion an C^1 erhalten, so spricht man von der **Glucuronsäure** (einer Uron-Säure) (🔲 Abb. 10.116).

Ribose und Desoxyribose sind wichtige Bestandteile unseres Erbguts und werden zu den Pentosen gerechnet.

🔲 **Abb. 10.115** Ribose (*oben*) und Desoxyribose (*unten*) in Haworth-Darstellung

Der Nachweis von Glucose gelingt durch milde Oxidation mit Fehling- oder Tollens-Reagenz. Man erhält die Gluconsäure.

🔲 **Abb. 10.116** Bildung von On-Säure, Uron-Säure und Ar-Säure durch Oxidation von Glucose

🔲 **Abb. 10.117** Oxidation von Glucose zur Gluconsäure

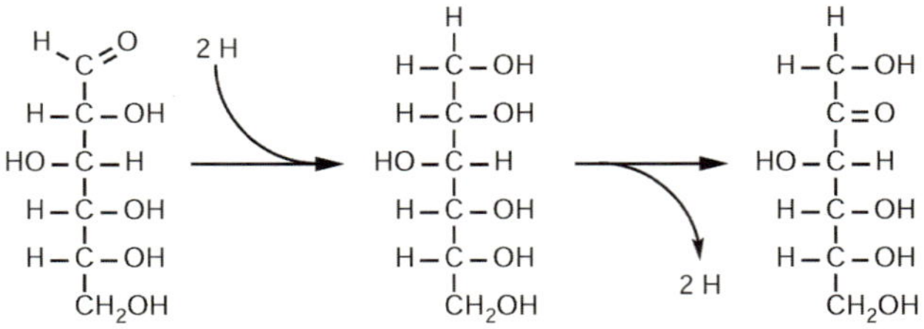

Abb. 10.118 Glucose, Sorbitol und Fructose

Genauso ist es aber denkbar, dass Glucose an C^1 reduziert wird. Hierbei ergibt sich ein interessanter Zusammenhang mit der Fructose: Die Reduktion an C^1 führt uns nämlich zum Zuckeralkohol **Sorbitol**, den Diabetiker als Zuckerersatzstoff verwenden können (Abb. 10.118).

Entfernt man nun von Sorbitol zwei Wasserstoffatome an C^2, entsteht daraus Fructose. **Glucose und Fructose stehen also über den Zuckeralkohol Sorbitol miteinander in Korrelation.**

Glucose kann über Sorbitol in Fructose umgewandelt werden und umgekehrt.

Ausgewählte Disaccharide

Nachdem nun ungefähr klar ist, was Monosaccharide sind, wagen wir uns einen Schritt weiter, denn in unserem Hamburger-Brötchen liegen einzelne Zuckerbausteine nicht isoliert nebeneinander, vielmehr sind sie miteinander verknüpft.

Es soll nun erst einmal die **Verknüpfung zweier Monosaccharide** betrachtet werden, die uns zu den **Disacchariden** führt, bevor wir uns gigantischen Riesenmolekülen wie Stärke und Glykogen, die durch die Verknüpfung tausender und abertausender einzelner Zuckerbausteine entstehen, nähern.

Verknüpft man zwei Zuckerbausteine miteinander, entsteht (eigentlich klar) eine **glycosidische Bindung**, was chemisch nichts anderes als ein **Vollacetal** (Abb. 10.57) ist. In der Chemie ist aber alles nicht ganz so einfach, wie es scheint, und so muss man hier schon mindestens eine große Unterscheidung treffen, da glycosidische Bindung nicht gleich glycosidische Bindung ist:

Monosaccharide lassen sich über glycosidische Bindungen zu Disacchariden etc. verknüpfen.

Man unterscheidet *O*-glycosidische und *N*-glycosidische Bindungen. Der Name leitet sich von dem Atom ab, mit dem der Zucker die Bindung eingeht: Entweder handelt es sich um ein Sauerstoff- oder ein Stickstoffatom.

Für uns spielt in diesem Abschnitt eigentlich nur die *O*-glycosidische Bindung eine Rolle, da sie entsteht, indem zwei OH-Gruppen zweier Monosaccharide miteinander reagieren, wobei Wasser abgespalten wird. Über *N*-glycosidische Bindungen sind z. B. die Basen der DNA (Adenin, Thymin, Guanin, Cytosin) mit jeweils einem Zucker des DNA-Rückgrats verknüpft (Näheres siehe Lehrbücher der Biochemie).

O-Glycoside sind Vollacetale.

Zurück zur *O*-glycosidischen Bindung: Bei der Verbindung zweier Zucker über eine solche Bindung ist es wichtig zu wissen, dass der erste Zucker die Bindung stets mit der OH-Gruppe an C^1 eingeht; für den zweiten ist diese Aussage jedoch nicht notwendigerweise zutreffend – hier kann z. B. die OH-Gruppe an C^2, C^4 oder C^6 die Bindung eingehen.

Außerdem ist zu beachten, dass die Hydroxygruppe an C^1 des ersten Monosaccharids sich entweder in α- oder β-Stellung befinden kann, sodass man bei den *O*-glycosidischen Bindungen α- und β-glycosidische Bindungen unterscheiden muss (Abb. 10.119).

Bei der *O*-glycosidischen Bindung unterscheidet man je nach Stellung der OH-Gruppe am Kohlenstoffatom C^1 α- und β-glycosidische Bindungen.

Nehmen wir als **Beispiel** nun zwei Glucosemoleküle, von denen das erste eine OH-Gruppe in α-Stellung am Kohlenstoffatom besitzt, die unter Abspaltung von H_2O mit der Hydroxygruppe an C^4 des zweiten Monosaccharids reagieren soll. Dann entsteht hierbei eine α-1,4-glycosidische Bindung (Abb. 10.120). Alles klar?

Abb. 10.119 α- und β-glycosidische Bindung

Abb. 10.120 Zwei 1,4-verknüpfte Glucosemoleküle. Oben: α-1,4; unten: β-1,4

Dieser Bindungstyp spielt übrigens in der Natur eine große Rolle, da der Hauptanteil der Glucosemoleküle im Glykogen (siehe weiter unten) und in der Stärke α-1,4-glycosidisch verknüpft ist. Glykogen kommt als kurzfristig mobilisierbare Energiereserve im Zytoplasma unserer Leber- und Muskelzellen vor, Stärke liegt z. B. in Brot und Kartoffeln vor. Die für uns Menschen bedeutsamsten Disaccharide – Maltose und Isomaltose – werden im Folgenden aufgeführt.

Maltose und Isomaltose bestehen nur aus Glucoseeinheiten, unterscheiden sich jedoch in der Art der Bindung (Abb. 10.121):

- In der Maltose sind beide Glucosemoleküle über eine α-1,4-glycosidische Bindung verknüpft,
- in der Isomaltose hingegen über eine α-1,6-glycosidische Bindung.

Maltose und Isomaltose bestehen nur aus Glucoseeinheiten.

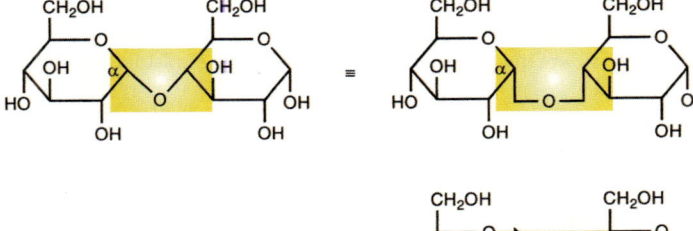

Abb. 10.121 Maltose und Isomaltose

Den Begriff **Saccharose** kennt vielleicht nicht jeder. Wenn man aber ein Synonym dafür, nämlich **Rohrzucker**, verwendet und weiß, dass es sich dabei um den Zucker handelt, der in unser aller Küchen sein Dasein fristet und uns in so manchem Gebäckstück das Leben versüßt, weiß jeder, wovon die Rede ist. Anders als bei Maltose und Isomaltose sind hier nicht zwei gleichartige Monosaccharide verbunden, vielmehr gehen hier ein Molekül Glucose und ein Molekül Fructose eine süße Verbindung ein (Abb. 10.122).

Saccharose besteht aus einem Molekül Glucose und einem Molekül Fructose.

Rohrzucker = Saccharose.

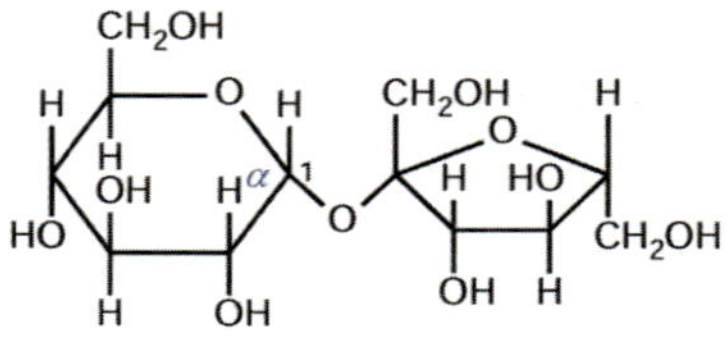

■ **Abb. 10.122** Saccharose

Milchzucker = Lactose.

Lactose besteht aus einem Molekül Glucose und einem Molekül Galactose.

Der dritte und letzte nennenswerte Vertreter der für uns Menschen relevanten Disaccharide ist die **Lactose**, auch Milchzucker genannt. Lactose besteht ebenfalls, wie die Saccharose, aus zwei verschiedenen Bausteinen, und zwar setzt sie sich aus den Monosacchariden Glucose und Galactose zusammen. Beide sind über eine β-1,4-glycosidische Bindung verknüpft (■ Abb. 10.123).

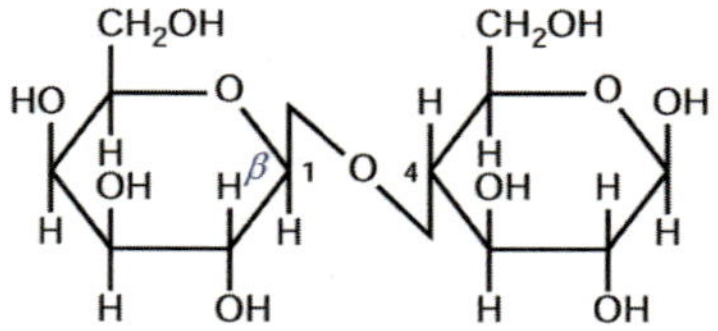

■ **Abb. 10.123** Lactose

Viele Menschen können Lactose nicht verdauen, da ihnen das entsprechende Enzym fehlt.

Hätten Sie's gewusst?

Lactoseunverträglichkeit
Bezüglich der Lactose existiert eine klinisch interessante Besonderheit. Nehmen wir Lactose mit der Nahrung auf, z. B. in Form von Milch, gelangt sie über Speiseröhre, Magen und Zwölffingerdarm schließlich in den Dünndarm. Dort werden die verwertbaren Nahrungsbestandteile über die Dünndarmschleimhaut resorbiert und anschließend ins Blut abgegeben (eine Ausnahme hiervon stellen Lipide dar, die statt in die Blutbahn ins Lymphsystem gelangen). Kohlenhydrate müssen, um im Darm resorbiert zu werden, in ihre kleinsten Bestandteile, also die Monosaccharide, zerlegt werden. Lactose wird von einem Enzym namens Lactase in ein Glucose- und ein Galactosemolekül gespalten, die anschließend über spezielle Transportmechanismen in die Darmzellen aufgenommen werden können. Bei vielen Menschen wird aber gerade dieses wichtige Enzym gar nicht oder in zu geringen Mengen produziert, sodass die Lactose nicht gespalten und resorbiert werden kann. Sie verbleibt also im Darm und zieht aus osmotischen Gründen Wasser in den Darm. Diese sog. **Lactoseunverträglichkeit** macht sich dann nach Aufnahme von Lactose in Form von Milchprodukten durch Blähungen, Durchfall und Darmkollern bemerkbar. Keine angenehme Sache also, eine solche Milchunverträglichkeit.

Oligosaccharide enthalten bis zu zehn, Polysaccharide über zehn Zuckereinheiten.

Oligosaccharide und Polysaccharide

Es lassen sich natürlich auch ganze Ketten von Monosacchariden bilden, die dann je nach Länge als Oligo- oder Polysaccharide bezeichnet werden. Man kann sich grob merken: **Kohlenhydrate aus 3–10 Einzelzuckern sind Oligosaccharide, während Ketten mit über zehn Einzelbausteinen Polysaccharide darstellen.**

Oligosaccharide

Kurzkettige Oligosaccharide finden wir oft als endständigen Rest auf Proteinen oder Lipiden, die in die Zellmembran eingebettet sind (■ Abb. 10.132). Somit beteiligen sich Oligosaccharide am Aufbau der Glykokalix, ihre Anordnung ist von Zellart zu Zellart verschieden und genau festgelegt. Über die Glykokalix können sich z. B. gleichartige Zellen erkennen und Gewebeverbände bilden. Auch die bekannten Blutgruppen beruhen letztlich nur auf einer bestimmten Anordnung von Oligosacchariden auf unseren Erythrozyten.

Polysaccharide

Langkettige Kohlenstoffverbindungen werden Polysaccharide genannt. Sie bringen uns dem Verständnis unseres in der Einleitung genannten Hamburger-Brötchens sehr nah. **Wichtig ist die Untergliederung der Polysaccharide in Homoglycane und Heteroglycane.**

Homoglycane bestehen nur aus einer Sorte Zuckerbausteinen, Heteroglycane aus unterschiedlichen.

Homoglycane

Homoglycane sind Polysaccharide, die nur aus einer einzigen Sorte Monosaccharid bestehen. Die für Menschen, Tiere und auch Pflanzen bedeutsamsten Homoglycane bestehen aus einer Aneinanderreihung von Glucosemolekülen. **Die wichtigsten Homoglycane, die man unbedingt kennen sollte, sind Glykogen, Stärke und die Zellulose der Pflanzen.**

Zellulose Sie kommt als strukturgebende Komponente in Pflanzen vor, wir nehmen sie also z. B. in Form von Salat zu uns. Wir Menschen können Zellulose (leider?!) nicht verdauen und daraus Energie beziehen. Denn die Monosaccharide sind in der Zellulose komplett β-1,4-verknüpft, und dafür existiert in unserem Darm kein passendes Spaltungsenzym. Die Zellulose wird also unverdaut wieder ausgeschieden, daher bezeichnet man sie als Ballaststoff. Ganz ohne Nutzen ist ihre Aufnahme für den Menschen dennoch nicht: Ballaststoffe regen die Darmtätigkeit an und fördern damit die Verdauung, sodass andere Nährstoffe besser resorbiert und unverdauliche rascher ausgeschieden werden. **Der Mensch kann Glykogen und Stärke verdauen, da er hierfür mit den passenden Enzymen ausgestattet ist. Für die β-1,4-verknüpfte Zellulose existiert allerdings kein Enzym, sodass Zellulose unverdaut ausgeschieden wird.**

Der Mensch kann Zellulose nicht verdauen, da in ihr die Monosaccharide β-1,4-verknüpft sind. Man bezeichnet Zellulose daher als Ballaststoff.

Nur noch einmal zur Erinnerung: Die β-1,4-verknüpfte **Lactose** kann mithilfe spezifischer Enzyme (Lactase) im Bürstensaum des Darms abgebaut werden, weil sie ein Disaccharid ist. Für das langkettige Makromolekül Zellulose hingegen gibt es kein Enzympendant!

Glykogen Glykogen dient Mensch und Tier als Reservekohlenstoffspeicher. Das Makromolekül Glykogen wird im Zytoplasma unserer Zellen vorwiegend in Leber und Muskel gespeichert und mithilfe spezialisierter Enzyme auf- und abgebaut.

Glykogen dient als Energiespeicher und wird vorwiegend in Leber und Muskel gespeichert.

Im Aufbau von Glykogen spiegelt sich dessen wichtige Aufgabe wider: Der Großteil der Glucosemoleküle ist α-1,4-verknüpft, jedoch kommt ca. jedes zehnte Molekül ein Verzweigungspunkt in Form einer α-1,6-glycosidischen Bindung vor (◘ Abb. 10.124). **Somit stellt sich Glykogen als ein sehr verzweigtes Molekül dar, das zahlreiche Angriffspunkte für Enzyme bietet und damit sowohl einen raschen Auf- als auch Abbau des Glykogens ermöglicht.**

Glykogen besteht aus α-1,4-glycosidisch verknüpften und α-1,6-verzweigten Glucosebausteinen.

◘ **Abb. 10.124** Glykogenmolekül (Ausschnitt)

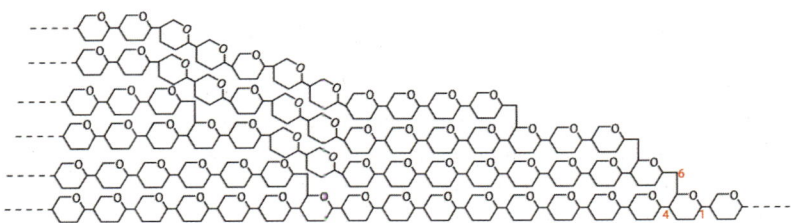

Chemie

Stärke besteht aus Amylose (spiralförmiger Aufbau) und Amylopektin (ähnelt im Aufbau Glykogen).

Stärke Wir nehmen sie z. B. in Form von Kartoffeln und Gebäck zu uns, daher ist die Stärke ein ganz wichtiger Bestandteil unserer Ernährung. **Stärke besteht aus zwei verschiedenen Anteilen, Amylose und Amylopektin.** Beide sind ausschließlich aus Glucoseeinheiten zusammengesetzt und enthalten ausschließlich α-1,4-Bindungen. Die beiden Bestandteile unterscheiden sich aber im Aufbau: Während Amylose, die 20–25% der Stärke ausmacht, unverzweigt ist und eine spiralige Struktur aufweist, ähnelt Amylopektin (ca. 80%) im Aufbau eher dem Glykogen. Es gibt also im Amylopektin Verzweigungspunkte, die aber verglichen mit Glykogen seltener sind: Eine Verzweigung kommt hier nur etwa nach jeweils 25 Glucosemolekülen vor.

Iod-Stärke-Reaktion:
Iod (braun) wird mit Stärke tiefblau.

Die schraubenförmige Struktur der Amylose besitzt ein hydrophobes Inneres. **In die röhrenartige Struktur der Amylose können sich Moleküle passender Größe einlagern und Einschlussverbindungen bilden, z. B. Iod** (◻ Abb. 10.125). Dabei ergibt sich eine tiefblaue Farbe. Die Farbtiefe des Iod-Stärke-Komplexes ist hierbei abhängig von der Anzahl der Glucoseeinheiten. Ab 45 Einheiten ist die Farbe tiefblau, bei 30 purpurn und bei 12 nur mehr leicht gelb.

Das Hamburger-Brötchen, mit dem alles begann, beinhaltet z. B. Stärke, womit sich der Kreis schließt. Zumindest bei einem Anteil des Hamburgers sind wir uns nun im Klaren, was wir zu uns nehmen.

◻ **Abb. 10.125** Amylose mit Iodmolekülen – Iod-Stärke-Komplex

10.4.2 Chemie der Lipide

Nachdem wir uns eingehend mit dem Hamburger-Brötchen auseinandergesetzt haben, stellt sich nun die Frage, was das Rindfleisch als wichtigster Bestandteil jedes Hamburgers alles enthält. Damit nähern wir uns der zweiten großen Gruppe der Nährstoffe, es handelt sich hierbei um die Fette (= Lipide).

Zur Gruppe der Lipide rechnet man eine große Zahl von Verbindungen, die sich im Aufbau teils beträchtlich voneinander unterscheiden. **Eine einfache Zuordnung wie bei den Kohlenhydraten lässt sich bei den Fetten nicht treffen, da sie eine sehr inhomogene Substanzklasse darstellen.**

Eigenschaften von Lipiden

Trotz der Vielzahl an Strukturen, die man zur Familie der Lipide rechnet, weisen diese einige **grundlegende Gemeinsamkeiten** auf: Es handelt sich um mehr oder weniger hydrophobe (wasserunlösliche) kohlenstoffhaltige Verbindungen, die in unserem Körper an verschiedensten Stellen benötigt werden und sich anhand ihrer charakteristischen funktionellen Gruppen voneinander unterscheiden lassen.

Viele Vertreter der Lipide kann man aber auch zu den sog. amphiphilen Stoffen rechnen, sind also Verbindungen mit sowohl hydrophilen als auch lipophilen Eigenschaften.

> Lipide sind mehr oder weniger hydrophobe, kohlenstoffhaltige Verbindungen.

> Viele Lipide sind amphiphil, haben also hydrophile und lipophile Eigenschaften.

Hätten Sie's gewusst?			

Ohne Fette geht nichts...
Die Funktion der Fette und ihrer Derivate ist wichtiger, als es auf den ersten Blick scheint. Einerseits benötigen wir Triacylglycerine (Triglyceride), die auch als Neutralfette bezeichnet werden, als Bau-, Speicher und Organfett. Cholesterin und Phospholipide sind wichtige Bestandteile unserer Zellmembranen, ohne die ein Strukturerhalt unserer Körperformen nicht möglich wäre. Zudem leiten sich vom Cholesterin eine ganze Zahl lipophiler Hormone ab, die unter anderem in den Energie-, Wärme- und Wasserhaushalt unseres Körpers eingreifen und daher für die Regulation lebensnotwendiger Körperfunktionen unerlässlich sind. Das sind nur einige der zahlreichen wichtigen Funktionen von Lipiden im menschlichen Körper.

Einteilung der Lipide

Bei einer so vielfältigen Stoffklasse ist es nicht einfach, eine Einteilung vorzunehmen. Man kann jedoch die Lipide grob in folgende Substanzklassen untergliedern:

- Ester des Glycerins mit Fettsäuren (Triglyceride),
- Sphingosinderivate,
- Steroide.

Fettsäuren

Fettsäuren bestehen im Allgemeinen aus einer Aneinanderreihung von CH-Bausteinen; an einem Ende liegt die funktionelle Carboxygruppe –COOH vor (◘ Abb. 10.126).

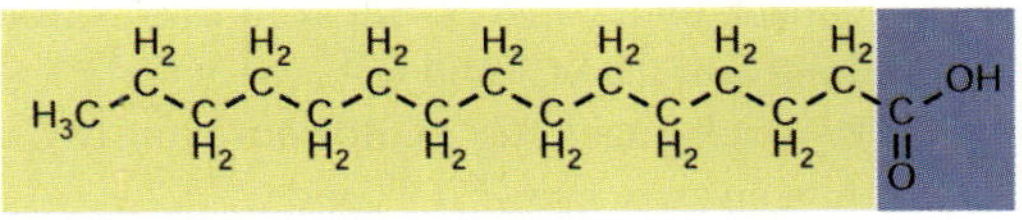

◘ Abb. 10.126 Fettsäure

Fettsäuren:
Carbonsäuren mit langem
hydrophoben Rest.

Die Fettsäuren gehören in die Reihe der aliphatischen Monocarbonsäuren, die die allgemeine Formel $C_nH_{2n+1}COOH$ besitzen. **Von Fettsäuren im eigentlichen Sinn spricht man erst ab einer Kettenlänge von zehn C-Atomen.**

Wichtige Vertreter der Fettsäuren, die oft in Triacylglycerinen und Phospholipiden vorkommen, sind z. B. **Palmitinsäure** mit 16 und **Stearinsäure** mit 18 C-Atomen (■ Abb. 10.127).

■ **Abb. 10.127** Palmitin- und Stearinsäure

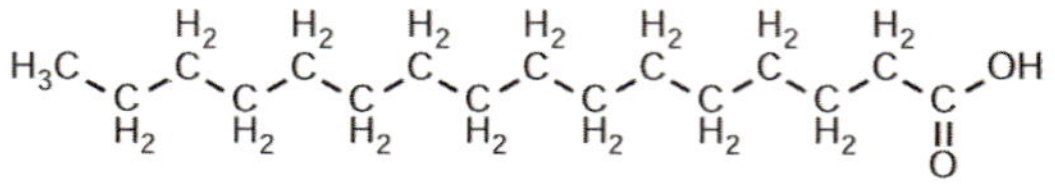

C_{16}: Palmitinsäure

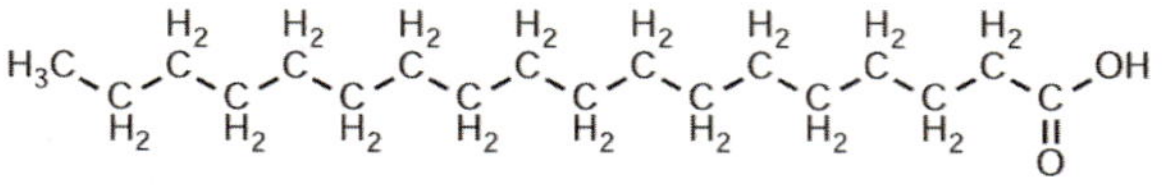

C_{18}: Stearinsäure

In der üblichen Schreibweise steht jede Ecke der Zickzacklinie für ein Kohlenstoffatom, praktischerweise vermindert sich so bei langen Fettsäuren die Schreibarbeit. Die Kohlenstoffketten können ganz unterschiedliche Längen aufweisen, aber es gibt noch weitere **Unterscheidungsmerkmale**:

Ungeradzahlige Fettsäuren liefern
beim Abbau neben Acetyl-CoA zusätzlich ein Molekül Propionyl-CoA.

Geradzahlige und ungeradzahlige Fettsäuren Wie der Name schon nahelegt, besitzen diese Fettsäuren eine gerade oder ungerade Anzahl von Kohlenstoffatomen. Dies mag vielleicht auf den ersten Blick unwichtig erscheinen, spielt jedoch beim Abbau der Fettsäuren im Rahmen der energieliefernden Betaoxidation eine wichtige Rolle. Während sich geradzahlige Fettsäuren nämlich zu einzelnen Molekülen von Acetyl-CoA abbauen lassen, das man als zentrales Molekül aller Stoffwechselwege bezeichnen kann, liefert eine ungeradzahlige Fettsäure zusätzlich Propionyl-CoA, das auch ein Zwischenprodukt im Citratzyklus darstellt.

Gesättigte und ungesättigte Fettsäuren Die Begriffe könnten dem einen oder anderen schon einmal in der Werbung begegnet sein, nur wussten bisher wohl nur wenige, was wirklich dahinter steckt. Eigentlich ist das auch nicht weiter schwer zu verstehen: **Bei einer gesättigten Fettsäure sind alle Kohlenstoffatome durch Einfachbindungen verknüpft, in ungesättigten Fettsäuren kommen eine oder mehrere C=C-Doppelbindungen vor.**

Die Begriffe »gesättigt« und »ungesättigt« beziehen sich darauf, mit wie vielen H-Atomen ein C-Atom in der Kette Bindungen eingehen kann. In einer Kette von durch Einfachbindungen verknüpften C-Atomen hat jedes einzelne Kohlenstoffatom noch Bindungen zu je zwei Wasserstoffatomen, da Kohlenstoff vierbindig ist. Existiert jedoch eine Doppelbindung, so ist die Fettsäure ungesättigt, da nicht die maximale Sättigung mit H-Atomen erreicht ist.

Merken sollte man sich vor allem **vier Vertreter der ungesättigten Fettsäuren** (■ Abb. 10.128):

— die einfach ungesättigte **Ölsäure** mit 18 C-Atomen und einer Doppelbindung zwischen C^9 und C^{10},
— die zweifach ungesättigte **Linolsäure** mit 18 C-Atomen und zwei Doppelbindungen zwischen C^9/C^{10} und C^{12}/C^{13},

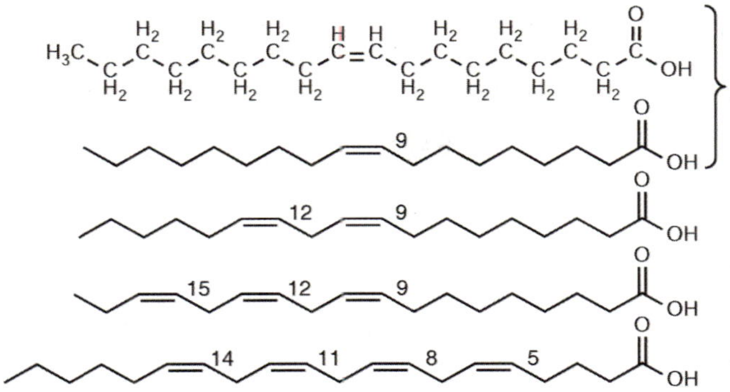

Abb. 10.128 Ungesättigte Fettsäuren: Ölsäure, Linolsäure, Linolensäure, Arachidonsäure

- die dreifach ungesättigte **Linolensäure** mit 18 C-Atomen und drei Doppelbindungen zwischen C^9/C^{10}, C^{12}/C^{13} und C^{15}/C^{16},
- die vierfach ungesättigte **Arachidonsäure** mit 20 C-Atomen und vier Doppelbindungen zwischen C^5/C^6, C^8/C^9, C^{11}/C^{12} und C^{14}/C^{15}.

Wie man **Abb. 10.129** entnehmen kann, wechseln sich die C=C-Doppelbindungen stets mit je zwei Einfachbindungen ab. Man spricht in diesem Fall von isolierten Doppelbindungen. Es gibt in der Natur auch konjugierte Doppelbindungen, jedoch kommen sie nicht in den Fettsäuren unseres Körpers vor.

C=C-Doppelbindungen:
– isolierte: stets von mindestens zwei C–C-Einfachbindungen gefolgt;
– konjugierte: stets abwechselnd eine Einfach- und eine Doppelbindung.

Essenzielle Fettsäuren Genau wie bei den Aminosäuren gibt es auch einige Fettsäuren, die der Körper nicht unmittelbar herstellen kann, die sog. essenziellen Fettsäuren. Wir müssen diese für unsere Körperfunktionen unerlässlichen Fettsäuren mit der Nahrung zu uns nehmen. An essenziellen Fettsäuren kommen beim Menschen Linolsäure, Linolensäure und Arachidonsäure vor. Die ebenfalls oben abgebildete Ölsäure müssen wir nicht mit der Nahrung zu uns nehmen; sie kann im Körper selbst synthetisiert werden.

Die für den Menschen essenziellen Fettsäuren sind Linolsäure, Linolensäure und Arachidonsäure.

Aufgaben der Fettsäuren Fettsäuren kommen im Körper frei vor und in Verbindung mit anderen Molekülen. Dann kommt ihnen jeweils eine spezifische Aufgabe zu:
- Aus Arachidonsäure können mithilfe spezieller Enzyme namens Cyclooxygenase und Lipooxygenase Prostaglandine und Thromboxane hergestellt werden. Diese haben eine entscheidende Bedeutung als Gewebshormone unter anderem im Rahmen von Entzündungsvorgängen.
- Aber Fettsäuren können auch in Verbindung mit Glycerin vorliegen und so ein **Triacylglycerin (TAG)** bilden – ein Fett im eigentlichen Sinne mit all seinen zahlreichen Aufgaben im Körper, worauf im folgenden Abschnitt näher eingegangen wird.
- Zudem kommen Fettsäuren auch in **Phospholipiden** vor, die wichtige Bestandteile unserer Zellmembranen darstellen und deren Fluidität beeinflussen. Und nicht zuletzt lässt sich durch den Abbau der Fettsäuren im Rahmen der Betaoxidation in den Mitochondrien der Leber wertvolle Energie gewinnen, die der Körper bei zu geringer Kohlenhydratzufuhr auch dringend benötigt.

Fettsäuren sind am Aufbau von TAGs und Phospholipiden beteiligt.

Hätten Sie's gewusst?

Olivenöl für's Herz

Dass Olivenöl immer wieder herzschützende Eigenschaften zugeschrieben werden, ist den meisten bekannt. Verantwortlich dafür könnte das im Olivenöl enthaltene Oleuropein sein. Es gehört zu der Stoffklasse der Iridoide, die z. B. auch in Baldrian oder Enzian zu finden sind. Professor Petkov aus Sofia veröffentlichte 1972 folgende Forschungsergebnisse: Bereits 10 mg Oleuropein pro kg Körpergewicht senkte bei Versuchshunden den Blutdruck um mehr als die Hälfte. Die vorteilhaften Eigenschaften von Oleuropein sind darin zu sehen, dass es die Durchblutung am Herzen fördert, Herzrhythmusstörungen beseitigt und krampflösende Wirkungen hat. Positive Begleitstoffe wie Oleuropein finden sich jedoch nur in traditionell hergestellten Ölen, nicht aber in raffinierten – dabei werden nämlich sämtliche Begleitstoffe entfernt...

Glycerinderivate

Triglycerid:
Glycerin-Fettsäurester.

Eine weitere große Gruppe der Lipide sind Glycerinderivate. **Glycerin ist ein dreiwertiger Alkohol, besitzt also drei OH-Gruppen, an die verschiedene Reste gehängt werden können.** Die zuvor bereits erwähnten Triacylglycerine basieren z. B. auf einem Glyceringrundgerüst, aber auch Phospholipide, die sich von Glycerin ableiten, rechnet man dazu.

Triacylglycerine (Triglyceride, TAGs) entstehen, indem drei Fettsäuren jeweils über eine Esterbindung an den dreiwertigen Alkohol Glycerin gekoppelt werden (◘ Abb. 10.129). Im einfachsten Fall kann es sich um drei gleiche Fettsäuren handeln, ebenso existieren aber gemischte TAGs mit verschiedenen Fettsäuren.

◘ **Abb. 10.129** Entstehung eines TAG-Moleküls

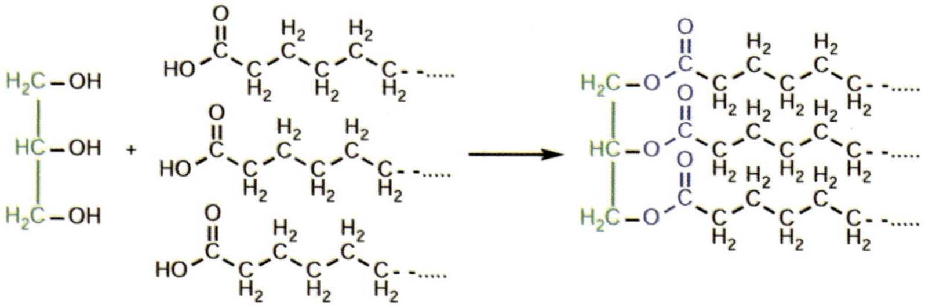

Aufgrund der langen Fettsäureschwänze, die ja bekanntlich nur aus unpolaren CH-Bausteinen bestehen, verhält sich auch ein Triacylglycerin als Ganzes unpolar und ist nicht geladen. Bei der elektrophoretischen Auftrennung verschiedener Lipide würde sich das TAG beim Anlegen einer Spannung also nicht bewegen. **Aufgrund dieser Eigenschaft bezeichnet man Triacylglycerine auch als Neutralfette.**

TAGs haben für den Menschen eine große Bedeutung, und zwar aus mehreren Gründen:

— Wir nehmen TAGs mit der Nahrung auf, z. B. in Form unseres Hamburgers, der in Fett gebratenes Rindfleisch enthält. Die aufgenommenen TAGs werden im Darm mithilfe von Gallenflüssigkeit emulgiert. Das bedeutet, dass die eigentlich wasserunlöslichen Lipide in der Flüssigkeit des Dünndarms fein verteilt und dadurch für Verdauungsenzyme angreifbar werden.

- Außerdem sind die TAGs Fett im eigentlichen Sinne, das sich unter anderem als gut erkennbare Pölsterchen auf unseren Hüften und anderen Problemzonen ablagern und dadurch zum echten Ärgernis werden kann.
- TAGs dienen der Wärmeisolation und schützen unseren Körper vor zu starkem Wärmeverlust.
- Zudem ist die Fettschicht unseres Körpers ein nicht unerhebliches mechanisches Schutzschild, das empfindliche, tief liegende Strukturen unseres Körpers vor Druck und Stoß schützen kann.
- Daneben kennt man die Aufgabe von Fett als Organfett, wie es z. B. an der Niere vorkommt. Diese ist nämlich zusätzlich zu einem Fasziensack von einer schützenden Fettkapsel umgeben, welche die Lage der Niere stabilisiert.
- Eine der wichtigsten Aufgaben unserer Fettdepots ist jedoch die Funktion als unermesslicher Energiespeicher. Bei Bedarf kann dieser Speicher angezapft und die Energie mobilisiert werden.

Man sieht also, so unliebsam die Pölsterchen an manchen Stellen auch sein mögen, sie erfüllen doch unersetzbare Aufgaben im Körper und es wäre denkbar schlecht um uns bestellt, fehlten sie uns gänzlich.

Hätten Sie's gewusst?

Das »böse« Fett im Essen
In der heutigen Zeit versuchen immer mehr Menschen, sich bewusst zu ernähren. Erstaunlicherweise gibt es aber eine ständig zunehmende Zahl von Übergewichtigen und anderen Fehlernährten. Die Lebensmittelindustrie hat natürlich auch für die Vermeidung »böser«, dick machender Fette eine Lösung, eigentlich sogar mehrere!
Ein kleiner Einkaufsbummel im Supermarkt: Dort findet sich neben dem bekannten Joghurt mit 3,5% Fett auch die Light-Variante mit 0,1%. Man kann sich jetzt immer fragen: Was ist eigentlich der Rest im Magerjoghurt, sprich die verbleibenden 99,9%?
Ein Blick auf die Liste der Inhaltsstoffe gibt Auskunft. Dieser Blick ist übrigens für alle Nahrungsmittel durchaus interessant. Aber zurück zum Joghurt: Vergleicht man die Inhaltsstoffe der 3,5%-Variante mit denen der Light-Version (◼ Tab. 10.16), zeigt sich Folgendes:

◼ **Tab. 10.16** Hauptinhaltsstoffe von Joghurt verschiedener Fettstufen (pro 100 g)

Inhaltsstoff	Joghurt (3,5%)	Joghurt (0,1%)
Fett [g]	3,5	0,1
Kohlenhydrat [g]	4,5	6,3
Eiweiß [g]	4,1	5,5
Brennwert [kcal]	68	53
Vitamin B_{12} [µg]	0,5	0,45

Das Weniger an Fett wird teilweise durch einen erhöhten Anteil an Kohlenhydraten (»Zucker«) und Eiweiß ausgeglichen. Eine ähnliche Erhöhung des

Zuckeranteils findet sich bei vielen fettreduzierten Lebensmitteln. Deshalb ist der Unterschied beim Brennwert beider Varianten auch nicht so groß, wie man eigentlich erwartet: Man »spart« nur 15 kcal, wenn man das Light-Produkt wählt! Quintessenz: Ein Blick auf die Inhaltsstoffe und ein Vergleich verschiedener Produkte lohnt immer.

Es gibt aber auch Lebensmittel ganz ohne Fett. Da Fett auch ein Geschmacksträger ist, muss man da etwas tricksen, die Lösung: Olestra®. Ersetzt man in den Triglyceriden Glycerin als Alkoholkomponente durch Saccharose, so gibt das einen **Fettersatzstoff**. Der schmeckt zwar wie »normales« Fett, der Stoffwechsel erkennt ihn aber nicht und so setzt er auch nicht an. Besonders bei Kartoffelchips hat sich der Einsatz von Fettersatzstoffen – vor allem auf dem US-Markt – bewährt. Klingt toll, oder? Die Realität zeigt aber ein paar Nebeneffekte: Einer klinischen Studie zufolge, bei der Probanden 8 g Fettersatzstoff pro Tag zu sich nahmen – das entspricht nur 16 Kartoffelchips – sank der Spiegel der fettlöslichen Vitamine innerhalb von zwei Wochen dramatisch auf ca. 50–60% des Ausgangswerts. Und es gibt noch ein weiteres Problem: Der Fettersatzstoff wird nicht vom Körper aufgenommen, d. h. aber auch, alles kommt so raus, wie es reinging, nämlich fettig. Das führte bei der ersten Generation des Fettersatzstoffs zu einem Phänomen, was mit dem englischen Begriff »anal leakage« umschrieben wird. Näheres kann sich jeder selbst ausmalen. Vielleicht doch besser einfach ein paar Chips weglassen, oder?

Phospholipide: Glycerophosphatide

Es gibt eigentlich zwei Gruppen von Phospholipiden: Die eine Gruppe leitet sich vom Aminoalkohol Sphingosin ab, die andere, auf die wir nun zuerst eingehen werden, hat als Grundstruktur den dreiwertigen Alkohol Glycerin.

Der grundlegende Aufbau der Glycerophosphatide ähnelt dem eines TAG: Grundstruktur ist wieder Glycerin, an den C-Atomen C^1 und C^2 hängen über Esterbindungen Fettsäurereste. Anstelle eines dritten Fettsäurerests befindet sich an C^3 ein Phosphatrest. Diese Struktur allein nennt man **Phosphatidat** (◘ Abb. 10.130). Sie stellt das Grundgerüst für weitere Phospholipide dar, die sich durch jeweils einen spezifischen Rest, der noch an den Phosphatrest angehängt wird, unterscheiden. Dieser Rest kann chemisch ganz verschieden sein: ein Aminoalkohol, eine Aminosäure (► Abschn. 10.4.3) oder ein Zuckeralkohol.

Phosphatidat ist das Grundgerüst der Phospholipide.

◘ **Abb. 10.130** Phosphatidat

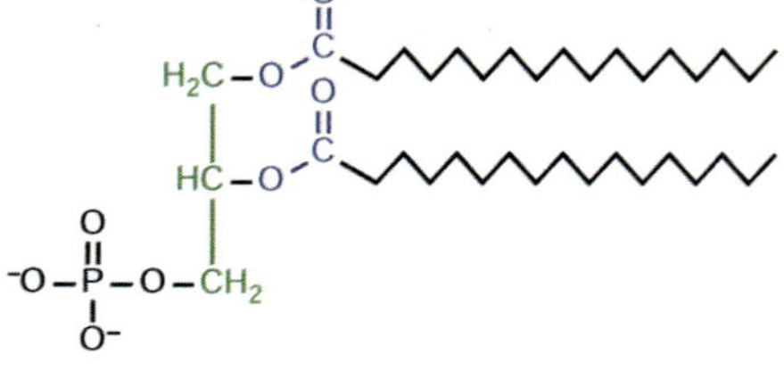

Ein für den Aufbau der Zellmembranen unserer Körperzellen wichtiges Glycerophosphatid ist z. B. das **Lecithin**, auch Phosphatidylcholin genannt. Der spezifische Rest, der in diesem Molekül noch an das Phosphat geknüpft wird, ist der Aminoalkohol Cholin. Das fertige Lecithin, das sich vorwiegend auf der Außenseite der Zellmembran befindet, ist in ◘ Abb. 10.131 dargestellt.

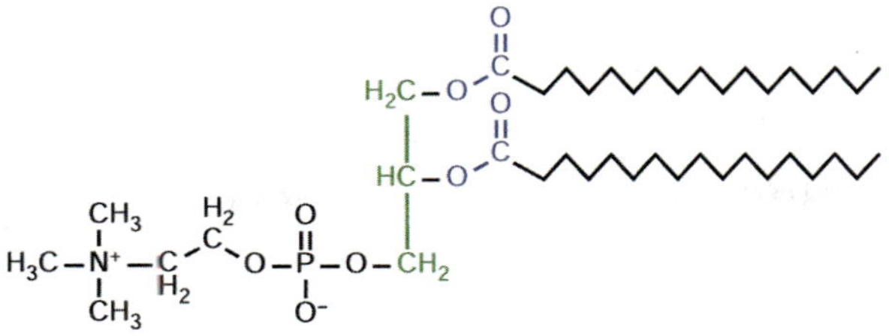

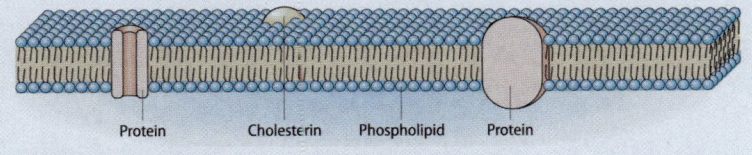

Abb. 10.131 Lecithin

Ein Phospholipid besitzt folgende Anteile:

- einen lipophilen Anteil in Form seiner langen Fettsäureschwänze und
- einen hydrophilen Anteil in Form des Phosphats und des spezifischen Rests.

Phospholipide bezeichnet man daher als amphiphile Moleküle, sie besitzen also sowohl wasser- als auch fettlösliche Anteile. Diese Eigenschaft ist ungemein wichtig, um den typischen Aufbau von Zellmembranen zu verstehen.

Phospholipide sind ein wichtiger Bestandteil menschlicher Zellmembranen. Sie lagern sich zu einer Phospholipid-Doppelschicht zusammen.

Hätten Sie's gewusst?

Zellmembran

Die Biomembranen unserer Zellen sind nach dem Flüssig-Mosaik-Modell aufgebaut (Abb. 10.132; vgl. Abb. 8.40). Sie bestehen vorwiegend aus einer Phospholipid-Doppelschicht, deren Entstehung nur durch den charakteristischen Aufbau der Phospholipide verständlich wird: Zwei Schichten aus Phospholipidmolekülen ordnen sich so an, dass die lipophilen Anteile, also in diesem Fall die Fettsäureketten, nach innen ragen und die hydrophilen Kopfgruppen nach außen. In die Phospholipid-Doppelschicht eingelagert sind Proteine und nicht zuletzt Cholesterin, auf dessen Bedeutung am Ende dieses Kapitels noch näher eingegangen wird.

Protein   Cholesterin   Phospholipid   Protein

Abb. 10.132 Flüssig-Mosaik-Modell der Zellmembran

Phospholipide: Sphingosinphosphatide

Wir hatten oben bereits erwähnt, dass es neben den Glycerophosphatiden noch eine zweite Population von Phospholipiden gibt. **Diese Sphingosinphosphatide leiten sich, wie schon am Namen erkennbar, nicht vom Glycerin, sondern von dem Aminoalkohol Sphingosin (Abb. 10.133) ab.**

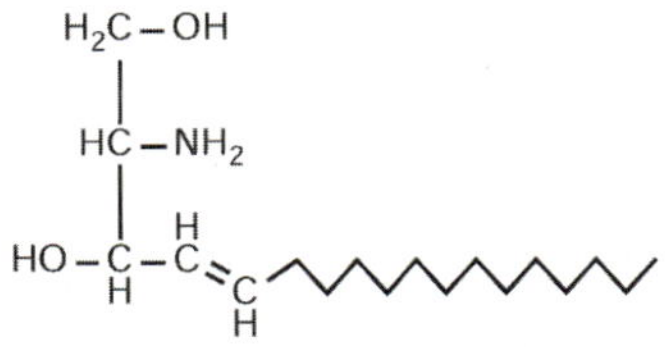

Abb. 10.133 Sphingosin

Es gibt für uns Menschen nur wenige wichtige Vertreter dieser Sphingosinphosphatide. Hauptsächlich ist das **Sphingomyelin** zu nennen, das sich in den Myelinscheiden von Nervenfasern findet.

Sphingomyelin ist Bestandteil der Myelinscheiden von Nervenfasern.

Chemie

Glycolipide

Bei den Heteroglycanen (▶ Abschn. 10.4.1) wurde bereits auf die Glycolipide hingewiesen: **Glycolipide sind Lipide mit einem ganz spezifischen Kohlenhydratrest.** Sie sind ungemein wichtig für die Funktion einer Zelle und dienen neben der Zell-Zell-Erkennung der Ausbildung spezifischer Erkennungsmerkmale auf der Zelloberfläche. Dabei sind die Blutgruppenantigene wahrscheinlich das bekannteste Beispiel.

Bei den Glycolipiden muss man unterscheiden, ob nur ein Monosaccharid den Zuckerbestandteil ausmacht oder ob es gleich mehrere sind.

Grundstruktur für die Glycolipide ist, wenn man genau sein will, das Ceramid, nicht Sphingosin. Ceramid lässt sich jedoch leicht aus Sphingosin bilden, indem an dieses über eine Amidbindung noch eine Fettsäure angehängt wird. Hängt man nun an das entstandene Ceramid noch ein Monosaccharid, so erhält man ein **Cerebrosid**, fügt man gleich mehrere Zuckerbausteine an, entsteht ein **Gangliosid** (◘ Abb. 10.134).

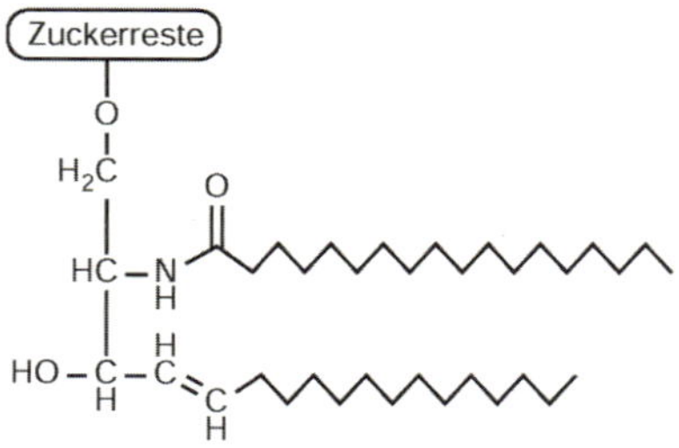

Sphingosin + Fettsäure → Ceramid.

◘ **Abb. 10.134** Gangliosid

Steroide am Beispiel von Cholesterin

Die letzten Vertreter der Lipide, die hier erwähnt werden sollen, sind die Steroide. Bei den Steroiden handelt es sich um Moleküle mit sog. Sterangrundgerüst (◘ Abb. 10.135).

Auch das wohlbekannte **Cholesterin** besitzt ein solches Sterangrundgerüst (◘ Abb. 10.136). Seine Bedeutung für den Menschen ist nicht zuletzt bezüglich der Pathogenese von Arteriosklerose und deren oft tödliche Folgen enorm.

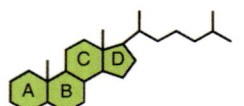

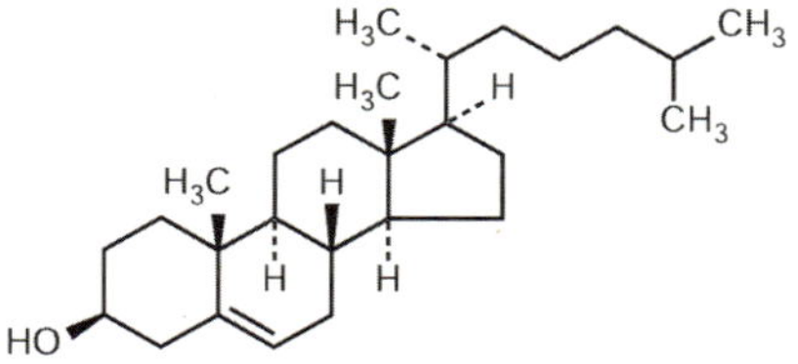

◘ **Abb. 10.135** Grundgerüst der Steroide: Steran

◘ **Abb. 10.136** Cholesterin

Aufbau Cholesterin besteht aus drei Sechsringen und einem Fünfring, die mit A, B, C und D bezeichnet werden. Während Ring A und B *cis*-verknüpft sind, liegt zwischen den Ringen B und C und zwischen C und D jeweils eine *trans*-Verknüpfung vor (▶ Abschn. 10.1.5, ▶ Kap. 12). An Ring A befindet sich an C^3 eine β-ständige OH-Gruppe, die dem Cholesterin etwas Hydrophilie verleiht. Es überwiegen im Cholesterinmolekül allerdings die lipophilen Eigenschaften, weshalb es hier bei den Lipiden abgehandelt wird.

Aufgaben Cholesterin ist zu Unrecht in der Allgemeinbevölkerung als »Krankmacher« verschrien, den es möglichst zu vermeiden gilt. Tatsächlich werden dabei die physiologischen Funktionen von Cholesterin außer Acht gelassen, weshalb wir hier kurz auf diese eingehen.

Cholesterin ist ein überaus wichtiger Bestandteil unseren Zellmembranen. Es ist zwischen die Phospholipide eingelagert und erhöht die Stabilität der Membran. Ohne Cholesterin in der Membran würden wir ziemlich alt aussehen, denn unsere äußere Körperform könnte sich wahrhaftig nicht aufrechterhalten lassen.

Daneben ist es interessant zu wissen, dass es für den Cholesterinabbau im menschlichen Körper kein spezifisches Enzym gibt. Für die Ausscheidung müssen deshalb Umwege in Kauf genommen werden. Aus Cholesterin werden **Gallensäuren** hergestellt, die für die **Emulgierung von Fetten** im Darm benötigt werden und den positiven Nebeneffekt haben, dass sich über diesen Weg eine genügend große Cholesterinmenge ausscheiden lässt. **Außerdem leiten sich von Cholesterin zahlreiche wichtige Botenstoffe des Körpers ab, die teilweise lebensnotwendig sind.**

Cholesterinderivate Es gibt eine Menge wichtiger lipophiler Hormone, für deren Herstellung der Körper Cholesterin als Grundstoff benötigt. Durch verschiedenste Veränderungen am Cholesterinmolekül lassen sich so z. B. Cortisol, Aldosteron und Geschlechtshormone wie Estradiol und Testosteron bilden. Cortisol hat zahlreiche Wirkungen auf den Stoffwechsel, Aldosteron ist für die Regulierung des Wasserhaushalts unerlässlich. Auf diesen Sachverhalt näher einzugehen würde hier den Rahmen sprengen (siehe Lehrbücher der Biochemie und Physiologie). Allerdings sollte jetzt klar geworden sein, wie wichtig Cholesterin für den Menschen ist.

10.4.3 Chemie der Aminosäuren

So langsam haben wir unseren Hamburger aufgeschlüsselt. Neben den Kohlenhydraten im Brötchen und den Lipiden im Rindfleisch kommt jedoch noch eine weitere große Nährstoffklasse ins Spiel, nämlich die Aminosäuren.

Man unterscheidet:

- **proteinogene Aminosäuren,** die für den Aufbau von Protein, also Eiweiß, benötigt werden, und
- **nichtproteinogene Aminosäuren,** die andere Aufgaben im Körper erfüllen.

Warum aber sind Aminosäuren und ihre Zusammenschlüsse, die Proteine, nun für Lebewesen so wichtig? Oft muss man sich in Erinnerung rufen, wo in unserem Körper überall Proteine vorkommen: Da sind die zahlreichen **Enzyme** zu nennen, die als Biokatalysatoren wirksam sind, den Ablauf spezieller Reaktionen im Körper beschleunigen und fast alle aus Proteinen bestehen. Auch die Muskelkontraktion ist ohne Proteine und damit Aminosäuren nicht denkbar: Die kontraktilen Elemente des Muskelgewebes, **Actin** und **Myosin**, sind Eiweiße. Und unser Immunsystem wäre ohne proteinogene Elemente in Form der Millionen **Antikörper**, die in der Blutbahn zirkulieren, nicht in der Lage, unseren Körper vor Schäden durch eindringende Erreger oder Fremdstoffe zu schützen.

Nicht zuletzt gibt es zahlreiche **Botenstoffe** und **Hormone** unseres Körpers, die zu den Peptiden (den kleineren Verwandten der Proteine) gerechnet werden, z. B. das wichtige Insulin. Schließlich ist ein Großteil der **Gerinnungsfaktoren**, die einen reibungslosen Ablauf der Blutgerinnung garantieren, aus Aminosäuren aufgebaut.

Es ließen sich zahlreiche weitere Beispiele für die enorme Bedeutung von Aminosäuren anführen, doch schon allein aus den genannten wird wohl jedem

Cholesterin ist wichtiger Bestandteil menschlicher Zellmembranen. Außerdem dient es der Herstellung von Gallensäuren, Botenstoffen und Steroidhormonen sowie der Emulgierung von Fetten.

Proteine kommen im Körper unter anderem in Form von Enzymen, Actin und Myosin, Immunglobulinen, Botenstoffen und Gerinnungsfaktoren vor.

bewusst, wie enorm wichtig es ist, eine ausreichende Menge von Proteinen mit der Nahrung aufzunehmen.

Aufbau der Aminosäuren

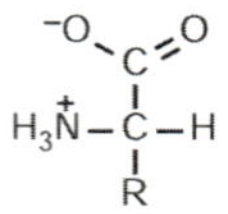

Allen Aminosäuren gemeinsam ist ein charakteristisches Grundgerüst (◻ Abb. 10.137). In der Mitte befindet sich ein zentrales C-Atom. Dieses α-C-Atom steht direkt neben der Carboxygruppe. An ihm befinden sich eine Aminogruppe ($-NH_2$), ein Wasserstoffatom und die besagte Carboxygruppe ($-COOH$), die ganz oben im Molekül steht, da sie das am höchsten oxidierte C-Atom darstellt. Die verschiedenen Aminosäuren unterscheiden sich durch einen spezifischen Rest R, der ebenfalls am α-C-Atom hängt.

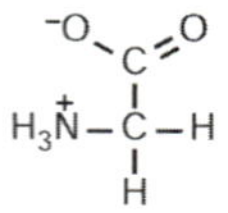

Wie man sehen kann, handelt es sich beim Grundgerüst der Aminosäuren um ein Kohlenstoffatom mit vier verschiedenen Substituenten: **Das α-C-Atom ist asymmetrisch und die ganze Aminosäure ein chirales Molekül: Es existieren von ein und derselben Aminosäure zwei verschiedene Formen:** die *D*- und die *L*-Form. Steht die Aminogruppe rechts, handelt es sich um die *D*-Form, steht sie links, liegt die *L*-Form vor.

Es gibt eine einzige Aminosäure, für die das nicht zutrifft (◻ Abb. 10.138). **Die einfachste Aminosäure Glycin, die als spezifischen Rest nur ein H-Atom besitzt, hat kein asymmetrisches C-Atom, daher existieren keine *D*- und *L*-Isomere.**

Proteinogene Aminosäuren

Wie schon erwähnt, gibt es proteinogene und nicht-proteinogene Aminosäuren. Für uns und unseren Hamburger sollen einmal nur die proteinogenen betrachtet werden, von denen man noch bis vor einigen Jahren annahm, es gäbe 20 davon. Mittlerweile rechnet man aber auch das Selen enthaltende Selenocystein zu den proteinogenen Aminosäuren.

Wir wollen nun im Folgenden die 21 proteinogenen Aminosäuren vorstellen und ihre Eigenheiten beschreiben. Im ► Anhang finden sich in ◻ Tab. A.15 die Namen, Kürzel und pK$_S$-Werte der proteinogenen Aminosäuren, in ◻ Abb. A.5 sind die zugehörigen Strukturformeln zusammengefasst.

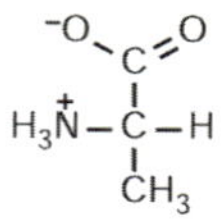

Glycin und Alanin Die einfachste Aminosäure Glycin wurde bereits vorgestellt. Fast genauso einfach zu merken ist Alanin (◻ Abb. 10.139).

Valin, Leucin, Isoleucin Zu den verzweigtkettigen Aminosäuren zählt man Valin, Leucin und Isoleucin (◻ Abb. 10.140). Für ihren Abbau bedarf es im Körper eines speziellen Multienzymkomplexes. Die ersten fünf aufgeführten Aminosäuren (Gly, Ala, Val, Leu, Ile) sind unpolar und damit auch elektrisch ungeladen.

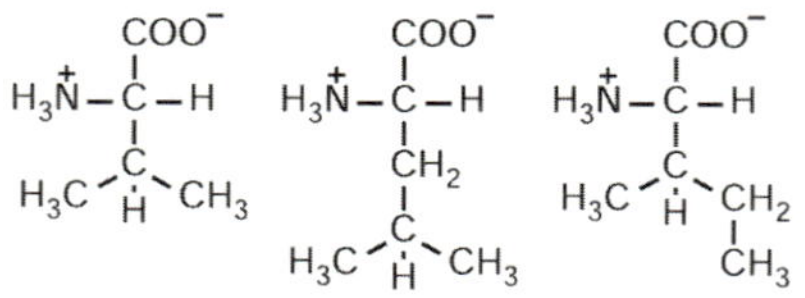

Cystein, Methionin Die zwei schwefelhaltigen Aminosäuren, Cystein und Methionin, sind ebenfalls unpolar (◻ Abb. 10.141).

◻ **Abb. 10.137** Grundgerüst einer (*L*)-(α)-Aminosäure

◻ **Abb. 10.138** Glycin

Aminosäuren kommen jeweils in einer *D*- und einer *L*-Form vor; Ausnahme: Glycin!

Selenocystein ist die zuletzt entdeckte und damit die 21. proteinogene Aminosäure.

◻ **Abb. 10.139** Alanin

Valin, Leucin und Isoleucin sind verzweigtkettige Aminosäuren.

◻ **Abb. 10.140** Verzweigte, aliphatische Aminosäuren

Valin   Leucin   Isoleucin

Cystein und Methionin enthalten Schwefel.

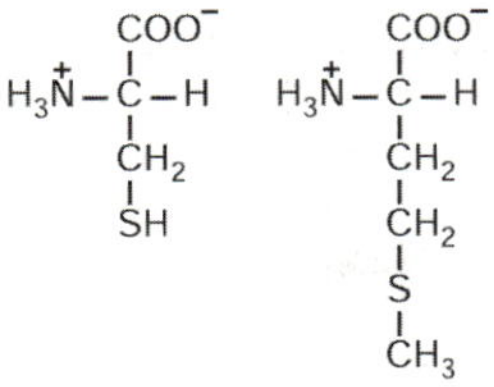

Abb. 10.141 Schwefelhaltige Aminosäuren

Phenylalanin, Tryptophan, Tyrosin Unter den proteinogenen Aminosäuren befinden sich drei Aromaten. Es handelt sich hierbei um Phenylalanin, Tryptophan und Tyrosin (**☐** Abb. 10.142). Tyrosin ist als einzige der drei aromatischen Aminosäuren polar, da es eine OH-Gruppe enthält.

Phenylalanin, Tryptophan und Tyrosin sind aromatische Aminosäuren.

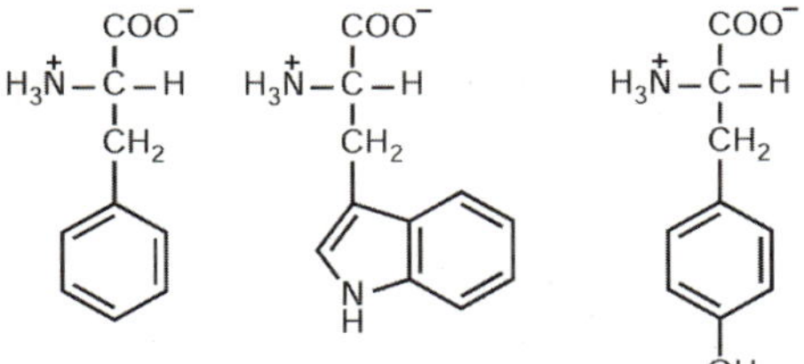

Abb. 10.142 Aromatische und heteroaromatische Aminosäuren

Prolin Zu guter Letzt wird auch noch Prolin zu den unpolaren Aminosäuren gerechnet (**☐** Abb. 10.143). Es findet sich in größeren Mengen im faserbildenden Bindegewebsstrukturprotein **Collagen.**

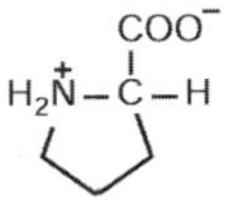

Abb. 10.143 Zyklische Aminosäuren – Prolin

Serin, Threonin Neben Tyrosin existieren zwei weitere Aminosäuren, die OH-Gruppen enthalten und damit polare Eigenschaften aufweisen: Serin und Threonin (**☐** Abb. 10.144).

Tyrosin, Serin und Threonin enthalten OH-Gruppen.

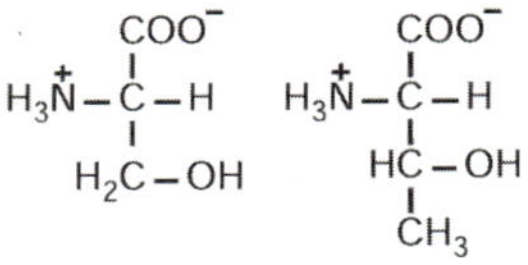

Abb. 10.144 Hydroxyaminosäuren Serin und Threonin

Aspartat, Glutamat Insgesamt kommen in unserem Körper fünf elektrisch geladene Aminosäuren vor, die in Proteine eingebaut werden, davon sind zwei sauer und drei basisch. Die sauren Aminosäuren sind Aspartat und Glutamat (**☐** Abb. 10.145). Ihr saurer Charakter kommt durch die zusätzliche COOH-Gruppe zustande, die in unseren Zellen unter physiologischen Bedingungen (pH-Wert 7,4) ein Proton abgeben.

Aspartat und Glutamat: saure Aminosäuren.

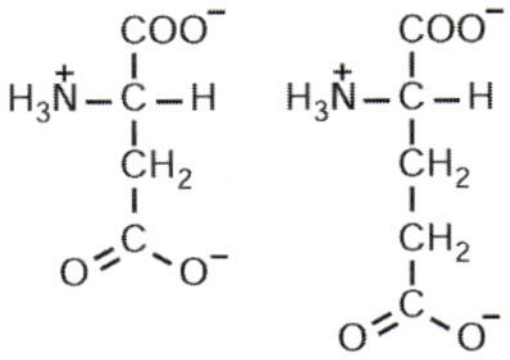

Abb. 10.145 Aminodicarbonsäuren Aspartat und Glutamat

China-Restaurant-Syndrom
Bei einigen Menschen kann es infolge bestimmter Nahrungsmittelzusatzstoffe zu sog. Restaurant-Syndromen kommen. Ein Beispiel ist das China-Restaurant-Syndrom (■ Abb. 10.146). In der asiatischen Küche wird oft **Natriumglutamat** für die Geschmacksempfindung »herzhaft, wohlschmeckend« (»umami«) verwendet, was bei einigen Menschen ca. 15 min nach Einnahme zu Druckgefühlen und Taubheit an Brustkorb, Schultern, Genick und Gesicht führen kann. Manche Betroffene beschreiben auch schwache Schmerzen in den genannten Körperbereichen. Ursache für die beschriebene Symptomatik könnten Nervenendigungen am Oberrand der Speiseröhre sein, die besonders empfindlich auf Natriumglutamat reagieren. Das China-Restaurant-Syndrom verschwindet in der Regel zwei Stunden nach der Mahlzeit wieder. (Neuere Studien bezweifeln einen kausalen Zusammenhang mit Glutamat.)

■ **Abb. 10.146** China-Restaurant-Syndrom

Asparagin und Glutamin: Carbonsäureamide des Aspartats und Glutamats.

Asparagin, Glutamin Von den beiden sauren Aminosäuren leiten sich die zwei Amide Asparagin und Glutamin ab, die ebenfalls Bestandteil der 21 proteinogenen Aminosäuren sind (■ Abb. 10.147). Sie sind jedoch im Gegensatz zu Aspartat und Glutamat elektrisch ungeladen.

■ **Abb. 10.147** Amidoaminosäuren Asparagin und Glutamin

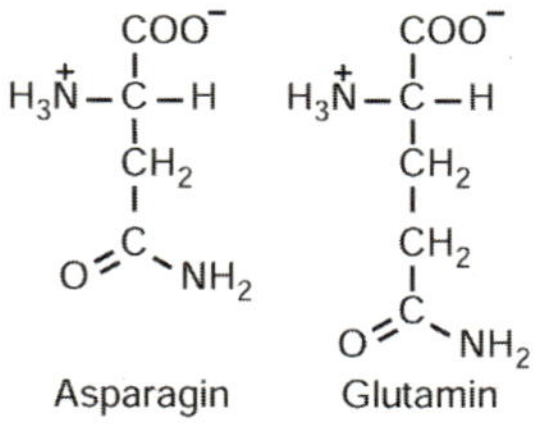

Asparagin   Glutamin

Histidin, Lysin und Arginin: basische Aminosäuren.

Histidin, Lysin, Arginin Die drei basischen Aminosäuren sind Histidin, Lysin und Arginin (■ Abb. 10.148). Sie nehmen bei pH 7,4 ein zusätzliches Proton auf.

■ **Abb. 10.148** Basische Aminosäuren

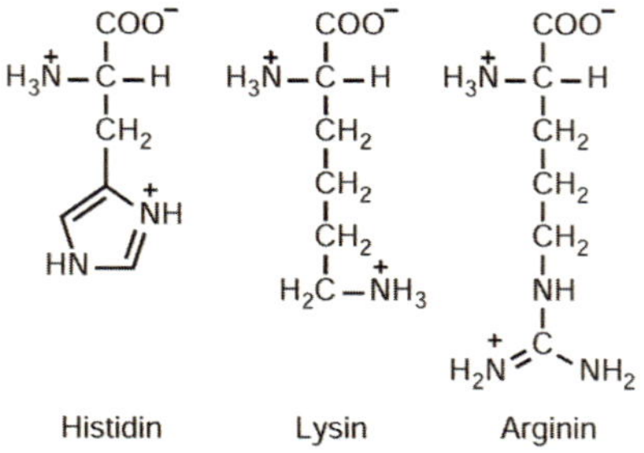

Histidin   Lysin   Arginin

Selenocystein Weiter oben wurde bereits die 21. proteinogene Aminosäure Selenocystein erwähnt (● Abb. 10.149).

Mit L-Pyrrolisin ist inzwischen eine weitere (22.) proteinogene Aminosäure identifiziert worden, bisher aber nur in *Methanosarcina barkeri*.

Alle proteinogenen Aminosäuren sind noch einmal in ihrer Gesamtheit im ▶ Anhang abgebildet (● Abb. A.5) und charakterisiert (Namen, Kürzel und pK_S-Werte, ● Tab. A.15), um einen besseren Überblick zu gewähren.

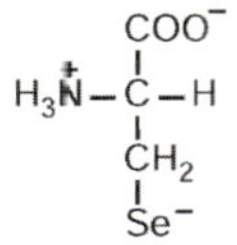

Selenocystein

● **Abb. 10.149** Proteinogene Aminosäure Selenocystein

Essenzielle Aminosäuren

Erinnern wir uns noch einmal an die essenziellen Fettsäuren, die wir unbedingt mit der Nahrung in ausreichenden Mengen aufnehmen müssen, da sie der Körper selbst nicht herstellen kann. So etwas Ähnliches gibt es auch bei den Aminosäuren. **Es existieren acht essenzielle Aminosäuren, die für die Peptid- und Proteinsynthese bei gesunden, erwachsenen Personen benötigt werden:**

- Valin,
- Leucin,
- Isoleucin,
- Methionin,
- Phenylalanin,
- Tryptophan,
- Threonin,
- Lysin.

Zwei weitere Aminosäuren können aus jeweils einer anderen essenziellen Aminosäure im Körper gebildet werden: Tyrosin entsteht beim Abbau von Phenylalanin, Cystein kann aus Methionin produziert werden. Fehlen also die essenziellen Aminosäuren Phenylalanin und Methionin, können demnach auch Tyrosin und Cystein nicht mehr gebildet werden. Daher bezeichnet man diese beiden als **halb-** oder **semiessenzielle Aminosäuren**.

Tyrosin und Cystein: semiessenzielle Aminosäuren.

Isoelektrischer Punkt

Setzt man Aminosäuren verschiedenen pH-Werten aus, ergibt sich für jede einzelne ein ganz spezifischer pH-Wert, an dem die genau so viele positive wie negative Ladungen trägt. Die Aminosäure liegt in diesem Fall als Zwitterion vor und erscheint nach außen hin elektrisch neutral (● Abb. 10.150). Diesen pH-Wert bezeichnet man als **isoelektrischen Punkt (IP)**. Setzt man eine Aminosäure, die als Zwitterion vorliegt, einem elektrischen Feld aus, so würde sie ortsstabil bleiben, also weder zur Kathode noch zur Anode wandern.

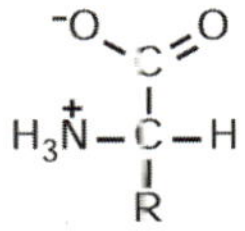

Jede Aminosäure lässt sich durch ihren isoelektrischen Punkt charakterisieren. Der IP hängt von den pK_S-Werten der jeweiligen funktionellen Gruppen der Aminosäure ab.

Der IP der **neutralen Aminosäuren**, die nur zwei ionisierbare Gruppen enthalten, welche über ihren jeweiligen pK_S-Wert (pK_{S1} bzw. pK_{S2}) charakterisiert sind, lässt sich relativ einfach berechnen: Man nimmt das arithmetische Mittel der pK_S-Werte der beiden Gruppen (die natürlich bekannt sein müssen):

Isoelektrischer Punkt einer neutralen Aminosäure: $IP = \dfrac{pK_{S1} + pK_{S2}}{2}$.

Ganz so einfach ist das bei den **sauren und basischen Aminosäuren** nicht, die ja drei ionisierbare Gruppen pro Molekül enthalten. Hier errechnet man den IP als arithmetisches Mittel zwischen den beiden pK_S-Werten, die näher beieinander liegen.

Isoelektrischer Punkt (IP): pH-Wert, an dem eine Aminosäure nach außen ungeladen erscheint.

● **Abb. 10.150** Aminosäure als Zwitterion

Decarboxylierte Aminosäuren

Wie mit Kohlenhydraten und Lipiden kann man mit Aminosäuren eine ganze Menge anstellen. Die Decarboxylierung stellt nur eine mögliche Reaktion dar. Die Decarboxylierung von Aminosäuren führt zu Produkten, die für uns Menschen nicht uninteressant sind.

Aus Aminosäuren entstehen durch Decarboxylierung biogene Amine.

Doch erst einmal ganz von vorn. Was ist denn noch mal eine Decarboxylierung? **Unter einer Decarboxylierung versteht man die Abspaltung einer Carboxygruppe durch ein Enzym.** Nach der Decarboxylierung ist eine Aminosäure also um ein Molekül CO_2 ärmer und darf sich auch nicht mehr »Aminosäure« nennen: **Bei dieser Reaktion entstehen sog. biogene Amine** (◘ Abb. 10.151). Der Name rührt daher, dass die Moleküle eine für sie typische Aminogruppe besitzen und bedeutsame Aufgaben wahrnehmen.

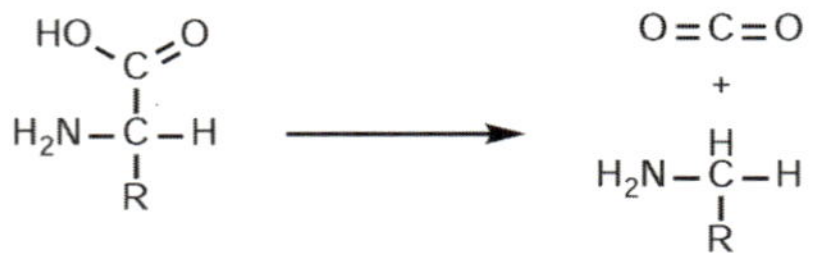

◘ **Abb. 10.151** Entstehung eines biogenen Amins

In ◘ Tab. 10.17 sind einige wichtige Aminosäuren und ihre zugehörigen biogenen Amine aufgelistet.

◘ **Tab. 10.17** Biogene Amine

Aminosäure	Zugehöriges biogenes Amin
Glutamat	γ-Aminobuttersäure (GABA)
Histidin	Histamin
Serin	Ethanolamin
Lysin	Cadaverin

Hätten Sie's gewusst?

Histamin als wichtiger Botenstoff im Körper
Der eine oder andere Name in der Reihe der biogenen Amine ist einem wohl schon des Öfteren begegnet. Histamin z. B., das aus der Aminosäure Histidin entstehen kann, ist ein bedeutsamer Mediator im Zusammenhang mit allergischen Reaktionen. Mastzellen und basophile Granulozyten speichern Histamin in Granula, um es bei entsprechender Reizung durch sog. Allergene freizusetzen. Über Umwege verursacht Histamin dann unangenehme Reaktionen: Die Kapillaren werden durchlässiger, die Bronchialmuskulatur kontrahiert sich; es kann zu Blutdruckabfall und Juckreiz kommen – höchst unangenehm also für Betroffene.
Im Magen kann Histamin noch eine ganz andere Aufgabe erfüllen: Bindet es an spezifische Rezeptoren, erhöht sich die HCl-Produktion, es wird mehr Magensaft produziert. Dies kann gezielt genutzt werden, wenn es z. B. darum geht, die Verdauungstätigkeit des Magens für eine gewisse Zeit zu drosseln. Ein Magengeschwür etwa kann besser abheilen, wenn das Andocken von Histamin an seinen Rezeptor durch Gabe spezieller Inhibitoren (Antihistaminika) unterbunden wird und dadurch die Salzsäureausschüttung sinkt.

Peptidbindung

Da wir nun Aminosäuren im Einzelnen kennengelernt haben, wollen wir uns jetzt damit beschäftigen, wie es gelingen kann, zwei und mehr Aminosäuren zu verknüpfen. Zwei miteinander verbundene Aminosäuren werden – wie könnte es anders sein – als **Dipeptid** bezeichnet. Ketten von bis zu zehn Aminosäuren stellen **Oligopeptide** dar, denen **Polypeptide** und schließlich **Proteine** folgen, von denen die kleinsten aus etwa hundert Aminosäuren bestehen.

Die Bindungsart, mit der zwei Aminosäuren verbunden werden, nennt sich entsprechend dem Produkt Peptidbindung. Unter Abspaltung von H_2O verbindet sich die Carboxygruppe der einen Aminosäure mit der Aminogruppe der zweiten (◻ Abb. 10.152).

Man kann sich nun leicht vorstellen, wie es möglich ist, eine Peptidbindung wieder aufzulösen. Da bei ihrer Bildung Wasser abgespalten wird, kann die Peptidbindung hydrolytisch, d. h. unter Hinzufügen von Wasser, gelöst werden. Danach liegen wieder die einzelnen Aminosäuren vor. Hier ist aber zu beachten, dass die Hydrolyse nicht ganz so einfach vonstattengeht. Temperatur und/oder Säure beschleunigen den Prozess.

Eigenschaften der Peptidbindung

Peptidbindungen weisen einige bemerkenswerte Besonderheiten auf, die sich auch auf die Eigenschaften ganzer Peptide oder Proteine auswirken:

- Die Peptidbindung weist **partiellen Doppelbindungscharakter** auf, was nichts anderes bedeutet, als dass zwischen dem zentral gelegenen C-Atom und dem N-Atom der Peptidbindung zeitweise eine Doppelbindung entsteht. Dadurch ist der Abstand zwischen diesen beiden Atomen nicht ganz so klein wie bei einer richtigen Doppelbindung, aber auch nicht so groß wie bei einer Einfachbindung.
- Die an der Bildung der Peptidbindung beteiligten Atome liegen alle in derselben Ebene, man spricht von einer **planaren Bindung**.
- Bekanntermaßen ist eine gewöhnliche Einfachbindung ja frei drehbar, anders verhält es sich jedoch bei der Peptidbindung: Diese besitzt **keine freie Drehbarkeit**. Man kann sich leicht vorstellen, dass die gesamte dreidimensionale Struktur (= Konformation), durch die sich verschiedene Proteine auszeichnen, stark geprägt ist von der fehlenden freien Drehbarkeit.

Proteinstrukturen

Es wurde bereits die Konformation von Proteinen, also ihre 3D-Struktur, erwähnt. Die lange Kette von durch Peptidbindungen verknüpften Aminosäurebausteinen bleibt im Körper natürlich nicht in ihrer linearen Form bestehen. Vielmehr erlangen Proteine ihre volle Funktionstüchtigkeit erst durch eine ganz spezielle und für jede Proteinart charakteristische Faltung. Man denke nur an Enzyme, die ja in den allermeisten Fällen Proteine sind: Erst durch korrekte Faltung entsteht ein funktionstüchtiger Biokatalysator mit aktivem Zentrum, das Substratmoleküle binden kann.

Die Konformation von Proteinen lässt sich auf vier Ebenen beschreiben:

- Primärstruktur,
- Sekundärstruktur,
- Tertiärstruktur,
- Quartärstruktur.

Primärstruktur Sie ist durch die Abfolge bestimmter Aminosäuren vorgegeben, die über Peptidbindungen verbunden sind. Die Aminosäuresequenz ist genetisch festgelegt und für jedes Protein genau definiert.

Aminosäuren → Dipeptide → Oligopeptide → Polypeptide → Proteine.

Bauprinzip der Peptide: die Peptidbindung, ein einfaches Amid. Unter Wasserabspaltung verbindet sich die Carboxygruppe einer Aminosäure mit der Aminogruppe einer zweiten unter Bildung der Peptidbindung.

Unter Zugabe von Wasser wird die Peptidbindung hydrolytisch gespalten.

◻ **Abb. 10.152** Peptidbindung

Die Peptidbindung weist partiellen Doppelbindungscharakter auf, ist planar und in ihrer freien Drehbarkeit eingeschränkt.

Primärstruktur: genetisch festgelegte Aminosäuresequenz eines Proteins.

Die wichtigsten Sekundärstrukturen sind α-Helix und β-Faltblatt.

Sekundärstruktur   Man unterscheidet hierbei mehrere mögliche Formen. Die zwei wichtigsten sind die Alphahelix und das Betafaltblatt. Beide entstehen dadurch, dass die zahlreichen C=O- und NH-Gruppen, die aus der Aminosäurekette seitlich herausragen, intramolekular miteinander in Wechselwirkung treten:

— Bei der **α-Helix** führen diese Wechselwirkungen zur Entstehung einer regelmäßigen, spiralförmigen (helikalen) Struktur (◘ Abb. 10.153). Die Grundlage für die Bildung dieser Struktur sind *intra*molekulare H-Brücken zwischen den oben genannten Gruppen. Die verschiedenen Reste der einzelnen Aminosäuren sind an der Ausbildung der Helixstruktur nicht beteiligt und werden einfach nach außen geklappt.

— Beim **β-Faltblatt** bilden sich im Gegensatz zur α-Helix auch H-Brücken zwischen verschiedenen Aminosäureketten aus, also *inter*molekulare Wasserstoffbrücken. Dabei entsteht die typische zickzackförmige Faltblattstruktur, weil die in den Polypeptidketten enthaltenen Peptidbindungen planar sind (wie wir oben schon gelernt haben). Die daran beteiligten Atome liegen stets in einer Ebene, die benachbarten Atome hingegen können sich in verschiedenen Ebenen befinden.

◘ **Abb. 10.153** α-Helix

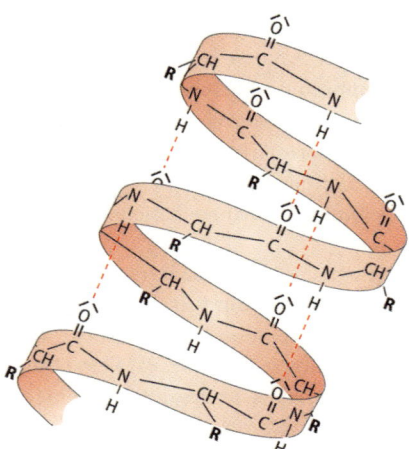

Tertiärstruktur:
Genau definierte dreidimensionale Auffaltung einer Aminosäurekette eines Proteins.

Tertiärstruktur   Durch eine genau festgelegte weitere Auffaltung der Sekundärstruktur eines Proteins entsteht schließlich das Protein in seiner ganzen Dreidimensionalität und damit Funktionsfähigkeit. Neben schwachen Wechselwirkungen spielen bei der Ausbildung der Tertiärstruktur als einzige kovalente Bindungsform auch Disulfidbrücken eine Rolle. Zur Erinnerung: **Disulfidbindungen** entstehen aus Cystein, einer schwefelhaltigen Aminosäure. Unter Abspaltung zweier H-Atome wird aus zwei Molekülen Cystein ein Molekül Cystin.

Quartärstruktur:
Mehrere Proteinuntereinheiten organisieren sich zu einer funktionsfähigen Struktur.

Quartärstruktur   Es ist nun auch vorstellbar, mehrere Proteine zu einem Riesenprotein zusammenzufügen, einem Molekül also, das aus mehreren Untereinheiten besteht. Geschieht dies, spricht man von der Quartärstruktur. In unserem Körper gibt es etliche solcher Proteinzusammenschlüsse, z. B. in Form von Multienzymkomplexen wie der Pyruvat-Dehydrogenase.

Sequenzanalyse

Im Laufe der Zeit waren einige Wissenschaftler brennend daran interessiert, die Primärstruktur eines Proteins aufzuklären, um eine vollständige Aussage darüber machen zu können, aus welchen Aminosäuren nun ein ganz bestimmtes Protein aufgebaut ist. Dabei kann man verschiedene Alternativen anwenden:

Eine Möglichkeit besteht in einer **Totalhydrolyse**, d. h., unter Mithilfe von Enzymen wird die Polypeptidkette hydrolytisch (= unter Anlagerung von Wasser) gespalten.

Auch durch **Zugabe starker Säuren** können Proteine in ihre Bausteine zerlegt werden. Die Problematik bei dieser Methode ist jedoch, dass hier logischerweise niemals die Reihenfolge oder Sequenz, in der die Aminosäuren verknüpft sind, ermittelt werden kann. Man kann letztlich nur eine Aussage darüber treffen, welche Aminosäuren in welcher Menge für den Aufbau des betreffenden Proteins benötigt werden.

Will man hingegen die genaue Sequenz einer Polypeptidkette ermitteln, kann man eine sog. Sequenzanalyse vornehmen. Berühmt wurde die Sequenzanalyse nach Pehr Edman (1916–1977), der Edman-Abbau. Dabei wird Schritt für Schritt, besser gesagt Aminosäure für Aminosäure, die Polypeptidkette von einem Ende her abgebaut. Der Vorteil hierbei ist, dass nicht stets das ganze Protein denaturiert, sondern die Kette immer nur um eine Aminosäure verkürzt wird (◻ Abb. 10.154).

Der Edman-Abbau erlaubt eine vollständige und automatisierte Sequenzbestimmung von Peptiden.

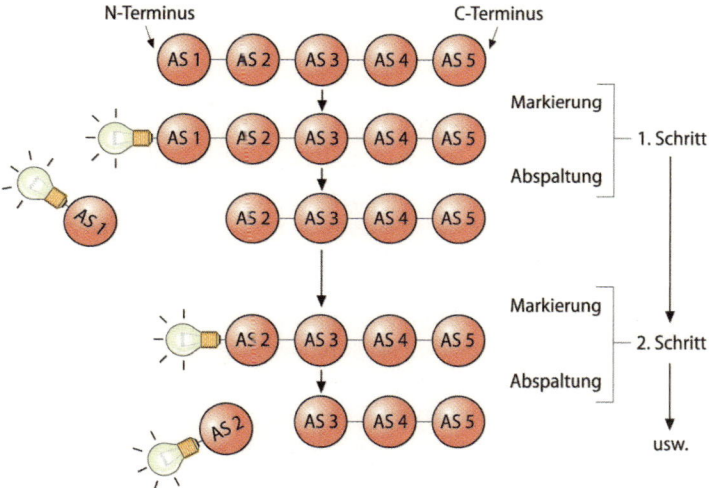

◻ **Abb. 10.154** Sequenzanalyse nach Edman

Chemie

- Formale Oxidation von Aldosen kann drei unterschiedliche Produkte ergeben: On-, Ar- und Uron-Säuren.
- Reduktion führt zu Zuckeralkoholen (z. B. Sorbitol).
- Verknüpfung mehrerer Zucker über eine *O*-glycosidische Bindung (=Vollacetal mit einer Hydroxygruppe eines zweiten Saccharids) ergibt Oligo- und schließlich Polysaccharide.
- Wichtige Disaccharide: Maltose, Isomaltose, Saccharose und Lactose.
- Wichtige Polysaccharide: Zellulose, Glykogen und Stärke.

Lipide
- Wichtige Lipide: Triglyceride, Phospholipide und Steroide.
- Triglyceride: Ester aus Glycerin und langkettigen Carbonsäuren (Fettsäuren).
- Fettsäuren lassen sich in gesättigte/ungesättigte bzw. essenzielle/nicht-essenzielle Fettsäuren einteilen.
- Phospholipide bestehen aus Glycerin + 2 Fettsäuren + Phosphat.
- Glycolipide besitzen einen Kohlenhydratrest und dem dreiwertigen Aminoalkohol Sphingosin als Grundgerüst.
- Cholesterin ist das wichtigste Steranderivat.

Proteine
- Aminosäuren werden eingeteilt in proteinogene/nichtproteinogene bzw. essenzielle/nichtessenzielle.
- Außer Glycin sind alle proteinogenen Aminosäuren chiral und liegen physiologisch in der *L*-Konfiguration vor.
- Der isoelektrische Punkt (IP) einer Aminosäure bezeichnet den pH-Wert, bei dem die Aminosäure nach außen hin elektrisch neutral erscheint und im elektrischen Feld nicht wandert.
- Der IP ist für jede Aminosäure charakteristisch und kann aus den pK_S-Werten der funktionellen Gruppen berechnet werden.
- Durch Decarboxylierung von Aminosäuren erhält man biogene Amine.
- Verknüpft man Aminosäuren über eine Amidbindung – die Peptidbindung –, so ergeben sich Dipeptide, Oligopeptide, Polypeptide und schließlich Proteine.
- Die Funktion von Proteinen wird durch ihre Primär-, Sekundär-, Tertiär- und Quartärstruktur bestimmt.
- Die Primärstruktur bezieht sich auf die Abfolge (Sequenz) der Aminosäuren in der Peptidkette.
- Bei der Sekundärstruktur unterscheidet man als wichtigste Formen die Alphahelix- und die Betafaltblatt-Struktur.
- Durch eine genau definierte dreidimensionale Auffaltung der Peptidkette entsteht schließlich ein räumliches, funktionsfähiges Protein.
- Durch Zusammenlagerung mehrerer Proteinuntereinheiten, die dann eine Quartärstruktur ausbilden, können sich funktionsfähige Proteinkomplexe bilden.
- Zur Aufklärung der Abfolge von Aminosäuren in einer Peptidkette kann man eine Sequenzanalyse nach Edman durchführen.

10.4.4 Übungsaufgaben

Aufgabe 1: Geben Sie die Fischer-Projektion der *D*-Glucose an. Formulieren Sie an diesem Beispiel die Silberspiegel-Probe (Tollens-Reaktion), indem Sie eine stöchiometrische Redoxgleichung für diesen Prozess aufstellen.

Aufgabe 1

Lösung 1:
Fischer-Projektion siehe ◙ Abb. 10.109.
Redoxgleichung (▶ Abschn. 8.4.4):

$$R{-}CHO + 2\,OH^- + 2\,[Ag(NH_3)_2]^+ \rightarrow 2\,Ag + 4\,NH_3 + R{-}COOH + H_2O.$$

Alles klar!

Fast Food – ungesund oder nicht?

Die Aussagen über Fast Food in der Eingangsfrage unterliegen einer einseitigen Betrachtungsweise und können so pauschal nicht getätigt werden. Zuerst einmal haben die Fast-Food-Ketten ja eine ganze Menge an ihrem Angebot und am aktuellen Programm gearbeitet, sodass es dem Gast freisteht, zwischen dem Klassiker Hamburger oder lieber einem frischen Salat zu wählen.

Des Weiteren steht ein gewöhnliches Butterbrot den ach so fettigen und gleichsam ungesunden Pommes frites in nichts nach: Während Pommes aus 36% Stärke, 15% Fett, 4% Eiweiß, 2% Mineralstoffen und Wasser bestehen, liefert das Butterbrot etwa 33% Stärke, 16% Fett, 5% Eiweiß und 1,5% Mineralstoffe. Kalorienmäßig unterscheiden sich beide also nicht, lediglich im Vitamingehalt: Pommes enthalten im Gegensatz zur Butterstulle nämlich Vitamin C. Rechnet man nun zu letzterer noch Wurst und Käse hinzu, schneiden die Pommes gar nicht mehr so schlecht ab.

Und nun kommt's: Wissenschaftler haben herausgefunden, dass besonders in gegrilltem Rinderhacksteak ein Stoff namens CLA in größeren Mengen vorkommt. Wider Erwarten handelt es sich hier nicht um einen neuen Krankmacher, der Fast-Food-Liebhabern aufs (gar nicht mal so gesunde) Butterbrot geschmiert werden kann, sondern ist die Abkürzung für »conjugated linoleic acid«, sprich konjugierte Linolsäure (◙ Abb. 10.155).

◙ **Abb. 10.155** CLA, *cis*-9-*trans*-11-Linolsäure oder auch (9*Z*, 11*E*)-Octadeca-9,11-diencarbonsäure

Von CLA sind mehrere Isomere bekannt, die in tierischen, nicht jedoch in pflanzlichen Lebensmitteln nachgewiesen werden konnten. Allen gemeinsam ist, dass sie offenbar eine protektive Wirkung gegen Krebs aufweisen. Unter Laborbedingungen konnte bei Mäusen die Entstehung verschiedenartiger Tumoren, die durch chemische Ursachen hervorgerufen werden, mithilfe künstlich hergestellter CLA unterdrückt werden. Auch die Teilung menschlicher Krebszellen ließ sich im Labor durch Zugabe von CLA unterbinden. Dass die CLA-Mengen in Lebensmitteln auch tatsächlich für den Menschen eine schützende Wirkung gegen Krebs besitzen, konnte bislang noch nicht bestätigt werden, aber wer weiß, was die Forschung in nächster Zeit noch alles zutage fördert…

Komplexchemie

Malte Schirrmann

J. Schatz, R. Tammer (Hrsg.), *Erste Hilfe – Chemie und Physik für Mediziner*,
DOI 10.1007/978-3-662-44111-4_11, © Springer-Verlag Berlin Heidelberg 2015

- Komplexverbindung/Komplex
- Zentralteilchen/-ion
- Ligand
- Koordinationszahl
- Chelatkomplexe und Chelatoren
- Geometrie
- Isomerie

Wie jetzt?

Spurenelemente
Wenn man sich mal seine morgendliche Müslipackung vornimmt oder die Flasche Multivitaminsaft, findet man häufig eine Tabelle, die angibt, welchen Anteil die »lebenswichtigen Spurenelemente« in 100 g oder 100 ml ausmachen. Ist ja meist recht wenig, so ein paar Milligramm. »Was soll ich dann überhaupt damit? Und warum eigentlich?«, mag man sich da fragen. Was machen also eigentlich diese Spurenelemente?

11.1 Einleitung

Komplexe findet man an vielen Stellen: als Farbstoffe in Farben, als Wasserenthärter in Waschmitteln und in der Biochemie vieler Lebewesen als wichtige Komponenten von Stoffwechselprozessen. Und da sie so vielseitig sind, stellt sich unweigerlich die Frage: Was genau ist ein Komplex?

Mit der Antwort auf diese Frage tat man sich lange Zeit recht schwer: Der Begriff an sich wurde im 19. Jahrhundert geprägt, beim Versuch, eine Ordnung in die damals bekannten Verbindungen zu bringen. Ableiten lässt sich das Wort vom lateinischen Verb *complecti* bzw. von dessen Partizip *complexum*, was so viel wie *umarmen, umschließen* heißt.

Das an sich sagt allerdings ja noch recht wenig über die Bindungsverhältnisse aus; erst Sophus Jörgensen (1837-1914) und Christian Blomstrand (1826-1897) entwickelten die sog. Kettentheorie. Dem stellte **Alfred Werner** (1866–1919) 1892 seine gänzlich neue **Koordinationstheorie** entgegen. Er ging davon aus, dass man bei diesen »Verbindungen höherer Ordnung« zwischen einer inneren und äußeren »Sphäre« unterscheiden müsse: Im Inneren seien Moleküle oder Ionen um ein Metallkation herum angeordnet und zum Ladungsausgleich lagerten sich in der äußeren Sphäre Gegenionen an.

Mit dieser Vorstellung lag er dann auch gar nicht so falsch...

11.2 Genereller Aufbau

Komplexe sind Koordinationsverbindungen aus Zentralatom und Liganden.

Wie Werner schon vermutete, sind Komplexe sog. Koordinationsverbindungen. Sie bestehen aus einem Koordinationszentrum, das entweder aus einem Zentralion oder einem Zentralatom bestehen kann. Um dieses herum gruppieren sich die Liganden nach ganz bestimmten Regeln; auch diese können Ionen oder ganze Moleküle sein.

Doch eins nach dem anderen:

Das **Zentralion** ist in der Regel ein **Metallkation**, selten findet man auch neutrale Atome. Typische Vertreter sind z. B. Cu^{2+}, Fe^{2+}, Fe^{3+}, Cr^{3+} oder Ag^+, also häufig Metalle der Nebengruppen (= Übergangsmetalle). Sie haben alle

»Elektronenlücken« auf ihren inneren Schalen, was wichtig für ihr Bindungs-verhalten ist.

Ein **konkretes Beispiel: Eisen** hat die Elektronenkonfiguration $1s^2 2s^2 2p^6 3s^2 3p^6 3d^6 4s^2$, also schon zwei Elektronen auf der 4. Schale, obwohl auf der 3. Schale noch Platz für vier Elektronen wäre, denn dort ist maximal folgende Belegung möglich: $3s^2 3p^6 3d^{10}$. Es hat also auf seiner 3. Schale eine Elektronenlücke, in die es noch Elektronen aufnehmen kann. Somit fungiert es als **Elektronenakzeptor**, ist also eine **Lewis-Säure**.

Ebenso gibt es **Elektronendonatoren** (**Lewis-Basen**), also Moleküle oder Ionen, die freie Elektronenpaare haben, z. B. Cyanid (CN^-).

Treffen eine Lewis-Säure und eine Lewis-Base aufeinander, bilden sie mit dem freien Elektronenpaar des Donators »in die Lücke hinein« eine koordinative Bindung aus. Wichtig hierbei: Beide Bindungselektronen stammen nur von einem der Bindungspartner, nämlich der Lewis-Base.

Sehen wir uns hierzu ein konkretes Beispiel an:

$$FeCl_2 + 6\,KCN \rightarrow K_4[Fe(CN)_6] + 2\,KCl.$$

Oder nur die komplexbildenden Ionen:

$$Fe^{2+} + 6\,CN^- \rightarrow [Fe(CN)_6]^{4-}.$$

Aus der Reaktionsformel erkennt man: Ein Fe^{2+}-Ion bildet mit sechs CN^--Ionen einen Komplex. Deutlich gemacht wird dies durch die Schreibung in eckigen Klammern, die vier Kaliumionen (K^+) gleichen die negative Ladung des Komplexes aus.

Anhand dieses Beispiels sieht man, dass ein Fe^{2+}-Ion die Fähigkeit hat, sechs CN^- an sich zu binden, es hat somit die **Koordinationszahl (KZ)** sechs. Es koordiniert die Liganden jeweils in eine Position, in der alle zum Zentralion den gleichen Abstand haben. Verbindet man nun gedanklich die sechs Liganden, ergibt dies räumlich ein Oktaeder, eine quadratische Bipyramide. Diese so entstehenden Figuren nennt man **Koordinationspolyeder**.

Zentralteilchen sind meist Kationen mit einer Elektronenlücke, d. h. Lewis-Säuren.

Liganden sind Elektronendonatoren, also Lewis-Basen. Komplexe werden durch koordinative Bindungen zusammengehalten; beide Bindungselektronen stammen dabei von der Lewis-Base.

Koordinationszahl: Anzahl der direkt mit dem Zentralteilchen verbundenen Moleküle, Ionen oder Atome, d. h. Anzahl der »Andockstellen«.

11.3 Struktur und Geometrie

Entscheidend für die räumliche Anordnung der Liganden im Komplex sind sowohl die Liganden als auch das Zentralatom. Üblich sind Koordinationszahlen zwischen zwei und zwölf. Die weitaus häufigsten Koordinationszahlen sind allerdings zwei, vier und sechs. **Wichtig ist, dass identische Liganden das Bestreben haben, zum Zentralatom den gleichen Abstand einzunehmen und sich durch ihre gleiche Ladung gegenseitig abstoßen** (▶ Abschn. 8.2.4).

Koordinationszahl zwei (KZ = 2)

Die einzig mögliche Anordnung der beiden Liganden nach den oben genannten beiden »Faustregeln« ist linear (❏ Abb. 11.1). Nur hier haben sie gleichen Abstand zur Mitte und größtmögliche Distanz zueinander.

Koordinationszahl vier (KZ = 4)

Wenn man vier Liganden um ein Zentrum anordnen muss, hat man zwei Alternativen:

– Man legt alle Liganden als Ecken eines Quadrats in eine Ebene und in dessen Mitte setzt man das Zentralatom. Diese Anordnung nennt man **quadratisch planar** (❏ Abb. 11.2).

❏ **Abb. 11.1** Koordinationszahl = 2: lineare Anordnung

Koordinationszahl 2: lineare Anordnung.

Koordinationszahl 4: quadratisch planar oder (häufiger) tetraedrisch.

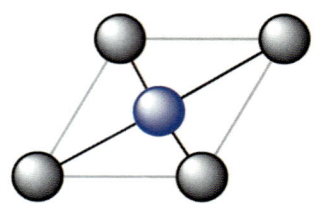

Abb. 11.2 Koordinationszahl = 4: quadratisch planar

Koordinationszahl 6 → trigonales Prisma, trigonales Antiprisma oder Oktaeder.

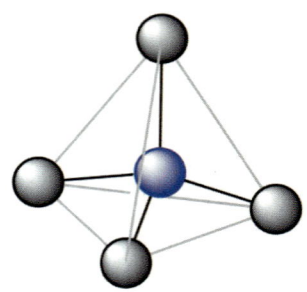

Abb. 11.3 Koordinationszahl = 4: tetraedrisch

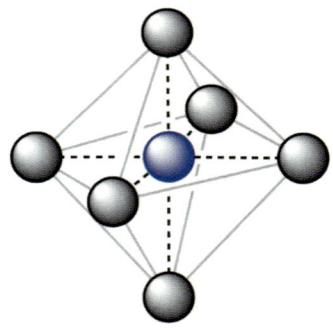

Abb. 11.4 Koordinationszahl = 6: oktaedrisch

— Drei der Liganden bilden ein gleichseitiges Dreieck, über dessen Mitte man den Vierten als Spitze einer gleichseitigen Pyramide setzt. In die räumliche Mitte der Pyramide kommt nun noch das Zentralatom; diese Anordnung nennt man **tetraedrisch** (◘ Abb. 11.3).

Die tetraedrische Anordnung ist häufiger als die quadratisch planare; man findet sie vor allem bei den Komplexen der Haupt- und Nebengruppenelemente, bei denen dem Zentralatom genau acht Elektronen zur nächsten Edelgaskonfiguration fehlen.

Koordinationszahl sechs (KZ = 6)

Theoretisch sind bei sechs Liganden drei geometrische Figuren möglich:
— ein trigonales Prisma,
— ein trigonales Antiprisma sowie
— ein Oktaeder (◘ Abb. 11.4).

Das Oktaeder ist das wichtigste Koordinationspolyeder in der Komplexchemie, es kann auch als quadratische Bipyramide betrachtet werden. In der Regel sind alle sechs Bindungen des Zentralatoms zu den Liganden gleich, nur in einigen Sonderfällen ist die vertikale Achse des Oktaeders gestaucht oder gestreckt.

◘ Tab. 11.1 liefert einen Überblick über die typischen Vertreter von Zentralatomen und ihren möglichen Koordinationszahlen sowie beispielhaft die daraus entstehenden Komplexe.

◘ Tab. 11.1 Übersicht über typische Zentralatome/-ionen und ihre Komplexe

Koordinationszahl (KZ)	Zentralatom/-ion Zugehöriger Komplex		
KZ 2	Hg (II)	Ag (I)	Au (I)
	$[Hg(CN)_2]$	$[Ag(NH_3)_2]^+$	$[Au(NH_3)_2]^+$
KZ 4	Pd (II)	Pt (II)	Au (III)
	$[PdCl_4]^{2-}$	$[Pt(NH_3)_4]^{2+}$	$[AuCl_4]^-$
KZ 6	Co (III)	Pt (IV)	Cu (II)
	$[Co(NH_3)_6]^{3+}$	$[Pt(NH_3)_6]^{4+}$	$[Cu(NH_3)_4(H_2O)_2]^{2+}$

Metalle bzw. Metallionen können abhängig von den jeweils beteiligten Liganden je nach Komplex eine andere Koordinationszahl aufweisen!
— Aluminium (III) bildet z. B. sowohl tetraedrische als auch oktaedrische Komplexe;
— Kupfer (I) findet man sowohl in linearen als auch in tetraedrischen Komplexen.

Es macht also keinen Sinn, die Koordinationszahlen auswendig zu lernen!

Mehrkernige Komplexe

Die bisher beschriebenen Komplexe hatten alle nur jeweils ein Zentrum mit daran einfach gebundenen Liganden. Es gibt allerdings auch Komplexe, die sich über mehrere Koordinationszentren erstrecken. Diese Komplexe nennt man **mehrkernige Komplexe**. Beispiel Decacarbonyldimangan: $Mn_2(CO)_{10}$ (◘ Abb. 11.5).

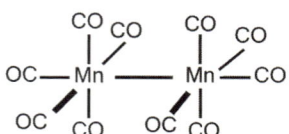

Abb. 11.5 Decacarbonyldimangan

Ambidente Liganden

Auch bei den Liganden findet sich noch ein weiterer Stolperstein: Es gibt Ligandenmoleküle, die in der Lage sind, mit zwei verschiedenen Elektronenpaaren ihres Moleküls an das Zentralion zu binden, z. B. das Thiocyanat-Ion (SCN^-, ◘ Abb. 11.6). Dieses kann über das Schwefelatom oder über den Stickstoff gebunden sein; bemerkbar macht sich der Unterschied dann in der Benennung der Komplexe (▶ Abschn. 12.5). Weitere Vertreter dieser Art von Liganden sind CN^- und NO_2^-.

Diese Liganden werden **ambident** genannt (wörtlich: »Zähne auf beiden Seiten«), was allerdings nicht verwechselt werden darf mit Liganden, die mit zwei Elektronenpaaren gleichzeitig an das Koordinationszentrum binden. Diese heißen dann auf »schlau« höchstens »bidentate Liganden«. Aber um die geht es erst im nächsten Abschnitt.

> Ambidente Liganden können über verschiedene Enden koordinative Bindungen eingehen.

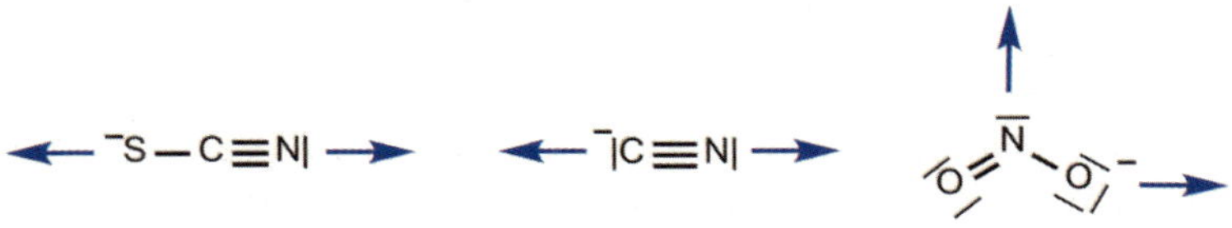

◘ **Abb. 11.6** Ambidente Liganden

11.4 Chelatkomplexe

Alle bisher erwähnten Liganden haben zum jeweiligen Zentralion mit nur einem freien Elektronenpaar eine koordinative Bindung ausgebildet. Was geschieht aber, wenn ein Molekül an mehreren Enden über freie Elektronenpaare verfügt? Dann kommt es, wie es kommen muss: Es bindet mehrmals an das Zentralion. **Bindet ein Molekül mehrmals an das Zentralion, nennt man den entstehenden Komplex Chelatkomplex** (gr. *chele* = Krebsschere).

Da so ein Ligand also mit mehreren freien Elektronenpaaren »angreift« und an zwei oder mehr Stellen des Zentralions bindet, entsteht ein Ring; bevorzugt bilden sich fünf- oder sechsgliedrige Ringe, da hierbei die Bindungswinkel nicht »verspannt« (spannungsfrei) und somit energetisch günstig sind.

Ethylendiamin (1,2-Diaminoethan) ist so ein zweizähniger Ligand (◘ Abb. 11.7). Mit einem passenden Metallion, z. B. Cobalt, bildet sich ein Ring (◘ Abb. 11.8).

Es gibt allerdings auch Chelatoren, die nicht nur zwei, sondern gleich sechs Bindungen ausbilden. Beispiele hierfür sind:

- Ethylendiamintetraacetat, kurz EDTA (◘ Abb. 11.9), oder
- [18]Krone-6, ein ringförmiger Ether aus zwölf Kohlenstoffatomen und sechs Sauerstoffatomen (◘ Abb. 11.10).

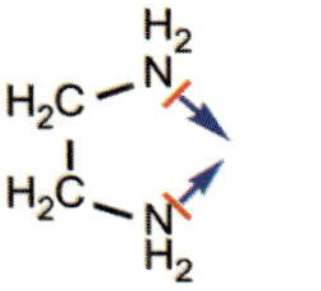

> In Chelatkomplexen besetzt ein Ligand gleichzeitig mehrere Koordinationsstellen. Solche Komplexe sind besonders stabil.

> Wichtige Chelatliganden: Ethylendiamin, EDTA und Kronenether.

1,2-Diaminoethan
(Ethylendiamin),
»en«

◘ **Abb. 11.7** Ethylendiamin als zweizähniger Ligand

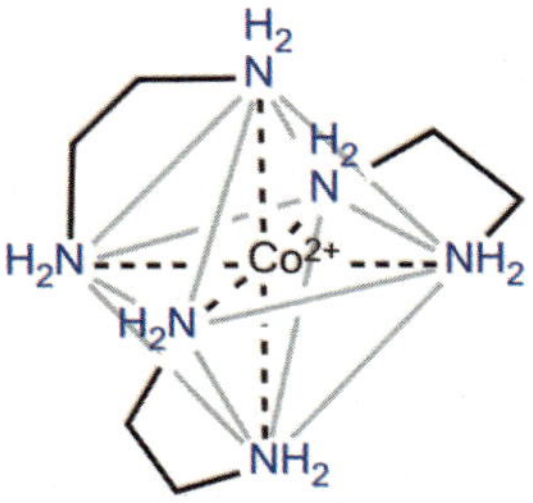

◘ **Abb. 11.8** Cobalt-Ethylendiamin-Komplex

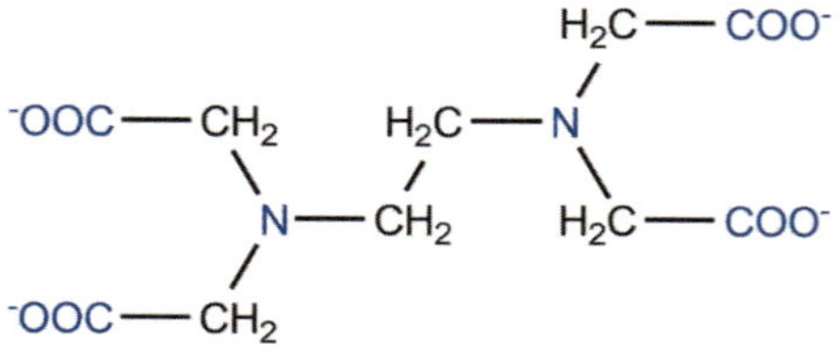

Abb. 11.9 Ethylendiamintetraacetat (EDTA)

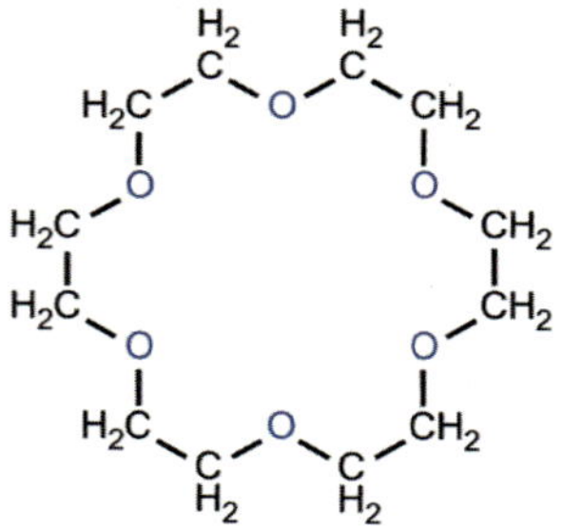

Abb. 11.10 [18]Krone-6

EDTA findet auch in der Medizin Verwendung, da es schlecht komplexierbare Ionen binden kann. Da zur Blutgerinnung freie Calciumionen benötigt werden, wird EDTA hier zur Bindung von Ca^{2+} eingesetzt und verhindert so das Verklumpen einer Blutprobe.

Hätten Sie's gewusst?

Einen Komplex zu haben, ist lebenswichtig!
Man findet solche Chelatkomplexe nicht nur im Reagenzglas, sondern auch in der »freien Natur«. Dort erfüllen sie an vielen Stellen geradezu essenzielle Funktionen. Hierzu zwei wichtige Beispiele:

Häm-Gruppe des Hämoglobins
Für Speicherung und Transport von Sauerstoff im Blut ist das Hämoglobin verantwortlich, genauer gesagt die Häm-Gruppe dieses Proteins, das in den Erythrozyten enthalten ist. Chemisch betrachtet ist Häm ein Eisen(II)-Chelatkomplex. Das Zentralion ist also ein Fe^{2+}-Ion mit sechs Koordinationsstellen. Vier davon werden durch den vierzähnigen Liganden Porphyrin eingenommen, ein Derivat der Porphine. An der fünften Stelle bindet ein Rest des Proteins, genauer gesagt ein Histidinrest. An der verbleibenden Stelle lagert sich in der Lunge ein Sauerstoffmolekül (O_2) an (■ Abb. 11.11).

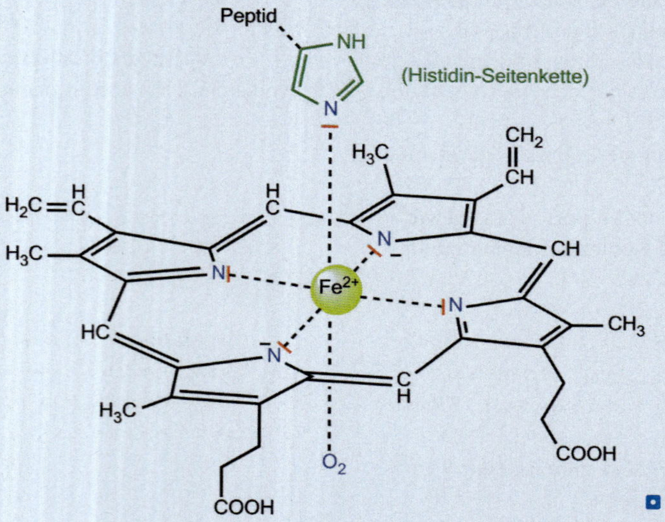

Abb. 11.11 Häm-Gruppe des Hämoglobins

Da Hämoglobin vier solcher Häm-Gruppen besitzt, ist es in der Lage, vier Moleküle Sauerstoff zu transportieren. Allerdings kann hier auch Kohlenmonoxid gebunden werden. Da dieses aber 200-mal stärker bindet, führt schon das Einatmen geringer Mengen CO zum Tod durch Ersticken.

Blattgrün oder Chlorophyll

Genauso wichtig wie Hämoglobin für den Menschen ist das Chlorophyll für Pflanzen. Es gibt zwar mehrere Arten von Chlorophyll, diese unterscheiden sich aber nur marginal. Das Grundgerüst ist ebenfalls ein Porphinring, der allerdings ein Mg^{2+}-Ion komplexiert (◘ Abb. 11.12). Die Chlorophylle wirken als Katalysatoren bei der Fotosynthese, indem sie die von der Sonne abgestrahlten Lichtquanten absorbieren und Energie für die Umwandlung von CO_2 und H_2O zu Kohlenhydraten bereitstellen.

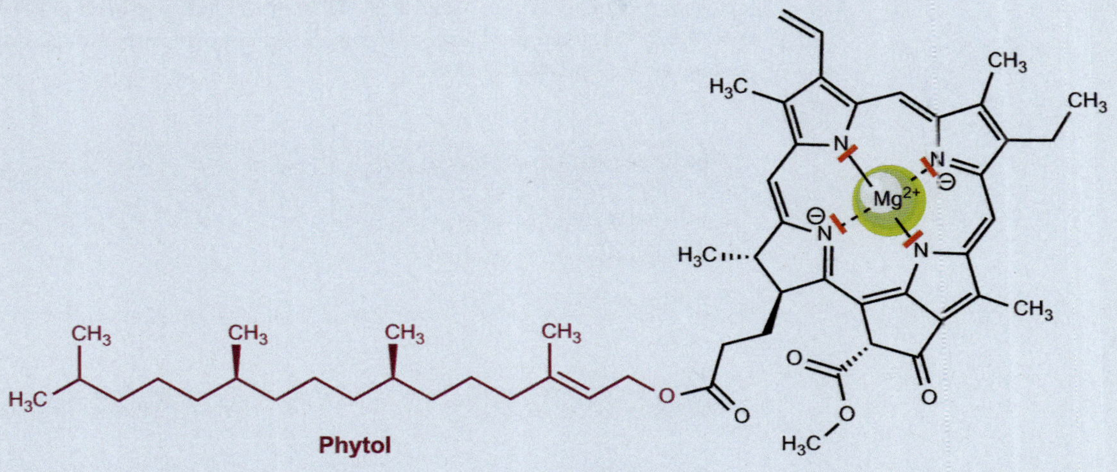

◘ Abb. 11.12 Chlorophyll

Cytochrom c

Das in der Atmungskette mitwirkende Cytochrom ist dem Häm sehr ähnlich, lediglich an die zwei Doppelbindungen in der Peripherie sind zwei Cysteine addiert. Im Gegensatz zum Eisen im Häm ist das Eisen im Cytochrom redoxaktiv, d. h., es ändert seine Oxidationszahl zwischen Fe^{2+} und Fe^{3+} und transportiert auf diese Weise Elektronen in der Atmungskette. Dieser Vorgang ist reversibel. Wird allerdings bei einer Blausäure- oder Kohlenmonoxidvergiftung die Cytochromoxidase gehemmt, verhindert dies dessen Reduktion zum Fe^{2+} zurück; damit erlahmt der Elektronentransport und die Atmungskette. Somit fehlt der Zelle ATP, sie geht zugrunde, ihr Besitzer stirbt.

11.5 Stabilität

Komplexe können auch wieder zerfallen, da ihre Bildung eine Gleichgewichtsreaktion ist. Betrachtet man allerdings ein paar Komplexe exemplarisch, stellt man fest, dass manche stark, andere jedoch scheinbar gar nicht zerfallen. Wie ist dies zu erklären?

Als erster Anhaltspunkt für die Abschätzung der Stabilität eines Komplexes kann die **Achtzehn-Elektronen-Regel** dienen: **Komplexe, bei denen das Koordinationszentrum mit den Elektronen der Liganden insgesamt 18 Valenzelektronen besitzt, sind meist relativ stabil.**

Beispiel: Chrom bildet mit sechs Kohlenmonoxidmolekülen den Chromhexacarbonylkomplex:

$$Cr + 6\,CO \rightarrow [Cr(CO)_6].$$

Da das Chrom die Elektronenkonfiguration $3d^5 4s^1$ hat, also sechs Valenzelektronen besitzt und durch die sechs CO-Moleküle noch mal je zwei Elektronen hinzukommen (ergibt zwölf), hat es am Ende die benötigten 18 Valenzelektronen.

Achtzehn-Elektronen-Regel: Stabile Komplexe entstehen, wenn die Zahl der Valenzelektronen von Zentralteilchen und allen Liganden genau 18 beträgt.

Mit dieser Regel lassen sich jedoch nicht alle Komplexe und auftretenden Phänomene erklären. Eine weitere Möglichkeit zur Abschätzung bietet das **Konzept der harten und weichen Lewis-Säuren/-Basen** (»Hard & Soft Acids & Bases«), kurz **HSAB**, das Pearson 1963 einführte:

Verbindungen aus einer harten Säure und Base und solche, die aus weicher Säure und Base bestehen, sind stabiler als gemischte Verbindungen. Die Härte einer Lewis-Säure ist umso größer, je kleiner, stärker geladen und schwerer polarisierbar ein Molekül ist (◘ Tab. 11.2). Entsprechend gilt bei Lewis-Basen: Sie sind umso härter, je kleiner, weniger polarisierbar und schwerer oxidierbar sie sind (◘ Tab. 11.3).

HSAB-Prinzip:
Stabile Komplexe werden gebildet, wenn harte (weiche) Lewis-Säuren mit harten (weichen) Lewis-Basen reagieren.

◘ **Tab. 11.2** Beispiele für Lewis-Säuren

Harte Lewis-Säure	Fe^{3+}	Al^{3+}	Ca^{2+}	Ti^{4+}
Übergangsbereich	Fe^{2+}	Cu^{2+}	Pb^{2+}	Zn^{2+}
Weiche Lewis-Säure	Au^+	Cu^{2+}	Cd^{2+}	Tl^+

◘ **Tab. 11.3** Beispiele für Lewis-Basen

Harte Lewis-Basen	F^-	OH^-	O^{2-}	NH_3
Übergangsbereich	Br^-	NO_2^-		
Weiche Lewis-Basen	I^-	S^{2-}	SCN^-	

Komplexbildungs- und Komplexzerfallskonstante

Die Stabilität von Komplexen lässt sich mittels Massenwirkungsgesetz bestimmen → Komplexbildungs- und Komplexzerfallskonstante.

Doch da auch diese Methode nicht quantitativ ist, hat man sich weiter Gedanken gemacht und aus dem Massenwirkungsgesetz (MWG) im Labor die sog. **Komplexbildungskonstante K_B** sowie die **Komplexzerfallskonstante K_Z** bestimmt ($K_Z = K_B^{-1}$). **Aus dem Massenwirkungsgesetz lassen sich K_B und K_Z bestimmen**, wie das folgende Beispiel zeigt:

$$Fe^{2+} + 6\,CN^- \rightarrow [Fe(CN)_6]^{4-}$$

$$K_B = \frac{[[Fe(CN)_6]^{4-}]}{[Fe^{2+}] \cdot [CN^-]^6}.$$

Je größer K_B, desto stabiler ist der Komplex.
Ligandenaustauschreaktion:
Liganden gehen aus weniger stabilem Komplex in stabilen Komplex über.

Je größer der K_B-Wert, desto weiter liegt das Gleichgewicht auf der Seite der Produkte, desto stabiler ist also der Komplex.

Somit sind Vorhersagen über das Bindungsverhalten von Komplexen möglich. Trifft ein potenzieller Ligand auf einen Komplex, dessen K_B-Wert kleiner ist als der K_B-Wert der »Konkurrenzreaktion«, so findet eine **Ligandenaustauschreaktion** statt. Hierbei gehen die zuvor gebundenen Liganden in Lösung und die neuen Liganden werden in einem neuen Komplex gebunden.

Thermodynamische und kinetische Stabilität

Für Komplexe ist neben der thermodynamischen Stabilität die kinetische Stabilität wichtig.

Die Komplexzerfallskonstanten besagen allerdings nur etwas über die **thermodynamische Stabilität** eines Komplexes. Zusätzlich muss aber noch die **kinetische Stabilität** betrachtet werden. **Die kinetische Stabilität äußert sich in der Ligandenaustauschgeschwindigkeit:**

- Reagiert ein Komplex rasch, wird er als **labil**, also kinetisch instabil bezeichnet.
- Daneben gibt es Komplexe, die nur sehr langsam einen Liganden- austausch vollziehen, diese werden **inert** genannt.

Erst wenn beide Größen bekannt sind, sind exakte Voraussagen des Verhal- tens eines Komplexes möglich.

Auch in Sachen der Stabilität nehmen Chelatkomplexe eine Sonderrolle ein. Im Gegensatz zu einzähnigen Liganden haben sie eine wesentlich größere Bil- dungskonstante und sind entsprechend stabiler.

Chelatkomplexe sind im Vergleich zu einzähngen Liganden stabiler.

Folgendes Beispiel soll dies verdeutlichen:

Gibt man also zu einer Lösung des Hexaamminnickel(II)-Komplexes den zweizähnigen Chelatliganden 1,2-Diaminoethan (auch Ethylendiamin oder kurz *en*), so werden die sechs vorher gebundenen Ammoniakmoleküle frei und gegen drei Ethylendiaminmoleküle ausgetauscht. Und das passiert, obwohl im- mer nur Stickstoffatome an das Nickel(II)-Ion koordinieren.

$$Ni_{aq}^{2+} + 6\,NH_3 \rightarrow [Ni(NH_3)_6]^{2+} \qquad K = 2 \cdot 10^9\;mol^{-6} \cdot l^6$$

$$Ni_{aq}^{2+} + 3\,en \rightarrow [Ni(en)_3]^{2+} \qquad K = 4 \cdot 10^{17}\;mol^{-3} \cdot l^3$$

Folglich reagiert $[Ni(NH_3)_6]^{2+}$ mit *en*:

$$[Ni(NH_3)_6]^{2+} + 3\,en \rightarrow [Ni(en)_3]^{2+} + 6\,NH_3.$$

Chelateffekt

Diese verblüffende Tatsache der gerade erklärten Reaktion lässt sich durch den **Chelateffekt** erklären. Der thermodynamische Vorteil lässt sich an Gibbs freier Energie nachvollziehen:

$$\Delta G° = \Delta H° - T\Delta S°$$

mit $\Delta G°$ = Triebkraft der Reaktion, $\Delta H°$ = Enthalpie, $\Delta S°$ = Entropie (▶ Abschn. 8.5.2).

Durch eine Zunahme der Entropie $\Delta S°$ wird $\Delta G°$, also die Triebkraft der Reaktion, ebenfalls größer und damit die Reaktion stärker exergonisch. **Chelat- komplexe sind aufgrund eines günstigen Entropieanteils sehr stabil = Che- lateffekt.**

Chelateffekt: Chelatkomplexe sind aufgrund eines günstigen Entropieanteils sehr stabil.

Am Anfang der Reaktion waren vier frei bewegliche Moleküle im System: der Komplex und die drei Ethylendiamine. Durch den vollständigen Austausch der Liganden liegen nun die sechs Ammoniakmoleküle und der Komplex frei vor, die »Unordnung« (= Entropie) hat zugenommen. Dies erklärt auch die hohe Stabilität z. B. von EDTA-Komplexen, denn EDTA ist sechszähnig, kann also bis zu sechs einzähnige Liganden ersetzen.

Auch kinetisch sind Chelatkomplexe bevorzugt: Bei der Besetzung der ers- ten Bindungsstelle am Zentralion sind zwischen normalen Liganden und Che- latoren keine wesentlichen Unterschiede zu erwarten. Für den Chelator ist es jetzt jedoch viel leichter, auch noch mit seinem zweiten »Arm« zu binden, da er schon viel dichter am Zentralion dran ist als ein zufällig vorbei diffundierender einarmiger Ligand.

11.6 Isomerie

Zur genauen Beschreibung eines Komplexes stellt sich angesichts der teilweise sechs oder mehr Liganden die Frage, welcher von ihnen denn wo genau an das Zentralion koordiniert. Auch hier gibt es den Fall der identischen Summen-, aber unterschiedlichen Strukturformel: mal wieder Isomerie!

Es gibt mehrere Formen der Isomerie.

Man unterscheidet mehrere Formen der Isomerie, die in diesem Kapitel eine Rolle spielen: Konstitutions- und Konfigurationsisomerie (▶ Abschn. 10.1.5) **sowie optische Isomerie (Enantiomerie,** ▶ Abschn. 10.2.2).

11.6.1 Konstitutionsisomerie

Bei der Konstitutionsisomerie haben die Atome bzw. Moleküle nicht dieselben Bindungspartner neben sich. Bei Komplexen kann dies mehrere Gründe haben:

— Ionen können sowohl im Komplex als auch außerhalb gebunden sein. In diesem Fall spricht man von Ionisationsisomerie. Die Komplexe $[Co(NH_3)_5Cl]SO_4$ und $[Co(NH_3)_5SO_4]Cl$ haben zwar die gleiche Summenformel, doch bei dem einen Komplex ist das Cl^--Ion gebunden, bei dem anderen das SO_4^{2-}-Ion. Ein Sonderfall der Ionisationsisomerie ist die Hydratisomerie: Hierbei sind unterschiedlich viele H_2O-Moleküle am Komplex beteiligt:

$[Cr(H_2O)_6]Cl_3$

$[Cr(H_2O)_5Cl]Cl_2 \cdot H_2O$

$[Cr(H_2O)_4Cl_2]Cl \cdot 2H_2O.$

— Von Bindungsisomerie (= Salzisomerie) spricht man, wenn ein Ligand auf zwei verschiedene Arten an das Zentralion binden kann:

Met–C≡N| oder Met–N≡C|

11.6.2 Konfigurationsisomerie

Im Gegensatz zur Konstitutionsisomerie haben die Moleküle bei der Konfigurationsisomerie zwar die gleichen Bindungspartner, jedoch in unterschiedlicher räumlicher Anordnung, sie sind zueinander Stereoisomere. Betrachtet man einen quadratisch planaren Komplex mit zwei unterschiedlichen Arten von Liganden wie $[Pt(NH_3)_2Cl_2]$, stellt man fest, dass es zwei Möglichkeiten gibt: *cis* und *trans* (◻ Abb. 11.13).

Diese Form der Isomerie ist auch bei Oktaedern möglich, nicht jedoch bei **Tetraedern**, hier entsteht vielmehr eine weitere Isomerieart: die **optische Isomerie** oder **Enantiomerie** (▶ Abschn. 10.2.2). Dabei verhalten sich die Isomere wie Bild und Spiegelbild zueinander, lassen sich also nicht zur Deckung bringen.

◻ **Abb. 11.13** *cis-trans*-Isomerie bei Komplexen

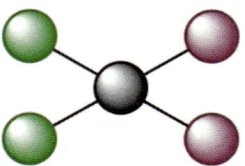

cis-Isomer

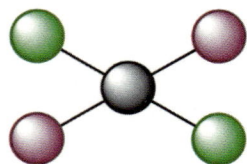

trans-Isomer

11.7 Bindungstheorien

Es gibt mehrere teils sehr einfache, teils hochkomplexe Bindungstheorien, die versuchen, Aussagen über die genaue Art der Bindungen innerhalb der Komplexe zu machen. Ein relativ einfacher Ansatz wurde schon in ▶ Abschn. 11.5 besprochen. Dieser Ansatz besteht zum einen aus rein elektrostatischen Anziehungskräften zwischen den meist positiv geladenen Zentralionen und den negativen Liganden, zum anderen lässt sich durch die **HSAB-Theorie** die Komplexbildung aus neutralen Molekülen wie H_2O und NH_3 erklären. Beide machen jedoch keine Aussage über den genauen Bindungstyp oder die Bindungsart.

Deshalb wurde die Valence-Bond-Theorie entwickelt. **Die Valence-Bond-Theorie postuliert kovalente Bindungen zwischen Liganden und Zentralatom.** Diese entstehen durch Überlappung unbesetzter Orbitale des Zentralatoms mit gefüllten Orbitalen der Liganden. Die räumliche Ausrichtung ergibt sich aus der Art der dabei entstandenen Hybridorbitale. Damit lässt sich die Geometrie sehr anschaulich erklären, nicht aber das Phänomen der sehr unterschiedlichen Farben von Komplexen.

Dies jedoch wird durch die Kristallfeldtheorie möglich. **Die Kristallfeldtheorie berücksichtigt die elektrostatischen Effekte, welche die Liganden auf das Zentralatom ausüben.** Diese führen zur energetischen Aufspaltung der d-Orbitale; dadurch werden bestimmte Orbitale für eine Bindung bevorzugt. Da diese dann in verschiedene Richtungen koordinieren, entstehen letztendlich die **Koordinationspolyeder.** Auch ist diese Aufspaltung der Energieniveaus in letzter Konsequenz für die **Farbvielfalt der Komplexe** verantwortlich. Durch die veränderten Orbitalenergien sind, vereinfacht gesagt, die Elektronen in der Lage, Licht einer bestimmten Wellenlänge zu absorbieren und damit dem Licht einen Farbanteil zu entziehen. Das führt dazu, dass der Komplex in der Komplementärfarbe gefärbt ist.

Am umfassendsten und exaktesten beschreibt die Molekülorbitaltheorie den ganzen Komplex mit den Komplexen. **Die Molekülorbitaltheorie berücksichtigt zusätzlich das Auftreten von antibindenden und nichtbindenden Molekülorbitalen,** ist allerdings so umfangreich wie dieses ganze Kapitel. Hier sei deshalb für Interessierte auf einschlägige Chemiefachliteratur verwiesen.

Bindungstheorien der Komplexe: HSAB-, Valence-Bond-, Kristallfeld- und Molekülorbitaltheorie.

kurz & knapp
- Komplexe bestehen aus einem Zentralatom/-ion mit gebundenen Liganden.
- Als Zentralatome findet man oft Metallionen; sie haben je nach Komplex unter Umständen eine andere Koordinationszahl, häufig sind die KZ 4 und 6.
- Liganden besitzen freie Elektronenpaare, die sie dem Komplex in einer koordinativen Bindung zur Verfügung stellen.
- Liganden können ein- oder mehrzähnig sein; Chelatoren sind mehrzähnig.
- Chelatkomplexe sind durch die mehrfache Bindung des/der Liganden stabiler als vergleichbare Komplexe → »Chelateffekt«.
- Oft fallen Komplexe durch eine intensive Farbe auf.
- (Chelat-)Komplexe erfüllen im Menschen lebenswichtige Aufgaben: Werden sie zerstört, hat das schwerwiegende Folgen bis hin zum Tod.

11.7.1 Übungsaufgaben

Aufgabe 1

Aufgabe 1: Welche Oxidationsstufe/-zahl und welche Koordinationszahl hat das Zentralatom/-ion?

a. $[Au(CN)_4]^-$.
b. $[Cd(NH_3)_4]^{2+}$.
c. $[Cu(NH_3)_2(H_2O)_2]^+$.
d. $[Cu(en)_2]SO_4$.
e. $K_4[Fe(CN)_6]$.
f. $[Fe(H_2O)_4(SCN)_2]Cl$.

Lösung 1:   Um die Oxidationszahl (OZ) zu bestimmen, muss man wissen, welche Ladung die Liganden haben bzw. die »Ausgleichsionen«, die die Gesamtladung neutralisieren. Die Koordinationszahl (KZ) ergibt sich aus der Anzahl der direkt im Komplex gebundenen Liganden, also ohne die »Ausgleichsionen«.

a.   Cyanid (CN^-) ist einfach negativ geladen; da im Komplex vier davon gebunden sind $[4 \cdot (-1)]$ und eine Restladung von −1 erhalten bleibt, muss das Goldion die OZ +3 haben. Koordiniert werden vier Cyanidionen, Au hat also die KZ 4.
b. Cd^{2+}, KZ = 4.
c. Cu^+, KZ = 4.
d. Cu^{2+}, KZ = 4 (en = zweizähniger Ligand).
e.   Kalium ist als »Ausgleichsion« einfach positiv $[4 \cdot (+1)]$, Cyanid wieder −1 $[6 \cdot (-1)]$; es bleibt also, da das Salz neutral ist, für das Eisen nur die OZ +2. Koordiniert werden diesmal sechs CN^-, Fe^{2+} hat in diesem Fall also als KZ 6.
f. Fe^{3+}, KZ = 6.

Aufgabe 2

Aufgabe 2:   (Lösbar nach Bearbeitung von ▶ Kap. 12): Bitte benennen Sie folgende Komplexe:

a. $[Ni(CO)_4]$.
b. $K_4[Fe(CN)_6]$.
c. $[Cu(OH)_2(H_2O)_2]$.
d. $[Co(NH_3)_3Cl_3]$.
e. $[Pt(NH_3)_4][PtCl_6]$.
f. $[Co(NH_3)_5(NO_2)]Cl_2$.

Lösung 2:
a.   Tetracarbonylnickel(0).
b.   Kaliumhexacyanoferrat(II).
c.   Diaquadihydroxokupfer(II).
d.   Triammintrichlorocobalt(III).
e.   Tetramminplatin(II)-hexachloroplatinat(IV).
f.   Pentamminnitrocobalt(III)-chlorid.

Aufgabe 3 Cyanid bildet mit Quecksilber(II)-Ionen den stabilen Komplex $[Hg(CN)_4]^{2-}$. Die Komplexzerfallskonstante K_Z für diesen Komplex beträgt $4 \cdot 10^{-42}$ mol$^4 \cdot$ l^{-4}.

a. Formulieren Sie die Bruttogleichung des Komplexzerfalls und leiten Sie ausgehend davon die mathematische Beziehung für die Komplexzerfalls-konstante ab!

b. Leiten Sie ausgehend von Teilaufgabe a), die Konzentrationen an freien Cyanid- und Quecksilberionen einer Lösung ab, die $1\,mol\,l^{-1}\,[Hg(CN)_4]^{2-}$-Ionen enthält.

Lösung 3:

a. Die Bruttogleichung des Komplexzerfalls ist nichts weiter als die normale, stöchiometrisch korrekte Reaktionsgleichung:

$$[Hg(CN)_4]^{2-} \rightleftharpoons Hg^{2+} - 4(CN)^-.$$

Die mathematische Beziehung der Zerfallskonstante ist ebenfalls »nur« das MWG. Dabei ist zu beachten, dass die Edukte der Reaktion, also der Kom-plex, im Nenner des Bruches und die Produkte im Zähler stehen:

$$K = \frac{[Hg^{2+}] \cdot [(CN)^-]^4}{[[Hg(CN)_4]^{2-}]} = 4 \cdot 10^{-42} \text{ mol}^4 \cdot l^{-4}.$$

b. Die weitere Berechnung erfolgt ebenfalls anhand des MWG:
Nun kann man aufgrund der Zusammensetzung des Komplexes Folgendes feststellen:

$$[Hg^{2+}] = \tfrac{1}{4}[(CN)^-].$$

Umformen und Einsetzen ergibt:

$$K = \frac{[Hg^{2+}] \cdot [(CN)^-]^4}{[[Hg(CN)_4]^{2-}]} = \frac{[(CN)^-]^5}{4 \cdot [[Hg(CN)_4]^{2-}]}.$$

Unter Berücksichtigung des ersten Schrittes lässt sich der Rest leicht be-rechnen:

$$[(CN)^-]^5 = 4 \cdot K \cdot [[Hg(CN)_4]^{2-}] = 16 \cdot 10^{-42} \text{ mol}^5 \, l^{-5}$$

$$[(CN)^-] = 6{,}9 \cdot 10^{-9} \text{ mol} \, l^{-1}$$

$$[Hg^{2+}] = \tfrac{1}{4}[(CN)^-] = 1{,}7 \cdot 10^{-9} \text{ mol} \, l^{-1}$$

Damit wäre diese Aufgabe auch geschafft!

Chemie

Was machen die Spurenelemente im Müsli?

Zuerst muss geklärt werden, was denn überhaupt Spurenelemente sind. Hierunter versteht man laut Definition all jene Elemente, die zwar essenziell, d. h. lebensnotwendig, sind, aber eben nur in sehr geringen Mengen von weniger als 100 mg täglich mit der Nahrung aufgenommen werden müssen. Darunter fallen:

- Eisen
- Kupfer
- Zink
- Cobalt
- Mangan
- Molybdän
- Selen
- Chrom
- Iod
- Fluor

Bei den Elementen Vanadium, Nickel, Aluminium, Silicium, Zinn und Arsen ist man sich noch nicht sicher, ob sie wirklich lebensnotwendig sind. Die Aufgaben der verschiedenen Spurenelemente sind nun jeweils sehr speziell, meist erfüllen sie Funktionen in Enzymen und katalysieren hier biochemische Reaktionen; mehr dazu in der Biochemie. Als Beispiele seien genannt:

- **Eisen:** Hauptfunktionen erfüllt Eisen in Hämoglobin, Myoglobin und Cytochrom C.
- **Kupfer** hat ebenfalls seine Hauptfunktion in der Atmungskette, genauer im Komplex IV.
- **Zink** ist in einem sehr wichtigen Enzym zu finden, der Alkohol-Dehydrogenase. Weiterhin ist es an der Speicherung von Insulin in der Bauchspeicheldrüse beteiligt und vermittelt die Wirkung von Zinkfingerproteinen an der DNA.
- **Cobalt** findet sich als Zentralatom im Vitamin B12, deshalb auch Cobalamin genannt. Vitamin B12 ist wichtig für die Blutbildung, bei Mangel entsteht eine perniziöse Anämie.

Nomenklatur in der Chemie

Heike Görner

J. Schatz, R. Tammer (Hrsg.), *Erste Hilfe – Chemie und Physik für Mediziner*,
DOI 10.1007/978-3-662-44111-4_12, © Springer-Verlag Berlin Heidelberg 2015

- Anorganische Stoffe
- Funktionelle Gruppen
- Organische Stoffe
- Komplexe

Wie jetzt?

Aus der Presse: »Hoffnung für Arthrosepatienten – Glucosaminsulfat«
Dieser Meldung zufolge wirkt Glucosaminsulfat bei Arthrosepatienten, Schmerzen werden gelindert und der Gelenkknorpel bleibt erhalten. Was ist aber »Glucosaminsulfat«? Warum muss das denn immer so schwierig klingen?

12.1   Einleitung

Als in meinem Medizinstudium der Chemie-Kurs an der Reihe war, hatte ich mit einigen Kommilitonen zusammen eine Lern- und Arbeitsgruppe ins Leben gerufen. In den ersten Stunden kamen Fragen auf wie z. B. »Woher weiß ich, wie der Stoff aussieht?« oder »Wenn ich in der Klausur einen Stoff benennen soll, wie mache ich das dann?«. Da die Kenntnis der Nomenklatur das Lernen und Verstehen in der Chemie wirklich erleichtert und sich viele der Eigenschaften von dem Namen ableiten lassen, sollte dieses Thema in diesem Buch keinesfalls fehlen.

In der Chemie folgt alles einem klaren Schema. Na ja, nicht *alles*, aber Ausnahmen bestätigen ja bekanntlich die Regel.

Die griechischen Zahlen sind in der Chemie enorm wichtig!

Ein wichtiges Handwerkzeug ist die Kenntnis der **griechischen Zahlwörter**, da die Zählung der unterschiedlichen Substanzen in einer Verbindung auf diesen basiert. Im Prinzip ist das nicht schwer, wenn Sie folgende Zahlwörter kennen:

- eins: mono-
- zwei: di-
- drei: tri-
- vier: tetra-
- fünf: penta-
- sechs: hexa-
- sieben: hepta-
- acht: okta-
- neun: nona-
- zehn: deca-
- elf: undeca-
- zwölf: dodeca-
- zwanzig: eicosa-
- dreißig: tricosa-
- vierzig: tetracosa-
- fünfzig: pentacosa-
- sechzig: hexacosa-

Wir wollen uns nun zusammen die Regeln und Ausnahmen der Nomenklatur ansehen.

12.2 Anorganische Stoffe

12.2.1 Stoffe des Periodensystems

Wie wir bereits in ▶ Abschn. 9.1 gelernt haben, hat jedes Element des Periodensystems seinen Namen. Dieser lässt sich bei den meisten Elementen auch sehr leicht erkennen, da die **Abkürzung des Elements** meist dem oder den Anfangsbuchstaben der Substanz entsprechen. Dies gilt z. B. für die meisten Vertreter der Edelgase (Ne: Neon, Xe: Xenon), der Alkali- und Erdalkalimetalle (Na: Natrium, Li: Lithium, Ca: Calcium). Bei manchen Stoffen findet man den Anfangsbuchstaben und einen weiteren Buchstaben aus der Wortmitte als Abkürzung, so z. B. Cs: Cäsium oder Rd: Radon.

Schwieriger wird es, wenn der deutsche Name nicht aus der Abkürzung ableitbar ist: So ist das z. B. bei Wasserstoff (H), Sauerstoff (O), Stickstoff (N) und Quecksilber (Hg), um nur einige der bekanntesten Vertreter zu nennen. Hier hilft es zu wissen, dass die Elementkürzel von den griechischen und lateinischen Namen dieser Substanzen abstammen. Beispiel Wasserstoff: H kommt von gr. *hydro* bzw. lat. *hydrogenium* (»Wasserbildner«). Der Chemiker Henry Cavendish (1731–1810) zeigte, dass Wasserstoff zusammen mit Sauerstoff (O vom lateinischen *oxygenium*: »Säurebildner«) bei der Verbrennung Wasser ergab. Das N des Stickstoffs steht für lat. *nitrogenium* (»Laugensalzbildner«).

Wie man sieht, kann man sich vom Namen schon einige Eigenschaften der Elemente ableiten. So findet man z. B. Sauerstoff, wie wir wissen, in vielen Säuren wieder: in der Kohlensäure (H_2CO_3), der Schwefelsäure (H_2SO_4) und der Phosphorsäure (H_3PO_4) etc. Andererseits ist der Stickstoff als Bestandteil des Ammoniaks (NH_3) *die* basische Substanz schlechthin.

Interessant ist auch das Element **Quecksilber**. Für die Abkürzung Hg Pate stand das lateinische *hydrargyrum* – aus *hydro* für »flüssig« und *argentum* für »Silber« –also »flüssiges Silber«. Hieraus lässt sich erkennen, dass Quecksilber silbrig ist und bei Raumtemperatur flüssig. Im Mittelalter rechnete man diese Substanz dem römischen Handelsgott Merkur zu, der dank seiner Flügelschuhe sehr beweglich war. Dies findet sich auch in der Nomenklatur von Komplexen wieder, in denen Quecksilber vorkommt (▶ Abschn. 12.5).

Man sieht also, dass sich allein vom Namen der Stoffe viele Eigenschaften der Substanz herleiten lassen.

Wichtig bei der Nomenklatur ist, darauf zu achten, dass alle Stoffe des Periodensystems, wenn sie als Element (also mit der Oxidationszahl 0, ▶ Abschn. 8.4.3) vorkommen, einfach mit der Bezeichnung aus dem PSE benannt werden, z. B.: Na: Natrium, Pb: Blei, Mg: Magnesium etc.

Bei Stoffen, die unterschiedlich viele Bindungen eingehen können, wie z. B. Schwefel, empfiehlt es sich, auch die Anzahl der Bindungen mit anzugeben. Nehmen wir Schwefelfluorid als Beispiel, so kommt es in folgenden Varianten vor: SF_4 und SF_6. Um diese zu unterscheiden, gibt man einfach die Anzahl der gebundenen Teilchen (hier Fluorid) in griechischen Zahlwörtern an: $SF_4 \rightarrow$ Schwefel**tetra**fluorid bzw. $SF_6 \rightarrow$ Schwefel**hexa**fluorid.

12.2.2 Ionen und Salze

Ionen sind elektrisch geladene Atome oder Moleküle. Das heißt, sie haben entweder eine positive oder eine negative Ladung. Grundsätzlich hängt man einfach »**-ion**« an den Namen des Elements, um deutlich zu machen, dass es sich hier wirklich um ein solches handelt. Beispiel Na^+: Natrium**ion**.

Aus dem Namen der Stoffe kann man einige ihrer Eigenschaften erklären. So ist Sauerstoff (lat. *oxygenium*: »Säurebildner«) Bestandteil vieler Säuren, z. B. von Kohlensäure (H_2CO_3), Schwefelsäure (H_2SO_4) und Phosphorsäure (H_3PO_4).

Quecksilber gehört seit dem Mittelalter zu den Insignien des römischen Handelsgottes und Götterboten Merkur, der dank seiner Flügelschuhe sehr beweglich ist – so wie Quecksilber.

Bei geladenen Substanzen hängt man »-ion« an den Namen des Stoffs.

Das ist besonders einfach bei positiv geladenen Ionen (**Kationen**). Am wichtigsten sind hierbei die Hauptgruppen I–III. Hier wird wie gerade beschrieben einfach nur »-ion« angehängt: Kaliumion (K^+), Bariumion (Ba^{2+}), Aluminiumion (Al^{3+}).

Ein wenig tricky wird es bei Stoffen, die unterschiedliche Ladungen haben können, wie z. B. Eisen. Hier empfiehlt es sich, die Anzahl der Ladungen mit anzugeben: Eisen(II)-Ion (Fe^{2+}) bzw. Eisen(III)-Ion (Fe^{3+}).

Bei negativ geladenen Stoffen (**Anionen**) (hier sind vor allem die Stoffe der Hauptgruppe VII – also die Halogene – gemeint) setzt man zwischen den Namen des Stoffs und dem Wort »-ion« das Kürzel »-**id**«. Also beispielsweise: Chlor**id**ion (Cl^-) oder Iod**id**ion (I^-). »-**id**« bedeutet hier so viel wie »ohne Sauerstoff«.

> Bei Ionen, die unterschiedliche Ladungen haben können, ist die Zahl der Ladungen immer mit anzugeben: Eisen(II)- bzw. Eisen(III)-Ion.
> Bei einfachen Anionen setzt man die Zwischensilbe »-id« vor die Endung »-ion«; »-id« bedeutet hierbei »ohne Sauerstoff«.
> Natriumion + Chloridion = Natriumchlorid (Name Kation Name Anion).

Diese Erkenntnisse lassen sich nun auch auf die Benennung von **Salzen** anwenden, da Salze, wie wir in ▶ Abschn. 8.2.2 gelernt haben, immer aus Anion und Kation bestehen. Als Beispiel dient unser allseits bekanntes Kochsalz: Es besteht aus einem **Natriumion** (Na^+) und einem **Chloridion** (Cl^-). Zusammen ergibt dies das Salz **Natriumchlorid** (NaCl).

Genauso läuft das bei den anderen einfachen Salzen auch. **Man muss aber aufpassen, dass sich die Ladungen der verschiedenen Ionen ausgleichen.** Wenn wir z. B. ein zweifach positiv geladenes Kation (z. B. Ca^{2+}) mit einem einfach negativ geladenen Anion (z. B. Cl^-) kombinieren wollen, so brauchen wir von diesem Anion zwei Stück (▶ Abschn. 8.2.2). Wir erhalten dann das Salz Calciumchlorid ($CaCl_2$).

> Bei Salzen von Ionen mit unterschiedlicher Ladungszahl ist immer die Anzahl der Ladungen mit anzugeben: Eisen(II)-bromid ($FeBr_2$) oder Eisen(III)-bromid ($FeBr_3$).

Ein wenig schwieriger ist es nun wieder bei Salzen von Ionen, die unterschiedliche Ladungen tragen können. Hier sehen wir uns wieder einmal das Eisenion etwas genauer an. Eisen gibt es, wie wir wissen, in den Formen Fe^{2+} und Fe^{3+}. Das heißt, es kommen von einem Salz, z. B. Eisenbromid, immer zwei verschiedene Formen vor: $FeBr_2$ und $FeBr_3$. Um diese zu unterscheiden, gibt man wieder die Ladungszahl des Eisens an, also Eisen(II)-bromid ($FeBr_2$) bzw. Eisen(III)-bromid ($FeBr_3$).

12.2.3 Phosphate, Sulfate, Nitrate, Nitrite

Wie wir schon wissen, besitzen Substanzen, die auf »-id« enden, keinen Sauerstoff. Es gibt nun aber auch Stoffe und Ionen, die Sauerstoff enthalten. Als Beispiele sind hier die unterschiedlichen Ionen der Phosphor-, Schwefel-, Kohlen- und Salpetersäure zu nennen.

Ionen der Phosphorsäure

Die Phosphorsäure H_3PO_4 besitzt, wie man sieht, drei Wasserstoffatome. Sobald man eines entfernt, erhält man eine negativ geladene Verbindung, also ein Ion. Da man insgesamt drei Wasserstoffatome entfernen kann, existieren auch drei unterschiedliche Ionen:

- PO_4^{3-}
- HPO_4^{2-}
- $H_2PO_4^-$.

> Da die Phosphorsäure drei Wasserstoffatome besitzt, sind auch drei verschiedene Ionen dieser Verbindung möglich.
>
> PO_4^{3-}: Phosphation,
> HPO_4^{2-}: Hydrogenphosphation,
> $H_2PO_4^-$: Dihydrogenphosphation.

PO_4^{3-} ist das sog. **Phosphation**. Salze mit diesem Anion bezeichnet man als Phosphate. Als Beispiel wäre hier das Natriumphosphat (Na_3PO_4) zu nennen. **Die Endung »-at« bedeutet hier** »viel Sauerstoff«. An **der Endung »-at« sind auch Salze organischer** Säuren, **z. B. Tartrat als Salz der Weinsäure oder Acetat als Salz der Essigsäure** (▶ Abschn. 12.4.3) **und negativ geladene Komplexe** (▶ Abschn. 12.5) **zu erkennen!**

HPO_4^{2-} enthält ein Wasserstoffatom mehr als PO_4^{3-}. Und da der Name Wasserstoff sich von lat. *hydrogenium* ableitet, sprechen wir hier von einem **Hydrogenphosphation**.

Auch $H_2PO_4^-$ ist ein Hydrogenphosphation. Da es aber **zwei** Wasserstoffatome enthält, spricht man von einem **Di**hydrogenphosphation.

Die Salze beider Stoffe bilden in Kombination einen sehr wertvollen Puffer: den Phosphatpuffer. Dieser besteht aus NaH_2PO_4 und Na_2HPO_4 also Natriumdihydrogenphosphat und (Di-)Natriumhydrogenphosphat.

Es gibt auch Stoffe, die mit der Phosphorsäure verwandt sind, aber unterschiedlich viele Sauerstoffatome enthalten. Das gilt auch für die anderen oben genannten Säuren:

- ein O-Atom mehr → **Per**säure oder **Hyper**säure (H_3PO_5: Hyper-/Perphosphorsäure).
- ein O-Atom weniger → …**ige Säure** (H_3PO_3: phosphorige Säure).
- zwei O-Atome weniger → **hypo…ige Säure** (H_3PO_2: hypophosphorige Säure).

Ein zusätzliches Wasserstoffatom in einer Verbindung wird durch die Vorsilbe Hydrogen-« kenntlich gemacht.

Auch für Chlorsäure ($HClO_3$), Schwefelsäure (H_2SO_4) und Salpetersäure (HNO_3) gilt:
- ein O-Atom mehr: Hyper- oder Persäure;
- ein O-Atom weniger: …ige Säure;
- zwei O-Atome weniger: hypo…ige Säure.

Ionen der Schwefelsäure

Auch die Schwefelsäure (H_2SO_4) enthält mehrere Wasserstoffatome. Somit gibt es auch hier verschiedene Ionen. Das Ion ohne Wasserstoffatome (SO_4^{2-}) bezeichnet man als **Sulfation**. Die Salze werden als **Sulfate** bezeichnet. Dementsprechend sprechen wir vom HSO_3^--Ion als **Hydrogensulfation**.

Schwefelsäure ist eine sehr starke Säure und außerdem hygroskopisch, d. h., sie zieht Wasser an. Für das Praktikum sollten wir uns deshalb Folgendes merken: **Erst das Wasser, dann die Säure, sonst geschieht das Ungeheure! Im entgegengesetzten Fall springt die Säure einem entgegen → höchste Verletzungsgefahr!!!**

Es gibt aber auch noch die Salze der schwefligen Säure H_2SO_3. Diese werden als **Sulfite** bezeichnet, z. B. Na_2SO_4 (Natriumsulfit). Die Endung »-it« bedeutet so viel wie »wenig Sauerstoff«. Schwefelsalze ohne Sauerstoff sind sog. **Sulfide**, z. B. Lithiumsulfid (Li_2S), wieder die Endung »-id« für ein einfaches Anion.

Sulfate: Salze der Schwefelsäure.

Sulfite (= wenig Sauerstoff): Salze der schwefligen Säure H_2SO_3; Sulfide: Schwefelsalze ohne Sauerstoff.

Ionen der Salpetersäure

Die Salpetersäure (HNO_3) besitzt, wie man sieht, nur ein Wasserstoffatom, d. h., es ist auch nur ein Ion möglich: das Nitration (NO_3^-). Die Salze heißen **Nitrate**. Mancher wird zudem gehört haben, dass es neben Nitraten sog. **Nitrite** gibt. Hierbei handelt es sich um die Salze der salpetrigen Säure, also von HNO_2.

Nitrate: Salze der Salpetersäure (HNO_3); Nitrite: Salze der salpetrigen Säure (HNO_2).

Salze der Kohlensäure

Die Kohlensäure (H_2CO_3) kennen wir alle. Es ist eine relativ schwache Säure, die hauptsächlich dazu verwendet wird, um Mineralwasser anzusäuern und dadurch schmackhaft zu machen. Auch die Kohlensäure hat zwei verschiedene Ionen:

- Das erste ist das CO_3^{2-}-Ion, das sog. **Carbonation**. Carbonate kennen wir auch alle. Das bekannteste Beispiel, das uns zugegebenermaßen auch einigen Ärger bereitet, ist der Kalk, was nichts anderes ist als Calciumcarbonat ($CaCO_3$). Er ist schwer wasserlöslich und macht Wasser »hart«. Deshalb werden sog. Kationenaustauscher verwendet, um das Calcium gegen Ionen auszutauschen, die in Verbindung mit dem Carbonat besser wasserlöslich sind.
- Das zweite Ion hat ein Wasserstoffatom mehr: HCO_3^-. Auch hier sprechen wir von einem **Hydrogencarbonation**. Die Salze dieser Ionen werden auch als **Bicarbonate** bezeichnet. **Der Bicarbonatpuffer ist ein weiteres wichtiges Puffersystem unseres Körpers.**

Carbonate: Salze der Kohlensäure.

Ein anderes Beispiel für Bicarbonate ist das Natriumhydrogencarbonat ($NaHCO_3$). Es ist uns allerdings besser unter der Bezeichnung »Backpulver« (Natron) bekannt.

Nun gibt es auch bei den Carbonatverbindungen solche, die auf »-it« enden. Das ist dann der Fall, wenn die Carbonationen Verbindungen eingehen mit einem zweifach positiv geladenen Ion, wie z. B. Mg^{2+}, Fe^{2+}, Ca^{2+} oder Zn^{2+}. $CaCO_3$ haben wir ja gerade als Calciumcarbonat oder Kalk kennengelernt. Es existiert allerdings auch noch die Bezeichnung Calcit. Entsprechend heißt $MgCO_3$ Magnesiumcarbonat oder Magnesit. Eine Sonderstellung nimmt hier wieder einmal das Eisen ein. Man bezeichnet $FeCO_3$ als Siderit (Siderin ist ein anderes Wort für Eisen. Es kommt von lat. *sidereus*, »glänzend, strahlend«.)

12.3   Funktionelle Gruppen und Ausnahmen

Unter funktionellen Gruppen versteht man Teile des Gesamtmoleküls, welche die Eigenschaften der Substanz besonders stark bestimmen. **Funktionelle Gruppen und Substituenten fließen entweder als Vorsilbe (Präfix) oder als Endung (Suffix) in die Nomenklatur mit ein.** ◘ Tab. 12.1 enthält eine Auflistung der wichtigsten funktionellen Gruppen und Substituenten; »R-« steht hierbei für den Rest des Moleküls.

Die Frage nach den funktionellen Gruppen und Substituenten ist im 1. Staatsexamen sehr beliebt. ◘ Abb. 12.1 zeigt deshalb zwei Substanzen, deren funktionelle Gruppen farbig markiert sind.

Wie bei den Alkoholen gibt es auch bei den Aminen primäre, sekundäre und tertiäre Amine. Das richtet sich danach, mit wie vielen C-Atomen die Stickstoffatome verbunden sind. Da die Aminogruppe im Ecstasy-Molekül zwischen

◘ **Tab. 12.1** Funktionelle Gruppen und Substituenten

Struktur	Stoffklasse	Vorsilbe (Präfix)	Endung (Suffix)
R–COOH	Carbonsäuren	Carboxy-	-carbonsäure
$R–CONH_2$	Carbonsäure-amide	Carbamoyl-	-carb(ox)amid
$R–SO_3H$	Sulfonsäuren	Sulfo-	-sulfonsäure
R–CHO	Aldehyde	Formyl-	-al
$R^1–CO–R^2$	Ketone	Oxo- Carbonyl-	-on
R–OH	Alkohole und Phenole	Hydroxy-	-ol
R–SH	Thiole	Sulfanyl- (alt: Mercapto-)	-thiol
$R–NH_2$	Amine	Amino-	-amin
R=NH	Imine	Imino-	-imin
R–X (X=F, Cl, Br, I, At)	Halogen-kohlenwasser-stoffe	Name des Halogens: Fluor-, Chlor-, Brom-, Iod-, Astat-	–
$R–C_nH_{2n+1}$	Alkyle	Name des Alkyls: z. B. Methyl-, Ethyl-, Propyl-, …	–

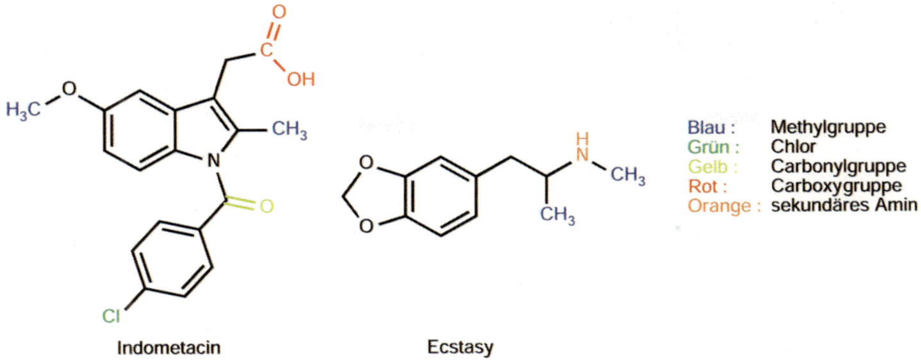

Abb. 12.1 Beispiele funktioneller Gruppen in den organischen Molekülen Indometacin und Ecstasy

zwei C-Atomen steht (■ Abb. 12.1 *rechts*), spricht man hier von einem sekundären Amin. **Die Amine sind eine wichtige Verbindungsklasse. Namen und Strukturformel der Ausgangssubstanz Ammoniak (NH₃) muss man auswendig lernen, da sich der Name nicht von der Strukturformel herleiten lässt.**

12.4 Organische Stoffe

Die organische Chemie ist die Chemie der Kohlenstoffverbindungen (► Abschn. 10.1).

12.4.1 Alkane, Alkene, Alkine

Alkane

Alkane sind Kohlenwasserstoffe, die nur Einfachbindungen enthalten (► Abschn. 10.1.2). **Sie werden auch als gesättigte Kohlenwasserstoffe bezeichnet.** Man benennt sie nach der Anzahl ihrer C-Atome. Wenn man die Alkane aufsteigend nach der Anzahl der C-Atome anordnet, erhält man eine sog. **homologe Reihe** (Reihennachbarn unterscheiden sich jeweils durch eine CH₂-Einheit, allgemeine Summenformel H-(CH₂)$_n$-H oder C$_n$H$_{2n+2}$; ■ Tab. 12.2).

Nun gibt es aber, wie wir ja aus ► Abschn. 10.1 bereits wissen, nicht nur Alkane, die gerade Ketten bilden, sondern auch solche, die sich verzweigen. Wie soll man denn dann diese benennen? Diesen Fragen und dem ganzen Namendurcheinander der damaligen Zeit setzte 1892 die Genfer Nomenklatur, ein Vorreiter der heutigen IUPAC (International Union for Pure and Applied Chemistry – Internationale Vereinigung für Reine und Angewandte Chemie), ein Ende. Die versammelten Chemiker entwickelten ein Nomenklaturschema für **verzweigtkettige Kohlenwasserstoffe**. Das Vorgehen ist wie folgt:

Eine Beispielsubstanz ist in ■ Abb. 12.2 dargestellt.

Schritte bei der Benennung verzweigtkettiger Kohlenstoffverbindungen:

1. Aufsuchen der längsten durchgehenden Kohlenstoffkette (■ Abb. 12.3).
2. Durchnummerierung der C-Atome dieser Kette, und zwar so, dass die erste Abzweigung die kleinere Zahl bekommt (■ Abb. 12.4).
3. Anordnung der Substituenten in alphabetischer Reihenfolge.

■ Abb. 12.3 zeigt, wo die längste Kohlenstoffkette verläuft.

Alle Alkane enden auf »-an«!

Verzweigtkettige Kohlenwasserstoffe werden nach der Genfer Nomenklatur von 1892 benannt.

Chemie

◻ **Tab. 12.2** Homologe Reihe der Alkane; allgemeine Summenformel: C_nH_{2n+2}

Summen-formel	Name	Strukturformel	Summen-formel	Name	Strukturformel
CH_4	Methan	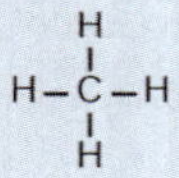	C_7H_{16}	Heptan	$CH_3–CH_2–CH_2–CH_2–CH_2–CH_2–CH_3$
C_2H_6	Ethan	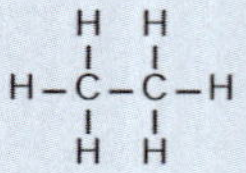	C_8H_{18}	Oktan	$CH_3–CH_2–CH_2–CH_2–CH_2–CH_2–CH_2–CH_3$
C_3H_8	Propan	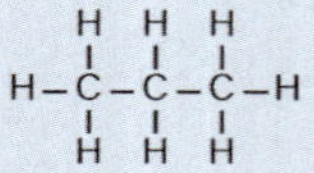	C_9H_{20}	Nonan	
C_4H_{10}	Butan	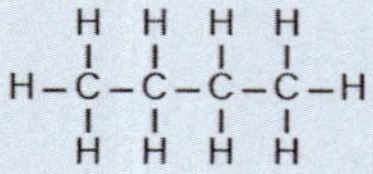	$C_{10}H_{22}$	Decan	
C_5H_{12}	Pentan	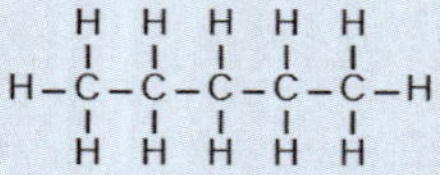	$C_{11}H_{24}$	Undecan	
C_6H_{14}	Hexan	$CH_3–CH_2–CH_2–CH_2–CH_2–CH_3$	$C_{12}H_{26}$	Dodecan	

◻ **Abb. 12.2** Beispielsubstanz eines verzweigtkettigen Kohlenwasserstoffs

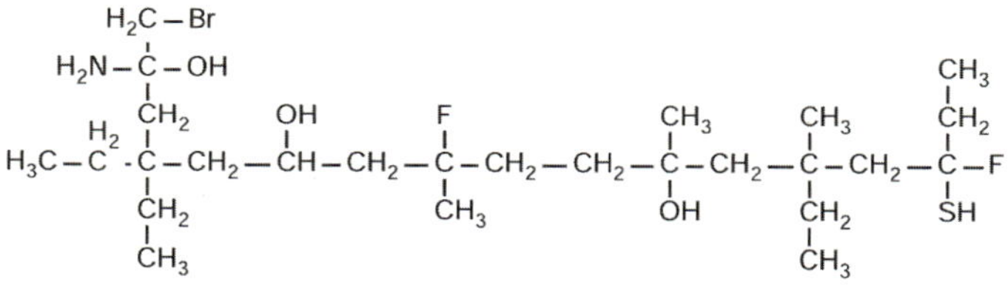

◻ **Abb. 12.3** Aufsuchen der längsten Kohlenstoffkette in der Beispielsubstanz

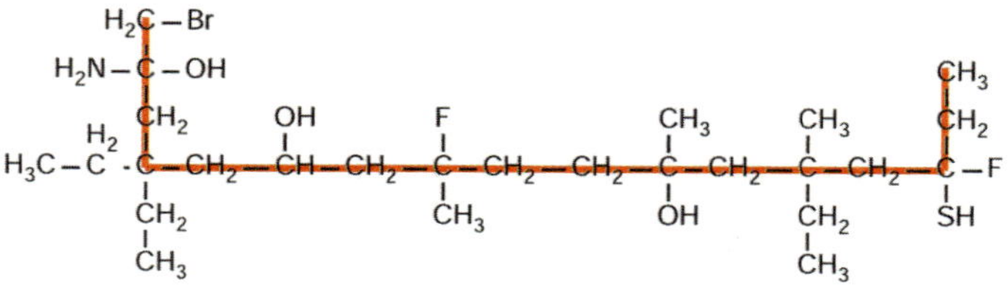

◻ **Abb. 12.4** Durchnummerierung der Kohlenstoffkette der Beispielsubstanz

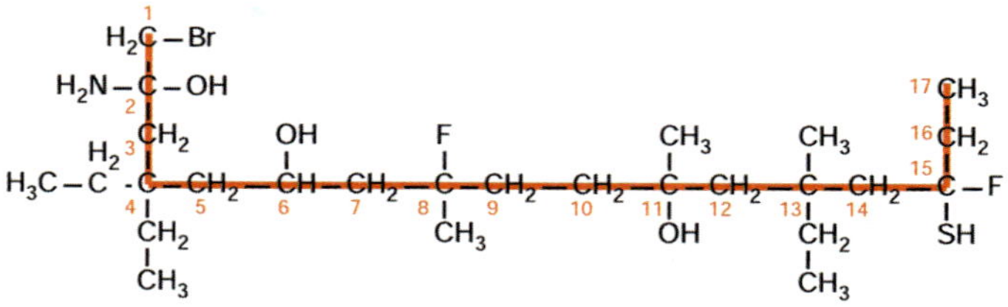

In unserem Beispiel hat die längste Kette 17 Kohlenstoffatome. Das heißt, als Grundsubstanz haben wir ein **Heptadecan**. Diese Bezeichnung wird an den Schluss des Namens gesetzt.

Zur Anordnung der Substituenten in alphabetischer Reihenfolge sollte man sich erst einmal einen Überblick über die Art von Substituenten und ihre Position verschaffen:

- Brom an Position 1 → 1-Brom-
- Aminogruppe an Position 2 → 2-Amino
- Hydroxygruppe an Position 2, 6 und 11 → 2,6,11-Trihydroxy-
- zwei Ethylgruppen an Position 4 sowie eine an Position 13 → 4,4,13-Triethyl-
- Methylgruppe an Position 8, 11 und 13 → 8,11,13-Trimethyl-
- Fluorgruppe an Position 8 und 15 → 8,15-Difluor-
- Thiolgruppe an Position 15 → 15-Mercapto-.

Jetzt muss man die Substituenten nur noch in die alphabetische Reihenfolge bringen – ohne dabei die Multiplikatoren zu berücksichtigen – und vor den Namen der Grundsubstanz stellen. Als Beispielsubstanz liegt in ◘ Abb. 12.2 also vor:

2-Amino-1-brom-4,4,13-triethyl-8,15-difluor-2,6,11-trihydroxy-15-mercapto-8,11,13-trimethylheptadecan.

Wie so oft im Leben gibt es auch bei der Nomenklatur immer mehrere Möglichkeiten. Man kann die obige Verbindung auch als Alkohol auffassen, was einen leicht abgewandelten Namen ergibt:

2-Amino-1-brom-4,4,13-triethyl-8,15-difluor-15-mercapto-8,11,13-tri-methylheptadecan- 2,6,11-triol.

Neben den kettenförmigen Kohlenwasserstoffen existieren auch ringförmige. Diese werden wie die kettenförmige Entsprechung benannt, allerdings setzt man vor den Namen die Silbe »cyclo-«, z. B. Cyclohexan. Da aber alle Naturwissenschaftler (vor allem die Mathematiker, aber Chemiker eben auch!) sehr faul sind, findet man oft auch nur die Bezeichnung c-Hexan.

> Cyclische Kohlenwasserstoffe werden durch »cyclo-« oder »c-« vor dem Namen kenntlich gemacht.

Alkene

Die Alkene (▶ Abschn. 10.1.3) unterscheiden sich von den Alkanen dadurch, dass sie mindestens eine Doppelbindung zwischen zwei C-Atomen aufweisen. Auch hier gibt es eine homologe Reihe (◘ Tab. 12.3; vgl. ◘ Abb. 10.10). Da für eine Doppelbindung mindestens zwei C-Atome vorhanden sein müssen, beginnt diese mit Ethen.

> Alle Alkene enden auf »-en«!

◘ Tab. 12.3 Homologe Reihe der Alkene

Summenformel	Name	Strukturformel
C_2H_4	Ethen	$H_2C=CH_2$
C_3H_6	Propen	$H_2C=CH–CH_3$
C_4H_8	1-Buten	$H_2C=CH–CH_2–CH_3$
C_5H_{10}	1-Penten	$H_2C=CH–CH_2–CH_2–CH_3$
C_6H_{12}	1-Hexen	$H_2C=CH–CH_2–CH_2–CH_2–CH_3$
Allg.: C_nH_{2n}		

Bei Alkenen sollte man die Stellung der Doppelbindung angeben. Bei Buten gibt es schon zwei Möglichkeiten (◘ Abb. 12.5).

> Bei Alkenen sollte man ab dem Buten die Position der Doppelbindung angeben; außerdem, wenn möglich, die Konfiguration.

$$H_2C=CH–CH_2–CH_3 \qquad H_3C–CH=CH–CH_3$$

1-Buten   2-Buten

◘ Abb. 12.5 Zwei Möglichkeiten für Buten: 1-Buten und 2-Buten

Man gibt auch hier der Doppelbindung immer die kleinere Zahl:

2-Penten: $H_2C-CH{=}CH\text{-}CH_2\text{-}CH_3$.

Die Bezeichnung 3-Penten wäre deshalb falsch.

Alkene können in *cis*- oder *trans*-Konfiguration vorliegen.

Da eine Doppelbindung nicht mehr frei drehbar ist, kommen bei den Alkenen unterschiedliche Konfigurationen vor: die *cis*- und die *trans*-Konfiguration. Auch dies sollte bei der Benennung der Stoffe berücksichtigt werden (Abb. 12.6).

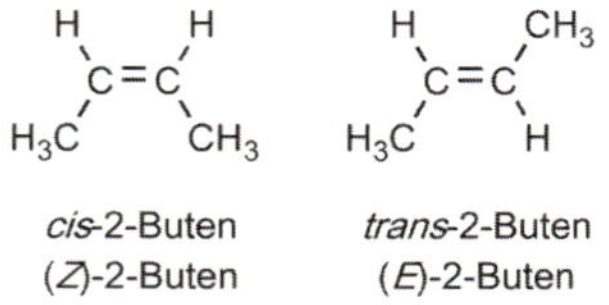

Abb. 12.6 *cis*- und *trans*-Konfiguration der Alkene am Beispiel Buten

Alkine

Alle Alkine enden auf »-in«!

Die Alkine (▶ Abschn. 10.1.4) besitzen eine sehr reaktive Dreifachbindung. Die homologe Reihe lautet hier wie in Tab. 12.4 gezeigt (vgl. Tab. 10.2).

Tab. 12.4 Homologe Reihe der Alkine

Summenformel	Name	Strukturformel
C_2H_2	Ethin	$HC{\equiv}CH$
C_3H_4	Propin	$HC{\equiv}C\text{-}CH_3$
C_4H_6	1-Butin	$HC{\equiv}C\text{-}CH_2\text{-}CH_3$
C_5H_8	1-Pentin	$HC{\equiv}C\text{-}CH_2\text{-}CH_2\text{-}CH_3$
C_6H_{10}	1-Hexin	$HC{\equiv}C\text{-}CH_2\text{-}CH_2\text{-}CH_2\text{-}CH_3$
Allg.: C_nH_{2n-2}		

Auch hier muss man ab dem Butin immer die Position der Dreifachbindung angeben!

12.4.2 Alkohole und Carbonyle

Alkohole heißen wie die entsprechenden Alkane plus die Endung »-ol«.

Wie wir in ▶ Abschn. 10.2.3 gesehen haben, sind Alkohole nichts anderes als **Alkane mit einer Hydroxy-(OH-)Gruppe als Substituenten**. Genauso läuft es auch bei der Benennung dieser Stoffe: Man nimmt den Namen des entsprechenden Alkans und hängt – als Zeichen dafür, dass es sich um einen Alkohol handelt – die Endung »-ol« an.

Beispiel Hexanol: $H_3C-CH_2-CH_2-CH_2-CH_2-CH_2-OH$.

Sollten mehr als ein Substituent durch Hydroxygruppen ersetzt worden sein, so wird ihre Anzahl als griechisches Zahlwort mit angegeben.

Beispiel Hexa-**tri-ol** (Abb. 12.7).

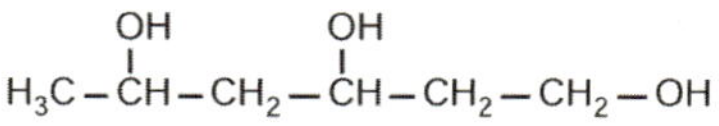

Abb. 12.7 Hexatriol

Der Korrektheit halber sind auch die Positionen der OH-Gruppen anzugeben: 1,3,5-Hexatriol.

Carbonyle

Carbonyle entstehen aus Alkoholen durch Oxidation. Dabei muss man unterscheiden, welche Art von Alkohol wir vor uns haben. Es gibt primäre, sekundäre und tertiäre Alkohole (▶ Abschn. 10.2.3).

Ein **primärer Alkohol** liegt vor, wenn die Hydroxygruppe an einem C-Atom gebunden ist, der nur an *ein* weiteres C-Atom bindet, z. B. Ethanol (◻ Abb. 12.8).

Den bei der Oxidation eines primären Alkohols entstehenden Stoff nennt man **Aldehyd.** Für die Benennung nimmt man das zugrunde liegende Alkan und hängt die Endung »-al« an, z. B. Ethanal. Aldehyde können zu Carbonsäuren (▶ Abschn. 12.4.3) weiteroxidiert werden.

Das Methanal ist besser unter seinem Trivialnamen Formaldehyd bekannt. Dieser leitet sich vom lateinischen *formica* für Ameise her, weil Methanal schnell zur Methansäure, die auch Ameisensäure genannt wird (▶ Abschn. 12.4.3), weiteroxidiert. Andererseits wird Ethanal oft als Acetaldehyd bezeichnet.

Bei einem **sekundären Alkohol** ist die Hydroxygruppe an ein C-Atom gebunden, das mit zwei anderen C-Atomen verbunden ist, z. B. Isopropanol.

Die Silbe »Iso-« zeigt immer an, dass ein Stoff von der Summenformel her gleich ist wie ein anderer, sich aber von der Strukturformel her unterscheidet. Vergleicht man Isopropanol (◻ Abb. 12.8) mit Propanol, wird verständlich, was gemeint ist (Propanol: $CH_3 - CH_2 - CH_2 - OH$).

Durch Oxidation entstehen aus Alkoholen Carbonyle.

Oxidation eines primären Alkohols: Aldehyde mit Endung »-al«.

◻ **Abb. 12.8** Beispiele für Alkohole und Carbonyle

$H_3C - CH_2 - OH$
Ethanol
(Ethylalkohol)

$H_3C - CH - CH_3$ (mit OH an mittlerem C)
2-Propanol
(Isopropanol, Isopropylalkohol)

Ethanal
(Acetaldehyd)

Propanon
(Aceton)

Bei Oxidation entsteht ein sog. Keton. Das ursprüngliche Alkan endet nun auf »-on«. Das wäre in unserem Fall Propanon. Propanon dürfte vielen von uns unter dem Namen Aceton besser bekannt sein.

Aldehyde enden auf »-al«, Ketone enden auf »-on«!

12.4.3 Carbonsäuren

Carbonsäuren zeichnen sich durch eine Carboxy-(COOH-)Gruppe aus (▶ Abschn. 10.2.3). Auch hier gibt es eine homologe Reihe (◻ Tab. 12.5; vgl. ◻ Tab. 10.9).

◻ **Tab. 12.5** Homologe Reihe der Monocarbonsäuren

Formel	Name	Trivialname
HCOOH	Methansäure	Ameisensäure
CH_3COOH	Ethansäure	Essigsäure
C_2H_5COOH	Propansäure	Propionsäure
C_3H_7COOH	Butansäure	Buttersäure
C_4H_9COOH	Pentansäure	Valeriansäure
$C_5H_{11}COOH$	Hexansäure	Capronsäure
Allg.: $C_nH_{2n+1}COOH$		

Carbonsäuren benennt man nach dem Alkan, das der Anzahl ihrer C-Atome entspricht und hängt »-säure« an.

Wie wir sehen, benutzen wir für die Benennung das der Anzahl der vorkommenden Kohlenstoffatome entsprechende Alkan und hängen die Endung »-säure« an. **Das C-Atom der COOH-Gruppe trägt bei der Durchnummerierung der C-Atome immer die 1!**

Carbonsäuren sind nach Abspaltung des H-Atoms der Carboxygruppe fähig, **Salze** zu bilden. Diese haben teilweise besondere Bezeichnungen:

Formiate:
Salze der Ameisensäure;
Acetate:
Salze der Essigsäure.

- Die Salze der Ameisensäure werden als **Formiate** bezeichnet. Lat. *formica* heißt Ameise.
- Die Salze der Essigsäure werden als **Acetate** bezeichnet. Lat. *acetum* bedeutet Essig.

Die Monocarbonsäuren sind besonders in der Biochemie wichtig. Sie stellen dort die Gruppe der Aminocarbonsäuren oder einfach Aminosäuren (▶ Abschn. 10.4.3). Diese sind die Grundbausteine der Eiweiße. Sie werden auch oft als α-Aminocarbonsäuren bezeichnet.

α-C-Atom:
das der funktionellen Gruppe benachbarte C-Atom.

Das α-C-Atom ist also das C-Atom, das direkt neben der funktionellen Gruppe steht. Das C-Atom neben dem α-C-Atom wäre dann das β-C-Atom, dann γ etc. Das Ende der Kette wird oft, unabhängig von der Moleküllänge, mit ω bezeichnet.

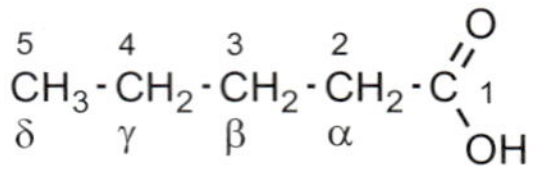

Wir haben also bei der Benennung der C-Atome hier zwei Möglichkeiten (◘ Abb. 12.9).

◘ **Abb. 12.9** Zwei mögliche Benennungen der C-Atome bei den Monocarbonsäuren

Auch als **Fettsäuren** sind Monocarbonsäuren sehr wichtig (▶ Abschn. 10.4.2). Die wichtigsten, die man sich merken sollte, sind (vgl. ◘ Abb. 10.127 und ◘ Abb. 10.128):

- $H_3C-(CH_2)_{14}-COOH$: Hexadecansäure oder Palmitinsäure
- $H_3C-(CH_2)_{16}-COOH$: Octadecansäure oder Stearinsäure
- $H_3C-(CH_2)_7-CH=CH-(CH_2)_7-COOH$:
  9-Octadecensäure oder Ölsäure
- $H_3C-(CH_2)_4-CH=CH-CH_2-CH=CH-(CH_2)_7-COOH$:
  9,12-Octadecadiensäure oder Linolsäure
- $H_3C-CH_2-CH=CH-CH_2-CH=CH-CH_2-CH=CH-(CH_2)_7-COOH$:
  9,12,15-Octadecatriensäure oder Linolensäure.

Es gibt neben den Mono- noch Di- und Tricarbonsäuren mit biochemischer Bedeutung. Allerdings sind auch hier die Trivialnamen die bekannteren (◘ Abb. 12.10).

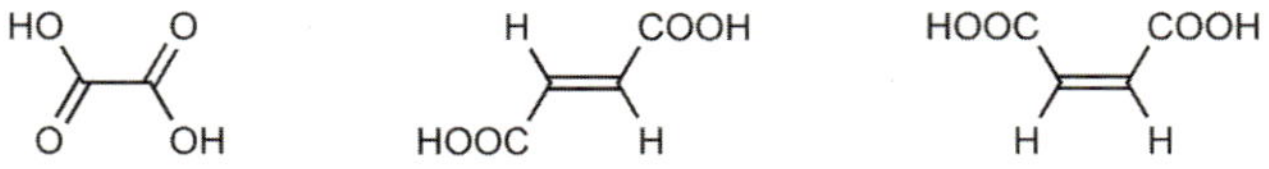

◘ **Abb. 12.10** Dicarbonsäuren

Oxalsäure   Fumarsäure (*trans*)   Maleinsäure (*cis*)

12.5 Komplexnomenklatur

Die Benennung von Komplexen (▶ Kap. 11) ist nicht schwierig, wenn man folgende **Regeln** beachtet:

- Die Anzahl der Liganden wird in griechischen Zahlwörtern angegeben (▶ Abschn. 12.1) → $K_3[Fe(CN)_6]$ Kalium**hexa**cyanoferrat(III).
- Anionische, also negativ geladene Liganden enden auf »-o«, z. B. cyano- (CN^-), hydroxo- (OH^-), fluoro- (F^-), chloro- (Cl^-) etc., kationische oder neutrale Liganden dagegen nicht: → $K_3[Fe(CN)_6]$ Kaliumhexacyanoferrat(III).

- Neutrale Liganden tragen oft ihre lateinische Bezeichnung: Aqua (H_2O), Ammin (NH_3).
- Bei negativ geladenen Anionenkomplexen hängt man die Endung »-at« an den lateinischen Namen des Zentralatoms, z. B. cuprat (Cu), ferrat (Fe), mercurat (Hg), argentat (Ag) etc. → $K_3[Fe(CN)_6]$ besteht aus: $3 K^+$ und $[Fe(CN)_6]^{3-}$ (CN ist immer einfach negativ geladen). Das heißt, der Komplex ist negativ geladen → Kaliumhexacyanoferrat(III).
- Bei neutralen und Kationenkomplexen bleibt der Name des Zentralteilchens unverändert.
- Kann das Zentralteilchen mit unterschiedlichen Ladungen auftreten, gibt man diese als römische Zahl an, z. B. Eisen(III) oder Eisen(II) → $K_3[Fe(CN)_6]$ Kaliumhexacyanoferrat(III).
- Liegt der Komplex in einer Salzverbindung vor, so wird, wie beim einfachen Salz, zuerst das Kation und dann das Anion genannt → $K_3[Fe(CN)_6]$ Kaliumhexacyanoferrat(III).

Um ein besseres Gespür dafür zu bekommen, wollen wir das nun an drei **Beispielen** üben:

a. $[Cu(OH)_2(H_2O)_2]$:

Sehen wir uns als Erstes die Ladung des Komplexes und des Zentralteilchens an. Der Komplex ist neutral, d. h. das Kupfer muss, da die OH-Gruppe einfach negativ geladen ist, **zweifach** positiv sein. Daraus folgt, dass der Name des Komplexes auf **Kupfer** und **nicht** auf Cuprat endet! Nun sehen wir uns die Liganden genauer an: Wir haben **zwei** neutrale Liganden, nämlich H_2O. Bei der Benennung des Komplexes wird dies durch »**di-aqua-**« sichtbar gemacht. Die anderen beiden Liganden sind einfach **negativ** geladene **OH**-Gruppen, d. h., ihre Bezeichnung muss auf »**-o**« enden; also **di-hydroxo-**. Wenn wir das nun zusammenfügen und die Liganden alphabetisch ordnen, erhalten wir:

$[Cu(OH)_2(H_2O)_2]$ = Di-aqua-di-hydroxo-kupfer(II).

b. $[Ni(CO)_4]$:

Zuerst werfen wir wieder einen Blick auf die Ladung des Komplexes und des Zentralteilchens. Beide sind neutral, d. h., der Name des Komplexes endet auf **Nickel**. Wir haben viermal den gleichen **ungeladenen** Liganden, nämlich die Carbonylgruppe **CO**. Das heißt, bei der Benennung endet dieser **nicht** auf »-o«, und wir erhalten einen **Tetra-Carbonyl**-Komplex. Zusammen ergibt das:

$[Ni(CO)_4]$ = Tetra-carbonyl-nickel.

c. $Na[Ag(CN)_2]$:

Ladung des Komplexes: einfach **negativ** (sonst würde er sich nicht mit *einem* Natrium zum Salz verbinden). Das Zentralteilchen muss also **einfach** positiv geladen sein. Da der Komplex negativ ist, endet der Name des Komplexes, wie wir ja gelernt haben, mit dem lateinischen Namen des Elements auf der Endung »-at«, also »**argentat**«. Wir haben zweimal den gleichen Liganden, der einfach **negativ** geladen ist und somit auf »-o« endet: »**di-cyano-**«. Da wir hier ein Komplex-**Salz** vorliegen haben, steht am Anfang des Namens das Kation, also **Natrium**:

$Na[Ag(CN)_2]$ = Natrium-di-cyano-argentat(I).

Ach ja: Schlussendlich schreibt man die Namen so, dass **möglichst wenig und nur wirklich notwendige Trennzeichen** auftauchen wie Klammern, Bindestrich oder Ähnliches: Natriumdicyanoargentat(I).

Regeln der Komplexnomenklatur:
- Anzahl der Liganden: Angabe in gr. Zahlwörtern.
- Anionische (negativ geladene) Liganden: enden auf »-o«.
- Neutrale Liganden: tragen oft ihren lat. Namen: Aqua (H_2O), Ammin (NH_3).
- Negativ geladene Anionenkomplexe: lat. Name des Zentralatoms erhält Endung »-at«.
- Neutrale und Kationenkomplexe: Name des Zentralteilchens bleibt unverändert.
- Zentralteilchen kann mit unterschiedlichen Ladungen auftreten: Ladungsangabe als römische Zahl, z. B. Eisen(III) oder Eisen(II).
- Komplexe in Salzverbindungen: (wie beim einfachen Salz) Kation vor dem Anion nennen.

kurz & knapp

Nomenklatur in der anorganischen Chemie

- Salze werden in der Form »Name Kation – multiplizierendes Präfix – Name Anion« benannt. Auf Elektroneutralität achten!
- Der Name des Kations leitet sich bei einfachen Kationen direkt aus dem Elementnamen ab.
- Der Name des Anions leitet sich meist ebenfalls vom Elementnamen + Endung (z. B. »-id«, »-at«) ab.
- Wichtige Anionen: Chlorid (Cl^-), Bromid (Br^-), Iodid (I^-), Sulfat (SO_4^{2-}), Hydrogensulfat (HSO_4^-), Sulfit (SO_3^{2-}), Hydrogensulfit (HSO_3^-), Sulfid (S^{2-}), Phosphat (PO_4^{3-}), Hydrogenphosphat (HPO_4^{2-}), Dihydrogenphosphat ($H_2PO_4^-$), Carbonat (CO_3^{2-}), Hydrogencarbonat (HCO_3^-), Acetat (H_3C-COO^-).
- Existiert das Kation in zwei oder mehr Oxidationsstufen, wird die jeweilige im Namen mit angegeben, z. B.: Eisen(II)-chlorid für $FeCl_2$.

Nomenklatur in der organischen Chemie

- Ersatz-Nomenklatur: An einem Stammsystem wird ein H-Atom durch einen Substituenten ersetzt.
- Name: Positionsnummer(n) – multiplizierender Präfix – Name Substituent 1 – Positionsnummer(n) – multiplizierender Präfix – Name Substituent 2 – … Stammname.
- Wichtige Regeln:
  - längste Kette,
  - kleinste Nummern,
  - alphabetische Reihenfolge der Substituenten.

Nomenklatur in der Komplexchemie

- Name Kation – Name Anion.
- Wichtige Liganden: Aqua (H_2O), Ammin (NH_3); wichtig: Ammin und Amin haben in der Chemie unterschiedliche Bedeutung: NH_3 als Ligand ist ein Ammin, $-NH_2$ als Substituent ist ein Amin.
- Negativ geladener Komplex: »-at«.

12.5.1 Übungsaufgaben

Aufgabe 1

Aufgabe 1: Benennen Sie folgende Verbindungen!
a. $AlCl_3$, $CuBr_2$, $LiHCO_3$, $MnCl_2$.
b. $[Co(NH_3)_4(OH)_2]$, $K_4[AgCl_6]$, $[Cu(NH_3)_4]SO_4$.

Lösung 1:
a. Aluminiumchlorid, Kupfer(II)-bromid, Lithiumhydrogencarbonat, Mangan(II)-chlorid.
b. Tetramindihydroxocobalt(II), Kaliumhexachloroargentat(II), Tetramminkupfer(II)-sulfat.

Aufgabe 2

Aufgabe 2: Wie lauten die Formeln der folgenden Stoffe?
a. Salpetrige Säure, Ammoniak, Lithiumsulfit, Schwefeldioxid.
b. Natriumtetrachlorocuprat(II), Diammintetrahydroxomercurat(II), Diamminsilber(I).

Lösung 2:

a. $HNO_2, NH_3, Li_2SO_3, SO_2$.

b. $Na_2[CuCl_4], [Hg(NH_3)_2(OH)_4]^{2-}, [Ag(NH_3)_2]^+$.

Aufgabe 3: Wie sieht 4,4-Diethyl-8-isopropyl-3,7-dimethyl-6-propyldodeca-2,10-dien aus?

Aufgabe 3

Lösung 3: ◻ Abb. 12.11.

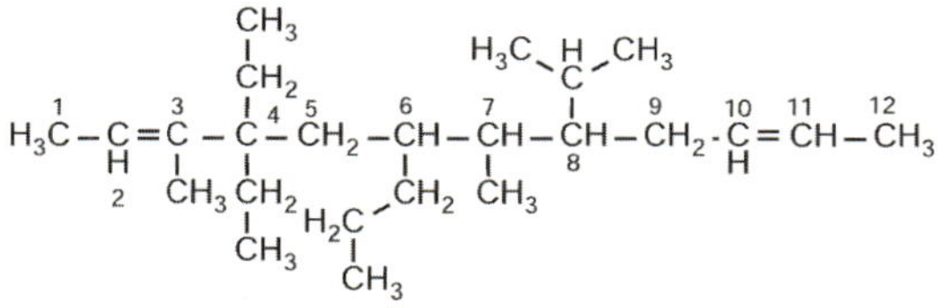

◻ **Abb. 12.11** 4,4-Diethyl-8-isopropyl-3,7-dimethyl-6-propyldodeca-2,10-dien

---

Alles klar!

Tja, **Glucosaminsulfat**… Ein ganzes Kapitel über Nomenklatur und immer noch weiß man nicht, wie das Molekül aussieht! Das Einzige, was man erkennen kann, ist, dass es sich um ein Salz handeln muss: »Sulfat« steht ja für SO_4^{2-}, d. h., es fehlt noch mindestens ein Kation als Gegenion. Das Molekül ist ein Aminozucker und Aminogruppen können leicht als Ammoniumsalze (▶ Abschn. 10.2.5) vorliegen (◻ Abb. 12.12).

Das zeigt aber auch das Problem bei der Nomenklatur: Neben der behandelten systematischen Nomenklatur gibt es immer noch viele Trivialnamen, d. h., irgendjemand hat mal beschlossen, dass ein Molekül so heißen soll. Da gibt es »Belten« (sieht aus wie ein Gürtel) oder auch ein »Barbaralan« (nach Barbara, der Freundin des Chemikers, der das Molekül gemacht hat). Im medizinischen Bereich ist man auch noch mit Handelsnamen konfrontiert. Paradebeispiel: Aspirin oder Acetylsalicylsäure. Trivialnamen haben einen Vorteil: Sie sind meist kurz und einprägsam im Vergleich zu den Wortschlangen, die die systematische Nomenklatur ergibt. Der Nachteil ist, dass man die Namen einfach auswendig lernen muss! Das einzig Eindeutige in der Chemie ist eine Strukturformel.

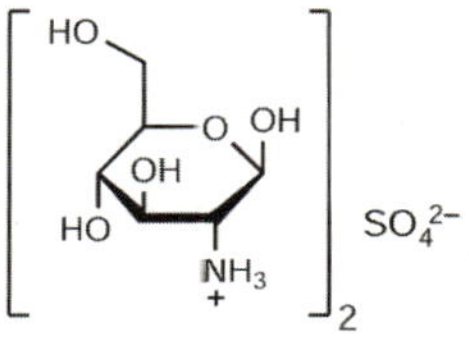

◻ **Abb. 12.12** Glucosaminsulfat

Spektroskopie

Jürgen Schatz

J. Schatz, R. Tammer (Hrsg.), *Erste Hilfe – Chemie und Physik für Mediziner*,
DOI 10.1007/978-3-662-44111-4_13, © Springer-Verlag Berlin Heidelberg 2015

- Methodische Grundlagen der Spektroskopie und Spektrometrie
- Infrarot-(IR-)Spektroskopie
- UV/vis-Spektroskopie und Lambert-Beer'sches-Gesetz
- Kristallstrukturanalyse
- NMR-Spektroskopie, Magnetresonanz-Spektroskopie und -Tomografie
- Massenspektrometrie

Wie jetzt?

Oh weh – der Kopf!

Wer kennt das nicht: Montagmorgen und der Kopf schmerzt. Was kann das nur sein? Eine Möglichkeit wäre die Party gestern oder auch zu viel Sport und zu wenig getrunken, die pathologische Nackenverspannung vom Zuviel-Lernen oder DER GERHIRNTUMOR. Jetzt müsste man einfach den Kopf aufmachen und reinschauen können. Glücklicherweise ist diese schon vor ca. 12.000 Jahren durchgeführte Methode der Trepanation – als diagnostisches Mitteln nicht mehr so en vogue. Aber die Alternative?

13.1 Einleitung

In der Chemie hat man das Problem öfter: Man will wissen, was in einem Gefäß, einer Lösung etc. drin ist, das Aussehen hilft aber nicht weiter. In früheren Zeiten hat man noch den Geschmack einer Chemikalie als Entscheidungskriterium hinzuziehen können, aber das Verfahren ist im wahrsten Sinne des Wortes ausgestorben. Deshalb wurde eine Alternative – die Spektroskopie – entwickelt. Mit diesem Verfahren gelingt es herauszufinden, was und wie viel in einer Probe drin ist. Das Grundprinzip ist ganz einfach und eventuell leichter zu verstehen, wenn man sich an ▶ Kap. 6 zur Optik aus dem Physikteil dieses Buches erinnert.

Es geht so (◘ Abb. 13.1): Man nimmt eine Probe, ob chemische Verbindung, Materialstück oder Patient ist erst mal egal. **Dieser Probe stellt man eine »Frage«, in dem man sie einer bestimmen Strahlung aussetzt.** Trifft diese Strahlung auf die Probe auf, wird die Strahlung durch Absorption, Reflexion, Streuung etc. verändert. **Charakterisiert man die Strahlung nach Durchdringung der Probe und vergleicht dieses Ergebnis mit der eingestrahlten Strahlung, erhält man eine »Antwort«.** Der Unterschied zwischen »dem, was vorn reingeht, und dem, was hinten rauskommt«, erlaubt Rückschlüsse auf die Probe. Meist fehlen z. B. gewisse Wellenlängen nach dem Durchgang der Strahlung durch die Probe.

Das ist dann wie bei einem Puzzle; je nach verwendeter Strahlung stellt man eine andere Frage und bekommt logischerweise eine andere Antwort. Die gesamte Information, die man sich wünscht, gibt es daher oft nur durch den Einsatz unterschiedlicher Methoden. Fast »Molekülpsychologie«, viele richtige Fragen geben die richtigen Antworten und die lassen sich zu einem Bild zusam-

◘ **Abb. 13.1** Prinzip der Spektroskopie

Probe   Information

Methode	Strahlungsart	Was passiert in der Probe?	Information
IR-Spektroskopie	Infrarotstrahlung	Molekülschwingungen	Funktionelle Gruppen
UV/vis-Spektroskopie	Ultraviolettes und sichtbares Licht	Elektronen werden in höhere energetische Niveaus angeregt	Elektronen Konzentrationsbestimmung
Kristallstrukturanalyse	Röntgenstrahlung	Absorption, Reflexion, Beugung an Atomkernen	Lage von Atomkernen 3D-Molekülstruktur
Mikrowellen-Spektroskopie	Mikrowellen	Rotation von Molekülen	z. B. Bindungslängen
Magnetresonanz-Spektroskopie	Radiowellen	Kernspin von Atomen (meist Protonen oder Kohlenstoff) wird angeregt	»Chemische Umgebung« Raumstruktur eines Moleküls

Tab. 13.1 Spektroskopische Methoden

mensetzen. ◻ Tab. 13.1 gibt einen kurzen Überblick gebräuchlicher spektroskopischer Methoden und darüber, welche Art von Information diese jeweils liefern können.

Allen Methoden in der ◻ Tab. 13.1 ist gemein, dass hier Strahlung zerlegt und gemessen wird, die Energie der Strahlung wird analysiert. Deshalb nennt man das **Spektroskopie**. Wird nicht nach der Energie aufgelöst, sondern nach anderen Eigenschaften, spricht man dagegen von **Spektrometrie**. Bekanntester Vertreter der letzteren Methode ist wohl die Massenspektrometrie, bei der Teilchen anhand ihrer Masse analysiert werden. In (mündlichen) Prüfungen empfiehlt es sich, auf den kleinen, aber feinen Unterschied zwischen Spektroskopie und Spektrometrie zu achten.

> Spektroskopie: Analyse energetischer Aspekte von Strahlung.
> Spektrometrie: Analyse anderer als energetischer Aspekte, z. B. der Masse.

13.2   Infrarot-Spektroskopie

Die Infrarot- oder IR-Spektroskopie ist eine einfache und schnelle Methode, um Moleküle genauer zu charakterisieren. Die verwendete Strahlung kennt wahrscheinlich jeder. Da **Infrarot der typische Bereich der Wärmestrahlung** (◻ Abb. 6.3) ist, kommt sie bei Wärmelampen zum Einsatz.

In chemischen Verbindungen regt IR-Strahlung Schwingungen im Molekül an. Hier kann man sich ein Molekül gut als mit Federn verbundene Kugeln vorstellen. Die Kugeln sind die Atome, die Federn die chemische Bindung. Infrarotes Licht setzt jetzt dieses Konstrukt in **Schwingung**. Die Energie, die benötigt wird, um einen gewissen Teil des Moleküls »aufzuregen«, wird absorbiert und fehlt dann hinterher.

Strahlt man Licht unterschiedlichster Wellenlängen in die Probe ein, dann kann man die Absorption für jede einzelne Wellenlänge unterscheiden und erhält ein Spektrum. Dessen y-Achse gibt einen Eindruck, wie stark die Strahlung geschwächt wird. Bei der IR-Spektroskopie trägt man hier die sog. **Transmission T** für eine bestimmte Wellenlänge auf, also den Vergleich der Lichtintensität I_0 vor und der Intensität I nach der Probe. Alternativ kann auch die **Absorption A** als negativer dekadischer Logarithmus der Transmission als Maß für die Strahlungsschwächung benutzt werden.

Auf die x-Achse kommt die Wellenlänge der Strahlung. Es hat sich eingebürgert, dass die Energie der Strahlung von rechts nach links im Diagramm zunimmt. Da ja bekanntermaßen gilt: $E = h \cdot v$ (▶ Abschn. 6.1.2) oder $E = h \cdot c \cdot \lambda^{-1}$, erhält man von links nach rechts steigende Werte, wenn man die

> IR-Spektroskopie: Anregung von Molekülschwingungen, Information über funktionelle Gruppen.
>
> Transmission:
> $$\%T = \frac{I}{I_0} \cdot 100\%.$$
>
> Absorption:
> $$A = -\log_{10} T = -\log_{10} \frac{I}{I_0}.$$

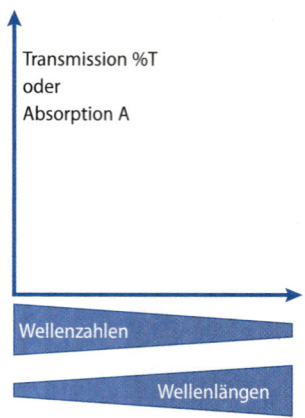

Abb. 13.2 Generelle Darstellung eines Spektrums in der Chemie

Abb. 13.3 IR-Spektrum der Glucose (*oben*) und von Benzaldehyd (*unten*). Einzelheiten im Text

Wellenlänge aufträgt. Reziproke Wellenlängen λ^{-1}, die sog. Wellenzahlen $\bar{v}$, sind dagegen der Energie proportional und werden deshalb im Spektrum von links nach rechts kleiner.

In Summe ergibt sich ein typisches Infrarotspektrum (◻ Abb. 13.2). Ein solches **Spektrum ist eindeutig für eine bestimmte chemische Verbindung** und kann so der Identifizierung unbekannter Verbindungen dienen. Hierzu gibt es umfangreiche Spektrendatenbanken, in denen eine Vielzahl von Verbindungen mit ihren typischen IR-Spektren gesammelt ist. Von einer unbekannten Verbindung muss man dann nur ein IR-Spektrum aufnehmen und so lange mit denen in der Datenbank vergleichen, bis man einen Treffer landet; so wie bei einer Fingerabdruck-Kartei.

Die auffälligen, großen Absorptionen (»Banden«) geben hier Aufschluss über das Vorhandensein funktioneller Gruppen (◻ Tab. 12.1). Mit dieser Methode kann man z. B. leicht experimentelle Hinweise auf die Halbacetalstruktur der Glucose gewinnen (vgl. Haworth-Projektion, ◻ Abb. 10.111); Glucose reagiert zwar wie ein Aldehyd, im IR-Spektrum sieht man aber keine Aldehydgruppe! Eine solche wäre an der typischen starken Absorption bei ca. 1700 cm^{-1} zu erkennen, wie das Spektrum von Benzaldehyd zeigt (◻ Abb. 13.3).

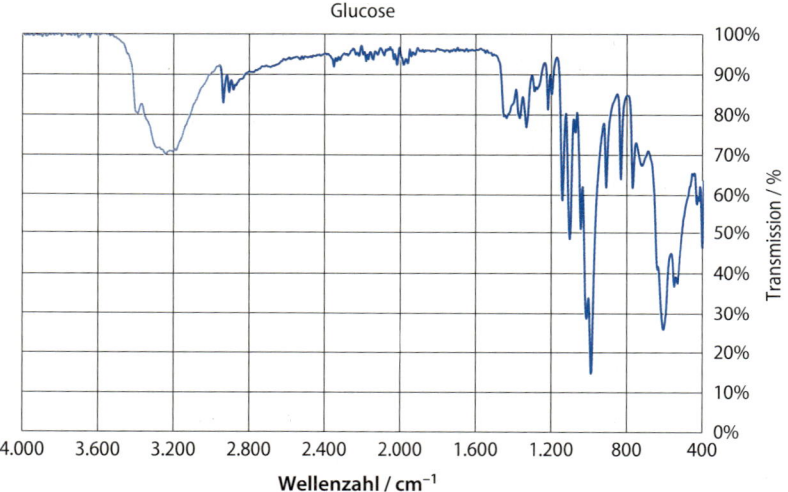

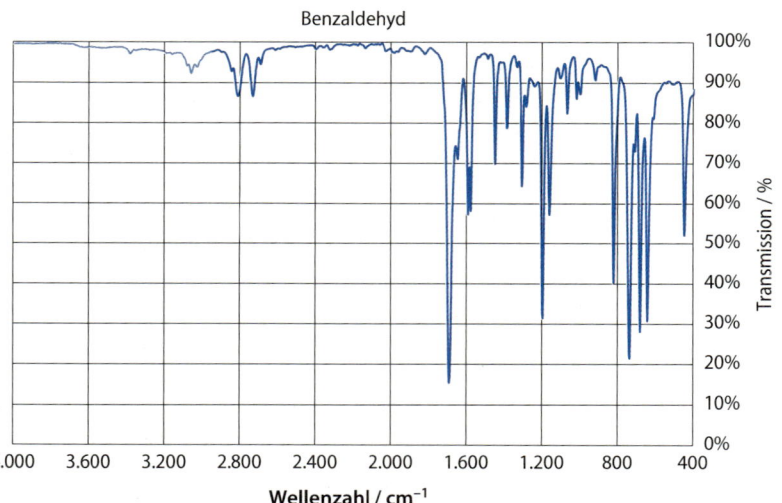

Pulsoxymetrie

Ohne Sauerstoff kein Leben. Kein Wunder, dass die Versorgung des Körpers mit diesem Betriebsstoff ein wichtiges Vitalzeichen ist und deshalb in der klinischen Praxis einfach messbar sein muss. Seit Anfang der 1970er Jahre hat sich durch Arbeiten eines japanischen Ingenieurs Takuo Aoyagi ein sehr praktikables Verfahren etabliert, die Pulsoxymetrie. Heutzutage genügt hierfür ein einfacher Fingerclip.

Da sichtbares und infrarotes Licht ein Stück weit in den Körper eindringen kann, wird dies zur Messung der Sauerstoffsättigung herangezogen. Glücklicherweise haben Hämoglobin und mit Sauerstoff beladenes Oxy-Hämoglobin unterschiedliche Absorptionseigenschaften (⬛ Abb. 13.5). In dem Fingerclip, der zur Messung der Sauerstoffsättigung dient, befinden sich deshalb zwei Lichtquellen, die rotes bzw. infrarotes Licht definierter Wellenlänge (660 bzw. 940 nm) abgeben. Die Lichtstrahlen dringen ins Gewebe ein und werden am (Oxy-)Hämoglobin absorbiert und reflektiert. Das zurückkommende Licht wird analysiert und mittels Lambert-Beer'schen-Gesetz (▶ Abschn. 6.4.3 und ▶ Abschn. 13.3) und umfangreichen Eichungsmessungen wird daraus die Sauerstoffsättigung errechnet.

Alles viel einfacher als die alte Methode mit der Clark-Elektrode. Das einfache Prinzip hat aber auch seine Tücken. Es funktioniert nur bei relativ hohen Sauerstoffsättigungen gut. Das Absorptionsverhalten kann durch Dinge wie z. B. lackierte Fingernägel, Hautpigmentierung oder Bewegungen verändert werden, was falsche Messwerte ergibt. Auch können starke elektromagnetische Felder wie sie medizindiagnostische Geräte abgeben, die Messung beeinflussen.

13.3 UV/vis-Spektroskopie

Das Prinzip der UV/vis-Spektroskopie ist direkt analog der IR-Spektroskopie: Ultraviolettes (UV) und sichtbares Licht (visible, vis) wird in die Probe eingestrahlt. Aufgrund von Absorption verändert sich die Intensität. Durch die absorbierte Energie kommt es im Molekül zu einer **Anregung von Elektronen. Diese werden vom Grundzustand** (▶ Abschn. 8.2.4) **auf höhere angeregte Zustände gehoben.** Die für diesen Anregungsprozess benötigte Lichtenergie entspricht genau dem energetischen Unterschied ΔE zwischen den beteiligen Orbitalen (⬛ Abb. 13.4). Sie lässt sich wiederum in eine Wellenlänge umrechnen. Die Wellenlänge fehlt dann dem Licht, das aus der Probe austritt. Die UV/vis-Spektroskopie erlaubt es daher, Informationen über die Struktur und Eigenschaften der Elektronen in einem Molekül zu bekommen.

Die wichtigste Anwendung dieser Methode liegt aber nicht in der Bestimmung von Strukturmerkmalen: **Die Schwächung des Lichts durch die Probe gehorcht dem Lambert-Beer'schen-Gesetz:**

$$E_\lambda = k \cdot d = K \cdot c \cdot d.$$

Der spezifische molare Extinktionskoeffizient K ist eine Stoffkonstante und gibt an, wie gut die Probe das eingestrahlte Licht einer gewissen Wellenlänge absorbieren kann (▶ Abschn. 6.4.3). Für viele Verbindungen sind diese Werte tabelliert. Dadurch ist es einfach, das Lambert-Beer'schen-Gesetz zur Konzen-

UV/vis-Spektroskopie: Anregung von Elektronen.

$$\Delta E = h \cdot \nu = h \cdot \frac{c}{\lambda}.$$

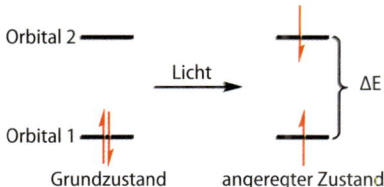

⬛ **Abb. 13.4** Elektronische Anregung in der UV/vis-Spektroskopie. Einzelheiten im Text

Lambert-Beer'sches-Gesetz:
$E_\lambda = K \cdot c \cdot d$.
Anwendung erlaubt die Bestimmung von Konzentrationen.

trationsbestimmung einzusetzen. Die Extinktion E_λ bei einer gewissen Wellenlänge λ kann leicht gemessen werden (■ Abb. 13.5). Ist der spezifische molare Extinktionskoeffizient entweder aus Tabellenwerken oder über Eichgeraden bekannt, lässt sich die Konzentration c berechnen. Die Schichtdicke d der Probe wird über die Dicke der verwendeten Küvette bestimmt. Übliche Schichtdicken sind hier 1 bzw. 0,1 cm.

Variiert man die Wellenlänge und misst jeweils die zugehörige Extinktion bzw. rechnet die direkt in den Extinktionskoeffizienten um, so erhält man wieder ein typisches **Spektrum, Extinktion versus Wellenlänge** (■ Abb. 13.2 und ■ Abb. 13.5).

■ **Abb. 13.5** UV/vis-Spektrum von Hämoglobin (blau) und Oxy-Hämoglobin (rot; aus Harten 2011)

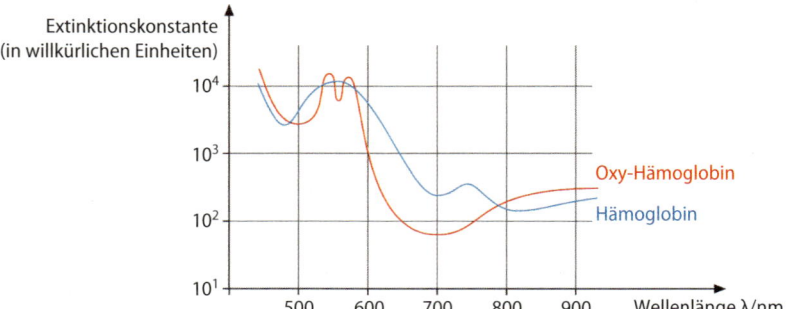

13.4   Kristallstrukturanalyse

Hier sei zunächst auf ▸ Abschn. 7.2 der Physik verwiesen, wo auch das Prinzip des Röntgenbildes in der Medizin erklärt ist.

In der Chemie ist das Vorgehen direkt analog der medizinischen Röntgendiagnostik: Eine Probe wird mit Röntgenstrahlung bestrahlt. Teile der Probe können diese Strahlung gut absorbieren, reflektieren oder – hier am wichtigsten – beugen. Es ergibt sich ein Beugungsbild.

Kristallstrukturanalyse:
Bestimmung von Atompositionen im Raum durch Röntgenstrahlung.

In chemischen Verbindungen ist der Hauptteil der Masse in den Atomen lokalisiert. Deshalb findet in erster Linie **an den Atomkernen die Beugung der Röntgenstrahlung** statt und das erhaltene Beugungsmuster kann über mathematische Methoden, die hier nicht näher diskutiert werden müssen, zurückgerechnet werden. Liegen die Atome in einem geordneten Kristallgitter vor, so kann die Struktur dieses Kristalls auf atomarer Ebene bestimmt werden – die Struktur des Kristalls ist somit analysiert: **Kristallstrukturanalyse**. Oft findet man hierfür auch den Begriff der **Röntgenstrukturanalyse**.

13.5   Magnetresonanz-Spektroskopie (NMR-Spektroskopie)

Die Magnetresonanz- oder NMR-Spektroskopie (nuclear magnetic resonance) ist **die** wichtigste spektroskopische Methode in der Chemie. Sie erlaubt es, auch hochkomplexe Molekülstrukturen zu untersuchen. Die Kernspin- oder Magnetresonanztomografie (MRT) in der Medizin basiert auf dem exakt gleichen Prinzip (▸ Abschn. 5.4.5), nur die »Probengröße« ist unterschiedlich.

Voraussetzung für die Anwendung der NMR-Spektroskopie ist ein Kernspin, eine Eigenschaft eines Atoms, die sich durch die Kernspinquantenzahl I – eine Größe, die sich aus der Quantenmechanik ergibt – beschreiben lässt.

Diese Quantenzahl I kann halb- oder ganzzahlige Werte annehmen und für jede Spinquantenzahl gibt es 2 I+1 (–I… bis …+I) Ausrichtungsmöglichkeiten. Für I = ½ z. B. gibt es zwei Ausrichtungen –½ und +½; für I = 1 ergibt das drei Möglichkeiten: –1, 0, +1. Ist I = 0, liegt kein Kernspin vor, der für die NMR-Spektroskopie verwendet werden kann.

Glücklicherweise hat das Proton ^{1}H eine Spinquantenzahl ½ und ist damit ideal geeignet. Schlechter sieht es bei Kohlenstoff aus, das ^{12}C-Isoptop ist durch I = 0 charakterisiert. Glücklicherweise hat das Isotop ^{13}C I = ½, so dass sich hier ebenfalls Informationen über Kohlenstoffatome als zentrale Bausteine der organischen Chemie gewinnen lassen. Leider liegt der Anteil dieses Isotops nur bei ca. 1,1%, was die technische Messung etwas aufwendiger macht.

Aber jetzt zum Prinzip: Ein Probe, die Atome mit messbarem Kernspin enthält, soll vermessen werden, sagen wir z. B., wir betrachten die Protonen (I = ½) in einer organischen Verbindung. Lässt man die Probe in Ruhe, haben wir eine statistische Verteilung der Ausrichtung der Spins, einige zeigen »nach oben«, einige »nach unten«, um ein anschauliches Bild zu benutzen. In Summe mittelt sich das aber alles und man bekommt keine Information.

Jetzt hilft aber eine Eigenschaft der Atomkerne. Sie haben ein magnetisches Moment und verhalten sich deshalb wie kleine Magneten. **Deshalb kann ein sehr starkes äußeres Magnetfeld diese kleinen Elementarmagneten in eine Richtung ausrichten.** Hierzu sind extrem starke, meist supraleitende Magneten (2–20 Tesla) notwendig. Deshalb darf man keine metallischen Gegenstände in der Nähe eines NMR-Spektrometers oder Kernspintomografen bringen. Auch die eine oder andere Kreditkarte wurde schon unbrauchbar, da die Information auf dem Magnetstreifen zerstört wurde.

Nun kommt der Spektroskopie-Teil: **Die Probe, die jetzt nur aus geordneten Spins besteht, wird einer Strahlung ausgesetzt, welche die »Magneten« »umklappt«. Dieses Umklappen erfordert nur wenig Energie und als Strahlung kommen Radiowellen (üblicherweise 60–900 MHz für Protonen, je nach Magnetfeldstärke) zum Einsatz.** Jetzt zeigen aber alle Spins in die »falsche« Richtung! Das außen angelegte Magnetfeld zwingt sie dazu, nach einer gewissen Zeit wieder »zurückzuklappen«, es kommt zur **Relaxation** (◘ Abb. 13.6).

Diesen Gesamtprozess kann man messen als sog. »free induction decay« (FID) und die Ergebnisse mittels komplexer Mathematik (Fourier-Transformation) in ein Spektrum umwandeln. Darin wird wieder eine Absorption gegen eine Energiegröße aufgetragen. In der NMR-Spektroskopie ist aber die exakte Messung der absoluten Energie schwierig. Deshalb wird immer im Vergleich zu einer Standardverbindung gemessen und die Differenz zu dieser ermittelt. Als

Spinquantenzahl: Grundlage der Magnetresonanz-Spektroskopie.

Für NMR-Spektroskopie geeignete Elemente: ^{1}H, ^{13}C, ^{15}N, ^{31}P, ^{19}F.

NMR-Spektroskopie: Ordnung der Kernspins durch starkes äußeres Magnetfeld, Anregung durch Radiowellen ergibt Informationen über die »chemische Umgebung« → Strukturaufklärung.

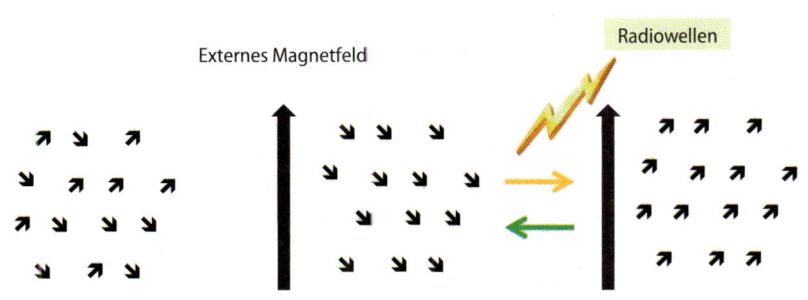

Externes Magnetfeld

Radiowellen

Antwort des Systems »FID«

◘ **Abb. 13.6** Prinzip der NMR-Spektroskopie. Einzelheiten im Text

Standard hat sich Tetramethylsilan [TMS, $Si(CH_3)_4$] etabliert, eine Substanz mit schön vielen Protonen, die ein gutes Vergleichssignal gibt, und zudem leicht flüchtig ist, so dass sie sich hinterher leicht von der eigentlichen Probe trennen lässt.

Im Spektrum wird üblicherweise die Absorptionsfrequenz gegen die Abweichung – die chemische Verschiebung δ – bezüglich der Standardsubstanz aufgetragen. Da die Abweichungen klein sind, wird die Einheit ppm (parts per million, Millionstel Teile) verwendet.

Die untersuchten Kerne – im Beispiel die Protonen – befinden sich in einer chemischen Verbindung aber an definierten und unterschiedlichen Positionen. **Die magnetischen Eigenschaften der benachbarten Kerne beeinflussen sich je nach Lage, es kommt zu typischen chemischen Verschiebungen, je nach der Umgebung.** Welche Informationen enthält jetzt solch ein Spektrum (◘ Abb. 13.7):

Chemische Verschiebung:

$$\delta = \frac{\upsilon(\text{Probe}) - \upsilon(\text{Standard})}{\upsilon(\text{Standard})} \text{ in ppm.}$$

◘ **Abb. 13.7** Typisches NMR-Spektrum am Beispiel 2-Butanon

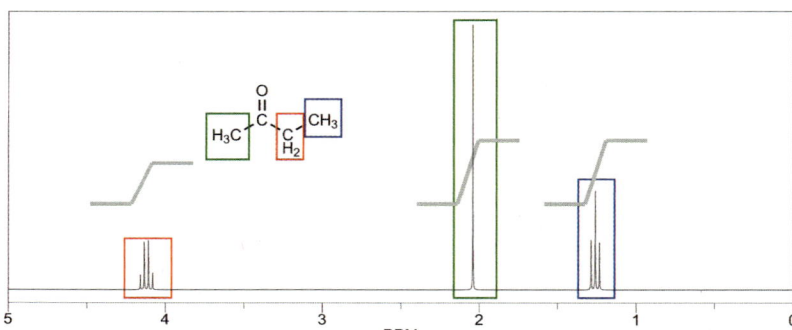

Als Erstes sieht man mehrere Absorptionen, deren Lage für eine gewisse funktionelle Gruppe typisch ist. So beobachtet man die Methylgruppe in einer Kohlenstoffkette einer organischen Verbindung typischerweise bei ca. 1 ppm. An unserem Beispiel des NMR-Spektrums von 2-Butanon ist aber auch erkennbar, dass die direkte Nachbarschaft große Einflüsse hat: zwei CH_3-Gruppen mit jeweils unterschiedlichen Nachbarn und folglich unterschiedlicher chemischer Verschiebung.

Auffällig ist auch, dass gleich ganze Signalgruppen auftreten, nicht nur eine einzige Absorptionslinie. Die Anzahl der Linien, aus der ein solches Signal besteht, nennt sich **Multiplizität**. Die ergibt sich aus der Anzahl der benachbarten Atome, die aber in ihren magnetischen Eigenschaften identisch sein müssen. Die magnetischen Eigenschaften gehen eine **Kopplung** ein. Ist n die Anzahl der Nachbaratome, erhält man n+1 Signale. So ist die CH_2-Gruppe von einer CH_3-Gruppe flankiert, d. h. also von drei benachbarten H-Atomen, das ergibt vier Linien. Umgekehrt hat die CH_3-Gruppe neben der CH_2-Gruppe zwei Nachbarn, daraus resultieren demnach drei Linien. Die Interpretation des Spektrums erfolgt wie bei einem Puzzle: Verschiedene Detailinformationen müssen zu einem größeren Bild zusammengesetzt werden.

Und zum Schluss gibt es noch eine weitere Information im Spektrum, das sog. **Integral**. Das sind die grauen »Stufen«. Hier wird die Fläche unter den Resonanzlinien dargestellt. Diese ist direkt proportional zur Anzahl der Kerne, die für diese Resonanz verantwortlich sind. Im Beispiel ergibt sich so für die Methylgruppen eine 1,5-mal größere Fläche als für die Methylengruppe mit ihren zwei Protonen.

– Chemische Verschiebung:
  Umgebung;
– Multiplizität:
  Anzahl der Nachbarkerne;
– Integral:
  Anzahl der beteiligten Kerne.

Will man Informationen über das Kohlenstoffgerüst einer organischen Verbindung gewinnen, so benutzt man den Kernspin des ^{13}C-Isotops. Generell ist alles genauso wie für die Protonen, es gibt nur einen Hauptunterschied: Der Anteil von ^{13}C an der gesamten Kohlenstoffmenge beträgt lediglich 1,1 %. Magnetische Eigenschaften können nur ausgetauscht werden, wenn ein ^{13}C ein weiteres ^{13}C-Atom zum direkten Nachbarn hat (zur Erinnerung: das Standardisotop ^{12}C hat I = 0). Das ist bei der Menge aber extrem unwahrscheinlich. Im Spektrum, was die Kohlenstoffatome beobachtet, sieht man üblicherweise nur einfache Resonanzlinien.

> **Hätten Sie's gewusst?**
>
> **Magnetresonanztomografie (MRT oder MRI)**
> Die Kernspin- oder Magnetresonanztomografie (MRT bzw. MRI [magnetic resonance imaging]) beruht auf identischen physikalischen Messprinzipien, wie die NMR-Spektroskopie des Chemikers. In der Medizin liegt aber ein bestimmtes Molekül im Fokus: Wasser. Da die Resonanz wie gezeigt direkt proportional zu den (identischen) Kernen ist, ergeben Teile im Körper mit viel Wasser starke Resonanz, Teile mit wenig Wasser/Protonen dagegen schwache Resonanz. Stellt man dies farbkodiert dar, erhält man ein MRT-Bild. Schiebt man den Patienten »in die Röhre«, die das externe Magnetfeld erzeugt, kann man seinen Körper scheibchenweise darstellen. Im Prinzip wäre es damit sogar möglich, einen Menschen bis auf zelluläre Ebene in Echtzeit abzubilden. Bis dahin muss aber noch etwas geforscht werden.
> Es gibt aber auch weitere Varianten: Die MRT liefert Informationen über Wassermoleküle. Es kann aber nicht nur die reine Konzentration abgefragt werden, sondern auch die Beweglichkeit dieser Wassermoleküle. Das macht dann die **diffusionsgewichtete MRT**. Neben der Konzentration (hell/dunkel) kann auch die Bewegungsgeschwindigkeit der Wassermoleküle als zusätzliche Farbskala dargestellt werden. Einsatzbereich hier ist z. B. die Schlaganfalldiagnostik, da geschädigte Nervenfasern eine andere Wasserdynamik haben als gesunde. Auch in der Krebsdiagnostik kann so etwas eingesetzt werden.

13.6 Massenspektrometrie

Die letzte hier besprochene Methode kann wohl nicht direkt auf den Menschen übertragen werden, hat aber große Bedeutung in der modernen biochemischen und physiologischen Forschung und Analytik: die Massenspektrometrie (MS). Schon die leichte Variation -metrie versus -skopie zeigt, dass das Messprinzip jetzt anders ist. **Bei der Massenspektrometrie werden Massen bestimmt.**

Die Grundlage der Massenspektrometrie ist einem alten Arbeitsprozess vergleichbar, dem »Windsichten«. Mit diesem lässt sich ganz leicht die Spreu vom Getreide trennen. Beide Bestandteile unterscheiden sich in der Masse; wirft man dieses Gemisch in einen Luftzug, erfolgt die Beschleunigung durch den Wind abhängig von der Masse. Die leichten Teile fliegen weiter als die schweren und werden so aussortiert. Die Massenspektrometrie funktioniert genauso.

Damit die Teilchen aber beschleunigt werden können, müssen Ionen vorliegen, die in ein elektromagnetisches Feld gebracht werden. **Der gesamte Prozess ist dreigeteilt:**

Massenspektrometrie: Bestimmung der Masse von Teilchen.

Dreischrittprozess: Ionenquelle – Analysator – Detektor.

Wichtige Ionisierungsmethoden:
- Elektronenstoßionisation (EI)
- Chemische Ionisation (CI)
- Fast Atom Bombardment (FAB)
- Matrixunterstützte Laser-Desorption/Ionisation (MALDI)
- Elektrosprayionisation (ESI)

Wichtige Analysemethoden:
- Flugzeit (Time-of-flight, ToF)
- Sektorfelder
- Ionenfallen

1. Zunächst muss die Probe **ionisiert** werden. Hierzu gibt es eine ganze Reihe von Methoden, die für das Prinzip aber ohne Belang sind.
2. Die Ionen werden ins Massenspektrometer eingebracht, im elektromagnetischen Feld beschleunigt und fokussiert. Damit die Ionen ungestört »fliegen« können, muss im Messgerät ein extrem gutes Vakuum herrschen. Ansonsten stoßen Teilchen zusammen, was die Methode stört. Die Beschleunigung der Ionen ist abhängig vom **Verhältnis Masse zu Ladung: m/z**. Leichte Teilchen fliegen schneller oder weiter; fliegen sie wie im sog. Sektorfeld-Massenspektrometer um eine Kurve, werden sie durch ein magnetisches Feld unterschiedlich abgelenkt. All diese Phänomene können im **Analysator** für die **Sortierung der Ionen** nach ihrem m/z-Verhältnis benutzt werden.
3. Schlussendlich landen die Ionen auf einen **Detektor** und geben ein Signal gemäß ihrer m/z-Eigenschaft, woraus auf die Summenformel einer Verbindung zurückgeschlossen werden kann.

■ Abb. 13.8 zeigt den grundsätzlichen Aufbau eines Massenspektrometers.

■ **Abb. 13.8** Aufbau eines Massenspektrometers

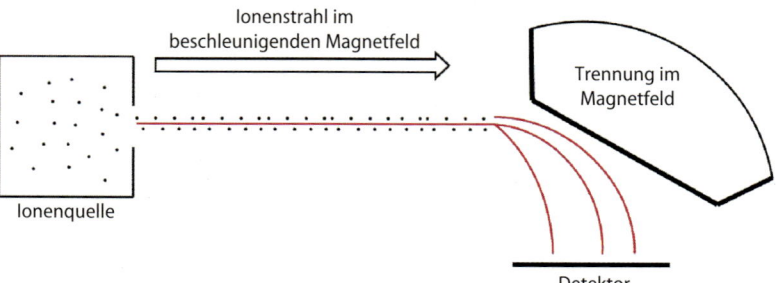

Chemie

Die Auflösung der Messgeräte ist so gut, dass sogar Isotope unterschieden werden können. Deshalb ergibt sich für eine Verbindung ein typisches **Isotopenmuster**, das die einzelnen Anteile der Isotope widerspiegelt.

Beispiel: *cis*-Platin ($H_6Cl_2N_2Pt$). Für Platin sind fünf stabile Isotope bekannt (^{192}Pt, ^{194}Pt, ^{195}Pt, ^{196}Pt, ^{198}Pt), für Chlor sind es deren zwei (^{35}Cl und ^{37}Cl), für Wasserstoff und Stickstoff ebenfalls jeweils zwei. Alle diese Isotope können im *cis*-Platin kombiniert werden. Je nachdem wie die unterschiedlichen Isotope kombiniert sind, ergibt sich jeweils eine andere Masse für dieses eine (!) Molekül. Da die relativen Anteile der einzelnen isotopen Elemente und deren jeweilige exakte Masse bekannt sind, kann man daraus ein Isotopenmuster konstruieren (■ Abb. 13.9). Vergleicht man dieses vorhergesagte Muster mit einem experimentell gemessenen, ergibt das eine feine Sonde, ob die angenommene Summenformel auch wirklich zur vermessenen Verbindung passt.

Kommt eine Verbindung unbeschadet im Detektor an, so ergibt sich ein einziger Peak, der Molekülpeak, je nach Auflösung des Geräts auch inklusive Isotopenmuster. Oft ist es aber so, dass die Ionisierungsmethode nicht so zart mit den Molekülen umgeht, ein gewisser Teil der Moleküle wird zerbrochen. Dies nennt sich **Fragmentierung**. Dieses Auseinanderbrechen des Moleküls gehorcht gewissen Gesetzen und liefert im Spektrum eine ganze Reihe definierter Linien (peaks), die jeweils einem Bruchstück entsprechen (■ Abb. 13.10). Setzt man die Bruchstücke wieder zusammen – wieder ein Puzzle! – nähert man sich der Struktur der Probe.

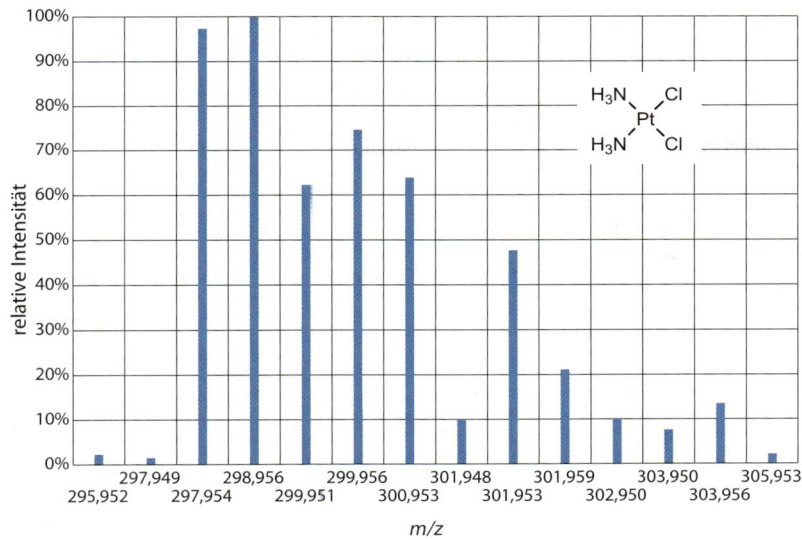

Abb. 13.9 Berechnetes Isotopenmuster für *cis*-Platin

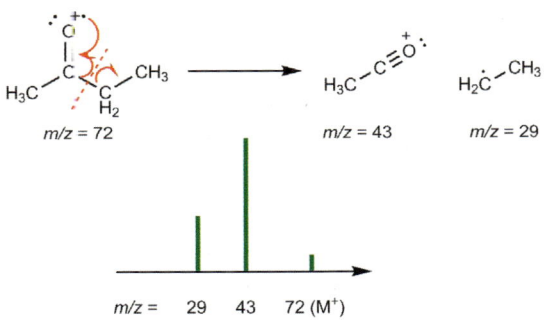

$m/z = 72$ $m/z = 43$ $m/z = 29$

$m/z =$ 29   43   72 (M⁺)

Abb. 13.10 Fragmentierung und vereinfachtes Massenspektrum am Beispiel 2-Butanon

---

kurz & knapp

Infrarot-(IR-)Spektroskopie → infrarotes Licht → Schwingungen in Molekülen.

UV/vis-Spektroskopie → Anregung durch ultraviolettes und sichtbares Licht → Elektronenstruktur.

Kristallstrukturanalyse → Röntgenstrahlung → Atompositionen.

Kernresonanzspektroskopie (NMR bzw. MRI) → Radiowellen → »chemische Umgebung«.

Massenspektrometrie → Bestimmung von Masse und Summenformel.

13.6.1 Übungsaufgabe

Aufgabe 1

Aufgabe 1: Für eine unbekannte organische Probe wird bei einer definierten Wellenlänge λ in einem UV/vis-Spektrometer die Extinktion $E_\lambda = 0,78$ gemessen. Extinktionskoeffizient K und Schichtdicke d der verwendeten Küvette sind bekannt ($K = 6,22 \cdot 10^3$, $d = 1$ cm). Berechnen Sie die Konzentration c der Probe in der Messlösung. Welche Einheit hat der Extinktionskoeffizient?

Lösung 1: Beginnen wir mit dem 2. Teil der Frage. Grundlage ist das Lambert-Beer'sche-Gesetz: $E = K \cdot c \cdot d$. Die Extinktion E ist eine logarithmische Größe, somit dimensionslos. Die Konzentration c wird in $mol\,l^{-1}$ angeben, die Schichtdicke d in cm.

Aus $E = K \cdot c \cdot d$ oder in Einheiten: $[E] = K \cdot \dfrac{mol}{l} \, cm$ resultiert: $[K] = \dfrac{1}{mol\,cm}$.

Der 1. Teil der Frage ergibt sich aus der Auflösung des Lambert-Beer'schen-Gesetzes:

$$c = \frac{E}{K \cdot d} = \frac{0{,}78}{6{,}22 \cdot 10^3 \, \dfrac{1}{mol\,cm} \cdot 1\,cm} = 1{,}25 \cdot 10^{-4} \, \frac{mol}{l}.$$

> **Alles klar!**
>
> **Bildgebende Verfahren in der Medizin: MRT**
>
> In der modernen Krebsdiagnostik spielen neben labormedizinischen Methoden, z. B. über Tumormarker wie dem breiter bekannten prostata-spezifischen Antigen (PSA) beim Prostatakarzinom, vor allem bildgebende Verfahren eine entscheidende Bedeutung. Hier war der Übergang vom einfachen Röntgenbild zum Schnittbildverfahren der Computertomografie ein großer Schritt nach vorn. Die schichtweise Aufnahmetechnik erlaubt eine dreidimensionale, nicht invasive Darstellung des Körpers. Reinsehen ohne aufzumachen!
>
> Doch Röntgenstrahlung selbst hat auch bei der CT-Technik für Patienten ein hohes Belastungs- oder Gefährdungspotenzial. Deshalb ist die Medizin-technik immer auf der Suche nach neuen, schonenden Methoden, um sich ein Abbild des Inneren eines Menschen zu schaffen. Ein wahrer Abkürzungs-wust ist hier zu finden: CT, MRT, DTI, PET, SPECT, EIT etc. Oft werden bild-gebende Magnetresonanzmethoden (MRI) als besonders schonend erach-tet. Nebenwirkungen der eingesetzten Strahlung (Radiowellen) und der notwendigen Magnetfelder scheinen vernachlässigbar. Es gibt sogar das Phänomen, dass Personen oft einzuschlafen scheinen, wenn sie starken Magnetfeldern ausgesetzt sind. Ob das auch auf das Personal zutrifft, das mit solchen Geräten arbeitet?
>
> Aber zurück zur Ausgangsfrage: Gehirntumor oder nicht?
>
> Eine mögliche Antwort ist das »Diffusion Tensor Imaging« (DTI), eine Variante der MRT, welche die Diffusion von Wasser in unterschiedlichen Geweben erfasst. Da die Diffusion um einen Tumor herum eingeschränkt ist, können mittels DTI Gehirntumoren besser erkannt werden (◘ Abb. 13.11). Aber auch Schädigungen am Gehirn, z. B. durch den Einsatz von Zytostatika im Rahmen einer Krebstherapie, können so identifiziert werden. Aber in unserem Fall, vielleicht doch erstmal eine Aspirin?

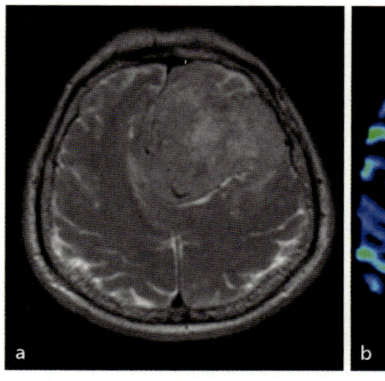
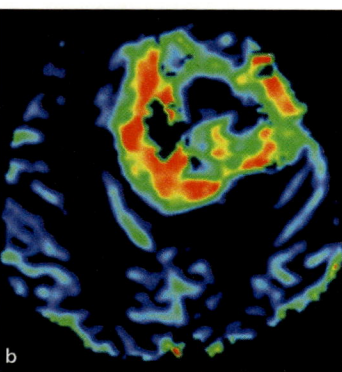

◘ **Abb. 13.11a, b** Typisches Meningiom Originally published in *Cancer Imaging*. Published with kind permission of © 2014 Svolos et al., licensee BioMed Central Ltd. under the terms of the Creative Commons Attribution License (http://creativecommons.org/licenses/by/4.0) **a** T2-gewichtete Aufnahme, **b** Darstellung des Blutvolumens

Medizinisch relevante Werkstoffe und Biomaterialien

Jürgen Schatz

J. Schatz, R. Tammer (Hrsg.), *Erste Hilfe – Chemie und Physik für Mediziner*,
DOI 10.1007/978-3-562-44111-4_14, © Springer-Verlag Berlin Heidelberg 2015

— Metalle und Legierungen
— Keramiken und oxidische Werkstoffe
— Polymere

Wie jetzt?

Silikonimplantate
Es ging durch die Medien: Brustimplantate, die mit billigem Industriesilikon
gepanscht waren, wurden undicht und damit zu einer Gesundheitsgefährdung. Aber was sind eigentlich Silikone? Was haben die mit den Silikon-
Backformen aus der Küche zu tun und was kommt sonst noch so alles in
den Körper hinein?

14.1   Einleitung

Ein Sportunfall, eine Sehne ist gerissen und muss ersetzt werden. Gelenke sind
abgenutzt und müssen durch ein Transplantat ersetzt werden. All diese Fälle
erfordern, dass körpereigene Stoffe durch meist künstliche Alternativen ersetzt
werden. Die Domäne der Materialwissenschaft und ein eigener Industriezweig.
◘ Tab. 14.1 stellt einige Anwendungen in der Medizin und die hierfür verwendeten Materialien zusammen.
   Trotz der Fülle lassen sich drei generelle Klassen erkennen:
— Metalle und Legierungen,
— keramische Materialien,
— Polymere (Kunststoffe).

◘ **Tab. 14.1** Materialien in der Medizin; die Strukturelemente einzelner genannter
Kunststoffe sind ◘ Abb. 14.5 zu entnehmen

Anwendung	Material (Beispiele)
Gelenkprothesen	Titan, Stahl, Polyeth(yl)en
Knochenfixierungen, Schrauben	Metalle, Polymilchsäure (PLA)
Knochenzement	Polymethylmethacrylat, Calciumphosphat
Blutgefäßprothesen	Teflon, Polyester
Herzklappen	Metalle, Carbonfasern, Polyester
Herzschrittmacher	Titan, Polyurethane
Stent	Metalle, PLA
Katheter	Teflon, Silikone, Polyurethane
Kontaktlinsen	Acrylate, Methacrylate (PMMA, PHEMA), Silikonpolymere
Brustimplantate	Silikone
Bruchsack- oder Hernienverschluss	Silikone, Polyprop(yl)en, Teflon

Chemie

14.2   Metalle und Legierungen

Metalle und Legierungen finden aufgrund ihrer Eigenschaften breite Verwendung. Festigkeit bei gleichzeitiger Formbarkeit, Duktilität (plastische Verformbarkeit), Leitfähigkeit, chemische Stabilität bei edlen Metallen führten schon früh zu einem Einsatz in der Medizin.

Metallische Werkstoffe zeichnen sich strukturell durch die Metallbindung aus (▶ Abschn. 8.2.5). Positiv geladene Atomrümpfe der Metalle befinden sich in einem definierten Kristallgitter und sind von den frei beweglichen Valenzelektronen (Elektronengas) im gesamten Gitter umgeben.

Schmilzt man zwei oder mehr Metalle zusammen, so kann man bei korrekter Wahl der Partner und der verwendeten Mengen eine Legierung erhalten. **Bei einer Legierung werden im Prozess der Zulegierung einzelne Metallatome durch Atome einer anderen Metallsorte ersetzt.** Konzeptionell kann das im Wesentlichen auf zwei Arten erfolgen (◘ Abb. 14.1): in Form eines Mischkristalls oder eines Einlagerungsmischkristalls.

Legierung:
Mischung von Metallen mit ähnlichen Atomradien, Elektronegativität und Gittertyp.

Wichtige Legierungsstrukturtypen: Mischkristall und Einlagerungsmischkristall.

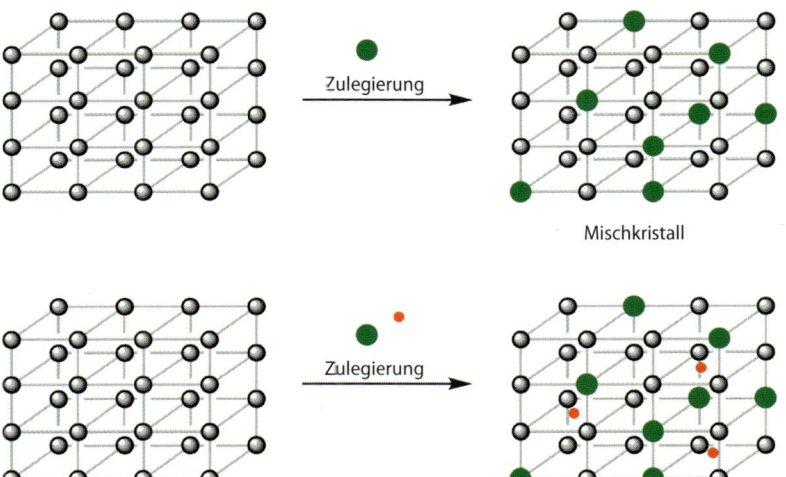

Mischkristall

Einlagerungsmischkristall

◘ **Abb. 14.1** Wichtige Typen von Legierungen

Im **Mischkristall** ersetzt der Legierungspartner Atome direkt auf den Gitterplätzen. Das ist mit einer festen Lösung zu vergleichen. Dies erklärt auch, warum Legierungen zweier Elemente in unterschiedlichsten Zusammensetzungen auftreten können, je nach Anzahl der ersetzten Plätze. Bekanntes Beispiel für eine Mischkristalllegierung ist Bronze, eine Legierung aus Kupfer und Zinn.

Grundvoraussetzung für die Bildung von Mischkristallen sind vergleichbare Eigenschaften der Legierungsbestandteile. Alle Partner sollten das gleiche Kristallgitter ausbilden und die Atomradien sowie die Elektronegativitäten vergleichbar sein.

Die andere Möglichkeit zur Legierungsbildung ergibt sich, wenn ein dritter Legierungspartner sehr klein ist. Dann lassen sich die Atome auch zwischen das Gitter einbauen, es ergibt sich ein **Einlagerungsmischkristall**. Hierbei können auch Nichtmetalle wie C, Si, N eingesetzt werden. Prominentestes Beispiel dafür ist **Stahl**, eine Legierung aus Eisen und Kohlenstoff. Die Kohlenstoffatome sind im Vergleich zum Eisen sehr klein und so kann ein kleiner Prozentsatz (< 2 %) Zwischengitterplätze einnehmen. Dadurch wird das Eisen deutlich härter und

Edelstahlelemente neben Eisen
(übliche Anteile in Gew.%):
– Cr (17–23%),
– Ni (10–15%),
– Mn (2–4%),
– Mo (2–3%).

Zahnamalgam:
50% Hg + 50% Feilungslegierung
= Mischung aus:
– Ag (> 40%),
– Sn (< 32%),
– Cu (< 30%),
– Zn (< 2%),
– Hg (< 3%).

Keramik: Meist spröde Werkstoffe
hoher Festigkeit aus anorganischen
Oxiden, Nitriden oder Carbiden.
Bestandteile von Porzellan:
– Kaolin: $Al_2(OH)_4[Si_2O_5]$,
– Feldspat: $K_2O \times Al_2O_3 \times 6\,SiO_2$,
– Quarz: SiO_2.
Bestandteile von Gläsern:
SiO_2, P_2O_5, CaO, $Ca(PO_3)_2$, CaF_2, MgO,
MgF_2, Na_2O, K_2O, Al_2O_3, B_2O_3, Ta_2O_5,
TiO_2.

Wichtige Biopolymere:
– Proteine,
– DNA/RNA,
– Polysaccharide.

gr. *poly* = viel,
gr. *oligo* = mehrere,
gr. *mono* = einer/s.

Nomenklatur:
Poly (*Name des Monomers*).

korrosionsbeständiger. Neben dem Einbau von Kohlenstoff können aber noch weitere Eisenatome durch andere Metalle ersetzt werden, das führt zu **Edelstahl**, z. B. Chrom-Nickel-Stahl.

14.3 Keramische Materialien

Die Mehrzahl der keramischen Werkstoffe ist nichtmetallisch und besteht üblicherweise aus anorganischen Oxiden, oft aus Oxiden der Elemente Si, Al, Ti, Zr, Mg, Fe: »oxidische Keramiken«. Es gibt aber auch nichtoxidische Keramiken, hier sind vor allem Borcarbid (B_4C), Siliciumnitrid (Si_3N_4) und Bornitrid (BN) zu nennen.

Keramiken sind harte und spröde Materialien. Zur Herstellung werden die Ausgangsmaterialien vermischt, das so erhaltene Pulver wird in eine Form gegeben und dann wird die Keramik bei hoher Temperatur gesintert. Das erhaltene Formstück kann bei Bedarf noch nachgearbeitet werden.

Haupteigenschaften keramischer Werkstoffe sind ihre Stabilität gegenüber Temperatur, Abrieb, Verschleiß oder Korrosion, die Biokompatibilität sowie die hohe Festigkeit bei geringer thermischer Ausdehnung.

Für Oxidkeramiken werden einzelne Oxide, z. B. Silicium- oder Aluminiumoxide, zusammengegeben und gesintert. Ein bekanntes Beispiel ist das von Johann Friedrich Böttger 1708 in Dresden erstmals in Europa hergestellte Porzellan, das aus den Bestandteilen Kaolin, Quarz und Feldspat entsteht.

Erhöht man den Anteil an Quarz (SiO_2), gelangt man schließlich zu Glas, einem amorphen Feststoff, der aus der Schmelze gewonnen wird. Strukturell ist Glas im Gegensatz zur Keramik nicht kristallin, sondern als unterkühlte Flüssigkeit ohne Nahordnung aufzufassen.

14.4 Polymere

Polymer leitet sich von gr. πολύ (*poly*) = viel und μέρος (*méros*) = Teil ab. **Ein Polymer besteht aus vielen gleichartigen Teilen (Monomeren), die zu einem großen (Makro-)Molekül zusammengebaut sind.** Idealerweise wäre dieses Molekül unendlich lang (■ Abb. 14.2), meist sind die Ketten zwar sehr lang, aber nichtsdestotrotz endlich. Neben künstlich hergestellten Polymeren gibt es auch natürliche Polymere. Vertreter hier wären die Proteine, DNA/RNA und die Polysaccharide.

Zudem haben die Moleküle eines Polymers oft unterschiedliche Kettenlängen, es liegt also eine Massenverteilung vor. Massen zwischen 50.000 und 1.000.000 sind durchaus üblich. Hat das Makromolekül weniger als ca. 30 Wiederholungseinheiten, spricht man von einem **Oligomer**.

Polymere erhält man durch Polymerisationsreaktionen (▶ Abschn. 10.1.3). Diese bauen aus mindestens einem Baustein repetitiv das Polymer auf. Der Name des Polymers ergibt sich aus dem Namen des Monomers. Wird z. B. Ethen polymerisiert, erhält man Polyethen (Polyethylen), Styrol ergibt Polystyrol usw.

Es gibt eine ganze Reihe von Reaktionen, die für die Polymerisation eingesetzt werden können. Als Beispiel sei hier die technische Synthese des synthetischen Kautschuks Polyisobuten erläutert (■ Abb. 14.3):

Isobuten (systematisch: 2-Methylpropen) wird mit Bortrifluorid (F_3B) als Lewis-Säure und einem Katalysator umgesetzt. Die Reaktion von Isobuten mit F_3B ergibt in 1. Stufe ein Carbokation (■ Abb. 10.90). Da sich dieses Kation nicht mit einem Anion – in der Reaktionslösung ist kein Anion bzw. nur eine ganz geringe Konzentration vorhanden – im Sinne einer Addition an die Doppelbindung absättigen kann, muss die Reaktion anders weitergehen.

Das Carbokation reagiert mit dem noch reichlich vorhandenen Monomer Isobuten. Es bildet sich ein neues Kation, in dem jetzt schon zwei Moleküle Isobuten eingebaut sind. Hier ein kleiner Rückverweis: Die Addition des Kations an das unsymmetrische Alken gehorcht der Regel von Markownikoff (▶ Abschn. 10.3.3, ◻ Abb. 10.93), die »Aufbaurichtung« des Polymers ist somit klar definiert.

Durch Wiederholen dieser Reaktionsschritte werden sehr viele Alkenmoleküle zu einer makromolekularen Verbindung verknüpft. Ist kein Monomer mehr vorhanden, kann das Wachstum der Polymerkette durch Addition eines Anions A^- oder Abspaltung eines Protons aus der β-Position beendet werden.

Da die Endgruppen des Makromoleküls (z. B. C=C oder C–A) auf die Eigenschaften keinen Einfluss haben, wird die Konstitution eines Polymers durch die Formel der Wiederholungseinheit und den Zusatz »n« angegeben. Für Polyisobuten ergibt das: $-[(CH_2-C(CH_3)_2]_n-$ (◻ Abb. 14.3).

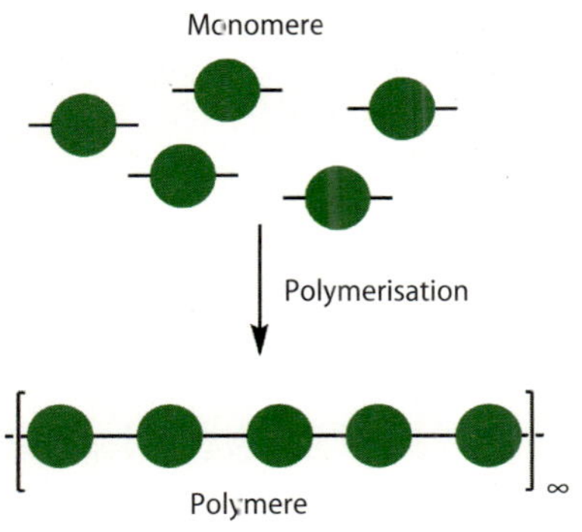

◻ Abb. 14.2 Mono- und Polymere

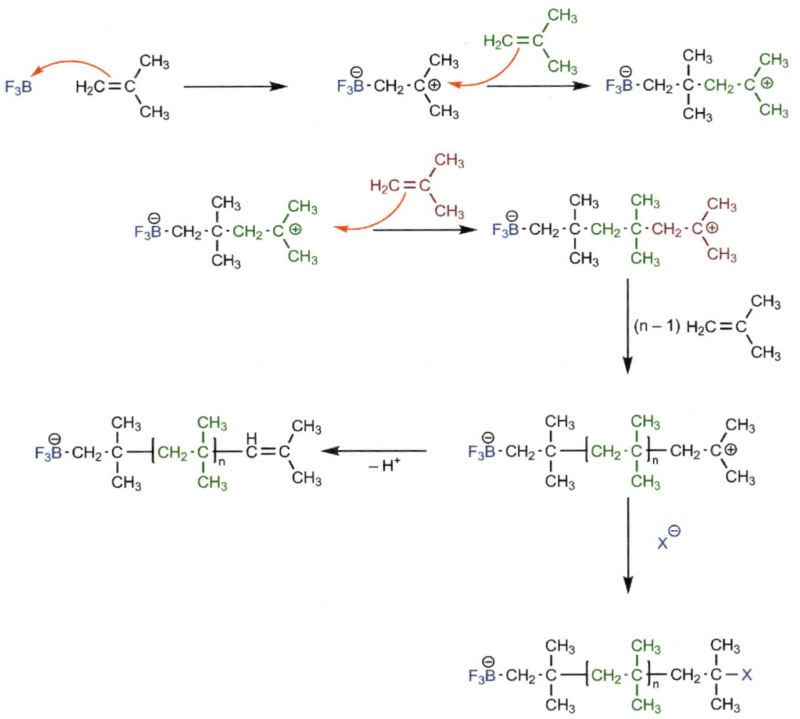

◻ Abb. 14.3 Polymerisation von Isobuten

Es gibt aber auch die Möglichkeit, dass die Polymerisation einfach auf der Stufe der Kationen aufhört. Wird wieder Monomer zugegeben, läuft die Polymerisation weiter. Man nennt dies »**lebende Polymerisation**«.

Aber auch andere Reaktionen können für Polymerisationen eingesetzt werden. Beispiele sind die **Polykondensationen** über Veresterungen oder Säureamidbildung. Zwei Monomere reagieren miteinander und ein kleines Molekül, meist Wasser, wird hierbei abgespalten. Erfolgt die Reaktion zweier Monomere, ohne dass ein solcher kleiner Baustein eliminiert wird, sprich man von einer **Polyaddition** (◻ Abb. 14.4).

Lebende Polymerisation: Polymerisationsreaktion kann durch Zugabe von neuem Monomer wieder gestartet werden.

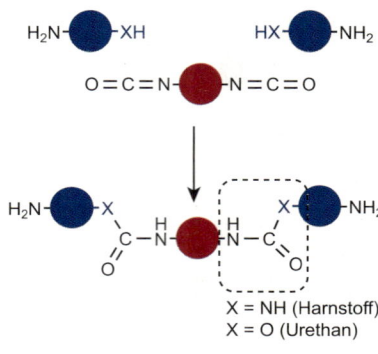

Abb. 14.4 Polyaddition von Harnstoff zu Polyharnstoff bzw. Urethan zu Polyurethan (die farbigen Kugeln stehen für beliebige organische Reste)

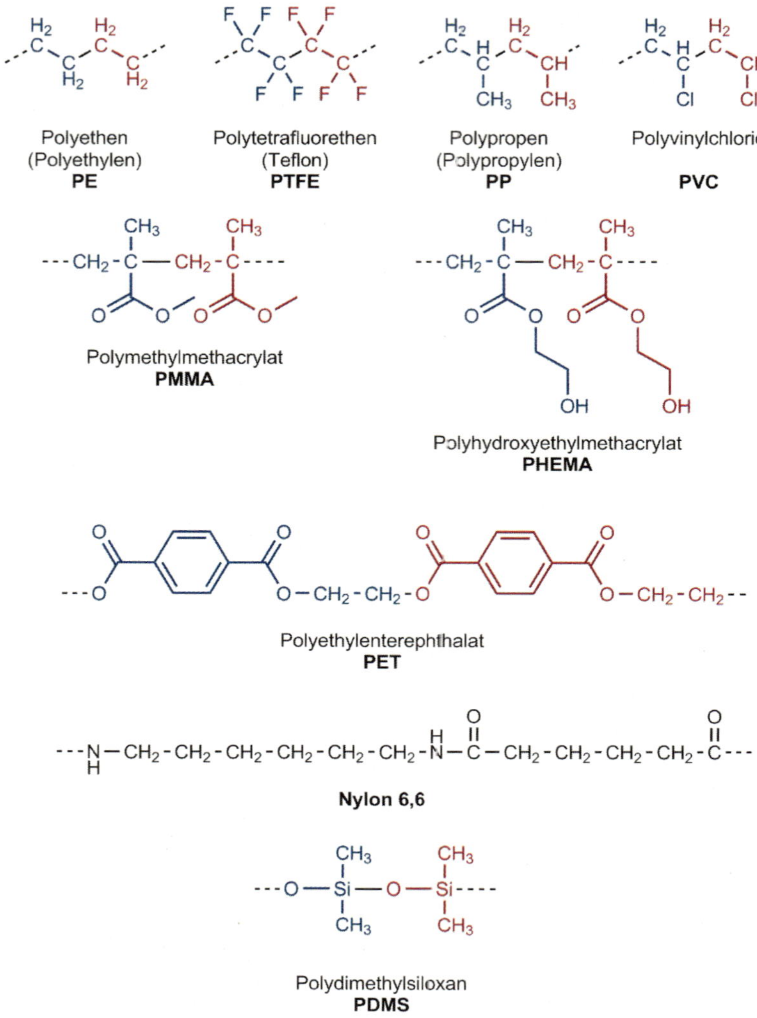

Polyethen
(Polyethylen)
PE

Polytetrafluorethen
(Teflon)
PTFE

Polypropen
(Polypropylen)
PP

Polyvinylchlorid
PVC

Polymethylmethacrylat
PMMA

Polyhydroxyethylmethacrylat
PHEMA

Polyethylenterephthalat
PET

Nylon 6,6

Polydimethylsiloxan
PDMS

Abb. 14.5 Strukturelemente wichtiger Polymere

Abb. 14.5 zeigt eine Reihe von Strukturausschnitten aus medizinisch wichtigen Polymeren.

Die Materialeigenschaften eines Polymers werden nicht nur durch die Wahl des Monomers bestimmt. Auch die räumliche Anordnung der Makromoleküle, lineare oder verzweigte Ketten, die durchschnittliche Länge der Makromoleküle etc. können gezielt eingesetzt werden, um bestimmte Eigenschaften zu erreichen. Das gleiche Polymer mit im Durchschnitt kürzeren Ketten ist z. B. weicher als ein ansonsten identisches mit längeren Ketten. Entsprechend den Materialeigenschaften lassen sich einteilen:

— Duroplaste (hart),
— Elastomere (formstabil und elastisch),
— Thermoplaste (hart, beim Erwärmen verformbar).

Klebeverbände

Polymere werden in der Medizin für den Wundverschluss eingesetzt. Hierzu wird eine Monomerlösung auf einen Hautschnitt aufgetragen und bildet dort durch schnelle Polymerisation einen hochviskosen Film aus, der die Wunde verschließt. So werden die Wundränder durch das Polymer fixiert und eine Barriere gegen Infektionen wird geschaffen. Für diesen Zweck geeignete Monomere sind z. B. n-Butylcyanoacrylat und 2-Octylcyanoacrylat (Dermabond®, Nexaband®; ◘ Abb. 14.6).

Nach der Wundreinigung wird das Monomer dünn auf die zusammengehaltene Wunde aufgetragen. Nach ca. 1 min hat sich bereits ein Polymerfilm ausgebildet, der seine endgültige Stabilität nach ca. 2½ min erreicht. Durch den transparenten Film lässt sich die Wundheilung gut verfolgen. Das Entfernen von Fäden wie bei der traditionellen Nahttechnik entfällt.

Acrylate und Cyanacrylate sind Hauptbestandteile handelsüblicher Kleber, wie sie tagtäglich eingesetzt werden. Cyanacrylate werden wegen ihrer erhöhten Reaktivität bei der Polymerisation in »Sekundenklebern« eingesetzt. Eine typische Kleberrezeptur sieht so aus:

- Monomere: 55% (davon 96% Butylacrylat, 4% Acrylsäure);
- Lösungsmittel: 45% Aceton;
- Initiator: 0,1% Dibenzoylperoxid.

Kontaktlinsen

Moderne Kontaktlinsen sind ohne Acrylate nicht mehr vorstellbar. Die 1. Generation dieser Sehhilfen, entwickelt 1888, war aus Glas und sehr unbequem zu tragen. Deshalb wurde schon vor über 50 Jahren der Kunststoff PMMA (◘ Abb. 14.5) als Ersatz für Glas gefunden. Heutzutage kommt in den modernen weichen Kontaktlinsen PHEMA (◘ Abb. 14.5) zum Einsatz. Die Hydroxylgruppen in den Seitenketten des Polymers machen die Oberfläche hydrophil, bis zu 40 Gew.% Wasser können so absorbiert werden. Dadurch wird die Linse sehr weich und anschmiegsam, was den Tragekomfort deutlich erhöht. Die Kombination von PHEMA mit anderen Monomeren führt zu besserer Sauerstoffpermeabilität.

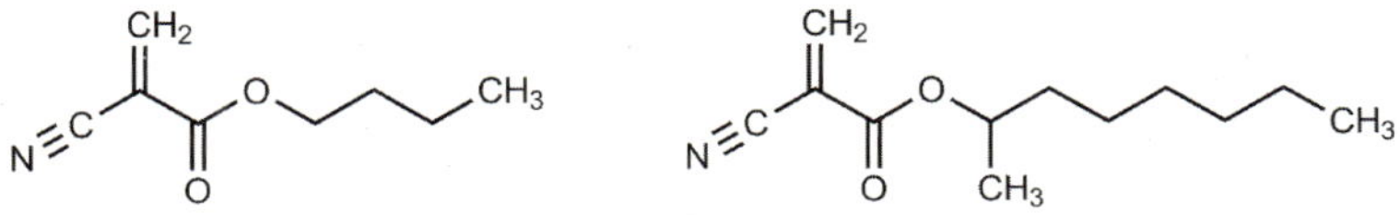

◘ **Abb. 14.6** Cyanoacrylate als Monomere für polymere Wundverschlüsse

Durch den Einsatz verschiedener Monomere erhält man besondere Formen von Polymeren (◘ Abb. 14.7 *oben*):

- Verwendet man nur ein Monomer, ergibt sich ein sog. **Homopolymer**.
- Bei zwei (oder mehr) Monomeren, kann auch die Reihenfolge dieser Bausteine im **Copolymer** eine Rolle spielen. So kann die Abfolge regellos sein (statistisch), abwechselnd (alternierend) oder es können größere Kompartimente aus einem Monomer aneinander gehängt sein (**Blockcopolymer**).
- Technisch ist es auch möglich, auf eine bereits vorhandene Polymerkette eine andere auswachsen zu lassen, es ergibt sich ein **Propfcopolymer**.

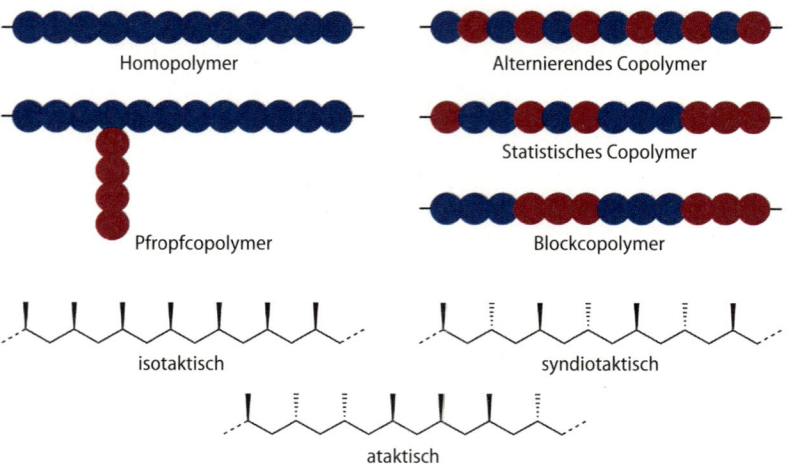

◻ Abb. 14.7 Polymertypen und dreidimensionale Strukturen von Polymeren

In einem Polymer aus einem monosubstituierten Ethen können im festen Zustand bei einer Zickzackanordnung der C-Kette die Substituenten räumlich regulär oder statistisch angeordnet sein. Man spricht von der **Taktizität** eines Polymers (◻ Abb. 14.7 *unten*):

- Bei **isotaktischen** Polymeren stehen alle Substituenten auf einer Seite des Polymerrückgrats,
- bei **syndiotaktischen** alternierend auf beiden Seiten und
- bei **ataktischen** Polymeren unregelmäßig auf beiden Seiten.

Isotaktische und syndiotaktische Polymere kristallisieren besser als ataktische Polymere; erstere haben zum Teil wesentlich höhere Erweichungstemperaturen und für viele Anwendungen bessere Eigenschaften.

In der modernen technischen Synthese von Polymeren ist es möglich, die Parameter gezielt einzustellen. So kann die durchschnittliche Kettenlänge, Taktizität, Abfolge verschiedener Monomere etc. gesteuert und so die Materialeigenschaften maßgeschneidert werden.

Taktizität:
Anordnung der Substituenten entlang der Polymerkette;
– isotaktisch,
– syndiotaktisch,
– ataktisch.

Kurz & knapp

- Wichtige Materialklassen: Metalle, Legierungen, Keramik und Polymere.
- Legierungen bestehen aus unterschiedlichen Metallen, zwei wichtige Grundtypen sind Mischkristall und Einlagerungsmischkristall.
- Keramik = meist oxidischer Werkstoff, hart und spröde.
- Polymer: wird aus Monomeren durch Polymerisation aufgebaut.
- Polymerisationsreaktionen: radikalische oder kationische Polymerisation, Polyaddition, Polykondensation.
- Typen von Polymeren: Homo-, Co-, Blockco-, Pfropfcopolymer.
- Eigenschaften polymerer Werkstoffe bestimmt durch: Wahl des Monomers bzw. der Monomere, durchschnittliche Länge der Polymerketten, Taktizität.

Chemie

14.4.1 Übungsaufgaben

Aufgabe 1: Ergibt Kupfer und Zink eine stabile Legierung? Begründen Sie Ihre Antwort kurz (Atomradien: Cu: 135 pm, Zn 142 pm).

Aufgabe 1

Lösung 1: Ja! Kupfer und Zink ergeben Messing als Legierung. Beide Elemente haben ähnliche Atomradien sowie – wie aus der Stellung im PSE erwartet – vergleichbare Elektronegativitäten. Damit sind die Grundvoraussetzungen gegeben.

Alles klar?

Silikone und ihr Einsatz in Brustimplantaten

Silikone oder genauer **Poly(organo)siloxane** sind anorganisch/organische Polymere, die statt des sonst üblichen Kohlenstoffrückgrats durch ein Si-O-Rückgrat charakterisiert sind. Die Vierbindigkeit des Siliciums wird durch organische Reste, meist Methylgruppen, gewährleistet. Für die möglichen Bestandteile eines Polysiloxans haben sich die Kurzbezeichnungen M, D, T und Q eingebürgert (■ Abb. 14.8), je nach Anzahl der organischen Reste:

- M stellt das Ende einer Kette dar, die durch wiederholte D-Fragmente gebildet wird.
- T und Q führen zu Verzweigungen im Polymer.

Die Kürzel können auch zur allgemeinen Benennung der unterschiedlichen Polymere benutzt werden (■ Abb. 14.8). Verzweigte Polysiloxane können so durch die allgemeine Struktur $M_nD_mT_n$ beschrieben werden, Q_n entspricht Quarzglas.

Zur Synthese geht man von verschiedenen Chlormethylsilanen aus, die mit Wasser zu den Silanolen, Si-Analogen der Alkohole, hydrolysiert werden. Diese kondensieren dann bei erhöhter Temperatur zu den Polysiloxanen. Diese Synthesesequenz ist vergleichbar mit der Bildung organischer Ether (■ Abb. 10.48).

Poly(dimethylsiloxan) **MD_nM** (■ Abb. 14.8 *Mitte links*) selbst ist unter dem Handelsnamen Dimeticon® bekannt, eine Arznei, die wegen ihrer entschäumenden Wirkung bei Blähungen oder Tensidvergiftungen gegeben wird.

Die Silikone können nach ihren Anwendungen eingeteilt werden in Öle, Fette, Harze und Kautschuke. Öle/Fette finden als Schmiermittel und Salbengrundlage in der Medizin oder zur Stabilisierung von Frisuren Verwendung. Höher vernetzte Silikone, die neben den Methylgruppen auch Phenylringe tragen können, sind stabile Stoffe. Diese haben eine gute Dauerwärmestabilität und werden deshalb auch als Backformen verwendet.

Aber zurück zu den Brustimplantaten, die seit ca. 50 Jahren, inzwischen in der 5. Generation, zum Einsatz kommen: Hier spielt nicht nur das Material selbst, sondern auch die Verarbeitung eine große Rolle. So wird elastisches Gel in eine Hülle gepackt, deren Oberfläche so gestaltet sein muss, dass sie sich gut mit dem umliegenden natürlichen Gewebe verträgt. Ist dies nicht gewährleistet, kann eine Fibrose auftreten. Außerdem muss die Hülle so stabil sein, dass sie nicht reißt und das Füllsilikon austritt. Eine Erhebung im Rahmen der kürzlich aufgetretenen Fälle, bei denen ungeeignete Implantate benutzt wurden, hat bei knapp 8% der Implantate Risse ergeben, durch welche die Füllung in das umgebende Gewebe ausgelaufen ist. Hier hilft nur: schnell raus mit dem Implantat.

■ **Abb. 14.8** Silikone: Grundbausteine und Verknüpfungsmöglichkeiten

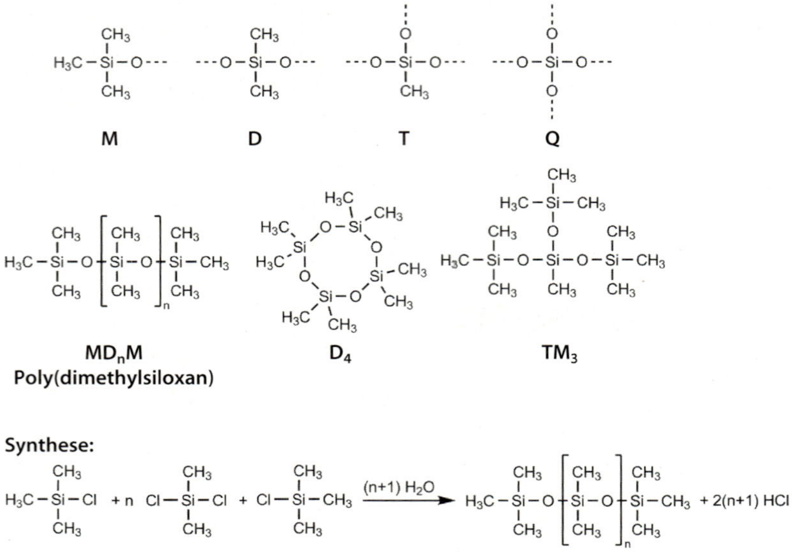

$$
\begin{array}{cccc}
\underset{\substack{|\\CH_3}}{\overset{\substack{CH_3\\|}}{H_3C-Si-O\cdots}} &
\cdots O-\underset{\substack{|\\CH_3}}{\overset{\substack{CH_3\\|}}{Si}}-O\cdots &
\cdots O-\underset{\substack{|\\CH_3}}{\overset{\substack{O\\|}}{Si}}-O\cdots &
\cdots O-\underset{\substack{|\\O}}{\overset{\substack{O\\|}}{Si}}-O\cdots \\
\\
\mathbf{M} & \mathbf{D} & \mathbf{T} & \mathbf{Q}
\end{array}
$$

MD$_n$M
Poly(dimethylsiloxan)   **D$_4$**   **TM$_3$**

Synthese:

$$
\underset{\substack{|\\CH_3}}{\overset{\substack{CH_3\\|}}{H_3C-Si-Cl}} + n\ \underset{\substack{|\\CH_3}}{\overset{\substack{CH_3\\|}}{Cl-Si-Cl}} + \underset{\substack{|\\CH_3}}{\overset{\substack{CH_3\\|}}{Cl-Si-CH_3}} \xrightarrow{(n+1)\ H_2O} \underset{\substack{|\\CH_3}}{\overset{\substack{CH_3\\|}}{H_3C-Si-O}}\left[\underset{\substack{|\\CH_3}}{\overset{\substack{CH_3\\|}}{Si-O}}\right]_n \underset{\substack{|\\CH_3}}{\overset{\substack{CH_3\\|}}{Si-CH_3}} + 2(n+1)\ HCl
$$

Chemie

Anhang

J. Schatz, R. Tammer (Hrsg.), Erste Hilfe – Chemie und Physik für Mediziner,
DOI 10.1007/978-3-662-44111-4, © Springer-Verlag Berlin Heidelberg 2015

A1   Formelsammlung und wichtige Tabellen

A1.1   Mathematik – Kurzübersicht

Gleichungen
- Lösung von Gleichungen durch Äquivalenzumformungen
- Quadratische Gleichung: $a \cdot x^2 + b \cdot x + c = 0$
  - Diskrimante $D = b^2 - 4ac$
  - $D < 0$; keine reelle Lösung
  - $D \geq 0$; Lösung mit Mitternachtsformel:

$$x_{1,2} = \frac{-b \pm \sqrt{b^2 - 4ac}}{2a}$$

Vektoren
- Komponentendarstellung: $\vec{a} = \begin{pmatrix} a_1 \\ a_2 \\ a_3 \end{pmatrix}$.

- Betrag oder Länge eines Vektors: $|\vec{a}| = \sqrt{a_1^2 + a_2^2 + a_3^2}$.

- Vektoraddition: $\vec{a} + \vec{b} = \begin{pmatrix} a_1 + b_1 \\ a_2 + b_2 \\ a_3 + b_3 \end{pmatrix}$.

- Vektormultiplikation:
  - Skalarprodukt:
    $$\vec{a} \cdot \vec{b} = a_1 \cdot b_1 + a_2 \cdot b_2 + a_3 \cdot b_3.$$
    $$\vec{a} \cdot \vec{b} = 0 \Leftrightarrow \vec{a} \perp \vec{b}.$$
  - Vektorprodukt:
    $$\vec{a} \times \vec{b} = \vec{c} = \begin{pmatrix} a_2 \cdot b_3 - a_3 \cdot b_2 \\ a_3 \cdot b_1 - a_1 \cdot b_3 \\ a_1 \cdot b_2 - a_2 \cdot b_1 \end{pmatrix}$$
    $$\vec{c} \perp \vec{a} \text{ und } \vec{c} \perp \vec{b}.$$

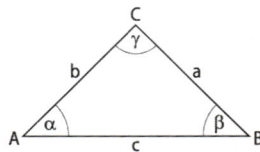

⊡ **Abb. A.1** Trigonometrie im rechtwinkligen Dreieck $\gamma = 90°$

Sinus: $\sin\alpha = \dfrac{\text{Gegenkathete von } \alpha}{\text{Hypotenuse}} = \dfrac{a}{c}$.

Cosinus: $\cos\alpha = \dfrac{\text{Ankathete von } \alpha}{\text{Hypotenuse}} = \dfrac{b}{c}$.

Tangens: $\tan\alpha = \dfrac{\text{Gegenkathete von } \alpha}{\text{Ankathete von } \alpha} = \dfrac{a}{b} = \dfrac{\sin\alpha}{\cos\alpha}$.

Pythagoras: $a^2 + b^2 = c^2$.

Potenzen
- Definitionen:
  $$a^n = a \cdot a \cdot a \cdot \ldots \cdot a \quad (\text{n-mal})$$
  $$a^0 = 1$$
  $$a^1 = a$$

- Rechenregeln:
  $$a^m \cdot a^n = a^{m+n}$$
  $$\frac{a^m}{a^n} = a^{m-n}$$
  $$a^n \cdot b^n = (a \cdot b)^n$$
  $$\frac{a^m}{b^m} = \left(\frac{a}{b}\right)^m$$
  $$a^{-m} = \frac{1}{a^m}$$
  $$\left(a^m\right)^n = a^{m \cdot n}$$
  $$a^{\frac{1}{m}} = \sqrt[m]{a}$$
  $$a^{\frac{m}{n}} = \sqrt[n]{a^m}$$

Logarithmus

$$b = a^c \rightarrow c = \log_a(b)$$

- Rechenregeln:
  $$\log_a(u \cdot v) = \log_a(u) + \log_a(v)$$
  $$\log_a\left(\frac{u}{v}\right) = \log_a(u) - \log_a(v)$$
  $$\log_a(u^n) = n \cdot \log_a(u)$$

- Spezielle Basen:
  $$a = 2 \;\Rightarrow\; \text{ld} \quad \text{dyadischer Logarithmus}$$
  $$a = 10 \;\Rightarrow\; \text{lg} \quad \text{dekadischer Logarithmus}$$
  $$a = e \;\Rightarrow\; \ln \quad \text{natürlicher Logarithmus}$$

Exponentialfunktion und ihre Umkehrfunktion
- Zur Basis e: $y = e^x$
- Umkehrfunktion: $y = \ln x$

Differenzialrechnung
- Mittlere Steigung zwischen zwei Punkten:
  $$m = \frac{\left(f(x_2) - f(x_1)\right)}{x_2 - x_1}$$

- Steigung im Punkt x:
  $$f'(x) = \lim_{\Delta x \to 0}\left(\frac{\left(f(x+\Delta x) - f(x)\right)}{\Delta x}\right)$$

Messen und Messunsicherheit – Statistik

- Mittelwert: $\overline{x} = \dfrac{1}{n}\sum\limits_{i=1}^{n} x_i$

- Standardabweichung: $s_x = \sqrt{\dfrac{\sum\limits_{i=1}^{n}\left(x_i - \overline{x}\right)^2}{n-1}}$

  –relative Standardabweichung: $f_x = \dfrac{s_x}{\overline{x}} \cdot 100\%$

- Messunsicherheit: $u_x = \dfrac{s_x}{n}$

  –relative Messunsicherheit: $\varepsilon_x = \dfrac{u_x}{\overline{x}} \cdot 100\%$

A1.2 Physik

- ### Tabellen in der Physik

Tab. A.1 Griechisches Alphabet

Symbol		Name	Symbol		Name
A	α	Alpha	N	ν	Ny
B	β	Beta	Ξ	ξ	Xi
Γ	γ	Gamma	O	o	Omikron
Δ	δ	Delta	Π	π	Pi
E	ε	Epsilon	P	ρ	Rho
Z	ζ	Zeta	Σ	σ	Sigma
H	η	Eta	T	τ	Tau
Θ	θ	Theta	Y	υ	Ypsilon
I	ι	Iota	Φ	ϕ	Phi
K	κ	Kappa	X	χ	Chi
Λ	λ	Lambda	Ψ	ψ	Psi
M	μ	My	Ω	ω	Omega

Tab. A.2 Basiseinheiten des SI-Systems

Physikalische Größe	Symbol	SI-Einheit	Definition
Länge l	m	Meter	Strecke, die Licht im Vakuum in 1/299.792.458 s zurücklegt
Masse m	kg	Kilogramm	Standard-Kilogramm (Urkilogramm) aus Platin (Pt) und Iridium (Ir); aufbewahrt in Paris
Zeit t	s	Sekunde	9.192.631.770 Perioden eines bestimmten Strahlungsübergangs von ^{133}Cs (Cäsium- oder Atomuhr)
Elektrische Stromstärke I	A	Ampere	Definiert über die Kraftwirkung zwischen zwei parallelen, von 1 Ampere durchflossenen Leitern
Thermodynamische Temperatur T	K	Kelvin	1/273,16-ter Teil der Temperatur des Tripelpunkts von Wasser
Substanzmenge n	mol	Mol	Anzahl von Atomen in 12 g ^{12}C-Kohlenstoff (Avogadro-Konstante: $N_A = 6{,}022\ldots \cdot 10^{23}\ \text{mol}^{-1}$)
Lichtstärke I_v	cd	Candela	Definiert über die von einer speziellen Lichtquelle in einem bestimmten Raumwinkel abgestrahlte Leistung

◻ **Tab. A.3** Abgeleitete Einheiten im SI-System

Physikalische Größe	Symbol	Einheit	Name der Einheit	In SI-Einheiten
Frequenz	f, v	Hz	Hertz	Hz = 1/s
Kraft	F	N	Newton	$N = m\ kg/s^2$
Druck, mechan. Spannung	p, σ	Pa	Pascal	$Pa = N/m^2 = kg/(m\ s^2)$
Energie, Arbeit, Wärmemenge	E, A, Q	J	Joule	$J = N\ m = m^2\ kg/s^2$
Leistung	P	W	Watt	$W = J/s = m^2\ kg/s^3$
Elektrische Ladung	q	C	Coulomb	$C = A\ s$
Elektrische Spannung	U	V	Volt	$V = W/A = m^2\ kg/(s^3\ A)$
Kapazität	C	F	Farad	$F = C/V = s^4\ A^2/(m^2\ kg)$
Elektrischer Widerstand	R	Ω	Ohm	$\Omega = V/A = m^2\ kg/(s^3\ A^2)$
Elektrischer Leitwert	G	S	Siemens	$S = A/V = s^3\ A^2/(m^2\ kg)$
Magnetischer Fluss	Φ	Wb	Weber	$Wb = V\ s = m^2\ kg/(s^2\ A)$
Magnetische Induktion	B	T	Tesla	$T = Wb/m^2 = kg/(s^2\ A)$
Induktivität	L	H	Henry	$H = Wb/A = m^2\ kg/(s^2\ A^2)$
Lichtstrom	Φ	lm	Lumen	$lm = cd\ sr$
Beleuchtungsstärke	E	lx	Lux	$lx = lm/m^2 = cd\ sr/m^2$
Radioaktivität	A	Bq	Becquerel	$Bq = 1/s$
Absorbierte (Strahlenenergie-) Dosis	D	Gy	Gray	$Gy = J/kg = m^2/s^2$
Dynamische Viskosität	η	Pa s	Pascalsekunde	$Pa\ s = kg/(m\ s)$
Drehmoment	M, τ	N m	Newtonmeter	$N\ m = m^2\ kg/s^2$
Oberflächenspannung	σ	N/m	Newton pro Meter	$N/m = kg/s^2$
Wärmeflussdichte	j	W/m^2	Watt pro m^2	$W/m^2 = kg/s^3$
Wärmekapazität, Entropie	C, S	J/K	Joule pro Kelvin	$J/K = m^2\ kg/(s^2\ K)$
Spezifische Wärmekapazität	c_m	J/(kg K)	Joule pro Kilogramm und Kelvin	$J/(kg\ K) = m^2/(s^2\ K)$
Spezifische Energie		J/kg	Joule pro Kilogramm	$J/kg = m^2/s^2$
Thermische Leitfähigkeit	λ	W/(m K)	Watt pro Meter Kelvin	$W/(m\ K) = m\ kg/(s^3\ K)$
Energiedichte	ω	J/m^3	Joule pro m^3	$J/m^3 = kg/(m\ s^2)$
Elektrische Feldstärke	E	V/m	Volt pro Meter	$V/m = m\ kg/(s^3\ A)$
Elektrische Ladungsdichte	ρ	C/m^3	Coulomb pro m^3	$C/m^3 = A\ s/m^3$
Elektrische Flussdichte	D	C/m^2	Coulomb pro m^2	$C/m^2 = A\ s/m^2$
Influenz		F/m	Farad pro Meter	$F/m = s^4\ A^2/(m^3\ kg)$
Permeabilität	μ	H/m	Henry pro Meter	$H/m = m\ kg/(s^2\ A^2)$
Molare Energie	G_m	J/mol	Joule pro Mol	$J/mol = m^2\ kg/(s^2\ mol)$
Molare Entropie, molare Wärme-kapazität		J/(mol K)	Joule pro Mol Kelvin	$J/(mol\ K) = m^2\ kg/(s^2\ K\ mol)$
Ionendosis	J	C/kg	Coulomb pro Kilogramm	$C/kg = A\ s/kg$
Absorbierte Dosisrate	Ḋ	Gy/s	Gray pro Sekunde	$Gy/s = m^2/s^3$

Die wichtigsten Formeln in der Physik
Mechanik

Gleichförmige Bewegung:

- Durchschnittsgeschwindigkeit: $v = \dfrac{\Delta s}{\Delta t}$

- Zurückgelegter Weg: $s = s_0 + v_0 \cdot t$

Gleichmäßig beschleunigte Bewegung:

- Beschleunigung: $a = \dfrac{\Delta v}{\Delta t}$

- Momentangeschwindigkeit: $v = v_0 + a \cdot t$

- Zurückgelegter Weg: $s = s_0 + v \cdot t + \dfrac{1}{2} \cdot a \cdot t^2$

Grundgesetz der Mechanik (2. Newton'sches Axiom):
$\vec{F} = m \cdot \vec{a}$

Gravitationsgesetz – Anziehung zweier Massen:

$F = G \cdot \dfrac{m_1 \cdot m_2}{r^2}$

Auftriebskraft: $F_A = V_{verdrängt} \cdot \rho_{Flüssigkeit} \cdot g$

Federkraft (Hooke'scher Bereich): $F = D \cdot s$

Drehmoment: $\vec{M} = \vec{F} \cdot \vec{a}; \quad |\vec{M}| = |\vec{F}| \cdot |\vec{a}| \cdot \sin\alpha$

Drehmomentengleichgewicht: $\vec{M}_{links} = \vec{M}_{rechts}$

Periodische Bewegungen mit der Frequenz ν:

- Periodendauer: $T = \dfrac{1}{\nu}$

- Kreisfrequenz: $\omega = 2\pi \cdot \nu$

Kreisbewegung:
- Bahngeschwindigkeit: $v = r \cdot \omega$
- Zentripetalbeschleunigung: $a_z = v^2 / r$
- Zentripetalkraft: $F_z = m \cdot a_z$

Reibungskräfte:
(F_N = Normalkraft = Komponente der Gewichtskraft senkrecht zur Unterlage)
- Haftreibung: $F_H = F_N \cdot \mu_H$
- Gleitreibung: $F_G = F_N \cdot \mu_G$
- Rollreibung: $F_R = F_N \cdot \mu_R$

Arbeit: $W = \int\limits_{s_1}^{s_2} F_\| \cdot ds$

Leistung: $P = \dfrac{W}{t}$

Wirkungsgrad: $\eta = \dfrac{\text{Nutzbare Energie}}{\text{Zugeführte Energie}}$

Elastizität:

- Dehnung: $\varepsilon = \dfrac{\Delta l}{l_0}$

- Spannung: $\sigma = \dfrac{F}{A}$

- Elastizitätsmodul: $\sigma = E \cdot \varepsilon$

- Druck: $p = \dfrac{F}{A}$

- Schweredruck: $p_s = \rho \cdot g \cdot h$

- Dichte: $\rho = \dfrac{m}{v}$
- Viskosität: η

Reynolds-Zahl: $Re = \dfrac{\rho \cdot v \cdot l_{charakteristisch}}{\eta}$

Stokes'sche Reibung (Kugel mit Radius r): $F_R = 6\pi \cdot \eta \cdot v \cdot r$

Kontinuitätsgleichung: $A_1 \cdot v_1 = A_2 \cdot v_2$

Hagen-Poiseuille: $I = \dfrac{\Delta V}{\Delta t} = \dfrac{\pi \cdot r^4}{8 \cdot \eta \cdot l} \cdot \Delta p = \dfrac{1}{R} \cdot \Delta p$

Bernoulli: $\dfrac{1}{2}\rho \cdot v^2 + p = p_{Gesamt}$

Wärmelehre

Temperatur-Umrechnung
$(K \leftrightarrow {}^\circ C)$: $T_{in K} = T_{in {}^\circ C} + 273{,}15$

Lineare Ausdehnung: $\Delta l = l_0 \cdot (1 + \alpha \cdot \Delta T)$

Volumenausdehnung: $\Delta V = V_0 \cdot (1 + \gamma \cdot \Delta T)$

Wärmekapazität: $C = \dfrac{\Delta Q}{\Delta T}$

Spezifische Wärme: $c_m = \dfrac{C}{m}$

Molwärme: $c_n = \dfrac{C}{n}$

Gaszustand (ideales Gas): $p \cdot V = n \cdot R \cdot T$

Partialdruck: $p_i \cdot V = n_i \cdot R \cdot T$

Dalton – Gesamtdruck für n Gase: $p_{Gesamt} = p_1 + p_2 + ... + p_n$

Henry-Dalton-Gesetz: $c_{Gas\,in\,Flüssigkeit} = \dfrac{\alpha}{R \cdot T} \cdot p_{Gasphase}$

Umwandlungswärmen (s = spezifische Wärme): $E = s \cdot m$

Wärmeleitung: $j_Q = \dfrac{I}{A} = -\lambda \cdot \dfrac{\Delta T}{\Delta x}$

Wärmestrahlung (abgestrahlte Leistung): $P = \varepsilon \cdot \sigma \cdot A \cdot T^4$

Diffusion: $j = \dfrac{I}{A} = -D \cdot \dfrac{\Delta c}{\Delta x}$

Osmose: $\Delta\pi = \dfrac{n}{V} \cdot R \cdot T$

Gefrierpunkterniedrigung (b = Molalität): $\Delta T_G = E_G \cdot b$

Siedepunkterhöhung: $\Delta T_S = E_S \cdot b$

■■ Elektrizität

Coulomb-Gesetz – Kraft zwischen Ladungen:

$$F = \dfrac{1}{4\pi \cdot \varepsilon_0} \cdot \dfrac{q_1 \cdot q_2}{r^2}$$

Elektrische Feldstärke: $\vec{E} = \dfrac{\vec{F}}{q}$

Kondensatorkapazität: $C = \dfrac{Q}{U}$

Plattenkondensator: $C = \varepsilon \cdot \varepsilon_0 \cdot \dfrac{A}{d}$

Parallelschaltung von Kondensatoren: $C_{Gesamt} = C_1 + C_2$

Energieinhalt: $E = \dfrac{1}{2} \cdot C \cdot U^2$

Elektrische Stromstärke: $I = \dfrac{\Delta Q}{\Delta t}$

Ohm'sches Gesetz (Widerstand R): $I = \dfrac{1}{R} \cdot U$

Leitwert: $G = \dfrac{1}{R}$

Stromleistung: $P = U \cdot I$

Knotenregel: $\sum\limits_{i=1}^{n} I_i = 0$

Maschenregel: $\sum\limits_{i=1}^{n} U_i = 0$

Parallelschaltung von Widerständen: $\dfrac{1}{R_{Gesamt}} = \dfrac{1}{R_1} + \dfrac{1}{R_2}$

Reihenschaltung von Widerständen: $R_{Gesamt} = R_1 + R_2$

Elektrolytische Stromleitung:
- Spezifische Leitfähigkeit der i-ten Komponente:
  $\sigma_i = \sigma_i^0 \cdot c_i$
- Gesamtleitfähigkeit von n Komponenten:
  $\sigma_{Gesamt} = \sum\limits_{i=1}^{n} \sigma_i$

Wechselspannung: $u(t) = u_{max} \cdot \sin(\omega \cdot t)$

Wechselstrom: $i(t) = i_{max} \cdot \sin(\omega \cdot t + \varphi)$

Effektivspannung und Effektivstrom:

$$u_{eff} = \dfrac{u_{max}}{\sqrt{2}}; \quad i_{eff} = \dfrac{i_{max}}{\sqrt{2}}$$

Wirkleistung: $P_{wirk} = u_{eff} \cdot i_{eff} \cdot \cos\varphi$

■■ Optik

Lichtausbreitung: $c = \lambda \cdot \nu$

Photonenenergie: $E = h \cdot \nu$

Brechungsgesetz (Snellius): $\dfrac{\sin\alpha_1}{\sin\alpha_2} = \dfrac{n_2}{n_1}$

Brechkraft (Brennweite f in m!): $D = \dfrac{1}{f}$

Linsengleichung: $\dfrac{1}{f} = \dfrac{1}{g} + \dfrac{1}{b}$

Abbildungsmaßstab: $\beta = \dfrac{b}{g} = \dfrac{B}{G}$

Linsensystem (Abstand d mit Brechungsindex n):

$$D_{Ges} = D_1 + D_2 - \dfrac{d}{n} \cdot D_1 \cdot D_2$$

Vergrößerung Lupe: $v = \dfrac{s_0}{f}$

Vergrößerung Mikroskop: $v = v_{Obj} \cdot v_{Ok} = \dfrac{s_0 \cdot t}{f_1 \cdot f_2}$

Absorption (Intensität): $I = I_0 \cdot e^{-k \cdot c}$

Transmission: $T = \dfrac{I}{I_0}$

■■ Ionisierende Strahlung

Zerfallsgesetz:

- Teilchenzahl: $N(T) = N_0 \cdot e^{-\lambda \cdot t}$

- Aktivität: $A = \lambda \cdot N$; $A(t) = A_0 \cdot e^{-\lambda \cdot t}$

Halbwertszeit: $T_{1/2} = \dfrac{\ln 2}{\lambda}$

Strahlungsabsorption (Intensität): $I = I_0 \cdot e^{-\mu \cdot x}$

Halbwertsdicke: $d_{1/2} = \dfrac{\ln 2}{\mu}$

A1.3 Chemie

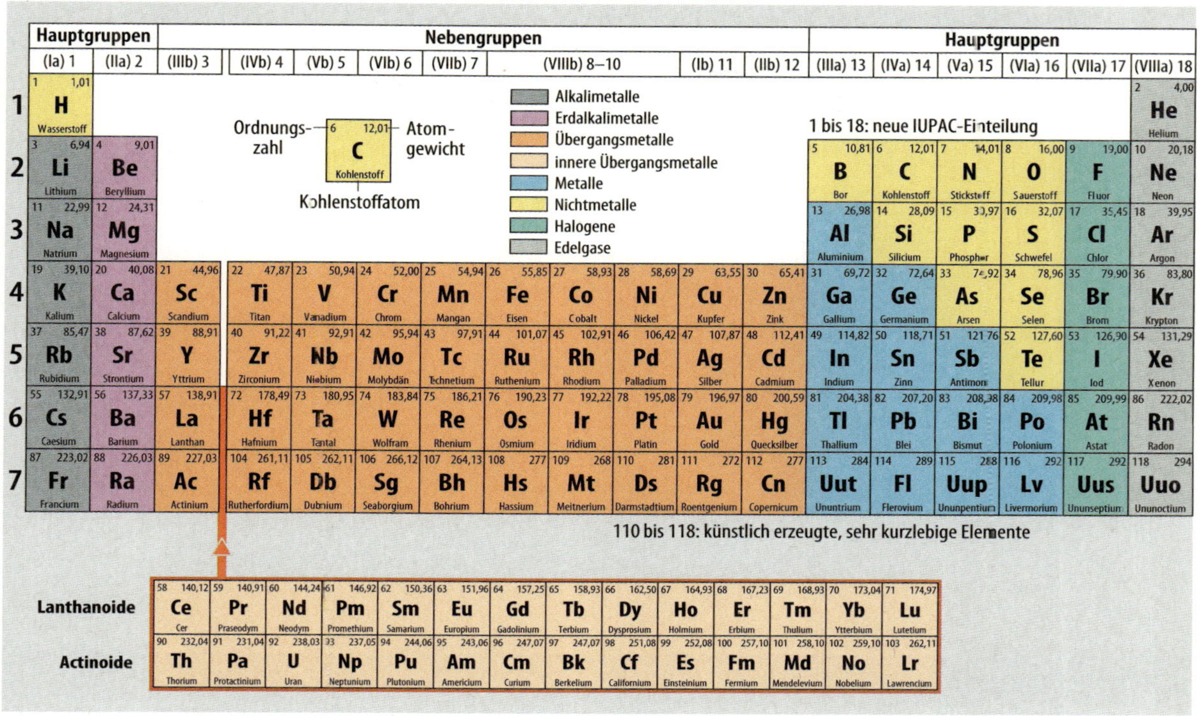

Periodensystem der Elemente – Hauptgruppen und Nebengruppen

Hauptgruppen		Nebengruppen									Hauptgruppen					
(Ia) 1	(IIa) 2	(IIIb) 3	(IVb) 4	(Vb) 5	(VIb) 6	(VIIb) 7	(VIIIb) 8–10		(Ib) 11	(IIb) 12	(IIIa) 13	(IVa) 14	(Va) 15	(VIa) 16	(VIIa) 17	(VIIIa) 18

Legende:
- Alkalimetalle
- Erdalkalimetalle
- Übergangsmetalle
- innere Übergangsmetalle
- Metalle
- Nichtmetalle
- Halogene
- Edelgase

Ordnungszahl — 6 12,01 — Atomgewicht, C Kohlenstoff, Kohlenstoffatom

1 bis 18: neue IUPAC-Einteilung

Periode 1: H (1,01) Wasserstoff; He (4,00) Helium
Periode 2: Li (6,94), Be (9,01), B (10,81), C (12,01), N (14,01), O (16,00), F (19,00), Ne (20,18)
Periode 3: Na (22,99), Mg (24,31), Al (26,98), Si (28,09), P (30,97), S (32,07), Cl (35,45), Ar (39,95)
Periode 4: K (39,10), Ca (40,08), Sc (44,96), Ti (47,87), V (50,94), Cr (52,00), Mn (54,94), Fe (55,85), Co (58,93), Ni (58,69), Cu (63,55), Zn (65,41), Ga (69,72), Ge (72,64), As (74,92), Se (78,96), Br (79,90), Kr (83,80)
Periode 5: Rb (85,47), Sr (87,62), Y (88,91), Zr (91,22), Nb (92,91), Mo (95,94), Tc (97,91), Ru (101,07), Rh (102,91), Pd (106,42), Ag (107,87), Cd (112,41), In (114,82), Sn (118,71), Sb (121,76), Te (127,60), I (126,90), Xe (131,29)
Periode 6: Cs (132,91), Ba (137,33), La (138,91), Hf (178,49), Ta (180,95), W (183,84), Re (186,21), Os (190,23), Ir (192,22), Pt (195,08), Au (196,97), Hg (200,59), Tl (204,38), Pb (207,20), Bi (208,38), Po (209,98), At (209,99), Rn (222,02)
Periode 7: Fr (223,02), Ra (226,03), Ac (227,03), Rf (261,11), Db (262,11), Sg (266,12), Bh (264,13), Hs (277), Mt (268), Ds (281), Rg (272), Cn (277), Uut (284), Fl (289), Uup (288), Lv (292), Uus (292), Uuo (294)

110 bis 118: künstlich erzeugte, sehr kurzlebige Elemente

Lanthanoide: Ce (58, 140,12), Pr (59, 140,91), Nd (60, 144,24), Pm (61, 146,92), Sm (62, 150,36), Eu (63, 151,96), Gd (64, 157,25), Tb (65, 158,93), Dy (66, 162,50), Ho (67, 164,93), Er (68, 167,23), Tm (69, 168,93), Yb (70, 173,04), Lu (71, 174,97)

Actinoide: Th (90, 232,04), Pa (91, 231,04), U (92, 238,03), Np (93, 237,05), Pu (94, 244,06), Am (95, 243,06), Cm (96, 247,07), Bk (97, 247,07), Cf (98, 251,08), Es (99, 252,08), Fm (100, 257,10), Md (101, 258,10), No (102, 259,10), Lr (103, 262,11)

Abb. A.2 Periodensystem der Elemente (PSE)

Tabellen in der Chemie

Tab. A.4 Bindungslängen in der organischen Chemie

Typ	Hybridisierung verknüpfter Atome	Länge (Å)	Typische Verbindung	Typ	Hybridisierung verknüpfter Atome	Länge (Å)	Typische Verbindung
C–C	sp^3–sp^3	1,53	Ethan	C–N	sp^3–N	1,47	Methylamin
	sp^3–sp^2	1,51	Toluol		sp^2–N	1,38	Formamid
	sp^3–sp	1,47	Propin	C=N	sp^2–N	1,28	Oxime
	sp^2–sp^2	1,48	Butadien	C≡N	sp–N	1,14	HCN
	sp^2–sp	1,43	Vinylacetylen	C–S	sp^3–S	1,82	Methanthiol
	sp–sp	1,38	Butadiin		sp^2–S	1,75	Sulfide
C=C	sp^2–sp^2	1,32	Ethen	C–X	sp^3–X	F: 1,40, Cl: 1,79, Br: 1,97, I: 2,16	
	sp^2–sp	1,31	Allene				
	sp–sp	1,28	Butatrien				
C≡C	sp–sp	1,18	Ethin		sp^2–X	F: 1,34, Cl: 1,73, Br: 1,88, I: 2,10	
C–H	sp^3–H	1,09	Methan				
	sp^2–H	1,08	Benzol				
	sp–H	1,08	Ethin		sp–X	F: 1,27, Cl: 1,63, Br: 1,79, I: 1,99	
C–O	sp^3–O	1,43	Ethanol				
	sp^2–O	1,34	Ameisensäure				
C=O	sp^2–O	1,21	Formaldehyd				
	sp–O	1,16	CO_2				

◻ **Tab. A.5** Bindungsenergien

Typ	kJ mol^{-1}	Typ	kJ mol^{-1}	Typ	kJ mol^{-1}
O–H	460–464	H–F	570	C–C	345–355
N–H	390	H–Cl	432	C=C	610–630
S–H	340	H–Br	366	C≡C	835
C–H	400–415	H–I	298		
C–O	355–380	C–F	489	C≡N	854
C–N	290–315	C–Cl	330	C=N	598
C–S	255	C–Br	275		
		C–I	220		
H–H	436			C=O	724–757
F–F	159				
Cl–Cl	243			C–O	142
Br–Br	193				
I–I	151				

◻ **Tab. A.6** Ausgewählte pK$_S$- und pK$_B$-Werte

Säurestärke	pK$_S$	Säure	⇌	Proton	+ Base	pK$_B$	Basestärke
	–6	HCl	⇌	H$^+$	Cl$^-$	20	Sehr schwach
	–3	H$_2$SO$_4$	⇌	H$^+$	HSO$_4^-$	17	
	–1,32	HNO$_3$	⇌	H$^+$	NO$_3^-$	15,32	
	0	H$_3$O$^+$	⇌	H$^+$	H$_2$O	14	
Stark	1,98	HSO$_4^-$	⇌	H$^+$	SO$_4^{2-}$	12,02	Schwach
	2,16	H$_3$PO$_4$	⇌	H$^+$	H$_2$PO$_4^{2-}$	11,84	
	3,20	HF	⇌	H$^+$	F$^-$	10,8	
	4,19	C$_6$H$_5$COOH	⇌	H$^+$	C$_6$H$_5$COO$^-$	9,81	
Mittel	4,75	CH$_3$COOH	⇌	H$^+$	CH$_3$COO$^-$	9,25	Mittel
	6,35	H$_2$CO$_3$	⇌	H$^+$	HCO$_3^-$	7,65	
	7,05	H$_2$S	⇌	H$^+$	HS$^-$	6,95	
	7,21	H$_2$PO$_4^{2-}$	⇌	H$^+$	HPO$_4^{2-}$	6,79	
	9,21	HCN	⇌	H$^+$	CN$^-$	4,79	
Schwach	9,25	NH$_4^+$	⇌	H$^+$	NH$_3$	4,75	Stark
	10,3	HCO$_3^-$	⇌	H$^+$	CO$_3^{2-}$	3,7	
	12,32	HPO$_4^{2-}$	⇌	H$^+$	PO$_4^{3-}$	1,68	
Sehr schwach	22,75	NH$_3$	⇌	H$^+$	NH$_2^-$	–9,25	
	~48	CH$_4$	⇌	H$^+$	CH$_3^-$	–34	

◻ **Tab. A.7** pH-Indikatoren

Indikator	Umschlagbereich [pH]	Farbwechsel
Kresolrot	0,2–1,8	Rot → gelb
Thymolblau	1,2–2,8	Rot → gelb
2,6-Dinitrophenol	2,8–4,7	Farblos → gelb
Kongorot	3,0–5,2	Blau → rot
Bromphenolblau	3,0–4,6	Gelb → blauviolett
Bromkresolgrün	3,8–5,4	Gelb → blau
Alizarinrot S	4,3–6,3	Gelb → violettrot
Methylrot	4,4–6,2	Rot → gelb
Lackmus	4,5–8,3	Rot → blauviolett
Alizarin	5,8–7,2	Gelb → rotviolett
Neutralrot	6,8–8,0	Rot → gelb
Kresolrot	7,0–8,8	Gelb → violettrot
Thymolblau	8,0–9,6	Gelb → blau
Phenolphthalein	8,4–10,0	Farblos → purpur
β-Naphtholviolett	10,6–12,0	Orangegelb → violett
Säurefuchsin	12,0–14,0	Purpur → farblos

◻ **Tab. A.8** Zusammensetzung und pH-Werte wässriger Pufferlösungen bei 25 °C

pH-Bereich	50 ml Lösung A	x ml Lösung B	pH	x ml Lösung B	pH
1,0–2,2	0,2 m KCl (25 ml)	67,0 ml 0,2 m HCl	1,0	3,9 ml 0,2 m HCl	2,2
2,2–4,0	0,1 m $C_8H_5KO_4$	49,5 ml 0,1 m HCl	2,2	0,1 ml 0,1 m HCl	4,0
4,1–5,9	0,1 m $C_8H_5KO_4$	1,3 ml 0,1 m NaOH	4,1	43,7 ml 0,1 m NaOH	5,9
5,8–8,0	0,1 m KH_2PO_4	3,6 ml 0,1 m NaOH	5,8	46,1 ml 0,1 m NaOH	8,0
7,0–9,0	0,1 m Tris	46,6 ml 0,1 m HCl	7,0	5,7 ml 0,1 m HCl	9,0
8,0–9,1	0,025 m Borax	20,5 ml 0,1 m HCl	8,0	2,0 ml 0,1 m HCl	9,1
9,2–10,8	0,025 m Borax	0,9 ml 0,1 m NaOH	9,2	24,25 ml 0,1 m NaOH	10,8
9,6–11,0	0,05 m $NaHCO_3$	5,0 ml 0,1 m NaOH	9,6	22,7 ml 0,1 m NaOH	11,0
10,9–12,0	0,05 m Na_2HPO_4	3,3 ml 0,1 m NaOH	10,9	26,9 ml 0,1 m NaOH	12,0
12,0–13,0	0,2 m KCl (25 ml)	6,0 ml 0,2 m NaOH	12,0	66,0 ml 0,2 m NaOH	13,0

Puffer-Zusammensetzung: Jeweils 50 ml Lösung A und x ml Lösung B;
$C_8H_5KO_4$ = Kaliumhydrogenphthalat; Tris = 2-Amino-2-(hydroxymethyl)-1,3-propandiol;
Borax: $Na_2B_4O_7 \cdot 10\ H_2O$

Tab. A.9 Löslichkeitsprodukte

Verbindung	L_P	Einheit	Verbindung	L_P	Einheit
Ag_2CrO_4	$2 \cdot 10^{-12}$	$mol^3\, l^{-3}$	$CaCO_3$	$5 \cdot 10^{-9}$	$mol^2\, l^{-2}$
Ag_2S	$6 \cdot 10^{-51}$	$mol^3\, l^{-3}$	CaF_2	$4 \cdot 10^{-11}$	$mol^3\, l^{-3}$
$AgBr$	$5 \cdot 10^{-13}$	$mol^2\, l^{-2}$	$CaSO_4$	$2 \cdot 10^{-5}$	$mol^2\, l^{-2}$
$AgCl$	$2 \cdot 10^{-10}$	$mol^2\, l^{-2}$	$Cr(OH)_3$	$7 \cdot 10^{-31}$	$mol^4\, l^{-4}$
AgI	$9 \cdot 10^{-17}$	$mol^2\, l^{-2}$	$Fe(OH)_2$	$2 \cdot 10^{-15}$	$mol^3\, l^{-3}$
$Al(OH)_3$	$5 \cdot 10^{-33}$	$mol^4\, l^{-4}$	$Fe(OH)_3$	$6 \cdot 10^{-38}$	$mol^4\, l^{-4}$
$BaCO_3$	$2 \cdot 10^{-9}$	$mol^2\, l^{-2}$	$Mg(OH)_2$	$9 \cdot 10^{-12}$	$mol^3\, l^{-3}$
BaF_2	$2 \cdot 10^{-7}$	$mol^3\, l^{-3}$	$PbCl_2$	$2 \cdot 10^{-5}$	$mol^3\, l^{-3}$
$BaSO_4$	$1 \cdot 10^{-10}$	$mol^2\, l^{-2}$	$PbCrO_4$	$2 \cdot 10^{-14}$	$mol^2\, l^{-2}$
$BaCrO_4$	$9 \cdot 10^{-11}$	$mol^2\, l^{-2}$	$PbSO_4$	$1 \cdot 10^{-8}$	$mol^2\, l^{-2}$

Tab. A.10 Normalpotenziale ausgewählter Systeme (bei Standardbedingungen: Druck: 1,1013 bar, Temperatur 25 °C (298 K), Konzentration: 1 mol l^{-1})

Element	Oxidierte Form	Elektronen	⇌	Reduzierte Form	E_0
Fluor (F)	F_2	$+ 2\,e^-$	⇌	$2\,F^-$	+2,87 V
Schwefel (S)	$S_2O_8^{2-}$	$+ 2\,e^-$	⇌	$2\,SO_4^{2-}$	+2,01 V
Sauerstoff (O)	$H_2O_2 + 2\,H_3O^+$	$+ 2\,e^-$	⇌	$4\,H_2O$	+1,78 V
Gold (Au)	Au^+	$+ e^-$	⇌	Au	+1,69 V
	Au^{3+}	$+ 3\,e^-$	⇌	Au	+1,42 V
	Au^{3+}	$+ 2\,e^-$	⇌	Au^+	+1,40 V
Chlor (Cl)	Cl_2	$+ 2\,e^-$	⇌	$2\,Cl^-$	+1,36 V
Platin (Pt)	Pt^{2+}	$+ 2\,e^-$	⇌	Pt	+1,18 V
Brom (Br)	Br_2	$+ 2\,e^-$	⇌	$2\,Br^-$	+1,07 V
Quecksilber (Hg)	Hg^{2+}	$+ 2\,e^-$	⇌	Hg	+0,85 V
Silber (Ag)	Ag^+	$+ e^-$	⇌	Ag	+0,80 V
Eisen (Fe)	Fe^{3+}	$+ e^-$	⇌	Fe^{2+}	+0,77 V
Iod (I)	I_2	$+ 2\,e^-$	⇌	$2 I^-$	+0,53 V
Kupfer (Cu)	Cu^+	$+ e^-$	⇌	Cu	+0,52 V
Eisen (Fe)	$[Fe(CN)_6]^{3-}$	$+ e^-$	⇌	$[Fe(CN)_6]^{4-}$	+0,36 V
Kupfer (Cu)	Cu^{2+}	$+ 2\,e^-$	⇌	Cu	+0,34 V
	Cu^{2+}	$+ e^-$	⇌	Cu^+	+0,16 V
Zinn (Sn)	Sn^{4+}	$+ 2\,e^-$	⇌	Sn^{2+}	+0,15 V
Wasserstoff (H$_2$)	$2\,H^+$	$+ 2\,e^-$	⇌	H_2	0

◻ **Tab. A.10** (Fortsetzung)

Element	Oxidierte Form	Elektronen	⇌	Reduzierte Form	E_0
Eisen (Fe)	Fe^{3+}	$+ 3\,e^-$	⇌	Fe	−0,04 V
Blei (Pb)	Pb^{2+}	$+ 2\,e^-$	⇌	Pb	−0,13 V
Zinn (Sn)	Sn^{2+}	$+ 2\,e^-$	⇌	Sn	−0,14 V
Nickel (Ni)	Ni^{2+}	$+ 2\,e^-$	⇌	Ni	−0,25 V
Cadmium (Cd)	Cd^{2+}	$+ 2\,e^-$	⇌	Cd	−0,40 V
Eisen (Fe)	Fe^{2+}	$+ 2\,e^-$	⇌	Fe	−0,44 V
Schwefel (S)	S	$+ 2\,e^-$	⇌	S^{2-}	−0,41 V
Nickel (Ni)	$NiO_2 + 2\,H_2O$	$+ 2\,e^-$	⇌	$Ni(OH)_2 + 2\,OH^-$	−0,49 V
Zink (Zn)	Zn^{2+}	$+ 2\,e^-$	⇌	Zn	−0,76 V
Wasserstoff (H_2)	$2\,H_2O$	$+ 2\,e^-$	⇌	$H_2 + 2\,OH^-$	−0,83 V
Chrom (Cr)	Cr^{2+}	$+ 2\,e^-$	⇌	Cr	−0,91 V
Niob (Nb)	Nb^{3+}	$+ 3\,e^-$	⇌	Nb	−1,099 V
Vanadium (V)	V^{2+}	$+ 2\,e^-$	⇌	V	−1,17 V
Mangan (Mn)	Mn^{2+}	$+ 2\,e^-$	⇌	Mn	−1,18 V
Titan (Ti)	Ti^{3+}	$+ 3\,e^-$	⇌	Ti	−1,37 V
Aluminium (Al)	Al^{3+}	$+ 3\,e^-$	⇌	Al	−1,66 V
Titan (Ti)	Ti^{2+}	$+ 2\,e^-$	⇌	Ti	−1,77 V
Beryllium (Be)	Be^{2+}	$+ 2\,e^-$	⇌	Be	−1,85 V
Magnesium (Mg)	Mg^{2+}	$+ 2\,e^-$	⇌	Mg	−2,38 V
Natrium (Na)	Na^+	$+ e^-$	⇌	Na	−2,71 V
Calcium (Ca)	Ca^{2+}	$+ 2\,e^-$	⇌	Ca	−2,87 V
Barium (Ba)	Ba^{2+}	$+ 2\,e^-$	⇌	Ba	−2,91 V
Kalium (K)	K^+	$+ e^-$	⇌	K	−2,92 V
Lithium (Li)	Li^+	$+ e^-$	⇌	Li	−3,04 V

◼ **Tab. A.11** Typische pK$_s$-Wert organischer Verbindungsklassen

Verbindung	Säure	Base	Typischer pK$_a$
Sulfonsäure			< 1
Carbonsäure			3–5
Phenol			9–11
Thiol	R—S—H	R—S$^\ominus$	9–11
Sulfonamid			10
Amid			15–17
Alkine	R—C≡C—H	R—C≡C$^\ominus$	25
Nitrile			25
Amine			25–32
Alkene			42
Alkane			50

■ Wichtige mathematische Formeln in der Chemie

Massenwirkungsgesetz (MWG):

$$A + B \rightleftharpoons C + D$$

$$K = \frac{k_{Hin}}{k_{Rück}} = \frac{[C] \cdot [D]}{[A] \cdot [B]}$$

$$aA + bB \rightleftharpoons cC + dD$$

$$K = \frac{[C]^c \cdot [D]^d}{[A]^a \cdot [B]^b}$$

pH-, pK$_S$- und pK$_B$-Wert:

$$pH = -\log[H_3O^+]$$

$$pOH = -\log[OH^-]$$

$$pK_W = pH + pOH = 14$$

$$-\log K_S = pK_S$$

$$-\log K_B = pK_B$$

$$pK_S + pK_B = pK_W = 14$$

pH-Wert einer schwachen Säure bzw. Base:

$$pH = \frac{1}{2}\left\{pK_S - \log\left([\text{Säure}]_0\right)\right\}$$

$$pH = 14 - \frac{1}{2}\left\{pK_B - \log\left([\text{Base}]_0\right)\right\}$$

Henderson-Hasselbalch-Gleichung:

$$pH = pK_S - \log\frac{[HA]}{[A^-]} \quad \text{bzw.} \quad pH = pK_S + \log\frac{[A^-]}{[HA]}$$

Löslichkeitsprodukt L$_P$:

$$A_aB_{b,fest} \rightleftharpoons aA_{aq}^{b+} + bB_{aq}^{a-}$$

$$L_P = \left[A_{aq}^{b+}\right]^a \cdot \left[B_{aq}^{a-}\right]^b$$

Potenzial:

$$\Delta E_0 = E_0 \text{ (\underline{A}kzeptorhalbzelle) minus } E_0 \text{ (\underline{D}onatorhalbzelle);}$$
merke: »Aedo«

$$\Delta E_0 = E_0 \text{ (Kathode)} - E_0 \text{ (Anode)}$$

Nernst-Gleichung:

$$E = E_0 + \frac{R \cdot T}{z \cdot F} \ln\left(\frac{c_{ox}}{c_{red}}\right) \quad \text{bzw. } E = E_0 + \frac{0{,}059}{z} \log\left(\frac{c_{ox}}{c_{red}}\right)$$

Energetik:

$$\Delta G = \Delta H - T \cdot \Delta S$$

$$\Delta G = \Delta G° + R \cdot T \cdot \ln K$$

Kinetik:

$$k = A \cdot e^{-\frac{E_a}{R \cdot T}}$$

$$\ln k = \ln A - \frac{E_a}{R \cdot T}$$

E_a: Aktivierungsenergie

Wichtige Verbindungsklassen und Strukturformeln der organischen Chemie sind in ◘ Abb. A.3 dargestellt.

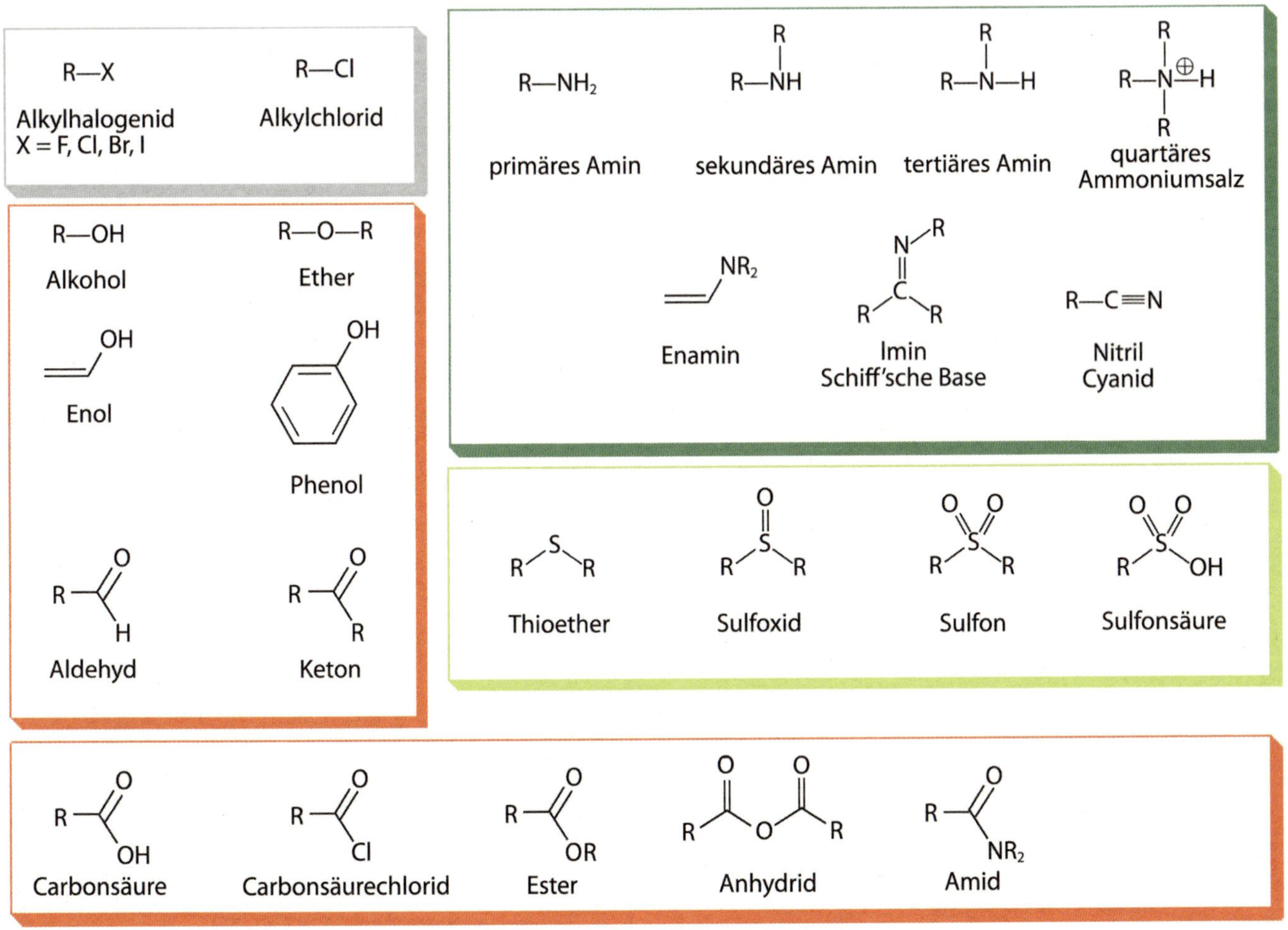

Abb. A.3 Verbindungsklassen und Strukturformeln in der organischen Chemie

▸ **Tab. A.12** Zusammenstellung von Reaktionen 0.–2. Ordnung

Ordnung	Reaktion	Differenzielles Zeitgesetz	Integrales Zeitgesetz	Halbwertszeit
0	A → Produkte	$v = -\dfrac{d[A]}{dt} = k$	$[A]_t = [A]_0 - k \cdot t$	$t_{1/2} = \dfrac{[A]_0}{2k}$
1	A → Produkte	$v = -\dfrac{d[A]}{dt} = k[A]$	$[A]_t = [A]_0\, e^{-k \cdot t}$	$t_{1/2} = \dfrac{\ln 2}{k}$
Pseudo 1	A + B → Produkte	$v = -\dfrac{d[A]}{dt} = k[A][B] = k'[A]$ $k' = k[B]_0$	$[A]_t = [A]_0\, e^{-k' \cdot t}$ $= [A]_0\, e^{-k \cdot [B]_0 \cdot t}$	$t_{1/2} = \dfrac{\ln 2}{k'}$
2	A + A → Produkte	$v = -\dfrac{d[A]}{dt} = k[A]^2$	$[A]_t = \dfrac{1}{\frac{1}{[A]_0} + k \cdot t}$	$t_{1/2} = \dfrac{1}{k[A]_0}$
	A + B → Produkte	$v = -\dfrac{d[A]}{dt} = k[A][B]$	Siehe Lehrbücher der physikalischen Chemie	

▸ **Tab. A.13** Substituenten* in der organischen Chemie

Name	Gruppe	Name	Gruppe
Acetonyl	CH_3COCH_2-	Hippuryl (N-Benzoylglycyl)	$C_6H_5CONHCH_2CO-$
Acetyl	CH_3CO-	Hydroperoxy	$HO-O-$
Allyl (2-Propenyl)	$CH_2=CHCH_2-$	Hydroxy	$HO-$
Amino	H_2N-	Isocyano	$O=C=N-$
Amyl (Pentyl)	$CH_3(CH_2)_4-$	Isocyanato	$C\equiv N-$
Azido	N_3-	Isothiocyanato	$S=C=N-$
Azo	$-N=N-$	Malonyl (von Malonsäure)	$-OC-CH_2-CO-$
Benzal (Benzyliden)	$C_6H_5CH=$	Mercapto	$HS-$
Benzyloxy	$C_6H_5CH_2O-$	Mesityl (Mes)	$2,4,6-(CH_3)_3C_6H_2-$
Benzoyloxy	C_6H_5COO-	Methoxy	H_3CO-
Benzyl	$C_6H_5CH_2-$	Methyl (Me)	H_3C-
Butoxy	C_4H_9O-	Methylen	$H_2C=$
sec-Butoxy (1-Methylpropoxy)	$C_2H_5CH(CH_3)O-$	Methylthio	H_3CS-
tert-Butoxy (1,1-Dimethylethoxy)	$(CH_3)_3CO-$	Nitro	O_2N-
Butyl	$CH_3(CH_2)_3-$	Nitroso	$ON-$
sec-Butyl (1-Methylpropyl)	$C_2H_5CH(CH_3)-$	Oxo	$O=$
tert-Butyl (1,1-Dimethylethyl)	$(CH_3)_3C-$	Pentyl	$CH_3(CH_2)_4-$
Carbamido (Ureido)	$H_2NCONH-$	Phenacyl	$C_6H_5C(O)CH_2-$
Carbamoyl	$H_2N(CO)-$	Phenoxy	C_6H_5O-
Carboxy	$HOOC-$	Phenyl (Ph)	C_6H_5-
Cyanato	$NCO-$	Phosphino	$P\equiv$

◘ **Tab. A.13** (Fortsetzung)

Name	Gruppe	Name	Gruppe
Cyano	NC–	Phosphono	$(HO)_2P(O)–$
Diazo	$N_2=$	Propionyl	$CH_3CH_2CO–$
Disulfinyl	$–S(=O)–S(=O)–$	Propoxy	$CH_3CH_2CH_2O–$
Dithio	–S–S–	Propyl (Pr)	$CH_3CH_2CH_2–$
Ethenyl (Vinyl)	$CH_2=CH–$	Succinyl	$–OC–CH_2CH_2–CO–$
Ethinyl	$HC≡C–$	Sulfamino	$HOSO_2NH–$
Ethoxy	$C_2H_5O–$	Sulfamoyl	$H_2NSO_2–$
Ethyl (Et)	$CH_3CH_2–$	Sulfhydryl (Mercapto)	HS–
Ethylen	$–CH_2–CH_2–$	Sulfo	$HO_3S–$
Ethyliden	$CH_3CH=$	Sulfonyl	$–SO_2–$
Ethylthio	$CH_3CH_2S–$	Thiocyano	NCS–
Formamido	$HC(=O)NH–$	Thionyl (Sulfinyl)	–S(=O)–
Formyl	$HC(=O)–$	Tolyl (Tol)	$4–H_3C–C_6H_4–$
Glutaryl (von Glutarsaure)	$–OC(CH_2)_3CO–$	Vinyl	$H_2C=CH–$
Guanidino	$H_2N–C(=NH)–NH–$	Vinyliden	$HC=C=$

* Substituent = Fragment, das an einem Stammsystem ein oder mehrere H-Atome ersetzt

◘ **Tab. A.14** Multiplizierende Prafixe in der chemischen Nomenklatur

Numeral	Präfix	Numeral	Präfix	Numeral	Präfix
½	Hemi-	13	Trideca-	28	Octacosa-
1	Mono-	14	Tetradeca-	29	Nonacosa-
1½	Sesqui-	15	Pentadeca-	30	Triaconta-
2	Di-, Bi-	16	Hexadeca-	40	Tetraconta-
2½	Hemipenta-	17	Heptadeca-	50	Pentaconta-
3	Tri-	18	Octadeca-	60	Hexaconta-
4	Tetra-	19	Nonadeca-	70	Heptaconta-
5	Penta-	20	Eicosa-	80	Octaconta-
6	Hexa-	21	Heneicosa-	90	Nonaconta-
7	Hepta-	22	Docosa-	100	Hecta-
8	Octa-	23	Tricosa-	101	Henhecta-
9	Ennea, Nona-	24	Tetracosa-	102	Dohecta-
10	Deca-	25	Pentacosa-	110	Decahecta-
11	Hendeca-, Undeca-	26	Hexacosa-	120	Eicosahecta-
12	Dodeca-	27	Heptacosa-	200	Dicta-

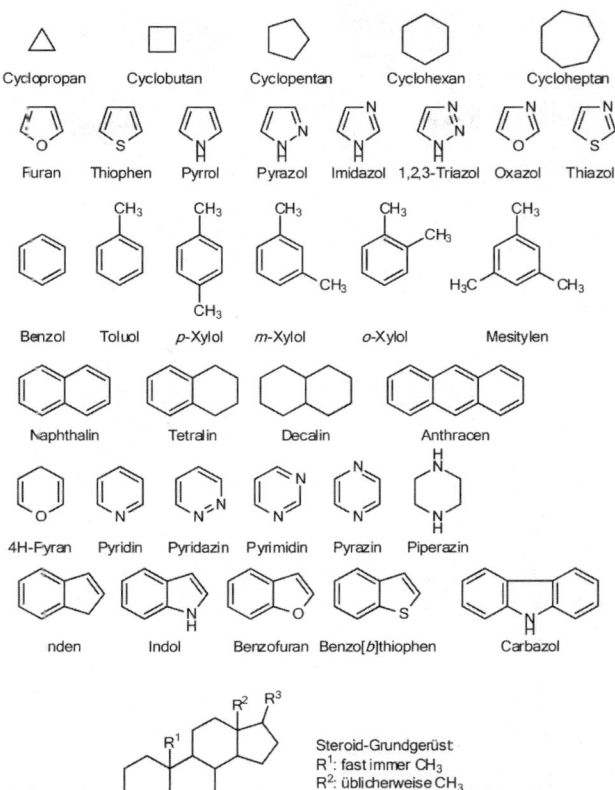

Abb. A.4 Ausgewählte Heterocyclen, Aromaten und Heteroaromaten

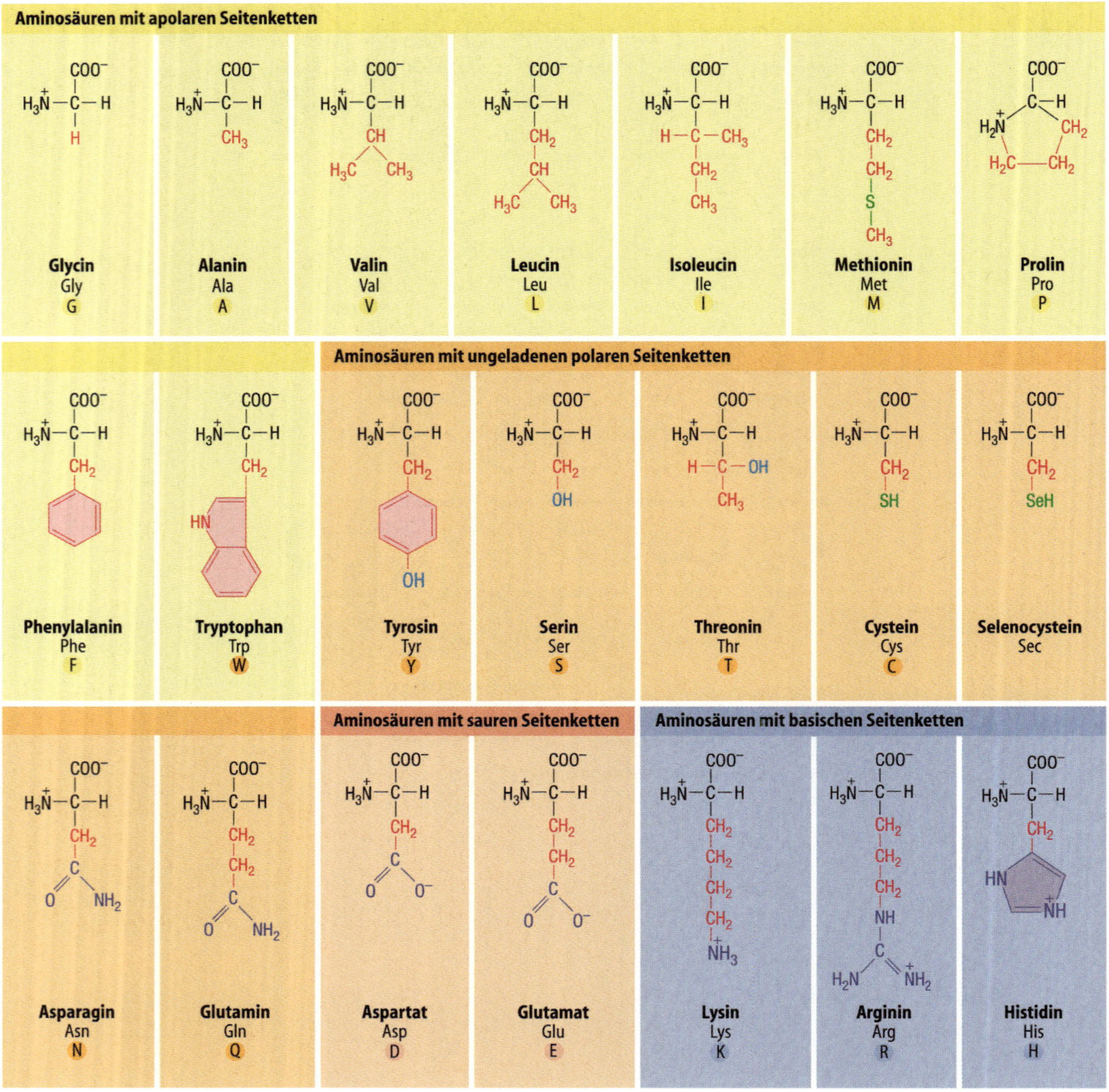

Aminosäuren mit apolaren Seitenketten

Glycin	Alanin	Valin	Leucin	Isoleucin	Methionin	Prolin
Gly	Ala	Val	Leu	Ile	Met	Pro
G	A	V	L	I	M	P

Aminosäuren mit ungeladenen polaren Seitenketten

Phenylalanin	Tryptophan	Tyrosin	Serin	Threonin	Cystein	Selenocystein
Phe	Trp	Tyr	Ser	Thr	Cys	Sec
F	W	Y	S	T	C	

Aminosäuren mit sauren Seitenketten   **Aminosäuren mit basischen Seitenketten**

Asparagin	Glutamin	Aspartat	Glutamat	Lysin	Arginin	Histidin
Asn	Gln	Asp	Glu	Lys	Arg	His
N	Q	D	E	K	R	H

▪ **Abb. A.5** Proteinogene Aminosäuren. Die Aminosäuren sind nach chemischen Eigenschaften ihrer Seitenketten geordnet. Unter den Formeln stehen jeweils die Trivialnamen sowie die 3- und die 1-Buchstaben-Kürzel (aus Löffler/Petrides: Biochemie und Pathobiochemie 2014)
* Glycin besitzt keine eigentliche Seitenkette und wird deswegen oft als eigene Gruppe betrachtet
** Tryptophan kann auch zu den Aminosäuren mit polarer Seitenkette gerechnet werden

■ **Tab. A.15** Abkürzungen und pK$_S$-Werte der proteinogenen Aminosäuren

Name	Abkürzung		pK$_a$ (–COOH)	pK$_a$ (–NH$_3^+$)	pK$_a$ (Rest)
	3 Buchstaben	1 Buchstabe			
Alanin	Ala	A	2,34	9,69	
Arginin	Arg	R	2,17	9,04	12,48
Asparagin	Asn	N	2,01	8,80	
Asparaginsäure	Asp	D	1,99	9,90	3,90
Cystein	Cys	C	1,96	10,78	8,33
Glutamin	Gln	Q	2,17	9,13	
Glutaminsäure	Glu	E	2,19	9,67	4,25
Glycin	Gly	G	2,34	9,60	
Histidin	His	H	1,80	9,17	6,00
Isoleucin	Ile	I	2,35	9,68	
Leucin	Leu	L	2,36	9,60	
Lysin	Lys	K	2,18	8,95	10,28
Methionin	Met	M	2,28	9,20	
Phenylalanin	Phe	F	1,83	9,12	
Prolin	Pro	P	1,99	10,96	
Selenocystein	Sec	U			5,3
Serin	Ser	S	2,21	9,15	
Threonin	Thr	T	2,15	9,12	
Tryptophan	Trp	W	2,38	9,39	
Tyrosin	Tyr	Y	2,20	9,11	10,06
Valin	Val	V	2,32	9,61	

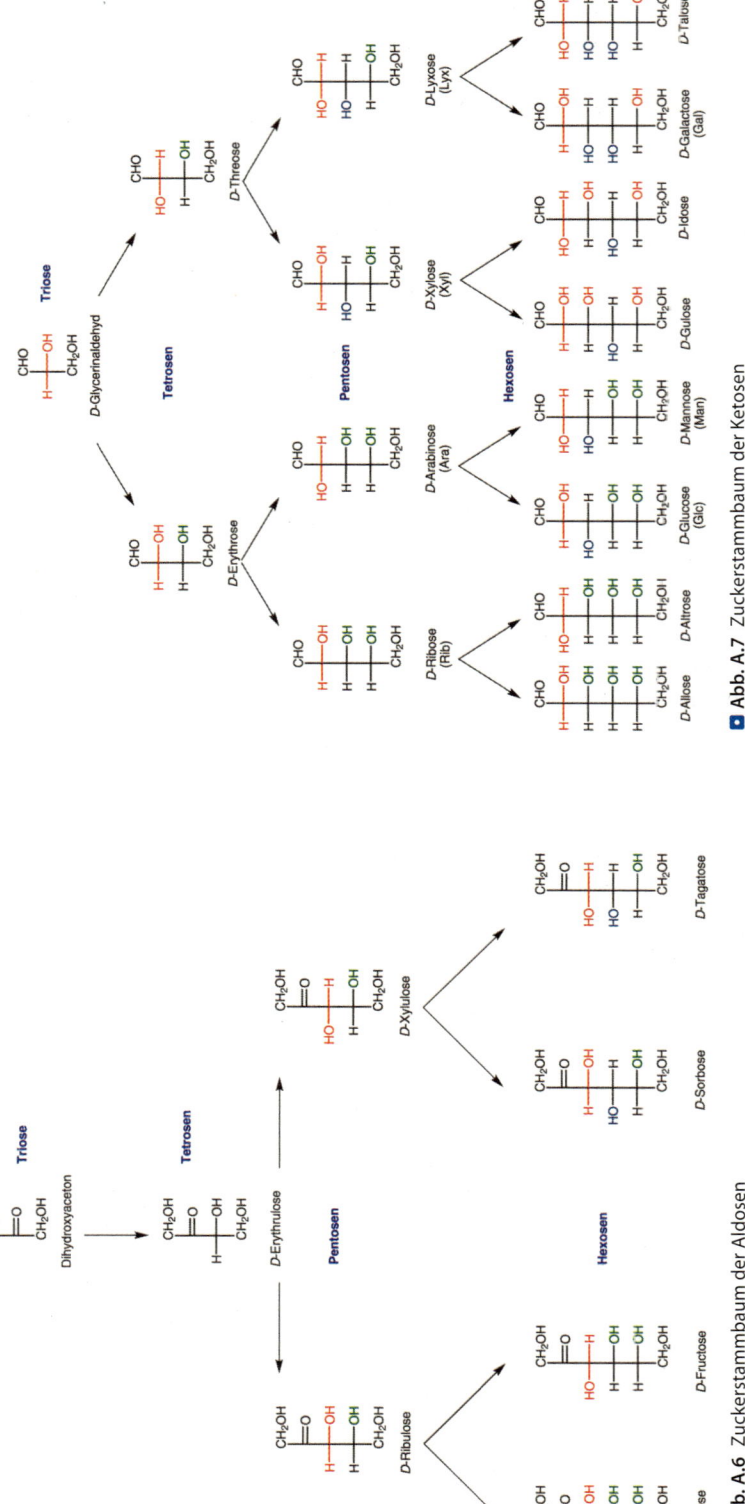

Abb. A.7 Zuckerstammbaum der Ketosen

Abb. A.6 Zuckerstammbaum der Aldosen

- ## Wichtige stereochemische Begriffe

Konstitution: Die Konstitution beschreibt Art und Anzahl der Atome in einem organischen Molekül sowie die zwischen den einzelnen Atomen bestehenden kovalenten Bindungen. Der Begriff Konstitution wird oft mit der Struktur eines Moleküls gleichgesetzt.

Konfiguration: Bei einer definierten Konstitution (»Struktur«) eines Moleküls beschreibt die Konfiguration die räumliche Anordnung der Atome oder Atomgruppen. Hierbei werden aber keine unterschiedlichen Anordnungen berücksichtigt, die durch formale Rotation um Einfachbindungen entstehen können. Unter den Begriff der Konfigurationsisomerie fallen somit Diastereomerie, Enantiomerie, *cis/trans-* oder auch *E/Z*-Isomerie.

Konformation: Bei einer definierten Konfiguration eines Moleküls beschreibt die Konformation verschiedene räumliche Anordnungen der Atome oder Atomgruppen, die durch Rotation um formale Einfachbindungen ineinander umgewandelt werden können. Strukturen, die sich nur in ihrer Konformation unterscheiden, nennt man **Konformere**.

Enantiomere: Verbindungen, die sich zueinander wie Bild zu Spiegelbild verhalten (**Spiegelbild-Stereoisomere**) und die nicht zur Deckung zu bringen sind, bezeichnet man als enantiomere Moleküle. Oft ist die Enantiomerie durch das Vorhandensein eines **chiralen** Zentrums begründet. Hierbei besitzt ein tetraedrisches Atom, meist ein Kohlenstoffatom, vier unterschiedliche Substituenten ($CR^1R^2R^3R^4$). Dieses Zentrum wird auch als **asymmetrisches (Kohlenstoff-)Atom** bezeichnet. Chirale Zentren werden oft mit einem Stern (z. B. C^*) gekennzeichnet.

A2   Stichwortverzeichnis

Hinweis: Griechische Anfangsbuchstaben von Einträgen sind stets deutsch ausgeschrieben (z.B. Alphazerfall statt α-Zerfall)

Z

Printing and Binding: Stürtz GmbH, Würzburg